WISSENSCHAFTLICHE ABHANDLUNGEN DER ARBEITSGEMEINSCHAFT FÜR FORSCHUNG DES LANDES NORDRHEIN-WESTFALEN

Band 33

WISSENSCHAFTLICHE ABHANDLUNGEN DER ARBEITSGEMEINSCHAFT
FÜR FORSCHUNG DES LANDES NORDRHEIN-WESTFALEN

Band 33

Festschrift zur Gedächtnisfeier für Karl Weierstraß 1815–1965

HERAUSGEGEBEN
IM AUFTRAGE DES MINISTERPRÄSIDENTEN Dr. FRANZ MEYERS
VON STAATSSEKRETÄR PROFESSOR Dr. h. c., Dr. E. h. LEO BRANDT

Festschrift zur Gedächtnisfeier für Karl Weierstraß 1815-1965

Herausgegeben von

Heinrich Behnke und Klaus Kopfermann

Springer Fachmedien Wiesbaden GmbH

Die Herausgabe der Festschrift wurde am 4. Dezember 1963
der Arbeitsgemeinschaft für Forschung des Landes Nordrhein-Westfalen
von Prof. Dr. *Heinrich Behnke* vorgeschlagen

ISBN 978-3-663-15697-0 ISBN 978-3-663-16281-0 (eBook)
DOI 10.1007/978-3-663-16281-0

Ursprünglich erschienen bei Westdeutscher Verlag, Köln und Opladen 1966.
Softcover reprint of the hardcover 1st edition 1966

Vorwort

Zu den großen Gestalten, die die Mathematik der zweiten Hälfte des 19. Jahrhunderts geformt haben, gehört Karl Weierstraß. Ihm war ein langes Leben geschenkt (1815–1897), und er hat, obwohl erst spät in eine entsprechende Stelle gekommen, einen großen Kreis von Mathematikern unmittelbar beeinflußt. Heute ist keine Grundvorlesung zur Analysis denkbar, ohne daß sein Name in Verbindung mit fundamentalen Theorien genannt wird. Das rechtfertigt es, daß seiner zum 150. Geburtstag im Kreise von Fachgenossen gedacht wurde.

Karl Weierstraß stammt aus Westfalen. Seine mathematische Ausbildung bekam er – soweit er nicht Autodidakt war – vor allem an der theologisch-philosophischen Akademie in Münster. Dort wurde auch seine hohe Begabung erkannt.

Das waren die Gründe zu den Weierstraßfeiern, die in Münster und der Landeshauptstadt Düsseldorf veranstaltet wurden. Die Vorträge, die dort gehalten wurden, und die Manuskripte, die bei dieser Gelegenheit eingingen, werden hiermit im Auftrage der Arbeitsgemeinschaft für Forschung des Landes Nordrhein-Westfalen veröffentlicht.

Dezember 1965

Heinrich Behnke und *Klaus Kopfermann*

Inhalt

TEIL III

Teil I

Karl Weierstraß und seine Schule *

Von *Heinrich Behnke*

Über Karl Weierstrass gibt es – was wahrlich bei einem so bedeutenden Manne nicht verwunderlich ist – eine Reihe von biographischen Abhandlungen und Erinnerungen aus der Feder von Zeitgenossen. Dazu gehören

I. Emil Lampe, *Zur hundertsten Wiederkehr des Geburtstages von Karl Weierstraß. Jahresbericht DMV 24 (1915), pp. 416–438.* Diese Lebensbeschreibung gibt den unmittelbaren Eindruck eines Mannes wieder, der die große Zeit von Weierstraß als sein Schüler und Mitarbeiter erlebt hat, den ganzen Kreis um Weierstraß von 1860 bis 1897 kannte, sein Leiden und Sterben aus nächster Nähe sah und von seinen Kollegen aufgefordert war, unmittelbar nach Weierstraß' Tode am 5. März 1897 auf einer Sitzung der physikalischen Gesellschaft zu Berlin die Gedächtnisrede zu halten. Der oben zitierte Aufsatz von Lampe zum 100. Geburtstage ist eine Überarbeitung dieser Rede von eigener Hand.

II. Gösta Mittag-Leffler, *Die ersten 40 Jahre des Lebens von Weierstraß. Acta math. 39 (1923), pp. 1–57,* dazu: *Zur Biographie von Weierstraß. Acta math. 35 (1912), pp. 29–65,* und *Weierstraß et Sonja Kowalewsky. Acta math. 35 (1912), pp. 133–198.* Der Autor, Professor in Stockholm, war einer der treuesten Paladine von Weierstraß. Nirgends ist man Weierstraß und seinem Wirkungskreise so nahe wie in seinem Hause, das jetzt Institut und Museum ist und die Zeit von Weierstraß und Henri Poincaré für uns, 100 Jahre später Lebende, eindrucksvoll eingefangen hat. Wer einmal die Geschichte der Mathematik der zweiten Hälfte des 19. Jahrhunderts schreiben will, wird dieses Haus als das große Schatzkästlein für seine Unterlagen ansehen, wie es mit dieser Zielsetzung kein zweites in dieser Welt gibt.

Unter den weiteren biographischen Aufsätzen über Weierstraß gibt es zwei, die von Professoren der Universität Münster stammen.

1. Zunächst ist die Rektoratsrede von Wilhelm Killing zu erwähnen, gehalten am 15. Oktober 1897 im Sterbejahr von Karl Weierstraß und zu

* Vortrag zur Einleitung der Feier an der Universität Münster am 2. November 1965.

einer Zeit, da unsere Universität noch königlich theologisch-philosophische Akademie hieß. Killing hebt vor allem die Entwicklung von Weierstraß in der Jugendzeit hervor, wie er auf natürlichem Wege zum Studium der Mathematik kam, und führt im Detail den Verlauf des Staatsexamens aus. Ebenso widmet er sich liebevoll der Zeit, da Weierstraß Lehrer war.

2. In der Serie *Westfälische Lebensbilder Band 2 (1931)* der Aufsatz von Reinhold von Lilienthal. Er ist erst spät erschienen und stellt damit wohl die letzte Biographie dar, die noch von einem Schüler von Weierstraß verfaßt ist (von Lilienthal wurde 15 Jahre vor dem Tode von Weierstraß in Berlin mit Weierstraß als erstem Referenten promoviert).

Es kann uns nun nicht verwundern, daß gerade aus Münster Lebensbilder von Weierstraß kommen. Denn unser Jubilar ist nicht nur zeitlebens in ausgeprägter Weise ein Kind seiner westfälischen Heimat geblieben, sondern er war auch ein Absolvent unserer Hochschule. In Münster hat er Mathematik studiert, und dort hat er seine Prüfungen abgelegt.

So sehr wir nun auch in Münster verpflichtet sind, den 150. Geburtstag von Weierstraß festlich zu begehen, so töricht wäre es, wenn ich den zahlreichen Lebensbildern von Weierstraß noch ein weiteres hinzuzufügen beabsichtigte. Wohl aber scheint es mir sinnvoll zu sein, nachdem nun auch alle, die ihm im wissenschaftlichen und menschlichen Bereich begegnet sind, ihr Leben beendet haben, zu fragen, wer waren alle diese Menschen, und was ist aus ihnen geworden. Da wir dabei notwendig chronologisch vorgehen müssen, so wird auch ein Bild von Weierstraß wieder entstehen. Wir werden gewahr, wie anders als heute ein Professorenleben im 19. Jahrhundert verlief und wie auch die Akzente für verantwortliche Entscheidungen im Berufe anders gesetzt wurden als heute.

Karl Weierstraß wurde am 31. Oktober 1815 in Ostenfelde im Kreis Warendorf als erstes Kind des dortigen Sekretärs des Bürgermeisters (und späteren Rendanten auf der Saline in Westernkotten [unweit Lippstadt]) geboren. Es folgten noch drei Geschwister, die alle wie er ein hohes Lebensalter erreichten und merkwürdigerweise auch alle unverheiratet geblieben sind. Nach Westernkotten ist Weierstraß immer wieder zurückgekehrt, solange die Familie beisammen war. Mittag-Leffler schildert ausführlich die häuslichen Lebensbedingungen. Eine Kerze mußte als Lesebeleuchtung für sieben Personen herhalten. Der Preis des Getreides spielte für den Hausstand eine wesentliche Rolle. Aber der Wille zur Bildung ist unverkennbar.

Die Geschwister korrespondierten in reiferen Jahren miteinander in verschiedenen fremden Sprachen.

Karl Weierstraß besuchte kurze Zeit das Paulinum in Münster und wurde nach der Übersiedlung nach Westernkotten im Theodorianum in Paderborn eingeschult. Er war ein sehr guter Schüler, der viele Preise nach Hause brachte und eine Klasse überspringen konnte. Nach vollendetem Abiturientenexamen im August 1834 bezog er die Universität Bonn, um „Kameralia" – wie er in seinem Gesuch vom 29. Februar 1840 an den Prüfungsvorsitzenden für das höhere Lehramt später schrieb – zu studieren. Als Liebhaberei trieb er zwischendurch Mathematik. Aber das muß doch schon zeitweise sehr ernsthaft gewesen sein. Im Theodorianum hatte er von der ersten gelehrten deutschen Zeitschrift für Mathematik (Crelles Journal für die reine und angewandte Mathematik, gegründet 1826) die bekannten ersten Bände mit Arbeiten von ABEL, DIRICHLET, JACOBI, MOEBIUS, PLÜCKER und STEINER gesehen und auch einiges daraus gelesen, wie er später seinem Kollegen Stäckel berichtete[1]. (Crelles Journal war schon damals eine exklusive, ganz auf neue Forschungen eingestellte Zeitschrift, die gerade eine besondere Blütezeit erlebte, wie es die Namen der eben zitierten Autoren anzeigen.) Während der Studienzeit gehörte zu seiner Hauslektüre LAPLACE: *Mécanique céleste* und JACOBI: *Fundamenta nova theoriae functionum ellipticarum*. Von den damals in Bonn wirkenden Mathematikern, VON MÜNCHOW und PLÜCKER, bezieht sich Weierstraß (und zwar in seinem Antrag vom 29. Februar 1840 an den Vorsitzenden der Prüfungskommission für das höhere Lehramt) ausdrücklich auf v. Münchow.

Im Spätherbst 1838 kehrte Weierstraß in sein Elternhaus zurück, ohne eine Prüfung abgelegt zu haben. Am 22. Mai 1839 wurde er an der königlich theologischen und philosophischen Akademie in Münster immatrikuliert. Er selbst schreibt über diesen Wechsel des Studiums in seinem soeben erwähnten Antrag: „Als ich im Herbst 1834 die Universität bezog, wurde ich durch äußere Veranlassung bewogen, das kameralistische Fach zu ergreifen, obwohl ich mich, wenn ich meiner Neigung hätte folgen können, sicherlich für Mathematik und verwandte Wissenschaften entschieden haben würde. Der sehnliche Wunsch jedoch, mich auch mit diesen meinen Lieblingsgegenständen näher bekannt zu machen, führte mich immer wieder auf sie zurück, und je mehr ich mich mit ihnen beschäftigte, um so eifriger ward mein Bestreben, in einem Studium derselben meine Kräfte zu versuchen,

[1] Siehe *Lorey, W.*, Aus der mathematischen Vergangenheit Münsters. Semesterberichte, alte Folge, Heft 5 (1935), p. 26.

wobei ich das Glück hatte, in dem verstorbenen Prof. v. Münchow zu Bonn einen wohlwollenden und einsichtsvollen Ratgeber und Unterstützer zu finden. Die immer mehr sich befestigende Überzeugung, daß die Wahl meines zukünftigen Berufes ein Fehlgriff gewesen sei, indem ich fühlte, daß mir Anlage und Geschick zu einem tüchtigen Kameralisten oder Juristen abging, brachte mich endlich zu dem Entschlusse, mich ganz einem Studium zu widmen, welches mit meiner Neigung übereinstimmte, und das ich mit Hoffnung auf Erfolg betreiben zu können erwarten durfte. Mancherlei Verhältnisse jedoch, die niederdrückend und hemmend auf mich einwirkten, schwächten Lust und Kraft zu rüstigem Weiterstreben, und körperlich wie geistig leidend, beschränkte ich mich lange Zeit auf Selbststudium. Als ich Bonn verließ, glaubte ich wohl, manches gelernt und mir angeeignet zu haben; aber ich konnte mich nicht darüber täuschen, wie gar manches mir noch abging."

Killing betont in seiner Rektoratsrede, wie selbstverständlich dieser Übergang von der Kameralistik zur Mathematik gewesen sei, nachdem Weierstraß schon so fundamentale Werke gelesen hatte, die über das Verständnis eines durchschnittlichen Studenten weit hinausgingen. Mittag-Leffler aber meint, daß bei der starken Verbundenheit der Familie und der Autorität des Vaters, der realistisch dachte, ein solcher Schritt nicht so leicht war. So versuchte Mittag-Leffler, die Vorgänge näher zu ergründen. Er hat deshalb den Bruder, den Gymnasialprofessor im Ruhestand, Peter Weierstrass, 6 Jahre nach dem Tode unseres Mathematikers am 28. und 29. Juni 1903 – also beinahe 65 Jahre nach dem Geschehen – in Bad Cudowa in Böhmen aufgesucht, um von dem alten Manne die genauen Umstände zu erfahren. Diesen Besuch hat er sogar noch einmal im Februar 1904 in Breslau wiederholt und dabei für sein Institut in Djursholm das bekannte Jugendbild von Karl Weierstraß erworben. Mittag-Leffler kommt zu dem Schluß, daß die Familie verzweifelt war, als Karl ohne Examen aus Bonn nach vier Jahren heimkehrte, nachdem durch die Schulzeugnisse und Prämien so viele Hoffnungen in ihn gesetzt waren. Viele Familienkonferenzen wurden abgehalten. Noch einmal von vorne anzufangen, erlaubte die wirtschaftliche Lage der Familie nicht. Karl konnte wohl schwer der Familie begreiflich machen, daß das Studium der Mathematik ihn nunmehr schnell zum Abschlußexamen bringen würde. Aber die kleinen überschaubaren Verhältnisse im Lande führten dazu, daß der Präsident des Obergerichtes in Paderborn Schlechdenthal, der bei den Abschlußprüfungen am Theodorianum damals den Vorsitz führte und so Weierstraß' Leistungen kannte, sich für das Studium einsetzte. Mittag-Leffler schreibt dazu: „Um an einer der großen Universitäten mit dem Doktortitel als Endziel von neuem zu beginnen, reichten die Mittel nicht aus, aber an der nahegelegenen Akademie Münster konnte man in kürzerer Zeit als an einer Volluniversität ein Staatsexamen erreichen, das den Weg zum Lehrerberuf eröffnete, wenn auch ohne die Doktorwürde." Dies konnte Mittag-Leffler nur aus Unkenntnis über die Prüfungen schreiben. Einheitliche Bestimmungen für die Prüfungen für das höhere Lehramt gab es für alle preußischen Hochschulen schon seit 1812.

Es trafen hier mehrere glückliche Umstände zusammen, um dem neuen Entschluß von Weierstraß einen ungewöhnlichen Erfolg zu sichern. Der mathematische Unterricht war in den dreißiger Jahren des vorigen Jahrhunderts an den deutschen Universitäten stark reformiert worden. Die Erneuerungsbewegung ging von Königsberg aus[2], wohin Jacobi 1826 gekommen war. Er erweiterte den Vorlesungsstoff erheblich. In den letzten zehn Jahren vorher war gerade die Infinitesimalrechnung „vorlesungsreif" geworden. Im übrigen gab es an mathematischen Vorlesungen nur eine vertiefte und erweiterte Behandlung des Schulstoffes der Mittelklassen, wozu die Lösung kubischer und biquadratischer Gleichungen gehörte, dazu analytische Geometrie und sphärische Trigonometrie, Kombinatorik, Mechanik und theoretische Astronomie. Was darüber hinausging, wurde in Deutschland – im Gegensatz zu Frankreich – nur in den Kreisen der Akademien der Wissenschaften getrieben, allerdings auch im Druck der Öffentlichkeit zugänglich gemacht (wie etwa Gaußens Disquisitiones Arithmeticae 1801 oder die Disquisitiones circa superficies curvas 1827 und vieles andere, z. B. die Beiträge in Crelles Journal seit 1826). Nun aber kamen viele Stoffe hinzu. So las Jacobi 1831 über die elliptischen Transzendenten 8stündig. Er las auch über Variationsrechnung, Differentialgeometrie, gewöhnliche und partielle Differentialgleichungen, sowie Zahlentheorie. Er hielt Seminare ab, die es bis dahin nicht gab. Von Königsberg breitet sich nun diese wesentliche Erweiterung des Vorlesungsstoffes langsam in Deutschland aus. Und Münster war eine der ersten Stellen, wo über Abels und Jacobis Forschungen – also Entdeckungen, die höchstens ein Jahrzehnt zurücklagen – in Vorlesungen vorgetragen wurde.

An dieser Stelle darf zunächst etwas über die Universität Münster gesagt werden. Sie war 1773 auf Betreiben von Franz Freiherrn von Fürstenberg

[2] *Lorey, W.*, Das Studium der Mathematik an den deutschen Universitäten seit Anfang des 19. Jahrhunderts. Leipzig 1916, Kap. 3.

durch den Fürstbischof von Münster Maximilian Friedrich gegründet und hatte in demselben Jahre am 28. Mai durch Papst Clemens XIV. und am 8. Oktober durch Kaiser Joseph II. die Stiftungsurkunden bekommen. 1780 war darauf offiziell die Universität im ehemaligen Frauenstift Überwasser eröffnet. Es gab sogleich auch einen Mathematiker, nämlich CASPAR ZUMKLEY (1732–1797). Nach der Einverleibung des Fürstbistums Münster in Preußen verlor 1818 die Universität die juristische und medizinische Fakultät, hieß dann „Akademische Lehranstalt in Münster", trug diesen Namen auch noch zu Weierstraß' Studienzeiten und bekam 1843 die Bezeichnung: Königlich Theologische und Philosophische Akademie.

Seit 1832 wirkte als Mathematiker an der Akademie CHRISTOF GUDERMANN. Er war 1798 in Vienenburg bei Hildesheim geboren, hatte in Göttingen und Berlin studiert und war schon 1825 in fester Stellung am Gymnasium in Cleve. Er hat dann regelmäßig in Crelles Journal veröffentlicht, und zwar zunächst über sphärische Trigonometrie und dann im Anschluß an Jacobi über elliptische Funktionen. 1832 wurde Gudermann nach Münster berufen. 1836 liest er zum ersten Male über Modularfunktionen. Er vermeidet die Bezeichnung „elliptische Funktionen", weil sie nach seiner Meinung bei Anfängern die irrige Meinung erwecken kann, als wäre die ganze Theorie nur da, um die Ellipse rektifizieren zu können. Eine Aufzeichnung von dieser Vorlesung hat Weierstraß in Bonn gesehen. Weierstraß erkannte, wie wichtig es für seine mathematische Weiterbildung wäre, bei Gudermann zu hören. Insofern ist die These von Killing richtig, daß Weierstraß – weil er auch in Bonn von der Mathematik nicht lassen konnte – nach Münster drängte, wo ihm etwas geboten wurde, das es an fast allen anderen Universitäten noch nicht gab. WILHELM LOREY zeigt in seinem großen Werke: „Das Studium der Mathematik an den deutschen Universitäten seit Anfang des 19. Jahrhunderts", wie die Modernisierung des akademischen Unterrichts in der Mathematik der dreißiger Jahre des vorigen Jahrhunderts über Berlin und Göttingen zuerst nach Münster kommt.

Der Erfolg des Studiums von Weierstraß in Münster war auch bei Beachtung aller Faktoren ganz überraschend groß. Für das Sommersemester 1839 hatte Gudermann analytische Geometrie, Infinitesimalrechnung und Modularfunktionen angekündigt. In der analytischen Geometrie fanden sich 13 Hörer ein, in der Infinitesimalrechnung drei. Diese kleinen Hörerzahlen sind bis etwa 1900 in Münster geblieben (und waren auch außer in Berlin anderswo nicht sehr viel größer. So hat Göttingen im Jahre 1894 nur einen einzigen Staatsexamenskandidaten gehabt.) Gudermann erkennt sofort die

Begabung und die Höhe der Ausbildung von Weierstraß. So liest er für ihn alleine die Modularfunktionen und zusätzlich analytische Sphärik (wir würden sagen: sphärische Trigonometrie).

Nur dieses eine Semester hört Weierstraß überhaupt Vorlesungen. Im Herbst des Jahres, also 1839, nimmt er schon seine Exmatrikel, um sich auf das Staatsexamen vorzubereiten. Er mußte auch manche Lücke in den naturwissenschaftlichen Nebenfächern ausfüllen. Doch das wird er nicht sehr ernsthaft betrieben haben, denn ihn fesselte ein mathematisches Problem, das er sich selbst gestellt hatte: Die Darstellung der elliptischen Funktionen auf einer ganz neuen Grundlage.

Am 29. Februar 1840 meldet sich Weierstraß schon zum Staatsexamen. Als seinen akademischen Lehrer nennt er nur Gudermann. (Von Münchow nennt er als seinen Ratgeber in Bonn.) Jenem hat er aber auch immer die Treue gehalten. „Keiner der vielen Mathematiker Deutschlands und anderer Länder, die an Weierstraß' siebzigstem und später zu seinem achtzigsten Geburtstag in Berlin versammelt waren, um ihm ihre Huldigungen darzubringen, wird jemals die warmen Worte vergessen, welche er dem spendete, welchen er seinen Lehrer nannte" – schreibt Mittag-Leffler in seiner Biographie[3]. Am 2. Mai 1840 werden dem Kandidaten die Themen zugestellt. Als Hauptarbeit wird ihm die Darstellung der elliptischen Funktionen aufgegeben, und es wird bemerkt, daß dies nur auf ausdrücklichen Wunsch des Kandidaten geschieht. Gemeinhin sei eine solche Aufgabe viel zu schwierig für einen jungen Analytiker. Weierstraß hat die ihm gegebene Arbeit datiert: Westernkotten in Westfalen Sommer 1840, und im Herbst desselben Jahres der Prüfungskommission vorgelegt. Sie ist als erste Arbeit in Weierstraß' Werken abgedruckt.

Gudermann bemerkte sogleich die großartige Leistung. Das Gutachten aus den Prüfungsakten ist uns überliefert. Der wesentliche Satz lautet: „Der Kandidat tritt hierdurch ebenbürtig in die Reihe ruhmgekrönter Erfinder." Gudermann drängt auch darauf, daß die Arbeit dieses „dritten Semesters" gedruckt würde. Das wäre auch sicher damals und nicht erst in den Gesammelten Werken von Weierstraß 1894 (also 54 Jahre später!) geschehen, wenn Münster damals nicht das Promotionsrecht aberkannt gewesen wäre.

Gudermann war regelmäßiger Mitarbeiter des schon erwähnten Crelleschen Journals. So wäre es ihm zweifellos möglich gewesen, sie dort unterzubrin-

[3] Acta math. *39* (1923), p. 19.

gen, um so mehr, als Jacobi noch lebte, der wahrlich Weierstraß' Leistung gewürdigt hätte. So wären für Weierstraß keine Druckkosten entstanden. Aber Weierstraß, der auch auf der Höhe seines Ruhmes große Hemmungen gegenüber dem Publizieren behielt (Klein spricht von einer prinzipiellen Abneigung gegen Druckerschwärze)[4], wird die Veröffentlichung nicht betrieben haben. Der äußere Anreiz fehlte. Wahrscheinlich wird er auch damals schon viele seiner späteren Verbesserungen konzipiert gehabt haben.

Das Thema der Staatsarbeit ist später von Weierstraß immer wieder aufgegriffen. Die Darstellung der elliptischen Funktionen ist von ihm im Laufe seines Lebens zu einer solchen Vollendung geführt, daß sie seitdem nicht mehr verbessert werden konnte.

Wie hoch man auch die Genialität von Weierstraß einschätzen mag, die Fertigstellung dieser grundlegenden wissenschaftlichen Arbeit innerhalb eines guten Jahres nach Studienbeginn war nur möglich, weil Weierstraß' Geist sich während der ganzen Bonner Studienzeit unablässig in der Mathematik weitergebildet hatte. Weiter war es ein besonderer Glücksfall, daß Gudermann sich mit dem damals modernsten Gebiet der Mathematik, den elliptischen Funktionen, beschäftigte, daß Abel und Jacobi eben vorher ihre grundlegenden Arbeiten in Crelles Journal veröffentlicht hatten und daß schließlich auch Gudermann die Leistungskraft von Weierstraß im ersten Semester erkannte und ihr gleich die richtige Belastung gab.

Nach dem glänzend bestandenen Examen meldete sich Weierstraß sogleich für das Probejahr im Schuldienst. In jenen Zeiten, ja im ganzen 19. Jahrhundert und in den ersten Jahrzehnten dieses Jahrhunderts war es die Regel, daß ein junger Mathematiker, der sich der Forschung widmen wollte, zunächst ins Lehrfach ging. Bei wissenschaftlichen Leistungen waren dann die Schulbehörden auch bereit, den betreffenden Gymnasiallehrer teilweise zu beurlauben. Dazu mußte man sich natürlich erst Anerkennung verschaffen. Das gab harte Jahre. So war es auch bei Weierstraß.

Er war zunächst von Herbst 1841 bis Herbst 1842 Probekandidat am Gymnasium Paulinum in Münster. Dann mußte er die Stelle eines Lehrers am Progymnasium zu Deutsch Krone in der ehemaligen Provinz Westpreußen (und von 1918–1945 in der Grenzmark Westpreußen–Posen) gelegen, etwa 30 km nordwestlich von Schneidemühl, antreten. Zunächst mußte er vornehmlich in den unteren Klassen unterrichten und auch

[4] *Klein, F.*, Vorlesungen über die Entwicklung der Mathematik im 19. Jahrhundert. Berlin 1926, p. 283.

Schönschreiben und Turnunterricht geben. Von dem so erworbenen Sinn für Schönschreiben soll die Skripttype „$\wp$“ stammen, die alle Mathematiker seit Weierstraß Zeiten zur Bezeichnung für die von ihm mit so großem Erfolg als Fundament für die ganze Theorie herangezogene Funktion benutzen.

Hart war die Zeit in Deutsch Krone für Weierstraß aber nicht nur wegen der Belastung mit zu primitiven Aufgaben. Mehr noch hat er die geistige Isolierung empfunden, die vor allem durch das Fehlen jeglicher Fachliteratur für ihn entstand. Außerdem war er finanziell so schlecht gestellt, daß er das damals noch sehr hohe Porto für eine umfangreiche Korrespondenz nicht aufbringen konnte. (Ein Brief nach Köln kostete 17 Silbergroschen, und sein Gehalt betrug monatlich nur 29 Taler.) So hat er noch 1875 über diese „Verbannung in das Land der Velaten und Obotriten“ in einem Brief an Paul Du Bois Reymond sehr geklagt. Trotzdem schreibt er in diesen sechs Jahren drei Arbeiten, die später in den Werken abgedruckt sind. Damals erschien nur im Programmheft des Progymnasiums ein Artikel: „Bemerkungen über die analytischen Fakultäten.“ Diese Abhandlung ist die erste aus Weierstraß’ Feder, die im Druck erschien. Sie war der Kern einer größeren Arbeit, die 1856 im 21. Band von Crelles Journal veröffentlicht wird.

Im Herbst 1848 wird Weierstraß an das königliche katholische Gymnasium in Braunsberg, gegründet 1565, versetzt. Das war ein großes Avancement. Gemäß Killings Mitteilung war es auf die geschilderten Leistungen in Münster und die wissenschaftlichen Interessen des neuen Direktors, des späteren Provinzial-Schulrats in Münster Ferdinand Schultz zurückzuführen. In Braunsberg gab es mathematische Bücher und überhaupt eine wissenschaftliche Bibliothek. Hier gab es auch im persönlichen Umgang geistige Anregungen. Braunsberg hatte nicht nur ein Vollgymnasium, sondern auch das Lyceum Hosianum, eine akademische Ausbildungsstätte für die zukünftigen katholischen Geistlichen des Ermlandes, eine Anstalt, aus der später wie Münster eine theologisch-philosophische Akademie wurde.

Auch der Unterricht konnte Weierstraß jetzt weit eher Befriedigung gewähren. Jetzt konnte er vornehmlich, unter der Leitung eines verständigen Direktors, der selbst wissenschaftlich tätig war, in den oberen Klassen unterrichten. Auch über seine Sonderheiten, die aus seiner starken geistigen Arbeit entsprangen, die ihn gelegentlich über die Nachtstunden hinweg bis zur ersten Unterrichtsstunde festhielt – was man im kleinen Braunsberg wohl bemerkte – sah man liebevoll hinweg. So ist es zu verstehen, daß Weierstraß später – und zwar ausdrücklich gelegentlich einer Rede zu seinem 80. Geburtstage – diejenigen Mathematiker tadelte, die sich im Stande des Gymnasiallehrers nicht wohl zu fühlen vermöchten.

Das ruft Parallelen zu unserer heutigen Zeit wach. Als der hochangesehene Topologe HEINZ HOPF am 6. Juli 1965 von seinem Amte an der Eidgenössischen Technischen Hochschule zu Zürich verabschiedet wurde – was ein internationales Ereignis in der Fachwelt war – hielt er einen Vortrag über die Höhepunkte geistigen Kontaktes und fruchtbarer Berührung während seines Forscherlebens. Und dann schloß er: „Ich bin aus ganzer Kraft Forscher gewesen. Aber das Amt des Professors und Lehrers habe ich als noch wichtiger angesehen. Ich habe besonders gerne elementare Vorlesungen gelesen. Ich verstehe unsere Jugend nicht, wenn sie bei einer Berufung als erstes sich danach erkundigt, wie stark die Belastung durch Vorlesungen sei. Ich möchte dann antworten: Im ersten Jahre dürfen Sie 3 Stunden lesen. Haben Sie Erfolg, so dürfen Sie später 6 Stunden ankündigen."

Man beachte die unvergleichlich viel höheren Anforderungen an die Lehrtätigkeit eines Mathematikers im vorigen Jahrhundert, denn ein Studienrat hatte damals und hat heute durchweg über 20 Stunden wöchentlich zu unterrichten. Die große Kraft von Weierstraß ermißt man erst, wenn man bedenkt, daß er solchen umfangreichen unterrichtlichen Verpflichtungen in Braunsberg nachkam und doch zugleich seine grundlegenden Arbeiten durchführte.

Zunächst gab er nur im Programmheft seines Gymnasiums 1849 den ersten Entwurf zu seiner neuen Theorie der Abelschen Integrale bekannt. Dieses Programmheft ist in den ersten Jahren kaum beachtet worden[5].

Das eigentliche Ziel Weierstraßischen Strebens war es, die Abelschen Funktionen analytisch restlos zu beherrschen. Um das zu würdigen, darf in diese biographischen Notizen eine kleine mathematische Übersicht eingestreut werden.

Die erste Transzendente, auf welche man bei der Integration algebraischer Funktionen geführt wird, ist der Logarithmus

$$w = \ln z = \int_1^z \frac{dz}{z}.$$

[5] Der große Sammler von Weierstraßiana Gösta Mittag-Leffler hat ein Exemplar des Programmheftes noch für das Institut Djursholm erwerben können. Sachlich ist es unwichtig, weil alles in den Gesammelten Werken nachgedruckt wurde. Aber für den Freund des historischen Geschehens um Weierstraß weht aus jenen alten Blättern des Programmheftes, das auch einen Bericht über die Schulinterna enthält, ein Hauch jener kleinen Welt, in der Weierstraß damals lebte.

Er ist nicht mehr auf algebraischem Wege aus den algebraischen Funktionen zusammenzusetzen. Seine Umkehrungsfunktion

$$z = e^w$$

ist aber eine ganze transzendente Funktion, also eine Funktion, die sich überall im Endlichen „wie eine rationale“ verhält. Gleiches gilt für

$$\int_0^z \frac{dz}{\sqrt{1-z^2}} \quad \text{und etwa} \quad \int_0^z \frac{dz}{1+z^2},$$

also Integrale über algebraische (im zweiten Falle sogar rationale) Funktionen, deren Umkehrung sin w und tg w, also transzendente Funktionen sind, die im Endlichen sich wie rationale Funktionen verhalten, aber (so würde man heute sagen) im Unendlichen wesentlich singulär werden – und deshalb transzendent heißen. Nun war schon EULER auf Integrale des Typs

$$\int \frac{dz}{\sqrt{P_4(z)}}, \quad P_4(z) \text{ ein Polynom 4. Grades}$$

gestoßen, und das sind (bei lauter verschiedenen Nullstellen) Funktionen ohne Singularitäten[6]. Bei dem Versuch, durch Substitution diese Integrale auf bekannte zurückzuführen, war Jacobi in seinen Fundamenta nova theoriae functionum ellipticarum 1829 auf die Umkehrungen dieser Funktionen gekommen und hatte sie als doppeltperiodische Funktionen erkannt, die sich im Endlichen wie rationale verhielten. Mannigfachste Relationen zwischen diesen Funktionen wurden bekannt. Es galt hierfür eine möglichst handliche Theorie aufzubauen, was später Weierstraß endgültig mit seinen $\wp$-, ζ- und σ-Funktionen gelang. Zugleich galt es jetzt eine ganz allgemeine Theorie der Abelschen Integrale, nämlich *aller* Integrale über algebraische Funktionen aufzustellen und ihre Umkehrfunktionen, die Abelschen Funktionen, zu betrachten. Diese Aufgabe beherrscht Weierstraß' ganzes Lebenswerk.

Alle seine übrigen Entdeckungen und alles, was er später als Professor in Berlin an Erkenntnissen so großzügig um sich streute, sind Ergebnisse, die er auf dem Wege zu seinem Lebensziel gewonnen hat. Er war sich darüber klar, daß dazu von den damals noch unsicheren Fundamenten der

[6] Nämlich Abelsche Integrale erster Gattung.

Analysis an die gesamte Theorie der holomorphen Funktionen gründlich zu durchdenken und aufzubauen war.

Heute sehen wir das fertige Werk mit ganz anderen Augen an. Schon äußerlich merkt man es an den Vorlesungsprogrammen. Waren noch um 1920 Vorlesungen über elliptische Funktionen regelmäßig in den Vorlesungsprogrammen unserer Universitäten als besondere Zierde zu finden, so wird man jetzt vergeblich danach suchen. Geblieben ist gerade das Gerüst, das Weierstraß zur Sicherung seiner Theorie konstruierte. Wenig Interesse aber finden die speziellen Funktionen, die er behandelte.

Doch wir sind dem Bericht über Weierstraß' Leben weit vorausgeeilt. Vier Jahre nach Erscheinen des kleinen Aufsatzes, der im Rahmen der Veröffentlichungen seines Gymnasiums erschienen war, gelang es Weierstraß, und zwar während des Sommerurlaubs 1853 in Westernkotten, wo der Vater in der Salinenverwaltung noch tätig war, die im Programm skizzierten Gedanken in einer Arbeit weiterzuführen (erschienen in Crelles Journal 1854) und dann in einer unmittelbar folgenden großen Arbeit (erschienen in Crelles Journal 1856) zu einem gewissen Abschluß zu bringen. (In den gesammelten Werken sind dann die hyperelliptischen Integrale noch einmal in neuer Bearbeitung erschienen.) Schon die erste Arbeit in Crelles Journal (1854) machte großes Aufsehen in der Fachwelt. Die philosophische Fakultät der Universität Königsberg erteilte auf Antrag von RICHELOT[7], einem Schüler von Jacobi und deshalb auf das beste vorbereitet, um Weierstraß' Leistung zu würdigen, Weierstraß den Doktor honoris causa. Richelot, der an der Spitze einer Delegation der Fakultät in Braunsberg Weierstraß die Urkunde überbrachte, brach in die Worte aus: „Wir alle haben in Herrn Weierstraß unseren Meister gefunden." Man erwäge einmal, was es heißt, daß eine Fakultät sich zu einem solchen Schritte entschließt. Ehrendoktorate werden gewiß vergeben. Aber dazu läßt sie den Jubilar kommen und erklärt ihm außerdem im allgemeinen nicht, daß er ihr Meister sei.

Nun wurde Weierstraß für das Schuljahr 1855/56 zur Vollendung wissenschaftlicher Arbeiten beurlaubt. Er bemüht sich außerdem selbst um eine neue Stellung, wo er mehr Muße zu wissenschaftlicher Arbeit hat. So wurde ihm eine Professur angeboten am damaligen Gewerbeinstitut in Berlin (gegründet 1821, die 1879 mit der königlichen Bauakademie [gegründet 1799] zur Technischen Hochschule Berlin-Charlottenburg [jetzt Technische Universität Berlin] vereinigt wurde). Mit ihm auf der Liste hatten gestanden

[7] Friedrich Richelot aus Königsberg, 1808–1875, war 1844 Jacobis Nachfolger als Ordinarius der Mathematik in Königsberg geworden.

der Geometer OTTO HESSE, später in München, und OSKAR SCHLÖMILCH, damals schon Professor an der Technischen Hochschule in Dresden, später Vortragender Rat und maßgeblich für Universität und Gymnasien im sächsischen Kultusministerium. Bei der endgültigen Auswahl hatte noch ALEXANDER VON HUMBOLDT einen Einfluß ausgeübt[7a].

Nun kam Weierstraß nach Berlin. Am 14. Juni 1856 wurde er in sein neues Amt eingeführt. Im Herbst desselben Jahres wurde er gleichzeitig außerordentlicher Professor an der Universität und ordentliches Mitglied der preußischen Akademie der Wissenschaften. Im Sommersemester 1857 hat er seine erste 4stündige Vorlesung über elliptische Funktionen an der Universität gehalten. Diese Vorlesung ist ausführlich von KOENIGSBERGER beschrieben worden[8]. Am Leibniztag desselben Jahres (9. Juli 1857) hielt er seine Antrittsrede in der Akademie der Wissenschaften[9]. Das war ein anstrengendes Leben! 12 Stunden wöchentlich Vorlesung am Gewerbeinstitut, mindestens eine Privatvorlesung und ein Publicum an der Universität, ferner die Fertigstellung wissenschaftlicher Publikationen füllten sein Leben bis zum Rande aus. Es gab bald Vorboten einer ernsten körperlichen Störung infolge dieser Überlastung, die er aber übersah. Am 16. Dezember 1861 überfiel ihn aber mitten in der Vorlesung an der Universität der Schwindel so stark, daß er taumelte. Das Schlimmste wurde befürchtet. Nun mußte er auf lange Zeit beurlaubt werden. Nie kehrte er an das Gewerbeinstitut in Charlottenburg zurück, obwohl er die Stelle dort bis zum Frühjahr 1864 innehatte. Im Winter 1862/63 las er dann wieder an der Universität. Nach Schaffung einer neuen Stelle wurde er am 2. Juli 1864 neben OHM und KUMMER zum Ordinarius ernannt. Diese Stellung behielt er bis zu seinem Tode – obligatorische Emeritierungen gab es bis nach Beendigung des ersten Weltkrieges nicht – also 30 Jahre lang. Seine letzte Vorlesung hielt er im Winter 1889/90. Es war 4stündig Variationsrechnung[10].

Bei aller Zurückhaltung, die er sich wegen seiner angegriffenen Gesundheit auferlegen mußte und die ihn besonders veranlaßt hat, zur Erholung viel verreist zu sein, teilweise sogar noch in die Zeit der Semester im engeren Sinne hinein, hat er beispiellos durch seine Vorlesungen gewirkt.

7a Gemäß einer Mitteilung von Herrn Kurt Biermann, Berlin, hat 1856 auch der österreichische Unterrichtsminister Weierstraß eine Professur nach Wahl angeboten.

8 Siehe J.-Berichte DMV *25* (1917), p. 393–424.

9 Abgedruckt, Gesammelte Werke I, p. 223–226.

10 Siehe Weierstraß' Werke Bd. III.

Er ist der erste deutsche Professor der Mathematik gewesen, der in seinen Glanzjahren ein großes deutsches und zugleich ein internationales Publikum um sich versammelte, das wieder die soeben erworbenen Kenntnisse in alle Welt ausstrahlte[10a].

Als Mittag-Leffler 1873 von Stockholm aus zum Auslandsstudium zuerst nach Paris ging, sagte ihm der uns allen vertraute französische Gelehrte Charles Hermite[11]: „Vous avez fait erreur Monsieur, vous auriez du suivre les cours de Weierstrasz à Berlin. C'est notre maître à tous.[12]" Man erkennt schon aus diesem Satz, daß die Wirksamkeit von Weierstraß in seiner Glanzzeit weit mehr durch seine Vorlesungen als durch seine Publikationen zustande kam. Weil er so wenig veröffentlichte, wurden seine Vorlesungen mitgeschrieben – und diese Aufzeichnungen gehandelt. Weierstraß muß aber ungewöhnlich vorsichtig mit einer Autorisation der darauf basierenden Ausarbeitungen gewesen sein. Ganz offenbar war er mit dem, was er da sah, meistens nicht zufrieden, obwohl er bei der Vorbereitung seiner Vorlesungen, die er gemeinhin in einem Zyklus von vier Semestern las, sich häufig solche Ausarbeitungen auslieh[13]. So reifte sein Entschluß, im Rahmen seiner Werke unter eigener Kontrolle eine Ausarbeitung seiner Vorlesungen herauszugeben. Deshalb suchte er, die Begabtesten unter seinen Hörern für Entwürfe zu seinen Werken zu gewinnen. Trotzdem hat die Herausgabe der sieben Bände sehr viel Zeit in Anspruch genommen. Immer kamen neue Verbesserungen hinzu und warfen die alten Pläne um. Dann haben seine Hörer ihm sehr viele Enttäuschungen bereitet. Wer alles versprach dem berühmten Mann die Mitarbeit, um dann doch diese mühselige Kleinarbeit nicht durchzuhalten! 1894, also drei Jahre vor seinem Tode, kam der erste Band heraus. Der letzte Band (der siebente), der erschienen ist, wurde 1927 von Rudolf Rothe herausgegeben. Drei weitere waren geplant. Zahllose Besprechungen hat Weierstraß mit seinen Mitarbeitern über sein Projekt während der letzten beiden Jahrzehnte seines Lebens noch gehabt.

Was aber machte seinen Ruhm aus? Natürlich war er als glänzender Fachmann schon ausgewiesen, als er nach Berlin kam. Die Jacobische Theorie der elliptischen Funktionen umzugestalten, wesentlich durchsichtiger zu machen und zu vervollständigen, war für sich genommen schon

[10a] Bis zu 250 Hörer sah er in seiner Wohnung.

[11] Zur Biographie über Charles Hermite siehe *Noether, Max*, Math. Annalen *55* (1902).

[12] Acta math. *50* (1927), p. 7.

[13] Siehe *Kiepert, L.*, Persönliche Erinnerungen an Karl Weierstraß. J.-Berichte DMV *35* (1926), p. 60.

eine erhebliche Leistung. Dazu kam die sehr umfangreiche Theorie der Abelschen Funktionen. Sein Ansehen wuchs durch die allgemeinen funktionentheoretischen Begriffe, Verfahren und Sätze, die er dabei entwickelte. Dazu gehören die Potenzreihendarstellung als Ausgangspunkt, die analytische Fortsetzung, der Monodromiesatz, das Studium des Verhaltens in der Nähe isolierter singulärer Punkte, die Produktdarstellung der ganzen Funktionen mit Hilfe Konvergenz erzeugender Faktoren, die natürliche Grenze, und die Konstruktion von holomorphen Funktionen zu beliebig vorgegebenen Gebieten, das analytische Gebilde, der Funktionenkörper der kompakten Riemannschen Fläche usw. Er hat auch als erster konsequent einen so fundamentalen und allgemeinen Begriff wie den der gleichmäßigen Konvergenz (der allerdings schon kurz vorher bei Cauchy gelegentlich auftritt) benutzt.

Das Ansehen von Weierstraß überragte bald das des genialen Riemann, der ja zweifellos vielseitiger war. 1869 kritisiert Weierstraß in den Berliner Monatsberichten ein Fundament der Riemannschen Funktionentheorie[14], nämlich die Benutzung des Dirichletschen Prinzips. Riemann nutzt dieses Prinzip aus. Er bildet nämlich bei gegebenen Randwerten das Minimum von

$$\iint_D \left\{\left(\frac{\partial u}{\partial x}\right)^2 + \left(\frac{\partial u}{\partial y}\right)^2\right\} dx\, dy, \quad D \text{ ein einfach zusammenhängendes Gebiet,}$$

wo zur Konkurrenz alle in D stetigen Funktionen zugelassen sind. Das Minimum ist unter sehr allgemeinen Voraussetzungen eine harmonische Funktion, woraus nun in einfacher Weise die jeweils gesuchte holomorphe Funktion sich ergibt, sei es jene, die D auf den Einheitskreis abbildet (Riemannscher Abbildungssatz), sei es jene, die auf einer kompakten Riemannschen Fläche ein Abelsches Integral 3. Gattung (mit zwei konjugierten logarithmischen Singularitäten) erzeugt. *Aber* wieso ist sichergestellt, daß dieses Minimum vorhanden ist? Durch ein einfaches Beispiel machte es Weierstraß klar, daß hier eine Lücke vorliegt, die erst viel später (1901) durch Hilbert restlos ausgefüllt wurde. In den letzten drei Jahrzehnten des 19. Jahrhunderts war jedenfalls der Riemannsche Aufbau bei vielen Mathematikern suspekt. Ganz ähnlich wie Riemann erging es Steiner mit dem isoperimetrischen Problem, d. h. zu gegebenem Umfang die geschlossene Kurve zu finden, die den größten Inhalt hat (was bekanntlich

[14] Siehe Weierstraß' Werke Bd. II (1895), p. 53–54.

der Kreis ist). Im Steinerschen Beweis fand sich auch eine solche Lücke, und sie muß zu Dirichlets Zeiten schon bekannt gewesen sein. Hier hatte Weierstraß also nicht erst auf die Lücke hinzuweisen. Aber Jacob Steiner, den Weierstraß noch persönlich gekannt hat[15] – Jacob Steiner wirkte ja in Berlin und verstarb erst 1863 – hat diese Lücke zeitlebens geleugnet. Weierstraß aber füllte sie mit seinen Hilfsmitteln aus der Variationsrechnung aus, und das galt damals als eine unerwartete Leistung. Weiter hat Weierstraß als erster eine reelle, stetige, aber nirgends differenzierbare Funktion konstruiert. Zweifellos hat dies so aufgezeigte Phänomen auch in immer größeren Kreisen zu einer strengeren Fassung der Grundbegriffe der Analysis geführt.

Alles dies und noch manches andere in Weierstraß' Wirken führte dazu, daß er den Ruf des Meisters unerbittlicher mathematischer Strenge gewann. Da außerdem bald bekannt wurde, daß er vieles in seinen Vorlesungen brachte, was er nicht veröffentlichte, und schließlich sehr gerne in persönlichen Gesprächen den Hörern weitere Anregungen gab, so strömte immer mehr der Nachwuchs an Mathematikern aus der ganzen damaligen Welt nach Berlin, um bei Weierstraß zu hören. Und er schüttete das ganze große Füllhorn seiner mathematischen Erkenntnisse um sich aus. Niemals wurde er böse, wenn jemand seine Resultate, ohne ihn zu zitieren, weiter gebrauchte. Nur konnte er es gar nicht vertragen, wenn man sich fälschlicherweise auf ihn berief.

Die siebziger und achtziger Jahre machen seine Glanzzeit aus. Es gab keine deutsche Universität, die auch nur entfernt in jenen Tagen ähnliches bot. In Göttingen war es damals still. GAUSS war 1855 gestorben, und man weiß, daß er ungern las – überdies fast nur über Astronomie und Geodäsie. DIRICHLET und RIEMANN waren ihm schnell gefolgt, und niemand war in Göttingen, der der Riemannschen Funktionentheorie nach diesem Schlage wieder zu Ansehen verhelfen konnte. Erst mit FELIX KLEIN und dann mit DAVID HILBERT, also mit den neunziger Jahren beginnend, sollte die Riemannsche Funktionentheorie der Weierstraßischen wieder ebenbürtig werden. Ganz wesentlich haben hierzu die großen Erfolge, die Felix Klein mit seinen Arbeiten zur geometrischen Funktionentheorie von Riemann hatte, beigetragen, und dann für alle Freunde der Grundlagen die absolute Ehrenrettung des Dirichletschen Prinzips durch Hilbert (1901). Aus Wider-

[15] Steiner und Weierstraß sind in Berlin noch zusammengekommen. Leo Koenigsberger schildert in seinen Erinnerungen einen Besuch von Steiner bei Weierstraß. *Koenigsberger, Leo*, Mein Leben, Heidelberg *1919*, p. 52.

spruchsgeist gegen die zu große Autorität von Weierstraß war Klein – wie er selbst berichtet – während seines Aufenthaltes in Berlin im Winter 1869/70 – nicht in die Weierstraßischen Vorlesungen gegangen[16]. Klein hat lediglich – der damaligen Sitte entsprechend – sich die Nachschrift eines Hörers abgeschrieben und in Weierstraß' Seminar über das Modell der nichteuklidischen Geometrie vorgetragen. Er war aber nicht glücklich über Weierstraß' Unverbindlichkeit gegenüber seinen neuen Ideen.

Der Gegensatz zwischen dem Riemannschen Aufbau der Funktionentheorie (mit der komplexen Differentiation beginnend) und dem Weierstraßischen Aufbau (mit den Potenzreihen beginnend) hat dann noch lange nachgewirkt. Wir Heutigen verstehen ihn einfach nicht mehr, nachdem GOURSAT (1900) die vollständige Äquivalenz zwischen der Klasse der Funktionen, die nach Riemann, und der Klasse der Funktionen, die nach Weierstraß holomorph sind, nachgewiesen hat. Aber an den Lehrbüchern erkennt man es noch bis etwa 1920, daß die Berliner und die Göttinger Schule der Funktionentheorie ungern die Methoden und Erkenntnisse der jeweils anderen benutzten. Felix Klein hatte dabei noch die Gegensätze hervorgehoben und – wie es die eigene Arbeitsrichtung und die Verpflichtung zur Dankbarkeit Göttingens gegenüber Riemann nahelegten – Riemann gegenüber Weierstraß herausgestellt; man lese nur: Kleins Vorlesungen über die Entwicklung der Mathematik im 19. Jahrhundert. Im „Hurwitz-Courant"[17] sind zwar beide Auffassungen unter einem Buchdeckel vereint, aber gewiß nicht miteinander verwoben – was erst den großen Vorteil bringt. Es ist unbestreitbar LUDWIG BIEBERBACH[18] gewesen, der in seinem 1922 erschienenen Lehrbuch ohne Naht und ohne Bindung an die Entdecker die Funktionentheorie aufbaute, dabei hier Riemannsche und dort Weierstraßsche Ansätze verwendete, je wie die Sachlage es gebot.

In der Glanzzeit von Weierstraß war die „Göttinger Partei" nicht im Spiel, saß doch sogar von 1875–1892 in Göttingen HERMANN AMANDUS SCHWARZ, sicher der kampfesfreudigste und erfolgreichste Schüler von Weierstraß. Auch nahm Weierstraß starken Anteil an dem Schicksal seiner Mitarbeiter. Er blieb mit vielen für sein ganzes Leben durch Briefe und Besuche in fachlicher und persönlicher Beziehung und sorgte für ihr

[16] Siehe *Klein, F.*, Vorlesungen über die Entwicklung der Mathematik im 19. Jahrhundert, Berlin 1926, p. 284.
[17] Herausgegeben Juni 1922.
[18] ... und doch umstritten. Siehe das Vorwort zu *Bieberbach*, Lehrbuch der Funktionentheorie I, 2. Auflage 1923.

Weiterkommen. So ist es auch nicht verwunderlich, daß um die Jahrhundertwende die Schule von Weierstraß einen so erheblichen Anteil an der Professorenschaft unseres Faches stellte (so wie eine Generation später wieder Göttingen ganz an der Spitze liegen sollte). So wurden 1891, als beide Lehrstühle in Münster frei waren, gleich zwei Schüler von Weierstraß dorthin berufen. Natürlich war noch stärker die Zahl der Weierstraß-Schüler, die gleichzeitig Lehrstühle in Berlin innehatten. Aber niemand kann behaupten, daß die Schüler von Weierstraß nur die von ihm aufgezeigten Wege in der Forschung weitergingen. Schon der erste unter seinen Schülern, Hermann Amandus Schwarz, war, trotz aller Verehrung für den Meister, – wieviele Anekdoten gibt es nicht darüber! – ein erfolgreicher, eigenwilliger Mathematiker, wie seine Werke ausweisen, die er charakteristischer Weise seinem anderen Lehrer, dem „Analytiker" Kummer, und nicht Weierstraß gewidmet hat. Auch Geometer hat es etliche unter den Schülern Weierstraß' gegeben, zu denen mindestens auch teilweise Schwarz gerechnet werden kann. Der erste Band seiner Gesammelten Abhandlungen enthält nur geometrische Arbeiten, der zweite insbesondere die Arbeiten zum alternierenden Verfahren in der Funktionentheorie und damit zur Rettung des Riemannschen Ansatzes.

Aber nicht nur spätere deutsche Professoren hatten in ihrer Jugend zwischen 1860 und 1890 die Auditorien von Weierstraß gefüllt. Eine besondere Note bekam der Hörerkreis durch die Ausländer, die später – selbst zu Ansehen gekommen – den Ruhm von Weierstraß in alle Welt trugen. Hier stand Gösta Mittag-Leffler aus Stockholm, geboren 16. März 1846, allen voran. Selbst aus gehobenen bürgerlichen Kreisen stammend, wurde seine mathematische Begabung schon als Kind erkannt. Er hat ab 1865 in Uppsala studiert und war dort auch Dozent geworden. Dann ging er nach Paris und studierte bei den großen französischen Mathematikern der damaligen Zeit: Hermite, Appell, Chasles, Liouville, Picard und Henri Poincaré. Von dort kam er über Göttingen nach Berlin. Im Winter 1874/75 und im folgenden Sommer hörte er bei Weierstraß. Die Unterredungen mit dem Meister beeinflußten sein ganzes späteres eigenes Schaffen. Einer seiner schönsten Charakterzüge war die Verehrung und Anhänglichkeit, die er für seinen alten Lehrer Weierstraß hegte. Nörlund, der Nestor der skandinavischen Mathematiker, schreibt in einem Nachruf: „Er hat der Welt ein erhabenes Bild von Treue gegen seinen Lehrer gegeben." Trotzdem nahm Mittag-Leffler die ihm im Frühjahr 1876 angebotene Stellung an der Universität Berlin nicht an. Statt dessen ging er als Nachfolger von L. Lindelöf in das weit abgelegene Helsingfors. Das entsprach keineswegs seiner internationalen Verbundenheit und der großbürgerlichen Lebenshaltung, die er damals führen konnte. Hier entschied nur nationales Pflichtbewußtsein. 1881 wird er dann Professor an Stockholms neu gegründeter Högsskola. Nun entwickelte er auf dem Hintergrunde der Weierstraßischen Schule und in enger Verbindung mit den französischen Mathematikern eine rege internationale Tätigkeit. Es war ja nicht so wie heute. Die Stätten starken mathematischen Lebens lagen in bezug auf Reisedauer und -kosten sowie geistigem Kontakt viel weiter auseinander. Internationale Korrespondenz hatten nur wenige Professoren. So war er schon wegen seiner guten Sprachkenntnisse und seiner politischen Neutralität im Zeitalter des erwachenden Nationalismus für alle Mathematiker, die von den anderen großen Zentren der Forschung Anregungen haben wollten, ein glänzender Vermittler[19].

Dazu kam ein hervorragendes Gespür für mathematische Leistungen. So hatte er auch früh die Bedeutung von Felix Klein und Henri Poincaré erkannt und zu ihnen Fäden gesponnen. 1882 hat er die Acta mathematica, die große nordische Zeitschrift, gegründet. In ihr erschienen nicht nur seine bekannten Arbeiten zur Darstellung meromorpher Funktionen, zum Anschmiegungssatz, zur Theorie der linearen homogenen Differentialgleichungen, zur Entwicklung holomorpher Funktionen in Sternbereichen, sondern auch Arbeiten von Weierstraß (obwohl der inzwischen Mitherausgeber von Crelles Journal geworden war) und dann – etwa ein Jahrzehnt später – die Arbeiten von Henri Poincaré zur Uniformisierungstheorie. Drei Jahre nach der Gründung der Zeitschrift schreibt Weierstraß: „Vielleicht wäre es verzeihlich, wenn ich als Mitherausgeber der ältesten von den gegenwärtig existierenden mathematischen Zeitschriften eine Anwandlung von Neid darüber empfände, daß es Ihnen gelungen ist, von Anfang an für die Acta soviele altbewährte Meister und junge, aufstrebende Talente als Mitarbeiter zu gewinnen."

Daneben war er ein unermüdlicher und liebevoller Sammler von Weierstrassiana. Er häufte viele Ausarbeitungen Weierstraßischer Vorlesungen an, er sammelte alle Andenken an seinen Meister. So hat er sich um das alte

[19] Auf dem großen internationalen Mathematikerkongreß in Rom 1908 (dem dritten Kongreß dieser Art nach Paris und Heidelberg) sagte man scherzhaft, Mittag-Leffler habe den König von Italien im Auftreten wie in der geistigen Präsenz in die Tasche gesteckt – etwas, was bei den so verschiedenen Körpermaßen der beiden fast möglich gewesen wäre.

Schulprogramm von Braunsberg mit Weierstraß' erster wissenschaftlicher Arbeit bemüht, so benutzte er seinen Besuch bei Peter Weierstraß in Böhmen dazu, um von ihm, dem todkranken Greis das Jugendbildnis in Öl von Karl Weierstraß, das aus der Bonner Zeit stammte, vermacht zu bekommen. Im Februar 1904 holte er es in Breslau ab, kurz bevor Peter als letzter der vier Geschwister starb.

Das herrschaftliche Wohnhaus von Mittag-Leffler in Djursholm bei Stockholm, am Mälaren etwa 10 km nördlich der Hauptstadt gelegen, ist auch heute noch zum großen Teil in seinem alten Zustand erhalten. Es ist zum stillen Arbeiten in der großartigen Bibliothek gedacht, die vor allem reichhaltig ist in bezug auf die fachlichen Publikationen aus der Wirkungszeit von Mittag-Leffler. Das Institut – vor allem im Hochsommer kaum betreten – atmet in seiner gepflegten Abgeschlossenheit die Welt des großen Künders von Weierstraß' Leistungen. Schon im Treppenhaus begegnet man den Bildern von Weierstraß, beginnend mit dem Jugendbild aus Bonn und endend mit einer Kopie des Bildes, das von Voigtländer zu Weierstraß' 80. Geburtstag gemalt und an diesem Tage auf Wunsch des Kaisers in der Nationalgalerie feierlich enthüllt wurde. Man findet in der Bibliothek in Leder gebunden im Stil jener Zeit alle die Zeitschriften, die damals Klang hatten. Es gibt zahlreiche Ausarbeitungen von Weierstraß' Vorlesungen und wohlgeordnet die umfangreiche Korrespondenz, die Mittag-Leffler geführt hat. In allem wird Weierstraß wie an keinem anderen Platze geehrt. Djursholm, das ist ein eindrucksvolles Denkmal für Weierstraß und seine unwiederbringliche Zeit, wie man es sich sinnvoller nicht denken kann.

Es ist merkwürdig, wie wenig dagegen die deutschen Universitäten das Andenken an ihre großen Männer festhalten.

Im Institut Mittag-Leffler findet man auch viele Erinnerungen an eine Dame. Es ist Sonja Kowalewski, geboren als Tochter des russischen Generals Corvin-Krukowski und einer deutschen Mutter geborene Schubert am 15. Januar (nach dem in ihrer Heimat gültigen Julianischen Kalender am 3. Januar) 1850 in Rußland, zuletzt Professorin der Mathematik an Stockholms Högskola, Trägerin eines Preises der französischen Akademie der Wissenschaften, verstorben am 10. Februar 1892. Über sie ist viel geschrieben worden. Welches Aufsehen ihr Erscheinen an den deutschen Universitäten und dann in der gesamten geistigen Welt machte, kann man sich nicht mehr vorstellen. Auch ist es sicher, daß etwa Emmy Noether, die rund 30 Jahre später lebte, die Entwicklung der Mathematik stärker beeinflußt und vor allem der jungen Generation weit mehr neue Wege gezeigt hat. Aber man lese bei Leo Koenigsberger, wie im Jahre 1870 eines Tages in der Sprechstunde bei ihm in Heidelberg eine junge Dame erschien und begehrte, zu seiner Vorlesung zugelassen zu werden. Koenigsberger hat sie nach einigem Zögern mit in den Hörsaal genommen. Dann war dies Vorkommnis Anlaß eines Stadtgespräches. Der Senat trat zusammen. Sie hat dann einige Semester in Heidelberg studieren können. Darauf empfahl Koenigsberger sie seinem Lehrer Weierstraß. Trotz ihrer offenkundigen Begabung für Mathematik wurde sie in Berlin zum Studium nicht zugelassen. Weierstraß hat sie darauf 1871–1874 regelmäßig zweimal wöchentlich privat unterrichtet. Abends um 9.30 h erschien dann ihr Mann und ließ durch das Mädchen melden, daß der Wagen für Madame v. Kowalewski vor der Tür stände.

1874 ist sie in absentia in Göttingen durch die Vermittlung von Lazarus Fuchs promoviert. (Die Wahl von Göttingen ist nicht erstaunlich, denn in jener Zeit war Göttingen die einzige preußische Universität, wo jemand in absentia promoviert werden konnte.) Nach einem gesellschaftlichen Leben in Petersburg voller Höhen und Tiefen wird sie aus wirtschaftlich schwieriger Lage heraus 1884 an die neue Universität in Stockholm berufen. Doch hat sic in dcn acht Jahren, in denen sie dies Amt innehatte, wenig in Stockholm gewirkt. Sehr ungern kehrte sie an diese Stätte größter Hilfsbereitschaft für sie zurück. Sie war meistens auf großen Reisen bei ihrer Tochter in Moskau, bei Weierstraß und seinen Getreuen in Berlin und noch häufiger in Paris.

Umfangreich ist die Literatur über sie[20]. Ihr Charakterbild ist sicherlich nicht leicht zu zeichnen. Sie hat in das bunte Bild der Getreuen um Weierstraß eine besondere Note geflochten. Reinhold von Lilienthal, der in Münster ab 1891 Professor der Mathematik war und am 2. Dezember 1935 dort verstorben ist, hat dem Berichterstatter in seinem letzten Lebensjahr noch häufig von der großen Zeit unter Weierstraß erzählt und damit auch der Begegnungen mit der anmutigen russischen Dame gedacht, die in jeder

[20] *Mittag-Leffler, G.*, Sophie Kowalewski. Notice biographique. Acta math. *16* (1892), p. 385–392. – *Mittag-Leffler, G.*, Weierstraß et Sonja Kowalewsky. Acta math. *39* (1923), p. 133–198. – *Leffler, Anna Charlotta*, Sonja Kowalewski, was ich mit ihr zusammen erlebt habe und was sie über sich selbst mitgeteilt hat. Leipzig, Phillip Reclam jun. – *Hofer, Clara*, Sonja Kowalewski, die Geschichte einer geistigen Frau. Cotta, Stuttgart 1928.
Die einzelnen Autoren sind sich völlig uneinig über die Schreibweise des Namens der Mathematikerin – offenbar eine Folge der nicht eindeutigen Transkription des Namens aus dem Russischen.

Weise ganz aus dem Rahmen des Lebens an einer deutschen Universität des 19. Jahrhunderts fiel.

Weierstraß hat ein hohes Alter erreicht. Auf der Photographie, die zu seinem 70. Geburtstag angefertigt wurde, sieht er noch sehr rüstig aus. Ein wohltuender, freier Blick ohne eine Spur von Anmaßung spricht aus diesem Bilde. Auffallend ist auch, daß er ein glatt rasiertes Gesicht hatte zu einer Zeit, da fast alle Würdenträger wallende Bärte trugen.

Ihm sind viele Ehrungen zuteil geworden. So war er Mitglied der Akademien der Wissenschaften: Berlin (o. Mitgl. 1856), Göttingen (1856), Bayr. Ak. (1861), Paris (1868), Roy. Soc. London (1881). Er war auch Träger der Friedensklasse des Ordens Pour le mérite, den vor ihm unter den Mathematikern nur Gauß, Jacobi, Cauchy, Dirichlet, Poncelet innehatten.

Weierstraß hat bis zum Wintersemester 1889/90 mit Unterbrechungen gelesen. Aber bis an das Ende seiner Erdentage hat er sich um seine Mitarbeiter und Schüler gekümmert. Ihr aller Schicksal war ihm vom ersten Tage der fachlichen Begegnung an wichtig gewesen, und er hat auch die Fortberufenen häufig auf seinen großen Reisen besucht. Im hohen Alter überwachte er noch die Herausgabe seiner Werke, hatte täglich Besprechungen und las Korrekturen. So blieb er der Mittelpunkt dieses Kreises, der sich aus Freunden und Schülern gebildet hatte. In seinen letzten Lebensjahren, in denen er sehr leidend war, gab es eine Verabredung in diesem Kreise, wonach täglich je einer ihn besuchte. Zu seinem 80. Geburtstag konnte man sich auch in etwas größerer Zahl für zwei Stunden um ihn versammeln. Am 19. Februar 1897 ist er dann in seiner Wohnung Friedrich-Wilhelm-Straße 14 verschieden.

Wer den vorstehenden Ausführungen seine Aufmerksamkeit zugewendet hat, wird eine Übersicht über die Mathematiker begrüßen, die bei Weierstraß „gelernt" haben oder mit ihm fachliche Gespräche führten. Aber die Umgrenzung dieses Personenkreises ist schwer. „Hörerlisten", wenn überhaupt noch zugänglich, würden jeden ermüden. In den siebziger und achtziger Jahren war es für die Angehörigen der Universität und der gebildeten Stände von Berlin modern geworden, eine Vorlesung bei Weierstraß zu hören. Selbst die „Abelschen Funktionen" hatten 200 eingeschriebene Hörer.

Offizielle Listen der Doktoranden von Weierstraß hat es nie gegeben. Nach den Fakultätsakten kommt Weierstraß als Erstgutachter (fernerhin abgekürzt „prom. WI") und als Zweitgutachter („prom. WII") vor. Daneben gibt es Mitarbeiter und Schüler von Weierstraß, die in diesen Listen nicht auftreten, so Leo Koenigsberger, dem Weierstraß zu Beginn des Sommersemesters 1859 das Thema für seine Dissertation vorgeschlagen und sich dann regelmäßig um ihn bemüht hat. Aber Weierstraß war zur Zeit der Promotion am 22. Mai 1860 noch nicht Ordinarius. So waren die Prüfer Martin Ohm und Kummer. Eine ähnliche Lage entstand bei H. A. Schwarz, der noch bei Weierstraß am Gewerbeinstitut gehört hatte und eben vor Weierstraß' Ernennung zum Ordinarius promoviert worden ist. Schließlich gehört zu dieser Kategorie Sonja Kowalewski. Zu den Mitarbeitern für längere Zeiträume gehört zweifellos Mittag-Leffler. Entsprechende Mitarbeiterlisten gibt es aber natürlich erst recht nicht. Hier mußte also auf Grund der Lektüre von Lebenserinnerungen sowie Hinweisen, die mit den Ankündigungen und Veröffentlichungen von Weierstraß' Werken zusammenhängen, auf Risiko des Verfassers die Auswahl getroffen werden.

Weiter kommen für das mathematische Leben Weierstraß' die Fachgenossen in seiner Fakultät in Frage. Nicht aber mitaufgenommen sind in der folgenden Liste die Mathematiker, die vor der Berliner Zeit mit Weierstraß in Verbindung standen. Dazu gehört vor allem sein Lehrer Gudermann. Dieser Kreis ist im Text erwähnt. Er gehört ja durchweg einer früheren Generation an.

Der Verfasser verdankt seine Kenntnisse neben den schon erwähnten oder im folgenden noch zu zitierenden Biographien vor allem Loreys großem IMUK-Bericht (Das Studium der Mathematik seit Anfang des 19. Jahrhunderts, Leipzig und Berlin 1916, p. 1–428), ferner den überaus freundlichen brieflichen Mitteilungen von Herrn Dr. Kurt Biermann, Deutsche Akademie der Wissenschaften, Berlin.

Mathematiker um Weierstraß

(Bei den angeführten Personen ist die letzte Stellung, soweit mir bekannt, angegeben. WI bzw. WII heißt, Weierstraß war erster bzw. zweiter Gutachter der Dissertation, die in der philosophischen Fakultät der Friedrich-Wilhelm-Universität Berlin eingereicht wurde.)

Borchardt, Carl Wilhelm, aus Berlin, 1817–1880, Dozent Berlin, Mitglied d. Preuß. Ak. d. Wissenschaften, Herausgeber von Crelles Journal 1856–1880, Lebenslauf in Ges. Werke, Berlin 1888.

Bruns, Heinrich, aus Berlin, 1848–1919, prom. WI 11. 3. 1871, ord. Prof. der Astronomie Leipzig.

Burckardt, Heinrich, aus Schweinfurt, 1861–1914, ord. Prof. TH München, Nachruf J.-Berichte DMV *24* (1915).

Cantor, Georg, aus St. Petersburg, 1845–1918, prom. WII 14. 12. 1867, ord. Prof. Halle a. d. Saale, der große Begründer der Mengenlehre, Nachruf J.-Berichte DMV *31* (1922), außerdem A. Fraenkel: „Georg Cantor", J.-Berichte DMV *39* (1930).

Caspary, Ferdinand, aus Unruhstadt (Provinz Posen), 1853–1901, prom. WII 22. 12. 1875, Leiter des Patentbureaus von Siemens und Halske, Nachruf J.-Berichte DMV *12* (1903).

Frobenius, Georg, aus Berlin, 1849–1917, prom. WI 28. 7. 1870, Mitarbeiter an W. W. Bd. II, ord. Prof. Berlin, Nachruf Viert. Jahr. Schr. Naturf. Ges. Zürich *62* (1917).

Fuchs, Lazarus, aus Moschin (Prov. Posen), 1833–1902, prom. Berlin 1858, hab. Berlin 1865, ord. Prof. Univ. Berlin.

Hamburger, Meyer, aus Posen, 1838–1903, prom. Halle a. d. Saale 1864, Prof. TH Charlottenburg, Nachruf J.-Berichte DMV *13* (1904).

Hensel, Kurt, aus Königsberg, 1861–1941, 1884 prom. Berlin bei Kronecker, Herausgeber von Crelles Journal 1901–1936, ord. Prof. Marburg a. d. Lahn, Nachruf Crelles Journal *187* (1950).

Henoch, Maximilian, aus Berlin, 1841–1890, prom. WII 16. 3. 1867, Oberlehrer und Hauptredakteur des Jahrbuches über die Fortschritte der Mathematik.

Hettner, Georg, aus Jena, 1854–1914, prom. WI 11. 8. 1877, ord. Prof. TH Charlottenburg, gleichzeitig a. o. Prof. Berlin, Mitherausgeber von W. W. Bd. IV, Nachruf J.-Berichte DMV *24* (1915).

Hölder, Otto, aus Stuttgart, 1859–1937, studierte auch bei Weierstraß siehe Runge J.-Berichte DMV *35* (1926), prom. 1882 Tübingen, ord. Prof. Leipzig, Nachruf Math. Ann. *116* (1939).

Hurwitz, Adolf, aus Hildesheim, 1859–1919, studierte bei Weierstraß, prom. Leipzig, ord. Prof. ETH Zürich, Gedächtnisrede Ges. d. Wiss. zu Göttingen *1920* und Vierteljahresschrift Naturforsch. Ges. Zürich *64* (1919), beide abgedruckt in Hurwitz' Werken.

Kiepert, Ludwig, aus Breslau, 1846–1934, prom. WI 16. 11. 1870, ord. Prof. TH Hannover, Persönliche Erinnerungen an Carl Weierstraß J.-Berichte *35* DMV (1926). Nachruf TH Hannover, Cat. Prof. 1935.

Killing, Wilhelm, aus Burbach (Westf.), 1847–1923, prom. WI 14. 3. 1872, ord. Prof. Münster (Westf.), Nachruf J.-Berichte DMV *39* (1930).

KNESER, J. Chr. Carl A., aus Grüssow (Mecklenburg), 1862–1930, ord. Prof. Universität Breslau, Nachruf, Sitzungsbericht, Berliner Math. Ges. *29* (1930).

KOENIGSBERGER, Leo, aus Posen, 1837–1921, prom. Berlin 22. 5. 1860, bezeichnet sich in seiner Autobiographie als erster Schüler von Weierstraß, ord. Prof., Excellenz, Heidelberg, Nachruf J.-Berichte DMV *33* (1925).

KOSSAK, Ernst, aus Friedland (Ostpreußen), 1807–1892, studierte in Königsberg, prom. 1871 Göttingen, studierte dann bei W., Gymnasialprofessor und Prof. TH Charlottenburg, Nachruf J.-Berichte DMV *12* (1903).

KÖTTER, Ernst, aus Berlin, 1859–1922, prom. WI 14. 6. 1884, ord. Prof. TH Aachen.

KÖTTER, Fritz, aus Berlin, 1857–1912, studierte in Berlin und Halle a. d. Saale, prom. Halle 1883, Mitherausgeber von W. W. Bd. III–VII, ord. Prof. Charlottenburg.

KORTUM, Hermann, aus Godesberg, 1836–1904, studierte in Bonn, Göttingen und Berlin, prom. Bonn 1892, ord. Prof. Bonn, an der Herausgabe von W. W. Bd. I beteiligt, Nachruf J.-Berichte DMV *15* (1906).

VON KOWALEWSKI, geb. von Krukowsky, Sonja, aus Moskau, 1850–1891, studierte bei Weierstraß 1870–1874, prom. in abs. Göttingen 1874, Professorin Univ. Stockholm, Nachruf Acta math. *16* (1892).

KNOBLAUCH, Johannes, aus Halle a. d. Saale, 1855–1915, prom. WI 8. 2. 1881, plan. a. o. Prof. Berlin, stand von allen Schülern W. am nächsten, rund 25 Jahre mit Unterbrechungen mit der Sichtung, Bearbeitung und Drucklegung von W. W. beschäftigt, Bd. I bis V herausgegeben bzw. mitherausgegeben, Herausgabe von Bd. VI noch mit vorbereitet, Nachruf J.-Berichte DMV *24* (1915).

KRONECKER, Leopold, aus Liegnitz, 1823–1891, prom. 1845 in Berlin, ord. Prof. Berlin, Mitgl. d. Preuß. Ak. d. Wiss., Mitherausgeber von Crelles Journal 1880–1891, Nachruf J.-Berichte DMV *2* (1893), Rede zur 100-Jahr-Feier von K. J.-Berichte DMV *33* (1925).

KUMMER, Ernst Eduard, aus Sorau (Niederlausitz), 1810–1893, ord. Prof. Berlin, Mitgl. d. Preuß. Ak. d. Wiss., Festschrift zur Feier des 100. Geburtstages von K., Abh. zur Geschichte d. math. Wiss. Heft 29 (1910).

LAMPE, Emil, aus Gallwitz bei Brandenburg, 1840–1918, prom. WII 21. 12. 1864, Prof. TH Charlottenburg, Gedächtnisrede auf W. in Berlin 5. 3. 1897, siehe J.-Berichte DMV 6 (1899) und Rede zur hundertsten Wiederkehr des Geburtstages von W., Sitzung d. Berliner Math. Ges. 27. 10. 1915, gedruckt J.-Berichte DMV *24* (1915), Nachruf auf L. Sitz. Ber. Berl. Math. Ges. *18* (1920).

von Lilienthal, Reinhold, aus Berlin, 1857–1935, prom. WI 8. 2. 1882, ord. Prof. Münster (Westf.), Nachruf Math. Semesterberichte zur Pflege d. Zusammenhanges von Universität und höherer Schule (*alte* Folge) Heft 7 (1935).

Mertens, Franz, aus Schroda (Posen), 1840–1927, stud. in Berlin 1860–1865. Mitarbeiter an W. W. Bd. 1, ord. Prof. Univ. Wien, Wirkl. Mitgl. Öst. Akad. d. Wiss., Nachruf Alm. Öst. Ak. d. Wiss. *77* (1927), Nachruf d. Ges. d. Wiss. Göttingen *1926*.

Mittag-Leffler, Gösta, aus Stockholm, 1846–1927, ord. Prof. Stockholm, Begründer der Acta math. und des Math. Inst. in Djursholm (Stockholms Upland), Nachruf Acta math. *50* (1927).

von Mangoldt, Hans, aus Weimar, 1854–1925, prom. WII 4. 8. 1878, ord. Prof. TH Danzig, Mitarbeiter bei Bd. I von W. W., Nachruf J.-Berichte DMV *36* (1927).

Müller, Felix, aus Berlin, 1843–1885, prom. WI 29. 6. 1867, Mitarbeiter an Bd. V von W. W., Mitbegründer des Jahrbuches über die Fortschritte der Math., zuletzt Oberlehrer an einem Berliner Gymnasium.

Netto, Eugen, aus Halle a. d. Saale, 1846–1919, prom. WI 2. 11. 1870, ord. Prof. Gießen, Nachruf Gießener Anzeiger *169* (1919) und Nachr. d. Gießener Hochschulg. *11* (1937).

Ohm, Martin, aus Erlangen, 1792–1872, ord. Prof. Berlin, 1864 emeritiert, über seine Wirksamkeit siehe Lorey IMUK-Bericht (1916), Bruder des Physikers Georg Simon Ohm.

Phragmén, Lars Edvard, aus Örebro (Schweden), 1863–1937, studierte in Uppsala, Stockholm, Berlin, Dr. phil. h. c. Uppsala, Prof. Stockholm, zuletzt Präsident des Rates vom math. Inst. in Djursholm, Mitarbeiter an W. W. Bd. I, Nachruf Acta math. *69* (1938).

Pochhammer, Leo, aus Stendal (Altmark), 1841–1920, hab. Univ. Berlin 25. Jan. 1872, ord. Prof. Kiel.

Pringsheim, Alfred, aus Ohlau (Schlesien), 1850–1941, prom. Heidelberg 1872, ord. Prof. Univ. München, Mitglied d. Bayr. Ak. d. Wiss., sehr aktiver Vertreter der W.'schen Funktionentheorie, Nachruf J.-Berichte DMV *56* (1953).

Rothe, Rudolf, aus Berlin, 1873–1942, ord. Prof. TH Charlottenburg, prom. 4. 5. 1897 bei H. A. Schwarz und Frobenius, Mitherausgeber von W. W. Bd. IV, V, VI (galt als der letzte Schüler von W., ist aber besser als Schüler von Knoblauch zu bezeichnen).

Rudio, Ferdinand, aus Wiesbaden, 1856–1929, prom. WII 23. 6. 1880, ord. Prof. ETH Zürich, Festartikel zu seinem 70. Geburtstag, Vierteljahresschr. Naturforsch. Ges. Zürich *1926*, Nachruf ebenda 1929, II. Teil Anhang.

Runge, Carl, aus Bremen, 1856–1927, prom. WII 23. 6. 1880, ord. Prof. Göttingen, Biographie von Iris Runge: Carl Runge und sein wissenschaftliches Werk, Göttingen 1949.

Scheefer, Ludwig, aus Königsberg, 1859–1925, prom. WI 1. 3. 1880, Dozent Univ. München.

Schlesinger, Ludwig, aus Tyrsidu (Ungarn), 1864–1933, prom. 1887 in Berlin, ord. Prof. Gießen, Mitarbeiter an W. W. Bd. I.

Schoenflies, Artur, aus Landsberg a. d. Warthe, 1853–1928, studierte 1870–1875, Schüler von Kummer, prom. WII 2. 3. 1877, ord. Prof. Frankfurt, 70. Geburtstag J.-Berichte DMV *32* (1923).

Schottky, Friedrich, aus Breslau, 1851–1935, prom. WI 14. 8. 1875, ord. Prof. Berlin, Nachruf Sitz. Ber. Pr. Ak. d. Wiss. phys.-math. Kl. *1936*.

Schur, Friedrich, aus Maciejewo (Provinz Posen), 1856–1932, prom. WII 8. 3. 1879, ord. Prof. Univ. Breslau, Nachruf J.-Berichte DMV *45* (1935), Mitherausg. von W. W. Bd. III.

Schwarz, Hermann Amandus, aus Hermsdorf (Schlesien), 1843–1921, studierte unter W. am Berliner Gewerbeinstitut (gegr. 1821 und 1879 in die neue TH Charlottenburg einverleibt), prom. Berlin 1864 bei Kummer, hab. 1866 Berlin, Prof. in Halle a. d. Saale, Zürich, Göttingen, 1892 Nachfolger von W. in Berlin, Mitgl. d. Preuß. Ak. d. Wiss., Mitarbeiter an der Herausgabe von W. W. Bd. III, Nachruf J.-Berichte DMV *32* (1923).

Schwering, Karl, aus Osterwick, Kreis Coesfeld (Westf.), 1846–1925, prom. WI 14. 4. 1869, Doz. Münster (Westf.), später Oberstudiendirektor Apostelgymnasium Köln.

Seliwanoff, Dimitrij Fedorowitch, aus Goroditschsche, Gouvernement Pensa (Rußland), 1855–1932, etwa 1880–1882 in Berlin, verstorben in der Emigration in Prag (vorher ord. Prof. St. Petersburg), Nachruf J.-Berichte DMV *44* (1934).

Simon, Maximilian, aus Kolberg, 1844–1918, prom. WI 7. 12. 1867, Oberlehrer und Honorarprofessor Straßburg (Elsaß).

Stäckel, Paul, aus Berlin, 1862–1919, prom. WII 12. 3. 1885, ord. Prof. Heidelberg.

Stahl, Hermann, aus Fränk. Kulmbach, 1843–1909, prom. WI 20. 6. 1882, ord. Prof. Tübingen.

STEINER, Jacob, aus Utzendorf (Kanton Bern), 1796–1863, prom. h. c. Berlin 1832, a. o. Prof. Univ. Berlin 1834, Mitgl. d. Preuß. Ak. d. Wiss.

STICKELBERGER, Ludwig, aus Schaffhausen (Schweiz), 1850–1936, prom. WI 1. 4. 1874, ord. Prof. Freiburg (Breisgau), Mitherausgeber von W. W.

THOMÉ, Wilhelm Ludwig, aus Oberdollendorf (Rheinland), 1841–1910, prom. WI 14. 8. 1865, ord. Prof. Greifswald, Nachruf J.-Berichte DMV *20* (1911).

VALENTIN, Georg, aus Berlin, 1848–1927, prom. WI 5. 7. 1879, Bibliotheksdirektor, Ausarbeitung von W. Vorlesung über Abelsche Funktionen WS 73/74.

WELTZIEN, Carl W., aus Schwerin, 1852–192., prom. WI 28. 4. 1882, Ausarbeitung von W. Vorlesungen SS 73 und WS 73/74, Gymnasialprof. Berlin.

WERNICKE, Alexander, aus Görlitz, 1857–1915, prom. WII 9. 8. 1879, Direktor der Oberrealschule und Prof. TH Braunschweig, Nachruf Zeitschrift MNU *46* (1915).

WILTHEISZ, Eduard, aus Worms, 1855–1900, prom. WI 5. 7. 1879, Doz. Halle a. d. Saale, Nachruf J.-Berichte DMV *9* (1901).

Die Berufung von Weierstraß nach Berlin*

Von *Kurt-R. Biermann*

1915 fochten die Mathematikhistoriker Lorey und Ahrens eine Kontroverse miteinander aus, die sich um die Unterdrückung der Gudermannschen Lobesworte für die Weierstraßsche Staatsexamensarbeit durch den Vorsitzenden der Prüfungskommission Dillenberg drehte [1]. Ein Gelehrtenstreit wie dieser, von den Beteiligten sehr ernst genommen, erscheint späteren Lesern kaum verständlich; sie nehmen zwar das enthusiastische Feuer wahr, das die Autoren einst beseelte, aber sie vermögen nicht, sich noch an ihm zu erwärmen. So verhält es sich auch in diesem Fall, und der ganze Vorgang wäre nicht erwähnenswert, wenn sich nicht jetzt herausgestellt hätte, daß in der Tat der Wegfall der Einschätzung Gudermanns im Zeugnis bzw. seine schematisch unverbindliche Umformulierung von schwerwiegenden Folgen für die ganze Laufbahn von Weierstraß gewesen wäre.

Im Jahre 1884 hatte sich Hermann Amandus Schwarz den genauen Wortlaut des Gudermannschen Gutachtens zu verschaffen gewußt, und er teilte ihn unter dem Siegel der Verschwiegenheit seinem verehrten Lehrer Weierstraß mit. Wenn er gedacht hatte, diesem damit etwas Neues zu sagen, so sah er sich getäuscht. Weierstraß hatte nämlich selbst bereits 1853 in Münster Einblick in Gudermanns Ausführungen genommen. Indem er dies Schwarz berichtete, fügte er hinzu, daß er seine Arbeit veröffentlicht und sich vielleicht früher einen Platz an einer Universität errungen haben würde, wenn er Gudermanns Urteil früher gekannt hätte. Er müsse es aber Gudermann sehr hoch anrechnen, daß er seine Arbeit so günstig beurteilte, obwohl dieselbe eine scharfe Kritik auch der von Gudermann befolgten Methode enthielt [2]. Wir sehen also, daß die subalterne Schablonenhaftigkeit, die die Worte weggelassen hatte, Weierstraß trete mit seiner Arbeit „ebenbürtig in die Reihe der ruhmgekrönten Erfinder", für ihn und die Wissenschaft sei nicht „zu wünschen, daß er Gymnasiallehrer werden, sondern daß günstige Umstände es dereinst ihm gestatten möchten, als akademischer Dozent

* Vortragsmanuskript für die Weierstraß-Tagung in Münster am 2. 11. 1965.

zu fungieren", – daß diese Engstirnigkeit von nachhaltiger Wirkung auf Leben und Laufbahn von Weierstraß gewesen ist [3]. Wir fragen uns allerdings, warum Gudermann seinen Schüler im unklaren darüber gelassen hat, wie hoch er dessen Arbeit und Leistungsvermögen schätzte.

Sei dem nun, wie ihm wolle, Weierstraß wußte jedenfalls nicht, daß sein erster und einziger Hochschullehrer in der Mathematik mit klarem Blick seine Befähigung zum Forscher und für die Universitätslaufbahn erkannt hatte, ging als Lehrer in die Provinz, nach Deutsch-Krone und Braunsberg, und blieb dort 13 Jahre, die schöpferischsten und fruchtbarsten des Lebens. Zwar publizierte er einiges, aber das meiste hielt er zurück, bzw. er konnte es aus Gesundheitsgründen nicht fertig ausarbeiten. Ob seine Erkrankung, die ihn um 1850 befiel und ihn zwei Jahre völlig und drei weitere Jahre fast ganz an jeder wissenschaftlichen Arbeit hinderte [4], auf die Überforderung in seinen beiden Funktionen eines Schullehrers zum Broterwerb und eines Forschers aus Leidenschaft zurückzuführen ist, muß dahingestellt bleiben. Weierstraß selbst wenigstens hat ganz unmißverständlich zum Ausdruck gebracht, daß es über seine Kräfte ging, zugleich zu unterrichten und wissenschaftlich schwer zu arbeiten [5]. Die Krankheit bestand in außerordentlich peinigenden, stundenlang anhaltenden Schwindelanfällen, die sich erst nach einem quälenden Brechanfall legten und ihn jedesmal eine Zeitlang völlig arbeitsunfähig machten. Dirichlet hat diese Krankheit „Gehirnkrampf" genannt [6]. Ich bemerke dabei der Kuriosität halber, daß ein Arzt Weierstraß eine wahre Roßkur verordnet hat [7]. Er wandte nämlich ein Mittel an, das eigentlich nur in der Tierheilkunde und dort nur noch selten Verwendung fand, das sogenannte Eiterband. Die Nackenhaut wurde zu einer Falte zusammengefaßt, angehoben und mit einer Nadel durchstochen, mit deren Hilfe ein Leinwandstreifen durch die geschaffenen Öffnungen gezogen wurde. Nach Eintreten der Eiterung wurde der Streifen nachgezogen bzw. erneuert. Man versprach sich aus der Erregung der künstlichen Entzündung die „Ableitung" einer tiefer gelegenen, unzugänglichen Entzündung und derart eine Beseitigung des eigentlichen Krankheitsherdes. Weierstraß hat, wie der Chronist berichtet, zu seinem Schaden diese Kur nach einiger Zeit wieder aufgegeben. Nach etwa zwölf Jahren verloren sich die Anfälle, an deren Stelle andere, mit den Jahren an Häufigkeit und Intensität zunehmende Leiden traten – das nur nebenbei bemerkt. Nach dieser Abschweifung zurück nach Braunsberg.

Bekanntlich blieb die erste Publikation über die Abelschen Funktionen im Braunsberger Schulprogramm von 1848/49 ganz unbeachtet. Die entscheidende Wendung brachte die Veröffentlichung der Arbeit „Zur Theorie der Abelschen Funktionen" im 47. Bande (1854) in Crelles Journal für die reine und angewandte Mathematik. Weierstraß hatte 1853 die Sommerferien im Elternhaus zugebracht und dort, nachdem er wie erwähnt das vollständige Gutachten Gudermanns kennengelernt hatte, mit neuem Selbstgefühl diese Abhandlung niedergeschrieben. Noch war sein Gesundheitszustand aber so schwankend, daß er sich damit begnügen mußte, vieles nur anzudeuten. Sie wissen, daß das Aufsehen bei den Kennern gewaltig war. Und nun gelang Weierstraß endlich der Sprung nach Berlin. Das spricht sich so leicht aus, aber man muß sich einmal vorstellen: 1856 wird ein Schullehrer aus dem fernen Braunsberg nach Berlin geholt und erhält dort am Gewerbe-Institut, einer der Vorläufer-Anstalten der späteren Technischen Hochschule, heutigen Technischen Universität, eine Mathematik-Professur. Das wäre noch heute etwas Außergewöhnliches, und es war auch damals aufsehenerregend. Die Ministerialbürokratie lag durchaus nicht etwa auf der Lauer, wenn ich mich einmal drastisch ausdrücken darf, um ausgerechnet mathematische Talente zu entdecken. Das Provinzial-Schulkollegium in Königsberg war keineswegs daran interessiert, einen Gymnasiallehrer, der sich einen wissenschaftlichen Namen gemacht hatte, wegzuloben. Nein, es mußten außergewöhnliche Umstände und Handlungen zusammentreffen, um Weierstraß nach Berlin zu bringen. Davon will ich Ihnen hier einiges aus vorwiegend unveröffentlichten Quellen berichten, und zwar vor allem aus dem Grunde, weil wir dabei auch etwas über Weierstraß' Charakter erfahren.

Bekanntlich bestanden die ersten Reaktionen auf jene Veröffentlichung in folgenden Ereignissen: Borchardt, der vertraute Schüler und Freund Jacobis, damals noch Privatdozent, aber in mathematischen Kreisen bereits rühmlich bekannt, eilte nach Braunsberg, um das so plötzlich aufgetauchte Genie kennenzulernen [8]. Aus der Bekanntschaft entwickelte sich eine innige Freundschaft. Eine Deputation der Königsberger Universität brachte unter Leitung von Richelot die Ehrendoktorwürde, wobei das später noch mehrfach gebrauchte Wort geprägt wurde, die Mathematiker hätten in Weierstraß ihren Meister gefunden [9]. Außer dieser Ehrung erhielt Weierstraß am 30. Juni 1854 die Ernennung zum Oberlehrer [10]. Liouville und Dirichlet äußerten ihre unverhohlene Bewunderung [11].

Nun war es ein Mann, der so vielen mathematischen Talenten die Wege geebnet hat, meist im Bunde mit Alexander von Humboldt, und der auch diesmal die Initiative ergriff: August Leopold Crelle. Crelles eigene mathematischen Arbeiten sind heute zum größten Teil vergessen, wenn man vielleicht von seinen Rechentafeln absieht. Weierstraß hat sich einmal so über Crelle geäußert: „Sein Verdienst, die Mathematik in unserem Vaterland durch die Gründung des nach ihm benannten Journal wie kein zweiter befördert zu haben, wird nicht dadurch vermindert, daß er bisweilen einen minder glücklichen Gedanken hatte [12]."

Und tatsächlich, die Gründung und unter Aufopferung eigener finanzieller Mittel 30 Jahre hindurch fortgeführte Herausgabe des bis auf den heutigen Tag bestehenden mathematischen Journals und sein Wirken für Abel, für Jacobi, für Eisenstein, für Steiner – das sind die Leistungen, die den Namen des früheren Geheimen Oberbaurats, Straßen- und Eisenbahnbauers, lebendig erhalten haben. Es mag hier erwähnt werden, daß es Crelles Gutachten vom 20. September 1832 gewesen ist, auf Grund dessen Gudermann, der in Berlin rite promoviert werden sollte, am 29. November 1832 die Ehrendoktorwürde erhielt. Crelle schrieb damals: (Die Arbeiten Gudermanns) „zeichnen sich durch Klarheit, Gediegenheit, Schärfe der Begriffe und Konsequenz in der Ausführung auf eine höchst erstaunliche Weise aus ... Ohne Zweifel wird die Mathematik ihm noch Namhaftes und Bedeutendes zu verdanken bekommen [13]." Ich darf auch noch erwähnen, daß Crelle über Gudermann nach dessen 1851 erfolgtem Tode sehr warmherzige Worte ausgesprochen hat: „Gudermann war ein scharfsinniger und dabei ungemein fleißiger und eifriger Mathematiker. Er war in allen Teilen dieser Wissenschaft sehr bewandert und besaß insbesondere eine ungemeine Gewandtheit im Kalkül ... dabei war er ein bescheidener Mann, fern von aller Scheelsucht und gern die Verdienste anderer anerkennend und würdigend [14]." Es ist *sehr* zu bedauern, daß Crelle in der „Neuen Deutschen Biographie" keinen Platz mehr erhalten hat.

Crelle, jahrelang Fachberater des Kultusministeriums für mathematische Fragen, nun schon im Ruhestand lebend, hatte bereits am 27. November 1854 in seiner turnusmäßigen Eingabe zur Erlangung einer Subvention für sein Journal an den Minister die Bedeutung von Weierstraß besonders hervorgehoben und gesagt, dieser setze die Reihe der berühmten Mitarbeiter der Zeitschrift fort; es sei ihm sehr zu wünschen, daß er in eine seinem Talent gemäße Stellung käme [15].

Jetzt, am 4. Januar 1855, ein Dreivierteljahr vor seinem Tode, meldete er sich erneut aus eigenem Antrieb zu Wort und schrieb dem Minister u. a.: „Weierstraß hat ... ganz ungemein tief eindringende mathematische Einsichten bewiesen. Leider aber können die Entfernung seiner jetzigen Stellung vom literarischen Verkehr und mehr noch der Umstand, daß ihm das Unterrichtgeben am Gymnasium so wenig Muße zu seinen Forschungen übrigläßt, nur hemmend auf dieselben wirken, während er doch für weiteres Eindringen in seine Wissenschaft eine Begabung in dem Maße gezeigt hat, daß er mit derselben den zu früh dahingeschiedenen Abel, Jacobi und Eisenstein würdig sich anreiht. ... Es würde also sehr zu wünschen sein, daß Herr Weierstraß mit seinem seltenen Talent bald in eine Lage versetzt würde, die für seine Bestrebungen günstiger ist, und die besonders für seine Forschungen ihm mehr Muße gewährte. Bliebe eine solche angemessene Stellung zu lange aus, so wäre wohl zu fürchten, daß dieser nicht mehr ganz junge und infolge der doppelten Anstrengung als Lehrer und als Forscher schon kränkelnde Mann frühzeitig zugrunde ginge, wie es mit Abel und Eisenstein der Fall war. Dieses aber wäre ein neuer, für die Mathematik bedauerlicher Verlust; denn so viele und ausgezeichnete Lehrer es gibt, so selten zeigen sich doch wirksame Forscher, welche ja wesentlich die Lehrer der Wissenschaft selbst, also die Lehrer der Lehrer sind [16]."

Durch diesen Hinweis fühlte sich der Direktor der Unterrichtsabteilung im Kultusministerium, Johannes Schulze, ein klassischer Philologe und doch der Mathematik sehr zugetan (ich hoffe, die etwa anwesenden klassischen Philologen werden mir das „und doch" verzeihen), bewogen, Dirichlet um sein Urteil zu ersuchen. Noch ehe dieser reagierte, wandte sich nun Weierstraß selbst an den Minister. Ein ungewöhnlicher Schritt, der uns zeigt, daß Weierstraß gewillt war, sein weiteres Geschick in die eigenen Hände zu nehmen. Seiner Eingabe vom 1. Februar 1855 [17], für deren Aufnahme ja durch Crelle bereits günstige Voraussetzungen geschaffen worden waren, fügte Weierstraß Sonderdrucke seiner bis dahin erschienenen Arbeiten bei und wies auf die Anerkennung hin, die diese gefunden hatten. Wörtlich fuhr er dann fort: „Aber je wertvoller mir diese Anerkennung ist und je mehr sie mich antreiben muß, mit verdoppeltem Eifer an die Vollendung der von mir vorbereiteten größeren Arbeiten zu gehen, um so schmerzlicher empfinde ich es, daß der wankende Zustand meiner Gesundheit mir diese fast unmöglich zu machen droht, wenn ich in meiner jetzigen Stellung verbleiben muß." Er bat daher, ihm entweder eine Stellung zu verschaffen, in der er seine Zeit und Kraft auf wissenschaftliche Untersuchungen verwenden könne, oder aber, wenn das zur Zeit nicht möglich sei, ihm wenigstens einen Urlaub von sechs bis neun Monaten Dauer zur Wiederherstellung seiner Gesundheit und zur Vollendung eines fast zum Abschluß gediehenen Werks zu bewilligen. Der Direktor des katholischen Gymnasiums in Braunsberg (Weierstraß ist *nicht*, wie Klein [18] und andere Autoren schreiben, am Collegium Hosianum, einer Anstalt zur Ausbildung katholischer Priester in Braunsberg tätig gewesen), Ferdinand Schultz, unterstrich in einem Begleitschreiben vom 3. Februar [19] die wissenschaftlichen Verdienste von Weierstraß und befürwortete wärmstens dessen Verwendung als akademischer Lehrer. Das Urlaubsgesuch hingegen befürwortete er nicht – verständlicherweise, müssen wir sagen, denn für ihn als Direktor kam es natürlich darauf an, die leidige Vertretungsfrage zu umgehen und die Stelle möglichst sofort wieder zu besetzen. Schultz, später Provinzial-Schulrat in Münster, hat sich Weierstraß gegenüber immer sehr wohlwollend und einsichtsvoll verhalten. Dabei ließ Weierstraß es nicht bewenden. Er war gewillt, alle Hebel in Bewegung zu setzen und schrieb am 27. März einen weiteren Brief [20], diesmal an Geheimrat Schulze als den verantwortlichen Ministerialbeamten. Er setzte ihn von seinem Brief an den Minister in Kenntnis und bat ihn um Unterstützung seines Gesuchs. Gleichzeitig kündigte er seine Berlin-Reise zu Ostern, also um den 8. April herum, an, bei welcher Gelegenheit er sich Schulze vorstellen wolle. Wie ich aus einem anderen Brief weiß [21], muß Schulze ihn sehr wohlwollend empfangen und ihm Förderung zugesichert haben. Schon am 19. April folgten Taten: Von Michaelis 1855 an wurde Weierstraß auf ein Jahr beurlaubt [22]. Kurz darauf gab Dirichlet sein Gutachten ab [23], denn er hatte damit warten wollen, bis er Weierstraß persönlich kennengelernt hatte. Das war bei jenem Berlin-Besuch erfolgt, und Dirichlet äußerte sich dem Minister gegenüber außerordentlich positiv. Er ließ aber doch einige, wenn auch nur vorsichtig angedeutete Einschränkungen einfließen. Nach einer eingehenden Würdigung der Arbeiten von Abel, Jacobi, Rosenhain und Goepel heißt es nämlich in dem Bericht Dirichlets vom 19. Mai 1855: „Für diejenigen der höheren Integralklassen, in welchen keine andere Irrationalität als eine Quadratwurzel vorkommt, scheint es H[errn] Dr. Weierstraß gelungen zu seyn, alle Schwierigkeiten zu überwinden und die denselben entsprechenden Funktionen vollständig darzustellen, und zwar auf einem Wege, welcher dem wahrscheinlich in der Theorie der elliptischen Funktionen von Abel und Jacobi angewandten Verfahren insofern ähnlich ist, als auch H[err] Weierstraß von den Integralen zu den umgekehrten Funktionen gelangt. Wenn ich mich hierbei nicht mit völliger Bestimmtheit ausspreche, so geschieht es nur, weil es für jeden, der über mathematische Leistungen ein Urtheil abgeben soll, eine Gewissenspflicht ist, so lange einen, wenn auch noch so leisen Vorbehalt zu machen, als noch nicht eine vollständige, allen Forderungen wissenschaftlicher Strenge genügende Begründung der aufgestellten Sätze vorliegt, bis jetzt aber H[err] Weierstraß nur eine vorläufige Darstellung seiner Untersuchungen gegeben hat, in welcher alle Zwischenentwicklungen fehlen. Ich füge jedoch sogleich hinzu, daß sich in dieser kurzen Übersicht seiner Forschungen eine so gründliche und tiefe Auffassung des Gegenstandes kund giebt, daß kaum ein Zweifel bleibt, daß er in einer späteren, ins Einzelne gehenden Darstellung alles hier nur angedeutete vollständig begründen werde und spreche dies mit umso größerer Zuversicht aus, als eine in einem Schulprogramme von ihm gegebene ausführliche Darstellung eines einzelnen Punktes seiner Arbeit ganz dem eben Gesagten entspricht."

Der Schluß klingt dann entschiedener. Dirichlet bezeichnet es als „im höchsten Grade wünschenswert", daß Weierstraß bald in eine Lage versetzt werde, die es ihm ermögliche, sich ganz der Wissenschaft zu widmen.

Das Ergebnis der von Weierstraß unter günstigeren Umständen fortgeführten Arbeiten war die berühmte, 1856 im 52. Band des Journals für die reine und angewandte Mathematik erscheinende Abhandlung „Theorie der Abelschen Funktionen", die bekanntlich auch einen Auszug aus seiner Staatsexamensarbeit enthält.

Weierstraß war entschlossen, nicht wieder in den Schuldienst zurückzukehren. Es trat ein Ereignis ein, das er zu nutzen entschlossen war. Am 23. Februar 1855 war nämlich Gauß gestorben, und Dirichlet hatte den Ruf nach Göttingen als sein Nachfolger erhalten und angenommen. Für seine Nachfolge in Berlin hatte Dirichlet an erster Stelle Kummer, an zweiter Richelot vorgeschlagen. Als weitere potentielle Ersatzmänner nannte Dirichlet Hesse, Rosenhain und Weierstraß [24].

Weierstraß hatte nun erfahren, daß Kummer den Ruf bekam und akzeptierte. Sofort stand sein Entschluß fest, sich um den Platz von Kummer in Breslau zu bewerben. Auch das war damals ein recht ungewöhnliches Unterfangen, wie es dies ja auch heute wäre. Alle Bedenken stellte Weierstraß zurück. Er wußte, was er leisten konnte, er wußte, unter welchen Voraussetzungen allein er seine Fähigkeiten zu entfalten in der Lage war, und er wollte lieber Gefahr laufen, in falschem Licht zu erscheinen, als eine Chance ungenutzt vorübergehen zu lassen.

Er schrieb also am 10. August 1855 [25] erneut an den Minister und bat um Berücksichtigung bei der Wiederbesetzung des Kummerschen Ordinariats, nachdem er sich gleichzeitig an die philosophische Fakultät in

Breslau mit demselben Anliegen gewandt hatte [26]. Wenige Tage zuvor hatte er schon Johannes Schulze von seinem bevorstehenden Schritt in Kenntnis gesetzt. In diesem, noch aus Braunsberg datierten Schreiben vom 27. Juli [27] führte er über seine Beweggründe aus: „Es ist meine Absicht, mich um die mathematische Professur an der Breslauer Universität zu bewerben, sobald die Berufung ihres bisherigen Inhabers nach Berlin offiziell erfolgen wird. Zwar würde es mir am meisten zusagen, wenn ich die von dem Herrn Minister mir gegenwärtig gewährte freie Zeit ausschließlich auf meine Arbeiten verwenden könnte; gleichwohl glaube ich, die gerade sich jetzt darbietende und vielleicht nicht wiederkehrende Gelegenheit, um zu einer akademischen Wirksamkeit zu gelangen, nicht vorüber gehen lassen zu dürfen, ohne auch meinerseits die erforderlichen Schritte zu tun.“ Auf der Durchreise nach Hause sprach er überdies ein zweites Mal bei Schulze vor. – Aus dem Breslauer Plan sollte indessen nichts werden, und zwar weil kein anderer als Kummer selbst sich ganz entschieden gegen eine Berufung von Weierstraß aussprach. Die Breslauer Fakultät nahm zwar auf Grund des ihr vom Ministerium mitgeteilten Dirichletschen Gutachtens Weierstraß neben Joachimsthal und Hesse in die Vorschlagliste auf, indem sie sich über Kummers Absicht, Joachimsthal, Hesse und Heine vorzuschlagen und Weierstraß sowie Rosenhain lediglich hors de concours zu nennen, in einer Kampfabstimmung, bei der die Stimme des Dekans den Ausschlag gab, hinwegsetzte. Kummer jedoch, von einem Separat-Votum an den Minister Abstand nehmend, erklärte brieflich Schulze am 14. August den Verlauf der ganzen Angelegenheit weitläufig [28]. Für uns ist hier folgendes von Interesse: „Die Frage, ob es geraten sein möchte, [Weierstraß] auf Grund des allein vorliegenden Prodromus zu den Abhandlungen über Abelsche Transzendenten, mit deren Ausarbeitung er gegenwärtig beschäftigt ist, für die hiesige mathematische Lehrstelle vorzuschlagen, glaubte ich [in der Fakultätssitzung] verneinen zu müssen, indem ich hervorhob, daß er zwar einer jeden Akademie sowie auch einer jeden Universität, welche über größere Mittel und Lehrkräfte zu verfügen habe, zur Zierde gereichen würde, wo für die laufenden Bedürfnisse des Unterrichts anderweitig gesorgt sei und wo er nur diejenigen Vorlesungen zu halten brauche, welche gerade innerhalb des Kreises seiner tiefsinnigen mathematischen Studien liegen, daß aber das, was bisher von ihm vorliege, nicht die nötigen Garantien dafür böte, daß es ihm auch gelingen werde, den gesamten mathematischen Unterricht der Studierenden zu übernehmen und alle dazu nötigen Vorlesungen zu halten, wie es an der hiesigen [Breslauer] Universität nötig sei.“ Kummer wies weiter darauf hin, daß für den Entschluß der Fakultät nicht sachliche, sondern konfessionelle Gründe ausschlaggebend gewesen wären, welche, wie er wörtlich fortfuhr, „der hiesigen Universität schon oft zum Unsegen gereicht" hätten; alle vier katholischen Fakultätsmitglieder hätten für Weierstraß gestimmt. Man versteht Dirichlets Einstellung, der dafür plädiert hat, Berufungen nie in die Hände von Professoren-Kollegien zu legen, da es dann völlig dem Zufall anheimgestellt sei, wen die Berufung treffe [21]. Die spätere Handlungsweise Kummers legt die Vermutung nahe, daß er schon damals entschlossen war, Weierstraß nach Berlin zu holen und daß ihm daher jedes Mittel recht war, die Berufung von Weierstraß nach Breslau zu verhindern. Auch in einem Brief an Kronecker kam er, wie wir durch Hensel wissen [30], auf diese Angelegenheit zu sprechen. Er schrieb, die bisherige wissenschaftliche Leistung von Weierstraß sei allerdings derart, daß er auf Grund derselben sogleich mit Ehren Mitglied der Berliner oder einer anderen Akademie werden könne; aber zur Ausfüllung der Professur für Mathematik an einer Universität wie die Breslauer, in welcher er nicht nach seinem Belieben lesen könne, sondern, da er im wesentlichen allein sei, für alles stehen müsse, was zur Ausbildung junger Mathematiker gehört, böte sie noch nicht die nötigen Garantien.

Kummers Einspruch hatte Erfolg, Joachimsthal und nicht Weierstraß wurde berufen. Nun begann man sich in Österreich für Weierstraß zu interessieren. Man zog Erkundigungen über ihn bei Alexander von Humboldt ein, der unverzüglich dem Direktor des Gewerbe-Instituts Druckenmüller einen Wink gab. Dieser schrieb am 8. Mai 1856 [31] an den Handelsminister und bat unter Hinweis auf die drohende Gefahr, Weierstraß unter Beilegung des Professorentitels an das Gewerbe-Institut mit einem Jahresgehalt von 1500 Talern, einer für damalige Zeiten nicht geringen Besoldung, zu berufen. Druckenmüller berief sich dabei auf Verhandlungen, die er schon gleich nach dem Erscheinen der ersten Weierstraßschen Arbeit 1854 eingeleitet hatte, die aber wegen der inzwischen erfolgten Beurlaubung ohne Folgen geblieben waren. Das Kultusministerium und Weierstraß selbst erklärten sich einverstanden, und so wurde er am 14. Juni ernannt, ohne nach Braunsberg an die Schule zurückkehren zu müssen.

Dergestalt verdanken wir indirekt Humboldt, der Gauß nach Berlin zu holen sich bemüht hat, der gemeinsam mit Crelle Abel eine Stellung in Berlin zu verschaffen suchte, der Jacobi förderte und Eisenstein beschützte, der Dirichlet aus Paris nach Breslau und dann nach Berlin holte, der Kummer, Rosenhain, Steiner, Richelot und Woepcke protegiert hat, Plücker seinen Freund nannte, der Crelles Journal zu finanzieren half, ihm, sage ich, verdanken wir auch die endliche Berufung von Weierstraß. Über seine Beweggründe unterrichtet uns Humboldt, der doch kein eigentliches Verhältnis zur mathematischen Forschung besaß, mit folgenden Worten [32]: „Bald abtretend aus einem vielbewegten, arbeitsamen Leben, glaube ich, als Gelehrter, eine Pflicht zu erfüllen, wenn ich für die spreche, die in Astronomie, Physik, Chemie, Mathematik zugleich durch eminentes Talent und durch Lehrthätigkeit den alten Ruhm deutschen Wissens zu erhalten und *zu erneuern* verheißen. Frische, neue, wohlgerichtete Kräfte sind in der Zeit, in die wir getreten, die ich herbeigewünscht und an der ich nicht verzweifle, mehr als je nöthig."

Noch ehe die Berufung an das Gewerbe-Institut ausgesprochen wurde, brachte Kummer am 9. Juni in der Berliner Fakultät den Antrag ein, Weierstraß und Borchardt eine außerordentliche Professur zu verleihen [33]. Die Fakultät erkannte zwar einstimmig an, daß es in höchstem Grade wünschenswert sei, ein so hervorragendes Talent wie Weierstraß zu besitzen, aber es wurde gleichzeitig geltend gemacht, daß es doch völlig genügen würde, wenn Weierstraß nach seiner bevorstehenden Wahl in die Berliner Akademie von dem ihm in dieser Eigenschaft statutenmäßig zustehenden Recht zum Halten von Vorlesungen Gebrauch mache. Und mit dieser weisen Feststellung vertagte sich die Fakultät. Unterdes hatte Graf Thun, der österreichische Kultusminister, seine Absichten, Weierstraß nach Berlin zu holen, nicht aufgegeben.

Schon im September bot sich eine gute Gelegenheit, diese Pläne weiterzuverfolgen. In jenem Monat weilten nämlich Kummer und Weierstraß in Wien auf der Naturforscher-Versammlung.

Graf Thun bot Weierstraß 2000 Gulden und eine für ihn persönlich einzurichtende Professur an einer frei zu wählenden österreichischen Universität. Weierstraß schwankte, denn der Eindruck, den er von den österreichischen Universitätsverhältnissen erhielt, war ein ungünstiger. Sofort nach Rückkehr aus Wien bat Kummer [34] unter Umgehung der Fakultät den preußischen Kultusminister, Weierstraß zusätzlich ein Extraordinariat an der Universität zu verleihen. Drei Tage danach schon teilte der Minister Weierstraß mit, daß er die Anstellung als außerordentlicher Professor mit einem weiteren Jahresgehalt beim König beantragt habe. Weierstraß sagte zu, und er hat später erklärt, daß er die Ablehnung des österreichischen Angebots nie bereut habe [35]. Im gleichen Jahr 1856 wurde er dann auch ordentliches Mitglied der Berliner Akademie.

Sie wissen, daß er dann endlich am 2. Juli 1864 ein Ordinariat in Berlin erhielt, nachdem schon zuvor am Gewerbe-Institut ein ständiger Vertreter für ihn bestellt worden war, ohne daß seine Einkünfte dadurch geschmälert worden wären.

Als Ende 1872 sich die Möglichkeit abzeichnete, Weierstraß könne einen Ruf nach Göttingen erhalten, beschwor die Berliner Fakultät den Minister in eindringlichen Worten, sie „ein für alle Mal gegen die Gefahr" zu schützen, Weierstraß „anders als durch den Tod zu verlieren" [36].

Das ist die Geschichte der Berufung von Weierstraß nach Berlin in ihren Umrissen. Wenn ich auf Ihr nachsichtiges Interesse an dieser Darstellung rechnen zu können glaubte, so deshalb, weil der ganze Vorgang nicht ohne dramatische und unerwartete Zwischenfälle abgelaufen ist und, wie erwähnt, wir auch einen Eindruck von der Weierstraßschen Art und Weise zu handeln, erhalten.

Wir haben gesehen, daß Weierstraß von dem Moment an, in dem ihm sein Wert von den kompetenten Fachgenossen bestätigt wurde, mit Energie und unbeirrbar die akademische Laufbahn angestrebt hat. Um so bedauerlicher ist es, daß er erst so spät von dem Gutachten Gudermanns erfahren und damit erst in vorgerückten Jahren dieses Ziel verfolgt hat.

QUELLEN UND LITERATUR

[1] *Ahrens, W.*, in: Frankfurter Zeitung Nr. 302 vom 30. 10. 1915. – *Lorey, W.*, in: Zeitschrift für math. u. naturwiss. Unterricht aller Schulgattungen, 46, 1915, S. 601. – *Ahrens, W.*, in: Math.-naturwiss. Blätter, 13, 1916, S. 44–46.

[2] Weierstraß an H. A. Schwarz vom 4. 6. 1884. Archiv der Deutschen Akademie der Wissenschaften zu Berlin (hier künftig mit AAW Berlin bezeichnet), Nachlaß Schwarz.

[3] *Sturm, R.*, in: Jahr. Ber. DMV 19, 1910, S. 160.

[4] Weierstraß an J. Schulze vom 27. 3. 1855. Ehem. Preuß. Geh. Staatsarchiv, heute: Deutsches Zentralarchiv, Abt. Merseburg (hier künftig mit DZA Merseburg bezeichnet), Rep. 92, Joh. Schulze, Nr. 39, Bl. 225–226.

[5] Ebd.

[6] Am 19. 5. 1855 in dem weiter unten behandelten Gutachten. DZA Merseburg, Rep. 76 VI, Sekt. II Z, Spec. Nr. 2, Bd. 11, Bl. 20–21.

[7] Nach Aufzeichnungen im AAW Berlin, Nachlaß Schwarz.

[8] Weierstraß an H. A. Schwarz vom 1. 7. 1880. AAW Berlin, Nachlaß Schwarz.

[9] *Mittag-Leffler, G.*, in: Acta Mathematica, 39, 1923, S. 51.

[10] *Ahrens, W.*, in: Math.-naturwiss. Blätter, 4, 1907, S. 46.

[11] Weierstraß an K. v. Raumer vom 1. 2. 1855. DZA Merseburg, wie [6], Bl. 11–12.
[12] *Lilienthal, R. v.*, in: Westfäl. Lebensbilder. Hauptreihe, 2, 1931, S. 168.
[13] Archiv der Humboldt-Universität zu Berlin, P-5-1, Bl. 87–88.
[14] *Lorey, W.*, wie [1], S. 603.
[15] *Biermann, K.-R.*, in: Journal f. d. reine u. angew. Math. 203, 1960, S. 219.
[16] A. L. Crelle an K. v. Raumer vom 4. 1. 1855. DZA Merseburg, wie [6], Bl. 1–2.
[17] Wie [11].
[18] *Klein, F.*, Vorlesungen über die Entwicklung der Mathematik im 19. Jahrhundert. T. 1. Berlin 1926, S. 277.
[19] DZA Merseburg, wie [6], Bl. 13–15.
[20] Wie [4].
[21] Weierstraß an J. Schulze vom 27. 7. 1855. DZA Merseburg, wie [4], Bl. 227.
[22] Wie [6], Bl. 16.
[23] Wie [6].
[24] *Biermann, K.-R.*, J. P. G. Lejeune Dirichlet. Berlin 1959, S. 58–60.
[25] Weierstraß an K. v. Raumer vom 10. 8. 1855. DZA Merseburg, Rep. 76 Va, Sekt. 4, Tit. 4, Nr. 36, Bd. 3, Bl. 325.
[26] Geht aus dem in [25] genannten Brief hervor.
[27] Wie [21].
[28] E. E. Kummer an J. Schulze vom 14. 8. 1855. DZA Merseburg, wie [25], Bl. 337–340.
[29] H. A. Schwarz an Weierstraß vom 7. 3. 1875. AAW Berlin, Nachlaß Schwarz.
[30] *Hensel, K.*, in: Festschrift Kummer. Leipzig und Berlin 1910, S. 11.
[31] Druckenmüller an A. v. d. Heydt vom 8. 5. 1856. DZA Merseburg, Rep. 76 Vb, Sekt. 4, Tit. 1, Nr. 1, Bd. 5, Bl. 53–56.
[32] *Biermann, K.-R.*, in: Gedenkschrift A. v. Humboldt. Berlin 1959, S. 85.
[33] Archiv der Humboldt-Universität zu Berlin, P-6-3, Bl. 112–113.
[34] Kummer an K. v. Raumer vom 28. 9. 1856. DZA Merseburg, Rep. 76 Va, Sekt. 2, Tit. 4, Nr. 47, Bd. 3, Bl. 372–375.
[35] Weierstraß an H. A. Schwarz vom 1. 4. 1884. AAW Berlin, Nachlaß Schwarz.
[36] Archiv der Humboldt-Universität zu Berlin, P-3-6, Bl. 424.

Aus dem Briefwechsel von G. Mittag-Leffler

Von *Otto Frostman*

Die beiden grundlegenden Sätze der klassischen Funktionentheorie, der Produktsatz von Weierstraß und der Partialbruchsatz von Mittag-Leffler, sind eng miteinander verknüpft, nicht nur inhaltlich, sondern auch hinsichtlich ihrer Entdeckung. Die Arbeit von Weierstraß „Zur Theorie der eindeutigen analytischen Funktionen einer Veränderlichen“ wurde in der Berliner Akademie am 16. Oktober 1876 vorgelegt und in demselben Jahre in den Berliner Abhandlungen veröffentlicht. In der Tat hatte aber Weierstraß die vollständige Lösung seines Problems schon im Herbst 1874 gefunden, sie in einem Brief an Sonja Kovalewsky in St. Petersburg mitgeteilt [1] und in seinen Vorlesungen in Berlin im Winter 1875 gebracht. Unter den Zuhörern dieser Vorlesungen war auch Mittag-Leffler, der von der Mitteilung veranlaßt wurde, sich das analoge Problem zu stellen, das entsteht, wenn man für eine Funktion von „rationalem Charakter“ die Angabe der Nullstellen durch die Angabe der „Konstanten der Unendlichkeitsstellen“ (Hauptteilen) ersetzt. Die erste Mitteilung von Mittag-Leffler ist in schwedischer Sprache geschrieben und wurde der Akademie in Stockholm am 7. Juni 1876 vorgelegt [2]. Der Beweis von Mittag-Leffler ist von dem heute geläufigen ein wenig verschieden. Andere Arbeiten über dasselbe Thema und Weiterentwicklungen folgten im Jahre 1877.

Dieser kurze Bericht, der Mittag-Lefflers eigenen Arbeiten entnommen ist, macht ganz klar, welche große Bedeutung die Anregung von Weierstraß für den jungen schwedischen Mathematiker gehabt hat. Er war von Paris über Göttingen nach Berlin gekommen, und erst dort scheint er einen Unterricht und eine wissenschaftliche Tätigkeit gefunden zu haben, die ihn zum höchsten Fleiß antreiben. In Briefen an seinen Lehrer, Professor Hjalmar Holmgren, hat er die Eindrücke seiner Reise geschildert, und was er über seinen Aufenthalt in Berlin erzählt, ist in diesem Zusammenhang von besonderem Interesse. Er schreibt am 19. Februar 1875 (der Text ist aus dem Schwedischen ins Deutsche übersetzt):

H. Herr Professor!

...

„Mit meinem Aufenthalt in Berlin bin ich in wissenschaftlicher Hinsicht sehr zufrieden. Nirgends habe ich so vieles zu lernen gefunden wie hier. Weierstraß und Kronecker haben beide die in Deutschland ungewöhnliche Eigenschaft, gedruckte Publikationen, soweit es möglich ist, zu vermeiden. Weierstraß publiziert bekanntlich gar nicht, und Kronecker nur Resultate ohne Beweise.

In ihren Vorlesungen legen sie die Resultate ihrer Forschungen vor. Kaum dürfte wohl die Mathematik unserer Tage etwas aufzuweisen haben, was mit der Funktionentheorie von Weierstraß oder der Algebra von Kronecker wetteifern kann.

Weierstraß behandelt die Funktionentheorie in einem zwei- oder dreijährigen Zyklus in Vorlesungen, und auf die einfachsten und klarsten Grundbegriffe baut er eine vollständige Theorie der elliptischen Funktionen und deren Anwendungen auf die Abelschen Funktionen, auf die Variationsrechnung etc. auf. Was sein System charakterisiert, ist vornehmlich, daß es völlig analytisch ist. Die Geometrie nimmt er selten zu Hilfe und, wenn es geschieht, nur als eine Illustration. Dies scheint mir ein unbedingter Vorzug gegenüber der Schule von Riemann als auch gegenüber der von Clebsch. Wohl mag es wahr sein, daß, mit den Riemannschen Flächen als Ausgangspunkt, eine Funktionentheorie sich völlig streng aufbauen läßt, und daß das geometrische System Riemanns genügt, um die bis hierher bekannten Eigenschaften der Abelschen Funktionen zu erklären, aber einerseits genügt es nicht, um die Eigenschaften der Transcendenten höherer Ordnung wiederzugeben, andererseits werden jedoch auf diese Weise Elemente in die Funktionentheorie eingeführt, die ihr im Grunde völlig fremd sind. Was das System von Clebsch betrifft, so kann es ja nicht einmal die einfachsten Eigenschaften der Transcendenten höherer Ordnung wiedergeben, und dies ist ja ganz natürlich, da die Analysis so unendlich viel allgemeiner als die Geometrie ist.

Eine andere Eigenheit bei Weierstraß ist, daß er alle allgemeinen Definitionen und alle Beweise, die sich auf Funktionen insgemein beziehen, vermeidet. Für ihn ist eine Funktion eine Potenzreihe und aus der Potenzreihe deduziert er alles. Dies kommt mir jedoch als ein äußerst schwieriger Weg vor, und ich bin nicht überzeugt, daß man im allgemeinen nicht leichter zum Ziel dadurch kommt, daß man wie Cauchy und Liouville von allgemeinen aber natürlich völlig strengen Definitionen ausgeht.

Sowohl Weierstraß als auch Kronecker zeichnen sich übrigens durch vollständigste Klarheit und Schärfe beim Beweisen aus. Zugleich haben sie von Gauß die Furcht vor aller Art Metaphysik bei der Fixierung der mathematischen Grundbegriffe geerbt, und dies gibt ihren Deduktionen eine Einfachheit und Natürlichkeit, die man wohl kaum früher so systematisch ausgeführt und mit dem höchsten Grad an Schärfe gesehen hat.

In ganz formaler Hinsicht ist wenigstens Weierstraß' Vortragsweise unter aller Kritik, und auch der unbedeutendste französische Mathematiker würde sich mit einem solchen Vortrag als Lehrer für komplett unfähig ansehen. Gelingt es einem jedoch nach vieler und schwieriger Arbeit, eine Vorlesung von Weierstraß in die Form zurückzubringen, in der er sie gedacht hat, dann wird alles klar, einfach und systematisch. Wahrscheinlich ist es dieser merkwürdige Mangel an formalem Talent, der erklärt, daß so äußerst wenige von seinen vielen Schülern ihn vollständig verstanden haben, und daß daher die Literatur in der von ihm eingeschlagenen Richtung noch so unbedeutend ist. Dies hindert jedoch nicht, daß man ihm allgemein eine fast abgöttische Verehrung widmet. Gegenwärtig sind in Berlin viele junge und tüchtige Mathematiker, auf welche Weierstraß die größten Hoffnungen setzt. Vorderst von ihnen stellt er „den besten Schüler, den er je gehabt hat", die junge russische Gräfin Sophie v. Kowalevsky, die neulich, abwesend von der Fakultät in Göttingen, die Doktorwürde erhalten hat, auf Grund zweier Abhandlungen, die bald in Crelle erscheinen; die eine über partielle Differentialgleichungen, die andere über den Ring vom Saturn.

...

Leider habe ich keine Zeit für selbständige Arbeit, so lange die Vorlesungen währen. Es ist anstrengend genug, sich drei Stunden täglich Vorlesungen zunutze zu machen, über so schwierige Sachen wie die höhere Theorie der elliptischen Funktionen, die Theorie der algebraischen Gleichungen nach Abel, Hermite und Kronecker, nebst Zahlentheorie.

Einmal in der Woche höre ich auch Helmholtz, der dann, zur äußersten Erbitterung des philosophischen Deutschlands, mit der höchsten Meisterschaft über Die logischen Prinzipien der Erfahrungswissenschaften liest.

Ich ersuche Sie um Entschuldigung für die Länge dieser nachlässigen Epistel und zeichne mit der tiefsten Ehrfurcht

Des Herrn Professor tief dankbarer Schüler

G. M. Leffler."

Die hier ausgeschlossenen Zeilen beziehen sich teils auf Arbeiten, die Mittag-Leffler schon publiziert hatte, oder zu publizieren erwog, teils auch auf eine Arbeit eines Wiener Mathematikers, der ihm offenbar nicht gefallen hat („... *der Mann selbst scheint mir sehr deutsch in schlechter Meinung*").

LITERATUR

[1] *Mittag-Leffler, G.*, Weierstrass et Sonja Kowalevsky. Acta Mathematica 39 (1923), S. 133–198, insbesondere S. 149–152.

[2] *Mittag-Leffler, G.*, En metod att analytiskt framställa en funktion af rationel karakter, hvilken blir oändlig alltid och endast uti vissa föreskrifna oändlighetspunkter, hvilkas konstanter äro på förhand angifna. Öfversigt af Kungl. Vetenskaps-Akademiens Förhandlingar 1876, No. 6, S. 3–16, insbesondere S. 15–16.

Karl Weierstraß
als Schüler des Theodorianischen Gymnasiums zu Paderborn

Von *Friedrich Gerhard Hohmann*

Im Frühjahr 1829 wurde der Steuerassistent Wilhelm Weierstraß von Münster an das Hauptzollamt in Paderborn versetzt, wo er im Jahre 1831 Rendant wurde. Mit seiner zweiten Frau und fünf lebenden (von insgesamt sieben) Kindern siedelte er in die ostwestfälische Bischofsstadt über.

Der älteste Sohn, Karl Theodor Wilhelm, am 31. 10. 1815 in Ostenfelde (Kreis Warendorf) geboren, wo der Vater damals Sekretär beim Bürgermeister gewesen war, hatte in Münster bereits die Trivialschule, die Vorbereitungsschule für das Gymnasium, etwa den heutigen Klassen Sexta und Quinta entsprechend, besucht und wurde nun Ostern 1829 Schüler des Theodorianischen Gymnasiums in Paderborn [1].

Das Theodorianische Gymnasium

Dieses war aus der vom Bischof Badurad (815–862) um 820 gegründeten Domschule hervorgegangen, wo nach der Lebensbeschreibung des Bischofs Meinwerk (1009–1036) im 11. Jahrhundert „die Mathematiker glänzten und die Astronomen, wo es Physiker und Lehrer der Geometrie gab", wo ein Magister Reinher im Jahre 1171 einen Computus, eine Jahresberechnung, als erstes mathematisches Werk in Deutschland mit arabischen statt mit römischen Ziffern erarbeitete.

Die Domschule wurde im 16. Jahrhundert in ein humanistisches Gymnasium umgewandelt und 1585 den Jesuiten anvertraut. Fürstbischof Dietrich (lat. Theodor) von Fürstenberg (1585–1618) errichtete von 1612 bis 1614 für das nunfort nach ihm benannte Gymnasium und die von ihm 1614 gegründete Universität, die erste in Westfalen, ein Renaissance-Gebäude, in dem die Schule als Staatliches Altsprachliches Gymnasium Theodorianum noch heute untergebracht ist.

Dietrichs Großneffe und späterer Nachfolger Ferdinand von Fürstenberg (1661–1683) schenkte den Theodorianischen Anstalten eine im Jesuitenbarock gehaltene Kirche. Nach der Aufhebung der Gesellschaft Jesu im Jahre 1773 wurden Universität und Gymnasium von den Fürstbischöfen als Landesherren weitergeführt.

Der Paderborner Professor Wilhelm Faber (1744–1817) wurde durch seine Korrektur astronomischer Berechnungen des französischen Gelehrten La Lande und durch seine Mitarbeit bei der Landesaufnahme weit über seine Heimat bekannt. Im Jahre 1811 berichtete ein Beamter des Königreichs Westfalen nach einem Besuch der Schule von der Mathematik, „welche hier vorzüglich getrieben wird, und worin man es hier unter den trefflichen Lehrern in diesem Fache sehr weit bringen kann".

Die Universität wurde nach dem endgültigen Übergang der Landesherrschaft an Preußen und der Gründung der Universität Bonn im Jahre 1818 formell aufgehoben, ihre beiden Fakultäten blieben jedoch bestehen und wurden 1844 als Bischöfliche Philosophisch-Theologische Lehranstalt (heute Erzbischöfliche Philosophisch-Theologische Akademie) konstituiert. Das mit den Fakultäten unter einem Dach befindliche Gymnasium gelangte unter königliches Patronat; es wurde wie die Lehranstalt aus dem ehemaligen Jesuitenvermögen, dem Paderborner Studienfonds, unterhalten [2].

Die preußische Schulverwaltung, das Konsistorium, seit 1825 das Provinzialschulkollegium in Münster, besorgte nun durch den Konsistorialrat Friedrich Kohlrausch (1780–1865) die Umgestaltung der Schule zum neuhumanistischen Gymnasium im Sinne Wilhelm von Humboldts.

Dazu gehörten außer der Wiedereinführung des 1781 aufgegebenen Griechisch-Unterrichts vor allem die allmähliche Erweiterung des Gymnasiums von fünf auf sechs (1823), sieben (1827) und schließlich neun Klassen (1835), die Einführung des Abiturs im Jahre 1821 und die wissenschaftliche Vorbildung der Lehrer in den Unterrichtsfächern der Schule – bisher hatten sie fast alle nur Philosophie und Theologie studiert. Nun wurde von ihnen das examen pro facultate docendi verlangt [3].

Kohlrausch, der 1830 zur Reorganisation des höheren Schulwesens nach Hannover berufen wurde, bemerkt in seinen Lebenserinnerungen, daß das Theodorianische Gymnasium „mehr als das Gymnasium in Münster von den alten jesuitischen Einrichtungen behalten hatte und nur durch anhaltende Sorgfalt in der Wahl und Vermehrung der Lehrer auf die Stufe gebracht wurde, daß ein abgehender Schüler die Forderungen des Maturitäts-Prüfungsreglements erfüllen konnte. Aber das Fortschreiten der Anstalt durch die hinzutretenden jüngeren Kräfte machte mir Freude" [4].

Als Weierstraß 1829 auf das Theodorianische Gymnasium kam, hatte es in sieben Klassen 320 Schüler, in der angegliederten oberen und unteren Vorbereitungsschule befanden sich 53 und 60 Jungen [5]. Im folgenden Schuljahr 1829/30 war das Paderborner Gymnasium mit 293 Schülern nach dem Paulinum in Münster mit 444 Schülern das zweitgrößte der Provinz Westfalen. Es folgten Bielefeld (206), Minden (140), Soest (133), Coesfeld, seit 1828 Vollanstalt (116), Arnsberg (111), Recklinghausen, 1829 Vollanstalt (95), Herford (90) und Hamm (78). Im Bereich des früheren Hochstifts Paderborn gab es keine andere höhere Schule, die zur Reifeprüfung führte, deren Bestehen Voraussetzung für die Universitätsimmatrikulation geworden war [6].

Die Leitung der Schule lag seit dem 16. 10. 1828 in den Händen des Direktors Professor Heinrich Gundolf (1791–1845), den Kohlrausch zu den ihm „werthen und befreundeten katholischen Lehrern der Provinz" zählte [7].

Das Kollegium bestand mit dem Direktor aus vierzehn wissenschaftlichen Lehrern, darunter drei Professoren der Fakultäten, alle bis auf einen Geistliche, die im früheren Jesuitenkolleg in halbklösterlicher Gemeinschaft lebten. Sie stammten meist aus Handwerkerfamilien der Stadt oder des Hochstiftes Paderborn und waren nach dem Besuch des Theodorianischen Gymnasiums und der Paderborner Fakultäten schon vor der Priesterweihe als Lehrer eingesetzt worden; jetzt hatten sie entweder bereits in Berlin oder Bonn weiterstudiert oder wurden in diesen Jahren dorthin beurlaubt; von neu eintretenden Lehrkräften wurde nun der Universitätsabschluß verlangt.

Seit 1825 legten die Lehrer in den Jahresberichten des Gymnasiums eigene Forschungsergebnisse vor, einige waren durch ihre wissenschaftlichen Werke oder ihre Schulbücher über Paderborn hinaus bekannt, so von den Lehrern von Karl Weierstraß der wissenschaftlich sehr produktive Philosophie-Professor Dr. Johannes Püllenberg (1790–1856), Dr. Johannes Ahlemeyer (1798–1863), später Professor an der Philosophisch-Theologischen Lehranstalt, dann ab 1846 Direktor des Gymnasium Theodorianum, Dr. Ignaz Lessmann (1800–1869), 1850 Abgeordneter des Deutschen (Unions-)Parlaments in Erfurt, und der Geograph Konrad Bade (1808–1867), später Regierungs- und Schulrat in Liegnitz.

Einziger nichtgeistlicher wissenschaftlicher Lehrer war der Mathematiker Franz Luke (1804–1854) aus Eversberg (Kreis Meschede), der drei Jahre in Bonn studiert und anderthalb Jahre am Progymnasium Siegburg unterrichtet hatte, als er 1827 an das Paderborner Gymnasium gekommen war, wo er 1832 Oberlehrer wurde. Zum Jahresbericht 1834 lieferte er eine Arbeit über die „Behandlung der ersten drei Hauptfälle der Fermat'schen Aufgabe über Kugelberührungen". 1841 wurde Luke nach Kulm (Westpreußen) versetzt [8].

Neben diesen wissenschaftlichen Lehrern hatte die Schule einen Zeichenlehrer – Franz Josef Brand (1790–1869), der sich durch die Erhaltung des Bildes des Hochstifts im 19. Jahrhundert in seinen Zeichnungen, Gemälden und Büchern große Verdienste erworben hat [9] – einen Schreibmeister und sieben Präzeptoren, die die Silentien der vier unteren Klassen des Nachmittags in den Schulräumen betreuten, meist junge Theologen, die Gymnasiallehrer werden wollten.

Weierstraß' Schulzeit 1829–1834

Weierstraß trat Ostern 1829, zu Beginn der zweiten Hälfte des Schuljahres 1828/29 in das Theodorianische Gymnasium ein und konnte an der damals siebenklassigen Schule schon nach fünfeinhalb Jahren die Reifeprüfung ablegen, da er die Tertia, die heutige Untersekunda, überspringen durfte. Er erhielt in diesen Jahren einen vorwiegend altsprachlichen Unterricht, wie aus folgender Stundentafel zu ersehen, in die auch die von ihm übersprungene Klasse aufgenommen ist:

Schuljahr	1828/29	1829/30	1830/31	*1831/32*	1831/32	1832/33	1833/34		
Klasse	VI	V	IV	*III**	II^{II}	II^{I}	I		
heute	IV	UIII	OIII	*UII*	OII	UI	OI	Gesamt	
Stärke	42	37	40	*50*	31	25	20	ohne III	*mit 1831/32*
Lateinisch	11	9	9	*9*	8	8	8	53	*62*
Griechisch	–	3	5	*6*	7	7	7	29	*35*
Hebräisch	–	–	–	–	–	2	2	4	*4*
Französisch	–	–	–	*2*	2	2	2	6	*8*
Deutsch	3	3	3	*3*	4	4	3	20	*23*
Religion	3	2½	2½	*2½*	2	2	2	14	*16½*
Psychologie	–	–	–	–	–	1	–	1	*1*
Logik	–	–	–	–	–	–	1	1	*1*
Mathematik	4	4	4	*4*	4	3	4	23	*27*
Naturkunde	–	1	1	–	–	2	2	6	*6*
Erdkunde	2	2	2	*2*	2	–	–	8	*10*
Geschichte	2	2	2	*2*	3	3	3	15	*17*
Zeichnen	2	2	2	*2*	–	–	–	6	*8*
Schönschreiben	2	2	1	–	–	–	–	5	*5*
Singen	2	2	2	*2*	2	2	–	10	*12*
	31	32½	33½	*34½*	34	36	34	201	*235½*

* Von Weierstraß übersprungen.

Von den 201 Wochenstunden waren 86 den alten Sprachen, 45 der deutschkundlichen Gruppe, 29 der Mathematik und der Naturkunde, 21 den musischen Fächern, 14 der Religionslehre und 6 dem erst 1831 durch Ministerialerlaß eingeführten Französisch gewidmet.

Der mathematische Unterricht sei hier näher dargelegt:

Die mathematischen Vorübungen der Sexta 1828/29 (der heutigen Quarta), vom Ordinarius Heinrich Focke (1801–1857) noch vor seinem Universitätsstudium in Bonn unterrichtet, enthielten – nach König –

„a) Arithmetik: von den Zahlen, die vier Species im ganzen, unbenannten und benannten Zahlen, in gemeinen und Decimalbrüchen.

b) Geometrie: Anfangsgründe derselben, von den Linien und Winkeln, von den Flächen und Figuren.

Dazu kam die schriftliche Auflösung sehr vieler Aufgaben aus Diesterwegs praktischem Rechenbuche." (Jahresbericht.)

Ordinarius und Mathematiklehrer der drei folgenden Klassen war Ferdinand Johannes Schwubbe (1802–1872). Er nahm in der Quinta 1829/30 (der heutigen Untertertia) durch:

„Einfache geometrische Verhältnisse, geometrische Proportionen, Regel-de-Tri. Zusammengesetzte Verhältnisse. Rabattrechnung. Zusammengesetzte Zins- und Rabattrechnung. Gesellschafts-, Mischungs- und Kettenrechnung, nach dem praktischen Rechenbuche für Elementar- und höhere Bürgerschulen von Diesterweg und Heuser. – Geometrie nach dem Leitfaden für den Unterricht in der Formen-, Größen- und räumlichen Verbindungslehre von Diesterweg."

In der Quarta 1830/31 (der heutigen Obertertia) unterrichtete Schwubbe:

„a) Arithmetik. Die Dezimalbrüche. Entgegengesetzte Zahlen. Arithmetische Verhältnisse und Proportionen. Arithmetische und geometrische Progressionen. Potenzen: Quadrat- und Cubik-Zahlen. Ausziehen der Quadrat- und Cubik-Wurzeln.

b) Geometrie. Fortsetzung der geometrischen Vorübungen. Die Lehre über die Congruenz der Dreiecke. Vermischte geographische Aufgaben. Schulbuch war das praktische Rechenbuch von Diesterweg und Heuser, drittes Übungsbuch."

In der von Weierstraß übersprungenen Tertia 1831/32 (der heutigen Untersekunda) behandelte Schwubbe dann:

„Im Winterhalbjahre: Buchstabenrechnung. Gleichungen des ersten Grades mit einer unbekannten Größe. Zur Übung wurden Aufgaben aus M. Hirsch's Beispielsammlung aufgelöst. Geometrie bis zur Lehre von der Ähnlichkeit der Dreiecke.

Im Sommerhalbjahre: Algebra, Gleichungen des ersten Grades mit mehreren unbekannten Größen, wobei zugleich auf die verschiedenen Eliminationsmethoden aufmerksam gemacht wurde. Schriftliche Übungen aus M. Hirsch's Beispielsammlung. Geometrie: die Lehre von der Ähnlichkeit der Dreiecke. Anwendung derselben auf mancherlei Aufgaben."

Der Ordinarius der Sekunda II 1831/32 und der Sekunda I 1832/33 (der heutigen Obersekunda und Unterprima), Lessmann, übernahm ebensowenig wie der Klassenlehrer der Prima 1833/34 (der heutigen Oberprima), Ahlemeyer, den Mathematikunterricht. Dieser lag in den Händen Lukes, der in der Sekunda II unterrichtete:

„Die Lehre von den Potenzen und Wurzelgrößen, quadratische Gleichungen. Unbestimmte Gleichung. Die Beispiele aus M. Hirsch wurden teils in der Schule, teils zu Hause aufgelöset. Die Lehre vom Kreise. Geometrische Analysis nach der Methode der Alten."

In der Sekunda I folgte:

„Wiederholung der quadratischen Gleichung. Unbestimmte Analytik. Progressionen. Logarithmen. Stereometrie. Ebene Trigonometrie. Übungen in der geometrischen Analysis nach der Methode der Alten."

Der Mathematik-Unterricht schloß in der Prima mit

„Stereometrie. Trigonometrie. Übung im Auflösen geometrischer Aufgaben mit Hilfe der Trigonometrie zugleich als Wiederholung der Planimetrie. Unbestimmte Analytik. Reihen Entwicklungen nach dem Handbuche von Kries." Im Januar des folgenden Jahres, 1835, wurde der Schule eine Erklärung des Unterrichtsministeriums mitgeteilt, „daß die sphärische Trigonometrie und die Lehre von den Kegelschnitten aus dem Kreise des mathematischen Unterrichts auszuschließen sei" [10].

Weierstraß beschäftigte sich über den Schulstoff hinaus mit der Integralrechnung; er verfolgte die neueste Entwicklung im Bereich der Geometrie in den Beiträgen von Jakob Steiner (1796–1863) zu August Leopold Crelles (1780–1855) Journal für reine und angewandte Mathematik [10a].

Weierstraß war durchaus nicht einseitig mathematisch begabt: Er erlangte von Sexta bis Sekunda I zehn Prämien, davon vier in Latein, je zwei in Griechisch, Deutsch und Mathematik (diese in IV und II^{I}), und im Ehrenkampfe am Schuljahrsende erreichte er sechsmal den ersten Platz: viermal in Latein, je einmal in Geschichte und Mathematik (in VI), auf den zweiten Platz kam er ebenfalls sechsmal, auf den dritten und vierten Platz je dreimal in den verschiedenen Fächern.

Die Reifeprüfung 1834

Die neue Abiturordnung von 1834 verlangte im schriftlichen Examen einen deutschen und einen lateinischen Aufsatz, eine Übersetzung ins Lateinische und eine aus dem Griechischen, eine deutsch-französische und eine mathematische Arbeit. Der 1830 eingeführte Religionsaufsatz war an sich wieder abgeschafft, aber im Rheinland und Westfalen weiterhin in Übung. Künftige Theologen mußten eine lateinische Übersetzung eines hebräischen Textes mit grammatischer Erklärung liefern.

Während der schriftlichen Prüfung im Juli 1834 besuchte Konsistorialrat Chr. F. Wagner die Schule; in seinem Bericht zeigte er sich zufrieden: „Obwohl ich diesmal auf den Besuch der Klassen nur ein paar Tage habe verwenden, auch nur einigen Hauptlektionen in jeder Klasse habe beiwohnen können; so habe ich mich doch überzeugt, daß die Anstalt in einem erfreulichen Fortschreiten begriffen ist, daß die meisten Lehrer die eigentlich *geistige* Bildung der Schüler mehr als sonst im Auge haben, daß auch ein zweckmäßiges Ineinandergreifen des Unterrichtes Statt findet“ [11].

Die mündliche Reifeprüfung fand vom 21. bis zum 23. August 1834 statt; am letzten Tage wurde den Prüflingen das Resultat der ganzen Prüfung bekanntgemacht. Von den 20 Schülern der Prima hatten zwei die Klasse schon vor dem Abitur verlassen, siebzehn nahmen an der Prüfung teil. Alle bestanden, drei, unter ihnen Weierstraß, erhielten das Zeugnis Nr. I, die anderen das Zeugnis Nr. II [12].

Vier Jahre darauf bestand auch Weierstraß' Bruder Peter (1820–1904), seit 1831 Schüler des Theodorianischen Gymnasiums, dort die Reifeprüfung; er wurde später Gymnasiallehrer für alte und neue Sprachen in Deutsch-Krone [13].

Von den siebzehn Abiturienten des Theodorianischen Gymnasiums im Jahre 1834 stammten acht aus dem früheren Hochstift Paderborn: vier aus der Stadt Paderborn, zwei aus dem Kreise Höxter, je einer aus den Kreisen Büren und Warburg. Fünf kamen aus dem Bereich des früheren kurkölnischen Herzogtums Westfalen: einer aus Brilon, vier aus dem Kreise Lippstadt, zwei weitere aus dem Kreise Wiedenbrück und je einer aus den Kreisen Ahaus und Warendorf (Ostenfelde: Weierstraß).

Von ihnen waren zwei 18 Jahre alt, sieben, so auch Weierstraß, 19, fünf 21 und drei 22 Jahre alt; fünf Abiturienten hatten sieben Jahre auf dem Paderborner Gymnasium zugebracht, je einer sechseinhalb bzw. fünfeinhalb (Weierstraß), je einer vier, drei bzw. zwei Jahre, fünf nur ein Jahr [14].

Zwölf der siebzehn Abiturienten wurden Theologen, davon sieben Pfarrer, zwei Kaplan bzw. Vikar, drei geistliche Gymnasiallehrer. Erwähnenswert Hermann Wiemann (1812–1875) aus Mastholte, nur ein Jahr auf dem Theodorianischen Gymnasium, als Pfarrer und Propst in Dortmund ein Führer der katholischen Vereinsbewegung in Westfalen von 1848 bis zur Entstehung der Zentrumspartei [15], und Karl Roeren (1816–1881) aus Paderborn, sieben Jahre auf dem Gymnasium (Zeugnis Nr. I), 1844 bis 1856 Lehrer am Theodorianum, dann Direktor in Bedburg und Brilon [16].

Dem Jurastudium wandten sich Weierstraß und Karl Pelizaeus († 1887) aus Rietberg zu. Dieser hatte mit 18 Jahren nach einem Jahr am Paderborner Gymnasium das Abitur gemacht und wurde später Landgerichtspräsident in Essen.

Von den anderen Abiturienten wurden einer Kanzleirat, einer Gerichtsaktuar und einer Hauslehrer [17].

Rückblick

Seiner Lehrer hat Weierstraß ehrend gedacht: in seiner Berliner Rektoratsrede von 1874 erinnerte er an „jene aus der Schule eines Fürstenberg, Sailer, Wessenberg hervorgegangene Generation hochgebildeter, denkender und humaner Geistlichen, wie ich sie in meiner Jugend noch gekannt habe, auf deren Bücherbrett neben der Kritik der reinen Vernunft Nathan der Weise stand“ [18].

Eine Gedenktafel am Paderborner Gymnasium, 1930 gestiftet, 1945 zerstört und 1962 erneuert, zählt Weierstraß zu den bedeutenden Schülern des Theodorianums im 19. Jahrhundert, neben dem Dichter Friedrich Wilhelm Weber (1813–1894), dem Berliner Anatom Wilhelm von Waldeyer-

Hartz (1836–1921), dem Paderborner Bischof Wilhelm Schneider (1847 bis 1909), dem Sozialpolitiker Franz Hitze (1851–1921), dem Münchener Philosophiehistoriker Clemens Baeumker (1853–1924), dem Komponisten Engelbert Humperdinck (1854–1921), dem Paderborner Erzbischof Caspar Klein (1865–1941), dem Dompropst Johannes Linneborn (1867–1933), dem Reichskanzler Wilhelm Cuno (1876–1933) und dem Mitglied des Goerdeler-Kreises Paul Lejeune-Jung (1882–1944).

Die Tafel hat folgende Inschrift:

Hos, Theodore, Dei patriaeque vocasti ad amorem,
doctrina et dociles excoluisti animos,
Hos dein ingenium virtusque ad sidera vexit:
hosque sequi, suboles, te decet atque iuvet.

Oberbaurat Paul Michels hat die Verse folgendermaßen übersetzt:

Theodor, diese beriefst du, daß Gott und die Heimat sie liebten.
Ihren gelehrigen Geist hast du mit Weisheit genährt.
Sie hat Verstand und Fleiß hernach zu den Sternen erhoben.
Ihnen zu folgen, mein Sohn, ziemt dir und helf dir voran.

ANMERKUNGEN

[1] *Reinhold Lilienthal*, Karl Weierstraß, in: Westfälische Lebensbilder II (1931), S. 164–179; *Franz Flaskamp*, Herkunft und Lebensweg des Mathematikers Karl Weierstraß, in: Forschungen und Fortschritte 35 (1961), S. 236–239; *Wolfgang Kunz*, Karl Weierstraß, in: Festschrift des Gymnasium Theodorianum Paderborn 1962, S. 130–136.

[2] Festschrift zur Feier des dreihundertjährigen Jubiläums des Königlichen Gymnasium Theodorianum zu Paderborn (1912), darin S. 54–108: *Joseph Hense*, Das Gymnasium Theodorianum unter der fürstbischöflichen und preußischen Regierung (1612–1912); Von der Domschule zum Gymnasium Theodorianum in Paderborn, Studien und Quellen zur westfälischen Geschichte, herausgegeben im Auftrage des Vereins für Geschichte und Altertumskunde Westfalens, Abteilung Paderborn, von *Klemens Honselmann*, Band 3 (1962), darin S. 177–334: *Verf.*, Von der Jesuitenschule zum Staatlichen Altsprachlichen Gymnasium Theodorianum; knappe Übersicht: *Verf.* in: 1100 Jahre Paderborner Schulleben, Ein geschichtlicher Rückblick (1964), S. 7–25.

[3] Domschule S. 243–265.
[4] Erinnerungen aus meinem Leben (1863), S. 198f., zit. nach Domschule S. 265.
[5] Fünfter Jahresbericht über das Theodorianische Gymnasium zu Paderborn in dem Schuljahre 1828/29.
[6] Domschule S. 264.
[7] *Kohlrausch* S. 198, Domschule S. 265.
[8] Lebensdaten zusätzlich aus *Wilhelm Liese*, Necrologium Paderbornense (1934).
[9] *Verf.*, Zeichnungen nach der Natur in Paderborn und den umliegenden Orten (1836–1852) von *Fr. J. Brand*, Gymnasiallehrer in Paderborn, 2 Folgen, 1962f.
[10] Jahresberichte 1828/29–1834/35, zum Schuleintritt: Namensverzeichnis der Schüler, welche in dem Schuljahr 1828/29 die sechs unteren Klassen des Theodorianischen Gymnasium zu Paderborn besuchten, ... Sechste Classe: Carl Weierstraß aus Ostenfelde ... (ist Ostern eingetreten).
[11] Domschule S. 270.
[10a] *Kunz* S. 130.
[12] Jahresbericht 1833/34.
[13] Verzeichnis der Abiturienten, die in den Jahren 1821–1912 am Gymnasium Theodorianum die Reifeprüfung abgelegt haben, in: Festschrift 1912, S. 22; *Flaskamp* a.a.O.
[14] Jahresbericht 1833/34.
[15] Verzeichnis der Abiturienten S. 19; Wiemann: *Liese* S. 577, *Verf.*: Die Soester Konferenzen 1864–1866, Zur Vorgeschichte der Zentrumspartei in Westfalen, Westfälische Zeitschrift 114 (1964), S. 293–342, S. 299, 306.
[16] Jahresbericht 1833/34, Verzeichnis S. 19, *Liese* S. 454, Domschule S. 293.
[17] Jahresbericht 1833/34, Verzeichnis S. 19.
[18] Rektoratsrede, 3. August 1874, über die wissenschaftliche Entwicklung der Hochschulbildung. Werke III, S. 341–349, hier zit. nach *Lilienthal* S. 177. Franz Friedrich Wilhelm von Fürstenberg (1729–1810), 1770–1807 Generalvikar in Münster, Gründer der Universität Münster; Joh. Michael Sailer (1751–1832), 1829 Bischof von Regensburg; Ignaz Heinrich von Wessenberg (1774–1864), bedeutende Theologen der Aufklärungszeit.

Die „100-Jahr-Feier“ von Weierstraß’ Geburtstag in Münster in Westfalen im Jahre 1925

Ein Rückblick

Von *Robert König*

Die hundertjährige Wiederkehr des Geburtstages von Karl Weierstraß fiel auf den 31. Oktober 1915. Wegen des Krieges konnte damals an eine Feier in Deutschland nicht gedacht werden. Nur der Mathematiker an der Berliner T.H. *E. Lampe* hielt im „Mathematischen Verein“ in Berlin eine Rede: „Zur 100. Wiederkehr des Geburtstages von Karl Weierstraß“ (s. Sitzungsbericht der Berliner Math. Gesellschaft, XV. Jahrg. 1915, S. 36–58, Teubner Leipzig).

Aber zehn Jahre später schien doch Gelegenheit gegeben, das Versäumte nachzuholen – und welche Universitätsstadt wäre hierzu berufener gewesen als Münster! Weierstraß’ Geburtsort Ostenfelde lag ja in der Nähe von Münster. Hier in Münster nahm sein Leben doch eine entscheidende Wendung, als er sich 1839 als Student der Mathematik an der damaligen Akademie immatrikulieren ließ und schon ein Jahr später eine Staatsexamensarbeit lieferte „Über die Entwicklung der Modularfunktionen“ (s. Ges. Werke Bd. I, S. 1), zu deren Beurteilung es heißt: „Der Kandidat tritt somit ebenbürtig zu der Reihe der ruhmgekrönten Erfinder.“ Der Mathematiker Gudermann hatte das Genie seines Schülers erkannt! Von Münster datiert auch 1841 die nächste Abhandlung: „Darstellung einer analytischen Funktion einer komplexen Veränderlichen, deren absoluter Betrag zwischen zwei gegebenen Grenzen liegt“ (s. Ges. Werke Bd. I, S. 51), in der Weierstraß die später nach Laurent benannte Entwicklung einer analytischen Funktion in einem Kreisring bewies. Während Laurents Arbeit 1843 in den Comptes Rendues erschien (s. Mittag-Leffler: „Die ersten 40 Jahre des Lebens von Weierstraß“, Acta math. Bd. 39, S. 27), ließ Weierstraß seine Entdeckung in seinem Schreibtisch liegen, bis sie endlich nach Jahrzehnten in den Ges. Werken Aufnahme fand – bezeichnend für seine zurückhaltende, bescheidene, jedem Ehrgeiz abholde Art. Kerniges Westfalentum lebte in ihm, er bewahrte es, wenn ihn auch sein Lebensweg 1842 von Münster wegführte. Und die Heimat rief!

Ein großer Teil unseres mathematischen Wissenschaftsgebäudes ruht auf Weierstraß' Schultern; die Hauptgebiete: Grundlagen der Analysis, Analytische Funktionen, Variationsrechnung sollten in weiterführenden Vorträgen angesehenster Mathematiker nebst einer Persönlichkeitsschilderung dargestellt werden. So kam das nebenstehende Programm zustande.

Leider mußte das Programm eine bedauerliche Änderung erfahren. Professor G. Mittag-Leffler, Stockholm, der nächst L. Kiepert älteste damals lebende Schüler Weierstraß', der ihm am nächsten stand, sein vertrauter Freund und leidenschaftlicher Förderer seines Ideengutes durch Forschung und Lehre, nicht nur in Schweden, hatte trotz seines kränklichen Zustandes die feierliche Eröffnung der Tagung mit einer Rede angesagt und war sogar von seiner Regierung offiziell als Repräsentant entsandt worden. (Brief vom 9. Mai an den Verfasser.) Am 12. Mai kam ein Telegramm: „Ärztliche Konsultation gestern – Reise verboten – Brief folgt.“ Und dieser meldete ausführlich: „Mein Gesundheitszustand wurde doch schlimmer befunden, als ich gehofft habe. Die Regierung hatte wohl unter dem Präsidium des Königs letzten Freitag beschlossen, mich als Repräsentanten bei der Weierstraß-Woche zu ernennen, aber der König hat mich persönlich wissen lassen, daß die Reise gegen seinen Willen geschähe, wenn die ärztliche Untersuchung zeigte, daß dieselbe in höherem Grade als lebensgefährlich anzusehen wäre ...“

Aber es kam doch eine sehr schöne Adresse an den Kongreß (abgedruckt im Jahresbericht der Dtsch. Math. Vereinigung 34. Bd. (1925), Heft 5/8, S. 107) zur Eröffnung der Tagung:

„Sie hatten mich berufen, die ‚Weierstraß-Woche‘ zu eröffnen, hier in Münster, dieser Pflanzstätte der hohen Gelehrsamkeit, die dereinst unter ihre Lehrer Gudermann rechnete und dessen Ruhm unsterblich wurde, als Karl Weierstraß hier seine ersten akademischen Lorbeeren erwarb. Fern in Münster, in alten westfälischen Landen, das, wie die Wogen der Geschichte auch darüber hinweggerollt sind, doch immer urgermanisch geblieben ist.

Ich hatte diesen Ruf mit freudiger Rührung angenommen! Weierstraß war mein innig geliebter Lehrer und Freund, der mir ohne irgendwelchen Vorbehalt sein Vertrauen schenkte, beinahe von den ersten Zeiten, in den Jahren 1873/74, wo ich ihn zum erstenmal aufsuchte.

Weierstraß war nicht nur als Mathematiker all den vielen, die ich in meinem langen Leben gekannt habe, mit einer Ausnahme vielleicht, Henri Poincaré, weit überlegen, sondern auch als Mensch gehörte er mit seinem unablässigen Streben nach dem Höchsten zu den wenigen Auserwählten.

Mit dieser Auffassung und diesen Gefühlen, habe ich es schmerzlich empfunden, beinahe im letzten Augenblick durch ernste Krankheit verhindert zu sein, Ihrem Rufe Folge zu leisten.

Weierstraß-Woche in Münster

veranstaltet von der

Westfälischen Mathematischen Gesellschaft an der Wilhelms-Universität Münster i. W.

vom 2. bis 6. Juni 1925

DIENSTAG, 2. JUNI, abends 8 Uhr: Zwangloser Begrüßungsabend im Zwei-Löwen-Klub (hinter dem Rathaus).

MITTWOCH, 3. JUNI, vormittags $10^1/_2$ Uhr: Feierliche Eröffnung der Tagung in der Aula der Universität.

Festrede von Prof. Dr. G. Mittag-Leffler (Stockholm): Erinnerungen an Weierstraß,

mittags 2 Uhr: Gemeinsames Mittagessen im Casino (Neuplatz),

nachmittags 5 Uhr: L. Bieberbach (Berlin): Weierstraß' Briefwechsel mit H. A. Schwarz.

DONNERSTAG, 4. JUNI, vormittags 10 Uhr: Vorträge über Grundlagen der Mathematik.

D. Hilbert (Göttingen): Ueber das Unendliche und die Begründung der Mathematik.

G. Mittag-Leffler (Stockholm): Was ist Zahl, Unendlichkeit, Kontinuität?

O. Perron (München): Die vollständige Induktion im Kontinuum.

FREITAG, 5. JUNI, vormittags 10 Uhr: Vorträge über Funktionentheorie.

P. Koebe (Jena): Methoden der konformen Abbildung und Uniformisierung.

O. Perron (München): Ueber eine besondere Klasse polynomischer Entwicklungen.

K. Knopp (Königsberg): Das Eulersche Summierungsverfahren.

SAMSTAG, 6. Juni, vormittags 10 Uhr:

H. Weyl (Zürich): Ueber Darstellung kontinuierlicher Gruppen durch lineare Transformationen.

N. N.: Zur Variationsrechnung.

Münster, 15. Februar 1925.

Westfäl. Mathematische Gesellschaft.
gez.: R. König.

Ich hoffe jedoch, gestützt auf das Material, das ich besitze und das ich, durch Ihre Einladung angeregt, nochmals durchgegangen bin, auch neue Beiträge veröffentlichen zu können, welche wohl geeignet sind, meines unvergeßlichen Lehrers und Freundes Weierstraß Entwicklung, sein inneres und äußeres Leben, von neuen Seiten zu beleuchten.

Gösta Mittag-Leffler."

An seiner Stelle formten andere Schüler von Weierstraß, C. Runge, L. Kiepert und R. von Lilienthal aus ihren Erinnerungen ein würdiges Lebensbild ihres großen Meisters. Im Mittelpunkt der Tagung standen die Vorträge von D. Hilbert, O. Perron und P. Koche. O. Perron trug seine neue grundlegende Entdeckung über „Die vollständige Induktion im Kontinuum" vor und die von ihm gefundene neuartige Summationmethode divergenter Reihen („Perron'sche Summation"). Das letzte Thema wurde auch von H. Knopp behandelt.

D. Hilbert hatte in seinem Briefe vom 7. November 1924 an den Verfasser seine Absicht dargelegt, die wohl verdient bemerkt zu werden:

„Lieber Herr K.

Ihre Idee, nächstes Frühjahr eine Weierstraß-Woche zu veranstalten, kann ich nur als eine vortreffliche begrüßen, und ich bin gern bereit mitzuwirken. Ich kann meine eigenen wissenschaftlichen Bestrebungen der letzten Jahre direkt als eine notwendige Fortsetzung des Weierstraß'schen Werkes der Begründung der Mathematik ansehen, insofern als Weierstraß die aus dem Unendlichkleinen herrührenden Schwierigkeiten der Infinitesimalrechnung endgültig überwunden hat, während die weiteren aus dem überdimensionalen Unendlichgroßen entspringenden Paradoxien, wie sie in der Cantor'schen Theorie der Zahlenklassen brennend werden, voll befriedigend aufzuklären, ich mir die Aufgabe stellte. Wenn Sie sogleich einen bestimmten Titel für meinen Vortrag zu haben wünschen, würde ich etwa vorschlagen ‚Über das Unendliche und die Begründung der Mathematik'. Einstweilen bin ich mit den besten Grüßen

Ihr ergebenster Hilbert."

P. Koche war Träger der von König Gustav V. von Schweden (auf Anregung von G. Mittag-Leffler) gestifteten goldenen Medaille mit dem Bildnis Karl Weierstraß', die als Preis für eine bedeutende Entdeckung innerhalb der „Theorie der analytischen Funktionen" vergeben werden sollte. So war Koches Bericht über „Methoden der konformen Abbildung und Uniformisierung" ein aktueller Beitrag.

Weierstraß als Begründer der modernen Variationsrechnung erschien in den weiterführenden Vorträgen von R. Courant und R. v. Lilienthal.

Das Band um Analysis und Algebra, welch letztere Weierstraß auch in seinen Vorlesungen behandelte, schlang H. Weyl in seinem eigenen, neueste Ergebnisse behandelnden Vortrag über die Darstellungstheorie unendlicher Gruppen.

Die Vorträge von Hilbert, Perron, Koche sind abgedruckt in Kieperts „Persönliche Erinnerungen an K. Weierstraß“, erschienen im Jahresbericht der Dtsch. Math. Vereinigung Bd. 35 (1926), S. 56–65.

So entstand unter den Teilnehmern der Tagung, etwa hundert an der Zahl, doch ein knappes, wenn auch nicht vollständiges Bild von den, der mathematischen Forschung durch den Weierstraß'schen Genius gegebenen großen Impulsen.

Seinen ganz neuen Aufbruch zur Theorie der Abelschen Funktionen, der Potenzreihen von mehreren Veränderlichen zu schildern, blieb leider ein ungestillter Wunsch. – Es ist ein schöner und glücklicher Zug, daß gerade die Theorie der analytischen Funktionen mehrerer komplexer Variablen durch die Münsteraner Schule eine so bedeutende Entfaltung erfahren hat!

Die Heimat hatte ihren großen Sohn geehrt, die Pietät galt auch seinem Geburtshaus in Ostenfelde (Kreis Warendorf), das im Anschluß an die Tagung von der Prinzessin Elisabeth von Bentheim gemalt worden war; leider ist das Gemälde der Zerbombung zum Opfer gefallen.

Teil II

Weierstraß' Vorlesung zur Funktionentheorie

Von *Klaus Kopfermann*

WEIERSTRASS hielt regelmäßig alle vier Semester eine sechsstündige Vorlesung „Einleitung in die Theorie der analytischen Funktionen". Der Inhalt der Vorlesung ist elementar, er diente den Studenten zur Präparation auf die Vorlesungen über elliptische, hyperelliptische und ABELsche Funktionen. In einer bis dahin nicht erreichten meisterhaften Strenge behandelt er unter konsequenter Berücksichtigung des von ihm propagierten Aufbaus der Funktionentheorie die damals wichtigsten Sätze der elementaren Funktionentheorie einer und mehrerer Veränderlichen.

Der Vorlesung voran geht ein Exkurs über den Konstruktionsprozeß von den natürlichen zu den komplexen Zahlen. Dann folgen Erörterungen über Polynome und Konvergenzuntersuchungen von Potenzreihen mittels Koeffizientenbetrachtungen. Dann werden einige Sätze aus der Differentialrechnung gebracht, die in der Vorlesung nur für sich von Interesse sind. Die Konvergenzuntersuchungen werden durch das Studium der Singularitäten auf dem Rande von Konvergenzgebieten fortgeführt. Dann werden analytische Gebilde untersucht, Sätze über implizite Funktionen und der Vorbereitungssatz bewiesen. Zum Schluß werden ganze Funktionen untersucht, der Satz von Casorati–WEIERSTRASS bewiesen und die elementaren Funktionen definiert.

WEIERSTRASS' Intention vom Aufbau der Funktionentheorie ist insbesondere von seinen Schülern sehr respektiert worden. WEIERSTRASS nimmt bewußt in Kauf, daß manche Beweise umständlicher zu führen sind, wenn man die CAUCHY-Integrale nicht benutzt. Die Konzeption der Potenzreihe erscheint ihm auf jeden Fall einleuchtender als die der komplex differenzierbaren Funktion, da sie elementar-arithmetisch ist. Die endliche Anwendung arithmetischer Operationen liefert die rationalen Funktionen, die unendliche Anwendung führt zu den Potenzreihen[1]. Dazu kommt noch, daß einerseits die Potenzreihen für CAUCHY und für RIEMANN unentbehr-

[1] *Weierstraß*, Zur Functionenlehre, Werke Bd. II, 201–212.

liches Hilfsmittel darstellten und andererseits zu der damaligen Zeit der Zugang zu den analytischen Funktionen in mehreren Veränderlichen durch die CAUCHY-RIEMANNschen Differentialgleichungen nicht möglich war. Außerdem ist WEIERSTRASS allgemeinen Theorien ohne ausreichendes Beispielmaterial insbesondere in Vorlesungen sehr skeptisch gegenüber eingestellt. So sieht er z. B. nicht die Notwendigkeit ein, eine Theorie über stetige Funktionen aufzuziehen, wenn die Existenz der Funktionen, mit denen er sich beschäftigen will, nicht von vornherein feststeht. So interessieren auch nicht komplex differenzierbare Funktionen, solange sie nicht explizit, etwa durch Potenzreihen, angegeben sind.

Sein Bemühen, alle Stetigkeitsbetrachtungen, sogar möglichst alle infinitesimalen Prozesse, durch arithmetische Rechnungen zu ersetzen, kommt immer wieder zum Vorschein. So trägt er schon ganz zu Anfang seiner Vorlesung über eine rein arithmetische Methode vor, mit der man die reellen aus den rationalen Zahlen gewinnt. Ohne Folgen und ohne ε-δ-Formulierungen gelingt es damit, die Regeln für das Rechnen mit absolut konvergenten Reihen und Konvergenzkriterien herzuleiten.

Ein anderes Beispiel: WEIERSTRASS hat sich lange Zeit bemüht, einen Beweis für den Fundamentalsatz der Algebra zu geben, der soweit wie möglich algebraisch verläuft, d. h. keinen Gebrauch von Integralen und Stetigkeitsbetrachtungen macht und den numerischen Kalkül der Wurzeln gleich mitliefert. 1859 [1] und 1868 legte er der Berliner Akademie der Wissenschaften Beweise vor, die diese Bedingungen zum größten Teil erfüllten, jedoch nicht ganz frei von Stetigkeitsbetrachtungen waren und ihn deshalb nicht zufrieden stellten. 1891 veröffentlichte CH. MERAY [2] einen neuen Beweis, den WEIERSTRASS gleich aufgriff. Zwei Monate später teilte er der Akademie einen neuen Beweis mit [1], der wie gewünscht lief, jedoch nun völlig verschieden von dem MERAYschen Beweis war.

Die sichere und völlig exakte Behandlung der Grundlagen ist ein weiterer augenscheinlicher Zug seiner Vorlesung. WEIERSTRASS liegt sehr an einer sorgfältigen Erörterung der Grundlagen: „*Die Beschäftigung mit speziellen Problemen zeigt erst den Umfang und den Bestand der Wissenschaft. Das Endziel aber, welches man stets im Auge behalten muß, besteht darin, daß man über die Fundamente der Wissenschaft ein sicheres Urteil zu erlangen suche*"[2]. WEIERSTRASS hat seinen Beitrag zu diesem wichtigen Programm des 19. Jahrhunderts geliefert. Die Vorlesung spiegelt die Durchführung dieses Programms an

[2] Vorlesung im SS 1880.

vielen Stellen wider. Gleich am Beginn steht die Konstruktion der reellen und komplexen Zahlen aus den rationalen. Geradezu peinlich exakt und äußerst systematisch führt er die Beweise für den Satz von WEIERSTRASS–BOLZANO, für die Existenz des $\overline{\lim}$ und $\underline{\lim}$ unendlicher und beschränkter Mengen reeller Zahlen und den ersten genauen Beweis für die Annahme des Maximums und Minimums einer in einem Kompaktum definierten und dort stetigen Funktion.

Trotz der Sorgfalt, mit der die Vorlesung konzipiert wurde, bot sie an manchen Stellen den Zündstoff für grundsätzliche Auseinandersetzungen: Die einzige Stelle, an der die Vorlesung pröpädeutischen, fast mystischen Charakter trägt, ist die Behandlung der natürlichen Zahlen. Die Konstruktion durch Abzählen ist sehr vage formuliert und die Eigenschaften der natürlichen Zahlen sind unvollständig aufgezählt, so fehlt z. B. die Wohlordnung, von der jedoch an vielen Stellen Gebrauch gemacht wurde. Diese Schwierigkeit wurde erst durch PEANO eliminiert. Der großzügige Gebrauch, wenn auch nur einfacher Anwendungen der Mengenlehre bei der Konstruktion der reellen Zahlen führte zu einer Kontroverse mit KRONECKER. Wenn es auch im wesentlichen eine Auseinandersetzung zwischen KRONECKER und G. CANTOR war, die später in eine grundsätzliche Diskussion zwischen den Intuitionisten und den Verfechtern einer allgemeinen Mengenlehre überging, so hat die Kritik KRONECKERS doch das späte Leben WEIERSTRASS' vergiftet. Weiter brachte ihm z. B. eine belanglose Interpretation einer Stelle in GAUSS' „Untersuchungen über die biquadratischen Reste", die er als Motivierung für das Auftreten von Nullteilern in kommutativen Algebren vom Rang > 2 über den reellen Zahlen ansah[3], eine scharfe Stellungnahme von DEDEKIND[4] ein.

Andererseits ist auch WEIERSTRASS mit kritischen Äußerungen nie sparsam gewesen. Zum Beispiel ist die Auseinandersetzung mit RIEMANN um das DIRICHLETsche Prinzip allbekannt. In den Vorlesungen findet man an vielen Stellen Warnungen vor falschen Beweisen, wie sie damals noch häufig vorgetragen wurden.

WEIERSTRASS hat nie beabsichtigt, seine funktionentheoretische Vorlesung in die Gesammelten Werke aufzunehmen. Einige Teile daraus über

[3] Im Vorwort seiner Arbeit: Zur Theorie der aus *n* Haupteinheiten ..., Werke Bd. II, 311.

[4] *Dedekind*, Zur Theorie der aus *n* Haupteinheiten ..., Gött. Nachr. 4 (1885), 141–159. Erläuterungen zur Theorie der sogenannten allgemeinen complexen Größen, Gött. Nachr. 4 (1878), 1–7.

analytische Funktionen (z. B. der Vorbereitungssatz) sind schon zu Lebzeiten in die Sammlung „Abhandlungen zur Funktionenlehre" aufgenommen worden, die später komplett in die Gesammelten Werke aufgenommen wurde. Andere Teile finden sich in zum Teil zu Lebzeiten veröffentlichten, zum Teil unveröffentlichen Arbeiten wieder, die ebenfalls in die Werke übernommen wurden. Vielleicht lohnte es nicht mehr, den übriggebliebenen Torso zu veröffentlichen, vielleicht ließ es die Souveränität WEIERSTRASS' nicht zu, eine Vorlesung herauszugeben, die in manchen Details noch öffentlich diskutiert wurde.

Der folgenden Skizze der Vorlesung zur Funktionentheorie liegt im wesentlichen eine Ausarbeitung von G. HETTNER nach einer Vorlesung vom SS 1874 zugrunde, die mir Herr Prof. Dr. O. FROSTMAN aus dem MITTAG-LEFFLERschen Bücherkabinett in Djursholm zur Verfügung stellte. Freundlicherweise ermöglichte er es mir, die Schätze der großartigen Bibliothek zu benutzen. Herrn Dr. KURT-R. BIERMANN von der Akademie der Wissenschaften in Berlin danke ich für manches reichhaltige Gespräch. Herr Prof. Dr. H. GERICKE aus München stellte mir freundlicherweise einige Auszüge aus Skripten von BOLZANO, MITTAG-LEFFLER, PINCHERLE und WEIERSTRASS zur Verfügung.

§ 1. *Die Arithmetik der Zahlen*

Im ersten Fünftel seiner Vorlesung zur Funktionentheorie befaßt sich WEIERSTRASS mit der Konstruktion der reellen und komplexen Zahlen aus den natürlichen Zahlen. Es liegt ihm sehr an einer sauberen arithmetischen Fassung dieses Konstruktionsprozesses: „*Die Hauptschwierigkeiten der höheren Analysis haben nämlich ihren Grund gerade in einer unscharfen und nicht hinreichend umfassenden Darstellung der arithmetischen Grundbegriffe und Operationen*"[5]. Bei dem Konstruktionsprozeß werden kompromißlos geometrische Begriffe vermieden, sie dienen höchstens zur Illustration.

Die Arithmetik der Zahlen beginnt mit Erörterungen über *die natürlichen Zahlen*. Hier allerdings, und das ist die einzige Stelle in dem gesamten Aufbau, wird die Darstellung propädeutisch: „*Eine natürliche Zahl ist die Vorstellung von der Vereinigung gleichartiger Dinge*". An Eigenschaften werden zwar einige der Addition, der Multiplikation und der Anordnung aufgezählt,

[5] Vorlesung im SS 1874.

jedoch bei weitem keine axiomatische Charakterisierung gegeben, die Formulierung der Wohlordnung fehlt. Die exakte Formulierung der Abzählungseigenschaften der natürlichen Zahlen ist erst später von PEANO angegeben worden, und auch die Konstruktion eines Modells des angeordneten Integritätsringes der ganzen Zahlen, in dem die natürlichen Zahlen wohlgeordnet sind, aus einem Modell des PEANOschen Axiomensystems, hat sich erst allmählich herausgeschält. Diese Schwierigkeiten haben sehr wahrscheinlich FREGE zu seiner Kritik an den Formulierungen WEIERSTRASS' und KRONECKER zu seinem bekannten Ausspruch, „die natürlichen Zahlen seien von GOTT", geführt.

Von den natürlichen Zahlen aus setzt jetzt der exakte Konstruktionsprozeß ein. *Die rationalen Zahlen* werden nach einem Verfahren konstruiert, das dem natürlichen Lernprozeß angepaßt ist. Die positiven rationalen Zahlen sind Äquivalenzklassen in der Menge aller endlichen Linearkompositionen $\sum a_n \frac{1}{n}$, in denen die Koeffizienten a_n natürliche Zahlen sind und die Brüche $\frac{1}{n}$ lediglich symbolische Bedeutung besitzen. Die Äquivalenz wird dabei für zweigliedrige Summen vermittels

$$a_p \frac{1}{p} + a_q \frac{1}{q} = (a_p p' + a_q q') \frac{1}{kgV(p, q)},$$

wo $kgV(p, q) = p'p$, $kgV(p, q) = qq'$ gegeben, und damit sukkzessive für beliebige Summen. Die Addition solcher Linearkompositionen ist komponentenweise, die Multiplikation distributiv mittels $\frac{1}{m} \cdot \frac{1}{n} = \frac{1}{m \cdot n}$ definiert. Die schon seit den Griechen bekannten Regeln der Rechenoperationen und der Anordnung werden gebracht.

Das Geburtsjahr verschiedener Konstruktionsprozesse der *reellen Zahlen* aus den rationalen Zahlen ist das Jahr 1872. Allerdings hätte man beinahe schon lange zuvor ein exaktes Modell der reellen Zahlen besessen. STEVIN führte Jahrhunderte zuvor das Rechnen mit den unendlichen Dezimalbrüchen ein. Doch das Rechnen damit blieb approximativ, da man die rekursive Definition noch nicht kannte. Erst verschiedene axiomatische Charakterisierungen der reellen Zahlen in der ersten Hälfte des 19. Jahrhunderts führten 1872 zu exakten Modellen der reellen Zahlen.

CANTOR [3] benutzte die CAUCHYfolgen zur Komplettierung der rationalen Zahlen. Seine Untersuchungen gingen damals schon um Jahre zurück. E. MERAY [4], dessen Arbeiten unabhängig von CANTOR erschienen, benutzte ebenfalls die CAUCHYfolgen. Er hatte schon 1869 darüber publiziert. HEINE [5] lehnt sich an CANTOR an, dessen Einfluß er zitiert. DEDEKIND [6] benutzt die nach ihm bekannten Schnitte im Bereich der rationalen Zahlen. Nach seinen eigenen Worten hat er seine Theorie schon im Jahre 1858 erdacht. WEIERSTRASS benutzt die Konvergenz von Reihen positiver rationaler Zahlen, deren Partialsummen beschränkt sind. Nach MITTAG-LEFFLER war WEIERSTRASS schon 1841/42 im Besitze seiner Theorie und hat wahrscheinlich schon im SS 1857, spätestens jedoch im WS 1859/60 über seine Theorie vorgetragen. Ihren schriftlichen Niederschlag fand die WEIERSTRASSsche Konstruktion in einer von ihm selbst nicht autorisierten Ausarbeitung nach einer Vorlesung, die er im WS 1865/66 gehalten hat. KOSSAK[6] brachte diese Ausarbeitung in einer Programm-Abhandlung des Werderschen Gymnasiums in Berlin heraus. Leider waren manche Teile entstellt. In seiner Vorlesung im SS 1874 sagt WEIERSTRASS öffentlich: „*Da ich in früheren Jahren die Erfahrung gemacht habe, daß meine vorgetragenen Sätze entweder gar nicht oder doch nicht richtig aufgefaßt werden, so habe ich mich entschlossen, immer eine Einleitung vorangehen zu lassen, in der die Grundbegriffe der Arithmetik entwickelt werden.*" Noch am 5. 4. 1895 beklagt er sich viel weniger zurückhaltend in einem Brief MITTAG-LEFFLER gegenüber: „*Sie wissen, wie meine Einleitung in die Funktionentheorie von den Herren* KOSSAK *und ... verhunzt worden ist.*" Die WEIERSTRASSsche Konstruktion ist dann in derFolgezeit noch mehrfach publiziert worden, jedoch immer nach persönlichem Geschmack mehr oder weniger modifiziert, so von PINCHERLE [7], STOLZ [8], DANTSCHER [9] und wohl zuletzt von MITTAG-LEFFLER [10], zu einer Zeit, in der man der CANTORschen und insbesondere der DEDEKINDschen Methode den unbedingten Vortritt gab.

WEIERSTRASS geht wieder wie bei der Konstruktion der positiven rationalen Zahlen von den Brüchen $\frac{1}{n}$ aus, die wieder lediglich symbolische Bedeutung besitzen. Es werden alle (auch unendlichen) Reihen $\sum_n a_n \frac{1}{n}$ mit natürlichen a_n betrachtet. Jeder endliche Abschnitt $\sum_{j=1}^{N} a_{n_j} \frac{1}{n_j}$ repräsentiert eine positive rationale Zahl. Nun heißt eine beliebige positive rationale

[6] *Kossak, E.*, Die Elemente der Arithmetik, Berlin 1872.

Zahl ϱ kleiner als $\sum_n a_n \frac{1}{n}$, wenn es einen endlichen Abschnitt $\sum_{j=1}^{N} a_{n_j} \frac{1}{n_j}$ gibt, so daß $\varrho < \sum_{j=1}^{N} a_{n_j} \frac{1}{n_j}$ ist. Zwei Reihen $\sum_n a_n \frac{1}{n}$ und $\sum_n b_n \frac{1}{n}$ können jetzt miteinander verglichen werden. Man nennt $\sum_n a_n \frac{1}{n} \leqq \sum_n b_n \frac{1}{n}$, wenn für jede positive rationale Zahl ϱ, für die $\varrho < \sum_n a_n \frac{1}{n}$, auch stets $\varrho < \sum_n b_n \frac{1}{u}$ ist. Man setzt $\sum_n a_n \frac{1}{n} = \sum_n b_n \frac{1}{n}$, wenn $\sum_n a_n \frac{1}{n} \leqq \sum_n b_n \frac{1}{n}$ und auch $\sum_n b_n \frac{1}{n} \leqq \sum a_n \frac{1}{n}$ ist. Unbeschränkt heißt die Reihe $\sum_n a_n \frac{1}{n}$, wenn für jede natürliche Zahl m gilt $m < \sum_n a_n \frac{1}{n}$. Andernfalls heißt die Reihe beschränkt (konvergent). Die bezüglich der definierten Identität gegebenen Äquivalenzklassen beschränkter Reihen sind die positiven reellen Zahlen. Die Addition ist komponentenweise, das Produkt das Reihenprodukt, wobei $\frac{1}{n} \cdot \frac{1}{m} = \frac{1}{n \cdot m}$ gesetzt wird. – Alle üblichen, schon von BOMBELLI und STEVIN im 16. Jahrhundert und von BARROW, dem Lehrer NEWTONS, im 17. Jahrhundert, angegebenen Eigenschaften der Rechenoperationen und der Anordnung werden unmittelbar klar.

Von besonderem Vorteil dieser Theorie ist, daß man ohne Benutzung auch noch so trivialer topologischer Mittel rein arithmetisch alle üblichen Rechenregeln über das Rechnen mit absolut konvergenten Reihen ohne Benutzung von Folgen bekommt:

Sind $\alpha_i (i = 1, 2, \ldots)$ reelle Zahlen, repräsentiert durch die Reihen $\sum_n a_{in} \frac{1}{n}$, so heißt die formale Summe $\sum_i \alpha_i$ konvergent, wenn alle $\sum_i a_{in}$ $(n = 1, 2, \ldots)$ definiert sind und die Reihe $\sum_n (\sum_i a_{in}) \frac{1}{n}$ konvergent ist. Man setzt dann $\sum \alpha_i = \sum_n (\sum_i \alpha_{in}) \frac{1}{n}$. Mit dieser Definition wird der WEIERSTRASSsche Doppelreihensatz

$$\sum_i \sum_j \alpha_{ij} = \sum_i \sum_n (\sum_j a_{ijn}) \frac{1}{n} = \sum_n (\sum_i \sum_j a_{ijn}) \frac{1}{n} = \sum_j \sum_i \alpha_{ij}$$

und alle Rechenregeln über das Rechnen mit Reihen trivial. Ebenso erhält man unmittelbar alle elementaren Konvergenzkriterien, so das CAUCHYsche Kriterium, das Quotientenkriterium, etc., und auch die Dezimalbruchdarstellung reeller Zahlen.

Führt man jetzt sämtliche reellen Zahlen ein – im wesentlichen geschieht das in der Vorlesung durch Paarbildung –, so erhält man analoge Aussagen über alle absolut konvergenten Reihen, da die absolut konvergenten Reihen genau die Reihen sind, die sich als Differenz zweier Reihen mit nur positiven Gliedern schreiben lassen.

WEIERSTRASS legt in seinem Konstruktionsprozeß also die besondere Betonung auf die absolute Konvergenz. Es sieht so aus, als ob er in seinen Vorlesungen nie das Bedürfnis gehabt hat, Ergebnisse über beliebige Reihen zu bringen. Erst in sehr viel späteren Vorlesungen bringt er, und dann auch nur am Rande, einen Trick, der von H. A. SCHWARZ stammt, mit dem man das Rechnen mit beliebigen Reihen auf das Rechnen mit absolut konvergenten Reihen zurückführen kann:

Eine beliebige formale Summe $\sum_i \alpha_i$ reeller Zahlen gibt Anlaß zu Reihen $\sum_j \beta_j$, die nur aus nichtnegativen bzw. nichtpositiven Zahlen bestehen, indem man $\beta_1 := \sum_1^{i_1} \alpha_i, \beta_2 := \sum_{i_1+1}^{i_2} \alpha_i, \ldots$ setzt. Bekommt man immer denselben (endlichen) Summenwert $\sum_j \beta_j$, wie man auch die α_i zu den β_j bündelt, so heißt $\sum \alpha_i$ konvergent, und man setzt $\sum \alpha_i = \sum \beta_j$.

Bei der Einführung der reellen Zahlen macht WEIERSTRASS rigorosen Gebrauch von der Konzeption unendlicher Reihen, de facto beliebiger Mengen. Dadurch gerät er in die bekannte Kontroverse mit KRONECKER, die ihm das Leben sehr verbittert. Heutzutage würde kaum ein *Mathematiker* an der Exaktheit seiner Konstruktion zweifeln.

Eine viel größere Bedeutung als die Auseinandersetzung mit KRONECKER hat wohl die allgemeine Vorstellung, die WEIERSTRASS zu seinen allgemeinen Konstruktionen führt. Das wird bei der Einführung der komplexen und hyperkomplexen Zahlen klar.

Seit GAUSS waren die komplexen Zahlen salonfähig geworden. WEIERSTRASS bringt in Anlehnung an GAUSS unter Benutzung seiner Konstruktionen von den natürlichen zu den reellen Zahlen *die komplexen Zahlen.* Zunächst betrachtet er alle Linearkompositionen $\sum_{n=1}^{4} a_n e_n$ erst mit natürlichen, dann mit positiven rationalen, schließlich mit positiven reellen Koeffizienten, wobei die e_n die „Einheiten" $e_1 = 1$, $e_2 = -1$, $e_3 = i$ und $e_4 = -i$ bedeuten. Erst dann beschränkt er sich auf die übliche Schreibweise $r + si$ mit reellen r, s und weist die bekannten Eigenschaften nach. Soweit handelt es sich um Standardtheorie.

Im SS 1872 bringt er jedoch Motivierungen für die Sonderstellung der reellen und komplexen Zahlen. Im Seminar berichtet er über „complexe Größen aus 2 Grundeinheiten". Diesen Bericht nimmt er später in seine Vorlesungen auf. Er beweist, *daß die komplexen Zahlen die einzige kommutative Divisionsalgebra vom Rang 2 über den reellen Zahlen bilden.* Der Beweis ist konstruktiv:

Die formalen Summen $r_1 e_1 + r_2 e_2$ mit reellen Koeffizienten werden komponentenweise addiert. Die distributiv auszurechnenden Produkte sind bestimmt, wenn die Produkte der Einheiten

$$e_i e_j = \sum_k \varepsilon_{ijk} e_k \quad (i, j = 1, 2)$$

bekannt sind. Im kommutativen und assoziativen Fall erhält man die reelle Parametrisierung

$$\begin{array}{lll} \varepsilon_{111} = \varkappa\nu + \varkappa'\mu & \varepsilon_{121} = \varepsilon_{211} = \varkappa'\lambda & \varepsilon_{221} = \varkappa\lambda \\ \varepsilon_{112} = \varkappa'\nu & \varepsilon_{122} = \varepsilon_{212} = \varkappa\nu & \varepsilon_{222} = \varkappa'\lambda - \varkappa\mu\,. \end{array}$$

Genau dann existieren keine Nullteiler, wenn die Division uneingeschränkt ausführbar ist. Das ist genau dann der Fall, wenn

$$D := \mu^2 + 4\lambda\nu < 0 \quad \text{und} \quad \varkappa^2 + \varkappa'^2 \neq 0$$

ist. Man kann $\lambda > 0$ annehmen. Dann ist

$$\varrho^2 := \lambda\varkappa'^2 - \mu\varkappa\varkappa' - \nu\varkappa^2 > 0$$

und

$$e := \frac{1}{\varrho^2}(-\varkappa e_1 + \varkappa' e_2)$$

ist Einselement. Für die Produkte e_1^2, $e_1 e_2$ und e_2^2 gilt

$$e_1^2 - \mu e_1 e_2 - \nu e_2^2 = 0\,.$$

Definiert man e' durch die Gleichung $e_2 e' = \lambda e_1$, so erhält man

$$\frac{1}{\delta^2}(2\,e' - \mu e)^2 + e^2 = 0 \text{ mit } \delta := \sqrt{-\mathrm{D}}.$$

Setzt man $i := \frac{1}{\delta}(2\,e' - \mu e)$, so bekommt man $i^2 = -e$. Man erhält die komplexen Zahlen.

In demselben Seminar trägt WEIERSTRASS darüber hinaus über „complexe Zahlen aus mehr als 2 Grundeinheiten" vor; das ist dieselbe Theorie, über die er schon im WS 1861/62 berichtet hat, und die in der KOSSAKschen Darstellung ihren Niederschlag fand. Er beweist im wesentlichen, *daß jede kommutative und halbeinfache Algebra vom endlichen Rang über den reellen Zahlen mit der direkten Summe* $\mathbf{R}^m \oplus \mathbf{C}^n$ *übereinstimmt.* Ausgehend von einem die Algebra erzeugenden Element a, dessen Existenz lediglich motiviert wird, wird das Minimalpolynom p von a angegeben. Dann ist die Algebra zu dem Quotienten $\mathbf{R}[x]/(p)$ isomorph. In der Faktorzerlegung von p treten die Linearfaktoren $l_i (i = 1, \ldots, m)$ und die quadratischen Faktoren $q_j (j = 1, \ldots, n)$ auf. Sie sind paarweise voneinander verschieden; denn sonst würden in der Algebra nilpotente Elemente auftauchen. Dann ist die Algebra isomorph zu $\bigoplus_{i=1}^{m} \mathbf{R}[x]/(l_i) \oplus \bigoplus_{j=1}^{n} \mathbf{R}[x]/(q_j) \cong \mathbf{R}^m \oplus \mathbf{C}^n$. Das hier dargestellte Gerippe des WEIERSTRASSschen Beweises ist modern und enthält die axiomatische Konzeption der kommutativen Algebra. Insbesondere folgt, daß die einzige Divisionsalgebra vom endlichen Rang über den reellen Zahlen die reellen Zahlen oder die komplexen Zahlen sind.

Erst etwa zehn Jahre nach seinem Seminar im SS 1872, im Juni 1883, teilt er seinem Schüler H. A. SCHWARZ seinen Vortrag mit. SCHWARZ drängt aus Göttingen, diesen Brief zu publizieren. So erscheint im Frühjahr 1884 in den Nachrichten der Königl. Gesellschaft der Wissenschaften zu Göttingen die Arbeit „Theorie der aus n Haupteinheiten gebildeten komplexen Größen" [1].

WEIERSTRASS zieht zur Unterstützung seiner These von der Sonderstellung der reellen und komplexen Zahlen eine Bemerkung von GAUSS in dem 2. Kommentar zur Theorie der biquadratischen Reste vom 23. April 1831 heran: „...*warum die Relationen zwischen Dingen die eine Mannigfaltigkeit von mehr als zwei Dimensionen darbieten, nicht noch andere in der allgemeinen*

Arithmetik zulässige Arten von Größen liefern können ...". Die angekündigte Antwort von GAUSS ist nicht überliefert. WEIERSTRASS interpretiert das Auftreten von Nullteilern in kommutativen Algebren vom Rang $n > 2$ als Hindernis. Damit gerät WEIERSTRASS in eine Polemik mit DEDEKIND, der die GAUSSschen Sätze algebraisch interpretiert wissen will. Die Polemik verläuft fruchtlos. WEIERSTRASS hat nie öffentlich auf die Angriffe DEDEKINDS, die man in den Göttinger Nachrichten[7] findet, reagiert.

Im Anschluß an die WEIERSTRASSsche Arbeit sind viele andere geschrieben worden. Sehr bald stoßen die durch CAYLEY, HAMILTON, SYLVESTER, FROBENIUS u. a. begründete algebraische Richtung, die axiomatische, der WEIERSTRASS einen Grundstein legte, und die geometrische durch POINCARÉ, LIE, SCHUR u. a. begründete Richtung (Transformationsgruppen) zusammen und führen Anfang dieses Jahrhunderts zu umfassenden Ergebnissen über die Algebren.

Hinter den Konstruktionsprozessen von den natürlichen zu den reellen Zahlen und komplexen Zahlen verbergen sich allgemeine Ideen über algebraische Konstruktionsprozesse, die WEIERSTRASS nie formuliert hat. Alles das, was er Zahlen und Größen nennt, könnte man vielleicht induktiv so präzisieren: *a) die ganzen Zahlen bilden einen Zahlenring, b) ist A ein Zahlenring, $\mathfrak{A}$ eine Algebra über A, R eine Äquivalenzrelation in $\mathfrak{A}$, so ist auch $\mathfrak{A}/R$ ein Zahlenring.*

§ 2. *Potenzreihen*

Ein großer Teil der Vorlesungen zur Funktionentheorie ist dem damals üblichen Stoff der Kursusvorlesungen über Funktionentheorie gewidmet, wobei die Ergebnisse für Potenzreihen in mehreren komplexen Veränderlichen meistens mitbewiesen werden.

Dem WEIERSTRASS eigenen Stil, sehr sorgfältig und behutsam, manchmal gar umständlich erscheinend, fortzuschreiten, entspricht es, zur Einführung Eigenschaften der rationalen Funktionen, insbesondere der Polynome, vorwegzuschicken. Er bringt für die *Polynome* in beliebig vielen Veränderlichen einen Identitätssatz, konstruiert Polynome zu vorgegebenen Funktionswerten mit der LAGRANGEschen Interpolationsformel, beweist für die Polynome in einer Veränderlichen die Division mit Rest, formuliert den

[7] Siehe Fußnote 4 auf S. 77.

euklidischen Algorithmus, konstruiert den größten gemeinsamen Teiler, beweist das euklidische Lemma und gewinnt damit das kleinste gemeinsame Vielfache von Polynomen. Polynome in mehreren Veränderlichen $P(z_1, \ldots, z_n, w)$ mit grad $P = \lambda$ werden durch lineare Transformationen in ausgezeichnete Polynome $Q = Q_0 w^\lambda + Q_1 w^{\lambda-1} + \cdots + Q_\lambda$ mit $Q_0 \in \mathbf{C}$ überführt. Durch diesen „Kunstgriff" werden sie Teilbarkeitsuntersuchungen zugänglich gemacht.

Am Beginn der Erörterungen über die *Potenzreihen* steht die Definition des Konvergenzradius R. Ist die Potenzreihe nicht überall konvergent, so kann man $R := \sup \{|z| : P(z)$ absolut konvergent$\}$ setzen. Diese Definition setzt die Existenz des Supremums einer beschränkten Menge positiver reeller Zahlen voraus. Der Beweis dieses Hilfssatzes ist, wie analoge Hilfssätze, die sich unmittelbar als Konsequenzen der Vollständigkeit der reellen Zahlen ergeben, völlig exakt. Da diese Sätze der damaligen Sitte gemäß als Hilfssätze benutzt werden, werden sie erst dort bewiesen, wo sie für andere Sätze gebraucht werden.

Die erste axiomatische Charakterisierung der *Vollständigkeit der reellen Zahlen* stammt von GAUSS. Er konstatiert in seiner fragmentarischen Jugendarbeit über das „arithmetico – geometrische Mittel" die Existenz des Supremums und Infimums jeder beschränkten Folge u_n reeller Zahlen und definiert damit den $\underline{\lim}\, u_n := \sup\limits_{n \geqq 0} \{ \inf\limits_{p \geqq 0} u_{n+p} \}$ und $\overline{\lim}\, u_n := \inf\limits_{n \geqq 0} \{ \sup\limits_{p \geqq 0} u_{n+p} \}$, wie es noch heute getan wird. Diese erst mit seinen gesammelten Werken gedruckte Arbeit hat keinen Einfluß auf die historische Entwicklung gehabt. CAUCHY konstatiert 1821 in seinen „Cours d'Analyse" [11] das nach ihm benannte Kriterium für die Konvergenz von Reihen axiomatisch. Diese Fassung wird sehr bald publik.

Weitere Formulierungen der Vollständigkeit der reellen Zahlen werden in derselben Zeit gefunden, wenn sie auch nicht axiomatisch postuliert werden. BOLZANO versucht 1817 [12] vor CAUCHY das nach CAUCHY benannte Kriterium zu motivieren. Unter dessen Voraussetzung beweist er die Existenz des Infimums einer beliebigen beschränkten und die Existenz mindestens eines Häufungspunktes einer unendlichen beschränkten Menge reeller Zahlen. In den Jahren 1830–1835 gelingt ihm eine Reduktion des CAUCHYschen Kriteriums auf eine Form der Intervallschachtelung, die der WEIERSTRASSschen sehr ähnlich sieht [13].

WEIERSTRASS bringt in seinen Vorlesungen eine systematische und in allen Teilen konsequente Darstellung. In den Beweisen stecken implizit leichte Abänderungen des Axioms des ARCHIMEDES und der Intervallschachtelung, ohne daß diese Namen erwähnt werden.

Das Axiom des ARCHIMEDES wird in einer Form benutzt, wie sie im wesentlichen schon bei BOLZANO formuliert steht: *Zu jeder reellen Zahl $a > 0$ gibt es eine natürliche Zahl n mit $n \leqq a < n + 1$.* Diese Aussage ist eine Folgerung der Wohlordnung der natürlichen Zahlen, die allerdings nicht explizit formuliert wird.

Der Beweis einer modifizierten Art der Intervallschachtelung wird dem Beweis von der Dezimalbruchentwicklung reeller Zahlen entlehnt; ihre Formulierung lautet ebenfalls ähnlich wie bei BOLZANO: *Ist $a > 1$ eine natürliche Zahl, b_ν eine Folge natürlicher Zahlen, so daß für alle ν, μ stets $\frac{b_\nu}{a^\nu} < \frac{b_\mu + 1}{a^\mu}$ ist, so gibt es eine eindeutig bestimmte reelle Zahl g, so daß für alle ν, μ stets $\frac{b_\nu}{a^\nu} \leqq g < \frac{b_\mu + 1}{a^\mu}$ gilt.* Der Beweis liefert $g = \sum_0^\infty \frac{c_\mu}{a^\mu}$, wo c_μ der kleinste nichtnegative Rest mit $c_\mu \equiv b_\mu(a)$ ist.

Die Existenz des Supremums einer beschränkten und nichtleeren Menge M positiver reeller Zahlen ergibt sich jetzt sofort: Mit $a > 1$, natürlich, und $b_\nu := \mathrm{Min}\,\{n \text{ natürlich}: a^\nu x < n + 1 \text{ für alle } x \in M\}$ wird eine Intervallschachtelung und damit eine Zahl g mit $\frac{b_\nu}{a^\nu} \leqq g < \frac{b_\mu + 1}{a^\mu}$ definiert. Es ist $g = \sup M$.

Zum Nachweis der Existenz eines Häufungspunktes einer nichtleeren Menge M positiver reeller Zahlen nimmt man eine natürliche Zahl $a > 1$ und natürliche Zahlen b_ν, so daß $\frac{b_\nu}{a^\nu} \leqq x < \frac{b_\nu + 1}{a^\nu}$ für unendlich viele $x \in M$ und $x > \frac{b_\nu + 1}{a^\nu}$ für höchstens endlich viele $x \in M$. Jetzt wird $g = \overline{\lim}\, M$. Dieser Satz wird auch im n-dimensionalen bewiesen.

Die Existenz des Maximums einer in einem kompakten Intervall stetigen Funktion wird von CAUCHY [11] noch sehr vage gehandhabt, dann aber von WEIERSTRASS in seinen Vorlesungen exakt bewiesen. Der Beweis verläuft mit derselben Technik wie die vorhergehenden. Er wird auch in allgemeinster Form für komplexe Funktionen in n Veränderlichen geführt.

Die Beweise der vorstehenden Sätze, insbesondere auch der des Satzes von WEIERSTRASS–BOLZANO, werden also rein arithmetisch ohne irgendwelche geometrischen Hilfsmittel gebracht. Die Sorgfalt, die WEIERSTRASS beim Beweisen aufbringt, hängt nicht zuletzt mit der Auseinandersetzung mit RIEMANN über das DIRICHLETsche Prinzip zusammen. WEIERSTRASS weist darauf hin, daß zwar die Annahme des Minimums und Maximums einer in einem kompakten Intervall stetigen Funktion gesichert ist, nicht aber notwendig die einer Menge von Funktionen.

An die Konvergenzuntersuchungen von Potenzreihen in einer Veränderlichen schließen sich elementare Untersuchungen über das Konvergenzgebiet von Potenzreihen in mehreren Veränderlichen an: liegt absolute Konvergenz in einem Punkte $(z_1^0, z_2^0, \ldots, z_n^0)$ vor, so auch in dem Polyzylinder $\{(z_1, z_2, \ldots, z_n) : |z_i| < |z_i^0|, i = 1, \ldots, n\}$. Dabei kommt eine genaue Formulierung des Gebietes heraus und einige weitere *topologische Begriffe*.

In einer Punktmenge $M \subset \mathbf{C}^n$ werden durch (Polyzylinder)Umgebungen innere, äußere und Randpunkte von M in der heute üblichen Art definiert. Der zur Definition eines Gebietes benötigte Zusammenhang wird der Idee von der Umformung von Potenzreihen entlehnt. Eine Menge $M \subset \mathbf{C}^n$ heißt ein Gebiet (Continuum), wenn es zu je zwei Punkten z, $w \in M$ eine Serie von Punkten $z^{(1)}, z^{(2)}, \ldots, z^{(n)}$ und Polyzylinder(Umgebungen) $P_j \subset M$ von $z^j (j = 1, \ldots, n)$, $P_{n+1} \subset M$ von w gibt, so daß $z^{(j)} \in P_{j-1}$ $(j = 1, \ldots, n)$ und $w \in P$ ist. Es wird – im wesentlichen – gezeigt, daß der Zusammenhang eine Äquivalenzrelation auf den Punkten von M darstellt.

Der erste Teil der Vorlesung über die *Potenzreihen* behandelt zum Schluß die Einsetzung von Potenzreihen in Potenzreihen und als Spezialfall die Umformung von Potenzreihen, gleich in mehreren Veränderlichen.

Das Fehlen jeglichen Integrals in der Vorlesung entspricht der WEIERSTRASSschen Vorstellung vom Aufbau der Funktionentheorie allein mittels Potenzreihen. Dagegen werden einige Sätze aus der *Differentialrechnung* behandelt. Das hat mehrere Gründe. Zunächst wird auf den Unterschied zwischen den stetigen, den k-mal differenzierbaren, den unendlich oft differenzierbaren und den Potenzreihen hingewiesen.

WEIERSTRASS schreibt, daß man noch im 18. Jahrhundert glaubte, jede stetige Funktion sei stückweise differenzierbar. Dazu drei Beweise:

a) Geometrisch: jede stetige Kurve besitzt eine Tangente.

b) Kinematisch: jede stetige Kurve entspricht der Bahn eines Materieteilchens. Auf dieses Materieteilchen wirken in endlicher Zeit nur endlich viele Impulse ein. Bis auf endlich viele Punkte hat das Teilchen also eine definierte Geschwindigkeit, mithin die Kurve eine Tangente.

c) Analytisch: Ampere lieferte einen Beweis, der von Duhamal vereinfacht und von Bertrand modifiziert wurde. Ampere nimmt dazu eine Funktion in zwei Veränderlichen und zeigt, daß sich der Differentialquotient nicht für jeden Wert der Null oder dem Unendlichen nähern kann.

Cauchy [11] umgeht diese Schwierigkeit, er setzt die Differenzierbarkeit in seinen „Cours d'Analyse" stets voraus. Bolzano [12] lieferte 1817 als erster ein Beispiel einer in einem abgeschlossenen Intervall stetigen, jedoch nirgends differenzierbaren Funktion. Dieses Beispiel ist Weierstrass unbekannt geblieben, da es erst mit den Gesammelten Werken Bolzanos erschien. Riemann brachte Anfang der sechziger Jahre des 19. Jahrhunderts in seinen Vorlesungen die Reihe $\sum\limits_{n=1}^{\infty} \frac{\sin n^2 x}{n^2}$ als Beispiel einer stetigen aber nirgends differenzierbaren Funktion.

Weierstrass [1] weist in seinen Vorlesungen auf das Riemannsche Beispiel hin und bemerkt, es sei nicht überliefert, ob diese Funktion in keinem Punkte oder aber nur in keinem noch so kleinen Intervall nicht differenzierbar ist. Er bringt sehr früh in seinen Vorlesungen die Reihe $\sum b^n \cos \pi a^n x$ und weist nach, daß sie für $0 < b < 1$ absolut konvergent und stetig und für $0 < b < 1$, $ab > 1 + \frac{3}{2}\pi$, a ungerade in keinem Punkte differenzierbar ist. Er trägt 1872 vor der Berliner Akademie darüber vor. Damit ist diese Frage öffentlich entschieden.

Während Cauchy mit „Größen, die unendlich klein werden, mit Größen, die gleichzeitig unendlich klein werden, mit Größen, die von einer bestimmten Ordnung klein werden" allerdings in allen Details exakt jongliert, formuliert Weierstrass diese Begriffe in der arithmetischen Zeichensprache. Die Stetigkeit wird erst mit δ, in späteren Vorlesungen in der heutigen ε-δ-Terminologie geschrieben. Differentiation, partielle Differentiation, Differential und vollständiges Differential werden für Funktionen in einer und mehreren Veränderlichen mit der linearen Approximation angeschrieben, z. B. heißt die Funktion $F(x)$ in dem Punkte x_0 differenzierbar, wenn es ein $F'(x_0)$ und eine Funktion $H(x_0, h)$ gibt, so daß für alle h gilt: $F(x_0 + h) - F(x_0) = F'(x_0)\, h + H(x_0, h)\, h$ und $\lim H(x_0, h) = 0$. Dann heißt $F'(x_0)\, h$ das Differential und $F'(x_0)$ der Differentialkoeffizient oder -quotient.

Für k-mal stetig differenzierbare Funktionen wird die Taylorentwicklung mit dem Restglied $h^n R(x_0, x_0)$ angegeben.

Die üblichen Rechenregeln über die Differentiation von Summen, Produkten und Potenzen ergeben sich aus der verallgemeinerten Kettenregel $dF(f_1(x), \ldots, f_n(x)) = \frac{\partial}{\partial y_1} F(y_1, \ldots, y_n)\, df_1(x) + \cdots + \frac{\partial}{\partial y_n} F(y_1, \ldots, y_n)\, df_n(x)$ und aus einer weiter verallgemeinerten Regel, die man erhält, wenn man Funktionen in mehreren Veränderlichen substituiert. Die Regel für die Differention von Quotienten wird für differenzierbare Funktionen in einer Veränderlichen und für Potenzreihen in beliebig vielen Veränderlichen gebracht.

Die Vertauschungsregel für die partiellen Ableitungen von Funktionen in mehreren Veränderlichen wird für Potenzreihen und Quotienten von Potenzreihen bewiesen. Die allgemeine Regel wird H. A. SCHWARZ zugeschrieben.

Nach diesem Exkurs über differenzierbare Funktionen setzen wieder Erörterungen über Potenzreihen ein. Es ist das Ziel, die *Singularitäten auf dem Rande* des Konvergenzgebietes einer Potenzreihe zu untersuchen. ABEL bestimmte noch in seiner Arbeit über die Binomische Reihe den Konvergenzradius durch die Untersuchung der Koeffizienten. Das erübrigt sich, wenn man die Singularitäten der dargestellten Funktion kennt.

Fundamental ist zunächst die *Koeffizientenabschätzung* $|a_0| \leqq g$ (unwesentlich allgemeiner $|a_n| \leqq g r^{-n}$) *für den Koeffizienten* a_0 *der Laurentreihe* $F(z) = \sum_{\lambda = m}^{\infty} a_\lambda z^\lambda$, *wenn* $g := \sup\{|F(z)| : |z| \leqq r\}$.

CAUCHY [11] hatte den Beweis für diese Abschätzung mit Hilfe von Integralen bereits 1831[8] lithographieren lassen, 1841 erschien der Satz gedruckt. In demselben Jahr schrieb WEIERSTRASS einen Aufsatz darüber, der jedoch erst im Band I (3. Arbeit) seiner Gesammelten Werke erschien. WEIERSTRASS führt den Beweis gemäß seines konsequenten Aufbaus unter Vermeidung jeglicher Integrale allein mit Potenzreihen.

Für Polynome $P(z) = \sum_{\lambda=0}^{n} a_\lambda z^\lambda$ erhält man zunächst für reelles x_0 und komplexes ζ mit $|\zeta| = 1$, ζ keine Einheitswurzel, die Gleichung $\frac{1}{l} \sum_{\lambda=0}^{l-1} P(x_0 \zeta^\lambda) = a_0 + \frac{1}{l}\left(a_1 x_0 \frac{1-\zeta^l}{1-\zeta} + a_2 x_0^2 \frac{1-\zeta^{2l}}{1-\zeta^2} + \cdots + a_n x_0^n \frac{1-\zeta^{nl}}{1-\zeta^n}\right)$, also

[8] *Cauchy, A. L.*, Mémoire sur les rapports qui existent entre le calcul des résidues et le calcul des limites ..., Turin 1831.

$a_0 = \frac{1}{l} \sum_{\lambda=0}^{l-1} P(x_0 \zeta^\lambda) + \delta_l$. Es ist $\lim_{l\to\infty} \delta_l = 0$, da $0 < |1 - \zeta^k| < 2$ für alle k. Mithin ergibt sich die Behauptung. Für Potenzreihen hat man nun sofort den Beweis, wenn man sie in der Form $F(z) = \sum_{\lambda=0}^{n} a_\lambda z^\lambda + R_n(z)$ zerlegt, den eben benutzten Ansatz macht und beachtet, daß $\lim_{n\to\infty} R_n(z) = 0$. Auf dieselbe Weise bekommt man die Abschätzung für Laurentreihen, auch für solche in mehreren Veränderlichen.

Jetzt gelingt der Beweis des Hauptergebnisses: *Sei* $F(z) = \sum_{0}^{\infty} c_\lambda z^\lambda$ *eine Potenzreihe mit dem Konvergenzkreis* K *und* $R(z)$ *der Konvergenzradius der aus* F *für den Punkt* $z \in K$ *umgeformten Potenzreihe. Dann ist* $R(z)$ *in* K *stetig, und es ist* $\varrho := \operatorname{Inf}\{R(z) : z \in K\} = 0$. Man kann R stetig auf den kompakten Kreis fortsetzen. Also folgt insbesondere, daß, da das $\operatorname{Inf}\{R(z) : z \in K\}$ auf dem kompakten Kreis angenommen wird, es einen Punkt auf dem Rande des Kreises gibt, in den die Potenzreihe nicht fortgesetzt werden kann. Das gilt auch für Potenzreihen in mehreren Veränderlichen.

Der Beweis läuft indirekt. Wäre $\varrho > 0$, so nehme man $r_1, r_2, d \in \mathbf{R}$, mit $r_1 < r :=$ Radius $K < r_2$, $r_2 - r_1 \leqq d < \varrho$. Ferner sei $g := \sup\{|F(z' + h)| : |z'| \leqq r_1, |h| \leqq d\}$. Für insbesondere $h = \varepsilon z'$ mit $\varepsilon > 0$, $|\varepsilon z'| \leqq d$ erhält man dann $F(z' + h) = F(z'(1 + \varepsilon)) = \sum_{n=0}^{\infty} c_n (1 + \varepsilon)^n z'^n = G(z')$, also nach der vorgehenden Abschätzung $|c_n (1 + \varepsilon)^n| \leqq g r_1^{-n}$, da $\sup\{|G(z')| : |z'| \leqq r_1\} \leqq g$. Für $\varepsilon := \frac{r_2 - r_1}{r_1}$ wird $1 + \varepsilon = \frac{r_2}{r_1}$ und $|\varepsilon z'| \leqq |r_2 - r_1| < d$, also $\left|c_n \left(\frac{r_2}{r_1}\right)^n\right| \leqq g r_1^{-n}$, woraus $|c_n r_2^n| \leqq g$ folgt. Also ist $\sum_{\lambda=0}^{\infty} c_\lambda z^\lambda$ für alle z mit $|z| < r_2$ konvergent.

Der Satz läßt mannigfache Anwendungen zu. Man berechnet damit sofort die Konvergenzradien der Potenzreihenentwicklungen bekannter Funktionen und kann ohne Schwierigkeiten den Fundamentalsatz der Algebra und den Satz von LIOUVILLE herleiten, wie es noch heute gebräuchlich ist.

§ 3. *Analytische Funktionen*

Weierstrass bringt in seinen Vorlesungen die Konzeption des *analytischen Gebildes*. Durch Umwandlung von Potenzreihen (einer oder mehrerer Veränderlichen) kann man Potenzreihen fortsetzen. Die Fortsetzung bildet eine Äquivalenzrelation. Die Menge aller Potenzreihen, die aus einer gegebenen durch Umwandlung gewonnen werden, bildet eine analytische Funktion (monogene Funktion), ihre Elemente sind die analytischen Funktionselemente. Ebenso lassen sich beliebige Mengen von Potenzreihen simultan fortsetzen; r Funktionselemente in n Veränderlichen definieren ein analytisches Gebilde n-ter Stufe im Gebiet von $n + r$ Veränderlichen. Funktionalgleichungen $G(f_1(z_1, \ldots, z_n), \ldots, f_m(z_1, \ldots, z_n)) = 0$ mit analytischem G setzen sich von einem System von Funktionselementen zu jedem anderen fort. Randpunkte werden zum analytischen Gebilde mitgerechnet, wenn sie algebraischen Charakter haben, d. h., wenn in einer Umgebung des Randpunktes eine algebraische Relation $G(f_1, \ldots, f_m) = 0$ mit den definierenden Funktionselementen besteht.

In den Vorlesungen über elliptische und Abelsche Funktionen macht Weierstrass Gebrauch von einem Satz, der Aussagen über Umkehrung von Abbildungen analytischer Gebilde enthält. Dazu werden einige vorbereitende Sätze entwickelt. Der erste ist der elementare Satz über *implizite Funktionen.*

Die Nullstellenmenge der Potenzreihen $g_\lambda(z_1, \ldots, z_n)$ $(\lambda = 1, \ldots, m, m < n)$, *die im Nullpunkt verschwinden, kann in einer geeigneten Umgebung des Nullpunktes durch Potenzreihen* $z_\mu = h_\mu(z_{m+1}, \ldots, z_n)$ $(\mu = 1, \ldots, m)$ *parametrisiert werden, wenn die Funktionalmatrix der* g_λ *Maximalrang hat.*

Zum Beweise werden die Koeffizienten der Potenzreihen h_j durch Koeffizientenvergleich bestimmt und die Konvergenz der so erhaltenen Reihe bewiesen.

Der Satz über die impliziten Funktionen stammt im Spezialfall $m = 1$, $n = 2$ von Cauchy [11]. Er wurde 1831 in der Turiner Abhandlung veröffentlicht. Es war der erste Satz über implizite Funktionen. Cauchy macht darüber hinaus noch weitere Aussagen. Er untersucht die holomorphe Funktion $g(z, w)$ mit $g(0, 0) = 0$, $g(z, 0) \not\equiv 0$. Simart erkennt, daß die elementar symmetrischen Funktionen der Wurzeln in einer Umgebung des Nullpunktes holomorphe Funktionen sind. Damit haben wir einen Vorläufer des Vorbereitungssatzes.

Der *Vorbereitungssatz* ist der zweite der vorbereitenden Sätze. Weierstraß [1] formulierte und bewies ihn zuerst in der folgenden Form: *Sei*

$G(z, z_1, \ldots, z_n)$ *eine in einer Umgebung des Nullpunktes analytische Funktion mit* $G(0, \ldots, 0) = 0$, $G_0(z) : = G(z, 0, \ldots, 0) \not\equiv 0$, m *ganz, so daß* $G_0(z) = z^m H(z)$ *mit* $H(0) \neq 0$. *Dann gibt es eine in einer geeigneten Umgebung des Nullpunktes definierte analytische Funktion* $A(z, z_1, \ldots, z_n) = z^m A_1(z_1, \ldots, z_n)\, z^{m-1} + \cdots + A_m(z_1, \ldots, z_n)$, *so daß die Nullstellen von* G *mit denen von* A *übereinstimmen.* Später fügt er die Existenz einer in einer Umgebung des Nullpunktes definierten analytischen Funktion Q hinzu, so daß $Q(0, \ldots, 0) \neq 0$ und $G = AQ$.

Nach eigenen Worten hat WEIERSTRASS diesen Satz schon seit 1860 in seinen Vorlesungen vorgetragen. 1879 wurde dieser Teil der Vorlesungen für seine Hörer lithographiert. 1886 erschien der Vorbereitungssatz als fünftes Exposé der „Abhandlungen aus der Funktionenlehre". Der Vorbereitungssatz wurde später mit anderen Sätzen aus der Funktionentheorie mehrerer komplexer Veränderlichen in der Sammlung „Einige auf die Theorie der analytischen mehrerer Veränderlicher sich beziehende Sätze" in seinen Werken abgedruckt.

Im Beweis berechnet WEIERSTRASS die logarithmische Ableitung von G. Mit $G_1 : = G_0 - G$ und $G' : = \dfrac{\partial G}{\partial z}$, $G_0' : - \dfrac{\partial G_0}{\partial z}$, etc., wird

$$\frac{G'}{G} = \frac{G_0'}{G_0} - \sum_{\lambda=1}^{\infty} \frac{1}{\lambda} \frac{\partial}{\partial z}\left(\frac{F_1}{F_0}\right)^{\lambda} = m z^{-1} + F(z) + \sum_{\nu=-\infty}^{\infty} F_\nu(z_1, \ldots, z_n)\, \nu z_{\nu-1}$$

mit holomorphen F_ν und F. Sind andererseits $z^{(1)}, \ldots, z^{(r)}$ alle r Wurzeln der Gleichung $G(z, z_1, \ldots, z_n) = 0$, die mit entsprechender Multiplizität aufgezählt sind, so wird $\dfrac{G'}{G} - \sum_{j=1}^{r} \dfrac{1}{z - z^{(j)}} = : P(z, z_1, \ldots, z_n)$ holomorph in z, also kann man

$$\frac{G'}{G}(z, z_1, \ldots, z_n) = P(z, z_1, \ldots, z_n) + \sum_{\nu=1}^{r(z_1, \ldots, z_n)} s_\nu(z_1, \ldots, z_n)\, z^{-\nu-1}$$

setzen. Der Koeffizientenvergleich der beiden Entwicklungen liefert $s_0 = m$, $r = m$ und die Holomorphie von P und der $s_\nu = \sum_{j=1}^{m} (z^{(j)}(z_1, \ldots, z_n))^\nu$. Setzt man $A(z_1, \ldots, z_n) : = \prod_{j=1}^{n} (z - z^{(j)}(z_1, \ldots, z_n)) = z^m + A_1(z_1, \ldots, z_n)\, z^{m-1} + \cdots + A_m(z_1, \ldots, z_n)$, so sind die A_j holomorph, und man hat $\frac{G'}{G} = \frac{A'}{A} + P$. Also stimmen die Nullstellen von G und A überein. Mit $Q := e^{\int P dz}$ wird $AQ = G$. Sind die Voraussetzungen des Vorbereitungssatzes nicht erfüllt, so erhält man sie nach einer linearen Transformation.

Mit Hilfe des Vorbereitungssatzes sind die Potenzreihen Teilbarkeitsuntersuchungen zugänglich gemacht. Außerdem erhält man Aussagen über die Nullstellenmengen analytischer Funktionen. Man bekommt damit auch einen sehr einfachen Beweis des Satzes über die impliziten Funktionen:

Die simultane Nullstellenmenge der Funktionen $g_\lambda(z_1, \ldots, z_n)$, die im Nullpunkt verschwinden und deren Funktionalmatrix Maximalrang hat, wird sukkzessive parametrisiert. Sei ohne Einschränkung der Allgemeinheit $\frac{\partial g}{\partial z_1}(0) \neq 0$, also $g(z_1, 0, \ldots, 0) = z_1 g(z_1)$ mit $g(0) = 0$. Dann gibt es nach dem Vorbereitungssatz eine Zerlegung $g_1(z_1, \ldots, z_n) = Q(z_1, \ldots, z_n)$ $(z_1 + A_1(z_2, \ldots, z_n))$. Die Nullstellenmenge von g_1 wird also durch $z_1 = - A_1(z_2, \ldots, z_n)$ parametrisiert. Jetzt sei $f_2(z_2, \ldots, z_n) := g_2(-A_1(z_2, \ldots, z_n), z_2, \ldots, z_n)$. Man kann wieder ohne Einschränkung der Allgemeinheit annehmen, $\frac{\partial f}{\partial z_2}(0) \neq 0$ ist. Dann gibt es analog eine Parametrisierung der Nullstellenmenge von f_2 durch $z_2 = - A_2(z_3, \ldots, z_n)$. Schließlich bekommt man die Lösungsfunktionen $z_1 = h_1(z_{m+1}, \ldots, z_n)$, $\ldots, z_m = h_m(z_{m+1}, \ldots, z_n)$, indem man in die $A_j(z_j, \ldots, z_n)$ sukzessive die Funktionen $z_k = A_k(z_{k+1}, \ldots, z_n)$ $(k = j, \ldots, m-1)$ einsetzt. Die Bedingungen $\frac{\partial g}{\partial z_1}(0) \neq 0$ usw. sind immer nach einer linearen Transformation erfüllt.

Ein weiterer Hilfssatz konstatiert, daß die Nullstellenmenge einer analytischen Funktion das Definitionsgebiet nirgends zerlegt. Eine Kurve zwischen zwei Punkten, in denen die Funktion nicht verschwindet, kann lokal innerhalb der Konvergenzgebiete der Funktionselemente so abgeändert werden, daß die Funktion auf der abgeänderten Kurve keine Nullstelle besitzt.

Jetzt kann ein Satz hergeleitet werden, den WEIERSTRASS den *Fundamentalsatz der Funktionentheorie*, *„das Ziel der Vorlesungen zur Funktionentheorie"* nennt. In einer spezialisierten Form lautet er:

Seien $z_{n+1} = G_1(z_1, \ldots, z_n), \ldots, z_{n+r} = G_r(z_1, \ldots, z_n)$ $(r < n)$ *ana-*

lytische Funktionen. Sei ferner $z_1 = H_1(z_{n+1}, z_2, \ldots, z_n)$ *die Parametrisierung der Nullstellenmenge von* $G_1 \left(\frac{\partial G_1}{\partial z_1}(0) \neq 0\right)$ *und seien*

$$z_1 = H_1(z_{n+1}, z_2, \ldots, z_n)$$

$$z_{n+2} = H_2(z_{n+1}, z_2, \ldots, z_n)$$

$$\cdots\cdots\cdots\cdots$$

$$z_{n+r} = H_r(z_{n+r}, z_2, \ldots, z_n)$$

die Funktionen, die aus den G_j *durch Substitution von* $z_1 = H_1(z_{n+1}, z_2, \ldots, z_n)$ *entstehen. Dann definiert das System* $\{G_j, j = 1, \ldots, r\}$ *dasselbe analytische Gebilde wie das System* $\{H_j, j = 1, \ldots, r\}$.

Der Beweis ist jetzt eklatant. Die Fortsetzung der Gleichungssysteme entlang Kurven, in denen $\frac{\partial G_1}{\partial z_1}$ von Null verschieden ist, ist ohne weiteres möglich. Nimmt man noch entsprechende Randpunkte hinzu, so bekommt man das glciche Gebilde.

Man bekommt den Satz in seiner vollen Allgemeinheit, wenn man sukzessive weitere Parametrisierungen wie beim zweiten Beweis des Satzes über die impliziten Funktionen einführt. Die Gleichungen zwischen r beliebig gewählten abhängigen und n unabhängigen Veränderlichen der $z_1, \ldots, z_{n+r}$ definieren stets das gleiche Gebilde.

Von diesem Satz macht Weierstrass in anderen Vorlesungen Gebrauch. Dieser Satz enthält insbesondere eine Aussage über Umkehrabbildungen. Damit ist der Hauptteil der Vorlesungen abgeschlossen.

In zwei anhängenden Kapiteln befaßt sich Weierstrass mit *eindeutigen Funktionen*, vornehmlich in einer Veränderlichen. Hier findet man einen Abriß der Funktionentheorie einer Veränderlichen, in dem man manche Teile findet, die heutzutage noch Bestandteil der Anfängervorlesungen sind. Die isolierten Singularitäten schlichter Funktionen werden in wesentlich und außerwesentlich singuläre klassifiziert. Der Satz von Casorati–Weierstrass wird durch Betrachten von $\frac{1}{b - f(z)}$ $(z \to \infty)$ bewiesen.

Ein besonderer Abschnitt ist der gleichmäßigen Konvergenz gewidmet. In Abels Arbeit über die Binomialreihe findet man schon die Idee der gleichmäßigen Konvergenz. Unabhängig voneinander brachten Stokes

1847, SEIDEL 1858 und CAUCHY 1853 ihre Präzisierung. RIEMANN und insbesondere WEIERSTRASS wiesen dann auf ihre Bedeutung hin.

WEIERSTRASS beweist, daß die gleichmäßig konvergente Summe von Potenzreihen wieder eine Potenzreihe ist, und weiter die Vertauschbarkeit von Differentiation und gleichmäßiger Konvergenz.

Zum Schluß werden einige elementaren Funktionen betrachtet. Die allgemeine Exponentialfunktion wird durch ihre Differentialgleichung definiert, die Darstellung durch die Exponentialfunktion wird bewiesen. Der Logarithmus erscheint als Umkehrfunktion der Exponentialfunktion. Die trigonometrischen Funktionen werden durch die Exponentialfunktion definiert.

LITERATUR

[1] WEIERSTRASS, K., Gesammelte Werke, Bd. I–III, 1894–1903.
[2] MERAY, CH., Méthode directe sur l'emploi de séries pour prouver l'existence des racines ..., Bull. de Sc. math., **15** (1891) 236–252.
[3] CANTOR, G., Über die Ausdehnung eines Satzes aus der Theorie der trigonometrischen Reihen, Math. Ann. **5** (1872) 123–132.
[4] MERAY, E., Nouveau précis d'analyse infinitesimale, Paris 1872.
[5] HEINE, E., Die Elemente der Functionenlehre **74** (1872) 172–188.
[6] DEDEKIND, R., Stetigkeit und irrationale Zahlen, Braunschweig 1872 (im Vorwort zu: Was sind und was sollen die Zahlen?).
[7] PINCHERLE, S., Saggio di una introduzione alle theoria delle funzioni analytiche secondo i principii di Prof. C. WEIERSTRASS, Giorn. di Math. **18** (1880) 178–254, 317–357.
[8] STOLZ, O., Vorlesungen über allgemeine Arithmetik, Leipzig 1885.
[9] DANTSCHER, V., Vorlesungen über die Theorie der irrationalen Zahlen, Leipzig–Berlin 1908.
[10] MITTAG-LEFFLER, G., Die Zahl: Einleitung zur Theorie der analytischen Funktionen (1920).
[11] CAUCHY, A. L., Œuvres complètes, Paris 1882–1958.
[12] BOLZANO, B., Rein analytischer Beweis des Satzes ..., 1817, Oswalds Klassiker 1905.
[13] Die Theorie der reellen Zahlen in BOLZANOS handschriftlichen Nachlaß, Hg. von RYCHLIK 1962.
[14] OSGOOD, W. F., Lehrbuch der Funktionentheorie II, 1, 1932.
[15] CANTOR, M., Geschichte der Mathematik, Bd. II, Leipzig 1892.
[16] BOURBAKI, N., Éléments d'histoire des mathématiques, Paris 1960.

Entwicklung der Theorie der eindeutigen analytischen Funktionen einer komplexen Veränderlichen seit Weierstraß

Von *Rolf Nevanlinna*

1. *Cauchy*, *Riemann*, *Weierstraß*. Bei der Entwicklung der Funktionentheorie seit der Zeit von Weierstraß ist der Einfluß der drei großen Begründer dieser Lehre anhaltend und deutlich spürbar und wirksam.

Bei Cauchy, der in der Zeit seit 1814 in einer Reihe von Mitteilungen an der französischen Akademie der Wissenschaften eine allgemeine systematische Theorie der analytischen Funktionen einer komplexen Veränderlichen schuf, stand der *komplexe Kalkül* im Vordergrund. Das Cauchysche Integraltheorem und der Residuumsatz zeigten ihre Kraft nicht nur als ein Fundament der selbständigen Theorie der analytischen Funktionen, sondern auch als ein mächtiges neues Instrument des komplexen Kalküls zur Lösung *reeller* Probleme, vor allem zur Auswertung der Summen konvergenter Reihen und bestimmter Integrale.

Die Riemannsche Grundlegung und Weiterführung der Theorie lenkte die Funktionentheorie in neue Bahnen: einerseits in die Richtung der partiellen Differentialgleichungen und der *Potentialtheorie*, andererseits in geometrische und *differentialgeometrische* Richtung. Die elementaren mehrdeutigen analytischen Funktionen und die Theorie der Abelschen Integrale führten zu dem Begriff der *Riemannschen Fläche*, die seitdem eine zentrale Stellung in der Theorie der analytischen Funktionen einnimmt und gleichzeitig den Anfang der Topologie und der allgemeinen Lehre der Mannigfaltigkeiten bezeichnet. Unter der Riemannschen Funktionentheorie versteht man wohl allgemein diejenige Richtung, die die Zusammenhänge der komplexen Analysis mit allgemeinen geometrischen Gesichtspunkten, vor allem mit den großen Fragen der *konformen Abbildungslehre* beachtet. Diese Aspekte schöpfen aber keineswegs die enorme Gesamtleistung von Riemann in der komplexen Funktionentheorie aus. Man denke nur an seine Gründung der *analytischen Zahlentheorie*, ein eindrucksvolles Beispiel der geradezu mystischen Kraft des komplexen Kalküls, im Sinne von Cauchy.

Die Auffassung von Weierstraß ist in höherem Grade formal, einerseits *arithmetisch-algebraisch* betont, andererseits streng und systematisch *konstruktiv* geprägt.

Ausgehend von dem mittels einer Potenzreihe, d. h. durch eine Koeffizientenfolge $c_1, \ldots, c_n, \ldots$ erklärtem Begriff eines analytischen Funktionselements

$$w(z, z_0) = \sum c_n (z - z_0)^n,$$

wird seine analytische Fortsetzung nach Weierstraß durch formale Umbildung des Elements $w(z, z_0)$ zunächst für die im Konvergenzkreis der Reihe $w(z, z_0)$ liegenden Werte $z = z_1$ definiert. Die so erhaltenen neuen Elemente $w = w(z, z_1)$ werden durch denselben arithmetischen Prozeß weiter fortgesetzt, und durch unbeschränkte Wiederholung gelangt man zu dem Weierstraßschen Begriff des *analytischen* Gebildes, das eine i. a. mehrdeutige analytische Relation zwischen z und w erklärt.

2. *Ganze und meromorphe Funktionen.* Neben diesem ersten Versuch, den globalen Begriff einer analytischen Funktion und der analytischen Funktion konstruktiv zu erfassen, verdankt man Weierstraß eine systematische Theorie der „elementaren“ Klassen analytischer Funktionen, vor allem der elliptischen Funktionen, der Abelschen Integrale und der Abelschen Funktionen.

Der systematische Aufbau der doppeltperiodischen Grundfunktionen $p(z)$, $\zeta(z)$, $\sigma(z)$ führte Weierstraß zur Schaffung einer allgemeinen Theorie der *ganzen* und der *meromorphen Funktionen.* Die Grundlage dieser Lehre bildet die kanonische Darstellung einer ganzen, d. h. einer in der offenen Ebene $z \neq \infty$ regulär analytischen Funktion, mittels ihrer Nullstellen

$$a_1, a_2, \ldots, a_n, \ldots \qquad (a_n \to \infty \text{ für } n \to \infty). \tag{2.1}$$

Nach Weierstraß läßt sich zu jeder solchen Folge eine Folge von natürlichen Zahlen $q_1, q_2, \ldots, q_n, \ldots$ so zuordnen, daß das kanonische Produkt

$$\pi(z) = \pi\left(1 - \frac{z}{a_n}\right) e^{\frac{z}{a_n} + \cdots + \frac{1}{q_n}\left(\frac{z}{a_n}\right)^{q_n}} \tag{2.2}$$

konvergiert und eine ganze Funktion mit den Nullstellen (a_n) darstellt. Der allgemeine Ausdruck einer ganzen Funktion mit den vorgegebenen Nullstellen ist

(2.3) $$w(z) = e^{f(z)}\,\pi(z),$$

wo $f(z)$ eine beliebige ganze Funktion ist.

Hieraus ergibt sich als allgemeiner Ausdruck einer *meromorphen*, d. h. einer bis auf Pole

(2.1)′ $$b_1, b_2, \ldots, b_n, \ldots$$

für $z \neq \infty$ regulären Funktion $w(z)$:

$$w(z) = e^f \frac{\pi_1}{\pi_2},$$

wo $f(z)$ ganz ist und π_ν $(\nu = 1, 2)$ zwei mittels den Nullstellen (a_n) und Polen (b_n) gebildete kanonische Produkte sind.

Diese für die spätere Entwicklung der Theorie der ganzen und der meromorphen Funktionen richtunggebende kanonische Darstellung wurde von Weierstraß im Jahre 1877 veröffentlicht. Durch logarithmische Differentiation ergibt sich daraus die Partialbruchdarstellung, die von Mittag-Leffler, dem treuen Schüler und Interpreten von Weierstraß erweitert wurde und, nach ihm benannt, in jedem Lehrbuch der Funktionentheorie zu finden ist.

3. *Automorphe Funktionen.* Die Theorie der elementaren Transzendenten wurde zu einem gewissen Abschluß gebracht durch Schwarz, Klein und Poincaré. Auf Schwarz komme ich bald zurück. Obwohl die zwei letztgenannten großen Gelehrten in ihrer intuitiven, beweglichen Art dem Weierstraßschen, systematischen und konstruktiven Forschertyp ziemlich fremd standen, ist der Einfluß von Weierstraß auch bei ihnen leicht zu erkennen. Dies gilt deutlich für Poincaré, dessen geniale Phantasie mit seltener analytischer Kraft verbunden war und dadurch zu großartiger Wirkung kam. Die Theorie der automorphen Funktionen, so wie sie von Poincaré seit 1880 in einer Reihe von Arbeiten in den Acta Mathematica entwickelt wurde, ist weitgehend als eine natürliche Weiterführung der Weierstraßschen Konstruktion der elliptischen Funktionen zu betrachten.

4. *Der Satz von Picard.* Die Weierstraßsche Theorie der ganzen Funktionen führte ihn zur Entdeckung wichtiger Eigenschaften der analytischen Funktionen in der Umgebung einer isolierten wesentlichen Singularität.

In dieser Richtung ist vor allem der nach ihm benannte Satz zu erwähnen, nach dem eine transzendente ganze Funktion alle komplexen Werte $w(|w| \leqq \infty)$ als Häufungswerte hat. Die Geschichte dieses wichtigen Satzes wird in dem Vortrag von A. Dinghas näher erörtert.

Einige Jahre später (1879) kam dann die überraschende Entdeckung von Picard: Eine nichtkonstante meromorphe Funktion $w(z)$ approximiert nicht nur beliebig genau jeden komplexen Wert, sondern sie nimmt alle Werte $w(|w| \leqq \infty)$ effektiv an, höchstens mit Ausnahme von *zwei* Werten w.

Solche *Picardsche Ausnahmewerte*, die von $w(z)$ nicht angenommen werden, sind z. B. $w = 0$ und $w = \infty$ bei der Exponentialfunktion.

Der Beweis von Picard beruht auf folgenden ebenso genialen wie einfachen Gedanken. Um nachzuweisen, daß eine meromorphe Funktion $w(z)$, die drei verschiedene Werte $w = c_1, c_2, c_3$ ausläßt, konstant sein muß, betrachtete Picard die analytische Funktion $\zeta = \zeta(w)$, welche die einfach zusammenhängende universelle Überlagerungsfläche F_3 der an den drei Stellen c_1, c_2, c_3 punktierten w-Ebene auf den Einheitskreis $|\zeta| < 1$ konform abbildet. Diese Funktion, die bei der Wahl $c_1 = 0$, $c_2 = 1$, $c_3 = \infty$ mit der Umkehrfunktion der Legendreschen Modulfunktion zusammenfällt, ist unendlich vieldeutig. Ihre unendlich vielen Zweige hängen mittels den linearen Transformationen der Modulgruppe

$$S = \frac{\alpha\zeta + \beta}{\gamma\zeta + \delta} \tag{4.1}$$

zusammen, welche den Einheitskreis $|\zeta| < 1$ auf sich selbst konform abbilden.

Die durch die Abbildungen $z \to w \to \zeta$ zusammengesetzte Funktion $\zeta = \zeta(z)$ ist offensichtlich lokal analytisch und für $z \neq \infty$ unbeschränkt fortsetzbar. Wegen des einfachen Zusammenhangs der z-Ebene ist sie vermöge des Monodromieprinzips auch im großen eindeutig. Als eine ganze Funktion, die jeden Wert $\zeta(|\zeta| \geqq 1)$ ausläßt, muß sie nach dem Weierstraßschen Satz konstant sein, und dasselbe gilt dann auch für $w(z)$.

5. *Problem der Wertverteilung.* Unter Anwendung gewisser Abschätzungen, die sich auf das Verhalten beschränkter Funktionen beziehen (vgl. hierzu Abschnitt 11) gelang es im Jahre 1896 Borel, den Picardschen Satz „elementar“ zu beweisen, d. h. ohne Heranziehung der Modulfunktion.

Das nähere Studium der Weierstraßschen Produktdarstellung führte zu wichtigen Verschärfungen des Picardschen Satzes, insbesondere für ganze Funktionen *endlicher Ordnung* (Borel, Hadamard).

Die Ordnung λ einer ganzen Funktion $w(z)$ wird mittels des Maximalbetrags

$$M(r) = \max_{|z|=r} |w(z)|$$

erklärt, als die obere Grenze

$$\lambda = \limsup_{r\to\infty} \frac{\log\log M(r)}{\log r}.$$

Nach Hadamard ist $\log M$ eine wachsende konvexe Funktion von $\log r$ (der sog. Dreikreisesatz). Das Anwachsen einer ganzen Funktion, d. h. das Anwachsen ihres Maximalbetrags M, wurde mit der Nullstellendichte in Beziehung gesetzt, indem man die Anzahl $n(r, 0)$ der Nullstellen von $w(z)$ im Kreise $|z| \leqq r$ mit dem Maximalbetrag verglich. Für ganze Funktionen *endlicher Ordnung* ergibt sich hier ein sehr einfaches Verhalten. Die kanonische Darstellung (2.1) läßt sich in diesem Fall so einrichten, daß die ganzen Zahlen q_n in dem konvergenzerzeugenden Faktor alle konstant und gleich $[n]$ gesetzt werden und daß die Funktion f im Exponenten des ersten Faktors ein Polynom, höchstens des Grades $[n]$ ist.

Elementare Abschätzungen des so normierten kanonischen Produktes zeigen ferner, daß die Ordnung λ von $\log M(r)$ gleich der Ordnung

$$\limsup_{r\to\infty} \frac{\log n(r, 0)}{\log r}$$

der Nullstellenanzahl ist, falls λ nicht ganzzahlig ist. Daraus ergibt sich die Borelsche Verschärfung des Picardschen Satzes:

Falls die Ordnung λ einer ganzen Funktion nicht ganzzahlig ist, so hat $w(z)$ keinen endlichen Picardschen Ausnahmewert, und zwar ist die Nullstellenanzahl $n(r, c)$ der Gleichung

$$w(z) - c = 0 \tag{5.1}$$

genau von der Ordnung λ für jedes endliche c.

Für ganzzahlige Ordnungen gilt dasselbe Resultat für alle endlichen Werte c, höchstens mit Ausnahme *eines* Wertes.

Weitere Verschärfungen dieses Picard–Borelschen Satzes wurden während der zwei ersten Jahrzehnte unseres Jahrhunderts von Lindelöf, Montel, Valiron, Julia, Milloux u. a. gegeben. Mit Hilfe der Montelschen Theorie der normalen Funktionsfamilien wurden die Ausnahmewerte c der Gleichungen $w(z) = c$ nicht nur in bezug auf den Betrag der c-Stellen, sondern auch nach ihrer Verteilung in der Umgebung von Strahlen $\arg z = \text{const.}$ (Juliasche Richtungen) oder innerhalb Folgen von gegen $z = \infty$ konvergierender Kreisscheiben („Cercles de remplissage" von Milloux) untersucht.

Eine zweite Richtung der Theorie der ganzen Funktion befaßte sich zu dieser Zeit mit den Beziehungen zwischen den asymptotischen Eigenschaften einer solchen Funktion und der Größe der Koeffizienten ihrer Potenzreihenentwicklung. Hierbei spielt das größte Glied der Taylorreihe für $|z| = r$ eine wichtige Rolle. Besondere Beachtung verdient m. E. in diesem Zusammenhang eine von Wiman entwickelte Methode, die u. a. zu einem neuen Beweis des Picardschen Satzes führte.

Auf die weitere Entwicklung der Wertverteilungslehre kommen wir in den Abschnitten 20–27 dieses Vortrags zurück.

Hier möchte ich noch kurz an die Bedeutung der klassischen Theorie der ganzen Funktionen für die *analytische Zahlentheorie* erinnern. Mit Hilfe der kanonischen Darstellung einer ganzen Funktion gelang es Hadamard im Jahre 1892 zu beweisen, daß die Riemannsche Zetafunktion $\zeta(s) = 1 + \frac{1}{2^s} + \frac{1}{3^s} + \cdots$ auf den Randgeraden des kritischen Streifens $\sigma = 0{,}1$ $(s = \sigma + it)$ von Null verschieden ist, was die Gültigkeit des von Gauß und Legendre vermuteten Primzahlsatzes impliziert: die Anzahl $\pi(x)$ der Primzahlen $\leqq x$ ist asymptotisch gleich $\frac{x}{\log x}$.

Der Frage der Verteilung der Nullstellen von $\zeta(s)$ innerhalb des kritischen Streifens ist seitdem eine ganze Literatur gewidmet. Noch ist man weit entfernt von einem Beweis der Riemannschen Vermutung, daß diese Nullstellen alle auf der Mittellinie $\sigma = \frac{1}{2}$ liegen. Daß diese Gerade immerhin eine unendliche Anzahl von Nullstellen enthält, wurde im Jahre 1914 von Hardy gezeigt.

6. *Konforme Abbildung. Der Hauptsatz von Riemann.* Wir wenden uns den *geometrischen* Fragen der Funktionentheorie zu. An der Spitze der Riemannschen Theorie steht sein Fundamentalsatz, nach dem ein einfach zusammen-

hängendes offenes Gebiet G_w, das im einfachsten Fall als Teil der Vollebene oder, allgemeiner, als eine Riemannsche Fläche gegeben ist, umkehrbar eindeutig und konform auf ein Kreisgebiet $K: |z| < R$ abgebildet werden kann, wobei der Radius R entweder endlich (hyperbolischer Fall) oder unendlich (parabolischer Fall) ist. Der Lösungsansatz von Riemann ist potentialtheoretisch. Im hyperbolischen Fall genügt es, die Greensche Funktion $g(w, w_0)$ des Gebietes G_w, mit dem Pol $w_0 \in G_w$, zu konstruieren: dann gibt $z = e^{-g}$ die gesuchte Abbildung $G_w \to K$. Der parabolische Fall bietet größere Schwierigkeiten; ein natürlicher Lösungsweg ist hier, die Riemannsche Fläche G_z durch eine Folge von kompakten, relativ berandeten Teilflächen G_w^n von G_w, die alle vom hyperbolischen Typ sind, auf einen Kreis $|z| < R^n$ konform abzubilden und die erwünschte Abbildung durch den Grenzprozeß $n \to \infty$ herzustellen, wobei $R^n \to \infty$.

Die Konstruktion der Greenschen Funktion der Fläche G_w wird nach Riemann auf die Lösung der ersten Randwertaufgabe der Potentialtheorie zurückgeführt, und zwar durch das sogenannte *Dirichletsche Prinzip*. Riemann erkannte, daß die Aufgabe, eine in G_w harmonische Funktion $u(w)$ mit vorgegebenen Werten $U(w)$ auf dem Rand ∂G_w zu finden (falls sie überhaupt lösbar ist), durch ein Variationsprinzip gewonnen werden kann: Unter allen genügend regulären reellen Funktionen $u^*(w)$, welche auf ∂G_w die vorgegebenen Randwerte U besitzen, wird das Dirichletintegral

$$D^* = \int |\text{grad}\, u^*|^2 \, d\omega \qquad (d\omega \text{ Flächenelement}),$$

erstreckt über die Fläche G_w, durch die harmonische Funktion $u^* = u$ minimisiert.

Diese Minimumeigenschaft benutzte Riemann umgekehrt, um die Lösung u zu bestimmen. Hier setzte die bekannte Kritik von Weierstraß ein: der Schluß von Riemann setzte voraus, daß die Menge (D^*) ihre untere Grenze *erreicht*. Eine strenge Begründung erfolgte erst am Anfang unseres Jahrhunderts durch Hilbert, mittels der von ihm geschaffenen Theorie der Funktionenräume, die später (1928) durch v. Neumann auf einer allgemeinen axiomatischen Grundlage ausgebaut wurde (Theorie der Hilberträume).

7. *Uniformisierung.* Obwohl dieser Bericht der Theorie der *eindeutigen* analytischen Funktionen gewidmet ist, ist es am Platze, auf die Frage der Uniformisierung kurz einzugehen. Dieses große Problem befaßt sich mit der Möglichkeit, eine globale eindeutige Parameterdarstellung

$$z = z(t), \quad w = w(t)$$

eines analytischen Gebildes $\{z, w\}$ anzugeben. Für die Lösung dieser Frage ist folgende, von Schwarz stammende Idee, von fundamentaler Bedeutung[1].

Über der schlichten z-Ebene läßt sich eine mehrblättrige Riemannsche Fläche R_z konstruieren, auf welcher die gegebene analytische Relation $\{z, w\}$ eindeutig ist. Man bilde nun die einfach zusammenhängende universelle Überlagerungsfläche R_∞ der Fläche R_z. Es besteht dann eine *eindeutige* Beziehung $P \to z \to w$ zwischen den Punkten P von R_∞ und den Punkten $\{z, w\}$ von R_z. Nach dem Riemannschen Hauptsatz kann aber die Fläche R_∞ durch eine eindeutige konforme Abbildung $P \to t$ auf eine Kreisscheibe $|t| < R \leqq \infty$ bezogen werden. So gewinnt man die gesuchte eindeutige Parameterdarstellung durch zwei $|t| < R$ eindeutige automorphe Funktionen $z = z(t)$, $w = w(t)$.

8. *Idee der Riemannschen Fläche.* Die strenge Durchführung dieses einfachen Gedankens gestaltete sich in Wirklichkeit nicht so einfach wie die obige etwas schematische Beschreibung andeutet. Bei den Flächen G_w vom parabolischen Typ (vgl. Abschnitt 6), bereitete der oben angedeutete Grenzübergang Schwierigkeiten, die erst mit Hilfe des Koebeschen *Verzerrungssatzes* (Abschnitt 9) überwunden werden konnten. So ließ sich auch der Uniformisierungssatz in aller Strenge begründen (Poincaré und Koebe).

Zu dieser Zeit, Anfang dieses Jahrhunderts, wurde der Begriff der Riemannschen Fläche mit der Idee der *Überlagerung* verbunden. Der grundlegende Gedanke von Riemann, eine mehrdeutige analytische Funktion $w(z)$ eindeutig zu machen, indem man als Träger der Zweige die verschiedenen Blätter einer Fläche betrachtet, die über einem Grundgebiet der komplexen Ebene liegt, entsprach noch nicht dem allgemeinen Begriff einer Mannigfaltigkeit, im Sinne der „inneren“ Geometrie der Gaußschen Flächentheorie und der allgemeinen Differentialgeometrie von Riemann selbst. Einen entscheidenden Fortschritt bezeichnete in dieser Richtung das Erscheinen der „Idee der Riemannschen Fläche“ von Weyl (1913) sowie eine etwas spätere Untersuchung von Rado. Seit dieser Zeit versteht man, unabhängig von irgendwelchen Überlagerungen, unter einer Riemannschen Fläche einfach eine zweidimensionale Mannigfaltigkeit („Atlas“), deren „Karten“ *konform* zusammenhängen.

[1] Man vergleiche hierzu den historisch äußerst interessanten Briefwechsel zwischen Klein und Poincaré.

9. *Weitere Methoden zur Lösung des Riemannschen Problems.* Es wurde schon darauf hingewiesen, daß der entscheidende Gedanke, der zu der Lösung der Uniformisierung führte, nämlich die Heranziehung der universellen Überlagerungsfläche einer Riemannschen Fläche, auf Schwarz zurückgeht. Man verdankt ihm aber auch eine allgemeine Methode, die speziell zu einem direkten Beweis des Riemannschen Abbildungssatzes leitet. Bereits 1870 hatte Schwarz einen einfachen Integralausdruck gefunden für die Abbildungsfunktion, welche ein einfach zusammenhängendes Polygon auf eine Kreisscheibe konform bezieht (Schwarz–Christoffelsche Formel). Eine Weiterführung dieser Untersuchung enthält seine berühmte Arbeit, wo das allgemeinere Problem gelöst wird, ein von drei Kreisbogen begrenztes Dreieck auf einen Kreis konform abzubilden.

Die analytische Fortsetzung dieser Abbildung durch das ebenfalls von Schwarz streng begründete *Spiegelungsprinzip* führte ihn dann zu den Dreiecksfunktionen, das erste Beispiel einer allgemeinen Klasse von automorphen Funktionen.

Im Besitze dieser Abbildung konnte Schwarz die erste Randwertaufgabe der Potentialtheorie auf den speziellen Fall eines Kreises $|z| < \varrho$ zurückführen, und die Randwertaufgabe mittels der *Poissonschen Integralformel*

$$u(z) = \int_0^{2\pi} U(\varrho e^{i\vartheta}) K(\zeta, z)\, d\vartheta \tag{9.1}$$

lösen, wo U die gegebene Randfunktion ist und K den Poissonschen Kern

$$K(\zeta, z) = \frac{1}{2\pi} \frac{\varrho^2 - r^2}{\varrho^2 + r^2 - 2\varrho r \cos(\vartheta - \varphi)} \tag{9.1$'$}$$

bezeichnet.

Durch Anwendung seines *alternierenden Verfahrens* gelang es ihm ferner, die Randwertaufgabe und damit auch den Riemannschen Abbildungssatz für Gebiete vom hyperbolischen Typ zu lösen.

Schwarz gehört zu den großen Begründern der Funktionentheorie. Seine Ideen haben die weitere Entwicklung der Forschung auf diesem Feld bis zu unserer Zeit vielseitig entscheidend beeinflußt.

10. *Schlichte Funktionen.* Es wurde (Abschnitt 8) bereits darauf hingewiesen, daß die für die Konstruktion der Lösung des allgemeinen Riemannschen Abbildungssatzes nötigen Konvergenzbetrachtungen im parabolischen

Fall besonderen Schwierigkeiten begegneten. Es ist das Verdienst von Koebe, erkannt zu haben, daß die Entscheidung auf gewisse einfache Eigenschaften der konformen Abbildung zwischen zwei Teilgebieten der komplexen Ebene zurückgeführt werden kann. Unter geeigneter Normierung ist die Deformation bei einer eindeutigen konformen Abbildung A zwischen zwei gegebenen Gebieten für kompakte Teilgebiete gleichmäßig beschränkt, für die ganze Familie A. Nach Koebe lassen sich diese Verzerrungssätze auf die Abschätzung des Betrages einer Funktion

$$\text{(A)} \qquad w = a_1 z + a_2 z^2 + \cdots + a_n z^n + \cdots \quad (a_1 = 1)$$

zurückführen, die für $|z| < 1$ regulär und schlicht (d. h. eineindeutig) ist. Für diese Klasse A gilt der Koebesche Viertelsatz:

Das Bildgebiet von $|z| < 1$ enthält den vollen Kreis $|w| < \frac{1}{4}$.

Daß dieser Satz, der, nach vorbereitenden Ergebnissen von Caratheodory und Koebe, im Jahre 1916 von Faber bewiesen wurde, nicht verschärft werden kann, zeigt die Koebesche Extremalfunktion $w = \dfrac{z}{(1 + z^2)}$, welche den Einheitskreis 1 auf die von $w = \frac{1}{4}$ bis $w = \infty$ aufgeschlitzte Vollebene abbildet.

Der Viertelsatz, für den später zahlreiche verschiedene Beweise angegeben worden sind, läßt sich auf die Abschätzung $|a_2| \leqq 2$ zurückführen. Im Anschluß hierzu vermutete Bieberbach, daß allgemein $|a_n| \leqq n$ gilt. Diese Frage, die nachher Gegenstand einer ganzen Literatur geworden ist, hat man bis heute noch nicht endgültig entscheiden können. Zur Lösung des Problems, das an und für sich ziemlich isoliert steht, hat man verschiedene allgemeine, prinzipiell wichtige Methoden entwickelt (Löwner, Grunsky, Schiffer, Garabedian, Hayman u. a.).

11. *Klassen von beschränkten Funktionen.* Die Frage bezüglich schlichter Funktionen schließt sich einem allgemeineren Problemkreis an, der sich mit den Eigenschaften *beschränkter* Funktionen beschäftigt. Die ersten systematischen Untersuchungen in dieser Richtung verdankt man vor allem Caratheodory und Lindelöf. An der Spitze der Theorie steht der von Caratheodory entdeckte und von ihm als das „Schwarzsche Lemma" bezeichnete einfache, aber sehr anwendbare Satz (1904):

Falls die Funktion (A) (ohne notwendigerweise schlicht zu sein) für $|z| < 1$ beschränkt ist, so gilt $|w| \leqq |z|$, wo Gleichheit nur für eine Drehung $w = e^{i\alpha} \cdot z$ steht.

Führt man nach Poincaré im Einheitskreis $|z| < 1$ die hyperbolische (nicht-euklidische) Maßbestimmung ein mit dem Linienelement

$$d\sigma = \lambda(z)\,|dz|, \tag{11.1}$$

wo

$$\lambda = \frac{1}{1 - |z|^2},$$

so läßt sich, wie Pick (1915) zeigte, die durch das Schwarzsche Lemma ausgedrückte Kontraktionseigenschaft in der eleganten allgemeineren Form aussprechen:

Bei einer analytischen Abbildung des Einheitskreises in sich verkürzt sich die nicht-euklidische Bogenlänge.

Dieser Satz gilt allgemeiner für jede analytische Abbildung einer Riemannschen Fläche vom hyperbolischen Typ in sich (Prinzip des hyperbolischen Maßes).

12. *Randwerthalten beschränkter Funktionen.* Kurz nach der Entstehung der Lebesgueschen Integraltheorie wurde eine wichtige Anwendung davon von Fatou (1906) gemacht. Der berühmte Fatousche Satz besagt, daß eine für $|z| < 1$ beschränkte analytische Funktion für $|z| \to 1$ fast überall auf dem Rande $|z| = 1$ radiale Randwerte besitzt.

Der Fatousche Satz bildete ein wichtiges Werkzeug bei den Untersuchungen von Caratheodory über die Ränderzuordnung bei konformer Abbildung (1913). Das prägnanteste von seinen Ergebnissen besagt, daß eine eindeutige konforme Abbildung zwischen zwei ebenen Jordangebieten noch auf den Rändern topologisch ist. Durch direktere Methoden wurden diese Sätze von Lindelöf bewiesen und teilweise erweitert (1915).

In diesem Zusammenhang sind die zahlreichen Untersuchungen zu nennen, die sich mit den Eigenschaften einer in einem Gebiet G beschränkten analytischen Funktion in der Nähe eines einzelnen Randpunktes z_0 beschäftigen. An der Spitze dieses Problemkreises steht der *Satz von Phragmén-Lindelöf* (1908):

Wenn eine in jedem endlichen Punkt der Halbebene $x \geqq 0$ ($z = x + iy$) reguläre analytische Funktion $w(z)$ auf der Randgeraden $x = 0$ beschränkt ist, $|w(x)| \leqq 1$, so gilt entweder diese Ungleichung für jedes $x > 0$ oder wächst der Maximalbetrag $M(r)$ von $w(z)$ auf dem Halbkreis $|z| = r$ für $r \to \infty$ mindestens so schnell ins Unendliche wie bei der Exponentialfunktion $e^{\zeta z}(\zeta > 0)$:

$$\liminf_{r \to \infty} \frac{\log M(r)}{r} > 0 .$$

Dieser Satz, der ein grundlegendes Hilfsmittel bei zahlreichen Problemen der Funktionentheorie darstellt, ist später in verschiedenen Richtungen vertieft und erweitert worden. In seiner ursprünglichen Form ist der Satz nur für solche Gebiete G anwendbar, die durch elementare konforme Transformationen auf den Fall einer Halbebene zurückführbar sind. Eine Erweiterung des Satzes auf den allgemeinen Fall, wo die Berandung ∂G in der Umgebung des kritischen Randpunktes komplizierter verläuft, bereitet Schwierigkeiten, deren Überwindung genauere Kenntnis des Verhaltens der konformen Abbildungen in der Nähe eines Randpunktes erfordern. In dieser Richtung öffnete der Verzerrungssatz von Ahlfors (1929) einen neuen Weg. Mit Hilfe dieses Satzes gelang es Ahlfors u. a., die Vermutung von Denjoy (1907) zu beweisen, nach dem eine ganze Funktion $w(z)$ der Ordnung λ höchstens 2λ endliche asymptotische Werte besitzt, gegen welche sie auf gewissen, nach $z = \infty$ führenden Wegen konvergiert.

13. *Prinzip der harmonischen Majoranten.* Bei der Theorie der beschränkten Funktionen spielt das *Prinzip des Maximums* eine zentrale Rolle. Die Bedeutung dieses Satzes wurde am Anfang des Jahrhunderts von Lindelöf besonders betont. Zur vollen Geltung kam dieser Satz etwas später, in der allgemeineren Methode der *harmonischen Majoranten.* Als Initiator dieser einfachen, aber weitführenden Idee ist vor allem Carleman zu erwähnen (1921).

Eine weittragende Anwendung findet dieses Prinzip im Rahmen der sog. „logarithmischen Methode", die von meinem Bruder F. Nevanlinna und mir in einer gemeinsamen Arbeit (1922) systematisch dargestellt wurde. Sei $w(z)$ in dem abgeschlossenen Gebiet $\overline{G} = G + \partial G$ regulär analytisch. Wenn $g(z, z_0)$ die Greensche Funktion von G (mit dem Pol z_0) bezeichnet, so hat man für eine auf G eindeutige analytische Funktion $w(z)$ die Darstellung

$$\log|w(z_0)| = \frac{1}{2\pi} \int \log|w(z)| \frac{\partial g(z, z_0)}{\partial n} ds - \sum_a g(z, a), \tag{13.1}$$

wo die Summe über alle in G liegende Nullstellen $a = a_1, a_2, \ldots$ von $w(z)$ zu erstrecken ist. Ist nun $\log|w(\zeta)| \leqq f(\zeta)$ auf ∂G, wo f eine gegebene Funktion des Randpunktes ζ ist, so folgt aus (13.1), daß

$$\log|w(z)| \leqq U(z) \tag{13.2}$$

in G gilt, wobei U die mittels der Randwerte f gebildete, in G harmonische Funktion ist:

$$U(z) = \frac{1}{2\pi} \int_{\partial G} f(\zeta) \frac{\partial g(\zeta, z)}{\partial n} ds.$$

Für $f(\zeta) = \log|w(\zeta)|$ ist U die kleinste harmonische Majorante von $\log|w|$ in G. Die Anwendbarkeit des Prinzips (13.2) beruht auf der Möglichkeit, die majorierende Randfunktion f in einer für die zu untersuchende Frage geeigneten Weise frei zu wählen.

14. *Subharmonische Funktionen.* So nennt man nach F. Riesz (1924) eine reelle Funktion u, die in einem Gebiet G majoriert wird durch die harmonische Funktion u^*, welche auf dem Rand G mit u übereinstimmt. Unter allen harmonischen Majoranten von u ist u die kleinste. Zum Beispiel ist die im Abschnitt 13 betrachtete Funktion $\log|w|$ subharmonisch mit U als kleinste harmonische Majorante. Eine subharmonische Funktion läßt sich stets als ein von einer Verteilung positiver Massen herrührendes logarithmisches Potential darstellen (F. Riesz, Frostman, H. Cartan, Rado, Brelot, Choquet u. a.).

Unter den zahlreichen Anwendungen der Theorie der subharmonischen Funktionen verdient die einfache Methode von Perron zur Lösung der ersten Randwertaufgabe der Potentialtheorie besonders hervorgehoben zu werden.

15. *Das harmonische Maß.* In der Theorie der harmonischen Majoranten ist es nützlich, als Grundbegriff das sog. harmonische Maß einzuführen. Die Theorie dieser konform invarianten Maßbestimmung habe ich in einer Vorlesung (Zürich 1928/29) systematisch entwickelt (Prinzip des harmonischen Maßes) und angewandt, in Weiterführung gewisser Ideen von Carleman. Wichtige Beiträge zu diesem Problemkreis enthält die tiefsinnige Dissertation von Beurling (1933).

Die Methoden des logarithmischen Potentials haben entscheidend auch zur Klärung der Fragen der sog. *hebbaren Singularitäten* analytischer und harmonischer Funktionen beigetragen. Eine wichtige Rolle spielen hierbei die Begriffe des transfiniten Durchmessers (Fekete 1923), der logarithmischen Kapazität (Lindeberg, Polya, Szegö, P. J. Myrberg, Frostman u. a.) und der Mengen vom harmonischen Maß Null.

16. *Extremale Längen.* In diesem Zusammenhang ist die bedeutungsvolle und weittragende Methode der *extremalen Längen* von Ahlfors und Beurling (1946) zu nennen. Es handelt sich hier um „isoperimetrische" Eigenschaften von konformen Metriken $d\sigma = \lambda(z)\,|dz|$ (vgl. (11.1)). Für eine Familie $\{l\}$ von rektifizierbaren Kurvenstücken betrachtete man das Infimum L_λ der Längen

$$\int_l \lambda\,|dz|\,.$$

Für ein Gebiet G, welches die Kurven $\{l\}$ enthält, bilde man dann das Infimum des Quotienten ($z = x + iy$)

$$\frac{1}{L_\lambda}\iint_g \lambda^2\,dx\,dy$$

für alle integrablen λ^2. Diese größte untere Schranke, die unabhängig vom Einbettungsgebiet G ist, wird *Modul* der Familie genannt. Der reziproke Wert definiert die *extremale Länge* von $\{l\}$.

Diese Begriffe spielen bei neueren Untersuchungen über funktionentheoretische Nullmengen und quasikonforme Abbildungen eine zentrale Rolle.

17. *Poisson–Stieltjessche Integraldarstellung.* Einen bedeutenden Fortschritt in der Theorie der beschränkten analytischen und harmonischen Funktionen bezeichnet die nachstehende Erweiterung des Poissonschen Integrals (Satz von Herglotz, 1915):

Eine für $|z| < 1$ harmonische positive Funktion $u(z)$ gestattet eine Integraldarstellung

$$u(z) = \int_{\vartheta=0}^{2\pi} K(e^{i\vartheta}, z)\,d\psi(\vartheta)\,, \tag{16.1}$$

wo $\psi(\vartheta)$ eine monotone Funktion von $\vartheta\,(0 \leqq \vartheta < 2\pi)$ ist.

Hieraus ergibt sich insbesondere für eine analytische Funktion $w(z)$, die im Einheitskreise beschränkt ist, die fundamentale Darstellung (1936)

$$w(z) = e^{g(z)}\,\pi(z)\,, \tag{16.2}$$

wo g als ein Poisson–Stieltjessches Integral

$$g(z) = \frac{1}{2\pi} \int_0^{2\pi} \frac{e^{i\vartheta} + z}{e^{i\vartheta} - z} \, d\psi(\vartheta) \tag{16.2}'$$

erklärt ist und

$$\pi(z) = \prod_a \frac{|a|}{a} \frac{a - z}{1 - \bar{a}z} \tag{16.2}''$$

das von Blaschke (1915) eingeführte, über die Nullstellen $a = a_1, a_2, \ldots$ der Funktion $w(z)$ erstreckte Produkt bezeichnet.

18. *Anwendungen auf Probleme der reellen Analysis.* Unter den zahlreichen Anwendungen der Poisson–Stieltjesschen Formel möchte ich hier kurz ihre grundlegende Bedeutung für einige Probleme erwähnen, die außerhalb der Sphäre der eigentlichen Theorie der analytischen Funktionen liegen. Von solchen Problemen sind besonders hervorzuheben:

Fragen aus der Theorie der *Integralgleichungen* und der *Spektraltheorie.* Die Poisson–Stieltjessche Formel leitet zu sehr einfachen Beweisen für die Spektraldarstellung hermitescher und unitärer Operatoren. In diesem Zusammenhang ist zu bemerken, daß auch das Stieltjessche Momentenproblem, in der von Hamburger und Carleman herrührenden allgemeinen Fassung, wohl am einfachsten mittels der Herglotzschen Formel zu lösen ist, wobei auch eine explizite Darstellung für die Gesamtheit der Lösungen in dem sogenannten Unbestimmtheitsfall gewonnen werden kann (R. Nevanlinna 1922, 1930, Weyl 1936).

Das letztgenannte Problem steht in engem Zusammenhang mit der Theorie der *quasianalytischen Funktionen,* speziell mit der Frage (Poincaré, Borel, Hadamard, F. Nevanlinna u. a.), wann eine asymptotische Entwicklung einer Funktion diese eindeutig festlegt. Das Hauptproblem dieser Theorie wurde nach Vorbereitungen von Denjoy vollständig durch Carleman (1924) gelöst. Daß das Problem einfach mit Hilfe der Theorie des Poissonschen Integrals behandelt werden kann, wurde später von Ostrowski in einer bemerkenswerten Arbeit (1932) gezeigt.

19. *Poisson–Jensensche Formel.* Eine Reihe von Untersuchungen, im Anschluß an die oben besprochene logarithmische Methode, gründet sich auf systematische Anwendung der Greenschen Formel. Angewandt auf eine

meromorphe Funktion, die im Kreise $|z| \leqq \varrho$ die Nullstellen $a = a_1, a_2, \ldots$ und die Pole $b = b_1, b_2, \ldots$ besitzt, lautet sie

$$\log|w(z)| = \int_0^{2\pi} \log|w(\varrho e^{i\vartheta})|\, K(\varrho e^{i\vartheta}, z)\, d\vartheta + \sum_{|b| \leqq \varrho} g(z, b) - \sum_{|a| \leqq \varrho} g(z, a), \tag{19.1}$$

wo g die Greensche Funktion des Kreises $|z| \leqq \varrho$ bezeichnet. Ich habe sie die *Poisson–Jensensche Formel* genannt. Bei fehlenden Nullstellen (a) und Polen (b) geht sie in die Poissonsche Integraldarstellung der harmonischen Funktion $\log|w|$ über, während sie für $z = 0$ die Jensensche Formel (1899) ergibt

$$\log|w(0)| = \frac{1}{2\pi} \int_0^{2\pi} \log|w(\varrho e^{i\vartheta})|\, d\vartheta + \int_0^{\varrho} \frac{n(r, \infty)}{r}\, dr - \int_0^{\varrho} \frac{n(r, 0)}{r}\, dr, \tag{19.2}$$

welche am Anfang des Jahrhunderts vor allem von Lindelöf und Valiron zur Untersuchung der Verteilung der Nullstellen analytischer Funktionen erfolgreich verwendet wurde.

20. *Theorie der meromorphen Funktionen.* Die Poisson–Jensensche Integraldarstellung bildet das Fundament eines Versuches, den ich 1924 vorgenommen habe, um eine einheitliche Theorie der ganzen und der meromorphen Funktionen aufzubauen. Mittels der kanonischen Darstellung von Weierstraß läßt sich eine solche Funktion $w(z)$ stets als Quotient von zwei ganzen Funktionen schreiben (vgl. Abschnitt 2). Diese Darstellung leidet unter dem Umstand, daß die betreffenden kanonischen Produkte, falls die Anzahlen $n(r, 0)$ und $n(r, \infty)$ der Nullstellen bzw. der Pole von unendlicher Wachstumsordnung sind, nicht eindeutig festgelegt sind. Vor allem ist aber zu bemerken, daß der Maximalbetrag $M(r)$, der im Falle einer ganzen Funktion, als eine endliche, monoton wachsende Funktion von r, wohl geeignet ist, das asymptotische Anwachsen der Funktion $w(z)$, zu beschreiben, diese einfachen Eigenschaften verliert, sobald $w(z)$ Pole besitzt. Aus diesem Grund empfiehlt es sich beim Studium meromorpher Funktionen, die Weierstraßsche kanonische Darstellung aufzugeben und die Untersuchung an Hand der allgemeinen Integralformeln (19.1) und (19.2) durchzuführen.

21. *Erster Hauptsatz.* Dieser Satz ergibt sich, wenn man in dem Gaußschen Mittelwert von $\log |w|$ auf der Kreislinie, der auf der rechten Seite der Jensenschen Integralformel steht, zerspaltet, indem man die positiven und negativen Bestandteile des Integranden voneinander separiert, gemäß $\log |w| = \log^+ |w| - \log^+ \frac{1}{|w|}$. Die Jensensche Formel schreibt sich dann

$$m(r, \infty) + N(r, \infty) = m(r, 0) + N(r, 0) + \log |w(0)|, \tag{21.1}$$

wo

$$\begin{aligned} m(r, c) &= \frac{1}{2\pi} \int_0^{2\pi} \log^+ \frac{1}{|w(re^{i\varphi})| - c}\, d\varphi, \\ N(r, c) &= \int_{t=0}^{r} n(t, c)\, d \log t, \end{aligned} \tag{21.2}$$

für endliche Werte der komplexen Konstante c gesetzt worden ist; für $c = \infty$ hat man $\frac{1}{w - c}$ durch w zu ersetzen. Falls $w(0) = 0$ oder ∞ ist, muß dic Definition von N leicht modifiziert werden.

Ersetzt man in (21.1) die Funktion $w(z)$ durch $w - c$ $(c \neq \infty)$, so verbleibt die Summe links unverändert, während die rechte Seite eine Änderung erfährt, die für $r \to \infty$ beschränkt bleibt. Hieraus ergibt sich der *erste Hauptsatz*. Bezeichnet man

$$T(r) = m(r, \infty) + N(r, \infty),$$

so gilt, für jede Konstante c,

$$T(r) = m(r, c) + N(r, c) + O(1). \tag{I}$$

Das asymptotische Verhalten einer meromorphen Funktion $w(z)$ wird weitgehend durch die zugehörige *Charakteristik* T bestimmt. Diese ist, wie $\log M$ im Falle einer ganzen Funktion, eine wachsende konvexe Funktion von $\log r$. Es gilt ferner:

a) Wenn T beschränkt ist, so ist $w(z)$ konstant; b) wenn $T = O(\log r)$, so ist $w(z)$ rational; c) wenn die Ordnung

$$\lambda = \limsup \frac{\log T(r)}{\log r}$$

endlich ist, so ist w in der kanonischen Form von Weierstraß darstellbar (Abschnitt 2), wobei f ein Polynom des Grades $\leqq \lambda$ ist und die Ordnungen der kanonischen Produkte π_1 und π_2 höchstens gleich λ sind.

22. *Zweiter Hauptsatz.* Der erste Hauptsatz drückt eine bemerkenswerte Symmetrie im Verhalten einer meromorphen Funktion gegenüber allen komplexen Werten c aus: die Summe $m(r, c) + N(r, c)$ ist (bis auf eine beschränkte additive Größe) für alle c *invariant.* Von den zwei Gliedern m und N dieser Invariante mißt N die Dichte der Stellen z, in denen $w(z)$ den Wert c annimmt, während das erste Glied m die Stärke der „mittleren Konvergenz" von $w(z)$ gegen c charakterisiert. Man kann also sagen, daß eine meromorphe Funktion gegenüber Werten c dieselbe „Affinität" hat: je schwächer $w(z)$ gegen c für $z \to \infty$ konvergiert, um so dichter sind die Stellen z, in denen $w(z) = c$, und umgekehrt wird eine spärliche Dichte dieser Stellen z durch eine entsprechend stärkere mittlere Konvergenz gegen den betreffenden Wert c kompensiert.

Hingegen gibt der erste Hauptsatz keine Auskunft darüber, wie sich die invariante Summe $m + N$ auf die zwei einzelnen konstituierenden Glieder m und N verteilt. Diese Lücke wird durch eine allgemeine Beziehung beseitigt, die ich den *zweiten Hauptsatz* der Theorie der meromorphen Funktionen genannt habe:

Seien $c_1, \ldots, c_q$ untereinander verschiedene komplexe Werte. Dann gilt

$$\text{(II)} \qquad \sum_{\nu=1}^{q} m(r, c_\nu) + N_1(r) < 2\,T(r) + O\,(\log T + \log r),$$

wobei N_1 die Zahl der mehrfachen Wurzeln von $w(z) = c$ (für alle verschiedenen Konstanten c) zählt, auf folgende Weise:

Bezeichnet $n_1(r, c)$ die Anzahl der mehrfachen Wurzeln von $w(z) = c$ für $|z| \leqq r$, wobei jede μ-fache Wurzel nur $(\mu - 1)$-mal mitgezählt wird, so ist

$$N_1(r) = \int_{t=0}^{r} n_1(t)\, d \log t.$$

Im Falle einer Funktion unendlicher Ordnung besteht (II) mit möglicher Ausnahme von gewissen Intervallen von endlicher Länge.

23. *Anwendung auf die Wertverteilung.* Aus den zwei Hauptsätzen folgt sofort der Picardsche Satz. Angenommen, daß $w(z) \neq c_\nu$ $(\nu = 1, 2, 3)$, folgt aus (II)

$$\sum_1^3 m(r, c_\nu) < 2\,T(r) + O(\log T + \log r).$$

Andererseits ist nach dem ersten Hauptsatz, wegen

$$m(r, c_\nu) = T(r) + O(1),$$

was einen Widerspruch enthält, sofern nicht w rational ist. Eine nichtkonstante rationale Funktion nimmt aber alle Werte c an, und es muß also $w(z)$ konstant sein – wie der Satz von Picard behauptet.

Die zwei Hauptsätze führen aber zu weit schärferen Aussagen über die Wertverteilung einer meromorphen Funktion w.

Nach dem ersten Hauptsatz gilt, falls w transzendent ist, für jedes c

$$\frac{m(r, c)}{T(r)} + \frac{N(r, c)}{T(r)} \to 1 \text{ für } r \to \infty.$$

Die Unbestimmtheitsgrenzen der zwei rechts stehenden Quotienten variieren also im Intervall [0, 1].

Andererseits zeigt der zweite Hauptsatz (da $N_1 \geqq 0$), daß

$$\sum_{\nu=1}^{q} \delta(c_\nu) \leqq 2,$$

wo δ der „Defekt“

$$\delta(c) = \liminf_{r\to\infty} \frac{m(r, c)}{T(r)} \qquad (0 \leqq \delta \leqq 1)$$

des Wertes c ist. Hieraus folgt weiter der *Defektsatz*:

Eine nichtkonstante meromorphe Funktion hat höchstens eine abzählbare Menge von defekten Werten c, für welche $\delta(c) > 0$. Die Summe aller Defekte ist höchstens zwei:

$$\sum \delta(c) \leqq 2.$$

Diese Defektrelation enthält speziell den Picardschen Satz. Denn für einen Picardschen Ausnahmewert c ist (wegen $N(r, c) = 0$) $\delta(c) = 1$, und die Anzahl der Picardschen Ausnahmewerte ist also höchstens zwei.

Andererseits kennt man sogar ganz elementare meromorphe Funktionen mit mehr als zwei defekten Werten. Zum Beispiel hat die Funktion

$$w = \int_0^z e^{-t^q}\, dt$$

den Wert $c = \infty$ als Picardschen Ausnahmewert, mit $\delta(\infty) = 1$, und dazu q endliche Ausnahmewerte, mit den Defekten $1/q$. Man kennt sogar meromorphe Funktionen mit unendlich vielen defekten Werten.

Der Defektrelation schließt sich eine große Anzahl von späteren Untersuchungen an. Viele diesbezügliche Probleme sind bis jetzt noch nicht gelöst worden. Wichtige Beiträge zu diesen Fragen verdankt man u. a. H. Selberg, Pfluger, Hayman, Goldberg, Edrei, Fuchs. Eine ausführliche Darstellung neuerer Resultate findet man in dem ausgezeichneten Werk von Hayman [3].

24. *Verzweigte Werte.* Die Berücksichtigung des zweiten Gliedes N_1 in der Hauptungleichung (II) führt zu weiteren Folgerungen bezüglich der verzweigten Werte einer meromorphen Funktion oder, was dasselbe bedeutet, der Windungspunkte der Riemannschen Fläche R_w, auf welche eine solche Funktion die Ebene $z \neq \infty$ abbildet.

Man definiert den „Verzweigungsindex" $\Theta(c)$ eines Wertes $w = c$ durch

$$\Theta(c) = \liminf_{r \to \infty} \frac{N_1(r, c)}{T(r)} \qquad (0 \leqq \Theta \leqq 1),$$

wo

$$N_1(r, c) = \int_{t=0}^{r} n_1(t, c)\, d \log t$$

und $n_1(r, c)$ die gesamte Ordnung der über dem Punkt $w = c$ liegenden algebraischen Verzweigungspunkte ist. Nach (II) wird dann

$$\sum \delta(c) + \sum \Theta(c) \leqq 2, \tag{24.1}$$

und speziell also $\sum \Theta \leqq 2$.

Ein Wert c heiße „vollständig verzweigt“ in bezug auf die Funktion $w(z)$, falls die Riemannsche Fläche R_w über $w = c$ keine schlicht verlaufenden Blätter hat (d. h. alle Wurzeln von $w(z) = c$ sind mehrfach). Für einen solchen Wert ist der Verzweigungsindex $\geqq \frac{1}{2}$, und es folgt der „Vierpunktsatz“:

Die Anzahl der vollständig verzweigten Werte einer meromorphen Funktion ist höchstens gleich vier.

Die Weierstraßsche p-Funktion zeigt, daß dieses Ergebnis nicht verschärft werden kann. Bei allen elementaren einfach- und doppeltperiodischen Funktionen besteht ebenfalls Gleichheit in der Beziehung (24.1).

25. *Differentialgeometrische Methoden.* Der Beweis, den ich, nach gewissen Vorbereitungen von Valiron, Collingwood und Littlewood, für den zweiten Hauptsatz gab, ist insofern „elementar“, als er nicht die Modulfunktion heranzieht. Die Beweismethode gründet sich wesentlich auf einen Hilfssatz über das Anwachsen der logarithmischen Ableitung einer meromorphen Funktion. Dieser Hilfssatz hat sich auch als ein nützliches Instrument erwiesen bei späteren Anwendungen der Wertverteilungstheorie, z. B. beim Studium der Lösungen von gewöhnlichen Differentialgleichungen (Wittich).

Im Hinblick auf die Natürlichkeit und Einfachheit des ursprünglichen Beweises des Picardschen Satzes lag es nahe zu versuchen, die Picardsche Beweisidee auch für den Fall zu benutzen, daß die meromorphe Funktion $w(z)$ die betrachteten Werte c_ν $(\nu = 1, \ldots, q; q \geqq 3)$ *annimmt.* Hier entstehen aber sofort Schwierigkeiten. In diesem allgemeinen Fall verliert die im Abschnitt 4 betrachtete Abbildung $z \to w \to \zeta$ zwei wesentliche Eigenschaften: Die zusammengesetzte Funktion $\zeta = \zeta(z)$ ist nicht mehr eindeutig, sondern unendlich vieldeutig, und ihre Zweige, die gemäß der Gruppe (4.1) zusammenhängen, werden singulär in den Punkten z, wo $w(z)$ die kritischen Werte $c_1, \ldots, c_q$ annimmt.

Diese Schwierigkeiten wurden von F. Nevanlinna (1925) überwunden durch eine Idee, die für die spätere Entwicklung der Wertverteilungslehre von fundamentaler Bedeutung gewesen ist. Anstatt der linear polymorphen Funktion $\zeta = \zeta(z)$ betrachtete er das invariante Poincarésche Linienelement

$$d\sigma = \frac{|d\zeta|}{1 - |\zeta|^2} = \frac{|dz|}{1 - |\zeta(z)|^2} \left|\frac{d\zeta}{dz}\right|.$$

Der Ausdruck

$$u(z) = \log \frac{1}{1-|\zeta|^2} + \log \left|\frac{dw}{dz}\right|$$

genügt der partiellen Differentialgleichung

$$\Delta u = 4\, e^{2u}, \tag{25.1}$$

außer an den singulären Stellen z, wo entweder $w(z) = c_\nu$ $(\nu = 1, \ldots, q+1;\ c_{\nu+1} = \infty)$ oder $w'(z) = 0$; in diesen Punkten hat u logarithmische Pole. Die Integration dieser Differentialgleichung ergibt als Resultat den zweiten Hauptsatz.

26. *Sphärische Metrik.* Der springende Punkt des Beweises von F. Nevanlinna besteht in der Metrisierung der z-Ebene durch ein Linienelement $d\sigma = \lambda(z)\,|dz|$ mit *konstanter negativer Krümmung* $(-\frac{1}{4})$, mit (logarithmischen) Singularitäten an den Wurzeln der Gleichungen $w(z) = c_\nu$ $(\nu = 1, \ldots, q)$. Im Jahre 1929 wurde ein neuer Beweis für den *ersten* Hauptsatz von Ahlfors und Shimizu (unabhängig voneinander) gegeben, in dem die w-Ebene mittels der sphärischen Metrik

$$d\sigma = \lambda(w)\,|dw| = \frac{|dw|}{1+|w|^2}$$

mit *konstanter positiver Krümmung* $(\frac{1}{4})$ versehen wurde. Die Größe $u(z) = \log \lambda(w(z)) + \log |w'|$ genügt der Differentialgleichung

$$\Delta u = -4\, e^{2u},$$

und sie wird an den Polen von $w(z)$ singulär. Die Anwendung der Gaußschen Transformationsformel ergibt jetzt

$$\frac{1}{2\pi}\int_0^{2\pi} \log \sqrt{1+|w(re^{i\varphi})|^2}\, d\varphi + N(r,\infty) = \int_{t=0}^{r} A(t)\, d\log t + \log \sqrt{1+|w(0)|^2}, \tag{26.1}$$

eine Formel, die gegenüber den *Drehungen der Riemannschen Kugel* invariant ist. Das erste Integral links ist, bis auf eine beschränkte additive Größe, gleich dem Integral $m(r, \infty)$ und kann also als neue Definition für diese Größe m benutzt werden. Das invariante Integral rechts wird mittels dem Integral

$$A(r) = \frac{1}{\pi} \iint\limits_{|z| \leqq r} \frac{|w'|^2 \, r \, dr \, d\varphi}{(1 + |w|^2)^2}$$

gebildet, das den sphärischen Flächeninhalt des Riemannschen Flächenstücks R_w angibt, worauf die Funktion $w(z)$ die Kreisscheibe $|z| \leqq r$ abbildet. Dieses Integral gibt also eine interessante geometrische Interpretation der Charakteristik $T(r)$.

27. *Die Gauß–Bonnetsche Formel.* Metrisiert man die w-Ebene mittels einer konform invarianten Metrik

$$d\sigma = \lambda_w \, |dw| \tag{27.1}$$

und führt man die Transformation $w = w(z)$ aus, so gilt die Formel von Gauß ($z = x + iy$)

$$\int\limits_{\partial G_z} \frac{\partial \log \lambda_z}{\partial n} \, ds = - \iint\limits_{G_z} \varkappa_z \, dx \, dy. \tag{27.2}$$

Links steht die totale Randkrümmung (geodätische Krümmung), rechts die totale Flächenkrümmung des Gebietes G_z.

Wählt man nun die metrische Kovariante so, daß die totale Gaußsche Krümmung ($w = u + iv$)

$$\iint \varkappa_w \, du \, dv$$

der w-Ebene *endlich* ist, die Krümmung $\varkappa$ aber auf gewissen isolierten Punkten oder Linienstücken unendlich oder unstetig wird, so führt (27.2) zu Ergebnissen, die die Hauptsätze der Wertverteilungslehre teils enthalten, teils verallgemeinern. Diese von Ahlfors herrührende allgemeine Idee, die meines Erachtens bis jetzt noch nicht genügend für Zwecke der Wertverteilungslehre ausgenutzt worden ist, leitet u. a. zu den drei fundamentalen Sätzen der Theorie der meromorphen Funktionen: a) 1. Hauptsatz; b) Satz von Poisson–Jensen; c) 2. Hauptsatz, falls man die Kovariante λ_w speziell folgendermaßen wählt:

(a) Die Krümmung $\varkappa_w$ ist konstant und positiv und hat *einen* Pol: $w = c_1$;
(b) Die Krümmung ist Null, mit Ausnahme von *zwei* Polen;
(c) Die Krümmung ist konstant und negativ, und hat $q \geqq 3$ Pole.

Weitere bekannte Sätze (H. Cartan, Frostman) erhält man, wenn man linienhafte Unstetigkeiten von λ_w oder von grad λ_w erlaubt. Beachtenswert ist auch die von Bergman eingeführte „Kernmetrik".

Auf diese Weise lassen sich, wie ich an anderen Stellen zeigen werde, auch weitere Sätze begründen, die von Ahlfors mit Hilfe seiner allgemeinen Theorie von Überlagerungsflächen (1935) bewiesen worden sind. Ich denke speziell an den Vierscheibensatz, der den obengenannten Vierpunktesatz erweitert. Sind K_ϱ ($\varrho = 1, \ldots, 5$) fünf punktfremde Kreisscheiben der w-Ebene, so liegt über mindestens einer dieser Kreisscheiben ein schlichtes Blatt der Riemannschen Fläche R_w einer (nichtkonstanten) meromorphen Funktion $w = w(z)$. Hieraus folgt der bekannte Satz von Bloch, nach welchem R_w beliebig große schlichte Kreisscheiben enthält.

29. *Weitere Sätze über Wertverteilung.* Die oben geschilderte Theorie der meromorphen Funktionen läßt sich teilweise auf den allgemeineren Fall verallgemeinern, wo $w(z)$ meromorph in einem Gebiet G ist, dessen Rand ∂G mehr als einen Punkt enthält, z. B. für den Fall, das ∂G die Kapazität Null besitzt (Hällström u. a.).

Zu wichtigen Klassen meromorpher Funktionen kommt man für den Kreisfall, wo G etwa der Einheitskreis $|z| < 1$ ist. Diese Funktionen $w(z)$ zerfallen in zwei Hauptklassen, je nachdem die Charakteristik für $r \to 1$ einem endlichen Grenzwert zustrebt oder unbeschränkt wächst. Im ersten Fall kann $w(z)$ als Quotient von zwei beschränkten (regulären) Funktionen geschrieben werden. Im zweiten Fall ($T(r) \to \infty$) gilt wieder der erste Hauptsatz, der zweite Hauptsatz aber nur für die Unterklasse, bei der

$$\frac{T(r)}{\log \frac{1}{1-r}} \to \infty \text{ für } r \to 1$$

gilt. Wächst die Charakteristik langsamer, so nimmt die Menge der Ausnahmewerte im allgemeinen zu. Hat die Menge der Picardschen Ausnahmewerte positive Kapazität, so wird $w(z)$ die oben diskutierte Beschränktartigkeit besitzen (die Charakteristik $T(r)$ ist beschränkt).

30. *Meromorphe Kurven.* Weyl und Ahlfors haben, in Weiterführung gewisser älterer Untersuchungen von Borel (1896), die Nullstellenverteilung von Linearkombinationen

$$\sum_{1}^{p} \alpha_\nu w_\nu(z)$$

von endlich vielen meromorphen Funktionen $w = w_\nu(z)$, für verschiedene Systeme von konstanten Multiplikatoren (α_ν), studiert. Diese Theorie der „meromorphen Kurven“ im komplexen projektiven Raum fällt im einfachsten Fall ($p = 3$) mit der Wertverteilungslehre zusammen (vgl. Weyl).

31. *Quasikonforme Abbildungen.* In verschiedenen Zusammenhängen erhob sich die Frage, welche Eigenschaften der analytischen Funktionen und der konformen Abbildungen noch für *quasikonforme Abbildungen* bestehen bleiben. Eine differenzierbare lokal umkehrbar eindeutige (oder allgemeiner, im Sinne des Stoilowschen Begriffs der inneren Transformationen eindeutige) Abbildung $z \rightarrow w$ heißt im Gebiet G quasikonform, wenn sie jede infinitesimale Kreisscheibe in eine Ellipse überführt, dessen Achsenverhältnis (Dilatationskocffizient) gleichmäßig beschränkt ist. Dieses Problem, das von 1928 an insbesondere von Grötsch untersucht worden ist, ist an und für sich interessant, erhält aber als wichtiges Hilfsmittel für zahlreiche Fragen der konformen Abbildung besondere Bedeutung. In diesem Zusammenhang sind vor allem die genialen Untersuchungen von Teichmüller (aus den Jahren 1938–1941) hervorzuheben, die entscheidend zur Klärung des Riemannschen Problems der konformen Moduln beigetragen haben.

Für die Weiterführung und Sicherstellung dieser Fragen stellte es sich (Ahlfors, Mori, Pfluger, Bers u. a.) als wesentlich heraus, die Definition der quasikonformen Abbildungen so zu verallgemeinern, daß die Differenzierbarkeit nicht a priori vorausgesetzt wird. Eine Möglichkeit hierzu bietet der Riemannsche Abbildungssatz kombiniert mit dem Caratheodoryschen Satz über die Stetigkeit dieser Abbildungen auf den Rändern von Jordangebieten G. Wenn ∂G eine Jordankurve ist, wo vier Punkte z_ν ($\nu = 1, \ldots, 4$) ausgezeichnet sind, so läßt sich ein solches „Viereck“ auf ein Rechteck R abbilden, so daß die Punkte z_ν den Eckpunkten entsprechen. Das Seitenverhältnis von R ist eine konforme Invariante, der Modul des Vierecks. Die Quasikonformität einer Abbildung $G_1 \leftrightarrow G_2$ kann durch die Forderung erklärt werden, daß das Verhältnis der Moduln entsprechender Vierecke beschränkt ist.

32. In diesem kurzen Bericht habe ich mich auf eine Diskussion gewisser Problemkomplexe beschränkt, die mir für die neuere Entwicklung der Theorie der analytischen Funktionen besonders wesentlich erscheinen. Die ausgewählten Gesichtspunkte sind ohne Zweifel subjektiv und lückenhaft. Für diejenigen Leser, die nähere Information über die oben erörterten Fragen wünschen, verweise ich auf die folgenden zusammenfassenden Darstellungen.

LITERATUR

Carleman, T., Fonctions quasianalytiques (Gauthier-Villars 1924).
Courant, R., Dirichlet's principle, conformal mapping and minimal surfaces (New York 1950).
Dinghas, A., Vorlesungen über Funktionentheorie (Grundlehren der mathematischen Wissenschaften, 1961).
Hayman, W. K., Meromorphic Functions (Oxford Mathematical Monographs, Oxford 1964).
Jenkins, J. A., Univalent functions and conformal mappings (Ergebnisse der Mathematik und ihrer Grenzgebiete, neue Folge, B. 18, Springer 1965).
Künzi, H. P., Quasikonforme Abbildungen (Ergebnisse der Mathematik und ihrer Grenzgebiete, Springer 1960).
Lehto, O., und *K. Virtanen*, Quasikonforme Abbildungen (Grundlehren der mathematischen Wissenschaften, Springer 1965).
Nevanlinna, R., Le théorème de Picard-Borel et la théorie des fonctions méromorphes (Gauthier-Villars 1929).
Ders., Eindeutige analytische Funktionen (2. Aufl., Die Grundlehren der mathematischen Wissenschaften, Springer 1953).
Valiron, G., Fonctions entières d'ordre fini et fonctions méromorphes (Geneva 1960).
Weyl, H., Meromorphic curves (Princeton University Press 1943).
Ders., Idee der Riemannschen Fläche (Teubner 1913, 2. Aufl. 1963).
Wittich, H., Neuere Untersuchungen über eindeutige analytische Funktionen (Ergebnisse der Mathematik und ihrer Grenzgebiete, Springer 1955).

Der Weierstraßsche Satz der algebraischen Abhängigkeit von Abelschen Funktionen und seine Verallgemeinerungen

Von *Walter Thimm*

Einleitung

Schon die Anfänge der Funktionentheorie ergaben die Notwendigkeit, Holomorphie bei Funktionen von mehreren Variablen zu definieren und zu untersuchen. Es waren Probleme über elliptische und algebraische Funktionen, die Jacobi, Weierstraß, Riemann und Poincaré zur Formulierung der ersten Fragen und Sätze über holomorphe Funktionen von mehreren Variablen führten. Für die weitere Entwicklung besonders bedeutsam unter diesen Problemen war die Aufgabe, einen stichhaltigen Beweis für den Abhängigkeitssatz bei Abelschen Funktionen zu finden.

Der Begriff der Abelschen Funktion, d. h. also der $2p$-fach periodischen meromorphen Funktion von p Variablen, war von Weierstraß im Anschluß an das Jacobische Umkehrproblem eingeführt worden. Aus dem Jahre 1869 stammt von ihm der fundamentale Satz, daß zwischen $p + 1$ Abelschen Funktionen mit gleichen Perioden eine algebraische Relation besteht. Weierstraß ist über Beweisandeutungen nicht hinausgekommen. In den folgenden Jahrzehnten wurden immer wieder Beweisansätze gemacht, die zunächst mißlangen, vor allem, weil Abbildungen durch meromorphe Funktionen nur schwer zu beschreiben sind, da sie in gewissen Punkten dimensionserhöhend wirken. Erst die intensive Untersuchung solcher Abbildungen[1] und neue analytische Beweismethoden[2] führten zu befriedigenden Lösungen der alten Aufgabe von Weierstraß. Auf diesem langen Wege wurden wichtigste Erkenntnisse der Funktionentheorie von mehreren Variablen gewonnen. Diese Entwicklung – Erfolge und Mißerfolge – darzustellen, ist das Ziel der folgenden Seiten. Dabei wird sich zeigen, daß die nahezu 100 Jahre alten Ideen von Weierstraß bis in die neueste Zeit hinein wirksam und befruchtend gewesen sind. Keine Feststellung kann die Bedeutung des Wirkens von Karl Weierstraß stärker zum Ausdruck bringen.

[1] Thimm, Remmert, Stein.
[2] Siegel, Bochner.

KAPITEL I

Weierstraß und die Abelschen Funktionen

§ 1 *Das Jacobische Umkehrproblem*

1.1. Entscheidend für die Entwicklung der Funktionentheorie war im 19. Jahrhundert das Beispiel der elliptischen Funktionen. Dabei hat kein Ergebnis eine größere Wirkung ausgeübt als die Entdeckung von Abel (1828) und Jacobi (1829), daß die Umkehrung des elliptischen Integrals 1. Gattung eine doppeltperiodische Funktion ergibt. Danach wurde offenbar, daß sich das elliptische Integral 1. Gattung in hervorragender Weise als unabhängige Variable für die elliptischen Funktionen verwenden läßt. Eine ähnliche Methode gibt es bei algebraischen Funktionen eines von 0 und 1 verschiedenen Geschlechtes nicht, da deren Abelsche Integrale keine eindeutigen Umkehrfunktionen besitzen[3]. Die eindeutige Umkehrung eines Integrales 1. Gattung einer algebraischen Funktion vom Geschlecht $p > 1$ ist schon deswegen nicht möglich, weil zu einem solchen Integral $2p$ Perioden gehören; die Umkehrfunktion müßte daher $2p$-fach periodisch sein. Eine eindeutige Funktion mit dieser Eigenschaft existiert für $p > 1$ nicht, wie Jacobi (1835) zuerst erkannte. Das Abelsche Theorem und diese Tatsache führten Jacobi (1835) auf die Idee, die Umkehrung für das gesamte System der p Integrale 1. Gattung simultan zu versuchen.

1.2. Das Jacobische Umkehrproblem kann folgendermaßen formuliert werden: C^p sei der p-dimensionale komplexe Zahlenraum mit den Koordinaten $u_1, \ldots, u_p$. Es sei u eine Bezeichnung für das System $(u_1, \ldots, u_p)$ und zugleich auch für den Punkt des C^p mit diesen Koordinaten.

Gegeben sei eine algebraische Funktion z vom Geschlecht $p > 0$. Eine Riemannsche Fläche von z sei $\mathfrak{F}$. Es seien $w_1, \ldots, w_p$ linear unabhängige Integrale erster Gattung von $\mathfrak{F}$. Auf der Riemannschen Fläche $\mathfrak{F}$ werden folgende Gleichungen für $z_1, \ldots, z_p$ untersucht:

$$\sum_{\lambda=1}^{p} \int_{z_{\lambda_0}}^{z_\lambda} dw_\alpha = u_\alpha, \quad \alpha = 1, \ldots, p. \tag{1}$$

[3] [4], Appell-Goursat, S. 441.

Hierbei sind $\mathfrak{z}_{10}, \ldots, \mathfrak{z}_{p0}, \mathfrak{z}_1, \ldots, \mathfrak{z}_p$ Stellen auf $\mathfrak{F}$; in jeder Gleichung ist der gleiche Integrationsweg zwischen $\mathfrak{z}_{\lambda_0}$ und $\mathfrak{z}_\lambda$ zu nehmen.

Mittels des Abelschen Theorems beweist Jacobi, daß die Gleichungen (1) für „nicht spezielle" Punkte $u \in C^p$ nach $\mathfrak{z}_1, \ldots, \mathfrak{z}_p$ eindeutig auflösbar sind. Der Beitrag von Weierstraß zur Lösung des Jacobischen Umkehrproblems beruht auf der Anwendung seiner allgemeinen Ergebnisse aus der Funktionentheorie einer und mehrerer Variablen. Weierstraß zeigt, daß die Lösungsfunktionen $\mathfrak{z}_1(u), \ldots, \mathfrak{z}_p(u)$ in der Umgebung eines nicht speziellen Punktes holomorph von $u_1, \ldots, u_p$ abhängen[4]. Ihre analytische Fortsetzung gelingt durch ein Verfahren, das aus dem Abelschen Theorem hergeleitet wird[5]. Diese Fortsetzung ist auf allen Wegen in $C'^p = C^p - A$ möglich, wenn A die Menge der speziellen Punkte darstellt[6]. Da die Fortsetzung auf geschlossenen Wegen in C'^p zu einer Permutation der Lösungsfunktionen führen kann, betrachtet man rationale symmetrische Funktionen von ihnen. Jede solche Funktion erweist sich als eindeutige und meromorphe Funktion im C^p. Ihre wichtigste Eigenschaft ist die Periodizität; zu ihrer Herleitung nehmen wir uns eine dieser Funktionen $\Phi(u)$ vor.

Ändert man in den Gleichungen (1) bei festgehaltenen Integralgrenzen die Integrationswege ab, so ändern sich die rechten Seiten um Perioden der Integrale $w_1, \ldots, w_p$. Um diesen Sachverhalt genau zu verfolgen, führen wir die $2p$ Perioden

$$\omega_{\alpha 1}, \ldots, \omega_{\alpha 2p}$$

der Integrale w_α, $\alpha = 1, \ldots, p$, ein. Die Hinzufügung von geschlossenen Schleifen zu den Integrationswegen der Integrale bewirkt, daß auf den rechten Seiten von (1) Summen

$$\sum_{\lambda=1}^{2p} m_\lambda \omega_{\alpha\lambda}, \quad \alpha = 1, \ldots, p,$$

mit ganzzahligen m_λ, $\lambda = 1, \ldots, 2p$, hinzugefügt werden müssen. Da die oberen Grenzen der Integrale die gleichen geblieben sind, muß $\Phi(u)$ seinen Wert behalten haben. Es gilt also für alle ganzzahligen $m_1, \ldots, m_{2p}$:

$$\Phi\Big(u_1 + \sum_{\lambda=1}^{2p} m_\lambda \omega_{1\lambda}, \ldots, u_p + \sum_{\lambda=1}^{2p} m_\lambda \omega_{p\lambda}\Big) = \Phi(u_1, \ldots, u_p). \tag{2}$$

[4] [1] Weierstraß, IV, S. 446.

[5] [1] Weierstraß, IV, S. 451, und [7] Baker, S. 240.

[6] A ist eine analytische Menge im C^p, nämlich die Nullstellenmenge einer Riemannschen Thetafunktion.

Die Funktion $\Phi(u)$ hat die $2p$ linear unabhängigen Periodensysteme:

(3) $$\omega_{1\lambda}, \ldots, \omega_{p\lambda}, \lambda = 1, \ldots, 2p.$$

1.3. Zur Vorbereitung der Definition der Abelschen Funktionen führen wir die Periodenmatrix

$$\Omega = (\omega_{\alpha\lambda}), \alpha = 1, \ldots, p, \lambda = 1, \ldots, 2p,$$

ein. Es werde vorausgesetzt, daß der Rang von Ω gleich p ist. Es sei G die Gruppe von Translationen des C^p mit den $2p$ Erzeugenden:

(4) $$u'_\alpha = u_\alpha + \omega_{\alpha\lambda}, \alpha = 1, \ldots, p.$$

Ferner werde der **Periodentorus** $\mathfrak{P}_\Omega$ als Quotientenraum C^p/G definiert. $\mathfrak{P}_\Omega$ hat die Struktur einer kompakten komplexen Mannigfaltigkeit.

Definition. Eine im C^p meromorphe Funktion, die invariant ist gegenüber den Transformationen der Translationsgruppe G mit den Erzeugenden (4) heiße **Abelsche Funktion** mit der Periodenmatrix Ω, wenn sie nicht durch eine affine Variablentransformation in eine Funktion von weniger als p Variablen überführt werden kann. Jede solche Funktion kann als eindeutige meromorphe Funktion auf dem Periodentorus $\mathfrak{P}_\Omega$ gedeutet werden.

1.4. Das Jacobische Umkehrproblem führt auf Abelsche Funktionen, jedoch nur auf eine spezielle Klasse, wie wir noch sehen werden. Für die Lösung des Jacobischen Umkehrproblems haben mehrere Mathematiker, darunter auch Weierstraß[7], Methoden entwickelt. Diese Methoden beruhen auf der Theorie der Abelschen Integrale[8]. Als Nebenergebnis folgt aus den Rechnungen, daß sich jede Abelsche Funktion, die aus einem Jacobischen Umkehrproblem entspringt, rational durch Riemannsche Thetareihen darstellen läßt[9].

[7] [1] Weierstraß, IV, S. 466.
[8] [7] Baker, S. 242.
[9] [1] Weierstraß, IV, S. 604.

1.5. Die Riemannschen Thetareihen sind unendliche Reihen von Exponentialfunktionen, deren Exponent ein quadratisches Polynom in den Summationsindizes ist. Im einfachsten Fall haben sie die Form:

$$(5)\qquad \vartheta(u_1, \ldots, u_p) = \sum_{m_1=-\infty}^{\infty} \cdots \sum_{m_p=-\infty}^{\infty} \exp\Big(\sum_{\lambda=1}^{p} \sum_{\mu=1}^{p} a_{\lambda\mu} m_\lambda m_\mu + 2 \sum_{\lambda=1}^{p} u_\lambda m_\lambda + c\Big)$$

mit $a_{\lambda\mu} = a_{\mu\lambda}$, $\lambda, \mu = 1, \ldots, p$. Konvergenz für alle $u \in C^p$ ist vorhanden, wenn der Realteil der quadratischen Form im Exponenten negativ definit ist. $\vartheta(u)$ stellt dann eine ganze Funktion im C^p dar. Die wichtigsten Eigenschaften der Thetareihen (5) sind die Funktionalgleichungen:

$$(6)\qquad \begin{aligned} &\vartheta(u_1, \ldots, u_\nu + \pi i, \ldots, u_p) = \vartheta(u_1, \ldots, u_\nu, \ldots, u_p),\ \nu = 1, \ldots, p,\\ &\vartheta(u_1 + a_{1\nu}, \ldots, u_p + a_{p\nu}) = \vartheta(u_1, \ldots, u_p) \cdot \exp(-a_{\nu\nu} - 2u_\nu),\\ &\nu = 1, \ldots, p. \end{aligned}$$

Die Formeln (6) lassen erkennen, daß der Quotient von zwei Thetareihen mit derselben Matrix $(a_{\lambda\mu})$ eine Abelsche Funktion mit der Periodenmatrix

$$(7)\qquad \begin{pmatrix} \pi i & 0 & \ldots & 0 & a_{11} & \ldots & a_{1p}\\ 0 & \pi i & \ldots & 0 & a_{21} & \ldots & a_{2p}\\ \vdots & \vdots & & \vdots & \vdots & & \vdots\\ 0 & 0 & & \pi i & a_{p1} & & a_{pp} \end{pmatrix}$$

ist. Da die Matrix $(a_{\lambda\mu})$ symmetrisch ist, enthält die auf diese Weise konstruierte Abelsche Funktion $\frac{1}{2}p(p+1)$ Parameter. Eine Kurve vom Geschlechte p hängt jedoch nur von $3p-3$ Moduln ab. Aus dieser Abzählung erkannte Weierstraß[10], daß es für $p \geqq 4$ Abelsche Funktionen geben muß, die nicht aus einem Jacobischen Umkehrproblem entspringen[11]. Schon Weierstraß machte diese allgemeinen Abelschen Funktionen zum Untersuchungsgegenstand und entfernte sich damit vom Problemkreis der algebraischen Funktionen einer Variablen und vom Jacobischen Umkehrproblem.

[10] [1] Weierstraß, II, S. 46.
[11] Schottky (1888) gelang es, diese im Fall $p = 4$ zu charakterisieren.

§ 2 *Abelsche Funktionen*

2.1. Als zentrale Probleme der Theorie der allgemeinen Abelschen Funktionen erwiesen sich seit Weierstraß und Riemann die beiden folgenden Aufgaben:

1) Strukturproblem

Es ist die Struktur des Körpers der Abelschen Funktionen mit gleicher Periodenmatrix aufzuklären.

2) Darstellungsproblem

Gestattet jede Abelsche Funktion eine rationale Darstellung durch Riemannsche Thetareihen?

2.2. Schon Weierstraß kannte die Antworten auf diese Fragen, also die beiden folgenden Sätze:

Abhängigkeitssatz

Die Abelschen Funktionen von p Variablen mit gleicher Periodenmatrix bilden einen algebraischen Funktionenkörper vom Transzendenzgrad p. Zwischen $p+1$ derartigen Funktionen besteht daher eine algebraische Relation.

Darstellungssatz

Jede Abelsche Funktion läßt sich rational durch Thetareihen darstellen.

2.3. Wie Weierstraß in einem Brief vom 5. 11. 1879 an C. W. Borchardt schrieb[12], stand für ihn das Darstellungsproblem im Vordergrund des Interesses an den Abelschen Funktionen. Durch die Lösung des Strukturproblems wollte er sich den Weg zum Beweise des Darstellungssatzes frei machen. Der Abhängigkeitssatz wurde von Weierstraß für den Spezialfall, daß es sich bei den $p+1$ Abelschen Funktionen um **eine** solche Funktion und ihre p partiellen Ableitungen handelt, im Jahre 1869 formuliert[13]; seine allgemeine Fassung findet sich in dem zitierten Briefe an C. W. Borchardt[14].

[12] [1] Weierstraß, II, S. 133.
[13] [1] Weierstraß, II, S. 46.
[14] [1] Weierstraß, II, S. 125.

Einen Beweis des Abhängigkeitssatzes hat Weierstraß nicht gegeben. In dem erwähnten Briefe macht er einige Beweisandeutungen, aus denen hervorzugehen scheint, daß er sich den Beweis etwa folgendermaßen dachte: Man nehme zuerst p unabhängige Abelsche Funktionen $F_1(u), \ldots, F_p(u)$ und untersuche das Gleichungssystem:

$$F_\lambda(u) = x_\lambda,\ \lambda = 1, \ldots, p. \tag{8}$$

Zu „allgemeinen" Systemen $\{x_1, \ldots, x_p\}$ werden endlich viele Lösungspunkte $u^{(1)}, \ldots, u^{(m)}$ im Periodentorus $\mathfrak{P}_\Omega$ gehören. Ihre Anzahl m ist unabhängig von $\{x_1, \ldots, x_p\}$. Weierstraß nennt m den Grad des Funktionensystems $F_1, \ldots, F_p$. Die $p+1$. Funktion F_{p+1} wird eine mehrdeutige Funktion von $F_1, \ldots, F_p$ und genügt einer algebraischen Gleichung, deren Grad m oder ein Teiler von m ist.

Weierstraß war sich über die Schwierigkeiten, den Beweis nach diesem Plan durchzuführen, im klaren, wie das folgende Zitat aus dem Briefe beweist[15].

„Von den vorstehenden Sätzen ist der erste, wodurch der Grad eines Systems von p derselben Klasse angehörigen und voneinander unabhängigen $2p$-fach periodischen Funktionen festgestellt wird, am schwierigsten zu beweisen. Dies hat seinen Grund hauptsächlich in dem Umstand, daß immer, sobald $p > 1$ ist, im Gebiet der p Größen $u_1, \ldots, u_p$ singuläre Stellen existieren, in denen die Funktionen $F_1, \ldots, F_{p+1}$ zum Teil oder alle unbestimmt werden."

Das anschließend gegebene Versprechen, in folgenden Briefen den Beweis zu vervollständigen, hat Weierstraß nicht gehalten. Er selbst erklärt dies durch eigene Krankheit und den Tod des Adressaten[16]. Es finden sich auch sonst in seinen Werken nirgends Beweiseinzelheiten, woraus man wohl schließen kann, daß es Weierstraß nicht gelungen ist, die erkannten Schwierigkeiten zu überwinden.

2.4. Der Zusammenhang zwischen Abhängigkeitssatz und Darstellungssatz ist frühzeitig bemerkt worden. Man kann ohne viel Mühe den einen Satz aus dem anderen herleiten. Weierstraß legt den Abhängigkeitssatz zugrunde und folgert aus ihm den Darstellungssatz[17]. Zunächst wird nach Be-

[15] Der im Brief stehende Buchstabe r ist hier durch p ersetzt.

[16] [1] Weierstraß, II, S. 134.

[17] [1] Weierstraß, III, S. 53–114.

dingungen dafür gesucht, daß sich eine Abelsche Funktion durch die Thetareihen mit der Periodenmatrix (7) darstellen läßt[18]. Das ist sicher nur möglich, wenn sich nach geeigneter affiner Variablentransformation unter ihren Periodensystemen die Systeme (7) befinden. Zusätzlich ist die negative Definitheit des Realteils der Matrix $(a_{\lambda\mu})$ zu beachten. Die hieraus folgenden Weierstraßschen Bedingungen für die Periodenmatrix werden neuerdings meistens in der folgenden Formulierung angegeben[19]:

Periodenrelationen

Notwendig für die Darstellung einer Abelschen Funktion mit der Periodenmatrix Ω durch Thetareihen ist die Existenz einer schiefsymmetrischen Matrix P mit $2p$ Zeilen und Spalten, deren Elemente ganze Zahlen sind, derart, daß folgende Relationen erfüllt sind:

(A) $\Omega P \Omega' = 0$

(B) Die Matrix $i\Omega P \overline{\Omega}'$ ist positiv definit[20].

2.5. Die Bedingung (A) ergibt $\frac{1}{2}p(p-1)$ Gleichungen für die Elemente $\omega_{\alpha\lambda}$ von Ω; sie entsprechen den Relationen, die Riemann für die Periodensysteme von Abelschen Integralen erster Gattung aufgestellt hat. Für die speziellen, aus dem Jacobischen Umkehrproblem sich ergebenden Abelschen Funktionen sind (A) und (B) deswegen erfüllt. Soll der Darstellungssatz für alle Abelschen Funktionen bestehen, so darf die Periodenmatrix demnach nicht beliebig sein, sondern ihre Elemente müssen gewissen Gleichungen und Ungleichungen genügen, die aus (A) und (B) folgen. Es gilt nun:

Die Periodenmatrix Ω einer Abelschen Funktion erfüllt die Periodenrelationen.

2.6. Es soll die Grundidee des Beweises von Weierstraß geschildert werden[21]. Unabhängig von Weierstraß haben auch Picard und Poincaré diese Methode entdeckt[22].

[18] [1] Weierstraß, III, S. 64.
[19] [1] Weierstraß, III, S. 65, [19] Siegel, S. 57, und [31] Conforto, S. 69.
[20] Ω' transponierte Matrix von Ω, $\overline{\Omega}'$ konjugiert komplexe Matrix von Ω'.
[21] [1] Weierstraß, III, S. 67; [11] Krazer-Wirtinger, Enzyklopädie II B7, S. 824; [9] Krazer, S. 116.
[22] [2] Picard-Poincaré, S. 1284, und [8] Poincaré, S. 57.

(a) Ist $f_1(u_1, \ldots, u_p)$ eine Abelsche Funktion mit der Periodenmatrix Ω, so erhält man durch geeignete Wahl der Konstanten $c_1, \ldots, c_p$ unter den Funktionen $f_1(u_1 + c_1, \ldots, u_p + c_p)$ $p-1$ weitere Abelsche Funktionen $f_2, \ldots, f_p$ mit der gleichen Periodenmatrix Ω, die zusammen mit f_1 ein unabhängiges System bilden[23].

(b) Bei geeigneter Wahl der Konstanten $\gamma_1, \ldots, \gamma_{p-1}$ definieren die Gleichungen

$$f_\nu(u_1, \ldots, u_p) = \gamma_\nu, \quad \nu = 1, \ldots, p-1$$

wenigstens eine irreduzible analytische Menge T der Dimension 1 im Periodentorus $\mathfrak{P}_\Omega$. Es ist T kompakt und kann daher als Riemannsche Fläche einer algebraischen Funktion von einer Variablen gedeutet werden. Auf dieser Riemannschen Fläche sind $u_1, \ldots, u_p$ Abelsche Integrale erster Gattung, deren Perioden ganzzahlige Linearkombinationen der $\omega_{\alpha\lambda}$ sind. Stellt man für sie die Riemannschen Periodenrelationen auf, so erhält man die Bedingungen (A) und (B).

Für die Periodenrelationen gibt es eine Reihe anderer Beweise. Einer dieser Beweise[24] legt Ergebnisse von Poincaré und Cousin aus der Funktionentheorie von mehreren Variablen zugrunde. Man stellt die Abelsche Funktion $f(u)$ als Quotient zweier ganzer Funktionen dar:

$$f(u) = g(u)/h(u).$$

Dabei können $g(u)$ und $h(u)$ als Jacobische Funktionen gewählt werden, d. h. als Funktionen, die bei Periodentranslationen einen Faktor $\exp(u_1 c_1 + \cdots + u_p c_p + d)$ mit konstanten c_λ, d annehmen[25]. Aus den Eigenschaften der Jacobischen Funktionen kann man leicht die Periodenrelationen herleiten. Ein anderer, rein topologischer Beweis der Periodenrelationen stammt von Lefschetz[26].

2.7. Nach dem Beweis der Periodenrelationen fehlt zum Beweis des Darstellungssatzes noch die Umkehrung von Ergebnis 2.4.

[23] Das heißt $\dfrac{\partial(f_1, \ldots, f_p)}{\partial(u_1, \ldots, u_p)} \not\equiv 0$.

[24] [3] Appell, S. 157; [8] Poincaré, S. 57; [19] Siegel, S. 57; [31] Conforto, S. 25.

[25] Zum Beispiel sind die Thetareihen Jacobische Funktionen, vgl. (6).

[26] [12] Lefschetz und [19] Siegel, S. 114.

Die Periodenrelationen sind hinreichend für die Darstellung einer Abelschen Funktion durch Thetareihen.

Diese Tatsache beweist Weierstraß mittels des Abhängigkeitssatzes[27]. Er konstruiert unter Voraussetzung der Periodenrelationen $p + 1$ Abelsche Funktionen mit der Periodenmatrix Ω durch die Quotienten von Thetareihen. Wegen des Abhängigkeitssatzes ist jede Abelsche Funktion mit der Periodenmatrix Ω eine rationale Funktion dieser Thetareihenquotienten; damit ist sie durch Thetareihen rational dargestellt.

Die Hinzuziehung des Abhängigkeitssatzes zum Beweise der Hinlänglichkeit der Periodenrelationen kann vermieden werden, wenn die erwähnte Darstellung der Abelschen Funktionen als Quotienten von Jacobischen Funktionen benutzt wird. Unter der Voraussetzung der Periodenrelationen gelingt es durch einige Umformungen, die Jacobischen Funktionen in Summen von Thetareihen eines bestimmten Typus zu überführen[28].

Im Zusammenhang mit diesen Rechnungen ergibt sich ein einfacher Beweis des Abhängigkeitssatzes. Geht man von einer festen Periodenmatrix aus, so zeigt sich, daß unter den hier auftretenden Thetareihen nur endlich viele linear unabhängig sind. Dies Ergebnis benutzt man, um zu beweisen, daß die Potenzprodukte von $p + 1$ Abelschen Funktionen mit der Periodenmatrix Ω linear abhängig sind, sobald ihr Grad eine bestimmte Schranke überschreitet[29]. Aus diesem Ergebnis folgt unmittelbar die Existenz einer algebraischen Relation zwischen den $p + 1$ Abelschen Funktionen mit der Periodenmatrix Ω.

Der angedeutete Beweis des Abhängigkeitssatzes beruht ganz auf den besonderen Eigenschaften der Abelschen Funktionen, insbesondere ihrer Darstellung durch die Jacobischen Funktionen. Demgegenüber sah Weierstraß einen Beweis dieses Satzes vor, der nur die Eigenschaften der meromorphen Abbildung des Periodentorus durch das System der Abelschen Funktionen benutzen sollte. Über die Ausgestaltung dieser Beweisidee wird im nächsten Kapitel berichtet.

[27] [1] Weierstraß, III, S. 113.
[28] [19] Siegel, S. 76, und [31] Conforto, S. 91.
[29] [19] Siegel, S. 94, und [31] Conforto, S. 138.

KAPITEL II

Beweise der Abhängigkeitssätze nach dem Abbildungsprinzip

§ 3 *Der Beweisansatz von Poincaré*

3.1. Den ersten Versuch, zu einem vollständigen Beweise des Abhängigkeitssatzes (2.2.) zu gelangen, machte Wirtinger[30]. Wie bei dem Beweise der Periodenrelationen nach Weierstraß-Picard-Poincaré[31] wird eine Riemannsche Fläche T im Periodentorus konstruiert. Die Abelschen Funktionen erscheinen dann als algebraische Funktionen von p Stellen von T. Da T ein algebraisches Gebilde definiert, werden $p + 1$ derartige Funktionen algebraisch abhängig sein. Gegen diesen Beweis hat schon Blumenthal[32] den Einwand erhoben, daß auf T eine oder mehrere der Abelschen Funktionen unbestimmt werden können. In dieser Möglichkeit erkennen wir die von Weierstraß bemerkten Schwierigkeiten wieder, vgl. 2.3.

3.2. Die nächsten Beweise des Abhängigkeitssatzes beruhen auf dem Abbildungsgedanken, der in zwei Richtungen weiter entwickelt wurde. Die eine Richtung knüpft unmittelbar an die Beweisskizze von Weierstraß an, die zu einem exakten Beweis ausgestaltet wird[33]. Die zweite Richtung geht auf Poincaré zurück[34]. Poincaré untersucht das Bild des Periodentorus durch das System der $p + 1$ Abelschen Funktionen und weist bei der Bildmenge algebraische Eigenschaften nach.

Es seien $F_1, \ldots, F_{p+1}$ Abelsche Funktionen mit der gleichen Periodenmatrix Ω. Es werde die analytische Unabhängigkeit von $F_1, \ldots, F_p$ vorausgesetzt[35]. Wir fassen diese Funktionen als meromorphe Funktionen des Periodentorus $\mathfrak{P}_\Omega$ auf und betrachten die meromorphe Abbildung F:

$$x_\lambda = F_\lambda(u), \ \lambda = 1, \ldots, p + 1, \tag{9}$$

von $\mathfrak{P}_\Omega$ in den $p + 1$-dimensionalen abgeschlossenen komplexen Zahlenraum $\overline{C}^{p+1}$[36]. Es sei $M = F(\mathfrak{P}_\Omega)$.

[30] [5] Wirtinger.
[31] Vgl. 2.6.
[32] [10] Blumenthal, S. 526.
[33] [13] Osgood, [29] Thimm, [32] und [38] Remmert, [42] und [43] Stein.
[34] [8] Poincaré, [10] Blumenthal, [16] Thimm.
[35] Das heißt $dF_1 \wedge dF_2 \wedge \ldots \wedge dF_p \not\equiv 0$.
[36] $\overline{C}^{p+1}$ ist das topologische Produkt von $p + 1$ abgeschlossenen Zahlenebenen.

Nun werden Schnitte von M mit Geraden des $\overline{C}^{p+1}$ untersucht. Aus den Gleichungen der Geraden g:

$$\alpha_{\lambda 1} x_1 + \cdots + \alpha_{\lambda p+1} x_{p+1} + \alpha_{\lambda p+2} = 0, \ \lambda = 1, \ldots, p,$$

erhalten wir durch Einsetzen der Funktionen $F_1, \ldots, F_{p+1}$ Gleichungen

$$(10) \qquad \Phi_\lambda(u) = \alpha_{\lambda 1} F_1 + \cdots + \alpha_{\lambda p+1} F_{p+1} + \alpha_{\lambda p+2} = 0, \ \lambda = 1, \ldots, p,$$

für die Urbilder der Schnittpunkte von M und g. Poincaré beweist sodann das folgende Ergebnis:

Lemma

Es gibt eine Zahl $q \geqq 1$, derart daß jede Gerade g, die nicht ganz auf $M = F(\mathfrak{P}_\Omega)$ liegt, mit M genau q Schnittpunkte hat, wobei jeder Schnittpunkt mit seiner Vielfachheit gezählt werden muß.

Für die Zahl q des Lemmas führen wir die Bezeichnung „Ordnung von M“ ein. Aus dem Lemma folgert Poincaré weiter, daß eine beliebige algebraische Kurve der Ordnung $n \geqq 1$ mit M entweder $n \cdot q$ Schnittpunkte besitzt oder einen irreduziblen Bestandteil auf M hat. Nun wird gezeigt, daß bei hinreichend großem n eine algebraische Hyperfläche A von n. Ordnung existiert, deren (2-dimensionale) Ebenenschnitte durch einen Punkt $P_0 \in M$ algebraische Kurven sind, die M allein schon in P_0 mindestens von der Ordnung $nq + 1$ schneiden. Alle diese Ebenenschnitte müssen dann irreduzible Bestandteile auf M besitzen. Hieraus folgt die Existenz einer irreduziblen Komponente von A, die ganz M enthält und daraus die algebraische Abhängigkeit von $F_1, \ldots, F_{p+1}$.

3.3. Die Konstruktion der algebraischen Hyperfläche A geschieht auf die folgende Weise:

Es sei Θ ein Polynom des Grades n von $p + 1$ Variablen mit unbestimmten Koeffizienten. Ersetzen wir in Θ die Variablen durch $F_1, \ldots, F_{p+1}$, so erhalten wir eine meromorphe Funktion auf $\mathfrak{P}_\Omega$:

$$\Psi(u) = \Theta(F_1, \ldots, F_{p+1})$$

Es sei u^0 eine Stelle von $\mathfrak{P}_\Omega$, in der die Funktionen $F_1, \ldots, F_{p+1}$ holomorph sind. Die gleiche Eigenschaft hat dann auch $\Psi(u)$. Die Koeffizienten der Potenzreihenentwicklung von $\Psi(u)$ in u^0 sind homogene lineare Ausdrücke in den unbestimmten Koeffizienten von Θ. Ist nun q die Ordnung von M, so gibt es bei genügend großem n sicher ein Polynom n. Grades Θ, derart daß $\Psi(u)$ in u^0 mindestens von der Ordnung $nq + 1$ verschwindet[37]. Θ hat nämlich $a = \binom{n+p+1}{p+1}$ unbestimmte Koeffizienten, während die Bedingung für $\Psi(u)$ auf höchstens $b = \binom{nq+p}{p}$ lineare und homogene Gleichungen für diese Koeffizienten führt. Diese Gleichungen besitzen eine nicht triviale Lösung falls $a > b$ ist. Bei genügend großem n tritt dies sicher ein, da a ein Polynom des Grades $p + 1$ von n und b nur ein Polynom des Grades p von n ist. Bilden wir mit einer nicht trivialen Lösung das Polynom Θ, so hat die algebraische Hyperfläche $\Theta = 0$ die Eigenschaften von A, wenn für P_0 der Punkt $F(u^0)$ genommen wird.

3.4. Poincarés Begründung für die Existenz der Ordnung q von M ist nicht stichhaltig, und zwar aus zwei Gründen:

1) Im allgemeinen gibt es auf dem Periodentorus $\mathfrak{P}_\Omega$ analytische Teilmengen der Dimension $\geqq 1$ – sog. Ausnahmemengen –, die durch die Abbildung F auf Punkte von M abgebildet werden; sie sind Nullstellenmengen des Differentials $dF_1 \wedge dF_2 \wedge \ldots \wedge dF_p$. Geht die Gerade g durch den Bildpunkt einer Ausnahmemenge, so besitzen die Gleichungen (10) analytische Lösungsmengen der Dimension $\geqq 1$. Die Vielfachheit des Schnittpunktes läßt sich daher nicht definieren.

2) Es gibt im Periodentorus Teilmengen – sog. Unbestimmtheitsmengen –, die durch F auf Bildmengen höherer Dimension abgebildet werden; sie setzen sich aus den Unbestimmtheitsmengen der meromorphen Funktionen $F_1, \ldots, F_{p+1}$ zusammen. Geht die Gerade g durch einen Bildpunkt eines Unbestimmtheitspunktes, so versagen die Methoden zur Bestimmung der Schnittvielfachheit gleichfalls.

Da die Abbildung F auf den Ausnahmemengen dimensionserniedrigend wirkt, kann man mit der ersten Schwierigkeit leicht fertig werden. „Allgemeine" Geraden werden die Bildpunkte von Ausnahmemengen nicht

[37] Eine in u^0 holomorphe Funktion verschwindet in u^0 mindestens von der Ordnung b, wenn ihre Potenzreihenentwicklung in u^0 keine Glieder des Grades $\leqq b - 1$ enthält.

enthalten. Die Überwindung der zweiten Schwierigkeit ist jedoch keineswegs einfach, da dazu die Abbildung der Unbestimmtheitsmenge durch F untersucht werden muß.

3.5. Es gibt indessen einen Sachverhalt, der sich mit der Poincaréschen Schlußweise unmittelbar behandeln läßt. Wenn bekannt ist, daß die Bildmenge M analytisch im $\overline{C}^{p+1}$ ist, so kann man die Existenz der Ordnung von M zeigen. Hiervon ausgehend hat Chow mit Verallgemeinerungen der Schlüsse von Poincaré den nach ihm benannten Satz bewiesen[38].

Satz von Chow

Eine analytische Menge in einem abgeschlossenen komplexen Zahlenraum ist algebraisch.

3.6. Nachdem die Lücken des Poincaréschen Beweises erkannt waren, bewegten sich die ersten Versuche, sie zu schließen, in Richtung auf die Berechnung des Bildes der Unbestimmtheitsmenge.

§ 4 *Die Abbildung der Unbestimmtheitsmenge*

4.1. Den ersten Beitrag zur Abbildung der Unbestimmtheitsmenge bei einer meromorphen Abbildung lieferte Blumenthal[39]. Untersucht wird eine Klasse von automorphen Funktionen von p Variablen, die invariant gegenüber den Transformationen einer verallgemeinerten Modulgruppe G sind. Blumenthal zeigt, daß zu G im C^p ein Fundamentalbereich gehört, der nur einen Punkt im Unendlichen besitzt. Durch Identifizierung der G-äquivalenten Randpunkte und geeignete Definition der lokalen Koordinaten im Unendlichen gewinnt er aus dem Fundamentalbereich eine kompakte komplexe Mannigfaltigkeit $\mathfrak{F}_G$. Die automorphen Funktionen der Gruppe G erscheinen als meromorphe Funktionen in $\mathfrak{F}_G$. Dem Abhängigkeitssatz für Abelsche Funktionen entspricht der Satz, daß zwischen $p + 1$ G-automorphen Funktionen eine algebraische Relation besteht.

Sind diese Funktionen $F_1, \ldots, F_{p+1}$, so untersucht Blumenthal nach der Methode von Poincaré die Abbildung F mit den Gleichungen (9) von

[38] [18] Chow, vgl. auch [21] H. Kneser.
[39] [10] Blumenthal.

$\mathfrak{F}_G$ in den $\overline{C}^{p+1}$. Dabei widmet er besondere Aufmerksamkeit dem Problem der Abbildung der Unbestimmtheitsmenge U von F. Hauptsächlich durch Eliminationsrechnungen findet er die folgende Beschreibung der Bildmenge $N = F(U)$:

Ist K_r eine r-dimensionale irreduzible Komponente von U, so liegt die Bildmenge jedes Punktes von K_r auf einer analytischen Menge der Dimension $\leqq p - r - 1$. Die Bildmenge besteht daher aus endlich vielen Kontinua, deren topologische Dimension $\leqq 2\,(r + (p - r - 1)) = 2\,p - 2$ ist.

Abgesehen davon, daß die Begründung dieses Ergebnisses nur für $p = 3$ vollständig durchgeführt wird, reicht die Dimensionsangabe für N nicht aus, um die Definition der Ordnung von $M = F(\mathfrak{F}_G)$[40] zu begründen, weil man nicht weiß, wie N in den $\overline{C}^{p+1}$ eingebettet ist.

4.2. Die Untersuchungen von Blumenthal lassen die ganze Kompliziertheit des Problems der Abbildung der Unbestimmtheitsmenge erkennen. Der nächste Fortschritt findet sich erst nach fast 30 Jahren in den Arbeiten von Osgood[41]. In seinem Lehrbuch der Funktionentheorie hat Osgood einen Beweis des Abhängigkeitssatzes für Abelsche Funktionen veröffentlicht, der eine genaue Ausführung des ursprünglichen Weierstraßschen Planes darstellt[42]. Dieser Beweisansatz werde in geometrischer Ausdrucksweise wiederholt.

Es werden p analytisch unabhängige Abelsche Funktionen $F_1, \ldots, F_p$ mit der Periodenmatrix Ω ausgewählt. Sodann wird die Abbildung f:

$$(11) \qquad x_\lambda = F_\lambda(u), \; \lambda = 1, \ldots, p,$$

des Periodentorus $\mathfrak{P}_\Omega$ in den $\overline{C}^p$ untersucht. Die inverse Abbildung $\overset{-1}{f}$ ist i. a. endlich mehrdeutig, etwa m-deutig. Hier ist m die von Weierstraß als Grad des Systems $F_1, \ldots, F_p$ bezeichnete Zahl. Eine $p + 1$. Abelsche Funktion erscheint als höchstens m-deutige Funktion von $F_1, \ldots, F_p$ und genügt einer algebraischen Gleichung des Grades m in diesen Variablen.

Von entscheidender Bedeutung bei diesem Beweise ist die Bestimmung derjenigen Punkte von $\overline{C}^p$, in denen $\overset{-1}{f}$ aufhört, endlich mehrdeutig zu sein. Zur Menge dieser Punkte gehören die Bilder von Ausnahme- und Unbestimmtheitsmenge von f. Zur Aufklärung der Eigenschaften dieser Bildmengen behandelt Osgood folgendes allgemeines Problem:

[40] Vgl. Lemma 3.2.
[41] [13] Osgood, S. 603.
[42] Vgl. 2.3.

Es sei $\mathfrak{g}_\varrho$ eine irreduzible analytische Menge der Dimension ϱ im Gebiete G des C^p und f eine holomorphe Abbildung von G in den C^n. Es ist das Bild $f(\mathfrak{g}_\varrho)$ zu beschreiben.

Das Ergebnis[43] der sehr sorgfältigen Untersuchungen von Osgood muß auch heute noch als vollständige Beantwortung dieser Frage gelten. In moderner Ausdrucksform[44] lautet es:

Der Rang der Abbildung f auf $\mathfrak{g}_\varrho$ sei $\sigma(\leqq \varrho)$. Dann ist das Bild $f(\mathfrak{g}_\varrho)$ eine fast dünne Menge der Dimension σ im C^n.

Kehren wir zum Sachverhalt des Abhängigkeitssatzes zurück, so stellen wir fest, daß der Rang der Abbildung f auf der Ausnahmemenge $\leqq p - 1$ ist. Das Bild der Ausnahmemenge ist daher fast dünn von der Dimension $\leqq p - 1$. Die komplizierten Rechnungen zur Bestimmung des Bildes der Unbestimmtheitsmenge erspart sich Osgood durch einen Kunstgriff. Er wählt ein System Abelscher Funktionen mit folgender Eigenschaft:

Es sei μ irgendeine ganze Zahl mit $1 \leqq \mu \leqq \frac{1}{2} p$. Ist dann $F_{i_1}, \ldots, F_{i_\mu}$ irgendein System von μ verschiedenen Funktionen aus der Reihe $F_1, \ldots, F_p$, so sei der Durchschnitt ihrer Unbestimmtheitsmengen von der Dimension $n - 2\mu$. Die Existenz eines derartigen Systems beweist Osgood unter Benutzung der aus den Cousinschen Sätzen folgenden Tatsache, daß jede Abelsche Funktion Quotient von zwei teilerfremden ganzen Funktionen ist[45]. Nun sei $K^{p-2\mu}$, $1 \leqq \mu \leqq \frac{1}{2} p$, Unbestimmtheitsmenge von μ Funktionen des Systems $F_1, \ldots, F_p$ etwa von $F_1, \ldots, F_\mu$. Die weiteren Funktionen $F_{\mu+1}, \ldots, F_p$ bilden $K^{p-2\mu}$ auf eine fast dünne Menge K^* der Dimension $\leqq p - 2\mu$ im $x_{\mu+1}, \ldots, x_p$-Raum ab. Dann liegt $f(K^{p-2\mu})$ offenbar im topologischen Produkt der abgeschlossenen $x_1, \ldots, x_\mu$-Ebenen mit K^* und ist im $\overline{C}^p$ eine fast dünne Menge der Dimension $\leqq \mu + p - 2\mu = p - \mu \leqq p - 1$. Zusammenfassend ergibt sich so, daß die Bilder von Ausnahme- und Unbestimmtheitsmenge in $\overline{C}^p$ fast dünn von einer Dimension $\leqq p - 1$ sind. Diese Aussage ist präziser als das Ergebnis von Blumenthal (4.1.), reicht jedoch keineswegs aus, um den Beweis des Abhängigkeitssatzes nach dem Plan von Weierstraß zu Ende zu führen. Vor allem müßte

[43] Stanford-Vortrag, 1930, [13] Osgood, S. 589.

[44] [36] Stoll, S. 204: (a) Eine Teilmenge M eines komplexen Raumes X heiße „dünn von der Dimension σ", wenn jeder Punkt $P \in M$ eine Umgebung $U_p \subset X$ hat, so daß $M \cap U_P$ Teilmenge einer in U_P analytischen Menge der Dimension σ ist. (b) Eine Teilmenge M eines komplexen Raumes X heiße „fast dünn" von der Dimension σ, wenn sie Vereinigungsmenge von höchstens abzählbar unendlich vielen dünnen Mengen der Dimension σ in X ist.

[45] Vgl. 2.6.

bekannt sein, daß $f(\mathfrak{P}_\Omega) = \overline{C}^p$ ist; die Ergebnisse von Osgood erlauben nur die Aussage, daß $f(\mathfrak{P}_\Omega)$ im $\overline{C}^p$ fast dünn von der Dimension p ist. Wir werden sehen, wie die folgenden Arbeiten mit Beweisen des Abhängigkeitssatzes mit dieser Schwierigkeit fertig werden.

4.3. Angeregt durch E. Kähler hat W. Thimm in seiner Dissertation[46] einen Beweis des Abhängigkeitssatzes gegeben, der auf einer noch genaueren Kenntnis des Bildes der Unbestimmtheitsmenge beruht. Der Abhängigkeitssatz wird in der folgenden Fassung bewiesen:

Es sei $\mathfrak{P}$ eine p-dimensionale kompakte zusammenhängende komplexe Mannigfaltigkeit. Die Funktionen $F_1, \ldots, F_{p+1}$ seien meromorph auf $\mathfrak{P}$. Dabei seien $F_1, \ldots, F_p$ analytisch unabhängig[35]. Dann besteht zwischen $F_1, \ldots, F_{p+1}$ eine algebraische Relation.

Der Beweis verwendet mit einigen Änderungen die Methode von Poincaré. Wir bezeichnen mit F die meromorphe Abbildung:

$$x_\lambda / x_{p+2} = F_\lambda(P), \quad \lambda = 1, \ldots, p+1, \tag{9'}$$

von $\mathfrak{P}$ in den $p+1$ dimensionalen komplexen projektiven Raum P_C^{p+1} und mit U ihre Unbestimmtheitsmenge. Um das Bild $N = F(U)$ zu berechnen, wird eine Eliminationsmethode benutzt, die Autonne[47] zur Bestimmung des Bildes eines einzelnen Unbestimmtheitspunktes entwickelt hat. Das Ergebnis der Rechnungen lautet:

$N = F(U)$ ist in der Vereinigungsmenge von endlich vielen Mengen N_ν, $\nu = 1, \ldots, r$, folgender Art enthalten: Es gibt eine höchstens $p-1$-dimensionale analytische Menge Δ_ν in einem Gebiet G_ν des C^{p_ν} und eine holomorphe Abbildung φ_ν von G_ν in den P_C^{p+1}, derart daß $N_\nu = \varphi_\nu(\Delta_\nu)$ ist.

Um jetzt die Poincaréschen Schlüsse exakt formulieren zu können, wird der Begriff des „allgemeinen Punktes" eingeführt:

Ein Satz handele von der Spezialisierung eines Parameterpunktes in einem Gebiete G eines topologischen Raumes. Die Aussage „Ein bestimmter Sachverhalt besteht für ‚allgemeine' Parameterpunkte von G", soll besagen: Die Menge der Punkte von G, für die der Sachverhalt nicht besteht, ist nirgends dicht in G.

Nun wird gezeigt: Eine allgemeine[48] analytische Gerade des P_C^{p+1} schneidet die Bildmenge $M = F(\mathfrak{P})$ in höchstens endlich vielen Punkten, die

[46] [16] Thimm.
[47] [6] Autonne.
[48] Das heißt allgemein im Sinne der obigen Definition in der Graßmannschen Mannigfaltigkeit der analytischen Geraden des P_C^{p+1}.

Bildmengen von Unbestimmtheits- und Ausnahmemenge gar nicht. Sodann wird eine Gerade g des P_C^{p+1} mit den Eigenschaften dieser allgemeinen Geraden gewählt. g soll ferner mit M $q \geqq 1$ verschiedene Schnittpunkte der Vielfachheit 1 besitzen; einer dieser Punkte sei P_0. Durch g gibt es eine Schar von zweidimensionalen analytischen Ebenen, die M in analytischen Kurven schneiden und nur endlich viele Bildpunkte von Unbestimmtheits- oder Ausnahmepunkten enthalten. Für jede der ebenen Schnittkurven läßt sich eine Ordnung definieren. Da g allen diesen Ebenen angehört, sind diese Ordnungen sämtlich gleich q. Die Beweisschlüsse von Poincaré werden in P_0 angewandt; es wird eine algebraische Hyperfläche A konstruiert, die von jeder Ebene der Schar in einer algebraischen Kurve geschnitten wird, von der eine Komponente zu M gehört. Würde M in einer Umgebung von P_0 nicht auf A liegen, so müßte der Schnitt von M und A die Gerade g enthalten, da ja alle Ebenen der Schar durch g hindurchgehen. Dies widerspricht jedoch der allgemeinen Lage von g.

Der soeben skizzierte Beweis ist ziemlich unbekannt geblieben, da die Dissertation von W. Thimm nur in wenigen Exemplaren verbreitet wurde. In späteren Arbeiten hat der Verfasser den Abhängigkeitssatz verallgemeinert und für die Verallgemeinerung einen andersartigen Beweis gegeben.

§ 5 *Der verallgemeinerte Abhängigkeitssatz*

5.1. Bei den Abelschen Funktionen und auch bei den automorphen Funktionen von Blumenthal kann man aus einer Funktion auf einfache Weise ein System von p unabhängigen Funktionen gewinnen, vgl. 2.6. Im allgemeinen ist es keineswegs richtig, daß auf einer kompakten p-dimensionalen komplexen Mannigfaltigkeit p analytisch unabhängige meromorphe Funktionen existieren. Diese Tatsache veranlaßte W. Thimm zu der folgenden Verallgemeinerung des Abhängigkeitssatzes[49]:

Verallgemeinerter Abhängigkeitssatz[50]

Es sei $\mathfrak{P}$ ein p-dimensionaler, kompakter, zusammenhängender komplexer Raum. Es seien $F_1, \ldots, F_{k+1}$ meromorphe Funktionen auf $\mathfrak{P}$. Dabei seien $F_1, \ldots, F_k$ analytisch unabhängig, während $F_1, \ldots, F_k, F_{k+1}$ analytisch abhängig sind[51].

[49] [28], [29] Thimm.

[50] Die Formulierung ist modernisiert.

[51] Das heißt in einem regulären Punkte von $\mathfrak{P}$, der nicht singulär für eine dieser Funktionen ist, sei $dF_1 \wedge \ldots \wedge dF_k \not\equiv 0$ und $dF_1 \wedge \ldots \wedge dF_{k+1} \equiv 0$.

Dann gibt es ein Polynom $G(x_1, \ldots, x_k, x_{k+1})$ mit komplexen Zahlenkoeffizienten, derart daß $G(F_1, \ldots, F_k, F_{k+1})$ identisch auf $\mathfrak{P}$ verschwindet. Der Grad von G in x_{p+1} kann unabhängig von F_{k+1} gewählt werden.

Aus analytischer Abhängigkeit von meromorphen Funktionen folgt also ihre algebraische Abhängigkeit.

Mit rein algebraischen Methoden ergibt sich hieraus:

Der Körper der auf $\mathfrak{P}$ meromorphen Funktionen ist isomorph einer einfachen algebraischen Erweiterung eines Körpers höchstens vom Transzendenzgrad p über dem Körper der komplexen Zahlen.

5.2. In der Arbeit [29] wurde der Begriff des komplexen Raumes von Behnke-Stein[52] verwendet, der bekanntlich nach den Ergebnissen von Grauert und Remmert[53] ein **normaler** komplexer Raum im Sinne von Serre ist. Alle Beweisschritte lassen sich jedoch für jeden Serreschen komplexen Raum durchführen, so daß für diesen Überblick $\mathfrak{P}$ als Serrescher komplexer Raum angenommen werde.

W. Thimm führt den Beweis gemäß der Idee von Weierstraß. Es wird die Abbildung f von $\mathfrak{P}$ in den $\bar{C}^p$:

(12) $$x_\lambda = F_\lambda(P), \; \lambda = 1, \ldots, k, P \in \mathfrak{P},$$

durch die k analytisch unabhängigen Funktionen betrachtet. Wir setzen $M = f(\mathfrak{P})$. Als „Fasern" des Punktes $x \in M$ werden die irreduziblen Komponenten der „Niveaumenge" $\overset{-1}{f}(x)$ bezeichnet. Ist $k < p$, so sind die Fasern analytische Mengen auf $\mathfrak{P}$ von einer Dimension $\geqq p - k$; die Abbildung f ist ausgeartet. Die Aufgabe liegt darin, einen Überblick über diejenige Menge $\mathfrak{F}$ zu gewinnen, deren Elemente die Fasern sind. Mit diesem Problem hat sich K. Stein beschäftigt; er ist hierbei zu wichtigen abschließenden Sätzen gelangt[54], aus denen sich ebenfalls ein Beweis des Abhängigkeitssatzes ergibt, vgl. 5.4. Wenn man nur den Abhängigkeitssatz beweisen will, braucht man indessen nicht die Struktur der gesamten Fasermenge $\mathfrak{F}$ zu kennen. Dazu genügt ein Teil $\mathfrak{F}^*$ mit folgenden Eigenschaften: $\mathfrak{F}^*$ setzt sich aus Fasermengen von 2 Typen zusammen:

(I) Die Fasern der ersten Art gehören zu den Punkten einer offenen Umgebung eines Punktes $x_0 \in C^k$ und verteilen sich auf endlich viele in $\mathfrak{P} \times U_0$

[52] [20] Behnke-Stein.
[53] [35] Grauert und Remmert.
[54] [33], [42], [43] Stein.

irreduzible analytische Mengen: $\mathfrak{F}'_1, \ldots, \mathfrak{F}'_m$, die nicht ganz zur Unbestimmtheits- oder Ausnahmemenge der Abbildung f gehören und die nicht nur aus singulären Punkten von $\mathfrak{P}$ bestehen. Dabei sei:

$$\overset{-1}{f}(U_0) \times U_0 = \bigcup_{\lambda=1}^{m} \mathfrak{F}'_\lambda. \tag{13}$$

Außerdem gelte für $\lambda = 1, \ldots, m$: Wird x beliebig in U_0 gewählt, so sei $(\overset{-1}{f}(x) \times x) \cap \mathfrak{F}'_\lambda$ eine irreduzible analytische Menge der Dimension $p - k$ in $\mathfrak{P} \times x$, d. h. bei beliebigen Spezialisierungen des Parameterpunktes x in U_0 bleibe die Irreduzibilität von $\mathfrak{F}'_\lambda$ bestehen.

(II) Die Fasern der zweiten Art gehören zu den Punkten von beliebigen analytischen Geraden des $\overline{C}^k$ durch den Punkt x_0. Ist g eine analytische Gerade, die den Punkt x_0 enthält und t ein komplexer Parameter auf g, so gebe es endlich viele in $\mathfrak{P} \times \overline{C}$ irreduzible analytische Mengen $\mathfrak{F}''_\mu$, $\mu = 1, \ldots, m'(g)$, mit folgenden Eigenschaften: Die Mengen $\mathfrak{F}''_\mu$ liegen nicht auf der Unbestimmtheits- oder Ausnahmemenge der Abbildung f und enthalten reguläre Punkte von $\mathfrak{P}$. Bei jeder Spezialisierung von t in $\overline{C}$ mit höchstens endlich vielen Ausnahmen zerfällt $\mathfrak{F}''_\mu$ in gleich viele, in $\mathfrak{P}$ irreduzible analytische Komponenten der Dimension $p - k$. Im Unterschied zu der Bedingung (12) stimmt es hier im allgemeinen nicht, daß $\overset{-1}{f}(g) \times g$ in der Vereinigung der $\mathfrak{F}''_\mu$ enthalten ist. Vielmehr kann es Punkte von g geben, deren Fasern nicht alle zu den $\mathfrak{F}''_\mu$ gehören; jedoch solche Punkte sind höchstens in endlicher Anzahl vorhanden.

Unter den Eigenschaften der Fasermengen $\mathfrak{F}'_\lambda$, $\mathfrak{F}''_\mu$ ist jene von besonderer Bedeutung, die sich auf ihre Komponentenzerlegung bei Spezialisierungen von x bzw. t bezieht. Aus ihr folgt, daß für jede durch den Punkt x_0 gehende Gerade g die Fasermengen 2. Art als Beschränkungen der Fasermengen 1. Art auf g betrachtet werden können. Somit bilden die Fasermengen 1. und 2. Art zusammen eine sinnvolle Gesamtheit.

Die Existenz der Fasergesamtheit $\mathfrak{F}^*$ wird mit der Eliminationstheorie bewiesen. Auch das Problem der Zerlegung von analytischen Mengen in irreduzible Komponenten bei Parameterspezialisierungen kann mittels der sog. Diskriminantenfolge auf Eliminationsfragen zurückgeführt werden[55].

Auf der Fasergesamtheit $\mathfrak{F}^*$ wird die $k + 1$. meromorphe Funktion F_{k+1} betrachtet. Da sie analytisch von $F_1, \ldots, F_k$ abhängt, ist sie im all-

[55] [24] Thimm. Ähnliche Untersuchungen – mit andersartiger Zielsetzung – sind neuerdings von K. Kasahana [41] angestellt worden.

gemeinen auf den Fasern $\mathfrak{F}^*$ konstant. Deswegen ist F_{k+1} auf jeder der m Fasermengen $\mathfrak{F}'_\lambda$ der ersten Art eine meromorphe Funktion $F^{(\lambda)}_{k+1}$ von $F_1, \ldots, F_k$. Ferner ist für jede analytische Gerade durch x_0 F_{k+1} auf den Fasermengen $\mathfrak{F}''_\mu$ der zweiten Art eine meromorphe Funktion in der abgeschlossenen Ebene $\overline{C}$. Die ganz rationalen symmetrischen Funktionen der $F^{(\lambda)}_{k+1}$, $\lambda = 1, \ldots, m$, erweisen sich dann als meromorphe Funktionen in U_0 und sind auf jeder Geraden durch x_0 rational. Daraus ergibt sich mit einfachen Schlüssen, die z. T. auf Osgood zurückgehen, daß sie rationale Funktionen von $F_1, \ldots, F_k$ sind. Daher genügt F_{k+1} einer algebraischen Gleichung des Grades m, deren Koeffizienten rationale Funktionen von $F_1, \ldots, F_k$ sind. Hieraus folgt der Abhängigkeitssatz, einschließlich der Aussage über den Grad des Polynoms G.

5.3. Durch die Forschungen von C. L. Siegel und Bochner, die zum Teil zeitlich früher liegen als die Arbeiten von Thimm (1954), wurde ein neues Beweismittel in Gestalt des Schwarzschen Lemmas für den Beweis des Abhängigkeitssatzes eingeführt. Diese Methode wird im Kapitel III zusammenhängend dargestellt. Vorher sollen die Beweise von Remmert und Stein besprochen werden, die noch auf dem Abbildungsprinzip beruhen.

Der Vorzug des Beweises von Remmert[56] ist darin zu sehen, daß die Beweisteile durch Ergebnisse gekennzeichnet sind, die unabhängig von ihrer Anwendung im vorliegenden Fall von großer Bedeutung für viele andere Probleme der Funktionentheorie sind. Dazu gehört neben dem Satz von Chow[57] ein Satz über Modifikationen und vor allem der folgende Remmertsche Abbildungssatz[58]:

Es sei M eine analytische Menge im komplexen Raum X. Es sei τ eine eigentliche[59] holomorphe Abbildung von X in den komplexen Raum Y. Dann ist das Bild $\tau(M)$ von M eine analytische Menge in Y. Ist M irreduzibel, so ist der Rang r von τ auf M eindeutig bestimmt. In diesem Fall ist $\tau(M)$ irreduzibel und r-dimensional.

Bevor auf die Beweise dieses Satzes eingegangen wird, soll gezeigt werden, wie aus ihm der Abhängigkeitssatz in der Formulierung 5.1. folgt. Die Abbildung F:

(14) $$x_\lambda = F_\lambda(P),\ \lambda = 1, \ldots, k+1, P \in \mathfrak{P},$$

[56] [32] Remmert.
[57] Vgl. 3.5.
[58] [34] Remmert.
[59] Eine Abbildung eines topologischen Raumes X in einem topologischen Raum Y heißt eigentlich, wenn das Urbild jedes Kompaktums in Y ein Kompaktum in X ist.

des kompakten komplexen Raumes $\mathfrak{P}$ in den $\bar{C}^{k+1}$ ist i. a. keine holomorphe Abbildung, da die Funktionen F_λ Unbestimmtheitspunkte haben können[60]. Remmert setzt deswegen an die Stelle von $\mathfrak{P}$ einen anderen kompakten komplexen Raum $\mathfrak{P}'$, der aus $\mathfrak{P}$ durch eine Modifikation entsteht, derart daß die meromorphe Abbildung F als holomorphe Abbildung F' nach $\mathfrak{P}'$ übertragen werden kann und

$$F'(\mathfrak{P}') = F(\mathfrak{P})$$

gilt. $\mathfrak{P}'$ ist im wesentlichen der im Produktraum $\mathfrak{P} \times \bar{C}^{k+1}$ gelegene Graph der Abbildung F. Da $\mathfrak{P}'$ kompakt ist, ist F' eigentlich. Der Rang von F' auf $\mathfrak{P}'$ ist wegen der Voraussetzungen über die analytische Abhängigkeit gleich k. Es ist also nach dem Remmertschen Abbildungssatz $F(\mathfrak{P}) = F'(\mathfrak{P}')$ eine analytische Menge im $\bar{C}^{k+1}$. Nach dem Satz von Chow ist $F(\mathfrak{P})$ algebraisch. Hieraus folgt die algebraische Abhängigkeit von $F_1, \ldots, F_{k+1}$.

Zum Beweis der Gradabschätzung für das Polynom G[61] betrachtet Remmert – entsprechend der Beweisidee von Weierstraß – die Abbildung f von $\mathfrak{P}$ in den $\bar{C}^k$ durch die k unabhängigen Funktionen $F_1, \ldots, F_k$, vgl. (12). Unter Verwendung der bewiesenen algebraischen Abhängigkeit und der aus dem Abbildungssatz folgenden Formel

$$f(\mathfrak{P}) = \bar{C}^k$$

zeigt er, daß eine obere Schranke für den Grad von G durch die endliche Anzahl der Fasern gegeben wird, in welche die Niveaumenge eines allgemeinen Punktes von $\bar{C}^k$ zerfällt. Diese Zahl ist unabhängig von F_{k+1}.

Es folgen einige Bemerkungen zum Beweise des Remmertschen Abbildungssatzes. In 4.2. haben wir gesehen, daß nach den Ergebnissen von Osgood das holomorphe Bild einer analytischen Menge eine fast dünne Menge ist, d. h. also die Vereinigungsmenge von abzählbar unendlich vielen Teilmengen analytischer Mengen. Beim Beweise des Abbildungssatzes kommt es darauf an zu zeigen, daß diese Teile im Falle einer eigentlichen Abbildung zu **einer** analytischen Menge zusammenfließen. Remmert stützt sich dabei vor allem auf den Satz über die Fortsetzung von analytischen Mengen von Thullen-Remmert-Stein[62]:

[60] Da F in den $\bar{C}^{k+1}$ abbildet, stören Polstellen der F_λ nicht die Holomorphie der Abbildung.
[61] Vgl. 5.1.
[62] Remmert-Stein [26].

Im Gebiet G des C^n sei $\mathfrak{F}^l$ eine l-dimensionale analytische Menge $(0 \leqq l \leqq n-1)$. $\mathfrak{M}^k$ sei eine rein k-dimensionale analytische Menge in $G - \mathfrak{F}^l$ und $l < k$. Dann ist die abgeschlossene Hülle von $\mathfrak{M}^k$ eine in G rein k-dimensionale analytische Menge.

Bei $k = n - 1$ ist dies ein Satz von Thullen[63]; dieser Spezialfall stellt das wichtigste Hilfsmittel für den allgemeinen Beweis dar. Thullen beweist seinen Satz unter Verwendung tiefliegender Ergebnisse aus der Funktionentheorie von mehreren Variablen. Einen einfachen Beweis des Thullenschen Satzes hat W. Rothstein gegeben[64]. Andere Beweise des Remmertschen Abbildungssatzes stammen von Grauert[65] und Rossi[66].

In einer späteren Arbeit[67] hat Remmert den Abhängigkeitssatz 5.1. für meromorphe Funktionen auf kompakten analytischen Teilmengen eines komplexen Raumes verallgemeinert. Der Beweis ist dem skizzierten Beweise von 5.1. ähnlich.

5.4. Der Remmertsche Beweis beruht auf dem Abbildungsprinzip, läßt jedoch wenig über die durch die Abbildung definierte Zuordnung von Fasern und Punkten erkennen. Den tiefsten Einblick in die Struktur der Fasergesamtheit gewähren die Untersuchungen von K. Stein[68].

Eine holomorphe Abbildung f eines komplexen Raumes $\mathfrak{M}$ führt zu einer Zerlegung von $\mathfrak{M}$ in Niveaumengen und deren irreduzible Komponenten, die Fasern[69]. Die holomorphe Abbildung g heiße von f strikt abhängig, wenn g auf den Fasern von f konstant ist. Unter den von f strikt abhängigen holomorphen Abbildungen kann eine solche sein, deren Niveaumengen als Ganzes in den Niveaumengen jeder von f strikt abhängigen holomorphen Abbildung enthalten sind; sie wird dann maximal genannt. Die genaue Definition ist folgende:

Es sei f eine holomorphe Abbildung von $\mathfrak{M}$ in X. Die von f strikt abhängige holomorphe Abbildung F von $\mathfrak{M}$ in Y heißt maximal, wenn sie surjektiv ist und wenn für jede von f strikt abhängige holomorphe Abbildung g von $\mathfrak{M}$ in Z eine holomorphe Abbildung α von Y in Z existiert, so daß $g = \alpha \circ F$ ist. Das Paar (F, Y) wird komplexe Basis zur Abbildung f genannt.

[63] [14] Thullen.
[64] [27] Rothstein.
[65] [37] Grauert.
[66] [39] Rossi.
[67] [38] Remmert.
[68] [33], [42], [43] Stein.
[69] Vgl. 5.2.

Stein beweist die Existenz einer komplexen Basis für sehr allgemeine Klassen von holomorphen Abbildungen, darunter für die eigentlichen. Beim Beweis dieser Sätze spielt der Remmertsche Abbildungssatz eine wichtige Rolle.

Um zu erklären, wie aus den Ergebnissen von Stein der Abhängigkeitssatz folgt, legen wir den Sachverhalt 5.1. zugrunde. Durch Modifikation von $\mathfrak{P}$ wird ein kompakter komplexer Raum $\mathfrak{P}'$ konstruiert, auf den sich die analytisch unabhängigen Funktionen $F_1, \ldots, F_k$ als meromorphe Funktionen ohne Unbestimmtheitspunkte $F_1', \ldots, F_k'$ übertragen lassen. Dann sei f' die holomorphe Abbildung

$$x_\lambda = F_\lambda'(P'),\ \lambda = 1, \ldots, k, P' \in \mathfrak{P}', \tag{15}$$

von $\mathfrak{P}'$ in den $\overline{C}^k$. Nach dem Satz von Stein existiert zu dieser Abbildung eine komplexe Basis (F^*, X^*). Da nach dem Remmertschen Abbildungssatz $f'(\mathfrak{P}') = \overline{C}^k$ ist, erweist sich hier X^* als analytische Überlagerung des $\overline{C}^k$ von bestimmter beschränkter Blätterzahl b. Die $k+1$. meromorphe Funktion F_{k+1} wird als meromorphe Funktion F_{k+1}' auf $\mathfrak{P}'$ übertragen. Da sie von $F_1', \ldots, F_k'$ analytisch abhängt, kann sie als meromorphe Funktion F_{k+1}^* nach X^* hinübergenommen werden. Als meromorphe Funktion in einer endlichen analytischen Überlagerung des $\overline{C}^k$ ist F_{k+1}^* eine algebraische Funktion von $x_1, \ldots, x_k$ und genügt einer algebraischen Gleichung in $F_1', \ldots, F_k'$ vom Grad b. Eine ebensolche algebraische Relation besteht dann auch zwischen $F_1, \ldots, F_k, F_{k+1}$. Dies ist die vollständige Aussage des Abhängigkeitssatzes. Mit diesem Beweise von Stein erreicht das Bemühen, die Beweisskizze von Weierstraß zu vervollständigen, ihren Abschluß.

Neben dem Abbildungsprinzip besitzt man eine zweite Methode für den Beweis der Abhängigkeitssätze. Diese Methode knüpft an die Überlegungen von Poincaré an. Während jedoch Poincaré seine Beweismittel aus der algebraischen Geometrie bezieht und seine Schlüsse in ihrer Sprache formuliert, ist diese zweite Methode in ihrem Kern analytisch und verwendet als wichtigsten Hilfssatz die Verallgemeinerung des Schwarzschen Lemmas auf holomorphe Funktionen von mehreren Variablen. Sie wurde von C. L. Siegel entdeckt und von ihm zuerst zum Beweise von Abhängigkeitssätzen bei Modulfunktionen n. Grades verwendet[70].

[70] [15], [17] und [19] C. L. Siegel.

KAPITEL III

Beweise der Abhängigkeitssätze mittels des Schwarzschen Lemmas

§ 6 *Der Beweisansatz von Siegel*

6.1. Das Schwarzsche Lemma für holomorphe Funktionen von mehreren Variablen ist eine einfache Verallgemeinerung des bekannten Satzes aus der Funktionentheorie einer Variablen. Bei seiner Formulierung wird folgende Bezeichnung verwendet:

Ist $z = (z_1, \ldots, z_n)$ ein Punkt des C^n, so sei $|z| = \operatorname*{Max}_{\lambda=1,\ldots,n} |z_\lambda|$.

Das Schwarzsche Lemma lautet im einfachsten Fall:

Lemma

Die Funktion $\varphi(z) = \varphi(z_1, \ldots, z_n)$ sei holomorph für $|z| \leqq r$. Es gelte auf $|z| = r$ die Abschätzung: $|\varphi(z)| \leqq M$. Verschwindet $\varphi(z)$ im Nullpunkt von der Ordnung $\geqq h$, so gilt:

$$|\varphi(z)| \leqq M\left(\frac{|z|}{r}\right)^h$$

für $|z| \leqq r$.

6.2. Das von Siegel stammende Prinzip der Anwendung des Schwarzschen Lemmas beim Beweis der Abhängigkeitssätze wird am klarsten in dem folgenden Satz von Bochner dargestellt[71]:

Es sei S^p eine (nicht kompakte) p-dimensionale komplexe Mannigfaltigkeit und S_0^p ein Gebiet in S^p mit kompakter abgeschlossener Hülle $\bar{S}_0^p$. Es seien $f_1, \ldots, f_{p+2}$ holomorphe Funktionen in S^p mit folgender Eigenschaft: Ist $n \geqq 1$ irgendeine ganze Zahl und $Q_n(x_1, \ldots, x_{p+2})$ $(\not\equiv 0)$ irgendein homogenes Polynom des Grades n mit komplexen Koeffizienten, so bestehe für

$$(16) \qquad \Phi_{Q_n}(P) = Q_n(f_1, \ldots, f_{p+2})$$

[71] [22]. Bochner, S. 1.

für alle $P \in S$ die Abschätzung:

$$(17)\qquad |\Phi_{Q_n}(P)| \leqq M^n \cdot \sup_{P \in S_0} |\Phi_{Q_n}(P)|$$

Dabei sei $M > 1$ eine von n und Q_n unabhängige Konstante. Unter diesen Voraussetzungen gibt es eine ganze Zahl n_0 und ein homogenes Polynom $Q^*_{n_0}$ des Grades n_0, derart daß

$$(18)\qquad Q^*_{n_0}(f_1, \ldots, f_{p+2}) \equiv 0$$

ist.

Für diesen Satz soll der Beweis vollständig angegeben werden. Wir überdecken das Kompaktum $\overline{S}^p_0$ mit m Gebieten U_λ, $\lambda = 1, \ldots, m$, mit folgenden Eigenschaften: U_λ sei enthalten in der Karte V_λ mit den lokalen Koordinaten $z^{(\lambda)}_1, \ldots, z^{(\lambda)}_p$. Die Kartenabbildung φ_λ bilde V_λ auf $\varphi_\lambda(V_\lambda) = \{z^{(\lambda)} \mid |z^{(\lambda)}| \leqq 1\}$ und U_λ auf $\varphi_\lambda(U_\lambda) = \{z^{(\lambda)} \mid |z^{(\lambda)}| \leqq \frac{1}{2}\}$ ab. Nun sei Q_n ein homogenes Polynom n. Grades von $x_1, \ldots, x_{p+2}$ mit unbestimmten Koeffizienten. In Verallgemeinerung der Poincaréschen Schlußweise verlangen wir, daß für $\lambda = 1, \ldots, m$ die Funktion $\Phi_\lambda = \Phi_{Q_n} \circ \overset{-1}{\varphi}_\lambda$ im Nullpunkt des $z^{(\lambda)}$-Raumes von der Ordnung $\geqq h$ verschwinde. Das gibt $m\binom{h+p-1}{p}$ lineare und homogene Gleichungen für die $\binom{n+p+1}{p+1}$ unbestimmten Koeffizienten von Q_n. Da

$$\binom{n+p+1}{p+1} \geqq \frac{n^{p+1}}{(p+1)!}$$

und für $h \geqq p$

$$m\binom{h+p-1}{p} < \frac{m \cdot 2^p}{p!}\, h^p$$

ist, haben diese Gleichungen sicher nicht triviale Lösungen, wenn $h < a \cdot n^{1+\frac{1}{p}}$ ist; $a = \dfrac{1}{2}\left(\dfrac{1}{m(p+1)}\right)^{1/p}$.

Wir bestimmen n_0 so groß, daß

$$(19)\qquad a n_0^{1+\frac{1}{p}} \geqq p + 1$$

und

$$a n_0^{1+\frac{1}{p}} \geqq n_0 \frac{\log M}{\log 2} + 1 \tag{20}$$

gelten. Danach setzen wir[72]:

$$h = \left[a \cdot n_0^{1+\frac{1}{p}}\right]$$

Aus (20) folgt

$$h > n_0 \log M / \log 2. \tag{21}$$

Mit diesem Wert von h berechnen wir ein nicht verschwindendes homogenes Polynom $Q^*_{n_0}$, dessen Koeffizienten die erwähnten Gleichungen lösen. Für $\lambda = 1, \ldots, m$ verschwinden die Funktionen $\Phi^*_\lambda = \Phi_{Q^*_{n_0}} \circ \overset{-1}{\varphi}_\lambda$ im Nullpunkte des $z^{(\lambda)}$-Raumes mindestens von der Ordnung h. Es sei μ das Maximum von $|\Phi_{Q^*_{n_0}}|$ auf $\overline{S}^p_0$ und P_0 ein Punkt auf $\overline{S}_0$ mit $|\Phi_{Q^*_{n_0}}(P_0)| = \mu$. Der Punkt P_0 liegt in einem Gebiet U_{λ_0}. Wegen (17) gilt in V_{λ_0}:

$$|\Phi^*_{\lambda_0}| \leqq M^{n_0} \cdot \mu.$$

Aus dem Schwarzschen Lemma folgt:

$$\mu \leqq M^{n_0} \cdot \mu / 2^h.$$

Da die rechte Seite wegen (21) kleiner als μ ist, ergibt sich $\mu = 0$ und deswegen $\Phi^*_{\lambda_0} \equiv 0$. Das Prinzip der analytischen Fortsetzung hat $\Phi_{Q^*_{n_0}} \equiv 0$ zur Folge.

Dieser Beweis ergibt außerdem mittels der Formeln (19) und (20) eine obere Schranke für den Grad n_0 des Polynoms $Q^*_{n_0}$.

6.2. Setzt man voraus, daß sich jede Abelsche Funktion als Quotient von ganzen Funktionen darstellen läßt[73], so kann man aus dem Satz von Bochner den Abhängigkeitssatz für Abelsche Funktionen herleiten[74]. Auf ähnliche Weise kommt man zum Beweise von Abhängigkeitssätzen für automorphe Funktionen, die Quotienten von automorphen Formen sind[75].

[72] $[x]$ = größte ganze Zahl $\leqq x$ für reelles x.
[73] Vgl. 2.6.
[74] [19] Siegel, S. 97.
[75] [19] Siegel, S. 146, [22] Bochner, S. 5, und [23] Borel, S. 171.

§ 7 *Beweis der Abhängigkeitssätze*

7.1. Der Satz von Bochner läßt sich so verallgemeinern, daß er als Hilfsmittel zum Beweise der allgemeinen Abhängigkeitssätze geeignet ist. Wir verwenden die Bezeichnungen in 6.1.; es werde jedoch außerdem die Möglichkeit einer **kompakten** komplexen Mannigfaltigkeit S^p zugelassen. Die Überdeckung von $\bar{S}_0^p$ mit Karten V_λ habe außer den in 6.1. geforderten Eigenschaften noch die folgende: In jedem V_λ sei ein System von holomorphen Funktionen $f_1^{(\lambda)}, \ldots, f_{p+2}^{(\lambda)}$ gegeben. Ist $V_\lambda \cap V_\mu$ nicht leer, so existiere eine in $V_\lambda \cap V_\mu$ nicht verschwindende holomorphe Funktion $g_{\lambda\mu}$, so daß für $\varrho = 1, \ldots, p+2$

$$f_\varrho^{(\mu)} = f_\varrho^{(\lambda)} \cdot g_{\lambda\mu} \tag{22}$$

gilt. Ferner gebe es eine Konstante $M' > 0$, mit der in jedem nicht leeren $V_\lambda \cap V_\mu$ die Abschätzung

$$|g_{\lambda\mu}| \leqq M'$$

bestehe. Die Voraussetzung (17) ist für jede Karte V_λ besonders zu formulieren: Ist $\Phi_\lambda(P) = Q_n(f_1^{(\lambda)}, \ldots, f_{p+2}^{(\lambda)})$, so sei für alle $P \in V_\lambda$:

$$|\Phi^{(\lambda)}(P)| \leqq M^n \sup_{P \in S_0 \cap V_\lambda} |\Phi^{(\lambda)}(P)|, \ \lambda = 1, \ldots, m. \tag{23}$$

Man erkennt leicht, daß sich der Beweis 6.1. auf diese Verallgemeinerung übertragen läßt[76].

7.2. Nun soll gezeigt werden, wie der Abhängigkeitssatz in der Formulierung 4.3. aus 7.1. gefolgert werden kann. Wir setzen $S^p = \mathfrak{P}$. Da $\mathfrak{P}$ kompakt ist, können wir auch $S_0^p = \mathfrak{P}$ setzen. Da für $\lambda = 1, \ldots, m$: $S_0^p \cap V_\lambda = V_\lambda$ ist, gilt (23) (mit $M = 1$) für jede in V_λ holomorphe Funktion. Die Gebiete V_λ werden so gewählt, daß in ihnen für die in $\mathfrak{P}$ meromorphen Funktionen $F_1, \ldots, F_{p+1}$ teilerfremde Quotientendarstellungen durch holomorphe Funktionen bestehen:

$$F_\varrho = p_\varrho^{(\lambda)} / q_\varrho^{(\lambda)}, \ \varrho = 1, \ldots, p+1, \ \lambda = 1, \ldots, m. \tag{24}$$

[76] In Formel (20) ist lediglich M durch $M \cdot M'$ zu ersetzen.

Nun sei:

$$f_\varrho^{(\lambda)} = p_\varrho^{(\lambda)} q_1^{(\lambda)} \cdots q_{\varrho-1}^{(\lambda)} q_{\varrho+1}^{(\lambda)} \cdots q_{p+1}^{(\lambda)}, \varrho = 1, \ldots, p+1,$$

und

$$f_{p+2}^{(\lambda)} = q_1^{(\lambda)} \cdots q_{p+1}^{(\lambda)}.$$

Ist $V_\lambda \cap V_\mu$ nicht leer, so gibt es für $\varrho = 1, \ldots, p+1$ in $V_\lambda \cap V_\mu$ holomorphe, von 0 verschiedene Funktionen $g_\varrho^{(\lambda,\mu)}$ mit:

$$p_\varrho^{(\mu)} = g_\varrho^{(\lambda,\mu)} p_\varrho^{(\lambda)} \text{ und } q_\varrho^{(\mu)} = g_\varrho^{(\lambda,\mu)} \cdot q_\varrho^{(\lambda)}.$$

Dann genügt die Funktion:

$$g_{\lambda\mu} = \prod_{\varrho=1}^{p+1} g_\varrho^{(\lambda,\mu)}$$

den Bedingungen in 7.1. Aus dem Satz von Bochner folgt für ein bestimmtes $\lambda = \lambda_0$, daß die Funktionen $f_\varrho^{(\lambda_0)}$, $\varrho = 1, \ldots, p+2$, ein homogenes Polynom des Grades n_0 annulieren; dann genügen $F_1, \ldots, F_{p+1}$ einer algebraischen Gleichung desselben Grades.

7.3. Die skizzierte Beweismethode stammt von C. L. Siegel[77]; die Durchführung weicht vom Siegelschen Beweise ab. Mit einigen leichten Änderungen läßt sich dieser Beweis im Fall einer komplexen Mannigfaltigkeit auch für den allgemeinen Abhängigkeitssatz 5.1. verwenden. Um diese Beweismethoden auf komplexe Räume ausdehnen zu können, braucht man eine Verallgemeinerung des Schwarzschen Lemmas. Dazu geeignete Übertragungen haben Bochner-Martin[78] und Andreotti[79] angegeben. Von Andreotti stammen wichtige Verallgemeinerungen der Abhängigkeitssätze; sie werden im nächsten Paragraphen kurz besprochen.

§ 8 *Andreottis Verallgemeinerungen der Abhängigkeitssätze*

8.1. Die Verallgemeinerungen von Andreotti sind von zweifacher Art: Einerseits wird die Kompaktheit des komplexen Raumes durch eine schwächere Voraussetzung – die Pseudokonkavität – ersetzt; andererseits werden an Stelle von meromorphen Funktionen Schnitte in kohärenten analytischen Garben betrachtet.

[77] [30] Siegel.
[78] [25] Bochner-Martin.
[79] [40] Andreotti, S. 7.

Der Begriff der Pseudokonkavität verallgemeinert die Voraussetzung (17) im Satze von Bochner zu einer lokalen Eigenschaft. Zunächst werde der Begriff der komplexen Hülle eingeführt:

Es sei U ein komplexer Raum und V eine Teilmenge von U. Die konvexe Hülle von V in U ist die Menge:

$\hat{V}_U = \{x \in U \,\|\, |f(x)| \leqq \sup |f(V)| \,\|$ für alle in U holomorphen Funktionen $f\}$.

Es sei X ein komplexer Raum und Y eine offene Teilmenge von X. Der Rand von Y sei im Randpunkte y_0 pseudokonkav, wenn y_0 ein Fundamentalsystem von Umgebungen $\{U\}$ besitzt, derart daß y_0 innerer Punkt der konvexen Hüllen $(\widehat{U \cap Y})_U$ ist.

Der komplexe Raum X heiße pseudokonkav, wenn er eine relativ kompakte offene Teilmenge Y enthält, die in jede irreduzible Komponente von X eindringt und deren Rand in jedem seiner Punkte pseudokonkav ist.

8.2. Aus der Pseudokonkavität können lokale Abschätzungen vom Typ (23) (mit $n = 1$ und $S_0 = Y$) hergeleitet werden. Diese Ungleichungen und das Lemma von Schwarz sind die Grundlage für den Beweis des Fundamentallemmas von Andreotti:

Es sei X ein irreduzibler, lokal irreduzibler pseudokonkaver komplexer Raum. $\mathfrak{F}$ sei eine torsionsfreie[80] kohärente analytische Garbe über X. Es gibt eine endliche Anzahl von Punkten $x_\alpha \in X$, $\alpha = 1, \ldots, r$, und eine ganze Zahl h, derart daß jeder Schnitt von $\mathfrak{F}$ über X, der in allen x_α mindestens von h. Ordnung[81] verschwindet, identisch Null ist.

8.3. Zu den Folgerungen aus diesem Lemma gehört ein Abhängigkeitssatz für Systeme von Schnitten in torsionsfreien kohärenten analytischen Garben. Da die (analytische oder algebraische) Abhängigkeit von solchen Schnitten durch die entsprechende Abhängigkeit von gewissen meromorphen Funktionen in Graßmannschen Mannigfaltigkeiten definiert wird, läßt sich die Beweismethode von Siegel – mit sachgemäßen Abänderungen – verwenden. Als Spezialfall ergibt sich hieraus insbesondere der folgende Abhängigkeitssatz von Andreotti:

Es sei $\mathfrak{P}$ ein irreduzibler, lokal irreduzibler pseudokonkaver komplexer Raum. Wenn in $\mathfrak{P}$ meromorphe Funktionen analytisch abhängig sind, so sind sie algebraisch abhängig.

[80] Das heißt $\mathfrak{F}$ sei lokal isomorph einer analytischen Untergarbe von $\mathfrak{O}^m$, wenn $\mathfrak{O}$ die Holomorphiegarbe bezeichnet.

[81] Diese Ordnung definiert man nach lokaler Einbettung von $\mathfrak{F}$ in eine Garbe $\mathfrak{O}^m$, vgl. Fußnote 80.

LITERATUR

[1] *Weierstraß, K.*, Mathematische Werke – Band II, Berlin 1895; Band III, Berlin 1903; Band IV, Berlin 1902.

[2] *Picard, E.*, und *Poincaré, H.*, Sur un théorème relatif aux fonctions de *n* variables indépendantes admettant 2 *n* systèmes de périodes. Comptes rendus Acad. Sciences, Paris, 97 (1883), S. 1284–1287.

[3] *Appell, P.*, Sur les fonctions périodiques de deux variables. Journal de Math. pures et appl. (4) 7 (1891), S. 157–219.

[4] *Appell, P.*, und *Goursat, E.*, Théorie des fonctions algébriques et de leurs intégrales. Paris, 1895.

[5] *Wirtinger, W.*, Zur Theorie der 2 *n*-fach periodischen Funktionen. (1. Abhandlung), Monatshefte für Mathematik und Physik, 6 (1895), S. 69–98.

[6] *Autonne*, Sur les poles des fonctions uniformes à plusieurs variables indépendantes, Acta Mathematica, 21 (1897), S. 249–264.

[7] *Baker, H. F.*, Abels Theorem and the allied theory. Cambridge, 1897.

[8] *Poincaré, H.*, Sur les fonctions abéliennes. Acta Mathematica, 26 (1902), S. 43–98.

[9] *Krazer, A.*, Lehrbuch der Thetafunktionen. Leipzig, 1903.

[10] *Blumenthal, O.*, Über Modulfunktionen von mehreren Variablen II. Mathematische Annalen, 58 (1904), S. 497–527.

[11] *Krazer, A.*, und *Wirtinger, W.*, Abelsche Funktionen und allgemeine Thetafunktionen, Enzyklopädie der math. Wissenschaften, Band II, 2 (1920), S. 604–873.

[12] *Lefschetz, S.*, L'analysis situs et la géometrie algébrique. Paris, 1924.

[13] *Osgood, W. F.*, Lehrbuch der Funktionentheorie II, 2. Leipzig und Berlin, 1932.

[14] *Thullen, P.*, Über die wesentlichen Singularitäten analytischer Funktionen und Flächen im Raume von *n* komplexen Veränderlichen. Mathematische Annalen, 111 (1935), S. 137–157.

[15] *Siegel, C. L.*, Einführung in die Theorie der Modulfunktionen *n*. Grades. Mathematische Annalen, 116 (1939), S. 617–657.

[16] *Thimm, W.*, Über algebraische Relationen zwischen meromorphen Funktionen in abgeschlossenen Räumen. S. 1–44. Dissertation Königsberg (Pr.), 1939.

[17] *Siegel, C. L.*, Note on automorphic functions of several variables. Annals of Mathematics, 43 (1942), S. 613–616.

[18] *Chow, W. L.*, On compact analytic varieties. American Journal of Math., 71 (1949), S. 893–914.

[19] *Siegel, C. L.*, Analytic functions of several complex variables. Lectures at the Institute for Advanced Study, Princeton, 1949.

[20] *Behnke, H.*, und *Stein, K.*, Modifikationen komplexer Mannigfaltigkeiten und Riemannscher Gebiete. Mathematische Annalen, 124 (1951), S. 1–16.

[21] *Kneser, H.*, Analytische Mannigfaltigkeiten im komplexen projektiven Raum. Mathematische Nachrichten, 4 (1951), S. 382–391.

[22] *Bochner, S.*, Algebraic and linear dependence of automorphic functions in several variables. The Journal of the Indian Math. Society, 16 (1952), S. 1–6.

[23] *Borel, A.*, Les fonctions automorphes de plusieurs variables complexes. Bulletin de la Societé Math. de France, 80 (1952), S. 167–182.

[24] *Thimm, W.*, Über ausgeartete meromorphe Abbildungen I (Über die Änderung der Monodromiegruppe parameterabhängiger analytischer Mannigfaltigkeiten). Mathematische Annalen, 125 (1952), S. 145–164.

[25] *Bochner, S.*, und *Martin, W. T.*, Complex spaces with singularities. Annals of Mathematics, 57 (1953), S. 490–516.

[26] *Remmert, R.*, und *Stein, K.*, Über die wesentlichen Singularitäten analytischer Mengen. Mathematische Annalen, 126 (1953), S. 263–306.

[27] *Rothstein, W.*, Zur Theorie der Singularitäten analytischer Funktionen und Flächen. Mathematische Annalen, 126 (1953), S. 221–238.

[28] *Thimm, W.*, Über meromorphe Abbildungen von komplexen Mannigfaltigkeiten. Mathematische Annalen, 128 (1954), S. 1–48.

[29] *Thimm, W.*, Meromorphe Abbildungen von Riemannschen Bereichen. Mathematische Zeitschrift, 60 (1954), S. 435–457.

[30] *Siegel, C. L.*, Meromorphe Funktionen auf kompakten analytischen Mannigfaltigkeiten. Nachrichten der Akademie der Wissenschaften in Göttingen, IIa, Math. Phys. Chem. Abt., 1955, S. 71–75.

[31] *Conforto, F.*, Abelsche Funktionen und algebraische Geometrie. Berlin–Göttingen–Heidelberg, 1956.

[32] *Remmert, R.*, Meromorphe Funktionen in kompakten komplexen Räumen. Mathematische Annalen, 132 (1956), S. 277–288.

[33] *Stein, K.*, Analytische Zerlegungen komplexer Räume. Mathematische Annalen, 132 (1956), S. 63–93.

[34] *Remmert, R.*, Holomorphe und meromorphe Abbildungen komplexer Räume. Mathematische Annalen, 133 (1957), S. 328–370.

[35] *Grauert, H.*, und *Remmert, R.*, Komplexe Räume. Mathematische Annalen, 136 (1958), S. 245–318.

[36] *Stoll, W.*, Über meromorphe Abbildungen komplexer Räume I. Mathematische Annalen, 136 (1958), S. 201–239.

[37] *Grauert, H.*, Ein Theorem der analytischen Garbentheorie und die Modulräume komplexer Strukturen. Publications Mathématiques (Institut des Hautes Etudes Scientifiques), Paris (1960), No. 5, S. 1–64.

[38] *Remmert, R.*, Analytic and algebraic dependence of meromorphic functions. American Journal of Math., 82 (1960), S. 891–899.

[39] *Rossi, H.*, Analytic Spaces with Compact Subvarieties. Mathematische Annalen, 146 (1962), S. 129–145.

[40] *Andreotti, A.*, Théorèmes de dépendance algébrique sur les espaces complexes pseudo-concaves. Bulletin de la Société Math. de France, 91 (1963), S. 1–38.

[41] *Kasahana*, On irreducibility of an analytic set. Journal of the Mathematical Society of Japan, 15 (1963), S. 1–8.

[42] *Stein, K.*, Maximale holomorphe und meromorphe Abbildungen I. American Journal of Math., 85 (1963), S. 298–313.

[43] *Stein, K.*, Maximale holomorphe und meromorphe Abbildungen II. American Journal of Math., 86 (1964), S. 823–868.

Sur le théorème de préparation de Weierstraß

Par *Henri Cartan*

Peu de théorèmes ont connu une célébrité analogue à celle du «Vorbereitungssatz», ainsi nommé par Weierstraß. Elle est justifiée, car ce théorème est un outil indispensable dans les développements contemporains des mathématiques, aussi bien en «géométrie analytique» qu'en géométrie différentielle.

1. Le Vorbereitungssatz figure pour la première fois dans le recueil publié en 1886 par Weierstraß sous le titre «Abhandlungen aus der Functionenlehre». Tandis que les quatre premiers articles de ce recueil sont des reproductions de mémoires antérieurs parus en 1876, 1880 et 1881 dans divers périodiques, le Vorbereitungssatz figure au début du cinquième article, dont Weierstraß dit dans sa préface (Vorwort): «Die fünfte Abhandlung, welche eine Reihe von Sätzen über die eindeutigen Functionen mehrerer Argumente enthält, von denen ich in meinen Vorlesungen über die Abel'schen Transcendenten Gebrauch mache, habe ich im Jahre 1879 für meine Zuhörer lithographieren lassen, ohne sie in den Buchhandel zu geben». Le paragraphe 1 est intitulé «Vorbereitungssatz», avec l'indication suivante en Fussnote: «Diesen Satz habe ich seit dem Jahre 1860 wiederholt in meinen Universitätsvorlesungen vorgetragen».

L'énoncé de Weierstraß est bien connu: *soit* $F(x, x_1, \ldots, x_n)$ *une fonction holomorphe au voisinage de l'origine ; supposons*

$$F(0, 0, \ldots, 0) = 0, \quad F_0(x) = F(x, 0, \ldots, 0) \not\equiv 0,$$

et soit p *l'entier tel que* $F_0(x) = x^p G(x)$, $G(0) \neq 0$; *alors il existe un «polynome distingué»*

$$f(x; x_1, \ldots, x_n) = x^p + a_1 x^{p-1} + \cdots + a_p$$

(dont les coefficients $a_j(x_1, \ldots, x_n)$ *sont des fonctions holomorphes au voisinage de l'origine et nulles à l'origine), et une fonction* $g(x, x_1, \ldots, x_n)$ *holomorphe et* $\neq 0$ *au voisinage de l'origine, tels que l'on ait*

$$F = f \cdot g \quad \text{au voisinage de l'origine.} \tag{1}$$

Dans sa démonstration, Weierstraß considère la dérivée logarithmique $\frac{1}{F} \cdot \frac{\partial F}{\partial x}$; il mélange curieusement les développements formels en séries entières et le fait que le corps de base est le corps des nombres complexes, car sans invoquer explicitement l'intégrale de Cauchy il en utilise des conséquences. Une variante de la démonstration de Weierstraß est due à Simart et figure dans le Traité d'Analyse d'Emile Picard (tome II, 1ère édition 1893). On montre d'abord que, $r > 0$ étant fixé et assez petit, le nombre des racines de l'équation $F(x, x_1, \ldots, x_n) = 0$ situées dans le disque $|x| < r$ est indépendant de $x_1, \ldots, x_n$ dès que $|x_i| < r'$ assez petit (en fait, il suffirait de supposer que $F(x, x_1, \ldots, x_n) \neq 0$ pour $|x| = r$, $|x_i| < r'$, et d'appliquer le théorème classique sur l'indice d'une courbe plane fermée). Soient $\xi_j (1 \leqq j \leqq p)$ ces racines; tout revient à prouver que les fonctions symétriques élémentaires des ξ_j sont holomorphes en $x_1, \ldots, x_n$ pour $|x_i| < r'$. Grâce à une intégrale de Cauchy on montre que les

$$s_k = \sum_j (\xi_j)^k$$

sont holomorphes, puis (comme le faisait déjà Weierstraß) on utilise les formules qui expriment les fonctions symétriques élémentaires des ξ_j en fonction des s_k. En fait, dans le Traité de Picard, la démonstration n'est présentée que pour le cas d'une fonction F de deux variables ($n = 1$).

2. Au cours des décennies qui suivent la publication du Vorbereitungssatz, la démonstration, puis l'énoncé même du théorème connaissent diverses péripéties. Le livre d'Osgood [1] reproduit, à peu de choses près, la démonstration du Traité de Picard. En 1927, Wirtinger [2] reprend la méthode de Weierstraß lui-même (il écrit des développements de logarithmes en séries entières), mais il fait une distinction soigneuse entre l'aspect formel des calculs et l'étude de la convergence des séries obtenues. Wirtinger semble ignorer que, 17 ans plus tôt, Brill [3] avait déjà donné, au moins dans le cas de deux variables, un calcul formel des coefficients de la série entière cherchée, et ceci au moyen d'une méthode directe qui avait l'avantage de ne pas introduire de logarithmes; Brill avait aussi prouvé la convergence de la série. Brill ignorait lui-même que dès 1905, dans un mémoire extrêmement riche consacré à la théorie des idéaux dans l'anneau des séries entières convergentes, Lasker [4] avait indiqué le principe d'une démonstration formelle et celui d'un calcul de majorantes

à la Cauchy; en effet, après avoir énoncé le théorème de préparation sous la forme de Weierstraß, il ajoute: «*Dieser Satz ist von Weierstraß gegeben und bewiesen worden. Der Beweis könnte auch durch Koeffizientenvergleichung und, bezüglich der Konvergenz, nach dem Cauchyschen Verfahren über die Integrale analytischer Differentialgleichungen geführt werden.*» Il est dommage que Lasker n'ait pas pris la peine d'indiquer le moindre calcul, mais il avait sans aucun doute une conscience très claire de la méthode à utiliser. Nous aurons à revenir plus loin sur ce mémoire fondamental de Lasker, et sur l'usage qu'il y fait du théorème de préparation.

Le travail de Lasker semble avoir été longtemps ignoré; W. Rückert lui-même, dans son mémoire classique de 1933 [5], ne cite pas Lasker, cependant antérieur de 28 ans. A ma connaissance, ce n'est qu'en 1929 qu'on trouve dans la littérature un énoncé du Vorbereitungssatz différent de l'énoncé initial de Weierstraß, sous la forme d'un théorème de division. H. Späth [6] donne la formulation suivante: *si* $F(x, 0, \ldots, 0) = x^p G(x)$, $G(0) \neq 0$, *on a un algorithme de division qui, à chaque série convergente* $A(x, x_1, \ldots, x_n)$, *associe une série convergente* $Q(x, x_1, \ldots, x_n)$ *telle que*

$$A - FQ = R$$

soit un **polynome** *en* x *de degré* $< p$ *(à coefficients holomorphes en* $x_1, \ldots, x_n$*) ; une telle série* Q *est unique*. La démonstration de Späth consiste à faire d'abord un calcul formel, puis il montre la convergence de la série entière Q obtenue. Rückert, quatre ans plus tard, reprend cet énoncé de Späth (que appellerons désormais le «théorème de division») et montre que le théorème de Weierstraß, sous sa forme initiale, en est une conséquence immédiate: prenons en effet $A = x^p$; on obtient

$$x^p - R = FQ,$$

et on voit tout de suite que les coefficients du polynome $R(x)$ s'annulent pour $x_1 = 0, \ldots, x_n = 0$, tandis que $Q(0, \ldots, 0) \neq 0$. Vers 1930 il est donc devenu clair que le Vorbereitungssatz est valable dans l'anneau des séries entières convergentes à coefficients dans n'importe quel corps valué complet, non discret; mais cette remarque ne semble pas avoir été faite explicitement à cette époque.

3. Il n'est peut-être pas inutile de donner ici une démonstration du théorème de division pour les séries formelles, car cela va nous fournir l'occasion de formuler un énoncé plus général d'où résultent des généralisa-

tions utilisées récemment dans la théorie des «séries formelles restreintes» à coefficients dans un corps à valuation ultramétrique (non-archimédienne) [7]. Soit d'abord K un corps commutatif quelconque; une série formelle

$$F(x, x_1, \ldots, x_n) \in K[[x, x_1, \ldots, x_n]]$$

peut être considérée comme une série formelle en x, à coefficients dans l'anneau des séries formelles $K[[x_1, \ldots, x_n]] = \Lambda$. Cet anneau Λ est un **anneau local,** séparé et complet (pour la topologie définie par les puissances de l'idéal maximal de Λ). Considérons, plus généralement, un anneau commutatif Λ et un idéal $\mathfrak{m}$ de Λ, tel que Λ soit séparé et complet pour la topologie définie par les puissances de $\mathfrak{m}$. Soit $K = \Lambda/\mathfrak{m}$, et soit $\varrho: \Lambda \to K$ l'homomorphisme canonique; il induit un homomorphisme

$$\Lambda[[x]] \to K[[x]],$$

que nous noterons encore ϱ. Soit $F(x) \in \Lambda[[x]]$ tel que

$$\varrho(F(x)) = \sum_{i \geqq p} k_i x^i, \; k_i \in K,$$

avec k_p **inversible** dans K. On a alors un théorème de division: *tout élément* $A(x) \in \Lambda[[x]]$ *définit un unique élément* $Q(x) \in \Lambda[[x]]$ *tel que*

$$A(x) - F(x)Q(x) = R(x)$$

soit un polynome de degré $< p$ *(à coefficients dans* Λ*).*

Démonstration: on a par hypothèse

$$F(x) = \sum_{i<p} \lambda_i x^i + x^p G(x),$$

avec $\lambda_i \in \mathfrak{m}$ pour $i < p$, et $\varrho(G(0))$ inversible dans K. Alors $G(0)$ est inversible dans Λ puisque Λ est séparé et complet; donc $G(x)$ est inversible dans l'anneau $\Lambda[[x]]$. On a ainsi

$$F(x) = G(x) \cdot (x^p - H(x)),$$

les coefficients de $H(x)$ étant tous dans $\mathfrak{m}$. Puisque $G(x)$ est inversible, tout revient à trouver $\bar{Q}(x) = G(x)Q(x)$ tel que

$$A(x) - (x^p - H(x))\,\bar{Q}(x)$$

soit un polynome de degré $< p$. Ecrivons de nouveau $Q(x)$ au lieu de $\bar{Q}(x)$. On recherche donc $Q(x) \in \Lambda[[x]]$ tel que

$$A(x) \equiv (x^p - H(x))\, Q(x), \tag{2}$$

la congruence $\equiv$ étant prise modulo le Λ-module des polynomes (en x) de degré $< p$. L'**unicité** de $Q(x)$ est immédiate: si on a

$$(x^p - H(x))\, Q(x) \equiv 0 \tag{3}$$

et si tous les coefficients de $Q(x) = \sum_{i \geqq 0} q_i x^i$ sont dans une puissance $\mathfrak{m}^k$ de l'idéal $\mathfrak{m}$, ils sont dans $\mathfrak{m}^{k+1}$, car si on regarde dans (3) le coefficient de x^{p+i} dans $H(x)\, Q(x)$, on voit que $q_i \in \mathfrak{m}^{k+1}$. Ainsi tous les q_i sont nuls.

L'**existence** de $Q(x)$ satisfaisant à (2) se prouve comme suit: les relations

$$\begin{aligned} &x^p Q_0(x) \equiv A(x) \\ &x^p Q_1(x) \equiv H(x)\, Q_0(x) \\ &\cdots\cdots\cdots\cdots \\ &x^p Q_{k+1}(x) \equiv H(x)\, Q_k(x) \\ &\cdots\cdots\cdots\cdots \end{aligned} \tag{4}$$

définissent évidemment, de proche en proche, les $Q_k(x)$. Par récurrence sur k, on voit que les coefficients de $Q_k(x)$ sont dans $\mathfrak{m}^k$; donc la série $\sum_{k \geqq 0} Q_k(x)$ converge dans $\Lambda[[x]]$, puisque Λ est complet. Sa somme $Q(x)$ satisfait à (2).

La démonstration précédente, appliquée dans le cas où $\Lambda = K[[x_1, \ldots, x_n]]$, K étant un corps valué complet non discret, permet de montrer, par un calcul facile de majorantes, que si $F(x)$ et $A(x) \in K[[x, x_1, \ldots, x_n]]$ sont des séries **convergentes,** il en est de même de $Q(x)$.

4. **Le théorème de division dans le cas du corps complexe C.** – Dans ce cas, l'usage de l'intégrale de Cauchy permet d'apporter une précision utile [8]. Convenons de dire qu'une fonction est holomorphe sur un compact Δ si elle est définie et holomorphe dans un voisinage de Δ. Notons $\Delta(r, r')$ le compact

$$|x| \leqq r, \quad |x_i| \leqq r' \text{ pour } 1 \leqq i \leqq n.$$

Soit toujours $F(x, x_1, \ldots, x_n)$ holomorphe à l'origine, telle que $F(x, 0, \ldots, 0) = x^p G(x)$, $G(0) \neq 0$. Pour $r > 0$ assez petit, F est holomorphe sur le compact $\Delta(r, 0)$ et on a

$$\text{(i)} \qquad F(x, 0, \ldots, 0) \neq 0 \text{ pour } 0 < |x| \leqq r.$$

r étant ainsi choisi, prenons $r' > 0$ assez petit pour que les conditions suivantes soient satisfaites:

$$\text{(ii)} \qquad \begin{aligned} &F \text{ est holomorphe sur } \Delta(r, r'), \\ &F(x, x_1, \ldots, x_n) \neq 0 \text{ pour } |x| = r,\ |x_i| \leqq r'. \end{aligned}$$

Théorème: *si r et r' satisfont à* (i) *et* (ii), *à toute fonction $A(x, x_1, \ldots, x_n)$ holomorphe sur $\Delta(r, r')$ correspond une unique fonction $Q(x, x_1, \ldots, x_n)$ holomorphe sur $\Delta(r, r')$ telle que*

$$A - FQ = R$$

soit un polynome en x de degré $< p$; de plus il existe une constante $\alpha > 0$ (ne dépendant que de F, r et r', non de A) telle que

$$\sup_{\Delta(r,r')} |Q(x, x_1, \ldots, x_n)| \leqq \alpha \cdot \sup_{\Delta(r,r')} |A(x, x_1, \ldots, x_n)|.$$

Ce théorème a une conséquence intéressante. Avant de l'énoncer, il sera commode d'introduire quelques notations. Pour tout point a de l'espace numérique $\mathbf{C}^n$ nous avons l'anneau $\mathcal{O}_a$ des germes (au point a) de fonctions holomorphes au voisinage de a. Pour chaque fonction f holomorphe dans un voisinage de a, nous noterons $\gamma_a(f)$ son germe au point a. Ces notations étant posées, considérons un système de fonctions $f_1, \ldots, f_p$ holomorphes dans un ouvert $V \subset \mathbf{C}^n$, et soit $a \in V$; nous dirons qu'un ouvert U tel que $a \in U \subset V$ est **privilégié** pour $(f_1, \ldots, f_p)$ si, pour toute fonction f **holomorphe dans** U et telle que $\gamma_a(f)$ appartienne à l'idéal de $\mathcal{O}_a$ engendré par $\gamma_a(f_1), \ldots, \gamma_a(f_p)$, il existe $c_1, \ldots, c_p$ **holomorphes dans** U et telles que $f = \sum_{i=1}^{p} c_i f_i$ dans U. Alors le théorème de division, tel qu'il a été précisé ci-dessus, permet de prouver [8], par récurrence sur n, que **le point a possède un système fondamental de voisinages privilégiés pour $(f_1, \ldots, f_p)$.**

5. **Quelques applications du théorème de Weierstraß.** Deux d'entre elles sont déjà explicitées dans le mémoire de Lasker [4]:

1) l'anneau $K\{x_1, \ldots, x_n\}$ des séries convergentes à coefficients dans un corps valué complet K, non discret, est **noethérien;** *en d'autres termes, tout idéal de cet anneau admet un système fini de générateurs ;*

2) l'anneau $K\{x_1, \ldots, x_n\}$ est **factoriel;** *en d'autres termes, c'est un anneau intègre dans lequel tout idéal principal $\neq 0$ s'écrit d'une seule manière comme produit d'idéaux principaux irréductibles.*

Pour l'une des propriétés comme pour l'autre, la démonstration se fait par récurrence sur n, et la récurrence utilise le théorème de préparation; celui-ci permet notamment de ramener la factorialité de $K\{x_1, \ldots, x_n\}$ au théorème de Gauß, qui dit que l'anneau des polynomes à une variable, à coefficients dans un anneau factoriel, est lui-même factoriel.

Bien entendu, on a deux théorèmes analogues pour l'anneau des séries formelles $K[[x_1, \ldots, x_n]]$ (à coefficients dans un corps quelconque K): cela résulte du théorème de préparation pour les séries formelles (on peut d'ailleurs s'en passer pour montrer que cet anneau est noethérien).

Le théorème de préparation sert aussi à une étude plus approfondie des idéaux de l'anneau $A = K\{x_1, \ldots, x_n\}$. Nous allons munir l'anneau A d'une topologie très faible: un élément de A est une série convergente, déterminée par la donnée de ses coefficients; donc A s'identifie (comme espace vectoriel sur K) à un sous-espace de K^I, où I désigne N^n (N désignant l'ensemble des entiers naturels $\geqq 0$). Munissons K de la topologie définie par la valeur absolue, et K^I de la topologie-produit; elle induit sur A la topologie de la convergence simple des coefficients. Il est remarquable que **tout idéal de $K\{x_1, \ldots, x_n\}$ est fermé** pour cette topologie (et est donc fermé pour toute topologie plus fine) [9]. Pour le voir, on se sert du théorème de division. Voici comment on procède: considérons, plus généralement, un A-module M de type fini (c'est-à-dire engendré par un nombre fini d'éléments); le choix d'un système de p générateurs de M définit un isomorphisme de M avec un quotient du module A^p (somme directe de p exemplaires de A); la topologie-quotient de celle de A^p définit sur M une topologie qui, en fait, ne dépend pas du choix des générateurs. Toute application A-linéaire $\varphi: M \to M'$ de A-modules de type fini est alors continue, et si en outre φ est surjective, la topologie de M' est quotient de celle de M. Il reste à montrer que si N est un sous-module d'un module de type fini M, N est **fermé** dans M (ce qui généralise la propriété énoncée pour les idéaux de A). Tout revient à prouver que la topologie du module quotient M/N est séparée. D'une manière générale, montrons que la topologie de tout module de type fini M est séparée: soit $f: A^p \to M$ une application A-linéaire surjective; il suffit de montrer l'existence d'une application K-linéaire **continue** $g: M \to A^p$ telle que $f \circ g$ soit l'identité; or l'existence de g se prouve par récurrence sur le nombre n des variables de l'anneau $A = K\{x_1, \ldots, x_n\}$, et la récurrence utilise précisément le théorème de division.

6. Le théorème de préparation permet aussi de passer de propriétés **ponctuelles** aux propriétés **locales.** Nous allons l'expliquer sur un exemple: le **théorème d'Oka** [10] sur la «cohérence» du «faisceau structural» d'une variété analytique complexe. Plaçons-nous (ce qui ne restreint pas la généralité) dans un ouvert U de l'espace numérique $\mathbf{C}^n$. Soient $f_1, \ldots, f_p$ des fonctions holomorphes dans U, en nombre fini; pour chaque $a \in U$, considérons le sous-module R_a de $(\mathcal{O}_a)^p$ formé des systèmes $(c_1, \ldots, c_p)$ de germes de fonctions holomorphes au point a, tels que $\sum_{i=1}^{r} c_i \gamma_a(f_i) = 0$ (R_a est le «module des relations holomorphes entre les fonctions f_i au point a»). Le théorème d'Oka affirme que le «faisceau» des sous-modules $R_a \subset (\mathcal{O}_a)^p$ est «cohérent», ce qui signifie ceci: prenons, dans un voisinage V de a, q sytèmes de p fonctions holomorphes dans V:

$$(c_i^1)_{1 \leqq i \leqq p}, \ldots, (c_i^q)_{1 \leqq i \leqq p}$$

tels que d'une part $\sum_i c_i^j f_i = 0$ au voisinage de a (pour $1 \leqq j \leqq q$), d'autre part, les q systèmes

$$(\gamma_a(c_i^1)), \ldots, (\gamma_a(c_i^q))$$

engendrent le $\mathcal{O}_a$-module R_a. Alors le théorème d'Oka affirme que, pour tout $x \in U$ assez voisin de a, les q systèmes

$$(\gamma_x(c_i^1)), \ldots, (\gamma_x(c_i^q)$$

engendrent le $\mathcal{O}_x$-module R_x. La démonstration utilise de façon essentielle le théorème de préparation de Weierstraß. Observons que ce théorème d'Oka est valable si on remplace le corps complexe $\mathbf{C}$ par n'importe quel corps valué complet non discret.

Un autre théorème dont la démonstration nécessite le théorème de Weierstraß est le suivant: considérons, dans un ouvert $U \subset \mathbf{C}^n$ (ici, il est essentiel d'avoir affaire au corps algébriquement clos **C**), l'ensemble M des points $x \in U$ qui annulent des fonctions $f_1, \ldots, f_p$ holomorphes dans U. Pour chaque point $a \in U$, soit I_a l'idéal de l'anneau $\mathcal{O}_a$ formé des germes de fonctions holomorphes qui s'annulent identiquement sur M au voisinage de a (observons que si $a \notin M$, on a $I_a = \mathcal{O}_a$, et réciproquement). On démontre [11] que le faisceau des idéaux I_a est «cohérent»: si des fonctions $g_1, \ldots, g_q$ holomorphes au voisinage de a sont telles que $\gamma_a(g_1), \ldots, \gamma_a(g_q)$ engendrent l'idéal I_a, alors, pour tout point x assez voisin de a, $\gamma_x(g_1), \ldots, \gamma_x(g_q)$ engendrent l'idéal I_x.

7. **Une généralisation du théorème de division.** Introduisons d'abord la notion de K-**algèbre analytique** (K désignant toujours un corps valué complet, non discret). C'est, par définition, une K-algèbre A, non réduite à 0, telle qu'il existe un entier $n \geqq 0$ et un homomorphisme surjectif d'algèbres $K\{x_1, \ldots, x_n\} \to A$. Il est clair qu'une telle algèbre A est une algèbre locale dont l'idéal maximal $\mathfrak{m}(A)$ est l'image de l'idéal maximal de $K\{x_1, \ldots, x_n\}$.

On a le théorème suivant [12]:

Théorème. – *Soient A et B deux K-algèbres analytiques, et soit $u: A \to B$ un homomorphisme d'algèbres. Soient $b_i \in B$ des éléments en nombre fini ; alors les deux assertions suivantes sont équivalentes :*

(i) *les images des b_i dans le K-espace vectoriel $B/\mathfrak{m}(A) \cdot B$ engendrent cet espace vectoriel ;*

(ii) *les b_i engendrent B pour sa structure de A-module définie par u.*

($\mathfrak{m}(A) \cdot B$ désigne le sous-espace vectoriel de B engendré par les éléments de la forme $u(m)b$, où $m \in \mathfrak{m}(A)$ et $b \in B$).

A priori, il est évident que (ii) entraîne (i). La réciproque a pour conséquence le théorème de division, comme on va le voir: soient $F(x, x_1, \ldots, x_n)$ et l'entier p comme dans le théorème de Weierstraß, et soit B l'algèbre quotient de $K\{x, x_1, \ldots, x_n\}$ par l'idéal engendré par F. Prenons $A = K\{x_1, \ldots, x_n\}$, et soit $u: A \to B$ l'homomorphisme composé de l'injection canonique $K\{x_1, \ldots, x_n\} \to K\{x, x_1, \ldots, x_n\}$ et de l'application canonique de $K\{x, x_1, \ldots, x_n\}$ sur son quotient B. L'espace vectoriel

$B/\mathfrak{m}(A)\cdot B$ s'identifie évidemment au quotient de l'algèbre de polynomes $K[x]$ par l'idéal engendré par x^p, et a donc pour base les images de $1, x, \ldots, x^{p-1}$ dans $B/\mathfrak{m}(A)\cdot B$. Appliquons alors le théorème précédent, en prenant pour éléments b_i les images de $1, x, \ldots, x^{p-1}$ dans B. On trouve que ces éléments engendrent B comme A-module, ce qui exprime précisément le théorème de division.

Corollaire: *Si le K-espace $B/\mathfrak{m}(A)\cdot B$ est de dimension finie, l'algèbre B est un A-module de type fini.*

8. **Etude locale des sous-ensembles analytiques.** Bornons-nous, ce qui ne restreint pas la généralité, au cas où l'on étudie, au voisinage de l'origine $0 \in \mathbf{C}^n$, l'ensemble M des solutions d'un système d'équations

$$f_i(x) = 0 \qquad (1 \leqq i \leqq p),$$

où les f_i sont holomorphes au voisinage de 0. D'une façon précise, on se propose d'étudier le «germe» M_0 de M au point 0. En principe, si l'on en croit Osgood [1], c'est à Weierstraß lui-même que remonterait le théorème suivant: M_0 est, d'une seule manière, réunion finie de germes **irréductibles** d'ensembles analytiques; en outre, une description géométrique précise d'un germe irréductible est donnée, dans laquelle intervient notamment la notion de **dimension** d'un tel germe. En fait, en me reportant à la référence de Weierstraß donnée par Osgood, je n'ai pas réussi à trouver une étude complète dans le cas général, et je crois que le mérite de celle-ci revient à Rückert [5]. En fait, il s'agit d'étudier le germe d'ensemble analytique (au point 0) défini par un idéal I de l'anneau $\mathbf{C}\{x_1, \ldots, x_n\}$, compte tenu du fait que cet idéal est de type fini. (On trouvera un exposé d'ensemble de cette question dans [13].)

On étudie d'abord le cas où I est un idéal **premier,** en considérant l'anneau quotient $\mathbf{C}\{x_1, \ldots, x_n\}/I$, qui est alors intègre. Grâce au théorème de préparation de Weierstraß, on prouve un lemme de «normalisation» analogue à celui qui est si utile dans la théorie des variétés algébriques: en faisant au besoin sur les coordonnées $x_1, \ldots, x_n$ de l'espace ambiant une transformation linéaire, on se ramène au cas où, pour un entier k convenable, l'homomorphisme composé de l'injection naturelle $\mathbf{C}\{x_1, \ldots, x_k\} \to \mathbf{C}\{x_1, \ldots, x_n\}$ et de l'application canonique de $\mathbf{C}\{x_1, \ldots, x_n\}$ sur son quotient $\mathbf{C}\{x_1, \ldots, x_n\}/I$ est une **injection** telle que $\mathbf{C}\{x_1, \ldots, x_n\}/I$ soit un module de type fini sur $\mathbf{C}\{x_1, \ldots, x_k\}$. ($k$ est alors la dimension du germe irréductible M_0 défini par l'idéal I.) A partir de là, il reste à décrire la structure géométrique du germe irréductible M_0, puis à montrer que tout germe de fonction holomorphe qui s'annule identiquement sur M_0 appartient à l'idéal I. Ensuite, il suffit de puiser dans l'arsenal purement algébrique de la théorie des anneaux pour prouver que, dans le cas d'un idéal I quelconque, tout germe de fonction holomorphe qui s'annule identiquement sur le germe d'ensemble analytique défini par I a une puissance qui appartient à I («Nullstellensatz» de Hilbert).

Dans ce qui précède, le fait que le corps $\mathbf{C}$ est algébriquement clos joue un rôle essentiel. Néanmoins, le théorème de préparation permet aussi une description des germes de sous-ensembles analytiques définis sur le corps réel $\mathbf{R}$; une étude fine a conduit Łojasiewicz (voir [14]) à l'important résultat suivant: soit f une fonction analytique-réelle dans un ouvert $U \subset \mathbf{R}^n$, soit M l'ensemble des $x \in U$ tels que $f(x) = 0$, et soit $d(x, M)$ la distance de $x \in U$ à l'ensemble M; alors, pour tout compact $K \subset U$, il existe $\alpha > 0$ et $\beta > 0$ tels que

$$|f(x)| \geqq \alpha(d(x, M))^\beta \text{ pour tout } x \in K$$

(On peut dire, très grossièrement, que si $x \notin M$, $f(x)$ n'est pas «trop petit».) Ce résultat a permis à Łojasiewicz de résoudre le problème de la division d'une «distribution» par une fonction analytique-réelle non identiquement nulle. Il joue d'autre part un rôle important dans la démonstration (fort délicate) qu'a donnée récemment Malgrange [15] du «théorème de préparation différentiable», dont je voudrais maintenant dire quelques mots.

9. **Le théorème de préparation différentiable.** Il ne s'agit plus de l'algèbre $K\{x_1, \ldots, x_n\}$ des séries convergentes, mais de la $\mathbf{R}$-algèbre $\mathscr{E}(x_1, \ldots, x_n)$ des **germes de fonctions différentiables.** Précisons: $x_1, \ldots, x_n$ désignant maintenant n variables réelles (coordonnées dans l'espace $\mathbf{R}^n$), une fonction $f(x_1, \ldots, x_n)$, à valeurs réelles, définie et différentiable (c'est-à-dire indéfiniment différentiable) dans un voisinage de l'origine $(0, \ldots, 0)$, définit un **germe** à l'origine; l'ensemble $\mathscr{E}(x_1, \ldots, x_n)$ de tous ces germes a une structure d'anneau (définie par l'addition et la multiplication des fonctions), ou plus précisément d'algèbre sur le corps réel $\mathbf{R}$. On identifie l'algèbre $\mathscr{E}(x_1, \ldots, x_{n-1})$ à une sous-algèbre de $\mathscr{E}(x_1, \ldots, x_n)$, à savoir la sous-algèbre des germes de fonctions indépendantes de x_n. On a alors le

Théorème de division de Malgrange: *soit* $F \in \mathscr{E}(x_1, \ldots, x_n)$, *telle que* $F(0, \ldots, 0) = 0$, $F(0, \ldots, 0, x_n) = (x_n)^p G(x_n)$, *G différentiable*, $G(0) \neq 0$. *Alors pour toute* $A \in \mathscr{E}(x_1, \ldots, x_n)$ *il existe une* $Q \in \mathscr{E}(x_1, \ldots, x_n)$ *telle que*

$$A - FQ = R$$

soit un polynome en x_n, *de degré* $< p$, *à coefficients dans* $\mathscr{E}(x_1, \ldots, x_{n-1})$.

Contrairement à ce qui avait lieu dans le cas analytique, l'unicité de Q n'est plus assurée ici. Mais, comme dans le cas analytique, le «théorème de division» entraîne un «théorème de préparation»: en effet, si on applique le théorème de division à $A = (x_n)^p$, on trouve que, F étant donnée comme ci-dessus, il existe un polynome «distingué»

$$f = (x_n)^p + a_1(x_n)^{p-1} + \cdots + a_p,$$

à coefficients $a_i \in \mathscr{E}(x_1, \ldots, x_{n-1})$ satisfaisant à $a_i(0, \ldots, 0) = 0$, tel que $f = FQ$, avec $Q \in \mathscr{E}(x_1, \ldots, x_n)$, $Q(0, \ldots, 0) \neq 0$. Autrement dit, F **est «équivalente» à un polynome distingué de degré** p (l'équivalence s'entend modulo le groupe multiplicatif des éléments inversibles de l'anneau $\mathscr{E}(x_1, \ldots, x_n)$).

Quelques commentaires ne seront pas inutiles. Tandis que l'algèbre $\mathbf{R}\{x_1, \ldots, x_n\}$ des séries convergentes se plongeait dans l'algèbre des séries formelles $\mathbf{R}[[x_1, \ldots, x_n]]$, ici on a un homomorphisme

$$\mathscr{E}(x_1, \ldots, x_n) \to \mathbf{R}[[x_1, \ldots, x_n]],$$

à savoir celui qui associe à tout germe de fonction différentiable son développement de Taylor à l'origine. Un théorème d'Emile Borel assure que cet homomorphisme est **surjectif;** son noyau se compose évidemment des germes de fonctions $f(x_1, \ldots, x_n)$ qui sont nulles ainsi que toutes leurs dérivées à l'origine. C'est la présence de ces fonctions «plates» qui rend difficile la démonstration du théorème de Malgrange.

Malgrange prouve d'abord le théorème de division dans un cas particulier: celui où F est un polynome distingué en x_n dont les coefficients sont des fonctions **analytiques** de $x_1, \ldots, x_{n-1}$. Malgré cette hypothèse restrictive, les difficultés sont considérables, et il ne peut être question d'en donner même une idée. Signalons toutefois que l'inégalité de Łojasiewicz intervient dans la démonstration. Une fois prouvé le théorème de division dans ce cas particulier, il n'est plus très difficile d'y ramener le cas général, grâce à une série d'astuces. On démontre même un résultat plus fort que le théorème de division, et analogue au théorème du n° 7 ci-dessus. Avant de l'énoncer, introduisons la notion d'**algèbre différentiable** (de même qu'au n° 7 nous avions introduit la notion d'algèbre analytique).

Par définition, une algèbre différentiable est définie par la donnée d'une $\mathbf{R}$-algèbre A non réduite à 0 et (pour un entier $n \geqq 0$ convenable) d'un homomorphisme surjectif de $\mathbf{R}$-algèbres

$$\lambda : \mathscr{E}(x_1, \ldots, x_n) \to A.$$

Il est clair que A est alors une algèbre locale dont l'idéal maximal $\mathfrak{m}(A)$ est l'image de l'idéal maximal de $\mathscr{E}(x_1, \ldots, x_n)$. Les algèbres différentiables sont les objets d'une catégorie dont les morphismes sont définis comme suit: un morphisme de $(\lambda : \mathscr{E}(x_1, \ldots, x_n) \to A)$ dans $(\mu : \mathscr{E}(y_1, \ldots, y_p) \to B)$ est un homomorphisme d'algèbres $u: A \to B$ tel qu'il existe des germes d'applications différentiables

$$(*) \qquad x_i = \varphi_i(y_1, \ldots, y_p) \qquad (1 \leqq i \leqq n)$$

rendant commutatif le diagramme

$$\begin{array}{ccc} \mathscr{E}(x_1, \ldots, x_n) & \xrightarrow{\varphi^*} & \mathscr{E}(y_1, \ldots, y_p) \\ \lambda \downarrow & & \downarrow \mu \\ A & \xrightarrow{u} & B \end{array}$$

où φ^* est l'homomorphisme défini par le changement de variables (*).

Nous pouvons maintenant énoncer le

Théorème de Malgrange: *Soient $(\lambda : \mathscr{E}(x_1, \ldots, x_n) \to A)$ et $(\mu : \mathscr{E}(y_1, \ldots, y_p) \to B)$ deux algèbres différentiables, et soit $u: A \to B$ un morphisme de la première dans la seconde. Soient $b_i \in B$ des éléments en nombre fini; alors les deux assertions suivantes sont équivalentes:*

(i) *les images des b_i dans le $\mathbf{R}$-espace vectoriel $B/\mathfrak{m}(A) \cdot B$ engendrent cet espace vectoriel;*

(ii) *les b_i engendrent B pour sa structure de A-module définie par l'homomorphisme u.*

Comme au n° 7, on montre que ce théorème entraîne le théorème de division.

Il est bon d'ajouter que c'est Thom qui a le premier conjecturé le «théorème de préparation différentiable», laissant à Malgrange le soin de le démontrer. Aujourd'hui ce théorème est en train de devenir un outil essentiel en topologie différentielle, dans l'étude des germes d'applications différentiables f d'une variété M dans une variété M' (il s'agit de germes en un point $(x, x') \in M \times M'$). Dans cet ordre d'idées, on connaissait déjà des résultats isolés: celui de M. Morse concernant le cas où $M' = \mathbf{R}$, f admettant en x un «point critique non-dégénéré»; ceux de Whitney [16] concernant certains types d'applications dégénérées. D'une manière générale, on voudrait, dans la mesure du possible, classifier tous ces germes d'applications (c'est-à-dire trouver, dans chaque classe, une forme canonique pour f moyennant un choix convenable des coordonnées locales dans M et dans M'). Il semble probable que, grâce au théorème de Malgrange, cette classification sera possible au moins dans le cas où l'algèbre des germes (en x) de fonctions différentiables sur M est, au moyen de f, un module de type fini sur l'algèbre des germes (en x') de fonctions différentiables sur M'.

Comme on le voit, le théorème de préparation de Weierstraß continue à être une source d'inspiration pour les mathématiciens contemporains, et ce fait justifie, à mes yeux, la place privilégiée qu'avec le recul du temps on doit lui attribuer dans l'ensemble de son œuvre.

BIBLIOGRAPHIE

[1] *F. Osgood*, Lehrbuch der Funktionentheorie, II.
[2] *Wirtinger*, Crelle's Journal, 158, 1927, 260–267.
[3] *Brill*, Math. Annalen, 69, 1910, 538–549.
[4] *Lasker*, Math. Annalen, 60, 1905, 20–116.
[5] *Rückert*, Math. Annalen, 107, 1933, 259–281.
[6] *Späth*, Journ. f. r. u. a. Math., 161, 1929, 95–100.
[7] *P. Salmon*, Bull. Soc. Math. de France, 92, 1964, 385–410.
[8] *H. Cartan*, Annales E.N.S., 61, 1944, 149–197.
[9] *H. Cartan*, Faisceaux analytiques cohérents (Centro Int. Mat. Estivo, Roma 1963).
[10] *K. Oka*, Bull. Soc. Math. de France, 78, 1950, 1–28.
[11] *H. Cartan*, Bull. Soc. Math. de France, 78, 1950, 29–64.
[12] *C. Houzel*, Sém. Cartan 1960/61, exposé 18.
[13] *M. Hervé*, Several complex variables, local theory (Oxford Univ. Press 1963).
[14] *B. Malgrange*, Sém. Schwarz 1959/60, exposé 22.
[15] *B. Malgrange*, Sém. Cartan 1962/63, exposés 11, 12, 13 et 22.
[16] *H. Whitney*, Annals of Math. 62, 1955, 374–410.

Der Weierstraßsche Satz und die Anfänge der Werteverteilungstheorie

Von *Alexander Dinghas*[1]

1. *Einleitung*

Aus einem längeren Brief von *Weierstraß* an *Sonja Kowalevsky* vom 16.12.1874[2] entnehmen wir, daß er spätestens im Herbst desselben Jahres im Besitz der kanonischen Produktdarstellung einer eindeutigen Funktion in der Umgebung einer wesentlichen isolierten Singularität gewesen sein muß. Auch die Tatsache, daß eine eindeutige Funktion mit endlich vielen wesentlichen isolierten Singularitäten in jeder Umgebung einer solchen Stelle einem beliebig vorgegebenen komplexen Wert beliebig nahekommt, dürfte ihm um diese Zeit bekannt gewesen sein[3].

Die Abhandlung, von der in dem Brief an *Sonja Kowalevsky* die Rede ist, wurde von *Weierstraß* am 14. 12. in der Akademie gelesen, jedoch nicht, wie geplant, in deren Monatsberichten aufgenommen, sondern später in den Abhandlungen der Akademie gedruckt[4].

Diese Arbeit von *Weierstraß* übte bekanntlich den stärksten Einfluß auf die funktionentheoretische Forschung der damaligen Zeit aus, begründete zusammen mit den später einsetzenden Arbeiten von *Laguerre*, *Poincaré* und *Hadamard*[5] die Theorie der meromorphen Funktionen und lieferte *Picard* einen Teil der Hilfsmittel zum Beweis seines berühmten, jetzt unter dem Namen großer Picardscher Satz bekannten Satzes aus dem Jahre 1880. Auch später stützen *Hadamard* und *Borel*, die eigentlichen Begründer der Werteverteilungstheorie[6], einen großen Teil ihrer Ergebnisse auf die Er-

[1] Vorgetragen auf der Tagung anläßlich des 150. Geburtstags von *K. Weierstraß* in Münster am 2. November 1965, zum Druck eingereicht am 1. 4. 1965.

[2] Acta Math. 39, 1923, S. 149ff.

[3] loc. cit. 2, S. 150.

[4] loc. cit. 2, S. 152 (*Weierstraß* [20]).

[5] Man vgl. etwa: *Bieberbach* [3].

[6] Hadamard und Borel waren die ersten gewesen, die mit Erfolg das bis dahin isoliert stehende Ergebnis von *Picard* [17] in die damalige funktionentheoretische Forschung eingeordnet haben.

kenntnisse der Weierstraßschen Abhandlung über die eindeutigen analytischen Funktionen.

Es ist hier nicht beabsichtigt, einen allgemeinen Überblick über die Entwicklung der Werteverteilungstheorie zu geben. Mein Wunsch ist lediglich, einen Ausschnitt aus der Entwicklung eines Fragenkomplexes zu geben, die vor *Weierstraß* begann und später zur Theorie der Häufungsmengen und zur Werteverteilungstheorie von *R. Nevanlinna* geführt hat. Zum Verständnis des Ganzen soll noch ein kurzer Überblick über die lokale Nevanlinnasche Theorie gegeben werden.

Das Eingehen auf die Arbeiten vor der Weierstraßschen Abhandlung kann ebenfalls nur kurz sein. Daß auch dieses Eingehen lückenhaft und unvollständig bleiben muß, leuchtet jedem Sachkundigen ein, der die Schwierigkeiten, denen man begegnet, kennt, wenn man die Entwicklung einer mathematischen Theorie bis in ihre Anfänge zurückverfolgen und diejenigen Ideenverbindungen aufdecken will, die zu ihrer Entstehung geführt haben.

2. *Geschichte*

Ich erinnere kurz an die Ergebnisse von *Weierstraß* und *Picard:*

Es bezeichnen $\mathbf{C}$, $\overline{\mathbf{C}}$ die endliche bzw. die durch den Punkt ∞ kompaktifizierte komplexe Ebene und w eine nicht konstante eindeutige analytische Funktion mit dem Meromorphiegebiet G[7]. Man definiere bei gegebenem Randpunkt a von G die Häufungsmenge $W_a(w)$ von w bei a als die Gesamtheit aller Punkte c von $\overline{\mathbf{C}}$ mit der Eigenschaft, daß zu jedem $c \in W_a(w)$ eine Punktfolge (z_n) $(z_n = z_n(c))$ mit $z_n \to a$ und $w(z_n) \to c$ existiert. Ferner definiere man neben $W_a(w)$ die Menge $P_a(w)$ durch die Forderung, daß $c \in P_a(w)$ die Existenz einer Punktfolge (z_n) $(z_n = z_n(c))$ mit $z_n \to a$ und $w(z_n) = c$ impliziert. Dann lauten die Sätze von *Weierstraß* und *Picard:*

Satz 1 *(Weierstraß). Ist a ein isolierter Randpunkt von G, so gilt die Gleichung* $W_a(w) = \overline{\mathbf{C}}$.

Satz 2 *(Picard). Für jeden isolierten Randpunkt a von G kann $\overline{\mathbf{C}} - P_a(w)$ höchstens zwei Punkte enthalten.*

Der Satz von *Picard*, längere Zeit isoliert innerhalb des funktionentheoretischen Gebäudes der damaligen Zeit, leitete eine Reihe von bedeutenden Untersuchungen (darunter die von *Hadamard* [10] und *Borel* [5])

[7] D. h. das größte Gebiet von $\mathbf{C}$, in dem w meromorph ist.

ein, die erst mit den grundlegenden Abhandlungen von *R. Nevanlinna* ([13], [14] und [15]) ihren vorläufigen Abschluß gefunden haben.

Daß der Weierstraßsche Satz 1 nicht vor 1874 exakt formuliert und bewiesen wurde, liegt eher an der fehlenden Differenzierung zwischen Maximum und Supremum in der Zeit vor *Weierstraß* als an sonstigen Schwierigkeiten der Cauchyschen Theorie. Auch in anderer Hinsicht hat *Weierstraß* vom heutigen Standpunkt recht, wenn er nämlich die Funktion w in a als nicht definiert ansieht, falls $W_a(w)$ mehr als einen Punkt enthält.

Intuitiv erfaßt (was hier besagen soll, daß die Festsetzung $w(a) = W_a(w)$ nichts anderes bedeutet, als daß w in der Umgebung von a jedem Wert aus $W_a(w)$ im Weierstraßschen Sinne beliebig nahe kommt) und hinreichend belegt (einmal sogar exakt bewiesen) wurde der Weierstraßsche Satz vor 1876 dreimal, nämlich von *Briot* und *Bouquet*[8], *Sochozki* und *Casorati*. *Briot* und *Bouquet*, deren Arbeiten von *Cauchy* und *Liouville* unmittelbar beeinflußt wurden, scheinen die ersten gewesen zu sein (den Zeitpunkt kann man zwischen 1854 und 1859 ansetzen), die den Satz 1[9] für ganze transzendente Funktionen, (unter Zugrundelegung der Definition $w(a) = W_a(w)$) formuliert und bewiesen haben. Das ist soviel, wie im klassischen Göschenbändchen von *K. Knopp* über den Weierstraßschen Satz steht.

Mehrere Jahre nach *Briot* und *Bouquet*, gegen 1868, kommt *J. W. Sochozki* [18] auch zu dem Satz 1, wobei er jedoch, was die Festlegung $w(a) = W_a(w)$ anbetrifft, nicht über den Standpunkt seiner Vorgänger hinausgeht[10].

[8] Nach *Osgood* (Analysis der komplexen Größen, *Enzyklop. der Math. Wissensch. Bd. II, 2. Teil*, 1901–1921, S. 19, Fußnote 28) haben *Briot* und *Bouquet* bereits in § 38 der 1. Aufl. ihrer Théorie des fonctions doublement periodiques den Weierstraßschen Satz (unrichtig) formuliert. Man vgl. auch Anmerkung 9. Ich beziehe mich hier auch auf eine mündliche Mitteilung von Sir *E. F. Collingwood* aus dem Jahre 1962.

[9] Die neuen Methoden von *Liouville* in der Theorie elliptischen Funktionen (*Borchardt* [4]) müssen auf *Briot* und *Bouquet* anfeuernd gewirkt und womöglich zum großen Teil die Abhandlung von 1865, die erste zusammenhängende Darstellung der Cauchyschen Funktionentheorie (*Briot–Bouquet* [6]), beeinflußt haben. In dieser Arbeit wird allerdings (falsche Formulierung) geschlossen, daß eine in **C** holomorphe Funktion w den Werten 0 und ∞ beliebig nahekommt. Die Anwendung des (heute geläufigen) Schlusses auf $w - a$ findet man erst in [7].

[10] Es ist mir leider (trotz gütiger Hilfe von Herrn Professor *A. Haimovici* in Jasi) nicht gelungen, einen Einblick in die Abhandlung von *Sochozki* zu bekommen. So entnehme ich die Daten und die Leistungen aus dem Buch von Herrn *Markuschewitsch* [11], S. 80ff. Danach hat *Sochozki* in [18], S. 17, folgenden Satz bewiesen: *Wird eine gegebene Funktion $f(z)$ in einem gewissen Punkt z_0 von unendlicher Ordnung unendlich, so muß eben in diesem Punkt die Funktion $f(z)$ alle möglichen Werte annehmen.*
Der Beweis von *Sochozki* wird (leider) von Herrn *Markuschewitsch* nicht wiedergegeben.

Auch *Casorati* ([8] und [9]) formuliert den Satz 1 so[11], daß w in der Nähe einer Unstetigkeit (in un punto di discontinuità) alle komplexen Werte annimmt (ammette come valori tutti quanti i numeri). Sonst wird aber der Beweis von *Casorati*, wie jetzt in jeder Anfänger-Vorlesung mit Hilfe von zwei konzentrischen Kreisen um die (wesentliche isolierte) Singularität, durchgeführt.

Durch die Betrachtung von Kreisperipherien wurde die Allgemeinheit des Casoratischen Schlusses, so bedeutend dieser für die damalige Zeit war, stark beeinträchtigt. Die Cauchysche Integraltheorie gestattet, wie bekannt, viel mehr zu beweisen als den Weierstraßschen Satz in seiner klassischen Form. Man nehme in der Tat an, K sei eine kompakte Menge von $\mathbf{C}$ und habe die Eigenschaft, daß für jedes Gebiet G von mit $K \subset G$ (was für die klassische Cantorsche Dreiermenge der Fall ist) auch $G - K$ ein Gebiet sei. Man ordne K eine Länge $L(K)$ durch folgendes Verfahren zu:

Es bezeichnet (Π) die Gesamtheit aller endlichen Polygonsysteme Π mit der Eigenschaft:

1. Jedes Π besteht aus endlich vielen achsenparallelen, disjunkten, einfach geschlossenen und positiv orientierten Polygonen in $G - K$.
2. Das Innere von Π (d. h. die Gesamtheit aller Punkte von $\mathbf{C}$, die von Π eingeschlossen werden) überdeckt K.

Es sei $L(\Pi)$ die Gesamtlänge von Π. Dann soll

$$L(K) = \inf_{(\Pi)} L(\Pi)$$

gesetzt werden.

Unter Zugrundelegung der Länge $L(K)$ kann man nun den Weierstraßschen Satz in folgender Form beweisen:

Satz 3. *Ist $L(K) = 0$, so gilt für jede in $G - K$ meromorphe Funktion w entweder $\overline{w(G-K)} = \overline{\mathbf{C}}$ oder w ist meromorph in G*[12].

Denn ist $\overline{w(G-K)} \neq \overline{\mathbf{C}}$, so gibt es offenbar ein endliches c mit $|w(z) - c| \geqq \varepsilon > 0 (z \in G - K)$. Man setze $g = (w - c)^{-1}$ und betrachte

[11] *Casorati* [8] und [9]. Sowohl [8] wie auch [9] sind 1868 erschienen.
[12] Für die Cantorsche Dreiermenge ist offenbar $L(K) = 0$.

ein (festes) achsenparalleles, einfach geschlossenes und positiv orientiertes Polygon Π_0 in $G-K$. Dann gilt für jeden Punkt z von $G-K$ im Inneren von Π_0 die Gleichung

$$g(z)=\frac{1}{2\pi i}\int_{\Pi_0} g\,\frac{d\zeta}{\zeta-z}-\sum_k \frac{A_k}{2\pi i}\int_{\Pi_k} g\,\frac{d\zeta}{\zeta-z}$$

wobei Π_k die einzelnen Polygone des (beliebig gewählten) Systems Π bedeuten und die (Windungs-)Zahlen A_k gleich 1 oder 0 sind. Es gilt also

$$g(z)=\frac{1}{2\pi i}\int_{\Pi_0} g\,\frac{d\zeta}{\zeta-z}$$

in G, und w muß somit meromorph in G sein.

Allgemeine Überlegungen dieser Art sind jedoch erst in der neuesten Zeit aufgestellt worden[13], nachdem *R. Nevanlinna* [16] die Theorie des harmonischen Maßes entwickelt hat.

3. Methode

F. Nevanlinna [12] und später nachdrücklicher *Ahlfors* ([1] und [2]) haben bemerkt, daß man die gesamte Werteverteilungstheorie, wie diese in den Jahren 1924 und 1925 von *R. Nevanlinna* [15] entwickelt wurde, durch Anwendung potentialtheoretischer Methoden auf den Dilatationsmodul $\mu(a)$ einer konformen Metrik

$$ds=\mu(a)\,|da| \tag{3.1}$$

der a-Ebene ableiten kann, sofern diese in der Umgebung von q verschiedenen, sonst willkürlich gewählten Punkten $a_1, \ldots, a_q$ von $\overline{\mathbf{C}}$ ein bestimmtes singuläres Verhalten aufweist.

[13] Man vgl. etwa den Vortrag von *G. af Hallström* in den Proceedings of the International Colloquium on the Theory of Functions, *Suamalainen Tiede akatemia, Helsinki 1958.*

Im folgenden soll kurz die Ahlforssche Methode unter Zugrundelegung der Metrik

$$(3.2)\qquad \begin{aligned} \|a, b\| &= \frac{1}{2}\,\frac{|a-b|}{\overset{+}{|a|}\;\overset{+}{|b|}} \qquad\qquad (a, b \in \mathbf{C}) \\ \|a, \infty\| &= \frac{1}{2\,\overset{+}{|a|}}\;(a \in \mathbf{C}), \qquad \|\infty, \infty\| = 0 \end{aligned}$$

mit

$$\overset{+}{|\mathfrak{z}|} = \max\,(1, |\mathfrak{z}|) \qquad\qquad (\mathfrak{z} \in \overline{\mathbf{C}})$$

entwickelt werden, die den ursprünglichen Nevanlinnaschen Begriffsbildungen besser angepaßt zu sein scheint als die klassische sphärische Entfernung $[a, b]$. Wie man leicht feststellt, genügt a, b der Ungleichung $\|a, b\| \leqq [a, b]$ und ist somit ebenfalls $\leqq 1$.[14]

Die Metrik (3.2) führt ohne Schwierigkeit zu dem Bogenelement

$$(3.3)\qquad ds = \frac{C}{2\,\overset{+}{|a|}^2}\,|da| = C g(a)\,|da|$$

mit einem positiven, sonst willkürlichen $C > 0$. Die Konstante C läßt sich eindeutig durch die Bedingung

$$(3.4)\qquad \int_{\overline{\mathbf{C}}} d\omega(a) = C^2 \int_{\mathbf{C}} g^2(a)\,d\sigma(a) = 1$$

wobei $d\sigma(a)$ das euklidische Flächenelement von $\mathbf{C}$ in a ist, bestimmen. Diese liefert den Wert $C = (2^{-1}\pi)^{-1/2}$.

Die Metrik (2.3) ist offenbar Spezialfall der Metrik

$$(3.5)\qquad ds = \mu_q(a)\,g(a)\,|da| = \lambda_q(a)\,|da|$$

[14] Daß auch $\|a, b\| \leqq \|a, c\| + \|b, c\|$ $(a, b, c \in \overline{\mathbf{C}})$ gilt, kann (zunächst für $a, b, c \in \mathbf{C}$) kurz so gezeigt werden: Es ist $a - b = (a - c) + (c - b)$ und $c(a - b) = a(c - b) + b(a - c)$. Daraus folgt ohne weiteres $\overset{+}{|c|}\,|a - b| \leqq \overset{+}{|a|}\,|b - c| + \overset{+}{|b|}\,|c - a|$, d. h. $\|a, b\| \leqq \|a, c\| + \|b, c\|$. Die Übertragung auf $\overline{\mathbf{C}}$ ist leicht.

mit

$$\mu_q(a) = C_q \prod_1^q \left(\|a, a_k\|^{-1} \log^{-1} \|a, a_k\|^{-1}\right) \tag{3.6}$$

wobei $C_q > 0$ ist und die a_q q voneinander verschiedene Punkte von $\overline{\mathbf{C}}$ bedeuten. Wir setzen

$$\mathbf{C}_q = \overline{\mathbf{C}} - \{a_1, \ldots, a_q\} = \overline{\mathbf{C}} - A_q \tag{3.7}$$

und schreiben $\mathbf{C}_0$ für den Fall, daß die Menge A_q leer ist. Die Konstante C_q läßt sich leicht durch die Forderung

$$\int_{\mathbf{C}_q} d\omega_q(a) = \int_{\mathbf{C}_q} \lambda_q^2(a)\, d\sigma(a) = 1 \tag{3.8}$$

bestimmen.

4. *Die Nevanlinnaschen Hauptsätze*

Wir nehmen nun an, w sei im Ringgebiet $0 \leqq r_0 < |\zeta| < +\infty$ meromorph und bezeichnen bei gegebenem r, $r_0 < r < +\infty$ durch $X_\varrho(z, \Phi(w))$ die Größe

$$\frac{1}{2\pi} \int_0^{2\pi} \left(\log \Phi \frac{\partial g}{\partial \varrho} - g \frac{\partial}{\partial \varrho} \log \Phi\right) \varrho d\vartheta \qquad (\zeta = \varrho e^{i\vartheta})$$

mit einem differenzierbaren positiven Φ und

$$g = g(z, \zeta) = \log \left|\frac{\varrho^2 - \bar{z}\zeta}{\varrho(\zeta - z)}\right| \qquad (|z| \neq r_0, \varrho)$$

Ist $z = 0$ (also $g = \log \varrho - \log |z|$), so schreiben wir $X_\varrho(\Phi(w))$ für $X_\varrho(0, \Phi(w))$. Die gesamte (klassische) Werteverteilungstheorie von *R. Nevanlinna* ([14] und [15]) stützt sich zum größten Teil darauf, daß die Differenz $X_\varrho(z, \Phi(w))\Big|_{r_1}^{r}$ $(r_0 < r_1 < r < +\infty)$ bei geeigneter Wahl der Funktion Φ durch eine endliche Wertemenge von w aus dem Ringgebiet

$$K_r = \{\zeta \mid r_1 \leqq |\zeta| \leqq r\}$$

ausgedrückt werden kann. Das ist eine Folge des klassischen Greenschen Satzes.

Es bezeichne nun (bei festem r_1) $n(r, a)$ $(a \in \overline{\mathbf{C}})$ die Anzahl der a-Stellen von w, d. h. der Wurzel der Gleichung von $w(z) - a$ in K_r, gezählt jedesmal mit der entsprechenden Vielfachheit, und $N(r, a)$ die durch die Gleichung

$$N(r, a) = \int_{r_1}^{r} n(t, a) \frac{dt}{t} \tag{4.1}$$

[15]

definierte Größe. Dann gilt zunächst für jedes endliche a die Gleichung

$$X(|w - a|)\Big|_{r_1}^{r} = \frac{1}{2\pi} \int_0^{2\pi} \log|w - a|\, d\vartheta - X_{r_1}(|w - a|)$$
$$= N(r, a) - N(r, \infty).$$

Somit wird, wenn mit *R. Nevanlinna*

$$m(r, a) = \frac{1}{2\pi} \int_0^{2\pi} \log \frac{1}{\|w, a\|}\, d\vartheta \tag{4.2}$$

und

$$T(r, a) = m(r, a) + N(r, a) \tag{4.3}$$

gesetzt wird[16], die Gleichung

[15] Die Freiheit bei der Wahl von r_1 bewirkt, daß $N(r, a)$ (wie auch später $T(r, a)$ bis auf ein $O(\log r)$ (hier sogar $O(\log r) \sim k \log r$, $k =$ konstant) bestimmt ist. Man könnte hier das Zeichen $=$ durch ein $\equiv$ (mod $\log r$) ersetzen. Die Unbestimmtheit von $N(r, a)$ fällt insofern nicht ins Gewicht, als später (Hilfssatz 1) gezeigt wird, daß alle $O(\log r)$-Glieder weggelassen werden können.

[16] Die Nevanlinnasche Definition von $m(r, a)$ lautet bekanntlich:

$$m(r, a) = \frac{1}{2\pi} \int_0^{2\pi} \overset{+}{\log} \frac{1}{|w - a|}\, d\vartheta \qquad (a \in \mathbf{C}),$$
$$m(r, \infty) = \frac{1}{2\pi} \int_0^{2\pi} \overset{+}{\log} |w|\, d\vartheta.$$

Wegen

$$\left|\log \frac{1}{\|w, a\|} - \overset{+}{\log} \frac{1}{|w - a|}\right| \leqq 2 + 2 \overset{+}{\log} |a|$$

und

$$\left|\log \frac{1}{[w, a]} - \overset{+}{\log} \frac{1}{|w - a|}\right| \leqq 2 + 2 \overset{+}{\log} |a|$$

ist die hier angenommene Definition der Schmiegungsfunktion m (vom Standpunkt der Werteverteilungstheorie) sowohl mit der Nevanlinnaschen wie auch mit der Ahlforsschen Schmiegungsfunktion gleichwertig.

$$T(r, a) = T(r, \infty) + \Phi(r_1, a) \tag{4.4}$$

mit

$$\Phi(r_1, a) = X_{r_1}(|w - a|) + \log |\overset{+}{a}|)$$

aus der Gleichung (4.4) von *R. Nevanlinna* [16] erhält man durch Bildung von

$$\int_{C_q} T(r, a)\, \lambda_q^2(a)\, d\sigma(a)$$

die Gleichung

$$T(r, \infty) = T(r, w) + O(\log r)^{17} \tag{4.4}$$

mit

$$T(r, w) = \int_{r_1}^{r} S(t, w)\, \frac{dt}{t} \tag{4.6}$$

und

$$S(r, w) = \frac{2}{\pi} \int_{K_r} g^2(w)\, |w'|^2\, d\sigma(z) = \frac{1}{2\pi} \int_{K_r} \frac{|w'|^2}{|\overset{+}{w}|^4}\, d\sigma(z)$$

für $q = 0$, und die Ungleichung

$$T_q(r, w) \leqq T(r, w) + O(\log r) \tag{4.7}$$

mit

$$T_q(r, w) = \int_{r_1}^{r} S_q(t, w)\, \frac{dt}{t}$$

und

$$S_q(r, w) = \int_{K_r} \mu_q^2(w)\, g^2(w)\, |w'|^2\, d\sigma(z)$$

für $q > 0$ (*Ahlfors* [1]).

[17] Dies folgt aus (4.4) durch Integration unter Heranziehung der Ungleichung

$$\left| \log \frac{1}{\|w, a\|} - \log \frac{1}{[w, a]} \right| \leqq 4 + 4 \overset{+}{\log} |a|.$$

Der Begriff der lokalen Charakteristik wurde erstmalig von *R. Nevanlinna* in [14] (S. 38ff.) eingeführt.

Aus (4.5) folgt in Verbindung mit (4.4) der Satz (*Nevanlinna* [15]):

Satz 4 *(Erster Nevanlinnascher Fundamentalsatz). Für jedes a gilt die Gleichung*

$$T(r, a) = T(r, w) + O(\log r). \tag{4.8}$$

Bildet man $X_r(\lambda_q(w)\,|w'|)$ und $X_\varrho(|w'|)$, so erhält man mit Rücksicht auf (4.8) Gleichung

$$X_\varrho(\lambda_q(w)\,|w'|)\Big|_{r_1}^{r} = P_q(r) + Q(r) \tag{4.9}$$

mit

$$P_q(r) = (q-2)\,T(r, w) + N_1(r, w) - \sum_1^q N(r, a_k)$$

$$Q(r) = O(\log r) + O(\log T(r, w))$$

und

$$N_1(r, w) = \left\{\frac{1}{2\pi}\int_0^{2\pi} \log |w'(re^{i\vartheta})|\,d\vartheta - X_{r_1}(|w'|)\right\} + 2\,N(r, \infty).$$

Letztere Größe ist mit Rücksicht darauf, daß die geschweifte Klammer gleich der Differenz zwischen den Nullstellen und den Polen von w' ist, offenbar nicht negativ.

Die Ableitung des zweiten Nevanlinnaschen Fundamentalsatzes aus (4.9) geschieht nun auf Grund folgender Erkenntnisse:

Hilfssatz 1 (*R. Nevanlinna* [15]). *Eine notwendige und hinreichende Bedingung dafür, daß ∞ ein isolierter Randpunkt von G, also eine wesentliche Singularität sei, ist die, daß der (mit Rücksicht auf die Konvexität von $T(r, w)$ in bezug auf* log r *existierende) Grenzwert*

$$\alpha = \lim_{r\to+\infty} \frac{T(r, w)}{\log r}$$

gleich $+\infty$ ist.[18]

[18] Den einfachsten Beweis dieses Satzes erhält man durch Bildung von $X_\varrho(z, |w|)$ und unter Berücksichtigung der Tatsache, daß es ein r_2 gibt derart, daß w in $r_2 \leqq |\zeta| < +\infty$ weder Null, noch ∞ wird. Das liefert leicht eine Abschätzung von der Form $|w(z)| \leqq |z|^k$. Der Rest des Beweises ist mit Hilfe der Laurent-Entwicklung und der Carlemanschen (quadratischen) Norm von w zu führen. Bekanntlich war *Weierstraß* (*Weierstraß* [19]) schon im Jahre 1840 im Besitz der Laurent-Entwicklung.

Hilfssatz 2. *Es ist*

$$X_r(\lambda_q(w)\,|w'|) \leqq \frac{1}{2}\log\left\{\frac{1}{2\pi}\int_0^{2\pi}\lambda_q^2(w)\,|w'|^2\,d\vartheta\right\}.$$ [19]

Hilfssatz 3. *Es sei y positiv, stetig und monoton in $J = [x_0, +\infty)$ $(0 < x_0 < +\infty)$. Genügt dann y der Ungleichung*

$$y(x) \geqq A\int_{x_0}^{x}\frac{dt}{t}\left\{\int_{x_0}^{t}e^{\sigma(\tau)}\frac{d\tau}{\tau}\right\} \tag{4.10}$$

mit einem stetigen, sonst beliebigen (reellwertigen) σ und konstanten $A > 0$, so ist

$$\varliminf_{r\to+\infty}\frac{\sigma(r)}{y(r)} \leqq 0. \tag{4.11}$$

Aus (4.9) folgt nun ohne Schwierigkeit, wenn man die Ungleichung (4.7) heranzieht und die Hilfssätze 1–3 anwendet, die grundlegende Abschätzung von *R. Nevanlinna*[20]

$$\varliminf_{r\to+\infty}\frac{P_q(r)}{T(r,w)} \leqq 0. \tag{4.12}$$

Diese Ungleichung liefert den

Satz 5 *(Zweiter Nevanlinnascher Fundamentalsatz). Man definiere allgemein den Defekt $\delta(a)$ von a durch die Gleichung*

$$\delta(a) = 1 - \varlimsup_{r\to+\infty}\frac{N(r,a)}{T(r,w)} \tag{4.13}$$

[19] Mit Hilfe von klassischen Ungleichungen.

[20] Der Schluß geht auf *Ahlfors* [1] zurück. Nevanlinnas ursprünglicher Beweis benutzte einen (gleichwertigen) Satz von *Borel* [5]. Der Beweis von (4.11) verläuft so: Es bezeichne λ_0 die linke Seite von (4.11). Man nehme λ_0 an und setze für ein $0 < \lambda < \lambda_0$ und $x_1 < x < +\infty$

$$J(x) = \int_{x_1}^{x}\frac{dt}{t}\left\{\int_{x_1}^{t}e^{\lambda y}\frac{d\tau}{\tau}\right\}$$

mit einem festen, hinreichend großen x_1. Dann genügt J wegen (4.10) der Differentialungleichung

$$\frac{d^2 J}{d\xi^2} \geqq e^{\gamma J} \qquad (\gamma = \lambda A > 0,\ \xi = \log r)$$

was (da $\xi \to +\infty$ konvergieren kann) unmöglich ist.

Dann gilt bei vorgegebenem A_q

$$\varliminf_{r \to +\infty} \frac{N_1(r, w)}{T(r, w)} \leqq 2 \tag{4.14}$$

bzw.

$$\sum_{a \in A_q} \delta(a) \leqq 2 - \varliminf_{r \to +\infty} \frac{N_1(r, w)}{T(r, w)} \tag{4.15}$$

je nachdem $A_q = \emptyset$ *oder* $A_q \neq \emptyset$ *ist.*

Dieses von *R. Nevanlinna* [15] mit Hilfe der logarithmischen Methode sowie durch Vertiefung und wesentliche Weiterbildung Borelscher Methoden, genau fünfzig Jahre nach der Entstehung der Weierstraßschen Abhandlung, gewonnene Ergebnis bedeutete insofern einen wichtigen Schritt über den Picard-Borelschen Satz hinaus, als hier die Menge $P_\infty(w)$ (und entsprechend jede Menge $P_a(w)$) als Teilmenge einer aus höchstens $2k$ Punkten bestehenden Menge

$$N_\infty^{2k}(w) = \left\{c \mid c \in \overline{\mathbf{C}}, \frac{1}{k} < \delta(c) \leqq 1\right\}$$

erkannt wird.

Mit der Arbeit [15] von *R. Nevanlinna*, wobei diese zunächst als Abschluß der Weierstraß-Hadamard-Borelschen Arbeiten gedacht war, setzte eine Entwicklung der Funktionentheorie ein, die man mit den stürmischen Perioden von *Cauchy–Weierstraß* und *Riemann–Klein–Poincaré* vergleichen kann. *Poincaré* hat einmal gesagt, es gäbe keine vollständig gelösten, sondern nur mehr oder weniger gelöste Probleme. Wie richtig diese Poincarésche Bemerkung ist, haben uns die Arbeiten von *R.* und *F. Nevanlinna*, *Ahlfors* und einer Reihe bedeutender Forscher in den letzten vierzig Jahren eindrucksvoll demonstriert, indem sie in einem als fast abgeschlossen geglaubten Gebiet der Funktionentheorie Zusammenhänge entdeckten, die zu deren Erneuerung und begrifflichen Revolutionierung geführt haben.

LITERATUR

[1] *Ahlfors, L. V.*, Über eine Methode in der Theorie der meromorphen Funktionen. *Comment. Phys.-Math. Soc. Sci. Fenn. 8*, No. 10, 1935.

[2] *Ahlfors, L. V.*, Über die Anwendung differentialgeometrischer Methoden zur Untersuchung von Überlagerungsflächen, *Ann. Acad. Sci. Fenn. Ser. A. II 6*, 1937.

[3] *Bieberbach, L.*, Neuere Untersuchungen über Funktionen von komplexen Variablen, *Enzykl. d. Mathem. Wiss. II C 4* (Vol. II, 3,1).

[4] *Borchardt, C. W.*, Leçons sur les fonctions doublement périodiques faites en 1847 par *M. J. Liouville. Journ. f. Mathem. 88, 18, S. 277–310.*

[5] *Borel, E.*, Sur les zeros des fonctions entières. *Acta Math. 20, 1897*, S. 357–396.

[6] *Briot, C., et C. Bouquet*, Étude des fonctions d'une variable imaginaire (Premier Mémoire), *Journ. éc. polyt. cah. 36*, Bd. 21, *1856, S. 85–254.*

[7] *Briot, C., et C. Bouquet*, Théorie des fonctions doublement périodiques et en particulier, des fonctions elliptiques, *Paris 1859* (deutsch von H. Fischer, *Halle 1862*); 2. Aufl. (Théorie des fonctions elliptiques), *Paris 1873.*

[8] *Casorati, F.*, Un teorema fondamentale nella teorica delle discontinuità delle funzioni, *Rend. R. Inst. Lombardo II, 1.* 1868, S. 123–125. Opere, *Roma*, 1951, Vol. 1, S. 279–281.

[9] *Casorati, F.*, Teorica delle funzioni di variabili complesse *Pavia, 1868, S. 454ff.*

[10] *Hadamard, J.*, Étude sur les propriétés des fonctions entières et en particulier d'une fonction considérée par Riemann. *Journ. de Math. pures et appliquées, IV, 9, 1893.* Selecta, *Paris, 1935, S. 52–105.*

[11] *Markuschewitsch, A.*, Skizzen zur Geschichte der analytischen Funktionen, *Deutscher Verlag der Wissenschaften, 1955, Berlin, S. 80ff.*

[12] *Nevanlinna, F.*, Über die Anwendung einer Klasse uniformisierender Transzendenten zur Untersuchung der Werteverteilung analytischer Funktionen. *Acta Math. 50*, 1927, S. 159–188.

[13] *Nevanlinna, R.*, Über den Picard-Borelschen Satz in der Theorie der ganzen Funktionen, *Ann. Acad. Scient. Fenn., Bd. 23, No. 5, 1924.*

[14] *Nevanlinna, R.*, Untersuchungen über den Picardschen Satz. *Acta Soc. Scient. Fenn.* Bd. 50, *No. 6, 1924.*

[15] *Nevanlinna, R.*, Zur Theorie der meromorphen Funktionen, *Acta Math. 46, 1925, S. 1–99.*

[16] *Nevanlinna, R.*, Eindeutige analytische Funktionen. 2. Aufl. *Berlin–Göttingen–Heidelberg, Springer-Verlag, Berlin 1953.*

[17] *Picard, E.*, Mémoire sur les fonctions entières, *Ann. École Norm. sup. II, 9*, 1880, S. 145–166, Selecta, *Paris, 1928, S. 1–21.*

[18] *Sochozki, J. W.*, Theorie der Integralresiduen mit Anwendungen, Petersburg, 1868.

[19] *Weierstraß, K.*, Darstellung einer analytischen Funktion einer komplexen Veränderlichen, deren absoluter Betrag zwischen zwei gegebenen Größen liegt. *Mathem. Werke* Bd. 1, *Berlin, 1894.*

[20] *Weierstraß, K.*, Zur Theorie der eindeutigen Funktionen, *Mathem. Werke*, Bd. 2, *Berlin, 1895.*

Entwicklungslinien der Variationsrechnung seit Weierstraß

Von *Ernst Hölder*, *Rolf Klötzler*, *Siegfried Gähler* und *Stefan Hildebrandt*

I.

Historisch-Bibliographisches

Weierstraß' Untersuchungen über Variationsrechnung lagen lange nicht in systematischer Darstellung vor. Bekannt gemacht und ausgestaltet wurden die Weierstraßschen Methoden hauptsächlich durch das grundlegende Lehrbuch von Adolf Kneser. Für ihn waren die Quellen die Dissertation von Zermelo (Berlin 1894) und eine Abhandlung von Kobb, Acta mat. **16, 17** (1892/93). Nachschriften von Weierstraß' Vorlesungen über Variationsrechnung wurden von A. Kneser absichtlich nicht berücksichtigt, diese wurden erst viel später 1927 als Band VII seiner Gesammelten Mathematischen Werke veröffentlicht.

Kobb und A. Kneser haben die Weierstraßschen Methoden auch bereits auf mehrfache Extremalintegrale ausgedehnt.

Dies ist die vorwiegend unter Weierstraß' Einfluß erfolgte „Weiterentwicklung der Variationsrechnung in den letzten Jahren", über die der 1904 abgeschlossene Enzyklopädie-Artikel von Zermelo und H. Hahn berichtet und die ihren lehrbuchmäßigen Abschluß in Bolzas Vorlesungen über Variationsrechnung, Leipzig 1909, fand, die ausdrücklich nun auch von den Vorlesungen von Weierstraß ganz ebenso Gebrauch machen, als ob sie publiziert vorlägen. Als dann 1927 die Vorlesungen über Variationsrechnung von Karl Weierstraß, bearbeitet von R. Rothe, als VII. Band seiner mathematischen Werke (hgg. unter Mitwirkung einer von der Preuß. Akademie der Wissenschaften eingesetzten Kommission) erschien, schrieb *Carathéodory* in der Deutschen Literaturzeitung (1928):

„Über ein Menschenalter haben die Mathematiker aller Länder, die sich mit Variationsrechnung beschäftigen, sich beklagt, daß die grundlegenden Entdeckungen, die *Weierstraß* in der Variationsrechnung gemacht hat, in keiner authentischen Publikation zu finden waren. Es ist vielleicht ein seit der Erfindung der Druckschrift einzig dastehender Fall, daß die Ideen eines großen Meisters, die eine ganze Wissenschaft revolutioniert haben, nur allmählich und durch unterirdische Kanäle in das Bewußtsein der Allgemeinheit gelangt sind; und es würde sicher eine für den Historiker lohnende Aufgabe sein, quellenmäßig zu verfolgen, wie durch Dissertationen, durch mündliche und schriftliche Überlieferung, schließlich alles Wesentliche im Werk von Weierstraß allgemein bekannt geworden ist. Wenn die Vorlesungen, die jetzt erst erschienen sind, vor dreißig Jahren gedruckt worden wären, so hätte wohl mancher Forscher viel Mühe erspart. Wer könnte aber heute noch behaupten, daß die Entwicklung der Variationsrechnung dadurch einen anderen Lauf genommen hätte? Durch die jetzige Veröffentlichung der Weierstraßschen Variationsrechnung hat also ein Märchen ausgelebt, an welches in den letzten Jahren fast niemand mehr geglaubt hat, das aber früher, besonders im Auslande, ziemlich verbreitet war: danach sollten – ich weiß nicht welche – geheimnisvollen Entdeckungen von Weierstraß auf dem Gebiete der Variationsrechnung in seinen Papieren noch verborgen und dem mathematischen Publikum vorenthalten sein.

Die Publikation des siebenten Bandes der Werke von Weierstraß kommt also zu spät, um einen erkennbaren Einfluß auf den Fortschritt der Wissenschaft noch zu veranlassen. Aber auch die Geschichte der Entdeckungen von Weierstraß in der Variationsrechnung ist in dem vorliegenden Buche ganz verwischt. Das Werk von Weierstraß in diesem Gebiete enthält nämlich eine Zäsur, die durch die Entdeckung der E-Funktion im Jahre 1879 beherrscht wird. Hätte Weierstraß diesen Gedanken 15 Jahre früher gehabt, so wäre vielleicht die ganze für ihn so charakteristische und formvollendete Theorie der zweiten Variation in diesem Ausmaße gar nicht entstanden. Manche werden also bedauern, daß wir nicht die Möglichkeit haben, die Vorlesung von 1864, die H. A. Schwarz gehört hatte, und die Vorlesung von 1875, die Hettner ausgearbeitet hat, von der historischen Vorlesung von 1879 auseinanderzuhalten."

Als charakteristisch für die Art der Anregung, die von Weierstraß ausging, können wir neben der Variationsrechnung die Entwicklung im klassischen Dreikörperproblem nennen, das ja auch ein Variationsproblem ist (mit einer Singularität, falls zwei bzw. drei Körper zusammenstoßen). Weierstraß hat, beeinflußt von den zuerst in Kummers Nekrolog berichteten Äußerungen Dirichlets zu Kronecker, die berühmte Preisaufgabe gestellt (zunächst bei Ausschluß von Zweierstößen), Potenzentwicklungen für die

Bewegung anzugeben. Diese Preisaufgabe ist von Poincaré bearbeitet worden, der den Preis erhalten hat, sie ist aber erst 20 Jahre später von Sundman wirklich gelöst worden (nämlich unter Einbeziehung und Regularisierung der Zweierstöße).

Die dabei wichtige Tatsache, daß ein Dreierstoß nur beim Verschwinden des (konstanten) resultierenden Impulsmomentes eintreten kann, und der Zusammenhang der regularisierenden Variablen $\tau = (t - t_0)^3$ mit der Zeit t im Fall des Zweierstoßes zur Zeit t_0 waren schon von Weierstraß erkannt worden. Sie wurden freilich erst von Sundman bewiesen und zur Grundlage seiner Regularisierungstheorie gemacht. Das geht aus den Briefen von Weierstraß an S. Kowalewska und G. Mittag-Leffler hervor, die letzterer „Zur Biographie von Weierstraß" in den Acta Math. **35** (1912) veröffentlichte – also kurz vor dem Abdruck von Sundmans das Problem lösender Arbeit in den Acta Math. **36** – mit der Anregung an die mathematischen Fachgenossen, noch mehr solcher mündlichen und brieflichen Äußerungen Weierstraß' zur Publikation zu übergeben.

Inhaltlich ist Weierstraß' Werk zur Variationsrechnung von Carathéodory im Vorwort seines Lehrbuches „Variationsrechnung und partielle Differentialgleichungen erster Ordnung" Leipzig und Berlin 1935, folgendermaßen in die Gesamtdisziplin eingeordnet worden:

„Die Absicht, die ich mit diesem Buch verfolgt habe, wird erreicht sein, wenn es die Kenner dieses Teiles der Mathematik davon zu überzeugen vermag, daß es heute in der Variationsrechnung drei Hauptrichtungen gibt: erstens den Variationskalkül von *Lagrange*, der jetzt ein Stück aus der Tensorrechnung bildet; zweitens die Theorie von *Tonelli*, in welcher die feineren Beziehungen des Minimalproblems zur Mengenlehre entwickelt werden; dann aber auch die in diesem Buch verfolgte Richtung, die sich an der Theorie der Differentialgleichungen, an der Differentialgeometrie und an den physikalischen Anwendungen orientiert und die zuerst durch *Euler* in seiner ‚Methodus inviendi lineas curvas ...' zu Ehren gekommen ist. Ich hoffe gezeigt zu haben, daß auch die *Weierstraß*sche Theorie der Variationsrechnung zu dieser letzteren Richtung gehört."

Schon früher gehörten die bei der letzten Hauptrichtung genannten mathematischen Gebiete – unterrichtsmäßig die drei ersten Anwendungsgebiete der Differential- und Integralrechnung – nicht nur der Entstehungsweise nach zusammen; heute ist diese Richtung dominiert durch die moderne Differentialgeometrie der Mannigfaltigkeiten, die auf Grund der algebraischen Topologie auch die Variationsrechnung koordinatenfrei und global zu behandeln gestattet, vgl. die Thèse von P. Dedecker, Calcul des variations et topologie algébrique, Université de Liège, 1957.

Die neue Art Mathematik, die Weierstraß entwickelt hat, hatte damals natürlich sogleich Auswirkungen auf alle Untersuchungsrichtungen – insbesondere auf die zweite Richtung der reellen Analysis.

Das Extremalintegral, von Weierstraß als Grenzwert eigener Art aufgefaßt, als „Weierstraß-Integral", bringt die Minimumseigenschaften in Zusammenhang mit der Theorie reeller Funktionen und der Funktionalanalysis. Einen elementaren Begriff davon bekommt man neuerdings aus der Note von C. L. Siegel „Integralfreie Variationsrechnung", Gött. Nachr. 1957, in der die Gültigkeit der Euler-Lagrangeschen Differentialgleichung hergeleitet wird.

Ein weiteres Hilfsmittel der Funktionalanalysis ist im Grunde die von Weierstraß festgelegte „engere bzw. weitere Nachbarschaft" einer Kurve und entsprechend diesen beiden Mengen von Vergleichskurven „schwaches" und „starkes Minimum", weiter der Begriff der Unterhalbstetigkeit eines Funktionals, der den Weierstraßschen Satz vom Minimum einer stetigen Funktion im abgeschlossenen Intervall zu verallgemeinern gestattet. Dies ist der Ausgangspunkt für die von Tonelli für das Lebesgue-Extremalintegral entwickelte Theorie.

Elementarer ist die von Menger und Pauc entwickelte Theorie, die auf dem Weierstraßintegral basiert; sie wird im Abschnitt VII von *S. Gähler* dargestellt.

Bezüglich der *direkten Methoden* allerdings hat Weierstraß eine Beobachtung gemacht, die ihn zu einer solchen Kritik an der in der Potentialtheorie benutzten Methode des sogenannten Dirichletschen Prinzips veranlaßte, daß es erst 1900 wieder von Hilbert lebensfähig gemacht werden konnte. Weierstraß zeigte, daß bei einem Extremalintegral $I[y]$ eine „Minimalfolge" $\{y_n\}$ (mit $I[y_n] \to \inf_y I[y]$) keineswegs selbst einen $\operatorname{Lim} y_n$ zu besitzen braucht.

Das Beispiel von Weierstraß: das Funktional ist

$$I[y] = \int_{-1}^{+1} x^2 y'^2 dx$$

mit

$$(1) \qquad y(-1) = -1 \qquad y(1) = 1$$

das offenbar nur positive Werte und $\inf I[y] = 0$ hat.

Hier ist

$$(2) \qquad y_n(x) = \frac{\operatorname{arc\,tg} n x}{\operatorname{arc\,tg} n} \qquad (n = 1, 2 \ldots)$$

Minimalfolge, weil

$$I[y_n] = \int_{-1}^{+1} \frac{n^2 x^2 dx}{(\operatorname{arc\,tg} n)^2 (1 + n^2 x^2)^2} < \frac{1}{(\operatorname{arc\,tg} n)^2} \int_{-1}^{+1} \frac{dx}{1 + n^2 x^2} = \frac{2}{n \operatorname{arc\,tg} n}$$

und damit $I[y_n] \to 0$ für $n \to \infty$ geht. Aber für $n \to \infty$ hat diese Folge (2) keinen Limes in der Klasse der stetigen Funktionen, die der Randbedingung (1) genügen.

So beruhen die *direkten Methoden des Minimums*, die Variationsmethoden, auf neuen Gedanken – die Hilbertraummethoden werden im Abschnitt VIII von *S. Hildebrandt* geschildert.

In der Potentialtheorie entstanden nach der Weierstraßschen Kritik zunächst andere Methoden, besonders durch *H. A. Schwarz* sowie C. Neumann: alternierende Verfahren und Iterationsmethoden bei der Jacobischen linearen Differentialgleichung der Minimalfläche, bzw. Neumannsche Reihen bei Integralgleichungen.

Im weiteren Verlauf haben gerade die nichtlinearen Differentialgleichungen der Minimalflächen zu iterativen Methoden der „sukzessiven Approximation" durch Müntz, Korn, Lichtenstein geführt.

In der heutigen Sprechweise der Funktionalanalysis wird der Fixpunktsatz von Banach für kontrahierende Abbildungen in einem vollständigen, normierten, linearen Funktionenraum angewendet. Dessen Norm hängt von der Konstanten der Hölder-Stetigkeit ab.

Dieser Begriff wurde in der Dissertation von O. Hölder in der Potentialtheorie eingeführt, seine Reproduzierbarkeit durch ihn und Korn bewiesen; mein Vater hat betont, daß seine in Tübingen bei P. Du Bois Reymond eingereichte Dissertation ganz vom Geist der Weierstraßschen Behandlung der Analysis beeinflußt ist. Als junger Student kam er gleich in die höheren Vorlesungen (auch über Variationsrechnung) des Weierstraßschen Kurses und mußte sich – aus Nachschriften anderer – die in den Eingangsvorlesungen entwickelten neuen Grundlagen der Analysis selbst reproduzieren. So kam er zu der speziellen Stetigkeitsbedingung für die Volumdichte, die für das Vorhandensein der 2. Ableitungen des Newtonschen Potentials und für die Gültigkeit der Poissonschen Differentialgleichung hinreichend ist – ohne daß die Differenzierbarkeitsannahmen von Gauß und Dirichlet nötig wären.

Die Bedingungen für die Existenz der 1. Ableitungen des Newtonschen Potentials einer einfachen Schicht auf einer Fläche sind, was die Glattheit der Fläche anlangt, auch hinreichend dafür, daß die Fläche eine Oberfläche besitzt (auch im Sinne der Approximation durch Polyeder und dabei nicht das gegenteilige divergente von H. A. Schwarz entdeckte Verhalten zeigt).

II.

Geodätische Linien

Weierstraß benutzte neben seinem ganz ohne Bezugnahme auf eine Parameterdarstellung der Kurven definierten Integral auch den Vorteil der willkürlichen Wahl einer solchen Parameterdarstellung, was übrigens auch Hamilton schon 1832 getan hat. Ferner beachtete Weierstraß sorgsam die Kovarianz seiner Formeln, etwa die Bewegungsinvarianz des zu behandelnden Problems, siehe Abschnitt III. Weiter verfolgt, führt diese erste Richtung zu einer Tensorrechnung bezüglich der Finsler-Metrik mit dem Extremalintegral als Länge. Der auf dieses gegründete Euklidische Zusammenhang wurde am prinzipiellsten von E. Cartan herausgestellt. Die Euler-Lagrangeschen Gleichungen, deren notwendiges Erfülltsein für das Verschwinden der 1. Variation Weierstraß genau beweist – mittels des Lemmas von P. Du Bois Reymond –, besagen, daß die Extremale eine geodätische, d. h. geradeste Linie in dieser Übertragung ist. Der aus der Grenzformel der 1. Variation entwickelte Begriff der Transversalität wird dann einfach Orthogonalität. Er spielt bei den notwendigen Bedingungen für das Minimum einer Extremalen mit beweglichen Endpunkten eine Rolle.

Schon Erdmann und dann Weierstraß haben die „Eckenbedingung" für eine geknickte Extremale angegeben. Geometrisch bedeutet sie nach Carathéodory, daß die am Knick zusammenstoßenden Tangentenrichtungen zwei Punkten der Indikatrix $*f(x, \dot{x}) = 1$ entsprechen, die eine gemeinsame Tangente (Doppeltangente) an die Indikatrix besitzen.

Diese kovariante Schreibweise bevorzugen wir auch in der Theorie der 2. Variation, I_{II}, die Weierstraß in seinen Vorlesungen sorgfältig behandelt hat, ehe er auf den Totalzuwachs eingeht.

In der durch E. Cartan eingeführten Schreibweise ist

$$I_{\text{II}} = \int (g^{ij} y_i y_j - R_{i0j0} x^i x^j)\, ds,$$

wo längs der 1-dimensionalen Extremalen $\mathring{e}$ der Parameter $t = s =$ Bogenlänge und $x^i \perp \mathring{e}$ ist, und

$$\frac{Dx^i}{ds} \equiv \frac{dx^i}{ds} + x^l \frac{\omega_l^i}{ds} = g^{il} y_l = \frac{\xi^i}{ds}$$

$$D'\xi_i \equiv \frac{Dy_i}{ds} \equiv \frac{dy_i}{ds} - \frac{\omega_i^l}{ds} y_l = R_{0i0j} x^j = a_{ij} x^j$$

die Jacobischen Variationsgleichungen sind.

ω_i^l spielen die Rolle der Übertragung, R_{0i0j} sind Komponenten des Riemannschen Krümmungstensors.

Weierstraß zeigte die *Notwendigkeit* der von *Jacobi* 1836 gefundenen Bedingung. Damit ein Extremalbogen die minimale Verbindung seiner Endpunkte ist, darf der zum Anfangspunkt konjugierte Punkt nicht in den Bogen hineinfallen. Weitere Beweise stammen außerdem von Erdmann, H. A. Schwarz und Darboux. Das meiste haben in dieser Richtung, wie überhaupt in der Ausgestaltung der Weierstraßschen Betrachtungen, die *Amerikaner* getan: Bolza, Osgood, Bliss, Hestenes, Reid, Morse, Meyers, Graves. Bliss benutzt die vorhin erwähnte Weierstraß-Erdmannsche Eckenbedingung bei einer geknickten Extremalen für den Bogen aus einer Nulllösung zwischen zwei Nullstellen und der Achse zu einem verblüffend einfachen Beweis.

Radon hat am übersichtlichsten für Systeme die Transformation der 2. Variation auf ein volles Quadrat ausgeführt mittels einer Matrix-Transformation, die durch eine Riccatische Gleichung bestimmt ist.

Weierstraß selbst übrigens hat aus seiner sogleich noch zu erwähnenden E-Funktion eine weitere notwendige Bedingung abgeleitet, aus der die Legendresche folgt.

Von anderer Art ist das Eigenwertkriterium, das bei den mit dem Parameter μ erweiterten Differentialgleichungen

$$Dx = \xi \qquad x = 0 \text{ am Rand}$$

$$D'\xi = \mu a x$$

den kleinsten positiven Eigenwert $\mu_1 \gtreqless 1$ unterscheidet und für die zweite Variation $I_{\text{II}} \gtreqless 0$ schließt. Es wurde von H. A. Schwarz für ein Minimalflächenstück hergeleitet – in der Festschrift für Weierstraß. Wegen des Einflusses auf E. Schmidt vgl. Nr. IV.

Dieses Eigenwertkriterium wurde von Lichtenstein, Monatshefte 1917, bei allgemeineren 2-dimensionalen Extremalintegralen mit einer gesuchten Funktion verfeinert und mit der für hinreichende Bedingungen eines starken Minimums nötigen Feldkonstruktion kombiniert. Verzweigung und Stabilität von Extremalflächen wurden untersucht. Die Methode wurde erst 1919 von Lichtenstein auf 1-dimensionale Variationsprobleme übertragen, auf das sogenannte Lagrangesche Problem mit Differentialgleichungen als Nebenbedingungen von E. Hölder, Acta math. **70** (1939).

Andere Eigenwertkriterien finden sich bei Bliss und namentlich bei Morse, der auf den *Index* – die Indexform – seine Theorie „Of the Calculus in the Large" gegründet hat; außerdem „Natural isoperimetric conditions" bei Birkhoff-Hestenes, Duke math. Journ. 1 (1935), 198–286.

Schon Weierstraß zeigte bei seinem Studium der 2. Variation, daß sich dabei auch hinreichende Bedingungen für ein *schwaches Minimum* ergeben, für Vergleichskurven in einer „engeren Nachbarschaft" der Extremale. Dies ist eine Vorwegnahme der „Expansion-Methods", die neuerdings namentlich von amerikanischen Mathematikern gegeben worden sind.

Die wichtigsten Methoden zur Aufstellung hinreichender Bedingungen hat Weierstraß jedoch mit der Entdeckung der E-Funktion von 1879 gegeben. Ihre Anwendung benötigt die Konstruktion eines Feldes von Extremalen. Diese Feldkonstruktion und der Nachweis der Positivität der E-Funktion ist Weierstraß' wichtigster und bekanntester Beitrag. Die Konstruktion des Feldes in der Nachbarschaft eines Extremalbogens bzw. einer μ-dimensionalen Extremalenhyperfläche im $\mu + n$-dimensionalen Raum ist ein „lokales Randwertproblem", das man mit den von H. A. Schwarz und Lichtenstein eingeführten Gedanken: Eigenwert, Greensche Funktion, Verzweigung und Stabilität behandeln kann.

Die eigentliche seit 1879 bestehende „*Weierstraßsche Theorie*" *der Variationsrechnung* mit den *hinreichenden* Bedingungen für ein *starkes* Minimum mittels seiner E-Funktion und der Einbettung der zu untersuchenden Extremalen in ein Feld von Extremalen soll hier als bekannt vorausgesetzt werden; sie ist sehr sorgfältig und abschließend dargestellt als Kapitel V in Bolzas Vorlesungen über Variationsrechnung.

Daß ein Extremalbogen $\mathring{e}$ wirklich ein *starkes* Minimum des Extremalintegrals annimmt, heißt, daß man Vergleichskurven c mit denselben Endpunkten zuläßt, die in einer *weiteren* Nachbarschaft (s. o.) liegen.

Die dazu nötige Feldkonstruktion wurde von Weierstraß selbst nur für ein sogenanntes ausgezeichnetes Feld von Extremalen, die alle durch einen Punkt gehen, behandelt; sie wurde aber von Bolza mittels der Kontinuitätsmethode allgemein genau durchgeführt. Von Bliss, Hestenes u. a. und von Carathéodory stammt die Ausdehnung der hinreichenden Theorie auf das sogenannte Lagrangesche Problem, wo Differentialgleichungen als Nebenbedingungen gefordert werden; Carathéodory benötigt hier obendrein die Tonellische Konstruktion.

Auf Kurven bewegliche Endpunkte waren vorher schon von Bliss und seiner Schule behandelt worden.

Schon der Name des Weierstraßschen *Extremalenfeldes* deutet auf die differentialgeometrische Natur der Begriffsbildung, und man hat Grund zur Annahme – auch mein Vater hat es immer wieder erzählen hören – daß der Algebraiker und Funktionentheoretiker der Potenzreihen, Weierstraß, in seinem Seminar in früheren Jahren viel mehr solche geometrische Dinge – wie etwa Minimalflächen – behandelt hat, deren Untersuchung dann sein Schüler H. A. Schwarz fortgesetzt hat. Darauf weist auch die Widmung hin, die Schwarz jener Festschrift für Weierstraß „Über ein die Flächen kleinsten Inhalts betreffendes Problem der Variationsrechnung" vorangestellt hat. Die Frage, deren Bearbeitung 20 Jahre früher Weierstraß einigen Zuhörer empfohlen habe, betrifft die wirkliche Annahme des Minimums der Oberfläche durch ein Minimalflächenstück.

Wir wollen die 1-dimensionale Theorie aber nicht analysieren, statt dessen eine andere auf Carathéodory zurückgehende *Feldkonstruktion* (die des sogenannten *Röhrenfeldes*) besprechen – und zwar gleich für das allgemeinste mehrdimensionale Funktionenproblem der Variationsrechnung.

Das gelingt zunächst nur für ein genügend kleines Stück der Extremalen. Die Frage, wie es im Großen ist, wird in dem Beitrag VI, 1 von *R. Klötzler* behandelt.

Eine weitere Frage ist, ob man auch ein Feld von Extremalenhyperflächen mit einem Röhrenfeld ergänzen kann.

Carathéodory hat in seiner Dissertation, Gött. 1904, bemerkt, daß manchmal Felder geknickter Extremalen benötigt werden, und hat sie in der Ebene konstruiert. Die mehrdimensionalen Felder geknickter Extremal*kurven* hat im Rahmen der allgemeinen Carathéodoryschen Theorie Klötzler behandelt, siehe seinen Beitrag VI, 2, desgleichen seinen Beitrag VI, 3 über geknickte Extremalhyperflächen.

III.

Variationsproblem von Delaunay

Auch die Bewegungsinvarianz eines Variationsproblems hat Weierstraß in seinen Formeln deutlich zum Ausdruck gebracht, bei den Minimalflächen, s. IV, sowie bei dem vom Ch. Delaunay im Jahre 1842 aufgestellten Variationsproblem:

„Unter allen Raumkurven mit gegebener konstanter erster Krümmung, die zwei Linienelemente des Raums verbinden, sollen die kürzesten und längsten bestimmt werden."

Nach Erwähnung der Rechnungen von Delaunay u. a. berichtet Carathéodory:

„Für dieses Problem hat sich erst wieder nach vielen Jahren H. A. Schwarz interessiert und die Frage Weierstraß vorgelegt[1], der im Sommer 1884 in einem Briefwechsel mit Schwarz die Differentialgleichungen, die Delaunay aufgestellt hatte, mit Hilfe von elliptischen Funktionen vollständig integrierte[2].

Weierstraß rechnet zunächst mit einem ganz willkürlichen Kurvenparameter t und führt dann erst nachträglich die Bogenlänge s ein. Durch diesen Kunstgriff erhält er außerordentlich einfache und übersichtliche Formeln, die bei jeder orthogonalen Transformation der Koordinaten invariant bleiben; hierdurch wird die Reduktion des Gleichungssystems auf eine einzige Differentialgleichung erster Ordnung sehr erleichtert. Diese Integration der Eulerschen Gleichungen des Delaunayschen Problems wird wohl kaum jemals wesentlich verbessert werden können."

Weierstraß hat einen noch viel interessanteren Beitrag zum Delaunayschen Problem gegeben, der noch unveröffentlicht ist. In diesem stellt er unter anderem eine E-Funktion auf, die für räumliche Variationsprobleme in Parameterform mit einer Differentialgleichung als Nebenbedingung gilt, wenn sowohl die Funktion unter dem Integral als auch die Nebenbedingung auch zweite Ableitungen nach dem Parameter enthalten. Hieraus folgert

[1] Die beiden Briefe von Schwarz an Weierstraß vom 15. und 16. April 1884 sind erhalten. Schwarz erwähnt schon hier, daß die Integration der Delaunayschen Differentialgleichungen auf elliptische Integrale dritter Gattung führt.

[2] Über eine, die Raumkurven konstanter Krümmung betreffende, von Delaunay herrührende Aufgabe der Variationsrechnung. Math. Werke Bd. III (1903), S. 183–218.

er ein Kriterium, um unter den nicht ebenen Extremalen des Delaunayschen Problems diejenigen, die ein Maximum der Länge liefern, von denjenigen, die ein Minimum ergeben, zu unterscheiden.

Das Ziel, diese Extremalen des Delaunayschen Problems aus der Hamiltonschen Theorie kanonischer Differentialgleichungen zu gewinnen, hat Josefa von Schwarz auf Anregung Carathéodorys hin verfolgt, der in seinem Lehrbuch im letzten Abschnitt davon kurz das Allerwichtigste – in noch symmetrischerer Form – bringt, auch die E-Funktion.

Das Lagrangesche Variationsproblem für die Kurve $x(t)$ der Richtung $\xi = \xi(t)$ mit festen eingespannten Enden x^0, ξ^0 und x^1, ξ^1 hat die aus Multiplikatoren $\vec{\mu}(t)$, $\nu(t)$, $\sigma(t)$ gebildete Grundfunktion

$$M = L + \mu(L\xi - \dot{x}) + \nu\xi\dot{\xi} + \frac{\sigma}{2}(\dot{\xi}^2 - L) \tag{1}$$

$$L = \sqrt{\dot{x}^2} \qquad L_{\dot{x}} = \xi, \qquad |\xi| = 1. \tag{2}$$

Die übliche Einführung kanonischer Impulse

$$y = M_{\dot{x}}, \qquad \eta = M_{\dot{\xi}} \tag{3}$$

gibt auf der Sphäre $|\xi| = 1$, dem Hodograph, die Hamiltonsche Gleichung (analog dem Energiesatz)

$$2H \equiv \eta^2 - (\eta\xi)^2 - (y\xi - 1)^2, \tag{4}$$

von der Carathéodory sagt: „man verifiziert *sofort*, daß H eine geeignete Hamiltonfunktion für das Delaunaysche Problem ist".

Es ist y ein konstanter Vektor, wie man aus den kanonischen Gleichungen sieht, da H x nicht enthält:

$$\begin{aligned} \dot{x} &= \lambda H_y = -\lambda(y\xi - 1)\,\xi, & \dot{\xi} &= \lambda H_\eta = \lambda(\eta - (\eta\xi)\,\xi) \\ \dot{y} &= -\lambda H_x = 0, & \dot{\eta} &= -\lambda H_\xi = \lambda((\eta\xi)\,\eta + (y\xi - 1)\,y). \end{aligned} \tag{5}$$

Wegen der Axialsymmetrie um y ist die („vertikale") y-Komponente des Impulsmomentes $\xi \times \eta$

$$[\xi \times \eta] \cdot y = k = \text{konst} \tag{6}$$

(wie beim schweren symmetrischen Kreisel).

Für die Vertikalkomponente $\xi \cdot y = u$ von ξ ergibt sich

$$\dot{u} = (y\xi)^{\cdot} = y\dot{\xi} = y\lambda H_\eta = \lambda(y\eta - (\xi\eta)(\xi y)) = \lambda[\xi \times \eta] \cdot [\xi \times y] \tag{7}$$

Als Ausdruck der Höhenformel $\sin\alpha \sin\beta = \sin h_c$ im sphärischen Dreieck $\xi, \frac{\eta}{|\eta|}, \frac{y}{|y|}$; $(|\xi| = 1)$ hat man die Identität

$$([y \times \xi] \cdot [\eta \times \xi])^2 + ([y \times \eta] \cdot \xi)^2 = |y \times \xi|^2 \, |\eta \times \xi|^2, \tag{8}$$

die nunmehr wegen (6), (7) und $H = 0$

$$\frac{1}{\lambda^2} \dot{u}^2 + k^2 = (y^2 - (y\xi)^2)(\eta^2 - (\eta\xi)^2) = (y^2 - (y\xi)^2)(y\xi - 1)^2 \tag{9}$$

ergibt, also die Weierstraßsche Differentialgleichung

$$\frac{1}{\lambda^2} \left(\frac{du}{dt}\right)^2 = (y^2 - u^2)(u - 1)^2 - k^2 \equiv F(u) \tag{10}$$

diese definiert u als elliptische Funktion des Parameters t. Für $\lambda^2 = 1$ ist also der Parameter $dt_1 = du/\sqrt{F(u)}$; für $\lambda = 1/(1 - u)$ ist der Parameter t die Bogenlänge $ds = (1 - u)\, dt_1$.

Während $u = |y|\, \zeta, \zeta = \cos\vartheta$, ϑ Poldistanz, auf der Einheitskugel $|\xi| = 1$ in bekannter Weise zwischen zwei Grenzen, den Wurzeln u_1, u_2, oszilliert, ändert sich der andere Eulersche Winkel, das Azimuth ψ von ξ, wegen der gleichen Bogenlänge

$$s = \int \frac{u - 1}{\sqrt{F(u)}} du, \tag{11}$$

im sphärischen Bild,

$$ds = (d\vartheta^2 + \sin^2 \vartheta d\psi^2)^{1/2},$$

nach der Formel

$$\psi = \int \frac{k|y|}{y^2 - u^2} \frac{du}{\sqrt{F(u)}}, \tag{12}$$

und zwar *im ganzen* fortschreitend.

$\dot{\xi}$ gibt sofort den Vektor ξ_2 der Hauptnormale $\xi = \xi_1, \xi_2 \perp \xi_3$. Somit hat man die Drehung des beweglichen Dreibeins ξ_1, ξ_2, ξ_3 als Funktion von u und s = Bogenlänge, womit im Prinzip die Extremale $x(t)$ im Raum bestimmt ist.

Der Grenzfall der Schraubenlinien kommt für $u_1 = u_2$; diese können eine Gerade $\vartheta = 0$ bzw. ein Kreis $\vartheta = \frac{\pi}{2}$ werden.

Neben dem Delaunayschen Problem eingespannter Enden kann man natürlich auch eine andere Randbedingung stellen, von denen die Minimumseigenschaft eines Extremalbogens abhängt. Zum Beispiel für den „gelenkig gelagerten" Kreisbogen, der wie wir sahen unter den Extremalkurven ist, gilt der Satz von Schwarz, der von A. Schur begründet wurde: Jeder nichtebene Kurvenbogen konstanter Krümmung $\frac{1}{R}$ über einer Sehne $< 2R$ ist entweder kürzer als der kleinere oder länger als der größere Bogen des Kreises vom Radius R über der gegebenen Sehne.

In dem genannten historischen Bericht, den Carathéodory von den Untersuchungen zum Delaunayschen Problem gegeben hat, wird hauptsächlich eine andere, elementardifferentialgeometrische Entwicklung geschildert, die (im Anschluß an Weierstraß) H. A. Schwarz begonnen hat. Die Sätze von Schwarz über reelle Kurven beschränkter Krümmung bzw. Biegung hat Carathéodory Blaschke für seine Differentialgeometrie I mitgeteilt, wo sie zum ersten Male gedruckt und bewiesen sind. Hierzu gab A. Schur Beiträge wie den obengenannten Satz.

E. Schmidt und Carathéodory selbst haben die allgemeinere geometrische Theorie der Kurven beschränkter Biegung zu einem Abschluß gebracht.

IV.

Minimalflächen

1. Während Weierstraß selbst von den mehrdimensionalen Variationsproblemen hauptsächlich das der Minimalflächen behandelt hat, wurden seine allgemeinen formalen Methoden von Kobb und Kneser auf Flächenintegrale ausgedehnt.

Für das einfachste mehrdimensionale Variationsproblem mit nur zwei unabhängigen Variablen x, y und einer gesuchten Funktion $z = \psi(x, y)$

$$(1) \qquad I = \int f = \int\int {}^*f(x, y, z; p, q)\, dx\, dy \to \min, \qquad p = \psi_x, \qquad q = \psi_y,$$

lassen sich die Kobbschen Bedingungen an einem Knick der Extremalfläche gut geometrisch interpretieren an der Figuratrix von Blaschke.

Diese hängt zusammen mit einer Metrik der Flächenelemente, die auf dem Extremalintegral I beruht, wie wir durch Koschmieder, Berwald und E. Cartan wissen. Eine viel weiterreichende Geometrisierung macht Cartan, indem er auch einen Euklidischen Zusammenhang (eine Übertragung) auf I gründet; er kommt so zu „Les espaces métriques fondés sur la notion d'aire", Paris, Hermann 1933.

Blaschke[3] führt in einem zu x, y, z parallelen Koordinatensystem ξ, η, ζ mit dem Ursprung im Punkt (x, y, z) die Fläche der *Figuratrix* ein:

$$(2) \qquad \zeta = \bar{\varphi}(\xi, \eta);$$

ihre Koordinaten sind

$$(3) \qquad \xi = -{}^*f_p, \eta = -{}^*f_q, \zeta = {}^*f - p{}^*f_p - q{}^*f_q = -\varphi = \bar{\varphi}(\xi, \eta)$$

d. h.

$$(\xi^i) = (\xi, \eta, \zeta).$$

Bei einer *geknickten* Extremalfläche muß an der Kante $dx = (dx^i) = (dx, dy, dz)$ des Knicks für den Sprung

$$\overrightarrow{[\xi]} = [\xi^i] = (\xi^+ - \xi^-), (\eta^+ - \eta^-), (\zeta^+ - \zeta^-)$$

gelten, vgl. [14]:

$$(4) \qquad [\xi^i]\, dx^j - [\xi^j]\, dx^i = 0 \qquad (i, j = 1, 2, 3).$$

Das bedeutet an der Figuratrix, daß der Vektor $\overrightarrow{[\xi]} = \overrightarrow{\xi^-, \xi^+}$ die Richtung der Kante $\overrightarrow{dx}$ hat.

[3] *W. Blaschke*, Über die Figuratrix in der Variationsrechnung, Arch. Math. Phys. III. R. 20, 28–44 (1912). Wegen der Bedingung von Kobb, vgl. Bolza, Vorles. über Variationsrechn., Leipzig 1949, S. 694.

Die Kante $d\vec{x}$ gehört beiden angrenzenden Flächenelementen an, also muß auch der Vektor $\overrightarrow{[\xi]}$ jeder der zugehörigen (d. h. parallelen) Tangentialebenen der Figuratrix parallel sein; der durch beide Berührungspunkte $\vec{\xi}^+, \vec{\xi}^-$ dieser Tangentialebenen hindurchgehende Vektor $\overrightarrow{\xi^-, \xi^+}$ ist also *doppelt berührende Tangente* der Figuratrix, vgl. [18].

Die Richtungen der mit einem Flächenelement möglichen infinitesimalen Knicke, d. h. die Richtungen der Charakteristiken, werden durch die Nullrichtungen der Cartanschen Metrik gegeben. Unter Einführung des absoluten Differentials hat die Extremalfläche verschwindende mittlere Krümmung, und die Charakteristikentheorie der hyperbolischen Differentialgleichungen besagt:

Die Nullinien bilden auf der Extremalfläche ein konjugiertes Netz: beim Fortschreiten in der einen Richtung ist das absolute Differential des Normaleneinheitsvektors senkrecht auf der anderen Richtung, vgl. [18].

Für die Minimalflächen mit $\int\int \sqrt{(dy\, dz)^2 + +} \to$ min ist die Cartansche Metrik die Euklidische.

Beziehen wir die Minimalfläche $\vec{x} = x(u, v)$ auf ihre Nullinien $u =$ const, $v =$ const, so gilt somit auf ihr für den Normaleneinheitsvektor $\vec{\xi} = [x_u \times x_v]/|x_u \times x_v|$

$$\xi_u \cdot x_v = 0, \qquad \text{d. h. } x_{uv} = 0, \tag{5}$$

und somit die von Monge und Lie gegebene Darstellung der Minimalfläche als Schiebfläche (Translationsfläche)

$$\vec{x} = x_1(u) + x_2(v), \quad x_1'^2 = 0, x_2'^2 = 0. \tag{6}$$

Die von Weierstraß 1866 gegebene Darstellung der Minimalfläche mittels einer analytischen Funktion folgt dann daraus, daß auf einer reellen Minimalfläche die isotropen Linien paarweise konjugiert komplex sind, und die isotrope Kurve $x_1(u)$, als Einhüllende ihrer Schmiegebenen (vgl. W. Blaschke, Differentialgeometrie I, § 23), gibt dann die (integrallose) Darstellung der Minimalflächen durch analytische Funktionen, vgl. auch E. Cartan, Théorie des Groupes finis et continus, red. par J. Léray, Paris 1937, Chap. II.

Weierstraß selbst hat 1866 die Darstellung der Minimalflächen durch analytische Funktionen, wie man sich denken kann, sorgsamer gemacht:

Man kann eine analoge Überlegung gleich für das allgemeinere Variationsproblem

(7) $$\iint^* f(p, q)\, dx\, dy \to \min$$

anstellen nach dem Vorbild von A. Haar, „Über *adjungierte Variationsprobleme* und *adjungierte Extremalflächen*", Math. Ann. **100**, 1928, dessen Rechnungen wir an einer Stelle etwas vereinfachen können.

Ist

(8) $$f(p, q) = L(u_i),$$

L homogen 1. Dimension in $(u_i) = (dy\, dz, dz\, dx, dx\, dy)$, so sind mit $L_{u_i} = L^i$ die Differentialformen

(9) $$L^{[i} dx^{j]} = d\overset{\circ}{x}_k, \qquad i\, j\, k \approx 1\, 2\, 3,$$

vollständige Differentiale senkrecht zu dx^i der Koordinaten $\overset{\circ}{x}_k$ der adjungierten Minimalfläche, und es ist außer $dx^k d\overset{\circ}{x}_k = 0$ die Abbildung $\vec{x} \to \vec{\overset{\circ}{x}}$ nach Haar und Berwald eine Isometrie im Cartanschen Linienelement $ds^2 = d\overset{\circ}{s}^2$, vgl. auch [20].

Bei Einführung isothermer Parameter im Cartanschen Linienelement auf der Extremalfläche e_2

(10) $$ds^2 = \Theta(\alpha, \beta)\,(d\alpha^2 + d\beta^2) = d\overset{\circ}{s}^2$$

ist

(11) $$g_{jk} x^j_\alpha x^k_\alpha = g_{jk} x^j_\beta x^k_\beta \qquad \text{analog für } \overset{\circ}{x}_{j\alpha}, \overset{\circ}{x}_{j\beta}.$$
$$g_{jk} x^j_\alpha x^k_\beta = 0.$$

Setzt man

(12) $$Z^j = x^j_\alpha + i x^j_\beta, \qquad \text{analog } \overset{\circ}{Z}_j = \overset{\circ}{x}_{j\alpha} + i \overset{\circ}{x}_{j\beta},$$

so sind dies isotrope Vektoren: mit $Z_j = g_{jl} Z^l, \ldots$ ist

(13) $$Z_j Z^j = 0, \quad \overset{\circ}{Z}_j \overset{\circ}{Z}{}^j = 0$$

außerdem gilt (9), somit

(14) $$\overset{\circ}{Z}_j = L^{[h} Z^{k]}, \qquad h\, k\, j \approx 1\, 2\, 3,$$

und

(15) $$Z^j \overset{\circ}{Z}_j = 0.$$

Nach der Lagrangeschen Identität

$$(16)\qquad \frac{1}{2}\, Z_{[i}\underset{\circ}{Z}_{j]}\, Z^{[i}\underset{\circ}{Z}^{j]} = (Z^j Z_j)\,(\underset{\circ}{Z}_j \underset{\circ}{Z}^j) - (Z^j \underset{\circ}{Z}_j)^2$$

folgt nun (wegen des positiv definitiven Charakters der Metrik)

$$(17)\qquad \lambda Z_j = \underset{\circ}{Z}_j .$$

Dies ist mit Rücksicht auf (14) ein lineares Gleichungssystem in Z^j, dessen Determinante

$$(18)\qquad \det(\lambda g_{ij} - \varepsilon L_{ij}) = \lambda^3 g - \lambda^2 \varepsilon g_1 + \lambda \varepsilon^2 g_2 + 0 = 0,\quad \varepsilon = 1/\sqrt{g}$$

sein muß. Dabei sind unter Einführung der schiefsymmetrischen Matrix (L_{ij}) mit $L_{ij} = \sqrt{g}\, L^k$ und ihrer algebraischen Komplemente $(\bar{L}^{ij}) = (g L^i L^j)$ die Koeffizienten

$$(19)\qquad g_1 = g g^{ij} L_{ij} = 0,\quad g_2 = \bar{L}^{ij} g_{ij} = g_{ij}\, g L^i L^j = g^2 .$$

Also lautet die Determinantengleichung

$$(20)\qquad \lambda^3 g + \lambda g = 0,$$

d. h. $\lambda^2 + 1 = 0$ mit den Wurzeln $\lambda = \pm\, i$. Bei geeigneter Wahl des Vorzeichens in $\underset{\circ}{x}$ gilt also

$$(21)\qquad i Z_j = \underset{\circ}{Z}_j .$$

Dies spaltet sich in Real- und Imaginärteil in die Gleichungen von Haar

$$(22)\qquad \begin{aligned} g_{jk}\, x^k_\alpha &= \underset{\circ}{x}_{j\beta} \\ g_{jk}\, x^k_\beta &= -\, \underset{\circ}{x}_{j\alpha} . \end{aligned}$$

Bei den Minimalflächen ist die Cartansche Metrik die Euklidische (Indizes oben und unten sind gleichbedeutend). Also ergeben sich die Cauchy-Riemannschen Differentialgleichungen

$$(23)\qquad \begin{aligned} x_{j\alpha} &= \underset{\circ}{x}_{j\beta} \\ x_{j\beta} &= -\, \underset{\circ}{x}_{j\alpha} . \end{aligned}$$

Setzen wir mit Weierstraß

(24) $$X_j = x_j + i \overset{\circ}{x}_j,$$

so sind dies analytische Funktionen von $t = \alpha + i\beta$, und für die Ableitungen nach t

(25) $$X_j' = x_{j\alpha} + i \overset{\circ}{x}_{j\alpha} = x_{j\alpha} - i x_{j\beta} = \bar{Z}_j$$

ist

(26) $$\sum X'^2 = 0.$$

Dies gibt die berühmten Weierstraßschen Darstellungsformeln

(27) $$x_1 = \Re \int (G^2(t) - H^2(t))\, dt,\ x_2 = \Re i \int (G^2 + H^2)\, dt,\ x_3 = \Re \int GH dt$$

durch analytische Funktionen $G(t)$, $H(t)$ und damit den analytischen Charakter der Minimalflächen. Dieser wurde unabhängig von solcher Darstellung kurz und moderner von Radó bewiesen.

Bei Ketten aus Strecken und Ebenen, in die das Minimalflächenstück eingespannt werden soll, lassen sich die analytischen Funktionen $G(t)$, $H(t)$ als Lösungen linearer Differentialgleichungen 2. Ordnung mit bekannter Monodromiegruppe bestimmen (Problem von Riemann-Hilbert). Diese funktionentheoretische Behandlung linearer Differentialgleichungen hat eine ausgedehnte Entwicklung seit H. A. Schwarz und L. Fuchs gehabt. Ganz neuerdings gab Garnier Beiträge zu dieser Untersuchungsrichtung, auf die wir nicht eingehen können.

Das Eigenwertkriterium von H. A. Schwarz für das Minimum eines Minimalflächenstückes wurde, wie oben, II, erwähnt, von H. A. Schwarz in der Festschrift für Weierstraß entwickelt. Diese Untersuchung von Schwarz ist ein wichtiger Schritt zur Behandlung von Eigenwertproblemen von Differentialgleichungen und hat die Eigenwerttheorie der Integralgleichungen von E. Schmidt beeinflußt.

Abgesehen von diesen linearen Eigenwertproblemen hat die Theorie der Minimalflächen, insbesondere das Plateausche nichtlineare *Randwert*problem, in der ersten Hälfte unseres Jahrhunderts eine aufregende Entwicklung genommen, durch Mathematiker wie S. Bernstein, Radó, Haar, Courant, Tonelli, Douglas u. a. – großenteils mittels direkter Methoden, wie sie im Abschnitt VIII skizziert werden.

Ich verweise diesbezüglich auf den eben erschienenen Bericht von Joh. C. C. Nitsche, On new results in the theory of Minimal Surfaces, Bull. Am. Math. Soc. **71**, 1965, um so lieber, als er auch auf die verzweigte Entwicklung klassischer Gedanken ausführlich eingeht.

2. In „*Zur Integration der linearen partiellen Differentialgleichungen mit konstanten Koeffizienten*" hat *Weierstraß*, Werke I, S. 275 einen Beitrag geliefert, den ich an dieser Stelle wenigstens erwähnen möchte: Die Lösung eines Systems von drei Differentialgleichungen 2. Ordnung für drei gesuchte Funktionen wird durch Resolventenbildung auf die gesuchte Funktion einer einzigen Differentialgleichung 6. Ordnung $a(d)\, u = 0$ zurückgeführt, welche im Fall der Bewegung hyperbolischen und im Fall des Gleichgewichts elliptischen Charakter besitzt.

Diese Untersuchungen wurden von Fredholm und Herglotz fortgesetzt. Die Rechnung, die Herglotz [12] begann und Petrowsky fortsetzte, drückt die Elementarlösung $a^{-1}(p)$ von $a(p)$ mittels Perioden Abelscher Integrale aus.

Leray, Hyperbolic Differential Equations, Princeton 1953, verbesserte und vollendete ihre Rechnungen, die, wie Fl. Bureau bemerkt hat, unvorsichtig nur bedingt konvergente Integrale vertauschten. Auch die Annahme, daß der Kegel $a(\xi) = 0$ keinen singulären Punkt besitze, wurde beseitigt: Das Resultat wurde in eine invariante Form gebracht. Mittels der Schwarzschen Distributionen kann Leray die Elementarlösung überall definieren, nicht nur dort, wo sie eine Funktion ist.

Weitere höchst wichtige Untersuchungen der Differentialgleichungen mit konstanten Koeffizienten stammen von John, Gårding, Hörmander.

V.

Geodätische Felder mehrdimensionaler Variationsprobleme

1. Die von *Weierstraß* ausgehende Theorie der *geodätischen Felder* soll jetzt für *mehrfache Integrale* skizziert werden. Die Ausdehnung der 1-dimensionalen Verhältnisse geschah in zwei Richtungen:

1) wurde eine Untersuchung von Hilbert für ein Doppelintegral mit einer unbekannten Funktion verallgemeinert auf den allgemeinen Fall eines

μ-fachen Integrals mit $n = N - \mu$ unbekannten Funktionen in der Divergenztheorie von Hadamard, De Donder, Volterra und H. Weyl, die mit der aus der Hamiltonfunktion φ und den Impulsen π_i (siehe (6.5)) gebildeten (geschlossenen) Differentialform $-\varphi(dt) + \pi_i \wedge dx^i$ den Integranden f abändert,

2) entwickelte Carathéodory die weiterreichende kunstvolle Determinantenmethode, die mit Rücksicht auf freie Randteile unabhängige und abhängige Variable mehr gleichberechtigt behandelt. Das kommt noch mehr zum Ausdruck bei Gebrauch der äußeren Differentialformen durch H. Boerner, Lepage u. a.

Diese Carathéodorysche Theorie verdankt H. Boerner drei wesentliche Vervollkommnungen: eine vereinfachte, den Mechanismus des „Carathéodoryschen Königswegs" aufzeigende Darstellung, die Benutzung der äußeren Differentialformen und insbesondere die Einbettungskonstruktion für ein Extremalenstück in ein geodätisches Röhrenfeld.

2. *Homogene Schreibweise*

Will man im *klassischen* Rahmen – zur modernen Auffassung von Dedecker, vgl. [5] – die Vorteile willkürlicher Parameterdarstellung (deren spezielle Wahl die Stellungsgrößen p^i_α, P^α_j des Funktionenproblems ergibt) auch bei mehrfachen Integralen möglichst ausnutzen, so muß man eine von Boerner angeregte Ausgestaltung der Carathéodoryschen Theorie durch Velte zugrunde legen.

Sachgemäß ist, die Grundfunktion eines μ-fachen Extremalintegrals für n gesuchte Funktionen ($n > \mu$) als Funktionen auf dem Graßmannkegel G^N_μ der μ-dimensionalen Ebenen durch einen festen Punkt des N-dimensionalen Raumes aufzufassen. Vgl. meine Darstellung [14a].

Eine wichtige Rolle spielt hier ein Satz von H. Kneser, wonach auch die Impulse auf G^N_μ liegend angenommen werden können. H. Busemann hat aus diesem Grunde die verschiedenen Möglichkeiten der Definition konvexer Funktionen auf nichtkonvexen Mengen (wie es der Graßmannkegel G^N_μ ist) beschrieben und angeregt, die Verbindung zwischen diesen verschiedenen Konvexitätsbegriffen und denen der Variationsrechnung zu untersuchen, was für den Regularitätsbegriff der Variationsrechnung wichtig ist. Diesbezüglich vergleiche man die Arbeiten von H. Busemann, Ewald, Sheppard u. a. [15].

3. *Differentiation auf dem Graßmannkegel*

Manche andere mit dem Graßmannkegel zusammenhängende Fragen sind dabei noch schwierig:

Die mehrmalige Differentiation von Funktionen wie f, die nur für p auf G definiert sind, ist von Bartels in ihrer Wichtigkeit mit Recht betont und studiert worden; er [8] ist am weitesten gediehen in der Analyse des auf das μ-dimensionale Extremalintegral gegründeten Euklidischen Zusammenhangs im Sinne E. Cartans. Vgl. meinen Überblick [14a].

4. Wesentlich mittels *Differentialformen* haben Lepage, Debever, Dedecker u. a. Belgier diese beiden Fälle von geodätischen Feldern (1. von Weyl, 2. von Carathéodory) als Spezialisierung des *allgemeinen geodätischen Feldes* mit einer Differentialform Ω mit

(4.1) $$\Omega \equiv f \qquad (\omega^i) \qquad \omega^i = dx^i - p^i,\ p^i \text{ siehe } (6{,}5),$$

(4.2) $$d\Omega \equiv 0 \qquad (\omega^i)$$

erkannt. Bereits mit der in ω^i quadratischen Differentialform

(4.3) $$\begin{aligned}\Omega &= f + \pi_i \wedge \omega^i + \lambda_{ij}\omega^i \wedge \omega^j \\ &= -\varphi + \pi_i \wedge dx^i + \lambda_{ij}\omega^i \wedge \omega^j\end{aligned}$$

bekommt Lepage das prinzipiell wichtige Resultat: Eine mit den unten in Nr. 11 erwähnten Methoden der Randwertaufgaben nichtlinearer Differentialgleichungen zu konstruierende Schar von Extremalflächen, die ein Gebiet des t^α, x^i-Raumes einfach und lückenlos überdeckt und ein gegebenes Extremalflächenstück enthält, läßt sich mit einem alternierenden Tensor λ_{ij} versehen, so daß die Flächenelemente der Extremalen ein bezüglich Ω geodätisches Feld bilden. Man muß für das absolute Differential

(4.4) $$D\lambda_{ij} = d\lambda_{ij} - p^k,_{[i\lambda_j]k}$$

das *lineare System*

(4.5) $$D\lambda_{ij} = \pi_{[j,i]}$$

verlangen. Das dürfte auf allen Flächen der Schar gelingen, falls auf $\mathring{e}$ der kleinste positive Eigenwert $\mu^{(1)} > 1$ ist.

5. Prinzipiell neu ist bei Dedecker die systematische Benutzung der modernen Methoden der *Differentialgeometrie* der Mannigfaltigkeiten und darüber hinaus der *Algebraischen Topologie*.

Bei Dedecker sind die Probleme von vornherein *global* und koordinatenunabhängig formuliert. Das bedingt freilich, daß Begriffe wie Faserraum, Garben u.a.m. in der Variationsrechnung erscheinen. Der Ref. kann über diese fundamentale Theorie nicht berichten.

6. *Carathéodorys „Röhrenfeld"*

Wir wollen vielmehr in dieser mehr historischen Betrachtung an der formal am meisten ausgebauten inhomogenen Carathéodoryschen Theorie den einfachen Mechanismus der Feldtheorie erklären; diese bildet nach H. Boerner überhaupt einen „Königsweg" zur ganzen Variationsrechnung.

Zu einem Variationsproblem

$$\int f = \int {}^*f(t^\alpha, x^i, p^i_\alpha)\,(dt) \to \min! \tag{6.1}$$

gehöre eine μ-dimensionale Extremale e_μ (physikalisch das klassische Zustandsfeld eines dynamischen Kontinuums)

$$x^i = x^i(t^\alpha),\ \alpha = 1, \ldots, \mu;\ i = 1, \ldots, n, \tag{6.2}$$

im $(\mu + n)$-dimensionalen (t^α, x^i) Raum (geometrisch gesprochen).

Die Quantentheorie des Wellenfeldes hängt mehr zusammen mit dem Carathéodoryschen geodätischen „(Röhren-)Feld", einer μ-parametrigen Schar von

(6.3) $(\mu + n - 1)$-dimensionalen Hyperflächen $S^\alpha(t^\beta, x^j) = \Theta^\alpha = \text{const.}$,

die zu e_μ „*transversal*" stehen, d. h. an jeder Stelle ist

$$^*f(t, x, p) - \varDelta \geqq 0,\ \varDelta = \det\left(\frac{dS^\alpha}{dt^\beta}\right);\ \frac{dS^\alpha}{dt^\beta} = S^\alpha_{t\beta} + S^\alpha_{xj}\, p^j_\beta, \tag{6.4}$$

wobei das Minimum 0 angenommen wird in der Stellung p^i_α, von der man sagt, daß sie vom geodätischen Feld transversal geschnitten wird.

„e_μ sei ins geodätische Feld eingebettet" heißt, die Flächenelemente $p^i_\alpha = \dfrac{dx^i}{dt^\alpha}$ von e_μ werden vom geodätischen Feld transversal geschnitten.

Mit den Bezeichnungen

$$\pi_i^\alpha = f_{p_\alpha^i} \qquad (dt)_\alpha \pi_i^\alpha = \pi_i = f_{p^i}, \qquad p^i = p_\alpha^i dt^\alpha$$

(6.5)
$$(dt)_\alpha = (-1)^\alpha dt^0 \ldots dt^{\alpha-1} dt^{\alpha+1} \ldots dt^{\mu-1}$$

$$(dS)_\alpha = (-1)^\alpha dS^0 \ldots dS^{\alpha-1} dS^{\alpha+1} \ldots dS^{\mu-1}$$

sind die Carathéodoryschen Bedingungen für das geodätische Feld in Formeln: längs des Flächenelementes p_α^i des Feldes, d. h. für

(6.6)
$$dx^i = p^i, \qquad dS^\gamma = S_{t\alpha}^\gamma dt^\alpha + S_{xi}^\gamma p^i$$

einfach

(6.7)
$$\pi_i = f_{pi} = (dS)_\gamma S_{xi}^\gamma, \quad \text{d. h.} \quad \pi_i^\beta = \frac{(dS)_\gamma}{(dt)_\beta} S_{xi}^\gamma.$$

Außerdem ist wegen $f = \frac{1}{\mu} (dS)_\gamma dS^\gamma = (dS)$ die μ-Form

(6.8)
$$a_\alpha = {}^*f(dt)_\alpha - \pi_i p_\alpha^i = \sum_\gamma \frac{(dS)_\gamma}{(dt)_\alpha} \frac{dS^\gamma}{dt^\alpha} (dt)_\alpha - (dS)_\gamma S_{xi}^\gamma p_\alpha^i = (dS)_\gamma S_{t\alpha}^\gamma,$$

nicht über α summieren.

Auf einer vom Feld „transversal" geschnittenen Fläche gilt wegen $(dS) = f$

(6.9)
$$\begin{aligned} d\pi_i &= (dS)_\gamma dS_{xi}^\gamma = (dS)_\gamma \left\{\partial_{xi}(S_{t\alpha}^\gamma dt^\alpha + S_{xj}^\gamma p^j) - S_{xj}^\gamma \partial_{xi} p^j\right\} \\ &= (dS)_\gamma \partial_{xi}\, dS^\gamma - \pi_j \partial_{xi} p^j = \partial_{xi} f - f_{pj} \partial_{xi} p^j = f_{xi}, \end{aligned}$$

d. h. die *Euler-Lagrangeschen Gleichungen.*

7. Mit der Hamiltonfuktion

(7.1)
$$-f + \pi_i \wedge p^i = \varphi(t, x, \pi), \qquad p^i = \varphi_{\pi_i}$$

bekommt man die kanonische Form

(7.2)
$$d\pi_i = -\varphi_{xi},$$

aus der die *Theorie der 2. Variation* entwickelt wird.

Liegt ein Feld vor mit den n-dimensionalen Mannigfaltigkeiten

$$S^0(t, x) = \Theta^0, \ldots, S^{\mu-1}(t, x) = \Theta^{\mu-1} = \text{konst},$$

so genügen deren Stellungsgrößen $P_i^\alpha = -\partial t^\alpha/\partial x^i$ den Beziehungen $S_{t\alpha}^\gamma P_i^\alpha = S_{xi}^\gamma$. Drückt man also jetzt endgültig durch die *Definitions*gleichungen

$$a_\alpha P_i^\alpha = \pi_i, \quad \text{d. h. } a_\alpha^\beta P_i^\alpha = \pi_i^\beta, \tag{7.3}$$

neue Stellungsgrößen P_i^α durch π_i^β aus, so gilt im Feld für die *einfache* Differentialform in dt^α, dx^i (mit vom Feld abhängigen Koeffizienten) die Gleichheit (mit $a = \det(a_\alpha^\beta)$)

$$\begin{aligned} \Lambda_\beta (a_\alpha^\beta dt^\alpha + \pi_i^\beta dx^i) &= \Lambda_\beta a_\alpha^\beta (dt^\alpha + P_i^\alpha dx^i) = a \cdot \Lambda_\alpha (dt^\alpha + P_i^\alpha dx^i) \\ &= \Lambda_\beta \frac{(dS)_\gamma}{(dt)_\beta} (S_{t\alpha}^\gamma dt^\alpha + S_{xi}^\gamma dx^i) = f^{\mu-1} \Lambda_\gamma dS^\gamma \end{aligned} \tag{7.4}$$

Hier ist anders als in (6.6) dS^γ das vollständige Differential in dt^α, dx^i.

Setzen wir also noch

$$f^{\mu-1}/a = F(t, x, P_i^\alpha), \tag{7.5}$$

so ist die monome Differentialform mit Koeffizienten im Feld

$$\Omega = \frac{\Lambda_\alpha (dt^\alpha + P_i^\alpha dx^i)}{F} = \frac{\Lambda_\alpha (a_\beta^\alpha dt^\beta + \pi_i^\alpha dx^i)}{f^{\mu-1}} \to 0 \quad \text{(geschlossen)} \tag{7.6}$$

$$(= dS^0 \ldots dS^{\mu-1}).$$

8. Mit Hilfe des geodätischen Feldes stellt Carathéodory für die mehrfachen Extremalintegrale die „*Legendresche Bedingung*“ und die „*Weierstraßsche E-Funktion*“ auf; sie sehen anders aus, als man vorher vermutete. Das wichtigste ist dabei, daß die Funktionen S^α des geodätischen Feldes herausfallen: es bleiben nur die p_α^i oder die P_i^α. Trotzdem ist es für den ganzen Aufbau der Theorie sowie für die Feststellung eines starken Minimums (bei positiver E-Funktion) wichtig, eine gegebene Extremale e in ein geodätisches Feld einzubetten, das sie transversal schneidet.

Für den Totalzuwachs des Extremalintegrals kommt

$$I_c - I_e = \int_{G_t} {}^*f'(d't) - \int_{G_t} {}^*f(dt) = \int_c ({}^*f' - \Delta)(d't). \tag{8.1}$$

Hier ist $c: {}'x^i(t^\alpha)$ die Vergleichsfläche mit demselben Rand wie die Extremale e.

Für

$$ {}^*f' - \Delta = E, \tag{8.2}$$

die *Weierstraßsche* E-(„Exzeß"-)*Funktion* soll gelten

$$E \rightarrow \text{stationär und } E = 0 \text{ für } {}'p^i_\alpha = p^i_\alpha \tag{8.3}$$

Wir wollen

$$E > 0 \text{ für } {}'p^i_\alpha \neq p^i_\alpha$$

als besondere Bedingung voraussetzen. Das ist hinreichend dafür, daß die Fläche e, die sich in ein sie transversal schneidendes geodätisches Feld einbetten läßt, ein *starkes Minimum* liefert.

Aus

$$(d'S) = \frac{\underset{\beta}{\Lambda}(a^\beta_\alpha + \pi^\beta_i\, {}'p^i_\alpha)\, d't^\alpha}{{}^*f^{\mu-1}} = \frac{\underset{\beta}{\Lambda}(\delta^\beta_\alpha\, {}^*f + ({}'p^i_\alpha - p^i_\alpha)\,\pi^\beta_i)\, d't^\alpha}{{}^*f^{\mu-1}} \tag{8.4}$$

folgt für die $E = {}^*E(d't)$-Form

$$ {}^*E(t^\alpha, x^i; p^i_\alpha, {}'p^i_\alpha) = {}^*f' - \frac{(d't)}{{}^*f^{\mu-1}} \det(\delta^\beta_\alpha\, {}^*f + ({}'p^i_\alpha - p^i_\alpha)\,\pi^\beta_i). \tag{8.5}$$

In der *Entwicklung* von E kommen Glieder 0. und 1. Ordnung nicht vor. Die Glieder 2. Ordnung bilden eine quadratische Form mit den Koeffizienten

$$q^{\alpha\beta}_{ij} = {}^*f_{p^i_\alpha p^j_\beta} - \frac{1}{{}^*f}\left({}^*f_{p^i_\alpha}\, {}^*f_{p^j_\beta} - {}^*f_{p^i_\beta}\, {}^*f_{p^j_\alpha}\right) \tag{8.6}$$

in den $n \cdot \mu$ Veränderlichen $({}'p^i_\alpha - p^i_\alpha)$.

Die *Legendre-Bedingung* besagt: Diese Formen positiv definiter Flächenelemente, die diese Bedingung erfüllen, heißen *regulär*.

Ist sie erfüllt, so ist gewiß die Funktion $E > 0$, wenn $'p^i_\alpha$ von p^i_α wenig abweicht. Dann ist also das Bestehen eines „schwachen" Minimums gewährleistet. In der Tat: kann man ja

$$(8.7) \qquad {}^*E = \tilde{q}^{\alpha\beta}_{ij}('p^i_\alpha - p^i_\alpha)('p^j_\beta - p^j_\beta)$$

setzen, wobei die Koeffizienten der quadratischen Form für einen Wert $p^i_\alpha + \vartheta('p^i_\alpha - p^i_\alpha)$, $0 < \vartheta < 1$, auf der Verbindungsstrecke von $'p^i_\alpha$ und p^i_α zu bilden sind.

9. Eine Hauptsache für den ganzen Aufbau der Carathéodoryschen Theorie, insbesondere für die Feststellung eines starken Minimums (bei positiver E-Funktion), ist, wie schon Carathéodory betont, die *Einbettung eines gegebenen Extremalenstücks e_μ in ein geodätisches Röhrenfeld*, das e_μ transversal schneidet. Lokal, d. h. für ein genügend kleines Extremalenstück, ist diese Konstruktion in den Einzelheiten von H. Boerner angegeben und zuerst bewiesen worden.

Die geometrische Bedeutung der Konstruktion kann man nach E. Hölder [19] an (7.6) anschließen. Man bemerke die Kovarianz der Begriffe „geodätisches Feld" und „transversal geschnitten werden", die van Hove auch analytisch in Evidenz gesetzt hat.

Man konstruiert eine $(\mu - 1)$-parametrige Schar von Flächen, von denen die Extremale transversal geschnitten wird und die man dann gleich zu Koordinatenebenen

$$(9.1) \qquad t^1 = \text{const.}, \ldots, t^{\mu-1} = \text{const.}$$

macht.

Dann gilt

$$(9.2) \qquad P^{\alpha'}_i = 0.$$

Daraus folgt auch

$$(9.3) \qquad \pi^{\alpha'}_i = 0.$$

Dann reduziert sich die Differentialform

$$\Omega = \frac{dt^0 + P_i^0 dx^i}{F(t, x, P_i^0, 0)} dt^1 \dots dt^{\mu-1} \to 0 \tag{9.4}$$

auf

$$\frac{dt^0 + P_i^0 dx^i}{F(t, x, P_i^0)} \to 0, \tag{9.5}$$

was durch die eingliedrige Gruppe von Berührungstransformationen erledigt wird.

Die so gefundenen Mannigfaltigkeiten $M^0: S^0(tx) = \Theta^0 =$ const. bilden, mit den $S^{\alpha'}(t, \alpha) = \Theta^{\alpha'}$ zum Schnitt gebracht, das „Röhrenfeld".

Soweit die lokale Frage der Einbettung. Im nächsten Abschnitt VI von *R. Klötzler* wird nach der Ausdehnung gefragt, die ein Extremalenstück haben darf, damit es noch in dieser Weise in ein geodätisches Röhrenfeld eingebettet werden kann.

Es gibt aber noch die andere oben erwähnte Methode von Lepage und Debever, ein Mayer-Feld zu konstruieren, das ein gegebenes Extremalflächenstück enthält: nämlich eine ein Gebiet im t, x-Raum überdeckende Schar von Extremalen und dazu ein Tensorfeld λ_{ij}, derart, daß deren Flächenelemente bezüglich der Differentialform Ω, ein geodätisches Feld bilden – letzteres ein lineares Problem.

10. Dabei ist aber die *lokale Lösbarkeit des Randwertproblems* eine Voraussetzung, auf die wir zum Schluß nur mit ein paar Worten eingehen können*. Zum Beispiel für die nahezu ebenen Minimalflächen ist das „Plateausche" Randwertproblem für die nichtlinearen partiellen Differentialgleichungen, wie gesagt, zuerst von Müntz und A. Korn behandelt worden.

Man behandelt, kurz gesagt, den linearen Teil mittels der Greenschen Funktion, die nichtlinearen Glieder durch sukzessive Approximationen.

Dabei benötigt man eine genaue Behandlung der *linearen* Terme bzw. Gleichungen

$$\begin{aligned} Dx &= \xi \qquad\qquad x = 0 \text{ auf } \partial T, \\ D'\xi &= \mu a x \end{aligned}$$

* Die ausführliche Darstellung hätte den Rahmen dieses Aufsatzes gesprengt und wird in einer anderen Arbeit von mir behandelt.

also deren Eigenwerte μ_α und deren Greensche Funktion, eventuell im verallgemeinerten Sinn. Dies ist in der von H. A. Schwarz begonnenen Theorie der 2. Variation enthalten, die besonders Lichtenstein entwickelt hat, M.Z. **5** (1919), vgl. auch E. Hölder, Math. Ann. **148** (1962), S. Hildebrandt, Math. Ann. **148** (1962). Man hat da das schon erwähnte Eigenwertkriterium, daß der kleinste positive Eigenwert $\mu_1 > 1$ nicht nur für die 2. Variation $I_{\text{II}} > 0$ garantiert, sondern auch den Totalzuwachs > 0. Bei $\mu_1 < 1$ liegt kein Minimum vor.

Mittels der Greenschen Funktion kann man nun auch das *Randwertproblem* der Differentialgleichungen mit den nichtlinearen Gliedern auf der rechten Seite durch sukzessive Approximation lokal lösen.

Lichtenstein (Mh. 1917) hat namentlich den „Verzweigungsfall" behandelt, wo die lineare homogene Differentialgleichung eine Nullösung besitzt, d. h. die mit dem Parameter μ erweiterte Differentialgleichung den Eigenwert $\mu = 1$ als kleinsten positiven Eigenwert hat. Dann braucht man die erweiterte Greensche Funktion und hat zum Schluß die durch die Verzweigungsgleichungen bestimmte Verzweigung der Schar der Extremalflächen und deren Stabilität (letzteres ein Problem der Eigenwert-Störung).

Über diese lokale Frage nach den Extremalen in der Nachbarschaft einer gegebenen hinaus findet sich Weitergehendes zu dem nichtlinearen Problem im Großen in dem Bericht von Morrey [17], dem auch die bedeutendsten Beiträge zu verdanken sind.

Zur Literatur möchte ich auch noch die beiden wichtigen Arbeiten [2], [3] von H. Beckert hinzufügen sowie neuestens die vielen von F. E. Browder.

LITERATUR

[1] *Barthel, W.*, Über metrische Differentialgeometrie, begründet auf den Begriff eines p-dimensionalen Areals, Math. Ann. **137** (1959), S. 42–63.

[2] *Beckert, H.*, Existenzbeweise mehrdimensionaler regulärer Variationsprobleme. Math. Ann. **133** (1957), S. 191–218.

[3] *Beckert, H.*, Über ein singuläres mehrdimensionales Variationsproblem. Math. Ann. 135 (1958), S. 203–218.

[4] *Boerner, H.*, Über die Extremalen und geodätischen Felder in der Variationsrechnung mehrfacher Integrale. Math. Ann. **112**, 187–220 (1936).

[5] *Boerner, H.*, Variationsrechnung aus dem Stokeschen Satz. Math. Z. **46**, 709–719 (1940).

[6] *Boerner, H.*, Über die Legendresche Bedingung und die Feldtheorie in der Variationsrechnung mehrfacher Integrale. Math. Z. **46**, 720–742 (1940).

[7] *Boerner, H.*, Carathéodorys Eingang zur Variationsrechnung. Jber. dtsch. Math.-Ver. **56**, 31–58 (1953).

[8] *Busemann, H.*, *G. Ewald* and *G. C. Shephard*, Convex bodies and convexity on Grassmann Cones I.–IV., Math. Ann. **151** (1963), S. 1–41.

[9] *Carathéodory, C.*, Über die Variationsrechnung bei mehrfachen Integralen. Acta Szeged. **4**, 193–216 (1929). Gesammelte Mathem. Schriften, Bd. **1**, 401–426, München (1954).

[10] *Dedecker, P.*, Calculus des Variations et Topologie algébrique. Université de Liège, faculté des Sciences (1957).

[11] *Dedecker, P.*, Calculus des Variations formes différentielles et Champs Géodésiques. Coll. Int. du Centre Nat. de la Recherche Scientifique, Strasbourg, 26. Mai–1. Juin 1953.

[12] *Herglotz, G.*, Über die Integration linearer, partieller Differentialgleichungen mit konstanten Koeffizienten. Ber. Sächs. Ak. Wiss. Leipzig 78 (1926), 80 (1928).

[13] *Hölder, E.*, Die infinitesimalen Berührungstransformationen der Variationsrechnung. Jber. dtsch. Math.-Ver. **49**, 799–819 (1939).

[14] *Hölder, E.*, Aufbau einer Extremalfläche hyperbolischen Typs aus ihren Charakteristiken (mittels des euklidischen Zusammenhanges des Cartanschen Raumes). Arch. d. Math. **5** (1954), S. 510–521.

[14a] *Hölder, E.*, Über die auf Extremalintegrale gegründeten metrischen Räume. Bericht v. d. Riemann-Tagung, Schriftenreihe d. Forschungsinstituts für Math. bei d. Dt. Akad. d. Wiss. zu Berlin, Heft 1 (1957), S. 178–193.

[15] *Hove, L. van*, Sur les champs de Carathéodory et leur construction par la méthode des caractéristiques. Bull. Acad. Roy., Sci. (V. s.), **31**, 625–738 (1945).

[16] *Hove, L. van*, Sur la construction des champs de De Donder-Weyl par la méthode des caractéristiques. Bull. Acad. Roy. Beld., Cl. Sci., V. s. 31, 278–285.

[17] *Morrey, C. B.*, Some recent developments in the theory of partial differential equations. Bull. Am. Math. Soc. (1962).

[18] *Velte, W.*, Zur Variationsrechnung mehrfacher Integrale in Parameterdarstellung. Math. Sem., Gießen (1953).

[19] *Velte, W.*, Zur Variationsrechnung mehrfacher Integrale. Math. Z. **60**, 367–383 (1954).

[20] *Weber, H. R.*, Kanonische Theorie der Mayerschen Variationsprobleme in Parameterform. Math, Zeitschr. **79** (1962), S. 307–322.

VI.

Von *Rolf Klötzler*

1. *Geodätische Felder mehrdimensionaler Variationsprobleme im Großen und zugeordnete Eigenwertprobleme*

In den Feldtheorien der Variationsrechnung liegt der in einfachen Fällen bereits von Weierstraß und Hilbert, allgemein aber erst von Carathéodory [1], [2] geprägte Gedanke zugrunde, zu einem Variationsproblem

$$I(x) = \int_G f(t^\alpha, x^i, x^i_{t^\alpha})\, dt^1 \dots dt^\mu \to \text{Min} \tag{1}$$

mit n gesuchten Funktionen $x^i = x^i(t^1, \dots, t^\mu) \in D^1(G)$, die gewisse Randbedingungen auf ∂G erfüllen sollen, ein äquivalentes Variationsproblem $I^*(x) = I(x) - I_0(x) \to$ Min zu konstruieren, bei dem

$$I_0(x) = \int_G \omega(t^\alpha, x^i, x^i_{t^\alpha})\, dt^1 \dots dt^\mu$$

in der Klasse aller zulässigen x invariant ist und $f - \omega \geqq 0$ gilt. Das Gleichheitszeichen bestehe hierbei nur für eine gleichfalls mit zu konstruierende Gesamtheit F von Flächenelementen $\left(t^\alpha, x^i, p^i_\alpha(t, x)\right)$, das „geodätische Feld", welches in einer (t, x)-Umgebung einer als Minimale nachzuweisenden Lösung $x_0(t)$ der Eulerschen Differentialgleichungen zu bestimmen ist und zugleich die Flächenelemente von $x_0(t)$ enthalte, also x_0 „einbettet".

Die Existenz von ω und F ist offensichtlich gleichbedeutend damit, daß x (schwache) Minimale zu (1) ist, da aus $I^*(x) - I^*(x_0) \geqq 0$ die Beziehung $I(x) - I(x_0) \geqq 0$ folgt[1].

Je nachdem wie man die Ansätze für ω wählt, sind durch Carathéodory [2], De Donder [4] und H. Weyl [13], sowie Debever [5] verschiedene spezielle Feldtheorien entwickelt worden. Unter Beibehaltung der vollen Allgemeinheit wurden diese Theorien in einer entsprechenden Feldtheorie von Lepage [12], die insbesondere noch durch *H. Boerner* vervollkommnet wurde [3], vereinigt; analoge Untersuchungen gelangen unabhängig davon Smiley und Landers [11].

[1] Für Probleme mit (teilweise) freien Randwerten ist zu bemerken, daß diese Folgerung offenbar schon dann gilt, wenn $I_0(x)$ nur invariant bezüglich aller $x(t)$ mit *gleichen* Randwerten ist und zugleich $I_0(x) - I_0(x_0) \geqq 0$ für alle zulässigen x gilt.

Während sich jedoch im wesentlichen diese Untersuchungen auf Betrachtungen im Kleinen beschränkten, war der Referent um die Aufstellung notwendiger und vor allem hinreichender Bedingungen über die *Existenz geodätischer Felder im Großen* bemüht. Die hierbei zugrunde gelegte Idee läßt sich kurz durch folgende Darlegungen skizzieren:

Unter Voraussetzung gewisser Regularitätsbedingungen kann man leicht zeigen, daß das geodätische Feld F und ω vollständig durch eine zweimal stetig differenzierbare Lösung $S^\alpha(t, x)$ $(\alpha = 1, \ldots, \mu)$ *einer* partiellen Differentialgleichung erster Ordnung – der verallgemeinerten Hamilton-Jacobischen Differentialgleichung – für diese μ Funktionen bestimmt werden, wenn die $S^\alpha(t, x)$ in einer Umgebung von $x_0(t)$ über G erklärt sind und auf $x_0(t)$ gewisse Transversalitätsbedingungen erfüllen. Gibt man sich dann $\mu - 1$ dieser Funktionen, z. B. $S^2, \ldots, S^\mu$, unter Einhaltung der Transversalitätsbedingung im wesentlichen willkürlich vor, so geht diese Hamilton-Jacobische Differentialgleichung in eine partielle Differentialgleichung erster Ordnung für nur noch *eine* gesuchte Funktion $S^1(t, x)$ über. Fassen wir diese Differentialgleichung schließlich als Hamilton-Jacobische Differentialgleichung eines eindimensionalen Variationsproblems auf, so können über die globale Existenz von $S^1(t, x)$ die Eigenwertkriterien eindimensionaler Variationsprobleme nach E. Hölder [6] erfolgreich eingesetzt werden.

Erstmalig sind diese Gedanken für Variationsprobleme in Parameterdarstellung und Zugrundelegung des Carathéodoryschen Feldbegriffs in [8] entwickelt worden.

Für quadratische Variationsprobleme wurde hierüber auf der Jahrestagung 1964 der Mathematischen Gesellschaft der DDR berichtet, wobei in diesem hier näher darzulegenden Fall der De Donder-Weylsche Feldbegriff Verwendung findet.

Zu $x_0 \equiv 0$ und beschränktem Gebiet G mit stückweise stetig gekrümmtem Rand ∂G lautet hier die verallgemeinerte Hamilton-Jacobische Differentialgleichung

$$\frac{\partial S^\alpha}{\partial t^\alpha} + H\left(t^\beta, x^i, \frac{\partial S^\alpha}{\partial x^i}; 1\right) = 0, \tag{2}$$

wobei auf $x_0 \equiv 0$ die Transversalitätsbedingung $\dfrac{\partial S^\alpha}{\partial x^i} = 0$ gelten soll und auf *den* Randstücken $\partial G'$ von ∂G, wo Randwerte von $x(t)$ frei sind,

$n_\alpha S^\alpha(t, x) \geqq 0$. n_α sind hier die Koordinaten des nach außen gerichteten Normalenvektors auf $\partial G'$, $H\left(t^\alpha, x^i, \frac{\partial S^\alpha}{\partial x^i}; \varrho\right)$ ist die Hamiltonfunktion zur erweiterten Grundfunktion

$$f(t^\alpha, x^i, x^i_{,t\alpha}; \varrho) = \tfrac{1}{2}\{c^{\alpha\beta}_{ij} x^i_{,t\alpha} x^j_{,t\beta} + 2\, b^\alpha_{ij} x^i_{,t\alpha} x^j + a_0 x^i x^j - \varrho(a_{ij} + a_0 \delta_{ij})\, x^i x^j\},$$

wobei a_0 so groß sei, daß $(a_{ij} + a_0\delta_{ij})$ eine positiv definite Matrix ist; außerdem sei $f(t^\alpha, x^i, x^i_{,t\alpha}; 1) \equiv f(t^\alpha, x^i, x^i_{,t\alpha})$.

Indem wir $S^{\beta'}(t, x) = \frac{1}{2} s^{\beta'}_{ij}(t)\, x^i x^j$ mit willkürlichen aber fest vorgegebenen Funktionen $s^{\beta'}_{ij} \in C^2$ ansetzen, die lediglich so gewählt seien, daß in *den* Randpunkten von $\partial G'$, wo $n_1 = 0$ ist, $S^{\beta'} n_{\beta'} \geqq 0$ gelte, geht (2) in die partielle Differentialgleichung für S^1 über:

$$\frac{\partial S^1}{\partial t^1} + H^*\left(t^\alpha, x^i, \frac{\partial S^1}{\partial x^i}; 1\right) = 0 \tag{3}$$

mit

$$H^* = H + \frac{\partial S^{\beta'}}{\partial t^{\beta'}}\ [2].$$

Unter Berufung auf die Resultate von E. Hölder [6] – allerdings hier in etwas modifizierter Form verwendet – existiert in einer (t, x)-Umgebung von $x_0 \equiv 0$ über $\bar{G}$ genau dann eine Lösung $S^1(t, x)$ von (3) mit den geforderten Eigenschaften und damit in Verbindung mit den vorgegebenen $S^{\beta'}$ ein geodätisches Feld zu $x_0 \equiv 0$, wenn das lineare Randwertproblem der gewöhnlichen Differentialgleichungen

$$\frac{dx^i}{dt^1} = H^*_{y_i}(t, x, y; \mu), \quad \frac{dy_i}{dt^1} = -H^*_{x^i}(t, x, y; \mu)$$

mit den Randbedingungen $x^i = 0$ bzw. $n_1 y_i = -n_{\beta'} S^{\beta'}_{x^i}$ auf ∂G[3] für jedes Intervall $\mathrm{i} = G \cap \{t^{\beta'} = \text{const}\}$ einen kleinsten Eigenwert $\mu_1(t^{\beta'})$ besitzt, für den $\mu_1^* = \inf\limits_{\underset{1}{PG}} \mu_1(t^{\beta'}) > 1$ gilt. $\underset{1}{PG}$ ist dabei die Projektion von G auf die Ebene $t^1 = \text{const}$.

[2] $\beta' = 2, \ldots, \mu$.
[3] Je nachdem ob $x^i = 0$ auf ∂G fest vorgeschrieben oder willkürlich ist.

Für unser quadratisches Variationsproblem bedeutet damit $\mu_1^* > 1$, daß $x_0 \equiv 0$ über G Minimale zu (1) ist, also $I(x) > 0$ für $x \neq x_0$ gilt.

Nach neuen Eigenwertkriterien partieller Differentialgleichungen der Variationsrechnung von E. Hölder [7] – hier wiederum etwas modifiziert verwendet – ist dieselbe Eigenschaft genau dann erfüllt, wenn das zugehörige System von Variationsgleichungen in kanonischer Gestalt

$$\frac{\partial x^i}{\partial t^\alpha} = H_{\pi_i^\alpha}(t, x, \pi; \lambda), \quad \frac{\partial \pi_i^\alpha}{\partial t^\alpha} = - H_{x^i}(t, x, \pi; \lambda)$$

mit den Randbedingungen $x^i = 0$ bzw. $\pi_i^\alpha n_\alpha = 0$ entsprechend oben den kleinsten Eigenwert $\lambda_1 > 1$ besitzt.

Also zieht $\mu_1^* > 1$ die Folgerung $\lambda_1 > 1$ nach sich; ja man kann sogar zeigen $\mu_1^* \leqq \lambda_1$, womit der in der angewandten Mathematik häufig empfundene Mangel an brauchbaren unteren Schranken von λ_1 – auch im Sinne von Näherungswerten – leicht überwunden werden kann (unter Einsatz von Analogrechnern bietet heute die Ermittlung von μ_1^* keine große Schwierigkeiten).

In den Arbeiten [9] und [10] sind diese Beziehungen zwischen μ_1^* und λ_1 bei einer speziellen Problemklasse auch auf direktem Wege bewiesen worden; gleichzeitig wurden hier Bedingungen angegeben, unter denen die μ_1^* als „gute" Näherungswerte von λ_1 auftreten. An zahlreichen numerischen Beispielen ist im Vergleich zu anderen Verfahren die Leistungsfähigkeit der dargelegten Abschätzungsmethode erprobt worden.

LITERATUR

[1] *Carathéodory, C.*, Variationsrechnung und partielle Differentialgleichungen erster Ordnung. Leipzig 1935.

[2] *Carathéodory, C.*, Über die Variationsrechnung bei mehrfachen Integralen. Acta Szeged 4, 193–216 (1929).

[3] *Boerner, H.*, Über die Legendresche Bedingung und die Feldtheorien in der Variationsrechnung mehrfacher Integrale. Math. Z. 46, 720–742 (1940).

[4] *De Donder*, Théorie invariantive du calcul des variations. Brüssel 1935.

[5] *Debever, R.*, Les champs de Mayer dans le calcul des variations des intégrales multiples. Bull. Acad. Roy. Belg., Cl. Sci. 23, 809–815 (1937).

[6] *Hölder, E.*, Entwicklungssätze aus der Theorie der zweiten Variation – Allgemeine Randbedingungen. Acta Math. 70, 193–242 (1939).

[7] *Hölder, E.*, Beweise einiger Ergebnisse aus der Theorie der zweiten Variation mehrfacher Extremalintegrale. Math. Ann. 148, 214–225 (1962).
[8] *Klötzler, R.*, Die Konstruktion geodätischer Felder im Großen in der Variationsrechnung mehrfacher Integrale. Ber. Sächs. Akad. Wiss. Leipzig, math.-nat. Kl. Bd. 104, H. 6 (1961).
[9] *Klötzler, R.*, Ein Einschließungssatz für Eigenwerte zu Randwertproblemen bei elliptischen linearen partiellen Differentialgleichungen. Arch. Rat. Mech. and Anal. 11, 273–290 (1962).
[10] *Klötzler, R.*, Über die Anwendung einer neuen Reduktionsmethode zu Eigenwertaufgaben partieller Differentialgleichungen (russ.). Journal wytsch. Mat. i Mat. Phys. 4, 434–448 (1964).
[11] *Landers, A. W.*, Invariant multiple integrals in the calculus of variations. Contrib. Calc. of Var. 1938–1941, Univ. of Chicago, 175–207.
[12] *Lepage, J. Th.*, Sur les champs géodésiques du calcul des variations. Bull. Acad. Roy. Belg., Cl. Sci., V. 22, 716–729, 1036–1046 (1936). – *J. Th. Lepage*, Sur les champs géodésiques des integrales multiples. Bull. Acad. Roy. Belg., Cl. Sci., V. 27, 27–46 (1941).
[13] *Weyl, H.*, Geodesic fields in the calculus of variations for multiple integrals. Ann. Math. 36, 607–629 (1935).

2. *Geknickte Extremalen*

Auf der Grundlage der von Weierstraß bereits 1865 in seinen Vorlesungen dargelegten Behandlungsmethoden eindimensionaler Variationsprobleme in Parametergestalt

$$\int_{t_1}^{t_2} F(x^j, \dot{x}^j)\, dt \to \text{Min} \qquad \text{mit } x^j \in D^1 \quad (j = 1, \ldots, n)$$
$$\text{und } \dot{x}^i \dot{x}^i \neq 0$$

konnte Carathéodory unter Voraussetzung eines analytischen F zeigen, daß *dieses Problem* bei hinreichend benachbarten Endpunkten $P_1 = \big(x^i(t_1)\big)$ und $P_2 = \big(x^i(t_2)\big)$ für $n = 2$ stets im Sinne eines starken Minimums eindeutig lösbar ist, wenn man auch geknickte Extremalen in die Betrachtung einbezieht[4]. Eine wesentliche Voraussetzung ist hierbei lediglich die positive Definitheit von F, d. h. $F \geqq q = \text{const.} > 0$ für $\dot{x}^i \dot{x}^i = 1$.

[4] Vgl. *C. Carathéodory*, Über die starken Maxima und Minima bei einfachen Integralen. Math. Ann. 62. – Die hier verlangte Analytizität von F kann übrigens mühelos durch die Forderung der zweimaligen stetigen Differenzierbarkeit ersetzt werden.

Die unten zitierte Arbeit weist nach, daß diese Resultate grundsätzlich auch auf *beliebige n* übertragen werden können, indem man die Hamilton-Jacobische Theorie sinngemäß auf Felder von geknickten Extremalen erweitert; d. h., auf $(n-1)$-parametrige Lösungsscharen $x^i = \xi^i(t, u_\alpha)$, $y_i = \eta_i(t, u_\alpha)$ der kanonischen Differentialgleichungen $\dot{x}^i = H_{y_i}$, $\dot{y}_i = -H_{x^i}$, die der Bedingung $\dfrac{\partial(\xi^1, \ldots, \xi^n)}{\partial(t, u_1, \ldots, u_{n-1})} \neq 0$ genügen, verschwindende Lagrangesche Klammern $[t, u]$, $[u_\alpha, u_\beta]$ haben und in der Gesamtheit $\mathfrak{M}$ der Knickpunkte von $x^i = \xi^i(t, u_\alpha)$ stetige Funktionswerte $y_i = \eta_i(t, u_\alpha)$ mit erfüllter Weierstraß-Erdmannscher Knickbedingung besitzen. $H(x^i, y_i)$ ist dabei in Parameterdarstellung die Hamiltonfunktion zu $F(x^i, \dot{x}^i)$. Sie hat auf $\mathfrak{M}$ notwendig Sprungstellen in den Ableitungen nach y_i und kann mittels eines in der Arbeit erstmalig angegebenen Konstruktionsverfahrens in der Umgebung jedes positiv regulären Linienelementes leicht durch Auflösung des Gleichungssystems $\{y_i = F_{\dot{x}^i} + \mu \dot{x}^i, \dot{x}^j \dot{x}^j - 1 = 0\}$ nach μ und $\dot{x}^i$ aus der Darstellung $\mu = H(x^i, y_i)$ entnommen werden.

Der Aufbau des von $P_1(x^{1j})$ aus verlaufenden ausgezeichneten Extremalenfeldes geschieht so, daß man zunächst von P_1 aus nur alle die Kurven $x^i = \xi^i(t, u_\alpha)$ konstruiert, deren Anfangsrichtungen $\dot{x}^i|_{P_1}$ zu solchen Punkten der Indikatrix $F(x^{1i}, \zeta_i) = 1$ weisen, wo diese Fläche konvex ist und durch keinerlei Tangentialebenen vom Koordinatenursprung des (ζ_i)-Raumes getrennt wird. In Weiterverfolgung dieser Kurvenschar bis zu den Punkten einer (oder mehrerer) konischen Mannigfaltigkeit $\mathfrak{M}$ mit der Spitze P_1, in denen die Knickbedingung erfüllt ist, erhalten wir durch Anheften der dieser Bedingung genügenden Extremalenzweige insgesamt eine ausgezeichnete feldartige Schar. Diese überdeckt eine Umgebung von P_1 (P_1 ausgenommen) eindeutig, sofern die Knickbedingung stets eindeutig Richtungspaare festlegt.

LITERATUR

Vgl. *R. Klötzler*, Untersuchungen über geknickte Extremalen bei regulären Variationsproblemen. Wiss. Ztschr. d. Karl-Marx-Univ. Leipzig, Math.-Naturw. Reihe Heft 1/2 (1954/55), 193–206.

3. *Mehrdimensionale Felder geknickter Extremalen*

Nachdem Weierstraß bereits 1865 für geknickte Extremalen eindimensionaler Variationsprobleme in Parameterdarstellung notwendige Knickbedingungen angegeben hatte, wurden 1892 diese Betrachtungen durch G. Kobb auf Doppelintegrale erweitert.

Eine Verallgemeinerung dieser Resultate liefert die vorliegende Arbeit für beliebige (gegenüber Parametertransformation invariante) Variationsprobleme vom Typ

$$I = \int_{\hat{\mathfrak{B}}} F(x^i, p_{(i)})\, du_1 \ldots du_\mu \to \text{Min} \quad \text{mit} \quad x^i \in D^1 \; (i = 1, \ldots, n)$$

und den Graßmannschen Koordinaten $p_{(i)} = \dfrac{\partial(x^{i_1}, \ldots, x^{i_\mu})}{\partial(u_1, \ldots, u_\mu)}$.

Danach muß auf einer $(\mu - 1)$-dimensionalen Gesamtheit $\mathfrak{C}$ von Knickpunkten einer Extremalen E notwendig

$$[F_{p_{(i)}}(x^j, \bar{p}_{(j)}) - F_{p_{(i)}}(x^j, p_{(j)})] \frac{\partial p_{(i)}}{\partial n_j} = 0 \quad (j = 1, \ldots, n)$$

$$\left(\text{oder } [\ldots] \frac{\partial \bar{p}_{(i)}}{\partial n_j} = 0\right)$$

gelten, wenn $p_{(i)}$ und $\bar{p}_{(i)}$ die verschiedenen Richtungen der beiderseitigen Flächenelemente von E auf $\mathfrak{C}$ charakterisieren und hier als Graßmannsche Koordinaten einer Matrix

$$\begin{pmatrix} \mathfrak{t}_1 \\ \vdots \\ \mathfrak{t}_{\mu-1} \\ \mathfrak{n} \end{pmatrix} \quad \text{bzw.} \quad \begin{pmatrix} \mathfrak{t}_1 \\ \vdots \\ \mathfrak{t}_{\mu-1} \\ \bar{\mathfrak{n}} \end{pmatrix}$$

dargestellt werden. Die $\mathfrak{t}_i$ sind dabei zu jedem Punkt von $\mathfrak{C}$ irgendwelche linear unabhängige Tangentenvektoren zu $\mathfrak{C}$; $\mathfrak{n} = (n_1, \ldots, n_n)$ bzw. $\bar{\mathfrak{n}} = (\bar{n}_1, \ldots, \bar{n}_n)$ sind hier Tangentenvektoren zu E senkrecht auf $\mathfrak{C}$. $\mathfrak{C}$ wird als glatt vorausgesetzt.

Speziell für $\mu = n - 1$ finden diese Untersuchungen ihre Fortsetzung in der Aufstellung und Diskussion der *zweiten Variation* bzgl. einer geknickten Extremalen E, deren Parameterbereich $\hat{\mathfrak{B}}$ durch eine geschlossene

$(\mu - 1)$-dimensionale Mannigfaltigkeit $\mathfrak{C}_0$, welche den Knickpunkten $\mathfrak{C}$ in R^n entspricht, in $\mathfrak{B}$ und $\overline{\mathfrak{B}}$ getrennt wird. Man erhält unter Voraussetzung fester Randwerte auf dem Rand $\partial\hat{\mathfrak{B}}$ von $\hat{\mathfrak{B}}$ einen Ausdruck der Gestalt

$$\begin{aligned}\delta^2 I = &\int_{\mathfrak{B}} (F_{\alpha\beta} w_{u_\alpha} w_{u_\beta} + F_0 w^2)\, du_1 \ldots du_\mu \\ &+ \int_{\overline{\mathfrak{B}}} (\bar{F}_{\alpha\beta} \bar{w}_{u_\alpha} \bar{w}_{u_\beta} + \bar{F}_0 \bar{w}^2)\, du_1 \ldots du_\mu \\ &+ \int_{\mathfrak{C}_0} h(\alpha_i, \alpha_{i u_\beta})\, w^2\, do\end{aligned}$$

mit $\bar{w} = \vartheta w$ und $\vartheta = \dfrac{\alpha_i \bar{p}_i}{\alpha_i p_i}$ auf $\mathfrak{C}_0$ bzw. $w = 0$ auf $\partial\hat{\mathfrak{B}}$.

Unter Voraussetzung der positiven Regularität aller Flächenelemente von E sind die symmetrischen Matrizen $(F_{\alpha\beta})$ und $(\bar{F}_{\alpha\beta})$ positiv definit. Die w und $\bar{w}$ bleiben einschließlich des stetig differenzierbaren Feldes von Einheitsvektoren $\alpha_i(u_\beta)$ (mit $\alpha_i p_i \neq 0$, $\alpha_i \bar{p}_i \neq 0$), die die Richtung der vorgenommenen Variationen in jedem Punkte von E kennzeichnen, völlig willkürlich.

Diese Willkürlichkeit der zusätzlich auftretenden Elemente α_i und ihrer Ableitungen bringt in die Diskussion der zweiten Variation neue Gesichtspunkte hinein, insbesondere auch in die Methode, die Lichtenstein mit der Reihenentwicklung der zweiten Variation nach Eigenfunktionen der Eulerschen Differentialgleichung zu $\delta^2 I$ für *glatte* Extremalen eingeführt hat. Im vorliegenden Fall geknickter Extremalen sind nämlich die Eigenfunktionen des folgenden „*gekoppelten*" Randwertproblems zu betrachten:

$$\frac{\partial(F_{\alpha\beta} w_{u_\beta})}{\partial u_\alpha} + q_0 w + \lambda \varkappa_0 w = 0 \text{ in } \mathfrak{B}$$

$$\frac{\partial(\bar{F}_{\alpha\beta} \bar{w}_{u_\beta})}{\partial u_\alpha} + \bar{q}_0 \bar{w} + \lambda \bar{\varkappa}_0 \bar{w} = 0 \text{ in } \overline{\mathfrak{B}}$$

mit den Randbedingungen $w = 0$ auf $\partial\hat{\mathfrak{B}}$ und den Kopplungsbedingungen auf $\mathfrak{C}_0$:

$$\bar{w} = \vartheta w,\ \vartheta(\bar{F}_{\alpha\beta} \bar{w}_{u_\beta})\, \bar{\nu}_\alpha + (F_{\alpha\beta} w_{u_\beta})\, \nu_\alpha - \lambda h w = 0,$$

wobei ν_α und $\bar{\nu}_\alpha$ die Koordinaten der inneren Normaleinheitsvektoren bzgl. $\mathfrak{B}$ und $\overline{\mathfrak{B}}$ auf $\mathfrak{C}_0$ sind.

In Vereinfachung der Fragestellung wird in der Arbeit die Gesamtheit der $\alpha_i(u_\beta)$ nur in Abhängigkeit *eines* willkürlichen Parameters c betrachtet und unter Beschränkung auf $n \leqq 3$ der Nachweis der Existenz zugehöriger Eigenfunktionen erbracht. Analog zu den Lichtensteinschen Eigenwertkriterien der Variationsrechnung ergibt sich $\delta^2 I \geqq 0$ genau dann, wenn der kleinste positive Eigenwert $\lambda_1(c) \geqq 1$ ist für *alle* c. Diese Bedingung ist zugleich notwendig dafür, daß E (schwache) Minimale ist; $\lambda_1(c) > 1$ ist dagegen hinreichend für ein Minimum.

Über diese referierte Arbeit hinaus ergeben sich noch folgende Zusatzbemerkungen:

Aus der später von E. Hölder vorgenommenen Verallgemeinerung der Lichtensteinschen Entwicklungssätze auf der Grundlage der Theorie harmonischer Differentialformen dürften sich die dargelegten Ausführungen über geknickte Extremalen mühelos auch auf den Fall eines *beliebigen n* übertragen lassen. Darüber hinaus konnte durch neue und bisher unveröffentlichte Untersuchungen die überraschende Feststellung gemacht werden, daß λ_1 überhaupt nicht von der Willkürlichkeit der α_i (also speziell des c) abhängt.

LITERATUR

Klötzler, R., Beiträge zur Theorie mehrdimensionaler Variationsprobleme mit geknickten Extremalen. Berichte d. Sächs. Akad. d. Wiss. zu Leipzig, Math.-naturw. Kl. Bd. 102, Heft 5 (1958).

VII.

Über das Weierstraßsche Kurvenintegral und die metrische Theorie der Variationsrechnung

Von *Siegfried Gähler*

In seiner Vorlesung über Variationsrechnung im Jahre 1879 legte Weierstraß durch Einführung eines neuen Integralbegriffes einen der Grundsteine für eine erst wesentlich später verfolgte Entwicklungsrichtung in der Variationsrechnung, die als metrische Theorie der Variationsrechnung bezeichnet wird und sich hauptsächlich mit der Frage nach der Lösbarkeit gegebener Variationsprobleme befaßt. Weierstraß bemerkte in seiner Vorlesung, daß das von ihm verwendete Riemannsche Integral $\int \varphi(p(t), p'(t))\,dt$ auf Grund der an die Kurvendarstellungen zu richtenden Differenzierbarkeitsforderungen nicht für alle Zwecke der Variationsrechnung ausreichte und gelangte durch geeignete Abänderung und Modifikation eines zu $\int \varphi(p(t), p'(t))\,dt$ führenden Grenzprozesses zu folgender Integraldefinition: $\varphi(p, p')$ sei eine für alle Punkte p einer gewissen Menge M des 2-dimensionalen euklidischen Raumes E_2 sowie für alle von (0,0) verschiedenen Punkte p' des E_2 erklärte reguläre, in p' vom 1. Grade positiv homogene Funktion. Ferner sei C eine Kurve aus M und $p|[\alpha, \beta]$ eine (stetige) Darstellung von C über einem Intervall $[\alpha, \beta]$. Für jede Unterteilung $t_1 = \alpha < t_2 < \ldots < t_m = \beta$ von $[\alpha, \beta]$ werde $\sum_{i=1}^{m-1} \varphi(p(t_i), p(t_{i+1}) - p(t_i))$ gebildet, wobei $\varphi(p(t_i), p(t_{i+1}) - p(t_i)) = 0$ im Falle $p(t_{i+1}) = p(t_i)$ sein soll. Wenn diese Summe mit $\max_{i=1,\ldots,m-1} |t_{i+1} - t_i| \to 0$ stets gegen einen festen endlichen Limes strebt, dann soll dieser Limes, wie Weierstraß vorschlug, als Integral von φ über der gegebenen Kurve C angesehen werden. Man bezeichnet ihn heute – auch in wesentlich allgemeineren Fällen – als Weierstraßsches Integral. Unter der Annahme, daß die Komponenten $x_1(t)$ und $x_2(t)$ von $p(t)$ stetig differenzierbar sind, ergab sich die Existenz des Weierstraßschen Integrals sowie seine Übereinstimmung mit dem Riemannschen Integral $\int_\alpha^\beta \varphi(p(t), p'(t))\,dt$, $p'(t) = (x_1'(t), x_2'(t))$. Ein ausführlicheres Studium des von ihm vorgeschlagenen Integralbegriffes führte Weierstraß selbst nicht durch.

Das Weierstraßsche Integral fand anfangs bei den Mathematikern wenig

Beachtung. Im Jahre 1901 wurde es von Osgood aufgegriffen, der unter anderem hinreichende Bedingungen für die Existenz angab. Tonelli befaßte sich im Jahre 1912 mit ihm und führte ebenfalls Untersuchungen über die Existenz sowie Untersuchungen über die Darstellbarkeit des Weierstraßschen Integrals als Lebesguesches Integral durch. In seinem berühmten Werk: „Fondamenti di Calcolo delle Variazioni", das für den Fall des E_2 zahlreiche Aussagen über die Lösbarkeit von Variationsproblemen sowohl in Parameterdarstellung als auch in gewöhnlicher Darstellung brachte, benutzte er jedoch als Kurvenfunktional ein Lebesguesches Integral. Zum Nachweis der Existenz von Minimanten diente Tonelli implizit ein von Baire stammender Satz, nach dem eine über einer kompakten Limesklasse M definierte und nach unten halbstetige Funktion f über M ein absolutes Minimum besitzt. Tonelli benutzte diesen Satz für den Fall, daß die Limesklasse eine (mit einem geeigneten Konvergenzbegriff versehene) Gesamtheit von rektifizierbaren Kurven des E_2 ist und f das zum Minimum zu machende Lebesguesche Integral bezeichnet. Der zum Nachweis der dabei auftretenden Voraussetzungen, insbesondere zum Nachweis der Halbstetigkeit des Kurvenintegrals verwendete analytische Apparat erforderte zahlreiche Einschränkungen, die sich für die Endaussagen als unwichtig und überflüssig erwiesen. Im Jahre 1933 befaßte sich Bouligand mit dem Weierstraßschen Integral und leitete Aussagen über dessen Existenz und Unterhalbstetigkeit für den Fall des E_2 her. Die große Bedeutung, die dem Weierstraßschen Integral zukommt, trat erst durch die 1935 von Menger begründete metrische Theorie der Variationsrechnung zutage, die vor allen Dingen im Zeitraum bis 1941 von Menger selbst sowie von Pauc und Aronszajn ausgebaut wurde. Weitere Beiträge in dieser Zeit lieferten Alt, von Schwarz sowie Wald. Durch diese Theorie, die auf das Weierstraßsche Integral in verallgemeinerter Form aufbaut und Methoden der metrischen Geometrie verwendet, wurden zum Teil erhebliche Verbesserungen und Ausdehnungen bis dahin bekannter Aussagen über die Lösbarkeit von Variationsproblemen erreicht. Während es einerseits möglich war, mit sehr geringen Voraussetzungen an den betrachteten Raum sowie an die Kurven und Integranden auszukommen, gelang es zum anderen, die Untersuchungen im Vergleich zu früher durchsichtiger zu gestalten und die Schlüsse zu vereinfachen.

Den Untersuchungen liegt meist wie in [24] ein metrischer Raum zugrunde. Die folgenden Ausführungen sollen sich vorerst auf einen solchen beschränken, obgleich in der Literatur manchmal auch etwas allgemeiner ein Längenraum und für einen Teil der Untersuchungen sogar ein halbmetrischer Raum mit gleichmäßig stetigen Abständen verwendet wird. Die Benutzung von metrischen (bzw. allgemeineren) Räumen brachte eine Einschränkung auf die Behandlung von Variationsproblemen in Parameterdarstellung mit sich. Zu erwähnen ist jedoch, daß für den Fall des E_n die metrische Theorie der Variationsrechnung durch Aronszajn auch auf Variationsprobleme in gewöhnlicher Darstellung übertragen wurde. Die Metrik δ des Grundraumes R legt die Topologie in R fest und dient zur Einführung eines Abstandes ϱ im Raum aller Kurven in R. Als solcher wird der Fréchetsche Abstand verwendet, den man für zwei beliebige (orientierte Fréchet-) Kurven

$$C: p \,|\, [\alpha, \beta] \text{ und } C': p' \,|\, [\alpha', \beta'] \text{ durch } \varrho(C, C') = \inf_{\Omega} \left[\sup_{t \Omega t'} \delta\left(p(t), p'(t')\right)\right]$$

definieren kann, wobei das Infimum bezüglich aller ordnungstreuen Relationen Ω zwischen $[\alpha, \beta]$ und $[\alpha', \beta']$ und das Supremum bezüglich beliebiger durch Ω zugeordneter Paare $t \in [\alpha, \beta]$, $t' \in [\alpha', \beta']$ gemeint ist. Der Abstand δ des Grundraumes R findet darüber hinaus Verwendung bei der Einführung des Kurvenintegrals. Da in R im allgemeinen keine Richtungen im üblichen Sinne erklärt sind, kann man den Integranden nicht in der vom E_n her bekannten Form wählen. Als Integrand tritt im allgemeinsten Fall eine Funktion $\psi(p, q)$ auf, die für jedes geordnete Paar voneinander verschiedener Punkte p und q aus R definiert ist. Mittels des „primären" Abstandes δ und des Integranden ψ wird in R ein weiterer „sekundärer" Abstand δ_ψ durch

$$\delta_\psi(p, q) = \begin{cases} \psi(p, q)\, \delta(p, q) & \text{im Falle } p \neq q \\ 0 & \text{im Falle } p = q \end{cases}$$

eingeführt, der keine der von δ geforderten Eigenschaften besitzen muß. Zur Erklärung des Kurvenintegrals findet der Begriff eines Polygons in R Verwendung. Die Polygone $P: p \,|\, M$ in R werden mittels Abbildungen $p \,|\, M$ endlicher Mengen reeller Zahlen in den Raum R definiert. Analog wie bei Kurven vereinbart man, daß zwei Abbildungen $p \,|\, M$ und $p' \,|\, M'$ endlicher Mengen reeller Zahlen genau dann Darstellungen ein und desselben Polygons P sein sollen, wenn es eine ordnungstreue Relation Ω zwischen M und M' gibt, so daß $p(t) = p'(t')$ für die durch Ω zugeordneten Paare $t \in M$, $t' \in M'$ gilt. Unter einer ausgezeichneten Folge von Unterpolygonen einer Kurve C ist eine Folge von Polygonen $P_n (n = 1, 2, \ldots)$ zu verstehen, zu denen es eine Darstellung $p \,|\, [\alpha, \beta]$ von C und eine Folge von Unterteilungen $(\alpha \leqq)\ t_1^n < \ldots < t_{m_n}^n (\leqq \beta)$ von $[\alpha, \beta]$ so gibt, daß $p \,|\, \{t_1^n, \ldots, t_{m_n}^n\} = (p(t_1^n), \ldots, p(t_{m_n}^n))$ für $n = 1, 2, \ldots$ eine Darstellung von P_n ist und, wenn $t_0^n = \alpha$ sowie $t_{m_n+1}^n = \beta$ gesetzt wird,

$$\lim_{n \to \infty} \max_{i=0,\ldots,m_n} |t_{i+1}^n - t_i^n| = 0$$

gilt. Als unteres bzw. oberes Weierstraßsches Integral von ψ über C wird die untere Grenze $\underline{\lambda}_\psi(C)$ bzw. die obere Grenze $\overline{\lambda}_\psi(C)$ aller Zahlen l bezeichnet, zu denen jeweils eine ausgezeichnete Folge von Unterpolygonen $P_n : (p_1^n, \ldots, p_{m_n}^n)$, $n = 1, 2, \ldots$, von C existiert, so daß die Folge der den Polygonen mittels des Abstandes δ_ψ zugeordneten Längen

$$\lambda_\psi(P_n) = \begin{cases} \sum\limits_{i=1}^{m_n - 1} \delta_\psi(p_i^n, p_{i+1}^n) & \text{im Falle } m_n > 1 \\ 0 & \text{im Falle } m_n = 1 \end{cases}$$

gegen l strebt. Falls $\underline{\lambda}_\psi(C)$ und $\overline{\lambda}_\psi(C)$ übereinstimmen, wird der gemeinsame Wert mit $\lambda_\psi(C)$ bezeichnet und Weierstraßsches Integral von ψ über C genannt. $\underline{\lambda}_\psi(C)$, $\overline{\lambda}_\psi(C)$ bzw. $\lambda_\psi(C)$ sind nichts anderes als die untere Länge, die obere Länge bzw. die Länge von C bezüglich des sekundären Abstandes δ_ψ. Unter Benutzung der von Weierstraß an seinen Integranden φ gestellten Voraussetzungen ergibt sich, indem man $\psi(p, q) = \varphi\left(p, \dfrac{q - p}{\|q - p\|}\right)$ setzt, daß $\lambda_\psi(C)$ wirklich eine Ausdehnung des von Weierstraß vorgeschlagenen Integralbegriffes ist.

Zum Nachweis der Existenz von $\lambda_\psi(C)$ wenigstens für gewisse Kurven C aus R sowie zum Nachweis der Unterhalbstetigkeit von λ_ψ werden Bedingungen an ψ benötigt, auf die wir im weiteren näher eingehen wollen. Wir halten uns dabei (wie bisher) an die Ausführungen in [24]. Es gelte:

1. Für jede in sich kompakte Menge K von R ist $|\psi(p, q)|$ über $K \times K$ beschränkt.

2. Zu einer beliebigen in sich kompakten Menge K von R und beliebigem $\varepsilon > 0$ existiert ein $\varepsilon' > 0$, so daß für jedes Polygon $P : (p_1, \ldots, p_m)$ aus K, dessen Durchmesser $\nu(P) = \max\limits_{i,j=1,\ldots,m} \delta(p_i, p_j)$ kleiner oder gleich ε' ist,

stets $\lambda_\psi(P) \geqq \delta_\psi(p_1, p_m) - \varepsilon\lambda(P)$ gilt, wobei $\lambda(P)$ die mittels des Abstandes δ berechnete Länge von P ist.

Unter diesen beiden Voraussetzungen ergibt sich, daß $\lambda_\psi(C)$ für jede rektifizierbare Kurve C von R existiert und endlich ist und daß ferner λ_ψ über jeder Familie von Kurven aus R mit gleichmäßig beschränkten Längen unterhalbstetig ist. Man braucht in der metrischen Theorie der Variationsrechnung die Untersuchungen jedoch nicht, wie das noch bei Tonelli nötig war, auf rektifizierbare Kurven zu beschränken, sondern man kann auch nichtrektifizierbare Kurven in den Betrachtungen zulassen. Neben 1 und 2 gelte:

3. Zu jeder in sich kompakten Punktmenge K von R gibt es positive Zahlen ω und ω', so daß für jedes Polygon $P: (p_1, \ldots, p_m)$ aus K mit $p_1 = p_m$ und $\nu(P) \leqq \omega'$ stets $\lambda_\psi(P) \geqq \omega\lambda(P)$ ist.

$\lambda_\psi(C)$ existiert dann auch für jede nichtrektifizierbare Kurve C aus R und hat den Wert ∞. Ferner erweist sich dann λ_ψ als unterhalbstetig über der Gesamtheit aller Kurven aus R. Aus den eben angeführten Aussagen über die Existenz von $\lambda_\psi(C)$ sowie die Unterhalbstetigkeit von λ_ψ ergeben sich, wenn man ψ durch $-\psi$ ersetzt, leicht weitere Aussagen über die Existenz von $\lambda_\psi(C)$ sowie Aussagen über die Oberhalbstetigkeit von λ_ψ.

Für gewisse Zwecke erweist es sich als nützlich, wenn man an Stelle von $\psi(p, q)$ einen Mengerschen Integranden verwendet. Das ist eine Funktion $\mu(p; q, r)$, die für jeden Punkt $p \in R$ und jedes geordnete Paar voneinander verschiedener Punkte q und r aus R erklärt ist. Aus einem gewöhnlichen Integranden des E_n, d. h. einer über $E_n \times E_n$ erklärten reellen Funktion $\varphi(p, p')$, die in p' positiv homogen vom Grade 1 ist, erhält man einen Mengerschen Integranden durch $\mu(p; q, r) = \varphi\left(p, \frac{r-q}{\|r-q\|}\right)$. Aus einem Mengerschen Integranden $\mu(p; q, r)$ ergibt sich ein Integrand der bisher benutzten Form durch $\psi(p, q) = \mu(p; p, q)$. Falls sich ψ auf eine solche Art aus einem Mengerschen Integranden μ erzeugen läßt, ist die oben gestellte Forderung 2 unter den folgenden beiden Bedingungen erfüllt:

2'. μ ist in p unabhängig von (q, r) stetig, d. h., es existiert zu jedem Punkt $p \in R$ und beliebigem $\varepsilon > 0$ ein $\varepsilon' > 0$, so daß für alle Punkte

$p' \in R$ mit $\delta(p, p') < \varepsilon'$ und beliebige voneinander verschiedene Punkte $q, r \in R$ stets $|\mu(p; q, r) - \mu(p'; q, r)| < \varepsilon$ ist.

2''. μ ist quasiregulär (im Mengerschen Sinne), d. h., für beliebige Punkte $p, q, r \in R$ und den durch

$$\delta_{\mu_p}(p', p'') = \begin{cases} \mu(p; p', p'')\,\delta(p', p'') & \text{im Falle } p' \neq p'' \\ 0 & \text{im Falle } p' = p'' \end{cases}$$

definierten Abstand δ_{μ_p} gilt

$$\delta_{\mu_p}(p, q) + \delta_{\mu_p}(q, r) \geqq \delta_{\mu_p}(p, r).$$

Die Existenz des Weierstraßschen Integrals sowie dessen Unterhalbstetigkeit wurde übrigens von Menger in [14] unter Bedingungen nachgewiesen, die eine gewisse Anzahl von Punkten p zulassen, in denen der Integrand $\varphi(p; q, r)$ nicht unabhängig von (q, r) stetig bzw. nicht quasiregulär sein muß.

Häufig läßt sich das Weierstraßsche Integral in geeigneter Form als Lebesguesches Integral darstellen, worauf wir nun näher eingehen wollen. Es sei C eine nicht zu einem Punkt ausgeartete Kurve und $p\,|\,[\alpha, \beta]$ eine eigentliche Darstellung von C, d. h. eine Darstellung, so daß p kein nichtausgeartetes Teilintervall von $[\alpha, \beta]$ auf einem Punkt abbildet. Eine solche Darstellung gibt es immer. $\dfrac{\delta\psi(p(t'), p(t''))}{t'' - t'}$ sei über allen Paaren von Zahlen $t', t'' \in [\alpha, \beta]$ mit $t' < t''$ beschränkt. Genau dann, wenn $\omega(t) = \lim\limits_{\substack{t' < t < t'' \\ t', t'' \to t}} \dfrac{\delta\psi(p(t'), p(t''))}{t'' - t'}$ fast überall auf $[\alpha, \beta]$ vorhanden ist, existiert $\lambda_\psi(C)$, und es gilt dann $\lambda_\psi(C) = \int\limits_\alpha^\beta \omega(t)\, dt$, wobei das rechts stehende Integral im Lebesgueschen Sinne zu verstehen ist. Diese Aussage läßt sich bei geeigneter Spezialisierung der Ausgangsannahmen wesentlich vereinfachen. Mit ihrer Hilfe kann bewiesen werden, daß, falls $\psi(p, q)$ aus einem in p, p' stetigen gewöhnlichen Integranden des E_n durch $\psi(p, q) = \varphi\left(p, \dfrac{q - p}{\|q - p\|}\right)$ erzeugt wird, $\lambda_\psi(C)$ für jede rektifizierbare Kurve C des E_n existiert und mit dem Lebesgueschen Integral $\int\limits_0^{\lambda(c)} \varphi(p(s), p'(s))\, ds$

übereinstimmt. $p \mid [0, \lambda(C)]$ bezeichnet dabei die Darstellung von C mittels der Bogenlänge und $p'(s)$ die (fast überall auf $[0, \lambda(C)]$ vorhandene) Ableitung des Vektors $p(s)$. Die letzte Aussage ist unter anderem für den Vergleich der Tonellischen Ergebnisse mit den Ergebnissen der metrischen Theorie der Variationsrechnung von Bedeutung, da durch sie gesichert wird, daß das Weierstraßsche Integral wirklich das von Tonelli benutzte Kurvenfunktional umfaßt.

Der Nachweis der Existenz von Minimanten geschieht in der metrischen Theorie der Variationsrechnung nach demselben Verfahren wie bei Tonelli. Die dabei verwendete den Zwecken der Variationsrechnung angepaßte Verallgemeinerung des bereits erwähnten Satzes von Baire wurde von Menger als Tonellisches Prinzip folgendermaßen formuliert: Auf einer Limesklasse L sei eine (nicht notwendig endlichwertige) Funktion f definiert. Auf $L[f(x) < \infty]$ sei ferner eine endlichwertige Funktion g gegeben, so daß für jede endliche Zahl ϱ die nachstehenden Bedingungen erfüllt sind:

1. Die Menge $L[f(x) \leqq \varrho]$ ist kompakt.
2. g ist auf $L[f(x) \leqq \varrho]$ unterhalbstetig.
3. f ist auf $L[g(x) \leqq \varrho]$ nach oben beschränkt.

Dann enthält jede abgeschlossene Teilmenge M von $L[f(x) < \infty]$ mindestens ein Element, das Limes einer Minimalfolge für g auf M (Folge x_1, x_2, ... von Elementen aus M mit $\lim\limits_{i \to \infty} g(x_i) = \inf\limits_{x \in M} g(x)$) ist. Für jedes derartige Element nimmt die Funktion g auf M ihr Minimum an. – Als Limesklasse wird eine Gesamtheit rektifizierbarer oder beliebiger Kurven aus R, als f die Kurvenlänge und als g das Weierstraßsche Integral verwendet. Die Voraussetzung 1 läßt sich, sofern L die Gesamtheit aller Kurven einer in sich kompakten Teilmenge von R ist, mittels des Satzes von Ascoli-Arzela nachweisen. Aus den hergeleiteten Sätzen über die Existenz von Minimanten erhält man, indem man den Integranden durch den mit -1 multiplizierten Integranden ersetzt, entsprechende Sätze über die Existenz von Maximanten.

Die bisher angeführten bzw. angedeuteten im wesentlichen bis 1941 hergeleiteten Ergebnisse der metrischen Theorie der Variationsrechnung lassen sich teilweise noch erheblich ausdehnen. Auf Grund der Tatsache, daß das Weierstraßsche Integral nichts anderes als eine verallgemeinerte Kurvenlänge ist, ordnet sich die metrische Theorie der Variationsrechnung einer allgemeinen Theorie der Kurvenlänge unter. Menger ging darauf in verschiedenen Arbeiten näher ein. In [18] setzte er voraus, daß eine Menge R und auf dieser drei Abstände δ_0, δ_1 und δ_2 mit gewissen Eigenschaften gegeben sind. Den (geometrischen) Abstand δ_0 verwendete er zur Einführung einer Topologie in R sowie zur Einführung eines Abstandes im Raum aller Kurven von R. Der (Variations-)Abstand δ_2 diente zur Definition des zum Extremum zu machenden Kurvenfunktionals und der (Vergleichs-) Abstand δ_1 zur Definition eines Vergleichsfunktionals, das die Rolle der gewöhnlichen Kurvenlänge aus der metrischen Theorie der Variationsrechnung übernahm.

S. und W. Gähler ersetzten in ihrer 1960 erschienenen Arbeit: „Über die Existenz von Kurven kleinster Länge“ [11] viele der bis dahin benutzten metrischen Schlüsse durch topologische. An der Spitze der Untersuchungen in [11] steht ein beliebiger Hausdorffscher Raum R. Kurven und Polygone in R werden als Elemente eines umfassenderen topologischen Raumes $\mathfrak{R}$ eingeführt. Dieser besteht aus den Äquivalenzklassen stetiger Abbildungen in sich kompakter Mengen der Zahlengeraden in den Raum R, wobei zwei solche Abbildungen $p \mid A$ und $p' \mid A'$ genau dann als äquivalent gelten sollen, wenn eine ordnungstreue Relation Ω zwischen A und A' existiert, so daß für beliebige Zahlen $t \in A$ und $t' \in A'$, die durch Ω einander zugeordnet werden, $p(t) = p'(t')$ gilt. Die Kurven bzw. Polygone sind die Elemente von $\mathfrak{R}$, die Darstellungen (Vertreter in der Äquivalenzklasse) über einem abgeschlossenen Zahlenintervall bzw. über einer endlichen Menge besitzen. Ein geordnetes System $U_1, \ldots, U_m$ von offenen Mengen aus R heißt endliche geordnete Überdeckung eines Elementes $\mathfrak{a} \in \mathfrak{R}$, falls es zu einer Darstellung $p|A$ von $\mathfrak{a}$ Zahlen $t_1, \ldots, t_{m+1}$ in A mit $t_1 = \inf_{t \in A} t$, $t_{m+1} = \sup_{t \in A} t$ und $t_i \leqq t_{i+1}$ $(i = 1, \ldots, m)$ so gibt, daß $p([t_i, t_{i+1}] \cap A) \subseteq U_i$ für $i = 1, \ldots, m$ ist. Zu jeder endlichen geordneten Überdeckung $\ddot{U}$ eines beliebigen Elementes $\mathfrak{a} \in \mathfrak{R}$ sei $(\ddot{U})$ die Menge aller derjenigen Elemente von $\mathfrak{R}$, die $\ddot{U}$ als endliche geordnete Überdeckung besitzen. Das System aller dieser Mengen $(\ddot{U})$ ist die Basis einer Topologie von $\mathfrak{R}$, mit der $\mathfrak{R}$ ausgestattet wird. Falls R metrisierbar ist und δ eine mit der Topologie von R verträgliche Metrik bezeichnet, läßt sich in $\mathfrak{R}$ eine mit der Topologie verträgliche Metrik durch $\varrho(\mathfrak{a}, \mathfrak{a}') = \inf_{\Omega} [\sup_{t \Omega t'} \delta(p(t), p'(t'))]$ einführen, wobei $p|A$ sowie $p'|A'$ irgendwelche Darstellungen von $\mathfrak{a}$ bzw. $\mathfrak{a}'$ sind, das

Infimum bezüglich aller ordnungstreuen Relationen Ω zwischen A und A' und das Supremum bezüglich beliebiger durch Ω einander zugeordneter Paare $t \in A$, $t' \in A'$ gemeint ist. Sofern R metrisierbar ist, wird also durch die mittels der endlichen geordneten Überdeckungen in $\mathfrak{R}$ erzeugte Topologie im Raum aller Kurven von R eine Topologie induziert, die mit der sonst üblicherweise unter Benutzung des Fréchetschen Abstandes definierten Topologie übereinstimmt.

Der Abstand, der zur Einführung des zum Extremum zu machenden Funktionals dient, wird in [11] nur im Lokalen definiert, und zwar nur für bestimmte ausgezeichnete Punktepaare, die von einer gewissen Kurvenfamilie $\mathfrak{F}$ abhängig sind. Es wird gefordert, daß mit einer Kurve auch alle deren Teilkurven $\mathfrak{F}$ angehören sollen. S sei eine offene Überdeckung von R. R wird als A-Raum mit $\mathfrak{F}$ als ausgezeichneter Kurvenfamilie und S als ausgezeichnetem Umgebungssystem bezeichnet, wenn für jedes $U \in S$ und beliebige Punkte a und b, die Anfangs- bzw. Endpunkt einer Kurve $C: p \mid [\alpha, \beta]$ aus $\mathfrak{F}$ mit in U enthaltenem Träger $[C] = p([\alpha, \beta])$ sind, eine reelle Zahl $\varrho_U(a, b)$ als Abstand erklärt ist, der den beiden folgenden Bedingungen genügt:

1. Zu jedem Punkt p einer Kurve $C \in \mathfrak{F}$, deren Träger in einer Menge $U \in S$ liegt, und beliebigem $\varepsilon > 0$ existiert eine p enthaltende offene Menge V, so daß $|\varrho_U(a, b)| < \varepsilon$ für den Anfangspunkt a und den Endpunkt b jeder Teilkurve von C mit in V liegendem Träger gilt.

2. Wenn für eine beliebige Kurve $C \in \mathfrak{F}$, deren Träger im Durchschnitt zweier Mengen U und U' von S enthalten ist, und jede gegen C strebende Folge von Unterpolygonen $P_j (j = 1, 2, \ldots)$ der Kurve C die Folge der den P_j bezüglich ϱ_U zugeordneten Längen $\lambda_U P_j$ konvergiert, genau dann konvergiert auch die entsprechende Folge der $\lambda_{U'} P_j$, und zwar gegen denselben (eigentlichen oder uneigentlichen) Grenzwert.

Als spezielle A-Räume treten in [11] auch Räume auf, bei denen sich ϱ_U aus einem nichtnegativen Abstand δ_U und einer weiteren 2-Punkte-Funktion ψ_U durch Produktbildung ergibt. Die beiden Bedingungen 1 und 2 an einen A-Raum garantieren, daß für jede Kurve C von $\mathfrak{F}$ in geeigneter Weise eine untere und eine obere Länge $\underline{\lambda} C$ bzw. $\overline{\lambda} C$ erklärt werden können. Der Begriff der Länge λC einer Kurve C in einem A-Raum (d. h. der gemeinsame Wert von $\underline{\lambda} C$ und $\overline{\lambda} C$, sofern er existiert) umfaßt für Integranden mit gewissen Beschränktheitseigenschaften den Begriff des Weierstraßschen Integrals. Auf Grund der geringen Voraussetzungen wurde in [11] eine sehr große Allgemeinheit erreicht.

In seiner Arbeit: „La nozione di integrale sopra una superficie in forma parametrica“ [5] führte Cesari für Flächen des E_3 ein Integral ein, das als eine Übertragung des Weierstraßschen Kurvenintegrals auf den 2-dimensionalen Fall angesehen werden kann und von Cesari deshalb als Weierstraßsches Flächenintegral bezeichnet wurde. Über dieses Integral liegen zahlreiche Ergebnisse von Cesari, von Cecconi, Danskin, Turner und anderen vor. Cesari und Danskin leiteten unter anderem Aussagen über die Lösbarkeit von 2-dimensionalen Variationsproblemen in Parameterdarstellung her, die sich auf dieses Weierstraßsche Flächenintegral stützen.

LITERATUR

[1] *Alt, F.*, Ein Streckenbild, für welches λ_φ nicht existiert, obwohl φ beschränkt, stetig und quasiregulär ist. Erg. eines math. Koll., Heft 8, 34 (1935/36).

[2] *Aronszajn, N.*, Quelques recherches sur l'intégrale de Weierstraß I–III. Rev. Sci. **77**, 490–493 (1939); **78**, 165–167 (1940); **78**, 233–239 (1940).

[3] *Bouligand, G.*, Essai sur l'unité des méthodes directes. Hayez, Bruxelles 1933; oder auch Mém. Soc. Roy. Sci. Liège, S. III, **19**, H. 4, 1–88 (1934).

[4] *Cecconi, J.*, Sulla additività ciclica degli integrali sopra una superficie. Riv. Mat. Univ. Parma **4**, 43–67 (1953).

[5] *Cesari, L.*, La nozione di integrale sopra una superficie in forma parametrica. Ann. Scuola norm. sup. Pisa, S. II, **13**, 77–117 (1946).

[6] *Cesari, L.*, Condizioni sufficienti per la semicontinuità degli integrali sopra una superficie in forma parametrica. Ann. Scuola norm. sup. Pisa, S. II, **14**, 47–79 (1948).

[7] *Cesari, L.*, Condizioni necessarie per la semicontinuità degli integrali sopra una superficie in forma parametrica. Ann. Scuola norm. sup. Pisa, S. IV, **29**, 199–224 (1950).

[8] *Cesari, L.*, An existence theorem of calculus of variations for integrals on parametric surfaces. Amer. J. Math. **74**, 265–295 (1952).

[9] *Cesari, L.*, Surface area. Princeton 1956.

[10] *Danskin, J.*, On the existence of minimizing surfaces in parametric double integral problems of the calculus of variations. Riv. Mat. Univ. Parma **3**, 43–63 (1952).

[11] *Gähler, S.* und *W.*, Über die Existenz von Kurven kleinster Länge. Math. Nachr. **22**, 175–203 (1960).

[12] *Menger, K.*, Metrische Geometrie und Variationsrechnung. Fund. Math. **25**, 441–458 (1935).

[13] *Menger, K.*, Sur un théorème général du Calcul des Variations. C. R. Acad. Sci., Paris **201**, 705–707 (1935).
[14] *Menger, K.*, Die metrische Methode in der Variationsrechnung. Erg. eines math. Koll., Heft 8, 1–32 (1935/36).
[15] *Menger, K.*, Calcul des variations dans les espaces distanciés généraux. C. R. Acad. Sci., Paris **202**, 1007–1009 (1936).
[16] *Menger, K.*, Courbes minimisantes non rectifiables et champs généraux de courbes admissibles dans le Calcul des Variations. C. R. Acad. Sci., Paris **202**, 1648–1650 (1936).
[17] *Menger, K.*, Metric methods in Calculus of Variations. Proc. Nat. Acad. Sci. USA **23**, 244–250 (1937).
[18] *Menger, K.*, A theorie of length and its applications to the calculus of variations. Proc. Nat. Acad. Sci. USA **25**, 474–478 (1939).
[19] *Menger, K.*, What paths have length? Fundam. Math. Warszawa **36**, 109–118 (1949).
[20] *Menger, K.*, Géométrie générale. Paris 1954.
[21] *Osgood, W.*, On a fundamental property of a minimum in the Calculus of Variations and the proof of a theorem of Weierstraß. Trans. of the Am. Math. Soc. **2** (1901).
[22] *Pauc, C.*, Etude d'une fonctionelle généralisant la longueur de courbe dans les espaces à écart positif uniformément continu. Rev. Sci. **77**, 658–661 (1939).
[23] *Pauc, C.*, L'intégrale de Weierstraß–Bouligand–Menger. Ses applications au calcul des variations. Ann. Scuola norm. sup. Pisa, S. II, **8**, 51–68 (1939).
[24] *Pauc, C.*, La méthode métrique en Calcul des Variations. Paris 1941.
[25] *Schwarz, J. von*, Über Kurvenpunkträume und ihre Anwendung auf Variationsprobleme mit höheren Ableitungen. Math. Ann. **115**, 273–295 (1938).
[26] *Tonelli, L.*, Sugli integrali curvilinei del Calcolo delle Variazioni. Rend. della R. Acc. dei Linc. $\mathbf{21}_1$, 448–453, 554–559; $\mathbf{21}_2$, 132–137 (1912).
[27] *Tonelli, L.*, Fondamenti di Calcolo delle Variazioni, 2 Bde. Bologna 1921/1923.
[28] *Turner, L.*, An invariant property of Cesari's surface integral. Proc. Amer. Math. Soc. **9**, 920–925 (1958).
[29] *Turner, L.*, Sufficient conditions for semicontinuous surface integrals. Michigan math. J. **10**, 193–206 (1963).
[30] *Wald, A.*, Ein Streckenbild, für welches λ_φ nicht existiert, obwohl λ_φ für jeden Anfangsabschnitt existiert. Erg. eines math. Koll., Heft 8, 34/35 (1935/36).
[31] *Wald, A.*, Die φ-Länge im Hilbertschen Raum. Erg. eines math. Koll., Heft 8, 36/37 (1935/36).

VIII.

Direkte Methoden der Variationsrechnung

Von *Stefan Hildebrandt*

Wir wollen in dieser Note die wesentlichen Ideen darstellen, die bei der Anwendung der „*direkten Methoden der Variationsrechnung*“ auf die Randwertaufgabe für lineare elliptische Differentialgleichungen eine Rolle spielen.

Zunächst einige Bezeichnungen.

Sei G ein beschränktes Gebiet im μ-dimensionalen Raum der Punkte $t = (t^1, \ldots, t^\mu)$ mit dem Rande ∂G. Bezeichne $x = \{x^1(t), \ldots, x^n(t)\}$ einen Vektor, dessen Komponenten $x^i(t)$ reellwertige Funktionen von t sind. Wir definieren die Differentialoperatoren D_α durch $D_0 = 1$, $D_\alpha = \dfrac{\partial}{\partial t^\alpha}$ für $\alpha = 1, \ldots, \mu$. Ferner sei $C^m(G)$ die Klasse der Vektoren x mit in $\bar{G}$ m-mal stetig differenzierbaren Komponenten x^i; $C^\infty(G)$ [bzw. $C_0^\infty(G)$] die Klasse der Vektoren x mit in $\bar{G}$ beliebig oft differenzierbaren Komponenten x^i [bzw. der $x \in C^\infty(G)$, die außerhalb eines kompakten, in G liegenden Gebietes verschwinden]. Wir führen die Skalarprodukte (x,y) und $(x,y)_m$ ein durch

$$(x,y) = \int_G xy\,dt$$

$$(x,y)_m = \int_G \Big(xy + \sum_{\alpha=1}^{\mu} D_\alpha x\, D_\alpha y + \cdots + \sum_{\alpha_1,\ldots,\alpha_m=1}^{\mu} D_{\alpha_1} \ldots D_{\alpha_m} x\, D_{\alpha_1} \ldots D_{\alpha_m} y\Big)\, dt$$

und die Normen $\|x\|$, $\|x\|_m$ durch

$$\|x\| = (x,x)^{1/2} \quad \text{und} \quad \|x\|_m = (x,x)_m^{1/2}.$$

Ferner bezeichne A einen linearen Differentialoperator 2ter Ordnung. Wir betrachten dann das folgende Randwertproblem: Gesucht ist ein in G 2-mal stetig differenzierbarer Vektor $x = x(t)$, so daß

$$(1) \qquad \begin{aligned} Ax &= f \quad \text{in } G \\ x &= g \quad \text{auf } \partial G \end{aligned}$$

ist.

Die Koeffizienten von A wollen wir als hinreichend oft differenzierbar voraussetzen.

Wir nehmen zunächst an, daß A in einer *selbstadjungierten* Form gegeben ist:

(2) $$Ax = \{\sum_{i=1}^{n} \sum_{\alpha,\beta=0}^{\mu} D_\beta^*(a_{ik}^{\alpha\beta} D_\alpha x^i)\}$$

mit

$$a_{ik}^{\alpha\beta} = a_{ki}^{\beta\alpha}, D_0^* = D_0, D_\beta^* = - D_\beta, \beta = 1 \ldots \mu.$$

Dann ist $B(x,y) = B(y, x)$ für die folgende Bilinearform:

(3) $$B(x,y) = \int_G \sum_{i,k=1}^{n} \sum_{\alpha,\beta=0}^{\mu} a_{ik}^{\alpha\beta} D_\alpha x^i D_\beta y^k \, dt.$$

Ferner machen wir für den Operator A eine *Elliptizitätsvoraussetzung* in der Form

(4) $$B(x, x) \geqq \varepsilon \|x\|_1^2, \quad \varepsilon > 0, \quad \text{für alle } x \in C_0^\infty(G).$$

Die Idee von Gauß, Dirichlet und Riemann war es nun, an Stelle von (1) das Variationsproblem:

(5) $$B(x, x) \to \text{Min}$$

zu betrachten, wobei als Vergleichsvektoren alle $x \in C^2(G)$ mit $x = g$ auf ∂G herangezogen werden.

Falls es unter diesen Vektoren ein Minimalelement x gäbe, so lieferten die Euler-Lagrangeschen Differentialgleichungen für x gerade (1), denn es ist

(6) $$B(x,y) = (Ax,y) \text{ für alle } y \in C_0^\infty(G).$$

Die Existenz von Minimalvektoren x wurde zunächst als evident und physikalisch plausibel angenommen, bis die Kritik von Weierstraß dies an Hand von Gegenbeispielen als falsch erwies. Die Bedingung (4) liefert zunächst die Beschränktheit der quadratischen Form $B(x, x)$ von unten auf der betrachteten Klasse $\mathfrak{C}$ von Vergleichsvektoren.

Damit $\mathfrak{C}$ nichtleer ist, müssen wir noch voraussetzen, daß es überhaupt Vektoren in $\mathfrak{C}$ gibt, für die $B(x, x)$ einen endlichen Wert hat. Dann bekommt man die Existenz einer Minimalfolge $\{x_n\}$:

$$\lim_{n\to\infty} B(x_n, x_n) = q = \inf_{x\in\mathfrak{C}} B(x, x).$$

Es ist aber keineswegs klar, daß die x_n (in einem geeigneten Sinne) gegen einen Grenzvektor x aus $\mathfrak{C}$ konvergieren und, falls dies der Fall wäre, daß $q = B(x, x)$ ist.

Für gewisse, noch sehr spezielle Variationsprobleme konnte D. Hilbert als erster zeigen, daß man auf Grund dieser Schlüsse tatsächlich zur Auflösung von Randwertaufgaben (1) gelangt. In der Folge wurden die Hilbertschen Ideen von Lebesgues, Zaremba, Courant, B. Levi u. a. aufgegriffen und weiterentwickelt. Das Hauptmerkmal der älteren Theorie ist, daß man die Klasse der Vergleichsfunktionen so eng wählt, daß eine Minimalfunktion in dieser Klasse hinreichend gute Differenzierbarkeitseigenschaften hat. Die Konvergenzschwierigkeiten, die man mit den Minimalfolgen hat, überwindet man dadurch, daß man zu neuen Minimalfolgen übergeht, die durch gewisse Tricks konvergent gemacht werden: – „man schneidet den Minimalfolgen die Haare ab". In der Folge hat die Theorie der direkten Methoden viele Veränderungen erfahren und große Fortschritte gemacht, so daß die Theorie der linearen elliptischen partiellen Differentialgleichungen weitgehend als vollendet gelten darf.

Charakteristisch für die gegenwärtige Theorie sind die folgenden Gesichtspunkte:

Man verschafft sich zunächst sogenannte „schwache Lösungen" von (1); das sind Vektoren x, die die Differentialgleichung (1) nur in integrierter Form befriedigen und daher nur sehr geringe Differenzierbarkeitseigenschaften zu haben brauchen. Dieser Teil der Untersuchungen läßt sich allein mit funktionalanalytischen Hilfsmitteln erledigen, man benötigt im wesentlichen die Hilbert-Schmidt-Rieszsche Theorie der vollstetigen Operatoren im Hilbertraum. Vorteilhaft ist, daß man auch Randwertaufgaben (1) mitbehandeln kann, für die das Variationsproblem (5) keinen Sinn mehr hat, nämlich wenn $B(x,y) \neq B(y, x)$ (d. h. A nicht selbstadjungiert) oder auch, wenn $B(x, x)$ in der folgenden schwächen Weise indefinit wird:

$$B(x, x) \geqq \varepsilon \, \|x\|_1^2 - l \, \|x\|_0^2 \text{ für } x \in C_c^\infty(G).$$

Ferner wird zunächst auch die Randbedingung nur in einer schwächeren, von Courant gegebenen Form verlangt.

Der zweite Teil der Untersuchungen besteht darin nachzuweisen, daß diese schwachen Lösungen auf Grund der Elliptizität von A bei hinreichender Differenzierbarkeit der Koeffizienten von A und von f, g hinreichend oft in G stetig differenzierbare Funktionenvektoren sind und die Randwerte g auf ∂G im strengen Sinne annehmen, falls der Rand ∂G hinreichend glatt ist. Ergebnisse in dieser Richtung stammen von Friedrichs, Browder, John und Lax, Morrey und Nirenberg. Wir beschreiben ein Verfahren von Nirenberg[1], das im Grunde völlig im Rahmen der Hilbertraumtheorie bleibt.

1. *Die Hilberträume* H_m *und* $\mathring{H}_1$

Wir können die Vektoren x aus $C^\infty(G)$, für die $\|x\|_m < \infty$ ist, als einen unvollständigen Hilbertschen Raum mit dem Skalarprodukt $(x,y)_m$ zwischen den Vektoren x, y auffassen. Durch ein Verfahren, das dem Übergang von den rationalen zu den reellen Zahlen völlig analog ist, kann man diesen Raum durch Hinzunahme „idealer Elemente" zu einem Hilbertraum H_m vervollständigen. Definiert man nämlich äquivalente Cauchyfolgen $\{x_p\}$, $\{y_p\}$ durch $\lim\limits_{p\to\infty} \|x_p - y_p\|_m = 0$, so besteht H_m gerade aus den Klassen äquivalenter Cauchyfolgen.

In der Tat kann jedes Element x aus H_m als ein auf G quadratintegrabler Vektor aufgefaßt werden, der im folgenden Sinne verallgemeinerte Ableitungen bis zur m-ten Ordnung besitzt: jede solche „Ableitung" ist ebenfalls auf G quadratintegrabel, und es gibt eine Folge von Vektoren x_p aus $C^\infty(G)$, für die $\lim\limits_{p\to\infty} \|x - x_p\|_m = 0$ ist.

Mit Hilfe der von Calkin und Morrey entwickelten Theorie der Räume $\mathfrak{P}_2$ kann man zeigen, daß die Elemente aus H_m in der Tat fast überall in G m-fach differenzierbar sind[2].

Sobolew[3] hat bewiesen, daß die Elemente aus H_m $m - \left[\frac{\mu}{2}\right] - 1$ mal stetig in G (und – falls der Rand eine sog. Kegelbedingung erfüllt – auch in $\bar{G}$) differenzierbar sind:

$$H_m(G) \subset C^{m-\left[\frac{\mu}{2}\right]-1}(G).$$

Um also hinreichende Differenzierbarkeit eines Vektors zu erhalten, muß man bloß zeigen, daß er in einem Raum H_m mit genügend hoher Ordnung m liegt.

[1] *Nirenberg, L.*, Remarks on strongly elliptic partial differential equations. Comm. Pure Appl. Math. 8 (1955), 648–674.
[2] Vgl. *Hildebrandt, S.*, Math. Annalen 118 (1962), p. 226–237.
[3] Vgl. *Courant-Hilbert*, Bd. II, p. 232–234, englische Ausgabe (1962).

Weiter definiert man mit Courant den Raum $\mathring{H}_1$ als den Abschluß von $C_0^\infty(G)$ in H_1. Man sagt, daß die Vektoren in $\mathring{H}_1$ die Randwerte 0 auf ∂G im verallgemeinerten Sinn haben. F. Rellich hat bewiesen, daß $\|x\|_0^2$ eine vollstetige quadratische Form auf $\mathring{H}_1$ ist.

2. *Hilbertraumformulierung der Randwertaufgabe; Gårdingsche Ungleichung; Schwache Lösungen*

Wenn man die Gleichung $Ax = f$ mit einem „Testvektor" $\varphi \in C_0^\infty(G)$ multipliziert und eine partielle Integration ausführt, so ergibt sich

$$(Ax, \varphi) = B(x, \varphi) = (f, \varphi).$$

Hierbei treten im Integranden von B nur erste und nullte Ableitungen von x und φ auf. Beispielsweise ist B in unserem selbstadjungierten Fall (2) gerade durch (3) gegeben.

Wir nehmen nun an, daß g als der Randwert eines Funktionenvektors aus H_1 aufgefaßt werden kann. Dann ersetzen wir die Bedingung: $x = g$ auf ∂G durch die schwächere Forderung: $x - g \in \mathring{H}_1$ oder gleichbedeutend: $x = g + u$, $u \in \mathring{H}_1$. An Stelle von (1) lösen wir nun die scheinbar schwächere Aufgabe:

Bestimme einen Vektor $u \in \mathring{H}_1$, so daß

$$B(u, v) = L(v) \quad \text{für alle} \quad v \in \mathring{H}_1 \tag{7}$$

ist, wobei $L(v) = (f, v) - B(g, v)$ ist. Wir können $B(u, v)$ als eine stetige Bilinearform und $L(v)$ als eine stetige Linearform auf den Hilberträumen $\mathring{H}_1$ auffassen. Nach dem Satz von Fréchet-Riesz gibt es dann einen beschränkten linearen Operator T auf $\mathring{H}_1$ und ein Element $h \in \mathring{H}_1$, so daß $B(u, v) = (Tu, v)$ und $L(v) = (h, v)$ für alle $v \in \mathring{H}_1$ ist. Deshalb kann man (7) in der folgenden Form schreiben:

Man löse in $\mathring{H}_1$ zu einem gegebenem Element h die lineare Gleichung

$$Tu = h. \tag{8}$$

Wir wollen nun zeigen, daß für diese Gleichung die Fredholmsche Alternative gilt, falls man den Differentialoperator A als *stark elliptisch* voraussetzt. Damit ist folgendes gemeint: sei A durch $A = (A_{ik})$ gegeben, wo $A_{ik} = \sum_{\alpha,\beta=1} a_{ik}^{\alpha\beta} D_\alpha D_\beta +$ Glieder mit Ableitungen 0-ter und 1-ter Ordnung, dann soll die biquadratische Form $\sum_{i,k,\alpha,\beta} a_{ik}^{\alpha\beta} \xi^i \xi^k \eta_\alpha \eta_\beta$ positiv definit sein. Unter dieser Voraussetzung hat *Gårding* bewiesen, daß

$$B(u, u) \geqq \varepsilon \cdot \|u\|_1^2 - l \cdot \|u\|_0^2 \quad \text{für alle} \quad u \in \mathring{H}_1 \tag{9}$$

ist. Der Beweis wird in drei Schritten geführt: Zunächst beweist man die Ungleichung für konstante Koeffizienten via Fouriertransformation. Dann kann man aus Stetigkeitsgründen (9) auch für alle Vektoren zeigen, die außerhalb einer hinreichend kleinen Umgebung verschwinden, und schließlich führt man den allgemeinen Fall mittels eines Kunstgriffs, Zerlegung der Eins genannt, auf diesen Spezialfall zurück.

Aus (9) ergibt sich zusammen mit dem Rellichschen Satz leicht, daß T ein Operator von der Form

$$T = D + K \tag{10}$$

ist, wobei $(Du, u)_1 \geqq \varepsilon \|u\|_1^2$ und K ein vollstetiger Operator auf $\mathring{H}_1$ ist.

Unter der Bedingung (10) kann man über die Gleichung (8) folgendes sagen:

Bezeichne T^* den adjungierten Operator zu T, $N(T) = \{u : Tu = 0\}$ den Nullraum von T und $N(T^*) = \{u : T^*u = 0\}$ den Nullraum von T^*.

Dann gilt

I) Die Gleichung $Tu = h$ ist genau dann lösbar, wenn h im Orthogonalkomplement $\mathring{H}_1 \ominus N(T^*)$ des Raumes $N(T^*)$ liegt. Jede Lösung u ist eindeutig modulo $N(T)$ bestimmt,

II) $\dim N(T) = \dim N(T^*) < \infty$.

Beweisskizze[4]:

I) Wenn $Tu_1 = h = Tu_2$, so ist $T(u_1 - u_2) = 0$, daher $u_1 - u_2 \in N(T)$, und umgekehrt folgt aus $Tu = f$, $Tv = 0$, $T(u + v) = f$. Ferner folgt aus $T^*v = 0$ und $Tu = h$ auch $(h, v)_1 = (Tu, v)_1 = (u, T^*v)_1 = 0$. Somit ist die Bedingung $h \in H_1 \ominus N(T^*)$ notwendig. Um zu zeigen, daß

[4] Vgl. S. Hildebrandt/E. Wienholtz, Comm. Pure Appl. Math. 17 (1964), 369–373.

sie hinreicht, betrachten wir den symmetrischen Operator $S = TT^*$ und die symmetrische Bilinearform $(Su, v)_1 = (T^*u, T^*v)_1$. Bezeichnet $N(S)$ den Nullraum von S, so fällt $N(S)$ offensichtlich mit $N(T^*)$ zusammen, und es gilt $(Su, u)_1 \geqq c \|u\|_1^2$ für alle $u \in \mathring{H}_1 \ominus N(S)$, wie man leicht zeigt. Daher können wir auf (Su, v) den Fréchet-Rieszschen Satz anwenden und finden für jedes $h \in \mathring{H}_1 \ominus N(T^*) = \mathring{H}_1 \ominus N(S)$ eine Lösung $w \in \mathring{H}_1 \ominus N(S)$ der Gleichung

$$(Sw, v')_1 = (h, v')_1 \quad \text{für alle} \quad v' \in \mathring{H}_1 \ominus N(S)$$

und wegen $Sv'' = 0$ für $v'' \in N(S)$ schließlich für alle $v \in \mathring{H}_1$, somit $Sw = h$. Setzen wir $T^*w = u$, so ist u eine Lösung von $Tu = h$.

II) Wäre $\dim N(T) = \infty$, so könnte man eine orthogonale Folge $\{u_n\}$ in $N(T)$ finden, die schwach gegen ein Element u konvergierte, somit $Ku_n \to Ku$ wegen der Vollstetigkeit von K. Da $Tu_n = Du_n + Ku_n = 0$ ist, folgte $Du_n \to -Ku$ und somit $\|u_n - u_m\|_1 \to 0$ für $n, m \to \infty$ wegen der Definitheit von D, was einen Widerspruch zu $\|u_n - u_m\|_1 = 2$ für $n \neq m$ gibt. Also ist $\dim N(T) < \infty$.

In der gleichen Weise zeigt man $\dim N(T^*) < \infty$. Wenn $T = T^*$ ist (d. h. im Falle symmetrischer Differentialoperatoren A), ist alles bewiesen. Im nichtsymmetrischen Fall gibt es mehrere Methoden, um $\dim N(T) = \dim N(T^*)$ zu beweisen, z. B. kann man den vollstetigen Operator K nach E. Schmidt durch einen „endlichdimensionalen" Operator beliebig genau approximieren. Das hat zur Folge, daß man (8) im wesentlichen durch ein endlichdimensionales Gleichungssystem beschreiben kann, woraus dann die Behauptung folgt.

Da die Gleichungen (7) und (8) gleichwertig sind, haben wir das Lösungsverhalten von (7) ausreichend beschrieben. Die Lösungen $x = g + u$ mit $u \in \mathring{H}_1$ von $B(x, \varphi) = (f, \varphi)$ für alle Testfunktionen φ nennt man „schwache Lösungen" der Randwertaufgabe (1).

3. *Regularitätsbetrachtungen*

Jetzt wollen wir zeigen, daß die im vorigen Abschnitt konstruierten schwachen Lösungen tatsächlich die Randwertaufgabe (1) im strengen Sinne lösen, wenn f, g, der Rand ∂G und die Koeffizienten von A genügend differenzierbar sind. Hauptvoraussetzung ist die Gårdingsche Ungleichung (9).

Die Regularitätsbetrachtungen lassen sich aus dem folgenden Lemma gewinnen:

Lemma: Sei G_1 ein kompaktes Teilgebiet, $u \in H_1(G)$, die Koeffizienten von A aus $C^1(\bar{G})$, und es gelte

$$|B(\varphi, u)| \leqq \text{const} \, \|\varphi\|_0 \tag{11}$$

für alle Testvektoren $\varphi \in C_0^\infty(G)$. Dann folgt $u \in H_2(G_1)$.

Beweis:

Man wähle G_2 und G_3 so, daß $G_1 \subset \bar{G}_1 \subset G_2 \subset \bar{G}_2 \subset G_3 \subset \bar{G}_3 \subset G$ und bestimme eine Funktion $J \in C_0^\infty(G_2)$ mit $0 \leqq J \leqq 1$, $J = 1$ auf G_1, und setze $v = Ju$ d. h. $v = u$ auf G_1 und $v \in \mathring{H}_1(G_2)$. Dann bezeichne $\Delta_h v$ etwa den Differenzenoperator bezüglich der ersten Variablen t^1: $\Delta_h v = \dfrac{v(t^1 + h, \ldots) - v(t^1, \ldots)}{h}$ $\Delta_h v$ ist für alle $x \in G_2$ definiert, falls $h \leqq h_0$ für eine hinreichend kleine Konstante h_0 ist, und man sieht leicht: $\Delta_h v \in H_1(G)$. Ferner ist $\|\Delta_h v\|_0 \leqq \|v\|_1$. Dann ergibt sich unter Ausnutzung von (11), daß

$$|B(\varphi, \Delta_h v)| \leqq \text{const} \, \|\varphi\|_1$$

ist, somit für $\varphi = \Delta_h v$ unter Verwendung der Gårdingschen Ungleichung

$$\|\Delta_h v\|_1^2 \leqq \text{const} \, (\|\Delta_h v\|_1 + \|v\|_1),$$

was bedeutet, daß $\|\Delta_h v\|_1$ beschränkt bleibt, wenn $h \to 0$ geht. Hieraus ergibt sich leicht $v \in H_2(G)$ und wegen $u = v$ auf G_1 auch $u \in H_2(G_1)$, da die Schlüsse auch bezüglich der Differenzenquotienten in $t^2, \ldots, t^\mu$ gelten.

Aus dem Lemma bekommen wir den folgenden *Regularitätssatz:*

Wenn $x \in H_1(G)$ eine Lösung der Gleichung

$$B(x, \varphi) = (f, \varphi) \quad \text{für alle} \quad \varphi \in C_c^\infty(G) \tag{12}$$

ist und $f \in H_p(G)$, und die Koeffizienten von A in $C^{p+1}(\bar{G})$ liegen, so liegt x in $H_{p+2}(G_1)$ für jedes kompakte Teilgebiet von G.

Beweis:

$p = 0$: aus (12) folgt $|B(x, \varphi)| \leqq \|f\|_0 \, \|\varphi\|_0$, somit gibt das Lemma, daß $x \in H_2(G_1)$ ist.

$p = 1$: Ersetzt man φ durch $D_\alpha \varphi$ und macht eine partielle Integration, so sieht man, daß $D_\alpha x$ ebenfalls eine stark elliptische Gleichung

$$B(D_\alpha x, \varphi) = (f', \varphi), \qquad f' \in H_{p-1}(G),$$

befriedigt, somit nach dem vorhergehende Schritt $D_\alpha x \in H_2(G_1)$ $\alpha = 1, \ldots, \mu$ oder $x \in H_3(G_1)$.

Ähnlich schließt man für $p \geqq 2$.

Damit ist die Regularität der schwachen Lösungen im Innern von G bewiesen, wenn man das Sobolewsche Lemma verwendet. Mit einem analogen Argument behandelt man die tangentiellen Ableitungen am Rande ∂G, und die normalen Ableitungen ergeben sich wegen der Elliptizität aus der Differentialgleichung. Nach einer partiellen Integration bekommen wir aus (12) $(Ax, \varphi) = (f, \varphi)$ für alle Testfunktionen φ und somit $Ax = f$, und es ergibt sich leicht, daß $x = g$ auf ∂G im klassischen Sinn ist, wenn der Rand ∂G hinreichend glatt ist.

Weitere Literaturhinweise findet man in:

Bers, L., F. John und *M. Schechter*, Partial Differential Equations, Lectures in Applied Mathematics, Vol. III. Interscience Publ., New York, London, Sydney (1964).

Teil III

Uniformization in a p-cyclic extension of a two dimensional regular local domain of residue field characteristic p

By *Shreeram S. Abhyankar*

Introduction

Karl Weierstraß, the prince of analysis, was an algebraist. His spirit lives in POWER SERIES. We dedicate this paper to Weierstraß on the occasion of his one hundred and fiftieth birthday.

The principal technique of this paper is an algorithm dealing with polynomials in one indeterminate with coefficients which are power series in two indeterminates. The algorithm will be developed in §§ 3 to 6. Using this algorithm, in § 2 we shall prove the following theorem which is the main result of this paper.

THEOREM. *Let R be a two dimensional regular local domain such that R is an algebraic spot over a ground ring I and the residue field of R is an algebraically closed field of characteristic $p \neq 0$. Let K be the quotient field of R and let w be a valuation of K such that w dominates R and the residue field of w coincides with the residue field of R. Let L be a Galois extension of K of degree p, and let W be an extension of w to L. Then there exists a two dimensional regular local domain S with quotient field L such that W dominates S and S is a spot over R.*

In the geometric case, i.e., when I is a field, the proof of the above theorem, which we gave in [1] and [6], consisted of first (1) reducing the multiplicity to some integer q less then p, and then (2) getting a q-fold covering of a simple point by adjoining two suitable parameters to I and by using the Weierstraß Preparation Theorem; since $q < p$, we are then in a characteristic zero like situation and hence it suffices to (3) use Galois theory of local rings and the classical method of Jung to resolve the singularity of the covering surface. In [7] we generalized step (1) to the arithmetical case, i.e., when I is the ring of ordinary integers. However, in the arithmetical case, step (2) breaks down because the local ring obtained by adjoining two parameters to I is then in general not regular. This led us to devise the present algorithm which overcomes the difficulty by arriving at a Jungian situation directly, i.e., without changing the direction of projection.

The above theorem is an important step in the solution of the problem of reduction of singularities of an arithmetical surface which we have recently obtained. The remaining details of that solution will be published at some future opportunity.

§ 1. *Preliminaries*

(I). *Terminology*. We shall use the terminology of [8: § 2 and Definition 2 of § 5].

The letter Z will denote an indeterminate.

Let L be a field, let K be a subfield of L, and let p be a prime number. We shall say that L is a p-cyclic extension of K if L is a normal algebraic extension of K and $[L:K]=p$. Note that then either L is a purely inseparable extension of K, or L is a Galois extension of K and the Galois group of L over K is a cyclic group of order p.

For integers $a_1, \ldots, a_n, b$ we write $(a_1, \ldots, a_n) \equiv 0(b)$ to mean that a_i is divisibly by b for all i, and we write $(a_1, \ldots, a_n) \not\equiv 0(b)$ to mean that a_i is not divisibly by b for some i.

Let (R, M) be a local ring. For any element r in R we set:

$$\operatorname{ord}_R r = \max e \text{ such that } r \in M^e.$$

For any polynominal $f(Z) = \sum_i r_i Z^i$ in Z with coefficients r_i in R we set:

$$\operatorname{ord}_R f(Z) = \min_i (i + \operatorname{ord}_R r_i).$$

Let R be a domain, let $x_1, \ldots, x_m$ be nonzero elements in R, and let $f(Z)$ be a monic polynomial of positive degree q in Z with coefficients in R. An element $g(Z)$ in $R[Z]$ is said to be an $[R, x_1, \ldots, x_m]$-*translate* of $f(Z)$ if there exist elements r and t in R such that t is an R-monomial in $(x_1, \ldots, x_m)$ and $g(Z) = t^{-q} f(tZ + r)$. Note that if S is an overdomain of $S, y_1, \ldots, y_n$ are nonzero elements in S such that the elements $x_1, \ldots, x_m$ are S-monomials in $(y_1, \ldots, y_n)$, $g(Z)$ is an $[R, x_1, \ldots, x_m]$-translate of $f(Z)$, and $h(Z)$ is an $[S, y_1, \ldots, y_n]$-translate of $g(Z)$, then $h(Z)$ is an $[S, y_1, \ldots, y_n]$-translate of $f(Z)$.

Let (R, M) be a two dimensional regular local domain, let J be a coefficient set for R, and let (x,y) be a basis of M. Given $F \in R$ there exist unique elements $F(i, j)$ in J for all nonnegative integers i, j such that, as an element in the completion of R, F equals

$$\sum_{i,j} F(i,j)\, x^i y^j.$$

The above expression is called the *expansion of F in $J[[x,y]]$*, and the element $F(i,j)$ is called the coefficient of $x^i y^j$ in the expansion of F in $J[[x,y]]$.

Let (R, M) be a local ring, let $J \subset R$, and let $\lambda \in R$. J is said to be a *λ-faithful coefficient set for R* if J is a coefficient set for R, and for each element r in J and each positive integer n we have that $r^n - s \in \lambda R$ where s is the unique element in J such that $r^n - s \in M$.

Let (R, M) be a two dimensional regular local domain such that R/M is algebraically closed, let $J \subset R$ and $\lambda \in R$, let w be a valuation of the quotient field of R dominating R such that $\dim_R w = 0$, and let R' be a quadratic transform of R along w. Note the following: (1) If J is a coefficient set for R then J is a coefficient set for R_w and hence given any element r in R_w there exists a unique element s in J such that $w(r-s) > 0$. (2) If J is a coefficient set for R then J is a coefficient set for R'. (3) If J is a λ-faithful coefficient set for R then J is a λ-faithful coefficient set for R'.

Let (R, M) be a two dimensional regular local domain such that R/M is algebraically closed, let J be a coefficient set for R, let (x,y) be a basis of M, and let w be a valuation of the quotient field of R dominating R such that $\dim_R w = 0$. A basis (x_0, y_0) of M is said to be canonically obtained from (x,y) relative to w and J if either $(x_0, y_0) = (x, y)$ or $(x_0, y_0) = (y, x)$. Let (R_i, M_i) be the ith quadratic transform of R along w. If $w(y) \geqq w(x)$ then let $x' = x$ and $y' = (y/x) - \alpha$ with $\alpha \in J$ such that $w(y') > 0$, and if $w(x) \geqq w(y)$ then let $y'' = y$ and $x'' = (x/y) - \alpha'$ with $\alpha' \in J$ such that $w(x'') > 0$; then in the first case (x', y') is a basis of M_1 and in the second case (x'', y'') is a basis of M_1; a basis (x_1, y_1) of M_1 is said to be canonically obtained from (x,y) relative to w and J if $(x_1, y_1) = (x', y')$ or $(x_1, y_1) = (y', x')$ in the first case and $(x_1, y_1) = (x'', y'')$ or $(x_1, y_1) = (y'', x'')$ in the second case. A basis (x_n, y_n) of M_n is said to be canonically obtained from (x,y) relative to w and J if there exists a basis (x_i, y_i) of M_i for $i = 1, \ldots, n-1$, such that (x_i, y_i) is canonically obtained from (x_{i-1}, y_{i-1}) relative to w and J for $i = 1, \ldots, n$, where $(x_0, y_0) = (x, y)$ or

$(x_0, y_0) = (y, x)$. We shall say that $[R^*, x^*, y^*]$ is a *canonical quadratic transform* of $[R, x, y, w, J]$ if R^* is a quadratic transform of R along w and (x^*, y^*) is a basis of the maximal ideal in R^* such that (x^*, y^*) is canonically obtained from (x, y) relative to w and J. Note that if $[R^*, x^*, y^*]$ is a canonical quadratic transform of $[R, x, y, w, J]$ then x and y are R^*-monomials in (x^*, y^*); hence if $f(Z)$ is a monic polynomial of positive degree in Z with coefficients in R, $g(Z)$ is an $[R, x, y]$-translate of $f(Z)$, and $h(Z)$ is an $[R^*, x^*, y^*]$-translate of $g(Z)$, then $h(Z)$ is an $[R^*, x^*, y^*]$-translate of $f(Z)$. This remark will be used tacitly.

(II): *Elementary lemmas.* From the following lemmas, the first three will be used tacitly.

LEMMA 1. *Let (R, M) be a two dimensional regular local domain, let J be a coefficient set for R, let (x, y) be a basis of M, and let $(\mathfrak{R}, \mathfrak{M})$ be the completion of R. Let F and G be elements in $\mathfrak{R}$ and let $\Sigma F(i,j)\, x^i y^j$ and $\Sigma G(i,j)\, x^i y^j$ be their respective expansions in $J[[x, y]]$. Let $H \in R$. Let d be a nonnegative integer. Then we have the following.*

(1). $H \in M^d \Leftrightarrow H \in \mathfrak{M}^d$. $H \in x^d R \Leftrightarrow H \in x^d \mathfrak{R}$.

(2). $F \in \mathfrak{M}^d \Leftrightarrow F(i,j) = 0$ *whenever* $i + j < d$.

(3). $F \in x^d \mathfrak{R} \Leftrightarrow F(i,j) = 0$ *whenever* $i < d$.

(4). $F - G \in \mathfrak{M}^d \Leftrightarrow F(i,j) = G(i,j)$ *whenever* $i + j < d$.

(5). $F - G \in x^d \mathfrak{R} \Leftrightarrow F(i,j) = G(i,j)$ *whenever* $i < d$.

PROOF OF (1). Follows from the well known fact that $\mathfrak{M}^d \cap R = M^d$ and $(x^d \mathfrak{R}) \cap R = x^d R$.

PROOF OF (2). Obvious.

PROOF OF (3). Suppose $F \in x^d \mathfrak{R}$. Then $F = x^d F'$, with $F' \in \mathfrak{R}$. Let $\Sigma F'(i,j)\, x^i y^j$ be the expansion of F' in $J[[x, y]]$. Then

$$F = \sum_{i \geq 0,\, j \geq 0} F'(i,j)\, x^{i+d} y^j$$

and hence $F(i,j) = 0$ whenever $i < d$. Conversely suppose that $F(i,j) = 0$ whenever $i < d$. Then $F = x^d F^*$ where $F^* = \Sigma F(i,j)\, x^{i-d} y^j \in \mathfrak{R}$, and hence $F \in x^d \mathfrak{R}$.

PROOF OF (4). If $F(i,j) = G(i,j)$ whenever $i+j<d$, then

$$F-G = \sum_{i+j\geqq d} F(i,j)\, x^i y^j - \sum_{i+j\geqq d} G(i,j)\, x^i y^j \in \mathfrak{M}^d$$

by (2). Conversely suppose that $F-G\in\mathfrak{M}^d$. Let

$$F' = F - \sum_{i+j<d} G(i,j)\, x^i y^j.$$

Then $F'\in\mathfrak{M}^d$ by (2). Let $\sum F'(i,j)\, x^i y^j$ be the expansion of F' in $J[[x,y]]$. Then by (2), $F'(i,j) = 0$ whenever $i+j<d$. Thus

$$F = F' + \sum_{i+j<d} G(i,j)\, x^i y^j = \sum_{i+j<d} G(i,j)\, x^i y^j + \sum_{i+j\geqq d} F'(i,j)\, x^i y^j.$$

Since all the elements $G(i,j)$ and $F'(i,j)$ are in J, we get that $F(i,j) = G(i,j)$ whenever $i+j<d$, and $F(i,j) = F'(i,j)$ whenever $i+j\geqq d$.

PROOF OF (5). If $F(i,j) = G(i,j)$ whenever $i<d$, then

$$F-G = \sum_{i\geqq d} F(i,j)\, x^i y^j - \sum_{i\geqq d} G(i,j)\, x^i y^j \in x^d\mathfrak{R}$$

by (3). Conversely suppose that $F-G\in x^d\mathfrak{R}$. Let

$$F' = F - \sum_{i<d} G(i,j)\, x^i y^j.$$

Then $F'\in x^d\mathfrak{R}$ by (3). Let $\sum F'(i,j)\, x^i y^j$ be the expansion of F' in $J[[x,y]]$. Then by (3), $F'(i,j) = 0$ whenever $i<d$. Thus

$$F = F' + \sum_{i<d} G(i,j)\, x^i y^j = \sum_{i<d} G(i,j)\, x^i y^j + \sum_{i\geqq d} F'(i,j)\, x^i y^j.$$

Since all the elements $G(i,j)$ and $F'(i,j)$ are in J, we get that $F(i,j) = G(i,j)$ whenever $i<d$, and $F(i,j) = F'(i,j)$ whenever $i\geqq d$.

LEMMA 2. *Let R be a two dimensional local domain and let w be a valuation of the quotient field of R dominating R such that w is either nonreal or real nondiscrete. Then* $\dim_R w = 0$.

PROOF. [2: Theorem 1].

LEMMA 3. *Let* (R, M) *be a two dimensional regular local domain, let* w *be a valuation of the quotient field of* R *dominating* R *such that* $\dim_R w = 0$, *let* R' *be the immediate quadratic transform of* R *along* w, *and let* (x, y) *be a basis of* M *such that* $w(x) \leqq w(y)$. *Then* $M^d \subset x^d R'$ *for every nonnegative integer* d.

PROOF. Given $F \in M^d$ we can write $F = \sum_{i+j=d} F_{ij} x^i y^j$ with $F_{ij} \in R$. Let $F' = \sum_{i+j=d} F_{ij} (y/x)^j$. Now $y/x \in R'$ and hence $F' \in R'$. Since $F = x^d F'$ we get that $F \in x^d R'$.

LEMMA 4. *Let* (R, M) *be a two dimensional regular local domain such that* R/M *is algebraically closed, let* J *be any coefficient set for* R, *let* w *be a valuation of the quotient field of* R *dominating* R *such that* $\dim_R w = 0$, *and let* (R', M') *be the immediate quadratic transform of* R *along* w. *Let* (x, y) *be any basis of* M. *Let* $\lambda = x$ *if* $w(y) \geqq w(x)$, *and* $\lambda = y$ *if* $w(y) < w(x)$. *Then* $\lambda \in M'$, *and* J *a* λ*-faithful coefficient set for* R'.

PROOF. Clearly $\lambda \in M'$, and J is a coefficient set for R'. If r and s are any elements in J such that $r^n - s \in M'$ where n is a positive integer, then $r^n - s \in M' \cap R = M \subset \lambda R'$.

LEMMA 5. *Let* (R, M) *be a two dimensional regular local domain such that* R/M *is an algebraically closed field of characteristic* $p \neq 0$, *let* (x, y) *be a basis of* M, *and let* J *be a* λ*-faithful coefficient set for* R. *Assume that* $\lambda \in xR$ *and* $p \in xR$. *Then given any* $\alpha \in J$ *there exists* $r \in R$ *such that* $r^p + \alpha \in xR$.

PROOF. [7: (4. 2)].

LEMMA 6. *Let* (R, M) *be a two dimensional regular local domain such that* R/M *is algebraically closed, let* (x_0, y_0) *be a basis of* M, *let* J *be a coefficient set for* R, *and let* w *be a real nondiscrete valuation of the quotient field of* R *dominating* R. *Then there exists a nonnegative integer* n *and elements* α_i *in* J *for* $0 \leqq i < n$ *such that upon setting* $x_{i+1} = x_i$ *and* $y_{i+1} = (y_i/x_i) - \alpha_i$ *for* $0 \leqq i < n$ *we have that* $w(y_i) \geqq w(x_i)$ *for* $0 \leqq i < n$ *and* $0 < w(y_n) < w(x_n)$.

PROOF. [7: (1. 3)].

LEMMA 7. *Let R be a two dimensional regular local domain, let w be a valuation of the quotient field of R dominating R such that* $\dim_R w = 0$, *and let R_i be the ith quadratic transform of R along w. Then* $\bigcup_{i=1}^{\infty} R_i = R_w$.

PROOF. [2: Lemma 12].

LEMMA 8. *Let (R, M) be a two dimensional regular local domain such that R/M is algebraically closed, let (x, y) be a basis of M, let J be a coefficient set of R, let w be a real valuation of the quotient field of R dominating R such that* $\dim_R w = 0$, *and let $f_1, \ldots, f_q$ be any finite number of nonzero elements in R_w. Then there exists a canonical quadratic transform $[R', x', y']$ of $[R, x, y, w, J]$ such that: (1) if w is rational then each f_i is an R'-monomial in x', and (2) if w is nonrational then each f_i is an R'-monomial in (x', y') and $(w(x'), w(y'))$ is a free basis of the value group of w.*

PROOF. From [2: Theorem 2] and its proof we get the following: (1′) if w is rational and g is any nonzero element in R then there exists a canonical quadratic transform $[R^*, x^*, y^*]$ of $[R, x, y, w, J]$ such that x, y, g are R^*-monomials in x^*; (2′) if w is nonrational and g is any nonzero element in R then there exists a canonical quadratic transform $[R^*, x^*, y^*]$ of $[R, x, y, w, J]$ such that g is an R^*-monomial in (x^*, y^*) and $(w(x^*), w(y^*))$ is a free basis of the value group of w. In view of (1′), (2′), and Lemma 7, our assertion follows by a straightforward induction.

LEMMA 9. *Let (R, M) be a two dimensional regular local domain and let $(\mathfrak{R}, \mathfrak{M})$ be the completion of R. Let W be a valuation of the quotient field of $\mathfrak{R}$ dominating $\mathfrak{R}$. Let w be the restriction of W to the quotient field of R. Assume that w is real discrete,* $\dim_R w = 0$, *R/M is algebraically closed, and there exists an element x in R such that $xR_w = M_w$. Then W is nonreal.*

PROOF. Suppose if possible that W is real. Then by [1: Lemma 12], $R_W/M_W = R_w/M_w$ and the reduced ramification of W over w is one. It follows that $R_W/M_W = \mathfrak{R}/\mathfrak{M}$, W is real discrete, and $xR_W = M_W$. Clearly $x \in \mathfrak{M}$ and $x \notin \mathfrak{M}^2$. Therefore there exists $y \in \mathfrak{M}$ such that $(x, y)\mathfrak{R} = \mathfrak{M}$. Let J be any coefficient set for $\mathfrak{R}$. By induction we shall prove the following: (1) Given any nonnegative integer n there exist unique elements $A(n, i)$ in J for $0 < i \leqq n$ such that

$$W\Big(y - \sum_{j=1}^{d} A(n, j)\, x^j\Big) > dW(x) \quad \text{for} \quad 0 < d \leqq n.$$

For $n = 0$ we have nothing to show. So let $n > 0$ and assume that (1) is true for all values of n smaller than the given one. Then in particular $W(y - y') > (n-1)\, W(x)$ where

$$y' = \sum_{j=1}^{n-1} A(n-1, j)\, x^j.$$

Since W is real discrete and $xR_W = M_W$, we get that $W(y - y') \geqq nW(x)$ and hence there exists a unique element $A(n, n)$ in J such that $W(y - y' - A(n, n)\, x^n) > nW(x)$. Take $A(n, i) = A(n-1, i)$ for $0 < i < n$. It follows that the elements $A(n, i)$, $(0 < i \leqq n)$, have the required property. This completes the induction on n. By the uniqueness part of (1) it follows that $A(n, i) = A(m, i)$ for $0 < i \leqq m \leqq n$. Therefore we get that

$$W(y - \sum_{m=1}^{n} A(m, m)\, x^m) > nW(x) \quad \text{for all} \quad n > 0.$$

Let

$$z = y - \sum_{m=1}^{\infty} A(m, m)\, x^m.$$

Then z is a nonzero element in $\mathfrak{M}$. Since W is real discrete and $xR_W = M_W$, we get that $W(z) = eW(x)$ for some positive integer e. Let

$$z' = y - \sum_{m=1}^{e} A(m, m)\, x^m \quad \text{and} \quad z'' = \sum_{m=e+1}^{\infty} A(m, m)\, x^{m-e-1}.$$

Then $z' \in \mathfrak{R}$, $z'' \in \mathfrak{R}$, $z = z' - x^{e+1} z''$, $W(z') > eW(x)$, and $W(x^{e+1} z'') = W(x^{e+1}) + W(z'') > eW(x)$. Therefore $W(z) > eW(x)$. This is a contradiction. Therefore W must be nonreal.

LEMMA 10. *Let (R, M) be a q dimensional regular local domain, let $(x, y_2, \ldots, y_q)$ be a basis of M, let $f(Z)$ be a monic polynomial of positive degree d in Z with coefficients in R such that $f(Z) - Z^d \in M[Z]$ and $f(0) = x$, let z be an element in an overring of R such that $f(z) = 0$, let $S = R[z]$, and let $N = (z, y_2, \ldots, y_q)\, S$. Then (S, N) is a q dimensional regular local domain, S is a finite R-module, S is the integral closure of R in the quotient field of S, and $S/N = R/M$.*

PROOF. By [8: Lemma 5], (S, N') is a q dimensional local ring where $N' = (z, x, y_2, \ldots, y_q)\, S$, S is a finite R-module, S is integral over R, and $S/N' = R/M$. Now $x = f(0) \in zS$ and hence $N' = (z, y_2, \ldots, y_q)\, S = N$.

Therefore (S, N) is a q dimensional regular local domain. In particular S is normal and hence S is the integral closure of R in the quotient field of S.

LEMMA 11. *Let (R, M) be a normal quasilocal domain such that R/M is of characteristic $p \neq 0$. Let K be the quotient field of R and let L be a finite algebraic extension of K. Let $(S_1, N_1), \ldots, (S_q, N_q)$ be the distinct quasilocal domains with quotient field L lying above R. Assume that there exists an element z in L such that $L = K(z)$ and the minimal monic polynomial $f(Z)$ of z over K is of the form $f(Z) = Z^p + f_{p-1} Z^{p-1} + \ldots + f_1 Z + f_0$ where $f_0 \in R, f_1 \in R, f_1 \notin M$, and $f_j \in M$ for $j = 2, \ldots, p-1$. Then we have the following.*

(1). $\sum_{i=1}^{q} [S_i/N_i : R/M] = p$; *$S_i/N_i$ is separable over R/M for all i; and $M S_i = N_i$ for all i.*

(2). *If R is a regular local domain then S_i is a regular local domain for all i.*

(3). *If L is a Galois extension of K and $q = 1$ then S_1/N_1 is a Galois extension of R/M.*

(4). *If L is a Galois extension of K and $q \neq 1$ then $q = p$.*

PROOF. Let $h: R \to R/M$ be the natural epimorphism, let $g(Z) = Z^p + h(f_{p-1}) Z^{p-1} + \ldots + h(f_1) Z + h(f_0)$, and let D and E be the Z-discriminants of $f(Z)$ and $g(Z)$ respectively. Then D is an element in R and $h(D) = E$. Now $g(Z) = Z^p + h(f_1) Z + h(Z_0)$, $h(f_1) \neq 0$, and $h(R)$ is a field of characteristic p. Therefore $E = (h(f_1))^p \neq 0$. Since $h(D) = E$, we get that D is a unit in R. Now $D = \mathfrak{D}_{L/K}(1, z, \ldots, z^{p-1}) \in \mathfrak{D}(R, L)$ and hence $\mathfrak{D}(R, L) = R$. Therefore by the Diskriminantensatz of Krull (see [12] or [8: Proposition 21]) we get (1). (2) follows immediately from (1). In view of [8: Proposition 24], (3) and (4) also follow from (1).

LEMMA 12. *Let (R, M) be a normal local domain with quotient field K, let n be a positive integer which is not divisible by the characteristic of R/M, let u be an element in an overfield of K such that $u^n = 1$, let $L = K(u)$, and let (S, N) be a local domain with quotient field L lying above R. Then we have the following.*

(1). *$M S = N$, S/N is a Galois extension of R/M, and $[S/N : R/M]$ divides $[L : K]$.*

(2). *If R is regular then S is regular.*

(3). *If S is regular and R is analytically irreducible then R is regular.*

PROOF. Let $g(Z) = Z^n - 1$, let $f(Z)$ be the minimal monic polynomial of u over K, and let D and E be the Z-discriminants of $f(Z)$ and $g(Z)$ respectively. Then $f(Z) \in R[Z]$ and $f(Z)$ divides $g(Z)$ in $R[Z]$. Therefore D and E are elements in R and D divides E in R. Now $E = \pm n^n$. Therefore E is a unit in R and hence D is a unit in R. Now $D = \mathfrak{D}_{L/K}(1, u, \ldots, u^{q-1}) \in \mathfrak{D}(R, L)$ where $q = [L:K]$, and hence $\mathfrak{D}(R, L) = R$. Therefore by [8: Proposition 21] we get that $MS = N$ and S/N is separable over R/M. Since $MS = N$ we get (2). Note that L is a Galois extension of K. Let K' be the splitting field of S over K and let $R' = S \cap K'$ and $M' = N \cap K'$. By [8: Proposition 24] we get that (R', M') is a normal local domain with quotient field K', R' lies above R, $MR' = M'$, $R'/M' = R/M$, and S is the integral closure of R' in L. Since S/N is separable over R/M, by [8: Proposition 24] we get that S/N is a Galois extension of R/M and $[S/N: R/M]$ divides $[L:K']$. This proves (1). Since $MS = N$ we get that $M'S = N$. To prove (3) assume that S is regular and R is analytically irreducible. Since S is the integral closure of R' in L, $M'S = N$, $[S/N: R'/M'] \leqq [L:K']$, and S is regular, by [8: Proposition 26] we get that R' is regular. Let $(\mathfrak{R}, \mathfrak{M})$ and $(\mathfrak{R}', \mathfrak{M}')$ be the completions of R and R' respectively. Since R' is regular we get that $\mathfrak{R}'$ is regular. Since R is analytically irreducible, R' dominates R, $R'/M' = R/M$, and $MR' = M'$, by [8: Proposition 15 or Proposition 16] we get that R is a subspace of R'. Therefore we may regard $\mathfrak{R}$ to be a subring of $\mathfrak{R}'$ and then $\mathfrak{R}'$ dominates $\mathfrak{R}$, $\mathfrak{R}'/\mathfrak{M}' = \mathfrak{R}/\mathfrak{M}$, and $\mathfrak{M}\mathfrak{R}' = \mathfrak{M}'$. Therefore by a result of Cohen (see [11: Theorem 8] or [8: Proposition 11]) we get that $\mathfrak{R} = \mathfrak{R}'$. Therefore R is regular.

LEMMA 13. *Let (R', M') be a normal quasilocal domain with quotient field K, let L be a Galois extension of K, and let $(S_1', N_1'), \ldots, (S_q', N_q')$ be the distinct quasilocal domains with quotient field L lying above R'. Then there exists a finite subset A of R' such that if R is any normal quasilocal domain with quotient field K such that R' dominates R and $A \subset R$ then upon letting $T =$ the integral closure of R in L, $P_i = N_i' \cap T$, and $S_i = T_{P_i}$, we have the following: $S_1, \ldots, S_q$ are all the distinct quasilocal domains with quotient field L lying above R; the splitting group of S_i over R coincides with the splitting group of S_i' over R' for all i; and the inertia group of S_i over R coincides with the inertia group of S_i' over R' for all i.*

PROOF. Let T' be the integral closure of R' in L and let $P_i' = N_i' \cap T'$. Then $P_1', \ldots, P_q'$ are all the distinct maximal ideals in T'. Therefore there exists $x_i \in P_i'$ such that $x_i \notin P_j'$ whenever $j \neq i$. Let $f_i(Z)$ be the minimal monic polynominal of x_i over K. Then $f_i(Z) \in R'[Z]$. Let $h_i: T' \to T'/P_i'$ be the natural epimorphism, let D_i' be the maximal separable algebraic extension of $h_i(R')$ in $h_i(T')$, let $G_i^{*\prime}$ be the splitting group of S_i' over R', and let G_i' be the inertia group of S_i' over R'. Then by [4: Theorem 1. 48] we get that G_i' is a normal subgroup of $G_i^{*\prime}$ and $[D_i': h_i(R')] =$ the order of the factor group $G_i^{*\prime}/G_i'$. Take $y_i \in T'$ such that $D_i' = (h_i(R'))(h_i(y_i))$. Let $f_i'(Z)$ be the minimal monic polynominal of y_i over K. Then $f_i'(Z) \in R'[Z]$. Let $F_i(Z)$ be the minimal monic polynominal of $h_i(y_i)$ over $h_i(R')$, and let $f_i^*(Z)$ be a monic polynomial in Z with coefficients in R' such that upon applying h_i to the coefficients of $f_i^*(Z)$ we get $F_i(Z)$. Let A be the set of all the coefficients of the polynomials $f_i(Z)$, $f_i'(Z)$, $f_i^*(Z)$ for $i = 1, \ldots, q$. Let (R, M) be any normal quasilocal domain with quotient field K such that R' dominates R and $A \subset R$, let $T =$ the integral closure of R in L, let $P_i = N_i' \cap T$, and let $S_i = T_{P_i}$. Then P_i is a prime ideal in T and $P_i \cap R = M$. Therefore P_i is a maximal ideal in T and hence S_i is a quasilocal domain with quotient field L lying above R. By [4: Lemma 1. 32A] we get that if S is any quasilocal domain with quotient field L lying above R then $S = S_i$ for some i. Since $A \subset R$ we get that $x_i \in T$, and hence $x_i \in P_i' \cap T = P_i$ and $x_i \notin P_j' \cap T = P_j$ whenever $j \neq i$. Thus we get that $P_1, \ldots, P_q$ are all the distinct maximal ideals in T, and $S_1, \ldots, S_q$ are all the distinct quasilocal domains with quotient field L lying above R. Let D_i be the maximal separable algebraic extension of $h_i(R)$ in $h_i(T)$, let G_i^* be the splitting group of S_i over R, and let G_i be the inertia group of S_i over R. Since $P_i' \cap T = P_i$, by [4: Theorem 1. 48] we get that G_i is a normal subgroup of G_i^* and $[D_i: h_i(R)] =$ the order of the factor group G_i^*/G_i. Since S dominates R, by [4: Proposition 1. 50] we get that $G_i^{*\prime} \subset G_i^*$ and $G_i' \subset G_i$. Let g be any element in G_i^*; then $g(P_i) = P_i$ and $g(P_i') = P_k'$ for some k; now $g(P_i' \cap T) = g(P_i') \cap g(T) = P_k' \cap T = P_k$; since $P_i \neq P_j$ whenever $j \neq i$ we get that $k = i$ and hence $g \in G_i^{*\prime}$. This proves that $G_i^{*\prime} = G_i^*$. Since $A \subset R \subset R'$ we get that $y_i \in T$ and $F_i(Z)$ is the minimal monic polynomial of $h_i(y_i)$ over $h_i(R)$. Now $F_i(Z)$ is a separable polynomial and hence $h_i(y_i) \in D_i$. Since $D_i' = (h_i(R'))(h_i(y_i))$ we get that $[D_i: h_i(R)] \geqq [D_i': h_i(R')]$. Since $G_i' \subset G_i \subset G_i^* = G_i^{*\prime}$, $[D_i': h_i(R')] =$ order of $G_i^{*\prime}/G_i'$, and $[D_i: h_i(R)] =$ order of G_i^*/G_i, we conclude that $G_i' = G_i$.

LEMMA 14. *Let R^* be a two dimensional regular local domain with quotient field K, let L be a Galois extension of K, let w be a valuation of K dominating R^**

such that $\dim_{R^*} w = 0$, *and let* $W_1, \ldots, W_q$ *be the distinct extensions of* w *to* L. *Then there exists a quadratic transform* R' *of* R^* *along* w *such that if* R *is any quadratic transform of* R' *along* w *and* $S_i = T_{P_i}$, *where* T *is the integral closure of* R *in* L *and* $P_i = M_{W_i} \cap T$, *then we have the following:* $S_1, \ldots, S_q$ *are all the distinct local domains with quotient field* L *lying above* R; *the splitting field of* S_i *over* R *coincides with the splitting field of* W_i *over* w *for all* i; *and the inertia field of* S_i *over* R *coincides with the inertia field of* W_i *over* R *for all* i.

PROOF. Follows from Lemmas 7 and 13.

REMARK. In connection with Lemmas 13 and 14 see [1: Proposition 4] and [3: Theorem 1].

LEMMA 15. *Let* (R^*, M^*) *be a two dimensional regular local domain with quotient field* K, *let* L *be a* p-*cyclic extension of* K *where* p *is some prime number, and let* w *be a valuation of* K *dominating* R^* *such that* $\dim_{R^*} w = 0$. *Assume that either (1)* w *has more than one extension to* L; *or: (2)* w *has only one extension* W *to* L, $R_W/M_W \neq R_w/M_w$, *and* R^*/M^* *is perfect. Then* L *is separable over* K, *and there exists a quadratic transform* R' *of* R^* *along* w *such that if* (R, M) *is any quadratic transform of* R' *along* w *and* (S, N) *is any local domain with quotient field* L *lying above* R *then* S *is regular and* $MS = N$.

PROOF. First suppose that w has more than one extension to L. Let $W_1, \ldots, W_q$ be the distinct extensions of w to L. Let T be the integral closure of R_w in L and let $P_i = M_{W_i} \cap T$. Then $P_1, \ldots, P_q$ are the distinct maximal ideals in T. Let G be the group of all K-automorphisms of L. By [4: Proposition 1. 25] there exists $g_{ij} \in G$ such that $g_{ij}(P_i) = P_j$. Since $q > 1$ we get that the order of G is greater than one. Therefore L is separable over K and the order of G is p. The splitting group G_i of W_i over w is a subgroup of G and $g_{ij} \in G_i$ whenever $j \neq i$. Therefore the order of G_i is one and hence the splitting field of W_i over w is L. Therefore by Lemma 14 there exists a quadratic transform R' over R^* along w such that if (R, M) is any quadratic transform of R' along w and (S, N) is any local domain with quotient field L lying above R then the splitting field of S over R is L. By [8: Proposition 24] we then get that $MS = N$ and hence S is regular.

Now suppose that w has only one extension W to L, $R_W/M_W \neq R_w/M_w$, and R^*/M^* is perfect. Since $\dim_{R^*} = 0$, we get that R_w/M_w is perfect. Take $x \in R_W$ such that $h(x) \notin h(R_w)$ where $h: R_W \to R_W/M_W$ is the natural epimorphism. If L were purely inseparable over K then $x^p \in R_W \cap K = R_w$

and hence $(h(x))^p \in h(R_w)$ which would be a contradiction because $h(R_w)$ is perfect, $h(x) \notin h(R_w)$, and p is the characteristic of $h(R_w)$. Therefore L is separable over K. Since $h(R_w)$ is perfect and $h(R_W) \neq h(R_w)$, by [8: Proposition 24] we get that L is the inertia field of W over w. Therefore by Lemma 14 there exists a quadratic transform R' of R^* along w such that if (R, M) is any quadratic transform of R' along w and S is the integral closure of R in S then S is a local domain and the inertia field of S is L. By [8: Proposition 24] we then get that $MS = N$ where N is the maximal ideal in S and hence S is regular.

LEMMA 16. *Let R be a local domain of characteristic $p \neq 0$ such that R is a spot over a pseudogeometric domain. Let F be an element in R such that F is not a pth power in the quotient field K of R. Then F is not a pth power in the completion of R.*

PROOF. Take an element G in a overfield of K such that $G^p = F$ and let $S = R[G]$. Then S is a finite R-module. Also $K(G)$ is a purely inseparable extension of K and hence S contains only one maximal ideal. Therefore S is a local domain. Let $\mathfrak{R}$ and $\mathfrak{S}$ be the completions of R and S respectively. Since S is a finite R-module, by [10: Proposition 7 on p. 699] we get that R is a subspace of S and hence $\mathfrak{R}$ can be regarded to be a subring of $\mathfrak{S}$ and then any finite number of elements of S which are linearly independent over R remain so over $\mathfrak{R}$. Suppose if possible that $\mathfrak{R}$ contains an element H such that $H^p = F$. Clearly the elements 1 and G of S are linearly independent over R and hence they are linearly independent over $\mathfrak{R}$. Since the elements 1 and G are linearly independent over $\mathfrak{R}$ and $0 \neq H \in \mathfrak{R}$, we get that $H - G \neq 0$. Since S is a finite R-module and R is a spot over a pseudogeometric domain, we get that S is a spot over a pseudogeometric domain. Therefore S is pseudogeometric by [13: (36. 5)], and hence by [13: (36. 4)] we get that $\mathfrak{S}$ does not contain any nonzero nilpotent elements. Now $(H - G)^p = H^p - G^p = H^p - F = 0$ and $H - G \in \mathfrak{S}$. Therefore $H - G = 0$. This is a contradiction.

(III). *Solvable extensions of degree not divisible by the residue field characteristic.*

LEMMA 17. *Let (S^*, N^*) be a two dimensional regular local domain with quotient field L, let W be a valuation of L dominating S^* such that* $\dim_{S^*} W = 0$, *let K be a subfield of L, and let I be a ground ring which is a subring of K. Assume* *that* S^* *is an algebraic spot over* I, *and there exists an element* u *in* L *such that* $L = K(u)$ *and* $u^n = 1$ *where* n *is a positive integer which is not divisible by the characteristic of* S^*/N^*. *Then there exists a quadratic transform* (S, N) *of* S^* *along* W *such that* $(S \cap K, N \cap K)$ *is a two dimensional regular local domain with quotient field* K, $S \cap K$ *is an algebraic spot over* I, S *lies above* $S \cap K$, *and* $(N \cap K)\, S = N$.

PROOF. By [8: Theorem 3] there exists a quadratic transform (S, N) of S^* along W such that $(S \cap K, N \cap K)$ is a two dimensional normal local domain with quotient field K, $S \cap K$ is an algebraic spot over I, and S lies above $S \cap K$. By Lemma 12 it follows that $S \cap K$ is regular and $(N \cap K)\, S = N$.

LEMMA 18. *Let* (R, M) *be a two dimensional regular local domain such that* R/M *is algebraically closed and* R *is an algebraic spot over a ground ring* I, *let* K *be the quotient field of* R, *let* L *be a* q*-cyclic extension of* K *where* q *is a prime number which is not divisible by the characteristic of* R/M, *let* w *be a valuation of* K *dominating* R *such that* $\dim_R w = 0$, *and let* W *be an extension of* w *to* L. *Then there exists a two dimensional regular local domain* S *with quotient field* L *such that* S *is a spot over* R *and* W *dominates* S.

PROOF. Let u be a primitive q^{th} root of 1 in an overfield of L. Let $K' = K(u)$ and $L' = L(u)$. Let W' be an extension of W to L'. Let $T =$ the integral closure of R in K', $P = M_{W'} \cap T$, $R' = T_P$, and $M' = PR'$. By Lemma 12, (R', M') is a two dimensional regular local domain with quotient field K'. Clearly W' dominates R', $R_{W'}/M_{W'} = R'/M'$, R' is an algebraic spot over I, and either $L' = K'$ or L' is a q-cyclic extension of K'. Therefore by [8: Theorem 13] there exists a two dimensional regular local domain S' with quotient field L' such that W' dominates S' and S' is a spot over R'. It follows that $\dim_{S'} W' = 0$ and S' is an algebraic spot over I. Therefore by Lemma 17 there exists a quadratic transform S'' of S' along W' such that upon letting $S = S'' \cap L$ we have that S is a two dimensional regular local domain with quotient field L, S is an algebraic spot over I, and S'' lies above S. Clearly W dominates S. Also $I \subset R \subset S$ and hence S is a spot over R.

LEMMA 19. *Let* (R, M) *be a two dimensional regular local domain such that* R/M *is algebraically closed and* R *is an algebraic spot over a ground ring* I, *let* K *be the quotient field of* R, *let* L *be a finite algebraic extension of* K, *let* w *be a valuation* *of K dominating R such that* $\dim_R w = 0$, *and let W be an extension of w to L. Assume that $[L:K]$ is not divisible by the characteristic of R/M, and there exists a finite chain of subfields $K = K_0 \subset K_1 \subset \ldots \subset K_m = L$ of L such that K_i is a Galois extension of K_{i-1} and the Galois group of K_i over K_{i-1} is solvable for $i = 1, \ldots, m$. Then there exists a two dimensional regular local domain S with quotient field L such that W dominates S and S is a spot over R.*

PROOF. We make induction on $[L:K]$. If $[L:K] = 1$ then we have nothing to show. So let $[L:K] > 1$ and assume that the assertion is true for all values of $[L:K]$ smaller than the given one. Now there exists a finite chain of subfields $K \subset K' = L_0 \subset L_1 \subset \ldots \subset L_n = L$ of L such that K' is a q-cyclic extension of K where q is a prime number which is not divisible by the characteristic of R/M, and L_i is a Galois extension of L_{i-1} and the Galois group of L_i over L_{i-1} is solvable for $i = 1, \ldots, n$. Let w' be the restriction of W to K'. By Lemma 18 there exists a two dimensional regular local domain (R', M') with quotient field K' such that w' dominates R' and R' is a spot over R. Now R'/M' is algebraically closed, $\dim_{R'} w' = 0$, R' is an algebraic spot over I, $[L:K']$ is not divisible by the characteristic of R'/M', and $[L:K'] < [L:K]$. Therefore by the induction hypothesis there exists a two dimensional regular local domain S with quotient field L such that W dominates S and S is a spot over R'. Clearly S is then a spot over R.

LEMMA 20. *Let (R, M) be a two dimensional regular local domain such that R/M is algebraically closed and R is an algebraic spot over a ground ring I, let K be the quotient field of R, let L be a finite algebraic extension of K, let w be a valuation of K dominating R such that* $\dim_R w = 0$, *and let W be an extension of w to L. Assume that there exists a finite number of elements $X_1, \ldots, X_m$ in L and positive integers $n(2), \ldots, n(m)$ such that: $n(i)$ is not divisible by the characteristic of R/M and $X_i^{n(i)} \in K(X_1, \ldots, X_{i-1})$ for $i = 2, \ldots, m$; $L = K(X_1, \ldots, X_m)$; $X_1 = 1$ if R/M is of characteristic zero; and $X_1^p = 1$ if R/M is of characteristic $p \neq 0$. Then there exists a two dimensional regular local domain S with quotient field L such that W dominates S and S is a spot over R.*

PROOF. Let $n = n(2) \ldots n(m)$ if $m > 1$, and $n = 1$ if $m = 1$. Let u be a primitive n^{th} root of 1 in an overfield of L. Let $K' = K_0 = K(u)$, $L' = L(u)$, and $K_i = K'(X_1, \ldots, X_i)$ for $i = 1, \ldots, m$. Let W' be an extension of W to L' and let w' be the restriction of W' to K'. Let $T =$ the integral closure of R in K', $P = M_{w'} \cap T$, $R' = T_P$, and $M' = PR'$. By

Lemma 12 we get that (R', M') is a two dimensional regular local domain with quotient field K'. Now R'/M' is algebraically closed, R' is an algebraic spot over I, w' dominates R', $\dim_{R'} w' = 0, L' = K_m$, and for $i = 1, \ldots, m$ we have that K_i is a Galois extension of K_{i-1} and the Galois group of K_i over K_{i-1} is a solvable group whose order is not divisible by the characteristic of R'/M'. Therefore by Lemma 19 there exists a two dimensional regular local domain S' with quotient field L' such that W' dominates S' and S' is a spot over R'. Clearly then $\dim_{S'} W' = 0$ and S' is an algebraic spot over I. Therefore by Lemma 17 there exists a quadratic transform S'' of S' along W' such that upon letting $S = S'' \cap L$ we have that S is a two dimensional regular local domain with quotient field L, S is an algebraic spot over I, and S'' lies above S. Clearly W dominates S. Also $I \subset R \subset S$ and hence S is a spot over R.

LEMMA 21. *Let (S^*, N^*) be a two dimensional regular local domain with quotient field L, let W be a valuation of L dominating S^* such that* $\dim_{S^*} W = 0$, *let K be a subfield of L, and let I be a ground ring which is a subring of K. Assume that S^* is an algebraic spot over I, S^*/N^* is algebraically closed, and S^*/N^* = the quotient field of $(S^* \cap K)/(N^* \cap K)$. Also assume that L is a q-cyclic extension of K where q is a prime number which is not divisible by the characteristic of S^*/N^*. Then there exists a two dimensional regular local domain R with quotient field K and a two dimensional normal local domain S with quotient field L such that R is an algebraic spot over I, S lies above R, S is a spot over S^*, and W dominates S.*

PROOF. Let u be a primitive q^{th} root of 1 an overfield of L. Let $K' = K(u)$ and $L' = L(u)$. Let W' be an extension of W to L' and let w' be the restriction of W' to K'. Let $T =$ the integral closure of S^* in L', $P = M_{W'} \cap T$, $S' = T_P$, and $N' = PS'$. By Lemma 12, (S', N') is a two dimensional regular local domain with quotient field L'. Clearly W' dominates S', $R_{W'}/M_{W'} =$ the quotient field of $(S' \cap K')/(N' \cap K')$, S' is an algebraic spot over I, and either $L' = K'$ or L' is a q-cyclic extension of K'. Therefore by [8: Theorem 21] there exists a two dimensional regular local domain R'' with quotient field K' and a two dimensional normal local domain S'' with quotient field L' such that R'' is an algebraic spot over I, S'' lies above R'', S'' is a spot over S', and W' dominates S''. Clearly w' dominates R'' and $\dim_{R''} w' = 0$. Therefore by Lemma 17 there exists a quadratic transform R' of R'' along w' such that upon letting $R = R' \cap K$ we have that R' is a two dimensional regular local domain with quotient field K, R is an algebraic spot over I, and R' lies above R. Let $H =$ the integral closure of R in L, $Q = M_W \cap H$, and $S = H_Q$. Then S is a two dimensional normal local domain with quotient field L, S lies above R, and W dominates S. Clearly S is a spot over I and $S^* \subset S$. Therefore S is a spot over S^*.

LEMMA 22. *Let (S^*, N^*) be a two dimensional regular local domain with quotient field L, let W be a valuation of L dominating S^* such that* $\dim_{S^*} W = 0$, *let K be a subfield of L, and let I be a ground ring which is a subring of K. Assume that S^* is an algebraic spot over I, S^*/N^* is algebraically closed, and S^*/N^* $=$ the quotient field of $(S^* \cap K)/(N^* \cap K)$. Also assume that $[L:K]$ is not divisible by the characteristic of S^*/N^* and there exists a finite chain of subfields $K = K_0 \subset K_1 \subset \ldots \subset K_m = L$ of L such that K_i is a Galois extension of K_{i-1} and the Galois group of K_i over K_{i-1} is solvable for $i = 1, \ldots, m$. Then there exists a two dimensional regular local domain R with quotient field K and a two dimensional normal local domain S with quotient field L such that R is an algebraic spot over I, S lies above R, S is a spot over S^*, and W dominates S.*

PROOF. We make induction on $[L:K]$. If $[L:K] = 1$ then we have nothing to show. So let $[L:K] > 1$ and assume that the assertion is true for all values of $[L:K]$ which are smaller than the given one. Now there exists a finite chain of subfields $K \subset K' = L_0 \subset L_1 \subset \ldots \subset L_n = L$ of L such that K' is a q-cyclic extension of K where q is a prime number, and L_i is a Galois extension of L_{i-1} and the Galois group of L_i over L_{i-1} is solvable for $i = 1, \ldots, n$. Clearly $S^*/N^* =$ the quotient field of $(S^* \cap K')/(N^* \cap K')$, $[L:K']$ is not divisible by the characteristic of S^*/N^*, and $[L:K'] < [L:K]$. Therefore by the induction hypothesis there exists a two dimensional regular local domain (R'', M'') with quotient field K' and a two dimensional normal local domain S'' with quotient field L such that R'' is an algebraic spot over I, S'' lies above R'', S'' is a spot over S^*, and W dominates S''. Let w' be the restriction of W to K'. Then w' dominates R'', $\dim_{R''} w' = 0$, R''/M'' is algebraically closed, $R''/M'' =$ the quotient field of $(R'' \cap K)/(M'' \cap K)$, and q is not divisibly by the characteristic of R''/M''. Therefore by Lemma 21 there exists a two dimensional regular local domain R with quotient field K and a two dimensional normal local domain R' with quotient field K' such that R is an algebraic spot over I, R' lies above R, R' is a spot over R'', and w' dominates R'. Let $H =$ the integral closure of R in L, $Q = M_W \cap H$, and $S = H_Q$. Then S is a two dimensional normal local domain with quotient field L, S lies above R, and W dominates S. Clearly S is a spot over I and $S^* \subset S$. Therefore S is a spot over S^*.

LEMMA 23. *Let (S^*, N^*) be a two dimensional regular local domain with quotient field L, let W be a valuation of L dominating S^* such that* $\dim_{S^*} W = 0$, *let K be a subfield of L, and let I be a ground ring which is a subring of K. Assume that S^* is an algebraic spot over I, S^*/N^* is algebraically closed, and S^*/N^* = the quotient field of $(S^* \cap K)/(N^* \cap K)$. Also assume that there exists a finite number of elements $X_1, \ldots, X_m$ in L and positive integers $n(2), \ldots, n(m)$ such that: $n(i)$ is not divisible by the characteristic of S^*/N^* and $X_i^{n(i)} \in K(X_1, \ldots, X_{i-1})$ for $n = 2, \ldots, m$; $L = K(X_1, \ldots, X_m)$; $X_1 = 1$ if S^*/N^* is of characteristic of zero; and $X_1^p = 1$ if S^*/N^* is of characteristic $p \neq 0$. Then there exists a two dimensional regular local domain R with quotient field K and a two dimensional normal local domain S with quotient field L such that R is an algebraic spot over I, S lies above R, S is a spot over S^*, and W dominates S.*

PROOF. Let $n = n(2) \ldots n(m)$ if $m > 1$, and $n = 1$ if $m = 1$. Let u be a primitive n^{th} root of 1 in an overfield of L. Let $K' = K_0 = K(u)$, $L' = L(u)$, and $K_i = K'(X_1, \ldots, X_i)$ for $i = 1, \ldots, m$. Let W' be an extension of W to L' and let w' be the restriction of W' to K'. Let T = the integral closure of S^* in L', $P = M_{W'} \cap T$, $S' = T_P$, and $N' = PS'$. By Lemma 12 we get that (S', N') is a two dimensional regular local domain with quotient field L'. Now W' dominates S', $\dim_{S'} W' = 0$, S' is an algebraic spot over I, S'/N' is algebraically closed, S'/N' = the quotient field of $(S' \cap K')/(N' \cap K')$, $L' = K_m$, and for $i = 1, \ldots, m$ we have that K_i is a Galois extension of K_{i-1} and the Galois group of K_i over K_{i-1} is a solvable group whose order is not divisible by the characteristic of S'/N'. Therefore by Lemma 22 there exists a two dimensional regular local domain R'' with quotient field K' and a two dimensional normal local domain S'' with quotient field L' such that R'' is an algebraic spot over I, S'' lies above R'', S'' is a spot over S', and W' dominates S''. Clearly w' dominates R'' and $\dim_{R''} w' = 0$. Therefore by Lemma 17 there exists a quadratic transform R' of R'' along w' such that upon letting $R = R' \cap K$ we have that R is a two dimensional regular local domain with quotient field K, R is an algebraic spot over I, and R' lies above R. Let H = the integral closure of R in L, $Q = M_W \cap H$, and $S = H_Q$. Then S is a two dimensional normal localdomain with quotient field L, S lies above R, and W dominates S. Clearly S is a spot over I and $S^* \subset S$. Therefore S is a spot over S^*.

REMARK. In connection with Lemma 21, 22, and 23, note the following. Let (S^*, N^*) be a quasilocal domain with quotient field L and let K be a subfield of L. Then S^*/N^* is algebraically closed and $S^*/N^* =$ the quotient field of $(S^* \cap K)/(N^* \cap K)$ if and only if there exists a quasilocal domain (A, P) such that A is a subring of K, A/P is algebraically closed, S^* dominates A, and $\dim_A S^* = 0$.

(IV). *Lemmas on binomial coefficients.* In the proof of Proposition 2 of § 3 we shall need Lemma 27. The ring of formal power series in Z with coefficients in a field k will be denoted by $k[[Z]]$.

For any integers i, j with $0 \leqq j \leqq i$ let $B(i, j)$ be the integers defined by the identity

$$(1 + Z)^i = \sum_{j=0}^{i} B(i, j)\, Z^j$$

between polynomials in Z with coefficients in the ring of ordinary integers. We shall use the following well known properties of the binomial coefficients $B(i, j)$.

$$B(i, j) = B(i, i - j) \quad \text{for} \quad 0 \leqq j \leqq i. \tag{1}$$

$$(i + 1 - j)\, B(i + 1, j) = (i + 1)\, B(i, j) \quad \text{for} \quad 0 \leqq j \leqq i. \tag{2}$$

Note that if k is any field then

$$(1 + Z)^i = \sum_{j=0}^{i} B(i, j)\, Z^j \quad \text{in} \quad k[Z].$$

LEMMA 24. *The following relations hold between the binomial coefficients.*

$$\sum_{j=0}^{d+1} (-1)^j B(m, j)\, B(m + d - j, m - 1) = 0 \quad \textit{for} \quad 0 \leqq d < m. \tag{3}$$

$$\sum_{j=0}^{m} (-1)^n B(m, j)\, B(m + d - j, m - 1) = 0 \quad \textit{for} \quad 0 < m \leqq d. \tag{4}$$

PROOF. We shall compute with polynomials in Z with coefficients in the ring of ordinary integers. Given integers $d \geqq 0$ and $m > 0$, let integers $A(j)$ be defined by the identity

$$(1+Z)^d[(1+Z)-1]^m = \sum_{j=0}^{m+d} A(j)\, Z^j.$$

Now

$$(1+Z)^d[(1+Z)-1]^m = \sum_{j=0}^{m} (-1)^j B(m,j)(1+Z)^{m+d-j}$$

$$= \sum_{j=0}^{m} [(-1)^j B(m,j) \sum_{i=0}^{m+d-j} B(m+d-j,i)\, Z^i].$$

Therefore

$$A(m-1) = \sum_{j=0}^{d+1} (-1)^j B(m,j)\, B(m+d-j, m-1) \quad \text{if} \quad 0 \leqq d < m,$$

and

$$A(m-1) = \sum_{j=0}^{m} (-1)^j B(m,j)\, B(m+d-j, m-1) \quad \text{if} \quad 0 < m \leqq d.$$

However

$$(1+Z)^d[(1+Z)-1]^m = (1+Z)^d Z^m$$

and hence $A(m-1) = 0$. Therefore we get (3) and (4).

LEMMA 25. *Let m be a positive integer. Let $G(i)$ and $H(i)$ be elements in a field k such that*

$$(1+Z)^m \sum_{i=0}^{\infty} G(i)\, Z^i = \sum_{i=0}^{\infty} H(i)\, Z^i \quad in \quad k[[Z]].$$

Let q be a nonnegative integer. Assume that $H(i) = 0$ whenever $0 < i \leqq q$. Then $G(i) = (-1)^i B(m+i-1, m-1)\, G(0)$ whenever $0 \leqq i \leqq q$.

PROOF. We make induction on q. The assertion is trivial for $q = 0$. So let $q > 0$ and assume that the assertion is true for all values of q smaller than the given one. Then by the induction hypothesis

(5) $\qquad G(i) = (-1)^i B(m+i-1, m-1)\, G(0)$ whenever $0 \leqq i < q$.

To prove that

$$G(q) = (-1)^q B(m+q-1, m-1)\, G(0) \tag{6}$$

we consider to cases.

Case when $q \leqq m$. By the definition of multiplication in $k[[Z]]$ we get

$$H(q) = \sum_{j=0}^{q} B(m, j)\, G(q-j)$$

and hence

$$H(q) - G(q) = \sum_{j=1}^{q} B(m, j)\, G(q-j). \tag{7}$$

By assumption $H(q) = 0$ and hence by (5) and (7) we get

$$-G(q) = G(0) \sum_{j=1}^{q} (-1)^{q-j} B(m, j)\, B(m+q-1-j, m-1). \tag{8}$$

Upon taking $d = q-1$ in (3) we get

$$-B(m+q-1, m-1) = \sum_{j=1}^{q} (-1)^j B(m, j)\, B(m+q-1-j, m-1). \tag{9}$$

By (8) and (9) we get (6).

Case when $m < q$. By the definition of multiplication in $k[[Z]]$ we get

$$H(q) = \sum_{j=0}^{m} B(m, j)\, G(q-j)$$

and hence

$$H(q) - G(q) = \sum_{j=1}^{m} B(m, j)\, G(q-j) \tag{10}$$

By assumption $H(q) = 0$ and hence by (5) and (10) we get

$$-G(q) = G(0) \sum_{j=1}^{m} (-1)^{q-j} B(m, j)\, B(m+q-1-j, m-1). \tag{11}$$

Upon taking $d = q - 1$ in (4) we get

$$(12)\quad -B(m+q-1, m-1) = \sum_{j=1}^{m} (-1)^j B(m, j)\, B(m+q-1-j, m-1).$$

By (11) and (12) we get (6).

LEMMA 26. *Let m be a positive integer and let n be a nonnegative integer. Let $G(i)$ and $H(i)$ be elements in a field k such that*

$$(1+Z)^m \sum_{i=0}^{\infty} G(i)\, Z^i = \sum_{i=0}^{\infty} H(i)\, Z^i \quad in \quad k[[Z]].$$

Assume that $G(n) \neq 0$, $G(n+1) = 0$, and $H(i) = 0$ whenever $0 < i \leqq n+1$. Then $m + n$ is divisible by the characteristic of k.

PROOF. Since $H(i) = 0$ whenever $0 < i \leqq n + 1$, upon taking $q = n + 1$ in Lemma 25 we get that

$$G(i) = (-1)^i B(m+i-1, m-1)\, G(0) \text{ whenever } 0 \leqq i \leqq n+1.$$

In particular

$$(13)\qquad G(n) = (-1)^n B(m+n-1, m-1)\, G(0)$$

and

$$(14)\qquad G(n+1) = (-1)^{n+1} B(m+n, m-1)\, G(0).$$

Upon taking $i = m + n - 1$ and $j = m - 1$ in (2) we get

$$(15)\qquad (n+1)\, B(m+n, m-1) = (m+n)\, B(m+n-1, m-1).$$

By (13), (14), (15) we get that

$$(n+1)\, G(n+1) = -(m+n)\, G(n).$$

By assumption $G(n) \neq 0$ and $G(n+1) = 0$. Therefore $m + n$ must be divisible by the characteristic of k.

LEMMA 27. *Let m be a positive integer and let n be a nonnegative integer. Let D, $D(i)$, $E(i)$ be elements in a field k such that*

$$(D+Z)^m \sum_{i=0}^{\infty} D(i) Z^i = \sum_{i=0}^{\infty} E(i) Z^i \quad \textit{in} \quad k[[Z]].$$

Assume that $D \neq 0$, $D(n) \neq 0$, $D(n+1) = 0$, and $E(i) = 0$ whenever $0 < i \leqq n+1$. Then $m+n$ is divisible by the characteristic of k.

PROOF. For any $f = \Sigma f_i Z^i \in k[[Z]]$ with $f_i \in k$ let $tf = \Sigma f_i D^i Z^i$. Then t is a k-automorphism of $k[[Z]]$. Applying t to the given equation we get that

$$(D+DZ)^m \sum_{i=0}^{\infty} D(i) D^i Z^i = \sum_{i=0}^{\infty} E(i) D^i Z^i.$$

Dividing both sides by D^m we get that

$$(1+Z)^m \sum_{i=0}^{\infty} G(i) Z^i = \sum_{i=0}^{\infty} H(i) Z^i$$

where $G(i) = D(i) D^i$ and $H(i) = E(i) D^{i-m}$. Since $D \neq 0$, the assumptions on the coefficients $G(i)$ and $H(i)$ are equivalent to saying that: $G(n) \neq 0$, $G(n+1) = 0$, and $H(i) = 0$ whenever $0 < i \neq n+1$. Therefore by Lemma 26 we get that $m+n$ is divisible by the characteristic of k.

(V). *Definition of a standard polynomial.* Let (R, M) be a two dimensional regular local domain such that R/M is of characteristic $p \neq 0$. Let (x, y) be a basis of M, let $\lambda \in R$, let K be the quotient field of R, and let $f(Z) \in K[Z]$. We shall say that $f(Z)$ is of $[R, x, y]$-*type* (u, v) if u and v are nonnegative integers and

$$f(Z) = Z^p + F + \sum_{i=1}^{p-1} f_i Z^i$$

where $F, f_1, \ldots, f_{p-1}$ are elements in R such that: $(x^u y^v)^{1-p} f_1$ is a unit in R; $f_{i+1} \in f_i M$ for $i = 1, \ldots, p-2$; and $p \in f_{p-1} M$. We shall say that $f(Z)$ is of $[R, x, y, \lambda]$-*type* (u, v) if $f(Z)$ is of $[R, x, y]$-type (u, v) and $\lambda \in \operatorname{rad} f_1 R$ where f_1 is the coefficient of Z in $f(Z)$. We shall say that $f(Z)$ is $[R, x, y, \lambda]$-*standard* if $f(Z)$ is of $[R, x, y, \lambda]$-type (u, v) for some nonnegative integers u, v. Note that $f(Z)$ is of $[R, x, y, \lambda]$-type $(0, 0)$ if and only if $f(Z)$ is of $[R, x, y]$-type $(0, 0)$. Also note that if $f(Z)$ is of $[R, x, y]$-type $(0, 0)$ and if (R', M') is any two dimensional regular local domain dominating R and (x', y') is any basis of M', then $f(Z)$ is of $[R', x', y']$-type $(0, 0)$.

(VI). *Lemmas on standard polynomials.* The significance of the notion of a standard polynomial is explained by the following lemmas.

LEMMA 28. *Let (R, M) be a two dimensional regular local domain such that R/M is of characteristic $p \neq 0$. Let (x, y) be a basis of M and let $\lambda \in R$. Let $f(Z) \in R[Z]$ be of $[R, x, y, \lambda]$-type (u, v). For $r \in R$ let $f'(Z) = f(Z + r)$. Then $f'(Z)$ is of $[R, x, y, \lambda]$-type (u, v) and $f'(0) = f(r)$.*

PROOF. [7: (1. 6)].

LEMMA 29. *Let (R, M) be a two dimensional regular local domain such that R/M is of characteristic $p \neq 0$. Let (x, y) be a basis of M and let $\lambda \in R$. Let $f(Z) \in R[Z]$ be of $[R, x, y, \lambda]$-type (u, v). Let $t = x^{u^*}y^{v^*}$ where u^* and v^* are nonnegative integers. Assume that $u^* \leqq u$, $v^* \leqq v$, and $f(0) \in t^p R$. Let $f'(Z) = t^{-p}f(tZ)$, $u' = u - u^*$, $v' = v - v^*$. Then $f'(Z)$ is of $[R, x, y, \lambda]$-type (u', v'), and $f'(0) = t^{-p}f(0)$.*

PROOF. Obvious.

LEMMA 30. *Let (R, M) be a two dimensional regular local domain such that R/M is an algebraically closed field of characteristic $p \neq 0$. Let $\lambda \in R$. Let J be a coefficient set for R. Let w be a valuation of the quotient field of R dominating R such that $\dim_R w = 0$. Let (x, y) be a basis of M such that $w(y) \geqq w(x)$. Let R' be the immediate quadratic transform of R along w. Let $x' = x$ and $y' = (y/x) - \alpha$ with $\alpha \in J$ such that $w(y') > 0$. Let $f(Z) \in R[Z]$ be of $[R, x, y, \lambda]$-type (u, v). Let q be a nonnegative integer such that $qp \leqq \operatorname{ord}_R f(0)$ and $q \leqq u + v$. Let $f'(Z) = x'^{-qp} f(x'^q Z)$. Let $u' = u + v - q$. Let $v' = v$ if $w(y) > w(x)$, and $v' = 0$ if $w(y) = w(x)$. Then $f'(Z)$ is of $[R', x', y', \lambda]$-type (u', v'), and $f'(0) = x'^{-qp} f(0)$.*

PROOF. Let $u'' = u + v$. Then $x^u y^v = \delta x'^{u''} y'^{v'}$ where δ is a unit in R'. Therefore $f(Z)$ is of $[R', x', y', \lambda]$-type (u'', v'). Since $\operatorname{ord}_R f(0) \geqq qp$, we get that $f(0) \in x'^{qp} R'$. Therefore our assertion follows from Lemma 29.

LEMMA 31. *Let (R, M) be a two dimensional regular local domain such that R is of characteristic zero and R/M is an algebraically closed field of characteristic $p \neq 0$. Let (x,y) be a basis of M, and let J be a coefficient set for R. Let K be the quotient field of R. Let w be a real nondiscrete valuation of K dominating R. Assume that K contains a $(p-1)^{\text{th}}$ root of p. Let $f(Z) = Z^p + \delta$ where δ is a unit in R. Then there exists a canonical quadratic transform $[R', x', y']$ of $[R, x, y, w, J]$, a nonunit λ in R', and an $[R', x', y']$-translate $f'(Z)$ of $f(Z)$, such that J is a λ-faithful coefficient set for R' and $f'(Z)$ is $[R', x', y', \lambda]$-standard.*

PROOF. Let (R_1, M_1) be the immediate quadratic transform of R along w. By Lemma 4 there exists $\lambda \in M_1$ such that J is a λ-faithful coefficient set for R_1. Then $\lambda \in M_w$. Since w is real and $0 \neq p \in K$, there exists a positive integer n such that $\lambda^n/p \in R_w$. By Lemma 8 there exists a quadratic transform (R_2, M_2) of R_1 along w such that $\lambda^n/p \in R_2$. By assumption there exists $r \in K$ such that $r^{p-1} = p$. Since $0 \neq p \in R$ and R is normal, we get that $0 \neq r \in R$. Therefore by Lemma 9 there exists a quadratic transform (R_3, M_3) of R_2 along w and a basis (x_3, y_3) of M_3 such that (x_3, y_3) is canonically obtained from (x,y) relative to w and J, and r is an R_3-monomial in (x_3, y_3). Since R/M is algebraically closed, there exists $s \in R$ such that $f(s) \in M$. By [7: (1. 1)] there exists a quadratic transform (R_4, M_4) of R_3 along w such that $M_3 \subset M_4^p$. Then $f(s) \in M_4^p$. Let (x_4, y_4) be any basis of M_4 such that (x_4, y_4) is canonically obtained from (x_3, y_3) relative to w and J, and $w(y_4) \geqq w(x_4)$. Let (R', M') be the immediate quadratic transform of R_4 along w, let $x' = x_4$, and let $y' = (y_4/x_4) - \alpha$ with $\alpha \in J$ such that $w(y') > 0$. Then $[R', x', y']$ is a canonical quadratic transform of $[R, x, y, w, J]$, λ is a nonunit in R', J is a λ-faithful coefficient set for R', and $\lambda^n/p \in R'$. Since $s^p + \delta = f(s) \in M \subset M'$, δ is a unit in R, and $R \subset R'$, we get that s is a unit in R'. Now r is an R_4-monomial in (x_4, y_4); also $r^{p-1} = p \in M_4$ and hence $r \in M_4$; therefore

(1) $$r = x'r' \quad \text{with} \quad r' = \delta' x'^u y'^v$$

where δ' is a unit in R' and u and v are nonnegative integers. Let $d_1, \ldots, d_{p-1}$ be the binomial coefficients defined by the polynomial identity

$$(Z+1)^p = Z^p + d_{p-1}Z^{p-1} + \cdots + d_1 Z + 1$$

over the ring of ordinary integers. Then d_i is divisible by p exactly once and hence

(2) $$d_i = pe_i = r^{p-1}e_i \quad \text{for} \quad i = 1, \ldots, p-1,$$

where e_i is a unit in R'. Let

$$f'(Z) = x'^{-p} f(x'Z + s).$$

Then

$$f'(Z) = Z^p + f_{p-1} Z^{p-1} + \cdots + f_1 Z + F$$

where $F = x'^{-p} f(s)$ and

(3) $$f_i = d_i x'^{i-p} s^{p-i} \quad \text{for} \quad i = 1, \ldots, p-1.$$

Since $F = x'^{-p} f(s)$ and $f(s) \in M_1^p$, we get that $F \in R'$. Let $\delta_i = e_i s^{p-i}$. Then δ_i is a unit in R' and by (1), (2), (3) we get that

(4) $$f_i = x'^{i-1} r'^{p-1} \delta_i \quad \text{for} \quad i = 1, \ldots, p-1.$$

Since $r' \in R'$, $p = r^{p-1}$, and δ_i and δ' are units in R', by (1) and (4) we get that: $f_i \in R'$ for $i = 1, \ldots, p-1$; $(x'^u y'^v)^{1-p} f_1$ is a unit in R'; $f_{i+1} \in f_i M'$ for $i = 1, \ldots, p-2$; and $p \in f_{p-1} M'$. In particular $p \in f_1 R'$. Since $\lambda^n / p \in R'$ and $p \in f_1 R'$, we get that $\lambda \in \operatorname{rad} f_1 R'$. Therefore $f'(Z)$ is an $[R', x', y']$-translate of $f(Z)$, and $f(Z)$ is $[R', x', y', \lambda]$-standard.

LEMMA 32. *Let (R, M) be a two dimensional regular local domain such that R is of characteristic zero and R/M is an algebraically closed field of characteristic $p \neq 0$. Let (x, y) be a basis of M, let J be a coefficient set for R, let K be the quotient field of R, let w be a real nondiscrete valuation of K dominating R, and let L be a p-cyclic extension of K. Assume that K contains a $(p-1)^{\text{th}}$ root of p, and K contains a primitive p^{th} root of 1. Then there exists a canonical quadratic transform $[R', x', y']$ of $[R, x, y, w, J]$ and a primitive element z of L over K such that upon letting $f(Z)$ to be the minimal monic polynomial of z over K we have that: either 1) $f(Z) = Z^p + \delta x'^a y'^b$ where δ is a unit in R', and a and b are integers such that $0 \leqq a < p$, $0 \leqq b < p$, $(a, b) \neq (0, 0)$, and if w is rational then $b = 0$; or 2) there exists a unit δ in R' and a nonunit λ in R' such that $f(Z)$ is an $[R', x', y']$-translate of $Z^p + \delta$, J is a λ-faithful coefficient set for R', and $f(Z)$ is $[R', x', y', \lambda]$-standard.*

PROOF. Since K contains a primitive p^{th} root of 1, there exists a primitive element z' of L over K such that the minimal monic polynomial $f'(Z)$ of z' over K is of the form: $f'(Z) = Z^p + F$ where $0 \neq F \in R$. By Lemma 8 there exists a canonical quadratic transform $[R^*, x^*, y^*]$ of $[R, x, y, w, J]$ such that $F = \delta x^{*a^*} y^{*b^*}$ where δ is a unit in R, and a^* and b^* are nonnegative integers such that if w is rational then $b^* = 0$. Let u, a, v, b the unique integers such that $a^* = up + a$, $b^* = vp + b$, $0 \leqq a < p$, and $0 \leqq b < p$. Let $z^* = z'/(x^{*u} y^{*v})$ and $f^*(Z) = Z^p + \delta x^{*a} y^{*b}$. Then z^* is a primitive element of L over K and $f^*(Z)$ is the minimal monic polynomial of z^* over K. If $(a, b) \neq (0, 0)$ then it suffices to take $R' = R^*$, $x' = x^*$, $y' = y^*$, and $z = z^*$. If $(a, b) = (0, 0)$ then by Lemma 31 there exists a canonical quadratic transform $[R', x', y']$ of $[R^*, x^*, y^*, w, J]$, a nonunit λ in R', and an $[R', x', y']$-translate $f(Z)$ of $f^*(Z)$, such that J is a λ-faithful coefficient set for R', and $f(Z)$ is $[R', x', y', \lambda]$-standard; since $f(Z)$ is an $[R', x', y']$-translate of $f^*(Z)$, there exists a primitive element z of L over K such that $f(Z)$ is the minimal monic polynomial of z over K.

LEMMA 33. *Let (R, M) be a two dimensional regular local domain such that R is of characteristic $p \neq 0$ and R/M is algebraically closed. Let (x, y) be a basis of M, let J be a coefficient set for R, let K be the quotient field of R, let w be a real nondiscrete valuation of K dominating R, and let L be a separable p-cyclic extension of K. Then there exists a canonical quadratic transform $[R', x', y']$ of $[R, x, y, w, J]$, a nonunit λ in R', and a primitive element z of L over K such that upon letting $f(Z)$ to be the minimal monic polynomial of z over K we have the following: J is a λ-faithful coefficient set for R', $f(Z) = Z^p - G^{p-1} Z + F$ where F is an element in R', G is an R'-monomial in (x', y'), and $\lambda \in \operatorname{rad} GR'$. In particular, $f(Z)$ is $[R', x', y', \lambda]$-standard.*

PROOF. Now there exists a primitive element z' of L over K such that $z'^p - z' \in K$; (for instance see [9: Chapter IX]). Since K is the quotient field of R, there exist elements G and H in R such that $G \neq 0$ and $z'^p - z' = H/G$. Let $z = z'G$, $F = -HG^{p-1}$, and $f(Z) = Z^p - G^{p-1}Z + F$. Then z is a primitive element of L over K and $f(Z)$ is the minimal monic polynomial of z over K. Let (R^*, M^*) be the immediate quadratic transform of R along w. If $w(y) \geqq w(x)$ then let $\lambda = x^* = x$ and $y^* = (y/x) - \alpha$ with $\alpha \in J$ such that $w(y^*) > 0$; and if $w(y) < w(x)$ then let $\lambda = x^* = y$ and $y^* = x/y$. Then $[R^*, x^*, y^*]$ is a canonical quadratic transform of $[R, x, y, w, J]$ and $\lambda \in M^*$. By Lemma 4 we get that J is a λ-faithful coefficient set for R^*. Now $\lambda \in M^* \subset M_w$, $0 \neq G \in R \subset R_w$, and w is real; hence there exists a positive integer n such that $\lambda^n/G \in R_w$. By Lemma 8 there exists a canonical quadratic transform $[R', x', y']$ of $[R^*, x^*, y^*, w, J]$ such that $\lambda^n/G \in R'$ and G is an R'-monomial in (x', y'). It follows that $\lambda \in \operatorname{rad} GR'$ and hence $f(Z)$ is $[R', x', y', \lambda]$-standard.

§ 2. *Uniformization in a p-cyclic extension*

(I). *Nonreal valuations.*

THEOREM 1. *Let R^* be a two dimensional regular local domain which is a spot over a pseudogeometric domain. Let K be the quotient field of R^* and let L be a p-cyclic extension of K where p is some prime number. Let w be a nonreal valuation of K dominating R^* such that w has only one extension W to L and $R_W/M_W = R_w/M_w$. Then there exists a quadratic transform (R, M) of R^* along w, a basis (x, y) of M, and a primitive element z of L over K such that upon letting $S = R[z]$, $N = (y, z)\, S$, and $f(Z) =$ the minimal monic polynomial of z over K, we have the following: S is the integral closure of R in L, S is a finite R-module, (S, N) is a two dimensional regular local domain, $S/N = R/M$, $f(Z) - Z^p \in xR[Z]$, $f(0) = x$, and either $x/y^n \in M_w$ for every positive integer n or $y/x^n \in M_w$ for every positive integer n.*

PROOF. By assumption w is nonreal and hence by [2: Theorem 1] the value group of w is a free abelian group on two generators. In other words: (1) there exists a unique subring T of K such that $R_w \subset T \subset K$ and $R_w \neq T \neq K$; (2) $T = R_v$ where v is a real discrete valuation of K; (3) M_v is the only nonzero nonmaximal prime ideal in R_w; (4) R_v is the quotient ring of R_w with respect to M_v; (5) $h(R_w)$ is the valuation ring of a real discrete valuation of $h(R_v)$ and $h(M_w)$ in the maximal ideal in $h(R_w)$ where $h: R_v \to R_v/M_v$ is the natural epimorphism. Since L is a finite algebraic extension of K and W is an extension of w to L, we get that W is nonreal and the value group of W is a free abelian group on two generators. In other words: (1′) there exists a unique subring T' of L such that $R_W \subset T' \subset L$ and $R_W \neq T' \neq L$; (2′) $T' = R_V$ where V is a real discrete valuation of L; (3′) M_V is the only nonzero nonmaximal prime ideal in R_W; (4′) R_V is the quotient of R_W with respect to M_V; (5′) $H(R_W) = R_U$ and $H(M_W) = M_U$ where $H: R_V \to R_V/M_V$ is the natural epimorphism and U is a real discrete valuation of $H(R_V)$. By assumption W is the only extension of w to L and hence R_W is the integral closure of R_w in L. Let V' be any extension of v to L; then V' is a real discrete valuation of L, $R_{V'}$ is integrally closed in L, and $R_w \subset R_v \subset R_{V'}$; consequently we must have $R_W \subset R_{V'} \subset L$ and $R_W \neq R_{V'} \neq L$; therefore by (1′) and (2′) we get that $R_{V'} = R_V$, i.e., $V' = V$. Thus V is the only extension of v to L and hence R_V is the integral closure of R_v in L. Now $M_v = K \cap M_V = R_v \cap M_V$ and hence by (5) we get that $H(R_w) = R_u$ and $H(M_w) = M_u$ where u is a real discrete valuation of $H(R_v)$. Since R_W is integral over R_w, upon applying H we get that R_U is integral over R_u. Therefore R_U is the integral closure of R_u in $H(R_V)$ and hence U is the only extension of u to $H(R_V)$. Note that by assumption $R_W/M_W = R_w/M_w$ and hence $R_U/M_U = R_u/M_u$. Let d be the reduced ramification index of U over u and let e be the reduced ramification index of V over v.

By assumption R^* is a spot over some pseudogeometric domain I. Therefore by [8: Theorem 1] there exists a quadratic transform (R'', M'') of R^* along w and a basis (x'', y'') of M'' such that $M_v \cap R'' = x''R''$, $R_v = R''_{x''R''}$, and $M_v = x''R_v$. In particular then R_v is a spot over R''. Since R'' is a spot over R^* and R^* is a spot over I, we get that R'' and R_v are spots over I. Therefore by [13: (36. 5)] we get that R'' and R_v are pseudogeometric domains. Since R_v is a pseudogeometric domain we get that R_V is a finite R_v-module. Consequently $e[H(R_V): H(R_v)] = p$. Clearly $R''/(x''R'')$ is the valuation ring of a real discrete valuation of the quotient field of $R''/(x''R'')$. Since $R'' \subset R_w$, $M_v \cap R'' = x''R''$, and $R''_{x''R''} = R_v$, we get that $H(R'') = R_u$. Since R'' is a pseudogeometric domain and R_u is a homomorphic image of R'', we get that R_U is a finite R_u-module. Consequently $d = [H(R_V): H(R_v)]$. Therefore $de = p$. Since p is a prime number, we must have either $(d, e) = (1, p)$ or $(d, e) = (p, 1)$. If L is separable over K then let $g_1, \ldots, g_p$ be the distinct elements in the Galois group of L over K, and if L is purely inseparable over K then let g_j be the identity of L onto itself for $j = 1, \ldots, p$. We shall now divide the argument into two cases according as $(d, e) = (1, p)$ or $(d, e) = (p, 1)$.

Case when $(d, e) = (1, p)$. Take t in M_V such that $M_V = tR_V$. Since $e = p$, we get that t is a primitive element of L over K. Let $F(Z) = Z^p + F_{p-1}Z^{p-1} + \cdots + F_0$ be the minimal monic polynomial of t over K where $F_0, \ldots, F_{p-1}$ are elements in K. Since R_V is the integral closure of R_v in L, we get that $g_j(R_V) = R_V$ for all j. Therefore $g_j(t) = \delta_j t$ where δ_j is a unit in R_V for all j. Now $F(Z) = (Z - g_1(t)) \ldots (Z - g_p(t))$ and hence $F_i \in K \cap M_V = M_v \subset R_w$ for $i = 0, \ldots, p-1$. Also $F_0 = (-1)^p g_1(t) \ldots g_p(t)$ and hence $F_0 R_V = M_V^p$. Since p is the reduced ramification index of V over v, we get that $F_0 R_v = M_v$. By [8: Theorem 2] there exists a quadratic transform (R', M') of R^* along w and a basis (X, Y) of M' such that: $F_i \in R'$ for all i, $F_0 = \delta X^a Y^b$ where δ is a unit in R' and a and b are nonnegative integers, and $X/Y^n \in M_w$ for every nonnegative integer n. Let $X_n = X/Y^n$ and let (R_n, M_n) be the nth quadratic transform of R' along w. Then (X_n, Y) is a basis of M_n for all $n \geqq 0$. Now $H(X) = H(X_n)\, H(Y)^n \in M_u^n$

for all $n \geqq 0$ and hence $H(X) = 0$, i.e., $X \in M_v$. Also $0 \neq X = X_n Y^n \in (YR_v)^n$ and hence $Y \notin M_v$. Therefore $XR' \subset M_v \cap R' \subset M'$ and $M_v \cap R' \neq M'$. Since $M_v \cap R'$ is a prime ideal in R' we must have $M_v \cap R' = XR'$ and hence $R'_{XR'} \subset R_v$. Therefore $R'_{XR'} = R_v$ and $XR_v = M_v$. Now $F_i \in M_v \cap R' = XR'$ and hence $F_i = XG_i$ where $G_i \in R'$ for all i. Since $F_0 R_v = M_v = XR_v$ we must have $a = 1$. We can take positive integers c and q such that $b + c = pq$ and $c \geqq (p-1)q$. Let $R = R_c$, $M = M_c$, $x = \delta X_c$, $y = Y$, $z = t/Y^q$, $f_i = F_i Y^{(i-p)q}$ for all i, and $f(Z) = Z^p + f_{p-1} Z^{p-1} + \cdots + f_0$. Then (R, M) is a quadratic transform of R along w, (x, y) is a basis of M, $x/y^n \in M_w$ for every positive integer n, z is a primitive element of L over K, and $f(Z)$ is the minimal monic polynomial of z over K. Now $X = (x/\delta) Y^c$, $F_i = XG_i$, and $f_i = F_i Y^{(i-p)q}$; therefore $f_i = (x/\delta) G_i Y^{c+(i-p)q}$; since $c \geqq (p-1)q$ we get that $c + (i-p)q \geqq 0$ for $i = 1, \ldots, p-1$, and hence $f_i \in xR$ for $i = 1, \ldots, p-1$. Also $f_0 = F_0 Y^{-pq} = \delta X Y^b Y^{-pq} = \delta X Y^{-c} = x$. Thus $f(Z) - Z^p \in xR[Z]$ and $f(0) = x$. Therefore upon letting $S = R[z]$ and $N = (y, z) S$, by Lemma 10 we get that S is the integral closure of R in L, S is a finite R-module, (S, N) is a two dimensional regular local domain, and $S/N = R/M$.

Case when $(d, e) = (p, 1)$. Take $z \in R_W$ such that $H(z) R_U = M_U$. Then $z R_W = M_W$. Since $d > 1$ we get that $H(z) \notin H(R_w)$ and hence $z \notin K$. Therefore z is a primitive element of L over K. Let $f(Z) = Z^p + f_{p-1} Z^{p-1} + \cdots + f_0$ be the minimal monic polynomial of z over K where $f_0, \ldots, f_{p-1}$ are elements in K. Since R_W is the integral closure of R_w in L, we get that $g_j(R_W) = R_W$ for all j. Therefore $g_j(z) = \delta_j z$ where δ_j is a unit in R_W for all j. Now $f(Z) = (Z - g_1(z)) \ldots (Z - g_p(z))$ and hence $f_i \in K \cap M_W = M_w$ for $i = 0, \ldots, p-1$. Also $f_0 = (-1)^p g_1(z) \ldots g_p(z)$ and hence $H(f_0) R_U = M_U^p$. Since p is the reduced ramification index of U over u, we get that $H(f_0) R_u = M_u$. By [8: Theorem 2] there exists a quadratic transform (R', M') of R^* along w and a basis (X, Y) of M' such that: $f_i \in R'$ for all i, $f_0 = \delta X^a Y^b$ where δ is a unit in R' and a and b are nonnegative integers, and $X/Y^n \in M_w$ for every nonnegative integer n. Now $H(X) = H(X/Y^n) H(Y)^n \in M_u^n$ for all $n \geqq 0$ and hence $H(X) = 0$. Since $H(Y) \in M_u$ and $H(f_0) R_u = M_u$, we get that $a = 0$ and $b = 1$. Let (R, M) be the immediate quadratic transform of R' along w, let $x = \delta Y$, and let $y = X/Y$. Then (x, y) is a basis of M and $y/x^n \in M_w$ for every positive integer n. Also $f_i \in M_w \cap R' = M' \subset xR$ for all i, and $f_0 = x$. Thus $f(Z) - Z^p \in xR[Z]$ and $f(0) = x$. Therefore upon letting $S = R[z]$ and $N = (y, z) S$, by Lemma 10 we get that S is the integral closure of R

in L, S is a finite R-module, (S, N) is a two dimensional regular local domain, and $S/N = R/M$.

THEOREM 2. *Let (R^*, M^*) be a two dimensional regular local domain with quotient field K. Assume that R^* is a spot over a pseudogeometric domain and R^*/M^* is perfect. Let w be a nonreal valuation of K dominating R^* and let L be a p-cyclic extension of K where p is some prime number. Then there exists a quadratic transform R of R^* along w such that if S is any quasilocal domain with quotient field L lying above R then S is a spot over R and S is a two dimensional regular local domain.*

PROOF. Follows from Lemma 15 and Theorem 2.

(II). *Real discrete valuations.*

THEOREM 3. *Let R^* be a two dimensional regular local domain with quotient field K and let L be a separable p-cyclic extension of K where p is some prime number. Let w be a real discrete valuation of K dominating R^* such that* $\dim_{R^*} w = 0$. *Assume that w has only one extension W to L and $R_W/M_W = R_w/M_w$. Then there exists a quadratic transform (R, M) of R^* along w, a basis (x, y) of M, and a primitive element z of L over K, such that upon letting $S = R[z]$, $N = (y, z)S$, and $f(Z) =$ the minimal monic polynomial of z over K, we have the following: S is the integral closure of R in L, (S, N) is a two dimensional regular local domain, $S/N = R/M, f(Z) - Z^p \in xR[Z], f(0) = x$, and $xR_w = M_w$.*

PROOF. Now W is a real discrete valuation of L, R_W is the integral closure of R_w in L, and the reduced ramification index of W over w is p. Take $z \in M_W$ such that $zR_W = M_W$ and let $f(Z)$ be the minimal monic polynomial of z over K. Then $K(z) = L$. Let $g_1, \ldots, g_p$ be the distinct elements of the Galois group of L over K. Then $g_j(R_W) = R_W$ and hence $g_j(z) = \delta_j z$ for all j where δ_j is a unit in R_W. Since $f(Z) = (Z - g_1(z)) \ldots (Z - g_p(z))$ we get that $f(Z) - Z^p \in (M_W \cap K)[Z] = M_w[Z]$ and $f(0) R_W = M_W^p$. Therefore $f(0) R_w = M_w$. By Lemma 8 there exists a quadratic transform (R, M) of R^* along w and a basis (x', y) of M such that each nonzero coefficient of $f(Z)$ is an R-monomial in x'. It follows that $f(Z) - Z^p \in x'R[Z]$. Since $f(0) R_w = M_w$ and $f(0)$ is an R-monomial in x', we must have $f(0) = \delta x'$ where δ is a unit in R. Let $x = \delta x'$. Then (x, y) is a basis of M, $xR_w = M_w$, $f(Z) - Z^p \in xR[Z]$, and $f(0) = x$. Let $S = R[z]$, and $N = (y, z) S$. Then by Lemma 10 we get that S is the integral closure of R in L, (S, N) is a two dimensional regular local domain, and $S/N = R/M$.

THEOREM 4. *Let* (R^*, M^*) *be a two dimensional regular local domain such that* R^*/M^* *is perfect. Let* K *be the quotient field of* R^* *and let* L *be a separable* p*-cyclic extension of* K *where* p *is some prime number. Let* w *be a real discrete valuation of* K *dominating* R^* *such that* $\dim_{R^*} w = 0$. *Then there exists a quadratic transform* R *of* R^* *along* w *such that if* S *any quasilocal domain with quotient field* L *lying above* R *then* S *is a spot over* R *and* S *is a two dimensional regular local domain.*

PROOF. Follows from Lemma 15 and Theorem 3.

THEOREM 5. *Let* (R^*, M^*) *be a two dimensional regular local domain such that* R^* *is of characteristic* $p \neq 0$, R^*/M^* *is algebraically closed,* R^* *is a spot over a pseudogeometric domain* I, *and the completion of any normal algebraic spot over* R^* *which dominates* R^* *is a normal domain. Let* K *be the quotient field of* R^* *and let* L *be a purely inseparable extension of* K *such that* $[L:K] = p$. *Let* w *be a real discrete valuation of* K *dominating* R^* *such that* $\dim_{R^*} w = 0$. *Then there exists a quadratic transform* (R, M) *of* R^* *along* w, *a basis* (x, y) *of* M, *and a primitive element* z *of* L *over* K, *such that upon setting* $S = R[z]$ *and* $N = (y, z)S$ *we have the following:* S *is the integral closure of* R *in* L, S *is a finite* R*-module,* (S, N) *is a two dimensional regular local domain,* $S/N = R/M$, *and* $z^p = x$.

PROOF. Since w is real discrete, there exists $X \in R_w$ such that $XR_w = M_w$. By Lemma 7 there exists a quadratic transform (R', M') of R^* along w such that $X \in R'$. Let $(\mathfrak{R}', \mathfrak{M}')$ be the completion of R' and let D' be the quotient field of $\mathfrak{R}'$. By [1: Lemma 13] there exists a valuation W of D' dominating $\mathfrak{R}'$ such that w is the restriction of W to K. By Lemma 9, W is nonreal. Therefore $\dim_{\mathfrak{R}'} W = 0$ and hence R_W/M_W is algebraically closed. Let S' be the integral closure of R' in L. Now R' is a spot over I and hence R' is pseudogeometric by [13: (36. 5)]. Therefore S' is a finite R'-module. Since L is purely inseparable over K we get that S' is a local domain. Let N' be the maximal ideal in S'. Let $(\mathfrak{S}', \mathfrak{N}')$ be the completion of S'. Since S' is a finite R'-module, by [10: Proposition 7 on p. 699] we get that R' is a subspace of S' and hence $\mathfrak{R}'$ can be regarded to be a subring of $\mathfrak{S}'$ and then S' is an $\mathfrak{R}'$-basis of $\mathfrak{S}'$. Now S' is a normal algebraic spot over R^* and S' dominates R^*. Therefore $\mathfrak{S}'$ is a domain. Let E' be the quotient field of $\mathfrak{S}'$ where we regard L and D' to be subfields of E'. Take $Y \in S'$ such that $Y \notin K$. Then the elements 1 and Y of S' are linearly independent over R'. Therefore by [10: Proposition 7 on p. 699] the elements 1 and

Y are linearly independent over $\mathfrak{R}'$ and hence $Y \notin D'$. Now $L = K(Y)$ and hence $L \subset D'(Y)$. Since $S' \subset L$, $\mathfrak{R}' \subset D'$, and S' is an $\mathfrak{R}'$-basis of $\mathfrak{S}'$, we get that $\mathfrak{S}' \subset D'(Y)$ and hence $D'(Y) = E'$. Since $Y^p \in K \subset D', Y \notin D'$, and $D'(Y) = E'$, we get that E' is a purely inseparable extension of D' and $[E' : D'] = p$. In particular W has only one extension to E'. Since $\mathfrak{R}'$ is a complete local domain, by [13: (32. 1)] we get that $\mathfrak{R}'$ is pseudogeometric. Therefore by Theorem 1 there exists a quadratic transform (R'', M'') of $\mathfrak{R}'$ along W and an element t in E' such that upon setting $S'' = R''[t]$ we have that: S'' is the integral closure of R'' in E', S'' is a finite R''-module, S'' is a two dimensional regular local domain, $S''/N'' = R''/M''$ where N'' is the maximal ideal in S'', and $t^p \in M''$ and $t^p \notin M''^2$. Let $(\mathfrak{R}'', \mathfrak{M}'')$ and $(\mathfrak{S}'', \mathfrak{N}'')$ be the completions R'' and S'' respectively. Since S'' is a finite R''-module, by [10: Proposition 7 on p. 699] we get that R'' is a subspace of S'' and hence we may regard $\mathfrak{R}''$ to be a subring of $\mathfrak{S}''$ and then S'' is an $\mathfrak{R}''$-basis of $\mathfrak{S}''$, $\mathfrak{S}''$ is a finite $\mathfrak{R}''$-module, and $\mathfrak{R}''$ is a subspace of $\mathfrak{S}''$. Let D'' and E'' be the quotient fields of $\mathfrak{R}''$ and $\mathfrak{S}''$ respectively, where we regard E' and D'' to be subfields of E''. Now $\mathfrak{S}''$ is regular and $\mathfrak{S}''$ is a finite $\mathfrak{R}''$-module. Therefore $\mathfrak{S}''$ is the integral closure of $\mathfrak{R}''$ in E''. Now $E' = D'(Y)$ and hence $E' \subset D''(Y)$. Since $S'' \subset E', \mathfrak{R}'' \subset D''$, and S'' is an $\mathfrak{R}''$-basis of $\mathfrak{S}''$, we get that $\mathfrak{S}'' \subset D''(Y)$ and hence $E'' = D''(Y)$. Let $R = R'' \cap K$ and $M = M'' \cap K$. By [5: Proposition 1] we get that (R, M) is a quadratic transform of R', $M^i R'' = M''^i$ and $M''^i \cap R = M^i$ for every nonnegative integer i, and $h(R) = h(R'')$ where $h: R'' \to R''/M''$ is the natural epimorphism. Now $R \subset R_W \cap K = R_w$ and hence R is a quadratic transform of R^* along w. Let S be the integral closure of R in L. Now R is a spot over I and hence S is a finite R-module by [13: (36. 5)]. Since L is purely inseparable over K we get that S is a local domain. Let N be the maximal ideal in S. Let $(\mathfrak{R}, \mathfrak{M})$ and $(\mathfrak{S}, \mathfrak{N})$ be the completions of R and S respectively. Now S is a normal algebraic spot over R^* and S dominates R^*. Therefore $\mathfrak{S}$ is a normal domain. Since S is a finite R-module, by [10: Proposition 7 on p. 699] we get that R is a subspace of S and hence we may regard $\mathfrak{R}$ to be a subring of $\mathfrak{S}$ and then S is an $\mathfrak{R}$-basis of $\mathfrak{S}$, $\mathfrak{S}$ is a finite $\mathfrak{R}$-module, and $\mathfrak{R}$ is a subspace of $\mathfrak{S}$. Let D and E be the quotient fields of $\mathfrak{R}$ and $\mathfrak{S}$ respectively, where we regard L and D to be subfields of E. Since $\mathfrak{S}$ is normal and $\mathfrak{S}$ is a finite $\mathfrak{R}$-module, we get that $\mathfrak{S}$ is the integral closure of $\mathfrak{R}$ in E. Now $L = K(Y)$ and hence $L \subset D(Y)$. Since $S \subset L$, $\mathfrak{R} \subset D$, and S is an $\mathfrak{R}$-basis of $\mathfrak{S}$, we get that $\mathfrak{S} \subset D(Y)$ and hence $E = D(Y)$.

Now S'' dominates S and hence by [8: Proposition 13] there exists a unique homomorphism $F: \mathfrak{S} \to \mathfrak{S}''$ such that $F(\mathfrak{N}) \subset \mathfrak{N}''$ and $F(s) = s$ for all $s \in S$. Let J be any coefficient set for R and let (x', y') be any basis of M. Since $h(R) = h(R'')$ and $MR'' = M''$, we get that J is a coefficient set for $\mathfrak{R}''$ and (x', y') is a basis of $\mathfrak{M}''$. Therefore, given any $B \in \mathfrak{R}''$ there exist elements $B(j, k)$ in J for all nonnegative integers j and k such that $B - B_i \in \mathfrak{M}''^i$ for all $i > 0$ where $B_i = \sum_{j+k<i} B(j, k)\, x'^j y'^k$. Clearly $B_i \in R$ and $B_i - B_{i+1} \in M^i$ for all $i > 0$. Therefore there exists $B' \in \mathfrak{R}$ such that $B' - B_i \in \mathfrak{M}^{b(i)}$ for all $i > 0$ where $b(i)$ are nonnegative integers which tend to infinity with i. Since $\mathfrak{M} \subset \mathfrak{N}$, $F(\mathfrak{N}) \subset \mathfrak{N}''$, and $\mathfrak{M}'' \subset \mathfrak{N}''$, we get that $B - B_i \in \mathfrak{N}''^i$ and $F(B' - B_i) \in \mathfrak{N}''^{b(i)}$ for all $i > 0$. Also $F(B') - B = F(B' - B_i) - (B - B_i)$. Therefore $F(B') - B \in \mathfrak{N}''^d$ for all $d \geqq 0$ and hence $F(B') = B$. Conversely, given any $A \in \mathfrak{R}$ there exist elements $A(j, k)$ in J for all nonnegative integers j and k such that $A - A_i \in \mathfrak{M}^i$ for all $i > 0$ where $A_i = \sum_{j+k<i} A(j, k)\, x'^j y'^k$. Clearly $A_i \in \mathfrak{R}''$ and $A_i - A_{i+1} \in \mathfrak{M}''^i$ for all $i > 0$. Therefore there exists $A' \in \mathfrak{R}''$ such that $A' - A_i \in \mathfrak{M}''^{a(i)}$ for all $i > 0$ where $a(i)$ are nonnegative integers which tend to infinity with i. Since $\mathfrak{M} \subset \mathfrak{N}$, $F(\mathfrak{N}) \subset \mathfrak{N}''$, and $\mathfrak{M}'' \subset \mathfrak{N}''$, we get that $F(A - A_i) \in \mathfrak{N}''^i$ and $A' - A_i \in \mathfrak{N}''^{a(i)}$ for all $i > 0$. Also $F(A) - A' = F(A - A_i) - (A' - A_i)$. Therefore $F(A) - A' \in \mathfrak{N}''^d$ for all $d \geqq 0$ and hence $F(A) = A'$. Thus we have shown that $F(\mathfrak{R}) = \mathfrak{R}''$. Since $\mathfrak{R}$ and $\mathfrak{R}''$ are both two dimensional local domains, we get that $F(r) \neq 0$ for all $0 \neq r \in \mathfrak{R}$. Now for any $s \in \mathfrak{S}$ we have that $s^p \in \mathfrak{R}$. Therefore we conclude that $F(s) \neq 0$ for all $0 \neq s \in \mathfrak{S}$. Thus F is a monomorphism. Therefore there exists a unique monomorphism $G: E \to E''$ such that $G(s) = F(s)$ for all $s \in \mathfrak{S}$. Since $F(\mathfrak{R}) = \mathfrak{R}''$ we get that $G(D) = D''$. Also $G(Y) = F(Y) = Y$. Since $E = D(Y)$ and $E'' = D''(Y)$ we get that $G(E) = E''$. Since $\mathfrak{S}$ is the integral closure of $\mathfrak{R}$ in E and $\mathfrak{S}''$ is the integral closure of $\mathfrak{R}''$ in E'', we conclude that $G(\mathfrak{S}) = \mathfrak{S}''$ and hence $F(\mathfrak{S}) = \mathfrak{S}''$. Therefore there exists $t' \in \mathfrak{S}$ such that $F(t') = t$. Since $t^p \in M'' \subset \mathfrak{M}''$, $t^p \notin M''^2 = \mathfrak{M}''^2 \cap R''$, and $F(\mathfrak{R}) = \mathfrak{R}''$, we get that $t'^p \in \mathfrak{M}$ and $t'^p \notin \mathfrak{M}^2$.

Since $\mathfrak{S}$ is the completion of S, there exist elements $z_i \in S$ such that $t' - z_i \in \mathfrak{N}^i$ for all $i > 0$. Then $t'^p - z_i^p \in \mathfrak{N}^i$ for all $i > 0$. Now $z_i^p \in R \subset \mathfrak{R}$ and hence $t'^p - z_i^p \in \mathfrak{N}^i \cap \mathfrak{R}$ for all $i > 0$. Since $\mathfrak{R}$ is a subspace of $\mathfrak{S}$ we get that $\mathfrak{N}^i \cap \mathfrak{R} \subset \mathfrak{M}^{d(i)}$ for all $i > 0$ where $d(i)$ are nonnegative integers which tend to infinity with i. In particular $d(j) = 2$ for some j. Let $z = z_j$. Then $t'^p - z^p \in \mathfrak{M}^2$. Since $t'^p \in \mathfrak{M}$ and $t'^p \notin \mathfrak{M}^2$ we get that

$z^p \in \mathfrak{M}$ and $z^p \notin \mathfrak{M}^2$. Now $z^p \in R$, $\mathfrak{M} \cap R = M$, and $M^2\mathfrak{R} = \mathfrak{M}^2$. Therefore $z^p \in M$ and $z^p \notin M^2$.

Let $x = z^p$. Since $x \in M$ and $x \notin M^2$, there exists $y \in M$ such that $(x, y)R = M$. Clearly $L = K(z)$ and $Z^p - x$ is the minimal monic polynomial z over K. Therefore by Lemma 10 we conclude that $S = R[z]$, $N = (y, z)S$, $S/N = R/M$, and (S, N) is a two dimensional regular local domain.

(III). *Real nondiscrete valuations.* In [7: (2. 2) and (2. 3)] we proved the following theorem.

THEOREM 6. *Let (R', M') be a two dimensional regular local domain such that R'/M' is an algebraically closed field of characteristic $p \neq 0$. Let (x', y') be a basis of M', let $\lambda \in M'$, let J be a λ-faithful coefficient set for R', and let w be a real nondiscrete valuation of the quotient field of R' dominating R'.*

(1). *Assume that R' is of characteristic p. Let $f'(Z) = Z^p + F'$ where F' is an element in R' such that F' is not a pth power in the completion of R'. Then there exists a canonical quadratic transform $[R, x, y]$ of $[R', x', y', w, J]$ and an $[R, x, y]$-translate $f(Z)$ of $f'(Z)$ such that* $0 < \operatorname{ord}_R f(Z) < p$.

(2). *Let $f'(Z)$ be an element in $R'[Z]$ such that $f'(Z)$ is $[R', x', y', \lambda]$-standard. Then there exists a canonical quadratic transform $[R, x, y]$ of $[R', x', y', w, J]$ and an $[R, x, y]$-translate $f(Z)$ of $f'(Z)$ such that $f(Z)$ is $[R, x, y, \lambda]$-standard and* $0 < \operatorname{ord}_R f(Z) < p$.

In Propositions 9 and 10 of § 4 and Propositions 27 and 28 of § 6 we shall respectively prove parts (1), (2), (3), (4) of the following theorem.

THEOREM 7. *Let (R', M') be a two dimensional regular local domain such that R'/M' is an algebraically closed field of characteristic $p \neq 0$. Let (x', y') be a basis of M', let J be a coefficient set for R', and let w be a real nondiscrete valuation of the quotient field of R' dominating R'.*

(1). *Assume that R' is of characteristic p. Let $f'(Z) = Z^p + F'$ where F' is an element in R' such that $0 < \operatorname{ord}_{R'} F' < p$. Then there exists a canonical quadratic transform $[R, x, y]$ of $[R', x', y', w, J]$ and an $[R, x, y]$-translate $f(Z)$ of $f'(Z)$ such that $f(Z) = Z^p + \delta x^a y^b$ where δ is a unit in R, and a and b are integers such that $0 \leqq a < p$, $0 \leqq b < p$, and $(a, b) \neq (0, 0)$.*

(2). *Assume that R' is of characteristic p and w is rational. Let $f'(Z) = Z^p + F'$ where F' is an element in R' such that $0 < \operatorname{ord}_{R'} F' < p$. Then there* *exists a canonical quadratic transform* $[R, x, y]$ *of* $[R', x', y', w, J]$ *and an* $[R, x, y]$*-translate* $f(Z)$ *of* $f'(Z)$ *such that: either 1)* $f(Z) = Z^p + \delta x^a$ *where* δ *is a unit in* R *and* a *is an integer such that* $0 < a < p$*; or 2)* $f(Z) = Z^p + F$ *where* F *is an element in* R *such that* $\operatorname{ord}_R F = 1$.

(3). *Let* $\lambda \in R'$ *and let* $f'(Z)$ *be an element in* $R'[Z]$ *such that* $f'(Z)$ *is* $[R', x', y', \lambda]$*-standard and* $0 < \operatorname{ord}_{R'} f'(Z) < p$. *Assume that* J *is a* λ*-faithful coefficient set for* R'. *Then there exists a canonical quadratic transform* $[R, x, y]$ *of* $[R', x', y', w, J]$ *and an* $[R, x, y]$*-translate* $f(Z)$ *of* $f'(Z)$ *such that: either 1)* $f(Z)$ *is of* $[R, x, y]$*-type* $(0, 0)$*; or 2)* $f(Z)$ *of* $[R, x, y, \lambda]$*-type* (u, v) *where* $u > 0$, *and* $f(0) = \delta x^a y^b$ *where* δ *is a unit in* R, *and* a *and* b *are integers such that* $0 \leqq a < p$, $0 \leqq b < p$, $(a, b) \neq (0, 0)$, *and if* $b \neq 0$ *then* $v \neq 0$.

(4). *Let* $\lambda \in R'$ *and let* $f'(Z)$ *be an element in* $R'[Z]$ *such that* $f'(Z)$ *is* $[R', x', y', \lambda]$*-standard and* $0 < \operatorname{ord}_{R'} f'(Z) < p$. *Assume that* J *is a* λ*-faithful coefficient set for* R', *and* w *is rational. Then there exists a canonical quadratic transform* $[R, x, y]$ *of* $[R', x', y', w, J]$ *and an* $[R, x, y]$*-translate* $f(Z)$ *of* $f'(Z)$ *such that: either 1)* $f(Z)$ *is of* $[R, x, y]$*-type* $(0, 0)$*; or 2)* $f(Z)$ *is of* $[R, x, y, \lambda]$*-type* $(u, 0)$ *where* $u > 0$, *and* $f(0) = \delta x^a$ *where* δ *is a unit in* R, *and* a *is an integer such that* $0 < a < p$*; or 3)* $f(Z)$ *is of* $[R, x, y, \lambda]$*-type* $(u, 0)$ *where* $u > 0$, $\operatorname{ord}_R f(0) = 1$, *and* $f(0) \notin xR$.

Here we shall assume the above theorem.

THEOREM 8. *Let* (R', M') *be a two dimensional regular local domain such that* R'/M' *is an algebraically closed field of characteristic* $p \neq 0$. *Let* (x', y') *be a basis of* M', *let* $\lambda \in M'$, *let* J *be a* λ*-faithful coefficient set for* R', *and let* w *be a real nondiscrete valuation of the quotient field of* R' *dominating* R'.

(1). *Assume that* R' *is of characteristic* p. *Let* $f'(Z) = Z^p + F'$ *where* F' *is an element in* R' *such that* F' *is not a* p^{th} *power in the completion of* R'. *Then there exists a canonical quadratic transform* $[R, x, y]$ *of* $[R', x', y', w, J]$ *and an* $[R, x, y]$*-translate* $f(Z)$ *of* $f'(Z)$ *such that* $f(Z) = Z^p + \delta x^a y^b$ *where* δ *is a unit in* R, *and* a *and* b *are integers such that* $0 \leqq a < p$, $0 \leqq b < p$, *and* $(a, b) \neq (0, 0)$.

(2). *Assume that* R' *is of characteristic* p *and* w *is rational. Let* $f'(Z) = Z^p + F'$ *where* F' *is an element in* R' *such that* F' *is not a* p^{th} *power in the completion of* R'. *Then there exists a canonical quadratic transform* $[R, x, y]$ *of* $[R', x', y', w, J]$ *and an* $[R, x, y]$*-translate* $f(Z)$ *of* $f'(Z)$ *such that: either 1)* $f(Z) = Z^p + \delta x^a$ *where* δ *is a unit in* R *and* a *is an integer such that* $0 < a < p$*; or 2)* $f(Z) = Z^p + F$ *where* F *is an element in* R *such that* $\operatorname{ord}_R F = 1$.

(3). *Let $f'(Z)$ be an element in $R'[Z]$ such that $f'(Z)$ is $[R', x', y', \lambda]$-standard. Then there exists a canonical quadratic transform $[R, x, y]$ of $[R', x', y', w, J]$ and an $[R, x, y]$-translate $f(Z)$ of $f'(Z)$ such that: either 1) $f(Z)$ is of $[R, x, y]$-type $(0, 0)$; or 2) $f(Z)$ is of $[R, x, y, \lambda]$-type (u, v) where $u > 0$, and $f(0) = \delta x^a y^b$ where δ is a unit in R, and a and b are integers such that $0 \leqq a < p$, $0 \leqq b < p$, $(a, b) \neq (0, 0)$, and if $b \neq 0$ then $v \neq 0$.*

(4). *Assume that w is rational. Let $f'(Z)$ be a element in $R'[Z]$ such that $f'(Z)$ is $[R', x', y', \lambda]$-standard. Then there exists a canonical quadratic transform $[R, x, y]$ of $[R', x', y', w, J]$ and an $[R, x, y]$-translate $f(Z)$ of $f'(Z)$ such that: either 1) $f(Z)$ is of $[R, x, y]$-type $(0, 0)$; or 2) $f(Z)$ is of $[R, x, y, \lambda]$-type $(u, 0)$ where $u > 0$, and $f(0) = \delta x^a$ where δ is a unit in R and a is an integer such that $0 < a < p$; or 3) $f(Z)$ is of $[R, x, y, e]$-type $(u, 0)$ where $u > 0$, $\mathrm{ord}_R f(0) = 1$, and $f(0) \notin xR$.*

PROOF. Follows from Theorems 6 and 7.

THEOREM 9. *Let (R^*, M^*) be a two dimensional regular local domain such that R^*/M^* is an algebraically closed field of characteristic $p \neq 0$. Let (x^*, y^*) be a basis of M^*, let J be a coefficient set for R^*, let K be the quotient field of R^*, let w be a real nondiscrete valuation of K dominating R^*, and let L be a p-cyclic extension of K.*

(1). *Assume that L is purely inseparable over K, and R^* is a spot over a pseudo-geometric domain I. Then there exists a canonical quadratic transfrom $[R, x, y]$ of $[R^*, x^*, y^*, w, J]$ and a primitive element z of L over K such that $z^p = \delta x^a y^b$ where δ is a unit in R and a and b are integers such that $0 \leqq a < p$, $0 \leqq b < p$, and $(a, b) \neq (0, 0)$. Furthermore, if S is the integral closure of R in L then S is a Jungian local domain and S is a finite R-module.*

(2). *Assume that L is purely inseparable over K, R^* is a spot over a pseudo-geometric domain I, and w is rational. Then there exists a quadratic transform (R, M) of R^* along w, a basis (x, y) of M, and a primitive element z of L over K, such that upon letting $S = R[z]$ and $N = (y, z)S$ we have the following: S is the integral closure of R in L, S is a finite R-module, (S, N) is a two dimensional regular local domain, and $z^p = x$.*

(3). *Assume that K is of characteristic p and L is separable over K. Then there exists a canonical quadratic transform $[R, x, y]$ of $[R^*, x^*, y^*, w, J]$ and a primitive element z of L over K such that upon letting $f(Z)$ to be the minimal monic polynomial of z over K we have that: either 1) $f(Z) = Z^p - \delta'^{p-1} Z + F$ where δ' is a* *unit in* R *and* F *is an element in* R *; or 2)* $f(Z) = Z^p - (\delta' x^u y^v)^{p-1} Z + \delta x^a y^b$ *where* δ' *and* δ *are units in* R, *and* u, v, a, b *are integers such that* $u > 0$, $v \geqq 0$, $0 \leqq a < p$, $0 \leqq b < p$, $(a, b) \neq (0, 0)$, *and if* $b \neq 0$ *then* $v \neq 0$. *If condition 1) holds then there are exactly* p *distinct local domains* $(S_1, N_1), \ldots, (S_p, N_p)$ *with quotient field* L *lying above* R, *and for* $i = 1, \ldots, p$ *we have that* $N_i = (x, y) S_i$ *and* S_i *is a two dimensional regular local domain. If condition 2) holds then the integral closure of* R *in* L *is a Jungian local domain.*

(4). *Assume that* K *is of characteristic* p, L *is separable over* K, *and* w *is rational. Then there exists a canonical quadratic transform* $[R, x, y]$ *of* $[R^*, x^*, y^*, w, J]$ *and a primitive element* z *of* L *over* K *such that upon letting* $f(Z)$ *to be the minimal monic polynomial of* z *over* K *we have that: either 1)* $f(Z) = Z^p - \delta'^{p-1} Z + F$ *where* δ' *is a unit in* R *and* F *is an element in* R *; or 2)* $f(Z) = Z^p - (\delta' x^u)^{p-1} Z + \delta x^a$ *where* δ' *and* δ *are units in* R, *and* u *and* a *are positive integers such that* $a < p$*; or 3)* $f(Z) = Z^p - (\delta' x^u)^{p-1} Z + F$ *where* δ' *is a unit in* R, u *is a positive integer, and* F *is an element in* R *such that* $\operatorname{ord}_R F = 1$ *and* $F \notin xR$. *If condition 1) holds then there are exactly* p *distinct local domains* $(S_1, N_1), \ldots, (S_p, N_p)$ *with quotient field* L *lying* R, *and for* $i = 1, \ldots, p$ *we have that* $N_i = (x, y) S_i$ *and* S_i *is a two dimensional regular local domain. If either condition 2) or condition 3) holds then the integral closure of* R *in* L *is a two dimensional regular local domain.*

(5). *Assume that* K *is of characteristic zero,* K *contains a* $(p-1)^{\text{th}}$ *root of* p, *and* K *contains a primitive* p^{th} *root of* 1. *Then there exists a canonical quadratic transform* $[R, x, y]$ *of* $[R^*, x^*, y^*, w, J]$ *and a primitive element* z *of* L *over* K *such that upon letting* $f(Z)$ *to be the minimal monic polynomial of* z *over* K *we have that: either 1)* $f(Z)$ *is an* $[R, x, y]$*-translate of* $Z^p + \delta'$ *where* δ' *is a unit in* R, *and* $f(Z)$ *is of* $[R, x, y]$*-type* $(0, 0)$*; or 2)* $f(Z) = Z^p + \delta x^a y^b$ *where* δ *is a unit in* R, *and* a *and* b *are integers such that* $0 \leqq a < p$, $0 \leqq b < p$, *and* $(a, b) \neq (0, 0)$*; or 3)* $f(Z)$ *is an* $[R, x, y]$*-translate of* $Z^p + \delta'$ *where* δ' *is a unit in* R, $f(Z)$ *is of* $[R, x, y]$*-type* (u, v) *where* $u > 0$, *and* $f(0) = \delta x^a y^b$ *where* δ *is a unit in* R, *and* a *and* b *are integers such that* $0 \leqq a < p$, $0 \leqq b < p$, $(a, b) \neq (0, 0)$, *and if* $b \neq 0$ *then* $v \neq 0$. *If condition 1) holds then there are exactly* p *distinct local domains* $(S_1, N_1), \ldots, (S_q, N_q)$ *with quotient field* L *lying above* R, *and for* $i = 1, \ldots, p$ *we have that* $N_i = (x, y) S_i$ *and* S_i *is a two dimensional regular local domain. If either condition 2) or condition 3) holds then the integral closure of* R *in* L *is a Jungian local domain.*

(6). *Assume that* K *is of characteristic zero,* K *contains a* $(p-1)^{\text{th}}$ *root of* p, K *contains a primitive* p^{th} *root of* 1, *and* w *is rational. Then there exists a canonical* *quadratic transform* $[R, x, y]$ *of* $[R^*, x^*, y^*, w, J]$ *and a primitive element* z *of* L *over* K *such that upon letting* $f(Z)$ *to be the minimal monic polynomial of* z *over* K *we have that: either 1)* $f(Z)$ *is an* $[R, x, y]$*-translate of* $Z^p + \delta'$ *where* δ' *is a unit in* R, *and* $f(Z)$ *is of* $[R, x, y]$*-type* $(0, 0)$; *or 2)* $f(Z) = Z^p + \delta x^a$ *where* δ *is a unit in* R *and* a *is an integer such that* $0 < a < p$; *or 3)* $f(Z)$ *is an* $[R, x, y]$*-translate of* $Z^p + \delta'$ *where* δ' *is a unit in* R, $f(Z)$ *is of* $[R, x, y]$*-type* $(u, 0)$ *where* $u > 0$ *and* $f(0) = \delta x^a$ *where* δ *is a unit in* R *and* a *is an integer such that* $0 < a < p$; *or 4)* $f(Z)$ *is an* $[R, x, y]$*-translate of* $Z^p + \delta'$ *where* δ' *is a unit in* R, $f(Z)$ *is of* $[R, x, y]$*-type* $(u, 0)$ *where* $u > 0$, $\operatorname{ord}_R f(0) = 1$, *and* $f(0) \notin xR$. *If condition 1) holds then there are exactly* p *distinct local domains* $(S_1, N_1), \ldots, (S_p, N_p)$ *with quotient field* L *lying above* R, *and for* $i = 1, \ldots, p$ *we have that* $N_i = (x, y)\, S_i$ *and* S_i *is a two dimensional regular local domain. If either condition 2) or condition 3) or condition 4) holds then the integral closure of* R *in* L *is a two dimensional regular local domain.*

PROOF OF (1). By Lemma 4 there exists a canonical quadratic transform $[R', x', y']$ of $[R^*, x^*, y^*, w, J]$ and a nonunit λ in R' such that J is a λ-faithful coefficient set for R'. We can take a primitive element z' of L over K such that the minimal monic polynomial $f'(Z)$ of z' over K is of the form $f'(Z) = Z^p + F'$ where $F' \in R'$. Now R' is a spot over I, and F' is not a pth power in K. Hence by Lemma 16, F' is not a pth power in the completion of R'. Therefore by Theorem 8 (1) there exists a canonical quadratic transform $[R, x, y]$ of $[R', x', y', w, J]$ and an $[R, x, y]$-translate $f'(Z)$ such that $f(Z) = Z^p - \delta x^a y^b$ where δ is a unit in R, and a and b are integers such that $0 \leqq a < p$, $0 \leqq b < p$, and $(a, b) \neq (0, 0)$. Since $f(Z)$ is an $[R, x, y]$-translate of $f'(Z)$, there exists a primitive element z of L over K such that $z^p = \delta x^a y^b$. By [8: Theorem 19] we get that if S is the integral closure of R in L then S is a Jungian local domain and S is a finite R-module.

PROOF OF (2). By Lemma 4 there exists a canonical quadratic transform $[R', x', y']$ of $[R^*, x^*, y^*, w, J]$ and a nonunit λ in R' such that J is a λ-faithful coefficient set for R'. We can take a primitive element z' of L over K such that the minimal monic polynomial $f'(Z)$ of z' over K is of the form $f'(Z) = Z^p + F'$ where $F' \in R'$. Now R' is a spot over I, and F' is not a pth power in K. Hence by Lemma 16, F' is not a pth power in the completion of R'. Therefore by Theorem 8 (2) there exists a canonical quadratic transform $[R, x'', y'']$ of $[R', x', y', w, J]$ and an $[R, x'', y'']$-translate $f(Z)$ of $f'(Z)$ such that: either 1') $f(Z) = Z^p - \delta x''^a$ where δ is a unit in R and a is an integer such that $0 < a < p$; or 2') $f(Z) = Z^p - F$

where F is an element in R such that $\operatorname{ord}_R F = 1$. Since $f(Z)$ is an $[R, x'', y'']$-translate of $f'(Z)$, there exists a primitive element z'' of L over K such that $f(z'') = 0$. If condition 1') holds then there exist integers u and v such that $ua + vp = 1$ and then upon taking $z = z''^u x''^v$ and $x = \delta^u x''$ we get that z is a primitive element of L over K, $z^p = x \in R$, and $\operatorname{ord}_R x = 1$; if condition 2') holds then we take $z = z''$ and $x = F$. Then in both the cases we have that z is a primitive element of L over K, $z^p = x \in R$, and $\operatorname{ord}_R x = 1$. Since $\operatorname{ord}_R x = 1$, there exists $y \in R$ such that $(x, y) R$ is the maximal ideal in R. Let $S = R[z]$ and $N = (y, z) S$. Then by Lemma 10 we get that S is the integral closure of R in L, S is a finite R-module, and (S, N) is a two dimensional regular local domain.

PROOF OF (3). By Lemma 33 there exists a canonical quadratic transform $[R', x', y']$ of $[R^*, x^*, y^*, w, J]$, a nonunit λ in R', and a primitive element z' of L over K such that upon letting $f'(Z)$ to be the minimal monic polynomial of z' over K we have the following: J is a λ-faithful coefficient set for R', and $f'(Z) = Z^p - G'^p Z + F'$ where F' is an element in R, G' is an R'-monomial in (x', y'), and $\lambda \in \operatorname{rad} G'R'$. In particular then $f'(Z)$ is $[R', x', y', \lambda]$-standard. Therefore by Theorem 8 (3) there exists a canonical quadratic transform $[R, x, y]$ of $[R', x', y', w, J]$ and an $[R, x, y]$-translate $f(Z)$ of $f'(Z)$ such that: either 1') $f(Z)$ is of $[R, x, y]$-type $(0, 0)$; or 2') $f(Z)$ is of $[R, x, y]$-type (u, v) where $u > 0$, and $f(0) = \delta x^a y^b$ where δ is a unit in R, and a and b are integers such that $0 \leqq a < p$, $0 \leqq b < p$, $(a, b) \neq (0, 0)$, and if $b \neq 0$ then $v \neq 0$. It follows that there exists a primitive element z of L over K such that $f(Z)$ is the minimal monic polynomial of z over K, and $f(Z)$ satisfies condition 1) or 2) respectively. The rest now follows from Lemma 11 and [8: Theorem 19].

PROOF OF (4). By Lemma 33 there exists a canonical quadratic transform $[R', x', y']$ of $[R^*, x^*, y^*, w, J]$, a nonunit λ in R', and a primitive element z' of L over K such that upon letting $f'(Z)$ to be the minimal monic polynomial of z' over K we have the following: J is a λ-faithful coefficient set for R', and $f'(Z) = Z^p - G'^{p-1} Z + F'$ where F' is an element in R', G' is an R'-monomial in (x', y'), and $\lambda \in \operatorname{rad} G'R'$. In particular then $f'(Z)$ is $[R', x', y', \lambda]$-standard. Therefore by Theorem 8 (4) there exists a canonical quadratic transform $[R, x, y]$ of $[R', x', y', w, J]$ and an $[R, x, y]$-translate $f(Z)$ of $f'(Z)$ such that: either 1') $f(Z)$ is of $[R, x, y]$-type $(0, 0)$; or 2') $f(Z)$ is of $[R, x, y]$-type $(u, 0)$ where $u > 0$, and $f(0) = \delta x^a$ where δ is a unit in R and a is an integer such that $0 < a < p$; or 3') $f(Z)$

is of $[R, x, y]$-type $(u, 0)$ where $u > 0$, $\mathrm{ord}_R f(0) = 1$, and $f(0) \notin xR$. It follows that there exists a primitive element z of L over K such that $f(Z)$ is the minimal monic polynomial of z over K, and $f(Z)$ satisfies condition 1) or condition 2) or condition 3) respectively. The rest now follows from Lemma 10, Lemma 11, and [8: Theorem 19].

PROOF OF (5). By Lemma 32 there exists a canonical quadratic transform $[R', x', y']$ of $[R^*, x^*, y^*, w, J]$ and a primitive element z' of L over K such that upon letting $f'(Z)$ to be the minimal monic polynomial of z' over K we have that: either 1') $f'(Z) = Z^p + \delta x'^a y'^b$ where δ is a unit in R', and a and b are integers such that $0 \leqq a < p$, $0 \leqq b < p$, and $(a, b) \neq (0, 0)$; or 2') there exists a unit δ' in R' and a nonunit λ in R' such that $f'(Z)$ is an $[R', x', y']$-translate of $Z^p + \delta'$, J is a λ-faithful coefficient set for R', and $f'(Z)$ is $[R', x', y', \lambda]$-standard. If condition 1') holds then it suffices to take $R = R'$, $x = x'$, $y = y'$, and $z = z'$. If condition 2') holds then by Theorem 8 (3) there exists a canonical quadratic transform $[R, x, y]$ of $[R', x', y', w, J]$ and an $[R, x, y]$-translate $f(Z)$ of $f'(Z)$ such that: either 3') $f(Z)$ is of $[R, x, y]$-type $(0, 0)$; or 4') $f(Z)$ is of $[R, x, y]$-type (u, v) where $u > 0$, and $f(0) = \delta x^a y^b$ where δ is a unit in R, and a and b are integers such that $0 \leqq a < p$, $0 \leqq b < p$, $(a, b) \neq (0, 0)$, and if $b \neq 0$ then $v \neq 0$; clearly then $f(Z)$ is an $[R, x, y]$-translate of $Z^p + \delta'$, δ' is a unit R, and there exists a primitive element z of L over K such that $f(Z)$ is the minimal monic polynomial of z over K. The rest now follows from Lemma 11 and [8: Theorem 19].

PROOF OF (6). By Lemma 32 there exists a canonical quadratic transform $[R', x', y']$ of $[R^*, x^*, y^*, w, J]$ and a primitive element z' of L over K such that upon letting $f'(Z)$ to be the minimal monic polynomial of z' over K we have that: either 1') $f'(Z) = Z^p + \delta x'^a$ where δ is a unit in R' and a is an integer such that $0 < a < p$; or 2') there exists a unit δ' in R' and a nonunit λ in R' such that $f'(Z)$ is an $[R', x', y']$-translate of $Z^p + \delta'$, J is a λ-faithful coefficient set for R', and $f'(Z)$ is $[R', x', y', \lambda]$-standard. If condition 1') holds then it suffices to take $R = R'$, $x = x'$, $y = y'$, and $z = z'$. If condition 2') holds then by Theorem 8 (4) there exists a canonical quadratic transform $[R, x, y]$ of $[R', x', y, w', J]$ and an $[R, x, y]$-translate $f(Z)$ of $f'(Z)$ such that: either 3') $f(Z)$ is of $[R, x, y]$-type $(0, 0)$; or 4') $f(Z)$ is of $[R, x, y]$-type $(u, 0)$ where $u > 0$, and $f(0) = \delta x^a$ where δ is a unit in R and a is an integer such that $0 < a < p$; or 5') $f(Z)$ is of $[R, x, y]$-type $(u, 0)$ where $u > 0$, $\mathrm{ord}_R f(0) = 1$, and $f(0) \notin xR$; clearly then $f(Z)$ is an

$[R, x, y]$-translate of $Z^p + \delta'$, δ' is a unit R, and there exists a primitive element z of L over K such that $f(Z)$ is the minimal monic polynomial of z over K. The rest now follows from Lemma 10, Lemma 11, and [8: Theorem 19].

REMARK. Comparing Theorems 1, 2, 3, 4, 5 and 9 with [8: Theorems 11 and 12] we see that the situation for p-cyclic extensions when p is the residue field characteristic is completely analogous to the situation for p-cyclic extensions when p is not the residue field characteristic. Also note that in Theorems 1 and 3 we have reproved a part of [8: Theorem 12].

THEOREM 10. *Let (R, M) be a two dimensional regular local domain such that R/M is an algebraically closed field of characteristic $p \neq 0$. Let K be the quotient of R, let w be a real nondiscrete valuation of K dominating R, let L be a p-cyclic extension of K, and let W be an extension of w to L.*

(1). *If L is purely inseparable over K and R is a spot over a pseudogeometric domain then there exists a two dimensional regular local domain S with quotient field L such that W dominates S and S is a spot over R.*

(2). *If K is of characteristic p and L is separable over K then there exists a two dimensional regular local domain S with quotient field L such that W dominates S and S is a spot over R.*

(3). *If K is of characteristic zero, K contains a $(p-1)^{\text{th}}$ root of p, and K contains a primitive p^{th} root of 1, then there exists a two dimensional regular local domain S with quotient field L such that W dominates S and S is a spot over R.*

(4). *If K is of characteristic zero and R is an algebraic spot over a ground ring I then there exists a two dimensional regular local domain S with quotient field L such that W dominates S and S is a spot over R.*

PROOF OF (1). By Theorem 9 (1) there exists a quadratic transform R' of R along w such that upon letting S' to be the integral closure of R' in L we have that S' is a Jungian local domain and S' is a finite R-module. Clearly W dominates S' and $R_W/M_W = S'/N'$ where N' is the maximal ideal in S'. Therefore by [8: Theorem 5] there exists a two dimensional regular local domain S with quotient field L such that W dominates S and S is a spot over S'. Clearly then S is a spot over R.

PROOF OF (2). By Theorem 9 (3) there exists a quadratic transform R' of R along w such that every local domain with quotient field L lying above R' is Jungian. Let (S', N') be the local domain with quotient field L lying above R' such that W dominates S'. Clearly $R_W/M_W = S'/N'$. Therefore by [8: Theorem 5] there exists a two dimensional regular local domain S with quotient field L such that W dominates S and S is a spot over S'. Clearly then S is a spot over R.

PROOF OF (3). By Theorem 9 (5) there exists a quadratic transform R' of R along w such that every local domain with quotient field L lying above R' is Jungian. Let (S', N') be the local domain with quotient field L lying above R' such that W dominates S'. Clearly $R_W/M_W = S'/N'$. Therefore by [8: Theorem 5] there exists a two dimensional regular local domain S with quotient field L such that W dominates S and S is a spot over S'. Clearly then S is a spot over R.

PROOF OF (4). Let r be a primitive p^{th} root of 1 in an overfield of L, and let s be a $(p-1)^{\text{th}}$ root of p in an overfield of $L(r)$. Let $K' = K(r, s)$ and let $L' = L(r, s)$. Let W' be an extension of W to L' and let w' be the restriction of W' to K'. By Lemma 20 there exists a two dimensional regular local domain (R', M') with quotient field K' such that w' dominates R' and R' is a spot over R. Now R'/M' is algebraically closed, and either $L' = K'$ or L' is a p-cyclic extension of K'. Therefore by (3) there exists a two dimensional regular local domain (S', N') with quotient field L' such that W' dominates S' and S' is a spot over R'. Clearly then S' is an algebraic spot over I, S'/N' is algebraically closed, and $S'/N' =$ the quotient field of $(S' \cap L)/(N' \cap L)$. Therefore by Lemma 23 there exists a two dimensional regular local domain S with quotient field L and a two dimensional normal local domain S'' with quotient field L' such that S is an algebraic spot over I, S'' lies above S, S'' is a spot over S', and W' dominates S''. Clearly then W dominates S. Also $I \subset R \subset S$ and hence S is a spot over R.

(IV) *Solvable extensions.*

THEOREM 11. *Let (R, M) be a two dimensional regular local domain such that R is of characteristic $p \neq 0$, R/M is algebraically closed, and R is a spot over a pseudogeometric domain I. Let K be the quotient field R, let L be a finite algebraic purely inseparable extension of K, let w be a valuation of K dominating R such that* $\dim_R w = 0$, *and let W be the extension of w to L. Assume that if w is real discrete then the completion of any normal algebraic spot over R which dominates R is a normal domain. Then there exists a two dimensional regular local domain S with quotient field L such that W dominates S and S is a spot over R.*

PROOF. We make induction on $[L:K]$. If $[L:K]=1$ then we have nothing to show. So let $[L:K]>1$ and assume that the assertion is true for all values of $[L:K]$ smaller than the given one. Then there exists a subfield K' of L such that $K \subset K'$ and $[K':K]=p$. Let w' be the restriction W to K'. By Theorems 2, 5, and 10 (1) there exists a two dimensional regular local domain (R', M') with quotient field K' such that w' dominates R' and R' is a spot over R. Now R'/M' is algebraically closed, $\dim_{R'} w'=0$, R' is a spot over I, $[L:K']<[L:K]$, if w' is real discrete then w is real discrete, and if R^* is any algebraic spot over R' which dominates R' then R^* is an algebraic spot over R which dominates R. Therefore by the induction hypothesis there exists a two dimensional regular local domain S with quotient field L such that W dominates S and S is a spot over R'. Clearly S is then a spot over R.

THEOREM 12. *Let (R, M) be a two dimensional regular local domain such that R/M is algebraically closed and R is an algebraic spot over a ground ring I. Let K be the quotient field of R, let L be a finite algebraic extension of K, let w be a valuation of K dominating R such that* $\dim_R w=0$, *and let W be an extension of w to L. Assume that there exists a finite chain of subfields $K=K_0 \subset K_1 \subset \ldots \subset K_m=L$ of L such that K_i is a Galois extension of K_{i-1} and the Galois group of K_i over K_{i-1} is solvable for $i=1, \ldots, m$. Then there exists a two dimensional regular local domain S with quotient field L such that W dominates S and S is a spot over R.*

PROOF. We make induction on $[L:K]$. If $[L:K]=1$ then we have nothing to show. So let $[L:K]>1$ and assume that the assertion is true for all values of $[L:K]$ smaller than the given one. Now there exists a finite chain of subfields $K \subset K'=L_0 \subset L_1 \subset \ldots \subset L_n=L$ of L such that K' is a separable p-cyclic extension of K where p is some prime number, and for $i=1, \ldots, n$ we have that L_i is a Galois extension of L_{i-1} and the Galois group of L_i over L_{i-1} is solvable. Let w' be the restriction of W to K'. By Lemma 18 and Theorems 2, 4, 10 (2), and 10 (4) there exists a two dimensional regular local domain (R', M') with quotient field K' such that w' dominates R' and R' is a spot over R. Now R'/M' is algebraically closed, $\dim_{R'} w'=0$, R' is an algebraic spot over I, and $[L:K']<[L:K]$. Therefore by the induction hypothesis there exists a two dimensional regular local domain S with quotient field L such that W dominates S and S is a spot over R'. Clearly then S is a spot over R.

§ 3. *Effect of a quadratic transformation on an element in a two dimensional regular local domain*

Let (R, M) be a two dimensional regular local domain such that R/M is an algebraically closed field of characteristic $p \neq 0$. Let (x, y) be a basis of M and let J be a coefficient set for R. Let w be a valuation of the quotient field of R dominating R such that $\dim_R w = 0$.

DEFINITION 1. For any nonnegative integers b and c we set

$$[b, c] = \begin{cases} c & \text{if } b = 0 \\ c + 1 & \text{if } b \neq 0. \end{cases}$$

For $F \in R$ let $\sum F(i, j)\, x^i y^j$ be the expansion of F in $J[[x, y]]$. We shall say that F is of *$[R, x, y, J]$-type* (a, b, c) if a, b, c are nonnegative integers such that: $(a, b + c) \not\equiv 0(p)$, $[b, c] < p$, $F(a, b + c) \neq 0$, $F(i, j) = 0$ for all $i < a$, and $F(i, j) = 0$ for all $j < b$. Note that by Lemma 1: $F(i, j) = 0$ for all $i < a$ and $F(i, j) = 0$ for all $j < b \Leftrightarrow F \in x^a y^b R$.

PROPOSITION 1. *Let R' be the immediate quadratic transform of R along w. Assume that $w(y) \geqq w(x)$. Let $x' = x$ and $y' = (y/x) - \alpha$ with $\alpha \in J$ such that $w(y') > 0$. For $F \in R$ let $a = \operatorname{ord}_R F$. Assume that $0 < a < p$. Then F is of $[R', x', y', J]$-type $(a, 0, c)$ where $c \leqq a$.*

PROOF. Now $F \in M^a$ and hence $F \in x'^a R'$. Let $\sum F(i, j)\, x^i y^j$ and $\sum F'(i, j)\, x'^i y'^j$ be the expansions of F in $J[[x, y]]$ and $J[[x', y']]$ respectively. Let c be the greatest integer such that $F(a - c, c) \neq 0$. Then $c \leqq a$. Since $0 < a < p$ we get that $(a, c) \not\equiv 0(p)$ and $c < p$. We shall show that $F'(a, c) = F(a - c, c)$ and this will complete the proof. Let A_j be the elements in R defined by the equation

$$\sum_{j=0}^{c} F(a - j, j)\,(Z + \alpha)^j = \sum_{j=0}^{c} A_j Z^j$$

in $R[Z]$. Let B_j be the unique element in J such that $A_j - B_j \in M$. Clearly $A_c = F(a - c, c)$ and hence $F(a - c, c) - B_c \in M$. Since $F(a - c, c)$ and B_c are both in J, we get that $B_c = F(a - c, c)$. Now $A_j - B_j \in M$ implies that $A_j - B_j \in x' R'$ for all j. Therefore

$$\sum_{i+j=a} F(i,j)\, x^i y^j = x'^a \sum_{j=0}^{c} F(a-j,j)\,(y'+\alpha)^j$$

$$\equiv x'^a \sum_{j=0}^{c} B_j y'^j \bmod x'^{a+1} R'.$$

Also

$$F - \sum_{i+j=a} F(i,j)\, x^i y^j \in M^{a+1}$$

and hence

$$F - \sum_{i+j=a} F(i,j)\, x^i y^j \in x'^{a+1} R'.$$

Therefore

$$F \equiv \sum_{j=0}^{c} B_j x'^a y'^j \bmod x'^{a+1} R'.$$

Since the elements B_j are in J, we get that $F'(a,j) = B_j$ for all $j \leqq c$. In particular $F'(a,c) = B_c = F(a-c,c)$.

PROPOSITION 2. *Let R' be the immediate quadratic transform of R along w. Assume that $w(y) \geqq w(x)$. Let $x' = x$ and $y' = (y/x) - \alpha$ with $\alpha \in J$ such that $w(y') > 0$. Let $F \in R$ be of $[R, x, y, J]$-type (a, b, c). Let $d = \mathrm{ord}_R F$. Let q be a nonnegative integer such that $qp \leqq d$. Let $F' = x'^{-qp} F$. Let $a' = d - qp$. Let $b' = b$ if $w(y) > w(x)$, and $b' = 0$ if $w(y) = w(x)$. Let $\sum F(i,j)\, x^i y^j$ and $\sum F'(i,j)\, x'^i y'^j$ be the expansions of F and F' in $J[[x,y]]$ and $J[[x',y']]$ respectively. Assume that $F(i,j) = 0$ for all $(i,j) \equiv 0(p)$ with $i+j = d$. Then we have the following.*

(1). *F' is of $[R', x', y', J]$-type (a', b', c') where $[b', c'] \leqq [b, c]$.*

(2). *If $w(y) > w(x)$ then $F'(0,p) = 0$.*

(3). *If $d \not\equiv 0(p)$, $F(d-b, b) \neq 0$, and $w(y) > w(x)$, then F' is of $[R', x', y', J]$-type $(a', b', 0)$.*

(4). *If $d \not\equiv 0(p)$, $b \neq 0$, $F(d-b, b) \neq 0$, and $w(y) = w(x)$, then F' is of $[R', x', y', J]$-type (a', b', c^*) where $c^* \leqq d-a-b$.*

PROOF. By assumption $F = x^a y^b G$ with $G \in R$. Also $F \in M^d$ and hence $G \in M^{d-a-b}$. Therefore $G \in x'^{d-a-b} R'$. Now $x^a y^b = x'^{a+b}(y'+\alpha)^b$ and hence $F \in x'^d (y'+\alpha)^b R'$. Therefore $F' \in x'^{a'} (y'+\alpha)^b R'$ and hence

1) $$F' \in x'^{a'} y'^{b'} R'.$$

Let e be the greatest integer such that $F(d-e, e) \neq 0$. Since $F(i, j) = 0$ for all $j < b$, we get that $e \geqq b$. Let $n = e - b$. Then $n \geqq 0$, and

2) $$F(d-b-n, b+n) \neq 0.$$

Since $F(i, j) = 0$ for all $i < a$, by 2) we get that $d-b-n \geqq a$, i.e., $n \leqq d-a-b$. Since $F(a, b+c) \neq 0$, we get that $d \leqq a+b+c$, i.e., $d-a-b \leqq c$. Thus

3) $$0 \leqq n \leqq d-a-b \leqq c.$$

Since $F(i, j) = 0$ for all $(i, j) \equiv 0(p)$ with $i+j=d$, by 2) we get that $(d-b-n, b+n) \not\equiv 0(p)$. Therefore $(d, b+n) \not\equiv 0(p)$, and hence

4) $$(a', b+n) \not\equiv 0(p).$$

Let A_j be the elements in R defined by the equation

5) $$\sum_{j=0}^{b+n} F(d-j, j)\,(Z+\alpha)^j = \sum_{j=0}^{b+n} A_j Z^j$$

in $R[Z]$. Let B_j be the unique element in J such that $A_j - B_j \in M$. Then $A_j - B_j \in x' R'$ and hence

$$\sum_{i+j=d} F(i, j)\, x^i y^j = x'^d \sum_{j=0}^{e} F(d-j, j)\,(y'+\alpha)^j$$

$$\equiv x'^d \sum_{j=0}^{b+n} B_j y'^j \bmod x'^{d+1} R'.$$

Also

$$F - \sum_{i+j=d} F(i, j)\, x^i y^j \in M^{d+1}$$

and hence

$$F - \sum_{i+j=d} F(i, j)\, x^i y^j \in x'^{d+1} R'.$$

Therefore

$$F \equiv x'^d \sum_{j=0}^{b+n} B_j y'^j \bmod x'^{d+1} R'.$$

and hence

$$F' \equiv \sum_{j=0}^{b+n} B_j x'^{a'} y'^j \bmod x'^{a'+1} R'.$$

Since the elements B_j are in J we get that

6) $$F'(a',j) = \begin{cases} B_j \text{ for } j \leqq b+n \\ 0 \text{ for } j > b+n. \end{cases}$$

Note that if $\alpha = 0$ then by 5) we get that $F(d-j,j) = A_j$ and hence $B_j = F(d-j,j)$ because B_j and $F(d-j,j)$ are both in J. Therefore by 6) we get the following:

7) If $w(y) > w(x)$ then $F'(a',j) = \begin{cases} F(d-j,j) & \text{for } j \leqq b+n \\ 0 & \text{for } j > b+n. \end{cases}$

By 5) we get that

$$(Z+\alpha)^b \sum_{j=0}^{n} F(d-b-j, b+j)(Z+\alpha)^j = \sum_{j=0}^{b+n} A_j Z^j$$

in $R[Z]$. Let $k = R/M$, and let $h: R \to k$ be the natural epimorphism. Applying h to the above equation we get that

$$(Z+h(\alpha))^b \sum_{j=0}^{n} h(F(d-b-j, b+j))(Z+h(\alpha))^j = \sum_{j=0}^{b+n} h(A_j) Z^j$$

in $k[Z]$. Let $D = h(\alpha)$ and $E(j) = h(A_j)$, and let $D(j)$ be the elements in k defined by the equation

$$\sum_{j=0}^{n} h(F(d-b-j, b+j))(Z+h(\alpha))^j = \sum_{j=0}^{n} D(j) Z^j$$

in $k[Z]$. Then

8) $$(Z+D)^b \sum_{j=0}^{n} D(j) Z^j = \sum_{j=0}^{b+n} E(j) Z^j \text{ in } k[Z].$$

Now $D(n) = h(F(d-b-n, b+n))$ and $F(d-b-n, b+n) \in J$. Therefore by 2) we get that

9) $$D(n) \neq 0.$$

Now $h(B_j) = h(A_j) = E(j)$ and $B_j \in J$. Therefore $B_j = 0 \Leftrightarrow E(j) = 0$, and hence by 6) we get the following:

10) For $j \leqq b+n$: $F'(a',j) = 0 \Leftrightarrow E(j) = 0$.

Finally note that

11) $$D \neq 0 \Leftrightarrow w(y) = w(x).$$

We shall now divide the argument into four cases.

Case when $w(y) > w(x)$. Take $c' = n$. Now $b' = b$ and hence by 3) and 4) we get that $(a', b' + c') \not\equiv 0(p)$ and $[b', c'] \leqq [b, c]$. Also $F' \in x'^{a'} y'^{b'} R'$ by 1), and $F'(a', b' + c') = F(d - b - n, b + n) \neq 0$ by 2) and 7). Therefore F' is of $[R', x', y', J]$-type (a', b', c').

Next we claim that $F'(0, p) = 0$. This is obvious if $a' > 0$ because then $F'(0, j) = 0$ for all j. So now suppose that $a' = 0$. Then $d \equiv 0(p)$ and hence $(d - p, p) \equiv 0(p)$. By 7) we get that $F'(0, p) = 0$ if $p > b + n$, and $F'(0, p) = F(d - p, p)$ if $p \leqq b + n$. Since $F(i, j) = 0$ for all $(i, j) \equiv 0(p)$ with $i + j = d$, we get that $F'(0, p) = 0$ if $p \leqq b + n$.

Now assume that $d \not\equiv 0(p)$ and $F(d - b, b) \neq 0$. Then $(a', b') \not\equiv 0(p)$ because $a' \not\equiv 0(p)$. Also $F'(a', b') = F'(a', b) = F(d - b, b) \neq 0$ by 7). Therefore F' is of $[R', x', y', J]$-type $(a', b', 0)$.

Case when $w(x) = w(x)$ *and* $b = 0$. Take $c' = n$. Now $b' = 0$ and hence by 3) and 4) we get that $(a', b' + c') \not\equiv 0(p)$ and $[b', c'] \leqq [b, c]$. By 1) $F' \in x'^{a'} y'^{b'} R'$. Since $b = 0$, by 8) and 9) we get that $E(n) = D(n) \neq 0$, and hence by 10) we get that $F'(a', b' + c') \neq 0$. Therefore F' is of $[R', x', y', J]$-type (a', b', c').

Case when $w(y) = w(x)$, $b \neq 0$, and $d \not\equiv 0(p)$. Then $b' = 0$ and $a' \not\equiv 0(p)$. By 1), $F' \in x'^{a'} y'^{b'} R'$. Now $D(n) \neq 0$ by 9) and hence there exists an integer c' such that: $0 \leqq c' \leqq n$, $D(c') \neq 0$, and $D(j) = 0$ for all $j < c'$. Since $D \neq 0$ by 11), by 8) we get that $E(c') \neq 0$. Now $c' \leqq n$ and hence $c' \leqq d - a - b \leqq c$ by 3). Therefore F' is of $[R', x', y', J]$-type (a', b', c') and $[b', c'] \leqq [b, c]$. Since $c' \leqq d - a - b$ we can take $c^* = c'$.

Case when $w(y) = w(x)$, $b \neq 0$, *and* $d \equiv 0(p)$. Then $b' = 0$, $a' \equiv 0(p)$, and $c + 1 = [b, c] < p$. By 1), $F' \in x'^{a'} y'^{b'} R'$. Since $a' \equiv 0(p)$, by 4) get that $b + n \not\equiv 0(p)$. Therefore in view of Lemma 27, by 8) and 9) there exists an integer c' such that $0 < c' \leqq n + 1$ and $E(c') \neq 0$. Then $F'(a', b' + c') \neq 0$ by 10). Now $n + 1 \leqq c + 1$ by 3) and hence $0 < c' \leqq c + 1 < p$; since $b > 0$ and $b' = 0$ we get that $[b', c'] \leqq [b, c]$ and $(a', b' + c') \not\equiv 0\,(p)$. It follows that F' is of $[R', x', y', J]$-type (a', b', c').

PROPOSITION 3. *Let F' be the immediate quadratic transform of R along w. Assume that $w(y) < w(x)$. Let $x' = x/y$ and $y' = y$. Let $F \in R$ be of $[R, x, y, J]$-type (a, b, c). Let $d = \operatorname{ord}_R F$. Assume that $a < p$ and $d > 0$. Also assume that* *either* $b < p$ *or* $a > 0$. *Let* q *be a nonnegative integer such that* $qp \leqq d$. *Let* $F' = y'^{-qp} F$. *Let* $d' = \operatorname{ord}_{R'} F'$. *Let* $b' = d - qp$ *and* $c' = a + b + c - d$. *Let* $\sum F(i,j)\, x^i y^j$ *and* $\sum F'(i,j)\, x'^i y'^j$ *be the expansions of* F *and* F' *in* $J[[x,y]]$ *and* $J[[x',y']]$ *respectively. Then we have the following.*

(1). *If* $q = 0$ *and* $F(0,p) = 0$ *then* $F'(0,p) = 0$.

(2). *If* $d = a + b$ *then* F' *is of* $[R', x', y', J]$*-type* $(a, b', 0)$.

(3). *If* $d \neq a + b$ *then* F' *is of* $[R', x', y', J]$*-type* (a, b', c') *and* $c' < c$.

(4). *If* $[b', c'] \geqq [b, c]$, $q > \min(0, d - p)$, *and* F' *is not of* $[R', x', y', J]$*-type* $(a, b', 0)$ *then:* $b = 0$, $c' = c - 1$, $b' = d = a + 1 < p$, $q = 0$, $2p > d' = 2(a+1) \not\equiv 0(p)$, *and* $F'(d' - b', b') \neq 0$.

PROOF. By assumption $F = x^a y^b G$ with $G \in R$. Also $F \in M^d$ and hence $G \in M^{d-a-b}$. Therefore $G \in y'^{d-a-b} R'$. Now $x^a y^b = x'^a y'^{a+b}$ and hence $F \in x'^a y'^d R'$. Therefore

1) $$F' \in x'^a y'^{b'} R'.$$

Let e be any nonnegative integer. Then

$$F \equiv \sum_{qp \leqq i+j \leqq qp+e} F(i,j)\, x^i y^j \bmod M^{qp+e+1}$$

and hence

$$F \equiv \sum_{qp \leqq i+j \leqq qp+e} F(i,j)\, x^i y^j \bmod y'^{qp+e+1} R'.$$

Now

$$\sum_{qp \leqq i+j \leqq qp+e} F(i,j)\, x^i y^j = \sum_{qp \leqq i+j \leqq qp+e} F(i,j)\, x'^i y'^{i+j}$$

and hence

$$F' \equiv \sum_{qp \leqq i+j \leqq qp+e} F(i,j)\, x'^i y'^{i+j-qp} \bmod y'^{e+1} R'.$$

Therefore

$$F'(i, i+j-qp) = F(i,j) \text{ if } i \geqq 0, j \geqq 0, 0 \leqq i+j-qp \leqq e.$$

Since e was an arbitrary nonnegative integer, we get that

2) $$F'(i, i+j-qp) = F(i,j) \text{ if } i \geqq 0, j \geqq 0, i+j \geqq qp.$$

By 2) we get (1).

If $d = a + b$ then $F'(a, b') = F(a, b)$ by 2) and clearly $F(a, b) \neq 0$; hence if $d = a + b$ then $F'(a, b') \neq 0$. Now $b' = d - qp$, $a < p$, $d > 0$, and either $b < p$ or $a > 0$; hence if $d = a + b$ then $(a, b') \not\equiv 0(p)$. Therefore, in view of 1), we get (2).

Since $a + b + c - qp = b' + c'$ and $(a, b + c) \not\equiv 0(p)$, we get that $(a, b' + c') \not\equiv 0(p)$. Again since $a + b + c - qp = b' + c'$, by 2) we get that $F'(a, b' + c') = F(a, b + c)$. By assumption $F(a, b + c) \neq 0$ and hence $F'(a, b' + c') \neq 0$. If $d \neq a + b$ then clearly $d > a + b$; consequently if $d \neq a + b$ then $c' < c$ and hence $[b', c'] \leqq [b, c] < p$. Therefore, in view of 1), we get (3).

To prove (4) assume that $[b', c'] \geqq [b, c]$, $q > \min(0, d - p)$ and F' is not of $[R', x', y', J]$-type $(a, b', 0)$. Since F' is not of $[R', x', y', J]$-type $(a, b', 0)$, by (2) we get that $d \neq a + b$. Therefore $d > a + b$ and hence $c' < c$. Since $[b', c'] \geqq [b, c]$ and $c' < c$, we must have $b = 0$, $b' > 0$, and $c' = c - 1$. Since $b = 0$ and $c' = c - 1$, we get that $d = a + 1$. Since $a < p$, we get that $d = a + 1 \leqq p$. Since $d - qp = b' > 0$, $d \leqq p$, and $q > \min(0, d - p)$, we must have $d < p$ and $q = 0$. Therefore $b' = d = a + 1 < p$ and hence $(a, b') \not\equiv 0(p)$; since $F' \in x'^{a} y'^{b'} R'$ by 1), we conclude that $F'(a, b') = 0$ because otherwise F' would be of $[R', x', y', J]$-type $(a, b', 0)$. Since $q = 0$ and $b' = a + 1$, by 2) we get that $F'(a, b') = F(a, 1)$ and hence $F(a, 1) = 0$. If $p = 2$ then $c \leqq 1$ and hence: $c' = 0$, $c = 1$, $F(a, 1) = F(a, b + c) \neq 0$. Therefore we must have $p > 2$. Since $0 < a + 1 < p$ and $p > 2$, we get that $2(a + 1) \not\equiv 0(p)$. Since $F \in x^{a} R$, $\operatorname{ord}_R F = d = a + 1$, and $F(a, 1) = 0$, we must have $F(a + 1, 0) \neq 0$. Since $q = 0$ and $b' = a + 1$, by 2) we get that $F'(a + 1, b') = F(a + 1, 0)$ and hence $F'(a + 1, b') \neq 0$. Since $F' \in x'^{a} y'^{b'} R'$, $F'(a, b') = 0$, and $F'(a + 1, b') \neq 0$, we get that $d' = a + 1 + b'$. Therefore $2p > d' = 2(a + 1) \not\equiv 0(p)$, and $F'(d' - b', b') \neq 0$.

§ 4. Effect of a sequence of quadratic transformations on an inseparable polynomial

Let (R, M) be a two dimensional regular local domain such that R is of characteristic $p \neq 0$ and R/M is algebraically closed. Let (x, y) be a basis of M, let J be a coefficient set for R, let K be the quotient field of R, and let w be a valuation of K dominating R such that $\dim_R w = 0$.

DEFINITION 2. Let $f(Z) \in K[Z]$. We shall say that $f(Z)$ is of *$[R, x, y, J]$-type* $((a, b, c))$ if: $f(Z) = Z^p + F$ where F is an element in R such that F is of $[R, x, y, J]$-type (a, b, c), $a < p$, $b < p$, and J is an x-faithful coefficient set for R. We shall say that $f(Z)$ is of *$[R, x, y, J]$-type* $((a, b, c))^*$ if: $f(Z)$ is of $[R, x, y, J]$-type $((a, b, c))$, and $F(i, j) = 0$ for all $(i, j) \equiv 0(p)$ with $i + j = \operatorname{ord}_R f(0)$ where $F(i, j)$ is the coefficient of $x^i y^j$ in the expansion of $f(0)$ in $J[[x, y]]$.

PROPOSITION 4. *Let $f(Z) \in K[Z]$ be of $[R, x, y, J]$-type $((a, b, c))$. Then there exists $r \in R$ such that for $f'(Z) = f(Z + r)$ we have that $f'(Z)$ is of $[R, x, y, J]$-type $((a, b, c))^*$.*

PROOF. Let $F = f(0)$ and let $F' = r^p + F$ where r in R is to be found. Let $\Sigma F(i, j)\, x^i y^j$ and $\Sigma F'(i, j)\, x^i y^j$ be the respective expansions of F and F' in $J[[x, y]]$. It suffices to find r in R such that: $F'(a, b + c) = F(a, b + c)$, $F'(i, j) = 0$ for all $i < a$, $F'(i, j) = 0$ for all $j < b$, and $F'(i, j) = 0$ for all $(i, j) \equiv 0(p)$ with $i + j \leqq a + b + c$. We shall divide the argument into four cases.

Case when $a = 0 = b$. By Lemma 5 there exists $r \in R$ such that $r^p + F(0, 0) \in xR$. Then

$$F' \equiv \sum_{j \neq 0} F(0, j)\, y^j \bmod x\mathfrak{R}$$

where $\mathfrak{R}$ is the completion of R. Therefore $F'(0, 0) = 0$, and $F'(0, j) = F(0, j)$ for all $j > 0$. In particular $F'(0, c) = F(0, c)$ because $c \not\equiv 0(p)$; and $F'(i, j) = 0$ for all $(i, j) \equiv 0(p)$ with $i + j \leqq c$ because $c < p$.

Case when $a = 0 \neq b$. By Lemma 5 there exists $s \in R$ such that $s^p + F(0, p) \in xR$. Let $r = sy$. Then

$$F' \equiv \sum_{j \neq p} F(0, j)\, y^j \bmod x\mathfrak{R}$$

where $\mathfrak{R}$ is the completion of R. Therefore $F'(0, p) = 0$, and $F'(0, j) = F(0, j)$ for all $j \neq p$. In particular $F'(0, b + c) = F(0, b + c)$ because $b + c \not\equiv 0(p)$. Clearly $F' \equiv F \bmod y^p R$ and hence $F'(i, j) = F(i, j)$ for all $j < p$. In particular $F'(i, j) = F(i, j) = 0$ for all $j < b$ because $b < p$. Since $b + c < 2p$ and $b > 0$, we get that $F'(i, j) = 0$ for all $(i, j) \equiv 0(p)$ with $i + j \leqq b + c$.

Case when $a \neq 0 = b$. Since R/M is algebraically closed, there exists $s \in R$ such that $s^p + F(p, 0) \in M$. Let $r = sx$. Then $F' \equiv F \bmod x^p R$ and hence $F'(i, j) = F(i, j)$ for all $i < p$; in particular, since $a < p$, we get that $F'(a, b + c) = F(a, b + c)$, and $F'(i, j) = F(i, j) = 0$ for all $i < a$. Also $r^p + F(p, 0)\, x^p \in M^{p+1}$ and hence

$$F' \equiv \sum_{i+j \leqq p,\, (i,j) \neq (p,0)} F(i, j)\, x^i y^j \bmod M^{p+1}$$

Therefore $F'(p, 0) = 0$. Since $a > 0$ and $a + c < 2p$, we get that $F'(i, j) = 0$ for all $(i, j) \equiv 0(p)$ with $i + j \leqq a + c$.

Case when $a \neq 0 \neq b$. Since R/M is algebraically closed, there exists $s \in R$ such that $s^p + F(p, p) \in M$. Let $r = sxy$. Then $F' \equiv F \bmod x^p y^p R$ and hence $F'(i, j) = F(i, j)$ for all $i < p$, and $F'(i, j) = F(i, j)$ for all $j < p$. Since $a < p$ and $b < p$, we get that $F'(a, b + c) = F(a, b + c)$, $F'(i, j) = F(i, j) = 0$ for all $i < a$, and $F'(i, j) = F(i, j) = 0$ for all $j < b$. Also $r^p + F(p, p)\, x^p y^p \in M^{2p+1}$ and hence

$$F' \equiv \sum_{i+j \leqq 2p,\, (i,j) \neq (p,p)} F(i, j)\, x^i y^j \bmod M^{2p+1}.$$

Therefore $F'(p, p) = 0$. Since $a > 0$, $b > 0$, and $a + b + c < 3p$, we get that $F'(i, j) = 0$ for all $(i, j) \equiv 0(p)$ with $i + j \leqq a + b + c$.

PROPOSITION 5. *Let R' be the immediate quadratic transform of R along w. Assume that $w(y) \geqq w(x)$. Let $x' = x$ and $y' = (y/x) - \alpha$ with $\alpha \in J$ such that $w(y') > 0$. Let $f(Z) \in K[Z]$ be of $[R, x, y, J]$-type $((a, b, c))$. Then there exists an $[R', x', y']$-translate $f'(Z)$ of $f(Z)$ such that $f'(Z)$ is of $[R', x', y', J]$-type $((a', b', c'))$ where $[b', c'] \leqq [b, c]$.*

PROOF. Clearly J is an x'-faithful coefficient set for R'. By Proposition 4 there exists an $[R, x, y]$-translate $f^*(Z)$ of $f(Z)$ such that $f^*(Z)$ is of $[R, x, y, J]$-type $((a, b, c))^*$. Let q be the greatest integer such that $qp \leqq \operatorname{ord}_R f^*(0)$. Let $a' = d - qp$. Let $b' = b$ if $w(y) > w(x)$ and $b' = 0$ if $w(y) = w(x)$. Then $a' < p$ and $b' < p$. Let $f'(Z) = x'^{-pq} f^*(x'^q Z)$. Then $f'(Z) = Z^p + x'^{-pq} f^*(0)$. By Proposition 2 (1) there exists a nonnegative integer c' such that $[b', c'] \leqq [b, c]$ and $x'^{-pq} f^*(0)$ is of $[R', x', y']$-type (a', b', c'). It follows that $f'(Z)$ is of $[R', x', y']$-type $((a', b', c'))$.

PROPOSITION 6. *Let R. be the immediate quadratic transform of R along w. Assume that $w(y) < w(x)$. Let $x' = x/y$ and $y' = y$. Let R'' be the immediate quadratic of R' along w. If $w(y') \geqq w(x')$ then let $x'' = x$ and $y'' = (y'/x') - \alpha'$*

with $\alpha' \in J$ *such that* $w(y'') > 0$, *and if* $w(y') < w(x')$ *then let* $x'' = x'/y'$ *and* $y'' = y'$. *Let* $f(Z) \in K[Z]$ *be of* $[R, x, y, J]$*-type* $((a, b, c))$. *Then one of the following four conditions hold:* (1) $f(Z)$ *has an* $[R', x', y']$*-translate which is of* $[R', x', y', J]$*-type* $((a', b', 0))$. (2) $f(Z)$ *has an* $[R', x', y']$*-translate which is of* $[R', x', y', J]$*-type* $((a', b', c'))$ *where* $[b', c'] < [b, c]$. (3) $f(Z)$ *has an* $[R'', x'', y'']$*-translate which is of* $[R'', x'', y'', J]$*-type* $((a'', b'', 0))$. (4) $f(Z)$ *has an* $[R'', x'', y'']$*-translate which is of* $[R'', x'', y'', J]$*-type* $((a'', b'', c''))$ *where* $[b'', c''] < [b, c]$.

PROOF. Clearly J is an x'-faithful coefficient set for R', and J is an x''-faithful coefficient set for R''. By Proposition 4 there exists an $[R, x, y]$-translate $f^*(Z)$ of $f(Z)$ such that $f^*(Z)$ is of $[R, x, y, J]$-type $((a, b, c))^*$. Let $d = \operatorname{ord}_R f^*(0)$. Let q be the greatest integer such that $qp \leqq d$. Let $f'(Z) = y'^{-qp} f^*(y'^q Z)$. Then $f'(Z) = Z^p + F'$ where $F' = y'^{-qp} f^*(0)$. Let $d' = \operatorname{ord}_{R'} F'$. Let $\sum F'(i, j)\, x'^i y'^j$ be the expansion of F' in $J[[x', y']]$. Let $a' = a$, $b' = d - qp$, $c' = a + b + c - d$. Then $a' < p$ and $b' < p$. Therefore by Proposition 3 we get 1), 2), 3):

1). If $d = a + b$ then $f'(Z)$ is of $[R', x', y', J]$-type $((a', b', 0))$.

2). If $d \neq a + b$ then $f'(Z)$ is of $[R', x', y', J]$-type $((a', b', c'))$ and $c' < c$.

3). If $d \neq a + b$, $[b', c'] \geqq [b, c]$, and $f'(Z)$ is not of $[R', x', y', J]$-type $((a', b', 0))$ then: $b = 0$, $b' \neq 0$, $d' \not\equiv 0(p)$, and $F'(d' - b', b') \neq 0$.

Since $f'(Z)$ is an $[R', x', y']$-translate of $f(Z)$, we have nothing to show if $f'(Z)$ is of $[R', x', y', J]$-type $((a', b', 0))$. So assume that $f'(Z)$ is not of $[R', x', y', J]$-type $((a', b', 0))$. Then by 1) and 2) we get that $d \neq a + b$, $f'(Z)$ is of $[R', x', y', J]$-type $((a', b', c'))$, and $c' < c$. Hence if $[b', c'] < [b, c]$ then again we have nothing to show. So also assume that $[b', c'] \geqq [b, c]$. Then $[b', c'] = [b, c]$ and by 3) we get that $b' \neq 0$, $d' \not\equiv 0(p)$, and $F'(d' - b', b') \neq 0$. Let q' be the greatest integer such that $q'p \leqq d'$. We shall now divide the argument into two cases.

Case when $w(y) \geqq w(x)$. Let $f''(Z) = x''^{-q'p} f'(x''^{q'} Z)$. Then $f''(Z)$ is an $[R'', x'', y'']$-translate of $f(Z)$, and $f''(Z) = Z^p + F''$ where $F'' = x''^{-q'p} F'$. Let $a'' = d' - q'p$. Then $a'' < p$. Let $b'' = b'$ if $w(y) > w(x)$, and $b'' = 0$ if $w(y) = w(x)$. Then $b'' < p$. If $w(y) > w(x)$ then by Proposition 2 (3) we get that $f''(Z)$ is of $[R'', x'', y'', J]$-type $((a'', b'', 0))$. If $w(y) = w(x)$ then by Proposition 2 (4) we get that $f''(Z)$ is of $[R'', x'', y'', J]$-type $((a'', b'', c''))$ where $c'' \leqq d' - a' - b'$; clearly $d' \leqq a' + b' + c'$

and hence $d' - a' - b' \leqq c'$; therefore $c'' \leqq c'$; since $b' \neq 0$ and $b'' = 0$, we get that $[b'', c''] < [b', c']$ and hence $[b'', c''] < [b, c]$.

Case when $w(y') < w(x')$. Let $f''(Z) = y''^{-q'p} f'(y''^{q'} Z)$. Then $f''(Z)$ is an $[R'', x'', y'']$-translate of $f(Z)$, and $f''(Z) = Z^p + F''$ where $F'' = y''^{-q'p} F''$ Let $a'' = a'$, $b'' = d' - q'p$, and $c'' = a' + b' + c' - d'$. Then $a'' < p$ and $b'' < p$. Since $d' \not\equiv 0(p)$ and $b' \neq 0$, by Proposition 3 we get that either $f''(Z)$ is of $[R'', x'', y'', J]$-type $((a'', b'', 0))$, or $f''(Z)$ is of $[R'', x'', y'', J]$-type $((a'', b'', c''))$ and $[b'', c''] < [b', c'] = [b, c]$.

PROPOSITION 7. *Assume that w is rational. Let $f(Z) \in K[Z]$ be of $[R, x, y, J]$-type $((a, b, 0))$. Then there exists a canonical quadratic transform $[R', x', y']$ of $[R, x, y, w, J]$ and an $[R', x', y']$-translate $f'(Z)$ of $f(Z)$ such that either $f'(Z)$ is of $[R', x', y', J]$-type $((a', 0, 0))$ or $f'(Z)$ is of $[R', x', y', J]$-type $((0, 0, 1))$*.*

PROOF. Let $F = f(Z) - Z^p$. Then $F = \delta x^a y^b$ where δ is a unit in R. Let (R_i, M_i) be the ith quadratic transform of R along w. Let $x_0 = x$, $y_0 = y$, $a(0) = a$, $b(0) = b$. Since w is rational, there exists a nonnegative integer n and a basis (x_i, y_i) of M_i for $0 < i \leqq n$ such that $w(x_n) = w(y_n)$ and such that for $0 \leqq i < n$ we have: $w(x_i) \neq w(y_i)$; $x_{i+1} = x_i$ and $y_{i+1} = y_i/x_i$ if $w(x_i) < w(y_i)$; $y_{i+1} = y_i$ and $x_{i+1} = x_i/y_i$ if $w(y_i) < w(x_i)$. Let $a(1), b(1), a(2), b(2), \ldots, a(n), b(n)$ be the nonnegative integers defined by the recurrence relations: $a(i+1) = a(i) + b(i)$ and $b(i+1) = b(i)$ if $w(x_i) < w(y_i)$; $b(i+1) = a(i) + b(i)$ and $a(i+1) = a(i)$ if $w(y_i) < w(x_i)$. Clearly if $(a(i), b(i)) \not\equiv 0(p)$ then $(a(i+1), b(i+1)) \not\equiv 0(p)$; since this is so for $0 \leqq i < n$ and since $(a(0), b(0)) \not\equiv 0(p)$, we get that $(a(n), b(n)) \not\equiv 0(p)$. Clearly $x_i^{a(i)} y_i^{b(i)} = x_{i+1}^{a(i+1)} y_{i+1}^{b(i+1)}$ for $0 \leqq i < n$, and hence $F = \delta x_n^{a(n)} y_n^{b(n)}$. Let $R' = R_{n+1}$, $x' = x_n$, and $y' = (y_n/x_n) - \alpha$ with $\alpha \in J$ such that $w(y') > 0$. Then $[R', x', y']$ is a canonical quadratic transform of $[R, x, y, w, J]$, and J is an x'-faithful coefficient set for R'. Let q be the greatest integer such that $qp \leqq a(n) + b(n)$. Let $a' = a(n) + b(n) - qp$, $F^* = x'^{-qp} F$, $\delta' = \delta(y_n/x_n)^{b(n)}$, and $f^*(Z) = x'^{-qp} f(x'^q Z)$. Then $f^*(Z) = Z^p + F^*$, $F^* = \delta' x'^{a'}$, and δ' is a unit in R'. If $a(n) + b(n) \not\equiv 0(p)$ then $0 < a' < p$ and hence $f^*(Z)$ is of $[R', x', y', J]$-type $((a', 0, 0))$. Therefore if $a(n) + b(n) \not\equiv 0(p)$ then we can take $f'(Z) = f^*(Z)$. Now assume that $a(n) + b(n) \equiv 0(p)$. Then $a' = 0$. Clearly F is of $[R_n, x_n, y_n, J]$-type $(a(n), b(n), 0)$. Therefore by Proposition 2 (1) there exists a nonnegative integer c' such that $[0, c'] \leqq [b(n), 0]$ and F^* is of $[R', x', y', J]$-type

$(0, 0, c')$. Then $c' \not\equiv 0(p)$. Since $[0, c'] = c'$ and $[b(n), 0] \leqq 1$, we must have $c' = 1$. Therefore $f^*(Z)$ is of $[R', x', y', J]$-type $((0, 0, 1))$. Hence by Proposition 4 there exists an $[R', x', y']$-translate $f'(Z)$ of $f^*(Z)$ such that $f'(Z)$ is of $[R', x', y', J]$-type $((0, 0, 1))^*$.

PROPOSITION 8. *Assume that w is real nondiscrete. Let $f(Z) \in K[Z]$ be of $[R, x, y, J]$-type $((a, b, c))$. Then there exists a canonical quadratic transform $[R', x', y']$ of $[R, x, y, w, J]$ and an $[R', x', y']$-translate $f'(Z)$ of $f(Z)$ such that $f'(Z)$ is of $[R', x', y', J]$-type $((a', b', 0))$.*

PROOF. We make induction on $[b, c]$. If $[b, c] = 0$ then we have nothing to show. So let $[b, c] > 0$ and assume that the assertion is true for all values of $[b, c]$ smaller than the given one. Let R_i be the ith quadratic transform of R along w. Let $x_0 = x$, $y_0 = y$, $f_0(Z) = f(Z)$, $a_0 = a$, $b_0 = b$, $c_0 = c$. By Lemma 6 there exists a nonnegative integer n and elements α_i in J for $0 \leqq i < n$ such that upon setting $x_{i+1} = x_i$ and $y_{i+1} = (y_i/x_i) - \alpha_i$ for $0 \leqq i < n$ we have that $w(y_i) \geqq w(x_i)$ for $0 \leqq i < n$ and $0 < w(y_n) < w(x_n)$. Applying Proposition 5 successively n times we find an $[R_i, x_i, y_i]$-translate $f_i(Z)$ of $f_{i-1}(Z)$ such that $f_i(Z)$ is of $[R_i, x_i, y_i, J]$-type $((a_i, b_i, c_i))$ and $[b_i, c_i] \leqq [b_{i-1}, c_{i-1}]$ for $0 < i \leqq n$. In particular, then $f_n(Z)$ is an $[R_n, x_n, y_n]$-translate of $f(Z)$, $f_n(Z)$ is of $[R_n, x_n, y_n, J]$-type $((a_n, b_n, c_n))$, and $[b_n, c_n] \leqq [b, c]$. Applying Proposition 6 to $f_n(Z)$ we find a canonical quadratic transform $[R^*, x^*, y^*]$ of $(R_n, x_n, y_n, w, J]$ and an $[R^*, x^*, y^*]$-translate $f^*(Z)$ of $f_n(Z)$ such that $f^*(Z)$ is of $[R^*, x^*, y^*]$-type $((a^*, b^*, c^*))$ where either $c^* = 0$ or $[b^*, c^*] < [b_n, c_n]$. If $c^* = 0$ then we can take $R' = R^*$, $x' = x^*$, $y' = y^*$, $f'(Z) = f^*(Z)$, $a' = a^*$, $b' = b^*$. If $[b^*, c^*] < [b_n, c_n]$ then $[b^*, c^*] < [b, c]$ and hence by the induction hypothesis there exists a canonical quadratic transform $[R', x', y']$ of $[R^*, x^*, y^*, w, J]$ and an $[R', x', y']$-translate $f'(Z)$ of $f^*(Z)$ such that $f'(Z)$ is of $[R', x', y', J]$-type $((a', b', 0))$.

PROPOSITION 9. *Assume that w is real nondiscrete. Let $f(Z) = Z^p + F$ where F is an element in R such that $0 < \operatorname{ord}_R F < p$. Then there exists a canonical quadratic transform $[R', x', y']$ of $[R, x, y, w, J]$ and an $[R', x', y']$-translate $f'(Z)$ of $f(Z)$ such that $f'(Z)$ is of $[R', x', y', J]$-type $((a', b', 0))$.*

PROOF. Let R^* be the immediate quadratic transform of R along w. If $w(y) \geqq w(x)$ then let $x^* = x$ and $y^* = (y/X) - \alpha$ with $\alpha \in J$ such that $w(y^*) > 0$, and if $w(y) < w(x)$ then let $x^* = y$ and $y^* = x/y$. By Proposition 1, F is of $[R^*, x^*, y^*, J]$-type $(a, 0, c)$ where $a < p$. By Lemma 4, J is an x^*-faithful coefficient set for R^* and hence $f(Z)$ is of $[R^*, x^*, y^*, J]$-type $((a, 0, c))$. Therefore by Proposition 8 there exists a canonical quadratic transform $[R', x', y']$ of $[R^*, x^*, y^*, w, J]$ and an $[R', x', y']$-translate $f'(Z)$ of $f(Z)$ such that $f'(Z)$ is of $[R', x', y', J]$-type $((a', b', 0))$.

PROPOSITION 10. *Assume that w is rational nondiscrete. Let $f(Z) = Z^p + F$ where F is an element in R such that $0 < \operatorname{ord}_R F < p$. Then there exists a canonical quadratic transform $[R', x', y']$ of $[R, x, y, w, J]$ and an $[R', x', y']$-translate $f'(Z)$ of $f(Z)$ such that either $f'(Z)$ is of $[R', x', y', J]$-type $((a', 0, 0))$ or $f'(Z)$ is of $[R', x', y', J]$-type $((0, 0, 1))^*$.*

PROOF. Follows from Propositions 7 and 9.

§ 5. *Translates of a standard polynomial*

Let (R, M) be a two dimensional regular local domain such that R/M is an algebraically closed field of characteristic $p \neq 0$. Let (x, y) be a basis of M, let $\lambda \in R$, and let J be a λ-faithful coefficient set for R.

PROPOSITION 11. *Let $f(Z) \in R[Z]$ be of $[R, x, y, \lambda]$-type (u, v) where $u > 0$. Assume that $f(0)$ is of $[R, x, y, J]$-type (a, b, c) where : $a < p$, $b < p$, and if $v = 0$ then $b = 0$. Then there exists $r \in R$ such that for $f'(Z) = f(Z + r)$ we have that : $f'(Z)$ is of $[R, x, y, \lambda]$-type (u, v), $f'(0)$ is of $[R, x, y, J]$-type (a, b, c), and $F'(i, j) = 0$ for $(i, j) \equiv 0(p)$ with $i + j \leqq a + b + c$ where $F'(i, j)$ is the coefficient of $x^i y^j$ in the expansion of $f'(0)$ in $J[[x, y]]$.*

PROOF. Let $F = f(0)$ and let $\sum F(i, j)\, x^i y^j$ be the expansion of F in $J[[x, y]]$. By Lemma 28, $f(Z + r)$ is of $[R, x, y, \lambda]$-type (u, v) for any $r \in R$. Therefore it suffices to find $r \in R$ such that upon letting $\sum F'(i, j)\, x^i y^j$ to be the expansion of $f(r)$ in $J[[x, y]]$ we have that: $F'(a, b + c) = F'(i, j) = 0$ for all $i < a$, $F'(i, j) = 0$ for all $j < b$, and $F'(i, j) = 0$ for all $(i, j) \equiv 0(p)$ with $i + j \leqq a + b + c$. Let $F' = f(r)$ where r in R is to be found, and let $\sum F'(i, j)\, x^i y^j$ be the expansion of F' in $J[[x, y]]$. We shall divide the argument into four cases.

Case when $a = 0 = b$. Now $\lambda \in xR$ and $p \in xR$ because $u > 0$. Therefore by Lemma 5 there exists $r \in R$ such that $r^p + F(0,0) \in xR$. Since $u > 0$, we get that $F' = f(r) \equiv r^p + F \bmod xR$, and hence

$$F' \equiv \sum_{j>0} F(0,j)\, y^j \bmod x\mathfrak{R}$$

where $\mathfrak{R}$ is the completion of R. Therefore $F'(0,0) = 0$, and $F'(0,j) = F(0,j)$ for all $j > 0$. In particular $F'(0,c) = F(0,c)$ because $c \not\equiv 0(p)$; and $F'(i,j) = 0$ for all $(i,j) \equiv 0(p)$ with $i + j \leqq c$ because $c < p$.

Case when $a = 0 \neq b$. Now $\lambda \in xR$ and $p \in xR$ because $u > 0$. Therefore by Lemma 5 there exists $s \in R$ such that $s^p + F(0,p) \in xR$. Let $r = sy$. Since $u > 0$, we get that $F' = f(r) \equiv s^p y^p + F \bmod xR$, and hence

$$F' \equiv \sum_{j \neq p} F(0,j)\, y^j \bmod x\mathfrak{R}$$

where $\mathfrak{R}$ is the completion of R. Therefore $F'(0,p) = 0$, and $F'(0,j) = F(0,j)$ for all $j \neq p$. In particular $F'(0, b+c) = F(0, b+c)$ because $b + c \not\equiv 0(p)$. Since $b > 0$, by assumption we get that $v > 0$. Therefore $F' = f(r) \equiv F \bmod y^p R$. Consequently $F'(i,j) = F(i,j)$ for all $j < p$. In particular $F'(i,j) = F(i,j) = 0$ for all $j < b$ because $b < p$. Since $b + c < 2p$ and $b > 0$, we get that $F'(i,j) = 0$ for all $(i,j) \equiv 0(p)$ with $i + j \leqq b + c$.

Case when $a \neq 0 = b$. Let f_1 be the coefficient of Z in $f(Z)$. Now $u > 0$ and hence $x^{1-p} f_1 \in R$. Since R/M is algebraically closed, there exists $s \in R$ such that $s^p + x^{1-p} f_1 s + F(p,0) \in M$. Let $r = sx$. Since $u > 0$, we get that $F' = f(r) \equiv F \bmod x^p R$, and hence $F'(i,j) = F(i,j)$ for all $i < p$; in particular, since $a < p$, we get that $F'(a, b+c) = F(a, b+c)$, and $F'(i,j) = F(i,j) = 0$ for all $i < a$. Now

$$F' = f(r) \equiv s^p x^p + f_1 s x + F \bmod M^{p+1}$$

and

$$s^p x^p + f_1 s x + F(p,0)\, x^p = x^p [s^p + x^{1-p} f_1 s + F(p,0)] \in M^{p+1}.$$

Therefore

$$F' \equiv \sum_{i+j \leqq p,\ (i,j) \neq (p,0)} F(i,j)\, x^i y^j \bmod M^{p+1}$$

and hence $F'(p,0) = 0$. Since $a > 0$ and $a + c < 2p$, we get that $F'(i,j) = 0$ for all $(i,j) \equiv 0(p)$ with $i + j \leqq a + c$.

Case when $a \neq 0 \neq b$. Let f_1 be the coefficient of Z in $f(Z)$. Now $u > 0$ and $v > 0$, and hence $(xy)^{1-p} f_1 \in R$. Since R/M is algebraically closed, there exists $s \in R$ such that

$$s^p + (xy)^{1-p} f_1 s + F(p,p) \in M.$$

Let $r = sxy$. Since $u > 0$ and $v > 0$, we get that $F' = f(r) \equiv F \bmod x^p y^p R$, and hence $F'(i,j) = F(i,j)$ for all $i < p$, and $F'(i,j) = F(i,j)$ for all $j < p$. In particular, since $a < p$ and $b < p$, we get that $F'(a, b+c) = F(a, b+c)$, $F'(i,j) = F(i,j) = 0$ for all $i < a$, and $F'(i,j) = F(i,j) = 0$ for all $j < b$. Now

$$F' = f(r) \equiv s^p x^p y^p + f_1 sxy + F \bmod M^{2p+1}$$

and

$$\begin{aligned} &s^p x^p y^p + f_1 sxy + F(p,p)\, x^p y^p \\ &= x^p y^p [s^p + (xy)^{1-p} f_1 s + F(p,p)] \in M^{2p+1}. \end{aligned}$$

Therefore

$$F' \equiv \sum_{i+j \leqq 2p,\, (i,j) \neq (p,p)} F(i,j)\, x^i y^j \bmod M^{2p+1}$$

and hence $F'(p,p) = 0$. Since $a > 0$, $b > 0$, and $a + b + c < 3p$, we get that $F'(i,j) = 0$ for all $(i,j) \equiv 0(p)$ with $i + j \leqq a + b + c$.

PROPOSITION 12. *Let* $f(Z) \in R[Z]$ *be of* $[R, x, y, \lambda]$*-type* $(0, 1)$. *Let* $F = f(0)$ *and let* $\Sigma F(i,j)\, x^i y^j$ *be the expansion of* F *in* $J[[x,y]]$. *Assume that* $F(0,p) = 0$, *and* F *is of* $[R, x, y, J]$*-type* (a, b, c) *where* $a < p$ *and* $0 < b < p$. *Then there exists* $r \in R$ *and nonnegative integers* a' *and* c' *such that upon setting* $f'(Z) = f(Z + r)$ *and* $F' = f'(0)$ *and upon letting* $\Sigma F'(i,j)\, x^i y^j$ *to be the expansion of* F' *in* $J[[x,y]]$ *we have that:* $f'(Z)$ *is of* $[R, x, y, \lambda]$*-type* $(0, 1)$, $F'(0,p) = 0$, F' *is of* $[R, x, y, J]$*-type* (a', b, c'), $a' < p$, $c' \leqq c$, $a' + b + c' < 2p$, *and* $F'(i,j) = 0$ *for all* $(i,j) \equiv 0(p)$ *with* $i + j \leqq a' + b + c'$.

PROOF. Note that $F(0,0) = F(p,0) = 0$ because $b > 0$. Therefore if $a + b + c < 2p$ then it suffices to take $r = 0$, $a' = a$, $c' = c$. Now assume that $a + b + c \geqq 2p$. Since $a \leqq p - 1$, $b \leqq p - 1$, $c \leqq p - 1$, we must then have $a > 1$ and $b + c > p$. Since $a > 1$, we get that $F(1,p) = 0$. Take $r = xy$, $a' = 1$, $c' = p - b$. Then $a' < p$, $(a', b + c') \not\equiv 0(p)$, and $a' + b + c' = p + 1 < 2p$. Also $b + c' = p < b + c$ and hence $c' < c$.

Now

$$F' = f(r) \equiv F \bmod xy^p R,\ F \in x^a y^b R,\ a > 0,\ 0 < b < p.$$

Therefore $F' \in xy^b R$, i.e., $F' \in x^{a'} y^b R$. It follows that $F'(0, 0) = F'(0, p) = F'(p, 0) = 0$, and hence $F'(i, j) = 0$ for all $(i, j) \equiv 0(p)$ with $i + j \leqq a' + b + c'$. Let f_1 be the coefficient of Z in $f(Z)$. Then $y^{1-p} f_1$ is a unit in R. Let g be the unique element in J such that $y^{1-p} f_1 - g \in M$. Then $g \neq 0$. Now

$$F' = f(r) \equiv xyf_1 + F \bmod M^{p+2}$$

and

$$xyf_1 \equiv gxy^p \bmod M^{p+2}.$$

Therefore

$$F' \equiv gxy^p + \sum_{i+j \leqq p+1} F(i, j)\, x^i y^j \bmod M^{p+2}.$$

Since $F(1, p) = 0$, we get that $F'(1, p) = g \neq 0$ and hence $F'(a', b + c') \neq 0$. Therefore F' is of $[R, x, y, J]$-type (a', b, c'). Finally by Lemma 28 we get that $f'(Z)$ is of $[R, x, y, \lambda]$-type $(0, 1)$.

PROPOSITION 13. *Let $f(Z) \in R[Z]$ be of $[R, x, y, \lambda]$-type (u, v) where $u > 0$. Assume that $f(0)$ is of $[R, x, y, J]$-type (a, b, c). Then there exists $r \in R$ such that for $f'(Z) = f(Z + r)$ we have that $f'(Z)$ is of $[R, x, y, \lambda]$-type (u, v), $f'(0)$ is of $[R, x, y, J]$-type (a, b, c), and $f'(0) \in M$.*

PROOF. If $f(0) \in M$ then it suffices to take $r = 0$. Now assume that $f(0) \notin M$. Then we must have $a = 0 = b$. Let $F = f(0)$ and let $\sum F(i, j)\, x^i y^j$ be the expansion of F in $J[[x, y]]$. Since $u > 0$, we get that $\lambda \in xR$ and $p \in xR$. Therefore by Lemma 5 there exists $r \in R$ such that $r^p + F(0, 0) \in xR$. Let $f'(Z) = f(Z + r)$. By Lemma 28, $f'(Z)$ is of $[R, x, y, \lambda]$-type (u, v). Let $F' = f'(0)$ and let $\sum F'(i, j)\, x^i y^j$ be the expansion of F' in $J[[x, y]]$. Since $u > 0$, we get that $F' = f(r) \equiv r^p + F \bmod xR$ and hence

$$F' \equiv \sum_{j > 0} F(0, j)\, y^j \bmod x\mathfrak{R}$$

where $\mathfrak{R}$ is the completion of R. Therefore $F'(0, 0) = 0$, and $F'(0, j) = F(0, j)$ for all $j > 0$. In particular $F'(0, c) = F(0, c) \neq 0$ because $c \not\equiv 0(p)$. Therefore F' is of $[R, x, y, J]$-type $(0, 0, c)$, and $F' \in M$.

§ 6. *Effect of a sequence of quadratic transformations on a standard polynomial*

Let (R, M) be a two dimensional regular local domain such that R/M is an algebraically closed field of characteristic $p \neq 0$. Let (x, y) be a basis of M, let $\lambda \in R$, let J be a λ-faithful coefficient set for R, and let K be the quotient field of R. Let w be a valuation of K dominating R such that $\dim_R w = 0$.

DEFINITION 3. Let $f(Z) \in K[Z]$ and let $F = f(0)$. If $F \in R$ then let $\sum F(i, j)\, x^i y^j$ be the expansion of F in $J[[x, y]]$.

We shall say that $f(Z)$ is of $[R, x, y, \lambda, J]$-type (u, v, a, b, c) provided the following six conditions are satisfied:

(1). $f(Z)$ is of $[R, x, y, \lambda]$-type (u, v), and $(u, v) \neq (0, 0)$.

(2). F is of $[R, x, y, J]$-type (a, b, c), and $a < p$.

(3). If $u + v > 1$ then $u > 0$ and $b < p$.

(4). If $u + v > 1$ and $b > 0$ then $v > 0$.

(5). If $(u, v) = (0, 1)$ then $0 < b < p$ and $F(0, p) = 0$.

(6). If $(u, v) = (1, 0)$ and $b \geqq p$ then $a > 0$.

We shall say that $f(Z)$ is of $[R, x, y, \lambda, J]$-*type* $(u, v, a, b, c)^*$ provided the following three conditions are satisfied:

(1*). $f(Z)$ is of $[R, x, y, \lambda, J]$-type (u, v, a, b, c).

(2*). If $(u, v) \neq (1, 0)$ then $\operatorname{ord}_R F < (u + v + 1)\, p$, and $F(i, j) = 0$ for all $(i, j) \equiv 0(p)$ with $i + j = \operatorname{ord}_R F$.

(3*). If $(u, v) = (1, 0)$ then $\operatorname{ord}_R F > 0$.

We shall say that $f(Z)$ is of $[R, x, y, \lambda, J]$-type $(u, v, a, b, c)'$ provided the following three conditions are satisfied:

(1'). $f(Z)$ is of $[R, x, y, \lambda]$-type (u, v), F is of $[R, x, y, J]$-type (a, b, c), $u > 0$, $a < p$, $b < p$, and $[b, c] \leqq 1$.

(2'). If $b > 0$ then $v > 0$.

(3'). $\operatorname{ord}_R F = a + b + c$, and $F(i, j) = 0$ for all $(i, j) \equiv 0(p)$ with $i + j = \operatorname{ord}_R F$.

Note that if $[b, c] \leqq 1$ and $c \neq 0$ then $(b, c) = (0, 1)$. Therefore, in the presence of condition (1′), condition (3′) is equivalent to each one of the following three conditions:

$(3'_1)$. If $c = 1$ then $\operatorname{ord}_R F \neq a$ and $F(i, j) = 0$ for all $(i, j) \equiv 0(p)$ with $i + j = \operatorname{ord}_R F$.

$(3'_2)$. If $c = 1$ then $\operatorname{ord}_R F = a + 1$. If $c = 1$ and $a = p - 1$ then $F(p, 0) = 0$.

$(3'_3)$. If $c = 1$ then $F(a, 0) = 0$. If $c = 1$ and $a = p - 1$ then $F(p, 0) = 0$.

PROPOSITION 14. *Let $f(Z) \in K[Z]$ be of $[R, x, y, \lambda, J]$-type (u, v, a, b, c). Then there exists $r \in R$ such that for $f'(Z) = f(Z + r)$ we have that $f'(Z)$ is of $[R, x, y, \lambda, J]$-type $(u, v, a', b', c')^*$ where: $[b', c'] \leqq [b, c]$, $b' = b$, and if $u \neq 0$ then $(a', c') = (a, c)$.*

PROOF. Follows from Propositions 11, 12, and 13.

PROPOSITION 15. *Let $f(Z) \in K[Z]$ be of $[R, x, y, \lambda, J]$-type (u, v, a, b, c). Assume that $u > 0$, $b < p$, and $[b, c] \leqq 1$. Also assume that if $b > 0$ then $v > 0$. Then there exists $r \in R$ such that for $f'(Z) = f(Z + r)$ we have that $f'(Z)$ is of $[R, x, y, \lambda, J]$-type $(u, v, a, b, c')'$ where either $c' = c$ or $c' = c - 1$.*

PROOF. If $c = 0$ then we can take $r = 0$ and $c' = c = 0$. Now assume that $c \neq 0$. Then $c = 1$ and $b = 0$. By Proposition 11 there exists $r \in R$ such that for $f'(Z) = f(Z + r)$ we have that $f'(Z)$ is of $[R, x, y, \lambda]$-type (u, v), $f'(0)$ is of $[R, x, y, J]$-type (a, b, c), and $F'(i, j) = 0$ for all $(i, j) \equiv 0(p)$ with $i + j = \operatorname{ord}_R f'(0)$ where $F'(i, j)$ is the coefficient of $x^i y^j$ in the expansion of $f'(0)$ in $J[[x, y]]$. If $\operatorname{ord}_R f'(0) \neq a$ then clearly $f'(Z)$ is of $[R, x, y, \lambda, J]$-type $(u, v, a, b, c')'$ where $c' = c = 1$. If $\operatorname{ord}_R f'(0) = a$ then clearly $f'(Z)$ is of $[R, x, y, \lambda, J]$-type $(u, v, a, b, c')'$ where $c' = c - 1 = 0$.

PROPOSITION 16. *Let R' be the immediate quadratic transform of R along w. Assume that $w(y) \geqq w(x)$. Let $x' = x$ and $y' = (y/x) - \alpha$ with $\alpha \in J$ such that $w(y') > 0$. Let $f(Z) \in K[Z]$ be of $[R, x, y, \lambda, J]$-type $(u, v, a, b, c)^*$. Let $F = f(0)$, and let $\sum F(i, j)\, x^i y^j$ be the expansion of F in $J[[x, y]]$. Let $d = \operatorname{ord}_R F$. Let q be the greatest integer such that $qp \leqq d$ and $q \leqq u + v$. Let $f'(Z) = x'^{-qp} f(x'^q Z)$. Let $a' = d - pq$. Let $b' = b$ if $w(y) > w(x)$, and*

$b' = 0$ *if* $w(y) = w(x)$. *Let* $u' = u + v - q$. *Let* $v' = v$ *if* $w(y) > w(x)$, *and* $v' = 0$ *if* $w(y) = w(x)$. *Then we have the following.*

(1). *If* $(u', v') = (0, 0)$ *then* $f'(Z)$ *is of* $[R', x', y']$*-type* $(0, 0)$.

(2). *If* $(u', v') \neq (0, 0)$ *then* $f'(Z)$ *is of* $[R', x', y', \lambda, J]$*-type* (u', v', a', b', c') *where* $[b', c'] \leqq [b, c]$.

(3). *If* $(u', v') \neq (0, 0)$, $d \not\equiv 0(p)$, $F(d-b, b) \neq 0$, *and* $w(y) > w(x)$, *then* $f'(Z)$ *is of* $[R', x', y', \lambda, J]$*-type* $(u', v', a', b', 0)$.

(4). *If* $(u', v') \neq (0, 0)$, $d \not\equiv 0(p)$, $b \neq 0$, $F(d-b, b) \neq 0$, *and* $w(y) = w(x)$, *then* $f'(Z)$ *is of* $[R', x', y', \lambda, J]$*-type* (u', v', a', b', c^*) *where* $c^* \leqq d - a - b$.

PROOF. By Lemma 30, $f'(Z)$ is of $[R, x, y, \lambda]$-type (u', v'), and $F' = x'^{-qp} F$ where $F' = f'(0)$. If $(u', v') = (0, 0)$ then we have nothing to show. So now assume that $(u', v') \neq (0, 0)$. Let $\sum F'(i, j)\, x'^i y'^j$ be the expansion of F' in $J[[x', y']]$. Since $(u', v') \neq (0, 0)$, we cannot simultaneously have $(u, v) = (1, 0)$ and $d \geqq p$. Therefore we get 1), 2), 3):

1). q is the greatest integer such that $qp \leqq d$.

2). $F(i, j) = 0$ for all $(i, j) \equiv 0(p)$ with $i + j = d$.

3). $0 \leqq a' < p$, $0 \leqq b' \leqq b < p$, $q \leqq 2$.

In view of 1) and 2), by Proposition 2 we get 4), 5), 6), 7):

4). F' is of $[R', x', y', J]$-type (a', b', c') where $[b', c'] \leqq [b, c]$.

5). If $w(y) > w(x)$ then $F'(0, p) = 0$.

6). If $d \not\equiv 0(p)$, $F(d-b, b) \neq 0$, and $w(y) > w(x)$, then F' is of $[R', x', y', J]$-type $(a', b', 0)$.

7). If $d \not\equiv 0(p)$, $b \neq 0$, $F(d-b, b) \neq 0$, and $w(y) = w(x)$, then F' is of $[R', x', y', J]$-type (a', b', c^*) where $c^* \leqq d - a - b$.

Suppose if possible that $u' + v' > 1$ and $u' = 0$. Then $v' > 1$. Since $v' > 0$, we get that $w(y) > w(x)$ and hence $v = v' > 1$. Therefore $u + v > 1$ and hence $u > 0$. Now $u' = u + v - q$, and by 3), $q \leqq 2$. Therefore $u' > 0$. This is a contradiction. Thus we have proved the following:

8). If $u' + v' > 1$ then $u' > 0$.

Suppose if possible that $u' + v' > 1$, $b' > 0$, and $v' = 0$. Since $b' > 0$ we must have $w(y) > w(x)$, and hence $b = b' > 0$ and $v = v' = 0$. Since

$b > 0$ and $v = 0$, we must have $(u, v) = (1, 0)$. Therefore $u' \leqq 1$ and hence $u' + v' \leqq 1$. This is a contradiction. Thus we have proved the following.

9). If $u' + v' > 1$ and $b' > 0$ then $v' > 0$.

For a moment suppose that $(u', v') = (0, 1)$. Then $w(y) > w(x)$, $v = 1$, and $q = u + 1$. If $u = 0$ then $(u, v) = (0, 1)$ and hence $b > 0$; if $u > 0$ then $q \geqq 2$ and hence $b > 0$. Thus in either case $b > 0$. Since $w(y) > w(x)$ we get that $b' = b > 0$. Thus we have proved the following:

10). If $(u', v') = (0, 1)$ then $w(y) > w(x)$ and $b' > 0$.

Our assertion now follows from 3) to 10).

PROPOSITION 17. *Let R' be the immediate quadratic transform of R along w. Assume that $w(y) \geqq w(x)$. Let $x' = x$ and $y' = (y/x) - \alpha$ with $\alpha \in J$ such that $w(y') > 0$.*

(1). *Let $f(Z) \in K[Z]$ be of $[R, x, y, \lambda, J]$-type (u, b, a, b, c). Then there exists an $[R', x', y']$-translate $f'(Z)$ of $f(Z)$ such that either $f'(Z)$ is of $[R', x', y']$-type $(0, 0)$, or $f'(Z)$ is of $[R', x', y', \lambda, J]$-type (u', v', a', b', c') where $[b', c'] \leqq [b, c]$.*

(2). *Let $f(Z) \in K[Z]$ be of $[R, x, y, \lambda, J]$-type (u, v, a, b, c). Let $F = f(0)$ and $d = \operatorname{ord}_R F$. Let $\sum F(i, j)\, x^i y^j$ be the expansion of F in $J[[x, y]]$. Assume that $d < 2p$, $d \not\equiv 0(p)$, $0 < b < p$, and $F(d - b, b) \neq 0$. Then there exists an $[R', x', y']$-translate $f'(Z)$ of $f(Z)$ such that either $f'(Z)$ is of $[R', x', y']$-type $(0, 0)$, or $f'(Z)$ is of $[R', x', y', \lambda, J]$-type (u', v', a', b', c') where $[b', c'] \leqq \max(1, d - a - b)$.*

(3). *Let $f(Z) \in K[Z]$ be of $[R, x, y, \lambda, J]$-type $(1, 0, a, b, c)$. Then there exists an $[R', x', y']$-translate $f'(Z)$ of $f(Z)$ such that either $f'(Z)$ is of $[R', x', y']$-type $(0, 0)$, or $f'(Z)$ is of $[R', x, y, \lambda, J]$-type $(1, 0, a', b', c')$ where $b' \leqq b$ and $[b', c'] \leqq [b, c]$.*

(4). *Let $f(Z) \in K[Z]$ be of $[R, x, y, \lambda, J]$-type $(u, v, a, b, c)'$. Then there exists an $[R', x', y']$-translate $f'(Z)$ of $f(Z)$ such that either $f'(Z)$ is of $[R', x', y']$-type $(0, 0)$, or $f'(Z)$ is of $[R', x', y', \lambda, J]$-type $(u', v', a', b', c')'$.*

(5). *Let $f(Z) \in K[Z]$ be of $[R, x, y, \lambda, J]$-type $(u, v, a, b, 0)'$. Assume that $w(y) > w(x)$. Then there exists an $[R', x', y']$-translate $f'(Z)$ of $f(Z)$ such that $f'(Z)$ is of $[R', x', y', \lambda, J]$-type $(u', v', a', b', 0)'$.*

(6). *Let $f(Z) \in K[Z]$ be of $[R, x, y, \lambda, J]$-type $(u, v, a, b, 0)'$. Assume that $w(y) = w(x)$. Then there exists an $[R', x', y']$-translate $f'(Z)$ of $f(Z)$ such that $f'(Z)$ is of $[R', x', y', \lambda, J]$-type $(u', 0, a', 0, c')'$ where either $a' = 0$ or $c' = 0$.*

PROOF OF (1). By Proposition 14, $f(Z)$ has an $[R, x, y]$-translate $f^*(Z)$ such that $f^*(Z)$ is of $[R, x, y, \lambda, J]$-type $(u, v, a^*, b^*, c^*)^*$ where $[b^*, c^*] \leqq [b, c]$. Let q be the greatest integer such that $qp \leqq \text{ord}_R f^*(0)$ and $q \leqq u + v$. Let $f'(Z) = x'^{-qp} f^*(x'^q Z)$. By parts (1) and (2) of Proposition 16 we get that either $f'(Z)$ is of $[R', x', y']$-type $(0, 0)$, or $f'(Z)$ is of $[R', x', y', \lambda, J]$-type (u', v', a', b', c') where $[b', c'] \leqq [b^*, c^*]$ and hence $[b', c'] \leqq [b, c]$.

PROOF OF (2). Clearly $f(Z)$ is of $[R, x, y, \lambda, J]$-type $(u, v, a, b, c)^*$. Let q be the greatest integer such that $qp \leqq d$ and $q \leqq u + v$. Let $f'(Z) = x'^{-qp} f(x'^q Z)$. By parts (1), (3), and (4) of Proposition 16 we get that either $f'(Z)$ is of $[R', x', y']$-type $(0, 0)$, or $f'(Z)$ is of $[R', x', y', \lambda, J]$-type (u', v', a', b', c') where $[b', c'] \leqq \max(1, d - a - b)$.

PROOF OF (3). By Proposition 14, $f(Z)$ has an $[R, x, y]$-translate $f^*(Z)$ such that $f^*(Z)$ is of $[R, x, y, \lambda, J]$-type $(1, 0, a, b, c)^*$. Let q be the greatest integer such that $qp \leqq \text{ord}_R f^*(0)$ and $q \leqq 1$. Let $f'(Z) = x'^{-qp} f^*(x'^q Z)$. Then by parts (1) and (2) of Proposition 16 we get that either $f'(Z)$ is of $[R', x', y']$-type $(0, 0)$, or $f'(Z)$ is of $[R', x', y', \lambda, J]$-type $(1, 0, a', b', c')$ where $b' \leqq b$ and $[b', c'] \leqq [b, c]$.

PROOF OF (4). Clearly $f(Z)$ is of $[R, x, y, \lambda, J]$-type $(u, v, a, b, c)^*$. Let $d = \text{ord}_R f(0)$, and let q be the greatest integer such that $qp \leqq d$. Now $d \leqq a + b + c < 2p$ and hence $q \leqq u + v$. Let $f^*(Z) = x'^{-qp} f(x'^q Z)$, $a' = d - qp$, $u' = u + v - q$, $v' = v$ if $w(y) > w(x)$, $v' = 0$ if $w(y) = w(x)$, $b' = b$ if $w(y) > w(x)$, and $b' = 0$ if $w(y) = w(x)$. If $(u', v') = (0, 0)$ then by Proposition 16 (1) we get that $f^*(Z)$ is of $[R', x', y']$-type $(0, 0)$ and hence we can take $f'(Z) = f^*(Z)$. So now assume that $(u', v') \neq (0, 0)$. Then by Proposition 16 (2) we get that $f^*(Z)$ is of $[R', x', y', \lambda, J]$-type (u', v', a', b', c^*) where $[b', c^*] \leqq [b, c]$. Now $q \leqq 1$, $u > 0$, and $u' = u + v - q$; consequently, if $u' = 0$ then $v = 0$ and hence $v' = 0$ which would contradict our assumption. Therefore $u' > 0$. For a moment suppose that $b' > 0$; then we must have $w(y) > w(x)$ and $b > 0$; by assumption, $b > 0$ implies that $v > 0$; finally, $v > 0$ and $w(y) > w(x)$ imply that $v' > 0$. Thus, if $b' > 0$ then $v' > 0$. Also $b' \leqq b < p$, and $[b', c^*] \leqq [b, c] \leqq 1$. Therefore by Proposition 15, $f^*(Z)$ has an $[R', x', y']$-translate $f'(Z)$ such that $f'(Z)$ is of $[R', x', y', \lambda, J]$-type $(u', v', a', b', c')'$ where $c' = c^*$ or $c' = c^* - 1$.

PROOF OF (5). Clearly $f(Z)$ is of $[R, x, y, \lambda, J]$-type $(u, v, a, b, 0)^*$, and $\text{ord}_R f(0) = a + b$. Let q be the greatest integer such that $qp \leqq a + b$. Let $f'(Z) = x'^{-qp} f(x'^q Z)$, $u' = u + v - q$, $v' = v$, $a' = a + b - qp$, $b' = b$. Now $u > 0$, $a < p$, $b < p$, and if $b > 0$ then $v > 0$. Hence $u' > 0$. Therefore by Proposition 16 (2), $f'(Z)$ is of $[R', x', y', \lambda, J]$-type, (u', v', a', b', c') where $[b', c'] \leqq [b, 0]$. Since $b' = b$, we must have $c' = 0$. It follows that $f'(Z)$ is of $[R', x', y', \lambda, J]$-type $(u', v', a', b', 0)'$.

PROOF OF (6). Let $d = \text{ord}_R f(0)$. Clearly $f(Z)$ is of $[R, x, y, \lambda, J]$-type $(u, v, a, b, 0)^*$, and $d = a + b$. Let q be the greatest integer such that $qp \leqq d$. Let $f^*(Z) = x'^{-qp} f(x'^q Z)$, $u' = u + v - q$, $a' = d - qp$. Now $u > 0$, $a < p$, $b < p$, and if $b > 0$ then $v > 0$. Hence $u' > 0$. By Proposition 16 (2) there exists a nonnegative integer c^* such that $f^*(Z)$ is of $[R', x', y', \lambda, J]$-type $(u', 0, a', 0, c^*)$, and $[0, c^*] \leqq [b, 0]$; it follows that $c^* \leqq 1$, and if $b = 0$ then $c^* = 0$. Now $d = a + b$, and if $a' \neq 0$ then $d \not\equiv 0(p)$; therefore by Proposition 16 (4) we get that if $a' \neq 0$ and $b \neq 0$ then $f^*(Z)$ is of $[R', x', y', \lambda, J]$-type $(u', 0, a', 0, 0)$. If $a' \neq 0$ then let $c' = 0$, and if $a' = 0$ then let $c' = c^*$. Then without any condition on a' we have that $f^*(Z)$ is of $[R', x', y', \lambda, J]$-type $(u', 0, a', 0, c')$, $c' = [0, c'] \leqq 1$, and either $a' = 0$ or $c' = 0$. By Proposition 15 there exists an $[R', x', y']$-translate $f'(Z)$ of $f^*(Z)$ such that $f'(Z)$ is of $[R', x', y', \lambda, J]$-type $(u', 0, a', 0, c')'$.

PROPOSITION 18. *Let R' be the immediate quadratic transform of R along w. Assume that $w(y) < w(x)$. Let $x' = x/y$ and $y' = y$. Let $f(Z) \in K[Z]$ be of $[R, x, y, \lambda, J]$-type $(u, v, a, b, c)^*$. Let $F = f(0)$ and $d = \text{ord}_R F$. Let q be the greatest integer such that $qp \leqq d$ and $q \leqq u + v$. Let $f'(Z) = y'^{-qp} f(y'^q Z)$. Let $F' = f'(0)$. Let $d' = \text{ord}_{R'} F'$. Let $\sum F(i, j)\, x^i y^j$ and $\sum F'(i, j)\, x'^i y'^j$ be the expansions of F and F' in $J[[x, y]]$ and $J[[x', y']]$ respectively. Let $b' = d - qp$, $c' = a + b + c - d$, $u' = u$, $v' = u + v - q$. Then one of the following four conditions hold.*

(1). *$f'(Z)$ is of $[R', x', y']$-type $(0, 0)$.*

(2). *$f'(Z)$ is of $[R', x', y', \lambda, J]$-type $(u', v', a, b', 0)$.*

(3). *$f'(Z)$ is of $[R', x', y', \lambda, J]$-type (u', v', a, b', c'), and $[b', c'] < [b, c]$.*

(4). *$f'(Z)$ is of $[R', x., y', \lambda, J]$-type (u', v', a, b', c'), $b = 0$, $c' = c - 1$, $b' = d = a + 1 < p$, $q = 0$, $2p > d' = 2(a + 1) \not\equiv 0(p)$, and $F'(d' - b', b') \neq 0$.*

PROOF. By Lemma 30, $f'(Z)$ is of $[R', x', y', \lambda]$-type (u', v'). If $(u', v') = (0, 0)$ then we have nothing to show. So now assume that $(u', v') \neq (0, 0)$. Then by Proposition 3 we get 1), 2), 3), 4):

1). If $q = 0$ and $F(0, p) = 0$ then $F'(0, p) = 0$.

2). If $d = a + b$ then F' is of $[R', x', y', J]$-type $(a, b', 0)$.

3). If $d \neq a + b$ then F' is of $[R', x', y', J]$-type (a, b', c'), and $c' < c$.

4). If $[b', c'] \geqq [b, c]$ and F' is not of $[R', x', y', J]$-type $(a, b', 0)$ then: $b = 0$, $c' = c - 1$, $b' = d = a + 1 < p$, $q = 0$, $2p > d' = 2(a + 1) \not\equiv 0(p)$, and $F'(d' - b', b') \neq 0$.

Note that if $u + v > 1$ then: $u' = u > 0$ and q is the greatest integer such that $qp \leqq d$. Therefore we get the following:

5). If $u + v > 1$ then $u' = u > 0$, $b' < p$, and $q \leqq 2$.

For a moment suppose that $u + v > 1$ and $v' = 0$. Then by 5): $u > 0$, $u + v = 2$, $q = 2$. Since $q = 2$ we must have $b > 0$. Since $u + v > 1$ and $b > 0$, we must have $v > 0$. Therefore $u = 1 = v$. Consequently $u' = u = 1$. Thus we get the following:

6). If $u + v > 1$ and $v' = 0$ then $u' = 1$.

If $(u, v) = (0, 1)$ and $d \geqq p$, then $(u', v') = (0, 0)$ in contradiction to our assumption. If $(u, v) = (0, 1)$ and $d < p$ then: $0 < b < p$, $F(0, p) = 0$, $q = 0$, and hence: $(u', v') = (0, 1)$, $0 < d < p$, $b' = d$. Therefore in view of 1) we get the following:

7). If $(u, v) = (0, 1)$ then $(u', v') = (0, 1)$, $0 < b' < p$, and $F'(0, p) = 0$.

If $(u, v) = (1, 0)$ and $d < p$ then $(u', v') = (1, 1)$ and $b' = d < p$. If $(u, v) = (1, 0)$ and $p \leqq d < 2p$ then $(u', v') = (1, 0)$ and $b' = d - p < p$. If $(u, v) = (1, 0)$ and $d \geqq 2p$ then $a > 0$ and $(u', v') = (1, 0)$. Thus we get the following:

8). If $(u, v) = (1, 0)$ then either (1') $(u', v') = (1, 1)$ and $b' < p$, or (2') $(u', v') = (1, 0)$ and $b' < p$, or (3') $(u', v') = (1, 0)$ and $a > 0$.

Our assertion now follows from 2) to 8).

PROPOSITION 19. *Let R' be the immediate quadratic transform of R along w. Assume that $w(y) < w(x)$. Let $x' = x/y$ and $y' = y$.*

(1). *Let* $f(Z) \in K[Z]$ *be of* $[R, x, y, \lambda, J]$*-type* (u, v, a, b, c). *Then there exists an* $[R', x', y']$*-translate* $f'(Z)$ *of* $f(Z)$ *such that either* $f'(Z)$ *is of* $[R', x', y']$*-type* $(0, 0)$, *or* $f'(Z)$ *is of* $[R', x', y', \lambda, J]$*-type* (u', v', a', b', c') *where* $[b', c'] \leqq \max(1, [b, c])$.

(2). *Let* $f(Z) \in K[Z]$ *be of* $[R, x, y, \lambda, J]$*-type* (u, v, a, b, c) *where* $b \neq 0$. *Then there exists an* $[R', x', y']$*-translate* $f'(Z)$ *of* $f(Z)$ *such that either* $f'(Z)$ *is of* $[R', x', y']$*-type* $(0, 0)$, *or* $f'(Z)$ *is of* $[R', x', y', \lambda, J]$*-type* (u', v', a', b', c') *where* $[b', c'] \leqq \max(1, [b, c] - 1)$.

(3). *Let* $f(Z) \in K[Z]$ *be of* $[R, x, y, \lambda, J]$*-type* (u, v, a, b, c). *Then there exists an* $[R', x', y']$*-translate* $f'(Z)$ *of* $f(Z)$ *satisfying one of the following three conditions:*

1). $f'(Z)$ *is of* $[R', x', y']$*-type* $(0, 0)$.

2). $f'(Z)$ *is of* $[R', x', y', \lambda, J]$*-type* (u', v', a', b', c') *where* $[b', c'] \leqq \max(1, [b, c] - 1)$.

3). $f'(Z)$ *is of* $[R', x', y', \lambda, J]$*-type* (u', v', a', b', c') *where* $[b', c'] = [b, c]$ *and* $0 < b' < p$, *and where upon setting* $d' = \operatorname{ord}_{R'} f'(0)$ *and letting* $\Sigma F'(i, j) x'^i y'^j$ *to be the expansion of* $f'(0)$ *in* $J[[x', y']]$ *we have that* $d' - a' - b' = 1$, $2p > d' \not\equiv 0(p)$, *and* $F'(d' - b', b') \neq 0$.

(4). *Let* $f(Z) \in K[Z]$ *be of* $[R, x, y, \lambda, J]$*-type* $(1, 0, a, b, c)$ *where* $[b, c] \leqq 1$. *Then there exists an* $[R', x', y']$*-translate* $f'(Z)$ *of* $f(Z)$ *such that either* $f'(Z)$ *is of* $[R', x', y', \lambda, J]$*-type* $(1, 1, a', b', c')$ *where* $[b', c'] \leqq 1$, *or* $f'(Z)$ *is of* $[R', x', y', \lambda, J]$*-type* $(1, 0, a', b', c')$ *where* $b' \leqq \max(0, b - 1)$ *and* $[b', c'] \leqq 1$.

(5). *Let* $f(Z) \in K[Z]$ *be of* $[R, x, y, \lambda, J]$*-type* $(u, v, a, b, c)'$. *Then there exists an* $[R', x', y']$*-translate* $f'(Z)$ *of* $f(Z)$ *such that* $f'(Z)$ *is of* $[R', x', y', \lambda, J]$*-type* $(u', v', a', b', 0)'$.

PROOF OF (1). By Proposition 14, $f(Z)$ has an $[R, x, y]$-translate $f^*(Z)$ such that $f^*(Z)$ is of $[R, x, y, \lambda, J]$-type $(u, v, a^*, b^*, c^*)^*$ where $[b^*, c^*] \leqq [b, c]$. Let q be the greatest integer such that $qp \leqq \operatorname{ord}_R f^*(0)$ and $q \leqq u + v$. Let $f'(Z) = y'^{-qp} f^*(y'^q Z)$. Then by Proposition 18, either $f'(Z)$ is of $[R', x', y']$-type $(0, 0)$, or $f'(Z)$ is of $[R', x', y', \lambda, J]$-type (u', v', a', b', c') where $[b', c'] \leqq \max(1, [b^*, c^*])$ and hence $[b', c'] \leqq \max(1, [b, c])$.

PROOF OF (2). By Proposition 14, $f(Z)$ has an $[R, x, y]$-translate $f^*(Z)$ such that $f^*(Z)$ is of $[R, x, y, \lambda, J]$-type (u, v, a^*, b, c^*) where $[b, c^*] \leqq [b, c]$. Let q be the greatest integer such that $qp \leqq \operatorname{ord}_R f^*(0)$ and $q \leqq u + v$. Let $f'(Z) = y'^{-qp} f^*(y'^q Z)$. Since $b \neq 0$, by Proposition 18 we get that either $f'(Z)$ is of $[R', x', y']$-type $(0, 0)$, or $f'(Z)$ is of $[R', x', y', \lambda, J]$-type (u', v', a', b', c') where $[b', c'] \leqq \max(1, [b, c^*] - 1)$ and hence $[b', c'] \leqq \max(1, [b, c] - 1)$.

PROOF OF (3). By Proposition 14, $f(Z)$ has an $[R, x, y]$-translate $f^*(Z)$ such that $f^*(Z)$ is of $[R, x, y, \lambda, J]$-type (u, v, a^*, b^*, c^*) where $[b^*, c^*] \leqq [b, c]$. Let q be the greatest integer such that $qp \leqq \operatorname{ord}_R f^*(0)$ and $q \leqq u + v$. Let $f'(Z) = y'^{-qp} f^*(y'^q Z)$. By Proposition 18 it follows that $f'(Z)$ satisfies either condition 1) or condition 2) or condition 3).

PROOF OF (4). By Proposition 14, $f(Z)$ has an $[R, x, y]$-translate $f^*(Z)$ such that $f^*(Z)$ is of $[R, x, y, \lambda, J]$-type $(1, 0, a, b, c)^*$. Let $d = \operatorname{ord}_R f^*(0)$. Let q be the greatest integer such that $qp \leqq d$ and $q \leqq 1$. Let $f'(Z) = y'^{-qp} f^*(y'^q Z)$. If $q = 0$ then by Proposition 18, $f'(Z)$ is of $[R', x', y', \lambda, J]$-type $(1, 1, a', b', c')$ where $[b', c'] \leqq 1$. So now assume that $q = 1$. Then $d \geqq p$. Let $a' = a$ and $b' = d - p$. Then by Proposition 18, $f'(Z)$ is of $[R', x', y', \lambda, J]$-type $(1, 0, a', b', c')$ where $[b', c'] \leqq 1$. Now $a \leqq p - 1$, $c \leqq 1$, $p \leqq d \leqq a + b + c$. Therefore, if $b = 0$ then $d = p$ and hence $b' = 0$. Also, if $b \neq 0$ then $c = 0$ and hence $b' = d - p \leqq a + b - p < b$. Thus in both the cases $b' \leqq \max(0, b - 1)$.

PROOF OF (5). Clearly $f(Z)$ is of $[R, x, y, \lambda, J]$-type $(u, v, a, b, c)^*$. Let $d = \operatorname{ord}_R f(0)$. Then $d < 2p$. Let q be the greatest integer such that $qp \leqq d$. Then $q \leqq 1$ and hence $q \leqq u + v$. Let $f'(Z) = y'^{-qp} f(y'^q Z)$. Let $a' = a$, $b' = d - qp$, $u' = u$, and $v' = u + v - q$. Then $b' < p$. Since $u > 0$ and $[b, c] \leqq 1$, by Proposition 18 we get that $f'(Z)$ is of $[R', x', y', \lambda, J]$-type $(u', v', a', b', 0)$. If $d < p$ then $q = 0$ and hence $v' > 0$. If $d = p$ then $q = 1$ and hence $b' = 0$. If $d > p$ then we must have $b > 0$ and hence $v > 0$ and hence $v' > 0$. Thus, if $b' > 0$ then $v' > 0$. Therefore $f'(Z)$ is of $[R', x', y', \lambda, J]$-type $(u', v', a', b', 0)'$.

PROPOSITION 20. *Let R' be the immediate quadratic transform of R along w. Assume that $w(y) < w(x)$. Let $x' = x/y$ and $y' = y$. Let R'' be the immediate quadratic transform of R' along w. If $w(y') \geqq w(x')$ then let $x'' = x'$ and $y'' = (y'/x') - \alpha'$ with $\alpha' \in J$ such that $w(y'') > 0$; and if $w(y') < w(x')$ then let $x'' = x'/y'$ and $y'' = y'$. Let $f(Z) \in K[Z]$ be of $[R, x, y, \lambda, J]$-type (u, v, a, b, c). Then there exists an $[R'', x'', y'']$-translate $f''(Z)$ of $f(Z)$ such that either $f''(Z)$ is of $[R'', x'', y'']$-type $(0, 0)$, or $f''(Z)$ is of $[R', x', y', \lambda, J]$-type $(u'', v'', a'', b'', c'')$ where $[b'', c''] \leqq \max(1, [b, c] - 1)$.*

PROOF. By Proposition 19 (3), $f(Z)$ has an $[R', x', y']$-translate $f'(Z)$ satisfying one of the following three conditions:

1). $f'(Z)$ is of $[R', x', y']$-type $(0, 0)$.

2). $f'(Z)$ is of $[R', x', y', \lambda, J]$-type (u', v', a', b', c') where $[b', c'] \leqq \max(1, [b, c] - 1)$.

3). $f'(Z)$ is of $[R', x', y', \lambda, J]$-type (u', v', a', b', c') where $[b', c'] = [b, c]$ and $0 < b' < p$, and where upon setting $d' = \operatorname{ord}_{R'} f'(0)$ and letting $\Sigma F'(i, j)\, x'^i y'^j$ to be the expansion of $f'(0)$ in $J[[x', y']]$ we have that $d' - a' - b' = 1$, $2p > d' \not\equiv 0(p)$, and $F'(d' - b', b') \neq 0$.

If condition 1) is satisfied then $f'(Z)$ is of $[R'', x'', y'']$-type $(0, 0)$ and hence we can take $f''(Z) = f'(Z)$. If contion 2) is satisfied then by Propositions 17 (1) and 19 (1) there exists an $[R'', x'', y'']$-translate $f''(Z)$ of $f'(Z)$ such that either $f''(Z)$ is of $[R'', x'', y'']$-type $(0, 0)$, or $f''(Z)$ is of $[R'', x'', y'', \lambda, J]$-type $(u'', v'', a'', b'', c'')$ where $[b'', c''] \leqq \max(1, [b', c'])$ and hence $[b'', c''] \leqq \max(1, [b, c] - 1)$. If condition 3) is satisfied and $w(y') \geqq w(x')$ then by Proposition 17 (2) there exists an $[R'', x'', y'']$-translate $f''(Z)$ of $f'(Z)$ such that either $f''(Z)$ is of $[R'', x'', y'']$-type $(0, 0)$, or $f''(Z)$ is of $[R'', x'', y'', \lambda, J]$-type $(u'', v'', a'', b'', c'')$ where $[b'', c''] \leqq \max(1, d' - a' - b')$ and hence $[b'', c''] \leqq \max(1, [b, c] - 1)$. If condition 3) is satisfied and $w(y') < w(x')$ then by Proposition 19 (2) there exists an $[R'', x'', y'']$-translate $f''(Z)$ such that either $f''(Z)$ is of $[R'', x'', y'']$-type $(0, 0)$, or $f''(Z)$ is of $[R'', x'', y'', \lambda, J]$-type $(u'', v'', a'', b'', c'')$ where $[b'', c''] \leqq \max(1, [b', c'] - 1)$ and hence $[b'', c''] \leqq \max(1, [b, c] - 1)$.

PROPOSITION 21. *Assume that w is rational. Let $f(Z) \in K[Z]$ be of $[R, x, y, \lambda, J]$-type $(u, v, a, b, 0)'$. Then there exists a canonical quadratic transform $[R', x', y']$ of $[R, x, y, w, J]$ and an $[R', x', y']$-translate $f'(Z)$ of $f(Z)$ such that $f'(Z)$ is of $[R', x', y', \lambda, J]$-type $(u', 0, a', 0, c')'$ where either $a' = 0$ or $c' = 0$.*

PROOF. Let (R_i, M_i) be the ith quadratic transform of R along w. Let $x_0 = x$, $y_0 = y$, $f_0(Z) = f(Z)$, $u_0 = u$, $v_0 = v$, $a_0 = a$, $b_0 = b$. Since w is rational, there exists a nonnegative integer n and a basis (x_i, y_i) of M_i for $0 < i \leqq n$ such that $w(x_n) = w(y_n)$ and such that for $0 \leqq i < n$ we have: $w(x_i) \neq w(y_i)$; $x_{i+1} = x_i$ and $y_{i+1} = y_i/x_i$ if $w(x_i) < w(y_i)$; $y_{i+1} = y_i$ and $x_{i+1} = x_i/y_i$ if $w(y_i) < w(x_i)$. Let $R' = R_{n+1}$, $x' = x_n$, and $y' = (y_n/x_n) - \alpha$ with $\alpha \in J$ such that $w(y') > 0$. Then $[R', x', y']$ is a canonical quadratic transform of $[R, x, y, w, J]$. By Propositions 17 (5) and 19 (5) we successively find an $[R_i, x_i, y_i]$-translate $f_i(Z)$ of $f_{i-1}(Z)$ such that $f_i(Z)$ is of $[R_i, x_i, y_i, \lambda, J]$-type $(u_i, v_i, a_i, b_i, 0)'$ for $0 < i \leqq n$. Then $f_n(Z)$ is an $[R_n, x_n, y_n]$-translate of $f(Z)$, and $f_n(Z)$ is of $[R_n, x_n, y_n, \lambda, J]$-type $(u_n, v_n, a_n, b_n, 0)'$. Since $w(x_n) = w(y_n)$, by Proposition 17 (6) there exists an $[R', x', y']$-translate $f'(Z)$ of $f_n(Z)$ such that $f'(Z)$ is of $[R', x', y', \lambda, J]$-type $(u', 0, a', 0, c')'$ where either $a' = 0$ or $c' = 0$.

PROPOSITION 22. *Assume that w is real nondiscrete. Let $f(Z) \in K[Z]$ be of $[R, x, y, \lambda, J]$-type (u, v, a, b, c). Then there exists a canonical quadratic transform $[R', x', y']$ of $[R, x, y, w, J]$ and an $[R', x', y']$-translate $f'(Z)$ of $f(Z)$ such that either $f'(Z)$ is of $[R', x', y']$-type* (0, 0), *or $f'(Z)$ is of $[R', x', y', \lambda, J]$-type (u', v', a', b', c') where $[b', c'] \leqq 1$.*

PROOF. We make induction on $[b, c]$. If $[b, c] \leqq 1$ then we have nothing to show. Now let $[b, c] > 1$ and assume that the assertion is true for all values of $[b, c]$ smaller than the given one. Let R_i be the ith quadratic transform of R along w. Let $x_0 = x, y_0 = y, f_0(Z) = f(Z), u_0 = u, v_0 = v, a_0 = a, b_0 = b, c_0 = c$. By Lemma 6 there exists a nonnegative integer n and elements α_i in J for $0 \leqq i < n$ such that upon setting $x_{i+1} = x_i$ and $y_{i+1} = (y_i/x_i) - \alpha_i$ for $0 \leqq i < n$ we have that $w(y_i) \geqq w(x_i)$ for $0 \leqq i < n$ and $0 < w(y_n) < w(x_n)$. If for some $i \leqq n$, $f_0(Z)$ has an $[R_i, x_i, y_i]$-translate $f_i'(Z)$ which is of $[R_i, x_i, y_i]$-type (0, 0) then it suffices to take $R' = R_i$, $x' = x_i, y' = y_i$, and $f'(Z) = f_i'(Z)$. So now assume that for each $i \leqq n$ we have that $f_0(Z)$ does not have any $[R_i, x_i, y_i]$-translate which is of $[R_i, x_i, y_i]$-type (0, 0). Then upon applying Proposition 17 (1) successively n times we find an $[R_i, x_i, y_i]$-translate $f_i(Z)$ of $f_{i-1}(Z)$ such that $f_i(Z)$ is of $[R_i, x_i, y_i, \lambda, J]$-type $(u_i, v_i, a_i, b_i, c_i)$ where $[b_i, c_i] \leqq [b_{i-1}, c_{i-1}]$ for $0 < i \leqq n$. In particular then $f_n(Z)$ is an $[R_n, x_n, y_n]$-translate of $f(Z)$, $f_n(Z)$ is of $[R_n, x_n, y_n, \lambda, J]$-type $(u_n, v_n, a_n, b_n, c_n)$, and $[b_n, c_n] \leqq [b, c]$. Let $x_{n+1} = x_n/y_n$ and $y_{n+1} = y_n$. Let $R^* = R_{n+2}$. If $w(y_{n+1}) \geqq w(x_{n+1})$ then let $x^* = x_{n+1}$ and $y^* = (y_{n+1}/x_{n+1}) - \alpha$ with $\alpha \in J$ sucht that $w(y^*) > 0$; and if $w(y_{n+1}) < w(x_n)$ then let $x^* = x_{n+1}/y_{n+1}$ and $y^* = y_{n+1}$. Then $[R^*, x^*, y^*]$ is a canonical quadratic transform of $[R, x, y, w, J]$. If $f_n(Z)$ has an $[R^*, x^*, y^*]$-translate $f''(Z)$ which is of $[R^*, x^*, y^*]$-type (0, 0) then it suffices to take $R' = R^*$, $x' = x^*, y' = y^*$, and $f'(Z) = f''(Z)$. So now assume that $f_n(Z)$ does not have any $[R^*, x^*, y^*]$-translate which is of $[R^*, x^*, y^*]$-type (0, 0). Then by Proposition 20 there exists an $[R^*,$

$x^*, y^*]$-translate $f^*(Z)$ of $f_n(Z)$ such that $f^*(Z)$ is of $[R^*, x^*, y^*]$-type $(u^*, v^*, a^*, b^*, c^*)$ where $[b^*, c^*] \leqq \max(1, [b_n, c_n] - 1)$. It follows that $[b^*, c^*] < [b, c]$. Therefore by the induction hypothesis there exists a canonical quadratic transform $[R', x', y']$ of $[R^*, x^*, y^*, w, J]$ and an $[R', x', y']$-translate $f'(Z)$ of $f^*(Z)$ such that either $f'(Z)$ is of $[R', x', y']$-type $(0, 0)$, or $f'(Z)$ is of $[R', x', y', \lambda, J]$-type (u', v', a', b', c') where $[b', c'] \leqq 1$.

PROPOSITION 23. *Assume that w is real nondiscrete. Let $f(Z) \in K[Z]$ be of $[R, x, y, \lambda, J]$-type $(1, 0, a, b, c)$ where $[b, c] \leqq 1$. Then there exists a canonical quadratic transform $[R', x', y']$ of $[R, x, y, w, J]$ and an $[R', x', y']$-translate $f'(Z)$ of $f(Z)$ satisfying one of the following three conditions: (1) $f'(Z)$ is of $[R', x', y']$-type $(0, 0)$. (2) $f'(Z)$ is of $[R', x', y', \lambda, J]$-type $(1, 1, a', b', c')$ where $[b', c'] \leqq 1$. (3) $f'(Z)$ is of $[R', x', y', \lambda, J]$-type $(1, 0, a', 0, c')$ where $c' \leqq 1$.*

PROOF. We make induction on b. If $b = 0$ then we have nothing to show. Now let $b > 0$ and assume that the assertion is true for all values of b smaller than the given one. Let (R_i, M_i) be the ith quadratic transform of R along w. Let $x_0 = x$, $y_0 = y$, $f_0(Z) = f(Z)$, $a_0 = a$, $b_0 = b$, $c_0 = c$. By Lemma 6 there exists a nonnegative integer n and elements α_i in J for $0 \leqq i < n$ such that upon setting $x_{i+1} = x_i$ and $y_{i+1} = (y_i/x_i) - \alpha_i$ for $0 \leqq i < n$ we have that $w(y_i) \geqq w(x_i)$ for $0 \leqq i < n$ and $0 < w(y_n) < w(x_n)$. If for some $i \leqq n$, $f_0(Z)$ has an $[R_i, x_i, y_i]$-translate $f_i'(Z)$ which is of $[R_i, x_i, y_i]$-type $(0, 0)$ then it suffices to take $R' = R_i$, $x' = x_i$, $y' = y_i$, and $f'(Z) = f_i'(Z)$. So now assume that for each $i \leqq n$ we have that $f_0(Z)$ does not have any $[R_i, x_i, y_i]$-translate which is of $[R_i, x_i, y_i]$-type $(0, 0)$. Then upon applying Proposition 17 (3) successively n times we find an $[R_i, x_i, y_i]$-translate $f_i(Z)$ of $f_{i-1}(Z)$ such that $f_i(Z)$ is of $[R_i, x_i, y_i, \lambda, J]$-type $(1, 0, a_i, b_i, c_i)$ where $b_i \leqq b_{i-1}$ and $[b_i, c_i] \leqq [b_{i-1}, c_{i-1}]$ for $0 < i \leqq n$. In particular then $f_n(Z)$ is an $[R_n, x_n, y_n]$-translate of $f(Z)$, $f_n(Z)$ is of $[R_n, x_n, y_n, \lambda, J]$-type $(1, 0, a_n, b_n, c_n)$, $b_n \leqq b$, and $[b_n, c_n] \leqq 1$. Let $R^* = R_{n+1}$, $x^* = x_n/y_n$, and $y^* = y_n$. Then $[R^*, x^*, y^*]$ is a canonical quadratic transform of $[R, x, y, w, J]$. By Proposition 19 (4) there exists an $[R^*, x^*, y^*]$-translate $f^*(Z)$ of $f_n(Z)$ such that either: 1) $f^*(Z)$ is of $[R^*, x^*, y^*, \lambda, J]$-type $(1, 1, a', b', c')$ where $[b', c'] \leqq 1$, or: 2) $f^*(Z)$ is of $[R^*, x^*, y^*, \lambda, J]$-type $(1, 0, a^*, b^*, c^*)$ where $b^* \leqq \max(0, b_n - 1)$ and $[b^*, c^*] \leqq 1$. If condition 1) holds then it suffices to take $R' = R^*$, $x' = x^*$, $y' = y^*$, and $f'(Z) = f^*(Z)$. If condition 2) holds then $b^* < b$ and hence by the induction hypothesis there exists a canonical quadratic transform $[R', x', y']$ of $[R^*, x^*, y^*, w, J]$ and an $[R', x', y']$-translate $f'(Z)$ of $f^*(Z)$ such that $f'(Z)$ satisfies either condition (1) or condition (2) or condition (3).

PROPOSITION 24. *Assume that w is real nondiscrete. Let $f(Z) \in K[Z]$ be of $[R, x, y, \lambda, J]$-type (u, v, a, b, c) where $[b, c] \leqq 1$. Then there exists a canonical quadratic transform $[R', x', y']$ of $[R', x', y', w, J]$ and an $[R', x', y']$-translate $f'(Z)$ of $f(Z)$ such that either $f'(Z)$ is of $[R', x', y']$-type* (0, 0), *or $f'(Z)$ is of $[R', x', y', \lambda, J]$-type $(u', v', a', b', c')'$.*

PROOF. We shall divide the argument into three cases.

Case when $u + v > 1$. Now $u > 0$, $b < p$, $[b, c] \leqq 1$, and if $b > 0$ then $v > 0$. Therefore by Proposition 15 there exists an $[R', x', y']$-translate $f'(Z)$ of $f(Z)$ such that $f'(Z)$ is of $[R', x', y']$-type $(u', v', a', b', c')'$, where $R' = R$, $x' = x$, $y' = y$, $u' = u$, $v' = v$, $a' = a$, $b' = b$, and $c' = c$ or $c' = c - 1$.

Case when $(u, v) = (1, 0)$. Now by Proposition 23 there exists a canonical quadratic transform $[R', x', y']$ of $[R, x, y, w, J]$ and an $[R', x', y']$-translate $f^*(Z)$ of $f(Z)$ such that either: 1) $f^*(Z)$ is of $[R', x', y']$-type (0, 0); or: 2) $f^*(Z)$ is of $[R', x', y', \lambda, J]$-type (u', v', a', b', c^*) where $u' = 1$, $v' = 1$, and $[b', c^*] \leqq 1$; or 3) $f^*(Z)$ is of $[R', x', y', \lambda, J]$-type (u', v', a', b', c^*) where $u' = 1$, $v' = 0$, $b' = 0$, and $c^* \leqq 1$. If condition 1) holds then it suffices to take $f'(Z) = f^*(Z)$. If condition 2) holds then by Proposition 15 there exists an $[R', x', y']$-translate $f'(Z)$ of $f^*(Z)$ such that $f'(Z)$ is of $[R', x', y', \lambda, J]$-type $(u', v', a', b', c')'$ where $c' = c^*$ or $c' = c^* - 1$. If condition 3) holds then again by Proposition 15 there exists an $[R', x', y']$-translate $f'(Z)$ of $f^*(Z)$ such that $f'(Z)$ is of $[R', x', y', \lambda, J]$-*type* $(u', v', a', b', c')'$ where $c' = c^*$ or $c' = c^* - 1$.

Case when $(u, v) = (0, 1)$. Now $0 < b < p$. Since $[b, c] \leqq 1$ we must have $c = 0$. Let $R^* = R$, $x^* = y$, $y^* = x$, $a^* = b$, $b^* = a$, $c^* = 0$. Then $[R^*, x^*, y^*]$ is a canonical quadratic transform of $[R, x, y, w, J]$, $f(Z)$ is of $[R^*, x^*, y^*, \lambda, J]$-type $(1, 0, a^*, b^*, c^*)$, and $[b^*, c^*] \leqq 1$. Therefore we are reduced to the case when $(u, v) = (1, 0)$ which was proved above.

PROPOSITION 25. *Assume that w is real nondiscrete. Let $f(Z) \in K[Z]$ be of $[R, x, y, \lambda, J]$-type $(u, v, a, b, c)'$. Then there exists a canonical quadratic transform $[R', x', y']$ of $[R, x, y, w, J]$ and an $[R', x', y']$-translate $f'(Z)$ of $f(Z)$ such that either $f'(Z)$ is of $[R', x', y']$-type* (0, 0), *or $f'(Z)$ is of $[R', x', y', \lambda, J]$-type $(u', v', a', b', 0)'$.*

PROOF. Let R_i be the ith quadratic transform of R along w. Let $x_0 = x$, $y_0 = y$, $f_0(Z) = f(Z)$, $a_0 = a$, $b_0 = b$, $c_0 = c$. By Lemma 6 there exists a nonnegative integer n and elements α_i in J for $0 \leqq i < n$ such that upon setting $x_{i+1} = x_i$ and $y_{i+1} = (y_i/x_i) - \alpha_i$ for $0 \leqq i < n$ we have that $w(y_i) \geqq w(x_i)$ for $0 \leqq i < n$ and $0 < w(y_n) < w(x_n)$. If for some $i \leqq n$, $f_0(Z)$ has an $[R_i, x_i, y_i]$-translate $f_i'(Z)$ which is of $[R_i, x_i, y_i]$-type $(0, 0)$ then it suffices to take $R' = R_i$, $x' = x_i$, $y' = y_i$, and $f'(Z) = f_i'(Z)$. So now assume that for each $i \leqq n$ we have that $f_0(Z)$ does not have any $[R_i, x_i, y_i]$-translate which is of $[R_i, x_i, y_i]$-type $(0, 0)$. Then upon applying Proposition 17 (4) successively n times we find an $[R_i, x_i, y_i]$-translate $f_i(Z)$ of $f_{i-1}(Z)$ such that $f_i(Z)$ is of $[R_i, x_i, y_i, \lambda, J]$-type $(u_i, v_i, a_i, b_i, c_i)'$ for $0 < i \leqq n$. In particular then $f_n(Z)$ is an $[R_n, x_n, y_n]$-translate of $f(Z)$, and $f_n(Z)$ is of $[R_n, x_n, y_n, \lambda, J]$-type $(u_n, v_n, a_n, b_n, c_n)'$. Let $R' = R_{n+1}$, $x' = x_n/y_n$, and $y' = y_n$. Then $[R', x', y']$ is a canonical quadratic transform of $[R, x, y, w, J]$, and by Proposition 19 (5) there exists an $[R', x', y']$-translate $f'(Z)$ of $f_n(Z)$ such that $f'(Z)$ is of $[R', x', y', \lambda, J]$-type $(u', v', a', b', 0)'$.

PROPOSITION 26. *Assume that w is real nondiscrete. Let $f(Z) \in K[Z]$ be of $[R, x, y, \lambda, J]$-type (u, v, a, b, c). Then there exists a canonical quadratic transform $[R', x', y']$ of $[R, x, y, w, J]$ and an $[R', x', y']$-translate $f'(Z)$ of $f(Z)$ such that either $f'(Z)$ is of $[R', x', y']$-type* $(0, 0)$, *or $f'(Z)$ is of $[R', x', y', \lambda, J]$-type $(u', v', a', b', 0)'$.*

PROOF. Follows from Propositions 22, 24, and 25.

PROPOSITION 27. *Assume that w is real nondiscrete. Let $f(Z) \in K[Z]$ be $[R, x, y, \lambda]$-standard. Assume that* $0 < \operatorname{ord}_R f(Z) < p$. *Then there exists a canonical quadratic transform $[R', x', y']$ of $[R, x, y, w, J]$ and an $[R', x', y']$-translate $f'(Z)$ of $f(Z)$ such that either $f'(Z)$ is of $[R', x', y']$-type* $(0, 0)$, *or $f'(Z)$ is of $[R', x', y', \lambda, J]$-type $(u', v', a', b', 0)'$.*

PROOF. By assumption $f(Z)$ is of $[R, x, y, \lambda]$-type (u, v) for some nonnegative integers u and v. If $(u, v) = (0, 0)$ then we have nothing to show. So now assume that $(u, v) \neq (0, 0)$. Then we must have $0 < \operatorname{ord}_R f(0) < p$. Let R^* be the immediate quadratic transform of R along w. If $w(y) > w(x)$ then let $x^* = x$, $y^* = y/x$, $u^* = u + v$, $v^* = v$; if $w(y) = w(x)$ then let $x^* = x$, $y^* = (y/x) - \alpha$ with $\alpha \in J$ such that $w(y^*) > 0$, $u^* = u + v$, $v^* = 0$; and if $w(y) < w(x)$ then let $x^* = y$, $y^* = x/y$, $u^* = u + v$, $v^* = u$.

By Lemma 30, $f(Z)$ is of $[R^*, x^*, y^*, \lambda]$-type (u^*, v^*). By Proposition 1, $f(0)$ is of $[R^*, x^*, y^*, J]$-type $(a^*, 0, c^*)$ where $a^* < p$. Since $u^* > 0$, we get that $f(Z)$ is of $[R^*, x^*, y^*, \lambda, J]$-type $(u^*, v^*, a^*, 0, c^*)$. Therefore by Proposition 26 there exists a canonical quadratic transform $[R', x', y']$ of $[R^*, x^*, y^*, w, J]$ and an $[R', x', y']$-translate $f'(Z)$ of $f(Z)$ such that either $f'(Z)$ is of $[R', x', y']$-type $(0, 0)$, or $f'(Z)$ is of $[R', x', y', \lambda, J]$-type $(u', v', a', b', 0)'$.

PROPOSITION 28. *Assume that w is rational nondiscrete. Let $f(Z) \in K[Z]$ be $[R, x, y, \lambda]$-standard. Assume that $0 < \mathrm{ord}_R f(Z) < p$. Then there exists a canonical quadratic transform $[R', x', y']$ of $[R, x, y, w, J]$ and an $[R', x', y']$-translate $f'(Z)$ of $f(Z)$ such that either $f'(Z)$ is of $[R', x', y']$-type $(0, 0)$, or $f'(Z)$ is of $[R', x', y', \lambda, J]$-type $(u', 0, a', 0, c')'$ where either $a' = 0$ or $c' = 0$.*

PROOF. Follows from Propositions 21 and 27.

REFERENCES

[1] *S. Abhyankar*, Local uniformization on algebraic surfaces over ground fields of characteristic $p \neq 0$. Annals of Mathematics, vol. 63 (1956), pp. 491–526. Corrections. Annals of Mathematics, vol. 78 (1963), pp. 202–203.

[2] On the valuations centered in a local domain. American Journal of Mathematics, vol. 78 (1956), pp. 321–348.

[3] On the field of definition of a nonsingular birational transform of an algebraic surface. Annals of Mathematics, vol. 68 (1957), pp. 268–281.

[4] Ramification theoretic methods in algebraic geometry. Princeton University Press, Princeton 1959.

[5] Tame coverings and fundamental groups of algebraic varieties, Part II: Branch curves with higher singularities. American Journal of Mathematics, vol. 82 (1960), pp. 120–178.

[6] Uniformization in p-cyclic extensions of algebraic surfaces over ground fields of characteristic p. Mathematische Annalen, vol. 153 (1964), pp. 81–96.

[7] Reduction to multiplicity less than p is a p-cyclic extension of a two dimensional regular local ring (p = characteristic of the residue field). Mathematische Annalen, vol. 154 (1964), pp. 28–55.

[8] Uniformization of Jungian local domains. Mathematische Annalen, vol. 159 (1965), pp. 1–43.

[9] *A. A. Albert*, Modern Higher Algebra. Chicago University Press, Chicago 1937.

[10] *C. Chevalley*, On the theory of local rings. Annals of Mathematics, vol. 44 (1943), pp. 690–708.

[11] *I. S. Cohen*, On the structure and ideal theory of complete local rings. Transactions of the American Mathematical Society, vol. 57 (1946), pp. 54–106.

[12] *W. Krull*, Die allgemeine Diskriminantensatz. Mathematische Zeitschrift, vol. 45 (1939), pp. 1–19.

[13] *M. Nagata*, Local Rings. Interscience Publishers, New York 1962.

Integrated forms derived from nonintegrated forms of value distribution theorems under analytic and quasi-conformal mappings[1]

By *Kiyoshi Noshiro* and *Leo Sario*

1. Introduction. We consider complex analytic or, more generally, quasi-conformal mappings into closed Riemann surfaces W_0 of open Riemann surfaces W_p that carry capacity functions with compact level lines. We shall show that, for these mappings, the so-called integrated forms of value distribution theorems can be derived from the nonintegrated forms.

The class $\{W_p\}$ contains all parabolic surfaces (Nakai [6]) and all compact bordered surfaces. As a special case we have the classical meromorphic functions in the plane and in the disk.

For mappings of the plane the nonintegrated forms of value distribution theorems were originated by Ahlfors [1], and certain integrated forms implied by these were exhibited by Ahlfors [2] and Dinghas [3]. The nonintegrated forms were extended to mappings of other plane regions by Kunugui [4] and Tumura [5], of parabolic Riemann surfaces by Noshiro [7], and of arbitrary Riemann surfaces by Sario [8].

2. Range surface. Let W_0 be a closed Riemann surface. Given $\zeta_0, \zeta_1 \in W_0$ and parametric disks D_0, D_1 about ζ_0, ζ_1, construct the harmonic function t_0 in $W_0 \setminus (\zeta_0 \cup \zeta_1)$ such that $t_0(\zeta) + 2 \log |\zeta - \zeta_0|$ in $D_0 \setminus \zeta_0$ and $t_0(\zeta) - 2 \log |\zeta - \zeta_1|$ in $D_1 \setminus \zeta_1$ have harmonic extensions to D_0 and D_1. Normalize by $t_0 + 2 \log |\zeta - \zeta_0| \to 0$ as $\zeta \to \zeta_0$ and set $s_0 = \log (1 + e^{t_0})$.

Endow W_0 with the conformal metric $d\sigma = \mu\, |d\zeta|$, where ζ is the local parameter and

$$\mu^2 = \Delta s_0 = \frac{e^{t_0}\, |\text{grad}\, t_0|^2}{(1 + e^{t_0})^2}.$$

In terms of $\gamma_x = \{\zeta \mid t_0(\zeta) = x\}$, $-\infty < x < \infty$, the total area of W_0 is

$$A(W_0) = \int_{-\infty}^{\infty} \int_{\gamma_x} \frac{e^{t_0}}{(1 + e^{t_0})^2}\, dx\, dt_0^* = 4\,\pi.$$

[1] The work was sponsored by the U.S. Army Research Office (Durham), Grant DA-ARO(D)-31-124-G499, University of California, Los Angeles.

Let Ω be a bordered compact covering surface of W_0. Denote by S the mean sheet number of Ω, i.e., the sum of the areas of the sheets constituting Ω, divided by the area 4π of W_0. The length L of the border of the multi-sheeted Ω is defined analogously.

3. Domain surface. Denote by W_p an open Riemann surface that carries a harmonic function p with the sole singularity $(2\pi)^{-1} \log |z - z_0|$ in a parametric disk centered at z_0, and with compact level lines

$$\beta_x = \{z \mid p(z) = x\}, \qquad -\infty < x < \sup p = R \leqq \infty.$$

We can always choose the parametric disk such that $R > 0$. The surface W_p is, by definition, parabolic, $W_p \in O_G$, or hyperbolic, $W_p \notin O_G$, according as $R = \infty$ or $R < \infty$.

On $W_p \setminus z_0$ take the conformal metric $d\varrho = |\text{grad}\, p|\, |dz|$. The length of the level line

$$\beta_\varrho = \{z \mid p(z) = \varrho\}$$

is $\int_{\beta_\varrho} d\varrho = \int_{\beta_\varrho} dp^* = 1$. Choose ϱ such that grad $p \neq 0$ on β_ϱ, and for $0 \leqq \varrho < R$ let

$$\Omega_\varrho = \{z \mid p(z) < \varrho\}.$$

4. Mappings. Consider a quasi-conformal mapping f of W_p into W_0. Let the direction of dz at a fixed $z \in W_p$ vary and set

$$m(z) = \min \frac{|df(z)|}{|dz|}, \quad M(z) = \max \frac{|df(z)|}{|dz|}.$$

By the definition of quasi-conformality, there exists a constant $K < \infty$ independent of z such that $M(z) \leqq K m(z)$. If $K = 1$, then f is complex analytic.

Let $S(\varrho)$, $L(\varrho)$ denote the quantities S, L of No. 2 for the multi-sheeted image $f(\Omega_\varrho)$ under f, considered as a covering surface of W_0. Then

$$\begin{aligned} L(\varrho) &\leqq \int_{\beta_\varrho} d\sigma(f(z)) \leqq \int_{\beta_\varrho} \mu(f(z))\, M(z)\, |dz| \\ &= \int_{\beta_\varrho} \mu(f(z))\, M(z)\, |\text{grad}\, p(z)|^{-1}\, d\varrho(z). \end{aligned}$$

By virtue of $\int_{\beta_\varrho} d\varrho = 1$ and $M \leqq Km$, the Schwarz inequality gives

$$L(\varrho)^2 \leqq K^2 \int_{\beta_\varrho} \mu(f(z))^2\, m(z)^2\, |\mathrm{grad}\, p(z)|^{-2} d\varrho.$$

In terms of the area $4\pi S(\varrho)$ of the multi-sheeted $f(\Omega_\varrho)$ we have (cf. [8]):

LEMMA. For a quasi-conformal mapping of W_p into W_0,

$$L(\varrho)^2 \leqq 4\pi K^2 \frac{dS(\varrho)}{d\varrho}. \tag{1}$$

5. Islands and peninsulas. Given a simply connected region $\Delta \subset W_0$, the components of the subset of the multi-sheeted $f(\Omega_\varrho)$ above Δ are, by definition, peninsulas or islands according as they have a relative boundary above Δ or not. Let $n(\varrho, \Delta)$ be the total number of sheets in the union of all islands above Δ. The sum of the orders of all branch points of $f(\Omega_\varrho)$ above Δ is denoted by $b(\varrho, \Delta)$.

Let $e(\varrho)$, e_0 be the Euler characteristics of Ω_ϱ, W_0, and set $e^+ = \max(0, e)$. For disjoint regions Δ_ν, $\nu = 1, \ldots, q$, it is known that (see Introduction)

$$(q + e_0)\, S(\varrho) < \sum_\nu n(\varrho, \Delta_\nu) - \sum_\nu b(\varrho, \Delta_\nu) + e^+(\varrho) + O(L(\varrho)). \tag{2}$$

The proof given in [8] for complex analytic mappings of arbitrary Riemann surfaces into the extended plane holds verbatim for quasi-conformal mappings of arbitrary Riemann surfaces into closed Riemann surfaces when $q - 2$ (on p. 525) is replaced by $q + e_0$.

The integrals from 0 to ϱ of $S(\varrho)$, $n(\varrho, \Delta)$, $b(\varrho, \Delta)$, $e^+(\varrho)$, and $L(\varrho)$ will be denoted by $C(\varrho)$, $A(\varrho, \Delta)$, $A_1(\varrho, \Delta)$, $E(\varrho)$, and $L^*(\varrho)$. The problem is to find a majorant for $L^*(\varrho)$ in terms of the characteristic $C(\varrho)$.

We start with

$$L^*(\varrho)^2 \leqq \varrho \int_0^\varrho L(\varrho)^2\, d\varrho \leqq 4\pi K^2 \varrho \frac{dC(\varrho)}{d\varrho}.$$

On a parabolic W_p every nonconstant mapping has unbounded characteristic $C(\varrho)$. On a hyperbolic W_p we only consider mappings with this property.

6. Parabolic case. For an integer $i \geqq 1$ and a function $\varphi(\varrho)$ denote by $\log^{(i)} \varphi(\varrho)$ the ith iterate of the logarithm and set

$$P_j(\varphi(\varrho)) = \begin{cases} \Pi_1^j \log^{(i)} \varphi(\varrho) & \text{for } j \geqq 1, \\ 1 & \text{for } j = 0. \end{cases}$$

We claim that, for given integers $n, m \geqq 1$,

$$L^*(\varrho) < \sqrt{\frac{C(\varrho)\, P_{m-1}(C(\varrho))}{P_{n-1}(\varrho)}} \log^{(m)} C(\varrho) \tag{3}$$

except in a set $\Delta_{nm} \subset (0, \infty)$ such that $\int_{\Delta_{nm}} d \log^{(n)} \varrho < \infty$.

For the proof choose any $\varrho_0 > 0$ and let

$$\Delta_{nm} = \{\varrho \mid \varrho > \varrho_0, (3) \text{ false}\}.$$

Then

$$\int_{\Delta_{nm}} d \log^{(n)} \varrho \leqq 4 \pi K^2 \int_{\varrho_0}^{\infty} \frac{dC(\varrho)}{C(\varrho)\, P_{m-1}(C(\varrho))\, (\log^{(m)} C(\varrho))^2}$$

$$= \frac{4 \pi K^2}{\log^{(m)} C(\varrho_0)} < \infty.$$

7. Hyperbolic case. We maintain:

$$L^*(\varrho) < \sqrt{\frac{C(\varrho)\, P_{m-1}(C(\varrho))}{(R-\varrho)\, P_{n-1}(1/(R-\varrho))}} \log^{(m)} C(\varrho) \tag{3'}$$

except in a set $\Delta_{nm} \subset (0, R)$ such that $\int_{\Delta_{nm}} d \log^{(n)} (1/(R-\varrho)) < \infty$.

For $0 < \varrho_0 < R$ let

$$\Delta_{nm} = \{\varrho \mid \varrho_0 < \varrho < R, (3') \text{ false}\}.$$

Then

$$\int_{\Delta_{nm}} d \log^{(n)} \frac{1}{R-\varrho} \leqq 4 \pi K^2 R \int_{\varrho_0}^{R} \frac{dC(\varrho)}{C(\varrho)\, P_{m-1}(C(\varrho))\, (\log^{(m)} C(\varrho))^2} < \infty.$$

8. Integrated form. We have shown that the following integrated form of the second main theorem is a consequence of the nonintegrated form (2):

THEOREM. Under a complex analytic or quasi-conformal mapping of a W_p-surface into a closed Riemann surface W_0,

$$(q + e_0)\, C(\varrho) < \Sigma A(\varrho, \Delta_\nu) - \Sigma A_1(\varrho, \Delta_\nu) + E(\varrho) + F(\varrho). \tag{4}$$

On a parabolic W_p the remainder $F(\varrho)$ is for $n, m \geqq 1$

$$F(\varrho) = O\left(\left(\frac{C(\varrho)\, P_{m-1}(C(\varrho))}{P_{n-1}(\varrho)}\right)^{\frac{1}{2}} \log^{(m)} C(\varrho)\right) \tag{5}$$

except in a set Δ_{nm} so small that $\int_{\Delta_{nm}} d \log^{(n)} \varrho < \infty.$

On a hyperbolic W_p

$$F(\varrho) = O\left(\left(\frac{C(\varrho)\, P_{m-1}(C(\varrho))}{(R-\varrho)\, P_{n-1}(1/(R-\varrho))}\right)^{\frac{1}{2}} \log^{(m)} C(\varrho)\right) \tag{6}$$

except in a set Δ_{nm} so small that $\int_{\Delta_{nm}} d \log^{(n)} (1/(R-\varrho)) < \infty.$

In particular, on $W_p \in O_G$

$$F(\varrho) = O\left(\sqrt{C(\varrho)} \log C(\varrho)\right) \tag{5)'$$

while on $W_p \notin O_G$

$$F(\varrho) = O\left(\sqrt{\frac{C(\varrho)}{R-\varrho}} \log C(\varrho)\right), \tag{6)'$$

with $\int d \log \varrho < \infty$, $\int d \log (R-\varrho)^{-1} < \infty$ over the exceptional sets.

The theorem remains valid for more general monotone functions than P_j. In the case of the plane W_p and the extended plane W_0, (5)' is the interesting result due to Dinghas [3].

Clearly our theorem can also be stated in the weaker form:

$$F(\varrho) = O(C(\varrho)^{\frac{1}{2}+\varepsilon}) \text{ if } W_p \in O_G,$$

and

$$F(\varrho) = O((R-\varrho)^{-\frac{1}{2}}\, C(\varrho)^{\frac{1}{2}+\varepsilon}) \text{ if } W_p \notin O_G.$$

Set
$$\alpha(\Delta_\nu) = 1 - \limsup_{\varrho\to R} \frac{A(\varrho, \Delta_\nu)}{C(\varrho)}$$
$$\eta = \limsup_{\varrho\to R} \frac{E(\varrho)}{C(\varrho)}.$$

It is known that the regions Δ_ν can be replaced by points a_ν.

COROLLARY. The bound

(7) $$\sum \alpha(a_\nu) \leqq \eta - e_0$$

holds for every f on $W_p \in O_G$ and for those f on $W_p \notin O_G$ for which

(8) $$\lim_{\varrho\to R} \frac{\log C(\varrho)}{\sqrt{(R-\varrho)\, C(\varrho)}} = 0.$$

Less sharply, it suffices in the latter case that

(8)′ $$\lim_{\varrho\to R} [(R-\varrho)\, C(\varrho)^{1-\varepsilon}] = \infty$$

for some $\varepsilon > 0$.

In the special case of meromorphic functions in the finite or infinite disk $|z| (= e^\varrho) < e^R \leqq \infty$, (7) reduces to $\Sigma\, \alpha(a_\nu) \leqq 2$.

BIBLIOGRAPHY

[1] *L. Ahlfors*, Zur Theorie der Überlagerungsflächen. Acta Math. 65 (1935), 157–194.
[2] *L. Ahlfors*, Über die Anwendung differentialgeometrischer Methoden zur Untersuchung von Überlagerungsflächen. Acta Soc. Sci. Fenn. Nova Ser. A II 6 (1937), 17 pp.
[3] *A. Dinghas*, Eine Bemerkung zur Ahlforsschen Theorie der Überlagerungsflächen. Math. Z. 44 (1938), 568–572.
[4] *K. Kunugi*, Sur l'allure d'une fonction analytique uniforme au voisinage d'un point frontière de son domain de définition. Japan J. Math. 18 (1942), 1–39.
[5] *Y. Tumura*, Quelques applications de la théorie de M. Ahlfors. Japan J. Math. 18 (1942), 303–322.
[6] *M. Nakai*, On Evans potential. Proc. Jap. Acad. 38 (1962), 624–629.
[7] *K. Noshiro*, Open Riemann surface with null boundary. Nagoya Math. J. 3 (1951), 73–79.
[8] *L. Sario*, Islands and peninsulas on arbitrary Riemann surfaces. Trans. Amer. Math. Soc. 106 (1963), 521–533.
[9] *L. Sario*, Value distribution under analytic mappings of arbitrary Riemann surfaces. Acta Math. 109 (1963), 1–10.

Die Cauchy-Weil'sche Integraldarstellung für Schnitte in kohärenten analytischen Garben[1]

Von *Helmut Röhrl*

Während der letzten Jahre wurde die Cauchy-Weil'sche Integraldarstellung holomorpher Funktionen von verschiedenen Autoren (z. B. [4], [7], [8], [15]) weitgehend verallgemeinert. Da sich in der modernen Funktionentheorie holomorphe Funktionen und Schnitte in kohärenten analytischen Garben als gleichberechtigt herausgestellt haben, ist es naheliegend, nach analogen Integraldarstellungen für Schnitte in derartigen Garben zu fragen. Die für die Gültigkeit einer solchen Integraldarstellung benötigte Eigenschaft ist die Projektivität der in Frage kommenden Schnittmoduln. Unter der Voraussetzung der Projektivität werden in § 1 zwei in [4] angegebene Darstellungssätze übertragen. Unter gewissen zusätzlichen Voraussetzungen wird die eigentlich wünschenswerte Form der Cauchy-Weil'schen Integraldarstellung in (1.5) gewonnen. Des weiteren wird eine Verallgemeinerung des Hartogs'schen Kontinuitätssatzes auf Schnitte in kohärenten analytischen Garben angegeben. In den beiden folgenden Paragraphen wird die ausschlaggebende Voraussetzung des § 1, nämlich die Projektivität des Schnittmoduls, näher untersucht; dabei wird zusätzlich angenommen, daß der Schnittmodul endlich erzeugt ist. Der eindimensionale Fall wird in § 2 diskutiert. Zuerst wird für berandete Riemannsche Flächen X die Trivialität von Faserbündeln, welche im Innern von X holomorph und auf dem Rande von X stetig sind, nachgewiesen. Mit Hilfe dieses Satzes läßt sich die Struktur der endlich erzeugten Ideale im Ringe der auf X stetigen und im Innern von X holomorphen Funktionen beschreiben. Als Folgerung ergibt sich, daß endlich erzeugte projektive Moduln über diesem Ring frei sind und somit im wesentlichen die klassische Situation vorliegt. In § 3 wird die Projektivität des in Frage kommenden Schnittmoduls für lokalfreie, kohärente analytische Garben unter der Voraussetzung bewiesen, daß das Gebiet, für welches die Integraldarstellung gewünscht wird, relativ kompakt in einem holomorph vollständigen Raume liegt. Eine teilweise Umkehrung dieses Satzes wird erhalten (vgl. [14], § 50).

[1] This research was supported by the Air Force Office of Scientific Research.

§ 1. Die Darstellungssätze

$(X, \mathfrak{O})$ sei ein separabler, reduzierter komplexer Raum. Zu einer gegebenen offenen, zusammenhängenden Teilmenge U von X bilden wir über der abgeschlossenen Hülle $\bar{U}$ von U die Garbe $\mathfrak{O}_{U,c}$ der Keime aller komplexwertigen stetigen Funktionen in $\bar{U}$, welche in U holomorph sind. Da U ein für allemal gegeben ist, schreiben wir der Einfachheit halber $\mathfrak{O}_c$ anstatt $\mathfrak{O}_{U,c}$. Ein globaler Schnitt in $\mathfrak{O}_c$ ist offenbar eine holomorphe Funktion in U, welche stetig auf $\bar{U}$ fortgesetzt werden kann. $\mathfrak{O}_c$ läßt sich in naheliegender Weise als ein $\mathfrak{O}|\bar{U}$-Linksmodul auffassen. Dies erlaubt es, einen kovarianten, rechtsexakten Funktor von der Kategorie der $\mathfrak{O}$-Rechtsmoduln in die Kategorie der $\mathfrak{O}_c$-Rechtsmoduln zu definieren, nämlich $a \rightsquigarrow a|\bar{U} \underset{\mathfrak{O}|\bar{U}}{\otimes} \mathfrak{O}_c$. Das Bild des $\mathfrak{O}$-Homomorphismus a unter diesem Funktor werde mit a_c bezeichnet. Für einen $\mathfrak{O}$-Modul $\mathfrak{M}$ sind die Schnitte in $\mathfrak{M}_c$ der Ersatz für die Funktionen mit „Werten" in $\mathfrak{M}$, welche auf $\bar{U}$ stetig und in U holomorph sind.

Bezeichnet $\varrho : \Gamma(\bar{U}, \mathfrak{M}_c) \to \Gamma(U, \mathfrak{M})$ den Beschränkungshomomorphismus und ist $m \in \Gamma(U, \mathfrak{M})$ im Bild von ϱ enthalten, so sagen wir, daß der Schnitt m in über U stetig auf $\bar{U}$ fortgesetzt werden kann. Ersichtlich gilt $\ker \varrho = \{0\}$, d. h. die stetige Fortsetzung eines Schnittes in $\mathfrak{M}$ über U ist, falls sie überhaupt existiert, eindeutig bestimmt.

Von nun an setzen wir voraus, daß die offene Teilmenge U relativ kompakt ist. Wir versehen die C-Algebra $\Gamma(\bar{U}, \mathfrak{O}_c)$ mit der Topologie der gleichmäßigen Konvergenz und betrachten eine abgeschlossene Unteralgebra A von $\Gamma(\bar{U}, \mathfrak{O}_c)$. Schließlich sei B eine abgeschlossene Teilmenge des Randes ∂U von U, welche den Šilov-Rand von A enthält. Mit diesen Bezeichnungen gelten die folgenden Verallgemeinerungen der Hauptsätze von [4]:

(1.1) **Theorem** A: *Für den $\mathfrak{O}$-Modul $\mathfrak{M}$ gelte: $\Gamma(\bar{U}, \mathfrak{M}_c)$ ist ein projektiver A-Modul.*
Dann existieren eine holomorphe Abbildung $z \to \mu_z$ von U in den Banachraum der komplexen Radon-Maße auf B, eine Familie m_i, $i \in I$, von globalen Schnitten in $\mathfrak{M}_c$ und eine Familie m_i^*, $i \in I$, von A-Linearformen auf $\Gamma(\bar{U}, \mathfrak{M}_c)$ derart, daß

(i) *für jedes Element* $m \in \Gamma(\bar{U}, \mathfrak{M}_c)$ *die Familie* $\langle m, m_i^* \rangle$[2], $i \in I$, *einen endlichen Träger besitzt und*

(ii) *für jeden Schnitt* m *in* $\mathfrak{M}$ *über* U, *welcher stetig auf* $\bar{U}$ *fortgesetzt werden kann, und alle* $z \in U$

$$m(z) = \sum \left\{ m_i(z) \cdot \int_B \langle m, m_i^* \rangle (b)\, d\mu_z(b) : i \in I \right\}$$

gilt.

(1.2) **Theorem** B^p: *Voraussetzung wie in Theorem A. Dann existieren ein positives Radon-Maß* η *auf* B *und eine meßbare Funktion* k *auf* $U \times B$, *eine Familie* m_i, $i \in I$, *von globalen Schnitten in* $\mathfrak{M}_c$ *und eine Familie* m_i^*, $i \in I$, *von A-Linearformen auf* $\Gamma(\bar{U}, \mathfrak{M}_c)$ *derart, daß*

(i) *für jedes* $b \in B$ *die Beschränkung* $k | U \times \{b\}$ *holomorph ist,*

(ii) *für jedes* $z \in U$ *die Beschränkung* $k | \{z\} \times B$ *in* $L^p(d\eta)$ *enthalten ist,*

(iii) *für jedes Element* $m \in \Gamma(\bar{U}, \mathfrak{M}_c)$ *die Familie* $\langle m, m_i^* \rangle$, $i \in I$, *einen endlichen Träger besitzt,*

(iv) *für jeden Schnitt* m *in* $\mathfrak{M}$ *über* U, *welcher stetig auf* $\bar{U}$ *fortgesetzt werden kann, und alle* $z \in U$

$$m(z) = \sum \left\{ m_i(z) \cdot \int_B \langle m, m_i^* \rangle (b) \cdot k(z, b)\, d\eta(b) : i \in I \right\}$$

gilt,

(v) *für jede Familie* $f_i \in L^q(d\eta)$, $i \in I$, *mit endlichen Träger*

$$m(z) = \sum \left\{ m_i(z) \cdot \int_B f_i(b) \cdot k(z, b)\, d\eta(b) : i \in I \right\}$$

einen Schnitt in $\mathfrak{M}$ *über* U *beschreibt.*

Wie üblich ist hier q vermöge der Beziehung $\frac{1}{p} + \frac{1}{q} = 1$ durch p bestimmt, während sich die Meßbarkeit von k auf den durch die Mengen $U' \times B'$, $U' = \mathring{U}' \subset U$ *und* $B' \subset B$ η-meßbar, erzeugten σ-Körper von $U \times B$ bezieht.

Die Richtigkeit dieser Sätze ist eine unmittelbare Konsequenz der entsprechenden Sätze in [4] und der wohlbekannten Tatsache (vgl. [2], § 2, 7), daß es für jeden projektiven A-Modul, wobei A ein beliebiger kommutati-

[2] $\langle\ ,\ \rangle$ bezeichnet die kanonische Paarung zwischen einem Modul und seinem dualen Modul.

ver Ring ist, eine Familie $m_i, i \in I$, von Elementen in M und eine Familie $m_i^*, i \in I$, von A-Linearformen auf M so gibt, daß für jedes $m \in M$ die Familie $\langle m, m_i^* \rangle$, $i \in I$, einen endlichen Träger besitzt und $m = \Sigma \{m_i \cdot \langle m, m_i^* \rangle : i \in I\}$ gilt.

Es sei darauf hingewiesen, daß aus dem gleichen Grunde die sinngemäßen Verallgemeinerungen von Theorem C und Proposition 3.7 in [4] gelten. Nach Einführung einer geeigneten Norm in $\Gamma(\bar{U}, \mathfrak{M}_c)$ lassen sich auch die übrigen Resultate von [4] übertragen.

Die beiden soeben angegebenen Formen der Cauchy-Weil'schen Integraldarstellung haben den Nachteil, daß sie die Kenntnis des darzustellenden Schnittes in Gänze erfordern. Es ist deshalb wünschenswert, eine Form zu erhalten, welche nur von den „Randwerten" des darzustellenden Schnittes $m \in \Gamma(\bar{U}, \mathfrak{M}_c)$ Gebrauch macht. Zu den Randwerten von m gelangt man in der folgenden Weise. Es sei $\mathfrak{C}_B$ die Garbe der Keime stetiger komplexwertiger Funktionen auf B. $\mathfrak{C}_B$ kann in naheliegender Weise sowohl als ein $\mathfrak{O}|B$-Modul als auch als ein $\mathfrak{O}_c|B$-Modul aufgefaßt werden. Wir bezeichnen mit $\mathfrak{M}_B$ die Garbe $\mathfrak{M}_c|B \underset{\mathfrak{O}_c|B}{\otimes} \mathfrak{C}_B = \mathfrak{M}|B \underset{\mathfrak{O}|B}{\otimes} \mathfrak{C}_B$. Zu jedem Schnitt m $\Gamma(\bar{U}, \mathfrak{M}_c)$ bilden wir den Schnitt $m_B = m|B \otimes 1$ in $\Gamma(B, \mathfrak{M}_B)$. Ist $\mathfrak{M} = \mathfrak{O}$, so fällt m_B mit der Randfunktion (im üblichen Sinne) von m zusammen, d. h. für jeden Punkt $b \in B$ ist $m_B(b)$ der Randwert von m in b. Aus diesem Grunde sei im allgemeinen Falle m_B der *Randschnitt* von m genannt.

Ist nun weiter m^* ein Element von $\Gamma(\bar{U}, \mathfrak{M}_c)^*$, so wollen wir unter geeigneten zusätzlichen Voraussetzungen m^* einen Schnitt $\beta(m^*) \in \Gamma(B, (\mathfrak{M}_B)^*)$ so zuordnen, daß stets

$$\langle \beta(m^*), m_B \rangle = \langle m^*, m \rangle_B \tag{1.3}$$

gilt. Für jeden Punkt $b \in B$ hat der kanonische $\mathfrak{C}_{B,b}$-Homomorphismus

$$\alpha_b : \Gamma(\bar{U}, \mathfrak{M}_c)^* \underset{\Gamma(\bar{U}, \mathfrak{O}_c)}{\otimes} \mathfrak{C}_{B,b} \to (\Gamma(\bar{U}, \mathfrak{M}_c) \underset{\Gamma(\bar{U}, \mathfrak{O}_c)}{\otimes} \mathfrak{C}_{B,b})^*$$

die Eigenschaft, daß

$$\langle m^*, m \rangle_B(b) = \langle \alpha_b(m^* \otimes 1_b), m \otimes 1_b \rangle$$

erfüllt ist (vgl. [2], § 5,4).

Wir machen jetzt eine erste Annahme: $\Gamma(\bar{U}, \mathfrak{M}_c)$ ist ein endlich erzeugter, projektiver $\Gamma(\bar{U}, \mathfrak{O}_c)$-Modul. Dann besagt ein bekannter Satz ([2], § 5, 4), daß α_b ein Isomorphismus ist. Des weiteren ergibt sich (vgl. [2], § 2, 6), daß $(\Gamma(\bar{U}, \mathfrak{M}_c) \underset{\Gamma(\bar{U},\mathfrak{O}_c)}{\otimes} \mathfrak{C}_{B,b})^*$ ein endlich erzeugter projektiver $\mathfrak{C}_{B,b}$-Modul ist. Bezeichnet nun $\gamma_b : \Gamma(\bar{U}, \mathfrak{M}_c) \underset{\Gamma(\bar{U},\mathfrak{O}_c)}{\otimes} \mathfrak{C}_{B,b} \to \mathfrak{M}_{B,b}$ den durch $\gamma_b(m \otimes 1_b) = m(b) \otimes 1_b = m_B(b)$ definierten Homomorphismus, so gilt offenbar für jedes $m \in \Gamma(\bar{U}, \mathfrak{M}_c)$ und für jedes $n^* \in (\mathfrak{M}_{B,b})^*$ die Beziehung

$$\langle n^*, \gamma_b(m \otimes 1_b)\rangle = \langle {}^t\gamma_b(n^*), m \otimes 1_b\rangle .$$

Machen wir die weitere Annahme, daß

$${}^t\gamma_b : (\mathfrak{M}_{B,b})^* \to (\Gamma(\bar{U}, \mathfrak{M}_c) \underset{\Gamma(\bar{U},\mathfrak{O}_c)}{\otimes} \mathfrak{C}_{B,b})^*$$

surjektiv ist, so führt die Projektivität von $(\Gamma(\bar{U}, \mathfrak{M}_c) \underset{\Gamma(\bar{U},\mathfrak{O}_c)}{\otimes} \mathfrak{C}_{B,b})^*$ zu einem $\mathfrak{C}_{B,b}$-Homomorphismus

$${}'\gamma_b : (\Gamma(\bar{U}, \mathfrak{M}_c) \underset{\Gamma(\bar{U},\mathfrak{O}_c)}{\otimes} \mathfrak{C}_{B,b})^* \to (\mathfrak{M}_{B,b})^*$$

derart, daß ${}^t\gamma_b\, {}'\gamma_b = \mathrm{id}$ gilt. Somit erhält man

$$\langle m^*, m\rangle_B(b) = \langle {}'\gamma_b \alpha_b(m^* \otimes 1_b), \gamma_b(m \otimes 1_b)\rangle .$$

Setzen wir schließlich noch voraus, daß der $\mathfrak{O}$-Modul $\mathfrak{M}$ über B endlich präsentierbar ist, d. h. daß es zu jedem $b \in B$ eine Umgebung V und eine exakte Sequenz $p \cdot \mathfrak{O}|V \to q \cdot \mathfrak{O}|V \to \mathfrak{M}|V \to 0$ gibt, so weiß man (vgl. [14], § 14), daß $(\mathfrak{M}_{B,b})^*$ kanonisch isomorph zu $(\mathfrak{M}_B)^*_b$ ist. Bezeichnen wir diesen Isomorphismus mit $\delta_b : (\mathfrak{M}_{B,b})^* \to (\mathfrak{M}_B)^*_b$, so folgt für eine hinreichend kleine Umgebung W von b die Fortsetzbarkeit von $\delta_b\, {}'\gamma_b$ zu einem $\mathfrak{C}_B|W$-Homomorphismus

$${}''\gamma_W : (\Gamma(\bar{U}, \mathfrak{M}_c) \underset{\Gamma(\bar{U},\mathfrak{O}_c)}{\otimes} \mathfrak{C}_B|W)^* \to (\mathfrak{M}_B)^*|W$$

derart, daß für alle $y \in W$

$${}^t\gamma_y \delta_y^{-1}\, {}''\gamma_{W,y} = \mathrm{id}$$

gilt. Bezeichnet man schließlich den konstanten $\mathfrak{C}_B$-Modul, dessen Halm in $b \in B$ gleich $(\Gamma(\bar{U}, \mathfrak{M}_c) \underset{\Gamma(\bar{U}, \mathfrak{O}_c)}{\otimes} \mathfrak{C}_{B,b})^*$ ist, mit $\overline{\Gamma(\bar{U}, \mathfrak{M}_c)^*}$ und den Kern des $\mathfrak{C}_B$-Homomorphismus

$$^t\gamma\,\delta^{-1} : (\mathfrak{M}_B)^* \to \overline{\Gamma(\bar{U}, \mathfrak{M}_c)^*}$$

mit $\mathfrak{K}$, so findet man sofort, daß die $''\gamma_W$ zu einem 1-Kozyklus mit Werten in $\mathfrak{K}$ Anlaß geben. Weil $\mathfrak{K}$ ein $\mathfrak{C}_B$-Modul ist und beliebig feine Partitionen der Eins durch Schnitte in $\mathfrak{C}_B$ angegeben werden können, verschwindet $H^1(B, \mathfrak{K})$. Somit erhält man die Existenz eines $\mathfrak{C}_B$-Homomorphismus

$$''\gamma : \overline{\Gamma(\bar{U}, \mathfrak{M}_c)^*} \to (\mathfrak{M}_B)^*,$$

welcher für jeden Punkt $b \in B$ die Beziehung $^t\gamma_b \delta_b^{-1}\, ''\gamma_b = \mathrm{id}$ erfüllt. Das bedeutet aber, daß

$$\langle m^*, m \rangle_B(b) = \langle ''\gamma_b \alpha_b(m^* \otimes 1_b), \gamma_b(m \otimes 1_b) \rangle$$

gilt. Da auf Grund unserer Konstruktion sowohl γ_b als auch $''\gamma_b \alpha_b$ stetig von $b \in B$ abhängen, erhält man für

$$\beta(m^*) = \Gamma(B, ''\gamma\alpha)\,(m^* \otimes 1)$$

die gewünschte Beziehung (1.3).

Die letzte Konstruktion, welche hinsichtlich einer wünschenswerten Form der Cauchy-Weil'schen Integraldarstellung nötig ist, besteht in der Bildung der totalen Tensorprodukte (siehe [9]) $\mathfrak{M}|U \underset{C}{\hat{\otimes}} (\mathfrak{M}_B)^*$ und $\mathfrak{O}|U \underset{C}{\hat{\otimes}} \mathfrak{M}_B$. Beide lassen sich in kanonischer Weise als $\mathfrak{O}|U \underset{C}{\hat{\otimes}} \mathfrak{C}_B$-Moduln auffassen. Der zusammengesetzte Homomorphismus

$$\{\mathfrak{M}|U \underset{C}{\hat{\otimes}} (\mathfrak{M}_B)^*\} \underset{\mathfrak{O}|U \hat{\otimes}_C \mathfrak{C}_B}{\otimes} \{\mathfrak{O}|U \underset{C}{\hat{\otimes}} \mathfrak{M}_B\} \xrightarrow{\text{kanonisch}} \mathfrak{M}|U \underset{C}{\hat{\otimes}} \{(\mathfrak{M}_B)^* \underset{\mathfrak{C}_B}{\otimes} \mathfrak{M}_B\}$$
$$\xrightarrow{\mathrm{id} \otimes \langle\,,\,\rangle} \mathfrak{M}|U \underset{C}{\hat{\otimes}} \mathfrak{C}_B$$

gibt Anlaß zu einem zusammengesetzten Homomorphismus

$$(1.4)\quad \begin{aligned} &\Gamma(U\times B, \mathfrak{M}|U \mathop{\hat{\otimes}}_C (\mathfrak{M}_B)^*) \mathop{\otimes}_C \Gamma(\bar{U}, \mathfrak{M}_c) \xrightarrow{\mathrm{id}\otimes \Box_B} \\ &\Gamma(U\times B, \mathfrak{M}|U \mathop{\hat{\otimes}}_C (\mathfrak{M}_B)^*) \mathop{\otimes}_C \Gamma(B, \mathfrak{M}_B) \xrightarrow{\mathrm{id}\otimes(1\hat{\otimes}\Box)} \\ &\Gamma(U\times B, \mathfrak{M}|U \mathop{\hat{\otimes}}_C (\mathfrak{M}_B)^*) \mathop{\otimes}_C \Gamma(U\times B, \mathfrak{O}|U \mathop{\hat{\otimes}}_C \mathfrak{M}_B) \to \\ &\Gamma(U\times B, \mathfrak{M}|U \mathop{\hat{\otimes}}_C \mathfrak{C}_B) \end{aligned}$$

Bezeichnen wir den Homomorphismus (1.4) unter Mißbrauch der Schreibweise mit $\langle\ ,\ \rangle$, so tritt für jedes λ in $\Gamma(U\times B, \mathfrak{M}|U \mathop{\hat{\otimes}}_C (\mathfrak{M}_B)^*)$ und jedes $m\in\Gamma(\bar{U}, \mathfrak{M}_c)$ in $\langle\lambda, m\rangle(z, b)$ nur der Randschnitt von m auf.

Da nach Definition jeder globale Schnitt λ in $\mathfrak{M}|U \mathop{\hat{\otimes}}_C \mathfrak{C}_B$ lokal eine endliche Summe der Form $\sum m_i(z) \mathop{\otimes}_C f_i(b)$ ist, wobei die m_i Schnitte in $\mathfrak{M}$ und die f_i Schnitte in $\mathfrak{C}_B$ bedeuten, läßt sich zumindest lokal das Integral $\int \lambda(z, b)\, d\mu_z(b)$ bilden; hier hat μ_z die in (1.1) angegebene Bedeutung. Man überlegt sich leicht, daß auf Grund der Universalitätseigenschaften des totalen Tensorproduktes die Integration sogar global definiert und $\int_B \lambda(z, b)\, d\mu_z(b)$ ein Schnitt in $\mathfrak{M}$ über U ist.

Mit diesen Vorbereitungen ergibt sich

(1.5) **Theorem** *'B^p: Es gelte:*

(i) *der $\mathfrak{O}$-Modul $\mathfrak{M}$ ist über B endlich präsentierbar,*

(ii) ${}^t\gamma\,\delta^{-1}: (\mathfrak{M}_B)^* \to \overline{\Gamma(\bar{U}, \mathfrak{M}_c)^*}$ *ist surjektiv,*

(iii) $\Gamma(\bar{U}, \mathfrak{M}_c)$ *ist ein endlich erzeugter, projektiver* $\Gamma(\bar{U}, \mathfrak{O}_c)$*-Modul.*

Dann existiert ein positives Radon-Maß η auf B, eine meßbare Funktion k auf $U\times B$ und ein Schnitt $\lambda\in\Gamma(U\times B, \mathfrak{M}|U \mathop{\hat{\otimes}}_C (\mathfrak{M}_B)^*)$ derart, daß die Aussagen (i) *und* (ii) *von* (1.2) *erfüllt sind und*

(iii) *für jedes Element $m\in\Gamma(U, \mathfrak{M}_c)$ und alle $z\in U$*

$$m(z) = \int_B \langle\lambda, m\rangle(z, b)\cdot k(z, b)\, d\eta(b)$$

gilt

(iv) *für jeden Schnitt* $m \in \Gamma(B, \mathfrak{M}_B)$

$$m(z) = \int_B \langle \lambda, m \rangle (z, b) \cdot k(z, b)\, d\eta(b)$$

einen Schnitt in $\mathfrak{M}$ *über* U *beschreibt.*

Um λ zu finden, wähle man ein endliches Erzeugendensystem m_i, $i \in I$, für $\Gamma(\bar{U}, \mathfrak{M}_c)$ und bilde – mit den Bezeichnungen von (1.2) –

$$\lambda(z, b) = \sum \{ m_i(z) \underset{C}{\otimes} \beta(m_i^*)(b) : i \in I \}.$$

(1.2) in Verbindung mit (1.3) und den entsprechenden Definitionen liefert dann das gewünschte Resultat.

In ähnlicher Weise übertragen sich natürlich die restlichen Sätze von [4].

Der weiter oben erwähnte Satz über projektive Moduln ermöglicht es, eine in [7] angegebene Verallgemeinerung des Hartogs'schen Kontinuitätssatzes [11] auf den hier diskutierten Fall zu übertragen.

(1.5) **Hartogs'scher Kontinuitätssatz:** $(X, \mathfrak{O}_X)$ *sei ein separabler, reduzierter komplexer Raum,* U *eine relativ kompakte, offene Teilmenge von* X *und* B *eine abgeschlossene Teilmenge von* ∂U, *welche den Silov-Rand von* $\Gamma(\bar{U}, \mathfrak{O}_{X,c})$ *enthält. Des weiteren seien* V *und* W *offene Teilmengen von* X *mit* $\bar{U} \subset V$ *und* $B \subset W$. *Schließlich sei* $(Y, \mathfrak{O}_Y)$ *ein irreduzibler, reduzierter komplexer Raum und* Y' *eine offene Teilmenge von* Y. *Über den Produktraum* $(X \times Y, \mathfrak{O}_{X \times Y})$ *sei ein* $\mathfrak{M}_{X \times Y}$*-Modul* $\mathfrak{M}$ *gegeben derart, daß*

(i) *das kanonische Bild von* $\Gamma((V \times Y') \cup ((U \cup W) \times Y), \mathfrak{M})$ *in* $\Gamma((V \times Y') \cup (W \times Y), \mathfrak{M})$ *den* $\Gamma((V \times Y') \cup (W \times Y), \mathfrak{O}_{X \times Y})$*-Modul* $\Gamma((V \times Y') \cup (W \times Y), \mathfrak{M})$ *erzeugt,*

(ii) $\Gamma((V \times Y') \cup (W \times Y), \mathfrak{M})$ *ein projektiver* $\Gamma((V \times Y') \cup (W \times Y), \mathfrak{O}_{X \times Y})$*-Modul ist.*

Dann läßt sich jeder Schnitt in $\mathfrak{M}$ *über* $(V \times Y') \cup (W \times Y)$ *eindeutig fortsetzen zu einem Schnitt in* $\mathfrak{M}$ *über* $(V \times Y') \cup ((U \cup W) \times Y)$.

Um die Richtigkeit dieser Aussage einzusehen, bezeichnen wir die Menge $\Gamma((V \times Y') \cup ((U \cup W) \times Y), \mathfrak{M})$ mit I und den Beschränkungshomomorphismus von I nach $\Gamma((V \times Y') \cup (W \times Y), \mathfrak{M})$ mit ϱ. Dann ist nach der ersten Voraussetzung die Familie $m_i = \varrho(i)$, $i \in I$, ein Erzeugendensystem von $\Gamma((V \times Y') \cup (W \times Y), \mathfrak{M})$, weswegen auf Grund der zweiten Voraussetzung eine Familie $m_i^*, i \in I$, von $\Gamma((V \times Y') \cup (W \times Y), \mathfrak{O}_{X \times Y})$-Linearformen auf $\Gamma((V \times Y') \cup (W \times Y), \mathfrak{M})$ existiert derart, daß für jeden Schnitt m in $\mathfrak{M}$ über $(V \times Y') \cup (W \times Y)$ die Familie $\langle m_i^*, m \rangle, i \in I$, endlichen Träger besitzt und $m = \sum \{m_i \cdot \langle m_i^*, m \rangle : i \in I\}$ gilt. Wenden wir auf die Familie $\langle m_i^*, m \rangle, i \in I$, von holomorphen Funktionen in $(V \times Y') \cup (W \times Y)$ den Satz 4 von [7] an, und bezeichnen wir die holomorphe Fortsetzung von $\langle m_i^*, m \rangle$ nach $(V \times Y') \cup ((U \cup W) \times Y)$ mit f_i, so ist offenbar $\sum \{i \cdot f_i : i \in I\}$ die gewünschte Fortsetzung des Schnittes m.

§ 2. Die Projektivität des Moduls $\Gamma(\bar{U}, \mathfrak{M}_c)$. Eindimensionaler Fall

Ist $\mathfrak{M}$ eine kohärente analytische Garbe – und damit eine endlich erzeugte, freie Garbe – über einer Riemannschen Fläche, so ist man mit den Überlegungen von § 1 im wesentlichen im klassischen Fall. Wir wollen nun umgekehrt alle projektiven $\Gamma(\bar{U}, \mathfrak{O}_c)$-Moduln bestimmen, falls X eine Riemannsche Fläche ist. Da die Projektivität von Moduln eng mit der Idealstruktur des Grundringes zusammenhängt, sei näher auf die Idealstruktur des Ringes $\Gamma(\bar{U}, \mathfrak{O}_c)$ im Falle einer Riemannschen Fläche X eingegangen.

(2.1) **Satz:** *X sei eine berandete Riemannsche Fläche mit nicht-leerem Rand ∂X. Bezeichnet $L_{\omega,c}$ die Garbe der Keime derjenigen stetigen Abbildungen von X in die zusammenhängende komplexe Liegruppe L, welche in $X - \partial X$ holomorph sind, so ist $H^1(X, L_{\omega,c})$ trivial.*

Der Beweis dieses Satzes verläuft analog zu dem in [13] für den Fall von $L = GL(n, C)$ angegebenen Beweis, unter Berücksichtigung der Tatsache, daß Hilfssatz 2 in [13] auch jetzt seine Gültigkeit behält. Diese Tatsache beruht darauf, daß im Beweis des Hilfssatzes 2 in [13] nur von der Bildung gleichmäßig konvergenter Produkte und der Summenzerlegung eines Cauchyschen Integrals gemäß einer Partition des Integrationsweges Gebrauch gemacht wird und diese beiden Prozesse in den dort benötigten geometrischen Situationen nicht aus der Menge der in X stetigen und in $X - \partial X$ holomorphen Funktionen hinausführen. Einzelheiten des Beweises können [13] entnommen werden.

Offenbar ist in der in (2.1) beschriebenen Situation $C_{\omega,c} = \mathfrak{O}_c$, wobei $\mathfrak{O}$ die Strukturgarbe einer Fortsetzung der berandeten Riemannschen Fläche X über den Rand hinaus ist.

(2.2) **Bemerkung:** Es sei darauf hingewiesen, daß der obige Satz auch für die Garbe $L_{\omega,k+\varepsilon}$ der in X $k+\varepsilon$ mal stetig differenzierbaren und in $X-\partial X$ holomorphen Keime mit Werten in L richtig bleibt; hier ist k eine nicht negative ganze Zahl und ε eine reelle Zahl zwischen 0 und 1. (2.1) behält ebenfalls seine Gültigkeit für die Garbe $L_{\omega,b}$ der in X lokal beschränkten und in $X-\partial X$ holomorphen Keime mit Werten in L, wobei L eine lineare Gruppe ist und Beschränktheit mit Hilfe der Norm $|||g||| = \max(\|g\|, \|g^{-1}\|)$ formuliert wird ($\|g\|$ ist die übliche Norm für Matrizen).

(2.3) **Lemma:** *Ist E der berandete Einheitskreis, so ist jedes endlich erzeugte Ideal in $\Gamma(E, C_{\omega,c})$ ein Hauptideal.*

Ist das zur Rede stehende Ideal durch die nicht identisch verschwindenden Funktionen $f_1, \ldots, f_q \in \Gamma(E, C_{\omega,c})$ erzeugt, so bilden wir – in der Terminologie von [12] – den größten gemeinsamen Teiler F der inneren Faktoren (inner parts) der $f_1, \ldots, f_q$. Die Funktionen $f_1 F^{-1}, \ldots, f_q F^{-1}$ sind wiederum in $\Gamma(E, C_{\omega,c})$ enthalten und haben in E keine gemeinsame Nullstelle (vgl. [12], S. 85). Ist K die Lebesgue'sche Nullmenge der in ∂E enthaltenen gemeinsamen Nullstellen der $f_1 F^{-1}, \ldots, f_q F^{-1}$, so existiert (vgl. [12], S. 80) eine Funktion g in $\Gamma(E, C_{\omega,c})$, welche auf ∂E genau in K verschwindet. Ist G der äußere Faktor (outer part) von g, so sind die Funktionen $f_1 F^{-1} G^{-1}, \ldots, f_q F^{-1} G^{-1}$ in $\Gamma(E, C_{\omega,c})$ enthalten und besitzen in E keine gemeinsame Nullstelle (vgl. [12], S. 88). Sie erzeugen deshalb das Ideal $\Gamma(E, C_{\omega,c})$ (vgl. [12], S. 88), weswegen das durch $f_1, \ldots, f_q$ erzeugte Ideal mit dem durch FG erzeugten übereinstimmt.

(2.4) **Korollar:** *Ist X eine berandete Riemannsche Fläche mit nicht-leerem Rand, so ist jedes endlich erzeugte Ideal in $\Gamma(X, C_{\omega,c})$ ein Hauptideal.*

Auf Grund von (2.3) ist die Behauptung in der Umgebung jedes Punktes von X richtig. Die durch die endlich vielen Elemente $f_1, \ldots, f_q$ in $\Gamma(X, C_{\omega,c})$ erzeugte Untergarbe $\mathfrak{J}$ von $C_{\omega,c}$ ist deshalb lokal frei und lokal durch ein Element erzeugt. Dies besagt, daß $\mathfrak{J}$ von einem Geradenbündel herrührt, dessen definierende Kohomologieklasse in $H^1(X, C^*_{\omega,c})$ liegt. Da nach (2.1) diese Kohomologieklasse trivial ist, ist $\mathfrak{J}$ isomorph zu $C_{\omega,c}$. Bezeichnen wir die Komposition

$$q \cdot C_{\omega,c} \xrightarrow{(f_1, \ldots, f_q)} \mathfrak{J} \xrightarrow{\cong} C_{\omega,c}$$

mit φ, so besagt (2.3), daß $q \cdot C_{\omega,c}$ lokal isomorph zu $\ker \varphi \oplus C_{\omega,c}$ ist.

Dies zusammen mit (2.1) hat zur Folge, daß $q \cdot C_{\omega,c}$ sogar global isomorph zu ker $\varphi \oplus C_{\omega,c}$ ist, was schließlich unsere Behauptung impliziert.

In derselben Weise führt ein bekannter Satz von Carleson [5] zusammen mit (2.2) zu (vgl. auch [1])

(2.5) **Korollar:** *X sei eine berandete Riemannsche Fläche und $f_1, \ldots, f_q \in \Gamma(X - \partial X, C_{\omega,b})$ eine Folge, für welche $|f_1| + \ldots + |f_q|$ lokal von 0 weg beschränkt ist. Dann ist das durch $f_1, \ldots, f_q$ erzeugte Ideal gleich $\Gamma(X - \partial X, C_{\omega,b})$.*

(2.4) führt zu

(2.6) **Satz:** *X sei eine Riemannsche Fläche und U eine relativ kompakte, offene und zusammenhängende Teilmenge von X, deren Rand aus endlich vielen, möglicherweise in einen Punkt entarteten, Jordan-Kurven besteht. Dann ist jeder projektive $\Gamma(\bar{U}, \mathfrak{O}_c)$-Modul frei.*

Ist M ein endlich erzeugter projektiver A-Modul, so ist M ein Untermodul von nA für eine gewisse natürliche Zahl A. Wir nehmen an, daß der Ring A ein Integritätsring ist und die in (2.4) angegebene Eigenschaft besitzt. Wir behaupten, daß dann jeder endlich erzeugte Untermodul von nA frei ist. Der Beweis wird durch Induktion nach n geführt. Ist $n = 1$, so ist M ein endlich erzeugtes Ideal in A, also ein Hauptideal, und damit als A-Modul entweder trivial oder isomorph zu A. Ist M ein Untermodul von nA, so bezeichnen wir die Projektion von $nA = (n-1) A \oplus A$ auf den zweiten Summanden mit q. Offenbar ist $q(M)$ ein endlich erzeugtes Ideal in A und deshalb isomorph zu A. Da aber $0 \to M \cap (n-1) A \to M \to q(M) \to 0$ eine exakte Sequenz ist und $M \cap (n-1) A$ endlich erzeugt ist, folgt unsere Behauptung für endlich erzeugte Moduln aus der Induktionsannahme.

Der allgemeine Fall läßt sich wie folgt behandeln[3]. Wegen (2.4) ist $\Gamma(\bar{U}, \mathfrak{O}_c)$ – unter den geometrischen Voraussetzungen von (2.6) – ein semi-hereditärer Ring und deshalb nach einem Satz von Kaplansky jeder projektive $\Gamma(\bar{U}, \mathfrak{O}_c)$-Modul direkte Summe von endlich erzeugten Idealen in $\Gamma(\bar{U}, \mathfrak{O}_c)$, d. h. auf Grund von (2.4) oder (2.6) frei.

Unter den hier getroffenen Endlichkeitsvoraussetzungen wurde in [14], § 50, in einem analogen Falle gezeigt, daß für jeden in Frage kommenden Punkt x der Modul $\mathfrak{M}_x$ frei und damit die kohärente Garbe $\mathfrak{M}$ in diesen Punkten lokal frei ist. Der dort angegebene Beweis versagt jedoch hier, da der Ring $\mathfrak{O}_{c,x}$ nicht mehr noethersch ist.

[3] Diesen Hinweis verdanke ich Professor S. U. Chase.

§ 3. *Die Projektivität des Moduls* $\Gamma(\bar{U}, \mathfrak{M}_c)$. *Mehrdimensionaler Fall*

Ist der $\mathfrak{O}$-Modul $\mathfrak{M}$ ein direkter Summand eines freien $\mathfrak{O}$-Moduls $I \cdot \mathfrak{O}$, so ist offenbar auch $\mathfrak{M}_c = \mathfrak{M}|\bar{U} \underset{\mathfrak{O}|\bar{U}}{\otimes} \mathfrak{O}_c$ ein direkter Summand von $I \cdot \mathfrak{O}_c$. Da $\Gamma(\bar{U}, \square)$ ein additiver Funktor ist, ist auch $\Gamma(\bar{U}, \mathfrak{M}_c)$ ein direkter Summand von $\Gamma(\bar{U}, I \cdot \mathfrak{O}_c) = I \cdot \Gamma(\bar{U}, \mathfrak{O}_c)$ und als solcher ein projektiver $\Gamma(\bar{U}, \mathfrak{O}_c)$-Modul.

Diese Bemerkung führt zu

(3.1) **Satz:** *Gibt es eine offene Teilmenge* Y *von* X *derart, daß*

(i) $\bar{U}$ *in* Y *enthalten ist,*

(ii) $(Y, \mathfrak{O}|Y)$ *holomorph vollständig ist,*

(iii) *der kohärente* $\mathfrak{O}$*-Modul* $\mathfrak{M}$ *über* Y *lokal frei ist,*

dann ist $\Gamma(\bar{U}, \mathfrak{M}_c)$ *ein endlich erzeugter, projektiver* $\Gamma(\bar{U}, \mathfrak{O}_c)$*-Modul.*

Der Beweis folgt, mutatis mutandis, dem in [16] für den Fall stetiger Vektorraumbündel gegebenen Beweis. $\bar{U}$ ist eine kompakte Teilmenge von Y. Deshalb gibt es eine relativ kompakte offene Teilmenge Z von Y, welche $\bar{U}$ enthält und in der induzierten Struktur holomorph vollständig ist. Somit garantiert Cartan's Théorème A die Existenz einer natürlichen Zahl q und eines surjektiven $\mathfrak{O}$-Homomorphismus $q \cdot \mathfrak{O}|Z \to \mathfrak{M}|Z$. Da $\mathfrak{M}|Z$ lokal frei ist, gibt es ein holomorphes Vektorraumbündel W über Z mit $\mathfrak{O}(W) = \mathfrak{M}|Z$. Weil die zugehörige Faserabbildung $q \cdot 1_Z \to W$ surjektiv ist, gibt es nach [16] ein topologisches Vektorraumbündel V_0 über Z mit $q \cdot 1_Z \cong V_0 \oplus W$. Nach [10] gibt es zu V_0 ein topologisch isomorphes holomorphes Vektorraumbündel V über Z und schließlich einen holomorphen Isomorphismus $q \cdot 1_Z \cong V \oplus W$. Das besagt aber, daß $\mathfrak{M}|Z$ ein direkter Summand von $q \cdot \mathfrak{O}|Z$ ist. Der Rest folgt nun aus der obigen Bemerkung.

(3.2) **Korollar:** *Voraussetzungen wie in* (3.1). *Dann sind die Voraussetzungen von* (1.5) *erfüllt, weswegen die dort angegebene Integraldarstellung Gültigkeit besitzt.*

(3.3) **Satz:** U *sei ein analytisches Polyeder im holomorph vollständigem Raum* $(X, \mathfrak{O})$. *Ferner sei* $\mathfrak{M}$ *ein kohärenter* $\mathfrak{O}$*-Modul über* X *und* $\Gamma(\bar{U}, \mathfrak{M}_c)$ *ein projektiver* $\Gamma(\bar{U}, \mathfrak{O}_c)$*-Modul. Dann ist* $\Gamma(\bar{U}, \mathfrak{M}_c)$ *endlich erzeugt und* $\mathfrak{M}$ *ist lokal frei* *über allen Punkten von U und denjenigen Punkten $x \in \partial U$, für welche $\mathfrak{O}_{c,x}$ ein platter $\mathfrak{O}_x$-Modul ist.*

Wir bezeichnen mit $\Gamma(\bar{U}, \mathfrak{O}_c) \to \mathfrak{O}_{c,x}$ bzw. $j_x : \Gamma(\bar{U}, \mathfrak{M}_c) \to \mathfrak{M}_{c,x}$ die kanonische Abbildung, welche jedem Schnitt seinen Keim in x zuordnet. Offensichtlich sind diese beiden Abbildungen injektiv. In naheliegender Weise wird damit sowohl $\mathfrak{O}_{c,x}$ als auch $\mathfrak{M}_{c,x}$ zu einem $\Gamma(\bar{U}, \mathfrak{O}_c)$-Modul. Nach einem bekannten Satz ([2], § 5, 1) ist $\Gamma(\bar{U}, \mathfrak{M}_c) \underset{\Gamma(\bar{U}, \mathfrak{O}_c)}{\otimes} \mathfrak{O}_{c,x}$ ein projektiver $\mathfrak{O}_{c,x}$-Modul. Es sei $\alpha : \Gamma(\bar{U}, \mathfrak{M}_c) \underset{\Gamma(\bar{U}, \mathfrak{O}_c)}{\otimes} \mathfrak{O}_{c,x} \to \mathfrak{M}_{c,x}$ der vermöge $\alpha(m \otimes f_x) = j_x(m) \cdot f_x$ definierte $\mathfrak{O}_{c,x}$-Homomorphismus. Cartan's Théorème A hat dann zur Folge, daß α surjektiv ist. Wir behaupten, daß α auch injektiv ist. Hierzu sei $m_1, \ldots, m_q \in \Gamma(\bar{U}, \mathfrak{M}_c)$ und $f_{1x}, \ldots, f_{qx} \in \mathfrak{O}_{c,x}$. Ferner sei $\sum \{m_i \otimes f_{ix} : i = 1, \ldots, q\}$ im Kern von α enthalten, d. h. es gelte $\sum \{j_x(m_i) \cdot f_{ix} : i = 1, \ldots, q\} = 0$. Ist nun $q \cdot \mathfrak{O}_c \xrightarrow{m} \mathfrak{M}_c$ derjenige $\mathfrak{O}_c$-Homomorphismus, welcher $(g_{1y}, \ldots, g_{qy})$ in $\sum \{j_y(m_i) \cdot g_{iy} : i = 1, \ldots, q\}$ überführt, so ist ersichtlich $(f_{1x}, \ldots, f_{qx})$ im Kern des $\mathfrak{O}_c$-Homomorphismus m. Für derartige Garben gilt jedoch, wie an anderer Stelle gezeigt werden soll, ein Analogon zu Cartan's Théorème A. Somit existieren endlich viele Elemente $a_1, \ldots, a_k \in \Gamma(\bar{U}, \ker m)$, welche in jedem Punkte $y \in \bar{U}$ den Halm $(\ker m)_y$ als $\mathfrak{O}_{c,y}$-Modul erzeugen. Bezeichnet $a_{i\varkappa}$, $i = 1, \ldots, q$, die i-te Komponente von $a_\varkappa$, so hat man $a_{i\varkappa} \in \Gamma(\bar{U}, \mathfrak{O}_c)$ und

$$\sum \{m_i \cdot a_{i\varkappa} : i = 1, \ldots, q\} = 0, \qquad \varkappa = 1, \ldots, k.$$

Deshalb folgt aus einem bekannten Lemma ([3], § 2, 11) das Verschwinden des Elementes $\sum \{m_i \otimes f_{ix} : i = 1, \ldots, q\}$. Die somit nachgewiesene Bijektivität von α impliziert die Projektivität des $\mathfrak{O}_{c,x}$-Moduls $\mathfrak{M}_{c,x}$.

Für $x \in U$ gilt $\mathfrak{O}_{c,x} = \mathfrak{O}_x$. Ist dagegen $x \in \partial U$ und ist $\mathfrak{O}_{c,x}$ ein platter $\mathfrak{O}_x$-Modul, so erweist sich $\mathfrak{O}_{c,x}$ sogar als treuer, platter $\mathfrak{O}_x$-Modul ([3], § 3, 5), da sowohl $\mathfrak{O}_x$ als auch $\mathfrak{O}_{c,x}$ lokale Ringe sind und das maximale Ideal von $\mathfrak{O}_x$ gleich dem Durchschnitt des maximalen Ideales von $\mathfrak{O}_{c,x}$ mit $\mathfrak{O}_x$ ist. Weil aber $\mathfrak{M}_{c,x} = \mathfrak{M} \underset{\mathfrak{O}_x}{\otimes} \mathfrak{O}_{c,x}$ ein projektiver und – nach Voraussetzung – endlich erzeugter $\mathfrak{O}_{c,x}$-Modul ist, muß nach [3], § 3, 6, auch $\mathfrak{M}_x$ ein endlich erzeugter, projektiver $\mathfrak{O}_x$-Modul sein. Dieselbe Tatsache wurde bereits vorher für alle $x \in U$ bewiesen. Da schließlich $\mathfrak{O}_x$ ein noetherscher lokaler Ring und $\mathfrak{M}_x$ ein platter $\mathfrak{O}_x$-Modul ist, ergibt ein bekannter Satz ([6], Chap. VIII, 6) die $\mathfrak{O}_x$-Freiheit von $\mathfrak{M}_x$, welche zu beweisen war.

LITERATURVERZEICHNIS

[1] *Alling, N. L.*, A Proof of the Corona Conjecture for Finite Open Riemann Surfaces. Bull. Am. Math. Soc. 70 (1964), 110–112.

[2] *Bourbaki, N.*, Eléments de Mathématique, Algèbre, Chap. 2. Hermann, Paris 1962 (3. Aufl.).

[3] *Bourbaki, N.*, Eléments de Mathématique, Algèbre Commutative, Chap. 1. Hermann, Paris 1961.

[4] *Bungart, L.*, Cauchy Integral Formulas and Boundary Kernel Functions in Several Complex Variables. Proc. Minnesota Conf. on Complex Analysis (1965), 7–18.

[5] *Carleson, L.*, Interpolation by Bounded Analytic Functions and the Corona Problem. Ann. Math. 76 (1962), 547–559.

[6] *Cartan, H., and S. Eilenberg*, Homological Algebra. Princeton 1956.

[7] *Forster, O.*, Funktionswerte als Randintegrale in komplexen Räumen. Math. Ann. 150 (1963), 317–324.

[8] *Gleason, A. M.*, The Abstract Theorem of Cauchy-Weil. Pac. Journ. Math. 12 (1962), 511–525.

[9] *Godement, R.*, Théorie des Faiseaux. Hermann, Paris 1958.

[10] *Grauert, H.*, Analytische Faserungen über holomorph vollständigen Räumen. Math. Ann. 135 (1958), 263–273.

[11] *Hartogs, F.*, Einige Folgerungen aus der Cauchyschen Integralformel bei Funktionen mehrer Veränderlichen. Sitz. ber. Bay. Akad. Wiss. 26 (1906), 223–242.

[12] *Hoffman, K.*, Banach Spaces of Analytic Functions. Prentice-Hall 1962.

[13] *Röhrl, H.*, Das Riemann-Hilbertsche Problem der Theorie der linearen Differentialgleichungen. Math. Ann. 133 (1957), 1–25.

[14] *Serre, J. P.*, Faisceaux Algébriques Cohérents. Ann. Math. 61 (1955), 197–278.

[15] *Sommer, F.*, Über die Integralformeln in der Funktionentheorie mehrerer komplexer Veränderlicher. Math. Ann. 125 (1952), 172–182.

[16] *Swan, R. G.*, Vector Bundles and Projective Modules. Trans. A.M.S. 105 (1962), 264–277.

Saturationsklassen und asymptotische Eigenschaften Trigonometrischer singulärer Integrale

Von *Paul Leo Butzer* und *Ernst Görlich**

1. Einleitung

„Ist $f(x)$ eine für jeden reellen Werth von x eindeutig definirte, durchweg stetige und reell-periodische Function, so lässt sich, nach Annahme einer beliebig kleinen Grösse g, auf mannigfaltige Weise eine endliche Fourier'sche Reihe herstellen, welche sich der Function $f(x)$ so genau anschliesst, dass der Unterschied zwischen beiden Functionen für keinen Werth von x mehr als g beträgt."

„Ist $f(x)$ eine Function von der angegebenen Beschaffenheit (d. h. eine ‚nur für reelle Werthe der Veränderlichen x eindeutig definirte und durchweg stetige Function'), und wird die Veränderliche x auf irgend ein endliches Intervall beschränkt, so lässt sich, nach Annahme einer beliebig kleinen positiven Grösse g, auf mannigfaltige Weise eine ganze rationale Function $G(x)$ bestimmen, welche in dem festgesetzten Intervalle sich der Function $f(x)$ so genau anschliesst, dass die Differenz $f(x) - G(x)$ ihrem absoluten Betrage nach beständig kleiner als g ist."[1]

Es gibt in der Mathematik wohl nur wenige Ergebnisse von so weittragender Bedeutung wie diese beiden Sätze von Karl Weierstrass. Nicht allein die Approximationstheorie im Raum der stetigen Funktionen erhält durch sie ihr Fundament und den Rahmen für ihre Fragestellungen, sondern ebenso die numerische Mathematik; und angesichts der ungezählten Anwendungen dieser Sätze als Beweismittel in allen Gebieten der Mathematik und ihrer vielfältigen Verallgemeinerungen, beispielsweise als Satz von Stone-Weierstraß, erscheint es nicht übertrieben, wenn diese Sätze als Eckpfeiler der modernen Analysis bezeichnet werden.

Die singulären Integrale, die Weierstraß beim Beweis dieser Aussagen benutzte und die seitdem mit seinem Namen verknüpft sind, haben bis

* Die vorliegende Arbeit wurde zum Teil aus Mitteln der Deutschen Forschungsgemeinschaft unterstützt.

1 Originalformulierung der Sätze von Weierstraß im Jahre 1885. [46], S. 22 und S. 5.

heute nichts von ihrer Bedeutung verloren. Vielmehr gehörten sie zu den ersten und richtungweisenden Beispielen bei der Entwicklung der Halbgruppentheorie. Für die vorliegende Arbeit interessiert besonders der periodische Fall; hier benutzte Weierstraß das Integral

$$(1.1) \qquad C_r^2(f;x) = \frac{1}{2\pi}\int_{-\pi}^{\pi} f(u)\,\vartheta_3(x-u;r)\,du \qquad (r\in[0,1);\, r\uparrow 1),$$

dessen Kern die Jacobische Thetafunktion

$$(1.2) \qquad \vartheta_3(x;r) = 1 + 2\sum_{k=1}^{\infty} r^{k^2}\cos kx$$

ist. Dieses Integral, das die Lösung des Fourierschen Problems für den Ring darstellt, diente Weierstraß aber nur als spezielles Beispiel aus einer allgemeineren Klasse von singulären Integralen

$$F(x,v) = \frac{1}{2\pi}\int_{-\pi}^{\pi} f(u)\,\chi(x-u;v)\,du$$

mit dem Kern

$$(1.3) \qquad \chi(x,v) = \sum_{k=-\infty}^{\infty} \varphi(kv)\,e^{ikx} \qquad (v \neq 0;\; v\to 0),$$

wobei die Funktion $\varphi(x)$ aus einer beliebigen geraden und stetigen Funktion $\psi(x)$ mit $\int_0^\infty \psi(x)\,dx = \omega$ durch

$$\varphi(x) = \frac{1}{2\omega}\int_{-\infty}^{\infty} \psi(u)\,e^{iux}du$$

hervorgeht. Für alle Integrale dieser Gestalt bewies Weierstraß die gleichmäßige Konvergenz gegen $f(x)$ für $v\to 0$.

Wir bezeichnen das Integral (1.1) mit dem Kern (1.2) als das spezielle singuläre Integral von Weierstraß im Unterschied zum allgemeinen Weierstraß-Integral, dessen Kern die Gestalt (1.3) hat, wobei insbesondere $\varphi(x) = e^{-|x|^\varkappa}(0<\varkappa\leqq 2)$ ist:

$$(1.4) \qquad C_r^\varkappa(f;x) = \frac{1}{2\pi}\int_{-\pi}^{\pi} f(x-u)\,\chi_r^\varkappa(u)\,du \qquad (r\in[0,1),\, r\uparrow 1)$$

mit

$$\chi_r^{\varkappa}(x) = \sum_{k=-\infty}^{\infty} r^{|k|^{\varkappa}} e^{ikx}. \tag{1.5}$$

Das so definierte allgemeine Integral von Weierstraß wird in der Literatur auch als singuläres Integral von Abel-Cartwright bezeichnet.

Kerne der Form (1.3) erweisen sich in der vorliegenden Arbeit unter dem Gesichtswinkel des Saturationsproblems als besonders einfach (vgl. Satz 2.7), und auch hier dient das singuläre Integral von Weierstraß als konkretes Beispiel für die erhaltenen allgemeinen Ergebnisse.

Der Begriff der Saturation ist relativ neu in der Approximationstheorie – er wurde im Jahre 1949 durch J. Favard definiert[2] – und doch ist das Saturationsproblem eigentlich eine von zwei möglichen Deutungen der klassischen Frage nach einer „besten“ Approximation. Die Aufgabe, eine optimale Geschwindigkeit der Approximation einer Funktion durch eine Folge von Polynomen zu erreichen, kann auf zwei verschiedene Weisen als ein Variationsproblem interpretiert werden: Entweder variiert man bei fest vorgegebenen Eigenschaften der zu approximierenden Funktionen die Folge der approximierenden Polynome, d. h. das Approximationsverfahren, oder man hält die Approximationsmethode fest und variiert die Eigenschaften der Funktion. Im ersten Falle erhält man als Resultat eine „bestmögliche Approximationsordnung“ im klassischen Sinne für alle Funktionen mit den gegebenen Eigenschaften, aber keine Aussage über die Polynomfolge, durch die diese Approximation erreicht wird; im zweiten Fall lautet das Ergebnis im allgemeinen, daß für alle Funktionen einer gewissen Klasse, der „Saturationsklasse“, die Approximation durch das gegebene Verfahren optimal wird. Während also die Theorie der besten Approximation im alten Sinne eine Aussage über eine Funktionenklasse liefert, gibt der Saturationssatz im wesentlichen eine Aussage über ein Approximationsverfahren. Die Ähnlichkeit der beiden Fragestellungen zeigt sich auch in der Aufteilung der Ergebnisse in „direkte Sätze“ und „Umkehrsätze“, denn in beiden Fällen wird eine Äquivalenzbeziehung hergestellt zwischen den Eigenschaften einer Klasse von Funktionen und der Geschwindigkeit, mit der diese Funktionen approximiert werden. So ist mit den Sätzen von D. Jackson hier der direkte Teil des Saturationssatzes zu vergleichen, und das Umkehrproblem der Saturation entspricht den Ergebnissen von S. N. Bernstein.

[2] [15], [16].

Obwohl für die gebräuchlichsten trigonometrischen singulären Integrale Saturationssätze bekannt sind, erscheint es wünschenswert, einen auf größere Klassen von Approximationsverfahren anwendbaren Saturationssatz zu besitzen. Die Aufstellung eines solchen Satzes für die Räume $C_{2\pi}$ und $L_{2\pi}^p (1 \leqq p < \infty)$, seine Anwendung zur Formulierung einiger neuer Saturationssätze sowie einer verschärften Version von direkten Sätzen in der Gestalt asymptotischer Beziehungen sind die Hauptthemen dieser Arbeit.

2. *Definitionen und Problemstellung*

Es werden singuläre Integrale der Form

$$(2.1) \qquad I_\varrho(f; x) = \frac{1}{2\pi} \int_{-\pi}^{\pi} f(u)\, \chi_\varrho(x - u)\, du \qquad (\varrho \to \varrho_0)$$

betrachtet, wobei der Parameter ϱ Werte aus einer nicht leeren Menge E durchläuft und ϱ_0 entweder ein endlicher Häufungspunkt von E oder $\varrho_0 = +\infty$ ist. Der Kern $\chi_\varrho(x)$ ist nicht notwendig positiv und wird als 2π-periodisch und integrierbar angenommen. Außerdem setzen wir (außer in den Abschnitten 8 und 9) voraus, daß der Kern eine gerade Funktion ist.

Wir bezeichnen mit $C_{2\pi}, L_{2\pi}^p (1 \leqq p < \infty), L_{2\pi}^\infty, BV_{2\pi}$ der Reihe nach die Räume der stetigen, der zur p-ten Potenz Lebesgue-integrierbaren, der meßbaren und wesentlich beschränkten Funktionen bzw. der Funktionen von beschränkter Variation, wobei in allen Fällen 2π-Periodizität angenommen wird. Im folgenden ist X stets einer der Räume $C_{2\pi}, L_{2\pi}^p (1 \leqq p < \infty)$.

(2.2)

Definition. *Es sei $f \in X$. Das durch den Grenzwert $\varrho \to \varrho_0$ des singulären Integrals $I_\varrho(f; x)$ definierte Approximationsverfahren heißt saturiert im Raum X, wenn eine für $\varrho \to \varrho_0$ monoton fallend gegen Null konvergierende Funktion $\varphi(\varrho)$ existiert mit den Eigenschaften*[3]*:*

[3] Die Norm ist hier und im folgenden immer bezüglich der Veränderlichen x gemeint.

a) Aus

$$\|f(x) - I_\varrho(f;x)\|_X = o(\varphi(\varrho)) \qquad (\varrho \to \varrho_0)$$

folgt $f(x) = \text{const.}$

b) $$\|f(x) - I_\varrho(f;x)\|_X = O(\varphi(\varrho)) \qquad (\varrho \to \varrho_0)$$

gilt genau dann, wenn f Element einer bestimmten Klasse $K \subset X$ ist. K ist die Saturationsklasse und $\varphi(\varrho)$ die Saturationsordnung des Approximationsverfahrens im Raume X.

Wie üblich definieren wir die Fourierreihe einer Funktion $f \in L^1_{2\pi}$ durch

$$f(x) \sim \sum_{k=-\infty}^{\infty} \hat{f}(k)\, e^{ikx}, \quad \hat{f}(k) = \frac{1}{2\pi} \int_{-\pi}^{\pi} f(u)\, e^{-iku} du$$

mit den Teilsummen

$$s_n = s_n[f;x] = \sum_{k=-n}^{n} \hat{f}(k)\, e^{ikx}$$

und die Fourier-Stieltjes-Reihe einer Funktion $f \in BV_{2\pi}$ durch

$$f(x) \sim \sum_{k=-\infty}^{\infty} \check{f}(k)\, e^{ikx}, \quad \check{f}(k) = \frac{1}{2\pi} \int_{-\pi}^{\pi} e^{-iku} df(u).$$

Die konjugierte Fourierreihe von f ist

$$(-i) \sum_{k=-\infty}^{\infty} (\operatorname{sign} k)\, \hat{f}(k)\, e^{-ikx},$$

mit $\operatorname{sign} k = k/|k|$ für $k \neq 0$ und $\operatorname{sign} 0 = 0$.
Ihre Teilsummen werden mit $\tilde{s}_n = \tilde{s}_n[f;x]$ bezeichnet.

Ist $f \in L^1_{2\pi}$, so nennen wir

$$\tilde{f}(x) = -\frac{1}{2\pi} \lim_{\varepsilon \to 0} \int_{\varepsilon}^{\pi} \{f(x+u) - f(x-u)\} \cot \frac{u}{2}\, du$$

die konjugierte Funktion von f.

Wir benutzen weiterhin für ganzzahlige $\varkappa > 0$ die Bezeichnung

$$(2.3)\qquad f^{\{\varkappa\}}(x) = \begin{Bmatrix} f^{(\varkappa)}(x), \text{ falls } \varkappa \text{ gerade} \\ \widetilde{f^{(\varkappa)}}(x), \text{ falls } \varkappa \text{ ungerade} \end{Bmatrix}, f^{\{0\}}(x) = f(x),$$

und für beliebige $\varkappa > 0$ [4]

$$(2.4)\qquad s_n^{\{\varkappa\}}[f; x] = (-1)^{[\varkappa/2]} \sum_{k=-n}^{n} |k|^{\varkappa} \hat{f}(k)\, e^{ikx}.$$

Für ganzzahlige $\varkappa > 0$ läßt sich diese Gleichung auch in der Form von Gl. (2.3) schreiben.

Als Saturationsklassen treten im folgenden die Mengen $W_X^{\varkappa}$ auf; der Index X repräsentiert dabei immer einen der Räume $C_{2\pi}$, $L_{2\pi}^p (1 \leqq p < \infty)$, und $\varkappa$ ist eine positive reelle Zahl. Wir definieren

$$(2.5)\qquad \begin{aligned} W_C^{\varkappa} &= \{f : f \in C_{2\pi},\ |k|^{\varkappa} \hat{f}(k) = \hat{g}(k);\ g(x) \in L_{2\pi}^{\infty}\} \\ W_1^{\varkappa} &= \{f : f \in L_{2\pi}^1,\ |k|^{\varkappa} \hat{f}(k) = \check{g}(k);\ g(x) \in BV_{2\pi}\} \end{aligned}$$

und, für $1 < p < \infty$,

$$W_p^{\varkappa} = \{f : f \in L_{2\pi}^p,\ |k|^{\varkappa} \hat{f}(k) = \hat{g}(k);\ g(x) \in L_{2\pi}^p\}.$$

Der folgende Abschnitt 3 der Arbeit gibt einen kurzen Überblick über bekannte Saturationssätze. Im Abschnitt 4 werden dann als Hilfsmittel für den Beweis eines allgemeineren Saturationssatzes ein Analogon der Bernsteinschen Ungleichung und einige Ergebnisse über die sog. typischen Mittel von Fourierreihen bewiesen. Für $\varkappa > 0$ sind diese Mittel definiert durch das singuläre Integral

$$(2.6)\qquad R_{n,\varkappa}(f; x) = \frac{1}{2\pi} \int_{-\pi}^{\pi} \chi_{n,\varkappa}(u) f(x-u)\, du \qquad (n = 1, 2, \ldots;\ n \to \infty),$$

mit dem Kern

$$\chi_{n,\varkappa}(u) = \sum_{k=-n}^{n} \left\{1 - \left(\frac{|k|}{n+1}\right)^{\varkappa}\right\} e^{iku}.$$

[4] Hier bedeutet $[\varkappa/2]$ die größte ganze Zahl, die $\leqq \varkappa/2$ ist.

Dieses singuläre Integral ist einerseits in seiner Konstruktion besonders übersichtlich und deshalb einfach zu handhaben, andererseits läßt es sich hinsichtlich seiner Saturationsordnung und -klasse an viele andere singuläre Integrale anpassen, da die für diese Eigenschaften bestimmenden Zahlen auf eine leicht überschaubare Weise mit den Parametern der typischen Mittel zusammenhängen. Die sich hierdurch anbietende Beweismethode wurde zuerst von M. Zamansky [48] benutzt, dann von P. L. Butzer und G. Sunouchi [14] und Sunouchi [38] ausgebaut und wird im folgenden verfeinert.

Auf diesem Wege erhalten wir in Abschnitt 5 einen direkten Satz (5.1), der sich auf viele der bekannten singulären Integrale anwenden läßt. Eine einfachere Variante dieses Ergebnisses ist der folgende

(2.7)

Satz. *Sei X einer der Räume $C_{2\pi}$, $L^p_{2\pi}(1 \leqq p < \infty)$ und $f \in X$. Ferner nehmen wir an, daß das singuläre Integral $I_n(f; x)$ durch* (2.1) *definiert ist, mit $\varrho = n = 1, 2, \ldots, \varrho_0 = +\infty$, und daß der Kern*

$$\chi_n(x) \sim \sum_{k=-N}^{N} \hat{\chi}_n(k)\, e^{ikx} \qquad (N = N(n) \geqq n \text{ oder } N = +\infty),$$

die folgenden Eigenschaften besitzt:

a)
$$\frac{1}{2\pi} \int_{-\pi}^{\pi} |\chi_n(u)|\, du = O(1);$$

b) es existieren eine Zahl $\varkappa > 0$ und eine Konstante $c \neq 0$, so daß für $k = 0, \pm 1, \pm 2, \ldots$ gilt

$$\lim_{n\to\infty} \frac{1 - \hat{\chi}_n(k)}{n^{-\varkappa}} = c|k|^{\varkappa}; \tag{2.8}$$

c) $\hat{\chi}_n(k)$ hat für alle $n = 1, 2, \ldots$ und $|k| < N(n) + 1$ die Darstellung

$$\hat{\chi}_n(k) = g\left(\frac{|k|}{an + b}\right),$$

wobei $a \geqq 1$ und $b \geqq 0$ Konstanten sind und für die Funktion g eine Entwicklung der Form

$$1-g(x)=\alpha_0 x^\varkappa+\sum_{\nu=1}^{\infty}\alpha_\nu x^{\varkappa+\beta_\nu}\qquad(0<\beta_1<\ldots<\beta_\nu<\beta_{\nu+1}<\ldots)$$

existiert[5] *(d. h. die Reihe konvergiert) für die entsprechenden Werte von* $x=|k|/(an+b)$;

d)
$$\sum_{\nu=1}^{\infty}|\alpha_\nu|<+\infty.$$

Dann folgt aus $f\in W_X^\varkappa$

$$\|f(x)-I_n(f;x)\|_X=O(n^{-\varkappa})\qquad(n\to\infty).$$

Ist ϱ ein kontinuierlicher Parameter mit $|\varrho_0|<\infty$, so gilt ein entsprechender Satz. Die Bedingungen dieser Sätze und der allgemeineren Sätze (5.4) und (5.5) werden in Abschnitt 6 auf die singulären Integrale von Abel-Poisson, Weierstraß, Fejér-Korovkin, Riemann, Rogosinski-Bernstein und Riesz angewendet, wobei sich manche neuen Ergebnisse ergeben.

Im folgenden Abschnitt 7 geben wir einen zweiten, einfacheren Beweis des Saturationssatzes für das singuläre Integral von Fejér-Korovkin und betrachten zugleich die beiden Versionen des singulären Integrals von Jackson-de la Vallée Poussin, die sich mit derselben Methode behandeln lassen. Im Abschnitt 8 wird eine verschärfte Form von direkten Sätzen in der Gestalt asymptotischer Relationen vom Typ des Satzes von E. Voronowskaja bewiesen. Die damit erhaltenen Ergebnisse sind größtenteils neu. So erhalten wir zum Beispiel als Sonderfall eines allgemeinen Satzes (Satz 8.4) für das spezielle singuläre Integral $C_r^2(f;x)$ (1.1) von Weierstraß für jedes f, für das f, f' absolut stetig und $f''\in L_{2\pi}^p$ ist:

$$\lim_{r\uparrow 1}\|(1-r)^{-1}[C_r^2(f;x)-f(x)]-f''(x)\|_p=0. \tag{2.9}$$

Im Raum $C_{2\pi}$ gelten ähnliche Aussagen für die schwache *Konvergenz.

Abschnitt 9 schließlich enthält eine kurze Anwendung der erhaltenen Resultate auf das Problem der nichtsaturierten Approximation.

[5] $\varkappa$ und β_ν sind nicht notwendig ganze Zahlen. Aus c) folgt b), falls $\alpha_0\neq 0$.

3. *Einige bekannte Saturationssätze*

Wie in der Einleitung erwähnt, spaltet sich das Saturationsproblem in einen direkten Satz und einen Umkehrsatz auf. Da das Umkehrproblem durch den folgenden Satz (3.1) von G. Sunouchi und C. Watari ([36], I, II, vgl. auch P. L. Butzer [9]) befriedigend gelöst ist, konzentrieren sich die Untersuchungen auf das direkte Problem.

(3.1)

Satz. *Sei X einer der Räume $C_{2\pi}$, $L^p_{2\pi}(1 \leqq p < \infty)$ und $f \in X$. Der Kern des durch* (2.1) *definierten singulären Integrals $I_\varrho(f; x)$ erfülle für alle $k = 0, \pm 1, \pm 2, \ldots$ die Bedingung*

(3.2)
$$\lim_{\varrho \to \varrho_0} \frac{1 - \hat{\chi}_\varrho(k)}{\varphi(\varrho)} = c\,\psi(k) \qquad (c \neq 0),$$

wobei $\varphi(\varrho)$ eine für $\varrho \to \varrho_0$ nicht wachsende und $\psi(k)$ eine nicht negative Funktion bedeuten.

Dann gilt:

a) Aus $\|f(x) - I_\varrho(f; x)\|_X = o(\varphi(\varrho)) \qquad (\varrho \to \varrho_0)$

folgt: $f(x) =$ konst.

b) Aus $\|f(x) - I_\varrho(f; x)\|_X = O(\varphi(\varrho)) \qquad (\varrho \to \varrho_0)$

folgt
$$\left\| \sum_{k=1}^{n} \psi(k) \left(1 - \frac{|k|}{n+1}\right) \hat{f}(k)\, e^{ikx} \right\|_X = O(1) \qquad (n \to \infty),$$

d. h. im Spezialfall $\psi(k) = |k|^\varkappa (\varkappa > 0): f \in W^\varkappa_X$.

Das direkte Problem der Saturation läßt sich nicht in dieser Allgemeinheit lösen. Wir zitieren hier einige der bekannten Sätze. M. Zamansky [48] bewies 1950 den folgenden Satz im Raum $C_{2\pi}$:

(3.3)

Satz. *Der Kern* χ_n *des durch* (2.1) *definierten singulären Integrals* $I_n(f; x)$ *(mit* $\varrho = n = 1, 2, \ldots$*) erfülle die Bedingung*

$$\hat{\chi}_n(k) = g\left(\frac{|k|}{n}\right) \qquad (k = 0, \pm 1, \pm 2, \ldots)$$

mit $g(0) = 1$ *und* $g(u) = 0$ *für* $u \geqq 1$*; außerdem wird die Existenz einer ganzen Zahl* p *vorausgesetzt, so daß für* $0 \leqq u \leqq 1$ *die Ableitungen* $g'(u), g''(u), \ldots, g^{(p)}(u)$ *beschränkt sind und* $g^{(p+1)}(u)$ *von beschränkter Variation ist mit*

$$g'(0) = g''(0) = \ldots = g^{(p-1)}(0) = 0 \text{ und } g^{(p)}(0) \neq 0.$$

Dann folgt aus $f \in W_C^p$

$$\|f(x) - I_n(f; x)\|_C = O(n^{-p}) \qquad (n \to \infty).$$

Beim Beweis dieses Ergebnisses wird die Kenntnis des Saturationssatzes für die „typischen Mittel" der Fourierreihe von $f(x)$ benutzt. Hier liegt der Ursprung der Beweismethode von P. L. Butzer und G. Sunouchi [14], die im folgenden weiter ausgebaut wird.

Für spezielle Fälle ist der folgende Satz von A. H. Tureckiĭ [41] (1960) geeignet:

(3.5)

Satz. *Der Kern* χ_n *des singulären Integrals* $I_n(f; x)$ *sei gerade, nichtnegativ und in* $L_{2\pi}^1$. *Außerdem sei für* $k = 0, \pm 1, \pm 2, \ldots$ *die Bedingung*

$$\lim_{n \to \infty} \frac{1 - \hat{\chi}_n(k)}{\varphi(n)} = c k^2 \qquad (c \neq 0),$$

erfüllt, wobei $\varphi(n)$ *eine nichtwachsende Funktion sei.*

Dann folgt aus $f \in W_C^2$

$$\|f(x) - I_n(f; x)\|_C = O(\varphi(n)) \qquad (n \to \infty).$$

Dieser Satz läßt sich leicht auf die Räume $L^p_{2\pi}(1 \leqq p < \infty)$ und auf singuläre Integrale $I_\varrho(f; x)$ mit beliebigem Parameter $\varrho \to \varrho_0$ übertragen. Eine Variante dieses Satzes geben wir im Abschnitt 7.

Ein allgemeiner direkter Satz wurde 1962 von G. Sunouchi [35], [38] bewiesen. Allerdings ist die Verifizierung der Voraussetzungen dieses Satzes im allgemeinen recht schwierig.

(3.6)

Satz. *Sei* X *einer der Räume* $C_{2\pi}$, $L^p_{2\pi}(1 \leqq p < \infty)$ *und* $f \in X$. *Das singuläre Integral* $I_\varrho(f; x)$ *sei definiert wie in Satz* (3.1) *und der Kern erfülle die Bedingung* (3.2). *Außerdem seien die Folgen*

$$\left\{\lambda_k(\varrho) \equiv \frac{1 - \hat{\chi}_\varrho(k)}{\varphi(\varrho)\,\psi(k)}\right\} \qquad (k = \pm 1, \pm 2, \ldots)$$

gleichmäßig für alle $\varrho \in E$ *in den Multiplikatorenklassen*

(3.7)

$(L^\infty_{2\pi}, L^\infty_{2\pi})$ *falls* $X = C_{2\pi}$,
$(L^p_{2\pi}, L^p_{2\pi})$ *falls* $X = L^p_{2\pi}(1 < p < \infty)$,
(S, S) *falls* $X = L^1_{2\pi}$.

Wenn dann f *der Klasse*

$$\left\{f : f \in X, \left\| \sum_{k=-n}^{n} \left(1 - \frac{|k|}{n+1}\right) \psi(k)\, \hat{f}(k)\, e^{ikx} \right\|_X = O(1) \quad (n \to \infty)\right\}$$

angehört, folgt

$$\|f(x) - I_\varrho(f; x)\|_X = O(\varphi(\varrho)) \qquad (\varrho \to \varrho_0).$$

Hierbei sind die Multiplikatorenklassen (3.7) wie üblich[6] definiert. Wegen $(L^\infty_{2\pi}, L^\infty_{2\pi}) = (S, S) \subset (L^p_{2\pi}, L^p_{2\pi})\ (1 < p < \infty)$[6] ist es hinreichend, im Satz (3.6) für alle drei Räume zu fordern, daß $\lambda_k(\varrho)$ gleichmäßig in ϱ zu $(L^\infty_{2\pi}, L^\infty_{2\pi})$ gehört. Dazu wiederum ist hinreichend, daß $\sum_{k=1}^{\infty} k \Delta^2 \lambda_k(\varrho) = O(1)$ gilt für $\varrho \to \varrho_0$, wobei $\Delta^2 \lambda_k(\varrho) = \lambda_{k-1}(\varrho) - 2\lambda_k(\varrho) + \lambda_{k+1}(\varrho)$ gesetzt wurde.

[6] Vgl. Zygmund [51], S. 176, 177.

Wenn $\{\lambda_k(\varrho)\}$ diese Bedingung erfüllt, bezeichnet man die Folge als quasikonvex, gleichmäßig in ϱ.

R. G. Mamedow [24] formulierte ebenfalls im Jahre 1962 direkte Sätze, die, abgesehen von einer geringfügigen Verallgemeinerung des Begriffes „singuläres Integral" im wesentlichen mit dem Satz von Sunouchi äquivalent sind.

Es ist vielleicht erwähnenswert, daß der Satz (3.6) speziell für den Raum $L^2_{2\pi}$ eine besonders einfache Gestalt erhält, da man dann die Bedingung (3.7) durch die Bedingung der gleichmäßigen Beschränktheit von $\lambda_k(\varrho)$ in k und ϱ ersetzen kann[7].

Ein weiterer allgemeiner direkter Satz wurde schon im Jahre 1948 von B. Sz. Nagy [25] bewiesen.

Eine gewisse Sonderstellung nimmt ein Saturationssatz von P. L. Butzer [5], [7] und E. Hille [19], S. 324, [20], S. 326, für Halbgruppenoperatoren ein. Im Gegensatz zur Situation bei der in der vorliegenden Arbeit durchweg benutzten Fourier-Koeffizientenmethode[8] ist bei Verwendung der Halbgruppenmethode nicht der direkte Satz sondern der Umkehrsatz das schwierigere Problem. Von den hier zur Debatte stehenden singulären Integralen fällt zwar nur das Weierstraß-Integral in den Anwendungsbereich des Halbgruppen-Saturationssatzes, andererseits ist die Definition des Halbgruppenoperators aber umfassender, da sie nicht an die Form des singulären Integrals (2.1) gebunden ist und auch die Behandlung der Räume $L^p(-\infty, \infty)$ gestattet.

4. *Hilfsergebnisse*

Im Zusammenhang mit dem Saturationsproblem erhebt sich die Frage nach einer möglichst einfachen Charakterisierung der Saturationsklassen $W^{\varkappa}_X$ (2.5) durch Bedingungen, die unmittelbar an die Funktion f und nicht an deren Fourierkoeffizienten gerichtet sind. Dieses Problem ist für alle $\varkappa > 0$ gelöst[9] und soll hier nicht diskutiert werden. Wir benötigen nur das folgende Ergebnis, das wir ohne Beweis zitieren:

[7] [51], S. 177.
[8] Vgl. P. L. Butzer [9], [12].
[9] Vgl. [13] und die dort angegebene Literatur.

(4.1)

Lemma. *Ist X einer der Räume $C_{2\pi}$, $L^p_{2\pi}(1 \leqq p < \infty)$, so sind für reelle $\varkappa > 0$ die folgenden Aussagen äquivalent:*

a) $f \in W^{\varkappa}_X$;

b) $$\|\sigma_n^{\{\varkappa\}}(f;x)\|_X \equiv \left\| \sum_{k=-n}^{n} \left(1 - \frac{|k|}{n+1}\right) |k|^{\varkappa} \hat{f}(k)\, e^{ikx} \right\|_X = O(1) \quad (n \to \infty).$$

Ist $\varkappa$ eine ganze Zahl, so ist damit weiterhin die Bedingung

c) $$f^{\{\varkappa\}}(x) \in \begin{Bmatrix} L^\infty_{2\pi}, \text{ falls } X = C_{2\pi} \\ L^p_{2\pi}, \text{ falls } X = L^p_{2\pi}(1 < p < \infty) \end{Bmatrix}, \text{ bzw.}$$

$\tilde{f}^{\{\varkappa-1\}}(x) \in BV_{2\pi}$, *falls* $X = L^1_{2\pi}$ *äquivalent, und in den Fällen* $X = C_{2\pi}$, $X = L^p_{2\pi}(1 < p < \infty)$ *folgt* $(-1)^{[\varkappa/2]}|k|^{\varkappa}\hat{f}(k) = \widehat{f^{\{\varkappa\}}}(k)$ *für alle ganzzahligen* k.

Weiterhin benutzen wir den folgenden bekannten Saturationssatz für die typischen Mittel:

(4.2)

Satz. *Sei X einer der Räume $C_{2\pi}$, $L^p_{2\pi}(1 \leqq p < \infty)$. Die durch (2.6) definierten typischen Mittel $R_{n,\varkappa}(f;x)$ haben im Raum X für $\varkappa > 0$ die Saturationsordnung $O(n^{-\varkappa})$ und die Saturationsklasse $W^{\varkappa}_X$.*

Dieser Satz kann leicht aus dem Satz (3.6) von Sunouchi gefolgert werden (vgl. [38] und Zygmund [50], Nagy [25], Zamansky [48], Sunouchi-Watari [36], II, Aljančić [2]).

Als Operatoren von X in X sind die typischen Mittel gleichmäßig in n beschränkt. Wir geben hier im wesentlichen den Beweis von S. Aljančić [2] wieder, untersuchen jedoch darüber hinaus die Abhängigkeit der Operatoren vom Parameter $\varkappa$, um das Ergebnis auch beim Beweis des nächsten Lemmas benutzen zu können.

(4.3)

Lemma. *Sei X einer der Räume $C_{2\pi}$, $L^p_{2\pi}(1 \leqq p < \infty)$. Für jedes $\varkappa > 0$ und jedes $f \in X$ gilt, gleichmäßig in n*

$$\|R_{n,\varkappa}(f; x)\|_X \leqq M(\varkappa)\, \|f(x)\|_X$$

wobei $M(\varkappa) < \infty$ von n unabhängig ist.

Beweis. Wir haben für $n \geqq 2$ nach (2.6)

$$\chi_{n-1,\varkappa}(u) = 1 + 2 \sum_{k=1}^{n-1} \left\{1 - \left(\frac{k}{n}\right)^{\varkappa}\right\} \cos ku$$

$$= 2\,D_0(u) + 2 \sum_{k=1}^{n-1} \left\{1 - \left(\frac{k}{n}\right)^{\varkappa}\right\} (D_k(u) - D_{k-1}(u)),$$

wobei

$$D_k(u) = \frac{1}{2} + \sum_{\nu=1}^{k} \cos \nu u = \frac{\sin (k + 1/2)\, u}{2 \sin u/2}$$

der Dirichlet-Kern ist. Nun gilt

$$\chi_{n-1,\varkappa}(u) = 2 \sum_{k=0}^{n-1} \left\{1 - \left(\frac{k}{n}\right)^{\varkappa}\right\} D_k(u) - 2 \sum_{k=0}^{n-1} \left\{1 - \left(\frac{k+1}{n}\right)^{\varkappa}\right\} D_k(u)$$

$$= \operatorname{Im} \left[\frac{e^{i u/2}}{n^{\varkappa} \sin u/2} \sum_{k=0}^{n-1} \{(k+1)^{\varkappa} - k^{\varkappa}\}\, e^{i k u}\right].$$

Hier bezeichnet Im den Imaginärteil. Aus $|\operatorname{Im} z| \leqq |z|$ erhalten wir für $0 \leqq u \leqq \pi$

$$(4.4) \qquad |\chi_{n-1,\varkappa}(u)| \leqq \frac{1}{n^{\varkappa} \sin u/2} \left| \sum_{k=0}^{n-1} \{(k+1)^{\varkappa} - k^{\varkappa}\}\, e^{i k u} \right|$$

$$\leqq \frac{1}{n^{\varkappa} \sin u/2} \left\{ \sum_{k=0}^{r-1} + \sum_{k=r}^{n-1} \right\},$$

wobei $r = r(u, n)$ definiert ist durch $r = [1/u]$ für $1/n \leqq u \leqq \pi$. Für $r \geqq 1$ gilt

$$\left|\sum_{k=0}^{r-1} \{(k+1)^\varkappa - k^\varkappa\} e^{iku}\right| \leqq \sum_{k=0}^{r-1} \{(k+1)^\varkappa - k^\varkappa\} = r^\varkappa \leqq u^{-\varkappa},$$

und der Fall $r = 0$ ist trivial. Die Abelsche Formel der partiellen Summation liefert, wenn $v_0, v_1, \ldots, v_2$ eine nichtnegative, nichtwachsende (nichtfallende) Folge ist, die Ungleichung

$$\left|\sum_{k=0}^{n} u_k v_k\right| \leqq v_0 \max_{0 \leqq k \leqq n} |U_k|, \quad \left(\leqq 2\, v_n \max_{0 \leqq k \leqq n} |U_k|\right),$$

mit $U_k = \sum_{\nu=0}^{k} u$. Die Folge $v_k = (k+1)^\varkappa - k^\varkappa$ ist nichtwachsend für $0 < \varkappa \leqq 1$, nichtfallend für $\varkappa \geqq 1$ und nichtnegativ in beiden Fällen. Außerdem gilt mit $u_k = e^{ikx}$

$$\max_{0 \leqq k \leqq n-1} |U_k| = \max_{0 \leqq k \leqq n-1} \left|\sum_{\nu=0}^{k} e^{i\nu x}\right| = \max_{0 \leqq k \leqq n-1} \left|\frac{1 - e^{i(k+1)x}}{1 - e^{ix}}\right|$$

$$\leqq \frac{2}{|1 - e^{ix}|} = \left(\frac{2}{1 - \cos x}\right)^{1/2} = \left(\sin \frac{x}{2}\right)^{-1} \leqq \pi x^{-1}$$

für $0 \leqq x \leqq \pi$. Also erhält man für $0 \leqq \varkappa \leqq 1$ mit Hilfe des Mittelwertsatzes

$$\text{(4.5)} \qquad \left|\sum_{k=r}^{n-1} \{(k+1)^\varkappa - k^\varkappa\} e^{iku}\right| \leqq \{(r+1)^\varkappa - r^\varkappa\} \max_{0 \leqq k \leqq n-1} \left|\sum_{\nu=0}^{k} e^{i\nu u}\right|$$

$$\leqq \begin{cases} \pi\varkappa r^{\varkappa-1} u^{-1} \leqq \pi\varkappa (1-u)^{\varkappa-1} u^{-\varkappa} \leqq 2\,\pi\varkappa u^{-\varkappa} \text{ für } r \geqq 2, \text{ d. h. für } \dfrac{1}{n} \leqq u \leqq \dfrac{1}{2} \\ 2\,\pi u^{-1} \text{ für } r = 0 \text{ und } r = 1, \text{ d. h. für } \dfrac{1}{2} < u \leqq \pi \end{cases}$$

und, für $\varkappa \geqq 1$,

$$\left|\sum_{k=r}^{n-1} \{(k+1)^\varkappa - k^\varkappa\} e^{iku}\right| \leqq 2\,\{n^\varkappa - (n-1)^\varkappa\} \max_{0 \leqq k \leqq n-1} \left|\sum_{\nu=0}^{k} e^{i\nu u}\right|$$

$$\leqq 2\,\pi\varkappa n^{\varkappa-1} u^{-1}.$$

Damit folgt aus (4.4)

$$(4.6)\quad |\chi_{n-1,\varkappa}(u)| \leqq \begin{cases} \pi n^{-\varkappa}u^{-1}(u^{-\varkappa}+2\pi\varkappa u^{-\varkappa}) = \pi(1+2\pi\varkappa)\,n^{-\varkappa}u^{-1-\varkappa} \\ \qquad \text{für } 0<\varkappa\leqq 1 \text{ und } \dfrac{1}{n}\leqq u\leqq\dfrac{1}{2}, \\ \pi n^{-\varkappa}u^{-1}(u^{-\varkappa}+2\pi u^{-1}) \text{ für } 0<\varkappa\leqq 1 \text{ und } \dfrac{1}{2}<u\leqq\pi, \\ \pi n^{-\varkappa}u^{-1}(u^{-\varkappa}+2\pi\varkappa n^{\varkappa-1}u^{-1}) \leqq \pi n^{-1}u^{-2}(1+2\pi\varkappa) \\ \qquad \text{für } \varkappa\geqq 1 \text{ und } \dfrac{1}{n}\leqq u\leqq\pi, \end{cases}$$

wobei im Falle $\varkappa \geqq 1$ die Relation $n^{-\varkappa}u^{-\varkappa-1} \leqq n^{-\varkappa}u^{-\varkappa-1}(nu)^{\varkappa-1} = n^{-1}u^{-2}$ benutzt wurde, die auf Grund der Voraussetzung $nu \geqq 1$ gültig ist. Nach einer einfachen Integration erhalten wir das Ergebnis

$$(4.7)\quad \begin{cases} \dfrac{1}{2\pi}\displaystyle\int_{-\pi}^{\pi} |\chi_{n-1,\varkappa}(u)|\,du = \dfrac{1}{2\pi}\Big(\int_0^{1/n} + \int_{1/n}^{\pi}\Big) \leqq M(\varkappa) \\ \text{mit} \\ M(\varkappa) = \begin{cases} O(\varkappa^{-1}) + O(1) & \text{für } 0<\varkappa\leqq 1 \\ O(1)+O(\varkappa) & \text{für } \varkappa>1 \end{cases}. \end{cases}$$

Hierbei sind die „O" unabhängig von $\varkappa$ und n.

Aus (4.7) folgt unmittelbar für $f \in C_{2\pi}$

$$\|R_{n,\varkappa}(f;x)\|_C \leqq M(\varkappa)\,\|f(x)\|_C .$$

Für $f \in L^1_{2\pi}$ gilt ebenfalls

$$\|R_{n,\varkappa}(f;x)\|_1 \leqq \frac{1}{2\pi}\int_{-\pi}^{\pi}\Big\{\int_{-\pi}^{\pi}|f(x-u)|\,|\chi_{n,\varkappa}(u)|\,du\Big\}\,dx$$

$$= \frac{1}{2\pi}\int_{-\pi}^{\pi}|\chi_{n,\varkappa}(u)|\,du\,\|f(x)\|_1 \leqq M(\varkappa)\,\|f(x)\|_1 ,$$

und für den Raum $L^p_{2\pi}$ $(1<p<\infty)$ benutzt man wie üblich die Höldersche Ungleichung: Mit $1/p + 1/q = 1$ gilt

$$|R_{n,\varkappa}(f;x)| \leqq \frac{1}{2\pi}\int_{-\pi}^{\pi} |f(x-u)|\,|\chi_{n,\varkappa}(u)|^{1/p}\,|\chi_{n,\varkappa}(u)|^{1/q}\,du$$

$$\leqq \left\{\frac{1}{2\pi}\int_{-\pi}^{\pi} |f(x-u)|^p\,|\chi_{n,\varkappa}(u)|\,du\right\}^{1/p} \left\{\frac{1}{2\pi}\int_{-\pi}^{\pi} |\chi_{n,\varkappa}(u)|\,du\right\}^{1/q}$$

$$\leqq \{M(\varkappa)\}^{1/q} \left\{\frac{1}{2\pi}\int_{-\pi}^{\pi} |f(x-u)|^p\,|\chi_{n,\varkappa}(u)|\,du\right\}^{1/p}$$

also

$$\|R_{n,\varkappa}(f;x)\|_p = \{M(\varkappa)\}^{1/q} \left\{\frac{1}{2\pi}\int_{-\pi}^{\pi}\int_{-\pi}^{\pi} |f(x-u)|^p\,|\chi_{n,\varkappa}(u)|\,du\,dx\right\}^{1/p}$$

$$\leqq M(\varkappa)\,\|f(x)\|_p, \text{ q.e.d.}$$

Ist X einer der Räume $C_{2\pi}, L^p_{2\pi}(1 \leqq p < \infty)$, so gilt für jedes trigonometrische Polynom

$$t_n(x) = \sum_{k=-n}^{n} c_k e^{ikx}$$

die Bernsteinsche Ungleichung

$$\|t_n^{(r)}(x)\|_X \leqq n^r\,\|t_n(x)\|_X \qquad (r = 1, 2, \ldots). \tag{4.8}$$

Nun hat C. Watari [45] eine analoge Ungleichung für beliebige $\alpha > 0$ bewiesen:

$$\|\sum_{k=-n}^{n} |k|^\alpha c_k e^{ikx}\|_X \leqq M(\alpha)\,n^\alpha\|\,t_n(x)\|_X.$$

Sie läßt sich noch etwas verschärfen:

(4.9)

Lemma. *Sei X einer der Räume $C_{2\pi}, L^p_{2\pi}(1 \leqq p < \infty)$ und $\delta > 0$, dann gilt für jedes $\alpha \geqq \delta$*

$$\|\sum_{k=-n}^{n} |k|^\alpha c_k e^{ikx}\|_X \leqq A(\delta)\,n^\alpha\|\sum_{k=-n}^{n} c_k e^{ikx}\|_X,$$

wobei $A(\delta)$ von n und α unabhängig ist.

Beweis. Der Grundgedanke ist derselbe wie beim Beweis der klassischen Bernstein-Ungleichung (4.8) für $r = 1$, nur wird man jetzt nicht auf den Fejér-Kern geführt, sondern auf dessen natürliche Verallgemeinerung:

$$\frac{1}{2} + \sum_{k=1}^{n} \left(1 - \frac{k}{n+1}\right)^{\alpha} \cos kx.$$

Es gilt

$$t_n(x) = \frac{1}{2\pi} \int_{-\pi}^{\pi} t_n(u) \left(\sum_{k=-n}^{n} e^{ik(x-u)} \right) du$$

und

$$\sum_{k=-n}^{n} |k|^{\alpha} c_k e^{ikx} = \frac{1}{2\pi} \int_{-\pi}^{\pi} t_n(u) \left\{ \sum_{k=-n}^{n} |k|^{\alpha} e^{ik(x-u)} \right\} du$$

$$= \frac{1}{\pi} \int_{-\pi}^{\pi} t_n(u) \left\{ \sum_{k=1}^{n} k^{\alpha} \cos k(x-u) \right\} du.$$

Addiert man zu dem Ausdruck in der Klammer die Summe

$$\sum_{k=1}^{n-1} k^{\alpha} \cos (2n-k)(x-u),$$

deren Glieder alle vom Rang größer als n sind, so ändert sich der Wert des Integrals nicht, und es folgt

$$\sum_{k=-n}^{n} |k|^{\alpha} c_k e^{ikx} = \frac{1}{\pi} \int_{-\pi}^{\pi} t_n(x-u) \left\{ 2 (\cos nu) \sum_{k=1}^{n-1} k^{\alpha} \cos (n-k) u + n^{\alpha} \cos nu \right\} du$$

$$= \frac{n^{\alpha}}{\pi} \int_{-\pi}^{\pi} t_n(x-u) (\cos nu) \left\{ 1 + 2 \sum_{k=1}^{n-1} \left(\frac{k}{n}\right)^{\alpha} \cos (n-k) u \right\} du$$

$$= \frac{n^{\alpha}}{\pi} \int_{-\pi}^{\pi} t_n(x-u) (\cos nu) \left\{ 1 + 2 \sum_{k=1}^{n-1} \left(1 - \frac{k}{n}\right)^{\alpha} \cos ku \right\} du.$$

Nun benutzen wir die Abschätzung

$$\text{(4.10)} \qquad \frac{1}{2\pi} \int_{-\pi}^{\pi} \left| 1 + 2 \sum_{k=1}^{n-1} \left(1 - \frac{k}{n}\right)^{\alpha} \cos ku \right| du \leq M(\alpha)$$

$$= \begin{cases} O(\alpha^{-1}) + O(1) \text{ für } 0 < \alpha \leq 1 \\ O(1) + O(\alpha) \text{ für } \alpha > 1 \end{cases},$$

gleichmäßig in α und n, die sich genauso beweisen läßt wie die Ungleichung (4.7). Der einzige Unterschied ist, daß wir statt der Ungleichung (4.4) jetzt erhalten:

$$\left|1+2\sum_{k=1}^{n-1}\left(1-\frac{k}{n}\right)^{\alpha}\cos ku\right| \leqq \frac{1}{n^{\alpha}\sin u/2}\left|\sum_{k=0}^{n-1}\{(k+1)^{\alpha}-k^{\alpha}\}\,e^{-iku}\right|, \tag{4.11}$$

aber, da wieder

$$\max_{0\leqq k\leqq n-1}\left|\sum_{\nu=0}^{k}e^{-i\nu u}\right| \leqq \pi u^{-1}$$

gilt, ergibt sich dieselbe Majorante wie zuvor, d. h. (4.10), und daraus folgt mit dem üblichen Argument (vgl. Lemma 4.3)

$$\left\|\sum_{k=-n}^{n}|k|^{\alpha}c_k e^{ikx}\right\|_X \leqq 2\,M(\alpha)\,n^{\alpha}\,\|t_n(x)\|_X \tag{4.12}$$

gleichmäßig in n. Es bleibt zu zeigen, daß $M(\alpha)$ für $\alpha \geqq \delta > 0$ durch eine absolute Konstante $A = A(\delta)$ ersetzt werden kann. Dazu verwenden wir die klassische Bernsteinsche Ungleichung (4.8). Bezeichnet man für ein beliebiges $\alpha > 0$ mit $\beta = \alpha + 2 - 2\,[\alpha/2]$ die Differenz zwischen $\alpha + 2$ und der größten geraden Zahl, die kleiner oder gleich α ist, so folgt aus (4.12) und (4.8) für $\alpha \geqq 2$

$$\begin{aligned}\left\|\sum_{k=-n}^{n}|k|^{\alpha}c_k e^{ikx}\right\|_X &\leqq n^{\beta}\,2\,M(\beta)\left\|\sum_{k=-n}^{n}|k|^{2[\alpha/2]-2}c_k e^{ikx}\right\|_X\\ &= n^{\beta}\,2\,M(\beta)\,\|t_n^{(2[\alpha/2]-2)}(x)\|_X \leqq n^{\beta}\,2\,M(\beta)\,n^{2[\alpha/2]-2}\,\|t_n(x)\|_X\\ &= 2\,M(\beta)\,n^{\alpha}\,\|t_n(x)\|_X,\end{aligned}$$

wobei $2 \leqq \beta < 4$ ist. Für $0 < \alpha < 2$ haben wir

$$\left\|\sum_{k=-n}^{n}|k|^{\alpha}c_k e^{ikx}\right\|_X \leqq 2\,M(\alpha)\,n^{\alpha}\,\|t_n(x)\|_X,$$

also folgt für alle $\alpha \geqq \delta > 0$

$$\left\|\sum_{k=-n}^{n}|k|^{\alpha}c_k e^{ikx}\right\|_X \leqq A(\delta)\,n^{\alpha}\,\|t_n(x)\|_X,$$

wobei

$$A(\delta) = \max\left(\left\{\sup_{2 \leqq \beta < 4} 2\, M(\beta)\right\}, \left\{\sup_{\delta \leqq \alpha < 2} 2\, M(\alpha)\right\}\right)$$

eine endliche Zahl ist, denn nach (4.7) gilt $M(\alpha) = O(\alpha^{-1}) + O(1) + O(\alpha)$ gleichmäßig in α. Damit ist Lemma (4.9) bewiesen.

Für das nächste Lemma benötigen wir die folgende

(4.13)

Definition: *Ist $T(x)$ ein trigonometrisches Polynom oder eine trigonometrische Reihe mit komplexen Koeffizienten c_k, dann bezeichnet $T^{\{\varkappa\}}(x)$ das Polynom bzw. die Reihe mit den Koeffizienten $(-1)^{[\varkappa/2]}|k|^\varkappa c_k$.*

(4.14)

Lemma: *Ist X einer der Räume $C_{2\pi}$, $L^p_{2\pi}$ $(1 \leqq p < \infty)$ und $f \in W^\varkappa_X$ für ein $\varkappa > 0$ so folgt*

$$\| R^{\{\varkappa\}}_{n,\varkappa}(f; x) \|_X = O(1) \qquad (n \to \infty).$$

Beweis: Nach (4.1) ist die Bedingung $f \in W^\varkappa_X$ äquivalent mit

$$\left\| \sum_{k=-N}^{N} \left(1 - \frac{|k|}{N+1}\right) |k|^\varkappa \hat{f}(k)\, e^{ikx} \right\|_X = \| \sigma^{\{\varkappa\}}_N(f; x) \|_X = O(1) \qquad (N \to \infty)$$

und mit Lemma (4.3) folgt, gleichmäßig in n und N,

$$\| R_{n,\varkappa}(\sigma^{\{\varkappa\}}_N; x) \|_X = O(1).$$

Dies kann auch in der Form

$$\| R_{n,\varkappa}(\sigma^{\{\varkappa\}}_N; x) \|_X = \left\| \sum_{-\inf(n,N)}^{\inf(n,N)} \left\{1 - \left(\frac{|k|}{n+1}\right)^\varkappa\right\} \left(1 - \frac{|k|}{N+1}\right) |k|^\varkappa \hat{f}(k)\, e^{ikx} \right\|_X$$
$$= \| \sigma_N(R^{\{\varkappa\}}_{n,\varkappa}; x) \|_X = O(1)$$

geschrieben werden. Da $R^{\{\varkappa\}}_{n,\varkappa}(f; x) \in X$ ist für jedes feste n, erhalten wir beim Grenzübergang $N \to \infty$ nach dem Satz von Fejér bzw. den entsprechenden Sätzen in den Räumen $L^p_{2\pi}$ $(1 \leqq p < \infty)$

$$\lim_{N \to \infty} \| \sigma_N(R^{\{\varkappa\}}_{n,\varkappa}; x) \|_X = \| R^{\{\varkappa\}}_{n,\varkappa}(f; x) \|_X = O(1),$$

gleichmäßig in n, q.e.d. Das große O ist dabei noch von $\varkappa$ abhängig. Die Aussage des Lemmas (4.14) wurde für $\varkappa = 1$ von M. Zamansky [47], S. 82, und für $\varkappa = 1, 2, \ldots$, von P. L. Butzer und G. Sunouchi [14], S. 327 (3.7), bewiesen.

5. *Allgemeine direkte Sätze*

Wir nehmen zunächst an, daß der Parameter $\varrho = n$ des singulären Integrals $I_n(f; x)$ nur diskrete Werte $n = 1, 2, \ldots$, annimmt und daß $\varrho_0 = +\infty$ ist.

(5.1)

Satz. *Sei X einer der Räume $C_{2\pi}$, $L^p_{2\pi}$ $(1 \leqq p < \infty)$ und $f \in X$. Das singuläre Integral $I_n(f; x)$ $(n = \varrho = 1, 2, \ldots; n \to \infty)$ sei definiert durch* (2.1), *der Kern*

$$\chi_n(x) \sim \sum_{k=-N}^{N} \hat{\chi}_n(k)\, e^{ikx}; \qquad (N = N(n) \geqq n \text{ oder } N = +\infty)$$

habe die folgenden Eigenschaften:

a) $$\frac{1}{2\pi} \int_{-\pi}^{\pi} |\chi_n(x)|\, dx = O(1) \qquad (n \to \infty);$$

b) es existieren Zahlen $\varkappa > 0$, $\tau > 0$ und eine Konstante $c \neq 0$, so daß für alle $k = \pm 1, \pm 2, \ldots$ gilt*

$$\lim_{n \to \infty} \frac{1 - \hat{\chi}_n(k)}{|k|^{\varkappa}\, n^{-\tau}} = c \neq 0;$$

c) $1 - \hat{\chi}_n(k)$ habe die folgende Reihendarstellung:*

(5.2) $$1 - \hat{\chi}_n(k) = \sum_{\nu=1}^{\infty} \alpha_\nu \frac{|k|^{\varkappa + \beta_\nu}}{(an + b)^{\tau + \gamma_\nu}}$$

für alle k in $1 \leqq |k| < N(n) + 1$ und $n = 1, 2, \ldots$, d. h. die Reihe konvergiere für diese Werte von k und n; außerdem sei $a \geqq 1$, $b \geqq 0$,

$\gamma_\nu \geqq 0$ *und* $\varkappa + \beta_\nu \geqq 0$ *für alle* ν, *und die Menge* $\{\beta_\nu > 0\}$ *habe keinen Häufungspunkt im Nullpunkt*[10];

d) es sei $\sum_{\nu=1}^{\infty} |\alpha_\nu| < \infty$;

e) es existiere eine Zahl $s > 0$ *mit den Eigenschaften* $\varkappa s \geqq \tau$ *und* $\beta_\nu s \leqq \gamma_\nu$ *für alle* ν; *ist* $s > 1$, *so nehmen wir zusätzlich an, daß* $N = +\infty$ *ist.*

Unter diesen Voraussetzungen gilt für jedes $f \in W_X^\varkappa$

$$\|f(x) - I_n(f; x)\|_X = O(n^{-\tau}) \qquad (n \to \infty).$$

Bemerkung: Die Bedingung e) kann auch durch die folgende Voraussetzung ersetzt werden:

f) Für alle ν *sei* $\varkappa\gamma_\nu \geqq \tau\beta_\nu$, *und wenn* $\beta_\nu \leqq 0$ *ist für alle* ν, *sei* $\varkappa \geqq \tau$. *Kommen in der Reihe (5.2) Werte* $\beta_\nu > 0$ *vor und ist* $\inf\limits_{\nu:\beta_\nu>0} \dfrac{\gamma_\nu}{\beta_\nu} > 1$, *so nehmen wir zusätzlich an, daß* $N = +\infty$ *ist.*

Beweis. Wir zeigen zunächst, daß aus f) die Aussage e) folgt, wenn man $s = \inf\limits_{\nu:\beta_\nu>0} \dfrac{\gamma_\nu}{\beta_\nu}$ wählt bzw. $s = 1$ für den Fall, daß die Menge $\{\nu : \beta_\nu > 0\}$ leer ist (was zum Beispiel bei den typischen Mitteln eintritt). Ist diese Menge leer, so ist nach Voraussetzung f) $\varkappa \geqq \tau$, d. h. $\varkappa s \geqq \tau$.

Ist die Menge $\{\nu : \beta_\nu > 0\}$ nicht leer, so folgt wieder aus f)

$$\varkappa s = \inf_{\nu:\beta_\nu>0} \frac{\varkappa\gamma_\nu}{\beta_\nu} \geqq \tau,$$

und da $\varkappa > 0$ ist, gilt $s \geqq \dfrac{\tau}{\varkappa} > 0$. Also gilt $\varkappa s \geqq \tau$ in jedem Falle.

[10] β_ν und γ_ν sind nicht notwendig ganze Zahlen. Durch die Bedingungen b*) und c*) mit der zusätzlichen Einschränkung e) werden die Bedingungen b) und c) des Satzes (2.7) verallgemeinert.

Die Bedingung $\beta_\nu s \leqq \gamma_\nu$ ist ebenfalls erfüllt: Ist $\beta_\nu = 0$, so ist dies wegen $\gamma_\nu \geqq 0$ trivial. Ist $\beta_\nu > 0$, so folgt

$$\beta_\nu s = \beta_\nu \left(\inf_{\mu:\beta_\mu>0} \frac{\gamma_\mu}{\beta_\mu} \right) \leqq \gamma_\nu .$$

Damit ist gezeigt, daß die so definierte Zahl s die Eigenschaften e) besitzt.

Beweis des Satzes (5.1). Nach e) gilt $\varkappa s \geqq \tau$. Bezeichnet man mit $m = [n^s]$ die größte ganze Zahl, die $\leqq n^s$ ist, so folgt $n^s/m \leqq 2$ für $n \geqq 1$, da $s > 0$, also $n^s = O(m)$ $(n \to \infty)$.

Nach der schon im Abschnitt 2 angedeuteten Methode vergleichen wir das gegebene Integral $I_n(f; x)$ mit den typischen Mitteln $R_{m,\varkappa}(f; x)$: Für $f \in W_X^\varkappa$ gilt nach Satz (4.2)

$$\|f(x) - R_{m,\varkappa}(f; x)\|_X = O(m^{-\varkappa}) \qquad (m \to \infty)$$

oder, da $n^s = O(m)$ und $s\varkappa \geqq \tau$ ist,

$$\|f(x) - R_{m,\varkappa}(f; x)\|_X = O(n^{-\tau}) \qquad (n \to \infty),$$

d. h. diese typischen Mittel haben dieselbe Saturationsklasse und -ordnung wie wir sie für $I_n(f; x)$ beweisen wollen. Also ist für jedes $f \in W_X^\varkappa$ in der Ungleichung

$$\begin{aligned} \text{(5.3)} \qquad \|f(x) - I_n(f; x)\|_X &\leqq \|f(x) - R_{m,\varkappa}(f; x)\|_X \\ &+ \|R_{m,\varkappa}(f; x) - I_n\{R_{m,\varkappa}(f); x\}\|_X \\ &+ \|I_n\{R_{m,\varkappa}(f); x\} - I_n(f; x)\|_X \\ &= I_1 + I_2 + I_3, \end{aligned}$$

der Term $I_1 \equiv \|f(x) - R_{m,\varkappa}(f; x)\|_X$ von der Ordnung $O(n^{-\tau})$ $(n \to \infty)$. Ebenso folgt für I_3:

$$\begin{aligned} I_3 &\equiv \|I_n\{R_{m,\varkappa}(f); x\} - I_n(f; x)\|_X = \|I_n\{f - R_{m,\varkappa}(f); x\}\|_X \\ &\leqq M \|f(x) - R_{m,\varkappa}(f; x)\|_X = O(n^{-\tau}) \qquad (n \to \infty) \end{aligned}$$

Dabei wurde benutzt, daß aus Voraussetzung a) mit der üblichen Methode (vgl. Beweis von Lemma 4.3) die Existenz einer Konstante M mit

$$\|I_n(f; x)\|_X \leqq M \|f(x)\|_X$$

folgt.

Es ist nun nur noch zu zeigen, daß I_2 von derselben Ordnung ist. Aus e) folgt $m \leqq N$, denn für $0 < s \leqq 1$ ist $m = [n^s] \leqq n^s \leqq n \leqq N(n)$ und im Falle $s > 1$ ist $N = +\infty$. Also kann I_2 durch eine Summe von $k = -m$ bis $k = +m$ dargestellt werden:

$$\begin{aligned} I_2 &\equiv \|R_{m,\varkappa}(f; x) - I_n\{R_{m,\varkappa}(f); x\}\|_X \\ &= \left\| \sum_{k=-m}^{m} \{1 - \hat{\chi}_n(k)\} \left\{1 - \left(\frac{|k|}{m+1}\right)^{\varkappa}\right\} \hat{f}(k)\, e^{ikx} \right\|_X \\ &= \left\| \sum_{k=-m}^{m} \left\{1 - \left(\frac{|k|}{m+1}\right)^{\varkappa}\right\} \hat{f}(k)\, e^{ikx} \left\{ \sum_{\nu=1}^{\infty} \alpha_\nu \frac{|k|^{\varkappa+\beta_\nu}}{(an+b)^{\tau+\gamma_\nu}} \right\} \right\|_X \end{aligned}$$

nach Voraussetzung c*). Da die Reihe (5.2) nach c*) für alle vorkommenden Werte von k und n konvergiert und m endlich ist, kann die Reihenfolge der Summationen vertauscht werden:

$$I_2 = \left\| \sum_{\nu=1}^{\infty} \alpha_\nu \left\{ \sum_{k=-m}^{m} \frac{|k|^{\varkappa+\beta_\nu}}{(an+b)^{\tau+\gamma_\nu}} \left[1 - \left(\frac{|k|}{m+1}\right)^{\varkappa}\right] \hat{f}(k)\, e^{ikx} \right\} \right\|_X$$

Wir bezeichnen nun zur Abkürzung die X-Norm des Ausdrucks in geschweiften Klammern mit I_2' und betrachten diese Größe für spezielle Werte von ν; zuerst für diejenigen ν, bei denen $\beta_\nu < 0$ ist:

$$\begin{aligned} I_2' &\equiv \left\| \sum_{k=-m}^{m} \frac{|k|^{\varkappa+\beta_\nu}}{(an+b)^{\tau+\gamma_\nu}} \left[1 - \left(\frac{|k|}{m+1}\right)^{\varkappa}\right] \hat{f}(k)\, e^{ikx} \right\|_X \\ &= \frac{1}{(an+b)^{\tau+\gamma_\nu}} \frac{1}{\pi} \left\| \int_{-\pi}^{\pi} b_\nu(x-u)\, R_{m,\varkappa}^{\{\varkappa\}}(f; u)\, du \right\|_X \end{aligned}$$

wobei

$$R_{m,\varkappa}^{\{\varkappa\}}(f; x) = (-1)^{[\varkappa/2]} \sum_{k=-m}^{m} \left[1 - \left(\frac{|k|}{m+1}\right)^{\varkappa}\right] |k|^{\varkappa} \hat{f}(k)\, e^{ikx}$$

und

$$h_\nu(x) = \frac{1}{2} + \sum_{k=1}^{\infty} k^{\beta_\nu} \cos kx$$

gesetzt wurde. Da $\beta_\nu < 0$ eine feste Zahl ist, bildet $\{k^{\beta_\nu}\}$ eine konvexe Nullfolge, d. h.[11] $\frac{1}{2} + \sum_{k=1}^{\infty} k^{\beta_\nu} \cos kx$ konvergiert gegen eine nichtnegative, integrierbare Funktion und ist deren Fourierreihe. Also folgt

$$\| h_\nu(x) \|_1 = \int_{-\pi}^{\pi} h_\nu(x)\, dx = \pi,$$

und mit derselben Methode wie beim Beweis von Lemma (4.3)

$$\frac{1}{\pi} \| \int_{-\pi}^{\pi} h_\nu(x-u)\, R_{m,\varkappa}^{\{\varkappa\}}(f; u)\, du \|_X \leqq \| R_{m,\varkappa}^{\{\varkappa\}}(f; x) \|_X ,$$

und wir erhalten

$$I_2' \leqq \frac{1}{(an+b)^\tau} \| R_{m,\varkappa}^{\{\varkappa\}}(f; x) \|_X .$$

Für diejenigen ν, für die $\beta_\nu = 0$ ist, gilt trivialerweise dieselbe Abschätzung.

Sei nun $\beta_\nu > 0$. Nach Voraussetzung c*) ist der Nullpunkt kein Häufungspunkt der Menge $\{\beta_\nu : \beta_\nu > 0\}$, d. h. es gilt

$$\inf_{\beta_\nu > 0} \beta_\nu = \delta > 0 .$$

Also existiert nach Lemma (4.9) eine von ν unabhängige Zahl $A(\delta)$ mit

$$I_2' \leqq \frac{A(\delta)\, m^{\beta_\nu}}{(an+b)^{\tau+\gamma_\nu}} \| R_{m,\varkappa}^{\{\varkappa\}}(f; x) \|_X .$$

Nun ist $m = [n^s] \leqq n^s$, also nach Voraussetzung e):

$$m^{\beta_\nu} \leqq n^{s\beta_\nu} \leqq n^{\gamma_\nu},$$

[11] Vgl. Zygmund [51], S. 183.

und da $a \geqq 1$, $b \geqq 0$ ist, haben wir

$$\frac{m^{\beta_\nu}}{(an+b)^{\tau+\gamma_\nu}} \leqq \frac{1}{(an+b)^\tau}\left(\frac{1}{a}\right)^{\gamma_\nu} \leqq \frac{1}{(an+b)^\tau}.$$

Also gilt gleichmäßig für alle ν mit $\beta_\nu > 0$

$$I_2' \leqq \frac{1}{(an+b)^\tau} A(\delta) \,\| R_{m,\varkappa}^{\{\varkappa\}}(f;x)\|_X.$$

Summiert man die erhaltenen Abschätzungen über alle ν, so erhält man

$$I_2 \leqq \left\{ \sum_{\nu=1}^{\infty} |\alpha_\nu| \right\} B \,\| R_{m,\varkappa}^{\{\varkappa\}}(f;x)\|_X \frac{1}{(an+b)^\tau},$$

wobei $B = \max(1, A(\delta))$ ist. Da nun nach Voraussetzung d) die Reihe $\sum_{\nu=1}^{\infty} \alpha_\nu$ absolut konvergiert und aus $f \in W_X^\varkappa$ mit Lemma (4.14)

$$\| R_{m,\varkappa}^{\{\varkappa\}}(f;x)\|_X = O(1) \qquad (m \to \infty)$$

folgt, ergibt sich $I_2 = O(n^{-\tau})$, also insgesamt

$$\| f(x) - I_n(f;x)\|_X = O(n^{-\tau}) \qquad (n \to \infty).$$

Hiermit ist zugleich Satz (2.7) bewiesen. Der Beweis dieses Spezialfalles läßt sich selbstverständlich auch auf direktem Wege mit einer kürzeren Version der obigen Methode führen. Man hat dann $s = 1$.

Kombiniert man Satz (5.1) mit dem Umkehrsatz (3.1) von G. Sunouchi, so erhält man den Saturationssatz:

(5.4)

Satz. *Sei X einer der Räume $C_{2\pi}$, $L_{2\pi}^p$ $(1 \leqq p < \infty)$. Erfüllt das singuläre Integral $I_n(f;x)$ $(n = 1, 2, \ldots; n \to \infty)$ die Voraussetzungen des Satzes* (5.1), *so besitzt $I_n(f;x)$ im Raum X die Saturationsordnung $O(n^{-\tau})$ und die Saturationsklasse $W_X^\varkappa$.*

Entsprechend kann man mit Satz (2.7) verfahren.

Besitzt das singuläre Integral einen kontinuierlichen Parameter mit endlichem Grenzwert ϱ_0, so läßt sich das Ergebnis übertragen:

(5.5)

Satz. *Sei X einer der Räume $C_{2\pi}, L^p_{2\pi}$ $(1 \leqq p < \infty)$. Das durch (2.1) definierte singuläre Integral $I_\varrho(f; x)$ $(\varrho \in E;\ \varrho \to \varrho_0;\ |\varrho_0| < \infty)$ mit dem Kern $\chi_\varrho(x)$ habe die folgenden Eigenschaften:*

a) $$\frac{1}{2\pi} \int_{-\pi}^{\pi} |\chi_\varrho(x)|\, dx = O(1) \qquad (\varrho \to \varrho_0);$$

*b**) es existieren Zahlen $\varkappa > 0$, $\tau > 0$ und eine Konstante $c \neq 0$, so daß für alle $k = \pm 1, \pm 2, \ldots$ gilt*

$$\lim_{\varrho \to \varrho_0} \frac{1 - \hat{\chi}_\varrho(k)}{|k|^\varkappa\, |\varrho - \varrho_0|^\tau} = c \neq 0;$$

*c**) $1 - \hat{\chi}_\varrho(k)$ habe die folgende Reihendarstellung:*

$$1 - \hat{\chi}_\varrho(k) = \sum_{\nu=1}^{\infty} \alpha_\nu\, |k|^{\varkappa + \beta_\nu}\, (a\, |\varrho - \varrho_0|)^{\tau + \gamma_\nu}$$

für alle ganzzahligen k und alle $\varrho \in E$; d. h. die Reihe konvergiere für diese Werte von k und ϱ; außerdem sei $a \leqq 1$, $\gamma_\nu \geqq 0$ und $\varkappa + \beta_\nu \geqq 0$ für alle ν, und der Nullpunkt sei kein Häufungspunkt der Menge $\{\beta_\nu : \beta_\nu > 0\}$;

d) es sei $\sum_{\nu=1}^{\infty} |\alpha_\nu| < \infty$;

e) es existiere eine Zahl $s > 0$ mit den Eigenschaften $\varkappa s \geqq \tau$ und $\beta_\nu s \leqq \gamma_\nu$ für alle ν.

Unter diesen Voraussetzungen hat $I_\varrho(f; x)$ im Raum X die Saturationsordnung $O(|\varrho - \varrho_0|^\tau)$ und die Saturationsklasse $W^\varkappa_X$.

Der Beweis verläuft analog wie bei Satz (5.1), wenn man jetzt $m = [|\varrho - \varrho_0|^{-s}]$ definiert. Hinreichend für die Existenz einer Zahl s mit den

Eigenschaften e) ist wieder die Bedingung $\varkappa\gamma_\nu \geqq \tau\beta_\nu$ für alle ν, bzw. $\varkappa \geqq \tau$ für singuläre Integrale, bei denen für alle ν gilt $\beta_\nu \leqq 0$.

Auch dieser Satz läßt sich entsprechend (2.7) auf den einfacheren Fall $1 - \hat{\chi}_\varrho(k) = g(|k|\,|\varrho - \varrho_0|)$ spezialisieren.

6. *Spezielle singuläre Integrale*

Die Bedingungen c), c*), c**) und e) der allgemeinen Sätze (2.7), (5.1) und (5.5) lassen sich bei vielen singulären Integralen einfach realisieren, als Beispiele betrachten wir die singulären Integrale von Weierstraß, Fejér-Korovkin, Riemann und als Spezialfälle das singuläre Integral von Abel-Poisson sowie den Integral-Mittelwert (moving average, Steklov-Funktion).

Weiterhin lassen sich die bekannten Saturationssätze für die singulären Integrale von Rogosinski-Bernstein und Riesz mit den vorliegenden Ergebnissen erneut beweisen.

Das allgemeine singuläre Integral $C_r^\varkappa(f; x)$ von Weierstrass ist definiert durch

$$(6.1) \qquad C_r^\varkappa(f; x) = \frac{1}{2\pi}\int_{-\pi}^{\pi} f(x-u)\,\chi_r^\varkappa(u)\,du \qquad (r \in [0,1);\, r \uparrow 1)$$

mit

$$(6.2) \qquad \chi_r^\varkappa(u) = \sum_{k=-\infty}^{\infty} r^{|k|^\varkappa} e^{iku}.$$

Wir beschränken uns hier auf die Werte $0 < \varkappa \leqq 2$. Der Kern $\chi_r^\varkappa(u)$ ist in $L_{2\pi}^1$, da die Reihe (6.2) für $0 < \varkappa \leqq 1$ wegen der Konvexität der Folge $\{r^{|k|^\varkappa};\, k = 1, 2, \ldots\}$ gegen eine nichtnegative, integrierbare Funktion konvergiert[12] und für $1 \leqq \varkappa \leqq 2$ die Majorante $\sum_{k=-\infty}^{\infty} r^{|k|}$ besitzt. Für $1 \leqq \varkappa \leqq 2$ ist $\chi_r^\varkappa(u)$ ebenfalls nichtnegativ, wie von S. Bochner [4], S. 76, gezeigt wurde, und somit folgt $\frac{1}{2\pi}\int_{-\pi}^{\pi} |\chi_r^\varkappa(u)|\,du = \frac{1}{2\pi}\int_{-\pi}^{\pi} \chi_r^\varkappa(u)\,du = 1$ für $0 < \varkappa \leqq 2$, d. h. die Bedingung a) von Satz (5.5) ist erfüllt. Mit

$$\hat{\chi}_r^\varkappa(k) = r^{|k|^\varkappa}$$

[12] Vgl. Zygmund [51], S. 183, zugleich folgt $\hat{\chi}_r^\varkappa(k) = r^{|k|^\varkappa}$.

lassen sich auch die übrigen Voraussetzungen des Satzes (5.5) leicht nachprüfen, wenn man durch $\varrho = -\ln r$ ($\varrho > 0$; $\varrho \downarrow 0$ für $r \uparrow 1$) einen neuen Parameter einführt. Man hat dann

$$\lim_{r\uparrow 1} \frac{1-\hat{\chi}_r(k)}{|k|^{\varkappa} \ln \frac{1}{r}} = \lim_{\varrho \downarrow 0} \frac{1-e^{-\varrho |k|^{\varkappa}}}{|k|^{\varkappa} \varrho} = 1,$$

also $\tau = 1$, $c = 1$, weiterhin gilt

$$1 - e^{-\varrho|k|^{\varkappa}} = \sum_{\nu=1}^{\infty} (-1)^{\nu+1} (\varrho\,|k|^{\varkappa})^{\nu} \frac{1}{\nu!},$$

also $a = 1$, $\alpha_\nu = (-1)^{\nu+1} \frac{1}{\nu!}$; $\beta_\nu = \varkappa(\nu - 1)$; $\gamma_\nu = \nu - 1$, $\sum_{\nu=1}^{\infty} |\alpha_\nu| = 1 - e^{-1} < \infty$. Setzt man $s = 1/\varkappa$, so ist auch e) erfüllt, und Satz (5.5) ergibt, wenn man $\ln \frac{1}{r} = O(1-r)$ benutzt:

(6.3)

Satz. *Sei X einer der Räume $C_{2\pi}$, $L^p_{2\pi}$ $(1 \leqq p < \infty)$. Das allgemeine singuläre Integral $C^{\varkappa}_r(f;x)$ von Weierstraß hat im Raum X für $0 < \varkappa \leqq 2$ die Saturationsordnung $O(1-r)$ $(r \uparrow 1)$ und die Saturationsklasse $W^{\varkappa}_X$, das ist*[13]

für $0 < \varkappa \leqq 1$ die Klasse der Funktionen $f \in X$ mit

$$\left\| \int_{\varepsilon}^{\infty} \frac{f(x+u)+f(x-u)-2f(x)}{u^{1+\varkappa}}\,du \right\|_X = O(1) \qquad (\varepsilon \downarrow 0)$$

und für $1 < \varkappa \leqq 2$ die Klasse der Funktionen $f \in X$ mit

$$\left\| \int_{\varepsilon}^{\infty} \frac{\tilde{f}'(x+u)+\tilde{f}'(x-u)-2\tilde{f}'(x)}{u^{\varkappa}}\,du \right\|_X = O(1) \qquad (\varepsilon \downarrow 0).$$

[13] Für den Beweis dieser Charakterisierung siehe [13]. Man kann Satz (6.3) auch aus dem am Ende von Abschn. 5 genannten Analogon zu Satz (2.7) erhalten, wenn man statt $\varrho = -\ln r$ einen Parameter $\varrho = -(\ln r)^{1/\varkappa}$ einführt. Für den Raum $L^p_{2\pi}$ $(1 < p < \infty)$ ist der Beweis auch mit dem in Abschn. 2 genannten Halbgruppensatz von P.L.Butzer möglich.

Dieses Ergebnis ist für $0 < \varkappa < 1$ und $1 < \varkappa < 2$ neu. Es enthält als Sonderfall für $\varkappa = 1$ den Saturationssatz für das singuläre Integral von Abel Poisson mit dem Kern

$$\chi_r^1(u) = \frac{1 - r^2}{1 - 2r\cos u + r^2}.$$

(6.4)

Die Saturationsordnung ist wieder $O(1-r)$, die Saturationsklasse ist W_X^1, d. h. die Klasse der Funktionen $f \in X$ mit

$$\tilde{f} \in \begin{Bmatrix} \text{Lip } 1 & \text{falls } X = C_{2\pi} \\ \text{Lip } (1, p) & \text{falls } X = L_{2\pi}^p \ (1 \leqq p < \infty) \end{Bmatrix}.$$ [14]

(6.5)

Für $\varkappa = 2$ erhalten wir den Saturationssatz des speziellen singulären Integrals $C_r^2(f; x)$ von Weierstraß (1.1). Auch hier ist die Saturationsordnung $O(1-r)$; die Saturationsklasse ist W_X^2, d. h. die Klasse der Funktionen $f \in X$ mit

$$f' \in \begin{Bmatrix} \text{Lip } 1 & \text{für } X = C_{2\pi} \\ \text{Lip } (1, p) & \text{für } X = L_{2\pi}^p \ (1 \leqq p < \infty) \end{Bmatrix}.$$ [15]

Obwohl der direkte Teil des Saturationssatzes für das singuläre Integral von Fejér-Korovkin aus dem Satz (3.5) von Tureckiĭ einfach erhalten werden kann, da der Kern „zufällig" positiv ist und $\varkappa = \tau = 2$ sind, verifizieren wir die Voraussetzungen des Satzes (5.1) für dieses Beispiel, um eine Vorstellung von dem Anwendungsbereich dieses Satzes zu vermitteln. Dasselbe gilt auch für das singuläre Integral von Riemann, das im Anschluß daran betrachtet wird.

[14] Vgl. [13] für den Beweis dieser Charakterisierung. Dieses Ergebnis wurde für den Raum $L_{2\pi}^p (1 < p < \infty)$ von P. L. Butzer [7], [8] mit Hilfe des in Abschn. 2 erwähnten Halbgruppensatzes bewiesen. Den Beweis für $L_{2\pi}^1$ und $C_{2\pi}$ gaben G. Sunouchi und C. Watari [36] II. Vgl. auch E. Hille, R. S. Phillips [20], S. 556, A. H. Tureckiĭ [41], S. 271, und R. Taberski [40], S. 261.

[15] Hier wurde ebenfalls ein Charakterisierungssatz aus [13] benutzt. Das Ergebnis (6.5) wurde für den Raum $C_{2\pi}$ von A. H. Tureckiĭ [41], S. 267, mit Hilfe des unter (3.5) zitierten Satzes bewiesen.

Das singuläre Integral $U_n(f; x)$ von Fejér-Korovkin[16] ist definiert durch

$$U_n(f; x) = \frac{1}{2\pi} \int_{-\pi}^{\pi} f(x-u)\, \chi_n(u)\, du \tag{6.6}$$

mit

$$\chi_n(u) = 1 + 2 \sum_{k=1}^{n} \varrho_{k,n} \cos ku \geqq 0$$

und

$$\varrho_{1,n} = \cos \frac{\pi}{n+2}.$$

Man kann zeigen, daß der Kern durch diese Bedingungen eindeutig bestimmt ist[17], daß für $n = 1, 2, \ldots$ und $k = 1, 2, \ldots, n$ gilt[18]

$$\varrho_{k,n} = \frac{1}{2(n+2)\sin\dfrac{\pi}{n+2}} \left\{ (n-k+3) \sin \frac{k+1}{n+2}\pi - (n-k+1) \sin \frac{k-1}{n+2}\pi \right\}, \quad \varrho_{-k,n} = \varrho_{k,n} \tag{6.7}$$

und daß der Kern die Darstellung hat[19]

$$\chi_n(u) = \frac{1}{n+2} \left\{ \frac{\sin \dfrac{\pi}{n+2} \cos (n+2) \dfrac{u}{2}}{\cos u - \cos \dfrac{\pi}{n+2}} \right\}^2. \tag{6.8}$$

Wir verwenden die Formel (6.7) in der Gestalt

$$\varrho_{k,n} = \left(1 - \frac{k}{n+2}\right) \cos \frac{k\pi}{n+2} + \frac{1}{n+2} \left(\cot \frac{\pi}{n+2}\right) \sin \frac{k\pi}{n+2} \qquad (1 \leqq k \leqq n) \tag{6.9}$$

um zu zeigen, daß die Bedingungen von Satz (5.1) hier erfüllt sind.

[16] L. Fejér [18], S. 79 (1916); P. P. Korovkin [22].
[17] Polya-Szegö [31], Bd. II, S. 81–83, S. 115.
[18] I. M. Petrov [29], vgl. auch R. Taberski [39].
[19] H. Berens (unveröffentlicht), I. M. Petrov [30].

Es gilt $\frac{1}{2\pi}\int\limits_{-\pi}^{\pi}|\chi_n(u)|\,du = \frac{1}{2\pi}\int\limits_{-\pi}^{\pi}\chi_n(u)\,du = 1$, damit ist (5.1) a) erfüllt.

Mit $\varkappa = \tau = 2$ ergibt sich nach einer elementaren Rechnung

$$\text{(6.10)} \qquad \lim_{n\to\infty}\frac{1-\hat{\chi}_n(k)}{|k|^{\varkappa}\,n^{-\tau}} = \lim_{n\to\infty}\frac{1-\varrho_{k,n}}{|k|^{\varkappa}\,n^{-\tau}} = \frac{\pi^2}{2},$$

und aus (6.9) folgt, wenn man die dort auftretenden trigonometrischen Funktionen in Potenzreihen ihrer Argumente entwickelt und die Produktreihe betrachtet, daß der Ausdruck $1-\hat{\chi}_n(k) = 1-\varrho_{k,n}$ eine für alle n und alle $|k| \leqq n$ absolut konvergente Reihenentwicklung der Form (5.2) besitzt mit $a = 1$, $b = 2$, $\varkappa = \tau = 2$, $\gamma_\nu \geqq 0$, $\varkappa + \beta_\nu \geqq 0$. Die ersten Glieder dieser Reihe lauten

$$\text{(6.11)} \qquad 1-\hat{\chi}_n(k) = \frac{1}{2}\left(\frac{k\pi}{n+2}\right)^2 + \frac{\pi^2}{3}\,\frac{k}{(n+2)^3} - \frac{\pi^2}{3}\,\frac{k^3}{(n+2)^3}$$
$$- \frac{1}{24}\left(\frac{k\pi}{m+2}\right)^4 + \frac{\pi^4}{45}\,\frac{k}{(n+2)^5} - \frac{k^3\pi^4}{18\,(n+2)^5}$$
$$- \frac{\pi^6}{270}\,\frac{k^3}{(n+2)^7} \pm \cdots$$

Ersetzt man in den Taylorreihen der Funktionen $(1-x)\cos x$, $x\cot x$ und $\sin x$ alle Glieder durch ihre Absolutbeträge und bezeichnet man die für $x = 1$ entstehenden Reihen mit $\sum_{k=1}^{\infty} a_k$, $\sum_{k=1}^{\infty} b_k$ und $\sum_{k=1}^{\infty} c_k$, so folgt, daß auch Bedingung (5.1) d) erfüllt ist, da

$$\sum_{k=1}^{\infty} a_k + \left(\sum_{k=1}^{\infty} b_k\right)\left(\sum_{k=1}^{\infty} c_k\right) - 1 = \sum_{\nu=1}^{\infty}|\alpha_\nu|$$

konvergiert. Die Bedingung (5.1) f) trifft ebenfalls zu, wie sich leicht aus der angegebenen Konstruktion der Reihe (6.11) ergibt, und zwar ist hier $0 < s \leqq 1$. Damit liefert Satz (5.4) das weitere neue Ergebnis:

(6.12)

Satz. *Sei X einer der Räume $C_{2\pi}$, $L^p_{2\pi}$ $(1 \leqq p < \infty)$. Das singuläre Integral $U_n(f; x)$ (6.6) von Fejér-Korovkin hat in X die Saturationsordnung $O(n^{-2})$ und die Saturationsklasse W^2_X, d. h. die Klasse der Funktionen $f \in X$ mit*

$$f' \in \begin{Bmatrix} \text{Lip } 1 & \textit{falls } X = C_{2\pi} \\ \textit{Lip}\,(1, p) & \textit{falls } X = L^p_{2\pi}\ (1 \leqq p < \infty) \end{Bmatrix}.$$ [20]

Dieser Saturationssatz hängt wesentlich von der Eigenschaft (6.10) des Kernes ab, deren Herleitung aus der Definition (6.6) einigen rechnerischen Aufwand erfordert. Deshalb geben wir im Abschnitt 7 einen weiteren Beweis dieser Relation, bei dem statt (6.9) nur die Formel (6.8) benutzt wird.

Als weitere Anwendung beweisen wir den Saturationssatz für das singuläre Integral $R^r_\varrho(f; x)$ von Riemann:

(6.13) $$R^r_\varrho(f; x) = \frac{1}{2\pi} \int_{-\pi}^{\pi} f(x-u)\, \chi^r_\varrho(u)\, du \qquad (0 < \varrho \leqq \pi;\ \varrho \downarrow 0)$$

mit

$$\chi^r_\varrho(u) = \sum_{k=-\infty}^{\infty} \left(\frac{\sin k\varrho}{k\varrho}\right)^r e^{iku},$$

wobei der Wert von $\dfrac{\sin k\varrho}{k\varrho}$ für $k = 0$ als 1 angenommen wird. $R^1_\varrho(u)$ wird als singuläres Integral von Lebesgue bezeichnet. Wir nehmen hier an, daß r eine positive ganze Zahl ist. Es gilt fast überall in $[-\pi, \pi]$[21]

(6.14) $$\chi^1_\varrho(x) = \begin{Bmatrix} \dfrac{\pi}{\varrho} \text{ für } x \in (-\varrho, \varrho) \\ 0 \text{ für } x \in [-\pi, -\varrho] \text{ und } x \in [\varrho, \pi] \end{Bmatrix}$$

und da man aus dem Faltungssatz der Fourierkoeffizienten für $r \geqq 2$ die Formel

(6.15) $$\chi^r_\varrho(x) = \frac{1}{2\pi} \int_{-\pi}^{\pi} \chi^{r-1}_\varrho(x-u)\, \chi^1_\varrho(u)\, du$$

[20] Vgl. [13] für diese Charakterisierung. Ein direkter Satz für die punktweise Konvergenz mit dieser Approximationsordnung wurde von P. P. Korovkin [22] bewiesen.

[21] Zygmund [51], S. 10.

erhält, folgt iterativ, daß $\chi_\varrho^r(x) \geqq 0$ ist. Mithin gilt

$$\frac{1}{2\pi}\int_{-\pi}^{\pi} |\chi_\varrho^r(u)|\, du = \frac{1}{2\pi}\int_{-\pi}^{\pi} \chi_\varrho^r(u)\, du = 1\,,$$

und die Bedingung a) des Satzes (5.5) ist erfüllt. Auch die weiteren Voraussetzungen dieses Satzes lassen sich leicht nachprüfen. Wir haben $\varkappa = 2$, $\tau = 2$, $c = \frac{r}{3!}$, $\beta_\nu = \gamma_\nu \geqq 0$ für alle ν und $s = 1$.

(6.16)

Satz[22]. *Sei X einer der Räume $C_{2\pi}$, $L_{2\pi}^p$ $(1 \leqq p < \infty)$. Das singuläre Integral $R_\varrho^r(f; x)$ (6.13) hat für $r = 1, 2, \ldots$ in X die Saturationsordnung $O(\varrho^2)$ $(\varrho \downarrow 0)$ und die Saturationsklasse W_X^2.*

Als Folgerung formulieren wir den Saturationssatz für den Integral-Mittelwert $S_\varrho(f; x)$ einer Funktion $f \in X$:

$$S_\varrho(f; x) = \frac{1}{2\varrho}\int_{x-\varrho}^{x+\varrho} f(u)\, du \qquad (0 < \varrho \leqq \pi). \tag{6.17}$$

Die Operatoren S_ϱ ordnen der Funktion f geglättete Funktionen $S_\varrho(f; x)$ zu, die für $\varrho \downarrow 0$ in der X-Norm gegen f konvergieren. Im Zusammenhang mit den zu Beginn zitierten Sätzen von Weierstraß erinnern wir an die folgende ähnliche Aussage: Jede auf einen abgeschlossenen Intervall stetige Funktion f kann gleichmäßig durch eine Folge stetig differenzierbarer Funktionen g_n approximiert werden. Dies läßt sich mit Hilfe der Funktionen $g_n(x) = S_{1/n}(f; x)$ $(n \to \infty)$ leicht ohne Benutzung algebraischer oder trigonometrischer Polynome konstruktiv beweisen.

Auch für dieses Approximationsverfahren läßt sich das Saturationsproblem formulieren, und es ergibt sich, daß eine wiederholte Anwendung der Glättungsoperation S_ϱ keinen Einfluß auf das Saturationsverhalten hat.

[22] Die Klasse W_X^2 kann wieder wie in (6.5) charakterisiert werden. Statt des Satzes (5.5) hätte man hier auch das Analogon zu Satz (2.7) für kontinuierliche Parameter ϱ mit $|\varrho_0| < \infty$ oder eine geeignete Version des Satzes (3.5) verwenden können. Für $r = 2$ wurde Satz (6.16) von A. H. Tureckiĭ [41], S. 267, bewiesen. Zu (6.16) und den folgenden Ergebnissen vgl. auch A. H. Tureckiĭ [42]. Dort werden dieselben Aussagen aus einem allgemeinen Saturationssatz gefolgert, der jedoch, wie G. Sunouchi [35], S. 128, bemerkte, einen Fehler enthält.

Wir bezeichnen den r-fach iterierten Operator S_ϱ mit $(S_\varrho)^r$. Eine einfache Rechnung ergibt[23]

$$(6.18) \qquad S_\varrho(f; x) = \sum_{k=-\infty}^{\infty} \frac{\sin k\varrho}{k\varrho} \hat{f}(k)\, e^{ikx},$$

und durch wiederholte Anwendung dieser Formel erhält man

$$(6.19) \qquad (S_\varrho)^r(f; x) = \sum_{k=-\infty}^{\infty} \left(\frac{\sin k\varrho}{k\varrho}\right)^r \hat{f}(k)\, e^{ikx} \qquad (r = 1, 2, \ldots)$$

Also ist $(S_\varrho)^r(f; x)$ mit dem singulären Integral $R_\varrho^r(f; x)$ von Riemann identisch und hat dasselbe Saturationsverhalten. Mit den Bezeichnungen $I^r(f; x)$ für das r-te unbestimmte Integral von $f(x)$ und

$$\Delta_\varrho^r f(x) = \Delta_\varrho^1(\Delta_\varrho^{r-1} f(x)) = \sum_{\nu=0}^{r} (-1)^\nu \binom{r}{\nu} f(x + \{r - 2\nu\}\varrho)$$

läßt sich $(S_\varrho)^r(f; x)$ auch in der Form

$$(6.20) \qquad (S_\varrho)^r(f; x) = \frac{1}{(2\varrho)^r} \Delta_\varrho^r(I^r(f; x))$$

schreiben. Wir erhalten also:

(6.21)

Satz. *Für die Approximation einer Funktion $f \in X$ durch den r-ten Integral-Mittelwert und insbesondere durch die Funktion* $\frac{1}{2\varrho}\int_{x-\varrho}^{x+\varrho} f(u)\,du$ *ist W_X^2 die Saturationsklasse und $O(\varrho^2)$ $(\varrho \downarrow 0)$ die Saturationsordnung.*

Der Satz (2.7) läßt sich auch auf das singuläre Integral von Rogosinski-Bernstein

$$(6.22) \qquad H_n(f; x) = \frac{1}{2\pi} \int_{-\pi}^{\pi} f(x - u)\, \chi_n(u)\, du \qquad (n = 1, 2, \ldots)$$

[23] Zygmund [51], S. 71.

mit dem Kern

$$(6.23)\qquad \chi_n(u) = D_n\left(u + \frac{\pi}{2n+1}\right) + D_n\left(u - \frac{\pi}{2n+1}\right)$$

$$= \sum_{k=-n}^{n} \left(\cos\frac{k\pi}{2n+1}\right) e^{iku}$$

($D_n(x)$ ist der Dirichlet-Kern)

und das singuläre Integral von Riesz

$$(6.24)\qquad P_{n,\varkappa,\lambda}(f;x) = \frac{1}{2\pi}\int_{-\pi}^{\pi} f(x-u)\,\chi_{n,\varkappa,\lambda}(u)\,du \qquad (n = 1, 2, \ldots)$$

mit dem Kern

$$(6.25)\qquad \chi_{n,\varkappa,\lambda}(u) = \sum_{k=-n}^{n} \left\{1 - \left(\frac{|k|}{n+1}\right)^{\varkappa}\right\}^{\lambda} e^{iku} \qquad (\varkappa > 0; \lambda > 0)$$

anwenden. Die gleichmäßige Beschränktheit dieser Operationen wurde für $H_n(f;x)$ von I. P. Natanson [26], S. 192, und für $P_{n,\varkappa,\lambda}(f;x)$ von G. Sunouchi [33] bewiesen, d. h. die Bedingung (2.7) a) ist erfüllt. Die restlichen Voraussetzungen von Satz (2.7) sind offenbar ebenfalls bei beiden singulären Integralen erfüllt. Im ersten Fall ist $\varkappa = 2$, $c = \frac{\pi^2}{8}$, $\alpha_\nu = (-1)^\nu \frac{1}{(2\nu+2)!}\pi^{2\nu+2}$, $\beta_\nu = 2\nu$, und im zweiten Fall gilt $c = \lambda$, $\alpha_\nu = (-1)^\nu \binom{\lambda}{\nu+1}$, $\beta_\nu = \varkappa\nu$. Also folgt[24]

(6.26)

Satz. *Das singuläre Integral* (6.22) *von Rogosinski-Bernstein hat im Raum X die Saturationsordnung $O(n^{-2})$ $(n \to \infty)$ und die Saturationsklasse W_X^2.*

[24] Der direkte Teil dieses Satzes wurde zuerst von B. Sz. Nagy [25], S. 50 (E), im Raum $C_{2\pi}$ bewiesen. Eine Vermutung von P. L. Butzer [8], S. 107, bezüglich des Saturationssatzes wurde durch die Ergebnisse von G. Sunouchi und C. Watari [36] I, II, S. 486, bestätigt. Zur Charakterisierung der Klasse W_X^2 vgl. wieder (6.5).

(6.27)

Satz. *Das singuläre Integral (6.24) von Riesz hat für $\varkappa > 0$ und alle $\lambda > 0$ die Saturationsordnung $O(n^{-\varkappa})$ $(n \to \infty)$ und die Saturationsklasse $W_X^{\varkappa}$, d. h. die Klasse der Funktionen $f \in X$ mit der Eigenschaft*[25] *:*

Falls $\varkappa$ nicht ganz ist, gilt $f^{\{[\varkappa]\}} \in X$ und

$$\left\| \int_\varepsilon^\infty \frac{f^{\{[\varkappa]\}}(x+u) + f^{\{[\varkappa]\}}(x-u) - 2f^{\{[\varkappa]\}}(x)}{u^{1+\varkappa-[\varkappa]}}\, du \right\|_X = O(1) \qquad (\varepsilon \downarrow 0)$$

bzw., falls $\varkappa$ ganz ist, $f^{\{\varkappa-1\}} \in X$ und

$$\left\| \int_\varepsilon^\infty \frac{f^{\{\varkappa-1\}}(x+u) + f^{\{\varkappa-1\}}(x-u) - 2f^{\{\varkappa-1\}}(x)}{u^2}\, du \right\|_X = O(1) \quad (\varepsilon \downarrow 0).$$

7. *Die singulären Integrale von Fejér-Korovkin und Jackson-de la Vallée Poussin*

Wir geben hier, wie schon erwähnt, einen zweiten Beweis für die Relation (6.10), ohne die Formeln (6.7) und (6.9) für die Fourierkoeffizienten des singulären Integrals von Fejér-Korovkin zu benutzen. Zugleich läßt sich der Saturationssatz für die zwei Versionen des singulären Integrals von Jackson-de la Vallée Poussin beweisen, da hier ebenfalls die Berechnung der Fourierkoeffizienten des Kerns etwas Mühe macht. Wir benutzen die folgende Variante des Satzes (3.5)[26]:

(7.1)

Satz. *Sei X einer der Räume $C_{2\pi}$, $L_{2\pi}^p (1 \leqq p < \infty)$. Der Kern $\chi_n(x)$ des singulären Integrals $I_n(f; x)$ sei nichtnegativ, gerade und in $L_{2\pi}^1$. Weiterhin sei*

$$(7.2) \qquad n^2 I_n(x^4; 0) = o(1) \qquad (n \to \infty)$$

[25] Auch der direkte Teil dieses Satzes wurde schon von B. Sz. Nagy [25], S. 46–49, im Raum $C_{2\pi}$ aufgestellt. Der Saturationssatz stammt von G. Sunouchi und C. Watari [36], I, II. Vgl. auch G. Sunouchi [37], [38]. Die angegebene Charakterisierung der Klasse $W_X^{\varkappa}$ wurde jedoch erst in [13] bewiesen.

[26] Statt (7.2) und (7.3) kann man nach P. P. Korovkin [22] auch die Voraussetzung $\lim_{n\to\infty} \frac{1-\hat{\chi}_n(2)}{1-\hat{\chi}_n(1)} = 4$ machen und erhält dann die Saturationsordnung $O(1-\hat{\chi}_n(1))$ $(n \to \infty)$.

und

$$(7.3)\quad \lim_{n\to\infty} \frac{1-\hat{\chi}_n(1)}{n^{-2}} = c \neq 0.$$

Dann hat $I_n(f; x)$ in X die Saturationsordnung $O(n^{-2})$ und die Saturationsklasse W_X^2.

Beweis. Wir verwenden die Hilfsfunktion $h(u) = (1-\cos u)\,k^2 - (1-\cos ku)$ (k ganzzahlig). Es ist leicht zu zeigen, daß $0 \leqq h(u) \leqq (ku)^4/4!$ gilt, falls $u \in [0, \pi]$ ist. Also folgt aus der Positivität des Kerns

$$0 \leqq I_n(h; 0) \leqq \frac{k^4}{4!} I_n(x^4; 0) = o\left(\frac{1}{n^2}\right) \qquad (n \to \infty)$$

also

$$n^2 I_n(h; 0) = n^2 k^2 (1-\hat{\chi}_n(1)) - n^2(1-\hat{\chi}_n(k)) = o(1) \qquad (n\to\infty)$$

oder

$$\lim_{n\to\infty} \frac{1-\hat{\chi}_n(1)}{n^{-2}} = \lim_{n\to\infty} \frac{1-\hat{\chi}_n(k)}{k^2 n^{-2}}.$$

Damit sind die Bedingungen der Sätze (3.1) und (3.5) erfüllt, und es folgt die Behauptung.

Für das singuläre Integral $U_n(f; x)$ von Fejér-Korovkin (6.6) mit dem Kern (6.8) ist offenbar (7.2) erfüllt, denn

$$n^2 U_n(x^4; 0) = \frac{n^2}{2\pi} \int_{-\pi}^{\pi} \frac{u^4}{n+2} \left\{ \frac{\sin \dfrac{\pi}{n+2} \cos (n+2) \dfrac{u}{2}}{\cos u - \cos \dfrac{\pi}{n+2}} \right\}^2 du$$

$$\leqq \frac{n^2}{2\pi} \int_{-\pi}^{\pi} \frac{u^4}{n+2} \left\{ \frac{\dfrac{\pi}{n+2}}{2 \sin\left(\dfrac{u}{2} + \dfrac{\pi}{2n+4}\right) \sin\left(\dfrac{u}{2} - \dfrac{\pi}{2n+4}\right)} \right\}^2 du$$

$$\leqq \frac{n^2}{2\pi} \int_{-\pi}^{\pi} \frac{\pi^2}{4(n+2)^3} \left(\frac{4}{3\pi} \sin \frac{3\pi}{4}\right)^{-4} du = O\left(\frac{1}{n}\right) \qquad (n\to\infty).$$

Definitionsgemäß ist $\hat{\chi}_n(1) = \cos \frac{\pi}{n+2}$, also

$$\lim_{n\to\infty} \frac{1-\hat{\chi}_n(1)}{n^{-2}} = \frac{\pi^2}{2},$$

und damit erhalten wir aus Satz (7.1) erneut die Saturationsaussage (6.12).

Ähnlich lassen sich die singulären Integrale von Jackson-de la Vallée Poussin behandeln. In der Literatur werden zwei verschiedene Integrale mit diesem Namen bezeichnet. Die ursprüngliche Definition von D. JACKSON[27] lautet

$$(7.4) \qquad J_n(f;x) = h_n \int_{-\pi}^{\pi} f(x-u) \left(\frac{\sin \frac{nu}{2}}{n \sin \frac{u}{2}} \right)^4 du,$$

dabei ist

$$h_n = \left\{ \int_{-\pi}^{\pi} \left(\frac{\sin \frac{nu}{2}}{n \sin \frac{u}{2}} \right)^4 du \right\}^{-1} = \frac{1}{2\pi} \frac{3n^3}{2n^2+1},$$

und die Fourierkoeffizieten des Kerns

$$\chi_n(u) = \frac{3}{n(2n^2+1)} \left\{ \frac{\sin \frac{nu}{2}}{\sin \frac{u}{2}} \right\}^4$$

sind[28]

$$(7.5) \qquad \hat{\chi}_n(k) = \frac{1}{2n(2n^2+1)}$$

$$\left\{ \begin{matrix} 4n^3 - 6nk^2 + 3|k|^3 + 2n - 3|k|, \text{ für } 0 \leqq |k| \leqq n \\ 8n^3 - 12n^2|k| + 6nk^2 - |k|^3 - 2n + |k|, \text{ für } n \leqq |k| \leqq 2n-2 \\ 0, \text{ für } |k| > 2n-2 \end{matrix} \right\}.$$

[27] D. Jackson [21], S. 3, vgl. auch I. P. Natanson [26], S. 76.

[28] I. M. Petrov [29], S. 128; eine andere Darstellung dieser Formel gibt A. H. Tureckiĭ [41], S. 267; [42], S. 437.

Das von Ch. J. de la Vallée Poussin[29] definierte Integral

$$(7.6)\qquad J_n^*(f;x)=\frac{3}{2\pi}\int_{-\infty}^{\infty} f\left(x+\frac{2u}{n}\right)\left(\frac{\sin u}{u}\right)^4 du$$

liefert in den meisten Anwendungen dieselben Ergebnisse wie $J_n(f;x)$, ist aber nicht mit diesem Integral identisch: Die Umrechnung von (7.6) in ein Integral über das Intervall $[-\pi,\pi]$ mit Hilfe der Formel

$$\sum_{k=-\infty}^{\infty}\left(\frac{u}{2\pi}+k\right)^{-4}=\frac{\pi^4}{3}\frac{2+\cos u}{\left(\sin\frac{u}{2}\right)^4}$$

ergibt

$$J_n^*(f;x)=\frac{1}{4\pi n^3}\int_{-\pi}^{\pi} f(x-u)\,(2+\cos u)\left(\frac{\sin\frac{nu}{2}}{\sin\frac{u}{2}}\right)^4 du,$$

entsprechend erhält man für die Fourierkoeffizienten des Kerns

$$\chi_n^*(u)=\frac{1}{2n^3}(2+\cos u)\left(\frac{\sin\frac{nu}{2}}{\sin\frac{u}{2}}\right)^4$$

die von (7.5) abweichende Formel[30]

$$(7.7)\qquad \hat{\chi}_n^*(k)=b\left(\frac{|k|}{n}\right);\quad b(x)=\begin{cases}1-\frac{3}{2}x^2+\frac{3}{4}x^3 & \text{für } 0\leqq x\leqq 1\\ \frac{1}{4}(2-x)^3 & \text{für } 1\leqq x\leqq 2\\ 0 & \text{für } x\geqq 2\end{cases}.$$

Da jedoch für beide singulären Integrale die Bedingungen des Satzes (7.1) mit demselben Wert $c=\frac{3}{2}$ erfüllt sind, gilt für beide derselbe Saturationssatz. Wir benötigen hier also nur die Werte

[29] Ch. J. de la Vallée Poussin [43], S. 45.
[30] N. Achieser [1], S. 119, S. 302.

$$\hat{\chi}_n(1) = 1 - \frac{3}{2n^2+1}; \quad \hat{\chi}_n^*(1) = 1 - \frac{3}{4}\,\frac{2n-1}{n^3}$$

und erhalten das bekannte Ergebnis[31]:

(7.8)

Satz. *Sei X einer der Räume $C_{2\pi}$, $L^p_{2\pi}(1 \leqq p < \infty)$. Die singulären Integrale $J_n(f; x)$ (7.4) von Jackson und $J_n^*(f; x)$ (7.6) von de la Vallée Poussin haben im Raum X die Saturationsordnung $O(n^{-2})$ $(n \to \infty)$ und die Saturationsklasse W_X^2.*

8. *Verschärfte Sätze*

Schon vor der Definition des Saturationsbegriffes durch J. Favard im Jahre 1949 bewies E. Voronowskaja [44] 1932 einen Satz über die Bernstein-Polynome, der mit der Lösung des Saturationsproblems für die punktweise Approximation durch diese Polynome zusammenhängt. Der Satz lautet:

Bezeichnet man mit

$$B_n(f; x) = \sum_{k=0}^{n} \binom{n}{k} x^k (1-x)^{n-k} f\left(\frac{k}{n}\right)$$

die Bernstein-Polynome einer auf [0,1] *beschränkten Funktion f, so gilt in jedem Punkt x, für den $f''(x)$ existiert,*

$$\lim_{n\to\infty} n\,\frac{B_n(f; x) - f(x)}{x(1-x)} = \frac{1}{2} f''(x)$$

oder

$$B_n(f; x) - f(x) = \frac{1}{2} f''(x)\,\frac{x(1-x)}{n} + o\left(\frac{1}{n}\right), \qquad (n \to \infty).$$

[31] Für $J_n(f; x)$ vgl. A. H. Tureckiĭ [41], S. 267, und für $J_n^*(f; x)$ siehe M. Zamansky [47], S. 68 (groß O-Sätze im Raum $C_{2\pi}$), G. Sunouchi–C. Watari [36], I, II (Saturation in den Räumen $C_{2\pi}$, $L^p_{2\pi}$). Das entsprechende Problem für $L^p(-\infty, \infty)$ ist bei P. L. Butzer [9], S. 17, und [10], S. 411, gelöst.

Dieses Ergebnis ist schärfer als der „direkte“ Teil des Saturationssatzes, da hier die Aussage $|B_n(f; x) - f(x)| = O\left(\frac{1}{n}\right)$ $(n \to \infty)$ durch eine asymptotische Beziehung ersetzt wird[32].

Die Frage, ob unter gewissen Bedingungen ähnliche Sätze für eine größere Klasse von singulären Integralen bewiesen werden können, erhielt eine Antwort durch das folgende Ergebnis von P. P. Korovkin[33]:

Ist $f(x)$ eine beschränkte und integrierbare Funktion, die im Punkt x eine zweite Riemannsche Ableitung

$$D^2 f(x) = \lim_{h \to 0} \frac{f(x+h) - 2f(x) + f(x-h)}{h^2}$$

besitzt und ist $I_n(f; x)$ ein durch (2.1) *definiertes singuläres Integral, dessen Kern $\chi_n(x)$ ein gerades nichtnegatives trigonometrisches Polynom n-ten Grades ist und die Bedingung*

$$\lim_{n \to \infty} \frac{1 - \hat{\chi}_n(2)}{1 - \hat{\chi}_n(1)} = 4$$

erfüllt, so folgt

$$I_n(f; x) - f(x) = (1 - \hat{\chi}_n(1))\, D^2 f(x) + o(1 - \hat{\chi}_n(1)) \qquad (n \to \infty).$$

Wir wollen nun versuchen, an Stelle solcher punktweise aufzufassenden Beziehungen, für die Approximation in der $L^p_{2\pi}$-Norm $(1 < p < \infty)$ entsprechende Sätze zu beweisen, ohne die Positivität des Kerns vorauszusetzen. Solche Sätze lassen sich zwar in manchen Fällen auf direktem Wege beweisen, doch ziehen wir hier die Benutzung der vorliegenden Saturationssätze vor, da es von dem Saturationssatz zu einer asymptotischen Relation vom Typ des Voronowskaja-Satzes nur noch ein verhältnismäßig

[32] Für die zum Saturationssatz der Bernstein-Polynome gehörende klein-o-Aussage: „Aus $B_n(f; x) - f(x) = o\left(\frac{1}{n}\right)$ für alle $x \in [\alpha, \beta] \subset [0,1]$ und $f \in C[0,1]$ folgt, daß f eine lineare Funktion auf $[\alpha, \beta]$ ist“ gaben übrigens B. Bajšanski und R. Bojanić [3] kürzlich einen sehr eleganten neuen Beweis.

[33] [22]. Vgl. auch die Ergebnisse in [23], S. 113 und S. 134 (Problem 28). Auch I. P. Natanson [28], R. Taberski [40], S. 263/264, und P. L. Butzer [9], S. 7, bewiesen allgemeine Sätze über punktweise asymptotische Beziehungen, die in einigen Fällen zu denselben Ergebnissen führen (vgl. Fußnoten 38, 39).

kleiner Schritt ist, der keine weitere Rechnung mehr erfordert und zu einem allgemeinen Ergebnis führt. Auch an diesem Beispiel zeigt sich im folgenden, daß Probleme der Approximation in der Norm im allgemeinen einfacher zu lösen sind als Probleme der punktweisen Approximation.

Für den Beweis der Konvergenz einer Operatorenfolge, deren Normen gleichmäßig beschränkt sind, bietet sich der Satz von Banach-Steinhaus an. Da hier jedoch alle Aussagen nur für Funktionen $f \in W_p^{\varkappa}$ gelten, müssen wir zunächst versuchen, die Klasse $W_p^{\varkappa}$ durch Einführung einer geeigneten Norm zu einem Banachraum zu machen und nach einer Methode von P. O. Runck [32] den Satz von Banach-Steinhaus in diesem Unterraum von $L_{2\pi}^p$ anzuwenden.

Es ist leicht zu zeigen, daß für $f \in W_p^{\varkappa}$ $(1 < p < \infty; \varkappa > 0)$, d. h. für jede Funktion $f \in L_{2\pi}^p$ mit der Eigenschaft

$$|k|^{\varkappa} \hat{f}(k) = \hat{g}(k) \quad (k = 0 \pm 1, \pm 2, \ldots), g \in L_{2\pi}^p,$$

die Größe

$$\|f\|_W = \|f\|_p + \|g\|_p \tag{8.1}$$

eine Norm ist:

1. $\|f(x)\|_W = 0$ genau dann, wenn $f(x) = 0$ fast überall;
2. $\|\alpha f(x)\|_W = |\alpha| \, \|f(x)\|_W$, ($\alpha$ reell);
3. $\|f_1(x) + f_2(x)\|_W \leqq \|f_1(x)\|_W + \|f_2(x)\|_W$, falls $f_1, f_2 \in W_p^{\varkappa}$.

$W_p^{\varkappa}$ ist also ein nomierter und offenbar linearer Raum. Zum Beweis der Vollständigkeit gehen wir von einer Cauchy-Folge $\{f_n\} \subset W_p^{\varkappa}$ aus:

$$\|f_n(x) - f_m(x)\|_W \to 0 \qquad (m, n \to \infty).$$

Dies bedeutet, wenn $g_n(x)$ die zugehörigen Funktionen mit

$$\hat{g}_n(k) = |k|^{\varkappa} \hat{f}_n(k)$$

sind,

$$\|f_n(x) - f_m(x)\|_p + \|g_n(x) - g_m(x)\|_p \to 0 \qquad (m, n \to \infty).$$

Aus der Vollständigkeit des Raumes $L^p_{2\pi}$ folgt die Existenz zweier Funktionen $f, g \in L^p_{2\pi}$, so daß gilt

(8.2) $$\lim_{n\to\infty} \|f_n(x) - f(x)\|_p = 0, \ \lim_{n\to\infty} \|g_n(x) - g(x)\|_p = 0.$$

Wenn man nun

(8.3) $$\hat{g}_n(k) = |k|^\varkappa \hat{f}(k)$$

zeigen kann, dann folgt $f \in W^\varkappa_p$ und $\|f_n(x) - f(x)\|_W \to 0$ $(n \to \infty)$, also die Vollständigkeit des Raumes $W^\varkappa_p$.

Aus (8.2) folgt, daß entsprechende Grenzwertbeziehungen auch für die Fourierkoeffizienten der Funktionen gelten:

$$\lim_{n\to\infty} \hat{f}_n(k) = \hat{f}(k), \ \lim_{n\to\infty} \hat{g}_n(k) = \hat{g}(k), \quad (k = 0, \pm 1, \pm 2, \ldots).$$

Setzt man dies in die für $f_n \in W^\varkappa_p$ definitionsgemäß gültige Gleichung $\hat{f}_n(k) = |k|^\varkappa \hat{g}_n(k)$ ein, so folgt (8.3), und damit ist $W^\varkappa_p$ ein Banachraum.

Die verschärfte Version zu den Saturationsaussagen ist folgender allgemeine Satz, der für $1 < p < \infty$ gültig ist:

(8.4)

Satz. *Sei* $f \in L^p_{2\pi}$. *Das singuläre Integral* $I_\varrho(f; x)$ (2.1) $[\varrho \in E, \varrho \to \varrho_0]$ *mit nicht notwendig geradem Kern* $\chi_\varrho(x)$ *genüge den folgenden Bedingungen:*

a) $$\lim_{\varrho\to\varrho_0} \frac{1 - \hat{\chi}_\varrho(k)}{\varphi(\varrho)} = c|k|^\varkappa \text{ für alle } k = 0, \pm 1, \pm 2, \ldots, \text{ wobei } c \neq 0, \varkappa > 0$$

ist und $\varphi(\varrho)$ *monoton fallend für* $\varrho \to \varrho_0$;

b) aus $f \in W^\varkappa_p$ *folgt* $\|f(x) - I_\varrho(f; x)\|_p = O(\varphi(\varrho))$ $(\varrho \to \varrho_0)$.

Dann gilt für $f \in W^\varkappa_p$ *die asymptotische Beziehung*

$$\lim_{\varrho\to\varrho_0} \left\| \frac{1}{\varphi(\varrho)} [f(x) - I_\varrho(f; x)] - c g(x) \right\|_p = 0,$$

wobei g durch $|k|^\varkappa \hat{f}(k) = \hat{g}(k)$ *definiert ist.*

Insbesondere gilt, falls $\varkappa$ *ganz ist und die Bezeichnung* (2.3) *benutzt wird,*

$$\lim_{\varrho\to\varrho_0} \left\| \frac{1}{\varphi(\varrho)} [f(x) - I_\varrho(f; x)] - (-1)^{[\varkappa/2]} c f^{\{\varkappa\}}(x) \right\|_p = 0.$$

Die Bedingung b) ist speziell dann erfüllt, wenn für das singuläre Integral $I_\varrho(f; x)$ die Voraussetzungen eines der Sätze (2.7), (3.3), (3.5), (3.6), (5.1) oder (5.5) zutreffen.

Beweis. Die durch $[T_\varrho(f)](x) = T_\varrho(f; x) \equiv \frac{1}{\varphi(\varrho)} [f(x) - I_\varrho(f; x)]$ definierten Operatoren bilden den Banachraum $W_p^\varkappa$ in den Raum $L_{2\pi}^p$ ab; sie sind linear und einzeln, d. h. für feste $\varrho \in E$, beschränkt. Aus der Voraussetzung b) folgt für $f \in W_p^\varkappa$

$$\|T_\varrho(f)\|_p \leqq M_f \|f\|_W$$

gleichmäßig in ϱ, und daraus ergibt sich nach dem bekannten Satz über die gleichmäßige Beschränktheit von Operatoren („uniform boundedness principle") die Existenz einer Konstante M, die unabhängig von f ist, so daß

$$\|T_\varrho\|_{[W_p^\varkappa, L_{2\pi}^p]} \leqq M$$

gilt für alle $\varrho \in E$.

Falls man weiterhin zeigen kann, daß für jedes Element g einer in $W_p^\varkappa$ dichten Menge und jede Folge ϱ_n mit $\lim\limits_{n\to\infty} \varrho_n = \varrho_0$ gilt

$$\lim_{n\to\infty} \|T_{\varrho_n}(g) - T(g)\|_p = 0, \tag{8.5}$$

so sind die Voraussetzungen des Satzes von Banach-Steinhaus erfüllt, und es folgt, daß T ein beschränkter linearer Operator von $W_p^\varkappa$ in $L_{2\pi}^p$ ist und daß für alle $f \in W_p^\varkappa$ gilt

$$\lim_{n\to\infty} \|T_{\varrho_n}(f) - T(f)\|_p = 0.$$

Da $\{\varrho_n\}$ eine beliebige Folge mit dem Grenzwert ϱ_0 ist, folgt dann auch

$$\lim_{\varrho\to\varrho_0} \|T_\varrho(f) - T(f)\|_p = 0.$$

Um (8.5) nachzuweisen, zeigen wir zunächst, daß die Menge der trigonometrischen Polynome dicht in $W_p^\varkappa$ ist bezüglich der Norm (8.1).

Sei $f \in W_p^\varkappa$ mit $|k|^\varkappa \hat{f}(k) = \hat{g}(k)$, $g \in L_{2\pi}^p$.

Da $f \in L^p_{2\pi}$ ist, gilt[34] $\lim_{n\to\infty} \|s_n(x) - f(x)\|_p = 0$, wobei $s_n(x) = \sum_{k=-n}^{n} \hat{f}(k) e^{ikx}$ die n-te Teilsumme der Fourierreihe von f ist, d. h. zu jedem $\varepsilon > 0$ existiert ein $n_1 = n_1(\varepsilon)$, so daß $\|s_n(x) - f(x)\|_p < \frac{\varepsilon}{2}$ ist für alle $n > n_1(\varepsilon)$. Die trigonometrischen Polynome $s_n(x)$ gehören trivialerweise zum Raum $W^\varkappa_p$, da mit der Bezeichnungsweise (2.4), $(-1)^{[\varkappa/2]} s_n^{\{\varkappa\}}(x) = \sum_{k=-n}^{n} |k|^\varkappa \hat{f}(k) e^{ikx} \in L^p_{2\pi}$ ist.

Aus der Relation $|k|^\varkappa \hat{f}(k) = \hat{g}(k)$ folgt dann, daß $(-1)^{[\varkappa/2]} s_n^{\{\varkappa\}}$ die n-te Teilsumme der Fourierreihe von g ist, d. h. wir haben auch

$$\lim_{n\to\infty} \|(-1)^{[\varkappa/2]} s_n^{\{\varkappa\}}(x) - g(x)\|_p = 0 \quad \text{oder} \quad \|(-1)^{[\varkappa/2]} s_n^{\{\varkappa\}}(x) - g(x)\|_p < \frac{\varepsilon}{2}$$

für alle $n > n_2(\varepsilon)$. Insgesamt gilt also für alle $n > \max\big(n_1(\varepsilon), n_2(\varepsilon)\big)$

$$\|f(x) - s_n(x)\|_W = \|f(x) - s_n(x)\|_p + \|g(x) - (-1)^{[\varkappa/2]} s_n^{\{\varkappa\}}(x)\|_p < \varepsilon.$$

Die Menge der trigonometrischen Polynome ist also dicht in $W^\varkappa_p$. Aus der Voraussetzung a) des Satzes (8.4) folgt andererseits für $k = 0, \pm 1, \pm 2, \ldots$

$$\begin{aligned}
&\lim_{\varrho\to\varrho_0} \|T_\varrho(e^{ikx}) - c\,|k|^\varkappa e^{ikx}\|_p \\
&= \lim_{\varrho\to\varrho_0} \left\| \frac{1}{\varphi(\varrho)} e^{ikx} - \frac{1}{\varphi(\varrho)} I_\varrho(e^{ikx}, x) - c\,|k|^\varkappa e^{ikx} \right\|_p \\
&= \lim_{\varrho\to\varrho_0} \left| \frac{1}{\varphi(\varrho)} (1 - \hat{\chi}_\varrho(k)) - c\,|k|^\varkappa \right| = 0,
\end{aligned}$$

d. h. mit der Bezeichnung (2.4): Für jedes trigonometrische Polynom $t_N(x) = \sum_{k=-N}^{N} c_k e^{ikx}$ gilt

$$\lim_{\varrho\to\varrho_0} \|T_\varrho(t_N) - (-1)^{[\varkappa/2]} c\, t_N^{\{\varkappa\}}\|_p = 0.$$

Damit ergibt sich als Folgerung aus dem Satz von Banach-Steinhaus die Behauptung. Der Operator T ordnet also jeder Funktion $f \in W^\varkappa_p$ die Funk-

[34] Zygmund [51], I, S. 266.

tion $cg \in L^p_{2\pi}$ zu, für die $|k|^\varkappa \hat{f}(k) = \hat{g}(k)$ gilt. Insbesondere folgt für $\varkappa = 1, 2, \ldots$ aus Lemma (4.1):

$$g(x) = (-1)^{[\varkappa/2]} f^{\{\varkappa\}}(x), \text{ also } [T(f)](x) = c(-1)^{[\varkappa/2]} f^{\{\varkappa\}}(x).$$

Damit ist der Satz bewiesen.

Als Anwendungen des Satzes (8.4) erhält man unter Benutzung der in den Abschnitten 6 und 7 bewiesenen Saturationssätze die folgenden Ergebnisse. (Hier ist überall $1 < p < \infty$.)

(8.6)

Satz. *Für das allgemeine singuläre Integral $C_r^\varkappa(f; x)$ von Weierstraß gilt, falls $f \in W_p^\varkappa$ und $0 < \varkappa \leqq 2$ ist,*

$$\lim_{r \uparrow 1} \left\| \frac{1}{1-r} [f(x) - C_r^\varkappa(f; x)] - g(x) \right\|_p = 0,$$

wobei $g(x)$ durch $|k|^\varkappa \hat{f}(k) = \hat{g}(k)$ definiert ist[35].

Insbesondere folgt daraus das in Abschnitt 2 zitierte Ergebnis (2.9) über das spezielle singuläre Integral $C_r^2(f; x)$ (1.1) von Weierstraß. Für $\varkappa = 1$ erhält man die entsprechende Aussage für das singuläre Integral von Abel-Poisson:

$$\lim_{r \uparrow 1} \left\| \frac{1}{1-r} [f(x) - C_r^1(f; x)] - \tilde{f}'(x) \right\|_p = 0.$$

(8.7)

Satz. *Für das singuläre Integral $U_n(f; x)$ von Fejér-Korovkin* (6.6) *gilt, falls $f \in W_p^2$ ist*[36]

$$\lim_{n \to \infty} \left\| n^2 [U_n(f; x) - f(x)] - \frac{\pi^2}{2} f''(x) \right\|_p = 0.$$

[35] Verwandte Resultate wurden für $L^p_{2\pi}$ $(1 < p < \infty)$ von P. L. Butzer und H. G. Tillmann [11] auf dem Wege eines allgemeinen Halbgruppensatzes bewiesen. Die asymptotische Beziehung wird dort in Form einer Entwicklung in ein Taylor-Polynom erweitert. Anwendungen auf die singulären Integrale von Abel-Poisson und das spezielle Weierstraß-Integral werden u. a. in [14] betrachtet, wo auch ein weiterer Beweis ohne Benutzung der Halbgruppentheorie gegeben wird.

[36] Das entsprechende punktweise Ergebnis wurde von P. P. Korovkin [22] mittels des zitierten Satzes bewiesen. Vgl. auch [23], S. 135.

(8.8)

Satz. *Für jede Funktion $f \in W_p^2$ erfüllt das singuläre Integral $R_\varrho^r(f; x)$ von Riemann* (6.13) *die Relation*

$$\lim_{\varrho \downarrow 0} \left\| \varrho^{-2} [R_\varrho^r(f; x) - f(x)] - \frac{r}{3!} f''(x) \right\|_p = 0 \qquad (r = 1, 2, \ldots).$$

Dasselbe gilt für den r-ten Integral-Mittelwert $(S_\varrho)^r (f; x)$ (6.19), (6.20). Insbesondere hat man für $r = 1$:

$$\lim_{\varrho \downarrow 0} \left\| \varrho^{-2} \left(\frac{1}{2\varrho} \int_{x-\varrho}^{x+\varrho} f(u)\, du - f(x) \right) - \frac{1}{6} f''(x) \right\|_p = 0.$$

(8.9)

Satz. *Für jede Funktion $f \in W_p^2$ erfüllt das singuläre Integral $H_n(f; x)$ von Rogosinski-Bernstein* (6.22) *die Relation*

$$\lim_{n \to \infty} \left\| n^2 [H_n(f; x) - f(x)] - \frac{\pi^2}{8} f''(x) \right\|_p = 0.$$

(8.10)

Satz. *Ist $f \in W_p^\varkappa$ $(\varkappa > 0)$, so gilt für das singuläre Integral $P_{n,\varkappa,\lambda}(f; x)$ von Riesz* (6.24) *für alle $\lambda > 0$*

$$\lim_{n \to \infty} \| n^\varkappa [f(x) - P_{n,\varkappa,\lambda}(f; x)] - \lambda g(x) \|_p = 0,$$

wobei $|k|^\varkappa \hat{f}(k) = \hat{g}(k)$ ist für alle ganzzahligen k.

Insbesondere gilt dies für die typischen Mittel[37] $(\lambda = 1)$ und das singuläre Integral von Fejér $(\lambda = \varkappa = 1)$.

[37] Die entsprechende Relation für die punktweise Konvergenz wurde für den Fall, daß $\lambda = \varkappa$ eine ganze Zahl ist, von G. Sunouchi [37], III, S. 321, bewiesen. Speziell für das singuläre Integral von Fejér $(\lambda = \varkappa = 1)$ wurde die punktweise Beziehung von M. Zamansky [47], S. 73, théorème 14, und [48], S. 165 (N. 16), und G. Sunouchi [37], II, bewiesen.

(8.11)

Satz. *Ist $f \in W_p^2$, so gilt für das singuläre Integral $J_n(f; x)$ von Jackson* (7.4)[38]

$$\lim_{n\to\infty} \left\| n^2 [J_n(f; x) - f(x)] - \frac{3}{2} f''(x) \right\|_p = 0.$$

Dieselbe Beziehung erfüllt auch das singuläre Integral $J_n^*(f; x)$ von de la Vallée Poussin (7.6).

Weiterhin erhalten wir unter Verwendung bekannter Saturationsergebnisse:

(8.12)

Satz. *Das singuläre Integral* $V_n(f; x) = \frac{1}{2\pi} \int_{-\pi}^{\pi} f(x-u)\, \chi_n(u)\, du$ *von* DE LA VALLÉE POUSSIN *mit dem Kern*

$$\chi_n(u) = \frac{(n!)^2}{(2n)!} \left(2\cos\frac{u}{2}\right)^{2n} \qquad (n = 1, 2, \ldots; n \to \infty)$$

erfüllt für alle $f \in W_p^2$ die Relation[39]

$$\lim_{n\to\infty} \| n [V_n(f; x) - f(x)] - f''(x) \|_p = 0.$$

Beweis. Wir haben hier $\hat{\chi}_n(k) = \frac{(n!)^2}{(n-|k|)!\,(n+|k|)!}$ für $0 \leqq |k| \leqq n$ und $\hat{\chi}_n(k) = 0$ für $|k| > n$. Aus $\hat{\chi}_n(k) = 1 - \frac{k^2}{n} + O\left(\frac{1}{n^2}\right)$ folgt $\lim_{n\to\infty} \frac{1 - \hat{\chi}_n(k)}{n^{-1}} = k^2$ für alle k. Die Saturationsordnung dieses singulären Integrals[40] ist

[38] Das entsprechende punktweise Ergebnis stammt von I. P. Natanson [28], S. 275, vgl. [23], S. 134. Es kann in etwas schärferer Form mit dem zitierten Satz von P. P. Korovkin bewiesen werden. Letzteres gilt auch für das singuläre Integral $J_n^*(f; x)$. Für $J_n^*(f; x)$ wurde die entsprechende punktweise Beziehung von P. L. Butzer [9], S. 17, als Folgerung des in Fußnote 33 genannten allgemeinen Satzes bewiesen.

[39] Die entsprechende punktweise Aussage wurde von I. P. Natanson [27] und [26], S. 187, und in verschärfter Form auch von R. Taberski [40], S. 265, und P. P. Korovkin [22] bewiesen. Vgl. Fußnote 33.

[40] Vgl. die Vermutung von P. L. Butzer [8], S. 99. Der direkte Teil des Saturationssatzes (punktweise) ist in den Ergebnissen enthalten, die in Fußnote 39 genannt wurden. Für die gleichmäßige Konvergenz wurde der direkte Satz von P. L. Butzer [6] bewiesen. Die Vervollständigung zum Saturationssatz gaben G. Sunouchi und C. Watari [36], I, II, S. 483. Vgl. auch A. H. Tureckiĭ [41], S. 267, wo der direkte Satz mit Hilfe des hier unter (3.5) zitierten Satzes bewiesen wird, und P. O. Runck [32].

$O(n^{-1})$ und die Saturationsklasse im Raum $L^p_{2\pi}$ ist W^2_p. Damit sind die Voraussetzungen des Satzes (8.4) erfüllt, und daraus folgt die Behauptung.

Auch für das Summationsverfahren (C, α) von CESÀRO ist das Saturationsproblem gelöst. Es wird definiert durch

$$\sigma_n^\alpha(f; x) = \frac{1}{2\pi}\int_{-\pi}^{\pi} f(x-u)\,\chi_n^\alpha(u)\,du \qquad (n = 1, 2, \ldots; n \to \infty)$$

$$\chi_n^\alpha(u) = \sum_{k=-n}^{n} \frac{A^\alpha_{n-|k|}}{A^\alpha_n} e^{iku}; \quad A^\alpha_n = \binom{n+\alpha}{n} \qquad (\alpha > 0).$$

Es gilt[41]

$$A^\alpha_n = \frac{n^\alpha}{\Gamma(\alpha+1)}\left\{1 + O\left(\frac{1}{n}\right)\right\} \qquad (n \to \infty),$$

also

$$\hat{\chi}_n(k) = \left\{1 - \alpha\frac{k}{n} + \frac{k}{n}\cdot o(1)\right\}\frac{1+O(n^{-1})}{1+O(n^{-1})} \qquad (n \to \infty)$$

und

$$\lim_{n\to\infty} \frac{1-\hat{\chi}_n(k)}{n^{-1}|k|} = \alpha.$$

Die Saturationsklasse des singulären Integrals $\sigma_n^\alpha(f; x)$ ist[42] W^1_p und die Saturationsordnung $O(n^{-1})$ $(n \to \infty)$. Damit folgt aus Satz (8.4):

(8.13)

Satz. *Das singuläre Integral $\sigma_n^\alpha(f; x)$ von Cesàro erfüllt für alle $f \in W^1_p$ und alle $\alpha > 0$ die Relation*[43]

$$\lim_{n\to\infty} \|n[f(x) - \sigma_n^\alpha(f; x)] - \alpha\tilde{f}'(x)\|_p = 0.$$

[41] Zygmund [51], I, S. 77.

[42] Zygmund [49] (direkter Satz), M. Zamansky [47], S. 67 (Saturation im Raum $C_{2\pi}$ für ganzzahlige α), J. Favard [17], S. 371 (Saturation in $C_{2\pi}$, $L^p_{2\pi}$ für ganzzahlige α), G. Sunouchi, C. Watari [36], I, II, S. 482 (Saturation $C_{2\pi}$, $L^p_{2\pi}$; alle $\alpha > 0$).

[43] Für $\alpha = 1$ vgl. den Fall $\lambda = \varkappa = 1$ in Fußnote 37.

Im Raum $C_{2\pi}$ hat man analoge Ergebnisse für die schwache *Konvergenz, und zwar erhält man, wenn man in Satz (8.4) den Raum $L^p_{2\pi}$ durch $C_{2\pi}$ ersetzt, für $f \in W^\varkappa_C$ die Existenz einer Folge $\{\varrho_n\}$ mit $\lim\limits_{n\to\infty} \varrho_n = \varrho_0$, so daß

$$\lim_{n\to\infty} \frac{1}{\varphi(\varrho_n)} \int_{-\pi}^{\pi} \{f(x) - I_{\varrho_n}(f; x)\}\, h(x) = c \int_{-\pi}^{\pi} g(x)\, h(x)\, dx$$

für alle $h \in L^1_{2\pi}$, und für ganzzahlige $\varkappa$ gilt wieder $g(x) = (-1)^{[\varkappa/2]} f^{\{\varkappa\}}(x)$.

9. Nichtsaturierte Approximation

Mit den in Abschnitt 8 erhaltenen Ergebnissen lassen sich leicht die Voraussetzungen eines allgemeinen direkten Satzes von G. Sunouchi [38] und C. Watari [45] verifizieren, der für lineare Approximationsverfahren mit diskretem Parameter $n = 1, 2, \ldots$ und der Eigenschaft $\varkappa = \tau$ gültig ist.

Wir formulieren den Satz hier in einer etwas allgemeineren Gestalt für kontinuierliche Parameter $\varrho \to \varrho_0$, $|\varrho_0| < \infty$; der Beweis kann im wesentlichen wie bei G. Sunouchi [38], S. 76, geführt werden:

(9.1)

Satz. *Existieren für ein lineares Approximationsverfahren* $T_\varrho(\varrho \to \varrho_0;\ |\varrho_0| < \infty)$ *zwei Konstanten* $M_1, M_2 > 0$, *so daß für* $f \in L^p_{2\pi}$ $(1 < p < \infty)$ *gilt*

(1) $\|T_\varrho(f; x)\|_p \leqq M_1 \|f(x)\|_p$

(2) $\|f(x) - T_\varrho(f; x)\|_p \leqq M_2 |\varrho - \varrho_0|^\tau \| f^{\{\varkappa\}}(x)\|_p$, *falls* $f \in W^\varkappa_p$; $\varkappa > 0, \tau > 0$,

dann folgt für jede Funktion, deren beste Approximation

$E_n(f) = O\{n^{-\alpha}\, \lambda(n)\}$

ist,

$$\|f(x) - T_\varrho(f; x)\|_p = O\{|\varrho - \varrho_0|^{\alpha\tau/\varkappa}\, \lambda(|\varrho - \varrho_0|^{-\tau/\varkappa})\} \qquad (\varrho \to \varrho_0), \tag{9.2}$$

wobei $0 < \alpha < \varkappa$ *und* $\lambda(x)$ *eine nichtfallende Funktion ist, so daß* $x^{-\gamma}\lambda(x)$ *nichtwachsend ist für ein* γ *in* $0 < \gamma < 1$.

Angesichts unseres Satzes (8.4) ergibt sich unmittelbar die

(9.3)

Folgerung: *Das lineare Approximationsverfahren* $T_\varrho(\varrho \to \varrho_0;\ |\varrho_0| < \infty)$ *genüge für* $f \in L^p_{2\pi}$ $(1 < p < \infty)$ *den Bedingungen des Satzes* (8.4) *mit* $\varphi(\varrho) = |\varrho - \varrho_0|^\varkappa$. *Dann gilt die Aussage von Satz* (9.1), *d. h. falls* $E_n(f) = O\{n^{-\alpha}\lambda(n)\}$ *ist, folgt die Approximation* (9.2).

Auf diesem Wege lassen sich für alle in Abschnitt 8 behandelten singulären Integrale hinreichende Bedingungen für die nichtsaturierte Approximation aufstellen.

Beispielsweise erhält man für das allgemeine singuläre Integral $C^\varkappa_r(f; x)$ von Weierstraß das Ergebnis:

Für $0 < \varkappa \leqq 2$ *und* $1 < p < \infty$ *folgt aus* $f \in L^p_{2\pi}$ *und* $E_n(f) = O(n^{-\alpha})$, $(0 < \alpha < \varkappa)$, *d. h. aus* $\|f(x+h) - 2f(x) + f(x-h)\|_p \leqq M|h|^\alpha$, *die Approximation*

$$\|f(x) - C^\varkappa_r(f; x)\|_p = O\{(1-r)^{\alpha/\varkappa}\} \qquad (r \uparrow 1).$$

LITERATUR

[1] *Achieser, N.*, Theory of approximation. New York 1956.

[2] *Aljančić, S.*, Approximation of continuous functions by typical means of their Fourier series. Proc. Amer. Math. Soc. **12** (1961), S. 681–688.

[3] *Bajšanski, B.*, and *R. Bojanić*, A note on approximation by Bernstein polynomials. Bull. Amer. Math. Soc. **70** (1964), S. 675–677.

[4] *Bochner, S.*, Quasi-analytic functions, Laplace operator, positive kernels. Annals of Math. **51** (1950), S. 68–91.

[5] *Butzer, P. L.*, Sur la théorie des demi-groupes et classes de saturation de certaines intégrales singulières. Comptes rendus Acad. Sci. Paris **243** (1956), S. 1473–1475.

[6] *Butzer, P. L.*, On the singular integral of de la Vallée Poussin. Archiv der Math. **7** (1956), S. 295–309.

[7] *Butzer, P. L.*, Über den Approximationsgrad des Identitätsoperators durch Halbgruppen von linearen Operatoren und Anwendungen auf die Theorie der singulären Integrale. Math. Annalen **133** (1957), S. 410–425.

[8] *Butzer, P. L.*, Zur Frage der Saturationsklassen singulärer Integraloperatoren. Math. Zeitschr. **70** (1958), S. 93–112.

[9] *Butzer, P. L.*, Representation and approximation of functions by general singular integrals. Koninkl. Nederl. Akad. Wetensch. Proc. Ser. A, **63** (Indag. Math. **22** (1960), S. 1–24).

[10] *Butzer, P. L.*, Fourier Transform methods in the theory of approximation. Archive Rat. Mech. and Analysis **5** (1960), S. 390–415.

[11] *Butzer, P. L.*, and *H. G. Tillmann*, Approximation theorems for semi-groups of bounded linear transformations. Math. Annalen **140** (1960), S. 256–262.

[12] *Butzer, P. L.*, Beziehungen zwischen den Riemannschen, Taylorschen und gewöhnlichen Ableitungen reellwertiger Funktionen. Math. Annalen **144** (1961), S. 275–298.

[13] *Butzer, P. L.*, und *E. Görlich*, Zur Charakterisierung von Saturationsklassen in der Theorie der Fourierreihen. Tôhoku-Math. Journal (im Druck).

[14] *Butzer, P. L.*, and *G. Sunouchi*, Approximation theorems for the solution of Fourier's problem and Dirichlet's problem. Math. Annalen **155** (1964), S. 316–330.

[15] *Favard, J.*, Sur l'approximation des fonctions d'une variable réelle. Colloque d'Analyse harmonique (Publ. CNRS Paris), **15** (1949), S. 97–100.

[16] *Favard, J.*, Sur l'approximation dans les éspaces vectoriels. Annali di Mat. Pura Appl. (4) **29** (1949), S. 259–291.

[17] *Favard, J.*, Sur la saturation des procédés de sommation. Journal de Math. Pures et Appl. **36** (1957), S. 360–372.

[18] *Fejér, L.*, Über trigonometrische Polynome. Journal für die reine und angewandte Mathematik **146** (1916), S. 53–82.

[19] *Hille, E.*, Functional analysis and semi-groups. (Amer. Math. Soc. Coll. Publ., vol. 31), New York 1948.

[20] *Hille, E.*, and *R. S. Phillips*, Functional analysis and semi-groups. (Amer. Math. Soc. Colloq. Publ., vol. 31), New York 1957.

[21] *Jackson, D.*, The theory of approximation. (Amer. Math. Soc. Coll. Publ., vol. 11), New York 1930.

[22] *Korovkin, P. P.*, Über eine asymptotische Eigenschaft positiver Methoden zur Summierung von Fourier-Reihen und die günstigste Approximation der Funktionen der Klasse Z_2 durch lineare positive polynomiale Operatoren (Russisch). Uspehi Mat. Nauk **13** (1958), S. 99–103.

[23] *Korovkin, P. P.*, Linear operators and approximation theory. Delhi 1960.

[24] *Mamedov, R. G.*, Direkte und Umkehrsätze in der Theorie der Approximation periodischer Funktionen durch m-singuläre Integrale (Russisch). Doklady Akad. Nauk Aserbaidschan SSR **18** (1962), S. 3–6.

[25] *Nagy, B. Sz.*, Sur une classe générale de procédés de sommation pour les séries de Fourier. Hungarica Acta. Math. **1**, Nr. 3 (1948), S. 14–52.

[26] *Natanson, I. P.*, Konstruktive Funktionentheorie. Berlin 1955.

[27] *Natanson, I. P.*, On some estimations connected with the singular integral of C. de la Vallée Poussin. Doklady Akad. Nauk SSSR (N.S.) **45** (1944), S. 274–277.

[28] *Natanson, I. P.*, On the accuracy of representation of continuous periodic functions by singular integrals (Russian). Doklady Akad. Nauk SSSR (N.S.) **73** (1950), S. 273–276.

[29] *Petrov, I. M.*, Die Ordnung der Annäherung an Funktionen der Klasse Z durch gewisse polynomiale Operatoren (Russisch). Uspehi Math. Nauk **13** (1958), S. 127–131.

[30] *Petrov, I. M.*, Die Ordnung der Approximation von Funktionen der Klasse Z_α durch gewisse polynomiale Operatoren (Russisch). Izvestija vysš. učebn. Zaved. Mat. **1** (14) (1960), S. 188–193.

[31] *Pólya, G.*, und *Szegö, G.*, Aufgaben und Lehrsätze aus der Analysis. Berlin 1954, Band II.

[32] *Runck, P. O.*, Über Konvergenzgeschwindigkeit linearer Operatoren in Banachräumen. In: On approximation theory. (Proceedings of the Conference held in the Math. Research Institute at Oberwolfach, 1963.) ISNM, vol. 5, Basel 1964, Birkhäuser Verlag.

[33] *Sunouchi, G.*, On the Riesz summability of Fourier series. Tôhoku Math. Journ. **11** 1959, S. 321–326.
[34] *Sunouchi, G.*, Local operators on trigonometric series. Transactions Amer. Math. Soc. **104** (1962), S. 457–461.
[35] *Sunouchi, G.*, Characterization of certain classes of functions. Tôhoku Math. Journ. (2) **14** (1962), S. 127–134.
[36] *Sunouchi, G.*, and *C. Watari*, On determination of the class of saturation in the theory of approximation I. Proceed. Jap. Academy **34** (1958), S. 477–481; II, Tôhoku Math. Journ. **11** (1959), S. 480–488.
[37] *Sunouchi, G.*, On the class of saturation in the theory of approximation II, III. Tôhoku Math. Journ. (2) **13** (1961), S. 112–118, S. 320–328.
[38] *Sunouchi, G.*, Saturation in the theory of best approximation. In: On approximation theory (Proceedings of the Conference Held in the Math. Research Institute at Oberwolfach, 1963.) ISNM, vol. 5, Basel 1964.
[39] *Taberski, R.*, Summability with Korovkin's factors. Bull. Acad. Polon. Sér. Sci. Math. Astron. Phys. **9** (1961), S. 385–388.
[40] *Taberski, R.*, On singular integrals. Ann. Pol. Mat. **4** (1957/58), S. 249–268.
[41] *Tureckiĭ, A. H.*, On classes of saturation for certain methods of summation of Fourier series of continuous periodic functions. Amer. Math. Soc. Translations (2) **26** (1963), S. 263–272; Uspehi Mat. Nauk (N.S.) **15** (1960), No. 6 (96), S. 149 bis 156.
[42] *Tureckiĭ, A. H.*, Saturationsklassen im Raum C. Izvestia Akad. Nauk SSSR. Ser. Mat. **25** (1961), S. 411–442.
[43] *Vallée Poussin, Ch. J. de la*, Leçons sur l'approximation des fonctions d'une variable réelle, Paris 1919.
[44] *Voronowskaja, E.*, Das asymptotische Verhalten der Approximation von Funktionen durch ihre Bernstein-Polynome (Russisch). DAN. **4** (1932), S. 79–85.
[45] *Watari, Ch.*, A note on saturation and best approximation. Tôhoku Math. Journ. **15** (1963), S. 273–276.
[46] *Weierstraß, K.*, Mathematische Werke, Bd. III, Berlin 1903, S. 1–17 (Sitzungsbericht der königl. Akademie der Wissenschaften vom 9. und 30. Juli 1885).
[47] *Zamansky, M.*, Classes de saturation de certaines procédés d'approximation des séries de Fourier des fonctions continues. Ann. Sci. Ecole Norm. Sup. **66** (1949), S. 19–93.
[48] *Zamansky, M.*, Classes de saturation des procédés de sommation des séries de Fourier et applications aux séries trigonométriques. Ann. Sci. Ecole Norm. Sup. **67** (1950), S. 161–198.
[49] *Zygmund, A.*, On the degree of approximation of functions by their Fejér means. Bull. Amer. Math. Soc. **51** (1945), S. 274–278.
[50] *Zygmund, A.*, The approximation of functions by typical means of their Fourier series. Duke Math. Journal **12** (1945), S. 695–704.
[51] *Zygmund, A.*, Trigonometric Series, vol. I. Cambridge 1959.

Bemerkung bei der Korrektur

Die Einschränkung $\varkappa \leqq 2$ beim allgemeinen singulären Integral von Weierstraß auf S. 340, S. 366, S. 367 ist unnötig, und auch das Ergebnis auf S. 390 läßt sich auf Werte $\varkappa > 2$ übertragen, da der Operator $C_r^\varkappa$ (1.4) auch für $\varkappa > 2$ gleichmäßig in r beschränkt ist.

Nichtarchimedische Funktionentheorie

Von *Hans Grauert* und *Reinhold Remmert*[1]

1. Karl Weierstrass hat vor mehr als 100 Jahren einen auch für den heutigen Standpunkt adäquaten Aufbau der Funktionentheorie gegeben. Er definierte den grundlegenden Begriff der holomorphen Funktion mittels lokal konvergenter Potenzreihen und bemühte sich, unter ausschließlicher Benutzung der Techniken dieser Reihen die Theorie zu begründen. Das ließ sich jedoch nicht konsequent durchführen, z. B. ist die Laurentreihe einer in einem Kreisring holomorphen Funktion nur mittels des Cauchyschen Integrals zu gewinnen.

Für zahlentheoretische Untersuchungen sind nicht-archimedisch bewertete Körper, insbesondere die p-adischen Körper, von Bedeutung. Es ist deshalb wünschenswert, eine Theorie der holomorphen Funktionen auch über solchen Grundkörpern aufzubauen. Zur Definition der analytischen Funktionen bieten sich wieder die lokal konvergenten Potenzreihen an. Im Gegensatz zur klassischen Theorie stehen aber, da die Körper topologisch total unzusammenhängend sind, keine Integrale zur Verfügung. Man ist ausschließlich auf die Methoden der Potenzreihen angewiesen. Die Idee von Weierstrass ist also in diesem Fall – wenn überhaupt – konsequent durchführbar.

2. Im folgenden bezeichnet k einen vollständig und nicht trivial nichtarchimedisch bewerteten Körper. Zur Definition des Begriffes der in einem Bereich G des k^n holomorphen Funktion f genügt es nicht, nur zu verlangen, daß f um jeden Punkt $x \in G$ in eine konvergente Potenzreihe entwickelbar ist. Dann wäre z. B. der Identitätssatz falsch, da die charakteristische Funktion f_U jeder in G offenen und abgeschlossenen Menge U mit $\emptyset \neq U \neq G (f_U(x) := 1$ für $x \in U, f_U(x) := 0$ für $x \in G - U)$ holomorph in G wäre. Um solche und andere Schwierigkeiten zu vermeiden, beschränkt man sich zunächst auf den Fall, daß G der (offene) Einheitspolyzylinder mit

[1] Während der Vorbereitung dieser Arbeit wurde der zweitgenannte Autor teilweise unterstützt durch ein NSF – grant GP 2632.

Rand $E^n := \{(z_1, \ldots, z_n) \in k^n : |z_1| \leqq 1, \ldots, |z_n| \leqq 1\}$ ist, und sieht als holomorphe Funktionen über E^n nur solche k-wertige Funktionen an, die sich in eine über ganz E^n konvergente Potenzreihe entwickeln lassen. Daß man E^n und nicht den Einheitspolyzylinder ohne Rand

$$\mathring{E}^n := \{(z_1, \ldots, z_n) \in k^n : |z_1| < 1, \ldots, |z_n| < 1\}$$

wählt, hat seinen Grund darin, daß die über E^n konvergenten Potenzreihen einen noetherschen Ring T_n bilden, während das für die nur über $\mathring{E}^n$ konvergenten Reihen nicht zutrifft. Die noethersche Endlichkeitsbedingung ist aber (wie auch in der klassischen Theorie) zur Herleitung von Sätzen ungemein wichtig. Der Ring T_n wurde erstmals von J. Tate [3] verwendet.

3. Um die holomorphen Funktionen aus T_n näher zu untersuchen, muß man nach bekanntem Vorbild für jedes $f \in T_n$ den „Raum aller Nullstellen von f" einführen. Tate erweitert deshalb den Polyzylinder E^n zum Spektrum S der maximalen Ideale von T_n. Leider sind die Residuenkörper abhängig von den Punkten von S; ein Umstand, der bekanntlich zu Komplikationen führen kann (daß die Riemannsche Vermutung für algebraische Kurven über endlichen Körpern relativ einfach gelöst werden konnte, für allgemeinere Schemata, z. B. für das Schema Z der natürlichen Zahlen, aber noch ungelöst ist, hat wesentlich seinen Grund darin, daß im ersten Falle die Residuenkörper stets gleich sind, im letzten Falle aber alle endlichen Primkörper als Residuenkörper vorkommen).

Wir gehen deshalb wie folgt vor: Wir setzen die Bewertung von k (eindeutig) auf den algebraischen Abschluß k_a von k fort und komplettieren k_a zu einem Körper $\bar{k}$. Dann ist $\bar{k}$ ein (kleinster) algebraisch abgeschlossener vollständig bewerteter Oberkörper von k. Der Ring T_n wird nun (in kanonischer Weise) als Unterring des Ringes $\Gamma(\bar{E}^n, \mathfrak{O})$ aller im Einheitspolyzylinder $\bar{E}^n$ des $\bar{k}^n$ holomorphen und k-wertigen Funktionen aufgefaßt. Dies ermöglicht die Anwendung der für algebraisch abgeschlossene und vollständig bewertete Körper besonders gut entwickelten lokalen analytischen Geometrie auf T_n; dabei bleibt die zentrale Rolle des Ausgangskörpers k gewahrt, denn die k-algebraischen Punkte (= Punkte mit über k algebraischen Koordinaten) liegen dicht in $\bar{E}^n$.

4. Grundlegend für den Aufbau der Theorie ist der Weierstraß'sche Vorbereitungssatz, den wir in einer globalen Form für Funktionen $f \in T_n$ herleiten. Aus diesem Satz folgen (ähnlich wie in der lokalen analytischen Geometrie) Sätze über „Kohärenz" von Bildgarben, die man bei gewissen Projektionen erhält. Der Garbenbegriff muß dabei verfeinert werden, wir verstehen unter einer k-globalen Garbe eine analytische Garbe, bei der ein globaler Schnittmodul mit vorgegeben ist. Die Projektionssätze für Bildgarben spielen in unserem Aufbau eine grundlegende Rolle, entsprechend sind die Resultate der vorliegenden Arbeit geometrisch anschaulicher; zum Teil führen sie über die TATEschen Ergebnisse hinaus.

In einer späteren Arbeit werden diese Resultate benutzt, um in Analogie zu den algebraischen Räumen im Sinne von A. WEIL global-analytische Räume zu definieren und die Kohomologietheorie auf diesen Räumen zu entwickeln.

Inhaltsübersicht

Kap. I: k-affinoide Algebren

§ 1 Strikt konvergente Potenzreihen

1. Es sei k ein fest vorgegebener, vollständig und nicht archimedisch bewerteter Körper mit der Bewertungsfunktion $|\;|$. Wir bezeichnen mit $|k|$ die Wertmenge von k. Ein vollständiger normierter Vektorraum V über k heißt ein *Banachraum über k*, wenn für seine Norm die verschärfte Dreiecksungleichung

$$\|f+g\| \leqq \max(\|f\|, \|g\|)$$

gilt. Dann gilt sogar $\|f+g\| = \max(\|f\|, \|g\|)$, wenn $\|f\| \neq \|g\|$. Eine Reihe $\sum\limits_0^\infty h_j$ mit $h_j \in V$ konvergiert genau dann gegen ein Element aus V, wenn $\lim h_j = 0$.

Eine k-Algebra heißt eine *Banachsche k-Algebra*, wenn sie ein Banachraum über k ist, so daß die Produktregel

$$\|f \cdot g\| \leqq \|f\| \cdot \|g\|$$

gilt. Wir benötigen

Hilfssatz 1: *Es sei B eine Banachsche k-Algebra. Es sei* $e \in B$ *und* $0 \neq c \in k$, *so daß* $\|e+c\| < |c|$. *Dann ist e eine Einheit in B mit* $\|e^{-1}\| = |c|^{-1}$.

Beweis: Ohne Einschränkung der Allgemeinheit sei $c = 1$. Dann ist die Reihe $\sum\limits_0^\infty (1+e)^\nu$ konvergent, und es gilt: $e \cdot \sum\limits_0^n (1+e)^\nu = (1+e)^{n+1} - 1$. Daher ist $e^{-1} := -1-(1+e)-\ldots$ invers zu e. Da $\|-\sum\limits_0^n (1+e)^\nu\| = 1$ nach der verschärften Dreiecksungleichung, so gilt $\|e^{-1}\| = 1$ wegen der Stetigkeit der Norm, w.z.b.w.

2. Wir bezeichnen mit $k\langle x_1, \ldots, x_n\rangle$, $n \geqq 0$, die k-Algebra aller konvergenten Potenzreihen in n Unbestimmten $x_1, \ldots, x_n$ über k. Eine Potenzreihe $f = \sum a_{\nu_1 \ldots \nu_n} x_1^{\nu_1} \ldots x_n^{\nu_n} \in k\langle x_1, \ldots, x_n\rangle$ heißt *strikt konvergent*, wenn $\lim a_{\nu_1 \ldots \nu_n} = 0$, d. h. wenn für jedes $\varepsilon > 0$ die Ungleichung $|a_{\nu_1 \ldots \nu_n}| < \varepsilon$ für fast alle n-Tupel $(\nu_1, \ldots, \nu_n)$ von natürlichen Zahlen gilt. Die Gesamtheit aller strikt konvergenten Potenzreihen bildet eine k-Unteralgebra von $k\langle x_1, \ldots, x_n\rangle$, wir bezeichnen sie mit $k\langle\langle x_1, \ldots, x_n\rangle\rangle$ oder kürzer mit T_n oder einfach mit T; die Zahl n nennen wir die analytische Dimension von T. Für jedes $f = \sum a_{\nu_1 \ldots \nu_n} x_1^{\nu_1} \cdot \ldots \cdot x_n^{\nu_n} \in T$ existiert die reelle Zahl

$$\|f\| := \max_{\nu_1, \ldots, \nu_n \geqq 0} (|a_{\nu_1 \ldots \nu_n}|).$$

Ersichtlich ist $\| \ \|$ eine *Norm* in T, die T zu einem Banachraum über k macht. Wegen $\|f\| \in |k|$ läßt sich die Länge eines jeden Elementes $0 \neq f \in T$ durch Multiplikation mit einem Skalar $0 \neq c \in k$ auf 1 normieren.

Die Polynomalgebra $k[x_1, \ldots, x_n]$ liegt dicht in T. Es gilt $T = k[x_1, \ldots, x_n]$ für $n > 0$ genau dann, wenn die Bewertung von k trivial ist. Von nun wird stets vorausgesetzt, daß k nicht trivial bewertet ist.

Man rechnet direkt nach, daß für die Norm $\| \ \|$ von T die *strenge Produktregel* gilt:

$$\|f \cdot g\| = \|f\| \cdot \|g\|, \qquad f, g \in T.$$

Speziell ist T also eine Banachsche k-Algebra.

Wir bezeichnen mit E^n den Einheitspolyzylinder des k^n mit „Rand“, also

$$E^n = \{(c_1, \ldots, c_n) \in k^n : |c_1| \leqq 1, \ldots, |c_n| \leqq 1\}.$$

E^n ist eine offene und abgeschlossene Menge in k^n. Jede strikt konvergente Potenzreihe $f \in T_n$ definiert in natürlicher Weise (durch Substitution der Punkte $(c_1, \ldots, c_n) \in E^n$) eine k-wertige Funktion $F: E^n \to k$. Ersichtlich ist F in E^n analytisch, d. h. um jeden Punkt von E^n in eine konvergente Potenzreihe entwickelbar.

Man hat somit einen k-Algebrahomomorphismus $T_n \to \Gamma(E^n, \mathfrak{O})$ von T_n in die k-Algebra aller im E^n analytischen Funktionen. Diese Abbildung ist injektiv (Identitätssatz für Potenzreihen). Wir identifizieren fortan strikt konvergente Potenzreihen mit den zugehörigen im E^n analytischen Funktionen. Konvergiert eine Folge $h_\nu \in T_n$ in der Banachtopologie gegen ein $h \in T_n$, so konvergiert die Folge der analytischen Funktionen $h_\nu(x)$ gleichmäßig auf E^n gegen die analytische Grenzfunktion $h(x)$.

3. Die Banachtopologie in T_n respektiert k-Algebrahomomorphismen. Genauer:

Satz 1: *Jeder k-Algebrahomomorphismus $\varphi: T_n \to T_m$ ist stetig und längenverkürzend, d. h. es gilt:*

$$\|\varphi(f)\| \leqq \|f\| \text{ für alle } f \in T_n.$$

Ist φ surjektiv, so ist φ offen. Ist φ bijektiv, so ist φ eine Isometrie.

Beweis: Wir zeigen zunächst, daß φ stetig ist. Auf Grund des Satzes vom abgeschlossenen Graphen genügt es, folgendes zu beweisen: Ist $f_\nu \in T_n$ eine Nullfolge und konvergiert $g_\nu := \varphi(f_\nu)$ gegen ein $g \in T_m$, so gilt: $g = 0$. Angenommen, der Fall $g \neq 0$ wäre möglich. Dann gibt es einen Punkt $x_0 \in E^m$ mit $c := g(x_0) \neq 0$. Wir dürfen $c = 1$ annehmen (sonst gehe man zur Folge $c^{-1} f_\nu$ über). Die Folge $c_\nu := g_\nu(x_0)$ konvergiert dann gegen 1. Für große ν ist auch c_ν^{-1} eine gegen 1 konvergente Folge. $\hat{f}_\nu := c_\nu^{-1} f_\nu$, ν groß, ist ebenfalls eine Nullfolge; ihre Bildfolge $\hat{g}_\nu := \varphi(\hat{f}_\nu) = c_\nu^{-1} g_\nu$ konvergiert gegen g und es gilt: $\hat{g}_\nu(x_0) = 1$, ν groß. Das aber ist unmöglich; da nämlich $1 - \hat{f}_\nu$ für große ν wegen $\|\hat{f}_\nu\| < 1$ eine Einheit in T_n ist, so ist $\varphi(1 - \hat{f}_\nu) = 1 - \hat{g}_\nu$ für große ν eine Einheit in T_m, was $1 - g_\nu(x_0) = 0$ widerspricht.

Wir zeigen nun, daß φ längenverkürzend ist. Angenommen, es gäbe ein $f_0 \in T_n$, so daß $\|\varphi(f_0)\| > \|f_0\|$. Setzt man $f_1 := a \cdot f_0$, wo $a \in k$ mit $|a| = \|\varphi(f_0)\|^{-1}$, so folgt $\|f_1\| < 1$, $\|\varphi(f_1)\| = 1$. Dann ist f_1^ν eine Nullfolge; hingegen $\varphi(f_1^\nu)$ nicht, da $\|\varphi(f_1^\nu)\| = \|\varphi(f_1)\|^\nu = 1$. Dies widerspricht der Stetigkeit von φ.

Ist φ surjektiv, so ist φ offen nach dem Satz von Banach. Ist φ bijektiv, so ist φ^{-1} auch stetig, und aus $\|\varphi^{-1}(f)\| \leqq \|f\|$ sowie $\|\varphi(f)\| \leqq \|f\|$ folgt $\|\varphi(f)\| = \|f\|$, w.z.b.w.

Aus Satz 1 folgt speziell, daß ein k-Algebrahomomorphismus $\varphi: T_n \to T_m$ bereits durch die Bildelemente $g_1, \ldots, g_n$ der Unbestimmten $x_1, \ldots, x_n$ vollständig bestimmt ist, dabei gilt stets $\|g_\nu\| \leqq 1$, $\nu = 1, \ldots, n$. Umgekehrt definieren je n Elemente $g_1, \ldots, g_n \in T_m$ mit $\|g_\nu\| \leqq 1$, $\nu = 1, \ldots, n$, durch die Zuordnung (es sei $f = \sum_0^\infty a_{\nu_1 \ldots \nu_n} x_1^{\nu_1} \ldots x_n^{\nu_n}$)

$$f(g_1, \ldots, g_n) := \sum_0^\infty a_{\nu_1 \ldots \nu_n} g_1^{\nu_1} \cdot \ldots \cdot g_n^{\nu_n} \in T_m$$

einen k-Algebrahomomorphismus $\varphi: T_n \to T_m$, der k elementweise festhält und für den gilt: $\varphi(x_1) = g_1, \ldots, \varphi(x_n) = g_n$. Wir nennen φ den zu $g_1, \ldots, g_n$ gehörenden Substitutionshomomorphismus. Jeder k-Algebrahomomorphismus ist also ein Substitutionshomomorphismus.

Für spätere Anwendungen besonders wichtige (isometrische) Automorphismen $T_n \to T_n$ sind die *Scherungen.* Sind $c_1, \ldots, c_{n-1}, n > 1$, natürliche Zahlen > 0, so heißt der durch die Gleichungen

$$\varphi(x_\nu) := x_\nu + x_n^{c_\nu}, \nu = 1, \ldots, n-1, \varphi(x_n) := x_n$$

induzierte Automorphismus $\varphi: T_n \to T_n$ eine Scherung von T_n (bzgl. der Unbestimmten x_n).

Für jede formale Potenzreihe $f = \sum_0^\infty a_{\nu_1 \ldots \nu_n} x_1^{\nu_1} \cdot \ldots \cdot x_n^{\nu_n}$ wird die *partielle Ableitung* $\frac{\partial f}{\partial x_j}$ definiert durch $\sum_0^\infty \nu_j a_{\nu_1 \ldots \nu_n} x_1^{\nu_1} \cdot \ldots \cdot x_j^{\nu_j - 1} \cdot \ldots \cdot x_n^{\nu_n}$. Da $|\nu| \leqq 1$ für jede natürliche Zahl ν, so gilt $\frac{\partial f}{\partial x_j} \in T_n$ für jedes $f \in T_n$. Die induzierte k-lineare Abbildung $\frac{\partial}{\partial x_j}: T_n \to T_n$ ist längenverkürzend und also stetig, $j = 1, \ldots, n$.

4. Der Einheitskreis mit Rand $E := E^1$ ist der *Bewertungsring von* k. Der Einheitskreis ohne Rand $\mathfrak{m} := \{c \in k : |c| < 1\}$ ist *das maximale Ideal von* E. Den Restklassenkörper $E/\mathfrak{m}$ bezeichnen wir mit $\varkappa$.

Die Einheitskugel mit Rand in T_n

$$\dot{T}_n := \{f \in T_n : \|f\| \leqq 1\} = \{f = \sum_0^\infty a_{\nu_1 \ldots \nu_n} x_1^{\nu_1} \cdot \ldots \cdot x_n^{\nu_n} \in T_n : a_{\nu_1 \ldots \nu_n} \in E\}$$

ist eine E-Algebra. Der natürliche E-Epimorphismus $\tau: E \to \varkappa$ ist in kanonischer Weise zu einem E-Epimorphismus $\tau: \dot{T}_n \to \varkappa[\xi_1 \ldots \xi_n]$ von T_n auf den Polynomring in n Unbestimmten $\xi_1, \ldots, \xi_n$ über $\varkappa$ fortsetzbar: für $f = \sum_0^\infty a_{\nu_1 \ldots \nu_n} x_1^{\nu_1} \cdot \ldots \cdot x_n^{\nu_n} \in T_n$ setze man $\tau(f) := \sum \tau(a_{\nu_1 \ldots \nu_n}) \xi_1^{\nu_1} \cdot \ldots \cdot \xi_n^{\nu_n}$. Dann ist $\tau(f)$ ein Polynom, da $a_{\nu_1 \ldots \nu_n} \in \mathfrak{m}$ für fast alle $\nu_1, \ldots, \nu_n$ gilt.

Es gilt $\tau(x_\nu) = \xi_\nu$. Das Primideal Ker τ von $\dot{T}_n$ ist die Einheitskugel ohne Rand von T_n, also die Menge

$$\{f \in T_n : \|f\| < 1\} = \{\sum_0^\infty a_{\nu_1 \ldots \nu_n} x_1^{\nu_1} \ldots x_n^{\nu_n} \in T_n : a_{\nu_1 \ldots \nu_n} \in \mathfrak{m}\}.$$

Jeder k-Algebrahomomorphismus $\varphi : T_n \to T_m$ bildet, da stetig, $\dot{T}_n$ in $\dot{T}_m$ ab und induziert in natürlicher Weise einen $\varkappa$-Algebrahomomorphismus $\dot{\varphi} : \varkappa[\xi_1, \ldots, \xi_n] \to \varkappa[\eta_1, \ldots \eta_m]$, so daß das Diagramm

$$\begin{array}{ccc} T_n & \xrightarrow{\varphi} & T_m \\ \tau \downarrow & & \downarrow \tau \\ \varkappa[\xi_1, \ldots, \xi_n] & \xrightarrow{\dot{\varphi}} & \varkappa[\eta_1, \ldots, \eta_m] \end{array}$$

kommutativ ist. Weiter gilt die

Kettenregel: Sind $\psi : T_l \to T_n$, $\varphi : T_n \to T_m$ *zwei k-Algebrahomomorphismen, so gilt*

$$\dot{\widehat{\varphi \circ \psi}} = \dot{\varphi} \circ \dot{\psi}.$$

Der Beweis ist direkt.

Der Übergang von T_n zu $\varkappa[\xi_1, \ldots, \xi_n]$ mittels τ liefert häufig Beweisvereinfachungen. Als erstes Beispiel zeigen wir hierzu

Satz 2: *$f \in T$ ist eine Einheit in T genau dann, wenn $f(0) \neq 0$ und $\|f - f(0)\| < |f(0)|$.*

Beweis: Gilt $f(0) \neq 0$ und $\|f - f(0)\| < |f(0)|$, so ist f eine Einheit in T nach Hilfssatz 1. Sei umgekehrt $f \cdot g = 1$ mit $g \in T$. Dann gilt jedenfalls $f(0) \neq 0$. Ohne Einschränkung der Allgemeinheit sei $\|f\| = \|g\| = 1$, d. h. $f, g \in \dot{T}$. Dann folgt $\tau(f) \cdot \tau(g) = 1$, d. h. $\tau(f)$ ist eine Einheit in $\varkappa[\xi_1, \ldots, \xi_n]$. Da die einzigen Einheiten von $\varkappa[\xi_1, \ldots, \xi_n]$ die Elemente $\neq 0$ aus $\varkappa$ sind, so folgt $\tau(f) = \tau(f(0)) \neq 0$, d. h. $|f(0)| = 1$ und $f - f(0) \in$ Ker τ. Letzteres bedeutet $\|f - f(0)\| < 1 = |f(0)|$, w.z.b.w.

Bemerkung: Eine andere Formulierung von Satz 2 ist: Die Einheiten von T sind genau das τ-Urbild der Einheiten (= von 0 verschiedene Elemente) aus $\varkappa \subset \varkappa[\xi_1, \ldots, \xi_n]$.

5. Für die Algebra T_n gilt das Maximumprinzip in folgender Form (wir setzen $\mathring{E}^n := \{(c_1, \ldots, c_n) \in k^n : |c_1| < 1, \ldots, |c_n| < 1\}$ und $\partial E^n := E^n - \mathring{E}^n$):

Satz 3 *(Maximumprinzip) : Für jedes $f \in T_n$ gilt :*

$$\sup_{x \in E^n} |f(x)| \leqq \|f\|.$$

Falls $|f(p)| = \|f\|$ für wenigstens einen Punkt $p \in \mathring{E}^n$, so gilt $|f(x)| = \|f\|$ für jedes $x \in \mathring{E}^n$. Ist k_0 ein Unterkörper von k, derart, daß $\tau(k_0 \cap E) \subset \varkappa$ unendlich viele Elemente hat, so existiert ein Punkt $p_0 = (a_1, \ldots, a_n) \in \partial E^n$ mit $a_1, \ldots, a_n \in k_0$ und

$$|f(p_0)| = \|f\|.$$

Beweis: Es ist klar, daß $|f(c)| \leqq \|f\|$ für jeden Punkt $c \in E^n$. Sei nun $p \in \mathring{E}^n$ mit $|f(p)| = \|f\|$, ohne Einschränkung der Allgemeinheit sei $\|f\| = 1$. Dann folgt $\tau(f)(0) \neq 0$. Da jeder Punkt $x \in \mathring{E}^n$ Urbild von $0 \in \varkappa^n$ ist, heißt dies: $|f(x)| = 1$ für jedes $x \in \mathring{E}^n$.

Aus $\|f\| = 1$ folgt $\tau(f) \neq 0$. Ist nun der Körper $\varkappa_0 := \tau(k_0 \cap E) \subset \varkappa$ unendlich, so gibt es einen Punkt $0 \neq \alpha \in \varkappa_0^n$ mit $\tau(f)(\alpha) \neq 0$. Für jedes Urbild $p_0 \in \partial E^n$ von α gilt dann $|f(p_0)| = 1$.

§ 2 Die Weierstraß'sche Formel

1. Es sei wieder $T = k\langle\langle x_1, \ldots, x_n \rangle\rangle$, $n \geqq 1$. Wir bezeichnen mit T' die Banach'sche Unteralgebra von T derjenigen Potenzreihen, die x_n nicht enthalten. Dann gilt $T' = k\langle\langle x_1, \ldots, x_{n-1} \rangle\rangle$; und jedes $f \in T$ schreibt sich eindeutig in der Form

$$f = \sum_0^\infty f_\nu x_n^\nu, \quad f_\nu \in T', \quad \|f\| = \max_{\nu \geqq 0} \|f_\nu\|.$$

Für jede Nullfolge $f_0, f_1, \ldots$ aus T' gilt also: $\sum_0^\infty f_\nu x_n^\nu \in T$; speziell ist der Polynomring $T'[x_n]$ in T enthalten. Mit $\operatorname{grad} f$ bezeichnen wir stets den Grad von f, aufgefaßt als Polynom in x_n.

Eine Potenzreihe $g = \sum_{0}^{\infty} g_\nu x_n^\nu \in T$ heißt x_n – *allgemein von der Ordnung* $s \geqq 0$, wenn g_s eine Einheit in T ist, derart, daß gilt

$$\|g_s\| = \|g\|, \quad \|g_\nu\| < \|g\| \text{ für alle } \nu > s.$$

Dann folgt: $\|g_\nu\| \leqq \|g\|$ für $\nu = 0, 1, \ldots, s-1$.

Für T gilt ein zum euklidischen Algorithmus analoger Divisionsalgorithmus.

Satz 1 *(Weierstraß'sche Formel) : Es sei* $g \in T$ *allgemein in* x_n *von der Ordnung* $s \geqq 0$. *Dann existieren zu jedem* $f \in T$ *eindeutig bestimmte Elemente* $q \in T$, $r \in T'[x_n]$ *mit* grad $r < s$, *so daß gilt:*

$$f = q \cdot g + r.$$

Es bestehen die Abschätzungen:

$$\|q\| \leqq \|g\|^{-1} \cdot \|f\|, \quad \|r\| \leqq \|f\|.$$

Gilt zusätzlich $g, f \in T'[x_n]$ *und* grad $g = s$, *so gilt auch* $q \in T'[x_n]$ *und* grad q $=$ grad $f - s$.

Beweis: Wir zeigen zunächst, daß q und r eindeutig durch f bestimmt sind. Dazu genügt es zu beweisen, daß aus $q \cdot g + r = 0$ mit $q, r \in T$ und grad $r < s$ folgt $q = r = 0$. Angenommen es wäre $r \neq 0$. Dann läßt sich durch Multiplikation mit einer Konstanten erreichen: $\|r\| = \|g\| = \|q\| = 1$, woraus folgt:

$$0 \neq \tau(r) = -\tau(q) \cdot \tau(g) \in \varkappa[\xi_1, \ldots, \xi_n].$$

Eine solche Gleichung ist aber im Polynomring unmöglich, da $\tau(g)$ in ξ_n vom Grade s und $\tau(r)$ in ξ_n vom Grade $\leqq s-1$ ist. Also gilt $r = 0$ und dann auch $q = 0$.

Wir zeigen als nächstes, daß für q und r die behaupteten Abschätzungen gelten. Sei also $f = qg + r$. Falls $\|qg\| \neq \|r\|$, so folgt nach der verschärften Dreiecksungleichung:

$$\|f\| = \max(\|q \cdot g\|, \|r\|), \text{ d. h. } \|r\| \leqq \|f\|.$$

Sei also $\|qg\| = \|r\|$, ohne Einschränkung der Allgemeinheit sei $\|g\| = \|r\| = 1$. Dann folgt $\|q\| = 1$ und $\|f\| \leqq 1$; daher kann man zum Polynomring übergehen:

$$\tau(f) = \tau(q) \cdot \tau(g) + \tau(r).$$

Wie oben ist $\tau(f) = 0$ unmöglich, d. h. es gilt $\|f\| = 1$, so daß man auch in diesem Falle $\|r\| \leqq \|f\|$ hat. Die Ungleichung $\|q\| \leqq \|g\|^{-1} \cdot \|f\|$ folgt jetzt direkt.

Es bleibt die Existenz von q und r zu beweisen. Sei zunächst $g = \sum_0^\infty g_\nu x_n^\nu$, $g_\nu = 0$ für $\nu > s$. Da in jedem Polynomring in einer Unbestimmten über einem Integritätsring der euklidische Algorithmus gilt (für Divisorpolynome, deren höchster Koeffizient eine Einheit ist), folgt die Existenz von q und r zu jedem $f \in T'[x_n]$. Sei nun $f = \sum_0^\infty f_\nu \cdot x_n^\nu \in T$ beliebig. Wegen $f_\nu \cdot x_n^\nu \in T'[x_n]$ gelten Gleichungen

$$f_\nu x_n^\nu = q_\nu g + r_\nu, \quad q_\nu, r_\nu \in T, \quad \operatorname{grad} r_\nu < s, \nu = 0, 1, \ldots;$$

dabei bestehen nach dem schon Bewiesenen die Abschätzungen:

$$\|r_\nu\| \leqq \|f_\nu\|, \quad \|q_\nu\| \leqq \|g\|^{-1} \cdot \|f_\nu\|, \quad \nu = 0, 1, \ldots$$

Da f_ν eine Nullfolge in T' ist, gilt mithin: $r := \sum_0^\infty r_\nu \in T$; $q := \sum_0^\infty q_\nu \in T$. Da $f = q \cdot g + r$ und $\operatorname{grad} r < s$, so gilt die Behauptung auch in diesem Falle.

Sei nun $g = \sum_0^\infty g_\nu x_n^\nu$ ein beliebiges x_n-allgemeines Element von der Ordnung s. Wir dürfen $\|g\| = 1$ voraussetzen. Wir schreiben

$$g = g' + g'', \text{ wo } g' := \sum_0^s g_\nu x_n^\nu.$$

Für g' an Stelle von g gilt dann die Behauptung nach dem bereits Gezeigten. Wir definieren Folgen f_ν, q_ν, r_ν durch vollständige Induktion:

$$f_0 := f = q_0 g' + r_0, \ldots, f_{\nu+1} := f_\nu - q_\nu g - r_\nu = q_{\nu+1} g' + r_{\nu+1},$$

dabei seien q_ν, r_ν die jeweils zu f_ν gehörenden eindeutig bestimmten Elemente aus T mit $\operatorname{grad} r_\nu < s$ zum Divisor g'. Setzt man $\varepsilon := \|g''\|$, so gilt

$0 \leqq \varepsilon < 1$, und aus $f_{\nu+1} = -q_\nu g''$ folgt $\|f_{\nu+1}\| = \varepsilon \|q_\nu\| \leqq \varepsilon \|f_\nu\|$. Daher gilt allgemein

$$\|f_\nu\| \leqq \varepsilon^\nu \|f\|, \|q_\nu\| \leqq \varepsilon^\nu \|f\|, \|r_\nu\| \leqq \varepsilon^\nu \|f\|, \nu = 0, 1, 2, \ldots$$

Setzt man nun $q := \sum_0^\infty q_\nu \in T$, $r := \sum_0^\infty r_\nu \in T$, so folgt wegen $q_\nu \cdot g + r_\nu = f_\nu - f_{\nu+1}$ sofort: $f = q \cdot g + r$. Da grad $r < s$, so ist Satz 1 vollständig bewiesen.

2. Der Weierstraß'sche Vorbereitungssatz folgt unmittelbar aus Satz 1.

Satz 2 *(Weierstraß'scher Vorbereitungssatz) : Es sei $g \in T$ allgemein bzgl. x_n von der Ordnung $s \geqq 0$. Dann gibt es genau ein normiertes Polynom s-ten Grades $\omega \in T'[x_n]$ so daß gilt:*

$$g = e \cdot \omega \text{ mit einer Einheit } e \in T.$$

Es bestehen die Gleichungen

$$\|e\| = \|g\|, \quad \|\omega\| = 1.$$

Falls $g \in T'[x_n]$, *so gilt auch* $e \in T'[x_n]$ *mit* grad $e =$ grad $g - s$.

Beweis: Wir wenden Satz 1 an auf $f := x_n^s$ und gewinnen Potenzreihen $q, r \in T$ mit grad $r < s$, $\|r\| \leqq 1$, so daß gilt:

$$qg = \omega \text{ mit } \omega := x_n^s - r.$$

Man hat $\|\omega\| = 1$. Nochmalige Anwendung von Satz 1 (auf $f := g$ mit $g := \omega$) liefert eine Gleichung

$$g = e \cdot \omega + \hat{r} \text{ mit grad } \hat{r} < s.$$

Dann folgt

$$0 = (1 - q \cdot e) g - \hat{r},$$

und zwar ist dies die Weierstraßzerlegung von $f := 0$ bzgl. g. Aus der Eindeutigkeitsaussage folgt: $1 = e \cdot q$, $\hat{r} = 0$. Also gilt $g = e \cdot \omega$ mit einer Einheit e. Man hat $\|e\| = \|g\|$ wegen $\|\omega\| = 1$.

Die Eindeutigkeit der Darstellung $g = e \cdot \omega$ ergibt sich aus der im Satz 1 bewiesenen Eindeutigkeit der Zerlegung $f = q \cdot g + r$. Ist $g \in T'[x_n]$, so folgt die Behauptung über e aus Satz 1 (mit $f = g, g = \omega$). – Damit ist Satz 2 bewiesen.

Anmerkung: Es ist zweckmäßig, jedes normierte Polynom $\omega \in T'[x_n]$ mit $\|\omega\| = 1$ ein *Weierstraßpolynom* zu nennen. Diese Polynome treten an die Stelle der in der punktalen Theorie vorkommenden „ausgezeichneten Pseudopolynome".

3. Wir zeigen in diesem Abschnitt, daß jedes Element $\neq 0$ aus T_n durch einen Automorphismus von T_n in eine x_n-allgemeine strikt konvergente Potenzreihe transformiert werden kann. Für $n = 1$ ist jedes Element $\neq 0$ bereits x_1-allgemein. Um den Allgemeinfall zu behandeln, stützen wir uns auf folgenden

Hilfssatz 1: *Ein Element $g \in T$, $\|g\| = 1$, ist genau dann x_n-allgemein von der Ordnung $s \geqq 0$, wenn gilt*

$$\tau(g) = \alpha_0 + \alpha_1 \xi_n + \cdots + \alpha_s \cdot \xi_n^s \text{ mit } \alpha_0, \ldots, \alpha_{s-1} \in \varkappa[\xi_1, \ldots, \xi_{n-1}], 0 \neq \alpha_s \in \varkappa.$$

Beweis: $g = \sum_0^\infty g_\nu x_n^\nu$ mit $\|g\| = 1$ ist x_n-allgemein von der Ordnung s genau dann, wenn g_s eine Einheit in T ist und überdies gilt:

$$\|g_s\| = 1, \ \|g_\nu\| < 1 \text{ für alle } \nu > s.$$

Dies gilt genau dann, wenn in $\tau(g) = \sum_0^\infty \tau(g_\nu)\, \xi_n^\nu$ alle Koeffizienten $\alpha_\nu = \tau(g_\nu)$ für $\nu > s$ verschwinden und α_s eine Einheit in $\varkappa[\xi_1, \ldots, \xi_{n-1}]$ ist (man benutze Satz 1.2), w.z.b.w.

Wir zeigen nun

Satz 3: *Es sei $0 \neq h = \sum_0^\infty a_{\nu_1 \ldots \nu_n} x_1^{\nu_1} \ldots x_n^{\nu_n} \in T_n$, $n \geqq 2$. Es sei $v \geqq 0$ die größte natürliche Zahl, die als Index an einem Koeffizienten $a_{\nu_1 \ldots \nu_n}$ mit $|a_{\nu_1 \ldots \nu_n}| = \|h\|$ vorkommt; es sei $(v_1, \ldots v_n)$ das größte Indextupel (bzgl. lexikographischer Anordnung), so daß $|a_{v_1 \ldots v_n}| = \|h\|$. Dann ist für jede durch die Gleichungen*

$$\varphi(x_\nu) := x_\nu + x_n^{c_\nu}, \ \nu = 1, \ldots, n-1, \ \varphi(x_n) := x_n$$

mit $c_{n-1} > v$, $c_{n-2} > v(c_{n-1} + 1), \ldots, c_1 > v(c_2 + \cdots + c_{n-1} + 1)$ definierte Scherung $\varphi: T_n \to T_n$ die Potenzreihe $\varphi(h)$ bzgl. x_n allgemein von der Ordnung $v_n + \sum_1^{n-1} c_i v_i$.

Beweis: Ohne Einschränkung der Allgemeinheit sei $\|h\| = 1$. Wir schreiben

$$0 \neq \tau(h) = \sum \alpha_{\nu_1 \ldots \nu_n} \xi_1^{\nu_1} \ldots \xi_n^{\nu_n} \in \varkappa[\xi_1, \ldots, \xi_n].$$

Es gilt $\nu_1, \ldots, \nu_n \leqq v$, wenn immer $\alpha_{\nu_1 \ldots \nu_n} \neq 0$, weiter ist $(v_1, \ldots, v_n)$ das größte Indextupel mit $\alpha_{v_1 \ldots v_n} \neq 0$. Es folgt sofort:

Sind $c_1, \ldots, c_n$ natürliche Zahlen mit

$$(*) \qquad c_n = 1, c_j > v(c_n + \cdots + c_{j+1}), \; j = n-1, \ldots, 1,$$

und setzt man $s := \sum_1^n v_i c_i$, so gilt $\alpha_{\nu_1 \ldots \nu_n} \neq 0$ mit $\sum_1^n \nu_i c_i \geqq s$ nur für $(\nu_1, \ldots, \nu_n) = (v_1, \ldots, v_n)$. – Gäbe es nämlich ein n-Tupel $(\nu_1, \ldots, \nu_n) \neq (v_1, \ldots, v_n)$ mit $\sum_1^n \nu_i c_i \geqq s$ und $\alpha_{\nu_1 \ldots \nu_n} \neq 0$, so gäbe es nach Definition der v_i eine natürliche Zahl p, $1 \leqq p \leqq n$, so daß $\nu_1 = v_1, \ldots, \nu_{p-1} = v_{p-1}, \nu_p < v_p$. Da stets $\nu_i \leqq v$, so folgt der Widerspruch

$$\sum_1^n \nu_i c_i \leqq \sum_1^{p-1} v_i c_i + (v_p - 1)\, c_p + v(c_{p+1} + \cdots + c_n) < \sum_1^n v_i c_i = s.$$

Für jede mit gemäß (*) gewählten Exponenten $c_1, \ldots c_n$ gebildete Scherung $\varphi: T \to T$ ist nun $\varphi(h)$ bzgl. x_n allgemein von der Ordnung s. Dazu ist nach Hilfssatz 1 nur zu zeigen, daß

$$\tau(\varphi(h)) = \sum_{\nu_1, \ldots, \nu_n} \alpha_{\nu_1 \ldots \nu_n} \sum_{\varrho_1, \ldots, \varrho_n = 0}^{\nu_1, \ldots, \nu_n} \binom{\nu_1}{\varrho_1} \cdots \binom{\nu_{n-1}}{\varrho_{n-1}} \xi_1^{\nu_1 - \varrho_1} \ldots \xi_{n-1}^{\nu_{n-1} - \varrho_{n-1}} \xi_n^{\varrho_1 c_1 + \cdots + \varrho_{n-1} c_{n-1} + \nu_n}$$

ein Polynom in ξ_n über $\varkappa[\xi_1, \ldots, \xi_{n-1}]$ vom Grade s mit $0 \neq \alpha_{v_1 \ldots v_n} \in \varkappa$ als höchsten Koeffizienten ist. Setzt man $\tau(\varphi(h)) = \sum \alpha_j \xi_n^j$; so ist α_j die Summe aus allen Monomen

$$\alpha_{\nu_1 \ldots \nu_n} \binom{\nu_1}{\varrho_1} \cdots \binom{\nu_{n-1}}{\varrho_{n-1}} \xi_1^{\nu_1 - \varrho_1} \ldots \xi_{n-1}^{\nu_{n-1} - \varrho_{n-1}}$$

mit $\qquad \varrho_1 \leqq \nu_1, \ldots, \varrho_{n-1} \leqq \nu_{n-1}, \; \sum_1^{n-1} \varrho_i c_i + \nu_n = j.$

Für $j > s$ gilt also $\sum\limits_1^n \nu_i c_i \geqq \sum\limits_1^{n-1} \varrho_i c_i + \nu_n = j > s$ und mithin $\alpha_{\nu_1 \ldots \nu_n} = 0$ für alle bei der Bildung von α_j auftretenden Monome, d. h. $\alpha_j = 0$ für $j > s$. Für $j = s$ folgt analog $\alpha_s = \alpha_{\nu_1 \ldots \nu_n}$. – Satz 4 ist bewiesen.

Korollar: *Sind $h_1, \ldots, h_d \in T$ sämtlich $\neq 0$, so gibt es eine Scherung $\varphi: T \to T$, so daß $\varphi(h_1), \ldots, \varphi(h_d)$ sämtlich x_n-allgemein sind.*

Bemerkung: Im allgemeinen läßt sich ein Element $0 \neq h \in T$ nicht durch eine lineare Transformation x_n-allgemein machen. Es gilt jedoch, wenn wir mit

$$\Delta := \{\varphi: T_n \to T_n, \varphi(x_\nu) := x_\nu + b_\nu x_n, \nu = 1, \ldots, n-1;$$
$$\varphi(x_n) := x_n, (b_1, \ldots, b_{n-1}) \in E^{n-1}\}$$

die zur additiven Gruppe E^{n-1} isomorphe Gruppe der linearen Scherungen bezeichnen:

Es sei $\varkappa = E/\mathfrak{m}$ ein unendlicher Körper; es sei $0 \neq h \in T_n$, $n \geqq 2$, und $h = \sum\limits_0^\infty p_\nu$ die Entwicklung von h nach homogenen Polynomen, s sei die größte natürliche Zahl mit $\|p_s\| = \|h\|$, $\|p_\nu\| < \|h\|$ für alle $\nu > s$. Dann ist $\varphi(h)$ allgemein in x_n von der Ordnung s für $\varphi \in \Delta$ genau dann, wenn

$$|p_s(b_1, \ldots, b_{n-1}, 1)| = \|h\|;$$

die Menge dieser φ ist nicht leer und offen im E^{n-1}.

Beweis: Ohne Einschränkung der Allgemeinheit sei $\|h\| = 1$. Mit $\beta_\nu := \tau(b_\nu)$, $\nu = 1, \ldots, n-1$ und $\pi_\nu := \tau(p_\nu)$, $\nu \geqq 0$, gilt dann:

$$\tau(\varphi(h)) = \sum_0^s \pi_\nu(\xi_1 + \beta_1 \xi_n, \ldots, \xi_{n-1} + \beta_{n-1} \xi_n, \xi_n).$$

Entwickelt man nach Potenzen von ξ_n, so erhält man ein Polynom s-ten Grades in ξ_n mit $\pi_s(\beta_1, \ldots, \beta_{n-1}, 1) \in \varkappa$ als Koeffizienten von ξ_n^s. Nach Hilfssatz 1 ist $\varphi(h)$ mithin x_n-allgemein von der Ordnung s genau dann, wenn $\tau(p_s(b_1, \ldots, b_{n-1}, 1)) = \pi_s(\beta_1, \ldots, \beta_{n-1}, 1) \neq 0$, d. h. $|p_s(b_1, \ldots, b_{n-1}, 1)| = 1$.

Da $\varkappa$ unendlich viele Elemente hat, gibt es Punkte $(\beta_1 \ldots, \beta_{n-1}) \in \varkappa^{n-1}$ mit $\pi_s(\beta_1, \ldots, \beta_{n-1}, 1) \neq 0$. Daher gibt es auch Punkte $(b_1, \ldots, b_{n-1})$

$\in E^{n-1}$ mit $|p_s(b_1, \ldots, b_{n-1}, 1)| = 1$. Die Menge aller dieser Punkte von E^{n-1} ist offen, da die Abbildung

$$E^{n-1} \ni (b_1, \ldots, b_{n-1}) \to p_s(b_1, \ldots, b_{n-1}, 1) \in k$$

stetig und der Rand des Einheitskreises in k offen ist.

§ 3 Folgerungen aus der Weierstraß'schen Formel

1. Die Teilbarkeitstheorie des Ringes der strikt konvergenten Potenzreihen ist einfach auf Grund von

Satz 1: *T_n ist ein ZPE-Ring, d. h. es gilt der Satz von der eindeutigen Primelementzerlegung in T_n.*

Beweis: Bekanntlich ist ein Integritätsring genau dann ein ZPE-Ring, wenn die folgenden beiden Bedingungen erfüllt sind:

1. jede Nichteinheit ist Produkt von endlich vielen unzerlegbaren Elementen,
2. jede unzerlegbare Nichteinheit $\neq 0$ erzeugt ein Primideal.

Wir zeigen durch Induktion nach n, daß 1) und 2) für T_n gelten; wir benutzen, daß ein Polynomring über einem ZPE-Ring wieder ein ZPE-Ring ist.

Der Induktionsbeginn $T_0 = k$ ist trivial. Sei $n > 0$. Die Bedingung 1) ist erfüllt, wenn es zu jeder Nichteinheit $0 \neq f \in T_n$ eine natürliche Zahl m gibt, so daß f kein Produkt aus m Nichteinheiten ist. Ohne Beschränkung der Allgemeinheit sei $\|f\| = 1$. Dann ist $0 \neq \tau(f) \in \varkappa[\xi_1, \ldots, \xi_n]$ eine Nichteinheit (nach S 1.2) und es gibt, da $\varkappa[\xi_1, \ldots, \xi_n]$ ein ZPE-Ring ist, ein m der behaupteten Art zu $\tau(f)$. Dieses m leistet auch für f das Gewünschte.

Wir zeigen, daß auch Bedingung 2) erfüllt ist. Sei $0 \neq f \in T_n$ eine unzerlegbare Nichteinheit in T_n. Seien $f_1, f_2 \in T_n$, derart, daß $f_1 \cdot f_2 \in (f)$. Wir wählen eine Scherung $\varphi: T_n \to T_n$, so daß Gleichungen gelten:

$$\varphi(f) = e \cdot \omega, \varphi(f_1) = e_1 \cdot \omega_1, \varphi(f_2) = e_2 \cdot \omega_2,$$

mit Einheiten $e, e_1, e_2 \in T_n$ und Weierstraßpolynomen $\omega, \omega_1, \omega_2 \in T'[x_n]$ (dies ist nach Satz 2.2 und Satz 2.3 möglich). Dann gibt es ein $h \in T_n$ mit

$\omega_1 \cdot \omega_2 = h \cdot \omega$, dabei gilt sogar $h \in T'[x_n]$ nach dem Zusatz zu Satz 2.1 (mit $g := \omega$ und $f := \omega_1 \cdot \omega_2$). Mit f ist auch $\varphi(f)$ und also ω unzerlegbar in T_n. Dann ist ω auch unzerlegbar in $T'[x_n]$, denn: gilt $\omega = v_1 \cdot v_2$ mit $v_1, v_2 \in T'[x_n]$, so ist einer der Faktoren, etwa v_1, eine Einheit in T_n, und aus $v_2 = v_1^{-1}\omega$ folgt $v_1^{-1} \in T'[x_n]$ (nach dem Zusatz zu Satz 2.1 mit $g := \omega$ und $f := v_2$). Mithin erzeugt ω, da T' und daher auch $T'[x_n]$ nach Induktionsannahme ein ZPE-Ring ist, ein Primideal (ω) in $T'[x_n]$. Da $\omega_1 \cdot \omega_2 \in (\omega)$ wegen $h \in T'[x_n]$, so folgt, daß einer der Faktoren, etwa ω_1 in (ω) liegt. Das bedeutet für T_n aber $f_1 \in (f)$, d. h. (f) ist ein Primideal in T_n. – Satz 1 ist bewiesen.

2. Wir bestimmen die Gruppe aller k-Automorphismen von T_n. Jeder k-Algebrahomomorphismus $\varphi: T_n \to T_m$ induziert nach 1.4. einen $\varkappa$-Algebrahomomorphismus $\dot{\varphi}: \varkappa[\xi_1, \ldots, \xi_n] \to \varkappa[\eta_1, \ldots \eta_m]$, so daß das Diagramm

$$\begin{array}{ccc} \dot{T}_n & \xrightarrow{\ \varphi\ } & \dot{T}_m \\ {\scriptstyle\tau}\downarrow & & \downarrow{\scriptstyle\tau} \\ \varkappa[\xi_1, \ldots, \xi_n] & \xrightarrow{\ \dot{\varphi}\ } & \varkappa[\eta_1, \ldots, \eta_m] \end{array}$$

kommutativ ist.

Satz 2: *Ein k-Homomorphismus $\varphi: T_n \to T_m$ ist bijektiv genau dann, wenn der induzierte $\varkappa$-Homomorphismus $\dot{\varphi}: \varkappa[\xi_1, \ldots, \xi_n] \to \varkappa[\eta_1, \ldots, \eta_m]$ bijektiv ist (speziell gilt dann $n = m$).*

Beweis: Es ist nur zu zeigen, daß mit $\dot{\varphi}$ auch φ bijektiv ist. Sei zunächst $\dot{\varphi}$ die Identität. Dann ist die Potenzreihe $\varphi(x_\nu)$ wegen $\tau(\varphi(x_\nu)) = \xi_\nu$ allgemein bzgl. x_ν von der Ordnung 1, $\nu = 1, \ldots, n$. Wir zeigen nun durch Induktion nach $r \leqq n$:

Es sei φ ein Substitutionshomomorphismus $T_n \to T_n$. Die Potenzreihe $\varphi(x_\nu)$ sei allgemein in x_ν von der Ordnung 1, es gelte $\varphi(x_\nu) = x_\nu$ wenigstens $(n - r)$ mal, $1 \leqq r \leqq n$. Dann ist φ bijektiv.

Falls $r = 1$, so dürfen wir ohne Beschränkung der Allgemeinheit annehmen, daß $\varphi(x_\nu) = x_\nu$ für $\nu > 1$. Dann ist $f(x_1, \ldots, x_n) := \varphi(x_1)$ nach Voraussetzung x_1-allgemein von der Ordnung 1, und es gibt daher nach dem Vorbereitungssatz eine Einheit $e \in T_n\langle\langle y \rangle\rangle$ und ein $h \in T_n$ mit $\|h\| \leqq 1$, so daß gilt:

$$x_1 - f_1(y, x_2, \ldots, x_n) = e(y - h).$$

Wegen $h \in \dot{T}_n$ wird durch die Setzungen $\psi(x_1) := h$, $\psi(x_\nu) := x_\nu$, $\nu > 1$, ein Substitutionshomomorphismus $\psi: T_n \to T_n$ definiert. Da

$$(\psi \circ \varphi)(x_1) = \psi(f_1) = f_1(h, x_2, \ldots, x_n) = x_1,$$
$$(\varphi \circ \psi)(x_1) = \varphi(h) = h(f_1, x_2, \ldots, x_n) = x_1,$$

so gilt $\psi \circ \varphi = \varphi \circ \psi = 1$. Mithin ist ψ die Umkehrabbildung von φ.

Sei nun $\varphi(x_\nu) = x_\nu$ für wenigstens $n - r$ Indices, $1 < r \leqq n$, etwa $\varphi(x_\nu) = x_\nu$ für $\nu > r$. Durch die Gleichungen

$$\chi(x_\nu) := x_\nu, \ \nu \neq r, \quad \chi(x_r) := \varphi(x_r)$$

wird dann nach dem bereits bewiesenen ein Isomorphismus $\chi: T_n \to T_n$ gegeben. Da $(\chi^{-1} \circ \varphi)(x_\nu) = x_\nu$ für $\nu > r - 1$, so ist $\chi^{-1} \circ \varphi$ bijektiv nach Induktionsannahme. Dann ist aber auch φ selbst bijektiv. Für $r = n$ besagt die soeben bewiesene Aussage, daß jeder Homomorphismus $\varphi: T_n \to T_n$, für welchen $\dot{\varphi}$ die Identität ist, ein Isomorphismus ist.

Sei nun $\varphi: T_n \to T_n$ so beschaffen, daß $\dot{\varphi}$ bijektiv ist. Ist dann $g_\nu \in \dot{T}_n$ ein τ-Urbild von $\dot{\varphi}^{-1}(\xi_\nu)$, $\nu = 1, \ldots, n$, so betrachten wir den durch die Setzungen

$$\eta(x_\nu) := g_\nu, \quad \nu = 1, \ldots, n,$$

definierten stetigen k-Algebrahomomorphismus $\eta: T_n \to T_n$. Nach Konstruktion induzieren

$$\nu := \varphi \circ \eta, \quad \mu := \eta \circ \varphi$$

auf $\varkappa[\xi_1, \ldots, \xi_n]$ die Identität, sie sind daher nach dem bereits bewiesenen bijektiv. Dann ist aber auch φ selbst bijektiv (zunächst sind φ und η beide injektiv, denn aus $\varphi(f) = \varphi(f')$ bzw. $\eta(f) = \eta(f')$ folgt $\mu(f) = \mu(f')$ bzw. $\nu(f) = \nu(f')$ und daher $f = f'$. Weiter ist φ surjektiv, denn ist $f \in T_n$ beliebig, so wähle man $g \in T_n$ so, daß $\mu(g) = \eta(f)$. Aus $\eta(f) = \eta(\varphi(g))$ folgt dann $f = \varphi(g)$ wegen der Injektivität von η. – Satz 2 ist bewiesen.

Da jeder $\varkappa$-Algebraisomorphismus $\varkappa[\xi_1] \to \varkappa[\xi_1]$ von der Form $\xi_1 \to \alpha \xi_1 + \beta$, $\alpha \neq 0$, ist, so folgt aus Satz 2 speziell:

Eine strikt konvergente Potenzreihe $f(x) = a_0 + a_1 x + a_2 x^2 + \ldots \in k\langle\langle x \rangle\rangle$ induziert vermittels $c \to f(c)$ genau dann eine bianalytische Abbildung des Einheitskreises E auf sich, wenn folgendes gilt:

$$|a_0| \leqq 1, \quad |a_1| = 1, \quad |a_\nu| < 1 \quad \text{für alle } \nu > 1.$$

Die Gruppe der durch Elemente aus T_1 definierten bianalytischen Abbildungen von E auf sich ist also nicht endlich-dimensional.

§ 4 Idealbasissatz und Folgerungen

1. In diesem Paragraphen wird u. a. gezeigt, daß der Ring $k\langle\langle x_1, \ldots, x_n\rangle\rangle$ der strikt konvergenten Potenzreihen noethersch ist. Es sei $j \geqq 1$ eine natürliche Zahl und jT der T-Modul der geordneten j-Tupel $(f_1, \ldots, f_j)$ mit $f_1, \ldots, f_j \in T$. Durch

$$\|f\| := \max_{1 \leqq \delta \leqq j} \|f_\delta\|, \quad f = (f_1, \ldots, f_j) \in jT$$

wird eine Norm in jT definiert, die jT zu einem k-Banachraum macht.

Satz 1: *Jeder T-Untermodul $M \subset jT$ ist endlich erzeugbar. Zu jedem Erzeugendensystem $h_1, \ldots, h_m$ von M gibt es eine Schranke $L > 0$, derart, daß zu jedem $f \in M$ Elemente $a_1, \ldots, a_m \in T$ existieren, so daß gilt:*

$$f = \sum_1^m a_\mu h_\mu, \quad \|a_\mu\| \leqq L \cdot \|f\|, \quad \mu = 1, \ldots, m.$$

Beweis: Offensichtlich genügt es, ein Erzeugendensystem von M nebst einer Schranke > 0 anzugeben, so daß die Behauptung gilt. Wir führen Doppelinduktion nach j und der analytischen Dimension n von T. Für $n = 0$ ist die Behauptung für jedes $j \geqq 1$ trivial. Wir zeigen zunächst: Gilt die Behauptung bei festem $n - 1$, $n \geqq 1$, für alle j, so gilt sie auch für n und $j = 1$. – Sei also $0 \neq M \subset T$. Wir dürfen annehmen, daß es ein $= \sum_0^\infty g_\nu x_n^\nu \neq 0$ mit $\|g\| = 1$ in M gibt, welches die Voraussetzungen von Satz 2.1 erfüllt (denn nach Satz 2.3 gibt es stets einen isometrischen Automorphismus $\varphi: T \to T$, so daß der T-Modul $\varphi(M)$ solche Elemente enthält, und die Behauptung gilt für M, wenn sie für $\varphi(M)$ gilt). Zu jedem $f \in T$ gibt es dann eindeutig bestimmte Elemente $q \in T$, $r = r_0 + r_1 x_n + \cdots + r_{s-1} x_n^{s-1}$, $r_0, \ldots, r_{s-1} \in T'$, so daß gilt $f = q \cdot g + r$ mit $\|q\| \leqq \|f\|$, $\|r\| \leqq \|f\|$. Durch

$$f \to \Phi(f) := (r_0, \ldots, r_{s-1}) \in sT'$$

wird ein T'-Modulepimorphismus $\Phi: T \to sT'$ gegeben. Da T' die Dimension $n - 1$ hat, so gibt es nach Induktionsannahme zum T'-Modul $\Phi(M) \subset sT'$ ein Erzeugendensystem $(h'_{0\mu}, \ldots, h'_{s-1,\mu})$, $\mu = 2, \ldots, m$ von $\Phi(M)$ und eine Schranke $L \geqq 1$, so daß jedes Element $(h'_0, \ldots, h'_{s-1}) \in \Phi(M)$ darstellbar ist in der Form

$$(h'_0, \ldots, h'_{s-1}) = \sum_{\mu=2}^m b_\mu (h'_{0\mu}, \ldots, h'_{s-1,\mu})$$

mit Koeffizienten $b_2, \ldots, b_m \in T'$, für welche gilt:

$$\|b_\mu\| \leqq L \cdot \max(\|b'_0\|, \ldots, \|b'_{s-1}\|).$$

Wir setzen:

$$h_1 := g; \quad h_\mu := b'_{0\mu} + b'_{1\mu} x_n + \cdots + b_{s-1,\mu} x_n^{s-1}, \ \mu = 2, \ldots, m.$$

Dann gilt $h_1, \ldots, h_m \in M$, da $M = \Phi^{-1}(\Phi(M))$ wegen $\operatorname{Ker} \Phi = T \cdot g \subset M$.

Sei nun $f \in M$. Mit $a_1 := q$ gilt dann

$$f = a_1 h_1 + r, \quad \|a_1\| \leqq \|f\|, \quad (r_0, \ldots, r_{s-1}) \in \Phi(M).$$

Daher gibt es Elemente $a_2, \ldots, a_m \in T'$, so daß

$$(r_0, \ldots, r_{s-1}) = \sum_{\mu=2}^{m} a_\mu (b'_{0\mu}, \ldots, b'_{s-1,\mu}),$$

$$\|a_\mu\| \leqq L \cdot \max(\|r_0\|, \ldots, \|r_{s-1}\|) = L \cdot \|r\| \leqq L \cdot \|f\|, \quad \mu = 2, \ldots, m.$$

Hieraus folgt $r = \sum_2^m a_\mu h_\mu$ und also $f = \sum_1^m a_\mu h_\mu$ mit

$$\|a_\mu\| \leqq L \cdot \|f\|, \ \mu = 1, \ldots, m.$$

Wir zeigen weiter: Gilt die Behauptung bei festem n für alle $j = 1, \ldots, q-1$, so gilt sie auch für $j = q$, $q > 1$. – Wir bezeichnen mit $M_1 \subset T$ die Menge aller ersten Komponenten von Elementen aus M und mit $M_2 \subset (q-1)\,T$ die Menge aller $(q-1)$-Tupel $(f_2, \ldots, f_q)$, so daß $(0, f_2, \ldots f_q) \in M$. Auf die T-Moduln M_1 und M_2 ist dann die Induktionsvoraussetzung anwendbar. Wir wählen entsprechend Erzeugendensysteme $h_{11}, \ldots, h_{1d}$ bzw. $h_{21}, \ldots, h_{2e}$ von M_1 bzw. M_2 und zugehörige Schranken $L_1 \geqq 1$ bzw. L_2, und setzen

$$h_\delta := (h_{1\delta}, \hat{h}_\delta), \ \delta = 1, \ldots, d; \ h_{d+\varepsilon} := (0, h_{2\varepsilon}), \ \varepsilon = 1, \ldots, e;$$

dabei sei $\hat{h}_\delta \in (q-1)\,M$ so gewählt, daß $h_\delta \in M$, $\delta = 1, \ldots, d$. Gilt etwa $\|\hat{h}_\delta\| \leqq R$, $\delta = 1, \ldots, d$, $R \geqq 1$, so behaupten wir, daß $h_1, \ldots, h_m$, $m := e + d$, ein gesuchtes Erzeugendensystem von M mit $L := \max(L_1,$

L_1RL_2) bilden. Sei also $f \in M$, etwa $f = (f_1, \tilde{f})$ mit $f_1 \in M_1$. Dann gilt $\|f\| = \max(\|f_1\|, \|\tilde{f}\|)$, und es gibt Elemente $a_1, \ldots, a_d \in T$, so daß

$$f_1 = \sum_1^d a_\delta b_{1\delta} \text{ mit } \|a_\delta\| \leqq L_1 \|f_1\| \leqq L_1 \cdot \|f\|, \delta = 1, \ldots, d.$$

$$\text{Mit } \hat{f} := \sum_1^d a_\delta b_\delta \in M \text{ gilt } f = \hat{f} + (0, f_2), \text{ wo } f_2 := \tilde{f} - \sum_1^d a_\delta \hat{b}_\delta \in M_2.$$

Nach Induktionsannahme gibt es weitere Potenzreihen $a_{d+1}, \ldots, a_m \in T$, so daß

$$f_2 = \sum_{\varepsilon=1}^e a_{d+\varepsilon} b_{2\varepsilon} \text{ mit } \|a_{d+\varepsilon}\| \leqq L_2 \|f_2\|, \varepsilon = 1, \ldots, e.$$

Da $\|f_2\| \leqq \max(\|\tilde{f}\|, \|a_1\hat{b}_1\|, \ldots, \|a_d\hat{b}_d\|) \leqq L_1 \cdot \|f\| \max(1, \|\hat{b}_1\|, \ldots, \|\hat{b}_d\|)$ $\leqq L_1 R \|f\|$, so folgt insgesamt $f = \sum_1^m a_\mu b_\mu$ mit $\|a_\mu\| \leqq L \cdot \|f\|$, $\mu = 1, \ldots, m$. – Satz 1 ist bewiesen.

Korollar: *Die k-Algebra $T_n = k\langle\langle x_1, \ldots, x_n\rangle\rangle$ der strikt konvergenten Potenzreihen in $x_1, \ldots, x_n$ über k ist noethersch. Insbesondere ist $T_1 = k\langle\langle x_1\rangle\rangle$ ein Hauptidealring; jedes Ideal in T_1 wird von einem Polynom erzeugt.*

Nur die Aussage über T_1 ist zu begründen. Sei $0 \neq \mathfrak{a} \neq T_1$ ein Ideal. Jedes $0 \neq g \in \mathfrak{a}$ ist x_1-allgemein. Wählt man g von minimaler Ordnung, so folgt $\mathfrak{a} = (g)$ nach der Weierstraß'schen Formel. Nach dem Vorbereitungssatz kann man g noch als Polynom wählen.

Bemerkung: Es gibt Ideale in T_n, $n \geqq 2$, die keine Polynome $\neq 0$ enthalten. Dies gilt z. B. für Hauptideale $(x_2 - f(x_1)) \subset T_2$, wenn f transzendent über $k[x_1]$ ist.

Es ergibt sich weiter:

Folgerung: *Jeder T-Untermodul M von jT, $1 \leqq j < \infty$, ist abgeschlossen.*

Beweis: Sei $f \in jT$ Limes einer Folge $f_\nu \in M$. Durch Übergang zu einer Teilfolge läßt sich erreichen, daß $\|f_{\nu+1} - f_\nu\| \leqq 2^{-\nu}$, $\nu = 1, 2, \ldots$. Nach Satz 1 gibt es ein Erzeugendensystem $b_1, \ldots, b_m$ von M, derart, daß Gleichungen gelten

$$f_{\nu+1} - f_\nu = \sum_1^m a_{\nu\mu} b_\mu \text{ mit } \|a_{\nu\mu}\| \leqq 2^{-\nu};\ \mu = 1, \ldots, m;\ \nu = 1, 2, \ldots.$$

Die Reihe $\sum_{\nu=1}^{\infty} a_{\nu\mu}$ konvergiert dann gegen ein Element $a_\mu \in T$, $\mu = 1, \ldots, m$.

Es folgt:

$$f - f_1 = \sum_{1}^{m} a_\mu h_\mu, \text{ d. h. } f \in M.$$

§ 5 k-affinoide Algebren

1. Jede Restklassenalgebra $T_n/\mathfrak{a}$ von T_n nach einem (abgeschlossenen) Ideal $\mathfrak{a} \neq T_n$ wird zu einer Banachschen Algebra über k, wenn man die Norm einer Restklasse $\bar{f}$ definiert als ihre Entfernung von der 0:

$$\|\bar{f}\| := \inf_{h \in \bar{f}} (\|h\|).$$

Die Restklassenabbildung $T_n \to T_n/\mathfrak{a}$ ist dann längenverkürzend und also *stetig*, die Banachtopologie auf $T_n/\mathfrak{a}$ ist durch diese Stetigkeitsforderung (nach dem Satz von Banach) eindeutig bestimmt. $T_n/\mathfrak{a}$ wird i. a. nilpotente Elemente haben, daher gilt i. a. nicht die verschärfte Multiplikationsregel für $T_n/\mathfrak{a}$. Ferner gilt i. a. $\|\bar{f}\| \notin |k|$.

Eine topologische k-Algebra A heiße eine *k-affinoide Algebra*, wenn es eine natürliche Zahl n und einen stetigen und offenen k-Algebraepimorphismus $\varphi: T_n \to A$ gibt. Da $\operatorname{Ker}\varphi$ nach Satz 4.1., Folgerung, abgeschlossen in T_n liegt, ist A dann in natürlicher Weise zur Banachschen Restklassenalgebra $T_n/\operatorname{Ker}\varphi$ topologisch isomorph. Speziell ist jede k-affinoide Algebra noethersch.

Wir zeigen

Satz 1: *Es sei A eine fest vorgegebene k-affinoide Algebra. Dann trägt jeder noethersche A-Modul M genau eine Banachtopologie, so daß M ein topologischer A-Modul ist. Jeder A-Untermodul von M ist abgeschlossen. Jeder A-Modulhomomorphismus $\sigma: M' \to M$ zwischen so topologisierten noetherschen A-Moduln ist stetig.*

Beweis: 1) Wir versehen jeden freien noetherschen A-Modul jA, $1 \leqq j < \infty$, mit der direkten Summentopologie und zeigen sogleich, daß jeder A-Untermodul N von jA abgeschlossen ist. Wir wählen einen stetigen und offenen k-Algebraepimorphismus $\varphi: T_n \to A$ und bezeichnen mit $\psi = \varphi \oplus \cdots \oplus \varphi$ den induzierten stetigen Epimorphismus $jT_n \to jA$.

Nach der Folgerung aus Satz 4.1 liegt $\psi^{-1}(N)$ als T_n-Untermodul von jT_n abgeschlossen in jT_n. Da ψ nach dem Satz von Banach offen ist, ist das Komplement von N in jA als ψ-Bild des offenen Komplementes von $\psi^{-1}(N)$ in T_n offen in jA. Daher ist N selbst abgeschlossen in jA.

2) Sei nun M irgendein noetherscher A-Modul. Wir wählen einen A-Modulepimorphismus $\varepsilon : rA \to M$. Da Ker ε nach dem unter 1) Bewiesenen abgeschlossen ist, kann man M derart mit einer Banachtopologie versehen, daß ε stetig und offen ist. Bezüglich dieser Topologie wird M, wie unmittelbar ersichtlich, zu einem topologischen A-Modul. Jeder A-Untermodul N von M ist abgeschlossen, dies folgt analog wie in 1) unter Benutzung des in 1) Gezeigten.

3) Sei nun M irgendwie mit einer Banachtopologie versehen, so daß M ein topologischer A-Modul ist. Dann ist, da die Moduloperationen stetig sind, jeder A-Modulepimorphismus $\varepsilon : rA \to M$ stetig, und die Topologie auf M ist nach dem Satz von Banach die Quotiententopologie bzgl. ε. Dies beweist die Eindeutigkeit der Topologie auf M.

4) Sei M' ein weiterer, mit seiner Banachtopologie versehener noetherscher A-Modul und $\sigma : M' \to M$ ein A-Modulhomomorphismus. Ist dann $\varphi : sA \to M'$ ein Epimorphismus, so ist φ offen und $\sigma \circ \varphi$ stetig. Hieraus folgt die Stetigkeit von σ. – Satz 1 ist bewiesen.

Ist B irgendeine Banachsche k-Algebra, so nennt man ein Element $y \in B$ *potenzbeschränkt*, wenn die Menge $\{y^\nu, \nu \geqq 0\}$ beschränkt in B liegt. Sind $y_1, \ldots, y_d \in B$ potenz-beschränkt, so gibt es genau einen k-Algebrahomomorphismus $\varphi : k\langle\langle x_1, \ldots, x_d\rangle\rangle \to B$ mit $\varphi(x_\nu) = y_\nu$, $\nu = 1, \ldots, d$; φ ist beschränkt und daher stetig. Aus dieser Bemerkung folgt:

Es sei B eine Banachsche k-Algebra und $\psi : T_n \to B$ ein stetiger k-Algebrahomomorphismus, so daß B bzgl. ψ ein noetherscher T_n-Modul ist. Dann ist B eine k-affinoide Algebra.

Denn: Sind $b_1, \ldots, b_q$ Erzeugende von B über $T_n = k\langle\langle x_1, \ldots, x_n\rangle\rangle$, so darf man annehmen, daß $b_1, \ldots, b_q$ potenz-beschränkt sind. Durch

$$\varphi(x_\nu) := \psi(x_\nu),\ \nu = 1, \ldots, n,\ \varphi(x_{n+j}) := b_j,\ j = 1, \ldots, q.$$

wird dann ein stetiger Epimorphismus $\varphi : T_{n+q} \to B$ gegeben. Da φ offen ist, so ist B also eine k-affinoide Algebra.

Wir verzichten hier darauf, Struktursätze über k-affinoide Algebren „elementar" herzuleiten und verweisen auf Kap. III, wo sich solche Sätze beim Aufbau der Theorie der k-affinoiden Räume mitergeben.

2. In diesem Abschnitt geben wir ein wichtiges Beispiel einer k-affinoiden Algebra an. Eine formale Laurentreihe

$$f = \sum_{-\infty}^{+\infty} a_{\nu_1 \ldots \nu_n} x_1^{\nu_1} \cdot \ldots \cdot x_n^{\nu_n}$$

in n Unbestimmten mit Koeffizienten $a_{\nu_1 \ldots \nu_n} \in k$ heiße *strikt konvergent*, wenn

$$\lim a_{\nu_1 \ldots \nu_n} = 0.$$

d. h. wenn für jedes $\varepsilon > 0$ die Ungleichung $|a_{\nu_1 \ldots \nu_n}| < \varepsilon$ für fast alle n-tupel $(\nu_1, \ldots, \nu_n)$ ganzer Zahlen gilt. Die Gesamtheit aller strikt konvergenten Laurentreihen in $x_1, \ldots, x_n$ bildet eine k-Algebra L_n.

Durch die Setzung

$$\|f\| = \max (|a_{\nu_1 \ldots \nu_n}|)$$

wird L_n zu einer Banachschen Algebra über k, für welche die strenge Produktregel

$$(*) \qquad \|f \cdot g\| = \|f\| \cdot \|g\|, \quad f, g \in L_n$$

gilt. Daher ist L_n *nullteilerfrei*. T_n ist eine abgeschlossene k-Unteralgebra von L_n.

Setzt man in naheliegender Weise

$$\dot{L}_n := \{f \in L_n : \|f\| \leqq 1\},$$

so gilt $\dot{T}_n \subset \dot{L}_n$, und der kanonische E-Epimorphismus $\tau: \dot{T}_n \to \varkappa[\xi_1, \ldots, \xi_n]$ ist in natürlicher Weise zu einem E-Epimorphismus $\tau: \dot{L}_n \to \varkappa[\xi_1, \ldots, \xi_n]_S$ von $\dot{L}_n$ auf den Quotientenring von $\varkappa[\xi_1, \ldots, \xi_n]$ bzgl. des multiplikativen Systems S der Monome $\{\xi_1^{\nu_1} \cdot \ldots \cdot \xi_n^{\nu_n}\}$ fortsetzbar.

Bemerkung: Die Identität (*) beweist sich leicht unter Benutzung von τ. Zunächst ist klar, daß stets $\|f \cdot g\| \leqq \|f\| \cdot \|g\|$, daher sind der Ring $\dot{L}_n$ und τ wohldefiniert. Da $\varkappa[\xi_1, \ldots, \xi_n]_S$ nullteilerfrei ist, so ist $\operatorname{Ker} \tau = \{f \in L_n : \|f\| < 1\}$ ein Primideal. Dies impliziert sofort (*).

Sind $g_1, \ldots, g_n$ Einheiten in L_m und gilt $\|g_\nu\| = 1, \nu = 1, \ldots, n$, so wird durch die Setzung

$$f(g_1, \ldots, g_n) := \sum_{-\infty}^{+\infty} a_{\nu_1 \ldots \nu_n} g_1^{\nu_1} \cdot \ldots \cdot g_n^{\nu_n}$$

jedem $f = \sum_{-\infty}^{+\infty} a_{\nu_1 \ldots \nu_n} x_1^{\nu_1} \cdot \ldots \cdot x_n^{\nu_n} \in L_n$ ein Element $\varphi(f) \in L_m$ zugeordnet. $\varphi: L_n \to L_m$ ist ein längenverkürzender k-Algebrahomomorphismus, der k elementweise festhält und für den gilt: $\varphi(x_1) = g_1, \ldots, \varphi(x_n) = g_n$.

Wir betrachten nun speziell den durch die $2n$ Gleichungen

$$\chi(u_\nu) := x_\nu, \; \chi(v_\nu) := x_\nu^{-1}, \; \nu = 1, \ldots, n$$

definierten k-Homomorphismus $\chi: T_{2n} \to L_n$ der Algebra T_{2n} der strikt konvergenten Potenzreihen in $u_1, v_1, \ldots, u_n, v_n$ in die Algebra L_n der strikt konvergenten Laurentreihen in $x_1, \ldots, x_n$ und zeigen:

Satz 2: *χ ist surjektiv, das Ideal $\mathfrak{a} := \operatorname{Ker} \chi$ wird von den n Elementen $u_1 v_1 - 1, \ldots, u_n v_n - 1$ erzeugt. Der induzierte k-Algebraisomorphismus $T_{2n}/\mathfrak{a} \to L_n$ ist eine Isometrie der unterliegenden Banachräume.*

Beweis: 1) Wir bemerken zunächst: zu jedem $f \in L_n$ gibt es ein $g \in T_{2n}$ mit $\chi(g) = f$ und $\|g\| = \|f\|$. Ist z. B. $n = 1$ und gilt $f = \sum_{\nu=0}^{+\infty} b_\nu x_1^\nu + \sum_{\nu=-1}^{-\infty} b_\nu x_1^\nu$, so ist $g := \sum_0^\infty b_\nu u_1^\nu + \sum_1^\infty b_{-\nu} v_1^\nu$ ein solches Urbild; im Falle eines beliebigen $n \geqq 1$ zerlege man f entsprechend in 2^n Teilreihen.

2) Bezeichnen wir mit $\mathfrak{a}'$ das von $u_\nu v_\nu - 1$, $\nu = 1, \ldots, n$ erzeugte Ideal, so ist die Inklusion $\mathfrak{a}' \subset \mathfrak{a}$ trivial. Sei $n = 1$. Da es zu jedem Produkt $u_1^\mu v_1^\nu$ ein Polynom $g_{\mu\nu} \in \mathfrak{a}'$ mit $\|g_{\mu\nu}\| \leqq 1$ gibt, so daß in $u_1^\mu v_1^\nu + g_{\mu\nu}$ nur Potenzen von u_1 bzw. v_1 allein vorkommen, kann man zu jedem $f \in T_2$ ein $g \in \mathfrak{a}'$ finden, so daß gilt: $f + g = \sum_0^\infty b_\nu u_1^\nu + \sum_0^\infty c_\nu v_1^\nu$. Da $f \in \mathfrak{a}$ genau dann gilt, wenn $f + g = 0$, so folgt $\mathfrak{a} = \mathfrak{a}'$. Analog schließt man für beliebiges $n \geqq 1$.

3) Der natürliche k-Algebraisomorphismus $\psi: T_{2n}/\mathfrak{a} \to L_n$ ist stetig. Wir zeigen zunächst, daß ψ *längenverkürzend* ist. Es gibt ein $K > 0$, so daß $\|\psi(x)\| \leqq K \|x\|$ für alle $x \in T_{2n}/\mathfrak{a}$. Für die Potenzen x^ν gilt dann, da in L_n die strenge Multiplikationsregel gilt:

$$\|\psi(x)\|^\nu = \|\psi(x^\nu)\| \leqq K \|x^\nu\| \leqq K \|x\|^\nu, \text{ d. h.}$$

$$\|\psi(x)\| \leqq \sqrt[\nu]{K} \|x\| \text{ für alle } \nu \geqq 1.$$

Daher darf man $K = 1$ wählen.

Die natürliche Projektion $\varphi: T_{2n} \to T_{2n}/\mathfrak{a}$ ist ebenfalls längenverkürzend und es gilt $\chi = \psi \circ \varphi$. Ist nun $f \in L_n$ beliebig, so gibt es nach dem unter 1) Bewiesenen ein χ-Urbild $g \in T_{2n}$ mit $\|g\| = \|f\|$. Für $h := \varphi(g) \in T_{2n}/\mathfrak{a}$ gilt dann $\psi(h) = f$ und $\|h\| = \|\varphi(g)\| \leqq \|g\|$. Da weiter $\|f\| = \|\psi(h)\| \leqq \|h\|$, so folgt insgesamt $\|f\| = \|h\|$, d. h. ψ ist eine Isometrie, w.z.b.w.

Korollar: *L_n ist eine k-affinoide Algebra.*

§ 6 (Anhang) Analytische k-Stellenalgebren

1. Ist $t = (t_1, \ldots, t_n) \in |k^*|^n$ ein n-tupel positiver reeller Zahlen, so setzen wir:

$$T_n(t) := \{f = \sum_0^\infty a_{\nu_1 \ldots \nu_n} x_1^{\nu_1} \cdot \ldots \cdot x_n^{\nu_n} : \lim |a_{\nu_1 \ldots \nu_n}| \, t_1^{\nu_1} \cdot \ldots \cdot t_n^{\nu_n} = 0\}$$

Durch $\|f\|_t := \max (|a_{\nu_1 \ldots \nu_n}| \, t_1^{\nu_1} \cdot \ldots \cdot t_n^{\nu_n})$ wird eine *Norm* in $T_n(t)$ eingeführt, die $T_n(t)$ zu einer *Banachschen k-Algebra* macht. Es gilt $T_n = T_n((1, \ldots, 1))$, jedes $T_n(t)$ ist als k-Algebra isometrisch zu T_n isomorph.

Die k-Stellenalgebra $K_n := k\langle x_1, \ldots, x_n\rangle = \bigcup_{t \in |k^*|^n} T_n(t)$ *aller konvergenten Potenzreihen* ist *noethersch*. Wir nennen ein Folge $f_1, f_2, \ldots \in K_n$ *konvergent* (*gegen* $f \in K_n$), wenn es ein $t \in |k^*|^n$ gibt, so daß $f_1, f_2, \ldots \in T_n(t)$ und die f_ν in der Banachtopologie von $T_n(t)$ (gegen $f \in T_n(t)$) konvergieren. Man kann zeigen (vgl. [1]), daß dieser Konvergenzbegriff von einer Topologie $\mathfrak{T}$ auf K_n herrührt: *$\mathfrak{T}$ ist die feinste Topologie, für welche alle Injektionen $T_n(t) \to K_n$, $t \in |k^*|^n$, stetig sind. $\mathfrak{T}$ ist lokal-konvex, Hausdorffsch und folgenvollständig*, jedoch gilt nicht das 1. Abzählbarkeitsaxiom, speziell ist die Topologie $\mathfrak{T}$ *nicht metrisch*. K_n ist bzgl. $\mathfrak{T}$ eine *topologische* k-Algebra, *jedes Ideal* $\mathfrak{a} \subset K_n$ *ist abgeschlossen*. Die Polynomalgebra $k[x_1, \ldots, x_n]$ liegt *dicht in* K_n. Wir denken uns K_n stets mit dieser Topologie versehen.

2. Eine topologische k-Stellenalgebra H heißt eine *analytische k-Stellenalgebra*, wenn es ein $n \geqq 0$ und einen lokalen k-Algebraepimorphismus $K_n \to H$ gibt, der stetig und offen ist. Lokale k-Algebrahomomorphismen zwischen analytischen k-Stellenalgebren heißen *analytische Homomorphismen*. Es gilt der grundlegende

Satz 1: *Eine k-Stellenalgebra H besitzt höchstens eine Topologie, so daß H eine analytische k-Stellenalgebra ist. Jede analytische k-Stellenalgebra H ist eine* *lokal-konvexe, Hausdorffsche und folgenvollständige topologische k-Algebra. Jedes Ideal in H ist abgeschlossen.*

Jeder analytische Homomorphismus ist stetig, jeder analytische Epimorphismus ist offen.

Sei nun H eine fest vorgegebene analytische k-Stellenalgebra. Wir versehen jeden freien H-Modul pH, $1 \leqq p < \infty$, mit der Produkttopologie, dadurch wir pH zu einem topologischen H-Modul. Ein topologischer H-Modul M heißt ein *analytischer H-Modul*, wenn es ein $p \geqq 1$ und einen H-Modulepimorphismus $pH \to M$ gibt, der stetig und offen ist. Ersichtlich ist jeder analytische H-Modul noethersch.

Satz 2: *Jeder noethersche H-Modul M besitzt genau eine Topologie, so daß M ein analytischer H-Modul ist. Jeder analytische H-Modul M ist ein lokal-konvexer, Hausdorffscher und folgenvollständiger topologischer H-Modul. Jeder H-Untermodul von M ist abgeschlossen.*

Jeder H-Modulhomomorphismus zwischen analytischen H-Moduln ist stetig, jeder H-Modulepimorphismus zwischen solchen Moduln ist offen.

Zum Beweise der Sätze 1 und 2 vgl. [1].

Kap. II: k-globale Garben

§ 1 k-globale Räume

0. Zu jedem nicht-archimedisch, nicht trivial und vollständig bewerteten Körper k gibt es einen kleinsten, algebraisch abgeschlossenen, vollständig bewerteten Oberkörper $\bar{k}$, dessen Bewertung eine Fortsetzung der Bewertung von k ist. Zunächst läßt sich nämlich die Bewertung von k eindeutig auf den algebraischen Abschluß k_a von k fortsetzen. k_a ist im allgemeinen nicht vollständig. Die Komplettierung $\bar{k}$ von k_a bleibt algebraisch abgeschlossen und ist ein gewünschter Körper. Jeder Wert $c \in |\bar{k}|$ ist Wurzel eines Elementes aus $|k|$.

1. Die Körper $k, \bar{k}$ seien gemäß 0. fest vorgegeben. Ein *$\bar{k}$-beringter Raum* (X, H_X), das ist ein topologischer Raum X mit einer Garbe H_X von $\bar{k}$-Stellenalgebren über X, heißt ein *k-globaler Raum*, wenn eine k-Unteralgebra R_X von $\Gamma(X, H_X)$ mit $1 \in R_X$ fest vorgegeben ist. Wir schreiben dann auch $\mathfrak{X} = (X, H_X, R_X)$.

Sind $\mathfrak{X} = (X, H_X, R_X)$, $\mathfrak{Y} = (Y, H_Y, R_Y)$ zwei k-globale Räume, so heißt ein Morphismus $\varphi: (X, H_X) \to (Y, H_Y)$ des $\bar{k}$-beringten Raumes (X, H_X) in den $\bar{k}$-beringten Raum (Y, H_Y) (das ist eine stetige Abbildung $\varphi: X \to Y$ und ein Garbenhomomorphismus $\hat{\varphi}: \varphi^*(H_Y) \to H_X$ der topologischen Urbildgarbe $\varphi^*(H_Y)$ in H_X) ein k-Morphismus von $\mathfrak{X}$ in $\mathfrak{Y}$, wenn der von $\hat{\varphi}$ induzierte $\bar{k}$-Algebrahomomorphismus $\Gamma(Y, H_Y) \to \Gamma(X, H_X)$ die k-Algebra R_Y in die k-Algebra R_X abbildet. *Die k-globalen Räume bilden, zusammen mit den k-Morphismen, eine Kategorie.*

2. Es sei $\mathfrak{X} = (X, H, R)$ ein k-globaler Raum. Eine *k-globale Garbe* über $\mathfrak{X}$, kürzer: eine *k-Garbe* über $\mathfrak{X}$ ist ein Paar $(S, \Gamma_*(S))$, wobei S eine H-Garbe über $\mathfrak{X}$ im üblichen Sinne und $\Gamma_*(S) \subset \Gamma(X, S)$ ein R-Modul ist. (H, R) ist eine k-Garbe. Sind $(S', \Gamma_*(S'))$, $(S, \Gamma_*(S))$ zwei k-Garben über $\mathfrak{X}$, so heißt ein H-Homomorphismus $\varphi: S' \to S$ ein *k-Homomorphismus*, wenn $\varphi(\Gamma_*(S')) \subset \Gamma_*(S)$. Die k-Garben über $\mathfrak{X}$ bilden, zusammen mit den k-Homomorphismen, eine Kategorie.

Als *k-Untergarben* einer k-Garbe $(S, \Gamma_*(S))$ hat man alle Paare $(S', \Gamma_*(S'))$ anzusehen, wo S' eine H-Untergarbe von S und $\Gamma_*(S')$ ein R-Untermodul von $\Gamma_*(S) \cap \Gamma(X, S')$ ist. Falls $\Gamma_*(S') = \Gamma(X, S') \cap \Gamma_*(S)$, so nennen wir $(S', \Gamma_*(S'))$ eine *maximale k-Untergarbe* (zur H-Untergarbe S' von S).

Ist $(S', \Gamma_*(S'))$ eine k-Untergarbe von $(S, \Gamma_*(S))$, so ist das Paar $(S/S', \Gamma_*(S)/\Gamma_*(S'))$ i. a. keine k-Garbe, da die Elemente von $\Gamma_*(S)/\Gamma_*(S')$ nicht notwendig Schnittflächen in S/S' sind. Dies ist genau dann der Fall, wenn $\Gamma_*(S') = \Gamma(X, S') \cap \Gamma_*(S)$, alsdann sprechen wir von der *k-Quotientengarbe von* $(S, \Gamma_*(S))$ nach $(S', \Gamma_*(S'))$.

Eine Sequenz

$$(*) \qquad (S', \Gamma_*(S')) \xrightarrow{\varphi} (S, \Gamma_*(S)) \xrightarrow{\psi} (S'', \Gamma_*(S'')),$$

in der φ und ψ zwei k-Homomorphismen sind, heißt eine *k-Sequenz*. Die k-Sequenz (*) heißt *exakt*, wenn die zugehörige H-Sequenz $S' \to S \to S''$ exakt ist. Ist zusätzlich auch die R-Sequenz $\Gamma_*(S') \to \Gamma_*(S) \to \Gamma_*(S'')$ exakt, so heißt (*) eine k-exakte Sequenz.

Ist $\varphi: (S', \Gamma_*(S')) \to (S, \Gamma_*(S))$ ein k-Homomorphismus, so definieren wir den *k-Kern* und das *k-Bild* von φ durch

$$(\mathrm{Ker}\,\varphi, \Gamma_*(\mathrm{Ker}\,\varphi)), \quad \Gamma_*(\mathrm{Ker}\,\varphi) := \Gamma(X, \mathrm{Ker}\,\varphi) \cap \Gamma_*(S'),$$
$$(\mathrm{Im}\ \varphi, \Gamma_*(\mathrm{Im}\ \varphi)), \quad \Gamma_*(\mathrm{Im}\ \varphi) := \varphi(\Gamma_*(S')).$$

Man hat dann eine kanonische k-exakte Sequenz

$$0 \to (\operatorname{Ker}\varphi, \Gamma_*(\operatorname{Ker}\varphi)) \to (S', \Gamma_*(S')) \to (\operatorname{Im}\varphi, \Gamma_*(\operatorname{Im}\varphi)) \to 0.$$

Der *k-Cokern* von φ ist zu definieren als

$$(\operatorname{Coker}\varphi, \Gamma_*(\operatorname{Coker}\varphi)), \quad \Gamma_*(\operatorname{Coker}\varphi) := \Gamma_*(S)/\Gamma(X, \operatorname{Im}\varphi) \cap \Gamma_*(S).$$

Die k-Sequenz

$$0 \to (\operatorname{Im}\varphi, \Gamma_*(\operatorname{Im}\varphi)) \to (S, \Gamma_*(S)) \to (\operatorname{Coker}\varphi, \Gamma_*(\operatorname{Coker}\varphi)) \to 0$$

ist exakt; k-Exaktheit liegt genau dann vor, wenn $\Gamma(X, \operatorname{Im}\varphi) \cap \Gamma_*(S) = \varphi(\Gamma_*(S'))$. Die direkte Summe zweier k-Garben $(S, \Gamma_*(S))$ und $(S', \Gamma_*(S'))$ wird definiert durch

$$(S, \Gamma_*(S)) \oplus (S', \Gamma_*(S')) := (S \oplus S', \Gamma_*(S) \oplus \Gamma_*(S'));$$

man hat eine kanonische k-exakte Sequenz

$$0 \to (S, \Gamma_*(S)) \to (S \oplus S', \Gamma_*(S) \oplus \Gamma_*(S')) \to (S', \Gamma_*(S')) \to 0.$$

Die k-Garbe $\operatorname{Hom}_{(H,R)}((S', \Gamma_*(S')), (S, \Gamma_*(S)))$ ist das Paar

$$(\operatorname{Hom}_H(S', S), \Gamma_*(\operatorname{Hom}_H(S', S))),$$

dessen zweite Komponente der R-Modul aller k-Homomorphismen $\varphi: S' \to S$ mit $\varphi(\Gamma_*(S')) \subset \Gamma_*(S)$ ist.

Ist $\varphi: \mathfrak{X} \to \mathfrak{Y}$ ein k-Morphismus zwischen k-globalen Räumen $\mathfrak{X} = (X, H_X, R_X)$, $\mathfrak{Y} = (Y, H_Y, R_Y)$, so wird für jede k-Garbe $(S, \Gamma_*(S))$ über $\mathfrak{X}$ die (nullte) *k-Bildgarbe* $\varphi_0(S, \Gamma_*(S))$ über Y definiert als das Paar $(\varphi_0(S), \Gamma_*(\varphi_0(S)))$, wobei $\Gamma_*(\varphi_0(S))$ der R_Y-Modul $\Gamma_*(S)$ ist. φ_0 ist ein *k-linksexakter, kovarianter Funktor* der Kategorie der k-Garben über $\mathfrak{X}$ in die Kategorie der k-Garben über $\mathfrak{Y}$. Ist φ diskret (d. h. ist jede Faser von φ eine diskrete Menge), so ist φ_0 exakt und dann sogar k-exakt.

3. Eine wichtige Unterkategorie der Kategorie der k-globalen Räume ist die Kategorie der *k-affinoiden Räume*. Wir führen folgende, für den Rest dieser Arbeit stets zu benutzenden Bezeichnungen ein: $T_n := k\langle\langle x_1, \ldots, x_n\rangle\rangle$, $\bar{T}_n := \bar{k}\langle\langle x_1, \ldots, x_n\rangle\rangle$, $E^n :=$ n-dimensionaler Polyzylinder mit Rand in $\bar{k}^n$, $\mathfrak{O} = \mathfrak{O}_{E^n} :=$ Garbe der $\bar{k}$-wertigen holomorphen Funktionskeime über E^n. Dann ist das Tripel $\mathfrak{E}_n := (E^n, \mathfrak{O}, T_n)$ ein k-globaler Raum. Sei nun $\mathfrak{a} \neq T_n$ ein Ideal. Wir bezeichnen mit $\mathfrak{J}$ die von $\mathfrak{a} \cdot \bar{T}_n \subset \Gamma(E^n, \mathfrak{O})$ erzeugte kohärente analytische Idealgarbe und setzen: $X := N(\mathfrak{J})$. Es gilt: $\mathfrak{a} \subset \mathfrak{a}\bar{T}_n \cap \mathfrak{a} \subset \Gamma(E^n, \mathfrak{J}) \cap T_n$. Wir werden im Kap. III. § 3 sehen, daß stets $\mathfrak{a} = \Gamma(E^n, \mathfrak{J}) \cap T_n$ und daß X nie leer ist. Weiter sei $H_X := (\mathfrak{O}/\mathfrak{J})|X$, $A_X := T_n/\Gamma(E^n, \mathfrak{J}) \cap T_n$ (dann ist der natürliche Homomorphismus $A_X \to \Gamma(X, H_X)$ injektiv). Der k-globale Raum $\mathfrak{X} = (X, H_X, A_X)$ heißt ein *(zum Ideal $\mathfrak{a}$ gehörender) k-affinoider Unterraum von E^n*, X heißt eine *k-affinoide Menge* in E^n. Ein k-globaler Raum heißt ein *k-affinoider Raum*, wenn es eine k-bimorphe Abbildung auf einen k-affinoiden Unterraum eines Polyzylinder E^n gibt. k-Morphismen zwischen k-affinoiden Räumen werden *k-affinoide Abbildungen* genannt; k-Garben über einem k-affinoiden Raum heißen *k-affinoide Garben*.

§ 2 k-kohärente Garben

1. Es sei $\mathfrak{X} = (X, H, R)$ ein fest vorgegebener k-globaler Raum. Wir skizzieren die Theorie der k-kohärenten Garben über $\mathfrak{X}$, die nach dem Vorbild von [2] entwickelt wird. Eine k-Garbe $(S, \Gamma_*(S))$ heißt *k-endlich erzeugbar*, wenn es endlich viele Schnittflächen $s_1, \ldots, s_q \in \Gamma_*(S)$ gibt, die $\Gamma_*(S)$ über R und jeden Halm S_x, $x \in X$, über H_x erzeugen. Dies ist genau dann der Fall, wenn $\Gamma_*(S)$ ein endlich erzeugter R-Modul ist, dessen Schnittflächen alle Halme von S erzeugen. Weiter ist trivial:

$(S, \Gamma_*(S))$ ist genau dann k-endlich erzeugbar, wenn es eine k-exakte Sequenz

$$q(H, R) \xrightarrow{\varepsilon} (S, \Gamma_*(S)) \to 0, \quad 1 \leqq q < \infty,$$

gibt.

Eine k-Garbe $(S, \Gamma_*(S))$ heiße *k-relationsendlich*, wenn für jeden k-Homomorphismus $\varphi: q(H, R) \to (S, \Gamma_*(S))$ die „Relationengarbe" $(\operatorname{Ker}\varphi, \Gamma_*(\operatorname{Ker}\varphi))$ k-endlich erzeugbar ist.

Eine k-Garbe $(S, \Gamma_*(S))$ heiße *k-kohärent*, wenn sie k-endlich erzeugbar und k-relationsendlich ist. Dann folgt sofort:

Zu jeder k-kohärenten Garbe $(S, \Gamma_*(S))$ existiert eine k-exakte Sequenz

$$p(H, R) \to q(H, R) \to (S, \Gamma_*(S)) \to 0, \quad 1 \leqq p, q < \infty.$$

Jede k-endlich erzeugbare Untergarbe einer k-kohärenten Garbe ist k-kohärent (sind z. B. $(S', \Gamma_*(S'))$, $(S'', \Gamma_*(S''))$ zwei k-kohärente Untergarben einer k-kohärenten Garbe $(S, \Gamma_*(S))$, so ist auch ihre Summe $(S' + S'', \Gamma_*(S') + \Gamma_*(S''))$ k-kohärent).

Ein wichtiges Kohärenzkriterium wird gegeben durch

Satz 1 (Fünferlemma): *Es sei*

$$(S_1, \Gamma_*(S_1)) \xrightarrow{\varphi_1} (S_2, \Gamma_*(S_2)) \xrightarrow{\varphi_2} (S_3, \Gamma_*(S_3)) \xrightarrow{\varphi_3} (S_4, \Gamma_*(S_4)) \xrightarrow{\varphi_4} (S_5, \Gamma_*(S_5))$$

eine k-exakte Sequenz mit k-kohärenten Garben $(S_i, \Gamma_*(S_i))$, $i \neq 3$. Dann ist auch $(S_3, \Gamma_*(S_3))$ eine k-kohärente Garbe.

Beweis: a) *$(S_3, \Gamma_*(S_3))$ ist k-endlich erzeugbar.* – Es gibt k-exakte Sequenzen $\sigma: q_2(H, R) \to (S_2, \Gamma_*(S_2)) \to 0$, $\tau: q_4(H, R) \to (S_4, \Gamma_*(S_4)) \to 0$. Da $(S_5, \Gamma_*(S_5))$ k-kohärent ist, so ist $(\mathrm{Ker}\, \varphi_4 \circ \tau, \Gamma_*(\mathrm{Ker}\, \varphi_4 \circ \tau))$ k-endlich erzeugbar, d. h. es gibt einen Epimorphismus $\psi: p(H, R) \to (\mathrm{Ker}\, \varphi_4 \circ \tau, \Gamma_*(\mathrm{Ker}\, \varphi_4 \circ \tau))$. Wegen $(\mathrm{Im}\, \tau \circ \psi, \Gamma_*(\mathrm{Im}\, \tau \circ \psi)) \subset (\mathrm{Ker}\, \varphi_4, \Gamma_*(\mathrm{Ker}\, \varphi_4)) = (\mathrm{Im}\, \varphi_3, \Gamma_*(\mathrm{Im}\, \varphi_3))$ existiert ein Homomorphismus $\omega: p(H, R) \to (S_3, \Gamma_*(S_3))$ mit $\varphi_3 \circ \omega = \tau \circ \psi$. Man zeigt nun leicht, daß der direkte Summenhomomorphismus $\varphi_2 \circ \sigma \oplus \omega: (q_2 + p)(H, R) \to (S_3, \Gamma_*(S_3))$ surjektiv ist.

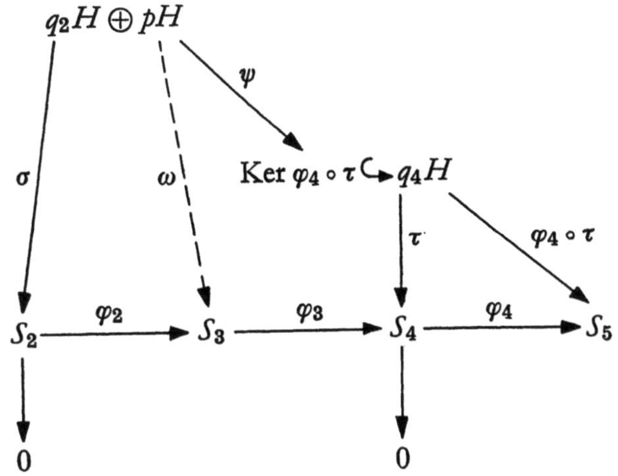

b) *$(S_3, \Gamma_*(S_3))$ ist k-relationsendlich.* – Sei $\beta: q_3(H, R) \to (S_3, \Gamma_*(S_3))$ irgendein k-Homomorphismus. Da $(S_4, \Gamma_*(S_4))$ k-kohärent ist, gibt es einen Epimorphismus $\psi: p(H, R) \rightarrow (\operatorname{Ker} \varphi_3 \circ \beta, \Gamma_*(\operatorname{Ker} \varphi_3 \circ \beta))$. Wegen $(\operatorname{Im} \beta \circ \psi, \Gamma_*(\operatorname{Im} \beta \circ \psi)) \subset (\operatorname{Ker} \varphi_3, \Gamma_*(\operatorname{Ker} \varphi_3)) = (\operatorname{Im} \varphi_2, \Gamma_*(\operatorname{Im} \varphi_2))$ existiert ein Homomorphismus $\omega: p(H, R) \rightarrow (S_2, \Gamma_*(S_2))$ mit $\varphi_2 \circ \omega = \beta \circ \psi$. Wir wählen einen Epimorphismus $\alpha: q_1(H, R) \rightarrow (S_1, \Gamma_*(S_1))$ und betrachten den Kern $(K, \Gamma_*(K))$ des direkten Summenhomomorphismus

$$\varphi_1 \circ \alpha \oplus \omega: (q_1 + p)(H, R) \rightarrow (S_2, \Gamma_*(S_2)).$$

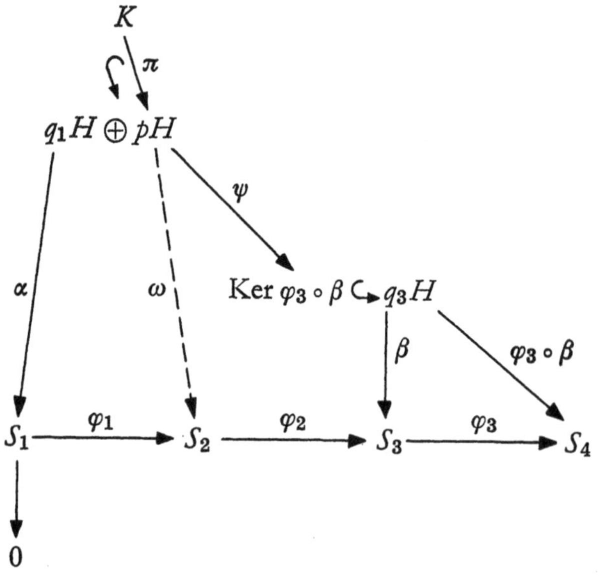

Da $(S_2, \Gamma_*(S_2))$ k-kohärent ist, ist $(K, \Gamma_*(K))$ k-endlich erzeugbar. Dann ist auch die Garbe $(\psi \circ \pi(K), \Gamma_*(\psi \circ \pi(K)))$, wo π die natürliche Projektion von $(K, \Gamma_*(K))$ in $p(H, R)$ bezeichnet, k-endlich erzeugbar. Nun läßt sich aber leicht zeigen:

$$(\psi \circ \pi(K), \Gamma_*(\psi \circ \pi(K))) = (\operatorname{Ker} \beta, \Gamma_*(\operatorname{Ker} \beta)).$$

Das Fünferlemma ist bewiesen.

Korollar: *In einer k-exakten Garbensequenz*

$$0 \rightarrow (S', \Gamma_*(S')) \rightarrow (S, \Gamma_*(S)) \rightarrow (S'', \Gamma_*(S'')) \rightarrow 0$$

sind alle Garben k-kohärent, wenn es wenigstens zwei von ihnen sind.

Folgerung 1: $(S', \Gamma_*(S'))$, $(S, \Gamma_*(S))$ *seien k-kohärente Garben und* $\varphi : (S', \Gamma_*(S')) \to (S, \Gamma_*(S))$ *ein k-Homomorphismus. Dann sind auch die Garben*

$$(\mathrm{Ker}\,\varphi, \Gamma_*(\mathrm{Ker}\,\varphi)), \ (\mathrm{Im}\,\varphi, \Gamma_*(\mathrm{Im}\,\varphi))$$

k-kohärent.

Folgerung 2: *Die direkte Summe* $(S_1 \oplus \cdots \oplus S_t, \Gamma_*(S_1) \oplus \cdots \oplus \Gamma_*(S_t))$ *endlich vieler k-kohärenter Garben* $(S_j, \Gamma_*(S_j))$, $j = 1, \ldots, t$, *ist k-kohärent.*

Ist $(S, \Gamma_*(S))$ k-kohärent und N ein endlich erzeugter R-Untermodul von $\Gamma_*(S)$, so ist (S', N) eine k-kohärente Untergarbe von $(S, \Gamma_*(S))$, wenn S' die von N erzeugte H-Garbe bezeichnet. Die zu S' gehörende maximale k-Untergarbe $(S', \Gamma(X, S') \cap \Gamma_*(S))$ ist genau dann k-kohärent, wenn $\Gamma(X, S') \cap \Gamma_*(S)$ ein endlich erzeugter R-Modul ist; dies ist z. B. stets der Fall, wenn $\Gamma_*(S)$ ein noetherscher R-Modul ist. Alsdann ist auch die k-Quotientengarbe von $(S, \Gamma_*(S))$ nach $(S', \Gamma(X, S') \cap \Gamma_*(S))$ k-kohärent, speziell ist also der k-Cokern eines k-Morphismus $(S', \Gamma_*(S')) \to (S, \Gamma_*(S))$ zwischen k-kohärenten Garben k-kohärent, wenn $\Gamma_*(S)$ ein noetherscher R-Modul ist.

Man zeigt direkt, daß der Funktor $\mathrm{Hom}_{(H,R)}$ in der Kategorie der k-kohärenten Garben über $\mathfrak{X}$ linksexakt ist und daß gilt:

$$\mathrm{Hom}_{(H,R)}\big(q(H,R), (S, \Gamma_*(S))\big) \approx q(S, \Gamma_*(S)), \quad 1 \leqq q < \infty.$$

Hieraus folgt wie in [2]:

Mit $(S', \Gamma_*(S'))$ *und* $(S, \Gamma_*(S))$ *ist auch* $\mathrm{Hom}_{(H,R)}((S', \Gamma_*(S')), (S, \Gamma_*(S)))$ *eine k-kohärente Garbe.*

3. Die Strukturgarbe (H, R) heißt k-kohärent, wenn sie als (H, R)-Modulgarbe k-kohärent ist. Dies ist genau dann der Fall, wenn (H, R) k-relationsendlich ist. Im folgenden sei (H, R) stets als k-kohärent vorausgesetzt. Dann ergibt sich sofort:

Eine k-Garbe $(S, \Gamma_*(S))$ *ist genau dann k-kohärent, wenn es eine k-exakte Sequenz*

$$p(H, R) \to q(H, R) \to (S, \Gamma_*(S)) \to 0$$

gibt.

Weiter gilt, wenn die k-Annullatorgarbe in kanonischer Weise definiert wird:

Mit $(S, \Gamma_*(S))$ *ist auch die k-Annullatorgarbe* $\mathrm{An}(S, \Gamma_*(S))$ *k-kohärent.*

Denn: $\mathrm{An}(S, \Gamma_*(S))$ ist der Kern des natürlichen k-Homomorphismus der Homothetien

$$(H, R) \to \mathrm{Hom}((S, \Gamma_*(S)), (S, \Gamma_*(S))).$$

In den Anwendungen ist meistens die Garbe H selbst eine kohärente Garbe von Ringen im Sinne von [2]. Ist dann $(S, \Gamma_*(S))$ eine k-kohärente Garbe über (H, R), so ist S selbst eine kohärente H-Garbe.

4. In diesem Abschnitt sei $\mathfrak{X}$ ein k-globaler Raum mit k-kohärenter Strukturgarbe (H, R), die k-Algebra R sei überdies noethersch. Jede k-Sequenz

$$(S', \Gamma_*(S')) \xrightarrow{\varphi} (S, \Gamma_*(S)) \xrightarrow{\psi} (S'', \Gamma_*(S''))$$

zwischen k-kohärenten Garben, die in den zweiten Komponenten exakt ist, ist k-exakt, denn die k-kohärenten Untergarben $(\mathrm{Im}\,\varphi, \varphi(\Gamma_*(S')))$, $(\mathrm{Ker}\,\psi, \Gamma_*(\mathrm{Ker}\,\psi))$ von $(S, \Gamma_*(S))$ haben dieselbe zweite Komponente und es gilt mithin $\mathrm{Im}\,\varphi = \mathrm{Ker}\,\psi$. Aus der Exaktheit der obigen Sequenz in den ersten Komponenten folgt i. a. nicht ihre k-Exaktheit. Die Theorie wird besonders durchsichtig, wenn dies der Fall ist, d. h. wenn die folgende k-Exaktheitsbedingung (E) erfüllt ist:

(E) *Jede exakte k-Sequenz*

$$(S', \Gamma_*(S')) \to (S, \Gamma_*(S)) \to (S'', \Gamma_*(S''))$$

zwischen k-kohärenten Garben über $\mathfrak{X}$ ist k-exakt.

Wir werden im Kap. III. § 3 sehen, daß diese Bedingung für k-affinoide Räume stets erfüllt ist. Hier ziehen wir einige formale Folgerungen aus (E).

Folgerung 1: *Ist $(S', \Gamma_*(S'))$ eine k-kohärente Untergarbe einer k-kohärenten Garbe $(S, \Gamma_*(S))$, so gilt: $\Gamma_*(S') = \Gamma(X, S') \cap \Gamma_*(S)$.*

Denn: In der exakten k-Sequenz

$$(S', \Gamma_*(S')) \xrightarrow{\iota} (S', \Gamma(X, S') \cap \Gamma_*(S)) \to 0$$

sind alle Garben k-kohärent.

Speziell sieht man:

Ist $(S, \Gamma_*(S))$ k-kohärent und S' eine H-Untergarbe von S, so gibt es höchstens einen ausgezeichneten Schnittmodul $\Gamma_*(S')$ – nämlich $\Gamma(X, S') \cap \Gamma_*(S)$ –, so daß $(S', \Gamma_*(S'))$ k-kohärent ist.

Bemerkung: Ist S eine H-Garbe, so gibt es i. a. sehr wohl verschiedene R-Moduln $\Gamma_*(S) \subset \Gamma(X, S)$, so daß $(S, \Gamma_*(S))$ k-kohärent ist. So ist z. B. über $(E^1, \mathfrak{O}, T)$ jede k-Garbe $(\mathfrak{O}, fT)$, wo $f \in \Gamma(E^1, \mathfrak{O})$ eine Einheit ist, k-isomorph zu $(\mathfrak{O}, T)$ und daher k-kohärent. Wählt man $f \notin T$, so gilt $T \neq fT$.

Die Bedingung (E) (bzw. Folgerung 1) garantiert insbesondere, daß der k-Cokern eines k-Homomorphismus φ zwischen k-kohärenten Garben $(S', \Gamma_*(S')) \to (S, \Gamma_*(S))$ automatisch die „richtige" zweite Komponente $\Gamma_*(S)/\varphi(\Gamma_*(S'))$ hat. Weiter folgt:

Sind $(S', \Gamma_*(S'))$, $(S'', \Gamma_*(S''))$ k-kohärente Untergarben einer k-kohärenten Garbe $(S, \Gamma_*(S))$, so ist auch die Durchschnittsgarbe

$$(S' \cap S'', \Gamma_*(S') \cap \Gamma_*(S''))$$

k-kohärent.

Aus Folgerung 1 erhält man insbesondere:

Sei $(S, \Gamma_*(S))$ k-kohärent und N ein R-Untermodul von $\Gamma_*(S)$. Dann gilt

$$\Gamma(X, S') \cap \Gamma_*(S) = N$$

für die von N über X erzeugte H-Garbe S'.

Denn: (S', N) und $(S', \Gamma(X, S') \cap \Gamma_*(S))$ sind k-kohärente Untergarben von $(S, \Gamma_*(S))$.

Folgerung 2: *Die Garbe $(S, \Gamma_*(S))$ sei k-kohärent über X; es seien $s_1, \ldots, s_m \in \Gamma_*(S)$ Schnittflächen, die S über H erzeugen. Dann erzeugen $s_1, \ldots, s_m$ den R-Modul $\Gamma_*(S)$.*

Denn: Durch die Zuordnung

$$mH_x \ni (g_1, \ldots, g_m) \to \sum_1^m g_\mu s_{\mu x} \in S_x, \; x \in X,$$

wird ein *k-Homomorphismus* $\varphi: m(H, R) \to (S, \Gamma_*(S))$ definiert, der mH auf S abbildet. Nach (E) ist dann auch $\varphi: mR \to \Gamma_*(S)$ surjektiv, q.e.d.

Wir zeigen noch:

Die Bedingung (E) ist bereits erfüllt, wenn folgende schwächere Bedingung erfüllt ist:

(E') Für jede k-kohärente Untergarbe $(M, \Gamma_*(M))$ von $j(H, R)$, $1 \leqq j < \infty$, gilt:

$$\Gamma_*(M) = \Gamma(X, M) \cap jR.$$

Beweis: a) Sei zunächst $(S, \Gamma_*(S))$ k-kohärent und $(S', \Gamma_*(S'))$ eine k-kohärente Untergarbe. Wir behaupten $\Gamma_*(S') = \Gamma(X, S') \cap \Gamma_*(S)$. Wir wählen eine k-exakte Sequenz $j(H, R) \xrightarrow{\varepsilon} (S, \Gamma_*(S)) \to 0$.

Dann sind

$$(\varepsilon^{-1}(S'), \varepsilon^{-1}(\Gamma_*(S'))) \text{ und } (\varepsilon^{-1}(S'), \varepsilon^{-1}(\Gamma(X, S') \cap \Gamma_*(S)))$$

k-kohärente Untergarben von $j(H, R)$; nach Annahme gilt daher

$$\varepsilon^{-1}(\Gamma_*(S')) = \varepsilon^{-1}(\Gamma(X, S') \cap \Gamma_*(S)).$$

Dies impliziert $\Gamma_*(S') = \Gamma(X, S') \cap \Gamma_*(S)$, da $\varepsilon : jR \to \Gamma_*(S)$ surjektiv ist.

b) Sei nun

$$(S', \Gamma_*(S')) \xrightarrow{\varphi} (S, \Gamma_*(S)) \xrightarrow{\psi} (S'', \Gamma_*(S''))$$

eine exakte k-Sequenz zwischen k-kohärenten Garben über X. Dann sind

$$(\operatorname{Im} \varphi, \Gamma_*(\operatorname{Im} \varphi)), (\operatorname{Ker} \psi, \Gamma_*(\operatorname{Ker} \psi))$$

k-kohärente Untergarben von $(S, \Gamma_*(S))$. Da $\operatorname{Im} \varphi = \operatorname{Ker} \psi$ nach Annahme, so folgt $\Gamma_*(\operatorname{Im} \varphi) = \Gamma_*(\operatorname{Ker} \psi)$, d. h. die gegebene Sequenz ist k-exakt, w.z.b.w.

Anmerkung: Neben dem kovarianten Funktor $(S, \Gamma_*(S)) \rightsquigarrow \Gamma_*(S)$, der jeder k-kohärenten Garbe über $\mathfrak{X}$ einen noetherschen R-Modul zuordnet, hat man auch einen kanonischen Funktor der Kategorie der noetherschen R-Moduln in die Kategorie der k-kohärenten Garben über $\mathfrak{X}$: ist M ein solcher Modul, so wähle man eine exakte Sequenz $pR \xrightarrow{\varphi} qR \to M \to 0$; φ induziert einen H-Garbenhomomorphismus $\varphi : pH \to qH$, M läßt sich (auf Grund von (E)) als R-Schnittmodul in Coker φ deuten, der Coker φ über H erzeugt. Die k-kohärente Garbe (Coker φ, M) ist bis auf Isomorphie eindeutig durch M bestimmt. Jeder R-Homomorphismus $\mu : M \to M'$ zwischen noetherschen R-Moduln gibt Anlaß zu einem k-Homomorphismus der zugehörigen k-kohärenten Garben, daher ist $M \rightsquigarrow$ (Coker φ, M) ein kovarianter Funktor.

Die Bedingung (E) impliziert, daß dieser Funktor $M \rightsquigarrow$ (Coker φ, M) „reziprok" zum Funktor $(S, \Gamma_*(S)) \rightsquigarrow \Gamma_*(S)$ ist. Die Kategorie der k-kohärenten Garben über $\mathfrak{X}$ ist daher isomorph zur Kategorie der noetherschen R-Moduln.

§ 3 k-Mengen und k-Unterräume

1. In diesem Paragraphen sei $\mathfrak{X} = (X, H, R)$ stets ein k-globaler Raum mit k-kohärenter Strukturgarbe und noetherscher k-Algebra R. Überdies sei die Bedingung (E) für $\mathfrak{X}$ erfüllt. Ist $(\mathfrak{J}, \mathfrak{a})$ ein k-kohärentes Ideal, so heißt die Menge

$$N(\mathfrak{a}) := N(\mathfrak{J}) := \{x \in X : \mathfrak{J}_x \neq H_x\}$$

die Nullstellenmenge von $(\mathfrak{J}, \mathfrak{a})$ in X. Wegen $N(\mathfrak{J}) = \operatorname{Tr}(H/\mathfrak{J})$ liegt $N(\mathfrak{J})$ *abgeschlossen in* X.

Eine Teilmenge $N \subset X$ heißt eine *k-Menge* in $\mathfrak{X}$, wenn es ein k-kohärentes Ideal $(\mathfrak{J}, \mathfrak{a})$ mit $N = N(\mathfrak{J})$ gibt. Man zeigt leicht:

Die Gesamtheit aller k-Mengen von $\mathfrak{X}$ bildet bzgl. der mengentheoretischen Operationen $\cap$ und $\cup$ einen distributiven Verband.

Besonders wichtige Anwendungen gestattet

Satz 1: *Für jede k-kohärente Garbe $(S, \Gamma_*(S))$ ist der Träger* $\operatorname{Tr}(S)$ *eine k-Menge.*

Denn: die Annulatorgarbe $(\operatorname{An} S, \operatorname{An} \Gamma_*(S))$ ist nach § 2.3 ein k-kohärentes Ideal und es gilt $\operatorname{Tr}(S) = N(\operatorname{An} S)$.

Jedes Ideal $\mathfrak{a} \subset R$ erzeugt eine k-kohärente Idealgarbe und definiert somit eine k-Menge $N(\mathfrak{a})$. Für den Verband aller k-Mengen gilt, da R noethersch ist, die absteigende Kettenbedingung, woraus in üblicher Weise folgt:

Jede k-Menge ist eindeutig (bis auf die Reihenfolge) als unverkürzbare Vereinigung von endlich vielen irreduziblen k-Mengen darstellbar.

Dabei wird eine k-Menge N irreduzibel (genauer: k-irreduzibel) genannt, wenn sie nicht als Vereinigung zweier nicht leerer, von N verschiedener k-Mengen darstellbar ist.

Weiter gilt:

Eine k-Menge N ist genau dann irreduzibel, wenn das zugehörige Ideal $\mathfrak{i}(N) \subset R$ aller auf N verschwindenden Schnittflächen $f \in R$ ein Primideal ist.

Die Nullstellenmenge einer Schnittfläche $f \in R$ ist dabei als die Nullstellenmenge des von f erzeugten k-kohärenten Ideals definiert.

2. Es gilt $\mathfrak{i}(N(\mathfrak{a})) \supset \mathfrak{r}(\mathfrak{a})$ für jedes Ideal $\mathfrak{a} \subset R$. Wir sagen, daß für $\mathfrak{X}$ der *Hilbertsche Nullstellensatz* gilt, wenn

$$\mathfrak{i}(N(\mathfrak{a})) = \mathfrak{r}(\mathfrak{a}) \textit{ für jedes Ideal } \mathfrak{a} \subset R.$$

Satz 2: *Der Hilbertsche Nullstellensatz gilt für* $\mathfrak{X}$ *genau dann, wenn folgendes gilt:*

Zu jeder k-kohärenten Garbe $(S, \Gamma_*(S))$ *und zu jedem Ideal* $\mathfrak{a} \subset R$ *mit* $N(\mathfrak{a}) \supset \mathrm{Tr}(S)$ *gibt es eine natürliche Zahl* $t \geqq 1$, *so daß* $\mathfrak{a}^t \subset \mathrm{An}_R(\Gamma_*(S))$.

Beweis: 1) Aus $N(\mathfrak{a}) \supset \mathrm{Tr}(S) = N(\mathrm{An}\, \Gamma_*(S))$ folgt, wenn der Hilbertsche Nullstellensatz gilt:

$$\mathfrak{r}(\mathfrak{a}) = \mathfrak{i}(N(\mathfrak{a})) \subset \mathfrak{i}(N(\mathrm{An}\, \Gamma_*(S))) = \mathfrak{r}(\mathrm{An}\, \Gamma_*(S)).$$

Dies impliziert $\mathfrak{a}^t \subset \mathrm{An}(\Gamma_*(S))$ für hinreichend großes t, da R noethersch ist.

2) Sei umgekehrt die Bedingung des Satzes erfüllt und $\mathfrak{a} \subset R$ irgendein Ideal. Es ist zu zeigen: $\mathfrak{i}(N(\mathfrak{a})) \subset \mathfrak{r}(\mathfrak{a})$. Sei $f \in \mathfrak{i}(N(\mathfrak{a}))$. Dann gilt $N(f) \supset N(\mathfrak{i}(N(\mathfrak{a}))) = N(\mathfrak{a})$. Bezeichnet $\mathfrak{J}$ die von $\mathfrak{a}$ erzeugte Idealgarbe, so ist $(H/\mathfrak{J}, R/\mathfrak{a})$ eine k-kohärente Garbe über $\mathfrak{X}$ mit $\mathrm{Tr}(H/\mathfrak{J}) = N(\mathfrak{a})$ (man beachte, daß $\Gamma(X, \mathfrak{J}) \cap R = \mathfrak{a}$ wegen Bedingung (E)). Nach Voraussetzung gibt es also eine natürliche Zahl $t \geqq 1$, so daß $f^t \in \mathrm{An}(R/\mathfrak{a})$, d. h. $f^t \in \mathfrak{a}$. Dies bedeutet aber $f \in \mathfrak{r}(\mathfrak{a})$, w.z.b.w.

Der Hilbertsche Nullstellensatz ermöglicht es, die irreduziblen Komponenten einer k-Menge idealtheoretisch zu bestimmen.

Satz 3: *Für* $\mathfrak{X}$ *gelte der Hilbertsche Nullstellensatz. Ist dann* $\mathfrak{a} \subset R$ *irgendein Ideal und sind* $\mathfrak{p}_1, \ldots, \mathfrak{p}_t$ *die minimalen Primideale zu* $\mathfrak{a}$, *so sind* $N(\mathfrak{p}_1), \ldots, N(\mathfrak{p}_t)$ *die Primkomponenten von* $N(\mathfrak{a})$.

Beweis: Es gilt $\mathfrak{r}(\mathfrak{a}) = \bigcap_1^t \mathfrak{p}_j$ und also $N(\mathfrak{a}) = N(\mathfrak{r}(\mathfrak{a})) = \bigcup_1^t N(\mathfrak{p}_j)$. Nach dem Nullstellensatz gilt $\mathfrak{i}(N(\mathfrak{p}_j)) = \mathfrak{r}(\mathfrak{p}_j) = \mathfrak{p}_j$; daher sind alle Mengen $N(\mathfrak{p}_j)$ irreduzibel. Die obige Darstellung ist auch unverkürzbar: wäre nämlich etwa $N(\mathfrak{p}_i)$ in $N(\mathfrak{p}_k)$ enthalten mit $i \neq k$, so wäre

$$\mathfrak{p}_i = \mathfrak{i}(N(\mathfrak{p}_i)) \supset \mathfrak{i}(N(\mathfrak{p}_k)) = \mathfrak{p}_k,$$

und $\mathfrak{p}_i$ wäre nicht minimal, w.z.b.w.

3. Jede k-Menge $N \subset X$ eines k-globalen Raumes $\mathfrak{X} = (X, H, R)$ trägt selbst in natürlicher Weise die Struktur eines k-globalen Raumes: ist nämlich $(\mathfrak{J}, \mathfrak{a})$ das N definierende k-kohärente Ideal, so setze man

$$H_N := (H/\mathfrak{J})|N, \quad R_N := R/\mathfrak{a},$$

alsdann ist das Tripel (N, H_N, R_N) ein k-globaler Raum und die natürliche Abbildung $N \to X$ induziert eine k-Einbettung. Man zeigt unmittelbar:

Die Strukturgarbe (H_N, R_N) ist k-kohärent. Eine k-Garbe über N ist k-kohärent genau dann, wenn ihre triviale Fortsetzung auf X eine k-kohärente Garbe über $\mathfrak{X}$ ist.

Kap. III: k-affinoide Räume. Kohärenzsätze

§ 1 Kohärenz der Strukturgarbe

1. k und $\bar{k}$ seien Körper wie im Kap. II. Der Begriff des k-affinoiden Raumes $\mathfrak{X} = (X, H, A)$ wurde bereits in II, § 1 definiert. Nach einem bekannten Satz von Oka ist H eine kohärente Garbe von Ringen über X. Wir beweisen hier den analogen

Satz 1: *Die Strukturgarbe (H, A) eines jeden k-affinoiden Raumes $\mathfrak{X} = (X, H, A)$ ist k-kohärent.*

Da man $\mathfrak{X}$ als k-Unterraum eines n-dimensionalen Polyzylinders $(E^n, \mathfrak{O}, T_n)$ ansehen kann, genügt es, folgendes zu zeigen:

Satz 1′: *Die Strukturgarbe $(\mathfrak{O}, T_n)$ des n-dimensionalen Einheitspolyzylinders $(E^n, \mathfrak{O}, T_n)$ ist k-kohärent.*

Vorbemerkung: Als Hilfsmittel benutzen wir neben dem Weierstraß'schen Vorbereitungssatz für den Ring der strikt konvergenten Potenzreihen die Weierstraß'sche Formel nebst Vorbereitungssatz für den Ring *aller* konvergenten Potenzreihen. Der Vollständigkeit halber seien diese Aussagen hier explizit angeführt:

(Weierstraß'sche Formel): *Es sei $x = (y, c)$, $y \in k^{n-1}(x_1, \ldots, x_{n-1})$, $c \in k^1(x_n)$ ein Punkt im k^n und $g \in \mathfrak{O}_x$ ein in x analytischer Funktionskeim. g sei x_n-allgemein von der Ordnung $s \geqq 0$ (d. h. hier: in der Entwicklung $\sum_0^\infty g_\nu \cdot (x_n - c)^\nu$ von g nach $x_n - c$ gilt: $g_0(y) = \ldots = g_{s-1}(y) = 0$, $g_s(y) \neq 0$). Dann gibt es zu jedem $f \in \mathfrak{O}_x$ eindeutig bestimmte Keime $q \in \mathfrak{O}_x$, $r \in \mathfrak{O}_y[x_n - c]$ mit* grad $r < s$, *so daß*

$$f = q \cdot g + r.$$

Ist g zusätzlich ein Polynom in $(x_n - c)$ vom Grade s, so gilt $q \in \mathfrak{O}_y[x_n - c]$ für jedes $f \in \mathfrak{O}_y[x_n - c]$.

(Weierstraß'scher Vorbereitungssatz): *$g \in \mathfrak{O}_x$ sei wieder x_n-allgemein von der Ordnung s. Dann gibt es ein eindeutig bestimmtes ausgezeichnetes Pseudopolynom (= Weierstraßpolynom) $\omega \in \mathfrak{O}_y[x_n - c]$ s-ten Grades (d. h. es gilt $\omega = (x_n - c)^s + a_1 \cdot (x_n - c)^{s-1} + \cdots + a_s$ mit $a_1(y) = \ldots = a_s(y) = 0$) und eine Einheit $e \in \mathfrak{O}_x$, so daß $g = e \cdot \omega$. Mit $g \in \mathfrak{O}_y[x_n - c]$ gilt auch $e \in \mathfrak{O}_y[x_n - c]$.*
Zum Beweise vgl. [1].

2. Nun zum Beweise von Satz 1'. Wir kopieren den klassischen Okaschen Beweis und führen Induktion nach n. Für $n = 0$ gilt $(\mathfrak{O}, T_n) = (\bar{k}, k)$ und die Behauptung ist trivial. Sei $n \geqq 1$. Da das Einselement $1 \in T$ ein globales Erzeugendensystem von $(\mathfrak{O}, T)$ bildet, bleibt lediglich zu zeigen:

Jede k-Relationengarbe $Rel(f_1, \ldots f_p) \subset p(\mathfrak{O}, T), f_1, \ldots f_p \in T$, ist k-endlich erzeugbar. Falls $f_1 = 0$, so gilt $Rel(f_1, \ldots, f_p) = (\mathfrak{O}, T) \oplus Rel(f_2, \ldots, f_p)$ und man hat nur noch die k-endliche Erzeugbarkeit von $Rel(f_2, \ldots, f_p)$ zu beweisen. Es darf daher $f_j \neq 0, j = 1, \ldots, p$, angenommen werden, weiter können wir dann ohne Einschränkung der Allgemeinheit voraussetzen, daß f_j allgemein bzgl. x_n ist, $j = 1, \ldots, p$ (evtl. ist gemäß Satz I. 2.3 eine Scherung $\varphi: T \to T$ auszuführen). Nach dem Weierstraß'schen Vorbereitungssatz gelten nun Gleichungen

$$f_1 = e_1 \cdot \omega_1, \ldots, f_p = e_p \cdot \omega_p$$

mit Einheiten $e_1, \ldots, e_p \in T$ und Weierstraßpolynomen $\omega_1, \ldots, \omega_p \in T'[x_n]$. Durch die Zuordnung

$$p\mathfrak{O}_x \ni (c_1, \ldots, c_p) \to (e_{1x} c_1, \ldots, e_{px} c_p) \in p\mathfrak{O}_x, \; x \in E^n,$$

wird ein k-Isomorphismus $p(\mathfrak{O}, T) \to p(\mathfrak{O}, T)$ definiert, der $Rel(f_1, \ldots, f_p)$ auf $R := Rel(\omega_1, \ldots, \omega_p)$ abbildet. Es genügt somit zu zeigen, daß die Schnittflächen des T-Moduls $\Gamma_*(R) := \Gamma(E^n, R) \cap pT$ *jeden Halm R_x, $x \in E^n$, über $\mathfrak{O}_x$* erzeugen.

Sei $m := \max\limits_{1 \leqq j \leqq p} (\operatorname{grad} \omega_j)$, wir numerieren so, daß $m = \operatorname{grad} \omega_p$. Die p-Tupel

$$\begin{aligned}
v_1 &:= (\omega_p, \; 0, \ldots, \; 0, -\omega_1) \\
v_2 &:= (\; 0, \omega_p, \ldots, \; 0, -\omega_2) \\
&\;\;\cdot \\
&\;\;\cdot \\
&\;\;\cdot \\
v_{p-1} &:= (\; 0, \; 0, \ldots, \omega_p, -\omega_{p-1})
\end{aligned}$$

gehören sämtlich zu $\Gamma_*(R)$. Wir bezeichnen mit $(\mathfrak{O}', T')$ die Strukturgarbe des $(n-1)$-dimensionalen Polyzylinders $E^{n-1} = \{|x_1| \leqq 1, \ldots, |x_{n-1}| \leqq 1\}$ und zeigen folgende

Hilfsaussage: *Zu jedem Keim* $(c_1, \ldots, c_p) \in R_x$, $x = (y, c), y \in E^{n-1}$, $c \in E$, *gibt es Polynomkeime* $u_1, \ldots, u_p \in \mathfrak{O}'_y[x_n - c]$ *vom Grade* $< m$, *so daß eine Gleichung*

$$(*) \qquad (c_1, \ldots, c_p) = \sum_1^{p-1} q_j v_{jx} + q \cdot (u_1, \ldots, u_p)$$

mit Koeffizienten $q, q_1, \ldots, q_{p-1} \in \mathfrak{O}_x$ *gilt. (Speziell folgt dann* $(u_1, \ldots, u_p) \in R_x$.*)*

Der Polynomkeim $\omega_{px} \in \mathfrak{O}_x$ ist bzgl. $(x_n - c)$ allgemein von einer Ordnung m' mit $0 \leqq m' \leqq m$. Nach dem punktalen Vorbereitungssatz gilt daher $\omega_{px} = e \cdot \omega$, wo ω ein Weierstraßpolynom im $\mathfrak{O}'_y[x_n - c]$ vom Grade m' und $e \in \mathfrak{O}'_y[x_n - c]$ ein Polynom vom Grade $m - m'$ ist, welches eine Einheit in $\mathfrak{O}_x$ ist. Weiter bestehen nach der punktalen Weierstraß'schen Formel Gleichungen

$$c_j = q_j \cdot \omega_{px} + r_j \text{ mit } q_j \in \mathfrak{O}_x,\ r_j \in \mathfrak{O}'_y[x_n - c],\ \text{grad } r_j < m',\ j = 1, \ldots, p-1.$$

Es folgt

$$\sum_1^{p-1} q_j v_{jx} = \left(q_1 \omega_{px}, \ldots, q_{p-1}\omega_{px}, -\sum_1^{p-1} q_j \omega_{jx}\right),$$

und also

$$(c_1, \ldots, c_p) = \sum_1^{p-1} q_j v_{jx} + (r_1, \ldots, r_{p-1}, r_p),$$

wo

$$r_p := c_p + \sum_1^{p-1} q_j \cdot \omega_{jx}.$$

Wir setzen nun

$$q := e^{-1},\ u_j := e \cdot r_j,\ j = 1, \ldots, p.$$

Dann gilt (*) und es ist klar, daß $u_1, \ldots, u_{p-1}$ Polynome in $(x_n - c)$ vom Grade $< m$ sind. Zu zeigen bleibt, daß auch u_p ein Polynom in $(x_n - c)$ vom Grade $< m$ ist. Wegen $(r_1, \ldots, r_p) \in R_x$ gilt

$$-\sum_1^{p-1} r_j \omega_{jx} = u_p \cdot \omega,$$

und zwar ist die linke Seite dieser Gleichung ein Polynom in $(x_n - c)$ vom Grade $< m + m'$. Da ω ein Weierstraßpolynom in $(x_n - c)$ vom Grade m' ist, folgt aus der punktalen Weierstraß'schen Formel die Behauptung über u_p. Die Hilfsaussage ist bewiesen.

Wir betrachten nun zu jedem Punkt $y \in E^{n-1}$ die Gesamtheit N_y aller p-Tupel $(u_1, \ldots, u_p) \in p\mathfrak{O}'_y[x_n]$ mit grad $u_j < m$, $j = 1, \ldots, p$, zu denen es ein $c_0 \in E$ gibt, so daß $(u_1, \ldots, u_p) \in R_{(y, c_0)}$. Da $\omega_1, \ldots, \omega_p$ Polynome in x_n sind, gilt dann sogar $(u_1, \ldots, u_p) \in R_{(y,c)}$ für alle $c \in E$. Daher ist N_y ein $\mathfrak{O}'_y$-Modul. $N := \bigcup_{y \in E^{n-1}} N_y \subset p\mathfrak{O}'[x_n]$ ist ersichtlich eine $\mathfrak{O}'$-Untergarbe der $\mathfrak{O}'$-Garbe $p\mathfrak{O}'[x_n]$. Sei noch $\Gamma_*(N) := \Gamma(E^n, N) \cap pT'[x_n] \subset \Gamma_*(R)$. Durch die Zuordnung

$$\left(\sum_0^{m-1} g_\mu^{(1)} x_n^\mu, \ldots, \sum_0^{m-1} g_\mu^{(p)} x_n^\mu\right) \to \left(g_0^{(1)}, \ldots, g_{m-1}^{(1)}, \ldots, g_0^{(p)}, \ldots, g_{m-1}^{(p)}\right)$$

wird ein k-Monomorphismus $\varphi: (N, \Gamma_*(N)) \to pm(\mathfrak{O}', T')$ definiert. Es genügt nun zu zeigen:

$\varphi(N, \Gamma_*(N))$ *ist die Relationengarbe von endlich vielen Elementen aus* $2m \cdot T'$. Dann gibt es nämlich, da $(\mathfrak{O}', T')$ und also auch $2m(\mathfrak{O}', T')$ nach Induktionsannahme k-kohärent ist, endlich viele Schnittflächen $s_1, \ldots, s_r \in \Gamma(E^{n-1}, \varphi(N)) \cap pm \cdot T'$, die $\varphi(N)$ über $\mathfrak{O}'$ erzeugen. Die φ-Urbilder $\bar{\varphi}^1(s_1), \ldots, \bar{\varphi}^1(s_r)$ sind dann Schnittflächen in $\Gamma_*(N)$, die N über $\mathfrak{O}'$ erzeugen. Wegen (*) wird R nun von $v_1, \ldots, v_{p-1}, \bar{\varphi}^1(s_1), \ldots, \bar{\varphi}^1(s_r) \in \Gamma_*(R)$ über $\mathfrak{O}$ erzeugt.

Wir können schreiben

$$\omega_j := \sum_{\nu=0}^{m} a_\nu^{(j)} x_n^\nu \text{ mit } a_\nu^{(j)} \in T', \quad j = 1, \ldots, p.$$

Wir setzen noch $a_\nu^{(j)} = 0$ für $\nu < 0$ und $\nu > m$. Mit

$$u_j = \sum_{\mu=0}^{m-1} u_\mu^{(j)} x_n^\mu, \; u_\mu^{(j)} \in \mathfrak{O}'_y, \quad j = 1, \ldots, p,$$

ist dann (vorübergehend sei $u_\mu^{(j)} := 0$ für $\mu \geqq m$):

$$\sum_{j=1}^{p} u_j\left(\sum_{\nu=0}^{m} a_{\nu y}^{(j)} x_n^\nu\right) = \sum_{j=1}^{p} \sum_{\varkappa=0}^{2m-1} \sum_{\mu=0}^{\varkappa} u_\mu^{(j)} a_{\varkappa-\mu, y}^{(j)} \cdot x_n^\varkappa = \sum_{\varkappa=0}^{2m-1} \left(\sum_{j=1}^{p} \sum_{\mu=0}^{m-1} u_\mu^{(j)} a_{\varkappa-\mu, y}^{(j)}\right) x_n^\varkappa.$$

Daher gilt $(u_1, \ldots, u_p) \in N_y$ genau dann, wenn der $2\,m$-Vektor

$$\left(\sum_{j=1}^{p} \sum_{\mu=0}^{m-1} u_\mu^{(j)} a_{-\mu,y}^{(j)}, \ldots, \sum_{j=1}^{p} \sum_{\mu=0}^{m-1} u_\mu^{(j)} a_{2m-1-\mu,y}^{(j)}\right)$$

$$= \sum_{j=1}^{p} \sum_{\mu=0}^{m-1} u_\mu^{(j)} \left(a_{-\mu,y}^{(j)}, \ldots, a_{2m-1-\mu,y}^{(j)}\right) \in 2\,m\,\mathfrak{O}_y'$$

verschwindet. Bildet man in $2\,mT'$ die pm Elemente

$$A_\mu^{(j)} := \left(a_{-\mu}^{(j)}, a_{1-\mu}^{(j)}, \ldots, a_{2m-1-\mu}^{(j)}\right), \; \mu = 0, \ldots, m-1, \quad j = 1, \ldots, p,$$

so folgt also

$$\varphi(N)_y = \{(u_0^{(1)}, \ldots, u_{m-1}^{(1)}, \ldots, u_0^{(p)}, \ldots, u_{m-1}^{(p)}) \in pm\,\mathfrak{O}_y' :$$
$$\sum_{j=1}^{p} \sum_{\mu=0}^{m-1} u_\mu^{(j)} A_{\mu,y}^{(j)} = 0\}, \quad y \in E^{n-1},$$

d. h.

$$\varphi(N, \Gamma_*(N)) = Rel\,(A_0^{(1)}, \ldots, A_{m-1}^{(p)}) \text{ mit } A_\mu^{(j)} \in 2\,mT'.$$

Damit ist der Kohärenzsatz bewiesen.

§ 2 k-kohärente Bildgarben

0. Ist $\omega(w) := w^b + a_1 w^{b-1} + \ldots + a_b$ ein Polynom über $\bar{k}$, und sind $c_1, \ldots, c_b$ die Wurzeln von $\omega(w)$ in $\bar{k}$, so gilt

$$(*) \qquad \max_{1 \leq \beta \leq b} |c_\beta| = \max_{1 \leq \beta \leq b} \sqrt[\beta]{|a_\beta|}\,.$$

Denn: Da a_β die β-te elementarsymmetrische Funktion der $c_1, \ldots, c_b$ ist, so gilt: $|a_\beta| \leq \max |c_{i_1} \cdot \ldots \cdot c_{i_\beta}| \leq (\max_{1 \leq \beta \leq b} |c_\beta|)^\beta$, d. h.

$$\max_{1 \leq \beta \leq b} \sqrt[\beta]{|a_\beta|} \leq \max_{1 \leq \beta \leq b} |c_\beta|\,.$$

Sind etwa $c_1, \ldots, c_j$ sämtliche Wurzeln von maximalem Betrag, so ist in der Summe

$$a_j = \pm (c_1 \cdot \ldots \cdot c_j + \cdots)$$

der 1. Summand echt größer als alle übrigen, so daß folgt:

$$|a_j| = |c_1 \cdot \ldots \cdot c_j| = (\max_{1 \leq \beta \leq b} |c_\beta|)^j,$$

w.z.b.w.

1. Es seien nun $x_1, \ldots, x_n$ Koordinaten in E^n (über k), es sei

$$\omega(w; x) := w^b + a_1(x)\, w^{b-1} + \ldots + a_b(x) \in T_n[w]$$

ein Polynom (über k). Aus (*) folgt unmittelbar, da $\|a_\beta\| = \sup_{x \in E^n} |a_\beta(x)|$:

ω ist genau dann ein Weierstraßpolynom (d. h. es gilt $\|a_\beta\| \leqq 1$ für $\beta = 1, \ldots, b$), wenn für jede Wurzel $c \in \bar{k}$ von $\omega(w; x_0) = 0$, $x_0 \in E^n$ beliebig, gilt: $|c| \leqq 1$.

Im folgenden sei ω stets ein Weierstraßpolynom über T_n. Die Nullstellenmenge Y von ω in $E^{n+1} = E^n \times E^1$ ist dann auch die Nullstellenmenge von ω in $E^n \times \bar{k}$. Die natürliche Projektion von E^{n+1} auf E^n induziert eine *surjektive* Abbildung $\pi: Y \to E^n$.

π ist eine endliche Abbildung, d. h. π ist abgeschlossen und jede Faser $\pi^{-1}(x_0)$, $x_0 \in E^n$, ist eine endliche Menge.

Es ist nur zu zeigen, daß π abgeschlossen ist. Dies trifft ersichtlich genau dann zu, wenn folgendes gilt: ist $p_\nu \in E^n$ eine konvergente Punktfolge und $w_\nu \in \bar{k}$ eine Wurzel von $\omega(w; p_\nu) = 0$, so enthält die Folge w_ν eine konvergente Teilfolge. Dies folgt unmittelbar aus dem Satz von der „Stetigkeit der Wurzeln".

2. Es sei wieder $\omega = w^b + \sum_1^b d_\beta(x)\, w^{b-\beta} \in T_n[w]$ ein Weierstraßpolynom. Wir bezeichnen mit $\mathfrak{J}$ die von ω über E^{n+1} erzeugte Garbe und mit $\mathfrak{Y} = (Y, H, A)$ den zugehörigen k-affinoiden Raum, es gilt also:

$$Y = N(\mathfrak{J}),\ H = (\mathfrak{O}_{E^{n+1}}/\mathfrak{J})\,|Y,\ A = (T_{n+1}/\Gamma(E^{n+1}, \mathfrak{J}) \cap T_{n+1})|\, Y.$$

Die natürliche Projektion von Y auf E^n induziert eine endliche k-affinoide Abbildung $\pi: (Y, H, A) \to (E^n, \mathfrak{O}, T_n)$.

Wir zeigen den grundlegenden

Satz 1: *Es gibt einen natürlichen k-Garbenisomorphismus*

$$\varphi: \pi_0(H, A) \to b(\mathfrak{O}, T_n).$$

Es gilt: $\Gamma(E^{n+1}, \mathfrak{J}) \cap T_{n+1} = \omega \cdot T_{n+1}$.

Zum Beweis benötigen wir folgende

Verallgemeinerung der punktalen Weierstraß'schen Formel: Es sei $a \in \bar{k}^n(x_1, \ldots, x_n)$ *und* $\omega(w; x) \in \mathfrak{O}_a[w]$ *ein normiertes Polynom b-ten Grades,* $b \geqq 1$. *Es seien* $c_1, \ldots, c_t$ *die verschiedenen Nullstellen von* $\omega(w; a) = 0$ *in* $\bar{k}$. *Dann gibt es zu jedem t-Tupel* $(f_1, \ldots, f_t)$, *wo* $f_j \in \mathfrak{O}_{(a, c_j)}$, *ein t-Tupel* $(q_1, \ldots, q_t)$ *mit* $q_j \in \mathfrak{O}_{(a, c_j)}$, $j = 1, \ldots, t$, *und ein Polynom* $r \in \mathfrak{O}_a[w]$ *vom Grade* $< b$, *so daß gilt:*

$$(f_1, \ldots, f_t) = (q_1, \ldots, q_t)\, \omega + (r, \ldots, r).$$

Die Elemente $q_1, \ldots, q_t, r$ *sind eindeutig bestimmt.*

Der hier nicht zu führende Beweis benutzt das Henselsche Lemma (vgl. [1]).

Wir beweisen nun Satz 1. Für jeden Punkt $a \in E^n$ seien $c_1, \ldots, c_t$ die verschiedenen Wurzeln von $\omega(w; a) = 0$. Dann gilt $\pi^{-1}(a) = \{(a, c_1), \ldots, (a, c_t)\}$, und weiter, wenn wir noch mit ω_a den durch ω bestimmten Keim aus $\mathfrak{O}_a[w]$ bezeichnen:

$$\pi_0(H)_a = \Gamma(\pi^{-1}(a), H) = \bigoplus_{j=1}^{t} \mathfrak{O}_{(a, c_j)} / (\omega_a).$$

Nach der verallgemeinerten punktalen Weierstraß'schen Formel gibt es daher einen natürlichen $\mathfrak{O}_a$-Isomorphismus $\varphi_a : \pi_0(H)_a \to b\,\mathfrak{O}_a$, der jedem Element $(f_1, \ldots, f_t) \in \pi_0(H)_a$ das Koeffizienten b-Tupel des Restpolynoms r zuordnet. Die φ_a hängen „stetig vom Grundpunkt $a \in E^n$ ab" und definieren somit einen $\mathfrak{O}_{E^n}$-Garbenisomorphismus $\varphi : \pi_0(H) \to b\,\mathfrak{O}_{E^n}$.

Für jedes $f \in T_{n+1}$ gilt nach der (globalen) Weierstraß'schen Formel eine Gleichung $f = q \cdot \omega + r$, wo $q \in T_{n+1}$, $r \in T_n[w]$, grad $r < b$. Da alsdann

$$(f_{(a, c_1)}, \ldots, f_{(a, c_t)}) = (q_{(a, c_1)}, \ldots, q_{(a, c_t)}) \cdot \omega_a + (r_a, \ldots, r_a),\ r_a \in \mathfrak{O}_a[w]$$

die Darstellung des t-Tupels $(f_{(a, c_1)}, \ldots, f_{(a, c_t)}) \in \bigoplus_{j=1}^{t} \mathfrak{O}_{(a, c_j)}$ gemäß der punktalen Weierstraß'schen Formel für jedes $a \in E^n$ ist, so folgt wegen der Eindeutigkeit dieser Darstellung aus $f \in \Gamma(E^{n+1}, \mathfrak{J}) \cap T_{n+1}$ sofort $r_a = 0$ für jedes $a \in E^n$, d.h. $r = 0$ und also $f \in \omega T_{n+1}$. Dies zeigt $\Gamma(E^{n+1}, \mathfrak{J}) \cap T_{n+1} = \omega T_{n+1}$; weiter sieht man, daß sich der vermittels der (globalen) Weierstraß'schen Formel gewonnene natürliche T_n-Modulhomomorphismus $T_{n+1}/\omega T_{n+1} \to b\,T_n$ in kanonischer Weise mit dem vom $\mathfrak{O}_{E^n}$-Garbenisomorphismus $\varphi : \pi_0(H) \to b\,\mathfrak{O}_{E^n}$ induzierten Homomorphismus φ_* von $\Gamma_*(\pi_0(H))$

$\approx A = T_{n+1}/\omega T_{n+1}$ in $b\Gamma(E^n, \mathfrak{O})$ identifiziert. Mithin ist φ ein k-Garben-isomorphismus $\pi_0(H, A) \to b(\mathfrak{O}, T_n)$. – Satz 1 ist bewiesen[2].

Korollar: *Unter den Voraussetzungen von Satz 1 ist π_0 ein k-exakter Funktor der Kategorie der k-kohärenten Garben über $\mathfrak{Y}$ in die Kategorie der k-kohärenten Garben über E^n.*

Denn: Als endliche Abbildung ist π_0 exakt und dann sogar auch k-exakt. Ist $(S, \Gamma_*(S))$ irgendeine k-kohärente Garbe über $\mathfrak{Y}$, so gibt es über $\mathfrak{Y}$ eine k-exakte Sequenz

$$p(H, A) \xrightarrow{\varphi} q(H, A) \xrightarrow{\varepsilon} (S, \Gamma_*(S)) \longrightarrow 0.$$

Über E^n gewinnt man hieraus die k-exakte Sequenz

$$\pi_0(p(H, A)) \xrightarrow{\varphi'} \pi_0(q(H, A)) \xrightarrow{\varepsilon'} \pi_0(S, \Gamma_*(S)) \longrightarrow 0.$$

Nach Satz 1 ist $\pi_0(q(H, A)) \approx q\pi_0(H, A) \approx qb(\mathfrak{O}, T_n)$ eine k-kohärente Garbe über E^n. Da Analoges für $\pi_0(p(H, A))$ gilt, so ist $\pi_0(S, \Gamma_*(S))$ als Cokern von φ' eine k-kohärente Garbe über E^n, q.e.d.

3. Es sei $E^n = E^d \times E^e$, es seien $u_1, \ldots, u_d$ bzw. $v_1, \ldots, v_e$ Koordinaten in E^d bzw. E^e, $e \geqq 1$. Wir bezeichnen mit φ die natürliche Projektion $E^n \to E^d$ und zeigen:

Satz 2: *Es sei $(S, \Gamma_*(S))$ eine k-kohärente Garbe über E^n, derart, daß es e Weierstraßpolynome*

$$\omega_j(v_j; v_{j+1}, \ldots, v_e, u_1, \ldots, u_d) \in k\langle\langle v_{j+1}, \ldots, v_e, u_1, \ldots, u_d\rangle\rangle [v_j], \quad j = 1, \ldots, e,$$

gibt mit $\omega_1, \ldots, \omega_e \in \operatorname{An} \Gamma_*(S)$. Dann gilt:

1) *$\varphi | \operatorname{Tr} S : \operatorname{Tr} S \to E^d$ ist endlich;*

2) *$\varphi_0(S, \Gamma_*(S))$ ist k-kohärent über E^d.*

Beweis: Aussage 1) ist trivial, denn aus Abschnitt 1 folgt sofort, daß $\varphi | N(\omega_1, \ldots, \omega_e) : N(\omega_1, \ldots \omega_e) \to E^d$ endlich ist. Da $\operatorname{Tr} S$ abgeschlossen in $N(\omega_1, \ldots, \omega_e)$ liegt, ist auch $\varphi | \operatorname{Tr} S : \operatorname{Tr} S \to E^d$ endlich.

[2] Man kann mittels Satz 1 einen weiteren Beweis für die Kohärenz der Strukturgarbe geben. Vgl. [1].

Die Aussage 2) wird durch Induktion nach e bewiesen. Sei zunächst $e=1$. Wir bezeichnen mit $\mathfrak{J}$ die von ω_1 über E^n erzeugte Idealgarbe und mit $\mathfrak{Y}=(Y, H, A)$ den zugehörigen k-affinoiden Raum, es gilt also (nach Satz 1):

$$Y = N(\mathfrak{J}), H = (\mathfrak{O}_{E^n}/\mathfrak{J})\,|Y, A = T_n/(\omega_1)|\,Y.$$

Wegen $\omega_1 \in \Gamma_*(\mathrm{An}\, S)$ läßt sich $(S, \Gamma_*(S))$ in kanonischer Weise als eine k-kohärente Garbe über $\mathfrak{Y}$ auffassen, dabei gilt $\varphi_0(S, \Gamma_*(S)) \approx \pi_0(S, \Gamma_*(S))$, wenn $\pi := \varphi|Y$. Daher ist $\varphi_0(S, \Gamma_*(S))$ nach Satz 1 nebst Korollor k-kohärent über E^d.

Sei nun $e>1$. Bezeichnet ϱ die natürliche Projektion von E^n auf $E^d \times E^{e-1}(v_2, \ldots, v_n)$, so ist $\varrho_0(S, \Gamma_*(S))$ gemäß Induktionsbeginn k-kohärent über $E^d \times E^{e-1}$. Es gilt $\omega_2, \ldots, \omega_e \in \mathrm{An}\, \Gamma_*(\varrho_0(S))$. Daher folgt aus der Induktionsannahme, wenn $\sigma: E^d \times E^{e-1} \to E^d$ die natürliche Projektion bezeichnet, daß $\sigma_0(\varrho_0(S, \Gamma_*(S)))$ eine k-kohärente Garbe über E^d ist. Da $\pi = \sigma \cdot \varrho$ und also $\pi_0 = \sigma_0 \circ \varrho_0$, so folgt die k-Kohärenz von $\pi_0(S, \Gamma_*(S))$. – Satz 2 ist bewiesen.

§ 3 k-exakte Sequenzen k-kohärenter Garben über k-affinoiden Räumen

1. In diesem Paragraphen wird gezeigt, daß die k-Exaktheitsbedingung (E) des Kap. II, § 2.4 für jeden k-affinoiden Raum erfüllt ist. Also

Satz 1: *Jede exakte k-Sequenz*

$$(S', \Gamma_*(S')) \to (S, \Gamma_*(S)) \to (S'', \Gamma_*(S''))$$

zwischen k-kohärenten Garben über einem k-affinoiden Raum $\mathfrak{X}$ ist k-exakt.

Beweis: a) Es genügt, die Behauptung für $\mathfrak{X} = E^n$ zu beweisen. Man kann nämlich, falls $\mathfrak{X}$ ein k-affinoider Unterraum von E^n ist, die gegebene k-Sequenz durch triviale Fortsetzung der drei Garben als eine exakte k-Sequenz zwischen k-kohärenten Garben über E^n auffassen. Ist diese Sequenz k-exakt über E^n, so ist die ursprüngliche Sequenz k-exakt über $\mathfrak{X}$. Auf Grund der Bemerkungen im Kap. II, § 2.4 genügt es schließlich, folgendes zu zeigen:

(E') Für jede k-kohärente Untergarbe $(M, \Gamma_*(M))$ von $j(\mathfrak{O}, T_n)$, $1 \leqq j < \infty$, gilt:

$$\Gamma_*(M) = \Gamma(E^n, M) \cap jT_n.$$

Wir beweisen dies durch Doppelinduktion nach n und j. Für $n = 0$ gilt $T_0 = k$, $\mathfrak{O} = k$ und die Behauptung ist für alle $j \geqq 1$ trivial.

b) Wir zeigen: *Gilt* (E') *bei festem* n *für alle* $j < d$, *so gilt* (E') *auch für* $j = d$, $d > 1$. – Sei also $(M, \Gamma_*(M)) \subset d(\mathfrak{O}, T_n)$ k-kohärent.

Die Projektion $\pi : (M, \Gamma_*(M)) \to (\mathfrak{O}, T_n)$ auf die erste Komponente ist ein k-Homomorphismus, und $(\pi(M), \pi(\Gamma_*(M)))$ also eine k-kohärente Untergarbe von $(\mathfrak{O}, T_n)$. Daher gilt $\pi(\Gamma_*(M)) = \Gamma(E^n, \pi(M)) \cap T_n$ nach Induktionsannahme. Weiter läßt sich $(\operatorname{Ker} \pi, \Gamma_*(M) \cap \Gamma(E^n, \operatorname{Ker} \pi))$ als k-kohärente Untergarbe von $(d - 1)(\mathfrak{O}, T_n)$ auffassen, woraus folgt: $\Gamma_*(M) \cap \Gamma(E^n, \operatorname{Ker} \pi) = \Gamma(E^n, \operatorname{Ker} \pi) \cap (d - 1) \cdot T_n$ nach Induktionsannahme.

Sei nun $u \in \Gamma(E^n, M) \cap dT_n$. Dann gilt $\pi(u) \in \Gamma(E^n, \pi(M)) \cap T_n = \pi(\Gamma_*(M))$, d.h. es gibt ein $\hat{u} \in \Gamma_*(M)$ mit $\pi(\hat{u}) = \pi(u)$. Dies impliziert:

$$u - \hat{u} \in \Gamma(E^n, \operatorname{Ker} \pi) \cap (d - 1)\, T_n \subset \Gamma_*(M),$$

d. h. $u \in \Gamma_*(M)$. Damit ist die Gleichung $\Gamma_*(M) = \Gamma(E^n, M) \cap dT_n$ bewiesen.

c) Wir zeigen weiter: *Gilt* (E') *bei festem* $n - 1$, $n \geqq 1$, *für alle* $j \geqq 1$, *so gilt* (E') *auch für* n *und* $j = 1$. – Wir dürfen $M \neq 0$ voraussetzen. Ohne Beschränkung der Allgemeinheit werde angenommen, daß es ein Weierstraßpolynom

$$\omega = x_n^b + a_1 x_n^{b-1} + \cdots + a_b \in \Gamma_*(M) \subset T_n$$

gibt (evtl. ist eine Scherung des E^n auf sich durchzuführen). Jedes $f \in T_n$ besitzt dann eine Weierstraßzerlegung $f = q \cdot \omega + r$ mit $q \in T_n$, $r = r_0 + r_1 x_n + \cdots + r_{b-1} x_n^{b-1} \in T_{n-1}[x_n]$. Wir bezeichnen mit φ den T_{n-1}-Modulepimorphismus $f \to (r_0, \ldots, r_{b-1}) \in b T_{n-1}$ und betrachten die T_{n-1}-Moduln

$$N := \varphi(\Gamma(E^n, M) \cap T_n) \approx (\Gamma(E^n, M) \cap T_n)/\omega T_n,$$
$$N_* := \varphi(\Gamma_*(M)) \approx \Gamma_*(M)/\omega T_n.$$

Es genügt, $N = N_*$ zu zeigen, denn daraus folgt wegen $\operatorname{Ker} \varphi = \omega T_n \subset \Gamma_*(M)$ sogleich $\Gamma_*(M) = \Gamma(E^n, M) \cap T_n$.

Die Inklusion $N_* \subset N$ ist trivial. Um $N \subset N_*$ zu zeigen, werden wir eine k-kohärente Garbe $(\tilde{M}, \Gamma_*(\tilde{M})) \subset b(\mathfrak{O}_{E^{n-1}}, T_{n-1})$ angeben mit

$$N_* = \Gamma_*(\tilde{M}), \quad N \subset \Gamma(E^{n-1}, \tilde{M}) \cap b T_{n-1}.$$

Dann gilt nämlich $\Gamma_*(\tilde{M}) = \Gamma(E^{n-1}, \tilde{M}) \cap bT_{n-1}$ nach Induktionsannahme und also $N \subset N_*$.

Um $\tilde{M}$ zu konstruieren, bezeichnen wir mit $\mathfrak{J}$ die von ω über E^n erzeugte analytische Idealgarbe. Wir betrachten den zugehörigen k-affinoiden Raum (X, H, A). Nach Satz 2.1 gilt:

$$X = N(\mathfrak{J}), \quad H = (\mathfrak{O}/\mathfrak{J})|X, \quad A = T_n/\omega T_n.$$

Dann läßt sich

$$(M', \Gamma_*(M')), \quad M' := M/\mathfrak{J}, \quad \Gamma_*(M') := \Gamma_*(M)/\omega T_n,$$

in kanonischer Weise als eine k-kohärente Untergarbe von (H, A) auffassen. Bezeichnet $\pi: E^n \to E^{n-1}$ die natürliche Projektion, so ist $\pi_0(M', \Gamma_*(M'))$ nach Satz 2.1 kanonisch isomorph zu einer k-kohärenten Garbe $(\tilde{M}, \Gamma_*(\tilde{M})) \subset b(\mathfrak{O}_{E^{n-1}}, T_{n-1})$, dabei gilt $N_* = \Gamma_*(\tilde{M})$, $N \subset \Gamma(E^{n-1}, \tilde{M}) \cap bT_{n-1}$. – Damit ist Satz 1 bewiesen.

Durch Satz 1 wird insbesondere sichergestellt (vgl. Kap. II, § 2.4):

Ist $\mathfrak{a}$ ein Ideal in T_n und $\mathfrak{J} = \mathfrak{a} \cdot \mathfrak{O}$ die zugehörige Idealgarbe über E^n, so gilt:

$$\Gamma(E^n, \mathfrak{J}) \cap T_n = \mathfrak{a} \quad (\text{speziell: } \mathfrak{a} \cdot \bar{T}_n \cap T_n = \mathfrak{a}).$$

2. Für jeden analytischen Raum (X, H) gilt *punktal* der *Hilbertsche Nullstellensatz*, genauer: *ist S eine kohärente H-Garbe und $\mathfrak{J} \subset H$ eine kohärente Idealgarbe mit* $\mathrm{Tr}(S) \subset N(\mathfrak{J})$, *so gibt es zu jedem Punkt $x \in X$ eine ganze Zahl $q > 0$, so daß* $\mathfrak{J}_x^q \cdot S_x = 0$. Zum Beweise vgl. [1]. Hieraus folgt nun leicht (vgl. Kap. II, § 3):

Satz 2: *Für jeden k-affinoiden Raum (X, H, A) gilt der Hilbertsche Nullstellensatz.*

Beweis: Sei $(S, \Gamma_*(S))$ eine k-kohärente Garbe über X, sei $(\mathfrak{J}, \mathfrak{a})$ ein k-kohärentes Ideal mit $\mathrm{Tr}(S) \subset N(\mathfrak{J})$. Wir betrachten in X die absteigende Kette

$$\mathrm{Tr}(\mathfrak{J}S) \supset \mathrm{Tr}(\mathfrak{J}^2 S) \supset \ldots \supset \mathrm{Tr}(\mathfrak{J}^n S) \supset \ldots$$

von k-Mengen. Da A noethersch ist, so gibt es eine natürliche Zahl $d > 0$, so daß $\mathrm{Tr}(\mathfrak{J}^d S) = \mathrm{Tr}(\mathfrak{J}^t S)$ für alle $t \geqq d$. Wäre nun $\mathfrak{J}^d S \neq 0$, etwa $\mathfrak{J}_{x_0}^d S_{x_0} \neq 0$, so gibt es einen Exponenten $q \geqq d$ mit $\mathfrak{J}_{x_0}^q \cdot S_{x_0} = 0$ und man hätte $\mathrm{Tr}(\mathfrak{J}^d S) \neq \mathrm{Tr}(\mathfrak{J}^q S)$, was nicht geht. Also folgt $\mathfrak{J}^d S = 0$, d. h. $\mathfrak{a}^d \Gamma_*(S) = 0$, w.z.b.w.

Aus $\mathfrak{i}(N(\mathfrak{a})) = \mathfrak{r}(\mathfrak{a})$ für jedes Ideal $\mathfrak{a} \subset A$ folgt insbesondere:

Korollar: *Sind $f_1, \ldots, f_m \in A$ affinoide Funktionen ohne gemeinsame Nullstellen in X, so gibt es Elemente $a_1, \ldots, a_m \in A$, so daß gilt $\sum_{\mu=1}^{m} a_\mu f_\mu = 1$. Insbesondere ist jede nullstellenfreie k-affinoide Funktion aus A eine Einheit in A.*

Wir zeigen als Anwendung hierzu (ein Punkt des E^n heiße k-algebraisch, wenn alle seine Koordinaten algebraisch über k sind):

Satz 3 *(Maximumprinzip für E^n): Zu jedem $f \in T_n$ gibt es einen k-algebraischen Punkt $p_0 \in \partial E^n$, so daß gilt:*

$$(*) \qquad \sup_{x \in E^n} |f(x)| = |f(p_0)| = \|f\| \in |k|.$$

Falls $|f(p)| < \|f\|$ für wenigstens ein $p \in \mathring{E}^n$, so nimmt f in $\mathring{E}^n$ jeden Wert $a \in \bar{k}$ mit $|a| < \|f\|$ und keine anderen Werte an (speziell hat f also Nullstellen in $\mathring{E}^n$).

Beweis: Es ist klar, daß $|f(c)| \leqq \|f\|$ für jedes $c \in E^n$. Die Existenz eines k-algebraischen Punktes $p_0 \in \partial E^n$, so daß (*) gilt, folgt aus Kap. I, Satz 1.3, da der Restklassenkörper des algebraischen Abschlusses von k unendlich viele Elemente enthält.

Sei nun $p \in \mathring{E}^n$ mit $|f(p)| < \|f\|$. Wir zeigen zunächst, daß f Nullstellen in $\mathring{E}^n$ hat. Wäre das nicht der Fall, so gibt es ein $g \in \Gamma(\mathring{E}^n, \mathfrak{O})$ mit $f \cdot g = 1$, und es gilt $g \in T_n(t)$ für jedes $t \in |\bar{k}^*|^n$, $t < 1$, auf Grund obiger Folgerung aus dem Hilbertschen Nullstellensatz, angewendet auf den $\bar{k}$-affinoiden Raum $(E^n_t, \mathfrak{O}, \bar{T}_n(t))$, wo $E^n_t := \{|x_1| \leqq t_1, \ldots, |x_n| \leqq t_n\}$ falls $t = (t_1, \ldots, t_n)$, $\bar{T}_n(t) := \Gamma_*(E^n_t, \mathfrak{O})$. Es folgt

$$|f(p)|^{-1} = |g(p)| \leqq \|g\|_t = \|f\|_t^{-1} \text{ für alle } t \text{ mit } p \in E^n_t,$$

und also im Limes: $|f(p)|^{-1} \leqq \|f\|^{-1}$ im Widerspruch zur Annahme $|f(p)| < \|f\|$.

Sei nun $a \in \bar{k}$ und $|a| < \|f\|$. Für $h := f - a \in \bar{T}_n$ gilt die Ungleichung $|h(p)| < \|h\|$, nach dem Bewiesenen hat daher h eine Nullstelle in E^n.

Da es nach Kap. I, Satz 1.3 keinen Punkt $c \in \mathring{E}^n$ mit $|f(c)| \geqq \|f\|$ gibt, so ist Satz 3 bewiesen.

§ 4 k-endliche Abbildungen

1. Es seien $\mathfrak{X} = (X, H_X, A_X)$ und $\mathfrak{Y} = (Y, H_Y, A_Y)$ zwei k-affinoide Räume und $\psi : \mathfrak{X} \to \mathfrak{Y}$ eine k-affinoide Abbildung. ψ heiße *k-endlich*, wenn die unterliegende Abbildung ψ *endlich* und ψ_0 ein *k-exakter Funktor* der *Kategorie der k-kohärenten Garben über* $\mathfrak{X}$ in die *Kategorie der k-kohärenten Garben über* $\mathfrak{Y}$ ist.

Wir bemerken sofort:

Ist $\psi : \mathfrak{X} \to \mathfrak{Y}$ k-endlich, so bildet ψ jede k-affinoide Menge in $\mathfrak{X}$ auf eine k-affinoide Menge in $\mathfrak{Y}$ ab.

Denn: Ist M k-affinoid in $\mathfrak{X}$, so gibt es eine k-kohärente Garbe $(S, \Gamma_*(S))$ über $\mathfrak{X}$ mit $\operatorname{Tr} S = M$. Da $\psi_0(S, \Gamma_*(S))$ eine k-kohärente Garbe über $\mathfrak{Y}$ ist, so ist $\psi(M) = \operatorname{Tr} \psi_0(S)$ eine k-affinoide Menge in $\mathfrak{Y}$.

Das Produkt $\sigma \circ \varrho$ zweier endlicher Abbildungen ϱ, σ ist wieder endlich. Da weiter gilt $(\sigma \circ \varrho)_0 \approx \sigma_0 \circ \varrho_0$, so folgt unmittelbar:

Das Produkt zweier k-endlicher Abbildungen ist k-endlich.

Die im Satz 2.1 betrachtete Projektion ist k-endlich. Um eine größere Klasse von k-endlichen Abbildungen zu beschreiben, führen wir folgende Redeweise ein. Wir sagen, daß eine im $E^n = E^d(y_1, \ldots, y_d) \times E^e(v_1, \ldots, v_e)$, $e \geqq 0$, k-affinoide Menge X bzgl. der natürlichen Projektion $E^d \times E^e \to E^d$ *ausgezeichnet über* E^d liegt, wenn es e Weierstraßpolynome

$$\omega_j(v_j; v_{j+1}, \ldots, v_e, y_1, \ldots, y_d) \in k\langle\langle v_{j+1}, \ldots, v_e, y_1, \ldots, y_d\rangle\rangle [v_j],$$
$$j = 1, \ldots, e$$

gibt, so daß $X \subset N(\omega_1, \ldots, \omega_e)$.

Satz 1: *Es sei $\mathfrak{X} = (X, H, A)$ ein k-affinoider Unterraum von $E^n = E^d \times E^e$, die Menge X liege ausgezeichnet über E^d bzgl. der natürlichen Projektion $E^d \times E^e \to E^d$. Dann ist die induzierte k-affinoide Abbildung $\pi : \mathfrak{X} \to E^d$ k-endlich.*

Beweis: Es ist klar, daß $\pi : X \to E^d$ endlich ist. Da jede über $\mathfrak{X}$ k-kohärente Garbe trivial zu einer k-kohärenten Garbe über E^n fortsetzbar ist, die bzgl. der natürlichen Projektion $\varphi : E^d \times E^e \to E^d$ dasselbe Bild hat, so ist nur zu zeigen: ist $(S, \Gamma_*(S))$ k-kohärent über E^n und gilt $\operatorname{Tr} S \subset X$, so ist $\varphi_0(S, \Gamma_*(S))$ k-kohärent über E^d. Nach Voraussetzung gilt X

$\subset N(\omega_1, \ldots, \omega_e)$, wo $\omega_j \in k\langle\langle v_{j+1}, \ldots, v_d\rangle\rangle[v_j]$ ein Weierstraßpolynom ist. Nach dem Hilbertschen Nullstellensatz gibt es dann eine natürliche Zahl q, so daß $\omega_1^q, \ldots, \omega_e^q \in \mathrm{An}\Gamma_*(S)$. Da mit ω_j auch ω_j^q ein Weierstraßpolynom ist, folgt die Behauptung aus Satz 2.2.

Korollar: *Liegt die in $E^d \times E^e$ k-affinoide Menge X ausgezeichnet über E^d bzgl. der natürlichen Projektion $\pi: E^d \times E^e \to E^d$, so ist $\pi(X)$ eine k-affinoide Menge in E^d.*

Jeder k-affinoide Raum $\mathfrak{X}$ läßt sich k-endlich auf einen Polyzylinder abbilden. Dies folgt unmittelbar aus

Satz 2: *Ist X eine k-affinoide Menge im $E^n(x_1, \ldots, x_n)$, so gibt es eine natürliche Zahl d, $0 \leqq d \leqq n$, und Koordinaten $y_1, \ldots, y_d, v_1, \ldots, v_e$ im E^n (die aus den $x_1, \ldots, x_n$ durch eine Polynomtransformation über k hervorgehen), so daß X bzgl. der natürlichen Projektion $\pi: E^d \times E^e \to E^d$ ausgezeichnet über E^d liegt, und daß gilt $\pi(X) = E^d$.*

Beweis: Wir führen Induktion nach n; der Induktionsbeginn $n = 0$ ist klar. Sei $n > 0$. Die Behauptung ist trivial für $X = E^n$. Sei also $X \neq E^n$. Dann kann man vermöge einer Scherung neue Koordinaten $x_1', \ldots, x_{n-1}'$, v_1 im E^n so einführen, daß X im Nullstellengebilde eines Weierstraßpolynomes $\omega_1(v_1; x_1', \ldots, x_{n-1}') \in k\langle\langle x_1', \ldots, x_{n-1}'\rangle\rangle[v_1]$ liegt. Bezeichnet ϱ die natürliche Projektion von E^n auf $E^{n-1}(x_1', \ldots, x_{n-1}')$, so ist also $\varrho(X)$ eine k-affinoide Menge in E^{n-1}. Wendet man die Induktionsannahme auf $\varrho(X)$ an, so folgt unmittelbar die Behauptung.

Bemerkung: Die im Satz auftretende Zahl d ist die *Krullsche Dimension* der k-affinoiden Menge X.

2. Wir stellen in diesem Abschnitt Aussagen über k-endliche Abbildungen zusammen, die später benötigt werden. Zunächst folgt unmittelbar aus der Definition:

Es sei $\psi: (X, H_X, A_X) \to (Y, H_Y, A_Y)$ eine k-endliche Abbildung. Dann ist A_X bzgl. der induzierten Abbildung $\psi^*: A_Y \to A_X$ ein noetherscher A_Y-Modul. Insbesondere gibt es eine natürliche Zahl $q \geqq 1$, so daß jedes $f \in A_X$ ganz über $\psi^*(A_Y)$ vom Grade $\leqq q$ ist.

Hieraus erhält man insbesondere (unter Benutzung von Satz 1 und Satz 2): *Es sei $A = T_n/\mathfrak{a}$ eine analytische k-Algebra und $\varepsilon: T_n \to A$ der natürliche stetige Epimorphismus. Dann gibt es eine natürliche Zahl d, $0 \leqq d \leqq n$, und eine k-Unteralgebra $T_d \subset T_n$, die vermöge ε injektiv in A abgebildet wird, so daß A ein noetherscher Modul über $T_d \approx \varepsilon(T_d) \subset A$ ist.*

Wir heben noch explizit hervor (man benutze, daß T_d ein ZPE-Ring ist):

Es sei (X, H, A) *k-irreduzibel und* $\pi : (X, H, A) \to (E^d, \mathfrak{O}, T_d)$ *surjektiv und k-endlich. Dann ist der Quotientenkörper* $Q(A)$ *von* A *eine endlich-algebraische Erweiterung des Quotientenkörpers* $Q(T_d)$ *von* T_d *(bzgl. des induzierten Monomorphismus* $\pi^* : T_d \to A$*). Ist* $f \in A$*, so liegen sämtliche Koeffizienten des (irreduziblen) Minimalpolynoms von* f *über* $Q(T_d)$ *in* T_d.

Ist (X, H_X) ein analytischer Raum über $\bar{k}$ und $\pi : (X, H_X) \to (E^d, \mathfrak{O})$ eine endliche analytische Abbildung, so ist π *offen* in jedem Punkt $x \in X$, für welchen der $\mathfrak{O}_{\pi(x)}$-Modul $\pi_0(H_X)_{\pi(x)}$ *torsionsfrei* ist (vgl. [1]). Hieraus folgt:

Satz 3: *Es sei* $\mathfrak{X}$ *ein k-irreduzibler Raum und* $\pi : \mathfrak{X} \to E^d$ *surjektiv und k-endlich. Dann ist* π *offen.*

Beweis: Mit $\pi_0(H_X, A_X)$ ist auch die k-Torsionsgarbe $(T, \Gamma_*(T))$ von $\pi_0(H_X, A_X)$ als Kern des natürlichen k-Homomorphismus von $\pi_0(H_X, A_X)$ in sein k-kohärentes Bidual k-kohärent über E^d. Da π surjektiv abbildet, so ist A_X nullteilerfrei über $\Gamma_*(E^d, \mathfrak{O})$, daher gilt $\Gamma_*(T) = 0$ und also auch $T = 0$, woraus nach obiger Bemerkung die Behauptung folgt.

Aus Satz 3 ergibt sich ein Identitätssatz für k-affinoide Mengen.

Satz 4: *Es seien* X *und* Y *k-affinoide Mengen in* E^n*,* X *sei k-irreduzibel und es gelte* $Y \subset X$*,* $Y \neq X$*. Dann hat* Y *keine inneren Punkte auf* X.

Beweis: Es genügt zu zeigen: ist $\mathfrak{X} = (X, H_X, A_X)$ der zu X gehörende k-affinoide Raum und $0 \neq f \in A_X$, so hat $N(f)$ keine inneren Punkte auf X. Wir wählen eine k-endliche surjektive Abbildung $\pi : \mathfrak{X} \to (E^d(y_1, \ldots, y_d), \mathfrak{O}, T_d)$. Da A_X nullteilerfrei ist, so annulliert f ein irreduzibles Polynom $w^b + a_1 w^{b-1} + \ldots + a_b \in T_d[w]$. Es gilt also $a_b \neq 0$. Vermöge π wird $N(f)$ in $N(a_b)$ abgebildet. Da π nach Satz 3 offen ist, genügt es zu zeigen, daß $N(a_b)$ keine inneren Punkte in E^d hat. Angenommen, es wäre $(c_1, \ldots, c_d)$ ein solcher Punkt. Durch die Zuordnung

$$y_\nu \to y_\nu - c_\nu, \quad \nu = 1, \ldots, d,$$

wird dann wegen $\|y_\nu - c_\nu\| = 1$ ein $\bar{k}$-Algebraisomorphismus σ von $\bar{k}\langle\langle y_1, \ldots, y_d\rangle\rangle$ definiert. $\sigma(a_b)$ verschwindet identisch in einer Umgebung des Nullpunktes von E^d. Nach dem gewöhnlichen Identitätssatz für Potenzreihen gilt daher $\sigma(a_b) = 0$ und also auch $a_b = 0$. Widerspruch.

3. Für jede k-affinoide Menge $X \subset E^n$ ist die *Teilmenge* X_a *aller* k-*algebraischen Punkte von* X wohldefiniert. Wir bemerken sofort:

Ist $\mathfrak{X} = (X, H, A)$ *ein* k-*affinoider Unterraum von* E^n *und* $(a_1, \ldots, a_n) \in X_a$ *ein* k-*algebraischer Punkt, so gilt* $f(a_1, \ldots, a_n) \in k(a_1, \ldots, a_n) \subset \bar{k}$ *für jedes* $f \in A$. *Die Funktionen* $f \in A$ *nehmen also in den* k-*algebraischen Punkten* k-*algebraische Werte an.*

Zum Beweis dürfen wir $X = E^n$ annehmen. Ist dann etwa $f = \sum_0^\infty p_\nu$ die Diagonalentwicklung von $f \in T_n$, so liegen alle Elemente der Folge $c_j := \sum_0^j p_\nu(a_1, \ldots, a_n)$ im endlich-algebraischen Erweiterungskörper $k(a_1, \ldots, a_n)$ von k. Da $k(a_1, \ldots, a_n)$ ein abgeschlossener Untervektorraum des k-Banachraumes $\bar{k}$ ist, so folgt: $f(a_1, \ldots, a_n) = \lim c_j \in k(a_1, \ldots, a_n)$.

Wir zeigen nun:

Satz 5: *Es seien* $\mathfrak{X} = (X, H_X, A_X) \subset E^n$ *und* $\mathfrak{Y} = (Y, H_Y, A_Y) \subset E^m$ *zwei* k-*affinoide Räume, es sei* $\psi : \mathfrak{X} \to \mathfrak{Y}$ *eine* k-*affinoide Abbildung. Dann gilt:*

i) $\psi(X_a) \subset Y_a$,

ii) $\psi^{-1}(Y_a) \subset X_a$, *wenn* ψ *zusätzlich* k-*endlich ist.*

iii) $\psi(X_a) = Y_a$, *wenn* ψ *surjektiv und* k-*endlich ist.*

Beweis: i) Klar, da jedes $f \in A_X$ in jedem Punkt von X_a einen k-algebraischen Wert hat.

ii) Ohne Einschränkung der Allgemeinheit dürfen wir $\mathfrak{Y} = E^m$ annehmen. Sind $x_1, \ldots, x_n$ Koordinaten des E^n, so annulliert jede Funktion $x_\nu | X \in A_X$, da A_X ein noetherscher T_m-Modul ist, ein Polynom $q_\nu \in T_m[w]$. Ist nun $(b_1, \ldots, b_m)$ ein k-algebraischer Punkt im E^m und $(a_1, \ldots, a_n)$ ein ψ-Urbild, so ist a_ν eine Wurzel von $q_\nu(w; b_1, \ldots, b_m) \in k(b_1, \ldots, b_m)[w]$, $\nu = 1, \ldots, n$. Da $k(b_1, \ldots, b_m)$ ein algebraischer Oberkörper von k ist, sind also $a_1, \ldots, a_n$ sämtlich algebraisch über k.

iii) trivial aus i) und ii).

Folgerung: *Ist* $\psi : \mathfrak{X} \to \mathfrak{Y}$ k-*biaffinoid, so bildet* ψ *die Menge der* k-*algebraischen Punkte von* $\mathfrak{X}$ *auf die Menge der* k-*algebraischen Punkte von* $\mathfrak{Y}$ *ab. Insbesondere sind daher die* k-*algebraischen Punkte eines* k-*affinoiden Raumes unabhängig von der Einbettung in einen Polyzylinder wohldefiniert.*

Es ist nicht ohne weiteres klar, daß eine k-affinoide Menge $X \neq \emptyset$ stets k-algebraische Punkte enthält. Wir zeigen, daß X durch die k-algebraischen Punkte sogar eindeutig bestimmt ist.

Satz 6: *Für jede k-affinoide Menge X liegt X_a dicht in X.*

Beweis: Wir dürfen X als k-irreduzibel voraussetzen. Wir wählen einen zugehörigen k-affinoiden Raum $\mathfrak{X}$ und eine k-endliche, surjektive Abbildung $\pi: \mathfrak{X} \to E^d$. Dann gilt $X_a = \pi^{-1}(E_a^d)$. Da E_a^d dicht in E^d liegt, und da π offen ist, folgt die Behauptung.

Bemerkung: Die Gleichung $X = X_a$ gilt genau dann, wenn $E^d = E_a^d$. Dies gilt für jedes $d \geqq 0$, wenn $\bar{k}$ algebraisch über k ist. Andernfalls ist nur der Fall $d = 0$ möglich. Dies zeigt:

Enthält $\bar{k}$ transzendente Elemente über k, so gilt $X = X_a$ für eine k-affinoide Menge X genau dann, wenn X endlich ist.

Jeder Punkt einer endlichen k-affinoiden Menge ist k-algebraisch. Die endlichen k-affinoiden Mengen lassen sich idealtheoretisch einfach charakterisieren.

Satz 7: *Es sei (X, H, A) ein k-affinoider Raum. Die folgenden Aussagen über ein Ideal $\mathfrak{q} \neq A$ von A sind äquivalent:*

1) *$N(\mathfrak{q})$ ist eine endliche Teilmenge von X.*

2) *$A/\mathfrak{q}$ ist eine artinsche k-Algebra (= endlich-dimensionaler Vektorraum über k).*

3) *Das Radikal $\mathfrak{r}(\mathfrak{q})$ ist Durchschnitt endlich vieler maximaler Ideale.*

Beweis: Ohne Einschränkung der Allgemeinheit sei $A = T_n$, $X = E^n$.

1) $\to$ 2): Es gibt eine k-endliche Abbildung des zu $\mathfrak{q}$ gehörenden k-affinoiden Raumes $(N(\mathfrak{q}), H, T_n/\mathfrak{q})$ auf einen Polyzylinder E^d. Da $N(\mathfrak{q})$ endlich ist, gilt $d = 0$. Daher ist $T_n/\mathfrak{q}$ ein endlicher $T_0 = k$-Modul.

2) $\to$ 3): $T_n/\mathfrak{q}$ hat als artinscher Ring nur endlich viele maximale Ideale. Ihr Durchschnitt ist das Nilradikal von $T_n/\mathfrak{q}$. Liftung nach T_n gibt die Behauptung.

3) $\to$ 1): Sei $\mathfrak{r}(\mathfrak{q}) = \bigcap_1^p \mathfrak{m}_j$, wo $\mathfrak{m}_j$ ein maximales Ideal in T_n ist. Da $N(\mathfrak{q}) = N(\mathfrak{r}(\mathfrak{q})) = \bigcup_1^p N(\mathfrak{m}_j)$, so ist nur zu zeigen, daß jedes maximale

Ideal $\mathfrak{m}$ in T_n eine endliche Nullstellenmenge hat. Wir wählen eine k-endliche Abbildung des zu $\mathfrak{m}$ gehörenden k-affinoiden Raumes $(N(\mathfrak{m}), H, T_n/\mathfrak{m})$ auf einen Polyzylinder E^d. Der Körper $T_n/\mathfrak{m}$ ist dann ein endlicher T_d-Modul. Das ist nur möglich, wenn auch T_d ein Körper ist, d. h. wenn $d = 0$. Mithin wird $N(\mathfrak{m})$ endlich auf einen Punkt E^0 abgebildet, d. h. $N(\mathfrak{m})$ ist eine endliche Menge.

Korollar: *Ein Punkt $a \in E^n$ ist genau dann k-algebraisch, wenn das Ideal $\mathfrak{i}(a) := \{f \in T_n : f(a) = 0\}$ maximal ist.*

Beweis: Da $\mathfrak{i}(a)$ ein Primideal ist, hat man nur zu zeigen, daß $N(\mathfrak{i}(a))$ für jeden k-algebraischen Punkt $a = (a_1, \ldots, a_n)$ endlich ist. Es gibt ein Polynom $0 \neq q_\nu(x_\nu) \in k[x_\nu]$ mit $q_\nu(a_\nu) = 0$, $\nu = 1, \ldots, n$. Faßt man q_ν als Element von T_n auf, so folgt $q_\nu \in \mathfrak{i}(a)$. Da $N(\mathfrak{i}(a)) \subset N(q_1, \ldots, q_n)$ und $N(q_1, \ldots, q_n)$ endlich ist, folgt die Behauptung.

Mittels Satz 7 folgt nun

Satz 8: *Jeder k-Algebrahomomorphismus $\varphi : A \to B$ zwischen k-affinoiden Algebren A, B ist stetig.*

Beweis (nach Tate): a) Sei zunächst B eine artinsche k-Algebra. φ hat eine natürliche Faktorisierung $A \xrightarrow{\tilde{\varphi}} A/\mathrm{Ker}\,\varphi \xrightarrow{\iota} B$, dabei ist $\tilde{\varphi}$ stetig und $A/\mathrm{Ker}\,\varphi$ ist (mit B) ebenfalls artinsch. Nun ist ι stetig nach Satz I.5.1, da $A/\mathrm{Ker}\,\varphi$ und B noethersche T_0-Moduln sind. Da $\varphi = \iota \circ \tilde{\varphi}$, so folgt die Stetigkeit von φ.

b) Sei nun B beliebig. Auf Grund des Satzes vom abgeschlossenen Graphen genügt es zu zeigen: Ist $f_\nu \in A$ eine Nullfolge, derart, daß $\varphi(f_\nu)$ in B gegen ein $g \in B$ konvergiert, so gilt: $g = 0$. Sei $\mathfrak{m}$ irgendein maximales Ideal in B. Dann ist $B/\mathfrak{m}^j$ für jedes $j \geqq 1$ artinsch nach Satz 7, daher ist sowohl die zusammengesetzte Abbildung $A \xrightarrow{\varphi} B \xrightarrow{\sigma_j} B/\mathfrak{m}^j$ als auch σ_j stetig nach a). $\sigma_j(\varphi(f_\nu))$ konvergiert also einerseits gegen $\sigma_j(g)$ und andererseits gegen 0. Dies impliziert $g \in \mathfrak{m}^j$ für jedes $j \geqq 1$, d. h. $g \in \bigcap_1^\infty \mathfrak{m}^j$. Da B noethersch ist, gibt es also nach Krull ein $x \in \mathfrak{m}$, so daß $(1 - x) g = 0$. Da $\mathfrak{m}$ ein beliebiges maximales Ideal in B ist, so ist also das Annullatorideal von g in keinem maximalen Ideal von B enthalten. Daher wird g auch von 1 annulliert, d. h. es gilt $g = 0$, w.z.b.w.

§ 5 Frobeniustransformationen

1. Wichtige Beispiele k-endlicher Abbildungen sind die Frobeniusabbildungen. Sei $p := ch(k) \neq 0$, sei $\alpha \in \mathbf{Z}$ nicht negativ. Wir setzen $s := p^\alpha$ und betrachten die durch die Gleichungen

$$x_1 = y_1^s, \ldots, x_n = y_n^s$$

definierte k-affinoide Abbildung $\chi: E^n(y) \to E^n(x)$. χ ist mengentheoretisch *bijektiv.*

Satz 1: *χ ist k-endlich.*

Beweis: Wir betrachten in $E^n(y) \times E^n(x)$ den Graphen $\operatorname{Gph}\chi$, d. h. den zum Ideal $\mathfrak{a} := (y_1^s - x_1, \ldots, y_n^s - x_n)$ gehörenden k-affinoiden Unterraum (X, H, A) von $E^n(y) \times E^n(x)$. Die Beschränkung der natürlichen Projektion $E^n(y) \times E^n(x) \to E^n(y)$ induziert eine k-affinoide Abbildung $\gamma: (X, H, A) \to (E^n(y), \mathfrak{O}, T_n)$, die (X, H) nach einem bekannten Satz bianalytisch auf $(E^n(y), \mathfrak{O})$ abbildet. Die zugehörige Abbildung $\gamma^*: T_n \to A$, wo $T_n = k\langle\langle y_1, \ldots, y_n\rangle\rangle$, ist, wie man unmittelbar verifiziert, bijektiv. Daher ist γ k-biaffinoid (vgl. auch Satz 7.4). Es gilt $\chi = \chi' \circ \gamma^{-1}$, wenn χ' die von der natürlichen Projektion $\pi: E^n(y) \times E^n(x) \to E^n(x)$ induzierte k-affinoide Abbildung von $\operatorname{Gph}\chi$ in $E^n(x)$ bezeichnet. χ' ist k-endlich nach Satz 4.1, da X ausgezeichnet über $E^n(x)$ bzgl. π liegt (es gilt $X = N(\omega_1, \ldots, \omega_n)$ mit Weierstraßpolynomen $\omega_\nu(y_\nu; x) := y_\nu^s - x_\nu$, $\nu = 1, \ldots, n$). Mithin ist χ als Produkt k-endlicher Abbildungen k-endlich, w.z.b.w.

Wir bezeichnen mit $(\mathfrak{O}(\alpha), T(\alpha))$ die k-kohärente Bildgarbe der Strukturgarbe von $E^n(y)$ bzgl. χ. Wir schreiben $E^n = E^n(x)$. Das Tripel $\mathfrak{E}^n(\alpha) = (E^n, \mathfrak{O}(\alpha), T(\alpha))$ ist ein k-affinoider Raum, es gilt $\mathfrak{E}^n(0) = \mathfrak{E}^n = (E^n, \mathfrak{O}, T)$. Die identische Abbildung $\iota: E^n \to E^n$ zusammen mit der natürlichen Injektion $(\mathfrak{O}, T) \to (\mathfrak{O}(\alpha), T(\alpha))$ ist eine k-affinoide Abbildung $\Theta(\alpha): \mathfrak{E}^n(\alpha) \to \mathfrak{E}^n$. Aus Satz 1 folgt unmittelbar:

$\Theta(\alpha)$ ist k-endlich.

Es ist bequem, $T(\alpha)$ mit dem Ring $k\langle\langle \sqrt[s]{x_1}, \ldots, \sqrt[s]{x_n}\rangle\rangle$ zu identifizieren, falls $T = k\langle\langle x_1, \ldots, x_n\rangle\rangle$. Dann ist $T(\alpha)$ ein *freier* T-Modul mit den s^n Erzeugenden

$$\sqrt[s]{x_1}^{\sigma_1} \cdot \sqrt[s]{x_2}^{\sigma_2} \cdot \ldots \cdot \sqrt[s]{x_n}^{\sigma_n}, \; 0 \leqq \sigma_\nu < s, \; \nu = 1, \ldots, n.$$

Bei dieser Interpretation gilt, falls $c = (c_1, \ldots, c_n) \in E^n$ und $\mathfrak{O}_c = k\langle x_1 - c_1, \ldots, x_n - c_n \rangle$:

$$\mathfrak{O}_c(\alpha) = k\langle \sqrt[s]{x_1 - c_1}, \ldots, \sqrt[s]{x_n - c_n} \rangle$$
$$= k\langle \sqrt[s]{x_1} - \sqrt[s]{c_1}, \ldots, \sqrt[s]{x_n} - \sqrt[s]{c_n} \rangle = \mathfrak{O}_{\chi^{-1}(c)}.$$

Das Paar $(\mathfrak{E}^n(\alpha), \Theta(\alpha))$ heißt die α-te Frobeniustransformierte von $\mathfrak{E}^n$.

2. Sei wieder $p = ch(k) \neq 0$, $\alpha \in \mathbf{Z}$ nicht negativ und $s = p^\alpha$. Der Grundkörper k sei *vollkommen*, dann existiert also zu jedem $c \in k$ und jedem $\alpha \geqq 0$ genau eine s-te Wurzel $\sqrt[s]{c}$ in k. Sei wieder $T = k\langle\langle x_1, \ldots, x_n \rangle\rangle$, $T(\alpha) = k\langle\langle \sqrt[s]{x_1}, \ldots, \sqrt[s]{x_n} \rangle\rangle$. Für jedes $f = \sum\limits_0^\infty a_{\nu_1 \ldots \nu_n} x_1^{\nu_1} \cdot \ldots \cdot x_n^{\nu_n}$ setzen wir $\sqrt[s]{f} := \sum\limits_0^\infty \sqrt[s]{a_{\nu_1 \ldots \nu_n}} \cdot \sqrt[s]{x_1}^{\nu_1} \cdot \ldots \cdot \sqrt[s]{x_n}^{\nu_n}$. Es gilt $\sqrt[s]{f} \in T(\alpha)$, falls $f \in T$. Die Zuordnung $f \to \sqrt[s]{f}$ ist ein Ringisomorphismus $\sqrt[s]{} : T \to T(\alpha)$. In gleicher Weise definiert man für jeden Halm $\mathfrak{O}_c = k\langle x_1 - c_1, \ldots, x_n - c_n \rangle$, $c = (c_1, \ldots, c_n) \in E^n$, einen Ringisomorphismus $\sqrt[s]{} : \mathfrak{O}_c \to \mathfrak{O}_c(\alpha) = k\langle \sqrt[s]{x_1 - c_1}, \ldots, \sqrt[s]{x_n - c_n} \rangle$. Man gewinnt so einen *Garbenisomorphismus* $\sqrt[s]{} : (\mathfrak{O}, T) \to (\mathfrak{O}(\alpha), T(\alpha))$, wenn man diese Garben als *Garben von Ringen* auffaßt. $\sqrt[s]{}$ ist aber nicht *k-linear*, falls $\alpha > 0$, und daher *nicht analytisch*.

Für jedes k-kohärente Ideal $(I, \mathfrak{a}) \subset (\mathfrak{O}, T)$ setzen wir:

$$\mathfrak{a}(\alpha) := \sqrt[s]{\mathfrak{a}}, \; I_c(\alpha) := \sqrt[s]{I_c}, \; I(\alpha) := \bigcup_{c \in E^n} I_c(\alpha).$$

Dann gilt $I(\alpha) = \mathfrak{a}(\alpha) \cdot \mathfrak{O}(\alpha)$, daher ist $(I(\alpha), \mathfrak{a}(\alpha))$ eine k-kohärente Idealgarbe in $(\mathfrak{O}(\alpha), T(\alpha))$. Es gilt $N(\mathfrak{a}) = N(\mathfrak{a}(\alpha))$. Wir bezeichnen mit $\mathfrak{X} := (X, H, A)$ bzw. $\mathfrak{X}(\alpha) := (X, H(\alpha), A(\alpha))$ die entsprechenden k-affinoiden Unterräume von $\mathfrak{E}^n$ bzw. $\mathfrak{E}^n(\alpha)$; es ist also:

$$H = \mathfrak{O}/I \,|\, X, \; H(\alpha) = \mathfrak{O}(\alpha)/I(\alpha) \,|\, X, \; A = T/\mathfrak{a}, \; A(\alpha) = T(\alpha)/\mathfrak{a}(\alpha).$$

Da $(I, \mathfrak{a}) \subset (I(\alpha), \mathfrak{a}(\alpha))$, so induziert die Injektion $(\mathfrak{O}, T) \to (\mathfrak{O}(\alpha), T(\alpha))$ einen k-Homomorphismus $(H, A) \to (H(\alpha), A(\alpha))$. Daher hat man eine k-affinoide Abbildung $\vartheta(\alpha) : \mathfrak{X}(\alpha) \to \mathfrak{X}$, die mengentheoretisch die Identität ist.

Satz 2: *Das Diagramm*

$$\begin{array}{ccc} \mathfrak{E}^n(\alpha) & \xrightarrow{\Theta(\alpha)} & \mathfrak{E}^n \\ \uparrow{\scriptstyle\iota} & & \uparrow{\scriptstyle\iota} \\ \mathfrak{X}(\alpha) & \xrightarrow{\vartheta(\alpha)} & \mathfrak{X} \end{array}$$

ist kommutativ, $\vartheta(\alpha)$ *ist* k*-endlich.*

Beweis: Es ist nur zu zeigen, daß der Funktor $\vartheta(\alpha)_0$ k-kohärent ist. Dazu genügt es, die k-Kohärenz des Funktors $(\iota \circ \vartheta(\alpha))_0$ zu beweisen, denn ist $(S, \Gamma_*(S))$ eine k-kohärente Garbe über $\mathfrak{X}(\alpha)$, so ist $(\iota \circ \vartheta(\alpha))_0\,(S, \Gamma_*(S))$ die triviale Fortsetzung von $\vartheta(\alpha)_0\,(S, \Gamma_*(S))$ auf $\mathfrak{E}^n$. Da $(\iota \circ \vartheta(\alpha))_0 = \Theta(\alpha)_0 \cdot \iota_0$ und $\Theta(\alpha)_0$ sowie ι_0 k-kohärent sind, so folgt die Behauptung.

Das Paar $(\mathfrak{X}(\alpha), \vartheta(\alpha))$ heißt die α-te Frobeniustransformierte von $\mathfrak{X}$.

Bemerkung: Ersichtlich lassen sich auch für $\alpha \leqq 0$ die Frobeniustransformierten definieren, die Abbildungsrichtungen kehren sich allerdings um. Sind α, β zwei Indices, $\alpha \geqq \beta$, so hat man eine natürliche k-endliche Abbildung $\vartheta(\alpha, \beta) : \mathfrak{X}(\alpha) \to \mathfrak{X}(\beta)$, die mengentheoretisch die Identität $X \to X$ ist. Für $\beta = 0$ gilt $\mathfrak{X}(0) = \mathfrak{X}$ und $\vartheta(\alpha, 0) = \vartheta(\alpha)$.

3. Für den natürlichen k-Homomorphismus $\iota_\alpha : (H, A) \to (H(\alpha), A(\alpha))$ gilt, wenn wir die Bezeichnungen des Abschnitts 2 beibehalten:

$$\operatorname{Ker} \iota_\alpha = (I(\alpha) \cap \mathfrak{O}/I,\ \mathfrak{a}(\alpha) \cap T/\mathfrak{a}).$$

Mithin ist ι_α injektiv genau dann, wenn

$$I(\alpha) \cap \mathfrak{O} = I,\ \mathfrak{a}(\alpha) \cap T = \mathfrak{a}.$$

Nun gilt stets

$$I_c \subset I(\alpha)_c \cap \mathfrak{O}_c \subset \mathfrak{r}(I_c),\ c \in E^d,\ \mathfrak{a} \subset \mathfrak{a}(\alpha) \cap T \subset \mathfrak{r}(\mathfrak{a}),$$

wenn $\mathfrak{r}(I_c)$ bzw. $\mathfrak{r}(\mathfrak{a})$ das Radikal von I_c bzw. $\mathfrak{a}$ in $\mathfrak{O}_c$ bzw. T bezeichnet. Man hat $I_c = \mathfrak{r}(I_c)$ genau dann, wenn $I_c = I(1)_c \cap \mathfrak{O}_c (= \sqrt[p]{I_c} \cap \mathfrak{O}_c)$. Dies impliziert:

$\mathfrak{X} = (X, H, A)$ *ist reduziert im Punkte* $x \in X$ *(d. h. der Halm* $H_x = \mathfrak{O}_x / I_x$ *ist frei von nilpotenten Elementen, d. h. es gilt* $H_x = \mathfrak{O}_x / \mathfrak{r}(I_x)$*) genau dann, wenn* $x \notin \operatorname{Tr}(\operatorname{Ker} \iota_1)$.

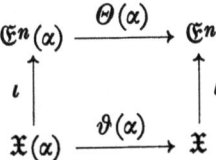

Damit ist speziell bewiesen, da $(H(1), A(1))$ nach Satz 2 k-kohärent und mithin $\mathrm{Tr}(\mathrm{Ker}\, \iota_1)$ als Träger einer k-kohärenten Garbe k-affinoid ist:

Ist $ch(k) \neq 0$ und k vollkommen, so ist die Menge aller Punkte eines k-affinoiden Raumes $\mathfrak{X}$, in denen $\mathfrak{X}$ nicht reduziert ist, eine k-affinoide Menge in $\mathfrak{X}$.

Wir nenen einen k-affinoiden Raum $\mathfrak{X} = (X, H, A)$ *reduziert*, wenn $\mathfrak{X}$ in jedem Punkte $x \in X$ reduziert ist. $\mathfrak{X}$ heißt *k-reduziert*, wenn der Strukturring A reduziert ist. Da jede Funktion $f \in A$ eine Schnittfläche in H über X ist, so ist *jeder reduzierte Raum $\mathfrak{X}$ k-reduziert*. In wichtigen Fällen gilt die Umkehrung.

Satz 3: *Ist $ch(k) \neq 0$ und k vollkommen, so ist jeder k-reduzierte k-affinoide Raum (X, H, A) reduziert.*

Beweis: Wir müssen zeigen, daß $\iota_1 : (H, A) \to (H(1), A(1))$ injektiv ist. Da die k-kohärente Garbe $\mathrm{Ker}\, \iota_1$ von $\mathrm{Ker}\,(\iota_1 : A \to A(1))$ erzeugt wird, braucht man nur nachzuweisen, daß $\iota_1 : T/\mathfrak{a} \to T(1)/\mathfrak{a}(1)$ injektiv ist, d. h. daß gilt $\mathfrak{a}(1) \cap T = \mathfrak{a}$. Dies folgt aus $\mathfrak{a} \subset \mathfrak{a}(1) \cap T \subset \mathfrak{r}(\mathfrak{a})$, da $\mathfrak{a} = \mathfrak{r}(\mathfrak{a})$ nach Voraussetzung, w.z.b.w.

Anmerkung: Im § 8 werden wir sehen, daß die Aussagen dieses Abschnittes auch gelten, wenn $ch(k) = 0$.

4. Ist K ein Körper der Charakteristik $p \neq 0$ und Ω ein algebraisch abgeschlossener Oberkörper von K, so setzen wir

$$K_\alpha := \{x \in \Omega : x^{p^\alpha} \in K\},\ \alpha = 0, 1, 2, \ldots.$$

K_α ist ein Körper, es gilt $K = K_0 \subset K_1 \subset \ldots$. Durch $c \to c^{p^{-\alpha}}$ wird ein Körperisomorphismus $\chi_\alpha : K \to K_\alpha$ gegeben. Ist L ein Oberkörper von K, so ist L_α ein Oberkörper von K_α. Wir bezeichnen mit L'_α den von L und K_α (in Ω) erzeugten Körper. Es besteht dann ein kommutatives Diagramm

$$\begin{array}{ccccc} L & \to & L'_\alpha & \to & L_\alpha \\ \uparrow & & \uparrow & & \\ K & \to & K_\alpha & & \end{array}$$

wo alle Abbildungen Injektionen sind. Aus der Körpertheorie ist wohlbekannt:

Ist L ein endlich-algebraischer Oberkörper von K, so ist L'_α ein separabler endlich-algebraischer Oberkörper von K_α, wenn α hinreichend groß gewählt wird.

Seien nun $H \subset K, I \subset L$ noethersche Integritätsringe mit $Q(H) = K$, $Q(I) = L$, weiter sei I ein Oberintegritätsring von H und sogar ein noetherscher H-Modul. Wir setzen

$$H_\alpha := \chi_\alpha(H), I_\alpha := \chi_\alpha(I).$$

Dann sind H_α, I_α noethersche Integritätsringe mit $H \subset H_\alpha, I \subset I_\alpha, Q(H_\alpha) = K_\alpha, Q(I_\alpha) = L_\alpha$, ferner ist $I_\alpha \supset H_\alpha$ ein noetherscher H_α-Modul. Der von I über H_α erzeugte H_α-Modul I'_α ist noethersch und selbst ein Integritätsring. Es gilt $I'_\alpha \subset L'_\alpha, Q(I'_\alpha) = L'_\alpha$. Ist H_α ein noetherscher H-Modul, so ist I'_α ein noetherscher I-Modul.

Die vorstehenden Bemerkungen ergeben nun leicht:

Satz 4: *Es sei k ein vollkommener Körper der Charakteristik $p \neq 0$ und A eine nullteilerfreie k-affinoide Algebra. Es sei T_d eine k-Unteralgebra von A, so daß A ein noetherscher T_d-Modul ist. Dann gibt es ein $\alpha \geqq 0$ und ein kommutatives Diagramm*

$$\begin{array}{ccc} A & \xrightarrow{\varphi'} & A' \\ {\scriptstyle \iota}\uparrow & & \uparrow{\scriptstyle \iota'} \\ T_d & \xrightarrow{\varphi} & T_d(\alpha) \end{array}$$

mit folgenden Eigenschaften:

1) *A' ist eine nullteilerfreie k-affinoide Oberalgebra von $T_d(\alpha)$. ι, ι', sind die natürlichen Injektionen. A' ist bzgl. ι' ein noetherscher $T_d(\alpha)$-Modul.*
2) *φ' ist ein stetiger k-Algebramonomorphismus. A' ist bzgl. φ' ein noetherscher A-Modul.*
3) *$Q(A')$ ist ein endlich-algebraischer separabler Oberkörper von $Q(T_d(\alpha))$.*

Beweis: In den obigen Bezeichnungen sei $H := T_d, I := A, K := Q(T_d)$, $L := Q(A)$. Dann folgt $H_\alpha = T_d(\alpha), K_\alpha = Q(T_d(\alpha))$, und $T_d(\alpha)$ ist bzgl. φ ein noetherscher T_d-Modul. Es werde A' definiert als der von A über $T_d(\alpha)$ erzeugte $T_d(\alpha)$-Modul. Dann ist A' bzgl. der Injektion ι' ein noetherscher $T_d(\alpha)$-Modul und bzgl. der Injektion φ' ein noetherscher A-Modul. Da $Q(A') = L'_\alpha$, so kann man α so bestimmen, daß $Q(A')$ ein separabler endlich-algebraischer Oberkörper von $Q(T_d(\alpha))$ ist.

Es bleibt somit lediglich zu zeigen, daß A' eine k-affinoide Algebra ist (dann ist φ' automatisch stetig). $A(\alpha)$ $(= I_\alpha)$ ist nach Abschnitt 2 jedenfalls eine k-affinoide Algebra und bzgl. der Injektion $\iota_\alpha: T_d(\alpha) \to A(\alpha)$ ein noetherscher $T_d(\alpha)$-Modul. Es gilt $T_d(\alpha) \subset A' \subset A(\alpha)$. Als $T_d(\alpha)$-Untermodul von $A(\alpha)$ liegt A' abgeschlossen in $A(\alpha)$, daher ist A' eine Banachsche k-Algebra. Als endlicher $T_d(\alpha)$-Modul ist A' dann eine k-affinoide Algebra (I, § 5.1), w.z.b.w.

§ 6 Funktionswerte und Banachtopologie

1. Es sei $\mathfrak{X} = (X, H, A)$ ein fest vorgegebener k-affinoider Raum in E^n. Die Norm der k-affinoiden Algebra A werde stets mit $\| \;\|$ bezeichnet, für jedes $f \in A = T_n/\mathfrak{a}$ gilt also:

$$\|f\| = \inf_{g \in \mathfrak{a}} \|\hat{f} + g\|,$$

wenn $\hat{f} \in T_n$ ein Repräsentant von f ist. Neben dieser Banachtopologie ist A noch in natürlicher Weise mit der „Topologie der gleichmäßigen Konvergenz auf X“ versehen. Wir setzen:

$$|f| := \sup_{x \in X} |f(x)|$$

für jedes $f \in A$. Dann folgt unmittelbar:

$$|c \cdot f| = |c| \cdot |f|, c \in k, f \in A,$$

$$|f \cdot g| \leqq |f| \cdot |g|, |f^\nu| = |f|^\nu, |f + g| \leqq \max(|f|, |g|), f, g \in A, \nu \geqq 1,$$

und die Mengen

$$\{f \in A : |f| \leqq \varepsilon\}, \quad \varepsilon > 0 \text{ reell},$$

bilden eine Umgebungsbasis des Nullpunktes $0 \in A$ bzgl. der Topologie der gleichmäßigen Konvergenz. Es folgt weiter:

$$|f| \leqq \|f\| \text{ für jedes } f \in A,$$

daher ist die Banachtopologie von A *feiner* als die Topologie der gleichmäßigen Konvergenz.

Satz 1: *Es gilt* $|f| = 0$ *genau dann, wenn* f *nilpotent ist.*

Beweis: Trivial ist, daß $|f| = 0$ für jedes nilpotente Element $f \in A$ gilt. Sei umgekehrt $|f| = 0$. Dann gilt $N(f) = X = N(0)$, und die Nilpotenz von f folgt aus dem Hilbertschen Nullstellensatz, q.e.d.

Korollar: *Die Topologie der gleichmäßigen Konvergenz auf X ist genau dann hausdorffsch, wenn A reduziert ist.*

2. Es ist nicht ohne weiteres klar, daß $|f| \in |\bar{k}|$ für jedes $f \in A$. Um dieses und mehr zu beweisen, bezeichnen wir allgemein den Quotientenkörper eines Integritätsringes I mit $Q(I)$ und zeigen zunächst:

Satz 2: *Es sei $\mathfrak{X} = (X, H, A)$ ein k-affinoider, irreduzibler Unterraum von $E^n = E^d \times E^e$. Die natürliche Projektion $\pi: X \to E^d$ sei surjektiv, X liege ausgezeichnet über E^d bzgl. π. Dann gilt:*

0) *$Q(A)$ ist ein endlich-algebraischer Erweiterungskörper von $Q(T_d)$ (dabei ist $T_d = \Gamma_*(E^d, \mathfrak{O})$ in kanonischer Weise als Unterring von A aufgefaßt).*

1) *Ist $\omega(w; y) = w^b + a_1 w^{b-1} + \cdots + a_b$ das (irreduzible) Minimalpolynom von $f \in A$, so gilt $a_1, \ldots, a_b \in T_d$. Für jeden Punkt $y' \in E^d$ gilt:*

$$f(\pi^{-1}(y')) = \{c \in \bar{k} : \omega(c; y') = 0\}.$$

Speziell folgt: $|f| = \max\limits_{1 \leq \beta \leq b} \sqrt[\beta]{\|a_\beta\|}$.

Beweis: Es ist nur zu zeigen, daß für jedes $f \in A$ die Gleichung

$$f(\pi^{-1}(y')) = \{c \in \bar{k}; \omega(c; y') = 0\}, y' \in E^d,$$

gilt. Wir bezeichnen mit V die Nullstellenmenge von ω in $\bar{k}(w) \times E^d$ und behaupten:

$$V = M := \{(w, y) = (f(x), \pi(x)), x \in X\}.$$

Ohne Einschränkung der Allgemeinheit dürfen wir annehmen, daß ω ein Weierstraßpolynom über T_d ist und daß f eine Fortsetzung $\hat{f} \in T_n$ mit $\|f\| \leq 1$ besitzt (evtl. muß man von f zu einem Element cf, wo $0 \neq c \in k$ klein ist, übergehen. Gilt die Behauptung für cf, so auch für f.) Dann ist V eine k-affinoide Menge in $E^1 \times E^d$ und es gilt $M \subset V$, da ω von f annulliert wird. Um $M = V$ zu beweisen, zeigen wir zunächst, daß auch M eine k-affinoide Menge in $E^1 \times E^d$ ist. Im $E^{n+1} := E^1(w) \times E^d \times E^e$ ist jedenfalls die Menge

$$\hat{M} := N(w - \hat{f}) \cap (E^1(w) \times X)$$

k-affinoid. $\hat{M}$ liegt ausgezeichnet über $E^1(w) \times E^d$ bzgl. der Projektion $p: E^1(w) \times E^d \times E^e \to E^1(w) \times E^d$, da X ausgezeichnet über E^d bzgl. $E^d \times E^e \to E^d$ liegt. Daher wird $\hat{M}$ durch p auf eine k-affinoide Menge in $E^1 \times E^d$ abgebildet (Korollar zu Satz 4.1). Es gilt aber $p(\hat{M}) = M$.

Wäre nun $M \neq V$, so gäbe es ein $0 \neq g \in T_{d+1}/(\omega)$ mit $g(M) = 0$. Zu g gehört, da $T_{d+1}/(\omega)$ ein ganzer Oberintegritätsring von T_d ist, ein Minimalpolynom

$$w^b + b_1(y)\, w^{b-1} + \cdots + b_m(y) \in T_d[w] \text{ mit } b_m \neq 0.$$

Aus $g(M) = 0$ folgt $M \subset N(b_m)$ und also $\pi(X) \subset N(b_m) \neq E^d$ im Widerspruch zur Annahme, daß $\pi: X \to E^d$ surjektiv ist. Die Gleichung $M = V$ ist bewiesen.

Für jedes $y' \in E^d$ ist mithin $f(\pi^{-1}(y'))$ die genaue Nullstellenmenge von $\omega(w; y')$ in $\bar{k}$. Das hat zur Folge (vgl. § 2.0):

$$\max_{x \in \pi^{-1}(y')} |f(x)| = \max_{1 \leq \beta \leq b} \sqrt[\beta]{|a_\beta(y')|}, \quad y' \in E^d.$$

Hieraus folgt, da $\sup_{y \in E^d} |a_\beta(y)| = \|a_\beta\|$ nach dem Maximumprinzip für E^d gilt, die Behauptung, w.z.b.w.

Aus Satz 2 folgt nun leicht:

Satz 3 *(Maximumprinzip): Es sei (X, H, A) ein k-affinoider Raum. Dann gibt es zu jedem $f \in A$ einen k-algebraischen Punkt $p \in X$, so daß gilt:*

$$|f| = |f(p)| \in |\bar{k}|.$$

Beweis: Ohne Einschränkung der Allgemeinheit dürfen wir X als irreduzibel voraussetzen. Wir stellen die Situation von Satz 2 her und gewinnen, wenn wir die obigen Bezeichnungen übernehmen, einen Index t, so daß $|f| = \sqrt[t]{\|a_t\|}$. Nach dem Maximumprinzip für E^d gibt es einen k-algebraischen Punkt $q \in E^d$, so daß $|a_t(q)| = \|a_t\|$, d. h.

$$|f| = \sqrt[t]{|a_t(q)|} = \max_{x \in \pi^{-1}(q)} |f(x)|.$$

Einer der Punkte von $\pi^{-1}(q)$ leistet dann das Verlangte, da $\pi^{-1}(q) \subset X_a$ nach Satz 4.5.

Korollar: *Es sei* X *eine* k*-affinoide Menge im* $E^{n-1}\times E^1$*, so daß* $X \cap E^{n-1}\times\partial E^1$ *leer ist. Dann gibt es eine reelle Zahl* r, $0 < r < 1$, *so daß gilt:*

$$X \subset E^{n-1}\times\{|x_n| \leqq r\}.$$

Man wende das Maximumprinzip auf die Funktion $x_n|X$ an.

3. Es sei wieder $\mathfrak{X} = (X, H, A)$ ein k-affinoider Raum im E^n. Ein Element $f\in A$ heiße *potenzbeschränkt*, wenn die Folge f^ν, $\nu = 1, 2, \ldots$, beschränkt in A ist, d. h. wenn es ein $L > 0$ gibt, so daß $\|f^\nu\| \leqq L$ für alle $\nu \geqq 1$. Ist f potenzbeschränkt, so gilt $|f|^\nu = |f^\nu| \leqq \|f^\nu\| \leqq L$ für alle $\nu \geqq 1$, d. h. $|f| \leqq 1$. Im folgenden werden wir sehen, daß auch die Umkehrung gilt. Wir setzen

$$\dot{A} := \{f\in A : |f| \leqq 1\},$$

$\dot{A}$ ist ein *Unterring von* A, der *offen* in der Banachtopologie ist. $\dot{A}$ ist auch ein *E-Modul*. Für T_n stimmt obige Definition von $\dot{T}_n$ mit der im Kap. I, § 1 gegebenen Definition überein. Der natürliche k-Epimorphismus $\psi: T_n \to A$ bildet $\dot{T}_n$ auf einen Unterring $R \subset \dot{A}$ ab, R ist eine *beschränkte* Menge im Banachraum A, denn ψ ist stetig und $\dot{T}_n$ ist beschränkt in T_n.

Satz 4: *$\dot{A}$ ist der ganz-algebraische Abschluß von R in A. Es gibt eine natürliche Zahl $q \geqq 1$, so daß jedes $f\in\dot{A}$ ganz über R vom Grade $\leqq q$ ist.*

Beweis: 1) Sei $f\in A$ ganz über R, etwa $f^m + r_1 f^{m-1} + \cdots + r_m = 0$, $r_1, \ldots, r_m \in R$. Für jedes $x\in X$ gilt dann $|f(x)| \leqq \max\limits_{1\leqq\mu\leqq m} \sqrt[\mu]{|r_\mu(x)|}$ und also $|f| \leqq \max\limits_{1\leqq\mu\leqq m} \sqrt[\mu]{|r_\mu|} \leqq 1$, d. h. $f\in\dot{A}$.

2) Um die Existenz eines $q \geqq 1$ zu zeigen, so daß jedes $f\in\dot{A}$ ganz über R vom Grade $\leqq q$ ist, setzen wir zunächst A als nullteilerfrei voraus. Wir können dann vermöge einer Koordinatentransformation für den zugehörigen k-affinoiden Raum $\mathfrak{X} = (X, H, A)$ die Situation von Satz 2 herstellen; es folgt (mit den Bezeichnungen von Satz 2) unmittelbar, daß jedes $f\in\dot{A}$ ganz über $\dot{T}_d$ vom Grade $\leqq q := [Q(A) : Q(T_d)]$ ist. Wegen $\dot{T}_d \subset R$ impliziert dies die Behauptung.

Sei nun A eine beliebige k-affinoide Algebra. Es seien $\mathfrak{p}_1, \ldots, \mathfrak{p}_t$ die minimalen Primideale von A und $\varphi_j: A \to A_j := A/\mathfrak{p}_j$ die natürlichen Epimorphismen. Es gilt:

$$\varphi_j(\dot{A}) \subset \dot{A}_j, \; R_j := \varphi_j \circ \psi(\dot{T}_n) = \varphi_j(R), \quad j = 1, \ldots, t.$$

Nach Annahme gibt es eine natürliche Zahl $q_j \geqq 1$, so daß zu jedem $f \in \dot{A}$ ein normiertes Polynom $\bar{p}_j(w) \in R_j[w]$ vom Grade $\leqq q_j$ existiert mit $\bar{p}_j(\varphi_j(f)) = 0, j = 1, \ldots, t$. Wählt man φ_j-Urbilder der Koeffizienten von $\bar{p}_j(w)$ und bildet man mit ihnen das normierte Polynom $p_j(w) \in R[w]$ vom Grade $\leqq q_j$, so folgt: $p_j(f) \in \mathfrak{p}_j, j = 1, \ldots, t$, und also

$$(p_1 \cdot \ldots \cdot p_t)(f) \in \mathfrak{p}_1 \cdot \ldots \cdot \mathfrak{p}_t \subset \text{Nilradikal von } A.$$

Wählt man $e \geqq 1$ so groß, daß $a^e = 0$ für jedes nilpotente Element $a \in A$, so ist $p := (p_1 \ldots p_t)^e \in R[w]$ ein normiertes Polynom vom Grade $\leqq q := e(q_1 + \cdots + q_t)$, so daß $p(f) = 0$. – Satz 4 ist bewiesen.

Es ergibt sich nun schnell:

Satz 5 (Tate): *Der Ring $\dot{A}$ besteht genau aus den potenzbeschränkten Elementen von A.*

Beweis: Zu zeigen ist nur, daß jedes $f \in \dot{A}$ potenzbeschränkt ist. Sei f ganz über R vom Grade b. Für jeden Exponenten $\nu \geqq 1$ gilt dann eine Gleichung

$$f^\nu = r_{0\nu} + r_{1\nu} f + \cdots + r_{b-1\,\nu} f^{b-1}, \; r_{0\nu}, \ldots, r_{b-1\,\nu} \in R.$$

Nun ist R ein beschränkter Unterring von A. Ist daher M eine Schranke für R und setzt man $L := M \cdot \max(1, \|f\|, \ldots, \|f^{b-1}\|)$, so folgt $\|f^\nu\| \leqq L$ für jedes $\nu \geqq 1$, w.z.b.w.

Anmerkung: Satz 4 läßt sich wie folgt verallgemeinern:

Satz 4': *Es sei $\varphi: B \to A$ ein k-Algebrahomomorphismus zwischen k-affinoiden Algebren. Dann liegt jedes über $\varphi(\dot{B})$ ganze Element $a \in A$ in $\dot{A}$. Ist A (bzgl. φ) ein noetherscher B-Modul, so gibt es ein $q \geqq 1$, so daß jedes $f \in \dot{A}$ ganz über $\varphi(\dot{B})$ vom Grade $\leqq q$ ist.*

Der Beweis verläuft wie der Beweis von Satz 4; man beachte, daß $\varphi(\dot{B}) \subset \dot{A}$, da φ stetig ist. Im zweiten Teil darf man $B = T_d$ voraussetzen, da es ein d und einen k-Algebramonomorphismus $\iota: T_d \to B$ gibt, so daß B ein noetherscher T_d-Modul ist, dabei gilt $(\varphi \circ \iota)(\dot{T}_d) \subset \varphi(\dot{B})$.

Aus Satz 4' ergibt sich speziell folgende Umkehrung von Satz 4.1:

Ist $\mathfrak{X} = (X, H, A)$ *ein k-affinoider Unterraum von* $E^d(y_1, \ldots, y_d) \times E^e(v_1, \ldots, v_e)$ *derart, daß die natürliche Projektion* $\mathfrak{X} \to E^d$ *k-endlich ist, so gibt es e Weierstraßpolynome*

$$\omega_j(v_j; y_1, \ldots, y_d) \in k\langle\langle y_1, \ldots, y_d\rangle\rangle[v_j], \quad j = 1, \ldots, e,$$

so daß $X \subset N(\omega_1, \ldots, \omega_e)$.

Denn: A ist bzgl. des kanonischen Homomorphismus $T_d \to A$ ein noetherscher T_d-Modul, $T_d := k\langle\langle y_1, \ldots, y_d\rangle\rangle$. Da $v_j|\mathfrak{X} \in \dot{A}$, so ist $v_j|\mathfrak{X}$ also ganz über $\dot{T}_d$, $j = 1, \ldots e$.

4. Wir nennen ein Element $f \in A$ *topologisch nilpotent*, wenn die Folge $\|f^\nu\|$ gegen 0 konvergiert. Ist f topologisch nilpotent, so ist für jedes $x \in X$ die Folge $|f(x)|^\nu \in |k|$ eine Nullfolge, insbesondere gilt also $|f(x)| < 1$ für jedes $x \in X$ und also $|f| < 1$ nach dem Maximumprinzip. Wir beweisen wieder die Umkehrung. Wir setzen

$$\mathfrak{t}(A) := \{f \in A : |f| < 1\},$$

$\mathfrak{t}(A)$ ist ein offenes Ideal in $\dot{A}$, für $A = T_n$ gilt $\mathfrak{t}(T_n) = \{f \in T_n : \|f\| < 1\}$.

Satz 6 (Tate): $\mathfrak{t}(A)$ *besteht genau aus den topologisch nilpotenten Elementen von A.*

Beweis: Zu zeigen ist nur, daß jedes $f \in \mathfrak{t}(A)$ topologisch nilpotent ist. Es gilt $|f| =: q < 1$ nach dem Maximumprinzip. Wir dürfen $q \neq 0$ annehmen, da f sonst nach Satz 1 bereits nilpotent ist. Es gibt ein $s \geqq 1$, so daß $q^s \in |k|$. Bestimmt man nun $c \in k$ so, daß $|c| = q^{-s}$, so folgt $g := cf^s \in \dot{A}$. Daher ist g potenzbeschränkt, d. h. es gibt ein $L > 0$, so daß $\|g^\nu\| \leqq L$ für alle $\nu \geqq 1$. Für f besagt dies

$$\|f^{s\nu}\| \leqq L q^{\nu s}, \; \nu = 1, 2, \ldots,$$

d.h. f^s ist topologisch nilpotent. Dann gilt aber auch $\|f^\nu\| \to 0$, w.z.b.w.

Für jede k-affinoide Algebra A läßt sich der Restklassenring $\dot{A}/\mathfrak{t}(A)$ in kanonischer Weise als eine $E/\mathfrak{m} = \varkappa$-Algebra auffassen (es gilt $\dot{T}_n/\mathfrak{t}(T_n) = \varkappa[\xi_1, \ldots, \xi_n]$). Man kann zeigen, daß $\dot{A}/\mathfrak{t}(\dot{A})$ eine affine $\varkappa$-Algebra ist. Jeder k-Algebrahomomorphismus $\varphi: A \to B$ zwischen k-affinoiden Algebren A, B bildet, da stetig, $\dot{A}$ in $\dot{B}$ und $\mathfrak{t}(A)$ in $\mathfrak{t}(B)$ ab, daher induziert φ einen natürlichen $\varkappa$-Algebrahomomorphismus $\dot{\varphi}: \dot{A}/\mathfrak{t}(A) \to \dot{B}/\mathfrak{t}(B)$. Die Zuordnung $A \rightsquigarrow \dot{A}/\mathfrak{t}(A)$ ist ein kovarianter Funktor der Kategorie der k-affinoiden Algebren in die Kategorie der affinen $\varkappa$-Algebren.

5. Es sei wieder $\mathfrak{X} = (X, H, A)$ ein k-affinoider Raum. Die Banachtopologie von A stimmt höchstens dann mit der Topologie der gleichmäßigen Konvergenz auf X überein, wenn A reduziert ist (Satz 1). In diesem Abschnitt zeigen wir, daß für einen vollkommenen[3] Grundkörper k die Reduziertheit von A auch hinreichend für die Gleichheit der Topologien ist. Dazu ist, da stets $|f| \leqq \|f\|$, nur zu zeigen, daß es eine Konstante $L > 0$ gibt, so daß $\|f\| \leqq L\,|f|$ für alle $f \in A$ (einfache Beispiele zeigen, daß auch für nullteilerfreie A über k mit $ch(k) = 0$ die Ungleichung $|f| \leqq \|f\|$ i. a. keine Gleichung ist). Dies folgt direkt aus

Satz 7: *Für jede reduzierte k-affinoide Algebra über einem vollkommenen Grundkörper k ist der Unterring $\dot{A}$ der potenzbeschränkten Elemente von A eine beschränkte Menge in A (bzgl. der Banachtopologie).*

Anmerkung: Eine ersichtlich äquivalente Formulierung ist: *Zu jeder reduzierten k-affinoiden Algebra $T_n/\mathfrak{a}$ über einem vollkommenen Grundkörper k gibt es eine Konstante $L > 0$, so daß jedes $f \in T_n/\mathfrak{a}$ eine Fortsetzung $\hat{f} \in T_n$ besitzt mit $\|\hat{f}\| \leqq L \cdot |f|$.*

Wir beweisen nun Satz 7 in 3 Schritten.

a) Es genügt, die Behauptung für nullteilerfreie Algebren zu beweisen. Ist nämlich A irgendeine reduzierte k-affinoide Algebra, so hat man kanonische Epimorphismen $\varphi_j: A \to A_j := A/\mathfrak{p}_j$, wo $\mathfrak{p}_j$, $j = 1, \ldots, t$, die minimalen Primideale von A sind. Es gilt $\varphi_j(\dot{A}) \subset \dot{A}_j$, da φ_j stetig ist, und $\dot{A}_j$ liegt nach Voraussetzung beschränkt in A_j, da A_j nullteilerfrei ist, $j = 1, \ldots, t$. Durch

$$x \to (\varphi_1(x), \ldots, \varphi_t(x))$$

[3] Wir nennen einen Körper k vollkommen, wenn $ch(k) = 0$ oder $ch(k) = p$ und der Frobeniusmonomorphismus $a \to a^p$ ein Epimorphismus $k \to k$ ist.

wird ein A-Modulmonomorphismus $\varphi: A \to \bigoplus_1^t A_j$ gegeben, $\varphi(\dot{A})$ ist in der beschränkten Menge $\bigoplus_1^t \dot{A}_j$ enthalten. φ ist injektiv, da $\operatorname{Ker} \varphi = \bigcap_1^t \mathfrak{p}_j$ $=$ Nilradikal von $A = 0$; daher bildet φ, da $\bigoplus_1^t A_j$ ein noetherscher A-Modul ist, A topologisch auf einen abgeschlossenen Untermodul $\varphi(A)$ von $\bigoplus_1^t A_j$ ab. Mit $\varphi(\dot{A})$ ist daher auch $\dot{A}$ beschränkt.

b) Sei nun A nullteilerfrei. Wir können eine k-Unteralgebra T_d von A so bestimmen, daß A ein noetherscher T_d-Modul und $Q(A)$ ein endlich-algebraischer Oberkörper von $Q(T_d)$ ist (man stelle die Situation von Satz 2 her). Es genügt, die Behauptung für den Fall, daß $Q(A)$ separabel über $Q(T_d)$ ist, zu beweisen. Ist nämlich $ch(k) = 0$, so gilt auch $ch(Q(T_d)) = 0$ und $Q(A)$ ist separabel über $Q(T_d)$. Ist aber $ch(k) = p \neq 0$, so gibt es, da k vollkommen ist, nach Satz 5.4 ein $\alpha > 0$ und ein kommutatives Diagramm

$$\begin{array}{ccc} A & \xrightarrow{\varphi'} & A' \\ \uparrow{\scriptstyle \iota} & & \uparrow{\scriptstyle \iota'} \\ T & \xrightarrow{\varphi} & T_d(\alpha) \end{array}$$

wo alle Abbildungen Injektionen sind, und A' eine k-affinoide Algebra ist, die bzgl. ι' bzw. φ' ein noetherscher Modul über $T_d(\alpha)$ bzw. A ist, derart, daß $Q(A')$ separabel über $Q(T_d(\alpha))$ ist. Nach Voraussetzung ist mithin, da $T_d(\alpha)$ zu T_d isomorph ist, $\dot{A}'$ beschränkt in A'. Da φ' als stetige Injektion von A in den noetherschen A-Modul A' eine topologische Abbildung von A auf einen abgeschlossenen Untervektorraum $\varphi'(A)$ von A' induziert, ist mit $\varphi'(\dot{A}) \subset \dot{A}'$ auch $\dot{A}$ beschränkt.

c) Sei nun A ein noetherscher Modul über $T_d \subset A$ und $Q(A) = Q(\dot{A})$ ein separabler Oberkörper von $Q(T_d) = Q(\dot{T}_d)$. Wir wählen eine Basis $\eta_1, \ldots \eta_b \in \dot{A}$ von $Q(A)$ über $Q(T_d)$ und betrachten die $Q(T_d)$-lineare Spurabbildung $\varphi_\beta: Q(A) \to Q(T_d)$, die durch die Zuordnung

$$Q(A) \ni x \to \operatorname{Spur}(x \cdot \eta_\beta) \in Q(T_d)$$

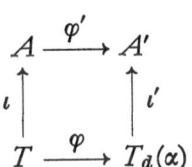

definiert wird, $\beta = 1, \ldots, b$. Die durch $x \to (\varphi_1(x), \ldots, \varphi_b(x))$ gegebene $Q(T_d)$-lineare Abbildung $\varphi: Q(A) \to b \cdot Q(T_d)$ ist dann injektiv, da die Körpererweiterung separabel ist. Für jedes $x \in A$ gilt $x \cdot \eta_\beta \in A$ und also $\varphi_\beta(x) \in T_d$, da A ganz über T_d und T_d als ZPE-Ring normal ist. Entsprechend gilt $x \cdot \eta_\beta \in \dot{A}$ für $x \in \dot{A}$ und daher $\varphi_\beta(\dot{A}) \subset \dot{T}_d$, da $\dot{A}$ ganz über $\dot{T}_d$ und $\dot{T}_d \subset T_d$ wegen $Q(\dot{T}_d) = Q(T_d)$ ebenfalls normal ist. Durch Beschränkung von φ auf A gewinnt man daher eine T_d-lineare injektive Abbildung $\psi: A \to bT_d$, die $\dot{A}$ in die beschränkte Menge $b \cdot \dot{T}_d$ abbildet. Da A ein endlicher T_d-Modul ist, so wird A vermöge ψ topologisch auf einen abgeschlossenen k-Untervektorraum $\psi(A)$ von $b \cdot T_d$ abgebildet. Mit $\psi(\dot{A})$ ist daher auch $\dot{A}$ beschränkt. – Satz 7 ist bewiesen.

Wir geben eine Anwendung von Satz 7. Ist $k' \subset \bar{k}$ ein vollständiger Oberkörper von k und $A = k\langle\langle x_1, \ldots, x_n\rangle\rangle/\mathfrak{a}$ eine k-affinoide Algebra, so heißt die k'-affinoide Algebra $A' := k'\langle\langle x_1, \ldots, x_n\rangle\rangle/\mathfrak{a}'$, wo $\mathfrak{a}' := \mathfrak{a} \cdot k'\langle\langle x_1, \ldots x_n\rangle\rangle$, die k'-Erweiterung von A. Ist $\mathfrak{X} = (X, H, A)$ ein k-affinoider Raum, so ist $\mathfrak{X}' = (X, H, A')$ ein k'-affinoider Raum; er heißt *die k'-Erweiterung von $\mathfrak{X}$*. Speziell gilt $A \subset A' \subset \Gamma(X, H)$.

Der k'-Banachraum A' läßt sich auch als k-Banachraum auffassen, die natürliche Injektion $A \to A'$ ist k-linear und stetig. Aus Satz 7 folgt nun:

Sind k und k' vollkommen und sind A und A' reduziert, so ist A ein abgeschlossener k-Untervektorraum von A'.

Denn: es gilt $|f|_A = |f|_{A'}$ für jedes $f \in A$. Da $|\;|_A$ bzw. $|\;|_{A'}$ die Banachtopologie von A bzw. A' definieren, liegt A abgeschlossen in A'.

§ 7 Lokale k-Konvergenz

1. Es sei (X, H) ein analytischer Raum über k, es sei S eine kohärente analytische Garbe über X. Ist $U \neq \emptyset$ offen in X, so sagen wir, daß S über U eine *k-Affinoisierung* gestattet, wenn es eine k-Algebra $A_U \subset \Gamma(U, H)$ und einen A_U-Modul $\Gamma_*(S_U) \subset \Gamma(U, S)$ gibt, so daß (U, H_U, A_U) ein k-affinoider Raum und $(S_U, \Gamma_*(S_U))$ eine k-kohärente Garbe über U ist. Wir nennen dann auch kurz $(S_U, \Gamma_*(S_U))$ eine *k-Affinoisierung von S über U*. Ersichtlich gibt es zu jedem Punkt $x \in X$ eine Umgebung $U = U(x)$, über der S eine k-Affinoisierung besitzt.

Wir führen nun im Schnittmodul $\Gamma(X, S)$ einer jeden über (X, H) kohärenten analytischen Garbe S die „Topologie der lokalen k-Konvergenz" ein. Eine Folge $s_1, s_2, \ldots \in \Gamma(X, S)$ heißt *lokal k-konvergent*, (*gegen* $s \in \Gamma(X, S)$), wenn es zu jedem Punkt $x \in X$ eine Umgebung $U = U(x)$ und eine k-Affinoisierung $(S_U, \Gamma_*(S_U))$ von S über U gibt, so daß $s_1|U, s_2|U, \ldots \in \Gamma_*(S_U)$, und die Folge $s_\nu|U$ in der Banachtopologie von $\Gamma_*(S_U)$ (gegen $s|U \in \Gamma_*(S_U)$) konvergiert.

Dann folgt unmittelbar:

Jede gegen s lokal k-konvergente Folge ist lokal k-konvergent. Jede konstante Folge $s_\nu := s$ ist lokal k-konvergent gegen s. Ist s_ν lokal k-konvergent (gegen s), so konvergiert für jedes $x \in X$ die Folge $s_{\nu x} \in S_x$ (gegen $s_x \in S_x$) in der Topologie des analytischen H_x-Moduls S_x (denn die natürliche Abbildung $\Gamma_*(S_U) \to S_x$ ist stetig).

Satz 1: *Es sei $s_\nu \in \Gamma(X, S)$ lokal k-konvergent. Dann gibt es ein eindeutig bestimmtes $s \in \Gamma(X, S)$, so daß s_ν gegen s lokal k-konvergiert.*

Beweis: 1) Eindeutigkeit: Sind $s, s' \in \Gamma(X, S)$ Limiten von s_ν, so ist $s_x, s'_x \in S_x$ Limes von $s_{\nu x} \in S_x$ für jedes $x \in X$. Da S_x hausdorffsch ist, folgt $s_x = s'_x$ für alle $x \in X$ und also $s = s'$.

2) Existenz: Für jedes $x \in X$ ist die Folge $s_{\nu x} \in S_x$ konvergent. Da S_x vollständig ist, gibt es ein $s_x \in S_x$, so daß $s_x = \lim\limits_\nu s_{\nu x}$. Wir behaupten, daß $s := \{s_x, x \in X\}$ eine Schnittfläche in $\Gamma(X, S)$ ist, gegen welche die Folge s_ν lokal k-konvergiert. Zu jedem $x_0 \in X$ gibt es nach Voraussetzung eine Umgebung U von x_0 und eine k-Affinoisierung $(S_U, \Gamma_*(S_U))$, so daß $s_\nu|U \in \Gamma_*(S_U)$ und $s_\nu|U$ in der Banachtopologie von $\Gamma_*(S_U)$ konvergiert. Ist $\hat{s} \in \Gamma_*(S_U)$ der Limes, so gilt $\hat{s}_x = s_x$ für alle $x \in U$, d. h. $\hat{s} = s|U$, q.e.d.

2. Es sei wieder (X, H) ein analytischer Raum über k, seien $f_1, \ldots, f_m \in \Gamma(X, H)$. Eine formale Potenzreihe $\sum\limits_0^\infty a_{\mu_1 \ldots \mu_m} f_1^{\mu_1} \cdot \ldots \cdot f_m^{\mu_m} \in k\{f_1, \ldots, f_m\}$ heißt *strikt konvergent*, wenn $|f_\mu(x)| \leqq 1$ für alle $x \in X$, $\mu = 1, \ldots, m$, und $\lim a_{\mu_1 \ldots \mu_m} = 0$.

Satz 2: *Jede strikt konvergente Potenzreihe $\sum\limits_0^\infty a_{\mu_1 \ldots \mu_m} f_1^{\mu_1} \cdot \ldots \cdot f_m^{\mu_m} \in k\{f_1, \ldots, f_m\}$ ist lokal k-konvergent in $\Gamma(X, H)$.*

Beweis: Es sei $x_0 \in X$ irgendein Punkt. Es genügt, eine Umgebung U von x_0 und eine k-Algebra A_U anzugeben, so daß (U, H_U, A_U) ein k-affinoider Raum ist, derart, daß $f_\mu \in A_U$ und $\|f_\mu\| \leqq 1, \mu = 1, \ldots, m$ (dabei bezeichnet $\| \ \|$ die Banachnorm von A_U). Ohne Einschränkung der Allgemeinheit sei (X, H) ein analytischer Unterraum in einer Umgebung V des Nullpunktes eines $\bar{k}^n$, weiter sei $x_0 = 0$. Es gibt dann konvergente Potenzreihen $f_1^*, \ldots, f_m^*$ um $0 \in \bar{k}^n$, so daß $f_\mu^* | X = f_\mu, \mu = 1, \ldots, m$. Es gilt $|f_1^*(0)| \leqq 1, \ldots, |f_m^*(0)| \leqq 1$. Wir können daher ein n-Tupel $t \in |k^*|^n$ so bestimmen, daß folgendes gilt:

1) $E_t^n \subset V, f_1^*, \ldots, f_m^* \in T_n(t)$ *und* $\|f_\mu^*\|_t \leqq 1, \mu = 1, \ldots, m$.

2) *Es gibt ein Ideal* $\mathfrak{a} \subset T_n(t)$, *so daß der unterliegende analytische Raum des zugehörigen k-affinoiden Raumes* $(N(\mathfrak{a}), H, T_n(t)/\mathfrak{a})$ *mit* $(X, H)|E_t^n$ *übereinstimmt.*

Da $T_n(t) \to T_n(t)/\mathfrak{a}$ längenverkürzend ist, leisten $U := X \cap E_t^n$ und $A_U := T_n(t)/\mathfrak{a}$ das Verlangte, q.e.d.

Sei nun N irgendeine Teilmenge von $\Gamma(X, H)$, so daß $\sup\limits_{x \in X} |f(x)| \leqq 1$ für jedes $f \in N$. Wir bezeichnen mit $k\langle\langle N\rangle\rangle$ die Menge aller strikt konvergenten Potenzreihen über k in jeweils endlich vielen Elementen aus N. Auf Grund von Satz 2 können wir $k\langle\langle N\rangle\rangle$ in natürlicher Weise als eine k-Unteralgebra von $\Gamma(X, H)$ auffassen. Ist N endlich, etwa $N = \{f_1, \ldots, f_m\}$, so schreiben wir auch $k\langle\langle f_1, \ldots, f_m\rangle\rangle$ an Stelle von $k\langle\langle\{f_1, \ldots, f_m\}\rangle\rangle$.

3. Es sei $\mathfrak{X} = (X, H, A)$ ein k-affinoider Unterraum von $E^n(x_1, \ldots, x_n)$. Dann gilt offensichtlich $A = k\langle\langle x_1|\mathfrak{X}, \ldots, x_n|\mathfrak{X}\rangle\rangle$. Für jede Teilmenge $N \subset \dot{A}$ setzen wir $A\langle\langle N\rangle\rangle := k\langle\langle\{x_1|\mathfrak{X}_1, \ldots, x_n|\mathfrak{X}\} \cup N\rangle\rangle$. Dann ist $A\langle\langle N\rangle\rangle$ eine k-Algebra und die Inklusionen $A \subset A\langle\langle N\rangle\rangle \subset \Gamma(X, H)$ sind trivial. Wir zeigen:

Satz 3: $A = A\langle\langle\dot{A}\rangle\rangle = k\langle\langle\dot{A}\rangle\rangle$.

Beweis: Es ist nur zu zeigen, daß jede strikt konvergente Potenzreihe $\sum\limits_0^\infty a_{\mu_1 \ldots \mu_m} f_1^{\mu_1} \cdot \ldots \cdot f_m^{\mu_m}$, wo $f_1, \ldots, f_m \in \dot{A}$, in A liegt. Nach Satz 6.5 gibt es ein $L_j > 0$, so daß $\|f_j^{\mu_j}\| \leqq L_j$ für alle $\mu_j \geqq 0, j = 1, \ldots, m$. Setzt man $L := L_1 \cdot \ldots \cdot L_m$, so folgt also $\|a_{\mu_1 \ldots \mu_m} f_1^{\mu_1} \ldots f_m^{\mu_m}\| \leqq L\, |a_{\mu_1 \ldots \mu_m}|$ für alle $\mu_1, \ldots, \mu_m \geqq 0$. Da $a_{\mu_1 \ldots \mu_m}$ eine Nullfolge ist, ergibt sich die Behauptung.

Als Anwendung von Satz 3 notieren wir noch

Satz 4: *Es sei* $\mathfrak{X} = (X, H, A)$ *ein k-affinoider Unterraum von* $E^n(\mathfrak{z}_1, \ldots, \mathfrak{z}_n)$ *und* $\pi : X \to E^d(w_1, \ldots, w_d)$ *eine k-affinoide Abbildung. Dann gibt es ein kommutatives Diagramm*

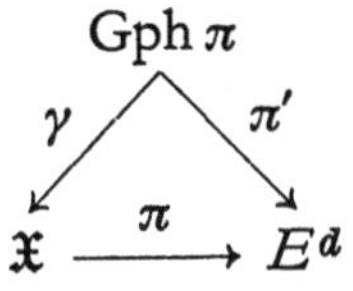

so daß folgendes gilt:

0) $\mathrm{Gph}\,\pi$ *ist ein k-affinoider Unterraum von* $E^n \times E^d$, π' *ist die Beschränkung der natürlichen Projektion* $E^n \times E^d \to E^d$ *auf* $\mathrm{Gph}\,\pi$ *und daher k-affinoid.*

1) *Die natürliche Projektion* $E^n \times E^d \to E^n$ *induziert vermöge Beschränkung eine k-biaffinoide Abbildung von* $\mathrm{Gph}\,\pi$ *auf* $\mathfrak{X}$.

Beweis: Es sei $\mathfrak{a} \subset T_n$ das $\mathfrak{X} \subset E^n$ definierende Ideal, es seien

$$w_1 = f_1(x), \ldots, w_d = f_d(x), f_1, \ldots, f_d \in A = T_n/\mathfrak{a}$$

die π beschreibenden Funktionen ($f_\delta := \pi^*(w_\delta)$). Wir wählen Fortsetzungen $\hat{f}_\delta \in T_n$ von f_δ, $\delta = 1, \ldots, d$, und bezeichnen mit $\hat{\mathfrak{a}}$ das von $\mathfrak{a}$ und den Funktionen

$$w_\delta - \hat{f}_\delta \in T_{n+d} := T_d\langle\langle \mathfrak{z}_1, \ldots, \mathfrak{z}_n \rangle\rangle, \delta = 1, \ldots, d,$$

erzeugte Ideal in T_{n+d}, ersichtlich ist $\hat{\mathfrak{a}}$ unabhängig von der Art der Fortsetzung der $f_1, \ldots, f_d$ nach T_n definiert. Alsdann sei $\mathrm{Gph}\,\pi$ der zu $\hat{\mathfrak{a}}$ gehörende k-affinoide Unterraum von $E^n \times E^d$.

Die k-affinoide Projektion $p_1 : E^n \times E^d \to E^n$ induziert eine k-affinoide Abbildung $\gamma : \mathrm{Gph}\,\pi \to \mathfrak{X}$, die nach einem bekannten Satz bianalytisch ist.

Da

$$A = k\langle\langle \mathfrak{z}_1 | \mathfrak{X}, \ldots, \mathfrak{z}_n | \mathfrak{X} \rangle\rangle, \gamma^*(A) = k\langle\langle \mathfrak{z}_1 | \mathrm{Gph}\,\pi, \ldots, \mathfrak{z}_n | \mathrm{Gph}\,\pi \rangle\rangle,$$

$$A(\mathrm{Gph}\,\pi) = k\langle\langle \mathfrak{z}_1 | \mathrm{Gph}\,\pi, \ldots, \mathfrak{z}_n | \mathrm{Gph}\,\pi, w_1 | \mathrm{Gph}\,\pi, \ldots, w_d | \mathrm{Gph}\,\pi \rangle\rangle,$$

so gilt

$$A(\mathrm{Gph}\,\pi) = \gamma^*(A)\langle\langle w_1 | \mathrm{Gph}\,\pi, \ldots, w_d | \mathrm{Gph}\,\pi \rangle\rangle$$

Nun gilt nach Konstruktion von $\hat{\mathfrak{a}}$:

$$w_\delta \,|\mathrm{Gph}\,\pi = \gamma^*(f), \text{ d. h. } w_\delta|\ \mathrm{Gph}\,\pi \in \gamma^*(A), \delta = 1, \ldots, d.$$

Da weiter $|(w_\delta|\mathrm{Gph}\,\pi)| \leqq 1$, $\delta = 1, \ldots, d$, so ergibt sich aus Satz 3

$$A(\mathrm{Gph}\,\pi) = \gamma^*(A),$$

d. h. γ ist k-biaffinoid.

Die natürliche Projektion $E^n \times E^d \to E^d$ induziert eine k-affinoide Abbildung $\pi' : \mathrm{Gph}\,\pi \to E^d$. Es ist klar, daß $\pi' = \pi \circ \gamma$, w.z.b.w.

Das Paar $(\mathrm{Gph}\,\pi, \gamma)$ heißt der Graph von $\mathfrak{X}$ bzgl. π. Auf Grund von Satz 4 kann man durch „Übergang zum Graphen" beim Studium k-affinoider Abbildungen $\pi : \mathfrak{X} \to E^d$ stets voraussetzen, daß $\mathfrak{X}$ ein k-affinoider Unterraum eines Polyzylinders $E^n \times E^d$ und π die von der natürlichen Projektion $E^n \times E^d \to E^d$ induzierte k-affinoide Abbildung ist.

§ 8 Reduzierte und k-reduzierte Räume

1. In diesem Paragraphen übertragen wir u. a. die Resultate von § 5.3 auf k-affinoide Räume mit $ch(k) = 0$. Es sei $\mathfrak{X} = (X, H, A)$ irgendein k-affinoider Raum, zunächst werde keinerlei Voraussetzung über $ch(k)$ gemacht. Ein Punkt $x \in X$ heißt ein *regulärer Punkt von* X, wenn die analytische Stellenalgebra H_x regulär, d. h. zu einer Potenzreihenalgebra $k\langle z_1, \ldots, z_n\rangle$ isomorph ist. In jedem regulären Punkt ist X lokal-irreduzibel und speziell reduziert.

Wir erinnern an das Jacobische Regularitätskriterium aus der lokalen analytischen Geometrie. Es sei $G \neq \emptyset$ eine offene Menge in $\bar{k}^n(z_1, \ldots, z_n)$, $\mathfrak{J}$ eine kohärente analytische Idealgarbe über G und $(X, \mathfrak{O}/\mathfrak{J}|X)$ der zugehörige analytische Raum. Unter dem *Jacobirang* von $\mathfrak{J}$ in einem Punkt $x \in X$, in Zeichen $jg_x\mathfrak{J}$, verstehen wir den Rang der Funktionalmatrix eines Erzeugendensystems $f_1, \ldots, f_m$ von $\mathfrak{J}_x$, ersichtlich ist $jg_x\mathfrak{J}$ unabhängig von der Wahl des Erzeugendensystems. Es gilt nun (vgl. [1]):

Regularitätskriterium (Jacobi): *Ein Punkt $x_0 \in X$ ist ein regulärer Punkt von $(X, \mathfrak{O}/\mathfrak{J}|X)$ der Dimension $n - d$, wenn folgendes gilt:*

(*) *es gibt ein Erzeugendensystem $f_1, \ldots, f_d$ von $\mathfrak{J}_{x_0}$, so daß $jg_{x_0}(f_1, \ldots, f_d) = d$.*

Im nächsten Abschnitt benötigen wir eine andere Regularitätsbedingung, nämlich

(*') *es gilt* $ch(k) = 0$ *und es gibt ein Parametersystem* $v_1, \ldots, v_n$ *von* $\mathfrak{O}_{x_0}$ *(d. h.* $\mathfrak{O}_{x_0} = \overline{k}\langle v_1, \ldots, v_n\rangle$), *so daß*

$$v_1, \ldots, v_d \in \mathfrak{I}_{x_0}, \frac{\partial}{\partial v_\delta} \mathfrak{I}_{x_0} \subset \mathfrak{I}_{x_0}, \delta = d+1, \ldots, n.$$

Der Beweis, daß alsdann x_0 ein regulärer Punkt von $\mathfrak{X}$ ist, ist trivial: Man hat nämlich zunächst

$$\frac{\partial^{j_{d+1} + \cdots + j_n}}{\partial v_{d+1}^{j_{d+1}} \ldots \partial v_n^{j_n}} \mathfrak{I}_{x_0} \subset \mathfrak{I}_{x_0}$$

für alle $j_{d+1}, \ldots, j_n \geq 0$ und also $\dfrac{\partial^{j_{d+1} + \cdots + j_n} f}{\partial v_{d+1}^{j_{d+1}} \ldots \partial v_n^{j_n}}(x_0) = 0$ für jedes $f \in \mathfrak{I}_{x_0}$.

In der wegen $ch(k) = 0$ geltenden Taylorentwicklung

$$f = \sum_0^\infty a_{j_1 \ldots j_n} v_1^{j_1} \ldots v_n^{j_n}, \quad a_{j_1 \ldots j_n} = \frac{1}{j_1! \ldots j_n!} \frac{\partial^{j_1 + \cdots + j_n} f}{\partial v_1^{j_1} \ldots \partial v_n^{j_n}}(x_0)$$

von f verschwinden daher alle Glieder der Form $a_{0 \ldots 0 j_{d+1} \ldots j_n} \cdot v_{d+1}^{j_{d+1}} \cdot \ldots \cdot v_n^{j_n}$, d. h. es gilt $f \in (v_1, \ldots, v_d)$. Mithin gilt $\mathfrak{I}_{x_0} = (v_1, \ldots, v_d)$ und $\mathfrak{O}_{x_0}/\mathfrak{I}_{x_0} \approx \overline{k}\langle v_{d+1}, \ldots, v_n\rangle$.

2. Es sei $\mathfrak{p} \subset T_n$ ein Primideal und $\mathfrak{X} = (X, H, A)$ der zugehörige k-irreduzible k-affinoide Raum. Wir setzen $r := \max_{x \in X} jg_x \mathfrak{I}$, wobei $\mathfrak{I} := \mathfrak{O} \cdot \mathfrak{p}$.
Ist $f_1, \ldots, f_m \in T_n$ ein Erzeugendensystem von $\mathfrak{p}$, so gibt es also eine r-reihige Unterdeterminante $\Delta \in T_n$ der Funktionalmatrix der $f_1, \ldots, f_m$ mit $\Delta \notin \mathfrak{p}$, während jede $(r+1)$-reihige Determinante dieser Art in $\mathfrak{p}$ liegt.

Satz 1: *Falls* $ch(k) = 0$, *so ist jeder Punkt* $c \in X$ *mit* $jg_c \mathfrak{I} = r$ *ein regulärer Punkt von* $\mathfrak{X}$ *der Dimension* $n - r$.

Beweis: Wir wählen eine r-reihige Unterdeterminante $\Delta \in T_n$ der Funktionalmatrix der $f_1, \ldots, f_m$, wo $\mathfrak{p} = (f_1, \ldots, f_m)$, derart, daß $\Delta(c) \neq 0$. Dann gilt $\Delta \notin \mathfrak{p}$ (falls $r = 0$, so sei $\Delta := 1$). Nach Satz 4.4 liegt die Nullstellenmenge X' von $\Delta | X$ sogar *nirgends dicht in* X. Wir zeigen nun eine

Hilfsaussage: *Es gibt Elemente* $a_{\mu 1}, \ldots, a_{\mu r} \in T_n$, $\mu = 1, \ldots, m$, *so daß*

$$\text{(1)} \qquad \frac{\partial}{\partial z_\nu}\Big(\Delta \cdot f_\mu - \sum_{\varrho=1}^{r} a_{\mu\varrho} f_\varrho\Big) \in \mathfrak{p}, \; \nu = 1, \ldots, n; \; \mu = 1, \ldots, m.$$

Zu jedem $g \in T_n$ gibt es Funktionen $c_1, \ldots, c_r \in T_n$ mit

$$\Delta \cdot \frac{\partial g}{\partial z_\lambda} = \sum_{\varrho=1}^{r} c_\varrho \frac{\partial f_\varrho}{\partial z_\lambda}, \quad \lambda = 1, \ldots, r.$$

(Bezeichnen wir etwa mit $B_{\varrho\lambda} \in T_n$ die zu $\frac{\partial f_\varrho}{\partial z_\lambda}$ gehörende Unterdeterminante von $\left(\frac{\partial f_\varrho}{\partial z_\lambda}\right)$, $\varrho, \lambda = 1, \ldots, r$, so genügt es z. B. zu setzen $c_\varrho := \sum_{\mu=1}^{r} B_{\varrho\mu} \frac{\partial g}{\partial z_\mu}$, $\varrho = 1, \ldots, r$.) Es seien nun $a_{\mu 1}, \ldots, a_{\mu r} \in T_n$ so gewählt daß

$$\Delta \frac{\partial f_\mu}{\partial z_\lambda} = \sum_{\varrho=1}^{r} a_{\mu\varrho} \frac{\partial f_\varrho}{\partial z_\lambda}, \quad \lambda = 1, \ldots, r; \quad \mu = 1, \ldots, m.$$

Die r Vektoren

$$\left(\frac{\partial f_\varrho}{\partial z_1}(x'), \ldots, \frac{\partial f_\varrho}{\partial z_n}(x')\right), \quad \varrho = 1, \ldots, r.$$

bilden nach Konstruktion für jeden Punkt $x' \in X - X'$ eine Basis des von den m Vektoren $\left(\frac{\partial f_\mu}{\partial z_1}(x'), \ldots, \frac{\partial f_\mu}{\partial z_n}(x')\right)$, $\mu = 1, \ldots, m$, aufgespannten k-Vektorraumes. Die Gleichungen

$$\Delta(x') \cdot \frac{\partial f_\mu}{\partial z_\nu}(x') = \sum_{\varrho=1}^{r} a_{\mu\varrho}(x') \frac{\partial f_\varrho}{\partial z_\nu}(x'), \quad \nu = 1, \ldots, n; \quad \mu = 1, \ldots, m$$

bestehen somit für jeden Punkt $x' \in X - X'$, da dies System für $\nu = 1, \ldots, r$ eindeutig lösbar ist. Da X' nirgends dicht in X liegt, gilt somit

$$\Delta \frac{\partial f_\mu}{\partial z_\nu} - \sum_{\varrho=1}^{r} a_{\mu\varrho} \frac{\partial f_\varrho}{\partial z_\nu} \in \mathfrak{p}, \quad \nu = 1, \ldots, n; \quad \mu = 1, \ldots, m.$$

Aus

$$\frac{\partial}{\partial z_\nu}(\Delta \cdot f_\mu - \sum_{\varrho=1}^{r} a_{\mu\varrho} f_\varrho) = \left[\Delta \frac{\partial f_\mu}{\partial z_\nu} - \sum_{\varrho=1}^{r} a_{\mu\varrho} \frac{\partial f_\varrho}{\partial z_\nu}\right]$$
$$+ \left[\frac{\partial \Delta}{\partial z_\nu} \cdot f_\mu - \sum_{\varrho=1}^{r} \frac{\partial a_{\mu\varrho}}{\partial z_\nu} \cdot f_\varrho\right]$$

folgt mithin, da beide rechts stehenden Klammern für alle $\nu = 1, \ldots, n$; $\mu = 1, \ldots, m$ zu $\mathfrak{p}$ gehören, die Gleichung (1).

Sei nun $c = (c_1, \ldots, c_n) \in X - X'$. Die n Funktionskeime

$$w_\varrho := f_{\varrho c}, \varrho = 1, \ldots, r, w_\varrho := (z_\varrho - c_\varrho)_c, \varrho = r+1, \ldots, n$$

bilden ein Parametersystem der Potenzreihenalgebra $\mathfrak{O}_c$, denn der Substitutionshomomorphismus

$$(z_\nu - c_\nu)_c \to w_\nu, \nu = 1, \ldots, n$$

ist bijektiv, da

$$\frac{\partial(w_1, \ldots, w_n)}{\partial(z_1 - c_1, \ldots, z_n - c_n)}(c) = \Delta(c) \neq 0.$$

Es gilt $w_1, \ldots, w_r \in \mathfrak{I}_c$, wenn $\mathfrak{I}$ die von $\mathfrak{p}$ erzeugte Idealgarbe bezeichnet. Zeigt man noch, daß $\frac{\partial}{\partial w_i} \mathfrak{I}_c \subset \mathfrak{I}_c$ für $i = r+1, \ldots, n$, so folgt die Behauptung aus der Regularitätsbedingung (*'). Es ist nur zu zeigen:

$$\frac{\partial f_{\mu c}}{\partial w_i} \in \mathfrak{I}_c, \quad \mu = 1, \ldots, m; \quad i = r+1, \ldots, n.$$

Aus der Kettenregel und der Hilfsaussage folgt zunächst für alle $\mu = 1, \ldots, m; i = 1, \ldots, n$:

$$\frac{\partial}{\partial w_i}(\Delta \cdot f_\mu - \sum_{\varrho=1}^{r} a_{\mu\varrho} f_\varrho)_c = \sum_{\nu=1}^{n} \frac{\partial}{\partial z_\nu}(\Delta \cdot f_\mu - \sum_{\varrho=1}^{r} a_{\mu\varrho} f_\varrho)_c \cdot \frac{\partial z_\nu}{\partial w_i} \in \mathfrak{I}_c.$$

Dies hat wegen

$$\frac{\partial}{\partial w_i}(\Delta \cdot f_\mu)_c = \frac{\partial}{\partial w_i}(\Delta \cdot f_\mu - \sum_{\varrho=1}^{r} a_{\mu\varrho} f_\varrho)_c + \frac{\partial}{\partial w_i}(\sum_{\varrho=1}^{r} a_{\mu\varrho} w_\varrho)_c, \quad i = 1, \ldots, n,$$

und

$$\frac{\partial}{\partial w_i}\Big(\sum_{\varrho=1}^{r} a_{\mu\varrho} w_\varrho\Big)_c = \sum_{\varrho=1}^{r} \frac{\partial a_{\mu\varrho c}}{\partial w_i} \cdot w_\varrho \in \mathfrak{J}_c \quad \text{für} \quad i = r+1, \ldots, n$$

zur Folge:

$$\frac{\partial}{\partial w_i}(\Delta \cdot f_\mu)_c \in \mathfrak{J}_c, \quad \mu = 1, \ldots, m, i = r+1, \ldots, n.$$

Da

$$\frac{\partial f_{\mu c}}{\partial w_i} = \frac{\partial}{\partial w_i}(\Delta_c^{-1} \cdot (\Delta \cdot f_\mu)_c) = \Delta_c^{-2} \cdot \left[\Delta_c \cdot \frac{\partial}{\partial w_i}(\Delta \cdot f_\mu)_c - \left(\Delta \cdot \frac{\partial \Delta}{\partial w_i}\right)_c \cdot f_{\mu c}\right]$$

und $\Delta_c^{-2} \in \mathfrak{O}_c$ wegen $\Delta(c) \neq 0$, so ergibt sich die Behauptung. – Satz 1 ist bewiesen.

Bemerkung: Satz 1 bleibt richtig, wenn $ch(k) \neq 0$ und k vollkommen ist. Der Beweis verläuft wörtlich wie oben, an die Stelle der Regularitätsbedingung (*′) tritt aber folgende, in der Voraussetzung schärfere Bedingung

(*″) *es gilt* $ch(k) \neq 0$, k *vollkommen, und es gibt ein Parametersystem* $v_1, \ldots, v_n$ *von* $\mathfrak{O}_{x_0}$, *so daß*

$$v_1, \ldots, v_d \in \mathfrak{J}_{x_0} = \mathfrak{r}(\mathfrak{J}_{x_0}), \; \frac{\partial}{\partial v_\delta} \mathfrak{J}_{x_0} \subset \mathfrak{J}_{x_0}, \delta = d+1, \ldots, n.$$

Die Voraussetzung $\mathfrak{J}_{x_0} = \mathfrak{r}(\mathfrak{J}_{x_0})$ ist indessen im Falle von Satz 1 für $ch(k) \neq 0$, k vollkommen, automatisch erfüllt wegen Satz 5.3. (Zum expliziten Beweis vgl. [1].)

3. Es folgt nun schnell

Satz 2: *Ist* $ch(k) = 0$, *so ist jeder* k*-reduzierte Raum* $\mathfrak{X} = (X, H, A)$ *reduziert.*

Beweis: a) Sei zunächst $\mathfrak{X}$ k-irreduzibel und $(\mathfrak{J}, \mathfrak{p}) \subset (\mathfrak{O}, T)$ wieder eine $\mathfrak{X}$ definierende k-kohärente Idealgarbe. Wir müssen zeigen: $\mathfrak{J} = \mathfrak{r}(\mathfrak{J})$. Wir wählen $\Delta \in T_n$ gemäß Satz 1 und betrachten den durch Multiplikation mit Δ induzierten k-Homomorphismus $\delta: (\mathfrak{O}/\mathfrak{J}, T/\mathfrak{p}) \to (\mathfrak{O}/\mathfrak{J}, T/\mathfrak{p})$. Die Garbe Ker δ ist k-kohärent, es gilt $\Gamma_*(\text{Ker}\,\delta) = \mathfrak{q}/\mathfrak{p}$, wo $\mathfrak{q} := \{f \in T : \Delta \cdot f \in \mathfrak{p}\}$. Da $\Delta \notin \mathfrak{p}$, so folgt $\mathfrak{q} = \mathfrak{p}$, d. h. $\Gamma_*(\text{Ker}\,\delta) = 0$. Mithin ist δ injektiv.

Wir führen nun die Annahme, daß ein Punkt $c \in E^n$ und ein Keim $h_c \in \mathfrak{r}(\mathfrak{J}_c)$ mit $h_c \notin \mathfrak{J}_c$ existiert, zum Widerspruch. Wir wählen eine Umgebung

$W = W(c) \subset E^n$ und einen Repräsentanten $h \in \Gamma(W, \mathfrak{r}(\mathfrak{J}))$ von h_c und betrachten über W die kohärente $\mathfrak{O}_W$-Garbe $N := (h, \mathfrak{J}_W)/\mathfrak{J}_W$. Da $\operatorname{Tr} N \subset \operatorname{Tr}(\mathfrak{r}(\mathfrak{J})/\mathfrak{J}) \cap W$ und $\mathfrak{r}(\mathfrak{J})_x = \mathfrak{J}_x$ für jeden regulären Punkt x von X gilt, so folgt $\operatorname{Tr} N \subset X' \cap W$ auf Grund von Satz 1. Nach dem lokalen Hilbertschen Nullstellensatz gibt es dann eine natürliche Zahl $s \geqq 1$, so daß $\Delta_c^s \cdot N_c = 0$, d. h. $\Delta_c^s h_c \in \mathfrak{J}_c$. Wählt man s minimal, so gilt für den Keim $g_c := \Delta_c^{s-1} h_c$:

$$g_c \notin \mathfrak{J}_c, \ \Delta_c g_c \in \mathfrak{J}_c, \text{ d. h. } g_c \in \operatorname{Ker} \delta.$$

Da $g_c \neq 0$, so wäre δ also nicht injektiv.

b) Sei nun X ein beliebiger k-reduzierter Unterraum von E^n und $(\mathfrak{J}, \mathfrak{a})$ das definierende k-kohärente Ideal, es gilt also $\mathfrak{a} = \mathfrak{r}(\mathfrak{a})$. Sind dann $\mathfrak{p}_1, \ldots, \mathfrak{p}_t$ die minimalen Primideale von $\mathfrak{a}$ und $(\mathfrak{J}_1, \mathfrak{p}_1), \ldots, (\mathfrak{J}_t, \mathfrak{p}_t)$ die zugehörigen k-kohärenten Idealgarben, so gilt $\mathfrak{J}_j = \mathfrak{r}(\mathfrak{J}_j)$ nach dem schon Bewiesenen. Da $\mathfrak{J} = \bigcap_1^t \mathfrak{J}_j$ wegen $\mathfrak{a} = \bigcap_1^t \mathfrak{p}_j$, so folgt

$$\mathfrak{r}(\mathfrak{J}) = \bigcap_1^t \mathfrak{r}(\mathfrak{J}_j) = \bigcap_1^t \mathfrak{J}_j = \mathfrak{J},$$

w.z.b.w.

Von nun an sei k irgendein vollkommener Grundkörper. Auf Grund von Satz 2 bzw. Satz 5.3 ist mit $\mathfrak{X} = (X, H, A)$ auch $\operatorname{red} \mathfrak{X} = (X, \operatorname{red} H, \operatorname{red} A)$, wo $\operatorname{red} H = H/$Nilradikal, $\operatorname{red} A := A/$Nilradikal, ein k-affinoider Raum; wir nennen $\operatorname{red} \mathfrak{X}$ die Reduktion von $\mathfrak{X}$. Man hat eine natürliche k-affinoide Abbildung $\operatorname{red}: \operatorname{red} \mathfrak{X} \to \mathfrak{X}$, die mengentheoretisch die Identität und garbentheoretisch der Reduktionshomomorphismus $(H, A) \to (\operatorname{red} H, \operatorname{red} A)$ ist. Man zeigt leicht (die erste Aussage am einfachsten mittels Satz 9.2)

Satz 3: *Die Abbildung* $\operatorname{red}: \operatorname{red} \mathfrak{X} \to \mathfrak{X}$ *ist k-endlich. Zu jeder k-affinoiden Abbildung* $\varphi: \mathfrak{X} \to \mathfrak{Y}$ *gibt es genau eine k-affinoide Abbildung* $\operatorname{red} \varphi: \operatorname{red} \mathfrak{X} \to \operatorname{red} \mathfrak{Y}$, *so daß das Diagramm*

$$\begin{array}{ccc} \operatorname{red} \mathfrak{X} & \xrightarrow{\operatorname{red} \varphi} & \operatorname{red} \mathfrak{Y} \\ {\scriptstyle \operatorname{red}} \downarrow & & \downarrow {\scriptstyle \operatorname{red}} \\ \mathfrak{X} & \xrightarrow{\varphi} & \mathfrak{Y} \end{array}$$

kommutativ ist.

Der natürliche k-Homomorphismus $(H, A) \to (\mathrm{red}\, H, \mathrm{red}\, A)$ hat die Nilradikalgarbe $(\mathfrak{n}(H), \mathfrak{n}(A))$ zum Kern. Dies impliziert, da $(\mathrm{red}\, H, \mathrm{red}\, A)$ k-kohärent und mithin $\mathrm{Tr}\,(\mathfrak{n}(H))$ eine k-affinoide Menge ist:

Die Menge aller Punkte eines k-affinoiden Raumes $\mathfrak{X}$, in denen $\mathfrak{X}$ nicht reduziert ist, ist eine k-affinoide Menge in $\mathfrak{X}$.

Bemerkung: Mittels Satz 1 beweist man weiter analog wie in der lokalen analytischen Geometrie:

Ist k vollkommen, so ist die Menge $S(\mathfrak{X})$ der singulären (– nicht regulären) Punkte eines k-affinoiden Raumes $\mathfrak{X}$ eine k-affinoide Menge in $\mathfrak{X}$. Ist $\mathfrak{X}$ reduziert, so liegt $S(\mathfrak{X})$ nirgends dicht in $\mathfrak{X}$.

Es läßt sich ferner zeigen, daß die Menge der *nichtnormalen Punkte* eines k-affinoiden Raumes eine k-affinoide Teilmenge bilden, sowie daß die *Normalisierung* eines k-affinoiden Raumes wieder k-affinoid ist. Die Beweise werden an anderer Stelle ausgeführt.

§ 9 (Anhang) Ein k-Endlichkeitskriterium

1. Wir betrachten die T_d-Moduln

$$T_d := k\langle\langle y_1, \ldots, y_d\rangle\rangle,\ T_{n+d} := T_d\langle\langle \mathfrak{z}_1, \ldots, \mathfrak{z}_n\rangle\rangle,$$
$$T_d[\mathfrak{z}] := T_d[\mathfrak{z}_1, \ldots, \mathfrak{z}_n] \subset T_{n+d}.$$

Zu jedem Ideal $\mathfrak{a} \subset T_{n+d}$ gehört ein natürlicher T_d-Modulepimorphismus

$$\varepsilon : T_{n+d} \to T_{n+d}/\mathfrak{a}.$$

Satz 1: *Es sei $\mathfrak{a}$ ein Ideal in T_{n+d}, so daß $T_{n+d}/\mathfrak{a}$ ein noetherscher T_d-Modul ist. Dann gilt $\varepsilon(T_d[\mathfrak{z}]) = T_{n+d}/\mathfrak{a}$ und $\mathfrak{a} = (\mathfrak{a} \cap T_d[\mathfrak{z}]) \cdot T_{n+d}$.*

Die Nullstellenmenge $N(\mathfrak{a} \cap T_d[z])$ von $\mathfrak{a} \cap T_d[\mathfrak{z}]$ in $k^n(\mathfrak{z}) \times E^d(y)$ stimmt mit der Nullstellenmenge $N(\mathfrak{a})$ von $\mathfrak{a}$ in $E^n(\mathfrak{z}) \times E^d(y)$ überein.

Beweis: a) Wir setzen $A := T_{n+d}/\mathfrak{a}$ und versehen A mit der Restklassennorm. Da $T_d[\mathfrak{z}]$ dicht in T_{n+d} liegt und da ε stetig ist, so liegt $\varepsilon(T_d[\mathfrak{z}])$ dicht in A. Da A ein noetherscher T_d-Modul ist, so ist jeder T_d-Untermodul von A abgeschlossen in A. Dies impliziert $\varepsilon(T_d[\mathfrak{z}]) = A$.

b) Wir setzen $\hat{\mathfrak{a}} := \mathfrak{a} \cap T_d[\mathfrak{z}]$. Die Inklusion $\hat{\mathfrak{a}} \cdot T_{n+d} \subset \mathfrak{a}$ ist klar. Zum Beweise der Umkehrung genügt es, zu jedem $f \in T_{n+d}$ ein $q \in T_d[\mathfrak{z}]$ anzugeben, so daß $f - q \in \hat{\mathfrak{a}} T_{n+d}$. Nach dem unter 1) Bewiesenen gibt es, da A ein noetherscher T_d-Modul ist, einen noetherschen T_d-Modul $Q \subset T_d[\mathfrak{z}]$ mit $\varepsilon(Q) = A$. Da $Q \subset T_{n+d}$ bzgl. der induzierten Norm ein Banachraum ist, existiert nach dem Satz von Banach eine Konstante $L > 0$, so daß jedes $a \in A$ ein ε-Urbild $q \in Q$ mit $\|q\| \leqq L\|a\|$ besitzt.

Sei nun $f \in T_{n+d}$ und $f = \sum_0^\infty p_j$ die Entwicklung von f nach homogenen Polynomen $p_j \in T_d[\mathfrak{z}]$. Es gibt dann Elemente $q_j \in Q$ mit $\varepsilon(q_j) = \varepsilon(p_j)$ und $\|q_j\| \leqq L\|\varepsilon(p_j)\|$. Dies impliziert, da $\varepsilon : T_{n+d} \to A$ längenverkürzend ist:

$$p_j = q_j + r_j,\ r_j \in \hat{\mathfrak{a}},\ \|q_j\| \leqq L\|p_j\|, \quad j = 0, 1, 2, \ldots.$$

Da p_j eine Nullfolge ist, konvergiert also $q := \sum_0^\infty q_j$ und es gilt $q \in Q$. Daher existiert auch $r := \sum_0^\infty r_j$ und man hat $f = q + r$. Da $r_j \in \hat{\mathfrak{a}} T_{n+d}$ und $\hat{\mathfrak{a}} T_{n+d}$ abgeschlossen in T_{n+d} ist, folgt $r \in \hat{\mathfrak{a}} T_{n+d}$.

c) Da $\mathfrak{a}$ nach dem Bewiesenen von $\hat{\mathfrak{a}}$ erzeugt wird, so ist die Gleichung $N(\mathfrak{a}) = N(\hat{\mathfrak{a}}) \cap E^n(\mathfrak{z}) \times E^d(y)$ klar. Es bleibt zu zeigen, daß $\hat{\mathfrak{a}}$ keine Nullstellen außerhalb $E^n(\mathfrak{z}) \times E^d(y)$ in $k^n(\mathfrak{z}) \times E^d(y)$ besitzt. Angenommen $(\mathfrak{z}', y')$ wäre eine solche Nullstelle von $\hat{\mathfrak{a}}$, es gelte etwa $|\mathfrak{z}_j'| > 1$ für die j-te Koordinate von $\mathfrak{z}'$. Man darf annehmen, daß $(\mathfrak{z}', y')$ ein k-algebraischer Punkt ist (für jedes $t \in |k|^n$ ist nämlich $N(\hat{\mathfrak{a}}) \cap E_t^n \times E^d$ eine k-affinoide Menge in $E_t^n \times E^d$, folglich liegen die k-algebraischen Punkte von $N(\hat{\mathfrak{a}})$ dicht in $N(\hat{\mathfrak{a}})$ nach Satz 4.6). Wir bezeichnen mit $\hat{\mathfrak{m}}$ das Ideal aller Elemente $f \in T_d[\mathfrak{z}]$, die in $(\mathfrak{z}', y')$ verschwinden, es gilt $\hat{\mathfrak{a}} \subset \hat{\mathfrak{m}} \neq T_d[\mathfrak{z}]$. Ist $p(\mathfrak{z}_j) \in k[\mathfrak{z}_j] \subset T_d[\mathfrak{z}]$ das irreduzible Minimalpolynom von $\mathfrak{z}_j'$ über k, so gilt $p \in \hat{\mathfrak{m}}$. Da $|c| = |\mathfrak{z}_j'| > 1$ für jede Nullstelle $c \in \bar{k}$ von p, so hat $\hat{\mathfrak{m}}$ keine Nullstellen in $E^n(\mathfrak{z}) \times E^d(y)$, daher gilt $\hat{\mathfrak{m}} \cdot T_{n+d} = T_{n+d}$ nach dem Hilbertschen Nullstellensatz und folglich $\varepsilon(\hat{\mathfrak{m}}) = \varepsilon(\hat{\mathfrak{m}} T_{n+d}) = A$. Wegen $\hat{\mathfrak{a}} \subset \hat{\mathfrak{m}}$ erhält man den Widerspruch $\hat{\mathfrak{m}} = T_d[\mathfrak{z}]$. – Satz 1 ist bewiesen.

2. Sind $\mathfrak{X} = (X, H_X, A_X)$ und $\mathfrak{Y} = (Y, H_Y, A_Y)$ zwei k-affinoide Räume und ist $\varphi : \mathfrak{X} \to \mathfrak{Y}$ eine k-endliche Abbildung, so ist A_X ein *endlicher* A_Y-Modul (bzgl. der induzierten Abbildung $\varphi^* : A_Y \to A_X$). Wir beweisen die Umkehrung.

Satz 2 *(k-Endlichkeitskriterium) : Eine k-affinoide Abbildung* $\varphi : \mathfrak{X} \to \mathfrak{Y}$ *ist k-endlich, wenn* A_X *bzgl.* $\varphi^* : A_Y \to A_X$ *ein endlicher* A_Y*-Modul ist.*

Beweis: a) Wir dürfen annehmen, daß $\mathfrak{Y}$ ein Polyzylinder $E^d = E^d(y)$ ist. Ist nämlich $\mathfrak{Y} \subset E^d$ und bezeichnet ι die natürliche Injektion $Y \to E^d$, so ist mit $\iota \circ \varphi$ auch φ k-endlich, denn ist $(S, \Gamma_*(S))$ k-kohärent über $\mathfrak{X}$, so ist $(\iota \circ \varphi)_0 (S, \Gamma_*(S))$ die triviale Fortsetzung von $\varphi_0(S, \Gamma_*(S))$ auf E^d. Wir dürfen (auf Grund von Satz 7.4) weiter annehmen, daß $\mathfrak{X}$ ein k-affinoider Unterraum von $E^n(z) \times E^d(y)$ und φ die von der natürlichen Projektion $\pi : E^n \times E^d \to E^d$ induzierte k-affinoide Abbildung ist.

b) Wir setzen wieder

$$T_d := k\langle\langle y_1, \ldots, y_d\rangle\rangle, \; T_{n+d} := T_d\langle\langle z_1, \ldots, z_n\rangle\rangle$$

und bezeichnen mit $\mathfrak{a}$ das $\mathfrak{X}$ definierende Ideal, also $A := A_X = T_{n+d}/\mathfrak{a}$. Das „Polynomideal" $\hat{\mathfrak{a}} := \mathfrak{a} \cap T_d[z]$ erzeugt über $k^n(z) \times E^d(y)$ eine kohärente analytische Idealgarbe $\mathfrak{J}$. Der zugehörige analytische Unterraum

$$(N(\mathfrak{J}), H_{N(\mathfrak{J})}) \text{ von } k^n(z) \times E^d(y), \text{ wo } H_{N(\mathfrak{J})} = (\mathfrak{O}_{k^n \times E^d}/\mathfrak{J}) \,|\, N(\mathfrak{J}),$$

kann auf Grund von Satz 1 in kanonischer Weise mit dem analytischen Unterraum (X, H) von $E^n(z) \times E^d(y)$ identifiziert werden.

Für jedes $0 \neq c \in k$ wird durch die Zuordnung $(z, y) \to (v, y) := (cz, y)$ eine bianalytische Abbildung $k^n(z) \times E^d(y) \to k^n(v) \times E^d(y)$ definiert, die eine bianalytische Abbildung α von (X, H) auf einen analytischen Unterraum (X', H') von $k^n(v) \times E^d(y)$ induziert. Falls $|c| \leqq 1$, so ist (X', H') ein (abgeschlossener) Unterraum von $E^n(v) \times E^d(y)$. Bezeichnet φ den durch

$$v_\nu \to c z_\nu, \; \nu = 1, \ldots, n, \; y_\varepsilon \to y_\varepsilon, \; \varepsilon = 1, \ldots, d,$$

gegebenen Monomorphismus $\varphi : T_d\langle\langle v_1, \ldots, v_n\rangle\rangle \to T_{n+d}$, so kann $\hat{\varphi} := \varphi | T_d[v]$ als Isomorphismus von $T_d[v]$ auf $T_d[z]$ aufgefaßt werden; der Raum $(X', H') \subset k^n(v) \times E^d(y)$ gehört offensichtlich zur vom Polynomideal $\hat{\mathfrak{a}}' := \varphi^{-1}(\hat{\mathfrak{a}})$ über $k^n(v) \times E^d(y)$ erzeugten kohärenten analytischen Idealgarbe $\mathfrak{J}'$. Das Ideal $\mathfrak{a}' := \hat{\mathfrak{a}}' \cdot T_d\langle\langle v_1, \ldots, v_n\rangle\rangle$ erzeugt nun über $E^n(v) \times E^d(y)$ gerade $\mathfrak{J}' | E^n(v) \times E^d(y)$, daher ist (X', H', A') mit $A' := T_d\langle\langle v\rangle\rangle / \mathfrak{a}'$ ein k-affinoider Unterraum von $E^n(v) \times E^d(y)$. Wir behaupten:

Die bianalytische Abbildung $\alpha : (X, H) \to (X', H')$ *induziert eine k-biaffinoide Abbildung* $\alpha : (X, H, A) \to (X', H', A')$.

Es gilt $\varphi(\mathfrak{a}') \subset \hat{\mathfrak{a}} \cdot T_{d+n} = \mathfrak{a}$, daher induziert φ einen k-Algebrahomomorphismus $\varphi' : A' \to A$. Ersichtlich kann φ' mit der Beschränkung des Isomorphismus $\alpha^* : \Gamma(X', H') \to \Gamma(X, H)$ auf A' identifiziert werden, daher ist α eine k-affinoide Abbildung. Es bleibt zu zeigen, daß φ' surjektiv ist. Dies entnimmt man unmittelbar dem kommutativen Diagramm

$$\begin{array}{ccc} T_d[v] & \xrightarrow{\hat{\varphi}} & T_d[z] \\ {\scriptstyle \varepsilon'}\downarrow & & \downarrow{\scriptstyle \varepsilon} \\ A' & \xrightarrow{\varphi'} & A \end{array}$$

da $\hat{\varphi}$ und ε surjektiv sind.

c) Wir zeigen nun:

Wird $0 \neq c \in k$ *hinreichend klein gewählt, so liegt* $X' \subset E^n(v) \times E^d(y)$ *ausgezeichnet über* $E^d(y)$ *bzgl. der natürlichen Projektion* $\pi' : E^n \times E^d \to E^d$.

Hieraus folgt dann die Behauptung, denn es gilt $\varphi = (\pi' | \mathfrak{X}') \circ \alpha$, und α und $\pi' | X'$ sind k-endlich (α, da k-biaffinoid, und $\pi' | X'$ nach Satz 4.1).

Da A ein endlicher T_d-Modul ist, so ist speziell jedes Element $z_\nu | X \in A_X$ ganz über T_d und annulliert mithin ein normiertes Polynom

$$\omega_\nu(w; y) = w^{b_\nu} + a_{1\nu} w^{b_\nu - 1} + \dots + a_{b_\nu \nu} \in T_d[w], \quad \nu = 1, \dots, n.$$

$v_\nu | X' \in A'$ annulliert dann (wegen $v_\nu = c z_\nu$) das Polynom

$$\omega'(w; y) = w^{b_\nu} + c a_{1\nu} w^{b_\nu - 1} + \dots + c^{b_\nu} a_{b_\nu \nu} \in T_d[w]; \quad \nu = 1, \dots, n.$$

Wählt man c hinreichend klein, so gilt $\|c^\beta a_{\beta\nu}\| \leqq 1$ für alle Indices, d. h. $\omega_1'(v_1; y), \dots, \omega_n'(v_n; y)$ sind Weierstraßpolynome. Da $X' \subset N(\omega_1', \dots, \omega_n')$, so liegt X' für solche c ausgezeichnet über $E^d(y)$. – Satz 2 ist bewiesen.

3. Als Anwendung von Satz 2 zeigen wir:

Satz 3: *Eine k-affinoide Abbildung* $\varphi : \mathfrak{X} \to \mathfrak{Y}$ *ist genau dann k-endlich, wenn* $\operatorname{red} \varphi : \operatorname{red} \mathfrak{X} \to \operatorname{red} \mathfrak{Y}$ *k-endlich ist.*

Es genügt, folgendes zu zeigen:

Seien A, B noethersche Ringe und $\varrho: A \to B$ ein Ringhomomorphismus. Dann ist B ein noetherscher A-Modul (bzgl. ϱ) genau dann, wenn red B *ein noetherscher* (red A)*-Modul (bzgl.* red ϱ) *ist.*

Ist B ein noetherscher A-Modul, so ist ersichtlich red B ein noetherscher (red A)-Modul. Um die Umkehrung zu beweisen, betrachten wir die exakte A-Modulsequenz

$$0 \to \mathfrak{n} \to B \to \operatorname{red} B \to 0, \ \mathfrak{n} := \text{Nilradikal von } B.$$

Nach Voraussetzung ist red B ein noetherscher red A-Modul und also auch (bzgl. des kanonischen Epimorphismus $A \to \operatorname{red} A$) ein noetherscher A-Modul. Zeigt man daher, daß der A-Modul $\mathfrak{n}$ noethersch ist, so folgt die Behauptung. Wir beweisen nun durch absteigende Induktion:

Jeder A-Modul $\mathfrak{n}^j$, $j = 1, 2, \ldots$ ist noethersch.

Für große j ist dies klar, da dann $\mathfrak{n}^j = 0$. Sei die Behauptung für alle $j > d$, $d \geqq 1$, bewiesen. Wir haben eine exakte A-Modulsequenz

$$0 \to \mathfrak{n}^{d+1} \to \mathfrak{n}^d \to \mathfrak{n}^d/\mathfrak{n}^{d+1} \to 0;$$

daher genügt es zu zeigen, daß $\mathfrak{n}^d/\mathfrak{n}^{d+1}$ ein noetherscher A-Modul ist. Da $\mathfrak{n}^d$ ein noetherscher B-Modul ist, so ist $\mathfrak{n}^d/\mathfrak{n}^d \cdot \mathfrak{n}$ ein noetherscher $B/\mathfrak{n} = \operatorname{red} B$-Modul. Da red B ein noetherscher A-Modul ist, folgt die Behauptung.

Bemerkung: Die k-Endlichkeitsbedingung im Satz 2 läßt sich weiter abschwächen. Es genügt zu fordern, daß die $\varkappa$-Algebra $\dot{A}_X/\mathfrak{t}(\dot{A}_X)$ bzgl. des von φ^* induzierten $\varkappa$-Algebrahomomorphismus ein noetherscher $\dot{A}_Y/\mathfrak{t}(\dot{A}_Y)$-Modul ist.

LITERATUR

[1] *H. Grauert* und *R. Remmert*, Lokale Theorie analytischer Räume (in Vorbereitung).
[2] *J. P. Serre*, Faisceaux algébriques cohérents, Ann. Math. 61, 197–278 (1955).
[3] *J. Tate*, Rigid analytic spaces, IHES Paris (1962).

Ein n-dimensionales Analogon des Schwarz-Pickschen Flächensatzes für holomorphe Abbildungen der komplexen Einheitskugel in eine Kähler-Mannigfaltigkeit

Von *Alexander Dinghas*

1. Einleitung. Das klassische Schwarzsche Lemma hat bekanntlich durch Pick[1] folgende Geometrisierung gefunden:

Satz 1. (Pick) *Es sei* $w: \mathbf{C}_1 \to \mathbf{C}_1$ *eine holomorphe Abbildung der Kreisscheibe* $\mathbf{C}_1: |z| < 1$ *in* $\mathbf{C}_1$. *Dann gilt die Ungleichung*

$$\frac{1}{1-|w(z)|^2}\left|\frac{dw(z)}{dz}\right| \leqq \frac{1}{1-|z|^2}. \tag{1.1}$$

Dieser Satz von Pick wurde von Ahlfors in einer grundlegenden Arbeit aus dem Jahre 1938[2] folgendermaßen verallgemeinert:

Satz 2. (Ahlfors) *Es bedeute* W *eine Riemannsche Fläche mit der (in bezug auf den lokalen komplexen Parameter* w*) konforminvarianten Metrik*

$$ds = \lambda(w)\,|dw|, \tag{1.2}$$

wobei die Funktion λ *als zweimal stetig differenzierbar angenommen wird. Man setze voraus, die Gaußsche Krümmung* $K(\mathfrak{w})$ *von* (1.2) *genüge in jedem Punkt* $\mathfrak{w}$ *von* W *(mit dem Parameter* w*) der Ungleichung* $K(\mathfrak{w}) \leqq -4$ *und betrachte die Abbildung* $w: z \to w$ $(w = w(z))$ *von* $|z| < 1$ *in* W. *Dann gilt die Ungleichung*

$$\lambda(w(z))\left|\frac{dw(z)}{dz}\right| \leqq \frac{1}{1-|z|^2} \qquad (|z| < 1). \tag{1.3}$$

Genügt allgemein $K(\mathfrak{w})$ der Ungleichung $K(\mathfrak{w}) \leqq -4K^2$ $(K > 0)$, so gilt, wie man durch eine leichte Modifikation der Ahlforsschen Schlußweise zeigen kann, die Ungleichung

[1] *Pick* [1].
[2] *Ahlfors* [1].

$$(1.4)\qquad \lambda(w(z))\left|\frac{dw(z)}{dz}\right| \leqq \frac{1}{K}\,\frac{1}{1-|z|^2}.$$

Aus (1.1) folgt ohne weiteres der Satz:

Satz 3. (Flächensatz von SCHWARZ-PICK) *Es sei G_z ein Gebiet von $|z| < 1$ und G_w das mit Hilfe von $w(z)$ ($z \in G_z$) erhaltene Gebiet von W. Wird dann $w = u + iv$ mit reellen u, v gesetzt, so gilt die Ungleichung*

$$(1.5)\qquad \int\limits_{G_w} \frac{du\,dv}{(1-|w|^2)^2} \leqq \int\limits_{G_z} \frac{dx\,dy}{(1-|z|^2)^2}.$$

Hierbei sind die beiden Integrale in Lebesgueschem Sinne zu nehmen. Entsprechende Ungleichungen gelten, wenn man an Stelle (1.1) die Ungleichungen (1.3) bzw. (1.4) zum Ausgangspunkt nimmt (Flächensatz von SCHWARZ-PICK-AHLFORS).

In der vorliegenden Arbeit soll der Versuch unternommen werden, das Analogon des Satzes 3 (sowie des entsprechenden Satzes von SCHWARZ-PICK-AHLFORS) für holomorphe Abbildungen der komplexen Einheitskugel in einer Kähler-Mannigfaltigkeit gleicher Dimension n zu beweisen, unter der Voraussetzung, daß der Ricci-Tensor der betreffenden Mannigfaltigkeit einer entsprechenden (Krümmung-)Bedingung wie im Falle $n = 1$ genügt. Dabei wird von der Bemerkung ausgegangen, daß die Funktion

$$(1.6)\qquad V_0 = V_0(z, \bar{z}) = \log\frac{1}{1-\|z\|^2} \qquad (\|z\| < 1)$$

mit

$$(1.7)\qquad \|z\| = (z\bar{z}_1 + \cdots + z_n\bar{z}_n)^{\frac{1}{2}}$$

und $z_k = x_k + iy_k$, $\bar{z}_k = x_k - iy_k$ (x_k, y_k reell) der partiellen Differentialgleichung

$$(1.8)\qquad \left|\frac{\partial^2 V_0}{\partial z_k \partial \bar{z}_l}\right| = e^{(n+1)V_0}$$

genügt, wobei der Ausdruck links die Hesse-Determinante von V_0 bedeutet.

Vom methodischen Standpunkt aus, bleibt die Ahlforssche Schlußweise auch bei der Behandlung der Fälle $n > 1$ richtunggebend. Diese Schlußweise stützt sich ihrerseits auf den klassischen Satz von WEIERSTRASS, wonach eine auf einer kompakten Punktmenge von $\mathbf{C}_1 : |z| < 1$ definierte reellwertige stetige Punktfunktion ihr Supremum annimmt, d. h. dort ein Maximum hat.

2. *Hilfssätze.* Im folgenden soll n eine natürliche Zahl bedeuten, $z_k = x_k + iy_k (x_k, y_k$ reell, $k = 1, 2, \ldots, n)$ komplexe Zahlen und $\bar{z}_k$ die zu z_k konjugierte Zahl $x_k - iy_k$.

Hilfssatz 1. Es bedeuten (c_{ik}) $(i, k = 1, 2, \ldots, n)$ *eine komplexe Matrix und* $\zeta_1, \ldots, \zeta_n; \zeta_1', \ldots, \zeta_n'$ *komplexe Zahlen. Ist* λ *eine beliebige komplexe Zahl und*

$$\Delta(\lambda) = |c_{ik} + \lambda \zeta_i \zeta_k'| \tag{2.1}$$

die Determinante der Zahlen $c_{ik} + \lambda \zeta_i \zeta_k'$, *so gilt die Gleichung*

$$\Delta(\lambda) = |c_{ik}| - \lambda \begin{vmatrix} 0 & \zeta_1' & \ldots & \zeta_n' \\ \zeta_1 & c_{11} & \ldots & c_{1n} \\ \ldots & \ldots & \ldots & \ldots \\ \zeta_n & c_{n1} & \ldots & c_{nn} \end{vmatrix}. \tag{2.2}$$

Beweis. Man bilde die zweite Ableitung von $|c_{ik} + \lambda \zeta_i \zeta_k'|$ nach λ. Dann besteht diese aus einer Summe von $n(n-1)$ Determinanten, von denen jede 2 proportionale Zeilen besitzt. Es ist also $\Delta''(\lambda) \equiv 0$, d. h. $\Delta(\lambda) = c_1 + \lambda c_2$ mit $c_1 = \Delta(0)$ und $c_2 = \Delta'(0)$. Eine Zusammenfassung der n Determinanten, die $\Delta'(0)$ bilden, liefert die Gleichung (2.2).

Nimmt man als (c_{ik}) die Einheitsmatrix E, so erhält man wegen

$$\begin{vmatrix} 0 & \zeta_1 & \ldots & \zeta_n \\ \zeta_1' & 1 & \ldots & 0 \\ \ldots & \ldots & \ldots & \ldots \\ \zeta_n' & 0 & \ldots & 1 \end{vmatrix} = -(\zeta_1 \zeta_1' + \cdots + \zeta_n \zeta_n')$$

den Satz:

Hilfssatz 2. Es gilt

$$|\delta_{ik} + \lambda \zeta_i \zeta_k'| = 1 + \lambda(\zeta_1 \zeta_1' + \cdots + \zeta_n \zeta_n'). \tag{2.3}$$

Dabei ist

$$\delta_{ik} = \begin{cases} 1 \ (i = k) \\ 0 \ (i \neq k) \end{cases} \quad (\text{Kronecker}).$$

Die Wahl $\zeta_i = z_i$, $\zeta_i' = \bar{z}_i$ führt zu folgendem Ergebnis:

Hilfssatz 3. Es gilt

$$(2.4) \qquad |\delta_{ik} + \lambda z_i \bar{z}_k| = 1 + \lambda \|z\|^2.$$ [3]

Nachfolgender Satz ist für die Entwicklungen der nächsten Nummern von prinzipieller Bedeutung:

Hilfssatz 4. Man setze für $\|z\| < 1$

$$(2.5) \qquad V_0 = V_0(z, \bar{z}) = \log \frac{1}{1 - \|z\|^2}.$$

Dann genügt V_0 *der partiellen Differentialgleichung*

$$(2.6) \qquad \left| \frac{\partial^2 V_0}{\partial z_i \partial \bar{z}_k} \right| = e^{(n+1) V_0}.$$

Beweis. Es ist

$$\frac{\partial^2 V_0}{\partial z_i \partial \bar{z}_k} = \frac{1}{1 - \|z\|^2} \left(\delta_{ik} + \frac{\bar{z}_i z_k}{1 - \|z\|^2} \right)$$

und somit nach dem Hilfssatz 3 (mit $\lambda = (1 - \|z\|^2)^{-1}$)

$$\left| (1 - \|z\|^2) \frac{\partial^2 V_0}{\partial z_i \partial \bar{z}_k} \right| = \left| \delta_{ik} + \frac{\bar{z}_i z_k}{1 - \|z\|^2} \right| = \frac{1}{1 - \|z\|^2}.$$

Das beweist die Behauptung[4].

Hilfssatz 5. Die quadratische (Hermitesche) *Form*

$$(2.7) \qquad \frac{\partial^2 V_0}{\partial z_i \partial \bar{z}_k} \zeta^i \bar{\zeta}^k \qquad (\zeta^i \text{ komplex})$$

ist für jedes $z = (z_1, \ldots, z_n)$ *mit* $\|z\| < 1$ *positiv definit.*

[3] *Dinghas* [1].

[4] Einen ganz anderen Beweis von (2.6) findet der Leser in *Kähler* [1]. Für die vorangehenden Leistungen von *G. Giraud* und *A. Bloch*, vergl. man Fußnote 6 oder auch *Kähler* [1].

Beweis. Man setze für $i, k = 1, 2, \ldots, m$ $(1 \leqq m \leqq n)$

$$S_{ik} = \delta_{ik} + \frac{z_i \bar{z}_k}{1 - \|z\|^2}.$$

Dann ist

$$|S_{ik}|_m = 1 + \frac{\|z\|_m^2}{1 - \|z\|^2} = \frac{1 - \|z\|^2 + \|z\|_m^2}{1 - \|z\|^2}$$

mit

$$\|z\|_m^2 = z_1 \bar{z}_1 + \cdots + z_m \bar{z}_m.$$

Daraus folgt, wenn man den Hauptminor $i, k = 1, 2, \ldots, m$ von

$$\left| \frac{\partial^2 V_0}{\partial z_i \partial \bar{z}_k} \right|$$

durch den Index m kennzeichnet,

$$\left| \frac{\partial^2 V_0}{\partial z_i \partial \bar{z}_k} \right|_m = \frac{1 - \|z\|^2 + \|z\|_m^2}{(1 - \|z\|^2)^{m+1}}.$$

Der Beweis für die übrigen Hauptminoren verläuft analog. Die Differentialgleichung (2.6) verallgemeinert die klassische und durch die Arbeiten von Schwarz, Poincaré und Picard[5] berühmt gewordene Differentialgleichung

$$\frac{\partial^2 u}{\partial z_1 \partial \bar{z}_1} = e^{2u} \tag{2.8}$$

und gestattet, durch Heranziehung von Funktionen V, die der Differentialungleichung

$$\left| \frac{\partial^2 V}{\partial z_i \partial \bar{z}_k} \right| \geqq C e^{(n+1)V} \tag{2.9}$$

[5] Man vgl. etwa den Enzyklopädie-Artikel von *Bieberbach*: Neuere Untersuchungen über Funktionen von komplexen Variablen, II C 4 (Vol. II, 3.1).

mit konstantem, positivem C genügen[6], die Charakterisierung der in Frage kommenden Kähler-Räume, für die der allgemeine Satz von SCHWARZ-PICK und AHLFORS gilt.

3. Vorbereitende Tatsachen. Eine analytische Mannigfaltigkeit $\mathbf{M}_n$ von der komplexen Dimension n wird bekanntlich[7] durch ein Überdeckungssystem (U) gegeben mit den Eigenschaften:

1) Jeder Punkt $\mathfrak{z}$ von U wird durch die Koordinaten $\mathfrak{z}^1, \ldots, \mathfrak{z}^n; \bar{\mathfrak{z}}^1, \ldots, \bar{\mathfrak{z}}^n$ (kurz: $(\mathfrak{z}^\alpha, \bar{\mathfrak{z}}^\alpha)$) gegeben[8].
2) Sind U, U' zwei Umgebungen aus (U) mit $U \cap U' = U_0 \neq \emptyset$ und $\mathfrak{z} \in U_0$, so bestehen zwischen den Koordinatensystemen $(\mathfrak{z}^\alpha, \bar{\mathfrak{z}}^\alpha)$ und $(\mathfrak{z}'^\alpha, \bar{\mathfrak{z}}'^\alpha)$ die Gleichungen

$$\begin{aligned} \mathfrak{z}^\alpha &= f^\alpha(\mathfrak{z}'^1, \ldots, \mathfrak{z}'^n) \\ \bar{\mathfrak{z}}^\alpha &= \bar{f}^\alpha(\bar{\mathfrak{z}}'^1, \ldots, \bar{\mathfrak{z}}'^n) \end{aligned} \qquad (\alpha = 1, 2, \ldots, n) \tag{3.1}$$

mit holomorphen f^α [9]. Dabei soll noch in jedem Punkt von U_0 die Funktionaldeterminante

$$J = \left| \frac{\partial f^\alpha}{\partial \mathfrak{z}^\beta} \right| \tag{3.2}$$

von Null verschieden sein.

Die Gleichungen (3.1) sind auch für den Übergang von einem Koordinatensystem $(\mathfrak{z}^\alpha, \bar{\mathfrak{z}}^\alpha)$ zu einem zweiten Koordinatensystem $(\mathfrak{z}'^\alpha, \bar{\mathfrak{z}}'^\alpha)$ maßgebend.

[6] Man vergleiche in diesem Zusammenhang, insbesondere für den Übergang zu $n = 2$, den Aufsatz von *A. Bloch* (*Bloch* [1]) sowie die dort angeführte Note von *G. Giraud* aus dem Jahre 1918. Einen genauen Einblick in den Blochschen Aufsatz konnte ich erst nach der ersten Korrektur vorliegender Arbeit durch die Freundlichkeit von Frau Professor *S. Piccard* in Neuchâtel bekommen.

[7] Bei der kurzen Skizzierung der komplexen Mannigfaltigkeiten (und später der Kähler-Mannigfaltigkeiten) halte ich mich an die ausgezeichnete Darstellung von *Yano* und *Bochner* (*Yano-Bochner* [1] und *Yano* [1]).

[8] loc. cit. Fußnote 7, S. 118.

[9] Koordinaten werden später auch durch $\mathfrak{z}_\alpha$ bezeichnet, sofern für die Vorschriften des Tensorkalküls (etwa Summation über einen zweimal auftretenden Index) die Gefahr eines Mißverständnisses nicht vorliegt. Für die Summation soll hier der Hinweis gelten, daß bei über doppelt auftretenden Indizes (unabhängig davon, ob es sich um kontravariante [obere] oder um kovariante [untere] Indizes handelt) stets summiert (im allgemeinen von 1 bis n).

Der Zusammenhang von $\mathbf{M}_n$ mit der reellen Mannigfaltigkeit V_{2n} mit den (reellen) Punkten (x^i) $(i = 1, 2, \ldots, 2n)$ vermöge der Zuordnung

$$(z^\alpha, \bar{z}^\alpha) \rightleftarrows (x^i)$$

mit

$$z^\alpha = x^\alpha + i x^{\bar{\alpha}}$$

$$\bar{z}^\alpha = x^\alpha - i x^{\bar{\alpha}}$$

und $\alpha, \bar{\alpha} = 1, 2, \ldots, n$ wird hier ebenfalls als bekannt vorausgesetzt. Auf $\mathbf{M}_n$ sei nun zunächst eine positiv definite quadratische Differentialform

(3.3) $$ds^2 = g_{ik}(z)\, dz^i dz^k$$

gegeben, wobei die Indizes i, k unabhängig voneinander die Werte $1, 2, \ldots, n; \bar{1}, \bar{2}, \ldots, \bar{n}$ erhalten[10].

Wir nehmen an:

1) Die $g_{ik}(z)$ (kurz g_{ik}) sind zweimal stetig differenzierbare Funktionen der Veränderlichen $z^\alpha, \bar{z}^\alpha$ $(\bar{z}^\alpha = z^{\bar{\alpha}}!)$
2) Der Tensor (g_{ik}) genügt den Bedingungen:

(3.4) $$g_{\alpha\beta} = g_{\bar{\alpha}\bar{\beta}} = 0$$

und

(3.5) $$g_{\alpha\bar{\beta}} = g_{\bar{\beta}\alpha} = \overline{g_{\bar{\alpha}\beta}} = \overline{g_{\beta\bar{\alpha}}}.$$

Unter diesen Voraussetzungen läßt sich die Metrik (3.3) in die Form

(3.6) $$ds^2 = 2\, g_{\alpha\bar{\beta}}(z, \bar{z})\, dz^\alpha dz^{\bar{\beta}}$$

bringen.

[10] Zunächst ist in (3.3) (wie auch später bei lateinischen Summations-Indizes über i, k) von 1 bis $2n$ zu summieren und die Mannigfaltigkeit M_n als eine reelle Mannigfaltigkeit V_{2n} (man vgl. etwa die Entwicklungen von 5.) aufzufassen. Die Einführung der Indizes $1, 2, \ldots, n$ und $\bar{1}, \bar{2}, \ldots, \bar{n}$ dient lediglich Abkürzungszwecken. Die gesamte Theorie (ausführlich dargestellt) findet der Leser in dem Buch von *Yano* und *Bochner*.

Man konstruiere jetzt mit Hilfe der Determinante $|g_{ik}|$ von (3.3) mit Hilfe der Gleichungen

$$g^{ik} g_{kl} = \delta_{il} \qquad (i, k, l = 1, \ldots, 2n)$$

den Tensor (g^{ik}) und beachte, daß

$$\begin{aligned} g^{\alpha\beta} &= g^{\bar\alpha\bar\beta} = 0 \\ g^{\alpha\bar\beta} &= g^{\bar\beta\alpha} = \overline{g^{\bar\alpha\beta}} = \overline{g^{\beta\bar\alpha}} \end{aligned} \tag{3.7}$$

gilt.

Von besonderer Bedeutung für die metrische Struktur von $\mathbf{M}_n$ mit der Metrik (3.6) sind bekanntlich die Ausdrücke für die Christoffelschen Symbole (Yano-Bochner [1])

$$\Gamma^i_{jk} = \frac{1}{2} g^{ir} \left(\frac{\partial g_{rj}}{\partial z^k} + \frac{\partial g_{rk}}{\partial z^j} - \frac{\partial g_{jk}}{\partial z^r} \right).$$

Man findet dann

$$\begin{aligned} \Gamma^\alpha_{\beta\gamma} &= \frac{1}{2} g^{\alpha\bar\sigma} \left(\frac{\partial g_{\bar\sigma\beta}}{\partial z^\gamma} + \frac{\partial g_{\bar\sigma\gamma}}{\partial z^\beta} \right) \\ \Gamma^\alpha_{\beta\bar\gamma} &= \frac{1}{2} g^{\alpha\bar\sigma} \left(\frac{\partial g_{\beta\bar\sigma}}{\partial \bar z^\gamma} - \frac{\partial g_{\beta\bar\gamma}}{\partial \bar z^\sigma} \right) \\ \Gamma^\alpha_{\bar\beta\bar\gamma} &= 0. \end{aligned} \tag{3.8}$$

Analytische Mannigfaltigkeiten mit einer Metrik von der Form (3.6) und verschwindenden $\Gamma^\alpha_{\beta\bar\gamma}$ werden Kählersche Mannigfaltigkeiten genannt[11] und liefern diejenige Klasse von Räumen analytischer Struktur, für die eine Übertragung der Ungleichungen (1.3), (1.4) und somit auch der Ungleichung (1.5) möglich ist.

4. *Der Ricci-Tensor von* $\mathbf{M}_n$. *Erste Fassung des Verzerrungssatzes.* Bildet man den (Riemannschen) Krümmungstensor

$$R^i_{jkl} = - \begin{vmatrix} \dfrac{\partial}{\partial z^k} & \dfrac{\partial}{\partial z^l} \\ \Gamma^i_{jk} & \Gamma^i_{jl} \end{vmatrix} + \begin{vmatrix} \Gamma^s_{jk} & \Gamma^s_{jl} \\ \Gamma^i_{sk} & \Gamma^i_{sl} \end{vmatrix}, \tag{4.1}$$

[11] *Yano-Bochner* [1], S. 123.

der durch die metrische Form (3.3) definierten Kähler-Mannigfaltigkeit, so stellt man leicht fest (YANO-BOCHNER [1], S. 124ff.), daß die Voraussetzungen (3.4) und (3.5) das Verschwinden aller R_{ijkl} mit Ausnahme der Komponenten $R_{\alpha\bar{\beta}\gamma\bar{\delta}}$, $R_{\alpha\bar{\beta}\gamma\delta}$, $R_{\bar{\alpha}\beta\gamma\bar{\delta}}$ und $R_{\bar{\alpha}\beta\bar{\gamma}\delta}$ zur Folge haben.

Danach erhält man für die Komponenten $R_{jk} = R^s_{jks}$ des Ricci-Tensors von $\mathbf{M}_n$, mit Rücksicht auf die Kähler-Bedingung $\Gamma^{\alpha}_{\beta\bar{\gamma}} = 0$ (YANO-BOCHNER) die Ausdrücke

$$R_{\alpha\beta} = R_{\bar{\alpha}\bar{\beta}} = 0 \tag{4.2}$$

und

$$R_{\alpha\bar{\beta}} = -\frac{\partial^2}{\partial z^{\alpha}\partial z^{\bar{\beta}}} \log\sqrt{|g|} \qquad (z^{\bar{\beta}} = \bar{z}^{\beta}) \tag{4.3}$$

mit $|g| = \|g_{ik}\| = |g_{\alpha\bar{\beta}}|^2 > 0$ [12].

Im folgenden sollen die lokalen komplexen Parameter der Punkte einer Kähler-Mannigfaltigkeit $\mathbf{M}_n$ mit $w^1, \ldots, w^n, w^{\bar{1}}, \ldots, w^{\bar{n}}$ (auch $w_1, \ldots, w_n$, $\bar{w}_1, \ldots, \bar{w}_n$) bezeichnet werden, abgekürzt durch $(w, \bar{w})$. Danach bedeuten bei der Vorgabe der Metrik von $\mathbf{M}_n$ durch die Gleichung

$$ds^2 = 2\, g_{\alpha\bar{\beta}}(w, \bar{w})\, dw^{\alpha} dw^{\bar{\beta}} \qquad (w^{\bar{\beta}} = \bar{w}^{\beta}) \tag{4.4}$$

$g_{\alpha\bar{\beta}}(w, \bar{w})$ (zweimal stetig differenzierbare) Funktionen von $w^1, \ldots, w^n$ und $\bar{w}^1, \ldots, \bar{w}^n$.

Die weitere Verfolgung des in der Einleitung festgelegten Zieles, den Flächensatz von SCHWARZ-PICK und AHLFORS auf Kähler-Mannigfaltigkeiten zu übertragen, führt zu einer (wichtigen) Klasse $\mathfrak{A}$ von Kähler-Mannigfaltigkeiten mit den Eigenschaften:

1) $\mathbf{M}_n \in \mathfrak{A} \Rightarrow \forall\, \mathfrak{w} = (w, \bar{w}) \in \mathbf{M}_n$ gilt

$$-R_{\alpha\bar{\beta}} a^{\alpha} a^{\bar{\beta}} \geqq 0 \qquad (a^{\bar{\beta}} = \bar{a}^{\beta}). \tag{4.5}$$

2) $\forall\, \mathfrak{w} = (w, \bar{w}) \in \mathbf{M}_n \Rightarrow$

$$\left| \frac{\partial^2}{\partial w^{\alpha}\partial w^{\bar{\beta}}} \log\sqrt{|g|} \right| \geqq C_n e^{\log\sqrt{|g|}} \tag{4.6}$$

mit $C_n = (n+1)^n$.

[12] $|g_{\alpha\bar{\beta}}|^2$ im Sinne des Quadrates des absoluten Betrags von $|g_{\alpha\bar{\beta}}|^2$

Die Bedingung 1) besagt, daß die mit Hilfe der negativ genommenen Komponenten des Ricci-Tensors gebildete quadratische (Hermitische) Form $-R_{\alpha\beta}(w, \bar{w})\, a^{\alpha} a^{\bar{\beta}}$ in jedem Punkt von $\mathbf{M}_n$ positiv semi-definit ist. Diese Bedingung ist, mit Rücksicht auf (4.3), mit der Forderung äquivalent, daß die Funktion $\log \sqrt{|g|} = \log \sqrt{|g_{\alpha\bar{\beta}}|^2}$ im Sinne der Definition von P. LELONG und K. OKA[13] mehrfach-subharmonisch (plurisousharmonique) ist.

Die Klasse $\mathfrak{A}$ enthält mindestens die Kähler-Mannigfaltigkeit mit der Poincaré-Kähler-Metrik

$$ds^2 = 2\, g^0_{\alpha\bar{\beta}}(w, \bar{w})\, dw^{\alpha} dw^{\bar{\beta}} \tag{4.7}$$

mit

$$g^0_{\alpha\bar{\beta}}(w, \bar{w}) = \frac{\partial^2}{\partial w^{\alpha} \partial w^{\bar{\beta}}} \log \frac{1}{1 - \|w\|^2} \tag{4.8}$$

und $\|w\|^2 = w_1 \bar{w}_1 + \cdots + w_n \bar{w}_n$ $(\|w\| < 1)$. Sie ist also nicht leer.

Der zu beweisende Verzerrungssatz lautet nun in erster Fassung:

Satz 4. Es sei $\mathbf{M}^n \in \mathfrak{A}$ *eine Kähler-Mannigfaltigkeit und* $w : \mathbf{C}_n \to \mathbf{M}^n$ *eine holomorphe Abbildung der komplexen Einheitskugel* $\mathbf{C}_n$ *in* $\mathbf{M}^n$, *mit Hilfe der Funktionen* $w_k = w_k(z_1, \ldots, z_n)$ $(k = 1, \ldots, n)$. *Dann gilt in jedem Punkt* $\mathfrak{z} = (z, \bar{z})$ *von* $\mathbf{C}_n$ *die Ungleichung*

$$\sqrt{|g|}\, J \bar{J} \leqq \frac{1}{(1 - \|z\|^2)^{n+1}}. \tag{4.9}$$

Dabei bedeutet hier $J\,(J \not\equiv 0)$ *die (Jacobische) Funktionaldeterminante der* w_i *nach den Veränderlichen* z_n *und* J *die zu* $\bar{J}$ *konjugierte Zahl.*

5. Beweis des allgemeinen Verzerrungssatzes. Ist $0 < r < 1$ und

$$V = V_r = \log \frac{1}{r^2 - \|z\|^2} \qquad (\|z\| < r),$$

so genügt V in $\|z\| < r$ der Differentialgleichung

$$\left| \frac{\partial^2 V}{\partial z_{\alpha} \partial \bar{z}_{\beta}} \right| = r^2 e^{(n+1)V}.$$

[13] *Lelong, P.* [1], [2], und *Oka, K.* [1]. Eine kurze Darstellung der Theorie der mehrfach-subharmonischen Funktionen findet der Leser in *Ahlfors* [2]. Wegen (4.6) kann ohne Einschränkung der Allgemeinheit in (4.5) > 0 statt $\geqq 0$ geschrieben werden.

Es bedeute jetzt $w : \mathbf{C}_n \to \mathbf{M}^n$ ($w = (w_1, \ldots, w_n)$, $w_1 = w_1(z_1, \ldots, z_n)$, $\ldots, w_n = w_n(z_1, \ldots, z_n)$) eine holomorphe Abbildung der Einheitskugel $\mathbf{C}_n : \|z\| < 1$ von $\mathbf{C}^n$ in die Kähler-Mannigfaltigkeit $\mathbf{M}^n$ mit der Metrik

$$ds^2 = 2\, g_{\alpha\bar{\beta}}(w, \bar{w})\, dw^\alpha dw^{\bar{\beta}} \qquad (w^{\bar{\beta}} = \bar{w}^\beta). \tag{5.1}$$

Wir nehmen an, daß die (Jacobische) Funktionaldeterminante

$$J = \left| \frac{\partial w_i}{\partial z_k} \right|$$

in $\mathbf{C}^n$ nicht identisch verschwindet und setzen

$$G_{\mu\bar{\nu}} = g_{\alpha\bar{\beta}} \frac{\partial w^\alpha}{\partial z^\mu} \cdot \frac{\partial w^{\bar{\beta}}}{\partial z^{\bar{\nu}}}. \tag{5.2}$$

Dann ist zunächst

$$|G| = |G_{\mu\bar{\nu}}| = |g_{\alpha\bar{\beta}}|\, J\bar{J} \qquad \left(\bar{J} = \left| \frac{\partial \bar{w}_i}{\partial \bar{z}_k} \right| \right)$$

und somit wegen

$$\begin{aligned} \frac{\partial^2}{\partial z_\alpha \partial \bar{z}_\beta} \log (J\bar{J}) &= \frac{\partial^2}{\partial z_\alpha \partial \bar{z}_\beta} (\log |J| + \log |\bar{J}|) = 0, \\ \frac{\partial^2}{\partial z_\alpha \partial \bar{z}_\beta} \log |G| &= \frac{\partial^2}{\partial z_\alpha \partial \bar{z}_\beta} \log \sqrt{|g|} \qquad (g = |g_{\alpha\bar{\beta}}|^2) \end{aligned} \tag{5.3}$$

in jedem Punkt von $\mathbf{C}_n$ mit $|J| > 0$. Das liefert die grundlegende Ungleichung

$$\left| \frac{\partial^2}{\partial z_\alpha \partial \bar{z}_\beta} \log |G| \right| \geqq C_n e^{\log |G|} \tag{5.4}$$

in jedem Punkt von $\mathbf{C}_n$ mit $|J| \neq 0$.

Man schreibe jetzt $u(z, \bar{z})$ (kurz u) für die Funktion $\log |G|$ als Funktion des Punktes $z = (z_1, \ldots, z_n)$ und (bei festem r) $v(z, \bar{z})$ (kurz v) für die Funktion $(n+1)\, V$. Es sei E die (offene) Teilmenge von $\mathbf{C}_r$, auf der

$u > v$ gilt. Da v für $\|\mathfrak{z}\| = r$ gleich $+\infty$ ist, muß jede (offene) Komponente O von E in $\|\mathfrak{z}\| < r$ relativ kompakt sein. Man setze $\psi = u - v$ und nehme an, E besitze eine nicht leere Komponente O in $\|\mathfrak{z}\| < r$. Dann existiert nach dem klassischen Satz von WEIERSTRASS ein Punkt $(\mathfrak{z}^0, \bar{\mathfrak{z}}^0)$ von O, in dem ψ sein Maximum annimmt. Danach gilt dort, für jeden Vektor $a = (a_1, \ldots, a_n, \|a\| \neq 0)$

$$\frac{\partial^2 \psi}{\partial \mathfrak{z}_\alpha \partial \bar{\mathfrak{z}}_\beta} a_\alpha \bar{a}_\beta \leqq 0 \tag{5.5}$$

und somit mit Rücksicht auf die Bedingung 1) von 4.

$$0 < \frac{\partial^2 u}{\partial \mathfrak{z}_\alpha \partial \bar{\mathfrak{z}}_\beta} a_\alpha \bar{a}_\beta \leqq \frac{\partial^2 v}{\partial \mathfrak{z}_\alpha \partial \bar{\mathfrak{z}}_\beta} a_\alpha \bar{a}_\beta. \text{[14]} \tag{5.6}$$

[14] Daß links 0 stehen darf, folgt aus der Tatsache, daß in $J \neq 0$ in O ist und

$$\frac{\partial^2}{\partial \mathfrak{z}_\alpha \partial \bar{\mathfrak{z}}_\beta} \log |G| = \frac{\partial^2}{\partial \mathfrak{z}_\alpha \partial \bar{\mathfrak{z}}_\beta} \log \sqrt{|g|}$$

gilt. Das liefert in Verbindung mit (4.6) und (4.5) die Ungleichung

$$\frac{\partial^2 u}{\partial \mathfrak{z}_\alpha \partial \bar{\mathfrak{z}}_\beta} a_\alpha \bar{a}_\beta = \frac{\partial^2}{\partial w_\mu \partial \bar{w}_\nu} \log \sqrt{|g|}\, b_\mu \bar{b}_\nu \geqq 0$$

mit

$$b_\mu = \frac{\partial w_\mu}{\partial \mathfrak{z}_\alpha} a_\alpha, \quad \bar{b}_\nu = \frac{\partial \bar{w}_\nu}{\partial \bar{\mathfrak{z}}_\beta} \bar{a}_\beta.$$

Die Ungleichung (5.5) läßt sich am einfachsten folgendermaßen beweisen: Es sei $\mathfrak{z}_\alpha = x_\alpha + i x_{\bar{\alpha}}$ und $a_\alpha = b_\alpha + i b_{\bar{\alpha}}$ mit reellen $b_\alpha, b_{\bar{\alpha}}$.

Dann ist

$$b_\alpha \frac{\partial}{\partial x_\alpha} + b_{\bar{\alpha}} \frac{\partial}{\partial x_{\bar{\alpha}}} = a_\alpha \frac{\partial}{\partial \mathfrak{z}_\alpha} + \bar{a}_\alpha \frac{\partial}{\partial \mathfrak{z}_{\bar{\alpha}}}$$

und

$$J(a) = \left(b_\alpha \frac{\partial}{\partial x_\alpha} + b_{\bar{\alpha}} \frac{\partial}{\partial x_{\bar{\alpha}}}\right)^2 V = \left(a_\alpha \frac{\partial}{\partial \mathfrak{z}_\alpha} + \bar{a}_\alpha \frac{\partial}{\partial \bar{\mathfrak{z}}_\alpha}\right)^2 V.$$

Wegen $J(a) \leqq 0$ in $(\mathfrak{z}_\alpha^0, \mathfrak{z}_{\bar{\alpha}}^0)$ für jedes $a = (a_1, \ldots, a_n)$ gilt nun

$$J(a) + J(ia) = 4 \frac{\partial^2 V}{\partial \mathfrak{z}_\alpha \partial \bar{\mathfrak{z}}_\beta} a_\alpha \bar{a}_\beta \leqq 0$$

d. h. (5.5).

Der Nachweis nun, daß diese Doppelungleichung zu einem Widerspruch führt, stützt sich auf folgendes klassische Ergebnis der Theorie der Hermitischen Formen:

Hilfssatz 6. Es bedeuten

$$H_a(z, \bar{z}) = a_{ik} z_i \bar{z}_k \qquad (\bar{a}_{ki} = a_{ik})$$

und

$$H_b(z, \bar{z}) = b_{ik} z_i \bar{z}_k \qquad (b_{ki} = \bar{b}_{ik})$$

zwei positiv definite (Hermitesche) *quadratische Formen. Dann gibt es eine (unitäre) Transformation*

$$z_i = q_{ik} \zeta_k \tag{5.7}$$

mit $z_i \bar{z}_i = \zeta_i \bar{\zeta}_i$, *welche die beiden Formen in ihre Normalgestalt*

$$H_a(z, \bar{z}) = \lambda_i |\zeta_i|^2 \qquad (0 < \lambda_i < +\infty) \tag{5.8}$$

und

$$H_b(z, \bar{z}) = \mu_i |\zeta_i|^2 \qquad (0 < \mu_i < +\infty) \tag{5.9}$$

überführt.

Für den Beweis dieses Satzes verweisen wir auf die einschlägige Literatur[15].

Setzt man nun der Kürze wegen

$$a_{ik} = \frac{\partial^2 u}{\partial z_i \partial \bar{z}_k}, \quad b_{ik} = \frac{\partial^2 v}{\partial z_i \partial \bar{z}_k}$$

und $a_i = q_{ik} \zeta_k$, so erhält man (keine Summation über μ!)

$$a_{ik} q_{i\mu} \bar{q}_{k\nu} = \delta_{\mu\nu} \mu_\nu \qquad (\mu, \nu = 1, \ldots, n) \tag{5.10}$$

[15] Der Satz findet sich für reelle Matrizen A, B bei *Beckenbach-Bellman* [1] (S. 70) bewiesen. Am einfachsten läßt sich der Beweis (auch für Hermitesche Formen) durch die Methode von *Courant* (Courant-Hilbert [1]) erbringen. Die Transformation (5.7) existiert bekanntlich auch dann, wenn nur eine der Formen positiv definit ist.

und

$$b_{ik} q_{i\mu} q_{k\nu} = \delta_{\mu\nu} \lambda_\nu . \tag{5.11}$$

Nun gilt der

Hilfssatz 7. Es seien $x_1, \ldots, x_n$ und $y_1, \ldots, y_n$ nichtnegative Zahlen. Dann gilt die Ungleichung

$$\left\{\prod_1^n (x_k + y_k)\right\}^{\frac{1}{n}} \geqq \left\{\prod_1^n x_k\right\}^{\frac{1}{n}} + \left\{\prod_1^n y_k\right\}^{\frac{1}{n}} . \tag{5.12}$$

Damit der Leser den Beweis dieser klassischen Ungleichung in der Literatur nicht zu suchen braucht[16], soll dieser kurz skizziert werden. Man setze $x_k, y_k > 0$ $(k = 1, \ldots, n)$ voraus und bilde die Größen

$$\alpha_k = \frac{x_k}{x_k + y_k}, \quad \beta_k = \frac{y_k}{x_k + y_k} \qquad (k = 1, \ldots, n).$$

Nun gelten nach der bekannten Ungleichung zwischen dem arithmetischen und dem geometrischen Mittel der Zahlen $\alpha_1, \ldots, \alpha_n$ und $\beta_1, \ldots, \beta_n$ die Ungleichungen

$$\alpha_1 + \cdots + \alpha_n \geqq n \left\{\prod_1^n \alpha_k\right\}^{\frac{1}{n}}$$

und

$$\beta_1 + \cdots + \beta_n \geqq n \left\{\prod_1^n \beta_k\right\}^{\frac{1}{n}} .$$

Daraus folgt durch Addition die Ungleichung

$$1 \geqq \left\{\prod_1^n \alpha_k\right\}^{\frac{1}{n}} + \left\{\prod_1^n \beta_k\right\}^{\frac{1}{n}},$$

d. h. (5.12). Letztere Ungleichung gilt offenbar auch dann, wenn einige der Zahlen x_k bzw. y_k (oder alle) gleich Null vorausgesetzt werden.

[16] Man vgl. etwa Hardy-Littlewood-Polya [1], S. 29.

Um nun mit Hilfe von (5.6) und (5.12) den Beweis des allgemeinen Verzerrungssatzes zu Ende zu führen, verfahre man folgendermaßen:

Zunächst folgt aus (5.6)

$$0 < \lambda_i |\zeta_i|^2 \leqq \mu_i |\zeta_i|^2 \qquad (\|\zeta\| \neq 0)$$

und somit auch $0 < \lambda_i \leqq \mu_i$ $(i = 1, 2, \ldots, n)$. Andererseits gilt, wenn man $(a_{ik}) = A$ und $(b_{ik}) = B$ setzt

$$|J_0|^{-2} \prod_1^n \lambda_k = |A|, \quad |J_0|^{-2} \prod_1^n \mu_k = |B|$$

und

$$|J_0|^{-2} \prod_1^n (\mu_k - \lambda_k) = |B - A| \qquad (J_0 = |q_{ik}|).$$

Daraus folgt mit Rücksicht auf (5.12) die Ungleichung

$$|B|^{\frac{1}{n}} \geqq |B - A|^{\frac{1}{n}} + |A|^{\frac{1}{n}} \geqq |A|^{\frac{1}{n}}, \tag{5.13}$$

also $|B| \geqq |A|$. Nun ist

$$|B| = \left| \frac{\partial^2 v}{\partial z_\alpha \partial \bar{z}_\beta} \right| = r^2 C_n e^v < C_n e^v$$

und somit wegen $u > v$

$$|A| = \left| \frac{\partial^2 u}{\partial z_\alpha \partial \bar{z}_\beta} \right| \geqq C_n e^u > |B|.$$

Es muß also $v \geqq u$ in $z^0 = (z_1^0, \ldots, z_n^0)$ gegen die Voraussetzung $u > v$ gelten. Somit enthält jede Kugel $\|z\| < r < 1$ keine Punkte von E. Das beweist den Verzerrungssatz von 4., d. h. die Ungleichung (4.9).

Die Heranziehung der reellen Mannigfaltigkeit V_{2n}, gegeben durch deren Punkte $(u_\alpha, u_{\bar{\alpha}})$, mit der Kähler-Metrik

$$ds^2 = 2\, g_{\alpha\bar{\beta}} dw^\alpha dw^{\bar{\beta}} \tag{5.14}$$

mit $g_{\alpha\bar{\beta}} = g_{\alpha\bar{\beta}}(w, \bar{w})$, $w = (w_1, \ldots, w_n)$, $\bar{w} = (w^{\bar{1}}, \ldots, w^{\bar{n}})$ $(w^{\bar{\alpha}} = \bar{w}^\alpha, w^\alpha = u^\alpha + i u^{\bar{\alpha}}, \bar{w}^\alpha = u^\alpha - i u^{\bar{\alpha}})$ führt zu dem in 1. formulierten Ergebnis:

Satz 5. Es bedeute $\mathbf{M}_n$ *eine Kähler-Mannigfaltigkeit mit der Metrik* (5.14) *und* $w : \mathbf{C}_n \to \mathbf{M}_n$ *eine holomorphe Abbildung der Einheitskugel* $\mathbf{C}_n : \|z\| < 1$ *in* $\mathbf{M}_n$ *mit* $w = (w_1, \ldots, w_n)$ *und* $w_k = w_k(z_1, \ldots, z_n)$ $(k = 1, \ldots, n)$. *Wir nehmen an, daß die Funktionaldeterminante* J *der* w_i *nach den Veränderlichen* z_k, $\neq 0$ *in* $\mathbf{C}_n$ *ist. Es sei* $|g| = |g_{\mu\nu}|^2$ *die* (positive) *Determinante der quadratischen* (Hermiteschen) *Form* (5.14) *und* G_z *ein Gebiet von* $\mathbf{C}_n$. *Man nehme an, daß die Metrik* (5.14) *die Bedingungen 1)–2) von 4. erfüllt und bezeichne mit* $dV_{2n}(z)$ *das Maßelement* $dx_1 dx_{\bar{1}} \ldots dx_{\bar{n}} dx_n$ *von* V_{2n}. *Dann gilt die Ungleichung*

$$\int_{G_z} \sqrt{|g|}\, |J|^2\, dV_{2n}(z) \leqq \int_{G_z} \frac{dV_{2n}(z)}{(1 - \|z\|^2)^{n+1}}. \tag{5.15}$$

Dabei sind hier die Integrale im Lebesgueschen Sinne zu nehmen.

Wählt man als $\mathbf{M}_n$ die Mannigfaltigkeit $\|w\| < 1$ und

$$g_{\alpha\bar{\beta}}(w, \bar{w}) = \frac{\partial^2}{\partial w_\alpha \partial \bar{w}_\beta} \log \frac{1}{1 - \|w\|^2},$$

so kann man dam Satz 5 folgende Fassung geben:

Satz 6. Der Einheitskugel $\mathbf{C}_n : \|z\| < 1$ *sei die Poincaré-Kähler Metrik*

$$ds^2 = 2\, g_{\alpha\bar{\beta}}(z, \bar{z})\, dz_\alpha dz_{\bar{\beta}} \tag{5.16}$$

mit

$$g_{\alpha\bar{\beta}}(z, \bar{z}) = \frac{\partial^2}{\partial z_\alpha \partial \bar{z}_\beta} \log \frac{1}{1 - \|z\|^2}$$

und

$$\|z\|^2 = z_1 \bar{z}_1 + \cdots + z_n \bar{z}_n$$

aufgeprägt. Dann gilt für jede holomorphe Abbildung $w : \mathbf{C}_n \to \mathbf{C}_n$ *von* $\mathbf{C}_n$ *die Ungleichung*

$$\int_{G_w} [dV_{2n}(w)] \leqq \int_{G_z} [dV_{2n}(z)]. \tag{5.17}$$

Dabei ist G_z ein beliebiges Gebiet von $\mathbf{C}_n$ und

$$[dV_{2n}(z)] = \frac{dV_{2n}(z)}{(1-\|z\|^2)^{n+1}}$$

das Maßelement von $\mathbf{C}_n$ unter Zugrundelegung der Metrik (5.16).

Der Übergang von der Bedingung 2) von 4. zu der Bedingung

$$\left|\frac{\partial^2}{\partial w_\alpha \partial \overline{w}_\beta} \log \sqrt{|g|}\right| \geqq C_n K e^{\log \sqrt{|g|}} \tag{5.18}$$

mit einem (beliebigen) $K > 0$ führt zu der Ungleichung

$$\sqrt{|g|}\, |J|^2 \leqq \frac{1}{K} \frac{1}{(1-\|z\|^2)^{n+1}} \tag{5.19}$$

und somit zu den Abschätzungen

$$\int_{G_z} \sqrt{|g|}\, |J|^2 \, dV_{2n}(z) \leqq \frac{1}{K} \int_{G_z} \frac{dV_{2n}(z)}{(1-\|z\|^2)^{n+1}}$$

bzw.

$$\int_{G_w} [dV_{2n}(w)] \leqq \frac{1}{K} \int_{G_z} [dV_{2n}(z)].$$

Der Beweis erfolgt durch Heranziehung der Funktion

$$V = \log \frac{1}{K} + (n+1) \log \frac{1}{1-\|z\|^2},$$

welche der Differentialgleichung

$$\left|\frac{\partial^2 V}{\partial z_\alpha \partial \overline{z}_\beta}\right| = C_n K\, e^V$$

genügt, und Wiederholung der Ahlfors-Weierstraßschen Schlußweise.

Die Verzerrungssätze 4, 5 und 6 wurden unter der Voraussetzung bewiesen, daß die metrischen Komponenten $g_{\alpha\bar{\beta}}$ der jeweiligen Kähler-Metrik zweimal stetig differenzierbar sind. Man kann, dem Verfahren von AHLFORS für $n = 1$ folgend, diese Voraussetzung auch für die Fälle $n > 1$ durch schwächere Annahmen ersetzen, doch liefern solche Verfeinerungen keinen tieferen Einblick in die Struktur der diesbezüglichen Verzerrungssätze und sollen hier nicht weiter verfolgt werden.

LITERATURVERZEICHNIS

Ahlfors, L. V. [1], An Extension of Schwarz's Lemma. *Trans. Amer. Math. Soc.* 1938, S. 359–364.

Ahlfors, L. V. [2], (Ahlfors, Behnke, Bers, M. Heins, Jenkins, Kodaira, R. Nevanlinna and Spencer), Analytic Functions. *Princ. New Jersey, Princ. Univ. Press* 1960.

Beckenbach, E., and *Bellman, R.* [1], Inequalities (Erg. d. Math. u. ihrer Grenzgeb.). *Springer-Verlag, Berlin-Göttingen-Heidelberg* 1961.

Bloch, A. [1], Sur une nouvelle et importante géneralisation de l'équation de Laplace. *Enseign. Math.* **26**, 1927, S. 52–63.

Courant, R., und *Hilbert, D.* [1], Methoden der mathematischen Physik Bd. 1 (Die Grundlagen der math. Wissenschaften in Einzeldarstellungen). *Springer-Verlag, Berlin-Göttingen-Heidelberg* 1924.

Dinghas, A. [1], Zur Metrik nichteuklidischer Räume. *Mathem. Nachr.* **1**, S. 287–291.

Hardy, G. H., Littlewood, u. E., and *Polya, G.* [1], Inequalities. *London, Cambridge Univ. Press* 1951.

Kähler, E. [1], Über eine bemerkenswerte Hermitesche Metrik. *Abh. Mathem. Sem. d. Univ. Hamburg* **9**, 1933, S. 173–186.

Schwarz, H. A. [1], Ges. Math. Abh. **2**, 1890, S. 109 (man vgl. auch Carathéodorys Abh. in den *Math. Ann.* **72**, 1922, S. 107).

Yano, K. [1], Quelques remarques sur les Variétés à structure presque complexe. *Bull. Soc. Math. de France*, **83**, 1955, S. 57–80.

Yano, K., and *Bochner, S.* [1], Curvature and Betti Numbers. *Princ. New Jersey, Princeton Univ. Press* 1953.

Bemerkungen über holomorphe Abbildungen komplexer Räume*

Von *Norbert Kuhlmann*

Einleitung

Zu den wichtigsten Aussagen der elementaren Funktionentheorie zählt sicher der Weierstraßsche Vorbereitungssatz, der die Grundlage der lokalen Theorie analytischer Mengen bildet.

Es gibt eine Reihe weiter Anwendungen fähiger Sätze geometrischer Natur, die sich noch ohne die Hilfsmittel der Garbentheorie nur mit dieser elementaren Theorie analytischer Mengen gewinnen lassen. Zu diesen Ergebnissen zählen der Remmertsche Abbildungssatz und seine Verschärfungen; zur Literatur siehe etwa [4], [9].** In dem vorliegenden Aufsatz beschäftigen wir uns mit der folgenden Aussage:

(*) *$\tau: X \to Y$ sei eine semi-eigentliche holomorphe Abbildung des komplexen Raumes X in den komplexen Raum Y. Dann ist $\tau(X)$ in Y analytisch.*

Die Semi-Eigentlichkeit von τ besagt, daß es zu jeder in Y liegenden kompakten Menge K_1 in X eine kompakte Menge K_2 mit $\tau(K_2) = \tau(X) \cap K_1$ gibt.

Beweise von (*) wurden in [8] sowie kürzlich in [17] gegeben. Es sei angemerkt, daß (*) nicht eine nur theoretisch interessante Verschärfung des Remmertschen Abbildungssatzes ist, sondern Anwendungen zuläßt, deren der Remmertsche Abbildungssatz nicht fähig ist ([9]). Die Beweise in [8], [17] benutzen an entscheidender Stelle den Remmert-Steinschen Fortsetzungssatz für analytische Mengen [12]. Sätze dieses Typus lassen sich bisher nur mit Hilfe der Cauchyschen Integrationstheorie beweisen.

Im Zuge der Bemühungen, Funktionentheorie auch über anderen Grundkörpern als den komplexen Zahlen zu treiben ([3], [6]), ist – Weierstraß folgend – das Interesse daran gewachsen, wieweit man die Funktionentheorie nur aus dem Potenzreihenbegriff heraus ohne Integrationstheorie aufbauen kann.

* Teilweise unterstützt durch die National Science Foundation (NSF GP-3988).

** zu [9] vergleiche § II, 2, m.

Wir sind dieser Fragestellung beim Beweise von (*) nachgegangen. Es ist in der Tat möglich, einen Beweis von (*) zu führen, ohne daß der Integralbegriff auch nur implizit benötigt wird. Es ist allerdings nicht verwunderlich, daß die Überlegungen komplizierter werden, wenn man auf das bequeme Handwerkszeug der Cauchyschen Integrationstheorie verzichtet. Wir geben zunächst einen Beweis an, der implizit bei der Benutzung des Riemannschen Fortsetzungssatzes und eines Satzes von Hartogs-Osgood die Cauchysche Integrationstheorie verwendet. In einem Anhang wird dann angegeben, wie die Beweisschritte abzuändern sind, um ohne diese Aussagen auszukommen.

Die Beweise von (*), die das starke Hilfsmittel des soeben erwähnten Fortsetzungssatzes von Remmert–Stein heranziehen, sind kürzer als der vorliegende, der nur die elementarsten Sätze über analytische Mengen benutzt. – Setzt man zusätzlich noch Aussagen über nirgendsentartete holomorphe Abbildungen und über Entartungsmengen voraus, so wird der Nachweis von (*) besonders einfach; man vergleiche hierzu § I, 4.

In § I, 5 geben wir einen Überblick über den vorliegenden Beweis. Die Nichtbenutzung des Remmert–Steinschen Fortsetzungssatzes hat die nachteilige Folge, daß die Überlegungen, verglichen mit dem in § I, 4 angegebenen Weg, umfangreich werden; denn ein Spezialfall dieses Fortsetzungssatzes ist implizit mitzubeweisen. Die Voraussetzungen von (*) liefern jedoch mehr Informationen als für den Fortsetzungssatz gebraucht werden. Diese zusätzlichen Informationen gestatten es nun, den Beweis des benötigten Spezialfalles so zu führen, daß im wesentlichen nur Methoden der mengentheoretischen Topologie und der lokalen Algebra heranzuziehen sind und die Integrationstheorie vermieden wird.

Es sei angemerkt, daß eine Übertragung in die nichtarchimedische Funktionentheorie (etwa im Sinne von [3]) damit noch nicht gegeben ist, da die topologischen Eigenschaften des komplexen Zahlenkörpers **C** in sehr starkem Maße ausgenutzt werden.

Herrn W. Stoll und Herrn H. Whitney danke ich für wertvolle Diskussionsbemerkungen sowie Herrn Remmert für die Anregung, mich mit Fragen der Abbildungstheorie zu beschäftigen.

§ I. 1) Eine gewisse Kenntnis der elementaren Theorie der analytischen Mengen, wie sie etwa in dem Buche von Gunning und Rossi [4] (im folgenden mit G–R abgekürzt) in den Abschnitten I, II, A, B, E, III, A, B, C,

V, A zu finden ist, wird vorausgesetzt[1]. Es wird zwar die garbentheoretische Definition des komplexen Raumes benutzt, aber garbentheoretische und funktionalanalytische Sätze (sowie Aussagen, die auf solchen fußen) werden (mit Ausnahme des Anhanges § II, 2, l) nicht verwendet. Von unwesentlichen Ausnahmen abgesehen, stimmt die Terminologie des vorliegenden Aufsatzes mit der des soeben genannten Buches überein. So verstehen wir unter einem komplexen Raum stets einen reduzierten komplexen Raum. Eine Menge N eines komplexen Raumes X heißt in X analytisch, wenn N auf X abgeschlossen ist und es zu jedem $P \in N$ eine Umgebung U_P mit endlich vielen in U_P holomorphen Funktionen gibt, deren simultane Nullstellenmenge $N \cap U_P$ ist. Eine Menge $M \subset X$ heißt in $P \in M$ analytisch, wenn für eine gewisse X-Umgebung U_P der Durchschnitt $M \cap U_P$ in U_P analytisch ist. M heißt lokal-analytisch, wenn M in jedem seiner Punkte analytisch ist; lokal-analytische Mengen sind nicht notwendig abgeschlossen. Eine Menge $A \subset X$ heißt dünn in X, wenn A in X abgeschlossen ist und es zu jedem Punkte $P \in A$ eine Umgebung U_P mit einer in U_P analytischen Menge A_P gibt, so daß A_P die Menge $U_P \cap A$ enthält und $U_P - A_P$ auf U_P dicht liegt. Wir wollen an einige bekannte Definitionen und Aussagen erinnern, die für uns wesentlich sind. – *Y sei eine analytische Untermenge des komplexen Raumes X. Dann ist die in X abgeschlossene Hülle $\overline{X - Y}$ von $X - Y$ in X analytisch.* Man vergleiche hierzu [11], Seite 365, Zeile 19ff. – $\overline{X - Y}$ ist nach G–R, V, B, 2 und G–R, III, C, 16 die Vereinigung derjenigen irreduziblen Komponenten von X, die nicht in Y enthalten sind.

[1] Der eigentliche Beweis wird in § I, 1, 2, 3 vorbereitet und in § II ausgeführt. Der Bequemlichkeit halber stützen wir uns (mit Ausnahme von § II, 2, l) ausschließlich auf [4]. Benötigte Aussagen, die nicht in [4] aufgeführt sind, werden bis auf § II, 2, l, hergeleitet, selbst wenn sie bekannt sind. [4] arbeitet über dem komplexen Zahlenkörper und zieht auch bei der lokalen Theorie analytischer Mengen die Cauchysche Integrationstheorie heran. – Diese ist jedoch vermeidbar; die Theorie der analytischen Mengen läßt sich über algebraisch abgeschlossenen, nicht diskret bewerteten, vollständigen Grundkörpern aufbauen ([1], [6]). Es ist daher gestattet (bei der Zielsetzung, die wir u. a. im Auge haben, zu prüfen, wo die Integrationstheorie vermeidbar ist), die Sätze aus [4] über analytische Mengen heranzuziehen. Der interessierte Leser möge in jedem Fall [1] und [6] vergleichen. – Es sei allerdings angemerkt, daß in der vorliegenden Arbeit – ebenso wie in [4] – bei der Untersuchung analytischer Mengen von gewissen topologischen Eigenschaften des komplexen Zahlenkörpers wie von der des Zusammenhangs von **C** Gebrauch gemacht wird. – Die Schwierigkeiten bei der Behandlung des Problems, (*) in die nichtarchimedische Funktionentheorie zu übertragen, liegen jedoch nicht beim Begriff des Zusammenhangs sondern bei der Frage, was in der nichtarchimedischen Funktionentheorie vernünftigerweise an Stelle des Kompaktheitsbegriffes treten soll.

Aus G–R, III, C geht hervor, daß *die Menge der singulären Punkte eines komplexen Raumes X auf diesem dünn ist;* daß diese Menge eine dünne *analytische* Menge von X ist, wird nicht benötigt.

2) Es sei $\varkappa: Z_1 \to Z_2$ eine holomorphe Abbildung des komplexen Raumes Z_1 in den komplexen Raum Z_2. In jedem Punkte P von Z_1 ist der Rang $\operatorname{rang}_P \varkappa$ von $\varkappa$ wohldefiniert (G–R, V, B, Seite 159). Wir sind im folgenden nur an dem Rang von $\varkappa$ in der Menge $\mathfrak{R}(Z_1)$ der Mannigfaltigkeitspunkte interessiert. Unter dem Rang $\operatorname{rang} \varkappa$ verstehen wir $\sup\limits_{P \in \mathfrak{R}(Z_1)} \operatorname{rang}_P \varkappa$. *Ist Z_1 irreduzibel, so ist die Menge der Punkte* in $\mathfrak{R}(Z_1)$, *in denen $\varkappa$ nicht Maximalrang hat, eine dünne analytische Menge in* $\mathfrak{R}(Z_1)$ (G–R, V, B, 9).

Ist $\varkappa$ vom Range m und ist Z_2 m-dimensional, so enthält $\varkappa(Z_1)$ eine Z_2-offene Menge (man vergleiche G–R, V, B, 10).

Sind Z_1 irreduzibel und $\varkappa$ vom Range 1, *so gilt für alle $P \in Z_1$ die Relation* $\dim_P \varkappa^{-1}(\varkappa(P)) = \dim Z_1 - 1$.

Diese Aussage ist sicher richtig in allen Punkten der auf Z_1 dichten Menge, die regulär sind und in denen $\varkappa$ den Rang 1 hat. Aus G–R, V, B, 8 folgt dann die obige Aussage.

Ist überdies Z_2 in dem Punkte $Q \in \varkappa(Z_1)$ irreduzibel[2] *und* 1*-dimensional, so enthält $\varkappa(Z_1)$ eine Z_2-offene Umgebung von Q.* – Zum Beweise lege man durch einen Punkt P der Faser $\varkappa^{-1}(Q)$ eine in P irreduzible, irreduzible analytische Kurve C, die die Faser $\varkappa^{-1}(Q)$ nur im Punkte P schneidet; die Existenz von C wird am Ende des Beweises nachgewiesen. Da $\varkappa|C$ nicht konstant ist, muß $\varkappa|C$ notwendig vom Range 1 sein. Es gibt nach G–R, V, C, 2 eine C-Umgebung U_1 von P sowie eine Z_2-Umgebung U_2 von Q, so daß $\varkappa_1 := \varkappa|U_1 : U_1 \to U_2$ eigentlich ist. Die Mengen S_1 und S_2 der singulären Punkte von U_1 bzw. U_2 bestehen aus diskreten, sich auf U_1 bzw. U_2 nicht häufenden Mengen von Punkten. Nennen wir $E_1 := \varkappa_1^{-1}(E_2)$, $E_2 := \varkappa_1(S_1) \cup S_2$. Die Riemannsche Fläche $U_1 - E_1$ wird durch $\varkappa|U_1 - E_1$ eigentlich in die Riemannsche Fläche $U_2 - E_2$ abgebildet. Da nach Konstruktion $\varkappa|U_1 - E_1$ vom Range 1 ist, muß $\varkappa(U_1 - E_1) = U_2 - E_2$ gelten. Da sowohl E_1 wie auch E_2 aus diskreten, sich auf U_1 bzw. U_2 nicht häufenden Punktmengen bestehen, folgt aus der Eigentlichkeit von $\varkappa_1$ das gewünschte Ergebnis $\varkappa_1(U_1) = U_2$.

[2] Wir sagen, eine analytische Menge (oder ein komplexer Raum) sei irreduzibel in einem Punkte, wenn der in diesem Punkte erzeugte analytische Mengenkeim irreduzibel ist.

In dem soeben Bewiesenen ist insbesondere enthalten:

Eine auf einem irreduziblen komplexen Raum holomorphe Funktion ist konstant oder offen; denn eine holomorphe Funktion ist nichts anderes als eine holomorphe Abbildung in die komplexe Zahlengerade.

Wir haben noch den Existenznachweis von C nachzutragen. Mit demselben Aufwand ist die nachstehende allgemeinere Aussage zu gewinnen: *Es sei N eine analytische Menge des komplexen Raumes X. Im Punkte $Q \in N$ sei* $\dim_Q N = k$, $\dim_Q X = n$. *Dann gibt es zu jedem $0 \leqq l \leqq n - k$ in einer X-Umgebung von Q eine in Q irreduzible, irreduzible analytische Menge der Dimension l, die N nur im Punkte Q schneidet* (man vergleiche hierzu [16], Seite 234). Nach G–R, III, C, 12 gibt es nämlich in einer X-Umgebung V_1 von $Q\, k$ holomorphe Funktionen $f_1, \ldots, f_k$, deren simultane Nullstellenmenge N_1 die Menge N genau im Punkte Q trifft. Da N_1 die simultane Nullstellenmenge von k Funktionen ist, muß nach G–R, III, C, 14 notwendig $n - \tilde{k} = \dim_Q N_1 \geqq n - k$ gelten. Nochmalige Anwendung von G–R, III, C, 14 ergibt die Existenz von in einer X-Umgebung $V_2 \subset V_1$ von Q holomorphen Funktionen $g_1, \ldots, g_{n-\tilde{k}}$, deren simultane Nullstellenmenge N_2 die Menge N_1 genau im Punkte Q schneidet. Es sei N_s die simultane Nullstellenmenge von $g_1, \ldots, g_s$, $s \leqq n - \tilde{k}$. $N_1 \cap N_s$ hat nach G–R, III, C, 14 in Punkte Q die Dimension $n - \tilde{k} - s$. Nach der Definition der Dimension (G–R, III, C, 10) analytischer Mengen gibt es eine gewisse Umgebung V_3 von Q, so daß $N_1 \cap N_s \cap V_3$ eine irreduzible, in Q irreduzible Komponente der Dimension $n - \tilde{k} - s$ aufweist. Da $n - \tilde{k} - s$ beliebig zwischen $n - \tilde{k}$ und 0 gewählt werden kann und überdies $n - \tilde{k} \geqq n - k$ ist, folgt die Behauptung.

Der komplexe Raum X habe eine abzählbare Topologie. Ist $\tau : X \to \mathbf{C}^n$, $n \geqq 1$, eine holomorphe Abbildung vom Range $< n$, so ist $\tau(X)$ eine abzählbare Vereinigung von im $\mathbf{C}^n$ abgeschlossenen, nirgends dichten Mengen; $\tau(X)$ kann also insbesondere keine $\mathbf{C}^n$-offene Menge enthalten (man vergleiche [13]).

Da X Vereinigung von höchstens abzählbar vielen Komponenten ist, genügt es, die obige Aussage für einen irreduziblen komplexen Raum X zu zeigen. Im folgenden werde X deshalb beim Induktionsbeweis über $\dim X$ als irreduzibel vorausgesetzt. – Der Induktionsbeginn $\dim X = 0$ ist trivial. Da X irreduzibel ist, kann X nur aus einem Punkte bestehen. – Es sei nun $\dim X = m > 0$. Wir nehmen an, die obige Aussage sei richtig für alle Dimensionen $< m$. S sei die Singularitätenmenge von X und E sei die Menge aller Punkte in $X - S$, in denen die Abbildung nicht vom Maximalrang ist. E ist auf $X - S$ analytisch. Da S lokal stets in einer dünnen analytischen Menge enthalten ist und S eine abzählbare Topologie besitzt (S selbst ist analytisch; aber diese stärkere Aussage wird nicht benötigt), ist nach Induktionsvoraussetzung $\tau(S)$ in einer abzählbaren Vereinigung abgeschlossener nirgendsdichter Mengen des $\mathbf{C}^n$ enthalten. Dasselbe gilt für $\tau(E)$. Da τ in allen Punkten von $X - S - E$ Maximalrang hat und X eine abzählbare Topologie besitzt, kann nach einem bekannten Satze der Analysis (siehe G–R, V, B, 10) $X - S - E$ durch ein abzählbares System $\{U_\nu\}$ offener Mengen mit der nachstehenden Eigenschaft überdeckt werden (man beachte, daß X parakompakt ist): $\tau(U_\nu)$ ist eine lokal-analytische Menge des $\mathbf{C}^n$ von einer Dimension $\leqq m - 1$; jedes U_ν enthält eine kompakte Teilmenge $\tilde{U}_\nu$, so daß $\bigcup_{\nu=1}^{\infty} \tilde{U}_\nu = X - S - E$. Wegen $\tau(\tilde{U}_\nu) \subset \tau(U_\nu)$ ist natürlich $\tau(\tilde{U}_\nu)$ nirgends dicht (und abgeschlossen, da $\tilde{U}_\nu$ kompakt ist).

3) Die in diesem Abschnitt auftretenden topologischen Räume seien lokal-kompakt. – $\tau: X \to Y$ sei eine stetige Abbildung des (lokal-kompakten), topologischen Raumes X in den (lokal-kompakten), topologischen Raum Y. τ heißt bekanntlich eigentlich, wenn das Urbild $\tau^{-1}(K)$ einer jeden kompakten Menge $K \subset Y$ kompakt ist. Die Abbildungen, die im folgenden betrachtet werden sollen, genügen einer schwächeren Bedingung: *τ heißt semi-eigentlich, wenn zu jeder kompakten Menge $K \subset Y$ eine kompakte Menge $K' \subset X$ mit $\tau(X) \cap K = \tau(K')$ existiert.* Der Vorschlag, derartige Abbildungen semi-eigentlich zu nennen, stammt von H. Whitney. Es gelten die nachstehenden einfachen Aussagen:

α) Ist $\tau: X \to Y$ semi-eigentlich, so ist $\tau(X)$ in Y abgeschlossen.

β) Es seien $\tau: X \to Y$ eine semi-eigentliche Abbildung und V eine relativkompakt in Y liegende Umgebung eines Punktes $Q \in Y$. Wegen der Semi-Eigentlichkeit von τ gibt es in X eine kompakte Menge K mit $\tau(K) \cap V = \tau(X) \cap V$. $\tilde{U}$ sei eine beliebige X-Umgebung von $F := \tau^{-1}(Q) \cap K$. Dann gibt es eine Umgebung $\tilde{V} \subset V$ von Q mit $\tau(\tilde{U}) \cap \tilde{V} = \tau(X) \cap \tilde{V}$.

γ) $\tau: X \to Y$ sei eine stetige Abbildung mit der folgenden Eigenschaft: Zu jedem $Q \in \tau(X)$ gebe es eine Y-Umgebung V_Q sowie in X eine kompakte Menge K_Q mit $\tau(X) \cap V_Q = \tau(K_Q) \cap V_Q$ (oder was dasselbe besagt: *Zu jedem Punkte $Q \in \tau(X)$ gebe es eine Y-Umgebung W_Q, so daß $\tau|\tau^{-1}(W_Q): \tau^{-1}(W_Q)$*

$\to W_Q$ semi-eigentlich ist.) Dann ist τ genau dann semi-eigentlich, wenn $\tau(X)$ in Y abgeschlossen ist.

δ) Ist $\tau' : X' \to X$ eine surjektive, semi-eigentliche Abbildung und ist $\tau : X \to Y$ semi-eigentlich, so ist $\tau \circ \tau'$ ebenfalls semi-eigentlich. Ist $\tau : X \to Y$ eigentlich, so kann die Voraussetzung der Surjektivität von τ' fallengelassen werden: *Ist $\tau' : X' \to Y$ semi-eigentlich und ist $\tau : X \to Y$ eigentlich, so ist $\tau \circ \tau'$ semi-eigentlich.*

ε) Eine Untermenge Y_1 von Y heißt lokal-abgeschlossen, wenn es zu jedem Punkte $Q \in Y$ eine Umgebung V_Q gibt, so daß $V_Q \cap Y_1$ in V_Q abgeschlossen ist. *Sind nun $\tau : X \to Y$ eine semi-eigentliche Abbildung und ist Y_1 eine lokal-abgeschlossene Untermenge von Y, so ist auch die Abbildung $\tau|\tau^{-1}(Y_1) : \tau^{-1}(Y_1) \to Y_1$ semi-eigentlich.*

4) Ein Beweis von (*) wurde bereits in [8] veröffentlicht. Es sei mir gestattet, einige ergänzende Bemerkungen zu machen. – Außer der elementaren Theorie der analytischen Mengen werden die folgenden Ergebnisse herangezogen:

α) Es sei N eine analytische Menge des komplexen Raumes X. In $X - N$ sei eine rein d-dimensionale analytische Menge M mit $d >$ dim N *gegeben. Dann ist die in X abgeschlossene Hülle $\overline{M}$ von M eine rein d-dimensionale analytische Menge in X* (Remmert und Stein [12]; weitere Beweise finden sich etwa in [1], [2], [4], [17]).

β) $\tau : X \to Y$ sei eine holomorphe Abbildung des komplexen Raumes X in den komplexen Raum Y. τ heißt in dem Punkte $P \in X$ entartet, wenn für jede durch P gehende irreduzible Komponente X_0 von X die Beziehung $\dim_P X_0 - \dim_P \tau^{-1}(\tau(P)) \cap X_0 < \operatorname{rang}(\tau|X_0)$ gilt.

Ist $\tau : X \to Y$ im Punkte $P \in X$ nicht entartet, so gibt es eine X-Umgebung U_P sowie eine Y-Umgebung V_Q von $Q = \tau(P)$, so daß $\tau(U_P)$ in V_Q analytisch ist.

Dieser Satz wurde zuerst von Remmert [10] bewiesen. Ein weiterer Beweis findet sich in [9]. Es sei angemerkt, daß der letztere Beweis Kohärenzaussagen nur benutzt, um die folgende Aussage sicherzustellen:

$\varkappa : M \to Y$ sei eine eigentliche Abbildung des komplexen Raumes M im komplexen Raum Y, die als Fasern nur diskrete Punkte aufweist. Dann ist $\varkappa(M)$ in Y analytisch.

Der Gesichtspunkt in [9] war, die Beweise so zu führen, daß sie auch noch für analytische Räume über allgemeineren Grundkörpern gültig bleiben. Da die lokale Theorie analytischer Mengen über allgemeineren Grundkörpern von Beginn an auf garbentheoretische Methoden zurückgreift, scheint es unangebracht, auf bequeme Kohärenzaussagen zu verzichten ([6]). – Für den Körper der komplexen Zahlen als Grundkörper – d. h. für komplexe Räume –, ist der Beweis elementar (mit Hilfe von elementarsymmetrischen Funktionen) zu führen. Der Beweisaufwand entspricht ungefähr dem, was für den Abschnitt § II, 2, e der vorliegenden Arbeit benötigt wird. Wir verzichten auf die genaue Ausführung.

γ) Die Menge E_τ der Entartungspunkte einer holomorphen Abbildung $\tau: X \to Y$ ist auf X analytisch (Remmert [11]).

Der in [9] gegebene Beweis benutzt ein zu starkes Hilfsmittel, nämlich Existenz der Normalisierung. Von der Normalität in dem betrachteten Punkte $P \in X$ wird jedoch nur die Irreduzibilität von X in P ausgenutzt. – Ein weiterer Beweis findet sich in [5].

δ) Ist nun bekannt, daß die semi-eigentliche Abbildung $\tau: X \to Y$ auf allen irreduziblen Komponenten von X denselben Rang aufweist, so ist mit Hilfe von α), β), γ) leicht das Ergebnis (*) zu gewinnen; man siehe hierzu etwa [9], § 2; dort wird gefordert, daß X irreduzibel sei; dieselben Überlegungen gelten jedoch wörtlich, wenn τ auf allen irreduziblen Komponenten von X denselben Rang aufweist.

Der allgemeine Fall erledigt sich folgendermaßen: Es sei X_1 die Vereinigung derjenigen Komponenten von X, auf denen τ den Maximalrang rang τ besitzt. Man überlegt sich, daß $\tau|X_1$ semi-eigentlich ist (siehe etwa § II, 2, f des vorliegenden Aufsatzes). Nach dem bereits gesagten muß $\tau(X_1)$ in Y analytisch sein. X_0 sei die Vereinigung derjenigen irreduziblen Komponenten von X, deren Bilder nicht in $\tau(X_1)$ enthalten sind. Man überlegt sich, daß ebenfalls $\tau|X_0$ semi-eigentlich ist. Führt man nun den Beweis von (*) durch vollständige Induktion, so folgt die Analytizität von $\tau(X_0)$ aus der Induktionsvoraussetzung. – Auf diesen einfachen Sachverhalt, der in [8] nur versteckt enthalten ist, wurde ich durch Herrn Whitney hingewiesen.

5) Die Aussage (*) läßt sich auch so formulieren: $\tau: X \to Y$ sei eine semi-eigentliche Abbildung. Dann gibt es zu jedem Punkte $Q \in Y$ eine Y-Umgebung V_Q von Q, so daß $\tau(X) \cap V_Q$ in V_Q analytisch ist.

Der Beweis erfolgt durch vollständige Induktion über $m = \dim_Q Y$. Der Induktionsbeginn $m = 0$ ist trivial. – Der Fall $m = 1$ ist mit den Überlegungen in Abschnitt 2) dieses Paragraphen erledigt. Eine einfache Sonderbetrachtung ist im Falle $\dim_Q Y = 2$ erforderlich (§ II, 2, e), die sich ebenfalls auf den soeben erwähnten Abschnitt 2) dieses Paragraphen stützt.

Wir wollen kurz den Beweisgang des Induktionsschrittes für $m > 2$ schildern. Der Einfachheit halber wollen wir annehmen, daß τ auf allen irreduziblen Komponenten von X denselben Rang besitzt.

In § II, 1 wird der Beweis des Induktionsschrittes zunächst auf den Beweis im folgenden Spezialfall reduziert: Y ist irreduzibel in Q und für wenigstens ein $P \in \tau^{-1}(Q)$ ist der durch τ induzierte Homomorphismus $\mathfrak{O}_{Y,Q} \to \mathfrak{O}_{X,P}$ injektiv[3]. Diese triviale Reduktion erleichtert eine Reihe der späteren Überlegungen. Es sei allerdings vermerkt, daß bei dieser Reduktion bereits wesentlich die Semi-Eigentlichkeit von τ auszunutzen ist.

Die Hauptlast des Beweises liegt bei der Behandlung des speziellen Falles, in dem Y eine Gebiet des $\mathbf{C}^m$ ist (§ II, 2, a, –, k); der allgemeine Fall ist dann eine triviale Folge, wenn man elementare Eigenschaften analytischer Mengen ausnützt (§ II, 2, k).

Es ist zu zeigen: $\tau(X)$ überdeckt stets eine volle $\mathbf{C}^m$-Umgebung von Q. Die gegenteilige Annahme führt zu der nachstehenden Situation: $\tau : X \to Y$ ist eine semi-eigentliche Abbildung von X in ein Gebiet des m-dimensionalen komplexen Zahlenraumes $\mathbf{C}^m$ vom Range $m - 1$. Dies hat zur Folge, daß $\tau(X)$ eine $(m - 1)$-dimensionale analytische Menge in Y darstellt. Damit hat man aber einen Widerspruch zu der Annahme, daß ein Punkt $P \in \tau^{-1}(Q)$ existieren soll, für den der zu τ gehörige Homomorphismus $\mathfrak{O}_{Y,Q} \to \mathfrak{O}_{X,P}$ injektiv ist. Man kann also (im wesentlichen!) die obige Reduktion als die Reduktion des Beweises von (*) auf den speziellen Fall einer semi-eigentlichen Abbildung vom Range $m - 1$ in ein Gebiet des $\mathbf{C}^m$ auffassen.

Wir wollen einige Bemerkungen über die Behandlung dieses speziellen Falles im Rahmen der Beweisanordnung von § II machen.

Die vorhandenen Voraussetzungen und Annahmen gestatten, durch Einführung eines geeigneten $(z_1, \ldots, z_m)$-Koordinatensystems im $\mathbf{C}^m$ die nachstehende Situation herzustellen:

Q ist der Nullpunkt 0_m des $\mathbf{C}^m$. Es existieren eine $\mathbf{C}^m$-Umgebung V^* von 0_m sowie eine Umgebung W^* des Nullpunktes 0_{m-1} im Raum $\mathbf{C}^{m-1}(z_2, \ldots, z_m)$, so daß für die Projektion $\pi_1^* : V^* \cap \tau(X) \to W^*$ auf die letzten $m - 1$ Komponenten gilt: π_1^* ist eigentlich und surjektiv; es gibt eine natürliche Zahl l_1, so daß über jedem Punkte von W^* höchstens l_1 Punkte in $V^* \cap \tau(X)$ liegen; die Menge M^* der Punkte in W^*, über denen genau l_1 Punkte in $V^* \cap \tau(X)$ liegen, ist auf W^* offen und dicht.

[3] Ist X ein komplexer Raum, so werde mit $\mathfrak{O}_X$ die Garbe der holomorphen Funktionskeime auf X bezeichnet.

Man betrachte nun die Beschränkung $\mathfrak{z}_1^* := \mathfrak{z}_1 | V^* \cap \tau(X)$ und bilde die elementarsymmetrischen Funktionen von $\mathfrak{z}_1^*$ bezüglich der Abbildung π_1^*. Man erhält auf W^* stetige Funktionen. Nutzt man aus, daß der Satz (*) für Abbildungen in analytische Kurven bereits bewiesen ist, so folgert die Holomorphie der elementarsymmetrischen Funktionen in jeder einzelnen der Veränderlichen $\mathfrak{z}_2, \ldots, \mathfrak{z}_m$. Anwendung eines bekannten Satzes von Hartogs-Osgood (Osgood's Lemma) ergibt die Holomorphie der elementarsymmetrischen Funktionen auf W^*. Also genügt $\mathfrak{z}_1^*$ einer nicht trivialen Pseudopolynomgleichung $\omega = 0$ mit in W^* holomorphen Koeffizienten und $V^* \cap \tau(X)$ ist in der Nullstellenmenge von ω enthalten. Die Induktionsvoraussetzung ergibt die Analytizität von $V^* \cap \tau(X)$ in V^*. – In § II, 2, 1 zeigen wir, wie man die Benutzung des Satzes von Hartogs-Osgood vermeiden kann.

§ II. 0) Es folgt der Beweis des Satzes (*). Da $\tau(X)$ in Y abgeschlossen ist, haben wir nur die lokale Analytizität von $\tau(X)$ in Y nachzuweisen.

Da τ semi-eigentlich ist, gibt es eine relativ-kompakt in Y liegende Umgebung V von Q sowie in X eine kompakte Menge K mit $\tau(K) \cap V = \tau(X) \cap V$. Natürlich gilt für jede in V^* enthaltene Y-Umgebung von Q die Beziehung $\tau(K) \cap V^* = \tau(X) \cap V^*$. Wir zeigen: *Es gibt eine Y-Umgebung $V^* \subset V$ von Q, so daß $\tau(X) \cap V^*$ in V^* analytisch ist.* Der Beweis erfolgt durch vollständige Induktion über $\dim_Q Y = n$.

Der Fall $n = 0$ ist trivial; es gibt dann nämlich eine Y-Umgebung, die nur aus dem Punkte Q selbst besteht. Es sei nun $m = \dim_Q Y \geqq 1$. Wir nehmen an, die Aussage (*) sei richtig für $n < m$.

1) Zunächst überlegen wir uns, daß es beim Induktionsschritt genügt, (*) im folgenden Spezialfall (**) nachzuweisen: *Y ist irreduzibel in Q und für wenigstens ein $P \in F := \tau^{-1}(Q) \cap K$ ist der durch τ induzierte Homomorphismus $\mathfrak{O}_{Y,Q} \to \mathfrak{O}_{X,P}$ injektiv.*

Für $P \in F$ sei nämlich $J_{P,Q}$ der Kern des Homomorphismus $\mathfrak{O}_{Y,Q} \to \mathfrak{O}_{X,P}$. Der Durchschnitt $\bigcap_{P \in F} J_{P,Q}$ werde mit J_Q bezeichnet. Ist f eine in einer Y-Umgebung $\tilde{V}$ von Q holomorphe Funktion, die in $\mathfrak{O}_{Y,Q}$ ein Element aus $J_{P,Q}$, $P \in F$, induziert, so verschwindet $f \circ (\tau | \tau^{-1}(\tilde{V}))$ in einer X-Umgebung von P identisch. Induziert f ein Element aus J_Q, so verschwindet $f \circ (\tau | \tau^{-1}(\tilde{V}))$ in einer vollen X-Umgebung von F. Da $\mathfrak{O}_{Y,Q}$ nöthersch ist (diese Aussage ist eine unmittelbare Folgerung aus G–R, II, B, 9; man beachte nur, daß der Restklassenring eines nötherschen Ringes nach einem Ideal wiederum nöthersch ist), erzeugen endlich viele Funktionskeime aus $\mathfrak{O}_{Y,Q}$ das Ideal J_Q. Es gibt also eine Y-Umgebung V_1 von Q mit endlich vielen in V_1 holomorphen Funktionen $f_1, \ldots, f_t$, die in $\mathfrak{O}_{Y,Q}$ ein Erzeugendensystem von J_Q induzieren. $\tilde{Y}$ sei die simultane Nullstellenmenge dieser Funktionen. Da $f_1 \circ (\tau|\tau^{-1}(V_1)), \ldots, f_t \circ (\tau|\tau^{-1}(V_1))$ in einer gewissen X-Umgebung von F identisch verschwinden, gibt es nach § I, 3, β eine Y-Umgebung $V_2 \subset V \cap V_1$ von Q mit $\tau(X) \cap V_2 \subset \tilde{Y} \cap V_2$. Bezeichnen wir mit $\tau_2 : \tau^{-1}(V_2) \to \tilde{Y} \cap V_2$ die durch $\tau_2(R) := \tau(R)$, $R \in \tau^{-1}(V_2)$, definierte Abbildung und mit $i : \tilde{Y} \cap V_2 \to Y$ die Injektion, so ist $\tau|\tau^{-1}(V_2) = i \circ \tau_2$. τ_2 ist nach § I, 3, ε semi-eigentlich. Ist $\tilde{J}_{P,Q}$ der Kern des durch τ_2 induzierten Homomorphismus $\mathfrak{O}_{\tilde{Y},Q} \to \mathfrak{O}_{X,P}$, $P \in F$, so ist $\bigcap_{P \in F} \tilde{J}_{P,Q} = (0)$.

Im folgenden kann stets $\dim_Q \tilde{Y} \geqq 1$ vorausgesetzt werden; denn andernfalls gibt es eine $\tilde{Y}$-Umgebung von Q, die nur aus dem Punkte Q selbst besteht, und die Induktionsbehauptung ist bewiesen.

Es gibt eine $\tilde{Y}$-Umgebung $V_3 \subset V_2$ von Q, die echte Vereinigung von endlich vielen Komponenten $Y_1, \ldots, Y_r$ ist, die Q enthalten und in Q irreduzibel sind (G–R, II, E, 15). Man betrachte eine der Komponenten, etwa Y_1. Wir zeigen: *Es existiert ein Punkt $P \in F$, so daß für $X_1 := \tau^{-1}(Y_1)$ und $\tau_1 := \tau|X_1$ der zugehörige Homomorphismus $\mathfrak{O}_{Y_1,Q} \to \mathfrak{O}_{X_1,P}$ injektiv ist.* Angenommen, das sei nicht der Fall. Dann ist für alle Punkte $P \in F$ der Kern $J^{(1)}_{P,Q}$ des durch τ_1 induzierten Homomorphismus $\mathfrak{O}_{Y_1,Q} \to \mathfrak{O}_{X_1,P}$ ungleich dem Nullideal (0). Für alle $P \in F$ existiert eine X_1-Umgebung $U^{(1)}_P$ sowie eine in einer Y_1-Umgebung $V^{(1)}_P$ von Q holomorphe Funktion $f^{(1)}_P$, die in keiner Y_1-Umgebung von Q identisch verschwindet, so daß $U^{(1)}_P$ in $\tau_1^{-1}(V^{(1)}_P)$ enthalten ist und $f^{(1)}_P \circ (\tau|\tau^{-1}(V^{(1)}_P))$ in $U^{(1)}_P$ identisch verschwindet. Es gibt in einer $\tilde{Y}$-Umgebung $\tilde{V}_P \subset V_3$ von Q, $\tilde{V}_P \cap Y_1 \subset V^{(1)}_P$, eine holomorphe Funktion $\tilde{f}_P$, die auf $\tilde{V}_P \cap Y_1$ die Funktion $f^{(1)}_P | \tilde{V}_P \cap Y_1$ induziert. Ferner existiert eine $\tilde{Y}$-Umgebung $V_P \subset \tilde{V}_P$ von Q mit einer in V_P holomorphen Funktion k, die in keiner Umgebung von Q auf Y_1 identisch verschwindet (d. h. die in $\mathfrak{O}_{Y_1,Q}$ nicht das Nullelement induziert), die aber identisch auf $Y_2 \cap V_P, \ldots, V_r \cap V_P$ verschwindet. (Man siehe hierzu den Beweis zu G–R, II, E, 15). Da $\tilde{f}_P$ in keiner Umgebung von Q auf Y_1 identisch verschwindet, induziert $\tilde{f}_P$ ebenfalls in $\mathfrak{O}_{Y_1,Q}$ nicht das Nullelement. Da Y_1 in Q irreduzibel ist, ist $\mathfrak{O}_{Y_1,Q}$ nullteilerfrei. (Man siehe hierzu den Beweis von G–R, II, E, 15. Das Ideal $\mathfrak{p}$ der auf Y_1 verschwindenden Elemente aus $\mathfrak{O}_{Y,Q}$ ist ein Primideal. Daher ist $\mathfrak{O}_{Y_1,Q} := \mathfrak{O}_{Y,Q}/\mathfrak{p}$ ein Integritätsbereich.) Daher induziert $f_P := k \cdot \tilde{f}_P$ in $\mathfrak{O}_{Y_1,Q}$ auch nicht das Nullelement, verschwindet also in keiner Umgebung von Q auf Y_1 identisch. f_P verschwindet allerdings identisch auf $Y_2 \cap V_P, \ldots, V_r \cap V_P$.

Für eine geeignete X-Umgebung U_P von P gilt die Relation $f_P \circ (\tau|\tau^{-1}(V_P))|U_P \equiv 0$; denn $f_P \circ (\tau|\tau^{-1}(V_P))$ verschwindet in allen Punkten von $\tau^{-1}(V_P)$, die über $Y_2, \ldots, Y_r$ liegen, da k auf $Y_2 \cap V_P, \ldots, Y_r \cap V_P$ verschwindet; in den über $Y_1 \cap V_P$ liegenden Punkten verschwindet $f_P \circ (\tau|\tau^{-1}(V_P))$, da $\tilde{f}_P$ auf $Y_1 \cap Y_P$ verschwindet.

Da F kompakt ist, überdeckt eine endliche Anzahl $U_{P_1}, \ldots, U_{P_s}$, $P_1 \in F, \ldots, P_s \in F$, dieser Umgebungen F. $f_{P_1}, \ldots, f_{P_s}$ seien die zugehörigen Funktionen, die nach dem vorausgehenden Verfahren den Punkten $P_1, \ldots, P_s$ zugeordnet wurden. Da $\mathfrak{O}_{Y_1,Q}$ nullteilerfrei ist, kann das Produkt $f_{P_1} \ldots f_{P_s}$ in keiner Umgebung von Q auf Y_1 identisch verschwinden, induziert also in $\mathfrak{O}_{Y,Q}$ nicht das Nullelement. Nach Konstruktion induziert aber $f_{P_1} \ldots f_{P_s}$ ein Element aus dem Ideal $\bigcap_{P \in F} \mathfrak{J}_{P,Q} = (0)$. – Damit wurde ein Widerspruch erzeugt, und es existiert also ein Punkt $P \in F$, für den der zu τ_1 gehörige Homomorphismus $\mathfrak{O}_{Y_1,Q} \to \mathfrak{O}_{X_1,P}$ injektiv ist.

Nehmen wir nun an, der Satz (*) sei für die Dimension m im Spezialfall (**) gesichert. Da $\tau|\tau^{-1}(Y_1)$ nach § I, 3, ε semi-eigentlich ist, ist $\tau(\tau^{-1}(Y_1))$ in Q analytisch (entweder auf Grund der Induktionsvoraussetzung, falls $\dim_Q Y_1 < \dim_Q Y$ ist, oder auf Grund der Annahme, daß (*) im Spezialfall (**) gültig ist für die Dimension $m = \dim_Q Y$, wenn $\dim_Q Y_1 = \dim_Q Y$ ist.) Da dieselben Überlegungen auch für $Y_2, \ldots, Y_r$ zutreffen, sind $\tau(\tau^{-1}(Y_2)), \ldots, \tau(\tau^{-1}(Y_r))$ in Q analytisch. Also ist $\tau(X)$ in Q analytisch.

In den folgenden Überlegungen können wir also annehmen, *Y sei irreduzibel in Q und es existiere ein Punkt $P \in F$, so daß der zu τ gehörige Homomorphismus $\mathfrak{O}_{Y,Q} \to \mathfrak{O}_{X,P}$ injektiv ist.*

Der Fall $\dim_Q Y = 1$ ist mit § I, 2 abgehandelt. Daher sind nur noch die Dimensionen $m = \dim_Q Y \geqq 2$ zu betrachten.

2) Wir untersuchen zunächst einen Spezialfall: *Y sei eine Hyperkugel um den Nullpunkt $Q = 0_m$ des $C^m(z_1, \ldots, z_m)$, V sei eine in Y relativ-kompakt enthaltene Hyperkugel um 0_m. Es ist $\tau(X) \cap V = V$ zu zeigen.*

a) Angenommen, $V - \tau(X)$ enthalte einen Punkt Q'. N sei der in V liegende Teil der durch 0_m und Q' gehenden analytischen Geraden. Da Q' nicht auf $\tau(X)$ liegt, ist $\tau(\tau^{-1}(N)) \neq N$. Da $\tau|\tau^{-1}(N)$ nach § I, 3, ε semi-eigentlich ist, ist $\tau(\tau^{-1}(N))$ nach Induktionsvoraussetzung in V analytisch, besteht also aus einer sich in V nicht häufenden Menge von Punkten. Es gibt eine relativ-kompakt in V liegende Hyperkugel V_r um 0_m, so daß Q der einzige in der abgeschlossenen Hülle $\overline{V}_r$ liegende Punkt von $\tau(\tau^{-1}(N))$ ist. Das Koordinatensystem des $\mathbf{C}^m$ sei so gewählt, daß N durch $z_2 = \cdots = z_m = 0$ gegeben ist. $\pi: V_r \to \mathbf{C}^{m-1}$ sei die Projektion auf die letzten $m-1$ Koordinaten des $\mathbf{C}^m$: für $(a_1, \ldots, a_m) \in \mathbf{C}^m$ ist also $\pi(a_1, \ldots, a_m) = (a_2, \ldots, a_m)$. Das Urbild $\pi^{-1}(0_{m-1})$ des Nullpunktes 0_{m-1} des $\mathbf{C}^{m-1}(z_2, \ldots, z_m)$ ist $N \cap V_r$ und es gilt $\pi^{-1}(0_{m-1}) \cap \tau(X) = 0_m$.

b) *Es gibt eine Hyperkugel* $W' \subset \pi(V_r)$ *um den Nullpunkt* 0_{m-1} *des* C^{m-1} *sowie eine* $\mathbf{C}^m$*-Umgebung* $V' \subset V_r$ *von* 0_m, *so daß* $\pi' := \pi | V' \cap \tau(X)$: $V' \cap \tau(X) \to W'$ *eigentlich ist.*[3a]

Diese Aussage erhält man durch Spezialisierung eines bekannten Sachverhaltes (vergleiche z. B. [14]). Der Vollständigkeit halber sei der kurze Beweis angegeben (siehe G–R, V, C, 2). V_r' sei eine relativ-kompakt in V_r liegende $\mathbf{C}^m$-Umgebung von 0_m. Da der Rand $\partial V_r'$ kompakt und $\tau(X) \cap V_r$ in V_r abgeschlossen sind, sind $\tau(X) \cap \partial V_r'$ und somit $\pi(\tau(X) \cap \partial V_r')$ kompakt. Wegen $0_{m-1} \notin \pi(\tau(X) \cap \partial V_r')$ existiert eine Hyperkugel W' um 0_{m-1} mit $\overline{W'} \cap \pi(\partial V_r' \cap \tau(X)) = \emptyset$. Man betrachte $V' := \pi^{-1}(W')$. $\pi' := \pi | V' \cap \tau(X)$ ist eigentlich, da für jede kompakte Menge $K \subset W'$ die Beziehung $\pi'^{-1}(K) = \pi^{-1}(K) \cap \tau(X) \cap V_r' = \pi^{-1}(K) \cap \tau(X) \cap \overline{V_r'}$ gilt.

Nach § I, 3, ε ist für $U' := \tau^{-1}(V')$ die Abbildung $\tau' := \tau | U' : U' \to V'$ semi-eigentlich. Somit folgt aus § I, 3, δ die Semi-Eigentlichkeit von $\pi' \circ \tau' : U' \to W'$.

Nach Induktionsvoraussetzung ist daher $\pi' \circ \tau'(U')$ in W' analytisch. Der zu τ gehörige Homomorphismus $\mathfrak{O}_{\mathbf{C}^m, 0_m} \to \mathfrak{O}_{X,P}$ ist für mindestens ein $P \in F$ injektiv; daher ist auch der zu $\pi' \circ \tau'$ gehörige Homomorphismus $\mathfrak{O}_{\mathbf{C}^{m-1}, 0_{m-1}} \to \mathfrak{O}_{X,P}$ injektiv; man beachte nur, daß dieser Homomorphismus durch Komposition der injektiven Homomorphismen $\mathfrak{O}_{\mathbf{C}^{m-1}, 0_{m-1}} \to \mathfrak{O}_{\mathbf{C}^m, 0_m}$ und $\mathfrak{O}_{\mathbf{C}^m, 0_m} \to \mathfrak{O}_{X,P}$ entsteht. Daher ist $\pi' \circ \tau'(U') = W'$. Wäre nämlich $\pi' \circ \tau'(U')$ eine echte analytische Untermenge von W', so wäre das Ideal $\mathfrak{p}$

[3a] Ist $\varrho: Z_1 \to Z_2$ eine Abbildung, Z_3 eine Untermenge von Z_1, so werden wir im folgenden $\varrho | Z_3$ häufig mit der von ϱ induzierten Abbildung $Z_3 \to \varrho(Z_3)$ identifizieren.

der auf $\pi(\tau(X) \cap V')$ verschwindenden Funktionskeime aus $\mathfrak{O}_{\mathbf{C}^{m-1},0_{m-1}}$ ungleich dem Nullideal. Jeder Keim aus $\mathfrak{p}$ wird bei dem Homomorphismus $\mathfrak{O}_{\mathbf{C}^{m-1},0_{m-1}} \to \mathfrak{O}_{X,P}$ auf das Nullelement abgebildet.

c) Unser Ziel ist es zu zeigen, daß $\tau(X)$ in einer gewissen Umgebung von 0_m annäherungsweise als analytische Überlagerung einer $\mathbf{C}^{m-1}$-Umgebung von 0_{m-1} angesehen werden kann. Ein erster Schritt in diese Richtung ist die nachstehende Aussage:

Es gibt einen relativ-kompakt in W' liegenden Polyzylinder W^* um 0_{m-1}, der durch $|z_j| < \varepsilon_j$, $j = 2, \ldots, m$ gegeben ist, so daß für $R \in W^*$ die Fasern $\pi'^{-1}(R)$ aus diskreten (d. h. *wegen der Eigentlichkeit von π' aus endlich vielen*) *Punkten bestehen.*

Angenommen, das wäre nicht der Fall. Dann gäbe es eine Folge von Punkten $(q_{1,t}, \ldots, q_{m,t}) = Q_t \in \tau(X) \cap V'$ mit $Q_t \to Q = 0_m$, so daß $\pi'^{-1}(\pi'(Q_t))$ nicht aus diskret liegenden Punkten besteht. Nach Induktionsvoraussetzung ist $\pi'^{-1}(\pi'(Q_t)) = \tau'(\tau'^{-1}(N_t))$ in V' analytisch; N_t ist hierbei der in V' liegende Teil der Geraden $z_2 - q_{2,t} = 0, \ldots, z_m - q_{m,t} = 0$. Also besteht $\pi'^{-1}(\pi'(Q_t))$ aus einer in V' sich nicht häufenden Menge von Punkten (nach Annahme soll das aber nicht zutreffen) oder aus einer Zusammenhangskomponente von N_t. Ist V_{kon} eine in V' liegende konvexe $\mathbf{C}^m$-Umgebung von 0_m, so ist $\pi'^{-1}(\pi'(Q)) \cap V_{\text{kon}} = N_t \cap V_{\text{kon}}$. Jeder Punkt von $N \cap V_{\text{kon}}$ ist Häufungspunkt von Punkten der Geraden $N_t \cap V_{\text{kon}}$. Da $\tau(X) \cap V_{\text{kon}}$ in V_{kon} abgeschlossen ist, muß $N \cap V_{\text{kon}} = \pi'^{-1}(0_{m-1})$ sein. Wegen $\pi'^{-1}(0_{m-1}) = 0_m$ haben wir den gewünschten Widerspruch.

d) Wir wollen uns überlegen, daß *für $U^* := (\pi' \circ \tau')^{-1}(W^*)$, $\tau^* := \tau | U^*$ der Rang von τ^* gleich $m - 1$ ist.* – Angenommen, der Rang von τ^* sei $> m - 1$. Dann enthält $\tau^*(U^*)$ eine $\mathbf{C}^m$-offene Menge und nicht alle Fasern von τ' über W^* enthalten nur endlich viele Punkte. Daher ist sicher $\operatorname{rang} \tau^* \leqq m - 1$. Angenommen, der Rang von τ^* sei $< m - 1$. Dann hat auch $\pi' \circ \tau^*: U^* \to W^*$ einen Rang $< m - 1$. Es sei W'' eine relativ-kompakt in W^* liegende $\mathbf{C}^{m-1}$-Umgebung von 0_{m-1}. Wegen der Semi-Eigentlichkeit von $\pi' \circ \tau^*$ existiert in $(\pi' \circ \tau')^{-1}(\overline{W''})$ eine kompakte Menge K'' mit $\pi' \circ \tau'(K'') = \overline{W''}$. Andererseits kann nach § I, 2 $\pi' \circ \tau'(K'')$ aber keine $\mathbf{C}^{m-1}$-offene Menge enthalten. Dieser Widerspruch zeigt, daß τ^* den Rang $m - 1$ hat.

Es sei X_1 die Vereinigung derjenigen irreduziblen Komponenten von U^*, auf denen τ^* den Rang $m - 1$ hat, X_0 sei die Vereinigung der restlichen Komponenten.

Wegen der Eigentlichkeit von π' ist $\pi'^{-1}(\overline{W^*})$ kompakt; wegen der Semi-Eigentlichkeit von τ' existiert in X eine kompakte Menge K^* mit $\tau'(K^*) = \pi'^{-1}(\overline{W^*})$. $\pi' \circ \tau^*(X_0 \cap K^*)$ ist in W^* abgeschlossen; nach § I, 2 ist diese Menge eine abzählbare Vereinigung von abgeschlossenen nirgendsdichten Mengen. Daher liegt $W^* - \pi' \circ \tau^*(X_0 \cap K^*)$ offen und dicht auf W^*.

Es seien $V_1^* := \overline{\pi'^{-1}(W^*) - \tau(X_0 \cap K^*)}$ die in $V^* := \pi^{-1}(W^*)$ abgeschlossene Hülle von $\pi'^{-1}(W^*) - \tau(X_0 \cap K^*)$ und $\pi_1^* := \pi | V_1^*: V_1^* \to W^*$, $\tau_1^* := \tau^* | X_1 : X_1 \to V^*$, $\pi^* := \pi | V^* : V^* \to W^*$.

e) Der Fall $m = 2$ ist gesondert zu behandeln. Es sei P ein Punkt auf $F_1 := \tau^{-1}(Q) \cap X_1 \cap K^*$. Es gibt eine X_1-Umgebung von P, so daß diese Umgebung in endlich viele in P irreduzible Komponenten zerfällt (G–R, II, E, 15). X_1^* sei eine dieser Komponenten. Da die Menge der regulären Punkte von X_1^*, in denen τ den Rang 1 hat, auf X_1^* dicht liegt, wird keine X_1^*-Umgebung von P nur auf einen Punkt abgebildet. Es gibt also nach § I, 1 auf X_1^* eine irreduzible, in P irreduzible lokal-analytische Kurve C, die die Faser $\tau^{-1}(Q)$ nur im Punkte P schneidet. Die singulären Punkte auf C sind isoliert. Wir wollen annehmen, daß P der einzige möglicherweise singuläre Punkt ist.

Wir betrachten die Abbildung $\varkappa_C := \pi' \circ \tau' | C$; diese hat den Rang 1; $C - P$ ist eine zusammenhängende Riemannsche Fläche. Wäre die holomorphe Funktion $\varkappa_C | C - Q$ vom Range 0, so wäre $\varkappa_C$ auf $C - Q$ (und damit auch auf C) konstant, d. h. $\varkappa_C(C)$ wäre ein Punkt. Wegen $\tau^{-1}(Q) \cap C = P \in \varkappa_C^{-1}(0_1)$ wäre $\varkappa_C(C) = 0_1$. Nach Konstruktion von C kann das aber nicht sein. Da $\varkappa_C$ auf C folglich nicht konstant ist, ist $\varkappa_C(C)$ nach § I, 2 eine offene C^1-Umgebung von 0_1. Wegen $\varkappa_C^{-1}(0_1) = P$ gibt es nach G–R, V, C, 2 eine zusammenhängende C-Umgebung C_1 von P sowie eine zusammenhängende $\mathbf{C}^1$-Umgebung W_1 von 0_1, so daß $\varkappa_1 := \varkappa_C | C_1 : C_1 \to W_1$ eigentlich ist. Da $\varkappa_1(C_1)$ in W_1 offen und abgeschlossen ist, muß $\varkappa_1(C_1) = W_1$ sein. Da die Punkte, in denen $\varkappa_1$ nicht lokal biholomorph ist, isoliert liegen, können W_1 und C_1 so klein gewählt werden, daß P der einzige Punkt ist, in dem $\varkappa_1$ möglicherweise nicht lokal biholomorph ist. Die Blätterzahl von C_1 über W_1 sei t.

Wir setzen $\chi_C := \chi_1 \circ \varkappa_1$ und bilden für $R \in W_1 - 0_1$, $\varkappa_1^{-1}(R) = (P_1, \ldots, P_t)$, die elementarsymmetrischen Funktionen $a_1(R) = (-1) \sum_{i=1}^{t} \chi_C(P_i)$, $a_2(R) = \sum_{1 \leq i < j \leq t} \chi_C(P_i) \cdot \chi_C(P_j), \ldots, a_t(R) = (-1)^t \cdot \chi_C(P_1) \ldots \chi_C(P_t)$.

$a_1, \ldots, a_t$ sind in $W_1 - 0_1$ holomorphe Funktionen, die in einer Umgebung von 0_1 beschränkt sind. Nach dem Riemannschen Fortsetzungssatz können sie also holomorph in den Punkt 0_1 fortgesetzt werden. Die holomorphen Fortsetzungen wollen wir ebenfalls mit $a_1, \ldots, a_t$ bezeichnen.

Man betrachte in $W_1 \times \mathbf{C}^1(z_1)$ die Nullstellenmenge M_C des Pseudopolynoms $z_1^t + a_1(z_2) \cdot z_1^{t-1} + \cdots + a_t(z_2)$. Auf Grund der Konstruktion von M_C stellt $\tau(C_1)$ eine lokal-analytische Menge von M_C dar. Es sei $M_1 := \tau^{-1}(\tau(C_1)) \cap X_1^*$. Die Abbildung $\tau_{M_1} := \tau | M_1 : M_1 \to M_C$ hat den Rang 1. Über $Q' \in \tau(C_1)$ haben $\tau | X_1^*$ und τ_{M_1} dieselben Fasern. Daher enthält M_1 eine volle X_1^*-Umgebung von P. – Angenommen, das wäre nicht der Fall. Da M_1 auf X_1^* lokal-analytisch und X_1^* in P irreduzibel sind, muß M_1 in allen Punkten einer gewissen Umgebung von P von niederer Dimension als X_1^* sein. Es sei P' ein solcher Punkt. Nach § I, 2 gilt $\dim_{P'} \tau_{M_1}^{-1}(\tau(P')) = \dim_{P'} M_1 - 1 = \dim_{P'} \tau^{-1}(\tau(P')) \cap X_1^* = \dim_{P'} X_1^* - 1$, d. h. $\dim_{P'} X_1^* = \dim_{P'} M_1$. Damit liegt ein Widerspruch vor und unsere Annahme war falsch.

Da diese Überlegungen für jede durch P gehende, in P irreduzible Komponente X_1^* gelten, erhalten wir: Es eine X_1-Umgebung U_P von P, so daß $\tau(U_P)$ in einer in Q analytischen 1-dimensionalen Menge M_P enthalten ist. Da $F_1 := X_1 \cap \tau^{-1}(Q) \cap K$ kompakt ist, gibt es also eine X_1-Umgebung Umgebung U_{F_1} von F_1, so daß $\tau(U_{F_1})$ in einer in Q analytischen Menge der Dimension 1 enthalten ist. – Jede Komponente von X_0 wird durch τ auf einen Punkt abgebildet. Wegen der Semi-Eigentlichkeit von τ existiert zu jeder relativ-kompakt in V^* enthaltenen Umgebung V_Q von Q in X eine kompakte Menge K mit $\tau(K) = \tau(X) \cap \overline{V_Q}$. Da nur endlich viele irreduzible Komponenten von X_0 mit K Punkte gemeinsam haben (G–R, Seite 155), gibt es höchstens endlich viele Punkte in $\tau(X) \cap V_Q$, die nicht Bilder von Punkten aus X_1 sind. Daher können wir V_Q so klein wählen, daß keine dieser Bildpunkte von X_0 in $\tau(X_1) \cap V_Q$ enthalten sind. V_Q kann nach § I, 3 ferner so gewählt werden, daß $\tau(\tau^{-1}(V_Q)) = \tau(U_{F_1}) \cap V_Q$ gilt. Es gibt also eine $\mathbf{C}^2$-Umgebung V_Q von Q mit $\tau(\tau^{-1}(V_Q)) \subset M_P$. Daraus folgert: Es gibt keinen Punkt $P \in F$, so daß der Homomorphismus $\mathfrak{O}_{C^2,Q} \to \mathfrak{O}_{X,P}$ injektiv ist. Da aber ein derartiger Punkt existieren soll, muß $\tau(X)$ eine volle $\mathbf{C}^2$-Umgebung von Q überdecken.

Hieraus erhält man $\tau(X) \cap V = V$. Ist nämlich $\tau(X) \cap V \neq V$, so gibt es eine durch Q gehende (irreduzible) analytische Gerade $\tilde{N}$, die in $V - \tau(X)$ eindringt. Nach Induktionsvoraussetzung ist $\tau(\tau^{-1}(\tilde{N}))$ in $\tilde{N}$

analytisch. In einer vollen $\mathbf{C}^2$-Umgebung von Q stimmen nach dem vorausgehenden $\tilde{N}$ und $\tau(\tau^{-1}(\tilde{N}))$ überein. Da $\tilde{N}$ irreduzibel ist, muß $\tilde{N} = \tau(\tau^{-1}(\tilde{N}))$ sein. Das steht aber im Widerspruch zur Annahme $\tilde{N} - \tau(X) \neq \emptyset$. Also ist $\tau(X) \cap V = V$.

Der Fall $m = 2$ war deshalb so einfach zu behandeln, weil alle Fasern einer holomorphen Abbildung eines irreduziblen komplexen Raumes vom Range $m - 1 = 1$ dieselbe Dimension aufweisen. Für $m - 1 > 1$ ist jedoch mit dem Auftreten von Entartungspunkten (siehe § I, 4) zu rechnen.

f) Die Abbildungen $\tau_1^*: X_1 \to V_1^*$, $\pi^* \circ \tau_1^*: X_1 \to W^*$ sind semi-eigentlich: $\overline{V^*}$, die in V abgeschlossene Hülle von V^*, ist wegen der Relativ-Kompaktheit von V^* kompakt. Da τ semi-eigentlich ist, existiert in X eine kompakte Menge $\tilde{K}$ mit $\tau(X) \cap \overline{V^*} = \tau(\tilde{K})$. *Wir behaupten, daß für* $\tilde{K} \cap X_1 =: K_1$ *die Beziehung* $\tau(K_1) \cap V^* = \tau(X_1)$ *gilt.*

Die Relation $\tau(K_1) \subset V^* \cap \tau(X_1)$ ist evident. Es sei nun Q' ein Punkt auf $V^* \cap \tau(X_1)$. Angenommen, Q' liege nicht auf $\tau(K_1)$. Da die in X abgeschlossene Hülle $\overline{K}_1$ von K_1 kompakt ist und $\tau(K_1) = \tau(\overline{K}_1) \cap V^*$ gilt, ist $\tau(K_1)$ in V^* abgeschlossen. Also gibt es eine in V^* liegende $\mathbf{C}^m$-Umgebung $V_{Q'}$ von Q' mit $V_{Q'} \cap \tau(K_1) = \emptyset$, d. h. $\tau^{-1}(V_{Q'}) \cap K_1 = \emptyset$. Wegen $\tau(X) \cap V^* = \tau(\tilde{K}) \cap V^*$ muß also $\tau(X) \cap V_{Q'} = \tau(X_0 \cap K) \cap V_{Q'}$ gelten.

Nun hat τ auf allen Komponenten von X_1 den Rang $m - 1$; die Menge $\mathfrak{R}(X_1)$ der regulären Punkte liegt offen und dicht auf X_1; die Menge der regulären Punkte, in denen τ_1 den Maximalrang $m - 1$ hat, liegt offen und dicht auf $\mathfrak{R}(X_1)$ (G–R, V, B, 9). Daher gibt es in $\tau^{-1}(V_{Q'})$ einen Mannigfaltigkeitspunkt P'' von X_1, in dem τ_1 den Rang $m - 1$ hat. Es gibt ferner eine X_1-Umgebung $U_{P''}$ von P'', dessen Bild $\tau(U_{P''})$ eine $(m - 1)$-dimensionale komplexe Mannigfaltigkeit darstellt, die singularitätenfrei in eine gewisse Umgebung von $\tau(P'')$ eingebettet ist (G–R, I, B, 5). Nach § I, 2 kann $\tau(X_0 \cap K)$ keine offene Menge von $\tau(U_{P''})$ überdecken. Das steht im Widerspruch zu $\tau(X) \cap V_{Q'} = \tau(X_0 \cap K) \cap V_{Q'}$.

Die Semi-Eigentlichkeit von $\pi^* \circ \tau_1^*$ *ist analog zu zeigen. Diese Überlegungen ergeben überdies* $V_1^* = \tau(X_1)$:

Da τ_1^* semi-eigentlich ist, ist $\tau(X_1)$ in V^* abgeschlossen; wegen $\pi'^{-1}(W^*) - \tau(X_0 \cap K) \subset \tau(X_1)$ ist daher sicher $V_1^* \subset \tau(X_1)$. Da die Existenz eines Punktes $Q' \in \tau(X_1) - V_1^*$ ähnlich wie oben zu einem Widerspruch führt, muß $V_1^* = \tau(X_1)$ gelten.

g) Nach Induktionsvoraussetzung ist $\pi_1^{*-1}(N_{a_2} \ldots \hat{a}_j \ldots a_m) = \tau_1^*((\pi^* \circ \tau_1^*)^{-1}(N_{a_2} \ldots \hat{a}_j \ldots a_m))$ in V^* analytisch[4]. $N_{a_2} \ldots \hat{a}_j \ldots a_m$ ist die in W^* liegende Nullstellenmenge von $z_2 - a_2, \ldots, z_{j-1} - a_{j-1}, z_{j+1} - a_{j+1}, \ldots, z_m - a_m$. *$\pi_1^{*-1}(N_{a_2} \ldots \hat{a}_j \ldots a_m)$ besitzt keine irreduzible Komponente N_1, die vermöge π_1^* auf einen Punkt $R_1 \in W^*$ abgebildet wird.*

Angenommen, es gäbe eine derartige Komponente N_1. Da π_1^* als Fasern nur diskrete Punkte aufweist, muß N_1 notwendig ein Punkt $Q_1 \in V_1^*$ sein. Es gibt also eine $\mathbf{C}^m$-Umgebung $V_{Q_1} \subset V^*$ von Q_1, so daß $\pi_1^{*-1}(N_{a_2} \ldots \hat{a}_j \ldots a_m) \cap V_{Q_1} = Q_1$ gilt. Ähnlich wie in b) erhält man: Es existieren eine derartige Umgebung V_{Q_1} sowie eine in W^* enthaltene Umgebung W_{R_1} von $R_1 = \pi(Q_1)$, so daß $\pi^*_{Q_1} := \pi^* | V_{Q_1} \cap V_1^*$ die Menge $V_{Q_1} \cap V_1^*$ eigentlich in W_{R_1} abbildet. Da nach § I, 3, δ, ε die Abbildung $\lambda := \pi^* \circ \tau_1^* | (\tau_1^{*-1}(V_{Q_1}))$ wegen der Eigentlichkeit von $\pi^*_{Q_1}$ semi-eigentlich ist, ist $\pi^* \circ \tau_1^*(\tau_1^{*-1}(V_{Q_1}))$ in W_{R_1} nach Induktionsvoraussetzung analytisch. Da λ den Rang m — 1 aufweist, ist $W_{R_1} = \lambda(\tau_1^{*-1}(V_{Q_1}))$. Daher muß notwendig $\pi(\pi^{*-1}_{Q_1}(N_{a_2} \ldots \hat{a}_j \ldots a_m) \cap V_{Q_1}) = N_{a_2} \ldots \hat{a}_j \ldots a_m$ gelten. Nach Konstruktion kann aber nur $\pi(\pi^{*-1}_{Q_1}(N_{a_2} \ldots \hat{a}_j \ldots a_m) \cap V_{Q_1}) = R_1$ sein. Wegen dieses Widerspruches gibt es keine derartige Komponente N_1.

Die Abbildung $\pi^* | \pi_1^{*-1}(N_{a_2} \ldots \hat{a}_j \ldots a_m)$ ist eigentlich. Nach dem soeben bewiesenen wird jede irreduzible Komponente von $\pi_1^{*-1}(N_{a_2} \ldots \hat{a}_j \ldots a_m)$ auf Grund der Induktionsvoraussetzung auf $N_{a_2} \ldots \hat{a}_j \ldots a_m$ abgebildet; denn $\pi(\pi_1^{*-1}(N_{a_2} \ldots \hat{a}_j \ldots a_m))$ ist in $N_{a_2} \ldots \hat{a}_j \ldots a_m$ analytisch: da $\pi(\pi_1^{*-1}(N_{a_2} \ldots \hat{a}_j \ldots a_m))$ nach dem soeben bewiesenen nicht nulldimensional und die analytische Kurve $N_{a_2} \ldots \hat{a}_j \ldots a_m$ irreduzibel ist, folgert die Behauptung. Da die Fasern von π_1^* nur diskrete Punkte aufweisen, *ist* $(\pi_1^{*-1}(N_{a_2} \ldots \hat{a}_j \ldots a_m), \pi^* | \pi_1^{*-1}(N_{a_2} \ldots \hat{a}_j \ldots a_m), N_{a_2} \ldots \hat{a}_j \ldots a_m)$ *eine analytische Überlagerung* nach G–R, III, B, 21. $b(a_2 \ldots \hat{a}_j \ldots a_m)$ sei die zugehörige Blätterzahl.

Wir zeigen, daß $\sup\limits_{(a_2, \ldots, a_m) \in W^*} b(a_2, \ldots, \hat{a}_j, \ldots, a) =: l_1 < \infty$ *ist.*

Nehmen wir an, das sei nicht der Fall. Dann gibt es eine Folge $A_\nu = (a_2^{(\nu)}, \ldots, a_m^{(\nu)})$ von Punkten auf W^* mit $b(a_2^{(\nu)}, \ldots, \widehat{a_j^{(\nu)}}, \ldots, a_m^{(\nu)}) \to \infty$. Jede Hyperebene E, die durch eine Gleichung $z_j - e = 0$ mit $|e| < \varepsilon_j$ gegeben wird, schneidet jede der Geraden $N_{a_2^{(\nu)}} \ldots \widehat{a_j^{(\nu)}} \ldots a_m^{(\nu)}$. Da die Anzahl der Punkte von W^*, über denen die Abbildungen $\pi^* | \pi_1^{*-1}(N_{a_2^{(\nu)}} \ldots \widehat{a_j^{(\nu)}} \ldots a_m^{(\nu)})$

[4] Das Zeichen „ˆ“ etwa in $(a_2, \ldots, \hat{a}_j, \ldots, a_m)$ oder ähnlichen Termen bedeutet, daß das unter dem Zeichen „ˆ“ stehende auszulassen ist; so bedeutet $(a_2, \ldots, \hat{a}_j, \ldots, a_m)$ dasselbe wie $(a_2, \ldots, a_{j-1}, a_{j+1}, \ldots, a_m)$.

nicht lokal biholomorph sind, abzählbar ist, kann die Hyperebene E so gewählt werden, daß E die Kurven $N_{a_2^{(\nu)} \dots \widehat{a_j^{(\nu)}} \dots a_m^{(\nu)}}$ in Punkten Q_ν schneidet, über denen die Abbildungen $\pi^*|\pi_1^{*-1}(N_{a_2^{(\nu)} \dots \widehat{a_j^{(\nu)}} \dots a_m^{(\nu)}})$ lokal biholomorph sind. Nach Annahme strebt für $\nu \to \infty$ die Anzahl der Punkte von $\pi_1^{*-1}(Q_\nu)$, die Blätterzahl $b(a_2^{(\nu)}, \dots, \widehat{a_j^{(\nu)}}, \dots, a_m^{(\nu)})$, gegen ∞.

Nun ist aber $(\pi_1^{*-1}(E), \pi^*|\pi_1^{*-1}(E), E)$ eine analytische *Überlagerung.* Zum Nachweis ist nur folgendes zu bemerken: Nach Induktionsvoraussetzung ist $\pi_1^{*-1}(E) = \tau_1^*(\tau_1^{*-1}(\pi^{-1}(E) \cap V_1^*))$ in V^* analytisch. $\pi^*|\pi_1^{*-1}(E)$ ist eigentlich. Jede irreduzible Komponente von $\pi_1^{*-1}(E)$ wird auf E abgebildet. Der Beweis geht analog den Überlegungen, die zeigten, daß jede irreduzible Komponente von $\pi_1^{*-1}(N_{a_2 \dots \hat{a}_j \dots a_m})$ auf $N_{a_2 \dots \hat{a}_j \dots a_m}$ abgebildet wird.

Der Vollständigkeit halber soll der Beweis erbracht werden. Angenommen, es gäbe eine irreduzible Komponente E_1 von $\pi_1^{*-1}(E)$, die nicht auf E abgebildet wird. Es gibt auf E_1 einen Punkt Q_1 sowie eine $\mathbf{C}^m$-Umgebung $V_{Q_1} \subset V^*$ von Q_1 und eine $\mathbf{C}^{m-1}$-Umgebung $W_{R_1} \subset W^*$ von $R_1 = \pi(Q_1)$, so daß gilt: V_{Q_1} trifft keine der übrigen Komponenten von $\pi_1^{*-1}(E)$; $\pi_{Q_1}^* := \pi^*| V_{Q_1} \cap V_1^*$ bildet $V_{Q_1} \cap V_1^*$ eigentlich in W_{R_1} ab.

Da $\lambda := \pi^* \circ \tau_1^*|\tau_1^{*-1}(V_Q)$ wegen den Eigentlichkeit von $\pi_{Q_1}^*$ nach I, 3, δ, ε semi-eigentlich ist, ist $\lambda(\tau_1^{*-1}(V_{Q_1}))$ in W_{R_1} nach Induktionsvoraussetzung analytisch. Da λ den Rang $m-1$ aufweist, ist $W_{R_1} = \lambda(\tau_1^{*-1}(V_{Q_1}))$. Daher muß $\pi|\pi_1^{*-1}(E) = \lambda(\lambda^{-1}(E)) = E$ sein.

Also ist $\pi_1^{*-1}(E)$ rein $(m-1)$-dimensional und $(\pi_1^{*-1}(E), \pi^*|\pi_1^{*-1}(E), E)$ ist nach G–R, B, 21 eine analytische Überlagerung. Die Blätterzahl von $\pi_1^{*-1}(E)$ über E ist endlich. Die Anzahl der Punkte in $\pi_1^{*-1}(Q_\nu)$ kann nicht größer als diese Blätterzahl sein. Also können die Blätterzahlen $b(a_2^{(\nu)}, \dots, \widehat{a_j^{(\nu)}}, \dots, a_m^{(\nu)})$ nicht gegen ∞ streben.

h) Wir zeigen: π_1^* *ist offen. Die Menge* M^* *der Punkte in* W^*, *über denen genau* l_1 *Punkte liegen, ist offen und dicht auf* W^*.

Es seien Q^* ein Punkt auf V_1^* und R^* sein Bildpunkt $\pi(Q^*)$. Da π_1^* als Fasern nur diskrete Punkte aufweist, erhält man ähnlich wie in b) eine V^*-Umgebung V_{Q^*} von Q^* und eine W^*-Umgebung W_{R^*} von R^* mit $\pi^{-1}(W_{R^*}) = V_{Q^*}$, so daß die Abbildung $\pi | V_{Q^*} \cap V_1^* : V_{Q^*} \cap V_1^* \to W_{R^*}$ eigentlich ist. Die Abbildung $\pi^* \circ \tau_1^*|\tau_1^{*-1}(V_{Q^*})$ ist nach I, 3, δ semi-eigentlich und vom Range $m-1$. Nach Induktionsvoraussetzung ist $\pi^* \circ \tau_1^*(\tau_1^{*-1}(V_{Q^*})) = \pi^*(V_{Q^*} \cap V_1^*)$ eine in W_{R^*} $(m-1)$-dimensionale analytische Menge. Also ist $\pi^*(V_{Q^*} \cap V_1^*) = W_{R^*}$ und π_1^* ist notwendig offen.

Hieraus folgt die Offenheit von M^* in W^*. – Es sei R^* ein Punkt auf M^*. $\pi_1^{*-1}(R^*)$ zerfällt in l_1 Punkte $Q_1^*, \ldots, Q_{l_1}^*$. Wegen der Hausdorff-Eigenschaft von V_1^* besitzen diese Punkte punktfremde V_1^*-Umgebungen $T_1^*, \ldots, T_{l_1}^*$. Wegen der Offenheit von π_1^* ist $\bigcap_{i=1}^{l_1} \pi^*(T_i^*)$ offen in W^*. Über jedem Punkt dieser offenen Menge liegen mindestens l_1 Punkte in V_1^*. Da aber über keinem Punkte von W^* mehr als l_1 Punkte in V_1^* liegen, hat jeder Punkt von $\bigcap_{i=1}^{l_1} \pi^*(T_i^*)$ genau l_1 Urbildpunkte in V_1^*.

Nun werde angenommen, M^* läge nicht dicht auf W^*. Dann liegt in $W^* - M^*$ eine W^*-offene Menge M_1^*. Es sei R_1^* ein Punkt auf M_1^*. Man verbinde R_1^* mit einem Punkte $R^* \in M^*$ durch eine (irreduzible) analytische Gerade $g \subset W^*$. Überlegungen, ähnlich denen, die wir in g) bezüglich $N_{a_2 \ldots \hat{a}_j \ldots a_m}$ anstellten, ergeben, daß $(\pi_1^{*-1}(g), \pi^*|\pi_1^{*-1}(g), g)$ eine analytische Überlagerung ist. Da g in M^* eindringt, ist die zugehörige Blätterzahl gleich l_1. Also gibt es in jeder Umgebung von R_1^* auf g Punkte, über denen genau l_1 Punkte auf $\pi_1^{*-1}(g)$ liegen. Da M_1^* aber als offen angenommen wurde, ergibt das einen Widerspruch. Also liegt M^* auf W^* dicht.

i) Für alle Punkte $R^* \in M^*$ und $(Q_1^*, \ldots, Q_{l_1}^*) = \pi_1^{*-1}(R^*)$ bilde man die (auf M^* stetigen) elementarsymmetrischen Funktionen

$$a_1(R^*) = (-1) \sum_{i=1}^{l_1} z_1(Q_i^*),$$

$$a_2(R^*) = \sum_{1 \leq i < j \leq l_1} z_1(Q_i^*)\, z(Q_j^*), \ldots, a_{l_1}(R^*) = (-1)^{l_1} z_1(Q_1^*) \ldots z_1(Q_{l_1}^*).$$

Wir wollen uns überlegen, *daß $a_1, \ldots, a_{l_1}$ sich zu auf W^* stetigen Funktionen fortsetzen lassen:*

Es sei R^* ein Punkt auf $W^* - M^*$. $\pi_1^{*-1}(R^*)$ zerfalle in die Punkte $Q_1^*, \ldots, Q_t^*$, $t < l_1$. – $\tilde{T}_1^*, \ldots, \tilde{T}_t^*$ seien punktfremde V_1^*-Umgebungen dieser Punkte. Da π_1^* offen ist, ist $\bigcap_{i=1}^{t} \pi_1^*(\tilde{T}_i^*) =: W_{R^*}$ eine W^*-Umgebung von R^*. $T_i^* := \pi_1^{*-1}(W_{R^*}) \cap \tilde{T}_i^*$ ist eine V_1^*-Umgebung von Q_i^* mit $\pi_1^*(T_i^*) = W_{R^*}$, $i = 1, \ldots, t$. Es gibt eine Umgebungsbasis $\{W_{R^*}\}$ der Umgebungen von R^*, so daß die Urbilder $\pi_1^{*-1}(W_{R^*})$ in t punktfremde Mengen T_i^*, $i = 1, \ldots, t$, zerfallen, für die gilt: $\{T_i^*\}$ ist eine Umgebungsbasis von Q_i^*; jede Menge T_i^* in $\pi_1^{*-1}(W_{R^*})$ wird vermöge π_1^* auf W_{R^*} abgebildet. – Es ist leicht einzusehen, daß $\pi^*|T_i^*$ die Menge T_i^* eigentlich auf W_{R^*} abbildet. Man zeigt: Es gibt auf W_{R^*} eine offene und dichte Menge $M_{R^*}^*$, so daß über allen Punkten von $M_{R^*}^*$ dieselbe Anzahl (nennen wir diese Zahl t_i) von Punkten in T_i^* liegt. Man nehme etwa $M_{R^*}^* := M^* \cap W_{R^*}$.

Um die stetige Fortsetzbarkeit der elementarsymmetrischen Funktionen $a_j, j = 1, \ldots, l_1$, in den Punkt R^* hinein zu zeigen, genügt es, folgendes zu beweisen: Ist $R_\nu^* \in M^*$, $\nu = 1, 2, \ldots$, eine gegen R^* konvergierende Folge, so strebt $a_j(R_\nu^*)$ gegen einen endlichen Grenzwert. Aus Gründen der Schreibweise betrachten wir etwa a_1.

Wir können annehmen, daß die Punkte R_ν^*, $\nu = 1, 2, \ldots$ bereits in einer Menge W_{R^*} der Basis $\{W_{R^*}\}$ enthalten sind. $\pi_1^{*-1}(W_{R^*})$ zerfällt in T_i^*, $i = 1, \ldots, t$. Die in T_i^* liegenden Punkte von $\pi_1^{*-1}(R^*)$ seien $Q_{\nu,i,1}^*, \ldots, Q_{\nu,i,t_i}^*$. Dann ist $a_1(R_\nu^*) = \sum_{i=1}^{t} \sum_{j=1}^{t_i} z_1(Q_{\nu,i,j}^*)$. Da z_1 stetig ist, muß $a_1(R_\nu^*)$ gegen $\sum_{i=1}^{t} t_i z_1(Q_\nu^*)$ streben.

Die stetig fortgesetzten Funktionen seien ebenfalls mit $a_1, \ldots, a_{l_1}$ bezeichnet. *Diese Funktionen sind in jeder einzelnen der Veränderlichen* $z_2, \ldots, z_m$ *holomorph:* Es sei etwa g die Gerade $z_l - \tilde{a}_l = 0$, $l = 1, \ldots, \hat{k}, \ldots, m$, $\tilde{a}_l \in \mathbf{C}$. Nach Abschnitt g) ist $(\pi_1^{*-1}(g), \pi^*|\pi_1^{*-1}(g), g)$ eine analytische Überlagerung. Also sind die elementarsymmetrischen Funktionen von $z_1|\pi_1^{*-1}(g)$ in z_k holomorph, $k = 2, \ldots, m$. Anwendung des Osgood Lemmas G–R, I, A, 2 ergibt die Holomorphie der elementarsymmetrischen Funktionen auf ganz W^*.

Also genügt $z_1^* := z_1|V_1^*$ *der Pseudopolynomgleichung* $\omega(z_1^*; z_2, \ldots, z_m) = z_1^{*l_1} + a_1(z_2, \ldots, z_m) \cdot z_1^{*l_1-1} + \cdots + a_{l_1}(z_2, \ldots, z_m) = 0$, d.h. V_1^* *ist in der Nullstellenmenge* N^* *des Pseudopolynoms* ω *enthalten.*

j) Es sei $\tilde{X}_0$ die Vereinigung derjenigen irreduziblen Komponenten in X_0, die nicht in $\tau^{-1}(N^*)$ enthalten sind. Es werde vermerkt, daß für jede irreduzible Komponente $\tilde{X}_0^*$ von $\tilde{X}_0$ die analytische Menge $\tau^{-1}(N^*) \cap \tilde{X}_0^*$ eine echte analytische Untermenge von $\tilde{X}_0^*$ ist und daher (G–R, III, C, 16) $\tilde{X}_0^* - \tau^{-1}(N^*)$ auf $\tilde{X}_0^*$ offen und dicht liegt. Daher liegt auch $\tilde{X}_0 - \tau^{-1}(N^*)$ offen und dicht auf $\tilde{X}_0$.

Für die unter 0) eingeführte kompakte Menge $K \subset X$ gilt die Beziehung $\tau(\tilde{X}_0 \cap K - \tau^{-1}(N^*)) = \tau(X) \cap V^* - N^* = \tau(\tilde{X}_0) \cap V^* - N^*$

$= \tau(\tilde{X}_0 - \tau^{-1}(N^*)) \cap V^*$. Da $\tilde{X}_0 - \tau^{-1}(N^*)$ auf $\tilde{X}_0$ dicht liegt, stimmt die in X abgeschlossene Hülle $\overline{\tilde{X}_0 - \tau^{-1}(N^*)}$ mit der in X abgeschlossenen Hülle $\bar{\tilde{X}}_0$ überein. Da die in X abgeschlossene Hülle $\tilde{K}_0 := \overline{\tilde{X}_0 \cap K - \tau^{-1}(N^*)}$ kompakt ist, haben wir für die in Y abgeschlossene Hülle $\overline{\tau(\tilde{X}_0 - \tau^{-1}(N^*))}$ die Relation $\tau(\bar{\tilde{X}}_0) \subset \overline{\tau(\tilde{X}_0 - \tau^{-1}(N^*))} \subset \tau(\tilde{K}_0)$. Da $\tilde{K}_0$ auf $\bar{\tilde{X}}_0$ liegt, stimmen $\tau(\bar{\tilde{X}}_0)$ und $\tau(\tilde{K}_0)$ überein. Wegen $\tilde{X}_0 = \bar{\tilde{X}}_0 \cap \tau^{-1}(V^*)$ ist $\tau(X_0) = \tau(\bar{\tilde{X}}_0) \cap V^* = \tau(\tilde{K}_0) \cap V^*$. *Hieraus erhält man sofort die Semi-Eigentlichkeit von* $\tau|\tilde{X}_0 : \tilde{X}_0 \to V^*$. Es sei nämlich C eine kompakte Menge in V^*. Dann ist $K_0^* := \tau^{-1}(C) \cap \tilde{K}_0$ eine in $\tilde{X}_0$ liegende kompakte Menge mit $\tau(\tilde{X}_0) \cap C = \tau(\tilde{K}_0)$.

Auf Grund der Induktionsvoraussetzung ist $\tau(\tilde{X}_0)$ *in* V^* *analytisch.* Man beachte nur, daß $\tau|\tilde{X}_0$ einen Rang $< m - 1$ hat und wende die in 1) und 2, d) durchgeführten Überlegungen an und erhält: Zu jedem Punkte $\tilde{Q} \in \tau(X_0)$ gibt es eine $\mathbf{C}^m$-Umgebung $\tilde{V}_{\tilde{Q}}$ mit einer echten analytischen Untermenge $\tilde{Y}_{\tilde{Q}}$, die $\tau(\tilde{X}_0) \cap \tilde{V}_{\tilde{Q}}$ enthält.

Also gibt es eine Umgebung V_Q von Q mit einer echten analytischen Untermenge, die $\tau(X) \cap V_Q$ enthält. Dann kann aber für kein $P \in F$ der zu τ gehörige Homomorphismus $\mathfrak{O}_{\mathbf{C}^m, Q} \to \mathfrak{O}_{X, P}$ injektiv sein.

k) Wir betrachten nun den allgemeinen Fall eines beliebigen in Q irreduziblen komplexen Raumes. Wegen der Irreduzibilität in Q existieren nach G–R, III, A, 10 eine irreduzible Y-Umgebung $V^{\#}$ von Q, eine Hyperkugel W_{0_m} um den Nullpunkt 0_m des $\mathbf{C}^m$ mit einer eigentlichen, surjektiven, holomorphen Abbildung $\lambda : V^{\#} \to W_{0_m}$, die als Fasern nur diskrete Punkte aufweist und die Q auf 0_m abbildet. $(V^{\#}, \lambda, W_{0_m})$ ist also eine analytische Überlagerung. Es seien $X^{\#} := \tau^{-1}(V^{\#})$, $\tau^{+} := \tau|X^{\#}$. $\lambda \circ \tau^{\#}$ ist nach § I, 3, δ semi-eigentlich. Da ein $P \in F$ existiert, für den der Homomorphismus $\mathfrak{O}_{Y,Q} \to \mathfrak{O}_{X,P}$ injektiv ist, ist wegen der Injektivität des Homomorphismus $\mathfrak{O}_{\mathbf{C}^m, 0_m} \to \mathfrak{O}_{Y,Q}$ auch der zu $\lambda \circ \tau^{\#}$ gehörige Homomorphismus $\mathfrak{O}_{\mathbf{C}^m, 0_m} \to \mathfrak{O}_{X,P}$ injektiv. Also ist nach den vorausgehenden Überlegungen $\lambda \circ \tau^{\#}(X^{\#}) = W_{0_m}$. *Wir wollen beweisen, daß* $\tau(X^{\#}) = V^{\#}$ *gilt.*

Es sei 0_K der offene Kern von $\tau(X^{\#}) \cap V^{\#}$. Dieser kann nicht leer sein: Man nehme einen Punkt $\tilde{R}$ auf W_{0_m}, über dem λ biholomorph ist. Wegen $\lambda \circ \tau^{\#}(X^{\#}) = W_{0_m}$ muß in $\lambda^{-1}(\tilde{R})$ ein Punkt $\tilde{Q}$ liegen, der zu $\tau(X^{\#})$ gehört. Da $\tilde{Q}$ ein Mannigfaltigkeitspunkt ist, gibt es zu $\tilde{Q}$ eine $V^{\#}$-Umgebung

$\tilde{V}_{\tilde{Q}}$, die zu einer Hyperkugel analytisch isomorph ist. Nach dem bereits bewiesenen (da $\tau|\tau^{-1}(\tilde{V}_{\tilde{Q}}): \tau^{-1}(\tilde{V}_{\tilde{Q}}) \to \tilde{V}_{\tilde{Q}}$ semi-eigentlich und m-rangig ist) muß $\tau(X^{\#}) \cap \tilde{V}_{\tilde{Q}} = \tilde{V}_{\tilde{Q}}$ gelten. Also liegt $\tilde{V}_{\tilde{Q}}$ in 0_K.

Angenommen, es sei $0_K \neq V^{\#}$. Da die Menge der regulären Punkte auf $V^{\#}$ offen und dicht liegt, muß ein Randpunkt $\tilde{Q}$ von 0_K in $V^{\#}$ existieren, der ein Mannigfaltigkeitspunkt von $V^{\#}$ ist. Wären nämlich die Randpunkte von 0_K nur singuläre Punkte, so müßte wegen des Zusammenhangs der Menge $\mathfrak{R}$ der Mannigfaltigkeitspunkte von $V^{\#}$ (G–R, III, C, 3) zunächst $V^{\#} \cap \mathfrak{R} = \mathfrak{R}$ gelten. Da $\tau(X^{\#})$ aber in $V^{\#}$ abgeschlossen ist, müßte $0_K \cap V^{\#} = V^{\#}$ sein; die Annahme war aber $0_K \neq V^{\#}$. – Die unter 1) angestellten Überlegungen zeigen, daß es ein $\tilde{P} \in \tilde{F} := \tau^{-1}(\tilde{Q}) \cap K$ mit einem injektiven Homomorphismus $\mathfrak{O}_{V^{\#}, \tilde{Q}} \to \mathfrak{O}_{X, \tilde{P}}$ gibt. Wäre das nämlich nicht der Fall, so gäbe es nach 1) in einer Umgebung $V_{\tilde{Q}}$ von $\tilde{Q}$ eine echte analytische Untermenge $\tilde{Y}$, die $\tau(X^{\#}) \cap V_{\tilde{Q}}$ enthält. Da $V^{\#}$ in $\tilde{Q}$ regulär ist, ist $\tilde{Y}$ von niederer Dimension als Y, kann also keine m-dimensionale Menge enthalten. Da aber in jeder Umgebung von $\tilde{Q}$ Y-offene m-dimensionale Mengen liegen (in jeder Umgebung von $\tilde{Q}$ liegen Punkte aus 0_K), haben wir einen Widerspruch. Dieser entstand aus der Annahme $V^{\#} \neq \tau(X^{\#})$. Also ist $V^{\#} = \tau(X^{\#})$ und $\tau(X)$ ist in Q analytisch.

Aus den vorausgehenden Betrachtungen folgt unmittelbar: *Es gibt eine Umgebung V^* von Q, so daß* $\dim_Q \tau(X) = \operatorname{rang}(\tau|\tau^{-1}(V^*))$ *ist.* Wir verzichten auf die einfache Diskussion.

l) Wir wollen kurz darlegen, wie man die Benutzung des Riemannschen Fortsetzungssatzes einer Veränderlichen in Abschnitt e) sowie des Osgood Lemmas in Abschnitt i) (mit etwas Aufwand) vermeiden kann[5].

α) Der Riemannsche Fortsetzungssatz wird in e) nur zum Beweis des folgenden Satzes benutzt: $\tau: X \to \mathbf{C}^2$ *sei eine holomorphe Abbildung vom Range* 1. *Dann gibt es zu jedem Punkte $P \in X$ eine Umgebung U_P, so daß $\tau(U_P)$ eine in $\tau(P)$ lokal-analytische Kurve ist.*

Diese Aussage ist jedoch ein spezieller Fall des Remmertschen Resultates § I, 4, b; wie sich in [9] ergab, ist dieses Ergebnis gültig für beliebige analytische Räume über einem nicht diskret bewerteten, vollständigen, algebraisch abgeschlossenen Grundkörper im Sinne von [6].

Nicht ganz so einfach ist das Osgood Lemma zu ersetzen.

[5] Man vergleiche die in Fußnote 1 gemachten Bemerkungen.

β) Zunächst zeigen wir, daß für jede analytische Gerade g in W^* die Beschränkungen der elementarsymmetrischen Funktionen von $\mathfrak{z}_1|V_1^*$ auf diese Gerade holomorphe Funktionen ergeben.

Nach Induktionsvoraussetzung oder nach § I, 4, ist $g^*: = \tau((\pi^* \circ \tau_1^*)^{-1}(g))$ eine analytische Gerade in V^*. $(g^*, \pi|g^*, g)$ ist eine analytische Überlagerung. Daher sind die Beschränkungen der elementarsymmetrischen Funktionen auf g sicher holomorph in allen Punkten, über denen $\pi|g^*$ lokal biholomorph ist. Die Menge der Punkte, über denen das nicht der Fall ist, besteht aus einer diskreten Menge von Punkten, die sich auf g nicht häufen. R sei ein derartiger Punkt mit den Urbildpunkten $Q_1, \ldots, Q_r$ in $\pi^{*-1}(R)$. Wir betrachten zunächst einen der Punkte, etwa Q_1. Q_1 hat eine g^*-Umgebung, die in endlich viele in Q_1 irreduzible Komponenten $g_1^*, \ldots, g_s^*$ zerfällt. Nach [6] ist $\mathfrak{O}_{g_i^*, Q_1}$ ganz-algebraisch über $\mathfrak{O}_{g, R}$ $i = 1, \ldots, s$. Der von $\mathfrak{z}_1$ in $\mathfrak{O}_{g_i^*, Q_1}$ erzeugte Keim $\mathfrak{z}_{1,i}^*$ genügt infolgedessen einer Gleichung $\omega_{1,i}(\mathfrak{z}_{1,i}^*): = \mathfrak{z}_{1,i}^{*n} + a_1 \cdot \mathfrak{z}_{1,i}^{*n-1} + \cdots + a_n = 0$ mit in $\mathfrak{O}_{g,R}$ liegenden Koeffizienten $a_1, \ldots, a_n$. Da g_i^* in Q_1 irreduzibel ist, können wir auf Grund des Weierstraßschen Vorbereitungssatzes ein derartiges Pseudopolynom $\omega_{1,i}$ finden, das über $\mathfrak{O}_{g,R}$ irreduzibel ist. Es sei $\omega_1: = \prod_{i=1}^{s} \omega_{1,i}$. Jedem der Punkte Q_j, $j = 1, \ldots, r$, ordnen wir auf diese Weise ein Pseudopolynom ω_j zu. Dann sind die Koeffizienten des Produktes $\prod_{i=1}^{r} \omega_i$ gerade die von den Beschränkungen der elementarsymmetrischen Funktionen auf g in $\mathfrak{O}_{g,R}$ erzeugten Funktionen. Nach Konstruktion sind die Koeffizienten aber in R holomorphe Funktionskeime.

γ) Um die Holomorphie der elementarsymmetrischen Funktionen auf ganz W^* zu erhalten, sind weitere Informationen auszunutzen. Für die Überlegungen in Abschnitt i) ist es ausreichend anzunehmen, daß τ auf allen irreduziblen Komponenten von X denselben Rang aufweist.

Es seien K die in Abschnitt 0) dieses Paragraphen eingeführte kompakte Menge und E_τ die Entartungsmenge von τ. Nach Remmert [11] ist E_τ auf X analytisch. Wie bereits in § I bemerkt wurde, ist dieses Ergebnis gültig für analytische, Hausdorffsche Räume über algebraisch abgeschlossenen, nicht diskret bewerteten, vollständigen Grundkörpern ([9]). Zieht man nun noch den bereits in α) benutzten Satz § I, 4, β über nirgendsentartete Abbildungen heran, so erhält man analog wie in [9], § 2: $Y_1^*: = \tau(X) \cap V^* - \pi^{*-1}(\pi(\tau(E_\tau \cap K) \cap V^*))$ ist analytisch in $V^* - \pi^{*-1}(\pi(\tau(E_\tau \cap K) \cap V^*))$.

Y_1^* liegt offen und dicht auf $T^* := \tau(X) \cap V^*$; $W_1^* := W^* - \pi(\tau(E_\tau \cap K) \cap V^*)$ liegt offen und dicht auf W^*. Offenbar ist $(Y_1^*, \pi|Y_1^*, W_1^*)$ eine analytische Überlagerung. Analog den Überlegungen in β) ergibt sich, daß die elementarsymmetrischen Funktionen von $\mathfrak{z}_1|Y_1^*$ bezüglich $\pi|Y_1^*$ auf W_1^* holomorph sind.

δ) a sei eine der elementarsymmetrischen Funktionen von $\mathfrak{z}_1|T^*$. Unser Ziel ist es zu zeigen, daß a in jedem Punkte $R \in W^*$ eine Darstellung als formale Potenzreihe $\sum\limits_{\nu_2, \ldots, \nu_m} a_{\nu_2 \ldots, \nu_m}(R)\,(\mathfrak{z}_2 - \mathfrak{z}_2(R))^{\nu_2} \ldots (\mathfrak{z}_m - \mathfrak{z}_m(R))^{\nu_m}$ zuläßt, die die folgende Eigenschaften hat: Ist $\mathfrak{z}_2 - \mathfrak{z}_2(R) - c_2 \cdot u = 0, \ldots, \mathfrak{z}_m - \mathfrak{z}_m(R) - c_m \cdot u = 0$ mit $\mathfrak{C} := (c_2, \ldots, c_m) \in \mathbf{C}^{m-1}$, $\mathfrak{C} \neq (0, \ldots, 0)$, eine durch R gehende Gerade g mit dem Parameter u und setzen wir $P_\mu(R; c_2, \ldots, c_m) := \sum\limits_{\nu_2 + \cdots + \nu_m = \mu}^{\infty} a_{\nu_2 \ldots, \nu_m}(R)\, c_2^{\nu_2} \ldots c_m^{\nu_m}$, so stellt $\varphi_{\mathfrak{C}}(a) := \sum\limits_{\mu=0}^{\infty} P_\mu(R; c_2, \ldots, c_m) \cdot u^\mu$ eine konvergente Potenzreihe dar.

In allen Punkten $R_1 \in W_1^*$ ist diese Aussage gesichert; es ist $a_{\nu_2 \ldots \nu_m}(R_1) = (\partial^{\nu_2 + \cdots + \nu_m} a / \partial \mathfrak{z}_2^{\nu_2} \ldots \partial \mathfrak{z}_m^{\nu_m}) \cdot \dfrac{1}{\nu_2! \ldots \nu_m!}$. – Es sei $W_{R_1}^*$ eine um R_1 relativ-kompakt in W^* liegende Hyperkugel mit dem Radius r. Da $|a|$ stetig ist, ist $|a|$ auf $W_{R_1}^*$ durch ein reelles M beschränkt. g sei eine durch R_1 gehende analytische Gerade $\mathfrak{z}_2 - \mathfrak{z}_2(R_1) - c_2 \cdot u = 0, \ldots, \mathfrak{z}_m - \mathfrak{z}_m(R_1) - c_m \cdot u = 0$ mit dem Parameter u und $\mathfrak{C} := (c_2, \ldots, c_m) \neq (0, \ldots, 0)$. $a|g$ hat die Darstellung $\sum\limits_{\mu=0}^{\infty} b_\mu u^\mu$, wobei $b_\mu := P_\mu(R_1; c_2, \ldots, c_m) = \sum\limits_{\nu_2 + \cdots + \nu_m = \mu} \dfrac{\partial^{\nu_2 + \cdots + \nu_m} a}{\partial \mathfrak{z}_2^{\nu_2} \ldots \partial \mathfrak{z}_m^{\nu_m}}(R_1) \cdot \dfrac{1}{\nu_2! \ldots \nu_m!}\, c_2^{\nu_2} \ldots c_m^{\nu_m}$ gilt. Die Cauchyschen Ungleichungen, die sich nach [7], Seite 40 ohne Integrationstheorie beweisen lassen, ergeben $|b_\mu| \leqq (M/r^\mu)\, \{|c_2|^2 + \cdots + |c_m|^2\}^{\frac{\mu}{2}}$. Erneute Anwendung der Cauchyschen Ungleichungen auf $P_\mu(R_1; c_2, \ldots, c_m)$ ergibt $\left|\dfrac{\partial^{\nu_2 + \cdots + \nu_m} a}{\partial \mathfrak{z}_2^{\nu_2} \ldots \partial \mathfrak{z}_m^{\nu_m}}(R)\right| \leqq \dfrac{M}{r^\mu} \cdot \nu_2! \ldots \nu_m!$.

Es sei nun $R \in W^* - W_1^*$. Wir wollen zeigen, daß $\partial^{\lambda_2 + \cdots + \lambda_m} a / \partial \mathfrak{z}_2^{\lambda_2} \ldots \partial \mathfrak{z}_m^{\lambda_m}$ sich stetig in den Punkt R hinein fortsetzen läßt. Angenommen, das sei nicht der Fall. Da auf Grund des vorausgehenden Abschnittes $\partial^{\lambda_2 + \cdots + \lambda_m} a / \partial \mathfrak{z}_2^{\lambda_2} \ldots \partial \mathfrak{z}_m^{\lambda_m}$ in einer gewissen Umgebung von R beschränkt ist, gibt es dann zwei gegen R strebende Folgen $R_{\varrho_1}, R_{\varrho_2}, \varrho_1, \varrho_2 = 1, 2, \ldots$ von Punkten aus W_1^*, so daß für alle Koeffizienten aus $P_{\mu_\lambda}(R_{\varrho_\sigma}; z_2 - z_2(R_{\varrho_\sigma}), \ldots, z_m - z_m(R_{\varrho_\sigma})) = \sum_{\nu_2 + \cdots + \nu_\mu = \mu_\lambda} \frac{\partial^{\nu_2 + \cdots + \nu_m} a}{\partial z_2^{\nu_2} \ldots \partial z_m^{\nu_m}} (R_{\varrho_\sigma}) \cdot \frac{1}{\nu_2! \ldots \nu_m!}$ $(z_2 - z_2(R_{\varrho_\sigma}))^{\nu_2} \ldots (z_m - z_m(R_{\varrho_\sigma}))^{\nu_m}$, $\sigma = 1, 2$, die Limiten für beide Folgen existieren. Die homogene Polynome $P_{\mu_\lambda, 1}(R; z_2 - z_2(R), \ldots, z_m - z_m(R))$, $P_{\mu_\lambda, 2}(R; z_2 - z_2(R), \ldots, z_m - z_m(R))$ seien die Limiten der homogenen Polynome $P_{\mu_\lambda}(R_{\varrho_1}; z_2 - z_2(R_{\varrho_1}), \ldots)$ bzw. $P_{\mu_\lambda}(R_{\varrho_2}; z_2 - z_2(R) \ldots)$. Wegen $P_{\mu_\lambda, 1} \neq P_{\mu_\lambda, 2}$ gibt es ein $(m-1)$-Tupel $(c_2, \ldots, c_m) \neq (0, \ldots, 0)$ komplexer Zahlen mit $P_{\mu_\lambda, 1}(R; c_2, \ldots, c_m) \neq P_{\mu_\lambda, 2}(R; c_2, \ldots, c_m)$. O.B.d.A. sei R der Nullpunkt in W^*. Man betrachte die durch $z_2 - c_2 \cdot u = 0, \ldots, z_m - c_m \cdot u = 0$ gegebene Gerade g, die durch den Nullpunkt läuft und den Parameter u besitzt. Die Beschränkung $a|g$ ist eine konvergente Potenzreihe $\sum_{\mu=0}^{\infty} b_\mu u^\mu$.

Wir beweisen, daß $b_{\mu_\lambda} = P_{\mu_\lambda, 1}(R; c_2, \ldots, c_m) = P_{\mu_\lambda, 2}(R; c_2, \ldots, c_m)$ gelten muß und haben damit einen Widerspruch aus der Annahme erzeugt, daß eine der partiellen Ableitungen von a sich nicht zu einer auf ganz W^* stetigen Funktion fortsetzen lasse.

g_{ϱ_σ} sei die durch $z_2 - z_2(R_{\varrho_\sigma}) - c_2 \cdot u = 0, \ldots, z_m - z_m(R_{\varrho_\sigma}) - c_m \cdot u = 0$ gegebene Gerade mit dem Parameter u, $\sigma = 1, 2$. Dann ist $a|g_{\varrho_\sigma}$ auf g_{ϱ_σ} holomorph und besitzt in u die Potenzreihenentwicklung $\sum_{\mu=0}^{\infty} P_\mu(R_{\varrho_\sigma}; c_2, \ldots, c_m) \cdot u^\mu$. Da a in einer gewissen lokal-kompakten Umgebung von R gleichmäßig stetig ist, streben in einer gewissen Umgebung von $u = 0$ die in u holomorphen Funktionen $a|g_{\varrho_\sigma}$ gleichmäßig gegen $a|g$. Damit streben aber auch die Ableitungen von $a|g_{\varrho_\sigma}$ gegen die Ableitungen von $a|g$. Es sei vermerkt, daß die hier benutzten Ergebnisse über holomorphe Funktionen einer Veränderlichen sich mit Potenzreihentechniken gewinnen lassen ([7], erster Abschnitt).

Somit können wir a in jedem Punkte von W^* eine formale Potenzreihe zuordnen. Wir überlassen dem Leser den Nachweis, daß die Funktionen $\varphi_{\mathfrak{C}}(a)$ stets die Beschränkungen $a|g$, die ja holomorph sind, beschreiben.

ε) W. Stoll hat in [15] einen Beweis des folgenden Satzes gegeben, der nur mit Potenzreihenmethoden arbeitet:

Sind $f = \sum a_{\nu_1 \ldots \nu_m} z_1^{\nu_1} \ldots z_m^{\nu_m}$ eine formale Potenzreihe mit Koeffizienten in einem algebraisch abgeschlossenen, nicht-diskret bewerteten, vollständigen Körper k und $\mathfrak{C} = (c_1, \ldots, c_m) \in k^m$, so sei $\varphi_{\mathfrak{C}}(f) := \sum_{\mu=0}^{\infty} P_\mu(c_1, \ldots, c_m) \cdot u^\mu$, wobei $P_\mu(c_1, \ldots, c_m) := \sum_{\nu_1 + \cdots + \nu_m = \mu} a_{\nu_1 \ldots \nu_m} c_1^{\nu_1} \ldots c_m^{\nu_m}$ ist.

Es gilt: *U sei eine nicht leere offene Menge des k^m. f sei eine formale Potenzreihe in $z_1, \ldots, z_m$. Für jedes m-Tupel $(c_1, \ldots, c_m) \in U$ stelle $\varphi_{\mathfrak{C}}(f)$ eine konvergente Potenzreihe dar. Dann ist f eine in $z_1, \ldots, z_m$ konvergente Potenzreihe.*

Im komplexen Fall geht diese Aussage auf Hartogs zurück. – Beim Beweise werden von Stoll Abschätzungen benützt, die im komplexen Fall den Cauchyschen Ungleichungen entsprechen. Da diese sich jedoch mit Potenzreihenmethoden gewinnen lassen (wie bereits bemerkt wurde), können wir den Hartogsschen Satz auf Grund des Stollschen Beweises für unsere Zwecke heranziehen.

Die Anwendung dieses Resultates liefert aber das gewünschte Ergebnis, die Holomorphie von a auf W^*.

m) Ich möchte die Gelegenheit wahrnehmen, um eine in [9] ohne Beweis aufgestellte Behauptung zu berichtigen.

Die auf Seite 156, Zeile 12–14 von oben und auf Seite 168, Zeile 16–20 von oben angegebene Voraussetzung ist zu schwach, um die Algebraizität des Funktionenkörpers $K^\Gamma(X)$ zu garantieren. Es lassen sich Gegenbeispiele angeben (H. Grauert), die mit dem Phänomen zusammenhängen, daß es Meromorphiegebiete gibt, die nicht Holomorphiegebiete sind.

Der kritische Schritt der angegebenen Beweisskizze, der unter den in [9] angegebenen Voraussetzungen undurchführbar ist, ist die in § 3, 7, b, Seite 170 angedeutete Überlegung. Diese ist nur ausführbar, wenn die folgende wohlbekannte stärkere Voraussetzung gemacht wird: Es seien X ein normaler irreduzibler komplexer Raum, Γ eine *pseudokonkave* Gruppe biholomorpher Abbildungen von X auf sich. – Es braucht nicht verlangt werden, daß Γ eigentlich diskontinuierlich ist.

LITERATURVERZEICHNIS

[1] *Abhyankar, S.*, Local Analytic Geometry. Academic Press, 1964.
[2] *Bishop, E.*, Conditions for the analyticity of certain sets. Mich. Math. Journ. vol. 11 (1964), 289–304.
[3] *Grauert, H.*, und *R. Remmert*, Nichtarchimedische Funktionentheorie. Festschrift zur Gedächtnisfeier für Karl Weierstraß 1815–1965 (1965), 393–476.
[4] *Gunning, R. C.*, und *H. Rossi*, Analytic Functions of Several Complex Variables. Prentice-Hall, 1965.
[5] *Holmann, H.*, Local Properties of holomorphic mappings, Proceedings of the Conference on Complex Analysis. Minneapolis 1964, 94–108, Springer 1965.
[6] *Houzel, Ch.*, Géométrie analytique locale. Sém. H. Cartan 1960/61, Exp. 18–21.
[7] *Hurwitz, A.*, *R. Courant* und *H. Röhrl*, Funktionentheorie, Springer 1964.
[8] *Kuhlmann, N.*, Über holomorphe Abbildungen komplexer Räume. Archiv der Math. 15, 81–90 (1964).
[9] *Kuhlmann, N.*, Algebraic Function Fields on Complex Analytic Spaces, Proceedings of the Conference on Complex Analysis. Minneapolis 1964, 155–172, Springer 1965.
[10] *Remmert, R.*, Projektionen analytischer Mengen. Math. Ann. 130, 410–441 (1956).
[11] *Remmert, R.*, Holomorphe und meromorphe Abbildungen komplexer Räume. Math. Ann. 132, 328–370 (1957).
[12] *Remmert, R.*, und *K. Stein*, Über die wesentlichen Singularitäten analytischer Mengen. Math. Ann. 126, 263–306 (1953).
[13] *Remmert, R.*, und *K. Stein*, Eigentliche holomorphe Abbildungen. Math. Zeitschr. 73, 159–189 (1960).
[14] *Stein, K.*, Analytische Zerlegungen komplexer Räume. Math. Ann. 132, 63–93 (1956).
[15] *Stoll, W.*, About the convergence of a power series. Festschrift zur Gedächtnisfeier für Karl Weierstraß 1815–1965 (1965), 523–529.
[16] *Stoll, W.*, Über meromorphe Abbildungen komplexer Räume I. Math. Ann. 136 (1958), 201–239.
[17] *Whitney, H.*, On holomorphic images of analytic varieties (unveröffentlicht).

About the convergence of a power series

By *Wilhelm Stoll*[1]

K. Weierstraß based the theory of holomorphic functions on convergent power series. Therefore it is of interest to have theorems which imply the convergence of a power series. Here, a simple proof of an old theorem of Hartogs [2] shall be given which works also in a more general situation.

Let k be an algebraically closed field with a non-trivial evaluation $|\ |$ such that k is complete in respect to this evaluation. Let $k\{z_1, \ldots, z_n\}$ be the ring of formal power series of n variables $z = (z_1, \ldots, z_n)$ over k. Let $\mathbf{R}_+^n$ be the n-folded cartesian product of the set $\mathbf{R}_+$ of positive real numbers. For $t = \{t_1, \ldots, t_n\} \in \mathbf{R}_+^n$ and

$$(1) \qquad f = \sum_{\mu_1, \ldots, \mu_n = 0}^{\infty} a_{\mu_1 \ldots \mu_n} z_1^{\mu_1} \ldots z_n^{\mu_n}$$

in $k\{z_1, \ldots, z_n\}$, define

$$\|f\|_t = \sup \Big\{ \sum_{\mu_1, \ldots, \mu_n = 0}^{m} |a_{\mu_1 \ldots \mu_n}| \, t_1^{\mu_1} \ldots t_n^{\mu_n} \ m \in \mathbf{N} \Big\}$$

Then $B = \{f \mid f \in k\{z, \ldots, z\}; \|f\|_t < \infty\}$ is a Banach space with norm $\|\ \|_t$. The union

$$k\langle z_1, \ldots, z_n\rangle = \bigcup_{t \in \mathbf{R}_+^n} B_t$$

is the ring of convergent power series in n variables $z_1, \ldots, z_n$ over k. The n-folded cartesian product k^n of k is a Banach space whose norm is defined by

$$|c| = \operatorname*{Max}_{\nu = 1, \ldots, n} |c_\nu|$$

[1] This research was partially supported by the National Science Foundation under Grant GP-3988.

for $c = (c_1, \ldots, c_n) \in k^n$. If $c = (c_1, \ldots, c_n) \in k$ then one and only one homomorphism

$$\varphi_c : k\{z_1, \ldots, z_n\} \to k\{u\}$$

is defined by $\varphi_c(z_\nu) = u c_\nu$. This means, if

$$f = \sum_{\mu_1, \ldots, \mu_n = 0}^{\infty} a_{\mu_1 \ldots \mu_n} z_1^{\mu_1} \ldots z_n^{\mu_n}$$

in $k\{z_1, \ldots, z_n\}$, define

(2) $$P_m = \sum_{\mu_1 + \cdots + \mu_n = m} a_{\mu_1 \ldots \mu_n} z_1^{\mu_1} \ldots z_n^{\mu_n}$$

Then

(3) $$\varphi_c(f) = \sum_{m=0}^{\infty} P_m(c)\, u^m$$

A simple proof of the following theorem of *Hartogs* [2] shall be given.

Theorem of Hartogs[2]. *Let U be a non-empty open subset of k^n. Let $f \in k\{z_1, \ldots, z_n\}$ be a formal power series. Suppose that for every $c \in U$ the formal power series $\varphi_c(f)$ converges:*

$$\varphi_c(f) \in k\langle u\rangle \qquad \textit{for all } c \in U$$

Then f converges: $f \in k\langle z_1, \ldots, z_n\rangle$.

Of course, *Hartogs* proved this theorem only in the case that k is the field $\mathbf{C}$ of complex numbers. He obtained it as an application of his results on *Hartogs* series. Here a direct proof shall be given which works also if $k \neq \mathbf{C}$.

In k define

$$C(t) = \{c \mid |c| < t\}, \qquad \bar{C}(t) = \{c \mid |c| \leqq t\}$$

$$E = C(1) \qquad \bar{E} = \bar{C}(1)$$

$$E^n = \underbrace{E \times \ldots \times E}_{(n\text{-times})} \qquad \bar{E}^n = \underbrace{\bar{E} \times \ldots \times \bar{E}}_{(n\text{-times})}$$

$$\partial E^n = \bar{E}^n - E^n.$$

[2] The question, if this theorem holds also if $\mathbf{C} \neq k$, came up in a discussion with Dr. Remmert and Mr. Güntzer.

For $t = (t_1, \ldots, t_n) \in \mathbf{R}_+^n$ define

$$C_t = \prod_{\nu=1}^{n} C(t_\nu) \qquad \bar{C}_t = \prod_{\nu=1}^{n} \bar{C}(t_\nu).$$

If $f \in k\langle z_1, \ldots, z_n\rangle$ is given by (1), define

$$R(f) = \{t \mid t \in \mathbf{R}_+^n, \|f\|_t < \infty\}$$

Then $D(f) = \bigcup_{t \in R(f)} C_t$ is an open neighborhood of the origin of k^n. If $c = (c_1, \ldots, c_n) \in D(f)$, then

$$f(c) = \sum_{\mu_1, \ldots, \mu_n = 0}^{\infty} a_{\mu_1 \ldots \mu_n} c_1^{\mu_1} \ldots c_n^{\mu_n} \in k$$

is defined and f can be regarded as a k-valued function on $D(f)$. It $k = \mathbf{C}$ and $D(f) \supseteq E^n$, the Maximum Principal asserts

$$\sup \{|f(c)| \mid c \in E^n\} = \operatorname{Max} \{|f(c)| \mid c \in \partial E^n\} \geqq |a_{\mu_1 \ldots \mu_n}|$$

for all $\mu_1 \geqq 0, \ldots, \mu_n \geqq 0$. If $k \neq \mathbf{C}$, let T_n be the set of all formal power series

$$f = \sum_{\mu_1, \ldots, \mu_n = 0}^{\infty} a_{\mu_1 \ldots \mu_n} z_1^{\mu_1} \ldots z_n^{\mu_n} \in k\{z_1, \ldots, z_n\}$$

where $a_{\mu_1 \ldots \mu_n} \to 0$ for $(\mu_1, \ldots, \mu_n) \to \infty$. Then T_n is a k-subalgebra of $k\langle z_1, \ldots, z_n\rangle$. If $f \in T_n$ and $c \in E^n$ then $f(c)$ is defined and the Maximum Principal (see *Remmert* [3]) holds as stated before. Especially, the Maximum Principal holds in both cases if $f \in k[z_1, \ldots, z_n]$ is a polynomial.

Lemma. *Let $\eta \in k$ with $0 < |\eta| = \delta < 1$. Define $A_\delta = \{z \mid |z - 1| \leqq \delta\}$.* Let $M > 0$. Let $P \in k[z]$ be a polynomial of degree n in the one variable z over k. Suppose that

$$|P(c)| \leqq M \qquad \text{for all } c \in A_\delta$$

then

$$|P(c)| \leqq \left(\frac{5}{\delta}\right)^n M \qquad \text{for all } c \in E.$$

Proof. The assertion is true if $P = 0$ or degree $P = 0$. Suppose the lemma holds if degree $P < n$. Let P be a polynomial of degree n. A polynomial $\mathcal{Q} \in k[z]$ of degree $n - 1$ is defined by

$$\mathcal{Q}(z) = \frac{P(z) - P(1)}{z - 1}$$

If $|c - 1| = \delta$, then $|\mathcal{Q}(c)| \leqq 2\, M\delta^{-1}$. For $c \in \partial E^n$ (i.e. $|c| = 1$) is

$$|\mathcal{Q}(1 + \eta c)| \leqq 2\, M\delta^{-1}.$$

The Maximum Principle implies this estimate for all $c \in E$. Hence $|\mathcal{Q}(c)| \leqq 2\, M\delta^{-1}$ if $c \in A_\delta$. By induction

$$|\mathcal{Q}(c)| \leqq \left(\frac{5}{\delta}\right)^{n-1} 2\, M\delta^{-1}$$

for all $c \in E$. Hence

$$|P(c)| = |(c - 1)\, \mathcal{Q}(c) + P(1)| \leqq 2 \left(\frac{5}{\delta}\right)^{n-1} \cdot 2\, M\delta^{-1} + M$$

$$\leqq \left(\frac{5}{\delta}\right)^{n} M \qquad \text{Q.E.D.}$$

Proof of the Theorem of Hartogs. Let the formal power series f be given as in (1). Define P_m as in (2). Then $\varphi_c(f)$ (see (3)) converges for all $c \in U$. Let $r(c)$ be the radius of convergence of $\varphi_c(f)$. For $c \in U$ is

$$\infty > \frac{1}{r(c)} = \lim_{m \to \infty} |P_m(c)|^{1/m}$$

For every $q \in \mathbf{N}$, the set

$$L_q = \{c \,|\, c \in U;\ |P_m(c)|^{1/m} \leqq q \quad \text{for all } m \in \mathbf{N}\}$$

is relative closed in U. Obviously

$$\bigcup_{q \in \mathbf{N}} L_q = U$$

Since the non-empty open subset U of the complete space k^n is of second category, a number $q \in \mathbf{N}$ exists such that L_q is dense in an open-empty subset V of U. Because L_q is relative closed in U, the set V is contained in L_q. Hence

$$|P_m(c)| \leqq q^m \qquad \text{if } c \in V.$$

Pick a base $e_1, \ldots, e_n$ of vectors in k^n such that $e_n \in V$. An element $\eta \in k$ with $0 < |\eta| = \delta < 1$ exists such that

$$W = \{\sum_{\nu=1}^{n} c_\nu e_\nu | \, |c_n - 1| \leqq \delta, \ |c_\nu| \leqq \delta \text{ for } \nu = 1, \ldots, n-1\}$$

is contained in V. Hence

$$|P_m(\sum_{\nu=1}^{n} c_\nu e_\nu)| \leqq q^m$$

for every fixed $(c_1, \ldots, c_{n-1})$ with $|c_\nu| \leqq \delta$ and all $c_n \in A_\delta$. Considering P_m as a polynomial of degree m in c_n, the lemma implies

$$|P_m(\sum_{\nu=1}^{n} c_\nu e_\nu)| \leqq \left(\frac{5q}{\delta}\right)^m \qquad \text{if } |c_n| \leqq 1.$$

An open neighborhood Z of $0 \in k^n$ is defined by

$$Z = \{\sum_{\nu=1}^{n} c_\nu e_\nu | \, |c_\nu| < \delta \text{ for } \nu = 1, \ldots, n\}.$$

For $c \in Z$ and all $m \geqq 0$ is

$$|P_m(c)| \leqq M^{m+1}$$

where $M = \operatorname{Max}\left(|P_0(0)|, \frac{5q}{\delta}\right) > 1$. Elements $d_1, \ldots, d_n$ in k exist such that $s = (|d_1|, \ldots, |d_n|) \in \mathbf{R}_+^n$ and $\overline{C}_s \subseteq Z$. If $c = (c_1, \ldots, c_n) \in \overline{E}^n$, then $(c_1 d_1, \ldots, c_n d_n) \in Z$ and

$$|P_m(c_1 d_1, \ldots, c_n d_n)| \leqq M^{m+1}.$$

Since

$$P_m(z_1 d_1, \ldots, z_n d_n) = \sum_{\mu_1 + \cdots + \mu_n = m} a_{\mu_1 \ldots \mu_n} d_1^{\mu_1} \ldots d_n^{\mu_n} z_1^{\mu_1} \ldots z_n^{\mu_n}$$

the Maximum Principal implies

$$|a_{\mu_1 \ldots \mu_n}| \, |d_1|^{\mu_1} \ldots |d_n|^{\mu_n} \leqq M^{m+1},$$

where $\mu_1 + \cdots \mu_n = m$. Define

$$t_\nu = \frac{|d_\nu|}{2M} \qquad t = (t_1, \ldots, t_n).$$

Then

$$|a_{\mu_1 \ldots \mu_n}| \, t_1^{\mu_1} \ldots t_n^{\mu_n} \leqq \left(\frac{1}{2}\right)^{\mu_1 + \cdots + \mu_n} M.$$

Hence, $\|f\|_t \leqq 2^n M$, which implies $f \in k\langle z_1, \ldots, z_n\rangle$. Q.E.D.

Nagata [4] proved that $k\langle z_1, \ldots, z_n\rangle$ *is integral closed in* $k\{z_1, \ldots, z_n\}$. The Theorem of *Hartogs* can be used to reduce the case $n > 1$ to the case $n = 1$, which was proved by *Artin* [1][3]:

Take $f \in k\{z_1, \ldots, z_n\}$. Suppose that $a_0, \ldots, a_{m-1}$ exist in $k\langle z_1, \ldots, z_n\rangle$ such that

$$f^m + \sum_{\mu=0}^{m-1} a_\mu f^\mu = 0$$

in $k\{z_1, \ldots, z_n\}$. Pick any $c = (c_1, \ldots, c_n) \in k^n$. Then $\varphi_c(a_\mu) \in k\langle u\rangle$ and $\varphi_c(f) \in k\{u\}$. Hence

$$\varphi_c(f)^m + \sum_{\mu=0}^{m-1} \varphi_c(a_\mu)\, \varphi_c(f)^\mu = 0$$

which implies $\varphi_c(f) \in k\langle u\rangle$. Since this holds for all $c \in k^n$, the Theorem of Hartogs implies $f \in k\langle z_1, \ldots, z_n\rangle$, q.e.d.

[3] This application was suggested by R. Remmert.

BIBLIOGRAPHY

[1] *Artin, E.*, Algebraic numbers and algebraic functions I. Princeton University, New York University 1950/51 notes pp. 340.

[2] *Hartogs, F.*, Zur Theorie der analytischen Funktionen mehrerer unabhängigen Veränderlichen, insbesondere über die Darstellung derselben durch Reihen, welche nach Potenzen einer Veränderlichen fortschreiten. Math. Ann. **62** (1906), 1–88.

[3] *Grauert, H.*, and *R. Remmert*, Nichtarchimedische Funktionentheorie. Festschrift zur Gedächtnisfeier für Karl Weierstraß 1815–1965 (1965).

[4] *Nagata, M.*, Some remarks on local rings II. Mem. Coll. Sci., University Kyoto **28** (1953), 109–120.

Einsetzen analytischer Flächenstücke in Zyklen auf komplexen Räumen

Von *Wolfgang Rothstein* und *Hans Sperling*

Einleitung

Ein bekannter Satz von Hartogs und Osgood lautet: „G sei ein beschränktes Gebiet des C^n mit zusammenhängendem Rande Z und es sei $n \geqq 2$. Dann läßt sich jede in einer Umgebung von Z holomorphe (meromorphe) Funktion ins Innere von G fortsetzen" (zum Beweis vgl. [3] und [10]). Die Analyse der entsprechenden Aussage bei komplexen Räumen führt zu dem folgenden Problem, das wir der Einfachheit halber bei Mannigfaltigkeiten erläutern[1]:

X sei eine zusammenhängende komplexe Mannigfaltigkeit der Dimension $n (n \geqq 2)$. Unter einem Zyklus Z auf X sei hier eine zusammenhängende, kompakte und stückweise reell-analytische Punktmenge zu verstehen, welche die Eigenschaften hat: a) Die topologische Dimension von Z ist $2n - 1$; b) Z (und jeder Punkt p von Z) hat (beliebig kleine) Umgebungen U, welche von Z in zwei Gebiete U^+, U^- zerlegt werden: $U^+ \cap U^- = \emptyset$ und $Z = \partial U^+ \cap \partial U^-$. (Bei Räumen ist dieser Begriff wesentlich weiter zu fassen (vgl. § 2, § 5).)

Im allgemeinen wird Z nun nicht ein Inneres G haben in dem Sinne, daß $Z = \partial G$ und $Z \cup G$ kompakt ist. Die erste Frage ist daher:

Kann X so zu einer komplexen Mannigfaltigkeit (oder wenigstens zu einem komplexen Raum) X^* fortgesetzt werden, daß auf X^* gilt: $Z = \partial G$ und $Z \cup G$ ist kompakt?

Wenn diese Fortsetzung möglich ist, bleibt die zweite Frage:

Lassen sich alle in einer Umgebung von Z holomorphen (meromorphen) Funktionen nach G fortsetzen?

Beide Fragen sind in [8] für holomorph-separable und K-vollständige Räume positiv beantwortet worden. Der Beweis stützt sich auf einen allgemeinen Satz über die Fortsetzung analytischer Flächen über dem C^n

[1] Verwandte Probleme wurden kürzlich von H. Rossi [5] behandelt. Seine Methoden und Ergebnisse sind jedoch von unseren völlig verschieden.

(das sind kurz gesagt Räume, deren Punkte Primkeime analytischer Mengen sind). Dieser Satz wurde von dem Jüngeren von uns in seiner Marburger Dissertation bewiesen. Die vorliegende Arbeit bringt eine überarbeitete Fassung dieses Beweises. Dann wird noch abgeleitet:

„Ist X holomorph-separabel und K-vollständig, so kann in jeden Zyklus Z ein beschränktes analytisches Flächenstück G ‚eingesetzt' werden. Alle auf Z schwach-holomorphen Funktionen (meromorphen Funktionen) lassen sich nach G fortsetzen. Ist X holomorph-vollständig, so berandet Z bereits auf X, und alle auf Z holomorphen (meromorphen) Funktionen lassen sich ins Innere von Z fortsetzen."

Für weitere Konsequenzen verweisen wir auf [8]. Am Schluß wird der Satz noch bei der Fortsetzung analytischer Mengen in komplexen Mannigfaltigkeiten angewendet. So ergeben sich schärfere Sätze als mit den Methoden früherer Arbeiten (vgl. [7]).

Zur Gliederung der Arbeit sei folgendes gesagt: Im § 1 werden einige Ergebnisse über die Fortsetzung analytischer Mengen auf analytische Flächen übertragen. Das ist die Grundlage alles folgenden. Es sei besonders auf Satz 2 hingewiesen, der ein Angelpunkt des späteren Beweises ist. Im § 2 werden Zyklen und Bögen auf einer analytischen Fläche definiert und die Bögen in Streifen eingebettet. Darauf werden Folgerungen in § 3 hergeleitet. Es ergeben sich die Lemmata 4 und 5. Der § 4 endlich bringt den Hauptsatz und als unmittelbare Folgerung (die aber viel schwächer als der Hauptsatz ist) den Satz über das Einsetzen eines analytischen Flächenstückes in den Zyklus Z. Im letzten Paragraphen werden dann einige wenige Folgerungen für die Fortsetzung von Räumen und von analytischen Mengen hergeleitet.

Weiter schicken wir voraus: Unter einer reell-analytischen Punktmenge R verstehen wir eine abgeschlossene Menge mit der Eigenschaft: Jeder Punkt hat eine Umgebung U, so daß $U \cap R$ durch endlich viele reell-analytische Gleichungen und Ungleichungen beschrieben wird. Es gilt dann: Jeder Punkt p auf R hat beliebig kleine offene zusammenhängende Umgebungen U, so daß gilt: 1) $U \cap R$ ist weg-zusammenhängend und $\bar{U} \cap R = \overline{U \cap R}$. Dabei bedeutet $\bar{M}$ stets die abgeschlossene Hülle von M. 2) $U - R$ hat endlich viele Zusammenhangskomponenten. Jede von ihnen hat p als Randpunkt[2].

Zusammenhängend heißt immer weg-zusammenhängend.

[2] B. Giesecke, Math. Zeitschrift 83, 1964, Satz 4, S. 199.

Ein analytisches Flächenstück F der Dimension k über dem C^n (auch „Fläche") ist ein Hausdorffscher Raum, dessen Punkte p k-dimensionale Primkeime lokal-analytischer Mengen des C^n sind. Umgebungen von p sind diejenigen Mengen von Primkeimen, welche einem Repräsentanten von p angehören. F braucht nicht zusammenhängend zu sein, soll aber nur endlich viele Zusammenhangskomponenten besitzen. Der Punkt p ist gewöhnlich, wenn er Repräsentanten hat, welche sich biholomorph auf ein k-dimensionales Ebenenstück abbilden lassen. Die nicht gewöhnlichen Punkte liegen nirgends dicht. Die Funktion $g(p)$ heißt holomorph („schwach-holomorph") auf F, wenn sie dort stetig und in den gewöhnlichen Punkten holomorph (nach der Abbildung in die Bildebene) ist. Meromorphe Funktionen werden wie üblich lokal als Quotienten holomorpher Funktionen erklärt, $m = h_i/g_i$ in U_i mit $h_i g_j = h_j g_i$ in $U_i \cap U_j \neq \emptyset$. (Es werden nur Funktionen mit komplexen Werten betrachtet.)

§ 1. Hilfsmittel für den Beweis

1.1 Fortsetzung analytischer Mengen im C^n

Bezeichnungen. Es sei $\varphi_\sigma := \left(1 + \dfrac{1}{r^2}\right) \cdot z_\sigma \bar{z}_\sigma - \sum_1^n z_j \bar{z}_j - 1$; $r > 0$; $\sigma = 1, \ldots, s$ und $\mathfrak{A} = \bigcap_{\sigma=1}^s (\varphi_\sigma < 0)$; $\mathfrak{K} = \partial \mathfrak{A}$; $\mathfrak{J} = \bigcup (\varphi_\sigma > 0)$. Weiter sei p ein Punkt auf $\mathfrak{K}$ und U eine Umgebung von p.

Die Grundlage unseres Beweises bilden die folgenden beiden Sätze über die lokale Fortsetzung analytischer Mengen (vgl. [7], S. 125, Satz 2 und Satz D).

Satz A. M sei eine in $U \cap \mathfrak{A}$ analytische rein k-dimensionale Menge, und es sei $k \geq s + 1$. Dann läßt M sich auf genau eine Weise nach p fortsetzen. Das heißt: Es gibt beliebig kleine Umgebungen V von p und dazu in V analytische rein k-dimensionale Mengen M_V mit den Eigenschaften: (1) $M_V \cap \mathfrak{A} = M \cap V$. (2) Alle M_V erzeugen denselben Mengenkeim in p. (3) M_V ist Vereinigung endlich vieler Komponenten, die alle p enthalten. (4) $M_V \cap \mathfrak{A}$ hat nur endlich viele Komponenten. (5) Ist m Repräsentant eines Primkeims von M_V in einem Punkte $q \in \mathfrak{K}$, so ist $m \cap \mathfrak{A} \neq \emptyset$, also $m \in \overline{M \cap V \cap \mathfrak{A}}$. Außerdem gilt: Jede auf der Nor-

malisierung[3] *von* M *holomorphe (meromorphe) Funktion hat eindeutige Fortsetzungen auf der Normalisierung von* M_V.

Die Eindeutigkeit der Fortsetzung folgt bereits aus dem anderen Satz, der mit der Voraussetzung $k \geqq s$ auskommt.

Satz B. Es seien M_1, M_2 *in* U *analytische rein* k*-dimensionale Mengen und* $k \geqq s$. *Weiter sei* $M_1 \cap \mathfrak{A} = M_2 \cap \mathfrak{A}$. *Dann sind die Keime von* M_1 *und* M_2 *in* p *gleich. Weiter ist für jede Umgebung* V *von* p:

$$M_1 \cap V \cap \mathfrak{A} \neq \emptyset; \qquad M_2 \cap V \cap \mathfrak{A} \neq \emptyset.$$

Eine wichtige Folgerung von Satz A ist

Satz C. M *sei in* U *analytisch und rein* k*-dimensional;* $k \geqq s + 1$. *Weiter sei* M *in* p *irreduzibel. Dann gibt es beliebig kleine Umgebungen* V *von* p, *so daß auch* $M \cap V \cap \mathfrak{A}$ *irreduzibel ist.*

Beweis. Wegen Satz A, (4) kann man annehmen, $M \cap V \cap \mathfrak{A}$ habe nur endlich viele Komponenten. Dann kann V auch so gewählt werden, daß jede dieser Komponenten p als Randpunkt hat. Seien M_1, M_2 solche Komponenten. Jede von ihnen ist eine in $V \cap \mathfrak{A}$ analytische Menge und hat daher nach Satz A in p eine eindeutig bestimmte Fortsetzung, die in M enthalten ist. Die von den Fortsetzungen in p erzeugten Keime müssen mit dem Keim von M übereinstimmen, da M in p irreduzibel ist. Dann müssen aber M_1 und M_2 gleich sein.

1.2 Fortsetzung analytischer Flächenstücke[4]

Bezeichnung: F sei ein analytisches Flächenstück über dem C^n. Dann ist $j: F \to C^n$ die Einbettung, welche jedem $p \in F$ seine Koordinate im C^n zuordnet.

Satz 1. Voraussetzungen. (1) F, F' *seien Teilflächenstücke einer* k*-dimensionalen analytischen Fläche* $\tilde{F}$ *über dem* C^n; $k \geqq s + 1$. *(2)* $F' \Subset \tilde{F}$. *(3)* $\{\overline{F' \cap \mathfrak{A}} \cap \mathfrak{R}\} \supset \{\overline{F}' \cap \mathfrak{R}\}$. *(4)* $\overline{\partial F \cap \mathfrak{A}} \Subset F'$. *(5)* $j(F) \cap \mathfrak{J} = \emptyset$. *(6) Ist* p_m

[3] Die Normalisierung von M ist der Raum der Primkeime von M, also das zugeordnete analytische Flächenstück.

[4] Bei Flächen über dem C^n schreiben wir z. B. $F \cap \mathfrak{A}$ statt $j^{-1}(j(F) \cap \mathfrak{A})$. Mißverständnisse sind nicht zu befürchten. $\mathfrak{J}$ ist das Komplement von $\mathfrak{A} \cup \partial\mathfrak{A}$.

pine Punktfolge auf F ohne Häufungspunkt auf $F \cup F'$, so liegen die Häufungseunkte von $j(p_m)$ auf $\mathfrak{R}$.

Behauptung. Es gibt ein Flächenstück F^* mit den Eigenschaften: 1) $F^* \cap \mathfrak{A} = (F' \cup F) \cap \mathfrak{A}$. 2) $F \Subset F^*$. 3) Für $R := \partial F^* - \partial F'$ gilt $j(R) \Subset \mathfrak{J}$. 4) $\overline{F^* \cap \mathfrak{A}} \cap \mathfrak{R}$ umfaßt $\overline{F^*} \cap \mathfrak{R}$.

Außerdem gilt: Jede auf $F \cup F'$ holomorphe (meromorphe) Funktion läßt sich zu einer auf $F \cup F' \cup F^*$ holomorphen (meromorphen) Funktion fortsetzen.

Zusatz. *Es ist $F^* = F \cup F' \cup M^*$. Dabei ist M^* eine Umgebung derjenigen Randpunkte von F, die nicht in F' liegen. Alle Randpunkte von $M^* \cap (\mathfrak{A} \cup \mathfrak{R})$ liegen innerhalb $F \cup F'$. Es ist $R = \partial M^* - (\partial M^* \cap (\overline{F \cup F'}))$. M^* kann beliebig klein gemacht werden.*

Wir beweisen zunächst

Lemma 1. Unter den Voraussetzungen von Satz 1 gilt: Ist $p_m \in F$ und konvergiert $j(p_m)$ gegen $q \in \mathfrak{R}$, so gibt es eine Umgebung U von q und eine auf $\overline{U}$ analytische Menge M (d. h. M analytisch in $U^* \Supset U$) mit den Eigenschaften: (1) $\{U \cap j(F \cup F')\} \supset \{M \cap U \cap \mathfrak{A}\} \supset \{U \cap j(F)\}$. (2) M hat nur endlich viele Komponenten; jede von ihnen enthält q. (3) Ist m Repräsentant eines Primkeims von $M \cap \overline{U}$ in $p \in \mathfrak{R}$, so hat m Punkte in $\mathfrak{A}$. (4) Ist m Primkeim von $M \cap \overline{U}$ in $p \in \mathfrak{R}$, so gilt: m ist Randpunkt von F oder m ist innerer Punkt von F', oder es gilt beides.

Beweis. Da $\partial F \cap \mathfrak{A}$ ganz in F' liegt, gibt es in der abgeschlossenen Hülle von $\partial F \cap \mathfrak{A}$ höchstens endlich viele Punkte q_i mit $j(q_i) = q$. Daher gibt es eine Umgebung V_* von q und Umgebungen U_i der q_i mit den Eigenschaften: α) $U_i \Subset F'$, β) $j(U_i)$ ist eine in V_* analytische Menge. γ) Ist $p \in \partial F \cap \mathfrak{A}$ und $j(p) \in V_*$, so liegt p in einer der U_i. (α) bis γ) sind wegen der Voraussetzungen stets erfüllbar.) Nun gilt:

(*) Die Vereinigung N aller $j(U_i) \cap \mathfrak{A}$ mit $j(F) \cap V_*$ ist eine in $V_* \cap \mathfrak{A}$ analytische Menge.

Zum Beweis sei s ein Punkt aus $V_* \cap \mathfrak{A}$. Die über s gelegenen Randpunkte von F sind innere Punkte von F' (Voraussetzung (4)). Es gibt also über s nur endlich viele innere Punkte p_k und endlich viele Randpunkte r_l von F. Die r_l gehören wegen γ) zur Vereinigung der U_i. In einer Umgebung von s ist N also die Vereinigung endlich vieler analytischer Mengen. Folglich ist N dort lokal-analytisch. Weiter folgt sofort, daß N in $V_* \cap \mathfrak{A}$ abgeschlossen ist. So hat man (*).

Da F und F' rein k-dimensional sind, ist N rein k-dimensional. Nach Konstruktion gilt ferner:

(**) $\{j(F \cup F') \cap V_*\} \supset N \supset \{j(F) \cap V_*\}$.

Auf Grund von Satz A läßt N sich nach q fortsetzen: Es gibt beliebig kleine Umgebungen V von q und in V analytische Mengen M_V mit den in Satz A genannten Eigenschaften. Wählt man U so, daß $\overline{U} \subset V$ und setzt man $M := M_V$, so ist M eine gesuchte Menge. (1) ist klar; (2), (3) sind in Satz A angegeben. Endlich folgt (4). Denn ist $m \in M \cap \overline{U} \cap \mathfrak{K}$, so liegt m wegen (3) auf dem Rande von F oder aber in $\overline{F'}$. Im zweiten Fall folgt $m \in \bigcup j(U_i)$, d. h. $m \in F'$ und *nicht* $m \in \partial F'$.

Beweis von Satz 1. H sei die Menge der Häufungspunkte q von $j(F)$ auf $\mathfrak{K}$. H ist abgeschlossen. Zu jedem q gibt es nach Lemma 1 eine Umgebung $U(q)$ und eine in $U(q)$ analytische Menge $M(q)$ mit den Eigenschaften (1)–(4). $\mathfrak{M}(q)$ sei die Vereinigung der $M(q)$ überlagerten analytischen Flächenstücke, deren Punkte die Primkeime von $M(q)$ sind. Ferner sei $F(q) := F \cup F' \cup \mathfrak{M}(q)$. Offenbar ist $F(q)$ wegen der Eigenschaften (1)–(3), Lemma 1 ein analytisches Flächenstück. Es genügt der Bedingung (1): $F(q) \cap \mathfrak{A} \cap U(q) = (F \cup F') \cap \mathfrak{A} \cap U(q)$.

Außerdem gilt ersichtlich:

(*) Für jede Umgebung $\hat{U}(q) \Subset U(q)$ ist der über $\hat{U}$ gelegene Teil von F relativ kompakt in $F(q)$.

Unter den $\hat{U}(q)$; $q \in H$ gibt es endlich viele $\hat{U}(q_i)$ mit zugehörigen $U(q_i)$, $\mathfrak{M}(q_i)$ und $F(q_i) := F \cup F' \cup \mathfrak{M}(q_i)$, so daß $H \Subset \bigcup \hat{U}(q_i)$. Es sei nun F^* die Vereinigung der $F(q_i)$. Dies F^* genügt den Anforderungen. Denn wegen (*) ist der über $\bigcup \hat{U}(q_i)$ gelegene Teil F_1 von F relativ kompakt in F^*. Der Rest $F - F_1$ ist wegen der Voraussetzung (6) ein kompakter Teil von $(F \cup F') \cap \mathfrak{A}$. Daher gilt 2) $F \Subset F^*$. Aus der Konstruktion folgt unmittelbar 1). Aus Lemma 1, (4) folgt: Ist $r \in \mathfrak{K}$ ein Randpunkt eines der $\mathfrak{M}(q_i)$, so ist r innerer Punkt von F' oder Randpunkt von F.

In beiden Fällen ist r also innerer Punkt von F^*. Da die über $\mathfrak{A}$ liegenden Randpunkte der $\mathfrak{M}(q_i)$ innere Punkte von $F \cup F'$ sind, folgt 3). Um schließlich 4) zu bekommen, sei p ein Punkt von $\overline{F^*} \cap \mathfrak{K}$. Es ist zu zeigen: $p \in S := \overline{F^* \cap \mathfrak{A}} \cap \mathfrak{K}$. Ist p Randpunkt von F^*, so muß p wegen 3) Randpunkt von F' sein. Aus Voraussetzung (3) folgt dann $p \in S$. Sei also p innerer Punkt von F^*. Ist $p \in F'$, so wie eben $p \in S$. Ist p nicht in F', so ist p innerer Punkt eines der $\mathfrak{M}(q_i)$. Dann folgt $p \in S$ aus Lemma 1, (3). Damit ist die Existenz von F^* bewiesen.

Gleichzeitig lassen sich nach Satz A die Funktionen nach F^* fortsetzen.

Eine wichtige Folge von Satz C ist

Satz 2. $\tilde{F}$ sei eine analytische k-dimensionale Fläche; $k \geqq s + 1$. Weiter sei M eine abgeschlossene, zusammenhängende (d. h. hier: Wenn $M = M_1 \cup M_2$; M_1, M_2 abgeschlossen und $M_1 \cap M_2 = \varnothing$ so $M_1 = M$ oder $M_2 = M$) Menge innerer Punkte von $\tilde{F}$ und $M \subset \tilde{F} \cap \mathfrak{K}$. Schließlich sei $U(M) \subset \tilde{F}$ eine zusammenhängende offene Umgebung von M, welche der folgenden Bedingung genügt: Jede Zusammenhangskomponente von $U(M) \cap \mathfrak{A}$ habe Randpunkte auf M. Dann ist $U(M) \cap \mathfrak{A}$ zusammenhängend.

Beweis. U_i mit $\overline{U_i} \cap M = R_i$ seien die Zusammenhangskomponenten von $U(M) \cap \mathfrak{A}$. Es ist $M = \bigcup R_i$; $R_i = \overline{R_i}$. Angenommen, es gebe mehrere U_i. Da M zusammenhängend ist, muß es dann U_1, U_2 und einen Punkt $r \in M$ geben, so daß $r \in R_1 \cap R_2$ ist. Aus Satz C folgt: r hat beliebig kleine Umgebungen $V(r) \subset \tilde{F}$, für welche $V(r) \cap \mathfrak{A}$ zusammenhängend ist. U_1, U_2 müssen daher miteinander zusammenhängen. Also ist $U_1 = U_2$.

§ 2. Zyklen und Bögen auf einer analytischen Fläche

2.1 Zyklen

Unter einem Zyklus Z auf der analytischen Fläche F wird hier eine zusammenhängende abgeschlossene Menge innerer Punkte von F verstanden, die folgenden Bedingungen genügt:

a) Es gibt beliebig kleine zusammenhängende Umgebungen U von Z auf F, welche von Z derart in zwei offene Teile U^+, U^- zerlegt werden, daß 1. $U^+ \cap U^- = \varnothing$; 2. $U = U^+ \cup Z \cup U^-$; 3. $Z = \partial U^+ \cap \partial U^-$.

b) Sind p, q Punkte aus $U - Z$ und ist $w \subset U$ ein Weg von p nach q, so gibt es in jeder Umgebung von w einen Weg $\tilde{w}$ von p nach q, der von Z in endlich viele Teile zerlegt wird, welche abwechselnd U^+ und U^- angehören. (Dann läuft also der Weg in den Schnittpunkten $\tilde{w} \cap Z$ von U^+ nach U^- oder umgekehrt.)

c) Z ist „stückweis glatt": Z ist Vereinigung endlich vieler Teile Z_i derart, daß $j(Z_i)$ eine abgeschlossene reell-analytische Punktmenge der topologischen Dimension $2k - 1$ ist und daß die Einbettungsabbildung j: $Z_i \to j(Z_i)$ topologisch ist.

Anmerkung. Es wird nicht verlangt, daß U^+ oder U^- zusammenhängend sei. Diese Annahme würde den Beweis nicht vereinfachen. Ist F eine Mannigfaltigkeit, so kann man natürlich voraussetzen, daß U^+ und U^- zusammenhängend sind. Aus c) folgt, daß jeder Schnitt von Z mit einer reell-analytischen Punktmenge nur endlich viele Zusammenhangskomponenten hat. Das werden wir oft benutzen, ohne darauf besonders hinzuweisen.

Definition. F sei eine analytische Fläche über dem p^n; $\dim F = k$. Die Punktmenge N auf F heiße beschränktartig, wenn es im P^n eine analytische Ebene E der Dimension q mit $q + k = n + 1$ gibt, so daß $E \cap \overline{N} = \emptyset$.

2.2 Bögen

Bezeichnungen. Die Menge $\mathfrak{A}(r) := \bigcap_1^s (\varphi_\sigma < 0)$; $s = n - q$; $q + k = n + 1$; mit $\varphi_\sigma := \mathfrak{z}_\sigma \bar{\mathfrak{z}}_\sigma \cdot \left(1 + \frac{1}{r^2}\right) - \sum_1^n \mathfrak{z}_j \bar{\mathfrak{z}}_j - 1$ ist eine Umgebung der Ebene $\mathfrak{z}_1 = \cdots = \mathfrak{z}_{n-q} = 0$ im P^n. Weiter sei $\mathfrak{K}(r) = \partial \mathfrak{A}(r)$ und $\mathfrak{J}(r)$ das das Komplement von $\mathfrak{A}(r) \cup \mathfrak{K}(r)$. Wir schreiben auch $\mathfrak{A}$ statt $\mathfrak{A}(r)$ usw., wenn keine Mißverständnisse zu befürchten sind. Z sei ein beschränktartiger Zyklus auf F; $\dim F = k \geqq s + 1$, so daß etwa $Z \cap \mathfrak{A}(r_0) = \emptyset$.

Es gibt ein ω, so daß $Z \cap \mathfrak{A}(\omega) = \emptyset$ und $Z \cap \mathfrak{K}(\omega) \neq \emptyset$. Ist $Z \cap \mathfrak{K}(r) \neq \emptyset$, so zerfällt $Z \cap \mathfrak{A}(r)$ in endlich viele Zusammenhangskomponenten $A(r)$, die „A-Bögen". Ebenso zerfällt $Z \cap \mathfrak{K}(r)$ in endlich viele Zusammenhangskomponenten K_j, die „K-Bögen". Letztere sind abgeschlossen, die A-Bögen dagegen nicht. Alle Randpunkte der A-Bögen liegen auf K-Bögen. Dagegen kann es K-Bögen geben, welche keine Randpunkte von A-Bögen enthalten. Das ist etwa bei allen $K(\omega)$ der Fall. Diese K-Bögen, welche keine Randpunkte von A-Bögen aufweisen, sollen T-Bögen heißen und mit $T(r)$ bezeichnet werden.

2.3 Einbettung der K-Bögen in Streifen

Lemma 2. Zu jedem K-Bogen K gibt es beliebig schmale Umgebungen $S(K) \subset F$ mit den Eigenschaften:

1) $S(K)$ ist offen und zusammenhängend; $K \subset S(K)$.

2) $S(K) \cap \mathfrak{A}$ ist zusammenhängend.

Außerdem gilt:

3) a) $S(K) \cap \mathfrak{K}$ ist zusammenhängend; b) $\overline{S(K)} \cap \mathfrak{K} = \overline{S(K) \cap \mathfrak{K}}$.

4) a) $Z \cap S(K)$ ist zusammenhängend; b) $\overline{S(K)} \cap Z = \overline{S(K) \cap Z}$;
c) $K = \mathfrak{K} \cap \overline{S(K) \cap Z} = \mathfrak{K} \cap S(K) \cap Z$.

5) $\overline{S(K) \cap \mathfrak{A}} \cap \mathfrak{K}$ umfaßt $S(K) \cap \mathfrak{K}$.

Bezeichnung. Umgebungen mit diesen Eigenschaften sollen Streifen heißen. (Das spezifisch Funktionentheoretische ist, daß es Streifen mit der Eigenschaft 2) gibt.)

Beweis. Da $\mathfrak{K}, F, Z, K$ reell-analytische Mengen sind, gibt es zu jedem Punkt p auf K beliebig kleine offene zusammenhängende Umgebungen $U(p) \subset F$, so daß 3) und 4)a, b mit $U(p)$ an Stelle von $S(K)$ erfüllt sind und an Stelle von 4)c gilt: $U(p) \cap K$ ist zusammenhängend und $\overline{U(p) \cap K} = \mathfrak{K} \cap \overline{U(p) \cap Z} = \mathfrak{K} \cap \overline{U(p)} \cap Z$. Ferner: Jede Komponente von $U(p) \cap \mathfrak{A}$ hat p als Randpunkt. $S(K) := \bigcup U(p_i)$ sei eine endliche Überdeckung von K. Dann gelten für $S(K)$ 1), 3) und 4). Auch 5) ist erfüllt. Denn nach Satz B folgt $p \in \overline{S(K) \cap \mathfrak{A}}$ aus $p \in S(K) \cap \mathfrak{K}$. Ist nun $p \in \overline{S(K)} \cap \mathfrak{K}$, so nach 3)b auch $p \in \overline{S(K) \cap \mathfrak{K}}$.

Schließlich behaupten wir, daß auch 2) erfüllt ist. Nach Satz 2 genügt es zu zeigen, daß jede Komponente s von $S(K) \cap \mathfrak{A}$ Randpunkte auf K hat. Das ist jedoch klar, da jede Komponente von $U(p_i) \cap \mathfrak{A}$ den Randpunkt p_i haben soll.

§ 3. Folgerungen für die T- und A-Bögen

3.1 Folgerung für die T-Bögen

$T := T(r)$ sei gemäß Lemma 2 in einen Streifen $S(T)$ eingebettet. Da T nach Definition keinen Randpunkt eines A-Bogens enthält und $Z \cap S(T)$ nach 4), Lemma 2 zusammenhängend ist, ist $Z \cap S(T) \cap \mathfrak{A}$ leer. $S(T) \cap \mathfrak{A}$ ist jedoch nicht leer (Satz B). Man darf $S(T) \subset U$ annehmen, wo U eine der in 2.1 eingeführten Umgebungen von Z ist. Es sei $S^+ := U^+ \cap S(T)$ und $S^- := U^- \cap S(T)$. Da $Z \cap S(T) \cap \mathfrak{A}$ leer und $S(T) \cap \mathfrak{A}$ zusammenhängend ist, tritt genau einer der beiden folgenden Fälle ein:

(+) $S^- \cap \mathfrak{A} \neq \varnothing$; $S^+ \cap \mathfrak{A} = \varnothing$ oder (—) $S^+ \cap \mathfrak{A} \neq \varnothing$; $S^- \cap \mathfrak{A} = \varnothing$.
Angenommen, (+) treffe zu. Wir behaupten, daß dann (*) $T = \overline{S^+} \cap \mathfrak{K}$.

Zum Beweise sei erstens t ein Punkt aus T. Dann liegt t im Inneren von $S(T)$ und auf Z. Daher ist auch $t \in \overline{S^+} \cap \mathfrak{K}$. Sei zweitens $t \in \overline{S^+} \cap \mathfrak{K}$. Nun ist $S^+ \cap \mathfrak{A} = \varnothing$. Also ist $S(T) \cap \mathfrak{A} = \overline{S^-} \cap \mathfrak{A}$. Wegen 5), Lemma 2 ist dann t in $\overline{S^-} \cap \mathfrak{K}$. Somit ist t in Z. Damit hat man $t \in \overline{S(T)} \cap Z$. Nach 4) c, Lemma 2, folgt endlich $t \in T$.

Sei jetzt R die Menge derjenigen Randpunkte von S^+, die nicht in Z liegen. Dann ist $j(R) \Subset \mathfrak{J}$.

Denn ist $r \in \overline{R}$, so $r \in \partial S(T)$, also liegt r nicht in T. Wegen (*) liegt r nicht in $\overline{S^+} \cap \mathfrak{K}$. Da $S^+ \cap \mathfrak{A}$ leer ist, folgt $j(R) \Subset \mathfrak{J}$. Damit ist bewiesen

Lemma 3. Zu jedem T-Bogen gibt es einen Streifen $S(T)$, so daß entweder für das Flächenstück $F(T) := S^+$ oder für $F(T) := S^-$ gilt:

a) $F(T) \subset \mathfrak{J}$; b) $Z \cap S(T) \subset \partial F(T)$; c) $\{\partial F(T) - (Z \cap S(T))\} \Subset \mathfrak{J}$.

3.2 Folgerung für die A-Bögen

Im folgenden sei V eine Umgebung von Z, welche durch Z in die Teile V^+, V^- zerlegt wird; vgl. 2.1, § 2. Weiter sei eine Menge von $A(r')$-Bögen α_i gegeben, welche folgenden Bedingungen genügt:

(1) Jedem α_i ist ein (nicht notwendig zusammenhängendes) Flächenstück f_i zugeordnet, so daß gilt: 1.1 $\alpha_i \subset \partial f_i$ und jede Zusammenhangskomponente

von f_i hat Randpunkte auf α_i. 1.2 α_i liegt weder auf dem Rande noch im Inneren eines $f_k \neq f_i$. 1.3 f_i liegt entweder auf dem positiven oder auf dem negativen Ufer von α_i. Das soll bedeuten, daß eine der folgenden Aussagen richtig ist:

(+) Zu jedem $p \in \alpha_i$ gibt es eine Umgebung $U(p) \subset V$, so daß
$f_i \supset U(p) \cap V^+$; $\bigcup f_i \cap U(p) \cap V^- = \emptyset$ oder

(—) Zu jedem $p \in \alpha_i$ gibt es eine Umgebung $U(p) \subset V$, so daß
$f_i \supset U(p) \cap V^-$; $\bigcup f_i \cap U(p) \cap V^+ = \emptyset$.

(2) $j(f_i) \subset \mathfrak{A}(r')$. Die Randpunkte von f_i liegen entweder auf $\bigcup \alpha_i$ oder über $\mathfrak{R}(r')$.

Anmerkung. Die α_i sind natürlich disjunkt. Da nun wegen (2) $\partial f_i \cap \mathfrak{A} \subset \bigcup \alpha_i$ ist, folgt aus 1.1 und 1.2, daß entweder $f_i = f_k$ oder $f_i \cap f_k = \emptyset$ ist. Es ist ausdrücklich zugelassen, daß verschiedenen α dasselbe f zugeordnet ist. Im Beweis des Hauptsatzes, § 4 wird unter c) gezeigt, daß die f durch die α eindeutig bestimmt sind. Vorläufig brauchen wir das nicht.

Definition. Genügen die α_i, f_i den Bedingungen (1), (2), so werden wir sagen: „Für sie ist die Aussage E richtig" oder auch „$\bigcup \alpha_i$ berandet $\bigcup f_i$ in $\mathfrak{A}$".

Voraussetzungen für die Lemmata 4 und 5

$\hat{A}_\lambda$ seien Zusammenhangskomponenten von $Z \cap \{\mathfrak{A}(r') \cup \mathfrak{R}(r')\}$. Dann ist $\bigcup \hat{A}_\lambda = \bigcup \alpha_i \cup \bigcup K_j$ mit A-Bögen α_i und K-Bögen K_j. Es sei $\hat{A}_\lambda \cap \mathfrak{A}(r') \neq \emptyset$, so daß auf jedem der K Randpunkte der α sind. Kein K ist also ein T-Bogen. Den α_i seien f_i wie oben zugeordnet, so daß für die α_i, f_i die Aussage E gilt. Schließlich setzen wir hier voraus, daß $\bigcup f_i \cup \bigcup \hat{A}_\lambda$ zusammenhängend ist.

Von entscheidender Bedeutung ist nun das

Lemma 4. $\hat{A} = \bigcup \alpha_i' \cup \bigcup K_j'$ sei eine Zusammenhangskomponente von $Z \cap \{\mathfrak{A}(r') \cup \mathfrak{R}(r')\}$. Dann ist entweder für alle diese α_i' die Aussage (+) erfüllt oder es ist für alle diese α_i' die Aussage (—) richtig. Gilt etwa (+), so hat man weiter für diese K_j': Es gibt beliebig schmale Streifen $S(K)$

(vgl. Lemma 2), so daß $S(K) \cap Z \cap \mathfrak{A} \subset \bigcup \alpha_i'$; $S^-(K) \cap \bigcup f_i = \emptyset$; $S^+(K) \cap \mathfrak{A} \subset \bigcup f_i$ und $S^+(K) \cap \bigcup f_i \neq \emptyset$.

Beweis. (1) Wir zeigen: Hängen α_1, α_2 über K miteinander zusammen, ist also $\alpha_1 \cup K \cup \alpha_2$ zusammenhängend, so liegen f_1, f_2 auf derselben Seite von Z. Dazu bette man K gemäß Lemma 2 in einen Streifen $S(K) \subset V$ ein derart, daß insbesondere $S(K) \cap \mathfrak{A}$ zusammenhängend ist. $\bigcup \alpha_i$ zerlegt $S(K) \cap \mathfrak{A}$ in zusammenhängende Teilflächenstücke von V. Es gibt Punkte p_1 auf $f_1 \cap S(K) \cap \mathfrak{A}$ und p_2 auf $f_2 \cap S(K) \cap \mathfrak{A}$. Es gibt dann auch einen Weg w von p_1 nach p_2 mit den Eigenschaften: 1) $w \subset S(K) \cap \mathfrak{A}$ 2) w trifft $\bigcup \alpha_i$ nur in endlich vielen Punkten s_λ und läuft in jedem s von V^+ nach V^- oder umgekehrt (vgl. 2.1 b, § 2). Es folgt nun: Da die Randpunkte von f_i entweder auf $\bigcup \alpha_i$ oder über $\mathfrak{R}$ liegen, gehört das offene Wegstück w_λ zwischen s_λ und $s_{\lambda+1}$ entweder ganz zu f_i oder kein Punkt von ihm liegt auf f_i. Weiter ergibt sich aus den Voraussetzungen: Ist $w_\lambda \subset \bigcup f_i$, so $w_{\lambda+1} \cap \bigcup f_i = \emptyset$ und umgekehrt: Ist $w_\lambda \cap \bigcup f_i = \emptyset$, so $w_{\lambda+1} \subset \bigcup f_i$. So hat man endlich: Ist $p_1 \in V^+$, so auch $p_2 \in V^+$. Damit ist der erste Teil bewiesen.

(2) Es gelte (+). Dann ist offenbar $S^+(K) \cap \bigcup f_i \neq \emptyset$. Nach Lemma 2 ist $S(K) \cap Z$ zusammenhängend und $S(K) \cap Z \cap \mathfrak{R} = K$. Daher läßt sich $p \in S(K) \cap Z \cap \mathfrak{A}$ mit K durch einen Weg in $\mathfrak{A} \cap S(K) \cap Z$ verbinden. Also ist $S(K) \cap Z \cap \mathfrak{A} \subset \bigcup \alpha_i'$. Da ferner $S(K) \cap \mathfrak{A}$ zusammenhängend ist, folgt wie unter 1): $S^+(K) \cap \mathfrak{A} \subset \bigcup f_i$ und $S^-(K) \cap \bigcup f_i = \emptyset$, w.z.b.w.

Wir wiederholen die Voraussetzungen für Lemma 5: $\hat{A}_\lambda$ sind Zusammenhangskomponenten von $Z \cap \{\mathfrak{A}(r') \cup \mathfrak{R}(r')\}$; $\bigcup \hat{A}_\lambda = \bigcup \alpha_i \cup \bigcup K_j$. Auf jedem der K liegen Randpunkte der α. Die α_i, f_i genügen der Aussage E. Schließlich sei $\bigcup f_i \cup \bigcup \hat{A}_\lambda$ zusammenhängend.

Lemma 5. Es gibt eine Umgebung F' von $\bigcup \hat{A}_\lambda$, ein $r^* > r'$ und ein Flächenstück F^*, so daß für alle $\tilde{r} \leq r^*$ gilt: Die Komponenten A_ϱ, B_σ von $F' \cap Z \cap \mathfrak{A}(\tilde{r})$ genügen zusammen mit den Komponenten von $F^* \cap \mathfrak{A}(\tilde{r})$ der Aussage E. Dabei entstehen die A_ϱ „durch Fortsetzung“ aus den $\hat{A}_\lambda$. Die B_σ sind die anderen Komponenten.

Beweis. **(1)** Man nehme eine Komponente $\hat{A}_\lambda = \bigcup \alpha_i' \cup \bigcup K_j'$ und wende Lemma 4 an. Für die α_i' gelte etwa (+). Dann gibt es beliebig schmale disjunkte Streifen $S(K_j') \Subset V$ mit den Eigenschaften: $\{S(K')$

$\cap Z \cap \mathfrak{A}\} \subset \bigcup \alpha_i'$; $S^-(K') \cap \bigcup f_i = \emptyset$; $\{S^+(K') \cap \mathfrak{A}\} \subset \bigcup f_i$ und $S^+(K') \cap \bigcup f_i \neq \emptyset$. Für die Vereinigung S_λ der $S(K_j')$ gilt entsprechendes.

Zu $\alpha_i' - (S_\lambda \cap \alpha_i')$ bestimme man Umgebungen $U_i \Subset V$ mit $j(U_i) \Subset \mathfrak{A}(r')$ so, daß $U_i \cap V^+$ in $\bigcup f_i$ enthalten ist. Nun sei $\hat{S}_\lambda := S_\lambda \cup \bigcup U_i$. In unserem Fall gilt wieder: $\hat{S}_\lambda^- \cap \bigcup f_i = \emptyset$ und $\hat{S}_\lambda^+ \cap \mathfrak{A}(r') \subset \bigcup f_i$.

Dasselbe kann man für alle Komponenten $\hat{A}$ machen und dafür sorgen, daß die abgeschlossenen Hüllen der $\hat{S}_\lambda$ disjunkt sind. Vorläufig muß man damit rechnen, daß für einige $\hat{A}$ der Fall (+), für andere der Fall (—) vorliegt. Deshalb setzen wir fest: $S_\lambda^* := \hat{S}_\lambda^+$, wenn (+) vorliegt, und $S_\lambda^* := \hat{S}_\lambda^-$, wenn (—) vorliegt.

(2) Es sei jetzt $F' := \bigcup \hat{S}_\lambda$. Für ein festes f_i sind mit $F := f_i$ und dem gerade erklärten F' die Voraussetzungen von Satz 1 erfüllt (man setze $\tilde{F} := V \cup \bigcup f_i$). Infolgedessen gibt es ein Flächenstück F_i mit den Eigenschaften: 1) $f_i \Subset F_i$; 2) $(F' \cup f_i) \cap \mathfrak{A}(r')$ ist gleich $F_i \cap \mathfrak{A}(r')$. 3) $\overline{F_i \cap \mathfrak{A}(r')} \cap \mathfrak{R}(r')$ umfaßt $\overline{F_i} \cap \mathfrak{R}(r')$. 4) $F_i = F' \cup f_i \cup M_i$. Dabei ist M_i eine Umgebung (die beliebig klein gemacht werden kann) derjenigen Randpunkte von f_i, die nicht in F' liegen. 5) Es sei $R_i := \partial M_i - (\partial M_i \cap (F' \cup f_i))$. Dann ist $j(R_i) \Subset \mathfrak{J}(r')$.

(3) Die M_i seien so gewählt, daß $\overline{M_i} \cap \overline{F' \cap Z} = \emptyset$ und $\overline{M_i} \cap (\overline{F' - \bigcup S_\lambda^*}) = \emptyset$ ist. Das ist möglich. Denn $\overline{F' \cap Z} \cap \mathfrak{R} = \bigcup K$ besteht nur aus inneren Punkten von F'. Für $L_i := \partial f_i - (\partial f_i \cap F')$ ist also $L_i \cap \overline{F' \cap Z} = \emptyset$. Also gilt auch $\overline{M_i} \cap \overline{F' \cap Z} = \emptyset$, wenn M_i ausreichend klein ist. Weiter würde aus $p \in L_i \cap (\overline{F' - \bigcup S_\lambda^*})$ folgen, daß $f_i \cap (F' - \bigcup S_\lambda^*) \neq \emptyset$ ist. Denn p müßte auf $\mathfrak{R}$ und ein innerer Punkt von M_i sein. Es gibt dann eine Umgebung $U(p)$ mit zusammenhängendem $U(p) \cap \mathfrak{A}$. Ganz $U(p) \cap \mathfrak{A}$ muß also zu f_i gehören. Dann ist $f_i \cap (F' - \bigcup S_\lambda^*) \neq \emptyset$, da $\{\overline{F' \cap \mathfrak{A}} \cap \mathfrak{R}\} \supset \{\overline{F' \cap \mathfrak{J}} \cap \mathfrak{R}\}$ und infolgedessen auch $(F' - \bigcup S_\lambda^*) \cap U(p) \cap \mathfrak{A}$ nicht leer sein kann. Das widerspricht jedoch der Definition der S_λ^*. Zum Beispiel ist $S^* = S^+$ genau dann, wenn $S^- \cap \bigcup f_i = \emptyset$ ist. So folgt, daß $L_i \cap (\overline{F' - \bigcup S_\lambda^*})$ leer ist. Wenn nun M_i ausreichend klein gemacht wird, ist auch $\overline{M_i} \cap (\overline{F' - \bigcup S_\lambda^*})$ leer.

(4) Sei schließlich $\hat{F} := \bigcup S_\lambda^* \cup \bigcup f_i \cup \bigcup M_i$ und L sei die Menge derjenigen Randpunkte von $\hat{F}$, welche nicht auf $\overline{F' \cap Z}$ liegen. Wir behaupten:

$j(L) \Subset \mathfrak{J}(r')$. Zum Beweis beachte man, daß $j(L \cap \overline{M_\iota}) \Subset \mathfrak{J}(r')$ (vgl. (2), 5)). Da ferner die Randpunkte von f_ι entweder in M_ι oder auf $\bigcup \alpha_\iota$ oder aber in F_ι liegen, braucht man nur noch $L \cap \overline{\bigcup S_\lambda^*} := L^*$ zu untersuchen. Angenommen, es gebe einen Punkt p auf $L^* \cap \mathfrak{R}$. Es gibt dann ein K, so daß $p \in \overline{S(K)} \cap \mathfrak{R}$, wegen 5), Lemma 2 also auch $p \in \overline{S(K) \cap \mathfrak{A}}$ ist. Weiter ist $\{S^*(K) \cap \mathfrak{A}\} \subset \bigcup f_\iota$ und nach Konstruktion $\hat{F} \cap (F' - \bigcup S_\lambda^*) = \varnothing$ (vgl. (3)). Somit muß p ein Randpunkt eines der f_ι sein. p liegt nicht auf $\overline{F' \cap Z}$, folglich $p \in \bigcup M_\iota$. Dann ist p aber kein Randpunkt von $\hat{F}$. Widerspruch! – Über $\mathfrak{A}$ können keine Punkte von L^* liegen. Denn nach Konstruktion ist $\bigcup S_\lambda^* \cap \mathfrak{A} \subset \bigcup f_\iota$. Damit ist $j(L) \Subset \mathfrak{J}(r')$ bewiesen.

(5) Man fixiere nun $r^* > r'$ so klein, daß $j(L) \Subset \mathfrak{J}(r^*)$. Darauf definiere man $F^* := \hat{F} \cap \mathfrak{A}(r^*)$. Nach Konstruktion liegen die Randpunkte von F^* entweder über $\mathfrak{R}(r^*)$ oder sie sind Randpunkte von $\hat{F}$, die in $\overline{F' \cap Z}$ enthalten sind. Die letzteren bilden die Bögen A_ϱ, B_σ. Die A_ϱ enthalten die A_λ. Die B_σ sind neu hinzukommende Bögen.

Aus der Konstruktion ergibt sich sofort, daß A_ϱ, B_σ und die Komponenten von F^* der Aussage E genügen, wenn jedem Bogen α_ι als Flächenstück die Vereinigung V_ι der Komponenten von F^* zugeordnet wird, an deren Rand er beteiligt ist:
1.1 $\alpha_\iota \subset \partial V_\iota$, und jede Komponente von V_ι hat Randpunkte auf α_ι. (Klar.)
1.2 α_ι liegt weder auf dem Rande noch im Inneren eines $V_k \neq V_\iota$. Auch das ist nach der Konstruktion von $\bigcup S_\lambda^*$ und M_ι (es ist $\overline{M_\iota} \cap \overline{F' \cap Z} = \varnothing$) klar. 1.3 V_ι liegt entweder auf dem positiven Ufer von α_ι oder auf dem negativen. Das gilt offenbar nach Konstruktion für $V_\iota \cap \bigcup S_\lambda^*$ und für $V_\iota \cap \bigcup f_\iota$. Nach (3) gilt es auch für $V_\iota \cap \bigcup M_\iota$. Also gilt es für ganz V_ι.
2. $j(V_\iota) \subset \mathfrak{A}(r^*)$. Die Randpunkte von V_ι liegen entweder auf α_ι oder über $\mathfrak{R}(r^*)$. Das ist klar.

(6) Daß die entsprechenden Aussagen für alle $\tilde{r} \leqq r^*$ richtig bleiben, ist unmittelbar ersichtlich. Damit ist Lemma 5 vollständig bewiesen.

§ 4. Der Hauptsatz

Hauptsatz. Z sei ein beschränktartiger Zyklus auf der Fläche $\tilde{F}$; dim $\tilde{F} = k$ *über dem* P^n $(k \geqq 2)$ *und A ein* $A(c)$*-Bogen, also eine Zusammenhangskompo-*

nente von $Z \cap \mathfrak{A}(c)$. *Dann gibt es ein zusammenhängendes Flächenstück* F, $j(F) \subset \mathfrak{A}(c)$, *so daß* $A = \partial F \cap \mathfrak{A}(c)$; $j(\partial F - A) \subset \mathfrak{R}(c)$.

Anmerkung. Im einzelnen gilt: Zu jedem $p \in A$ gibt es eine Umgebung $U(p)$, so daß entweder (V sei eine der in 2.1, § 2 eingeführten Umgebungen von Z)

$$(+)\ U(p) \cap V^+ \subset F;\ U(p) \cap V^- \cap F = \emptyset \quad \text{für alle } p \text{ oder}$$
$$(-)\ U(p) \cap V^- \subset F;\ U(p) \cap V^+ \cap F = \emptyset \quad \text{für alle } p.$$

Beweis. N sei die Menge aller der r, für welche die folgende schwächere Aussage richtig ist. A_i seien die Zusammenhangskomponenten von $A \cap \mathfrak{A}(r)$, also $A(r)$-Bögen. Jedem A_i ist eindeutig ein (nicht notwendig zusammenhängendes) Flächenstück f_i zugeordnet, so daß für A_i, f_i die Aussage E gilt (mit anderen Worten: $\bigcup A_i = \partial \bigcup f_i \cap \mathfrak{A}(r)$).

(a) N ist nicht leer.

Zum Beweis sei ω so bestimmt, daß $A \cap \mathfrak{A}(\omega)$ leer, aber $A \cap \mathfrak{R}(\omega)$ nicht leer ist. Das geht, weil Z beschränktartig ist. Dann besteht $A \cap \mathfrak{R}(\omega)$ aus endlich vielen $T(\omega)$-Bögen T. Jedes T läßt sich nach Lemma 3 so in einen Streifen $S(T)$ einbetten, daß entweder für $F(T) := S^-$ oder für $F(T) := S^+$ gilt:

a) $F(T) \subset \mathfrak{J}(\omega)$
b) $Z \cap S(T) \subset \partial F(T)$
c) $\{\partial F(T) - (Z \cap S(T))\} \Subset \mathfrak{J}(\omega)$

Nimmt man die $S(T)$ hinreichend klein, so sind sie disjunkt. Man fixiere nun $r' > \omega$ so klein, daß die nicht auf A gelegenen Randpunkte aller $F(T)$ über $\mathfrak{J}(r')$ liegen. Darauf setze man $F^*(T) := F(T) \cap \mathfrak{A}(r')$. Nach Konstruktion liegt $F^*(T)$ entweder ganz in V^+ oder es liegt ganz in V^-. Bezeichnen wir jetzt die Komponenten von $A \cap \mathfrak{A}(r')$ mit A'_i und ordnen A'_i als f'_i die Vereinigung derjenigen Komponenten aller $F^*(T)$ zu, welche Randpunkte auf A'_i haben, so gilt für A'_i, f'_i die Aussage E, d.h. $\bigcup A'_i = \partial \bigcup f'_i \cap \mathfrak{A}(r')$. Damit ist (a) bewiesen.

(b) Ist $r' > r''$ und $r' \in N$, so auch $r'' \in N$. Denn sind A'_i, f'_i die zu r' gehörigen Bögen und Flächen, so hat man für r'' nur die Komponenten von $A'_i \cap \mathfrak{A}(r'')$ und $f'_i \cap \mathfrak{A}(r'')$ zu nehmen.

(c) N ist offen in $\omega < r \leqq c$.

Beweis. **(1)** Es sei $r' < c$ und $r' \in N$. Ferner seien α_i die Komponenten von $A \cap \mathfrak{A}(r')$ und f_i die zugeordneten Flächenstücke, so daß $\bigcup \alpha_i = \partial \bigcup f_i \cap \mathfrak{A}(r')$. Die abgeschlossene Hülle von $(A \cap \mathfrak{A}(r')) \cup \bigcup f_i$ wird im allgemeinen nicht zusammenhängend sein. Wir betrachten eine ihrer Zusammenhangskomponenten L_1 und bezeichnen die daran beteiligten Bögen und Flächen wieder mit α_i, f_i. Für diese und die Komponenten $\hat{A}_\lambda$ von $L_1 \cap A \cap (\mathfrak{A}(r') \cup \mathfrak{R}(r'))$ sind die Voraussetzungen des Lemma 5 erfüllt. Daher gibt es eine Umgebung U_1 von $\bigcup \hat{A}_\lambda$, ferner ein $r^* > r'$ und Flächenstücke f_k^*, so daß für die Komponenten A_k^* (dazu gehören hier auch die B des Lemma 5) von $U_1 \cap A \cap \mathfrak{A}(r^*)$ und die f_k^* die Aussage E gilt: $\bigcup A_k^* = \partial \bigcup f_k^* \cap \mathfrak{A}(r^*)$. Entsprechendes gilt für die anderen L_σ. Man wähle die U_σ paarweis disjunkt.

(2) Wäre nun $A \cap \mathfrak{A}(r^*)$ gleich der Vereinigung der Komponenten der $U_\sigma \cap A \cap \mathfrak{A}(r^*)$, so wäre man bereits am Ziel. Das ist der Fall, wenn $A \cap \mathfrak{R}(r')$ keine T-Bögen enthält und r^* ausreichend nahe bei r' ist.

Hat aber $A \cap \mathfrak{R}(r')$ T-Bögen T_j, so gibt es nach Lemma 3 Streifen $S(T_j)$, weiter ein $r_0 > r'$ und ein Flächenstück F_j, so daß $S(T_j) \cap A \cap \mathfrak{A}(r_0)$ das Flächenstück $F_j \cap \mathfrak{A}(r_0)$ in $\mathfrak{A}(r_0)$ berandet (genauer: $S(T_j) \cap A \cap \mathfrak{A}(r_0)$ ist gleich $\partial F_j \cap \mathfrak{A}(r_0)$).

Man darf nun annehmen: $r^* = r_0$. Denn statt r^* kann irgendein $r < r^*$ und statt r_0 irgendein $r < r_0$ genommen werden. Ist schließlich r^* hinreichend nahe an r', so ist $A \cap \mathfrak{A}(r^*)$ die Vereinigung der Komponenten von $\bigcup U_\sigma \cap A \cap \mathfrak{A}(r^*)$ und der Komponenten von $\bigcup S(T_j) \cap A \cap \mathfrak{A}(r^*)$.

(3) 1. Fall: T_j liegt nicht in $\bigcup L_\sigma$. Dann wähle man die U_σ zu $S(T_j)$ fremd. Man nehme nun die Komponenten von $S(T_j) \cap A \cap \mathfrak{A}(r^*)$ und die von $F_j \cap \mathfrak{A}(r^*)$ einfach zu den bereits vorhandenen hinzu.

2. Fall: T_0 liege in L_1. Offenbar muß T_0 auf dem Rande eines f_j liegen. Es sei $f_j \subset f_j^*$ (vgl. (1)). Man halte nun zunächst r^* fest und mache r_0 so klein, daß das nach (2) T_0 und r_0 zugeordnete Flächenstück F_0 ganz in f_j^* enthalten ist. Macht man nun den Übergang $r^* \to r_0$, so folgt: Für $r^* = r_0$ ist $F_0 \subset f_j^*$.

Man schneide nun F_0 aus f_j^* heraus und setze $\tilde{f}_j := f_j^* - F_0$. Der Rand von $\tilde{f}_j$ unterscheidet sich vom Rand von f_j^* gerade um die Komponenten von $W := S(T) \cap A \cap \mathfrak{A}(r^*)$, die neu hinzukommen, und die nicht in W enthaltenen und deshalb über $\mathfrak{R}(r^*)$ liegenden Randpunkte von F_0, welche fortfallen. W liegt weder im Inneren noch auf dem Rande eines von f_i^* verschiedenen f_k^*. Denn die f_j^* sind paarweis disjunkt.

Das geschilderte Verfahren führe man für alle T aus $\bigcup L_\sigma$ durch und ersetze jeweils das f_j^*, welches T enthält, durch $\tilde{f}_j$. Man kann immer dasselbe $r_0 = r^*$ nehmen. Nimmt man noch die Bögen und Flächen hinzu, welche bei den T neu entstehen, die nicht in $\bigcup L_\sigma$ liegen (1. Fall), so erhält man eine Menge von $A(r^*)$-Bögen und zugehörigen Flächen, auf die Aussage E zutrifft. Die Menge dieser $A(r^*)$-Bögen ist nach Konstruktion gleich $A \cap \mathfrak{A}(r^*)$. Folglich gehört r^* zu N und dann auch alle $r \leqq r^*$. Damit ist c) bewiesen.

(d) N ist abgeschlossen in $\omega < r \leqq c$.

Wir stellen zunächst fest: Gilt die Aussage E bei festem r für eine Menge von Bögen A_i und Flächen f_i, so kann sie nicht für dieselben A_i und andere Flächen F_i richtig sein. Die Flächen sind also durch die Bögen eindeutig festgelegt. Es genügt offenbar, das für die Zusammenhangskomponenten von $\bigcup \overline{f_i}$ zu zeigen. Sei also $\bigcup \overline{f_i}$ zusammenhängend. Sei etwa $f_i \neq F_i$. Dann ist $f_i \cap F_i = \emptyset$ und A_i besteht aus inneren Punkten von $\overline{f_i} \cup \overline{F_i}$, wie man sofort sieht. Es folgt weiter $f_k \neq F_k$ für alle A_k, die am Rande von f_i beteiligt sind. Da $\bigcup \overline{f_i}$ zusammenhängend ist, muß für alle j gelten: $f_j \neq F_j$ und A_j liegt im Inneren von $\bigcup \overline{f_i} \cup \overline{F_i}$. Dann ist $\bigcup \overline{f_i} \cup \overline{F_i}$ jedoch ein Flächenstück G über $\mathfrak{A}$, dessen Rand über $\mathfrak{K}$ liegt. Es folgt die Existenz eines $\tilde{r}$ mit der Eigenschaft: $G \cap \mathfrak{A}(\tilde{r}) = \emptyset$ und $G \cap \mathfrak{K}(r) \neq \emptyset$. Das widerspricht Satz B.

Es sei jetzt N_0 eine maximale offene Menge in N und r_0 ihre obere Grenze. Ferner seien r', r'' in N und $r' < r''$, und schließlich A_i', f_i' und A_j'', f_j'' die zugehörigen A, f. Nach dem gerade Bewiesenen sind die Komponenten von A_i', f_i' die Komponenten von $\bigcup A_j'' \cap \mathfrak{A}(r')$ und $\bigcup f_j'' \cap \mathfrak{A}(r')$. Man erkläre nun für r_0 die A_k^0 als die Komponenten von $\bigcup\limits_{r' < r_0} A_i'$ und die Komponenten der f_k^0 als die Komponenten von $\bigcup\limits_{r' < r_0} f_i'$. Für die so definierten A_k^0, f_k^0 gilt offenbar Aussage E. Also ist $r^0 \in N$.

(e) Nach a)–d) ist c in N. Das aber ist genau die Aussage des Satzes.

Eine unmittelbare Folge ist der

Satz I. Jeder beschränktartige Zyklus Z auf $\tilde{F}$ berandet. Mit anderen Worten: Es gibt ein Flächenstück $F(Z)$, so daß $Z = \partial F(Z)$. Außerdem ist auch $F(Z)$ beschränktartig.

Alle in einer $U(Z)$ holomorphen (meromorphen) Funktionen lassen sich zu auf $F(Z)$ holomorphen (meromorphen) Funktionen fortsetzen.

($\tilde{F}$ sei eine Fläche über dem P^n und dim $\tilde{F} = k \geqq 2$. Die Menge M heißt beschränktartig, wenn es eine analytische Ebene $E \subset P^n$; dim $E = n - k + 1$ und eine Umgebung $U(E)$ gibt, so daß $M \cap U(E)$ leer ist.)

Beweis. Aus dem letzten Satz folgt: Für jedes positive r beranden die Komponenten von $Z \cap \mathfrak{A}(r)$ beschränktartige Flächenstücke. Nun aber bleiben nur die Punkte $p_1 = (1, 0, \ldots, 0)$; ......; $p_s = (0, \ldots, 1, 0, \ldots, 0)$ (homogene Koordinaten) außerhalb alle $\mathfrak{A}(r)$. Man bekommt ein Flächenstück F, auf dessen Rand Z liegt (die kritischen p, welche auf Z liegen, sind offenbar harmlos) und dessen übrige „Randpunkte" alle über $p_1, \ldots, p_s$ liegen. Die Menge $j(F)$ ist in einer $U(p_i)$ analytisch mit Ausnahme des Punktes p_i selbst. Dann ist die abgeschlossene Hülle von $j(F)$ auch noch in p_i analytisch. Es folgt, daß $Z = \partial\bar{F}$. Das war zu beweisen. Außerdem lassen sich die auf Z holomorphen (meromorphen) Funktionen nach $F(Z)$ fortsetzen.

§ 5. Folgerungen

A. Anwendung auf komplexe Räume

In [8] sind bereits Folgerungen für die Fortsetzung komplexer Räume aus den Sätzen des vorigen Paragraphen abgeleitet worden. Wir wollen hier nur die Übertragung des Satzes I auf Räume wiederholen. Für weitere Folgerungen sei auf die zitierte Arbeit verwiesen. X sei ein K-vollständiger und holomorph-separabler Raum und $U \Subset X$ ein Gebiet in ihm. Dann gibt es bekanntlich ein N und eine biholomorphe Abbildung $\tau: U \to F$ auf ein analytisches Flächenstück F über dem C^N. Wie auf F kann man Zyklen Z auf X erklären. $U \Subset X$ sei eine Umgebung von Z. Das Bild $\tilde{Z} := \tau(Z)$ ist ein beschränkter Zyklus auf $F := \tau(U)$. Nach Satz I berandet Z ein beschränktes Flächenstück $F(Z)$. Offenbar ist $F(Z)$ K-vollständig; es ist jedoch nicht sicher, daß $F(Z)$ auch holomorph-separabel ist (Voraussetzung: dim $X \geqq 2$). Man erhält so den

Satz I. Ist Z ein Zyklus auf dem K-vollständigen und holomorph-separablen Raum X, so kann man in Z ein beschränktes analytisches Flächenstück $F(Z)$ „ein-*

setzen". Das bedeutet genauer: Es gibt eine Umgebung U von Z, ein beschränktes Flächenstück $\tilde{U}$ über dem C^N, eine biholomorphe Abbildung $\tau: U \to \tilde{U}$ und ein beschränktes Flächenstück $F(Z)$ über dem C^N, so daß gilt: $\tau(Z) = \partial F(Z)$. X wird dadurch zu einem K-vollständigen Raum X^* fortgesetzt, in welchem Z berandet. Es ist jedoch nicht sicher, daß X^* auch holomorph-sparabel ist. Alle in einer Umgebung von Z holomorphen (meromorphen) Funktionen lassen sich ins „Innere von Z" fortsetzen.

Wenn nun X holomorph-vollständig ist, so läßt X sich durch analytische Polyeder ausschöpfen: $X = \bigcup P_m$; $P_m \Subset P_{m+1} \Subset X$. Es sei P^* ein solches Polyeder, daß $P^* \Supset Z$. Man nehme nun eine biholomorphe Abbildung τ von P^* auf ein analytisches Flächenstück $\tilde{P}$ des C^N und das von $\tau(Z)$ berandete Flächenstück $F(Z)$. In $F(Z)$ können nach dem Maximumprinzip keine Randpunkte von $\tilde{P}$ liegen. Also ist $F(Z) \Subset \tilde{P}$. Folglich berandet Z bereits in X. Man hat so den

*Satz I**. Ist X holomorph-vollständig, so berandet jeder Zyklus Z. Alle in $U(Z)$ holomorphen (meromorphen) Funktionen lassen sich ins Innere von Z fortsetzen.*

B. Anwendung auf analytische Mengen

1. Gebiete im C^n

1.1 Zunächst sei $G \subset C^n$ ein beschränktes Gebiet mit stückweise glattem Rand R. Die Menge M sei in der Umgebung U von R analytisch und irreduzibel, $\dim M = k \geqq 2$ und $M \cap R \neq \emptyset$. Ferner sei $M \cap R$ überall genau $(2k-1)$-dimensional. Geht man nun von M zu der überlagerten analytischen Fläche $\tilde{M}$ über (deren Punkte die Primkeime von M sind), so besteht $\tilde{M} \cap R$ aus endlich vielen Zyklen Z der früher beschriebenen Art mit Umgebungen $V \subset \tilde{M}$, so daß etwa $V^+ = V \cap G$ und $V^- = V \cap (C^n - \bar{G})$ ist. Wir betrachten jetzt den Sonderfall, daß nur ein Z vorhanden ist. Nach § 4 gibt es ein beschränktes Flächenstück $F(Z)$, so daß $F(Z) = \partial Z$. Es sei $F(Z) \cap V^- = \emptyset$ und $F(Z) \supset V^+$ (entweder gilt dies oder es gilt $F \cap V^+ = \emptyset$ und $F(Z) \supset V^-$). Die $F(Z)$ zugeordnete analytische Menge $M^* := j(F)$ hat offenbar folgende Eigenschaften:

(a) $M^* \cap G$ und $M^* \cap (C^n - \bar{G})$ sind analytisch; $\dim M^* = k$.

(b) Es gibt eine Umgebung U von R so, daß gilt: $M^* \cap U \cap G$ umfaßt $M \cap U \cap G$.

(c) Den Komponenten von $M^* \cap (C^n - \bar{G})$ entsprechen beschränkte analytische Flächenstücke über dem C^n, deren Rand über R liegt.

(d) Es gibt eine in U analytische Menge N derart, daß gilt:

1. $(M \cup N) \cap U \cap G = M^* \cap U \cap G$;
2. $M^* \cap U \cap (C^n - \bar{G}) = N \cap U \cap (C^n - \bar{G})$.

Entsprechendes gilt im Falle $F(Z) \cap V^+ = \emptyset$. Man hat dann nur die Rollen von G und $C^n - \bar{G}$ zu vertauschen.

1.2 Besteht $\tilde{M} \cap Z$ aus mehreren Zyklen Z, so kann man die Umgebung U von R so wählen, daß gilt: $M \cap U = \bigcup M_i$; M_i irreduzibel in U und $\tilde{M}_i \cap R = Z_i$. Zu jedem Z_i gehört dann eine Menge M_i^* wie oben. Dabei werden bei einigen Z_i die Bedingungen in der angeschriebenen Form zu nehmen sein, während bei anderen in (a)–(d) die Rollen von G und $C^n - \bar{G}$ zu vertauschen sind.

1.3 Schließlich sei wieder $G \subset C^n$ ein beschränktes Gebiet ohne besondere Eigenschaften des Randes R. Die Menge M sei wie oben in $U := U(R)$ analytisch und es sei $M \cap R \neq \emptyset$. Für die Anwendungen wird es genügen festzustellen: G kann (sowohl von innen als auch von außen) durch Gebiete G_ν mit stückweise glatten Rändern R_ν so approximiert werden, daß für G_ν, R_ν, M_ν und Umgebungen $U_\nu := U_\nu(R_\nu)$ die in 1.1 formulierten Bedingungen zutreffen. Dann kann man also die „Fortsetzungen" M_ν^* der Mengen M_ν konstruieren (vgl. 1.1).

1.4 Wir wollen nun früher bewiesene Sätze neu herleiten und verallgemeinern. Der Begriff q-konvex ist auf verschiedene Weise definiert worden (vgl. [1], [7]). Wir wollen als charakteristische Eigenschaften die nehmen, welche in diesem Zusammenhang gebraucht werden.

Definition (Lokal q-konvex). Das Gebiet G heiße (lokal) q-konvex, wenn gilt:

(a) Zu jedem Randpunkt r von G gibt es eine Umgebung $U(r)$ und eine in $U(r)$ analytische q-dimensionale Menge Q, so daß $r = U(r) \cap Q \cap \bar{G}$ ist (d. h.: Q trifft $\bar{G}$ genau in r). (b) Ist r Randpunkt von G und L eine in r

analytische Menge der Dimension $n-q$, welche r enthält, so ist $L \cap U(r) \cap (C^n - \bar{G})$ für keine Umgebung $U(r)$ leer.

Ist der Rand von G etwa zweimal stetig differenzierbar, $\partial G = (\varphi = 0)$ und $G = (\varphi < 0)$, so ist G q-konvex in r, wenn die Hermitesche Form

$$\sum \frac{\partial^2 \varphi(r)}{\partial z_\mu \partial \bar{z}_\nu} u_\mu \bar{u}_\nu \text{ auf der Tangentialebene } \sum \frac{\partial \varphi(r)}{\partial z_\mu} u_\mu = 0$$

mindestens q positive Eigenwerte hat (vgl. [7]). Weiter sind die in [7] durch globale Bedingungen charakterisierten „q-konvexen" Gebiete sicher (lokal) q-konvex.

Wir beweisen nun einen früher (vgl. [7]) mit anderen Mitteln für (global) q-konvexe Gebiete bewiesenen Satz.

Satz II. G sei beschränkt und (lokal-) q-konvex, U eine Umgebung des Randes von G und M eine in U analytische irreduzible Menge der Dimension k. Es sei $M \cap \partial G \neq \emptyset$ *und* $q + k = n + 1$. *Dann läßt M sich zu einer in G analytischen Menge* M^* *fortsetzen. Das bedeutet im einzelnen: (1)* M^* *ist G analytisch;* $\dim M^* = k$. *(2) Es gibt eine Umgebung* U^* *von* ∂G, *so daß gilt:* $M \cap U^* \cap G = M^* \cap U^* \cap G$.

Beweis. **1.** Man approximiere G wie unter 1.3 angegeben durch Gebiete $G_* \Subset G$ mit stückweise glatten Rändern R_*, so daß $\tilde{M} \cap R_* = \bigcup Z_\lambda$. Zu Z_λ konstruiere man das Flächenstück $F_\lambda := F(Z_\lambda)$, so daß $Z_\lambda = \partial F(Z_\lambda)$.

2. Behauptung: $j(F_\lambda) \cap (C^n - G)$ ist leer.

Angenommen erstens, auf $j(F_\lambda)$ liege ein äußerer Punkt von G. Sei dann N eine Komponente von $j(F_\lambda) \cap (C^n - \bar{G})$ und $\tilde{N}$ das zugehörige Flächenstück über dem C^n. Nun ist $\tilde{N}$ beschränkt und seine Randpunkte liegen alle über R. Aus der q-Konvexität von G folgt: Zu jedem Randpunkt r von $\tilde{N}$ gibt es eine eindimensionale analytische Menge A auf F_λ (es ist $N \Subset F$), r auf A, so daß $A - \{r\}$ in $\tilde{N}$ enthalten ist. Andererseits gibt es auf der abgeschlossenen Hülle von $\tilde{N}$ offenbar nicht-konstante holomorphe Funktionen f, deren Maximum dann im Inneren von $\tilde{N}$ nicht angenommen werden kann. Ist nun $\max |f| = |f(r)|$, so folgt $f(A) = f(r)$, was nicht sein kann.

Angenommen zweitens, auf $j(F_\lambda)$ liege ein Randpunkt von G, aber kein äußerer Punkt. Das widerspricht jedoch unmittelbar der Bedingung (b) der q-Konvexität.

3. Man wähle eine endliche Überdeckung $V := \bigcup U_i' \cup \bigcup U_j''$ des Randes R von G mit den Eigenschaften: (1) $U_j'' \cap M = \emptyset$ und $r_i \in U_i'$; $r_i \in R$; $M \cap U_i'$ besteht aus endlich vielen Komponenten, die alle r_i enthalten. (2) Der Rand von U_j'', U_i' ist stückweise reell-analytisch. (3) $\overline{M \cap U_i'} = M \cap \overline{U_i'}$ (man kann für die U lineare Bilder des Einheitspolyzylinders nehmen). Darauf setze man $G_* = G - (\overline{G \cap V})$ und $R_* = \partial G^*$. Nach Konstruktion haben alle Komponenten von $H := M \cap (G - \overline{G}_*)$ Randpunkte auf R. Der Schnitt $\overline{H} \cap R_*$ ist nach Konstruktion gleich $M \cap R_*$ und besteht daher aus endlich vielen $j(Z_\lambda)$. Man nehme die zugehörigen $F(Z_\lambda)$. Ihre Vereinigung sei F. Schließlich sei $M^* := \overline{H} \cup j(F)$. Diese Menge ist nach Konstruktion offenbar in G abgeschlossen. Sie ist auch lokal-analytisch in G. Das ist nur an den Nahtstellen auf $j(Z_\lambda)$ nicht selbstverständlich. Es ist auch hier sofort klar, wenn gezeigt ist: Zu Z_λ gibt es eine $U(Z_\lambda)$, so daß $j(F(Z_\lambda) \cap U(Z_\lambda)) \subset G_*$. Wäre das nun nicht der Fall, so müßte $F(Z_\lambda)$ mit der H überlagerten Fläche $\tilde{H}$ gemeinsame Punkte haben. Da aber alle Komponenten von H den Rand R treffen, müßte das auch für $j(F(Z_\lambda))$ gelten. Das ist wegen 2. nicht möglich.

Also ist M^* in G analytisch.

4. Da es nur endliche viele $j(F_\lambda)$ gibt und diese relativ-kompakt in G liegen, kann eine Umgebung U^* des Randes R fixiert werden, so daß $U^* \cap \bigcup j(F_\lambda)$ leer ist. Dann folgt $U^* \cap M^* \cap G = U^* \cap M \cap G$. Damit ist alles bewiesen.

In [7] wurde für die dort betrachteten (global) q-konvexen Gebiete gezeigt, daß sich die Dimensionsbedingung reduzieren läßt auf $q + k = n$.

Ähnlich gilt

Satz II. Der vorige Satz gilt schon unter der Dimensionsbedingung $q + k = n$, wenn zusätzlich vorausgesetzt wird: G läßt sich stetig über q-konvexe Gebiete auf den C^n ausdehnen.*

Der obige Beweis kann wörtlich übernommen werden, abgesehen von Punkt 2. Dort ist zu zeigen: $j(F_\lambda) \cap (C^n - G)$ ist leer. Sonst müßte sich G auf ein q-konvexes Gebiet G_0 ausdehnen lassen, so daß $j(F_\lambda) \cap (C^n - \overline{G}_0)$

leer ist, auf dem Rande von G_0 jedoch ein Punkt von $j(F_\lambda)$ liegt. Das widerspricht der Bedingung (b) der q-Konvexität.

2. Gebiete in komplexen Mannigfaltigkeiten

2.1 Gebiete in holomorph-vollständigen Mannigfaltigkeiten

X sei eine zusammenhängende holomorph-vollständige Mannigfaltigkeit der Dimension n und $G \Subset X$ ein Gebiet auf ihr. Dann gibt es nach einem Satz von R. Remmert eine biholomorphe Abbildung von X auf eine analytische Menge X_* in einem C^N; X_* hat nur gewöhnliche Punkte (d. h. X_* ist eine Mannigfaltigkeit) (zum Beweis siehe z. B. [2]). Dabei gehe G in G_* über. Man kann nun auf X_* dieselben Schlüsse wie unter 1. ziehen. So erhält man zunächst auf X_* die entsprechenden Resultate. Geht man zu X zurück, so hat man den

*Satz II**. Die Sätze II, II* gelten auch für Gebiete $G \Subset X$, wenn X eine holomorph-vollständige Mannigfaltigkeit ist.*

Ebenso übertragen sich die unter 1.1–1.3 abgeleiteten Ergebnisse sofort von X_* auf X.

2.2 Gebiete in K-vollständigen, holomorph-separablen Mannigfaltigkeiten

X sei nur als K-vollständig und holomorph-separabel (vgl. [4]), jedoch nicht als holomorph-konvex vorausgesetzt. Es sei $G \Subset X$ ein Gebiet in X. Man wähle $G_0 : G \Subset G_0 \Subset X$. Dann kann man G_0 biholomorph abbilden auf eine Menge G_* in einem beschränkten Gebiet Y eines C^N, so daß G_* in Y analytisch ist und nur gewöhnliche Punkte hat: $\tau : G_0 \to G_*$. Ist M eine in der Umgebung des Randes R von G analytische Menge, so ist das Bild M_* in der Umgebung des Randes von $\tau(G)$ analytisch. M ist auch als Menge des C^N aufgefaßt eine in einer Umgebung von $\tau(R)$ analytische Menge. Man kann nun ganz ähnlich wie früher $\tau(G)$ approximieren, so Zyklen Z und die zugehörigen $F(Z)$ bekommen. Der einzige Unterschied gegenüber 2.1 ist, daß die $j(F)$ im allgemeinen nicht mehr ganz in Y liegen werden, sondern auch Punkte außerhalb Y haben werden. Man sieht jedoch sofort, daß der Beweis des Satzes II davon nicht berührt wird. Man bekommt diesen Satz zunächst für die Bilder in Y und dann nach Rückkehr zu X dort. Also gilt

Satz III. Ist X eine zusammenhängende, K-vollständige und holomorph-separable Mannigfaltigkeit der Dimension n, und ist $G \Subset X$ ein Gebiet auf X, so gilt Satz II sonst unverändert.

Die Betrachtungen unter 1. und der Beweis des Satzes II* lassen sich jedoch nicht übertragen.

LITERATUR

[1] *Andreotti, A.*, und *H. Grauert*, Théorèmes de finitude pour la cohomologie des espaces complexes. Bull. Soc. Math. France *90* (1962), 193–259.

[2] *Bishop, E.*, Mappings of partially analytic spaces. Amer. Journal Math. *83* (1961), 209–242.

[3] *Brown, A. B.*, On certain analytic continuations and analytic homeomorphisms. Duke Math. J. *2* (1936), 20–28.

[4] *Grauert, H.*, Charakterisierung der holomorph-vollständigen komplexen Räume. Math. Ann. *129* (1955), 233–259.

[5] *Rossi, H.*, Attaching an analytic space to an analytic space along a pseudoconcave boundary. Mimeographiert.

[6] *Rothstein, W.*, Über die Fortsetzung analytischer Flächen. Math. Ann. *122* (1953), 424–434.

[7] *Rothstein, W.*, Zur Theorie der analytischen Mannigfaltigkeiten im Raume von *n* komplexen Veränderlichen. Math. Ann. *129* (1955), 96–138; *133* (1957), 271–280 und 400–409.

[8] *Rothstein, W.*, Bemerkungen zur Theorie komplexer Räume. Math. Ann. *137* (1959), 304–315.

[9] *Sperling, H.*, Zur Fortsetzung analytischer Flächen. Dissertation, Marburg 1957.

[10] *Stein, K.*, Die Regularitätshüllen niederdimensionaler Mannigfaltigkeiten. Math. Ann. *114* (1937), 543–569.

Über die untere Ordnung der ganzen Funktion $f(z)\, e^{az}$

Von *Anders Hyllengren*

§ I Einführung

In dieser Arbeit untersuchen wir die Menge $A_t(f)$ komplexer Zahlen a, für welche die ganze Funktion $f(z)\, e^{az}$ von unterer Ordnung kleiner als t ist. Hier ist t, $0 < t \leqq 1$, eine reelle Zahl, und $f(z)$ eine vorgegebene ganze Funktion.

Die wichtigsten Ergebnisse geben wir in Satz 1 und 2. Aus Satz 2 folgt, daß die Menge $A_t(f)$ für spezielle ganze Funktionen $f(z)$ überabzählbar ist. Diese Tatsache erweitert das Resultat in [2], wonach $A_t(f)$ mehr als ein Element besitzen kann. Wir benutzen hier die Produktdarstellung, welche nach Weierstraß [4] für alle ganze Funktionen existiert.

Wir schätzen $A_t(f)$ mit Hilfe einer speziellen Mengenfunktion μ ab. Diese Mengenfunktion ist so beschaffen, daß die folgenden Eigenschaften (i) und (ii) für eine Menge A äquivalent sind,

(i) es gibt t und $f(z)$, $0 < t < 1$, so daß $A \subset A_t(f)$,

(ii) $\mu(A) < +\infty$.

Definition 1. *Für eine Folge $F = \{d_n\}_{n=1}^{\infty}$ positiver reeller Zahlen, und eine gegebene Menge A komplexer Zahlen, sagen wir, daß F die Menge A majoriert, falls eine Folge $\{a_n\}_{n=1}^{\infty}$ komplexer Zahlen existiert, so daß jeder Punkt in A in unendlich vielen der Kreise C_n liegt,*

$$C_n = \{z \mid |z - a_n| < d_n\}. \tag{1}$$

Die Mengenfunktion $\mu(A)$ wird dann durch

$$\mu(A) = \inf \left\{ \frac{1}{k} \mid k > 0,\ \{d_n = e^{-e^{kn}}\}_{n=1}^{\infty} \text{ majoriert die Menge } A \right\} \tag{2}$$

definiert.

Man erhält $0 \leqq \mu(A) \leqq +\infty$.

Beispiele:

(i) Wenn A eine abzählbare Menge ist, so ist $\mu(A) = 0$.

(ii) Wenn $\mu(A) < +\infty$ ist, so verschwindet das äußere Lebesguemaß der Menge A.

(iii) In (2) kann man

(3) $$\{d_n = \theta^{e^{kn}}\}_{n=N}^{\infty}$$

anstatt $\{d_n = e^{-e^{kn}}\}_{n=1}^{\infty}$ schreiben. Für $0 < \theta < 1$ und $N \geqq 1$ wird der Wert von $\mu(A)$ dadurch nicht verändert. Eine endliche Anzahl der Kreise (1) ist ja unwesentlich, und aus

(4) $$\theta^{e^{kn}} = e^{-e^{k}\left(n + \frac{1}{k}\log\log\frac{1}{\theta}\right)}$$

folgt, daß Änderungen in N und in θ äquivalent sind.

Für eine ganze Funktion $g(z)$ ist die untere Ordnung

(5) $$\lambda(g(z)) = \liminf_{r\to\infty} \log\log\left(\max_{|z|=r} |g(z)|\right)/\log r.$$

Definition 2. *Für eine ganze Funktion $f(z)$ und eine positive Zahl t ist $A_t(f)$ die folgende Menge komplexer Zahlen*

(6) $$A_t(f) = \{a \mid \lambda(f(z)\, e^{az}) < t\}.$$

Nachstehend geben wir zwei Sätze über die Mengen $A_t(f)$.

Satz 1. *Es sei $f(z)$ eine ganze Funktion und t eine reelle Zahl,* $0 < t < 1$. *Dann ist*

(7) $$\mu(A_t(f)) \leqq \left(\log\frac{1}{t}\right)^{-1}.$$

Satz 2. *A sei eine Menge komplexer Zahlen und t eine reelle Zahl,* $0 < t < 1$, *so daß*

(8) $$\mu(A) < \left(\log\frac{2-t}{t}\right)^{-1}.$$

Dann existiert eine ganze Funktion $f(z)$ mit

(9) $$A \subset A_t(f).$$

Wir wissen nicht, ob die Grenzen in (7) und (8) sich verbessern lassen.

Die Sätze 3, 4 und 5 über Eigenschaften der Mengenfunktion μ geben wir in § IV. Ein Resultat, das von der Mengenfunktion μ nicht abhängt, ist das folgende:

Satz 6. *Zu einem gegebenen $t = \tau$, $0 < \tau < 1$, gibt es zwei ganze Funktionen $f_1(z)$ und $f_2(z)$, so daß die Menge*

$$A_\tau(f_1) \cup A_\tau(f_2)$$

in keinem $A_\tau(f)$ beinhaltet wird.

Ein Vergleich mit gewöhnlichen Mengenfunktionen ist der folgende Satz:

Satz 7. *Für $0 < t \leqq 1$ ist die Menge $A_t(f)$ von logarithmischem Hausdorffmaß gleich Null. ($f(z)$ eine ganze Funktion.)*

Ein Beispiel einer Menge A mit $0 < \mu(A) < +\infty$ kommt im Beweis für Hilfssatz 2 (§ IV) vor.

§ II Beweis für Satz 1

In diesem Beweis brauchen wir den folgenden Hilfssatz:

Hilfssatz 1. *$f(z)$ sei eine ganze Funktion mit $f(0) = 1$, und b sei eine bestimmte komplexe Zahl. Dann gilt für jedes $r > 0$ entweder*

$$\log \max_{|z|=r} |f(z)| \geqq \frac{r\,|b|}{\pi}$$

oder

$$\log \max_{|z|=r} |f(z)\, e^{bz}| \geqq \frac{r\,|b|}{\pi}.$$

Beweis des Hilfssatzes.

Für ein beliebiges festes r ($r > 0$) bezeichnen wir

$$\varphi(\theta) = \log |f(z)|, \qquad z = re^{i\theta},$$

$$\psi(\theta) = \log |f(z)\, e^{bz}|, \qquad z = re^{i\theta}.$$

Dann ist

$$\int_0^{2\pi} \max(\varphi(\theta), \psi(\theta))\, d\theta = \frac{1}{2} \int_0^{2\pi} (\varphi(\theta) + \psi(\theta) + |\varphi(\theta) - \psi(\theta)|)\, d\theta$$

$$\geqq 2\pi \log |f(0)| + \frac{1}{2} r|b| \int_0^{2\pi} |\cos(\theta + \alpha)|\, d\theta = 2\pi \frac{r|b|}{\pi}.$$

Es existiert also ein θ, $\theta = \theta_r$, so daß

$$\varphi(\theta_r) \geqq \frac{r|b|}{\pi} \quad \text{oder} \quad \psi(\theta_r) \geqq \frac{r|b|}{\pi}.$$

Damit ist der Hilfssatz bewiesen.

Beweis für Satz 1.

Wir setzen $f(z)$, $f(0) = 1$, und $t < 1$ als gegeben voraus. Hier ist $f(0) = 1$ keine wesentliche Einschränkung, weil man wenn $f(0) \neq 1$ mit kz^n dividieren kann. Im Sinne von Definition 1 suchen wir nun eine Überdeckung von $A_t(f)$.

Im folgenden sei ε eine beliebige Zahl im Intervall

$$(10) \qquad 0 < \varepsilon < \frac{1}{t} - 1.$$

Wir bezeichnen

$$\frac{1}{2} \varepsilon t = h,$$

und

$$(11) \qquad \max_{|z|=r} |f(z)\, e^{az}| = M_a(r).$$

Wir bestimmen $r_1 > 0$, so daß

$$(12) \qquad \frac{r_1^{1-h}}{\pi} > r_1^{1-\varepsilon t} > r_1^t,$$

und definieren

$$(13) \qquad r_{n+1} = r_n^{\frac{1}{t} - \varepsilon}, \qquad n = 1, 2, \ldots$$

Für $a \in A_t(f)$, so gilt

$$\log M_a(r) \leqq r^t \tag{14}$$

für eine unbegrenzte Menge von r-Werten. Wir bezeichnen mit S die folgende Menge von Paaren (a, r) wo a eine komplexe und r eine reelle Zahl ist:

$$S = \{(a, r) \mid \log M_a(r) \leqq r^t\}. \tag{15}$$

S_n sei die Teilmenge

$$S_n = \{(a, r) \mid r_n \leqq r \leqq r_{n+1}\} \cap S. \tag{16}$$

B_n bezeichnet die folgende Menge von a-Werten:

$$B_n = \{a \mid (a, r) \in S_n \text{ für irgendein } r\}. \tag{17}$$

Wir werden nun zeigen, daß es einen Kreis C_n mit dem Mittelpunkt a_n gibt, so daß

$$B_n \subset C_n = \{z \mid |z - a_n| < r_n^{-h} = d_n\}. \tag{18}$$

Für den Fall, daß die Menge B_n nicht leer ist, bezeichnen wir mit ϱ_n das Minimum der r-Werte im Intervall $r_n \leqq r \leqq r_{n+1}$, für welche die Ungleichung (14) eine Lösung $a (a = a_n)$ besitzt, d. h. $(a_n, \varrho_n) \in S_n$.

Um (18) zu zeigen, beweisen wir, daß man für $(a, r) \in S$ nicht gleichzeitig sowohl

$$\varrho_n \leqq r \leqq \varrho_n^{\frac{1}{t} - \varepsilon} \tag{19}$$

als auch

$$|a - a_n| \geqq \varrho_n^{-h} \tag{20}$$

haben kann.

Zu diesem Zweck setzen wir

$$|a - a_n| \geqq \varrho_n^{-h} \quad \text{und} \quad r \geqq \varrho_n$$

voraus, und zeigen, daß

$$r > \varrho_n^{\frac{1}{t}-\varepsilon} \tag{21}$$

gelten muß.

Beweis für (21).

$(a, r) \in S$ und $(a_n, \varrho_n) \in S$, d. h.

$$\log M_a(r) \leqq r^t \quad \text{und} \quad \log M_{a_n}(\varrho_n) \leqq \varrho_n^t. \tag{14'}$$

Die Ungleichung (12) gilt auch für $\varrho_n \geqq r_1$ statt r_1. Wir wenden den Hilfssatz 1 mit $a - a_n = b$ an. Aus

$$\log M_{a_n}(\varrho_n) \leqq \varrho_n^t < \frac{\varrho_n^{1-h}}{\pi} \leqq \frac{\varrho_n\,|a - a_n|}{\pi} = \frac{\varrho_n\,|b|}{\pi} \tag{22}$$

folgt nach diesem Hilfssatz, daß

$$\log M_a(\varrho_n) \geqq \frac{\varrho_n\,|b|}{\pi} \geqq \frac{\varrho_n^{1-h}}{\pi}. \tag{23}$$

Weil $M_a(r)$ eine wachsende Funktion von r und $r \geqq \varrho_n$ ist, so gilt

$$\log M_a(\varrho_n) \leqq \log M_a(r). \tag{24}$$

Es folgt

$$r^t \geqq \log M_a(r) \geqq \log M_a(\varrho_n) \geqq \frac{\varrho_n^{1-h}}{\pi} > \varrho_n^{1-\varepsilon t}. \tag{25}$$

Damit ist bewiesen, daß

$$r > \varrho_n^{\frac{1}{t}-\varepsilon} \tag{21}$$

ist, d. h. (19) und (20) können nicht gleichzeitig gelten. Aus

$$r_{n+1} \leqq \varrho_n^{\frac{1}{t}-\varepsilon} \quad \text{und} \quad \varrho_n^{-h} \leqq r_n^{-h}$$

folgt (18).

Nach der Definition der unteren Ordnung und der Definition von $A_t(f)$ folgt, daß jedes $a \in A_t(f)$ in unendlich vielen der Mengen B_n liegt, d. h. in unendlich vielen der Kreise C_n. Die Zahlenfolge $\{d_n = r_n^{-h}\}_{n=1}^{\infty}$ majoriert deshalb die Menge $A_t(f)$. Aus (13) folgt

$$d_{n+1} = d_n^{\frac{1}{t} - \varepsilon}$$

und

$$d_n = \theta^{e^{kn}}, \tag{26}$$

wo $0 < \theta < 1$ und $k = \log\left(\frac{1}{t} - \varepsilon\right)$ ist.

Nun ergibt sich aus (3), daß

$$\mu(A_t(f)) \leqq \frac{1}{k} = \left(\log\left(\frac{1}{t} - \varepsilon\right)\right)^{-1} \tag{27}$$

ist. Da ε beliebig klein sein kann, folgt, daß

$$\mu(A_t(f)) \leqq \left(\log \frac{1}{t}\right)^{-1} \tag{7}$$

ist, und Satz 1 ist bewiesen.

§ III Beweis für Satz 2

Wir bestimmen τ etwas kleiner als t, $0 < \tau < t < 1$, aber so groß, daß für die vorgegebene A und t

$$\mu(A) < \left(\log \frac{2 - \tau}{\tau}\right)^{-1} = \frac{1}{\varkappa} < \left(\log \frac{2 - t}{t}\right)^{-1} \tag{28}$$

gilt.

Aus Definition 1 und (28) folgt, daß eine Folge $\{a_n\}_{n=1}^{\infty}$ komplexer Zahlen existiert, so daß für jedes $a \in A$ die Ungleichung

$$|a - a_n| < e^{-e^{\varkappa n}} \tag{29}$$

für unendlich viele n gilt. Es sei $\{a_n\}_{n=1}^{\infty}$ eine solche Zahlenfolge.

Wir konstruieren nun eine ganze Funktion $f(z)$

(30) $$f(z) = \prod_{n=1}^{\infty} P_n(z),$$

wo

(31) $$P_n(z) = \left(1 + \frac{z c_n}{M_n}\right)^{M_n} \cdot \left(1 - \frac{z c_n}{L_n}\right)^{L_n}$$

ist.

Zunächst werden die Zahlen M_n, L_n und c_n bestimmt. Wir setzen für $n = 1, 2, 3, \ldots$

(32) $d_n = e^{-e^{\varkappa n}}$,

(33) $r_n = d_n^{\frac{1}{\tau - 1}}$,

(34) $M_n = [r_n^{\tau}]$,

d. h. der ganzzahlige Teil von r_n^{τ},

(35) $L_n = M_{n+1}$,

(36) $b_n = \min\left(\frac{L_n}{2 r_n}, \frac{L_{n-1}}{2 r_{n-1}}, \frac{1}{2} M_n, \sqrt{\log r_{n-1}}, \frac{1}{2} b_{n-1} \sqrt{\frac{M_n}{M_{n-1}}}\right) n > 1,$

und $b_1 = 1$.

(37) $$\begin{cases} c_n = a_n & \text{wenn } |a_n| < b_n \text{ ist, und} \\ c_n = 0 & \text{wenn } |a_n| \geqq b_n \text{ ist.} \end{cases}$$

Dieses beendet die Definition von $f(z)$.

Der Ausdruck (36) ist so beschaffen, daß

(38) $$\lim_{n \to \infty} b_n = +\infty$$

ist. Aus (29) folgt, daß jedes $a \in A$ ein Häufungspunkt der Zahlenmenge $\{a_n\}_{n=1}^{\infty}$ ist.

Es sei $a \in A$ ein beliebiges Element der vorgegebenen Menge A. Aus (37) und (38) folgt, daß für die Werte von n, für welche $|a - a_n| < d_n < 1$, so gilt

$$c_n = a_n$$

für hinreichend große n, $n \geqq n(a)$.

Für eine unendliche Menge N_a von n-Werten gilt deshalb

$$|a - c_n| < d_n .$$

Um $a \in A_t(f)$ zu zeigen, wollen wir nun für $|z| = r_n$, $n > 1$, $n \in N_a$ die folgende Ungleichung beweisen:

$$\log |f(z)\, e^{az}| < ((2n + 11) \log r_n + 1)\, r_n^\tau . \tag{39}$$

Den Ausdruck für $f(z)\, e^{az}$ teilen wir in fünf Faktoren. Die Abschätzungen werden für $|z| = r_n$ ausgeführt.

$$\log |P_1(z) \ldots P_{n-1}(z)| \leqq 2n \log r_n \cdot r_n^\tau , \tag{40}$$

$$\log \left| \left(1 + \frac{z c_n}{M_n}\right)^{M_n} \right| < M_n \log r_n \leqq \log r_n \cdot r_n^\tau , \tag{41}$$

$$\log \left| e^{z c_n} \left(1 - \frac{z c_n}{L_n}\right)^{L_n} \right| = \operatorname{Re} \left\{ -\frac{z^2 c_n^2}{2 L_n} - \frac{z^3 c_n^3}{3 L_n^2} - \ldots \right\} \leqq \frac{r_n^2 |c_n^2|}{L_n} \tag{42}$$
$$< \log r_n \cdot r_n^2 \cdot L_n^{-1} < 2 \log r_n \cdot r_n^\tau ,$$

$$\log |e^{(a - c_n) z}| < d_n r_n = r_n^\tau , \tag{43}$$

$$\log |P_{n+1}(z) \ldots| < \sum_{m=1}^{\infty} \frac{2 b_{n+m}^2 r_n^2}{M_{n+m}} < \frac{4 b_{n+1}^2 r_n^2}{M_{n+1}} < 8 \log r_n \cdot r_n^\tau . \tag{44}$$

Damit ist (39) erhalten.

Wir haben oben die folgenden Ungleichungen benutzt:

$$\left| 1 + \frac{z c_n}{M_n} \right| < |z| \text{ in (40) und (41)},$$

$$\frac{|z c_n|}{L_n} < \frac{1}{2} \text{ in (42), für } r_{n+1}^\tau = M_{n+1} \text{ ist } L_n^{-1} r_n^2 = r_n^\tau ,$$

$$b_n^2 M_{n+1} > 2 b_{n+1}^2 M_n \text{ in (44).}$$

Diese Ungleichungen bekommt man aus (36) und (37). Damit ist (39) bewiesen, und die vorgegebene Zahl a gehört zu $A_t(f)$.

Da $a \in A$ beliebig war, so folgt

(9) $$A \subset A_t(f).$$

Damit ist Satz 2 bewiesen.

§ IV Maßeigenschaften der Mengenfunktion μ

Um allgemeinere Ergebnisse zu erhalten ersetzen wir die Funktion $e^{-e^{kn}}$ in der Definition 1 mit einer beliebigen monotonen positiven Funktion $g(kn)$, welche

(45) $$\lim_{x \to \infty} \frac{g(x+\varepsilon)}{g(x)} = 0$$

erfüllt, wenn $\varepsilon > 0$.

Definition 3. *Die Mengenfunktion $m(A)$ ist von*

(46) $$m(A) = \inf \left\{ \frac{1}{k} \mid k > 0,\ \{d_n = g(kn)\}_{n=1}^{\infty} \text{ majoriert die Menge } A \right\}$$

definiert.

Speziell für den Fall

(47) $$g(x) = \theta^{e^x},\ 0 < \theta < 1$$

ergibt sich von (2) und (3), daß wir die schon in § I betrachtete Mengenfunktion μ bekommen, d. h.

$$m(A) = \mu(A).$$

Die Methode für Überdeckung von Mengen komplexer (oder reeller) Zahlen, die hier benutzt wird, ist ganz ähnlich der Methode in [1]. Ein wesentlicher Unterschied ist doch der Wert von

$$\lim_{n \to \infty} \frac{d_{n+1}}{d_n}.$$

In [1] ist er > 0, und in dieser Arbeit ist er nach (45) gleich Null.

Satz 3. *Die Mengenfunktion m ist subadditiv, d. h.*

(48) $$m(A \cup B) \leqq m(A) + m(B)$$

gilt für beliebige Mengen A und B komplexer Zahlen.

Satz 4. *Zu gegebenen positiven Zahlen*

$$\frac{1}{k_1}, \frac{1}{k_2}, \ldots, \frac{1}{k_p}$$

gibt es Mengen $A_1, A_2, \ldots, A_p$ komplexer Zahlen mit

(49) $$m(A_i) = \frac{1}{k_i}, \qquad 1 \leqq i \leqq p$$

und

(50) $$m\left(\bigcup_{i=1}^{p} A_i\right) = \sum_{i=1}^{p} m(A_i).$$

Satz 5. *A sei eine Menge komplexer Zahlen, und $\{z_p\}_{p=1}^{\infty}$ sei eine gegebene Folge komplexer Zahlen. Wir definieren die verschobene Menge $A + z_p$,*

(51) $$A + z_p = \{z \mid z - z_p \in A\}.$$

Dann ist

(52) $$m\left(\bigcup_{p=1}^{\infty} (A + z_p)\right) = m(A).$$

Speziell gilt wenn die Menge $\{z_p\}_{p=1}^{\infty}$ in der komplexen Ebene dicht ist, daß die Menge B

(53) $$B = \bigcup_{p=1}^{\infty} (A + z_p),$$

die Eigenschaft hat, daß

(54) $$m(B \cap G) = m(B)$$

für jede nichtleere offene Menge G gilt.

Beweis für Satz 3. Es sei

(55) $$m(A) < \frac{1}{k_1} \quad \text{und} \quad m(B) < \frac{1}{k_2}.$$

Die Zahlenfolgen $F_1 = \{g(k_1 n)\}_{n=1}^{\infty}$ und $F_2 = \{g(k_2 n)\}_{n=1}^{\infty}$ majorieren die Mengen A und B. Durch Zusammenlegen der Zahlenfolgen F_1 und F_2 ergibt sich eine Menge, die als eine monotone Zahlenfolge $F = \{d_n\}_{n=1}^{\infty}$ geordnet wird. Die Zahlenfolge F majoriert die Menge $A \cup B$. Wir brauchen auch die Zahlenfolge $F_3 = \{d'_n\}_{n=1}^{\infty}$, wo

$$d'_n = g\left(\frac{n}{\frac{1}{k_1} + \frac{1}{k_2}}\right). \tag{56}$$

Für den Fall, daß die Zahl $\frac{k_1}{k_2}$ irrationell ist, berechnen wir nun das Index n für

$$g(k_i m_i) = d_n \in F.$$

Es sei $i, j = 1, 2$ und $i \neq j$.

Die ganze Zahl m_j ist von

$$k_j m_j < k_i m_i < k_j(m_j + 1)$$

bestimmt.

Es folgt

$$m_j = \left[\frac{k_i m_i}{k_j}\right],$$

und

$$n = m_i + m_j = \left[k_i m_i\left(\frac{1}{k_1} + \frac{1}{k_2}\right)\right] < n + 1. \tag{57}$$

Für den irrationellen Fall gilt es

$$\frac{n}{\frac{1}{k_1} + \frac{1}{k_2}} < k_i m_i < \frac{n+1}{\frac{1}{k_1} + \frac{1}{k_2}}.$$

Für beliebige k_1 und k_2 ergibt sich also

$$\frac{n}{\frac{1}{k_1} + \frac{1}{k_2}} \leq k_i m_i \leq \frac{n+1}{\frac{1}{k_1} + \frac{1}{k_2}}.$$

Da $g(kn)$ eine monotone Funktion ist, so folgt es

$$d'_n \geqq d_n \geqq d'_{n+1}. \tag{58}$$

Eine Menge, die von F majoriert wird, wird nach (58) deshalb auch von F_3 majoriert, und umgekehrt. F_3 majoriert dann die Menge $A \cup B$, und nach (56) ist das Maß

$$m(A \cup B) \leqq \frac{1}{k_1} + \frac{1}{k_2}.$$

In (55) kann $\frac{1}{k_1} + \frac{1}{k_2} - m(A) - m(B)$ beliebig klein gemacht werden, und es folgt (48). Damit ist Satz 3 bewiesen.

In Satz 4 brauchen wir den folgenden Hilfssatz:

Hilfssatz 2. *Es sei $k > 0$. Dann gibt es eine von der Zahlenfolge $\{g(kn)\}_{n=1}^{\infty}$ majorierte Menge A für welche*

$$m(A) = \frac{1}{k}.$$

Beweis für Hilfssatz 2.

Wir definieren eine Menge A

$$A = \bigcap_{m=1}^{\infty} \bigcup_{n=m}^{\infty} C_n, \tag{59}$$

wo C_n der Kreis

$$C_n = \{z \mid |z - a_n| < g(kn)\}, \qquad n = 1, 2, \ldots \tag{60}$$

bedeutet. Die Zahlen a_n werden im folgenden bestimmt.

Die Menge A besteht also aus jenen Punkten, die in unendlich vielen Kreisen der Folge $\{C_n\}_{n=1}^{\infty}$ liegen. Die Zahlenfolge $\{g(kn)\}_{n=1}^{\infty}$ majoriert die Menge A. Im folgenden werden wir die Zahlen a_n reell wählen, und die Menge A wird darum ($g(kn) \to 0$ nach (45)) eine Menge reeller Zahlen.

Es sei

(61) $$I_n = \{x \mid a_n - g(kn) < x < a_n + g(kn)\},$$

und dann ist

(62) $$A = \bigcap_{m=1}^{\infty} \bigcup_{n=m}^{\infty} I_n .$$

Es sei N eine ganze Zahl, so daß $N \geqq 4$ und

(63) $$\frac{g(kx+k)}{g(kx)} < \frac{1}{2} \text{ für } x \geqq N \text{ ist.}$$

(Nach (45) ist dies möglich.)

Um den Hilfssatz zu beweisen, werden wir nun die Intervalle I_n (d. h. die Zahlenfolge $\{a_n\}_{n=1}^{\infty}$) so bestimmen, daß für kein k_1 ($k_1 > k$) die Zahlenfolge $\{g(k_1 n)\}_{n=1}^{\infty}$ die Menge A majoriert. Wir brauchen die Funktionen $F(n)$ und $H(n)$

$$F(n) = 2^{2^n}, \text{ d. h. } F(n+1) = F(n)^2,$$

$$H(1) = F(1), \quad H(n+1) = F(H(n)) \text{ für } n \geqq 1 .$$

Die ganze Zahl m ist durch

$$H(m) \leqq N < H(m+1)$$

bestimmt.

Die Intervalle I_ν, $1 \leqq \nu < H(m+1)$ werden disjunkt gewählt.

Für $\eta \geqq H(m)$ $(F(\eta) \geqq H(m+1))$ wählen wir die Intervalle I_ν, $F(\eta) \leqq \nu < F(\eta+1)$ disjunkt innerhalb I_η, $I_\nu \subset I_\eta$, so daß die $F(\eta+1) - F(\eta) + 1$ nicht überdeckten Teile von I_η dieselbe Länge besitzen.

Man kann z. B. die Intervalle I_ν so wählen, daß die a_ν, für welche $F(\eta) \leqq \nu < F(\eta+1)$, eine monotone Zahlenfolge darstellen. Die Zahlen a_n sind dadurch rekursiv definiert, und die Menge A ist dadurch auch definiert.

Nach diesen Vorbereitungen wollen wir jetzt einen indirekten Beweis für den Hilfssatz geben. Wir nehmen also an, daß die Zahlenfolge $\{g(k_1 n)\}_{n=1}^{\infty}$, $k_1 > k$, die Menge A majoriert.

Aus dieser Annahme folgt, daß es eine Folge von Kreisen $\{C'_n\}_{n=1}^{\infty}$ gibt,

(64) $$C'_n = \{z \mid |z - a'_n| < g(k_1 n)\},$$

so daß

(65) $$A \subset \bigcap_{m=1}^{\infty} \bigcup_{n=m}^{\infty} C'_n.$$

Für die reellen Intervalle

(66) $$J_n = \{x \mid \operatorname{Re} a'_n - g(k_1 n) < x < \operatorname{Re} a'_n + g(k_1 n)\}$$

folgt aus (64) und (65), daß

(67) $$A \subset \bigcap_{m=1}^{\infty} \bigcup_{n=m}^{\infty} J_n.$$

Wir bezeichnen

(68) $$G(n) = \left[\frac{kn}{k_1}\right] \leqq \frac{kn}{k_1}.$$

Für $i \geqq 1$ untersuchen wir die folgenden zwei Familien von Intervallen

(69) $$\alpha_i = \{J_\mu \mid G(F(n_{i-1}+1)) + 2 \leqq \mu \leqq G(F(n_i+1)) + 1\},$$

(70) $$\beta_i = \{I_\nu \mid F(n_i) \leqq \nu < F(n_i+1)\}.$$

Die ganze Zahlen n_i ($i \geqq 1$) werden später rekursiv bestimmt, so daß

(71) $$F(n_{i-1}) \leqq n_i < F(n_{i-1}+1), \qquad i \geqq 1.$$

Zuerst wählen wir $n_0 > N$, so daß für jedes $n \geqq n_0$ die folgenden drei Ungleichungen gelten

(72) $$\frac{g(kF(n+1))}{g(kF(n+1)-k)} < \frac{1}{4},$$

$$\frac{\frac{k}{k_1} F(n)^2 + 1}{F(n)^2 - F(n)} < \frac{3k + k_1}{4k_1}, \tag{73}$$

$$\frac{g(kF(n) + k)}{g(kF(n) - k)} < \frac{k_1 - k}{16 k_1}. \tag{74}$$

Nach (45), $k_1 > k$ und $F(n) \to \infty$ ist dies möglich. Für die zwei Familien α_i und β_i ((69) und (70)) bezeichnen wir

N_{α_i} und N_{β_i} die Zahl der Intervalle,

L_{α_i} und L_{β_i} die gesamte Länge der Intervalle.

L_i ist die Länge des Intervalles I_{n_i}.

Wir beweisen nun die folgenden drei Ungleichungen

$$L_i > 2 L_{\beta_i}, \tag{75}$$

$$\frac{L_{\alpha_i}}{L_i} < \frac{k_1 - k}{8 k_1}, \tag{76}$$

$$\frac{N_{\alpha_i}}{N_{\beta_i}} < \frac{3k + k_1}{4 k_1}. \tag{77}$$

Beweis für (75). Aus (71) folgt

$$n_i \leqq F(n_{i-1} + 1) - 1,$$

$$L_i \geqq 2 g(kF(n_{i-1} + 1) - k). \tag{78}$$

Nach (63) ist jedes Intervall in α_i oder β_i wenigstens zweimal so lang wie das nachfolgende Intervall.

$$L_{\beta_i} \leqq 4 g(kF(n_i)) < 4 g(kF(n_{i-1} + 1)) \qquad (n_i > n_{i-1}),$$

$$\frac{L_i}{L_{\beta_i}} > \frac{2 g(kF(n_{i-1} + 1) - k)}{4 g(kF(n_{i-1} + 1))} > 2,$$

d. h. (75) folgt aus (72).

Beweis für (76)

$$L_i \geqq 2g\bigl(kF(n_{i-1}+1)-k\bigr), \tag{78}$$

$$L_{\alpha_i} \leqq 4g\bigl(k_1 G\bigl(F(n_{i-1}+1)\bigr)+2k_1\bigr),$$

$$L_{\alpha_i} < 4g\bigl(kF(n_{i-1}+1)+k\bigr),$$

$$\frac{L_{\alpha_i}}{L_i} < \frac{4g\bigl(kF(n_{i-1}+1)+k\bigr)}{2g\bigl(kF(n_{i-1}+1)-k\bigr)} < \frac{1}{8}\,\frac{k_1-k}{k_1} \text{ nach (74).}$$

Beweis für (77)

$$N_{\beta_i} = F(n_i+1)-F(n_i) = F(n_i)^2 - F(n_i),$$

$$N_{\alpha_i} < G\bigl(F(n_i+1)\bigr)+1 \leqq \frac{k}{k_1}\,F(n_i)^2+1\,.$$

Weiter bekommt man

$$\frac{N_{\alpha_i}}{N_{\beta_i}} < \frac{3k+k_1}{4k_1} \tag{77}$$

aus (73), $n_i > n_0$.

Wir bezeichnen

$$l_i = \frac{L_i - L_{\beta_i}}{N_{\beta_i}+1}. \tag{79}$$

l_i ist die Länge von jedem Teil des Intervalles I_{n_i}, das von I_ν, $F(n_i) \leqq \nu < F(n_i+1)$, nicht überdeckt ist.

Die Zahl der Intervalle I_ν von β_i für welche

$$I_\nu \cap \bigl(\bigcup_{\alpha_i} J_\mu\bigr) \neq \varnothing \tag{80}$$

gilt, ist nicht größer als

$$\frac{L_{\alpha_i}}{l_i} + N_{\alpha_i}.$$

Nach (75), (76), (77) folgt aus $1 + N_{\beta_i} \leqq 2\,N_{\beta_i}$, daß

$$\frac{L_{\alpha_i}}{l_i} + N_{\alpha_i} < \frac{k + 3\,k_1}{4\,k_1} N_{\beta_i} < N_{\beta_i} \tag{81}$$

ist. Es gibt deshalb ein Intervall $I_{n_i+1} \in \beta_i$ mit

$$I_{n_i+1} \cap (\bigcup_{\alpha_i} J_\mu) = \varnothing\,. \tag{82}$$

Wir können nun die Zahlenfolge $\{n_i\}_{i=1}^{\infty}$ rekursiv definieren, so daß

$$I_{n_i} \supset I_{n_i+1} \supset \ldots, \tag{83}$$

$$\bigcap_{i=1}^{\infty} I_{n_i} = \{\xi\} \subset A\,, \tag{84}$$

$$\xi \notin \bigcup_{i=1}^{\infty} (\bigcup_{\alpha_i} J_\mu) = \bigcup_{\mu = G(F(n_0+1))+2}^{\infty} J_\mu\,. \tag{85}$$

Aus (85) folgt, daß

$$\xi \notin \bigcap_{m=1}^{\infty} \bigcup_{n=m}^{\infty} J_n\,. \tag{86}$$

Dies widerspricht (67), und Hilfssatz 2 ist bewiesen.

Beweis für Satz 4.

Es sei A eine Menge mit

$$m(A) = \sum_{i=1}^{p} \frac{1}{k_i} = \frac{1}{k}\,, \tag{87}$$

und so beschaffen, daß A von der Zahlenfolge $F_0 = \{d_n = g(kn)\}_{n=1}^{\infty}$ majoriert wird. Man weiß nach Hilfssatz 2, daß solche Mengen A existieren.

Es sei

$$F_i = \{g(k_i n)\}_{n=1}^{\infty}, \qquad i = 1, 2, \ldots, p. \tag{88}$$

Für $i = 1, 2, \ldots, p$ legen wir diese Zahlenfolgen F_i zusammen. Man erhält dadurch eine neue Zahlenfolge F, welche genau jene Mengen majoriert, welche von der Zahlenfolge $F_0 = \{g(kn)\}_{n=1}^{\infty}$ majoriert werden, in Ähnlichkeit mit dem Beweis für Satz 3.

Die Menge A wird dadurch von F majoriert. Wir nehmen eine Überdeckung $\{C_n\}_{n=1}^{\infty}$ (Definition 1) von A mit Kreisradien aus F. Nachdem wir F durch eine Zusammenlegung erhalten haben, so ergibt die entsprechende Aufteilung von $\{C_n\}_{n=1}^{\infty}$ p verschiedene Kreisfamilien, $K_1, K_2, \ldots, K_p$.

Für jede einzelne dieser Kreisfamilien K_i definieren wir A_i' als jene Menge von komplexen Zahlen, die in unendlich vielen Kreisen der Familie liegen. Aus Definition 1 (und $p < +\infty$) folgt, daß jede $a \in A$ in wenigstens einer dieser Mengen A_i' liegt, $1 \leqq i \leqq p$.

Wir definieren

$$A_i = A_i' \cap A, \tag{89}$$

und erhalten

$$\bigcup_{i=1}^{p} A_i = A. \tag{90}$$

Die Menge A_i' ist von $F_i = \{k_i n\}_{n=1}^{\infty}$ majoriert, und $A_i \subset A_i'$. Es folgt

$$\frac{1}{k_i} \geqq m(A_i), \tag{91}$$

Aus (87), (91), Satz 3 und (90) folgt

$$m(A) = \sum_{i=1}^{p} \frac{1}{k_i} \geqq \sum_{i=1}^{p} m(A_i) \geqq m\left(\bigcup_{i=1}^{p} A_i\right) = m(A). \tag{92}$$

Dies ergibt Satz 4.

Beweis für Satz 5. Es sei $\{d_n = g(kn)\}_{n=1}^{\infty}$ eine Zahlenfolge, die A majoriert. Wir teilen $\{d_n\}_{n=1}^{\infty}$ in unendlich viele disjunkte Zahlenfolgen, von welchen jede einzelne A majoriert, d. h. $A + z_p$ majoriert. Es sei $C_n = \{z \mid |z - a_n| < d_n\}$, $n = 1, 2, \ldots$ eine Kreisfamilie, die A im Sinne von Definition 1 überdeckt. Die Funktion $h(n)$, mit deren Hilfe wir $\{C_n\}_{n=1}^{\infty}$ teilen werden, wird nun rekursiv definiert, so daß gilt:

(i) $h(n)$ ist eine natürliche Zahl,

(ii) $h(n) > h(m)$ wenn $n > m$ und $C_n \cap C_m$ nicht leer ist,

(iii) $h(n)$ ist so klein wie möglich unter den obigen Voraussetzungen.

Es folgt $1 \leqq h(n) \leqq n$.

Wir definieren

(93) $$C'_n = \{z \mid |z - a_n| < d_{n-1}\}, \qquad n > 1.$$

Gemäß (45) können wir annehmen, daß

$$d_{m-1} > 3\, d_m \quad \text{für} \quad m > N = N(k) \geqq 0$$

gilt.

Für den Fall, daß

$$C_n \cap C_m \neq \emptyset \quad (\text{und } d_{m-1} > 2\, d_m + d_n)$$

folgt dann

(94) $$C'_n \subset C'_m,$$

wenn

$$n > m > N.$$

Die Kreisfamilie $D_H = \{C_n \mid h(n) = H\}$ besteht, nach (ii), aus disjunkten Kreisen. Jedes $a \in A$ liegt in unendlich vielen Kreisen C_n, und liegt dafür in Kreisen der unendlich vielen Kreisfamilen D_H, d. h. in Kreisen C_n mit beliebig großem $H = h(n)$.

Es sei ν eine natürliche Zahl mit $H = h(\nu) > N + 1$. Nach (ii) existiert dann eine ganze Zahl m, $1 \leqq m < \nu$, so daß $C_\nu \cap C_m \neq \emptyset$ und $h(m) = H - 1$ ist, denn sonst wäre $h(\nu) \leqq H - 1$.

Aus der Ungleichung

$$m \geqq h(m) = h(\nu) - 1 > N$$

folgt, wie (94)

(95) $$C'_\nu \subset C'_m.$$

Es sei D'_H die Kreisfamilie

$$D'_H = \{C'_n \mid h(n) = H\}, \qquad H = 1, 2, \ldots$$

Aus (95) folgt, daß jedes $a \in A$ in Kreisen jeder Familie D'_H mit $H > N$ liegt, d. h.

$$\bigcup_{h(n)=H} C'_n \supset A \quad \text{wenn} \quad H > N. \tag{96}$$

Im folgenden sind p und q ganze Zahlen.

Für jedes $p \geqq 0$ gilt dann, daß jene C'_n für welche

$$h(n) = (2q - 1)\, 2^p, \qquad q = 1, 2, \ldots \tag{97}$$

eine Kreisfamilie bildet, die A im Sinne von Definition 1 überdeckt.

Die Zahlenfolge

$$F_p = \{d_n \mid h(n) = (2q - 1)\, 2^p\}, \qquad p \geqq 0,\ q = 1, 2, 3, \ldots \tag{98}$$

majoriert die Menge A, d. h. majoriert die Menge $A + z_p$. Die Zahlenfolge $\{d_n = g(kn)\}_{n=1}^{\infty}$ majoriert deshalb die Menge

$$B = \bigcup_{p=1}^{\infty} (A + z_p),$$

und daraus folgt

$$m(A) \leqq m\Big(\bigcup_{p=1}^{\infty} (A + z_p)\Big) \leqq m(A). \tag{99}$$

Der Rest von Satz 5 ergibt sich aus

$$\begin{aligned} \bigcup_{p=1}^{\infty} ((B \cap G) - z_p) &= \bigcup_{p=1}^{\infty} ((B - z_p) \cap (G - z_p)) \\ &\supset A \cap \bigcup_{p=1}^{\infty} (G - z_p) = A. \end{aligned} \tag{100}$$

Es folgt also

$$m(B \cap G) = m\Big(\bigcup_{p=1}^{\infty} ((B \cap G) - z_p)\Big) \geqq m(A), \tag{101}$$

aber

$$m(B \cap G) \leqq m(B) = m(A), \tag{102}$$

und (54) ist bewiesen.

Beweis für Satz 6 (siehe § I)

Es sei A eine Menge (nach Hilfssatz 2) mit

$$\mu(A) = \frac{1}{k} > \left(\log \frac{1}{t}\right)^{-1}. \tag{103}$$

Es sei p eine natürliche Zahl, für welche

$$p\left(\log \frac{2-t}{t}\right)^{-1} > \mu(A). \tag{104}$$

Wir brauchen nun Satz 4 mit $k_i = pk$. Man erhält die Mengen A_1, $A_2, \ldots, A_p$.

Wir wählen dann q so groß wie möglich, so daß eine ganze Funktion $f_1(z)$ mit

$$A_t(f_1) \supset \bigcup_{i=1}^{q} A_i \tag{105}$$

existiert. $\left(m\left(\bigcup_{i=1}^{q} A_i\right) = \frac{q}{pk} \text{ nach Satz 3 und 4.}\right)$

Aus Satz 1 und 2 folgt, daß

$$p > q \geqq 1.$$

Es existiert nach Satz 2 eine ganze Funktion $f_2(z)$ mit

$$A_t(f_2) \supset A_{q+1}. \tag{106}$$

Da q so groß wie möglich war, so folgt Satz 6 aus

$$A_t(f_1) \cup A_t(f_2) \supset \bigcup_{i=1}^{q+1} A_i \not\subset A_t(f). \tag{107}$$

Beweis für Satz 7 (siehe § I) (Hausdorffmaß, siehe [3], S. 63)

Nach Satz 1 majoriert die Zahlenfolge

$$\left\{d_n = e^{-\left(\frac{1}{t}\right)^n}\right\}_{n=1}^{\infty}$$

die Menge $A_\tau(f)$, wenn $0 < \tau < t < 1$.

Jeder Kreis (Radius d_n) ist mit 4 Quadraten (Seite d_n) überdeckt.

(108) $$4 \sum_{n=N}^{\infty} \left(\log \frac{1}{d_n}\right)^{-1} = 4 \sum_{n=N}^{\infty} t^n \to 0 \text{ für } N \to \infty.$$

Die Menge $A_t(f)$ ist deshalb vom logarithmischen Hausdorffmaß Null, wenn $0 < t < 1$. Satz 7 folgt aus

(109) $$A_1(f) = \bigcup_{n=2}^{\infty} A_{1-\frac{1}{n}}(f).$$

LITERATURVERZEICHNIS

[1] *Fréchet, M.*, Sur la raréfaction d'un ensemble de mesure nulle. Rend. Circ. Mat. Palermo (2), 12 (1963), 229–238. Siehe auch Mathematical Reviews, Jan. 1965, S. 39.
[2] *Hyllengren, A.*, On the quotient of entire functions of lower order less than one. Proc. Amer. Math. Soc., 14 (1963), 465–467.
[3] *Tsuji, M.*, Potential Theory. Tokyo, 1959.
[4] *Weierstraß, K.*, Zur Theorie der eindeutigen analytischen Functionen. (Aus den Abhandlungen der Königl. Akademie der Wissenschaften vom Jahre 1876.)

Über die Konstruktion von meromorphen Funktionen mit gegebenen Wertzuordnungen

Von *Rolf Nevanlinna*

1. In einer früheren Arbeit habe ich gezeigt, daß zu jeder endlichen Folge von rationalen Zahlen $\delta_1, \ldots, \delta_n$ mit der Eigenschaft

$$0 < \delta_\nu \leqq 1, \quad \sum \delta_\nu = 2,$$

eine meromorphe Funktion $w(z)$ konstruiert werden kann, welche n verschiedene Ausnahmewerte hat mit den Defekten $\delta_1, \ldots, \delta_n$. Die Funktion wird erhalten als Lösung der Differentialgleichung dritter Ordnung

$$\{w, z\} = P_{n+2}(z),$$

wo $\{w, z\}$ die Schwarzsche Ableitung

$$\{w, z\} = \frac{w'''}{w'} - \frac{1}{2}\left(\frac{w''}{w'}\right)^2$$

bezeichnet und $P_{n+2}(z)$ ein Polynom des Grades $n + 2$ ist. Die Ordnung der meromorphen Funktion $w(z)$ ist $\dfrac{n}{2} + 1$.

2. Später hat man Beispiele von meromorphen Funktionen gefunden, die sogar unendlich viele defekte Werte besitzen mit einer Defektsumme $\leqq 2$. Soweit mir bekannt ist, kennt man bis jetzt noch keine Beispiele meromorpher (nicht ganzer) Funktionen, mit unendlich vielen Ausnahmewerten vom totalen maximalen Betrag 2. Das allgemeinste Problem, das man in dieser Richtung stellen könnte, würde lauten:

Gegeben seien eine Folge von Zahlen $\delta_\nu (\nu = 1, 2, \ldots)$ mit der Eigenschaft

$$0 < \delta_\nu \leqq 1, \quad \sum \delta_\nu = 2$$

und eine Folge von untereinander verschiedenen komplexen Zahlen $a_1, \ldots, a_n, \ldots$ ($|a_n| \leqq \infty$). Dann wird eine meromorphe Funktion gesucht, welche die Zahlen $a_n (n = 1, 2, \ldots)$ als defekte Werte hat, so daß der Defekt $\delta(a_n)$ von a_n den vorgegebenen Wert

$$\delta(a_n) = \delta_n \qquad (n = 1, 2, \ldots)$$

erhält.

3. Noch allgemeiner und entsprechend schwieriger zu lösen ist das allgemeine Interpolationsproblem, eine für $|z| < R \leqq \infty$ meromorphe Funktion zu bestimmen, welche $q \geqq 3$ beliebig gegebene $c_1, \ldots, c_q$ komplexe Werte ($\neq$ oder $= \infty$) in vorgegebenen Punkten z (und nur in diesen) annimmt. Für $q = 1, 2$ ist das Problem ohne weiteres vollständig mit Hilfe der kanonischen Produktdarstellung von Weierstraß zu lösen. Die allgemeine Lösung ist nur bis auf eine willkürliche ganze Funktion bestimmt. Eine ähnliche Lösung findet man auch im Fall eines endlichen Kreises ($R < \infty$); besonders einfach verläuft die Konstruktion, wenn die gegebenen Punktfolgen (z) nur endlich viele Häufungspunkte auf dem Grenzkreis $|z| = R$ haben.

4. Für $q \geqq 3$ bietet das Problem größere Schwierigkeiten. Die Frage der Einzigkeit der Lösung $w(z)$ läßt sich aber im Falle $R = \infty$ vollständig und sogar einfach mit Hilfe einiger allgemeiner Eindeutigkeitstheoreme von H. Cartan und dem Verfasser beantworten. Bis auf einige Ausnahmefälle, die vollständig aufgeklärt werden können, gibt es höchstens eine Lösung des Interpolationsproblems.

Die Frage der Existenz einer Lösung hingegen ist bis jetzt kaum behandelt worden. Es ist evident, daß das Problem nur unter gewissen einschränkenden Bedingungen lösbar ist. Solche notwendige und hinreichende Kriterien in genügend expliziter Form anzugeben, übersteigt wohl die Möglichkeiten des heutigen Standes der Analysis. Nur im Falle $R < \infty$, und zwar unter der zusätzlichen Bedingung, daß die Funktion $w(z)$ beschränkt ist, hat man das Problem vollständig lösen können (Pick und der Verfasser).

5. Unter diesen Umständen empfiehlt es sich, zunächst die im Abschnitt 2 formulierte einfachere, immerhin noch sehr schwierige Frage zu untersuchen. Im Hinblick auf die Methode, die für den Fall endlich vieler rationaler Defekte zu einer Lösung geführt hat, stellt sich die Aufgabe, die entsprechende Differentialgleichung dritter Ordnung für den allgemeinen Fall zu studieren, wo auf der rechten Seite eine transzendente ganze Funktion steht. Prinzipiell besteht auch in diesem Fall die Möglichkeit,

die von E. Hille stammende Methode der asymptotischen Integration zu verwenden und die Defekte der vorkommenden Ausnahmewerte zu berechnen, obwohl die praktische Durchführung größeren Schwierigkeiten begegnet als in dem Fall, wo die betrachtete Schwarzsche Ableitung ganzrational ist.

6. Eine noch allgemeinere, bis jetzt wohl kaum beachtete Methode, meromorphe Funktionen mit vorgegebenen defekten Werten oder sogar Lösungen der Interpolationsaufgabe vom Abschnitt 3 zu konstruieren, beruht auf einer allgemeinen Idee, die hier kurz skizziert werden soll. Hierbei beschränken wir uns auf den Fall, wo die gesuchte meromorphe Funktion das Gebiet $|z| < R$ auf eine Riemannsche Fläche R_w abbildet, die nur über $q \geqq 2$ gegebenen Punkten $w = b_\nu$ $(\nu = 1, \ldots, q)$ verzweigt ist und somit über diesen Grundpunkten nur algebraische oder logarithmische Windungspunkte besitzt.

Man markiere in der z-Ebene diejenigen Punkte $z = a_\nu^\mu (\mu = 1, 2, \ldots)$, an denen der Wert $w = b_\nu$ angenommen wird und verbinde diese durch einen Weg L_ν, so daß die verschiedenen Wege punktfremd sind und sich gegen $|z| = R$ häufen. Sie beranden ein einfach zusammenhängendes Teilgebiet D_z von $|z| < R$.

Andererseits bilde man die universelle Überlagerungsfläche der an den Stellen $b_\nu (\nu = 1, \ldots, q)$ punktierten w-Ebene auf eine Kreisscheibe $|\zeta| < \varrho$ ab; für $q = 2$ ist $\varrho = \infty$, für $q > 2$ kann man $\varrho = 1$ wählen. Die Funktion $\zeta = \zeta(w)$ ist eine linear polymorphe Funktion, deren Zweige vermöge einer Gruppe S von linearen Transformationen (Decktransformationen des Kreises $|z| < \varrho$) zusammenhängen, und w ist eine automorphe Funktion von ζ, bezüglich der Gruppe S.

Ist nun $w = w(z)$ eine meromorphe Funktion mit den gegebenen Wertzuordnungen, so läßt sich unter Anwendung der Wege L_ν ein Streckenkomplex K angeben, welcher die topologische Struktur der Riemannschen Fläche R_w bestimmt. Bildet man dann die Zusammensetzung $z \to w \to \zeta$, so wird z eine automorphe Funktion von ζ in bezug auf eine Untergruppe $\sum$ der Gruppe S, die durch den Komplex K vollständig bestimmt ist. Die meromorphe Funktion $w = w(z)$ ergibt sich dann durch Elimination von ζ aus der Parameterdarstellung

$$w = w(\zeta), \quad z = z(\zeta) \tag{1}$$

von w und z als automorphe Funktionen der uniformisierenden Variablen ζ.

Soweit ergibt diese Konstruktion notwendige Bedingungen für die gestellte Interpolationsaufgabe. Mit Hilfe des gegebenen Streckenkomplexes (ohne Vorgabe der Punkte $z = a_\nu^n$) wird aber ein Fundamentalgebiet zu der Gruppe $\sum$ bestimmt, und mit dem alternierenden Verfahren läßt sich eine automorphe Funktion $z = z(\zeta)$ (Hauptfunktion) zu $\sum$ bilden. Gibt es also zu dem Streckenkomplex überhaupt eine Lösung des vorgelegten Problems, so muß sie durch (1) bestimmt sein. Die Punkte $z = a_\nu^n (n = 1, 2, \ldots)$, in denen die konstruierte Funktion $w(z)$ die vorgegebenen Werte $b_\nu (\nu = 1, \ldots, q)$ annimmt, sind Werte der automorphen Funktion $z = z(\zeta)$ an den Ecken eines Fundamentalpolygons. Hingegen scheint das Studium des asymptotischen Verhaltens von $z = z(\zeta)$, insbesondere auch die effektive Berechnung der Defekte, welche den logarithmischen Windungspunkten von R_w entsprechen, mit erheblichen Schwierigkeiten verbunden zu sein, sobald die Anzahl jener Windungspunkte unendlich ist (für die im Abschnitt 1 betrachteten Flächen ist diese Anzahl endlich). Trotzdem dürfte der angegebene Weg zur Konstruktion von meromorphen Funktionen mit vorgegebenen Defekten (oder Verzweigungsindizes) auch in komplizierteren Fällen aussichtsvoll sein.

Elliptische Differentialoperatoren auf Mannigfaltigkeiten*

Von *Friedrich Hirzebruch*

Ich möchte über den Indexsatz von Atiyah–Singer ([6], [10], [26]) berichten, zeigen, wie der Satz von Riemann–Roch [18] sich hier unterordnet, auf den neuen Fixpunktsatz von Atiyah–Bott zu sprechen kommen, der den Indexsatz verallgemeinert, und auf Anwendungsmöglichkeiten des Fixpunktsatzes auf diskontinuierliche Gruppen und automorphe Formen hinweisen. Diese Anwendungen betreffen die Langlandssche Formel [23]. Sie verallgemeinern die Überlegungen in [19]. Atiyah und Bott haben mir in Oxford im vergangenen Monat die neueste Version ihres Fixpunktsatzes erläutert. Ich danke ihnen herzlich dafür. Anschließend haben wir gemeinsam an der Anwendung auf die Langlandssche Formel gearbeitet.

§ 1. Es seien X eine n-dimensionale differenzierbare Mannigfaltigkeit (ohne Rand) und E, F differenzierbare komplexe Vektorraum-Bündel über X. Ein Vektorraum-Bündel E hat für jedes $x \in X$ eine Faser E_x, die ein komplexer Vektorraum ist. Wir setzen im Falle von E voraus, daß die komplexe Dimension dieser Vektorräume E_x gleich m_1 ist. Für F sei die Dimension der Fasern F_x gleich m_2. Mit ΓE wird der $\mathbf{C}$-Vektorraum der differenzierbaren Schnitte von E bezeichnet, entsprechend für F.

X läßt sich bekanntlich mit offenen Mengen U überdecken, die Karten für die differenzierbare Mannigfaltigkeit X sind und über denen die Vektorraum-Bündel E, F trivial sind. Sei $x_1, \ldots, x_n$ ein Koordinatensystem von X in U. Dann ist bezüglich von Trivialisierungen von E und F jeder Schnitt s von E beschränkt auf U als m_1-tupel komplexwertiger Funktionen von n reellen Veränderlichen $x_1, \ldots, x_n$ anzusehen, ebenso ein Schnitt t von F beschränkt auf U als ein m_2-tupel solcher Funktionen. Eine $\mathbf{C}$-lineare Abbildung

$$D : \Gamma E \to \Gamma F$$

* Nach einem am 3. November 1965 vor der Arbeitsgemeinschaft für Forschung des Landes Nordrhein-Westfalen gehaltenen Vortrag.

heißt linearer Differentialoperator der Ordnung k, wenn folgendes gilt: Das m_2-tupel $Ds|U$ von Funktionen soll aus dem m_1-tupel $s|U$ erhalten werden, indem man darauf eine Matrix von m_1 Spalten und m_2 Zeilen anwendet, in der jedes Element ein Differentialoperator der Gestalt

$$\sum_{i_1+\cdots+i_n \leq k} a_{i_1 \ldots i_n} \frac{\partial^{i_1+\cdots+i_n}}{\partial x_1^{i_1} \ldots \partial x_n^{i_n}}$$

ist, wobei die Koeffizienten $a_{i_1 \ldots i_n}$ differenzierbare in U definierte komplexwertige Funktionen sind.

§ 2. *Das Symbol eines linearen Differentialoperators.* Der lineare Differentialoperator $D: \Gamma E \to \Gamma F$ der Ordnung k sei gegeben. $f: X \to \mathbf{C}$ sei differenzierbar und $s \in \Gamma E$. Dann gilt für alle komplexen Zahlen λ

$$e^{-i\lambda f} D(e^{i\lambda f} s) = \lambda^k p_k(f, s) + \cdots + \lambda p_1(f, s) + p_0(f, s),$$

wo die Schnitte $p_j(f, s) \in \Gamma F$ nur von D, f und s abhängen.

Übrigens ist $s \to p_j(f, s)$ für alle j ein linearer Differentialoperator der Ordnung $k - j$ und insbesondere $p_0(f, s) = Ds$. Ferner hängt $p_k(f, s)(x) \in F_x$ nur von dem Differential $(df)_x$ und von $s(x) \in E_x$ ab. Für $\eta \in T_x^*$ (= *reeller* kovarianter tangentieller Vektorraum der Mannigfaltigkeit X im Punkte x) wähle man f mit $(df)_x = \eta$ und für $v \in E_x$ wähle man einen Schnitt $s \in \Gamma E$ mit $s(x) = v$. Man setzt dann

$$\sigma_D^k(\eta)(v) = p_k(f, s)(x)$$

und erhält so eine lineare Abbildung

$$\sigma_D^k(\eta): E_x \to F_x.$$

In die Definition des Symbols σ_D^k gehen nur die Terme der Ordnung k von D (bzgl. lokaler Koordinaten usw.) ein. (Der Operator $\frac{1}{i} \frac{\partial}{\partial x_j}$ wird sozusagen durch den Koeffizienten η_j von η ersetzt, um das Symbol zu bekommen.) Sehe ich D als Operator der Ordnung $k + 1$ an, dann verschwindet das Symbol σ_D^{k+1}. Deshalb muß die Ordnung k beim Symbol mitangegeben werden und soll nur weggelassen werden, wenn aus dem Zusammenhang klar ist, welche Ordnung D hat.

§ 3. *Elliptische Operatoren.* Nehmen wir an, daß die Faserdimensionen m_1, m_2 von E und F gleich sind. Ein linearer Differentialoperator

$$D: \Gamma E \to \Gamma F$$

der Ordnung k heißt dann elliptisch von der Ordnung k, wenn für jedes $x \in X$ und für jeden kovarianten Tangentialvektor η in x, der nicht 0 ist, die lineare Abbildung

$$\sigma_D^k(\eta): E_x \to F_x$$

bijektiv ist.

Für elliptische Operatoren D über *kompakten* Mannigfaltigkeiten X gilt der fundamentale Satz (vgl. z. B. [26], Chap. X, XI):

Der Kern und der Cokern von $D: \Gamma E \to \Gamma F$ sind endlich-dimensional.

Kern (D) und Cokern (D) sind dabei im Sinne der linearen Algebra definiert ($\Gamma E, \Gamma F$ sind im allgemeinen unendlich dimensionale Vektorräume über $\mathbf{C}$):

$$\text{Kern}(D) = \{s \mid s \in \Gamma E \text{ und } Ds = 0\},$$

$$\text{Cokern}(D) = \Gamma F / D(\Gamma E)$$

$\dim_{\mathbf{C}}$ Kern (D) ist die „Maximalzahl linear-unabhängiger Lösungen der homogenen Gleichung“ $Ds = 0$, und $\dim_{\mathbf{C}}$ Cokern (D) ist die „maximale Anzahl linear unabhängiger Bedingungen“, die an die inhomogene Gleichung $Ds = g$ ($g \in \Gamma F$ gegeben, s gesucht) zu stellen sind, damit sie lösbar ist.

Für einen elliptischen Operator definiert man den Index

$$\text{ind}(D) = \dim \text{Kern}(D) - \dim \text{Cokern}(D).$$

Sowjetische Mathematiker (Vekua, Gelfand u. a., siehe z. B. [1], [12], [15], [28], [29]) haben schon vor einigen Jahren darauf hingewiesen, daß man diesen Index wegen seiner Homotopieinvarianz mit topologischen Methoden berechnen sollte. Sie haben auch manche Teilresultate erhalten. Die vollständige Lösung gelang Atiyah und Singer im Jahre 1963, und wir verdanken H. Cartan und L. Schwartz [10] und R. S. Palais [26] die Ausarbeitung von Seminaren (Paris bzw. Princeton), in denen der Atiyah–Singersche Indexsatz und sein Beweis, für den Methoden aus vielen Gebieten der Mathematik erforderlich sind, dargestellt werden.

§ 4. *Ein Beispiel für den Indexsatz.* Es sei X eine kompakte Riemannsche Fläche (singularitätenfreie algebraische Kurve). Wir betrachten Differentialformen s auf X, die bezüglich Ortsuniformisierender z lokal so zu beschreiben sind

$$s = a(z)\,[dz]^r, \quad r \text{ eine fest gegebene ganze Zahl.}$$

Die Koeffizientenfunktion $a(z)$ soll differenzierbar und komplexwertig sein. Es gibt über X ein Vektorraum-Bündel E (der Faserdimension 1), so daß ΓE gerade der Vektorraum der angegebenen Differentialformen ist, die man auch Differentialformen in dz vom Gewicht r nennt. Es sei $\bar{\partial}$ (Ableitung nach $\bar{z}$) der lineare Differentialoperator der Ordnung 1, der den Cauchy–Riemannschen Differentialgleichungen entspricht. Was ist $\bar{\partial} s$ für $s \in \Gamma E$? Wir haben bezüglich der Ortsuniformisierenden z

$$\bar{\partial} s = \frac{\partial a(z)}{\partial \bar{z}} \cdot d\bar{z} \cdot [dz]^r,$$

also eine Differentialform in $d\bar{z}$ und dz vom Gewicht r in dz. Derartige Differentialformen sind differenzierbare Schnitte eines anderen Vektorraum-Bündels F, und $\bar{\partial}$ ist, wie man leicht sieht, ein linearer elliptischer Differentialoperator der Ordnung 1.

$$\bar{\partial} : \Gamma E \to \Gamma F.$$

Der klassische Satz von Riemann–Roch (genauer ein Spezialfall dieses Satzes) besagt:

$$\operatorname{ind}(\bar{\partial}) = (2r - 1)(p - 1),$$

wo p das Geschlecht von X, also $2 - 2p$ die klassische Euler–Poincarésche Charakteristik von X ist. Damit ist ein Beispiel des Atiyah–Singerschen Indexsatzes angegeben. Es sei.

$$H^0(X, r) = \operatorname{Kern}(\bar{\partial}),$$

das ist der (endlich-dimensionale) komplexe Vektorraum der *holomorphen* Differentialformen vom Gewicht r. (Die Cauchy–Riemannsche Differentialgleichung $\bar{\partial} s = 0$ ist äquivalent zur Holomorphie von s).

Für $p \geqq 2$ und $r \geqq 2$ ist bekanntlich Cokern $(\bar{\partial}) = 0$ und damit

(1) $$\dim H^0(X, r) = (2r - 1)(p - 1) =$$

Maximalzahl linear-unabhängiger *holomorpher* Differentialformen vom Gewicht r.

§ 5. *Der Indexsatz von Atiyah–Singer.* Es ist nicht möglich, den Satz hier in voller Allgemeinheit zu formulieren. Wir deuten ihn nur für den Fall an, daß die Vektorraum-Bündel E, F trivial sind. Damit wird schon Prinzipielles deutlich, obwohl das Beispiel in § 4 sich nicht unterordnet, da die Bündel E, F dort nicht trivial sind.

X sei eine kompakte n-dimensionale differenzierbare Mannigfaltigkeit, $E = X \times \mathbf{C}^m$ und $F = X \times \mathbf{C}^m$. Dann sind ΓE und ΓF gleich dem Vektorraum der m-tupel differenzierbarer komplexwertiger auf X definierter Funktionen.

$$D : \Gamma E \to \Gamma F$$

sei ein linearer elliptischer Differentialoperator der Ordnung k. Für jeden kovarianten Tangentialvektor $\eta \neq 0$ ist das Symbol

$$\sigma_D^k(\eta) : E_x \to F_x$$

wegen der Trivialität der Bündel ein Element von $\mathbf{GL}(m, \mathbf{C})$, der Gruppe der Automorphismen des Vektorraumes $\mathbf{C}^m$. Damit ist das Symbol eine Abbildung

$$\sigma_D^k : T_0^* \to \mathbf{GL}(m, \mathbf{C}),$$

wo T^* der Raum aller kovarianten (reellen) Tangentialvektoren von X und $T_0^* \subset T^*$ der Raum der nicht-verschwindenden kovarianten Tangentialvektoren ist.

T^* ist eine $2n$-dimensionale Mannigfaltigkeit, die vermöge der kanonischen 2-Form auf T^* eine fast-komplexe Struktur zuläßt (vgl. z. B. [11], [22] p. 86). Damit ist in der reellen Cohomologie $H^*(T^*, \mathbf{R})$ eine Element ausgezeichnet, die Toddsche Klasse von T^*, die wir hier $\mathscr{T}(X)$ nennen wollen ($\mathscr{T}(X) = td(T^*)$). Die Toddsche Klasse einer fast-komplexen Mannigfaltigkeit wurde in [18] eingeführt (siehe 3. Auflage, § 10.1). In $\mathbf{GL}(m, \mathbf{C})$ kann eine Cohomologieklasse $\mathbf{Ch} \in H^*(\mathbf{GL}(m, \mathbf{C}), \mathbf{R})$ definiert werden, die ein für allemal festliegt und als „Weltkonstante" angesehen werden kann. (Die $(2j-1)$-dimensionale Komponente von $\mathbf{Ch}$ multipliziert mit $(-1)^{j-1}(j-1)!$ ist die sogenannte Suspension der universellen Chernschen Klasse c_j.)

Wir führen nun in X eine Riemannsche Metrik ein (welche ist gleichgültig) und bezeichnen mit SX die $(2n-1)$-dimensionale Mannigfaltigkeit der kovarianten Tangentialvektoren von X der Länge 1 und mit BX die $(2n)$-dimensionale *berandete* Mannigfaltigkeit der Vektoren der Länge $\leqq 1$. Es ist SX der Rand von BX. Da BX als fast-komplexe Mannigfaltigkeit orientiert ist, ist auch $SX = Rd(BX)$ orientiert. Vermöge des Symbols

$$\sigma_D^k : SX \to \mathbf{GL}(m, \mathbf{C}) \tag{2}$$

kann $\mathbf{Ch}$ nach SX angehoben werden und ergibt ein Element

$$(\sigma_D^k)^*(\mathbf{Ch}) \in H^*(SX, \mathbf{R}).$$

Die Toddsche Klasse $\mathscr{T}(X)$ werde auf SX beschränkt, die Beschränkung ebenfalls mit

$$\mathscr{T}(X) \in H^*(SX, \mathbf{R})$$

bezeichnet. Der Indexsatz lautet nun so:

$$\operatorname{ind}(D) = (\sigma_D^k)^*(\mathbf{Ch}) \cdot \mathscr{T}(X)\,[SX]. \tag{3}$$

In (3) wird rechts das Cupprodukt der beiden Cohomologieklassen $(\sigma_D^k)^*(\mathbf{Ch})$ und $\mathscr{T}(X)$ gebildet und dessen $(2n-1)$-dimensionale Komponente auf die fundamentale Homologieklasse von SX angewendet.

Wer an Cohomologieklassen nicht gewöhnt ist, möge sich vorstellen, daß in $\mathbf{GL}(m, \mathbf{C})$ eine Differentialform als „Weltkonstante" gegeben ist, die zu eine Differentialform auf SX vermöge der Abbildung σ_D^k angehoben wird, daß durch die fast-komplexe Struktur von T^* eine weitere Differentialform auf SX ausgezeichnet wird und daß in der Formel (3) der Index D durch ein Integral einer wohl-definierten Differentialform über SX ausgedrückt wird.

Der Indexsatz zeigt, daß $\operatorname{ind}(D)$ nur von der Homotopieklasse des Symbols (d. h. der Abbildung (2)) abhängt; dies ist die Invarianz, die in § 3 gemeint war.

Der hier besprochene Spezialfall des Indexsatzes läßt sich auch für Mannigfaltigkeiten mit Rand (und elliptische Operatoren mit Randbedingungen) besonders einfach diskutieren [2]. Der Indexsatz mit Randbedingungen wurde von Atiyah, Bott und Singer für beliebige Vektorraum-Bündel E, F bewiesen ([2], [26], Appendix I).

§ 6. *Elliptische Komplexe.* Der Indexsatz wird am besten etwas allgemeiner ausgesprochen (siehe [6]), um mehr Anwendungsbeispiele zu haben: Es seien $E_0, E_1, \ldots, E_l$ differenzierbare komplexe Vektorraum-Bündel über der differenzierbaren Mannigfaltigkeit X. Eine Folge von Differentialoperatoren D_j der Ordnungen k_j

$$(4) \quad 0 \longrightarrow \Gamma E_0 \xrightarrow{D_0} \Gamma E_1 \xrightarrow{D_1} \Gamma E_2 \xrightarrow{D_2} \cdots \xrightarrow{D_{l-1}} \Gamma E_l \longrightarrow 0$$

heißt Komplex, wenn $D_j \circ D_{j-1}$ der Nulloperator ist, mit anderen Worten, wenn Bild $D_{j-1} \subset$ Kern D_j ist. Für jeden kovarianten Tangentialvektor $\eta \neq 0$ im Punkte $x \in X$ induziert (4) die Sequenz von Vektorräumen und linearen Abbildungen

$$(4') \quad 0 \longrightarrow E_{0,x} \xrightarrow{\sigma_D(\eta)} E_{1,x} \xrightarrow{\sigma_D(\eta)} E_{2,x} \longrightarrow \cdots \xrightarrow{\sigma_D(\eta)} E_{l,x} \longrightarrow 0$$

Dabei wurde der Kürze halber bei den Symbolen alle D_j mit D bezeichnet und die Ordnungen k_j weggelassen. Aus $D_j \circ D_{j-1} = 0$ folgt, daß $\sigma_D(\eta) \circ \sigma_D(\eta) = 0$ ist, mit anderen Worten, daß für jedes $E_{j,x}$ das Bild der ankommenden Abbildung $\sigma_D(\eta)$ im Kern der weggehenden enthalten ist.

Der Komplex (4) heißt elliptisch, wenn die Sequenz (4′) für alle $\eta \neq 0$ exakt ist, d. h. wenn das Bild der ankommenden Abbildung $\sigma_D(\eta)$ gleich dem Kern der weggehenden ist. Die Elliptizitätsbedingung im § 3 entspricht dem Fall $E_0 = E$, $E_1 = F$ und $l = 1$.

Eine Verallgemeinerung des fundamentalen Satzes von § 3 auf elliptische Komplexe über *kompakten* Mannigfaltigkeiten besagt:

Die „Cohomologiegruppen" $H^i(E) =$ Kern (D_i)/Bild (D_{i-1}) *des Kettenkomplexes* (4) *sind endlich-dimensionale komplexe Vektorräume.*

Als Index (man könnte auch sagen „Euler-Poincarésche" Charakteristik) des elliptischen Komplexes E wird definiert

$$\operatorname{ind}(E) = \sum_{i=0}^{l} (-1)^i \dim_{\mathbf{C}} H^i(E).$$

Der Indexsatz von § 5 kann für elliptische Komplexe formuliert und bewiesen werden. Das ist keine tiefe, sondern mehr eine formale Verallgemeinerung.

§ 7. *Ein einfaches Beispiel eines elliptischen Komplexes.* Eine p-Form ω im Sinne des alternierenden Kalküls von E. Cartan über der n-dimensionalen differenzierbaren Mannigfaltigkeit X ist bezüglich lokaler Koordinaten $x_1, \ldots, x_n$ wie folgt zu schreiben:

$$\omega = \sum_{i_1 < i_2 < \ldots < i_p} a_{i_1 \ldots i_p} dx_{i_1} \ldots dx_{i_p},$$

wo die Koeffizienten differenzierbare komplexwertige Funktionen sind.

Die E. Cartansche Ableitung d ordnet jeder p-Form ω eine $(p+1)$-Form $d\omega$ zu. Es gibt komplexe Vektorraum-Bündel E_p $(p = 0, 1, \ldots, n)$ über X (nämlich $E_p = L_a^p(T, \mathbf{C})$ = Vektorraum-Bündel, dessen Faser über $x \in X$ gleich dem Vektorraum der p-fachen alternierenden komplexwertigen Multilinearformen auf den Tangentialraum T_x ist), so daß ΓE_p der $\mathbf{C}$-Vektorraum aller p-Formen ist.

$$0 \longrightarrow \Gamma E_0 \xrightarrow{d} \Gamma E_1 \xrightarrow{d} \cdots \xrightarrow{d} \Gamma E_n \longrightarrow 0$$

ist der elliptische Komplex, der in den üblichen Vektoranalysis-Vorlesungen vorkommt (z. B. [14], [25]), und $dd = 0$ ist die Formel, die man auch in mehrere Formeln wie rot grad $= 0$ und div rot $= 0$ umschreiben kann. Nach den Sätzen von de Rham ist in dem Fall, den wir hier besprechen,

$$H^i(E) \cong H^i(X, \mathbf{C}).$$

Dabei ist $H^i(X, \mathbf{C})$ die übliche Cohomologiegruppe mit komplexen Koeffizienten. Sie ist ein endlich-dimensionaler komplexer Vektorraum, wenn X kompakt ist, und ind (E) ist dann die klassische Euler-Poincarésche Charakteristik von X.

§ 8. *Der Riemann–Rochsche Satz für kompakte komplexe Mannigfaltigkeiten.* Der elliptische Komplex von § 7 benötigt zu seiner Definition nur die differenzierbare Struktur von X, sind weitere Strukturen auf X gegeben, dann ermöglichen diese häufig die Einführung anderer elliptischer Operatoren

([6], [10], [26]) und damit Anwendungen des Atiyah–Singerschen Indexsatzes. Wir müssen uns in diesem Vortrag auf die komplexe Struktur beschränken: Es sei X eine komplexe Mannigfaltigkeit der komplexen Dimension n, dann ist X auch eine orientierte differenzierbare Mannigfaltigkeit der Dimension $2n$. Für $n = 1$ haben wir es mit den in § 4 erwähnten Riemannschen Flächen zu tun.

Auf X betrachten wir Differentialformen, die sich bezüglich lokaler komplexer Koordinaten $z_1, \ldots, z_n$ so schreiben:

$$(5) \qquad s = \sum_{i_1 < \cdots < i_p} a_{i_1 \cdots i_p} (d\bar{z}_1 \wedge \ldots \wedge d\bar{z}_p) \cdot [dz_1 \wedge \ldots \wedge dz_n]^r,$$

wo r eine gegebene ganze Zahl ist. Die Koeffizienten sind komplexwertige differenzierbare Funktionen. Es handelt sich also um alternierende p-Formen in den $d\bar{z}_i$ (Wirtinger-Kalkül!), aber bei holomorphen Koordinatenwechseln $z_i = z_i(t_1, \ldots, t_n)$ kommt noch die Multiplikation mit der r-ten Potenz der Determinante der Matrix $\left(\frac{\partial z_i}{\partial t_j}\right)$ hinzu.

Es gibt ein differenzierbares komplexes Vektorraum-Bündel $E_{p,r}$ über X, so daß $\Gamma E_{p,r}$ gerade der Vektorraum der auf X definierten Differentialformen der Gestalt (5) ist. Wie in § 4 führen wir den Differentialoperator

$$\bar{\partial}: \Gamma E_{p,r} \to \Gamma E_{p+1,r}$$

ein. Ist $s \in E_{p,r}$ bezüglich lokaler Koordinaten $z_1, \ldots, z_n$ wie in (5) gegeben, dann ist

$$\bar{\partial} s = \sum_{i_1 < \cdots < i_p} \bar{\partial} a_{i_1 \cdots i_p} \wedge d\bar{z}_1 \wedge \ldots \wedge d\bar{z}_p \cdot [dz_1 \wedge \ldots \wedge dz_n]^r,$$

wobei

$$\bar{\partial} f = \sum_{i=1}^{n} \frac{\partial f}{\partial \bar{z}_i} d\bar{z}_i. \text{ Es ist } \bar{\partial}\bar{\partial} = 0.$$

Man erhält einen elliptischen Komplex (von linearen Differentialoperatoren der Ordnung 1)

$$(6) \qquad 0 \longrightarrow \Gamma E_{0,r} \xrightarrow{\bar{\partial}} \Gamma E_{1,r} \xrightarrow{\bar{\partial}} \cdots \xrightarrow{\bar{\partial}} \Gamma E_{n,r} \longrightarrow 0,$$

dessen Cohomologiegruppen wir mit $H^i(X, r)$ bezeichnen wollen. Wenn

X kompakt ist, dann sind die $H^i(X, r)$ endlich-dimensionale komplexe Vektorräume (§ 6). Die Elemente von

$$(7) \qquad H^0(X, r) = \{s \mid s \in \Gamma E_{0,r} \text{ und } \bar{\partial} s = 0\}$$

sind die holomorphen Formen auf X vom Gewicht r. Sie lassen sich lokal so schreiben

$$a(z_1, \ldots, z_n)\,[dz_1 \wedge \ldots \wedge dz_n]^r,$$

a eine holomorphe Funktion. $\bar{\partial} s = 0$ (siehe (7)) ist die Cauchy–Riemannsche Differentialgleichung, deren Gültigkeit mit der Holomorphie von a und damit von s äquivalent ist.

Für eine kompakte komplexe Mannigfaltigkeit ist der Index des elliptischen Komplexes (6) definiert, wir bezeichnen ihn mit $\chi(X, r)$.

$$\chi(X, r) = \sum_{i=1}^{n} (-1)^i \dim_{\mathbf{C}} H^i(X, r).$$

Der Indexsatz von Atiyah–Singer ermöglicht die Berechnung von $\chi(X, r)$, und das ergibt den Satz von Riemann–Roch für kompakte komplexe Mannigfaltigkeiten (hier nur für die r-te Potenz des kanonischen Geradenbündels formuliert). Man erhält die Formel für $\chi(X, r)$, die ich in [18] für den Fall algebraischer Mannigfaltigkeiten bewiesen habe (für $n = 1$ siehe § 4). Es war lange ein offenes Problem, ob die Resultate von auch für kompakte komplexe Mannigfaltigkeiten gelten, vgl. [17].

In der komplexen Analysis interessiert man sich hauptsächlich für den Vektorraum $H^0(X, r)$ der holomorphen Formen vom Gewicht r. Seine Dimension ist gleich $\chi(X, r)$, wenn die Vektorräume $H^i(X, r)$ für $i > 0$ nulldimensional sind. Das Verschwinden der $H^i(X, r)$ kann oft mit Hilfe des Kriteriums von Kodaira nachgewiesen werden ([21], siehe auch [18], [19]). Ein solcher Fall wird uns nachher noch beschäftigen (§ 14).

Die in § 7 und § 8 besprochenen elliptischen Komplexe gehören zu der Auflösung gewisser Garben, hierzu vgl. z. B. [18].

§ 9. *Der Fixpunktsatz von Atiyah–Bott.* Es sei X eine kompakte komplexe Mannigfaltigkeit und $g: X \to X$ eine holomorphe Abbildung einer endlichen Ordnung d, das heißt die d-fache Iteration von g soll gleich der Identität von X sein, $g^d = Id$. Ein Punkt $x \in X$ heißt Fixpunkt von g, wenn $gx = x$. Wir betrachten die Menge $\mathrm{Fix}(g)$ aller Fixpunkte. Da g

endliche Ordnung hat, kann man bekanntlich in einer geeigneten Umgebung jedes Fixpunktes lokale Koordinaten von X so einführen, daß g linear operiert, und deshalb ist Fix(g) eine kompakte komplexe Untermannigfaltigkeit von X, die im allgemeinen nicht zusammenhängend ist und deren Zusammenhangskomponenten von verschiedener Dimension sein können. Wenn g die Identität ist, dann ist natürlich Fix $(g) = X$. Es kann auch sein, daß Fix (g) nur aus endlich vielen Punkten besteht, also eine nulldimensionale Untermannigfaltigkeit ist.

Wegen der Holomorphie von g ist für eine Differentialform s vom Typ (5) g^*s wieder von der gleichen Art, d. h. g^* operiert auf $\Gamma E_{p,r}$ als **C**-lineare Abbildung. Wir haben das kommutative Diagramm

$$\begin{array}{ccccccccccc} 0 & \longrightarrow & \Gamma E_{0,r} & \xrightarrow{\bar\partial} & \Gamma E_{1,r} & \xrightarrow{\bar\partial} & \cdots & \xrightarrow{\bar\partial} & \Gamma E_{n,r} & \longrightarrow & 0 \\ & & \downarrow{\scriptstyle g^*} & & \downarrow{\scriptstyle g^*} & & & & \downarrow{\scriptstyle g^*} & & \\ 0 & \longrightarrow & \Gamma E_{0,r} & \xrightarrow{\bar\partial} & \Gamma E_{1,r} & \xrightarrow{\bar\partial} & \cdots & \xrightarrow{\bar\partial} & \Gamma E_{n,r} & \longrightarrow & 0 \end{array}$$

Folglich induziert g^* eine **C**-lineare Abbildung

$$g^*: H^i(X, r) \to H^i(X, r),$$

und man kann von der Spur von $g^*|H^i(X, r)$ sprechen, da $H^i(X, r)$ ein endlich-dimensionaler komplexer Vektorraum ist.

Atiyah und Bott ordnen jeder Zusammenhangskomponente Fix $(g)_j$ von Fix (g) eine komplexe Zahl ν (Fix $(g)_j$) zu und beweisen

$$\sum_{i=1}^{n} (-1)^i \operatorname{Spur} g^*|H^i(X, r) = \sum_j \nu\,(\operatorname{Fix}(g)_j). \tag{8}$$

Hier indiziert j also die endlich-vielen Zusammenhangskomponenten von Fix (g). Die komplexe Zahl ν (Fix $(g)_j$) hängt natürlich auch von r ab.

Für die Experten werde ich später die Definition von ν (Fix $(g)_j$) angeben. Zunächst beschränke ich mich auf den Fall, daß Fix $(g)_j$ ein einziger Punkt a ist. In diesem Fall ist

$$\nu(a) = \frac{(\det g'(a))^r}{\det(\mathbf{1} - g'(a))}, \tag{9}$$

$g'(a): T_a \to T_a$ ist die komplexe Ableitung (**C**-lineare Approximation) von

g in a, die ein Endomorphismus des komplexen tangentiellen Vektorraumes T_a von X in a ist. $\mathbf{1}$ bezeichnet hier den identischen Endomorphismus von T_a, und det $(\mathbf{1} - g'(a))$ verschwindet nicht, da a isolierter Fixpunkt ist und deshalb $g'(a)$ nicht den Eigenwert 1 hat.

Für den Fall, daß g nur isolierte Fixpunkte hat, nimmt (8) die Form

$$(10) \qquad \sum_{i=1}^{n} (-1)^i \operatorname{Spur} g^* | H^i(X, r) = \sum_{a \in \operatorname{Fix}(g)} \nu(a)$$

an, wo $\nu(a)$ die in (9) angegebene komplexe Zahl ist.

Wenn g die Identität, also Fix $(g) = X$ ist, dann geht der Atiyah–Bottsche Fixpunktsatz (8) in den in § 8 erwähnten Riemann–Rochschen Satz über. Spur $g^*|H^i(X, r)$ ist für $g =$ Identität gleich der Dimension des Vektorraumes $H^i(X, r)$.

Atiyah und Bott beweisen ihren Fixpunktsatz nicht nur für kompakte komplexe Mannigfaltigkeiten, sondern allgemein für eine differenzierbare Abbildung g endlicher Ordnung, die auf einer kompakten differenzierbaren Mannigfaltigkeit X operiert und einen auf X gegebenen elliptischen Komplex E „respektiert". Man hat dann eine Formel vom Typus (8), die für $g =$ Identität in dem Indexsatz (§ 6) übergeht. Wählt man z. B. den elliptischen Komplex von § 7, dann ergibt sich:

Es sei X eine kompakte n-dimensionale differenzierbare Mannigfaltigkeit und $g: X \to X$ eine differenzierbare Abbildung endlicher Ordnung. g^* operiert auf den üblichen Cohomologie-Gruppen $H^i(X, \mathbf{C})$. Die Fixpunktmenge Fix (g) *ist eine (i. a. nicht-zusammenhängende und gemischt-dimensionale) Untermannigfaltigkeit von X. Es sei e (Fix (g)) die klassische Euler–Poincarésche Charakteristik von* Fix (g). *Dann gilt*

$$(11) \qquad \sum_{i=1}^{n} (-1)^i \operatorname{Spur} g^* | H^i(X, \mathbf{C}) = e(\operatorname{Fix}(g)).$$

Wenn Fix (g) aus endlich-vielen Punkten besteht, dann ist e (Fix (g)) gleich der Anzahl dieser Punkte und (11) ist ein Spezialfall des Lefschetzschen Fixpunktsatzes ([20], [24]). (Die Multiplizitäten der isolierten Fixpunkte im Sinne des Lefschetzschen Fixpunktsatzes sind bei einer differenzierbaren Abbildung endlicher Ordnung automatisch gleich $+1$.) Wie Dold mir mitteilte, kann man aus seiner Arbeit [10a] leicht die Formel (11) auch für höher-dimensionale Fixpunktmengen gewinnen.

Ich muß gestehen, daß ich einen Beweis für den Atiyah–Bottschen Fixpunktsatz (8) nicht kenne. Der Beweis kann ja auch nicht sehr einfach sein, da der Indexsatz als Spezialfall ($g =$ Identität) enthalten ist. Er erfolgt mit Hilfe einer neuen von Atiyah und Singer entwickelten Methode, die im Gegensatz zu [10] und [26] ohne Verwendung von Cobordisme-Theorie verläuft, sondern Einbettungen in die Sphäre benutzt. An Literatur gibt es bis heute nur eine Seminarausarbeitung [5], die topologische Vorbereitungen zum Fixpunktsatz und insbesondere die Definition der Zahlen $\nu\left(\mathrm{Fix}\,(g)_j\right)$ enthält.

Für den Fall, daß nur isolierte Fixpunkte auftreten, habe ich ein (noch nicht veröffentlichtes) Manuskript von Atiyah–Bott [3] zur Verfügung, und es wird demnächst ein Research announcement [4] erscheinen. In diesem Fall braucht man nicht vorauszusetzen, daß g endliche Ordnung hat, es genügt anzunehmen, daß jeder Punkt $a \in \mathrm{Fix}\,(g)$ transversal ist, d. h. der Endomorphismus im Tangentialraum von a keinen Eigenwert hat, der gleich 1 ist. (Es gilt also bereits dann Formel (10) mit der Definition (9) von $\nu(a)$; entsprechend für andere elliptische Komplexe.) Der Beweis des Fixpunktsatzes für den Fall isolierter Fixpunkte ([3], [4]) ist wesentlich einfacher und kann mit anderen Methoden erfolgen, als sie in den Beweisen des Indexsatzes vorkommen.

§ 10. *Ein Beispiel.* Der Atiyah–Bottsche Fixpunktsatz ist für kompakte Riemannsche Flächen im Falle isolierter transversaler Fixpunkte in bekannten Sätzen über algebraische Funktionen enthalten ([13], p. 278).

Sei etwa X die Riemannsche Fläche der Funktion

$$w = \sqrt{(z - a_1)(z - a_2) \ldots (z - a_{2p+2})}\,. \tag{12}$$

Die komplexen Zahlen a_j sollen disjunkt und $p \geqq 2$ sein. X ist hyperelliptisch vom Geschlecht p und hat $2p + 2$ Weierstraßpunkte [30], nämlich gerade die Verzweigungspunkte $a_1, a_2, \ldots, a_{2p+2} \in X$.

Es sei g die „Vertauschung der Blätter" (Vorzeichenwechsel der Wurzel (12)). Dann ist $g: X \to X$ eine biholomorphe Involution ($g^2 = \mathrm{Id}$) mit den Fixpunkten $a_1, \ldots, a_{2p+2}$. Für $r \geqq 2$ ist $H^1(X, r) = 0$. Es folgt (siehe Formeln (9), (10) in § 9)

$$\mathrm{Spur}\, g^*|H^0(X, r) = (2p + 2) \cdot \frac{(-1)^r}{1 - (-1)}\,.$$

Nach § 4 (1) kennt man die Dimension von $H^0(X, r)$, also hat der Vektorraum der holomorphen Formen vom Gewicht r, die unter g^* invariant bleiben (Eigenraum von $g^*|H^0(X, r)$ zum Eigenwert 1), die Dimension

$$\tfrac{1}{2}((2r-1)(p-1)+(-1)^r(p+1))$$

§ 11. *Die Berechnung der Atiyah–Bottschen Zahlen der Fixkomponenten.* Es sei $g: X \to X$ eine holomorphe Abbildung endlicher Ordnung d der kompakten komplexen Mannigfaltigkeit X. Es sei $Y = \mathrm{Fix}\,(g)_j$ eine Zusammenhangskomponente der Fixpunktmenge $\mathrm{Fix}\,(g)$. Also ist Y eine zusammenhängende kompakte komplexe Untermannigfaltigkeit von X der Dimension $k (0 \leqq k \leqq n)$. Für irgendeinen Punkt $y \in Y$ hat $g'(y): T_y \to T_y$ Eigenwerte $\mu \in \mathbf{C}$, die d-te Einheitswurzeln sind und alle mit einer bestimmten Vielfachheit n_μ auftreten, die nicht von y abhängt. Die Vielfachheit von 1 ist gleich der Dimension von Y. Für jede d-te Einheitswurzel μ ist der Eigenraum $E_{\mu,y} \subset T_y$ definiert. Die Vektorräume $E_{\mu,y} (y \in Y)$ bilden ein Vektorraum-Bündel E_μ über Y. Natürlich ist E_1 das komplexe Tangentialbündel von Y, während die direkte Summe der Vektorraumbündel E_μ mit $\mu \neq 1$ das Normalbündel von Y in X ist. Wir betrachten die dualen Bündel E^*_μ und ihre äußeren Potenzen $\Lambda^i E^*_\mu$ und deren Chernschen Charakter ([18], 3. Aufl., § 10.1)

$$ch(\Lambda^i E^*_\mu) \in H^*(Y, \mathbf{C}).$$

Die 0-dimensionale Komponente von

$$(13) \quad ch(\Lambda_{-\mu}(E^*_\mu)) \underset{\mathrm{Def}}{=} \sum_{i=1}^{n_\mu} (-\mu)^i\, ch(\Lambda^i E^*_\mu), \quad n_\mu = \text{Faserdimension von } E_\mu$$

ist gleich $(1-\mu)^{n_\mu}$, also $\neq 0$ für $\mu \neq 1$. Deshalb ist $ch(\Lambda_{-\mu}(E^*_\mu))$ ein invertierbares Element von $H^*(Y, \mathbf{C})$.

Es sei $td(Y) \in H^*(Y, \mathbf{C})$ die totale Toddsche Klasse der komplexen Mannigfaltigkeit Y, siehe ([18], 3. Aufl., § 10.1), und $c_1 \in H^2(Y, \mathbf{C})$ die Beschränkung der ersten Chernschen Klasse von X auf Y. Dann berechnet sich die komplexe Zahl $\nu(Y) = \nu\,(\mathrm{Fix}\,(g)_j)$ in § 9 (8) wie folgt (beachte die Abhängigkeit von r):

$$(14) \quad \begin{aligned} \nu(Y) &= \nu\,(\mathrm{Fix}\,(g)_j) \\ &= (\det g'(y_0))^r \left(\exp(-rc_1)\, td\,(Y) \cdot \prod_{\mu \neq 1} \frac{1}{ch\,(\Lambda_{-\mu}(E^*_\mu))}\right) [Y] \end{aligned}$$

($y_0 \in Y$ kann beliebig gewählt werden; die Zahl $\det g'(y_0)$ hängt nicht von y_0 ab.) Die Formel ist leicht zu behalten, wenn man bedenkt, daß die Toddsche Klasse des universellen komplexen Vektorraum-Bündels der Faserdimension k so geschrieben werden kann:

$$td(\xi) = \frac{c_k(\xi)}{ch(\Lambda_{-1}(\xi^*))},$$

und daß das komplexe Tangentialbündel von Y gleich E_1 ist.

Wenn g die Identität und damit $\mathrm{Fix}(g) = X$, dann ergibt § 9 (8)

$$\sum_{i=0}^{n} (-1)^i \dim_{\mathbf{C}} H^i(X, r) = (\exp(-r c_1)\, td(X))\, [X],$$

das ist der auf komplexe Mannigfaltigkeiten verallgemeinerte Satz von Riemann–Roch (für die r-te Potenz des kanonischen Geradenbündels von X), vgl. § 8.

Wenn $Y = \{y_0\}$ ein isolierter Fixpunkt ist, dann geht (14) in § 9 (9) über.

§ 12. *Ein Beispiel.* Im $\mathbf{C}^n$ betrachten wir die lineare Selbstabbildung $z_i' = \mu_i z_i$ $(1 \leqq i \leqq n)$, wobei die ersten k der μ_i gleich 1, die übrigen μ_i aber verschieden von 1 sind. (Es ist $0 \leqq k \leqq n$). Diese lineare Abbildung kann auf den komplexen projektiven Raum $\mathbf{P}_n(\mathbf{C})$, der $\mathbf{C}^n$ als affinen Teilraum enthält, erweitert werde, die Erweiterung heiße g.

Nehmen wir an, daß alle μ_i Einheitswurzeln sind, g also eine endliche Ordnung hat. Dann sind die Voraussetzungen von § 9 erfüllt.

Eine Komponente von $\mathrm{Fix}(g)$ ist der projektive Unterraum $\mathbf{P}_k(\mathbf{C})$ von $\mathbf{P}_n(\mathbf{C})$, der den durch $z_{k+1} = \cdots = z_n = 0$ definierten affinen Teilraum $\mathbf{C}^k$ hat. Für diese Komponente soll die in (14) definierte Zahl berechnet werden. In $H^2(\mathbf{P}_n(\mathbf{C}), \mathbf{Z}) \cong \mathbf{Z}$ gibt es das übliche positive erzeugende Element x mit $x^n[\mathbf{P}_n(\mathbf{C})] = 1$.

Für distinkte $\mu_i (i > k)$ sind alle $E_{\mu_i}^*$ (siehe § 11) zum Hopfschen Geradenbündel isomorph. Wenn μ_i mit der Vielfachheit n_i auftritt, ist $E_{\mu_i}^*$ zur direkten Summe von n_i Hopfschen Geradenbündeln isomorph. Es ergibt sich:

$$(15) \quad \nu(\mathbf{P}_k(\mathbf{C})) =$$

$$\left(\prod_{i=1}^{n} \mu_i\right)^r \left(\exp(-r(n+1)\,x) \cdot \left(\frac{x}{1-e^{-x}}\right)^{k+1} \cdot \prod_{i=k+1}^{n} \frac{1}{1-\mu_i e^{-x}}\right) [\mathbf{P}_k(\mathbf{C})].$$

Da auch $x^k[\mathbf{P}_k(\mathbf{C})] = 1$, ist $\nu(\mathbf{P}_k(\mathbf{C}))$ gleich dem Koeffizienten von x^k in der formalen Potenzreihe in x die in (15) vor $\mathbf{P}_k(\mathbf{C})$ steht. Eine leichte Residuum-Berechnung wie in [18], § 1, mit Hilfe der Substitution $z = 1 - e^{-x}$, $dz = (1 - z)\, dx$ ergibt,

$$(16) \quad \left\{ \begin{array}{l} \nu(\mathbf{P}_k(\mathbf{C})) \text{ ist der Koeffizient von } z^k \text{ in der folgenden formalen Potenzreihe in } z: \\ \left(\prod_{i=1}^{n} \mu_i\right)^r \cdot (1 - z)^{r(n+1)-1} \prod_{i=k+1}^{n} \frac{1}{1 - \mu_i(1 - z)} \end{array} \right.$$

Man sieht, daß $\nu(\mathbf{P}_k(\mathbf{C})) : \left(\prod_{i=1}^{n} \mu_i\right)^r$ ein Polynom in r vom Grade k ist. Für $r = 0$ ist $\dim H^i(\mathbf{P}_n(\mathbf{C}), r) = 0$ für $i > 0$, während $H^0(\mathbf{P}_n(\mathbf{C}), 0)$ der Vektorraum der holomorphen Funktionen auf $\mathbf{P}_n(\mathbf{C})$ ist. Diese Funktionen sind alle konstant. Auf $H^0(\mathbf{P}_n(\mathbf{C}), 0) \cong \mathbf{C}$ operiert g^* als Identität, und es muß also die Summe der ν für die verschiedenen Fixkomponenten von g im Falle $r = 0$ gleich 1 sein, eine Tatsache, die der Zuhörer kontrollieren möge.

§ 13. *Beschränkte homogene symmetrische Gebiete und diskontinuierliche Gruppen.* Es sei B ein beschränktes homogenes symmetrisches Gebiet des $\mathbf{C}^n$ im Sinne von E. Cartan ([9], [7], [8], [16]). Man denke beispielsweise an

$$B = \{z \mid z \in \mathbf{C}^n \quad \text{und} \quad |z_1|^2 + \cdots + |z_n|^2 < 1\}.$$

Es sei Γ eine diskontinuierliche Gruppe von Automorphismen von B. Jedes Element γ von Γ ist also eine biholomorphe Abbildung $\gamma : B \to B$. Der Quotientenbereich $\Gamma \backslash B$ wird erhalten, wenn man $z', z \in B$ identifiziert, sobald es ein $\gamma \in \Gamma$ mit $z' = \gamma z$ gibt. *Wir setzen voraus, daß $\Gamma \backslash B$ kompakt ist.* Nun sei Γ_0 eine Untergruppe von Γ mit folgenden Eigenschaften

I) Γ_0 ist Normalteiler von Γ

II) Die Gruppe Γ/Γ_0 ist endlich.

III) Γ_0 operiert frei auf B, d. h. kein Element in Γ_0, abgesehen von der Identität, hat einen Fixpunkt.

Dann ist $\Gamma_0 \backslash B$ eine kompakte komplexe Mannigfaltigkeit, auf der Γ/Γ_0 operiert. Jedes Element $\alpha \in \Gamma/\Gamma_0$ liefert eine holomorphe Abbildung

$\alpha : \Gamma_0\backslash B \to \Gamma_0\backslash B$ von endlicher Ordnung, auf der wir also den Atiyah–Bottschen Fixpunktsatz anwenden können. (Über die Existenz von Gruppen Γ und Γ_0 siehe § 14.)

Für jeden Automorphismus γ von B, der Fixpunkte hat, ist

$$\mathrm{Fix}(\gamma) = \{x \mid x \in B \quad \text{und} \quad \gamma x = x\}$$

zusammenhängend und selbst ein beschränktes homogenes symmetrisches Gebiet: Ist $x \in \mathrm{Fix}(\gamma)$, dann kann B als konvexe offene Menge so in den $\mathbf{C}^n$ eingebettet werden, daß $x = 0 \in \mathbf{C}^n$ und γ linear operiert und daß ferner die Multiplikation mit -1 des $\mathbf{C}^n$ die Symmetrie von B in x ist. Alle diese Symmetrien sind mit γ vertauschbar und erzeugen eine Gruppe von Automorphismen von $\mathrm{Fix}(\gamma)$, die auf $\mathrm{Fix}(\gamma)$ transitiv operiert ([9], p. 134). *Der Zentralisator G_γ von γ in der Gruppe der Automorphismen von B operiert also transitiv auf* $\mathrm{Fix}(\gamma)$. Nun zurück zu den diskontinuierlichen Gruppen Γ und Γ_0.

(17) *Wenn die Elemente γ_1, γ_2 von Γ in derselben Nebenklasse* mod Γ_0 *liegen und wenn* $\mathrm{Fix}(\gamma_1) \cap \mathrm{Fix}(\gamma_2) \neq \varnothing$, *dann* $\gamma_1 = \gamma_2$.

Es sei $\pi : B \to \Gamma_0\backslash B$ die natürliche Projektion. Für $\alpha \in \Gamma/\Gamma_0$ müssen wir $\mathrm{Fix}(\alpha) = \{y \mid y \in \Gamma_0\backslash B \text{ und } \alpha y = y\}$ bestimmen. Es ist klar, daß

$$\mathrm{Fix}(\alpha) = \bigcup_{\gamma \in \alpha} \pi\, \mathrm{Fix}(\gamma).$$

Nun ist $\pi\, \mathrm{Fix}(\gamma_1) \cap \pi\, \mathrm{Fix}(\gamma_2)$ genau dann nicht leer, wenn es ein $\gamma_0 \in \Gamma_0$ gibt mit $\mathrm{Fix}(\gamma_1) \cap \gamma_0\, \mathrm{Fix}(\gamma_2) \neq \varnothing$. Es gilt

$$\gamma_0 \mathrm{Fix}(\gamma_2) = \mathrm{Fix}(\gamma_0 \gamma_2 \gamma_0^{-1}). \tag{18}$$

Wegen (17) und (18) ist $\pi\, \mathrm{Fix}(\gamma_1) \cap \pi\, \mathrm{Fix}(\gamma_2)$ genau dann nicht leer, wenn $\mathrm{Fix}(\gamma_1)$, $\mathrm{Fix}(\gamma_2)$ nicht leer sind und γ_1, γ_2 konjugiert in Γ vermöge eines Elementes von Γ_0 sind. $\pi\, \mathrm{Fix}(\gamma_2)$ und $\pi\, \mathrm{Fix}(\gamma_2)$ sind dann gleich. $\gamma_1, \gamma_2 \in \Gamma$ kommen genau dann in dieselbe Γ_0-Konjugationsklasse, wenn es $\gamma_0 \in \Gamma_0$ mit $\gamma_1 = \gamma_0 \gamma_2 \gamma_0^{-1}$ gibt. Eine Γ_0-Konjugationsklasse ist stets in einer Nebenklasse von Γ mod Γ_0 enthalten.

Die vorstehenden Überlegungen führen zu folgendem Resultat.

(19) *Für* $\alpha \in \Gamma/\Gamma_0$ *ist die Untermannigfaltigkeit* Fix (α) *von* $\Gamma_0\backslash B$ *disjunkte Vereinigung von zusammenhängenden Untermannigfaltigkeiten* π Fix (γ_i), $i = 1, \ldots, r_\alpha$, *wo* γ_i *ein Repräsentantensystem für die endlich vielen* Γ_0-*Konjugationsklassen von* Γ *durchläuft, die in* α *enthalten sind und deren Elemente in* B *Fixpunkte haben.*

Wie erwähnt, ist Fix (γ_i) selbst ein beschränktes homogenes symmetrisches Gebiet. Wir wollen die kompakte zusammenhängende Mannigfaltigkeit π Fix (γ_i) als Quotientenbereich von Fix (γ_i) darstellen.

Es sei Γ_γ der Zentralisator von γ in Γ und $\Gamma_{0\gamma} = \Gamma_0 \cap \Gamma_\gamma$. Dann operiert Γ_{γ_i} auf Fix (γ_i). Die Gruppe $\Gamma_{0\gamma_i}$ operiert frei auf Fix (γ_i), und es ist leicht zu sehen ((17), (18)), daß

$$\pi \text{ Fix } (\gamma_i) \quad \text{und} \quad \Gamma_{0\gamma_i}\backslash\text{Fix } (\gamma_i)$$

in natürlicher Weise zu identifizieren sind.

Nun noch ein rein gruppentheoretisches Lemma, das wir bei der Anwendung des Atiyah–Bottschen Fixpunktsatzes benutzen müssen.

β *sei eine Konjugationsklasse von* Γ. *Dann liegen in* β *endlich-viele* Γ_0-*Konjugationsklassen. Für diese seien die Elemente* δ_i *von* Γ $(i = 1, \ldots, s_\beta)$ *ein vollständiges Repräsentantensystem. Dann gilt folgende Identität*

$$|\Gamma/\Gamma_0| = \sum_{i=1}^{s_\beta} |\Gamma_{\delta_i}/\Gamma_0 \cap \Gamma_{\delta_i}|, \tag{20}$$

wo die Absolutstriche Gruppenordnungen andeuten und Γ_{δ_i} *wie bisher der Zentralisator von* δ_i *in* Γ *ist.*

§ 14. *Automorphe Formen.* Es sei wieder B ein beschränktes homogenes symmetrisches Gebiet und Γ eine diskontinuierliche Gruppe von Automorphismen von B derart, daß $\Gamma\backslash B$ *kompakt* ist. Eine holomorphe Funktion $f: B \to \mathbf{C}$ heißt automorphe Form bzgl. Γ vom Gewicht r, wenn für alle $z \in B$ und $\gamma \in \Gamma$ gilt:

$$j_\gamma(z)^r f(\gamma z) = f(z),$$

wo $j_\gamma(z)$ die Funktionaldeterminante der Abbildung $\gamma: B \to B$ an der Stelle z ist. Diese Funktionaldeterminante ist wohldefiniert, da B offene Teilmenge eines $\mathbf{C}^n$ ist. Die automorphen Formen vom Gewicht r bilden einen Vektorraum über **C**, den wir mit $H^0(B, \Gamma, r)$ bezeichnen. Es ist ein klassisches Problem, die Dimension von $H^0(B, \Gamma, r)$ zu berechnen. Langlands hat in [23] für diese Dimension mit Hilfe der Selbergschen Resultate (siehe etwa [27]) und gestützt auf Arbeiten von Harish-Chandra hierfür eine Formel angegeben, die für frei operierendes Γ mit den Formeln von Selberg und dem Vortragenden [19] übereinstimmt.

A. Borel hat in [8] bewiesen, daß es stets diskontinuierliche Gruppen Γ von Automorphismen von B mit *kompaktem* Quotientenbereich gibt und daß zu jeder solchen Gruppe Γ eine Untergruppe Γ_0 mit den Eigenschaften I), II), III) von § 13 existiert. Borel hat bei meinem Besuch in Princeton im April 1965, als es den Atiyah-Bottschen Fixpunktsatz für Abbildungen endlicher Ordnung und beliebig-dimensionalen Fixpunktmengen noch nicht gab, doch schon angeregt, daß man den zu erwartenden Fixpunktsatz und seinen Satz über die Existenz von Γ_0 verwenden sollte, um die Langlandssche Formel zu erhalten.

Man geht wie folgt vor:

$H^0(B, \Gamma_0, r)$, der Vektorraum der automorphen Formen vom Gewicht r bzgl. Γ_0, ist kanonisch isomorph zu dem Vektorraum $H^0(\Gamma_0 \backslash B, r)$, den wir in § 8 für eine beliebige kompakte komplexe Mannigfaltigkeit X eingeführt haben. Hier ist $X = \Gamma_0 \backslash B$. Der Vektorraum $H^0(\Gamma_0 \backslash B, r)$ ist endlich-dimensional. Die Gruppe Γ / Γ_0 operiert auf $\Gamma_0 \backslash B$, deshalb auf dem Vektorraum $H^0(\Gamma_0 \backslash B, r)$, und $H^0(B, \Gamma, r)$ ist der Teilraum der Elemente von $H^0(\Gamma_0 \backslash B, r)$, die bei allen Operationen von Γ / Γ_0 festbleiben. Nach einer einfachen Tatsache über Darstellungen endlicher Gruppen ist

$$\dim_{\mathbf{C}} H^0(B, \Gamma, r) = \frac{1}{|\Gamma / \Gamma_0|} \sum_{\alpha \in \Gamma / \Gamma_0} \operatorname{Spur} \alpha^* | H^0(\Gamma_0 \backslash B, r). \tag{21}$$

Für $r \geqq 2$ ist nach Kodaira $\dim_{\mathbf{C}} H^i(\Gamma_0 \backslash B, r) = 0$ für $i > 0$ (siehe [21], [19]) und deshalb läßt sich Spur $\alpha^* | H^0(\Gamma_0 \backslash B, r)$ nach dem Fixpunktsatz von Atiyah-Bott berechnen (§ 9 (8)). Damit ergibt sich wegen (21) eine Formel für die gesuchte Zahl $\dim_{\mathbf{C}} H^0(B, \Gamma, r)$ (für $r \geqq 2$). Natürlich wird das Endresultat von der Auswahl der Untergruppe Γ_0 unabhängig sein.

§ 15. *Die Formel von Langlands.* Viele der im folgenden vorkommenden kompakten komplexen Mannigfaltigkeiten X sind Quotientenbereiche beschränkter homogener symmetrischer Gebiete. Deshalb haben sie ein bis auf einen Faktor eindeutig bestimmtes natürliches „Volumenelement". Das Volumen möge immer so normiert sein, daß es gleich der klassischen Euler–Poincaréschen Charakteristik $e(X)$ ist. Man verwendet also als Volumenform die Differentialform, die aus der homogenen Metrik des beschränkten Gebietes gewonnen wird und die höchstdimensionale Chernsche Klasse liefert (Gauß–Bonnet, Allendoerfer–Weil, Chern). Das „Volumen" $e(X)$ kann negativ sein. Wenn $n = \dim X$, dann ist $(-1)^n e(X) > 0$, vgl. [19].

Zur Auswertung von (21) muß für jede Zusammenhangskomponente von $\mathrm{Fix}(\alpha) \subset \Gamma_0\backslash B$ für $\alpha \in \Gamma/\Gamma_0$ gemäß § 11 (14) eine Atiyah–Bottsche Zahl berechnet werden (r fest gewählt). (21) ist wegen (19) als Summe über die endlich-vielen ausgezeichneten Γ_0-Konjugationsklassen von Γ anzusehen. (Eine Γ_0-Konjugationsklasse von Γ soll ausgezeichnet heißen, wenn ihre Elemente Fixpunkte in B haben.)

Für die Berechnung der Atiyah–Bottschen Zahl einer ausgezeichneten Γ_0-Konjugationsklasse (repräsentiert durch $\gamma \in \Gamma$) betrachten wir $\mathrm{Fix}(\gamma) \subset B$. Da Γ_0 frei auf B operiert, hat γ endliche Ordnung in Γ, was wegen der Diskontinuität ohnehin klar ist. Das Tangentialbündel von B beschränkt auf $\mathrm{Fix}(\gamma)$ spaltet auf; in jedem Punkt $x \in \mathrm{Fix}(\gamma)$ entspricht dies der Aufspaltung des Tangentialraumes von B in x in die Eigenräume der Linearisierung von γ, wobei der Tangentialraum von $\mathrm{Fix}(\gamma)$ der Eigenraum zum Eigenwert 1 ist. Wenn nun γ, γ' ausgezeichnete Γ_0-Konjugationsklassen repräsentieren, aber γ, γ' konjugiert in Γ sind, dann ist das Operieren von γ in der Umgebung von $\mathrm{Fix}(\gamma)$ isomorph zu dem Operieren von γ' in der Umgebung von $\mathrm{Fix}(\gamma')$. Wie hier nicht näher ausgeführt werden soll, folgt aus Homogenitätsgründen (transitives Operieren von G_γ bzw. $G_{\gamma'}$ auf $\mathrm{Fix}(\gamma)$ bzw. $\mathrm{Fix}(\gamma')$, siehe § 13), daß die Atiyah–Bottschen Zahlen für $\pi\,\mathrm{Fix}(\gamma)$ und $\pi\,\mathrm{Fix}(\gamma')$ sich wie die Volumina von $\pi\,\mathrm{Fix}(\gamma)$ und $\pi\,\mathrm{Fix}(\gamma')$ verhalten.

Wir definieren nun für eine ausgezeichnete Γ_0-Konjugationsklasse, repräsentiert durch γ, die Zahl $a_r(\gamma)$ als die *Atiyah–Bottsche Zahl* für die Fixkomponente $\pi\,\mathrm{Fix}(\gamma) \subset \Gamma_0\backslash B$ der durch die Nebenklasse von $\gamma \bmod \Gamma_0$ gegebenen Abbildung $\Gamma_0\backslash B \to \Gamma_0\backslash B$ *dividiert durch* die Euler–Poincarésche Charakteristik von $\pi\,\mathrm{Fix}(\gamma)$. Wir haben schon bemerkt, daß $a_r(\gamma)$ *nur von der Konjugationsklasse von* γ *in* Γ *abhängt*. $a_r(\gamma)$ hängt auch nicht von der Auswahl von Γ_0 ab.

Eine Konjugationsklasse $\{\gamma\}$ von Γ heißt ausgezeichnet, wenn ihre Elemente Fixpunkte in B haben. Es gibt nur endlich-viele ausgezeichnete

Konjugationsklassen, da es sogar nur endlich-viele ausgezeichnete Γ_0-Konjugationsklassen gibt. Γ_γ (siehe § 13) operiert auf Fix (γ), aber nicht effektiv. Die Anzahl der Elemente von Γ_γ, die trivial auf Fix (γ) operieren, ist endlich und werde mit $m(\gamma)$ bezeichnet. $\Gamma_\gamma \backslash \mathrm{Fix}(\gamma)$ ist ein kompakter komplexer Raum, auch er hat ein Volumen (kompatibel mit der am Anfang des § besprochenen Normierung). Dieses Volumen wollen wir virtuelle Euler–Poincarésche Charakteristik $e(\Gamma_\gamma \backslash \mathrm{Fix}(\gamma))$ nennen. Die Fixkomponente π Fix (γ) $\subset \Gamma_0 \backslash B$ ist gleich $\Gamma_0 \cap \Gamma_\gamma \backslash \mathrm{Fix}(\gamma)$. Sie ist eine verzweigte Überlagerung von $\Gamma_\gamma \backslash \mathrm{Fix}(\gamma)$ vom Grade

$$|\Gamma_\gamma / \Gamma_0 \cap \Gamma_\gamma| : m(\gamma),$$

und es ist

$$e(\Gamma_0 \cap \Gamma_\gamma \backslash \mathrm{Fix}(\gamma)) = \frac{|\Gamma_\gamma / \Gamma_0 \cap \Gamma_\gamma|}{m(\gamma)} \cdot e(\Gamma_\gamma \backslash \mathrm{Fix}(\gamma)). \tag{22}$$

Die Formel (21) ergibt für $r \geqq 2$

$$\dim_{\mathbf{C}} H^0(B, \Gamma, r) = \frac{1}{|\Gamma/\Gamma_0|} \sum_{\gamma} e(\Gamma_0 \cap \Gamma_\gamma \backslash \mathrm{Fix}(\gamma)) \cdot a_r(\gamma),$$

wobei über alle ausgezeichneten Γ_0-Konjugationsklassen zu summieren ist, γ also ein vollständiges Repräsentantensystem für diese durchläuft.

In (21) waren die ausgezeichneten Γ_0-Konjugationsklassen nach Nebenklassen mod Γ_0 zusammengefaßt, jetzt fassen wir sie nach Konjugationsklassen in Γ zusammen und erhalten wegen (22)

$$\dim_{\mathbf{C}} H^0(B, \Gamma, r) = \frac{1}{|\Gamma/\Gamma_0|} \sum_{\varrho} \sum_{\gamma} e(\Gamma_\gamma \backslash \mathrm{Fix}(\gamma)) \cdot \frac{|\Gamma_\gamma / \Gamma_0 \cap \Gamma_\gamma|}{m(\gamma)} \cdot a_r(\varrho), \tag{23}$$

wo ϱ die ausgezeichnete Konjugationsklassen von Γ und γ ein vollständiges Repräsentantensystem für die in ϱ enthaltenen Γ_0-Konjugationsklassen durchläuft. Offensichtlich hängen $e(\Gamma_\gamma \backslash \mathrm{Fix}(\gamma))$ und $m(\gamma)$ nur von der Konjugationsklasse von γ ab. Aus § 13 (20) folgt ($r \geqq 2$)

$$\dim_{\mathbf{C}} H^0(B, \Gamma, r) = \sum_{\gamma} \frac{e(\Gamma_\gamma \backslash \mathrm{Fix}(\gamma))}{m(\gamma)} \cdot a_r(\gamma), \tag{24}$$

wo γ jetzt ein vollständiges Repräsentantensystem für die ausgezeichneten Konjugationsklassen von Γ durchläuft.

§ 16. *Der Proportionalitätssatz* [19] *und die Langlandssche Formel.* Jedem beschränkten homogenen symmetrischen Gebiet B des $\mathbf{C}^n$ ist bekanntlich eine n-dimensionale homogene algebraische Mannigfaltigkeit B' in natürlicher Weise zugeordnet ([7], [16], [19]). B ist offene Teilmenge von B' und jeder Automorphismus von B kann zu einem Automorphismus von B' erweitert werden.

Wenn B die Hyperkugel

$$\{z \mid z \in \mathbf{C}^n \text{ und } |z_1|^2 + \cdots + |z_n|^2 < 1\}$$

ist, dann ist B' der komplexe projektive Raum $\mathbf{P}_n(\mathbf{C})$ mit $B \subset \mathbf{C}^n \subset \mathbf{P}_n(\mathbf{C})$.

Nun sei Γ eine diskontinuierliche Gruppe von Automorphismen von B mit kompaktem Quotientenbereich $\Gamma\backslash B$. Für jedes $\gamma \in \Gamma$ sei γ' die Erweiterung auf B'. Ist $\mathrm{Fix}(\gamma) \neq \emptyset$, dann haben γ, γ' endliche Ordnung. Es gilt

$$B' \supset \mathrm{Fix}(\gamma')_0 \supset \mathrm{Fix}(\gamma) = \mathrm{Fix}(\gamma')_0 \cap B .$$

Hier ist $\mathrm{Fix}(\gamma')_0$ diejenige Zusammenhangskomponente von $\mathrm{Fix}(\gamma')$, welche B schneidet. $\mathrm{Fix}(\gamma)$ ist ein beschränktes homogenes symmetrisches Gebiet und $\mathrm{Fix}(\gamma')$ die zugehörige homogene algebraische Mannigfaltigkeit (vgl. § 13).

Die Atiyah–Bottsche Zahl für $\mathrm{Fix}(\gamma')_0$ ist wohldefiniert (§ 11 (14)). Wir wollen sie $v_r(\gamma')$ nennen. Das „Proportionalitätsprinzip" von [19] in geeignet verallgemeinerter Form (vgl. § 17) liefert

$$a_r(\gamma) = \frac{v_r(\gamma')}{e(\mathrm{Fix}(\gamma')_0)} .$$

Wir beachten, daß nach § 11 (14)

$$v_r(\gamma') = j_\gamma(x)^r \, P_\gamma(r) \quad (\text{für } j_\gamma \text{ siehe § 14}), \tag{25}$$

wo $x \in \mathrm{Fix}(\gamma)$ und $j_\gamma(x)$ nicht von x abhängt und $P_\gamma(r)$ ein von γ abhängendes Polynom in r vom Grade $k = \dim \mathrm{Fix}(\gamma)$ ist.

Damit ist bewiesen:

Satz *Es sei B ein beschränktes homogenes symmetrisches Gebiet und Γ eine diskontinuierliche Gruppe von Automorphismen von B mit kompaktem Quotientenbereich $\Gamma\backslash B$. Dann wird für $r \geq 2$ die Dimension des Vektor-*

raumes der automorphen Formen vom Gewicht r durch folgende Formel gegeben.

$$(26)\qquad \dim_{\mathbf{C}} H^0(B, \Gamma, r) = \sum_{\gamma} \frac{e(\Gamma_\gamma \backslash \mathrm{Fix}(\gamma))}{m(\gamma)} \cdot \frac{j_\gamma(z)^r P_\gamma(r)}{e(\mathrm{Fix}(\gamma')_0)}$$

Hierbei durchläuft γ ein vollständiges Repräsentantensystem für die Konjugationsklassen von Γ, deren Elemente Fixpunkte in B haben. $j_\gamma(x)$ ist die Funktionaldeterminante von γ in irgendeinem $x \in \mathrm{Fix}(\gamma)$, sie ist unabhängig von x. Das Polynom $P_\gamma(r)$ in r hat den Grad $k = \dim \mathrm{Fix}(\gamma)$. Es wird vermöge (25) *durch die Atiyah–Bottsche Zahl $\nu_r(\gamma')$ für diejenige Fixkomponente* $\mathrm{Fix}(\gamma')_0$ *von γ' (Erweiterung von γ auf die homogene algebraische Mannigfaltigkeit B') bestimmt, welche B schneidet.* $e(\mathrm{Fix}(\gamma')_0)$ *ist die klassische Euler–Poincarésche Charakteristik.* $e(\Gamma_\gamma \backslash \mathrm{Fix}(\gamma))$ *ist die virtuelle Euler–Poincarésche Charakteristik* (= normiertes „Volumen" gemäß § 15), *wo Γ_γ = Zentralisator von γ in Γ. Schließlich ist $m(\gamma)$ die Anzahl der Elemente von Γ_γ, die auf* $\mathrm{Fix}(\gamma)$ *trivial operieren.*

Die Berechnung der $\nu_r(\gamma')$ kann wirklich durchgeführt werden und liefert genau die Langlandssche Formel ([23], p. 101, Formel (2)), die mit Hilfe der Theorie der Lieschen Algebren (Wurzeln usw.) ausgedrückt wird. Das können wir hier nicht durchführen. Jedoch liefert unser Beispiel von § 12 sofort den

Satz *Es sei B die Hyperkugel*

$$\{z \mid |z_1|^2 + \cdots + |z_n|^2 < 1\}$$

und Γ eine diskontinuierliche Gruppe von Automorphismen von B mit $\Gamma \backslash B$ kompakt. Dann ist für $r \geqq 2$

$$\dim_{\mathbf{C}} H^0(B, \Gamma, r) = \sum_{\gamma} \frac{e(\Gamma_\gamma \backslash \mathrm{Fix}(\gamma))}{m(\gamma)} \cdot \frac{j_\gamma(x)^r P_\gamma(r)}{k+1},$$

wo $k = \dim \mathrm{Fix}(\gamma)$ *und* $x \in \mathrm{Fix}(\gamma)$. *Hierbei durchläuft γ ein vollständiges Repräsentantensystem für die Konjugationsklassen von Γ, deren Elemente Fixpunkte in B haben. Sind μ_i ($k+1 \leqq i \leqq n$) die Eigenwerte von γ (normal zu* $\mathrm{Fix}(\gamma)$*), dann ist $P_\gamma(r)$ der Koeffizient von z^k in der formalen Potenzreihe*

$$(1 - z)^{r(n+1)-1} \prod_{i=k+1}^{n} \frac{1}{1 - \mu_i + \mu_i z}.$$

Operiert Γ frei, dann ist für $r \geqq 2$

$$\dim_{\mathbf{C}} H^0(B, \Gamma, r) = \frac{e(\Gamma \backslash B)}{n+1} \cdot (-1)^n \cdot \binom{r(n+1)-1}{n}$$

§ 17. *Schlußbemerkungen.* Das vorliegende Manuskript ist direkt aus dem Vortrag hervorgegangen und mußte nach dem Vortrag sehr schnell fertiggestellt werden. Das erklärt gewisse Unvollständigkeiten und die Tatsache, daß die volle Identifizierung von § 16 (26) mit der Langlandsschen Formel ([23], p. 101, Formel (2)), sowie der von Langlands betrachtete allgemeinere Fall der automorphen Formen vom Typ σ und weitere mögliche Verallgemeinerungen (reelle symmetrische Räume) hier noch nicht dargestellt werden konnten. Die §§ 11–16 wurden ohnehin in dem Vortrag nur sehr andeutungsweise gebracht.

Auch die benötigte Version des „Proportionalitätssatzes" und die genaue Ausführung seiner Anwendung in § 16 müssen einer späteren gemeinsamen Arbeit mit Atiyah und Bott vorbehalten bleiben. Es möge nur folgender Satz formuliert werden:

Es sei B ein beschränktes homogenes symmetrisches Gebiet, B' die zugehörige algebraische Mannigfaltigkeit und Γ_0 eine frei operierende diskontinuierliche Gruppe von Automorphismen von B mit kompaktem Quotientenbereich $\Gamma_0 \backslash B$. Für die beiden gleichdimensionalen kompakten Mannigfaltigkeiten $\Gamma_0 \backslash B$ und B' gibt es einen natürlichen Ring-Homomorphismus ($\mathbf{R}$-linear)

$$h: H^*(B', \mathbf{R}) \to H^*(\Gamma_0 \backslash B, \mathbf{R}),$$

welcher injektiv ist.

LITERATUR

[1] *Agranovic, M. S.*, Über den Index elliptischer Operatoren (russisch). Dokl. Akad. Nauk. S.S.S.R. **142**, 983–985 (1962). Sov. Math. Dokl. 3, 194–197 (1962).

[2] *Atiyah, M. F.*, und *R. Bott*, The index problem for manifolds with boundary. Bombay Colloquium on Differential Analysis, 175–186 (1964).

[3] *Atiyah, M. F.*, und *R. Bott*, Notes on the Lefschetz fixed point theorem for elliptic complexes, Harvard University 1964/65, nicht veröffentlicht.

[4] *Atiyah, M. F.*, und *R. Bott*, A Lefschetz fixed point formula for elliptic differential operators, erscheint demnächst in Bull. Amer. Math. Soc.

[5] *Atiyah, M. F.*, und *G. B. Segal*, Equivariant *K*-theory, Notes by R. L. E. Schwarzenberger, University of Warwick, Coventry, 1965.

[6] *Atiyah, M. F.*, und *I. M. Singer*, The index of elliptic operators on compact manifolds. Bull. Amer. Math. Soc. **69**, 422–433 (1963).

[7] *Borel, A.*, Les fonctions automorphes de plusieurs variables complexes. Bull. soc. math. France **80**, 167–182 (1952).

[8] *Borel, A.*, Compact Clifford-Klein forms of symmetric spaces. Topology **2**, 111–122 (1963).

[9] *Cartan, E.*, Sur les domaines bornés homogènes de l'espace de *n* variables complexes, Abh. Math. Seminar Hamburg **11**, 116–162 (1935).

[10] *Cartan, H.*, und *L. Schwarz*, Le théorème d'Atiyah-Singer. Séminaire E.N.S., 1963/64. Paris 1964.

[10a] *Dold, A.*, Fixed point index and fixed point theorem for Euclidean neighborhood retracts, Topology **4**, 1–8 (1965).

[11] *Dombrowski, P.*, On the geometry of the tangent bundle. J. reine angew. Math. **210**, 73–88 (1962).

[12] *Dynin, A. S.*, Singuläre Operatoren beliebiger Ordnung auf einer Mannigfaltigkeit (russisch), Dokl. Akad. Nauk S.S.S.R. **141**, 21–23 (1961). Sov. Math. Dokl. **2**, 1375–1377 (1961).

[13] *Eichler, M.*, Einführung in die Theorie der algebraischen Zahlen und Funktionen, Birkhäuser Verlag, Basel und Stuttgart 1963.

[14] *Erwe, F.*, Differential- und Integralrechnung. Zweiter Band. Bibliographisches Institut, Mannheim 1962.

[15] *Gelfand, I. M.*, Über elliptische Gleichungen (russisch). Uspehi Math. Nauk. **15**, 3, 121–132 (1960). Russian Math. Surveys **15**, 3, 113–123 (1960).

[16] *Helgason, S.*, Differential geometry and symmetric spaces. Pure and Applied Mathematics, Vol. XII. New York, Academic Press 1962.

[17] *Hirzebruch, F.*, Some problems of differentiable and complex manifolds. Ann. of Math. **60**, 213–236 (1954).

[18] *Hirzebruch, F.*, Neue topologische Methoden in der algebraischen Geometrie, Springer Verlag, Berlin–Göttingen–Heidelberg 1956; Topological Methods in Algebraic Geometry, 3. Aufl., Springer Verlag 1966.

[19] *Hirzebruch, F.*, Automorphe Formen und der Satz von Riemann–Roch. Symp. Intern. Top. Alg. 1956, p. 129–144. Universidad de Mexico 1958.

[20] *Hopf, H.*, Eine Verallgemeinerung der Euler–Poincaréschen Formel, Nachr. Ges. d. Wiss. Göttingen, Math. Phys. Kl. 1928; siehe Selecta Heinz Hopf, Springer Verlag, 1964.

[21] *Kodaira, K.*, On a differential-geometric method in the theory of analytic stacks. Proc. Nat. Acad. Sci. USA **39**, 1268–1273 (1953).

[22] *Lang, S.*, Introduction to differentiable manifolds. New York, Interscience 1962.

[23] *Langlands, R. P.*, The dimension of spaces of holomorphic forms. Am. J. Math. **85**, 99–125 (1963).

[24] *Lefschetz, S.*, Intersections and transformations of complexes and manifolds, Trans. Amer. Math. Soc. **28**, 1–49 (1926).

[25] *Maak, W.*, Differential- und Integralrechnung, Vandenhoeck und Ruprecht, Göttingen 1960.

[26] *Palais, R. S.*, Seminar on the Atiyah–Singer index theorem, with contributions by *A. Borel, F. E. Browder*, and *R. Solovay*. Annals of Mathematics Studies 57, Princeton University Press 1965.

[27] *Selberg, A.*, Automorphic functions and integral operators, Seminars on analytic functions, Vol. 2, p. 152–161. Institute for Advanced Study, Princeton, 1957.

[28] *Volpert, A. I.*, Der Index von Systemen von zweidimensionalen Integralgleichungen (russisch). Dokl. Akad. Nauk S.S.S.R. **142**, 776–777 (1962). Sov. Math. Dokl. **3**, 154–155 (1962).

[29] *Volpert, A. I.*, Elliptische Systeme auf der Sphäre und zweidimensionale singuläre Integralgleichungen (russisch). Math. Sbornik **59**, 195–214 (1962).

[30] *Weierstraß, K.*, Vorlesungen über die Theorie der Abelschen Transcendenten (Berlin, z. B. Wintersemester 1873/74). Siehe Mathematische Werke, 4. Band, Berlin, Mayer und Müller, 1902; Neuntes Kapitel.

Analytische Funktionen

Von *Karl Menger*

Weierstraß' Einführung der analytischen Funktionen als gewisse Mengen von Potenzreihen ist eine der bekanntesten Schöpfungen dieses kollossalen Mathematikers. Ein besonderer Aspekt seiner Definition aber ist vielleicht nicht genügend betont worden: daß sie nämlich viele Jahrzehnte hindurch die einzige rein mengentheoretische Definition von Funktionen war. Sie spielte diese Rolle, bis in den zwanziger und dreißiger Jahren dieses Jahrhunderts die Definition von Funktionen als gewisse Mengen von Zahlenpaaren in der Analysis aufkam; denn Dirichlet's und verwandte ältere Definitionen können bei aller ihrer enormen Fruchtbarkeit nicht als rein mengentheoretisch bezeichnet werden. Inhaltlich sind Weierstraß' Mengen von Potenzreihen einerseits viel spezieller als die modernen Funktionen, da er sich auf *analytische* Funktionen beschränkt, anderseits aber auch allgemeiner, da er z. B. die komplexe Quadratwurzel einschließt, die nicht unter die modernen Funktionen fällt, sondern eine mehrdeutige binäre *Relation* darstellt.

Was ist das genaue Verhältnis zwischen den beiden mengentheoretischen Definitionen – der Weierstraßschen und der modernen? In einer Arbeit in den Mathematischen Annalen[1] charakterisiere ich unter den Mengen von Paaren komplexer Zahlen die Graphen Weierstraßscher Mengen von Potenzreihen. Dabei gilt als Graph einer *vollständigen* Weierstraßschen Menge F (bestehend aus einer Potenzreihe mit positivem Konvergenzradius und *allen* ihren analytischen Fortsetzungen) die Menge aller derjenigen Paare (z_0, w_0), für die F eine Reihe der Form $w_0 + a_1(z - z_0) + \cdots + a_n(z - z_0)^n + \ldots$ enthält. Die zur Charakterisierung der Graphen vollständiger Weierstraßscher Mengen verwendete Methode führt auch zu einer Klasse besonderer echter Teilmengen solcher Graphen, die man naturgemäß als Graphen *unvollständiger* analytischer Funktionen bezeichnen kann.

[1] Weierstraß' Analytic Functions and Riemann Surfaces, erscheint in den Mathematischen Annalen.

Die entsprechenden Mengen von Potenzreihen können dann zwanglos als unvollständige Weierstraßsche Mengen angesprochen werden, während bisher in der Definition solcher Mengen eine gewisse Willkür herrschte[2]. Die bereits ziemlich einfache Charakterisierung loc.cit.[1] habe ich seither nicht nur auf höhere Dimensionen ausgedehnt, sondern, wie im Folgenden ausgeführt werden soll, noch weiter vereinfacht.

Zugrunde liege der 4-dimensionale reelle Raum, welcher als das Cartesische Produkt $Z \times W$ zweier Argand-Ebenen aufgefaßt werden möge. In diesem Raum heiße eine Menge ein 2-dimensionaler Fleck – und im folgenden, wo von höherdimensionalen Flecken nicht die Rede sein wird, kurz ein *Fleck*, wenn sie die folgenden fünf Eigenschaften hat:

1. M ist *nicht vertikal*, d. h. die Projektion von M auf Z enthält mehr als einen Punkt.

2. M erfüllt eine Lipschitz-Bedingung, die ich als W/Z-*Beschränktheit* bezeichnen will: Jeder Punkt $m_0 = (z_0, w_0)$ von M hat eine Umgebung V_0 und eine ihm zugeordnete Zahl k_0 derart, daß je zwei Punkte (z', w') und (z'', w'') von M, die in V_0 liegen, der Ungleichung

$$|w'' - w'| / |z'' - z'| < k_0$$

genügen.

3. M ist *zusammenhängend* im Sinne von Lennes und Hausdorff, d. h., M ist nicht die Vereinigung zweier fremder, nichtleerer Mengen, die beide in M abgeschlossen sind.

4. M ist *mindestens 2-dimensional* im Sinne der Dimensionstheorie, d. h., M enthält mindestens einen Punkt m* mit der Eigenschaft, daß die Begrenzungen aller hinlänglich kleinen Umgebungen von m* mit M mindestens 1-dimensionale Durchschnitte haben (wobei eine Menge L mindestens 1-dimensional heißt, wenn sie mindestens einen Punkt 1* enthält, für den die Begrenzungen aller hinlänglich kleinen Umgebungen mit L nichtleere Durchschnitte haben).

5. M ist *gleichförmig* in folgendem Sinn: Je zwei Punkte von M liegen in zwei zu einander fremden, homöomorphen, in M offenen Mengen.

Als Anwendung dimensionstheoretischer Sätze ergibt sich dann folgendes Theorem: *Jeder Fleck ist eine unberandete 2-dimensionale Mannigfaltigkeit.*

[2] Vgl. *Ahlfors, L. V.*, Complex Analysis, New York 1953, p. 210.

Eine Menge M soll *glatt* genannt werden, wenn sie in jedem ihrer Punkte $m_0 = (z_0, w_0)$ die folgende Eigenschaft hat:

6. Für jede gegen m_0 konvergente Folge von zu M gehörigen Punkten (z_n, w_n) mit $z_n \neq z_0 (n = 1, 2, \ldots)$ haben die Quotienten $(w_n - w_0)/(z_n - z_0)$ einen endlichen Grenzwert.

Es stellt sich dann heraus: *Jeder glatte Fleck ist der Graph einer Menge von Potenzreihen, die alle zu genau einer vollständigen Weierstraßschen Menge gehören.* Umgekehrt ist der Graph jeder eindeutigen vollständigen Weierstraßschen Menge ein glatter Fleck. Glatte Flecken umfassen aber auch die Graphen vieler mehrdeutiger Weierstraßscher Mengen. Zum Beispiel ist die Menge der Paare (w^2, w) für alle Zahlen $w \neq 0$, d. i. der Graph der vollständigen komplexen Quadratwurzel, ein glatter Fleck. Dennoch sind die Eigenschaften 1–6 nur hinreichend und nicht auch notwendig für die Graphen Weierstraßscher Mengen. Dies sieht man etwa am Beispiel der Menge aller Paare $(z, w) \neq (0, 0)$, für die $w^2 - z(z - 1)^2 = 0$ ist. Sie ist der Graph einer vollständigen Weierstraßschen Menge von Potenzreihen, aber kein Fleck, da sie für (1, 0) die Bedingung 2 verletzt.

Es lassen sich jedoch aus 1–6 Bedingungen herleiten, die sowohl hinreichend als auch notwendig sind. Eine Menge M möge *fleckenverknüpft* bzw. *glatt-verknüpft* heißen, wenn je zwei Punkte von M in einem in M enthaltenen Flecken bzw. glatten Flecken liegen. Die Charakterisierung der Graphen Weierstraßscher Mengen läßt sich dann folgendermaßen formulieren: Damit eine glatt-verknüpfte Teilmenge des 4-dimensionalen Raumes der Graph einer Teilmenge einer (und natürlich nur einer) vollständigen Weierstraßschen Menge sei, ist notwendig und hinreichend, *daß* M *die Vereinigung abzählbar vieler Flecken sei.* Die Mengen von Potenzreihen, deren Graphen glatte Vereinigungen abzählbar vieler (eo ipso glatter) Flecken sind, können daher zwanglos als *analytische Funktionen im Weierstraßschen Sinne* bezeichnet werden, wobei diese Begriffsbildung eindeutige sowie mehrdeutige und vollständige sowie unvollständige Funktionen erfaßt. Der Graph M einer *vollständigen* Weierstraßschen Menge ist unter den Teilmengen des 4-dimensionalen Raumes dadurch charakterisiert, daß M *maximal ist hinsichtlich der Eigenschaften glatt-verknüpft und Vereinigung abzählbar vieler Flecken zu sein;* mit anderen Worten, M ist der Graph einer vollständigen Weierstraßschen Menge dann und nur dann, wenn im Raume keine Menge mit jenen zwei Eigenschaften existiert, die M als echte Teilmenge enthielte.

Wenn man bedenkt, wie wesentlich in die traditionelle Definition von differenzierbaren Mannigfaltigkeiten und in Weyl's Definition Riemannscher

Flächen lokale Parametrisierungen eingehen[3] und daß überdies Annahmen bezüglich der Verknüpfungen sich überschneidender Parametrisierungen unentbehrlich sind, so wird man vielleicht den Umstand würdigen, daß die obige Charakterisierung von solchen Voraussetzungen völlig frei ist. Keine der Eigenschaften 1–6 von M, insbesondere weder 4 noch 5, setzt Parametrisierungen irgendwelcher Art voraus oder enthält irgendwelche sonstigen Hinweise auf die Topologie der Ebene. Noch auch brauchte Bogenverknüpfbarkeit vorausgesetzt werden – Zusammenhang im Sinne von Lennes und Hausdorff ist ja viel schwächer. Zusammenhang im Kleinen wurde nicht postuliert, ja nicht einmal lokale Kompaktheit!

[3] In seinem Nachruf auf Hilbert schrieb *Weyl, H.* (Bull. Amer. Math. Soc. *50*, 1944, 638f.): "Hilbert defines a two-dimensional manifold by means of neighborhoods, and requires that a class of 'admissible' one-to-one mappings of a neighborhood upon Jordan domains in an x, y-plane be designated, any two of which are connected by continuous transformations ... When it comes to explaining what a *differentiable* manifold is, we are to this day bound to Hilbert's roundabout way."

MIX
Papier aus verantwortungsvollen Quellen
Paper from responsible sources
FSC® C105338

If you have any concerns about our products,
you can contact us on
ProductSafety@springernature.com

In case Publisher is established outside the EU,
the EU authorized representative is:
Springer Nature Customer Service Center GmbH
Europaplatz 3, 69115 Heidelberg, Germany

Printed by Libri Plureos GmbH
in Hamburg, Germany